GRUNDLAGEN DER ELEKTROTECHNIK

VON

DIPL. ING. DR. PHIL. NAT.

GUSTAV MAIER

PROFESSOR FÜR ELEKTROTECHNIK UND OBERBAURAT I. R.

ZWEITE, VOLLSTÄNDIG UMGEARBEITETE
UND VERMEHRTE AUFLAGE

MIT 397 TEXTABBILDUNGEN
UND 164 DURCHGERECHNETEN BEISPIELEN

1 9 5 0

TECHNISCHER VERLAG HERBERT CRAM
BERLIN W 35

Druck: Hubert & Co., Göttingen

Vorwort zur zweiten Auflage

Die zweite Auflage erscheint unter dem Titel „Grundlagen der Elektrotechnik“ in vollständig umgearbeiteter und erweiteter Form unter Berücksichtigung der neuen Richtlinien für Einheiten und Formelgrößen. Den Verfasser leitete dabei das Bestreben, auf wissenschaftlicher Grundlage das in Betracht kommende gesamte Wissensgebiet in solchem Umfange zu behandeln, daß das Buch gründliche Darstellung der Gesetze und ihrer Folgerungen bietet und für alle in den Rahmen der Grundlagen fallenden Probleme die für die Praxis nötigen Ergebnisse liefert.

Um das Eindringen in den Wissensstoff und die Sicherheit der praktischen Anwendung zu erleichtern und zu fördern, enthält das Buch 164 vollständig durchgerechnete Übungsbeispiele, die sich auf sämtliche Abschnitte und Paragraphen des Textes erstrecken. Diese Beispiele sind am Schlusse des Buches in den Abschnitten X, XI und XII untergebracht und, wie das Inhaltsverzeichnis aufweist, auf die einzelnen Abschnitte I mit IX entsprechend verteilt.

Was die Bearbeitung des Stoffes in Sonderheit anlangt, so sei noch nachstehendes erwähnt: Zur Erläuterung des Wesens der Elektrizität und zur Klärung der grundlegenden Begriffe Leiter und Isolatoren, Elektrizitätsmenge, Potential, Spannung und Kapazität wurde Abschnitt I vorgesehen. In Abschnitt II erfolgt eine eingehende Darstellung der Vorgänge im Stromkreis gemäß den neueren Anschauungen über die elektrische Strömung. In Abschnitt III hat auch die Berechnung der Anlasser- und Reglerwiderstände und der elektrischen Leitungen eine eingehende Behandlung erfahren. Der Abschnitt IV erscheint ebenfalls in erweiterter Form. Der Abschnitt V weist dem Dauermagnetismus einen entsprechenden Raum zu zur leichteren Einfühlung in die Erscheinungen des Elektromagnetismus in Abschnitt VI, der neu verfaßt wurde. Abschnitt VII enthält die Berechnung der Induktivitäten für die wichtigsten Leiteranordnungen und in Abschnitt VIII erfährt das elektrische Feld eine ganz spezielle Behandlung und enthält die Berechnung der Kapazitäten der Kondensatoren, Leitungen, Kabel und

Spulen. Im Abschnitt IX wurde, vor allem beim zusammengesetzten Wechselstromkreis, von der symbolischen Rechnung — nach entsprechender Einführung — ausgiebiger Gebrauch gemacht. In den meisten Fällen wurde neben der symbolischen Methode auch die analytische Rechnung durchgeführt. Resonanz, Schwingungskreis, Ortskurven, Lufttransformator, mehrwellige Ströme und Drehstrom erfuhren eine ihrer Bedeutung entsprechende Darstellung.

Der Verfasser hofft, mit der zweiten Auflage des Buches allen Bedürfnissen Rechnung getragen zu haben, indem er noch seinen besonders großen Dank dem Verlag ausspricht, der keine Mühe gescheut hat, den Druck des Werkes zu ermöglichen.

Kaiserslautern, im Juni 1948. Dr. Gustav Maier

Inhaltsverzeichnis

I. Abschnitt

Einführende Grundanschauungen und Gesetze

1. Arten der Elektrisierung 9
2. Wesen der Elektrizität 9
3. Elektrische Ladung und ihre Wirkung 11
4. Elektrisches Potential und elektrische Spannung 13
5. Elektrisches Feld zweier Ladungen 16
6. Potential elektrisch geladener metallischer Leiter 18
7. Kapazität der Leiter 20
8. Ladungsenergie 21

II. Abschnitt

Gesetze des Gleichstroms

9. Der elektrische Strom, seine Stärke, Leistung und Arbeit 23
10. Die Stromquellen 25
11. Die praktischen Einheiten der elektrischen Größen 28
12. Das OHMsche Gesetz 33
13. Der Ohmsche Widerstand R 35
14. Der elektrische Stromkreis 41
15. Meßinstrumente für Strom, Spannung, Leistung und Arbeit und ihre Schaltung im Stromkreis 45
16. Schaltung der Widerstände. Die KIRCHHOFFschen Gesetze 51
17. Praktische Anwendung der Reihen- und Parallelschaltung von Widerständen 56
18. Messung von Widerständen 63
19. Schaltung der Stromquellen 67
20. Gegenschaltung von Stromquellen ungleicher EMKe im Stromkreis 71

III. Abschnitt

Die Wärmewirkungen des elektrischen Stromes

21. Das JOULEsche Gesetz 74
22. Anwendung des JOULEschen Gesetzes auf Stromverbraucher, die eine EMK besitzen 81
23. Anwendung der Wärmewirkung des elektrischen Stromes zur Konstruktion von Strom- und Spannungsmessern 83

24. Anwendung der Wärmewirkung des elektrischen Stromes bei der Berechnung der Leitungen . . . 84
25. Anwendung der Wärmewirkung des elektrischen Stromes zur elektrischen Lichterzeugung . . . 94
26. Elektrische Glühlampen und deren Schaltung . . . 96
27. Elektrische Bogenlampen und deren Schaltung . . . 100
28. Die Quecksilberdampfbogenlampe . . . 104
29. Der Quecksilberdampfgleichrichter . . . 105
30. Gasentladungslampen . . . 107
31. Die Peltiersche Wärmewirkung des elektrischen Stromes . . . 109
32. Die Thermoelektrizität . . . 111

IV. Abschnitt

Die chemischen Wirkungen des elektrischen Stromes

33. Die Elektrolyse . . . 114
34. Die Theorie der elektrolytischen Leitung. Ohmscher Widerstand der Elektrolyten . . . 116
35. Die Gesetze von Faraday . . . 119
36. Folgerungen aus den Faradayschen Gesetzen . . . 123
37. Die Polarisation . . . 124
38. Die Voltameter . . . 128
39. Ventilzellen, Umformung der Stromart . . . 129
40. Praktische Anwendungen der Elektrolyse . . . 130
41. Die Akkumulatoren . . . 130
42. Zusammenarbeit der Akkumulatoren mit elektrischen Maschinen. Ladeeinrichtungen . . . 138
43. Galvanische Elemente . . . 141

V. Abschnitt

Magnetismus

44. Dauermagnete . . . 146
45. Das Wesen des Dauermagnetismus . . . 147
46. Das magnetische Feld . . . 148
47. Das Erdfeld . . . 153
48. Magnetisches Moment eines Magneten . . . 154
49. Eisen im magnetischen Feld . . . 155
50. Verlauf der Induktionslinien beim Übergang zwischen zwei Stoffen verschiedener Permeabilität μ . . . 157
51. Die Energie des magnetischen Feldes. Magnetisierungsarbeit . . . 159
52. Die magnetische Hysteresis . . . 161
53. Längszug und Querdruck im magnetischen Feld. Zugkraft eines Magneten 164
54. Berechnung des Dauermagneten . . . 166

VI. Abschnitt

Die magnetischen Wirkungen des elektrischen Stromes
Der Elektromagnetismus

55. Das magnetische Feld eines Stromleiters 170
56. Magnetische Energie und elektrische Arbeit 175
57. Das Durchflutungsgesetz. Feldstärke $\mathfrak{H}$ und Induktion $\mathfrak{B}$ im elektromagnetischen Feld 176
58. Die Stärke des elektromagnetischen Feldes in Luft 180
59. Die Stärke des elektromagnetischen Feldes in Eisen. Der magnetische Kreis 184
60. Magnetische Charakteristik und Feldenergie. Elektrische Arbeit bei einem Elektromagneten 189
61. Verzweigung des magnetischen Kreises. Berechnung der Erregerwicklung 194
62. Die magnetische Streuung 198
63. Kraftwirkung des magnetischen Feldes auf einen stromdurchflossenen Leiter, Kräfte zwischen Stromleitern 200

VII. Abschnitt

Die elektrische Induktion

64. Das Induktionsgesetz von Faraday 204
65. Das Induktionsgesetz in seiner allgemeinsten Form 210
66. Anwendungen der elektrischen Induktion 212
67. Selbstinduktion 219
68. Selbstinduktion im Gleichstromkreis 226
69. Gegeninduktion 229
70. Wirbelströme 233

VIII. Abschnitt

Das elektrische Feld

71. Elektrisches Strömungsfeld in Leitern 240
72. Elektrostatisches Feld in Isolatoren 243
73. Elektrische Verschiebung und Verschiebungsfluß 246
74. Lade- und Entladestrom der Kondensatoren 249
75. Berechnung von Kapazitäten 250
76. Schaltung von Kondensatoren 255
77. Ladungsenergie und dielektrische Verluste 257

IX. Abschnitt

Gesetze des Wechselstromes

78. Erzeugung sinusförmiger Wechselspannungen 260
79. Zusammensetzung sinusförmiger EMK-Wellen 268
80. Zusammensetzung sinusförmiger Ströme 274
81. Mittelwerte von Sinuswellen. Scheitelfaktor und Formfaktor 276
82. Der einfache Wechselstromkreis 282

83. Die symbolische Rechnung und ihre Anwendung auf den einfachen Wechselstromkreis . . . 297
84. Der zusammengesetzte Wechselstromkreis mit Reihenschaltung der Widerstände . . . 306
85. Der zusammengesetzte Wechselstromkreis mit Parallelschaltung der Widerstände . . . 320
86. Zusammengesetzte Reihenparallelschaltung der Widerstände . . . 336
87. Wechselstrommagnet und Drosselspule. Mechanische Wirkungen des Wechselstromes . . . 340
88. Arbeit und Leistung der Wechselströmung . . . 346
89. Resonanz im Wechselstromkreis . . . 356
90. Der Schwingungskreis . . . 366
91. Ortskurven . . . 373
92. Der Lufttransformator . . . 383
93. Mehrwellige Ströme . . . 398
94. Der Drehstrom (Dreiphasenstrom) . . . 406

X. Abschnitt

Berechnungsbeispiele für die Abschnitte I bis IV

95. Beispiele 1 bis 5 für Abschnitt I . . . 421
96. Beispiele 6 bis 36 für Abschnitt II . . . 423
97. Beispiele 37 bis 50 für Abschnitt III . . . 440
98. Beispiele 51 bis 57 für Abschnitt IV . . . 448

XI. Abschnitt

Berechnungsbeispiele für die Abschnitte V bis VIII

99. Beispiele 58 bis 67 für Abschnitt V . . . 452
100. Beispiele 68 bis 79 für Abschnitt VI . . . 459
101. Beispiele 80 bis 93 für Abschnitt VII . . . 465
102. Beispiele 94 bis 101 für Abschnitt VIII . . . 471

XII. Abschnitt

Berechnungsbeispiele für den Abschnitt IX

103. Beispiele 102 bis 109 für § 78 bis § 81 . . . 475
104. Beispiele 110 bis 119 für § 82 bis § 83 . . . 480
105. Beispiele 120 bis 132 für § 84 bis § 86 . . . 486
106. Beispiele 133 bis 143 für § 87 bis § 90 . . . 500
107. Beispiele 144 bis 157 für § 91 bis § 93 . . . 507
108. Beispiele 158 bis 164 für § 94 . . . 517
Verwendete Formelzeichen . . . 522
Sachverzeichnis . . . 524

I. Abschnitt

Einführende Grundanschauungen und Gesetze

1. Arten der Elektrisierung

a) **Reibungselektrizität.** Ein Glasstab, mit Seide oder amalgamiertem Leder gerieben, hat die Eigenschaft, kleine leichtbewegliche Körper, aus welchem Stoff sie auch sein mögen, anzuziehen und nach der Berührung abzustoßen. Diesen Zustand bezeichnet man als elektrischen, man sagt, der Glasstab sei elektrisch geworden. Die gleiche Erscheinung zeigt ein Hartgummi- (Ebonit-)stab, der mit Wolle gerieben wird. Während aber nun ein elektrischer Glasstab und ein elektrischer Hartgummistab sich anziehen, stoßen sich zwei elektrische Glasstäbe ab, ebenso zwei elektrische Hartgummistäbe. Glas- und Ebonitelektrizität sind also verschieden, d. h. man muß zwei Arten der Elektrizität unterscheiden. Um diese Verschiedenartigkeit zum Ausdruck zu bringen, bezeichnet man die Elektrizität des Glases als positive und die des Hartgummis als negative Elektrizität. **Gleichnamige Elektrizitäten stoßen sich ab, ungleichnamige ziehen sich an.**

Es zeigt sich, daß eine Reihe anderer fester Körper ebenfalls durch Reiben elektrisch werden und daß dabei immer die beiden erwähnten Elektrizitäten auftreten, die Glas- oder positive (+) und die Hartgummi- oder negative (—) Elektrizität und zwar werden geriebener Körper und Reibzeug stets ungleichnamig elektrisch.

b) **Galvanische Elektrizität.** Durch chemischen Prozeß zwischen Metallen und Flüssigkeiten, wie Säuren und Salzen, wird das Metall positiv und die Flüssigkeit negativ elektrisch oder umgekehrt.

c) **Induktionselektrizität.** Durch entsprechende Bewegung eines Metallstabes im Wirkungsbereich eines Magneten wird das eine Stabende positiv, das andere negativ elektrisch.

Die Elektrisierungsarten unter *b*) und *c*) werden praktisch verwendet und zwar *b*) bei den galvanischen Elementen und Akkumulatoren und *c*) bei den elektrischen Generatoren oder Stromerzeugern.

2. Wesen der Elektrizität

Die neueren Forschungen führten zu dem Ergebnis, daß die Elektrizität aus kleinen massebehafteten Einheiten, den Elektrizitätsatomen besteht, die ein freies negatives Elementarquantum besitzen und **Elektronen** heißen. Das Elementarquantum des Elektrons beträgt, wie später nachgewiesen wird, $1{,}57 \cdot 10^{-19}$ Coulomb und die Masse des Elektrons ist 1850 mal kleiner als die Masse des Wasserstoffatoms. Die Elektronen sind sowohl als sogenannte **freie Elektronen** zwischen den Atomen der Naturstoffe vorhanden, sie bilden aber auch einen wesentlichen Teil der Stoffatome selbst.

Das Atom eines jeden elementaren Stoffes besteht nämlich aus einem positiv elektrischen **Kern,** der fast die Gesamtmasse des Atoms bildet, und aus einer bestimmten Zahl **freier Elektronen,** welche den Kern auf geschlossenen Bahnen umkreisen. Die Zahl der freien Elektronen ist von solchem Betrag, daß die positive Elektrizität des Kerns durch die negative der kreisenden Elektronen ausgeglichen wird, so daß das Atom nach außen elektrisch neutral wirkt. Die Zahl der um den Kern kreisenden Elektronen heißt Ordnungszahl und beträgt z. B. bei Aluminium 13, Eisen 26, Kupfer 29, Quecksilber 80, Zink 30 und Wasserstoff 1.

Die den Kern des Atoms bildenden Elektronen sind aus dem Atomverband nicht ohne weiteres zu lösen und bedingen das physikalische Verhalten des Stoffes. Dagegen aber können von den den Kern umkreisenden freien Elektronen eines oder mehrere vom Atom getrennt werden, die dann entweder auf andere Atome übertragen werden oder frei zwischen den Atomen des Stoffes bestehen bleiben. Es können also dem Atom auch freie Elektronen zugefügt werden. Durch die freien Elektronen werden die chemischen und elektrischen Eigenschaften der Stoffe bestimmt.

Je nachdem nun solche, dem Atomverband nicht angehörende freie Elektronen vorhanden und zwischen den Atomen des Stoffes frei beweglich sind oder nicht, teilt man die Naturstoffe ein in **Leiter** und **Nichtleiter** der Elektrizität.

Bei den Leitern unterscheidet man wieder **metallische Leiter** oder Leiter 1. Klasse, wozu alle Metalle mit Einschluß von Quecksilber und Kohle zählen, und **elektrolytische Leiter** oder Leiter 2. Klasse, das sind Säuren, Salze und Basen in gelöstem oder geschmolzenem Zustand.

Bei den **metallischen Leitern** sind freie Elektronen zwischen den Stoffatomen vorhanden und zwischen den Atomen beweglich, so daß man hier eine reine **Elektronenleitung** der Elektrizität hat, wobei die Atomkerne an ihrer Stelle bleiben.

Bei den **elektrolytischen Leitern** dagegen werden durch den Vorgang der Lösung in einem Lösungsmittel bzw. durch den Schmelzvorgang die chemisch zusammengesetzten Stoffmoleküle zerspalten (dissoziiert) in zwei entgegengesetzt elektrische Teile und zwar in das positive Metall (bzw. Wasserstoff) und den negativen Säurerest. Diese elektrisch geladenen, mit den Atomen der körperlichen Materie behafteten Teilmoleküle, welche in der Flüssigkeit beweglich sind, heißen **Ionen.** Von den Leitern 1. Klasse unterscheiden sich also die Leiter 2. Klasse dadurch, daß bei ihnen eine reine **Ionenleitung** (Trägerleitung) der Elektrizität stattfindet.

Zu den **Nichtleitern** oder **Isolatoren,** auch Dielektrika genannt, gehören so ziemlich all die Stoffe, welche die Wärme schlecht leiten. Feste Isolatoren sind Seide, Wolle, Papier, Stroh, Holz, Gummi, Ebonit, Porzellan, Glas, Marmor, Schiefer, Glimmer, Asbest u. a. m. Flüssige Isolatoren sind destilliertes Wasser, Lack, Öl, Benzol. Gasförmige Isolatoren sind alle elementaren Gase, trockene Luft und das Vakuum. Bei den Isolatoren ist nun keine freie Bewegung der Elektronen zwischen den Atomen möglich. Die Elektronen im äußersten Kreise der Atome (Valenzelektronen) werden durch atomistische Kräfte in ihrer Bewegung um den Atomkern stärker beeinflußt als die freien Elektronen bei Metallen. Die freien Elektronen der Isolierstoffatome können wohl ihre Bahnen verzerren unter dem Einfluß eines Elektrisierungsvorganges oder infolge der nachdrängenden freien Elektronen eines an den Isolator angeschlossenen Leiters. Die freien Elektronen der Isolierstoffatome können aber das Atomgefüge nicht durchbrechen, sondern sind wie durch Federkräfte mit dem Atomkern verbunden. Nur in besonderen Fällen kommt es zu einem Durchbruch der Elektronen. d. h. einem elektrischen Durchschlag.

Die gasförmigen Isolatoren können jedoch auch elektrisch leitend gemacht werden durch **Ionisierung,** d. h. wenn ihre Moleküle in ihre Gasionen dissoziiert werden durch hohe Temperatur, sowie durch Röntgen-, Radium- und ultraviolette Strahlen.

3. Elektrische Ladung und ihre Wirkung

Wird an einem Leiter eine Elektrisierung durch Reiben, chemischen Prozeß oder Induktion, bei einem Nichtleiter durch Reiben vorgenommen, dann entsteht an der betreffenden Stelle des Körpers entweder ein Überschuß oder ein Mangel an freien Elektronen, indem durch Übertragen oder Loslösen von freien Elektronen die Atome zu viel oder zu wenig Elektronen erhalten. Nun hat ein Überschuß an Elektronen nach außen hin eine negativ elektrische Wirkung, ein Mangel an Elektronen eine positiv elektrische Wirkung. Die Atome an der betreffenden Stelle des Körpers (bzw. der Körper) sind „elektrisch geladen“ und man bezeichnet den Überschuß bzw. Mangel an Elektronen als eine negative bzw. positive **Elektrizitätsmenge** oder **elektrische Ladung Q.**

Die durch einen Elektrisierungsvorgang auf einem Leiter oder Nichtleiter erzeugte elektrische Ladung Q bleibt bei einem Nichtleiter an der Stelle, an der sie erzeugt wurde, sitzen, während bei einem Leiter infolge der Bewegungsmöglichkeit der Elektronen sofort eine Verteilung der Ladung über den Körper eintritt und zwar, wie durch Versuche festgestellt, nur auf der Oberfläche des Körpers, aber nicht in seinem Innern.

Jede elektrische Ladung Q erteilt ihrem Träger in bezug auf den ihn umgebenden Raum eine besondere Egenschaft. Sie äußert sich dadurch, daß die Ladung Q auf die Valenzelektronen der Atome der umgebenden

Luft, bzw. allgemein des umgebenden Isolators, Kräfte ausübt, die anziehender oder abstoßender Natur sind, je nachdem die Ladung positiv oder negativ ist. Unter dem Einfluß dieser Kräfte werden die Valenzelektronen des den Träger der Ladung Q umgebenden Isolators gezwungen, von ihren ursprünglichen Bahnen um ihren Atomkern abzuweichen, ohne sich jedoch von ihm lösen zu können, da die Elektronen durch elastische Gegenkräfte im Verband gehalten werden. Es tritt dadurch eine sogenannte dielektrische Verschiebung ein, die einen Spannungszustand erzeugt, den man als **elektrisches Feld** bezeichnet.

Die Richtungslinien der von der Ladung Q ausgehenden Kräfte gehen von der Ladung radial nach außen in den umgebenden Raum und heißen **Kraft-** oder **Feldlinien.**

Nach dem COULOMBschen Gesetz nehmen die von der Ladung Q ausgehenden Kräfte mit dem Quadrat der Entfernung von der Ladung ab. Ist nun Q_e eine in der Entfernung r cm von Q befindliche Ladung kreisender Elektronen der Atome des Q umgebenden Isolators oder irgend eine andere an der betreffenden Stelle befindliche Ladung eines elektrisierten Körpers, dann ist nach COULOMB die Kraft, welche die Ladungen Q und Q_e aufeinander ausüben, in Dyn

$$P = \frac{1}{\varepsilon} \cdot \frac{Q \cdot Q_e}{r^2}. \tag{1}$$

In dieser Gleichung bedeutet $\varepsilon > 1$ eine Konstante des betreffenden Isolierstoffes, welche relative Elektrisierungszahl heißt und für Luft den Wert $\varepsilon = 1$ besitzt, weil erfahrungsgemäß für Luft die Kraft am größten ist. 1 Dyn $= 1 : 981$ Gramm ist die absolute Krafteinheit.

In Luft ist also die Kraft P einer Ladung Q auf eine in r cm befindliche Ladung Q_e

$$P = \frac{Q \cdot Q_e}{r^2} \text{ Dyn}. \tag{1a}$$

Aus Gleichung (1a) ergibt sich für die Einheit der elektrischen Ladung im elektrostatischen Maß-System:

Die elektrische Ladung $Q = 1$, die in der Folge mit 1 LE bezeichnet wird, ist diejenige, welche in Luft auf die gleichgroße in $r = 1$ cm Abstand von Q befindliche Ladung $Q_e = 1$ die Kraft 1 Dyn ausübt.

Die Kraft auf eine in r cm Abstand von der erregenden Ladung Q befindliche Einheitsladung $Q_e = 1$ ergibt sich aus Gl. (1) allgemein zu

$$\mathfrak{E} = \frac{1}{\varepsilon} \cdot \frac{Q}{r^2} \text{ Dyn/LE} \tag{2}$$

und heißt elektrische **Feldstärke.** Sie ist eine vektorielle Größe und ein Maß für den an der betreffenden Stelle herrschenden Spannungszustand im Isolierstoff. Die Feldstärke gibt an jeder Stelle des Feldes die Richtung der Feldlinien an.

4. Elektrisches Potential und elektrische Spannung

Im Punkte O der Abb. 1 befinde sich eine elektrische Ladung Q. Das umgebende Medium sei Luft. Eine im Punkte A_1 befindliche gleichnamige Ladung Q_e erfährt von der Ladung Q eine abstoßende Kraft $P_1 = \frac{Q \cdot Q_e}{r_1^2}$. Es soll die Arbeit berechnet werden, die bei der Verschiebung der Ladung Q_e vom Punkte A_1 nach dem Punkt A von den elektrischen Kräften geleistet wird. Da die auf Q_e wirkende Feldkraft P bei zunehmender Entfernung von der Ladung Q immer schwächer wird, so kann die Arbeit auf dem Wege $A_1 A$ dadurch berechnet werden, daß man die Ladung Q_e ruckweise auf kurzen Strecken von A_1 nach A verschiebt.

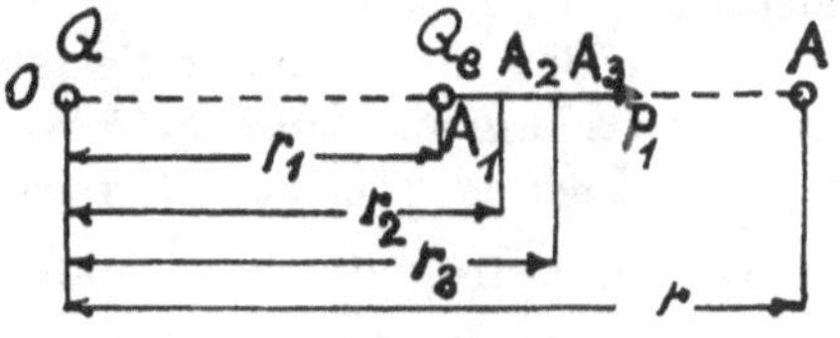

Abb. 1

In A_1 ist die Kraft $P_1 = \frac{Q \cdot Q_e}{r_1^2}$, in A_2 dagegen $P_2 = \frac{Q \cdot Q_e}{r_2^2}$. Sind die Punkte A_1 und A_2 einander sehr nahe, dann kann man auf dem Weg $A_1 A_2$ eine konstante Mittelkraft $P = \frac{Q \cdot Q_e}{r_1 \cdot r_2}$ ansetzen, so daß die Arbeit zur Verschiebung der Ladung Q_e von A_1 nach A_2 gleich ist $\frac{Q \cdot Q_e}{r_1 \cdot r_2}(r_2 - r_1) = \frac{Q \cdot Q_e}{r_1} - \frac{Q \cdot Q_e}{r_2}$. Desgleichen ist die Arbeit auf dem Wegstück $A_2 A_3$: $\frac{Q \cdot Q_e}{r_2} - \frac{Q \cdot Q_e}{r_3}$, auf dem Wegstück $A_3 A_4$: $\frac{Q \cdot Q_e}{r_3} - \frac{Q \cdot Q_e}{r_4}$ und auf dem letzten Wegstück $A_n A$: $\frac{Q \cdot Q_e}{r_n} - \frac{Q \cdot Q_e}{r}$ Addiert man sämtliche sich ergebenden Teilarbeiten, dann ergibt sich als Gesamtarbeit

$$A = \frac{Q \cdot Q_e}{r_1} - \frac{Q \cdot Q_e}{r} = Q_e \left[\frac{Q}{r_1} - \frac{Q}{r}\right], \tag{3}$$

da sich alle übrigen Glieder herausheben.

Diese Arbeit hat als Einheit Dyn cm oder Erg. Die praktische Arbeitseinheit ist das kgm und, weil 1 kg = 981 000 Dyn und 1 m = 100 cm, so ist 1 kgm = 98 100 000 Erg = $9{,}81 \cdot 10^7$ Erg.

Der Klammerausdruck der Gl. (3) enthält für den Anfangspunkt A_1 und den Endpunkt A des von der Ladung Q_e zurückgelegten Weges den Quotienten aus der das Feld erregenden Ladung Q und der Entfernung r_1 bzw. r der Ladung Q_e von Q. Nun ist jedem Feldpunkt so ein Quotient $Q : r$ in bezug auf die felderregende Ladung Q zugeordnet. Dieser Quotient hat für jeden Feldpunkt einen bestimmten Wert und heißt das **elektrische Potential** des Feldpunktes

$$V = \frac{Q}{r}. \tag{3a}$$

Das Potential V ist im Gegensatz zu der vektoriellen Größe der Feldstärke $\mathfrak{E}$ eine skalare Größe und für alle Punkte im Feld einer positiven Ladung Q positiv, im Feld einer negativen Ladung Q negativ. Das Potential nimmt daher im Feld einer positiven Ladung bei Annäherung an die Ladung Q absolut und algebraisch zu, im Feld einer negativen Ladung ebenfalls absolut zu, algebraisch aber ab. Das Potential V ist also auch ein Maß für den in dem betreffenden Feldpunkt herrschenden elektrischen Spannungszustand.

Unter Beachtung dieser Feststellungen ergibt sich der Satz: **Eine freie positive Ladung in einem Feld wird vom höheren zum niederen, eine freie negative Ladung vom niederen zum höheren Potential getrieben.**

Da der Betrag des Potentials $V = \frac{Q}{r}$ im Feld einer gegebenen Ladung Q nur vom Abstand r des Feldpunktes abhängt, so haben Punkte einer um Q beschriebenen Kugelfläche gleiches Potential. Flächen, deren Punkte gleiches Potential besitzen, heißen **Aequipotentialflächen** oder kurz **Potentialflächen.** Im Feld einer Ladung Q sind also die Potentialflächen um den Sitz der Ladung beschriebene konzentrische Kugelflächen, auf denen die Feldlinien überall senkrecht stehen.

Setzt man in Gl. (3) für $Q_e = 1$ LE und $r = \infty$, dann erhält man $A = \frac{Q}{r_1}$ gleich dem Potential V_1 des Punktes A_1 der Abb. 1, woraus folgt:

Das elektrische Potential eines Feldpunktes ist gleich der Arbeit, die von den elektrischen Kräften geleistet werden müßte, um die der felderregenden Ladung gleichnamige Einheitsladung vom Feldpunkt aus ins Unendliche (d. h. an eine Stelle, die das Potential Null besitzt) zu schaffen, oder gleich der Arbeit, die von äußeren Kräften aufgewendet werden muß, um die zur felderregenden Ladung gleichnamige Einheitsladung vom Unendlichen (d. h. von einer Stelle, die das Potential Null besitzt) nach dem Feldpunkt zu schaffen.

Die Einheit des elektrostatischen Potentials ergibt sich aus Gl. (3) zu Erg/LE, bzw. aus Gl. (3a) zu LE/cm.

Die Klammer der Gl. (3) enthält die Differenz zwischen den Potentialen $V_1 = \frac{Q}{r_1}$ des Feldpunktes A_1 und $V = \frac{Q}{r}$ des Feldpunktes A. Die Differenz der Potentiale zweier Feldpunkte ist ein Maß für den zwischen den beiden Punkten herrschenden elektrischen Spannungszustand, weshalb man diese Potentialdifferenz als die zwischen den zwei Feldpunkten herrschende **elektrische Spannung U** bezeichnet. Damit ergibt sich für die Gl. (3) die Form

$$A = Q_e[V_1 - V] = Q_e \cdot U, \tag{4}$$

wobei

$$U = V_1 - V. \tag{4a}$$

Aus den Gl. (4) und (4a) folgt:

a) Die Arbeit A zum Verschieben einer Ladung Q_e zwischen zwei Punkten mit den Potentialen V_1 und V ist gleich dem Produkt aus der verschobenen Ladung Q_e und der Potentialdifferenz oder elektrischen Spannung $U = V_1 - V$ zwischen den beiden Punkten.

Und weil für $Q_e = 1$ LE in Gl. (4) $A = U$ ist, folgt ferner:

b) Die elektrische Spannung U zwischen zwei Feldpunkten verschiedenen Potentials ist die zum Verschieben der Einheitsladung 1 LE zwischen den zwei Punkten zu leistende Arbeit in Erg/LE.

Da die auf die Einheitsladung 1 LE wirkende Kraft an jeder Stelle des Transportweges $A_1 A$ die dort herrschende Feldstärke $\mathfrak{E}$ ist, so ist die Arbeit auf einem sehr kleinen Wegstück Δr, z. B. $A_2 A_3$ gleich $\mathfrak{E} \cdot \Delta r$ und die Spannung U zwischen A_1 und A dann gleich der algebraischen Summe aller Produkte $\mathfrak{E} \,.\, \Delta r$ längs des Weges $A_1 A$ der Feldlinie, also

$$U = \sum_{r_1}^{r} \mathfrak{E} \cdot \Delta r \,. \tag{5}$$

Daraus aber folgt:

c) Die elektrische Feldstärke $\mathfrak{E}$ an irgend einer Stelle des Feldes ist die Spannung pro 1 cm **Feldlinie** in Erg/LE cm = Dyn/LE.

Weil auf den Potentialflächen überall zwischen zwei Punkten $U = 0$ ist, so ergibt sich, daß bei der Bewegung von Ladungen auf Potentialflächen keine Arbeit zu leisten ist, woraus folgt, daß die Feldlinien und Potentialflächen überall senkrecht aufeinander stehen müssen.

Die Gl. (3) und (4) und damit die Sätze unter a) und b) gelten aber nicht nur für die Bewegung einer Ladung längs einer Feldlinie gemäß Abb. 1, sondern auch allgemein für einen beliebigen Weg zwischen zwei Feldpunkten. Denn die Bewegung auf einer beliebigen Kurve zwischen zwei Punkten A_1 und A_2 nach Abb. 2 kann zusammengesetzt werden aus unendlich vielen unendlich kleinen Verschiebungen, die abwechslungsweise auf einer Feldlinie und auf einer Potentialfläche erfolgen, wobei bei der Bewegung auf einer Potentialfläche keine Arbeit zu leisten ist. Durch Berechnung der Teilarbeiten auf den sich ergebenden Feldlinienstrecken nach Gl. (3) ergibt sich als Summe wieder die Gesamtarbeit $A = Q_e[V_1 - V_2]$, wenn V_1 und V_2 die Potentiale der Punkte A_1 und A_2 sind. Ist Δl ein Linienelement, dann berechnet sich nach Abb. 2 die Spannung auch zu

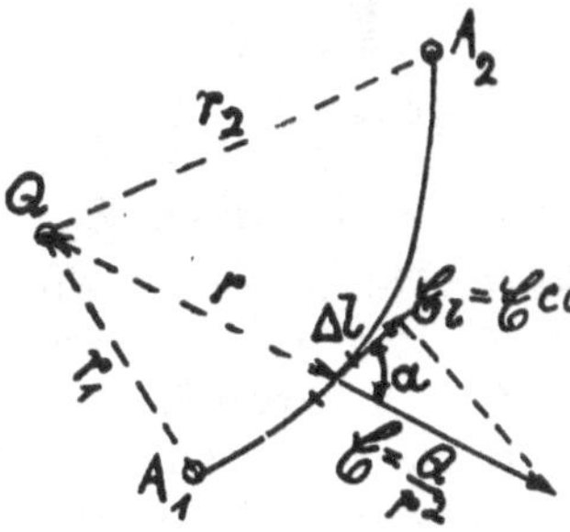

Abb. 2

$$U = \sum_{0}^{l} \mathfrak{E}_l \cdot \Delta l = \sum_{0}^{l} \mathfrak{E} \cos \alpha \cdot \Delta l \,, \tag{5a}$$

wobei $\mathfrak{E}_l = \mathfrak{E} \cos \alpha$ die jeweiligen Tangentialkomponenten der Feldstärken $\mathfrak{E}$ bedeuten. Die tangentiale Feldstärkekomponente $\mathfrak{E}_l$ in einem Punkt der Kurve ist die Spannung pro 1 cm Kurvenlänge an der betreffenden Stelle.

Für eine geschlossene Kurve ist die Spannung nach Gl. (5a) gleich Null, was besagt, daß man durch Bewegung einer Ladung auf einer geschlossenen Kurve im Feld keine Arbeit gewinnen kann. Solche Felder heißen **wirbelfrei.**

Ist für eine geschlossene Kurve die Spannung nach Gl. (5a) verschieden von Null (magnetisches Feld der Stromleiter), dann spricht man von einem **Wirbelfeld.**

In einem Isolator mit der Elektrisierungskonstanten ε sind die von einer Ladung Q erzeugten Feldstärken, Potentiale, Spannungen und Arbeiten sämtlich ε mal kleiner als in Luft.

5. Elektrisches Feld zweier Ladungen

In einem Isolator seien jetzt zwei elektrische Ladungen vorhanden. Es wird der meist in Frage kommende Fall angenommen, daß zwei ungleichnamige Ladungen gleicher Größe $+Q$ und $-Q$ in r cm Entfernung voneinander gemäß Abb. 3a gegeben sind. Das umgebende Dielektrikum sei Luft. Jede der beiden Ladungen erzeugt dann für sich ein Feld und die beiden Felder überlagern sich zu einem resultierenden Feld. Für einen Feldpunkt P der Abb. 3a, welcher von den Ladungen die Entfernungen r_1 bzw. r_2 besitzt, setzt sich dann die Feldstärke $\mathfrak{E}$ als vektorielle Größe **geometrisch** aus den von den einzelnen Ladungen her-

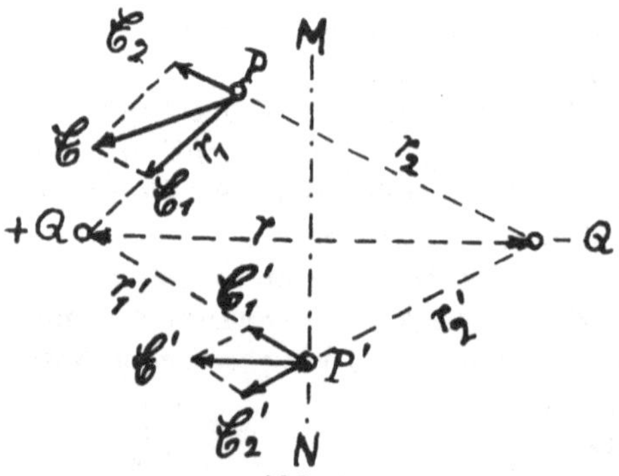

Abb. 3a

rührenden Feldstärken $\mathfrak{E}_1 = \frac{Q}{r_1^2}$ und $\mathfrak{E}_2 = \frac{Q}{r_2^2}$ zusammen. Nimmt man im Punkt P die negative Einheitsladung der Elektronen an, dann wirkt die Feldstärke $\mathfrak{E}_1$ der Ladung $+Q$ anziehend, die Feldstärke $\mathfrak{E}_2$ der Ladung $-Q$ abstoßend und die resultierende Feldstärke ist nach Abb. 3a die Resultante $\mathfrak{E}$. In der durch MN gehenden Mittellotebene auf r sind alle Feldstärken horizontal gerichtet, weil wegen $r_1' = r_2'$ auch $\mathfrak{E}_1' = \mathfrak{E}_2'$. Da nun die Feldstärke die Richtung der Feldlinien in den Feldpunkten angibt, so sind die Feldlinien des resultierenden Feldes krumme Linien, welche die beiden Ladungen verbinden, wie in Abb. 3b die ausgezogenen Linien. Da das elektrische Potential $V = \frac{Q}{r}$ eine skalare Größe ist, so setzen sich die Potentiale V der Feldpunkte **algebraisch** aus den von den beiden Ladungen erzeugten Potentialen zusammen. Für den Feldpunkt P ist daher $V = +\frac{Q}{r_1} - \frac{Q}{r_2} = +\frac{Q(r_2 - r_1)}{r_1 \cdot r_2}$. Für alle Feldpunkte links der durch MN gehenden Mittellotebene sind wegen $r_1 < r_2$ alle Potentiale positiv, rechts der Mittellotebene wegen $r_1 > r_2$ alle Potentiale negativ. Sämtliche in der Mittellotebene selbst liegende Feldpunkte haben wegen $r_1 = r_2$ das Potential $V = 0$. Die Mittellotebene ist also die Potentialfläche für $V = 0$. Die übrigen Potentialflächen sind überall auf den Feldlinien senkrecht stehende krumme Flächen, deren

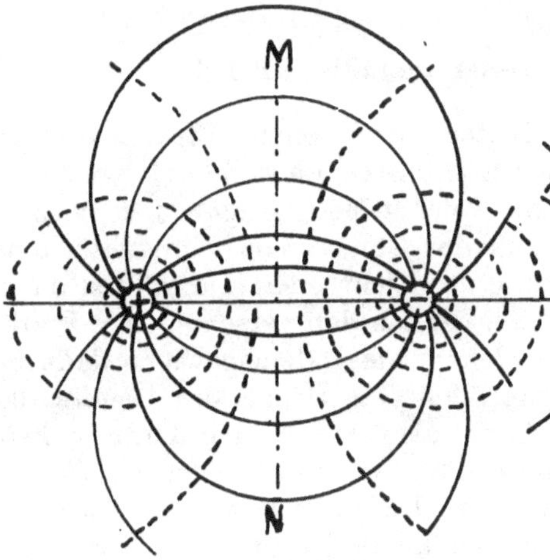

Abb. 3b

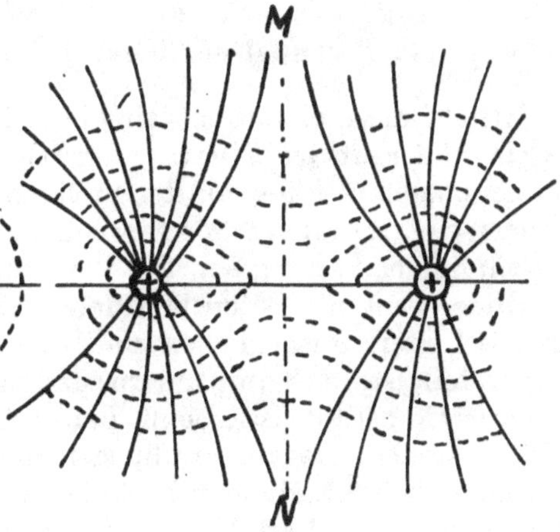

Abb. 3c

Spuren mit der Papierebene die in Abb. 3b gestrichelt gezeichneten Linien sind.

Die Feldkräfte auf die Valenzelektronen der Isolierstoffatome erfolgen jetzt nicht mehr in radialer Richtung, sondern in Richtung der in Abb. 3b gezeichneten Feldlinien. Auf ihnen geschieht die Bewegung freier elektrischer Ladungen und zwar der negativen vom niederen zum höheren Potential, d. h. von $-Q$ nach $+Q$, der positiven Ladungen vom höheren zum niederen Potential, d. h. von $+Q$ nach $-Q$, während unter dem Zwang äußerer Kräfte Ladungen auf einer beliebigen Kurve bewegt werden können. In jedem Falle ist auch hier die Arbeit bei der Verschiebung einer Ladung Q_e gemäß Gl. (4) $A = Q_e \cdot U$ Erg, wobei U die Differenz der Potentiale von Anfangs- und Endpunkt des Transportweges bedeutet. Für die Bewegung auf einer geschlossenen Kurve ist auch hier wieder $\sum_0^l \mathfrak{E}_l \cdot \Delta l = 0$. Das Feld ist wirbelfrei.

Abb. 3c zeigt das resultierende Feld zweier gleichnamiger Ladungen gleicher Größe. Hier stoßen sich die Feldlinien ab (ausgezogene Linien), wogegen jetzt die Potentialflächen die Ladungen Q verbinden (gestrichelte Kurve).

Allgemein, sowohl im Feld einer Einzelladung, wie auch im Feld der Abb. 3b und 3c, ist der Feldzustand gekennzeichnet durch den Verlauf der Feldlinien und die Gestalt der Potentialflächen und zwar ist das Feld umso stärker, je dichter die Feldlinien und je geringer die Abstände zwischen benachbarten Potentialflächen an den verschiedenen Stellen des Feldes sind.

Die bisherigen Ausführungen genügen als einleitende Betrachtungen. Eine eingehendere Behandlung erfährt das elektrische Feld in Abschnitt VIII.

6. Potential elektrisch geladener metallischer Leiter

Erteilt man einem metallischen Leiter durch einen Elektrisierungsvorgang oder durch Übertragung eine Ladung Q, dann bleibt sie nicht, wie bei einem Isolator, an der Stelle, an welcher sie erzeugt wurde, sitzen, sondern es tritt infolge der Beweglichkeit der Elektronen beim Leiter eine Verteilung der Ladung ein. Die Bewegung der Elektronen kommt erst dann zur Ruhe, wenn die Potentialdifferenzen zwischen den verschiedenen Punkten des Leiters ausgeglichen sind und elektrisches Gleichgewicht dadurch eingetreten ist, daß im Innern und auf der Oberfläche des Leiters das Potential konstant ist. Beim Leiter kann also durch eine Ladung kein Feld entstehen. Daraus ergibt sich dann, daß sich im Innern des Leiters überhaupt keine Ladungen befinden können. Denn, da das Potential überall den gleichen Wert besitzt, ist zwischen allen Punkten die Spannung $U = 0$ und da diese Spannung nach Gl. (5a) $U = \sum_0^l \mathfrak{E}_l \cdot \Delta l$, so ist im Innern des Leiters $\mathfrak{E} = 0$, d. h. keine Feldstärke und deshalb auch keine Ladung vorhanden. **Die einem metallischen Leiter mitgeteilte Ladung kann sich also nur auf seiner Oberfläche befinden.** Auch bei einem Hohlkörper ist auf der Innenwand keine Ladung vorhanden, sondern die gesamte Ladung sitzt wie bei einem Vollkörper nur auf der Oberfläche des Leiters. Nun ist auf der Leiteroberfläche ebenfalls — wegen des konstanten Potentials V — zwischen allen Punkten die Spannung $U = \sum_0^l \mathfrak{E}_l \cdot \Delta l = 0$, obwohl dort Ladungen und Feldstärken vorhanden sind. Das ist aber dadurch möglich, weil die Leiteroberfläche ja eine Potentialfläche ist und deshalb von der auf ihr verteilten Ladung Q die Feldlinien und damit die Feldstärken **senkrecht** in den umgebenden Raum gehen. Den experimentellen Nachweis dafür, daß die Ladung eines Leiters sich nur auf der Oberfläche befindet, kann man erbringen, indem man mittels einer Sonde der Innenwand eines Hohlkörpers eine Ladung vermittelt und feststellt, daß man sie nur auf der Außenfläche vorfindet.

An allen Stellen der Leiteroberfläche herrscht also eine bestimmte, senkrecht zur Oberfläche gerichtete Feldstärke $\mathfrak{E}$. Die Dichte der Ladung, d. h. die Ladung je 1 cm² an irgend einer Stelle der Leiteroberfläche, sei $\mathfrak{D}$ in LE/cm².

Die auf dem Leiter befindliche Ladung Q erzeugt in dem umgebenden Isolierstoff ein elektrisches Feld, auf dessen vom Leiter senkrecht ausgehenden Feldlinien die Potentialflächen überall senkrecht stehen und daher der Leiteroberfläche ähnliche Flächen sind. Bei einem **kugelförmigen**

Leiter vom Radius r cm (Abb. 4) verteilt sich die Ladung gleichmäßig auf die Oberfläche $F = 4\,r^2\pi$, so daß die Ladungsdichte konstant ist

$$\mathfrak{D} = \frac{Q}{F} = \frac{Q}{4\,r^2\pi}\,. \tag{6}$$

Da die Ladung gleichmäßig auf der Oberfläche verteilt ist und alle Teilladungen vom Mittelpunkt M den gleichen Abstand r haben, so ergibt sich das Potential des Kugelmittelpunktes als Summe der Potentiale der Teilladungen

$$V = \frac{Q}{r}\,. \tag{7}$$

Da nun bei einem Leiter das Potential überall konstant ist, so stellt Gleichung (7) das Potential der Kugel dar.

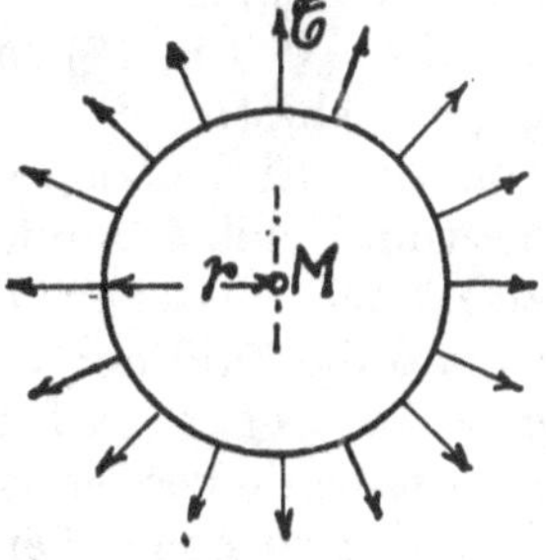

Abb. 4

Das Potential V einer geladenen Kugel ist ebenso groß, wie wenn die gesamte Ladung Q im Mittelpunkt M sitzen würde.

Zu diesem Potential gehört dann, wenn die Kugel von Luft umgeben ist, gemäß Gl. (2) eine Feldstärke an der Kugeloberfläche

$$\mathfrak{E} = \frac{Q}{r^2}\,. \tag{8}$$

Zur Berechnung der Feldgrößen in einem von einer geladenen Kugel erzeugten Feld ist in die Formeln (1) bis (5) für r der Abstand des Feldpunktes vom Kugelmittelpunkt M einzusetzen.

Vergleicht man die Formeln (6) und (8), so ergibt sich

$$\mathfrak{D} = \frac{\mathfrak{E}}{4\pi}, \tag{9}$$

oder

$$\mathfrak{E} = 4\,\pi\mathfrak{D}\,. \tag{9a}$$

Die Gl. (6) und (9a) ergeben, daß Ladungsdichte $\mathfrak{D}$ und Feldstärke $\mathfrak{E}$ an der Oberfläche metallischer Leiter um so größer sind, je kleiner r^2 oder je größer $\frac{1}{r^2}$ ist, d. h. **Ladungsdichte $\mathfrak{D}$ und Feldstärke $\mathfrak{E}$ nehmen mit dem Quadrat der Krümmung zu.**

Daraus folgt, daß bei beliebig gestalteten metallischen Leitern $\mathfrak{D}$ und $\mathfrak{E}$ an verschiedenen Stellen der Oberfläche verschieden groß sind und zwar um so größer, je größer die Krümmung an der betreffenden Stelle ist gemäß Abb. 5. Die vom Leiter ausgehenden Feldlinien sind dann an den stärker gekrümmten Stellen der Oberfläche zahlreicher

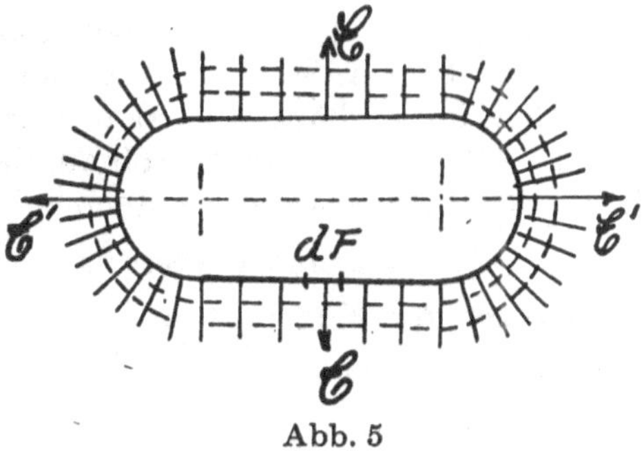

Abb. 5

und die Potentialflächen im umgebenden Isolierstoff sind dann nicht mehr äquidistante Flächen zur Leiteroberfläche, sondern haben an den stärker gekrümmten Stellen der Oberfläche kleineren Abstand von ihr und untereinander.

Die Gl. (6), (7) und (8) gelten nur für kugelförmige Leiter, dagegen behalten die Gl. (9) und (9a) allgemeine Gültigkeit, wenn man von der Einheitsladung 4π Feldlinien ausgehen läßt. Wieviele Linien man im Felde annimmt, ist nämlich gleichgültig, weil der gesamte Raum, also auch zwischen den Linien, sich im elektrischen Zustand befindet, so daß die Zahl der von einer Ladung Q ausgehenden Feldlinien unendlich groß ist. Der Begriff der Feldliniendichte $\mathfrak{D}$ ist daher nur relativ.

An besonders stark gekrümmten Stellen der Leiteroberfläche können $\mathfrak{D}$ und $\mathfrak{E}$ so hohe Werte annehmen, daß die Elektrizität ausströmt. Diese Erscheinung tritt besonders an Spitzen auf.

7. Kapazität der Leiter

Aus Gl. (7) ergibt sich, daß bei einer Kugel für eine gegebene Ladung Q der Betrag des Potentials $V = \frac{Q}{r}$ um so größer ist, je kleiner der Kugelradius r ist, oder daß die zur Erreichung eines bestimmten Potentials V nötige Ladung $Q = V \cdot r$ um so größer ist, je größer der Kugelradius r ist. Eine Kugel kann also bei gegebenem Potential V eine um so größere Ladung Q aufnehmen, einen je größeren Wert das Verhältnis $r = \frac{Q}{V}$ hat. Das Verhältnis $Q : V$ gibt also ein Maß für die Aufnahmefähigkeit der Kugel bezüglich elektrischer Ladungen und man bezeichnet deshalb den Quotienten $\frac{Q}{V}$ als die **elektrische Kapazität C** der Kugel, so daß

$$C = \frac{Q}{V} = r. \qquad \textbf{(10)}$$

Die elektrische Kapazität C einer Kugel ist gleich ihrem Radius.

Es ergibt sich ferner, daß die elektrostatische Einheit der Kapazität C eine Länge und zwar 1 cm ist. Diese elektrostatische Einheit der Kapazität besitzt also eine Kugel von 1 cm Radius, weil die Einheitsladung $Q = 1$ LE auf dieser Kugel das Einheitspotential $V = 1$ Erg/LE erzeugt.

Betrachtet man die Erde angenähert als leitende Kugel und nimmt den Erdradius im Verhältnis zu den Abmessungen der auf der Erde befindlichen Leiter als unendlich groß an, dann ergibt sich das Erdpotential und damit das Potential jedes leitend mit der Erde verbundenen Körpers zu $V = \frac{Q}{\infty} = 0$. Tatsächlich aber hat die Erde ein nachweisbares Potential.

Wie bei der Kugel ist auch bei jedem anders gestalteten Leiter der Wert des Quotienten $\frac{Q}{V} = \frac{\text{Ladung}}{\text{Potential}}$ konstant. Wie der Versuch ergibt, erzeugt eine n-fache Ladung auch ein n-faches Potential. Das Verhältnis

$Q:V$ ist deshalb bei jedem Leiter ein Maß für sein elektrisches Fassungsvermögen, weil bei gegebenem Potential V der Leiter eine um so größere Ladung Q aufnehmen kann, je größer der Betrag des Quotienten $\frac{Q}{V}$ ist. Man bezeichnet deshalb allgemein bei jedem Leiter den Quotienten

$$C = \frac{Q}{V} \qquad \textbf{(11)}$$

als die **Kapazität** des **Leiters.** Sie ist eine Funktion der Abmessungen des Leiters und unabhängig vom Stoff, aus dem er besteht. Als Einheit ergibt sich, wenn man in Formel (11) Q und V in elektrostatistischen Einheiten einsetzt

$$\frac{Q}{V} = \frac{\text{LE}}{\text{LE/cm}} = \text{cm}.$$

Jeder Leiter mit der Kapazität C ist also bezüglich seines elektrischen Fassungsvermögens gleichwertig mit einer Kugel vom Radius C cm.

Durch Auflösung der Gl. (11) ergeben sich die Beziehungen

$$V = \frac{Q}{C} \quad \text{und} \quad Q = V \cdot C. \qquad \textbf{(11 a)}$$

Die Kapazität C läßt sich für Leiter mit gesetzmäßig gestalteter Oberfläche aus den Abmessungen berechnen. Bei unregelmäßig gestalteter Oberfläche wird die Berechnung aber schwierig, so daß man auf eine versuchsmäßige Bestimmung angewiesen ist. Man beobachtet zu diesem Zweck mittels entsprechender Meßinstrumente die zu jeder zugeführten Ladung erfolgte Erhöhung des Potentials.

Befindet sich ein Leiter mit der Ladung Q nicht in Luft, sondern in einem Isolator mit der Elektrisierungszahl ε, dann ist nach § 4 bei gleicher Ladung Q das Potential V des Leiters ε mal kleiner als in Luft, oder zur Erzeugung eines Potentials V ist die erforderliche Ladung Q, die der Leiter erhalten muß, ε mal größer als in Luft. Daraus folgt, daß die Kapazität C eines Leiters in einem Isolator mit der Elektrisierungszahl ε den ε-fachen Wert besitzt wie in Luft. Bezeichnen also Q und V Ladung und Potential eines Leiters in Luft, dann ist seine Kapazität in einem andern Isolierstoff

$$C = \varepsilon \frac{Q}{V}. \qquad \textbf{(12)}$$

Aus den in diesem Paragraphen durchgeführten Betrachtungen ergibt sich noch die Erkenntnis:

Wird einem Leiter eine Ladung Q erteilt, dann nimmt der Leiter entsprechend seiner Kapazität C ein Potential $V = \frac{Q}{C}$ an.

8. Ladungsenergie

Man versteht darunter jene Arbeit, die zu leisten ist, um einen Leiter von der Kapazität C auf das Potential V zu laden, d. h. die Arbeit, um die entsprechende Ladung Q entgegen den Feldkräften auf den Leiter zu bringen. Diese Arbeit ist auf dem Leiter als potentielle Energie aufgespeichert und entspricht daher der Energie, die in dem von der Ladung Q im umgebenden Isolierstoff geschaffenen elektrischen Feld infolge des Spannungszustandes enthalten ist, wie später nachgewiesen wird. Bei der Entladung des Leiters wird die Ladungsenergie beim Verschwinden des elektrischen Feldes wieder frei und in eine andere Energieform z. B. Wärme, Licht, Schall umgesetzt. Verbindet man also zwecks Entladung den Leiter vom Potential V mit der Erde vom Potential Null, dann strömt die Ladung Q infolge der Potentialdifferenz $V - 0 = V$ zur Erde ab, was einer Arbeit vom Betrag $A = Q \cdot V$ entspräche gemäß Gl. (4), wenn das Potential V des Leiters konstant bliebe. Da aber während der Entladung das Potential des Leiters von V auf den Wert Null sinkt, so ist die geleistete Arbeit als Mittelwert nur die Hälfte.

Die Arbeit zum Laden eines Leiters mit einer Ladung Q auf das Potential V beträgt also

$$A = \frac{Q \cdot V}{2}. \tag{13}$$

Mit Hilfe der Formeln (11a) ergeben sich für die Ladungsenergie noch die Ausdrücke

$$A = \frac{CV^2}{2} \text{ und } A = \frac{1}{2}\frac{Q^2}{C}. \tag{13a}$$

II. Abschnitt

Gesetze des Gleichstroms

9. Der elektrische Strom, seine Stärke, Leistung und Arbeit

Zwei elektrisch geladene metallische Leiter A_1 und A_2 mit den Potentialen $+ V_1$ und $- V_2$ seien gemäß Abb. 6 durch einen homogenen Metalldraht von der Länge l und dem Querschnitt q verbunden. Zwischen den Leitern herrscht also eine elektrische Spannung $U = V_1 - V_2$ und unter Annahme des meist vorliegenden Falles (Pole von Stromquellen), daß $V_1 = V_2 = V$, ist $U = V - (- V) = 2 V$.

Das Feld der Leiter A_1 und A_2 gemäß Abb. 3b kommt im Metalldraht als sogenanntes **Strömungsfeld** (siehe § 71) zur Wirkung, dessen Feldlinien parallel zur Drahtachse sind. Infolge der von der Spannung U erzeugten Feldstärke $\mathfrak{E}$ werden die zwischen den Drahtatomen beweglichen freien Elektronen wegen ihrer negativen Elementarladung vom niederen zum höheren Potential, d. h. vom Leiter A_2 zum Leiter A_1 im Draht bewegt. Die zur Konstanthaltung der Potentiale nötigen Ladungen der Leiter A_1 und A_2 besorgt nach § 10 die Stromquelle. **Diese** bei konstant erhaltener Spannung U **ständige Elektronenbewegung,** welche den ganzen Gehalt an freien Elektronen des Drahtes erfaßt und daher durch den vollen Drahtquerschnitt q erfolgt, bezeichnet man als **elektrischen Strom.** Er macht sich dadurch bemerkbar, daß im Leitungsdraht selbst und in seiner Umgebung bestimmte Erscheinungen auftreten, die man als die Wirkungen des elektrischen Stromes bezeichnet und welche später behandelt werden.

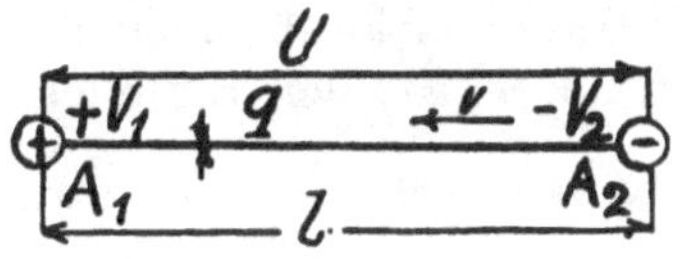

Abb. 6

Die Stromrichtung, d. h. die Richtung der Elektronenbewegung, geht vom niederen zum höheren Potential, also bei Stromquellen vom negativen zum positiven Pol. Trotzdem ist es in der Praxis üblich, gemäß früherer Anschauungen vom Wesen der Elektrizität, die Stromrichtung entgegen der Elektronenbewegung vom positiven zum negativen Leiter anzunehmen.

Als Stromstärke I des elektrischen Stromes bezeichnet man die von den wandernden Elektronen in 1 Sekunde durch den vollen Querschnitt q des Drahtes bewegte Elektrizitätsmenge.

Ist σ die in einem homogenen Draht überall konstante elektrische Raumdichte der freien Elektronen, d. h. Anzahl der Elektronen in der Raumeinheit mal Ladung eines Elektrons, und v die Geschwindigkeit, mit der sich die Elektronen im Draht bewegen, dann ist die Stromstärke

$$I = \sigma \cdot q \cdot v\,. \tag{14}$$

Die Stromstärke je Flächeneinheit des Drahtquerschnitts q heißt **Stromdichte *j*,** so daß

$$j = \frac{I}{q} = \sigma \cdot v\,. \tag{15}$$

In Kupfer, aus welchem Stoff ja meistens die Leitungsdrähte bestehen, sind z. B. je Kubikzentimeter $8 \cdot 10^{22}$ Elektronen vorhanden mit je einer elektrischen Ladung von $4{,}71 \cdot 10^{-10}$ LE $= 1{,}6 \cdot 10^{-19}$ Coulomb, wie in §36 nachgewiesen wird. Daraus ergibt sich für Kupfer $\sigma = 8 \cdot 10^{22} \cdot 4{,}71 \cdot 10^{-10} = 3{,}768 \cdot 10^{13}$ LE $= 12{,}8 \,.\, 10^{3}$ Coulomb.

Bei der Bewegung der Elektronen kann keine Stauung auftreten, woraus nach Gl. (14) folgt, **daß in einem Draht die Stromstärke *I* und daher bei konstantem Querschnitt *q* auch die Geschwindigkeit *v* der Elektronen auf der ganzen Drahtlänge *l* konstant sind.**

Die Bewegung der Elektronen ist also gleichförmig, was besagt, daß die Feldstärke $\mathfrak{E}$ konstant und gleich dem mechanischen Reibungswiderstand W ist, den die Elektronen bei der Bewegung zwischen den Drahtatomen erleiden. Da nun die Spannung $U = \sum_0^l \mathfrak{E} \Delta l$, so folgt, da $\mathfrak{E}$ konstant ist, $U = \mathfrak{E} \sum_0^l \Delta l = \mathfrak{E} \cdot l$ und daraus $\mathfrak{E} = \frac{U}{l}$, d. h. Spannung je Längeneinheit des Drahtes. Bei gegebenen Werten von j und σ eines Drahtes läßt sich aus Gl. (15) die Elektronengeschwindigkeit berechnen zu

$$v = j/\sigma\,. \tag{16}$$

Die in t Sekunden durch den Drahtquerschnitt q von einem Strom I hindurchbewegte Elektrizitätsmenge ist

$$Q = I \cdot t = j \cdot q \cdot t\,. \tag{17}$$

Da nun in t Sekunden die Elektronenmenge des gesamten Drahtvolumens $q \cdot l$, d. h. die Elektrizitätsmenge $\sigma \cdot q \cdot l$ von der Kraft $P = \sigma \cdot q \cdot l \cdot \mathfrak{E}$ auf dem Weg $s = v \cdot t$ verschoben wird, so ist die dazu nötige Arbeit $A = P \cdot s = \sigma \cdot q \cdot l \cdot \mathfrak{E} \cdot v \cdot t = \sigma \cdot q \cdot l \cdot \frac{U}{l} \cdot v \cdot t = \sigma \cdot q \cdot v \cdot t \cdot U = U \cdot I \cdot t = U \cdot Q$. Die von den elektrischen Kräften in t Sek. im Draht geleistete elektrische Arbeit ist also

$$A = U \cdot Q = U \cdot I \cdot t \tag{18}$$

und die Arbeit je Sekunde, oder elektrische Leistung

$$N = \frac{A}{t} = U \cdot I\,. \tag{19}$$

Für die Größen Elektrizitätsmenge Q, Arbeit A, Potential V bzw. Spannung U, Feldstärke $\mathfrak{E}$ und Kapazität C wurden bisher als absolute Einheiten beziehendlich LE, Erg, Erg/LE, Dyn/LE und cm verwendet. Für das Strömungsfeld der fließenden Elektrizität aber ist man gezwungen, passende andere, sogenannte **praktische Einheiten** festzulegen, wie sie in § 11 angegeben werden. In diesem Maß-System werden dann auch die oben genannten Größen durch entsprechende Meßgeräte gemessen, die in den §§ 15 und 88 betrachtet und in der elektrotechnischen Meßkunde genauer behandelt werden. Sämtliche Meßgeräte beruhen auf den Wirkungen des elektrischen Stromes und zwar auf seiner magnetischen, dynamischen, chemischen und Wärmewirkung. Die elektrische Leistung N kann in bestimmten Fällen gemäß Gl. (19) aus einer Spannungs- und Strommessung ermittelt werden, wird meist jedoch mit einem Leistungsmesser vorgenommen, in welchem gleichzeitig eine Spannungs- und Strommessung erfolgt. Während aber Spannungs-, Strom- und Leistungsmesser auf die Zeiteinheit bezogene Werte anzeigen, gibt das Meßgerät für die elektrische Arbeit A einen über eine längere Zeit t sich erstreckenden Betrag an. Das entsprechende Meßgerät besitzt deshalb ein Meßwerk, dessen bewegliches System rotiert und mittels Zahnräder auf ein Zählwerk arbeitet und heißt **Elektrizitätszähler.**

10. Die Stromquellen

Die Erzeugung eines dauernd fließenden elektrischen Stromes hat nach § 9 als Ursache eine konstante elektrische Spannung an den Enden eines Leiters. Je größer diese Spannung U ist, desto größer ist bei einem Leiter gegebener Abmessungen die elektrische Ausgleichswirkung, d. h. die Stromstärke I. Vorrichtungen, die eine konstante Spannung liefern, heißen **Stromquellen.** Die gelieferte Spannung heißt **Elektromotorische Kraft** (EMK) der Stromquelle und wird mit E bezeichnet. Es sei aber daran erinnert, daß die EMK wie jede Spannung eine Arbeit ist zur Bewegung der Einheitsladung und nicht mit der die Elektronen treibenden Feldstärke $\mathfrak{E}$ identisch, sondern die Ursache dieser Kraft ist.

Bei den heute verwendeten Stromquellen wird die EMK erzeugt entweder durch chemische Prozesse zwischen Leitern 1. und 2. Klasse, oder durch elektrische Induktion, d. h. Bewegung von Leitern 1. Klasse im Feld eines Magneten.

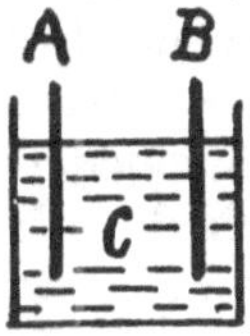

Abb. 7

Bei den Stromquellen der erstgenannten Art, den galvanischen Elementen und Akkumulatoren, befinden sich zwei verschiedene Leiter 1. Klasse A und B in einem Leiter 2. Klasse C (Abb. 7). Durch chemische Prozesse zwischen A und C und B und C werden A und B sowie C elektrisiert und nehmen je nach ihren Kapazitäten bestimmte Potentiale an. Die Auswahl der Stoffe muß so getroffen werden, daß zwischen A und B eine möglichst große Potentialdifferenz E zustande kommt. Die

Leiter A und B, welche die **Pole der Stromquelle** heißen, besitzen ungleichnamige Potentiale und es muß deshalb der positive Pol A ein in der Flüssigkeit C nicht lösbares Metall sein mit einem geringen Lösungsdruck, z. B. Kupfer oder Kohle, und der negative Pol B ein Metall mit einem hohen Lösungsdruck, so daß ein Lösen des Metalls eintritt, z. B. Zink. Wie in Abschnitt IV nachgewiesen wird, gibt nämlich Auflösen des Metalls ein negatives Potential. Als Flüssigkeiten verwendet man verdünnte Schwefelsäure, Kupfersulfat, Salmiaklösung und Chromsäure. Es ist also dann Zink stets der negative Pol, Kupfer bzw. Kohle der positive Pol eines galvanischen Elements.

Bei den Stromquellen der zweiten Art mit der Induktionselektrisierung, den Dynamomaschinen, erhalten die auf einem Zylinder befindlichen isolierten Metallstäbe bei der Rotation im magnetischen Feld an den Enden eine Potentialdifferenz und die Stäbe sind so geschaltet, daß sich ihre Spannungen addieren. Anfang und Ende dieser Stabverbindung oder Wicklung bilden die Pole der Maschine. Die Pole sind zwar innerhalb der Stromquelle in leitender Verbindung, aber ein Ausgleich der EMK innerhalb der Stromquelle kann wegen der ständig wirkenden Scheidungskraft der Stromquelle nicht eintreten. Verbindet man aber die Pole der Stromquelle durch einen Leitungsdraht, dann erfolgt bei konstanter EMK E der Stromquelle im Draht eine ständige Bewegung der freien Elektronen vom negativen zum positiven Pol, es fließt also in dem Draht ein konstanter Strom. Dieser Strom bewegt sich aber nicht nur im Draht, sondern er setzt sich durch die Stromquelle hindurch fort vom positiven Pol zum negativen zurück. Die Erfahrung zeigt nämlich, daß auf dem Leiterweg innerhalb der Stromquelle auch die Wirkungen des elektrischen Stromes auftreten. Die Flüssigkeit eines Elementes erfährt nämlich die gleiche Veränderung wie ein Leiter 2. Klasse, durch den man den im Leitungsdraht fließenden Strom schickt. Ebenso treten bei einer Dynamomaschine in der Wicklung und in ihrer Umgebung dieselben Wirkungen auf, wie im Leitungsdraht, der die Pole verbindet. Diese Vorgänge zwingen zu der Annahme, daß der von einer Stromquelle gelieferte Strom ein geschlossener ist, er beschreibt einen vollständigen Kreislauf durch Leitungsdraht und Stromquelle. Man spricht deshalb von einem **Stromkreis** und bezeichnet den Leitungsdraht als den **äußeren** Teil und die Stromquelle als den **inneren** Teil des Stromkreises. Daß der Strom auch durch die Stromquelle, die ja eine leitende Verbindung der Pole darstellt, fließen muß, ergibt sich aus folgender Betrachtung: Durch den im Draht fließenden Strom bewegen sich die Elektronen mit ihrer negativen Ladung vom negativen Pol zum positiven Pol, wodurch das Potential des negativen Pols erhöht, das des positiven Pols erniedrigt wird. Nun ist aber die Stromquelle ständig tätig in dem Sinne, daß sie jedem Pol entsprechend seiner Kapazität ein ganz bestimmtes Potential erteilt. In der Flüssigkeit eines galvanischen Elements wandern, wie in Abschnitt IV gezeigt wird, bei Stromfluß infolge der

Elektrolysierung der Flüssigkeit negative Restionen zum negativen Pol und positive Metall- bzw. Wasserstoffionen zum positiven Pol, was nicht bloß die Konstanthaltung der Potentiale bewirkt, sondern einer Fortsetzung des Stromes durch die Stromquelle hindurch entspricht. Bei einem durch Induktion elektrisierten Leiter einer Dynamomaschine werden durch die Einwirkung des Magnetfeldes dem positiven Stabende Elektronen mit ihrer negativen Ladung entzogen und dem negativen Stabende zugeführt.

Sind die Pole nicht durch einen Leitungsdraht verbunden, ist die Stromquelle, wie man sagt, offen bzw. leerlaufend, dann besteht keine Ursache zur Veränderung der Potentiale der Pole und es fließt dann auch innerhalb der Stromquelle kein Strom.

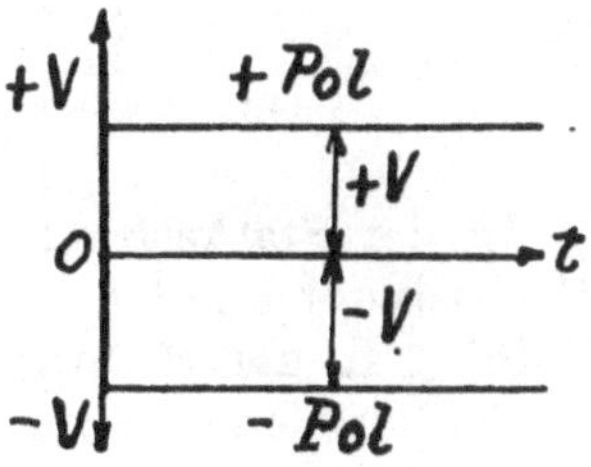

Abb. 8

Die bis jetzt behandelten Stromquellen liefern eine EMK von konstanter Größe bei gleichbleibender Polarität der Pole. Hat z. B. bei einer Dynamomaschine der eine Pol das konstante Potential $+ V$, der andere Pol das ebenfalls konstante Potential $- V$ und stellt man die Potentiale zeichnerisch in Abhängigkeit von der Zeit t dar, dann erhält man die Abb. 8. Die EMK der Maschine ist dann ebenfalls konstant mit dem Betrag $E = 2 V$ und von gleicher Richtung. Eine solche Spannung heißt **Gleichspannung** und erzeugt in einem gegebenen Stromkreis gemäß § 9 einen elektrischen Gleichstrom I von konstanter Größe und gleichbleibender Richtung. Den zeitlichen Verlauf von E und I gibt Abb. 9.

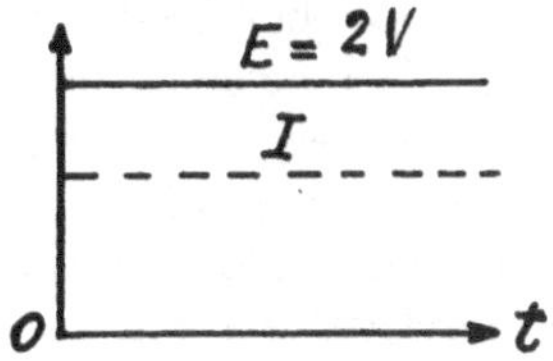

Abb. 9

Nun gibt es aber auch Stromquellen nach dem Prinzip der Induktionselektrisierung, bei denen die Polarität der Pole fortwährend wechselt. Dieser Wechsel im Vorzeichen des Potentials geht aber bei jedem Pol so vor sich, daß das Potential erst nach und nach auf Null abnimmt, bevor es sein Vorzeichen umkehrt. Zeichnet man den zeitlichen Verlauf des Potentials des einen Pols durch eine ausgezogene Kurve, bei dem andern Pol durch eine gestrichelte Kurve, dann ergibt sich Abb. 10. Die EMK d. h. Potentialdifferenz ist in jedem Augenblick gleich der algebraischen Summe der Augenblickswerte der Potentiale der beiden Pole und dadurch auch der Größe und Richtung nach veränderlich. Eine solche Spannung heißt **Wechselspannung** und erzeugt in einem gegebenen Stromkreis einen Strom, der ebenfalls mit der Zeit seine Größe und Richtung ändert und **Wechselstrom** heißt. Spannung und Stromstärke schwanken

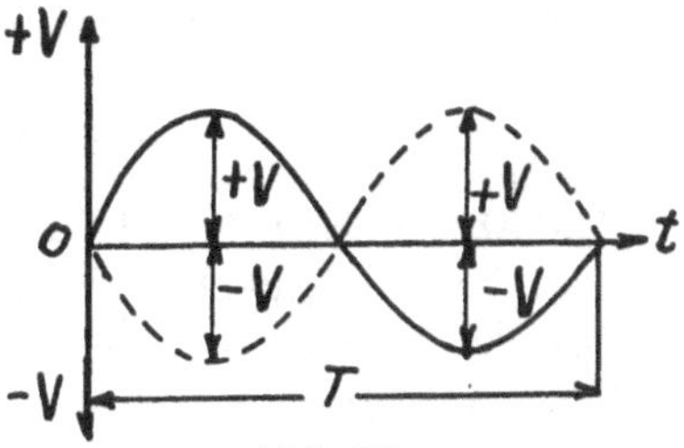

Abb. 10

also gemäß Abb. 11 periodisch zwischen Null und einem Maximalwert hin und her und wechseln jedesmal beim Erreichen des Wertes Null ihre Richtung. Die bildliche Darstellung des zeitlichen Verlaufs von Spannung und Strom, welche bei einer Gleichstromquelle parallele Gerade zur Abszissenachse ergab, gibt bei einer Wechselstromquelle wellenförmige Kurven. Da die Vorgänge sich periodisch wiederholen, so nennt man die Zeit T einer vollen Welle in Sekunden eine **Periode** und $f = \frac{1}{T}$ heißt Periodenzahl oder **Frequenz,** weil f die Zahl der vollen Wellen je Sekunde angibt.

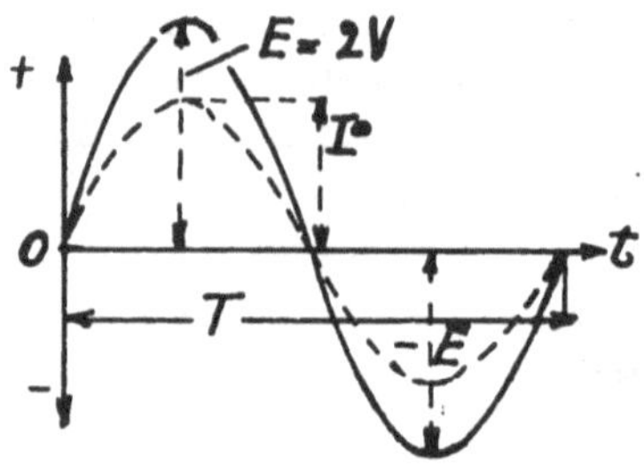

Abb. 11

In der Starkstromtechnik (Licht- und Kraftanlagen) verwendet man Wechselströme mit $f = 50$, d. h. $T = 1/50$ s, im Bahnbetrieb mit $f = 50/3 = 16^2/_3$. In der Hochfrequenztechnik kommen sehr hohe Frequenzen vor (in der Größenordnung $f = 1000$).

Wechselspannungen können nur durch elektrische Induktion in entsprechend eingerichteten Dynamomaschinen oder mittels Quecksilberdampf-Wechselrichter erzeugt werden. Der Wechselstrom hat gegenüber dem Gleichstrom den Vorteil, daß er durch ruhende Apparate, sogenannte Umspanner, auf hohe Spannung gebracht werden kann. Dieser Umstand ist von großem Nutzen bei der Übertragung großer elektrischer Leistungen auf weite Entfernungen, weil sich nach Gl. (19) bei hoher Spannung U eine geringe Stromstärke I und damit ein kleiner Querschnitt der Leitungen ergibt.

11. Die praktischen Einheiten der elektrischen Größen

Es gibt die absoluten oder elektrostatischen Einheiten, mit denen bisher gerechnet wurde, und die in der Technik benutzten praktischen Einheiten, welche in der Folge verwendet werden.

a) Elektrizitätsmenge *Q* und Stromstärke *I*

Die absolute Einheit 1 LE der Ladung oder Elektrizitätsmenge, welche in Luft auf die gleichgroße Ladung im Abstand 1 cm die Kraft 1 Dyn ausübt, ist praktisch zu klein. Die praktische Einheit der Ladung oder Elektrizitätsmenge Q ist $3 \cdot 10^9$ mal größer und heißt **1 Coulomb** (1 C)

$$\mathbf{1\ Coulomb = 3 \cdot 10^9\ LE.}$$

Da nach Gl. (17) $Q = I \cdot t$, so ist

$$I = \frac{Q}{t}\ \text{Coulomb/Sekunde (C/s).}$$

Die praktische Einheit der Stromstärke I besitzt also jener Strom, bei dem je 1 Sekunde (1 s) die Elektrizitätsmenge 1 Coulomb durch den Leiterquerschnitt geht. Diese praktische Stromstärkeeinheit heißt **1 Ampere (1 A)**

$$\mathbf{1\ Ampere = 1\ Coulomb/Sekunde\ (C/s)}\,.$$

Das Ampere ist physikalisch und gesetzlich dadurch festgelegt, daß ein Strom von der Stärke 1 A aus einer Silbernitrat-($AgNO_3$)-Lösung in 1 Sekunde 1,118 mg Silber ausscheidet. Andere Einheiten der Stromstärke sind: **1 Kiloampere (kA) = 1000 A** und **1 Milliampere (mA) = 1/1000 A.** Selten benutzt wird das Mikroampere (μA) = 10^{-6} A. Ist die Stromstärke I in Ampere gegeben, dann erhält man durch Multiplikation mit der Zeit t in s die innerhalb dieser Zeit durch den Leiterquerschnitt geflossene Elektrizitätsmenge

$$Q = I \cdot t$$

in Coulomb (C), oder **Amperesekunden (As).** Größere Elektrizitätsmengen gibt man in **Amperestunden (Ah)** an, wobei

$$\mathbf{1\ Ah = 3600\ C\ oder\ As}\,.$$

Nach Gl. (15) ist die Stromdichte

$$j = \frac{I}{q}\ \mathrm{A/mm^2\ bzw.\ A/cm^2}.$$

b) Potential V, Spannung U und Feldstärke $\mathfrak{E}$

Die elektrostatische Potentialeinheit 1 Erg/LE bzw. 1 LE/cm wird in Luft von der elektrostatischen Einheitsladung 1 LE in 1 cm Entfernung von dieser Ladung erzeugt und ist das Potential einer Kugel von 1 cm Radius, auf welcher die Ladung 1 LE sitzt. Diese Potentialeinheit ist auch die absolute Einheit der Spannung U. Die praktische Potential- und Spannungseinheit ist das **Volt (1 V)** und 300 mal kleiner als die absolute Einheit.

$$\mathbf{1\ Volt = \frac{1}{300}\ Erg/LE}\,.$$

Das ist die EMK eines Weston Normalelementes, welche bei 20° C $E = 1{,}0183$ V beträgt.

Für die **Feldstärke $\mathfrak{E}$** als Spannung je 1 cm war die Benennung im absoluten System $\frac{\mathrm{Erg/LE}}{\mathrm{cm}}$ und ergibt sich im praktischen Maßsystem als Einheit **1 Volt/cm.** Als Kraft auf die praktische Einheit 1 Coulomb der Elektrizitätsmenge ergibt sich

$$1\ \mathrm{V/cm} = \frac{1}{300} \cdot \frac{\mathrm{Erg/LE}}{\mathrm{cm}} = \frac{1}{300}\ \mathrm{Dyn/LE} = \frac{1}{300} \cdot \frac{\mathrm{kg/LE}}{0{,}981000 \cdot 10^6}$$
$$= \frac{3 \cdot 10^9\ \mathrm{kg/C}}{3 \cdot 0{,}981000 \cdot 10^8} = \frac{10}{0{,}981}\ \mathrm{kg/C} = 10{,}2\ \mathrm{kg/C}.$$

Dieser hohe Wert tritt aber bei metallischen Leitern praktisch nie in Erscheinung, weil der Leiter infolge der der Feldstärke 1 V/cm entsprechenden hohen Stromdichte j und Stromstärke I zum Schmelzen kommen würde (siehe Gl. (25b) in § 13). Dagegen betragen in Isolatoren die zu einem Durchschlag erforderlichen Feldstärken mehrere Hunderttausend Volt pro cm, je nach der Stärke des Isolators.

Als Spannungseinheiten sind noch gebräuchlich: **1 Kilovolt (kV) = 1000 Volt** und **1 Millivolt (mV) = 1/1000 Volt.**

Eine Akkumulatorzelle hat eine EMK von 2 V. Gleichstromanlagen für Licht und Kraft haben genormte Spannungen von 110, 220, 440 V, Wechselstrom Nieder-, Mittel- und Hochspannungsanlagen 220, 380, 6000, 15000, 30000, 60000, 100000, 200000 und 380000 V. Gleichstrom-Bahnanlagen haben 550, 750, 1100, 1500, 3000 V und Wechselstrom-Bahnanlagen 15000 V. Spannungen unter 250 V gegen Erde gelten als Niederspannungen.

c) Kapazität *C*

Die elektrostatische Einheit der Kapazität ist das cm, d. h. die Kapazität einer Kugel vom Radius 1 cm, allgemein die Kapazität eines Leiters, der durch die Ladung $Q = 1$ LE das Potential $V = 1$ Erg/LE annimmt. Da nach Gl. (11) die Kapazität $C = \frac{Q}{V}$, so ist die praktische Kapazitätseinheit, welche **1 Farad (1 F)** heißt, durch die oben angegebenen praktischen Einheiten von Q und V bereits festgelegt, indem

$$\textbf{1 Farad} = \frac{1\ \text{Coulomb}}{1\ \text{Volt}} = \frac{3 \cdot 10^9\ \text{LE}}{\frac{1}{300}\ \text{LE/cm}} = 9 \cdot 10^{11}\ \text{cm}.$$

Die praktische Kapazitätseinheit 1 F ist also $9 \cdot 10^{11}$ mal größer als die absolute Kapazitätseinheit, d. h. gleich der Kapazität einer Kugel vom Radius $r = 9 \cdot 10^{11}$ cm $= 9 \cdot 10^6$ km.

Das Farad ist also als Einheit für die praktisch verwendeten Kapazitäten viel zu groß und man benutzt deshalb als Einheit, sofern man nicht cm wählt, das **Mikrofarad** (μF).

$$\textbf{1 Mikrofarad} = 10^{-6}\ \text{Farad} = 9 \cdot 10^5\ \text{cm}.$$

Es ist jedoch zu beachten, daß man bei Berechnungen im praktischen Maß-System in die Formeln die Kapazität stets in Farad einsetzen muß.

d) Elektrische Leistung *N* und Arbeit *A*

Die elektrische Leistung *N* als sekundliche Arbeit ist nach Gl. (19) $N = U \cdot I$ Volt-Ampere oder Watt.

Die praktische Einheit der elektrischen Leistung N ist das **Watt** (W) und der Zusammenhang mit der absoluten Leistungseinheit 1 Erg/s und der Einheit 1 kgm/s der mechanischen Leistung ist

$$1\ \text{Watt} = 1\ \text{Volt} \cdot 1\ \text{Ampere} = \frac{1}{300}\frac{\text{Erg}}{\text{LE}} \cdot 3 \cdot 10^9 \frac{\text{LE}}{\text{s}} = 10^7\ \text{Erg/s}.$$

Da nun 1 kgm/s = 981000 · 100 Erg/s = 9,81 · 10^7 Erg/s, so ist

$$\mathbf{1\ Watt = 10^7\ Erg/s = \frac{1}{9{,}81}\ kgm/s,\ oder\ 1\ kgm/s = 9{,}81\ Watt.}$$

Soll also eine gegebene mechanische Leistung in kgm/s in die entsprechende elektrische Leistung in Watt umgerechnet werden, dann ist die mechanische Leistung mit 9,81 zu multiplizieren.

Für die in der Praxis bei den elektrischen Maschinen und Motoren vorkommenden elektrischen Leistungen ist die Einheit 1 W zu klein und man benutzt als größere Einheiten **1 Kilowatt (kW) = 1000 W** und **1 Megawatt (MW) = 1000 kW = 10^6 W.**

Für die mechanische Leistung der Kraft- und Arbeitsmaschinen hat man ebenfalls eine größere Einheit und zwar die **Pferdestärke (1 PS) = 75 kgm/s.** Es ist dann **1 PS = 75 · 9,81 W = 736 W,** so daß **1 PS = 0,736 kW ∼ 3/4 kW,** oder **1 kW = 1,36 PS ∼ 4/3 PS.** Das kW ist also die größere Einheit und heute allgemein statt der PS die Leistungseinheit für die Motoren.

Der Leistungsverbrauch ist für Glühlampen 15, 25, 40, 60, 75, 100, 150, 200 W, für elektrische Kochplatten 500 . . . 1000 W, Bügeleisen 400 . . . 850 W, Staubsauger 160 W, Kleinventilatoren 30 . . . 140 W, Radioapparate ca. 20 . . . 60 W, Heizung je cm^3 Raum 20 . . . 100 W.

Die elektrische Arbeit *A* innerhalb t Sekunden ist nach Gl. (18) $A = Q \cdot U = U \cdot I \cdot t$ Volt-Coulomb oder Joule (J), bzw. Wattsekunden (Ws). Die praktische Einheit der elektrischen Arbeit ist also **1 Joule (J) = 1 Ws.** Der Zusammenhang mit der absoluten Arbeitseinheit 1 Erg und mit der Einheit 1 kgm der mechanischen Arbeit ergibt sich ähnlich wie bei der Leistung 1 Joule = 1 Ws = 1 Coulomb · 1 Volt = 3 · 10^9 LE · $\frac{\text{Erg/LE}}{300}$ = 10^7 Erg und weil 1 kgm = 9,81 · 10^7 Erg, so folgt

$$\mathbf{1\ Joule\ (J) = 1\ Ws = 10^7\ Erg = \frac{1}{9{,}81}\ kgm,\quad oder\quad 1\ kgm = 9{,}81\ Ws\ \ oder\ \ J,}$$

so daß auch hier der Umrechnungsfaktor von kgm in Ws die Zahl 9,81 ist. Da der Verkauf der elektrischen Energie nach der gelieferten elektrischen Arbeit A erfolgt, so ist die Einheit 1 Ws zu klein und man verwendet eine größere Einheit, **die Kilowattstunde** (1 kWh) = 3600000 Ws = 3,6 · 10^6 Ws.

Die Elektrizität hat deshalb eine so große Verbreitung gefunden, weil sie sich für die Fortleitung auf große Entfernungen alleinig eignet gegenüber der mechanischen Energie (mittels Riemen, Wellen, Drahtseilen usw.) und weil sich die elektrische Energie leicht in andere Energieformen umwandeln läßt und zwar in Wärme bei den Heizgeräten, in mechanische Energie bei den Motoren und Magneten, in Wärme und Licht bei den Bogen- und Glühlampen und in chemische Energie bei der Elektrolyse. Für die Umrechnungen ist zu merken, daß

$$1\ \text{kWh} = 1{,}36\ \text{PSh} = 1{,}36 \cdot 75 \cdot 3600\ \text{kgm} = 367000\ \text{kgm}$$

und da eine Kilokalorie (kcal) = 427 kgm, so ist

$$1\,\text{kWh} = \frac{367\,000}{427} = 859\,\text{kcal}.$$

1 kcal ist die Wärmemenge um 1 kg Wasser um 1° zu erwärmen.

Auch die elektrischen Maschinen und Motoren sind Energieumwandlungsapparate. Die Dynamomaschinen verwandeln aufgenommene mechanische Energie, die in einer Zentrale durch Dampf- oder Wasserkraft erzeugt wird, in elektrische Energie und in den Elektromotoren wird die elektrische Energie wieder in mechanische zurückverwandelt. Dadurch kann also die mechanische Energie auf beliebige Entfernung übertragen werden, was bei direkter mechanischer Übertragung durch entsprechende Triebwerke nicht möglich wäre. Bei dieser doppelten Energieumwandlung treten sowohl in den elektrischen Maschinen und Motoren, als auch in der Leitungsanlage unvermeidliche Verluste auf (elektrische und mechanische). Unter dem Wirkungsgrad sowohl der einzelner Teile der Anlage, wie auch der gesamten Anlage versteht man das Verhältnis $\eta = \frac{\text{Abgegebene Leistung } N_n}{\text{Zugeführte Leistung } N}$, wobei dann $N = N_n + V$, wenn man mit V die Verluste bezeichnet. In der Gleichung für η müssen N und N_n in gleichen Einheiten ausgedrückt werden, entweder in mechanischen oder elektrischen. In der Elektrotechnik werden N und N_n in elektrischen Einheiten eingesetzt.

Soll eine **Dynamomaschine** eine gegebene elektrische Nutzleistung N_n kW abgeben, dann muß sie entsprechend den Verlusten V eine mechanische Antriebsleistung N_z PS erhalten, was, da 1 PS = 0,736 kW, einer elektrischen Leistung von $N = 0{,}736 \cdot N_z \sim \frac{3}{4} N_z$ in kW entspricht. Der Wirkungsgrad der Maschine ist dann

$$\eta = \frac{N_n}{N} = \frac{N_n}{0{,}736\,N_z} \sim \frac{4}{3}\,\frac{N_n}{N_z}. \qquad \textbf{(20)}$$

Da der Wirkungsgrad η der elektrischen Maschinen für alle möglichen Leistungen N_n bekannt ist, kann man die Gleichung nach N_z auflösen und erhält

$$N_z = \frac{N_n}{0{,}736\,\eta} \sim \frac{4}{3}\,\frac{N_n}{\eta}\,(\text{PS}). \qquad \textbf{(20a)}$$

Gl. (20a) dient zur Berechnung der mechanischen Leistung N_z (PS) des Antriebsmotors einer elektrischen Maschine, wenn ihre Nutzleistung N_n in kW und ihr Wirkungsgrad η gegeben sind. Soll die Antriebsleistung in kW bestimmt werden, dann ergibt sich einfacher

$$N = \frac{N_n}{\eta}\,(\text{kW}). \qquad \textbf{(20b)}$$

Ein **Elektromotor,** der eine mechanische Nennleistung N_a (PS) abgeben soll, muß eine den Verlusten V entsprechende **elektrische** Leistungsaufnahme N (kW) erhalten. Da 1 PS = 0,736 kW $\sim \frac{3}{4}$ kW, so entspricht die abgegebene mechanische Leistung N_a PS des Motors einer elektrischen Nennleistung $N_n = 0{,}736\,N_a \sim \frac{3}{4} N_a$ kW. Der Wirkungsgrad des Motors ist dann

$$\eta = \frac{N_n}{N} = \frac{0.736\,N_a}{N} \sim \frac{3}{4}\,\frac{N_a}{N}. \qquad \textbf{(21)}$$

Da auch für die Nennleistungen N_n bzw. N_a der Motoren der Wirkungsgrad η bekannt ist, ergibt sich durch Auflösung der Gleichung nach N

$$N = \frac{0,736\, N_a}{\eta} \sim \frac{3}{4} \frac{N_a}{\eta} \text{(kW)} . \qquad \textbf{(21a)}$$

Ist, wie gewöhnlich, die Nennleistung des Motors N_n in kW gegeben, dann ergibt sich einfacher

$$N = \frac{N_n}{\eta} \text{(kW)} . \qquad \textbf{(21b)}$$

Gl. (21a) und (21b) dienen zur Berechnung der einem Elektromotor zuzuführenden elektrischen Leistung N kW, wenn die Nennleistung entweder als N_a in PS oder als N_n in kW und der Wirkungsgrad η gegeben sind. Da für einen **Gleichstrommotor** $N = \frac{UI}{1000}$ kW, so ergibt sich bei gegebener Netzspannung U in Volt an den Motorklemmen der Motorstrom zu

$$I = \frac{1000\, N}{U} = \frac{736\, N_a}{\eta U} = \frac{1000\, N_n}{\eta U} \text{(A)} . \qquad \textbf{(21c)}$$

12. Das OHMsche Gesetz

Die Betrachtungen des § 9 haben ergeben, daß in einem Metalldraht, der an der Spannung U liegt, eine gleichförmige Bewegung der freien Elektronen eintritt und ein elektrischer Strom von einer auf der ganzen Drahtlänge konstanten Stärke I erzeugt wird. Daraus folgte, daß die Feldstärke $\mathfrak{E}$ ebenfalls auf der ganzen Drahtlänge konstant und gleich der Spannung je Längeneinheit des Drahtes ist. Es handelt sich nun darum, den zahlenmäßigen Zusammenhang zwischen Spannung U und Stromstärke I zu ermitteln. Aus Gl. (14) $I = \sigma \cdot q \cdot v$ und der Gleichung

$$\mathfrak{E} = \frac{U}{l} \qquad \textbf{(22)}$$

folgt: Bei einem Draht von gegebener Länge l und gegebenem Querschnitt q ist I um so größer, je größer die Geschwindigkeit v der Elektronen ist, also je größer die Feldstärke $\mathfrak{E}$, d. h. die Spannung U ist. Bei gegebener Spannung U ist I um so größer, je größer der Drahtquerschnitt q ist und je größer die Elektronengeschwindigkeit v, also die Feldstärke $\mathfrak{E}$ ist, d. h. bei gegebener Spannung U je kleiner die Drahtlänge l ist. Die Stromstärke I hängt also nicht bloß von der Spannung U, sondern auch von den Abmessungen l und q des Leitungsdrahtes ab. Das ist verständlich, da ja die Elektronen bei ihrer Bewegung zwischen den Atomen einen Reibungswiderstand $W = \mathfrak{E}$ erfahren. Die Feldstärke $\mathfrak{E}$ als Kraft auf die Einheitselektrizitätsmenge 1 C ist proportional mit der sekundlich durch die Flächeneinheit des Querschnitts q bewegten Elektrizitätsmenge, d. h. proportional mit der Stromdichte $j = \frac{I}{q}$. Es ist also

$$\mathfrak{E} = \varrho \cdot j . \qquad \textbf{(22a)}$$

Durch Gleichsetzung der Gl. (22) und (22a) ergibt sich $\varrho \cdot j = \frac{U}{l}$, d. h. $\varrho \frac{I}{q} = \frac{U}{l}$ und durch Auflösen nach I

$$I = \frac{U}{\varrho \frac{l}{q}}. \tag{22b}$$

Diese Gleichung gibt das gesuchte Gesetz zwischen Spannung, Stromstärke und den Daten des Leitungsdrahtes.

Der im Nenner der Gl. (22b) auftretende, die Konstanten des Leitungsdrahtes enthaltende Ausdruck, heißt der **elektrische Widerstand** des Drahtes und wird mit R bezeichnet; sein reziproker Wert $G = \frac{1}{R}$ heißt **Leitwert** des Drahtes.

Der elektrische Widerstand ist also

$$R = \varrho \cdot \frac{l}{q}. \tag{23}$$

Damit erscheint das Gesetz der Elektrizitätsströmung, welches nach seinem Entdecker **Ohmsches Gesetz** heißt, in der einfachen Form

$$I = \frac{U}{R}, \tag{24}$$

oder

$$U = I \cdot R \tag{24a}$$

Die Stromstärke I in einem Leitungsdraht vom Widerstand R, zwischen dessen Enden eine Spannung U herrscht, ist gleich dem Quotienten aus der Spannung U und dem Widerstand R.

Die Spannung U, die zwischen den Enden eines vom Strom I durchflossenen Drahtes vom Widerstand R herrscht, ist gleich dem Produkt aus der Stromstärke I und dem Widerstand R.

Der zweite Satz gibt die Erkenntnis, **daß zum Hindurchtreiben eines Stromes von der Stärke I durch irgend einen Leiter vom Widerstand R eine Spannung $U = I \cdot R$ nötig ist, d. h. im Widerstand verbraucht wird.**

Der elektrische Widerstand R, welcher auch Ohmscher Widerstand genannt wird, ist nicht identisch mit dem mechanischen Reibungswiderstand W der Elektronen, der, wie oben schon erwähnt, gleich der Feldstärke $\mathfrak{E}$ ist, sondern R ist definiert durch den Quotienten

$$R = \frac{U}{I} \tag{24b}$$

und der Leitwert durch

$$G = \frac{1}{R} = \frac{I}{U}. \tag{24c}$$

In die Gl. (24) ... (24c) sind U in Volt und I in Ampere einzusetzen.

Aus Gl. (24b) ergibt sich der Ohmsche Widerstand eines Leiters als Quotient aus der Spannung U zwischen seinen Enden und dem hindurchfließenden Strom I. Für $U = 1$ Volt und $I = 1$ Ampere ergibt sich aus Gl. (24b), daß die praktische Einheit des elektrischen Widerstandes R jener Leiter besitzt, bei dem die Spannung $U = 1$ V zwischen seinen Enden den Strom $I = 1$ A hindurchtreibt. Die praktische Einheit des elektrischen Widerstandes heißt **Ohm** ($1\,\Omega$) und diesen Widerstand besitzt ein Quecksilberfaden von 1,063 m Länge und 1 mm² Querschnitt bei 0° C. Die Einheit des elektrischen Leitwerts $G = \frac{1}{R} = \frac{I}{U}$ heißt **Siemens** $\left(1\,\text{S} = \frac{1}{\Omega}\right)$. Größere Widerstandseinheiten sind 1 Megohm ($M\Omega$) $= 10^6\,\Omega$, 1 Mikrohm ($\mu\Omega$) $= 10^{-6}\,\Omega$. Physikalisch und gesetzlich ist die Widerstandseinheit des OHM also festgelegt als der Widerstand des 106,3 cm langen Quecksilberfadens von 1 mm² Querschnitt bei 0°. Für die Wahl des Quecksilbers als Normalmetall ist maßgebend, daß das Quecksilber leicht chemisch rein erhalten werden kann, daß es als flüssiges Metall frei von elastischen Spannungen ist, und daß seine Temperatur am leichtesten gleichmäßig erhalten werden kann. Für praktische Meßzwecke verwendet man Normalohmwiderstände aus Manganindraht.

Es soll jetzt noch die Geschwindigkeit der Elektronen eines Stromes in einem Draht berechnet werden. Sie läßt sich, wie schon in § 9 erwähnt, aus der Gl. (16) zu $v = \frac{j}{\sigma}$ ermitteln. Es sei dabei ein Draht aus dem wegen seiner guten Leitfähigkeit hauptsächlich verwendeten Kupfer und als Stromdichte j der meist höchst zulässige Wert von 6 A/mm² angenommen. (In den rotierenden Wicklungen der Maschinen werden Höchststromdichten von 4 ... 8 A/mm², in ruhenden Wicklungen nur solche von 2 ... 4 A/mm² zugelassen.) In § 9 wurde ebenfalls schon berechnet, daß bei Kupfer die Elektronenladung je 1 cm³ $\sigma = 12{,}8 \cdot 10^3$ Coulomb beträgt. Da σ in Coulomb je 1 cm³ ausgedrückt ist, so muß die Stromdichte $j = 600$ A/cm² eingesetzt werden. Es ergibt sich dann die Elektronengeschwindigkeit für einen kupfernen Leitungsdraht zu

$$v = \frac{j}{\sigma} = \frac{600\ \text{Coulomb/s.cm}^2}{12{,}8 \cdot 10^3\ \text{Coulomb/cm}^3} = \frac{0{,}6}{12{,}8}\ \text{cm/s} = 0{,}05\ \text{cm/s}\,.$$

Die Elektronen bewegen sich also in einem Kupferleiter bei einer Stromdichte $j = 6$ A/mm² mit der minimalen Geschwindigkeit von 0,5 mm/s. Der beim Anschalten an eine Spannung auftretende Bewegungsimpuls dagegen pflanzt sich im Draht mit einer sehr hohen Geschwindigkeit von der Größenordnung der Lichtgeschwindigkeit fort.

13. Der Ohmsche Widerstand R

Gemäß Gl. (23) kann der elektrische Widerstand aus den Abmessungen des Leiters berechnet werden zu

$$R = \varrho\,\frac{l}{q}\,.$$

Der elektrische Widerstand R ist also, wie es auch der Versuch ergibt, proportional der Länge l und umgekehrt proportional dem Querschnitt q des Drahtes. Der Proportionalitätsfaktor ϱ ist für die einzelnen Leiterstoffe verschieden je nach ihrer elektrischen Leitfähigkeit.

Für den den Elektronen gebotenen Reibungswiderstand W ergibt sich mittels Gl. (22a)

$$W = \mathfrak{E} = \varrho \cdot j = \varrho \frac{I}{q} = \varrho \frac{\sigma q v}{q} = \varrho \cdot \sigma \cdot v = c \cdot v, \qquad \textbf{(25a)}$$

wobei $\varrho \sigma = c$ für jeden Leiterstoff eine Konstante ist, und ferner ergibt sich aus Gl. (22a)

$$j = \frac{\mathfrak{E}}{\varrho} = \frac{U}{l \cdot \varrho}, \text{ oder } U = \varrho \cdot j \cdot l. \qquad \textbf{(25b)}$$

Die Gl. (25a) sagt aus, daß Reibungswiderstand W und Feldstärke $\mathfrak{E}$ proportional sind mit der Elektronengeschwindigkeit v im Leiter und aus Gl. (25b) folgt, daß die Feldstärke $\mathfrak{E}$ und die Spannung U innerhalb bestimmter, durch ϱ und l bedingter Grenzen bleiben müssen, damit die Stromdichte j den zulässigen Höchstwert nicht überschreitet. (Siehe Gl. (78) in § 24.) Die Bedeutung des Proportionalitätsfaktors ϱ in Gleichung $R = \varrho \frac{l}{q}$ ergibt sich, wenn man für $l = 1$ und $q = 1$ setzt. Es wird dann $R = \varrho$, d. h. ϱ ist der Widerstand in Ω eines Drahtes von der Einheitslänge und dem Einheitsquerschnitt. Der Zahlenwert von ϱ hängt also davon ab, was für eine Längeneinheit und Querschnittseinheit man beim Einsetzen in $R = \varrho \frac{l}{q}$ zugrundelegt. Damit nun ϱ bei metallischen Leitern keinen zu kleinen Zahlenwert ergibt, ist man übereingekommen, die Leiterlänge l in m und den Querschnitt q in mm² einzusetzen. Man hat dadurch auch einen Vergleich von ϱ mit dem Widerstand des Quecksilberfadens von 1,063 m Länge und 1 mm² Querschnitt.

ϱ ist also der Widerstand in Ω eines Drahtes von 1 m Länge und 1 mm² Querschnitt des betreffenden Leiterstoffes und heißt der spezifische (d. i. bezogene) Widerstand. Er hat die Benennung $\frac{\Omega \text{mm}^2}{\text{m}}$. Infolge dieser Festsetzungen muß in die Gleichung $R = \varrho \frac{l}{q}$ die Länge l des Leiters in m und sein Querschnitt q in mm² eingesetzt werden, um R in Ω zu erhalten. Desgleichen muß in die Gl. (25b) l in m, d. h. $\mathfrak{E} = \frac{U}{l}$ in V/m eingesetzt werden, um die Stromdichte j in A/mm² zu erhalten, indem dann $j = \frac{\text{V}}{\text{m}\,\Omega \frac{\text{mm}^2}{\text{m}}} = \frac{\text{A}}{\text{mm}^2}$.

Da der Leitwert $G = \frac{1}{R} = \frac{1}{\varrho} \cdot \frac{q}{l}$, so ist die elektrische Leitfähigkeit eines Stoffes um so größer, je kleiner ϱ ist, sie ist proportional mit $k = \frac{1}{\varrho}$, dem spezifischen Leitwert oder der **Leitfähigkeit** des Leiterstoffes in $\frac{\text{m}}{\Omega \text{mm}^2} = \frac{\text{S m}}{\text{mm}^2}$. Man rechnet deshalb in der Praxis bei der Berechnung des elektrischen Widerstandes R vielfach statt mit dem spez. Widerstand ϱ mit der Leitfähigkeit $k = \frac{1}{\varrho}$ und erhält dann die Formel

$$R = \frac{l}{kq}. \tag{26}$$

Nun sind aber ϱ und k keine konstanten Werte. Durch den Reibungswiderstand W, den die Elektronen bei ihrer Bewegung mit der Geschwindigkeit v zwischen den Leiterteilen erfahren, wird Wärme erzeugt, d.h. der Leiter erwärmt sich durch den elektrischen Strom. Das hat eine erhöhte Beweglichkeit der Leitermoleküle zur Folge, wodurch die Bewegung der Elektronen zwischen den Stoffteilchen erschwert wird, was zur Erhöhung des spez. Widerstandes ϱ führt. **Der spez. Widerstand ϱ und damit der Gesamtwiderstand R metallischer Leiter nehmen mit der Temperatur zu** infolge der Erwärmung durch den elektrischen Strom.

Der spez. Widerstand ϱ metallischer Leiter wird daher für 20° C angegeben und der damit berechnete Widerstand R gilt dann auch für 20° C.

Die Widerstandszunahme, die der bei 0° bestimmte spez. Widerstand ϱ_0 bei 1° Temperaturerhöhung erfährt, heißt Temperaturkoeffizient oder Temperaturziffer α eines Leiters.

Ist also ϱ_0 der spez. Widerstand bei 0° C
ϱ_1 ,, ,, ,, ,, $t_1°$,,
ϱ_2 ,, ,, ,, ,, $t_2°$,,

dann ist

$$\varrho_1 = \varrho_0 + \alpha\varrho_0 t_1 = \varrho_0(1 + \alpha t_1) \text{ und } \varrho_2 = \varrho_0 + \alpha\varrho_0 t_2 = \varrho_0(1 + \alpha t_2)$$

und damit die Widerstände bei 0°, $t_1°$ und $t_2°$

$$R_0 = \varrho_0 \frac{l}{q}, \quad R_1 = \varrho_0(1 + \alpha t_1)\frac{l}{q}, \quad R_2 = \varrho_0(1 + \alpha t_2)\frac{l}{q},$$

also

$$R_1 = R_0(1 + \alpha t_1) \text{ und } R_2 = R_0(1 + \alpha t_2),$$

woraus sich dann das Verhältnis der Widerstände bei beliebigen Temperaturen $t_1°$ und $t_2°$ ergibt

$$\frac{R_2}{R_1} = \frac{1 + \alpha t_2}{1 + \alpha t_1}, \text{ d.h. } R_2 = R_1 \frac{1 + \alpha t_2}{1 + \alpha t_1}. \tag{27}$$

Für Temperaturen unter 100°, wie sie bei Stromleitern in der Praxis meist vorkommen, rechnet man, auch unter Vernachlässigung der geringen Längen- und Querschnittsänderung bei der Erwärmung, mit der Formel

$$R_2 = R_1[1 + \alpha_1(t_2 - t_1)] = R_1[1 + \alpha_1\vartheta], \tag{28}$$

wenn $\vartheta = t_2 - t_1$ die Temperaturerhöhung ist und α_1 den Temperaturkoeffizienten für $t_1°$ bedeutet. Unter Benutzung, daß ϱ und α für 20° bestimmt sind, ergibt sich für den Widerstand bei der Übertemperatur $\vartheta = t - 20°$

$$R_t = R_{20}[1 + \alpha_{20}(t - 20°)] = R_{20}[1 + \alpha_{20}\vartheta]. \tag{28 a}$$

Aus Gl. (28a) lassen sich für Kupfer und Aluminium noch Beziehungen ableiten, die die Rechnung erleichtern. Wenn man bei Kupfer für $\alpha_{20} = \frac{1}{255}$ einsetzt, folgt

$$R_t = R_{20}\left[1 + \frac{t-20}{255}\right] = R_{20}\frac{235+t}{255}.$$

Bezeichnet man $T = 235 + t$ als die ergänzte Temperatur, dann wird

$$R_t = R_{20}\frac{T}{255} \text{ und } \varrho_t = \varrho_{20}\frac{T}{255}. \qquad \textbf{(28b)}$$

Hat man zwei Leiter mit den Temperaturen t_1 und t_2, dann sind die diesbezüglichen Widerstände

$$R_1 = R_{20}\frac{235+t_1}{255} = R_{20}\frac{T_1}{255} \text{ und}$$

$$R_2 = R_{20}\frac{235+t_2}{255} = R_{20}\frac{T_2}{255}, \text{ also } \frac{R_1}{R_2} = \frac{T_1}{T_2}. \qquad \textbf{(28c)}$$

Die Widerstände verhalten sich wie ihre ergänzten Temperaturen. Bei Aluminium ist für $\alpha_{20} = \frac{1}{265}$ zu setzen, so daß dann

$$R_t = R_{20}\frac{T}{265} \text{ und } \varrho_t = \varrho_{20}\frac{T}{265}, \qquad \textbf{(28d)}$$

wobei $T = 245 + t$.

Mit Hilfe der Gl. (28c) läßt sich die Temperaturerhöhung ϑ bzw. Temperatur t_2 eines Leiters berechnen, wenn seine Widerstandszunahme $R_2 - R_1$ und die Temperatur t_1 gegeben sind. Gemäß Gl. (28c) folgt $R_2 : R_1 = T_2 : T_1$, oder $(R_2 - R_1) : (T_2 - T_1) = R_1 : T_1 = R_2 : T_2$, d. h.

$$T_2 - T_1 = t_2 - t_1 = \vartheta = \frac{(R_2 - R_1)T_1}{R_1} = \frac{(R_2 - R_1)T_2}{R_2},$$

woraus

$$\vartheta = t_2 - t_1 = \frac{(R_2 - R_1)T_1}{R_1} \text{ und } t_2 = t_1 + \frac{(R_2 - R_1)T_1}{R_1}. \qquad \textbf{(29)}$$

Der Widerstand von Kohle nimmt mit steigender Temperatur ab. Die Temperaturziffer α ist also negativ.

Ebenso nimmt der Widerstand flüssiger Leiter mit steigender Temperatur ab, wie in Abschnitt IV § 34 gezeigt wird. Der spez. Widerstand ϱ wird hier wegen der bedeutend schlechteren Leitfähigkeit der flüssigen Leiter gegenüber den Metallen angegeben als der Widerstand eines Flüssigkeitswürfels von 1 cm Kantenlänge bei 18° C. Eine allgemein gültige Temperaturabhängigkeit für ϱ wie bei Metallen läßt sich aber nicht aufstellen. In die Formel für den Widerstand R ist also hier die Länge l des Flüssigkeitsweges in cm und der Querschnitt q in cm² einzusetzen. Dadurch ist der spez. Widerstand ϱ gegeben in Ω cm und die Leitfähigkeit $k = \frac{1}{\varrho}$ in $\frac{1}{\Omega\text{cm}} = \frac{\text{S}}{\text{cm}}$, weil $R = \varrho\frac{l(\text{cm})}{q(\text{cm}^2)}\Omega$.

Bei den Isolatoren nimmt der Widerstand mit steigender Temperatur stark ab und der spez. Widerstand ϱ wird ebenfalls als Widerstand eines 1 cm Würfels für 18° C angegeben, wenn man den Widerstand eines Isolators wieder definiert durch das Verhältnis aus Spannung und Strom. Das Ohmsche Gesetz gilt nur in roher Annäherung, indem der Widerstand R für einen längere Zeit entladen gewesenen Isolator ein Minimum ist und mit der Dauer der Einschaltung auf einen von der Spannung abhängigen

Grenzwert wächst. Dieser Grenzwert R_0 nimmt mit steigender Temperatur ab nach der Gleichung

$$R_\vartheta = R_0 \cdot e^{-\beta\vartheta}, \tag{30}$$

wobei $\beta = 0{,}07 \ldots 0{,}1$ und ϑ Grade C bedeuten.

Wegen des dielektrischen Energieverlustes (§ 77) ist der mit Wechselstrom bestimmte Isolationswiderstand viel kleiner als der mit Gleichstrom gemessene. Ist δ der Nacheilungswinkel der Verschiebung gegen die Feldstärke $\mathfrak{E}$, f die Frequenz und C die Kapazität, dann ist der Isolationswiderstand gegen Wechselstrom

$$R = \frac{1}{2\pi f C \operatorname{tg} \delta}.$$

In Zahlentafel 1 sind für eine Anzahl Metalle für 20° C angegeben: Das spezifische Gewicht γ, die spezifische Wärme c, der spezifische Widerstand ϱ, die Leitfähigkeit k, die Temperaturziffer α und die Schmelztemperatur t_s.

Zahlentafel 1

Metall	γ_{20^0} kg/dm³	C kcal/kg°	ϱ_{20^0} $\frac{\Omega\,\text{mm}^2}{\text{m}}$	k_{20^0} $\frac{\text{m}}{\Omega\,\text{mm}^2}$	α_{20^0} °C⁻¹	t_s^0 °C
Silber	10,5	0,055	0,016	62,5	0,0038	961
Kupfer	8,9	0,0928	0,01786	56	0,00392	1083
Siliziumbronze	8,9	—	0,0167—0,078	60—13	0,0015	900
Aluminium	2,6	0,21	0,0308	34	0,0038	657
Zink	7,1	0,092	0,065	15,4	0,0038	420
Messing	8,3—8,7	0,093	0,065	15,4	0,002	930
Platin	21,5	0,03	0,094—98	10,6—10,2	0,0024	1750
Eisen	7,8	0,115	0,1—0,15	10,0—6,66	0,0046	1500
Nickel	8,9	0,11	0,13—0,1	8,5—10	0,004	1450
Neusilber	8,4—8,7	0,095	0,2—0,5	5—2	0,0002	1000
Nickelin	8,5	0,095	0,2—0,5	5—2	0,0002	—
Blei	11,2—11,4	0,03—0,04	0,208	4,8	0,004	327
Chromnickel	—	—	1,0	1,0	0,0002	—
Manganin	8,8	—	0,4—0,5	2,5—2	± 0,00001	—
Konstantan	8,9	0,098	0,49	2,04	— 0,00005	—
Wismut	9,8	0,029	1,2—1,39	0,83—0,72	0,004	271
Wolfram	19,1	0,034	0,055	18,18	0,0041	3387
Tantal	16,5	0,035	0,15	6,67	0,0033	3100
Rhodium	—	—	0,05	20	—	—
Gußeisen	7,0—7,1	0,112	1,0	1,0	—	1100
Kadmium	8,6	0,055	0,0758	13,2	—	321
Antimon	6,7	0,05	0,391	2,56 (0°)	0,0041	630
Kohle	2—2,3	0.2	10—1000	0,1—0,001	— 0,0003	—
Quecksilber	13,6	—	1,0	1,0	0,0009	—38,8

Die Zahlentafel 2 enthält die elektrische Leitfähigkeit $k = \frac{1}{\varrho}$ wässeriger Lösungen bei 18° C. Die Prozente sind Gewichtsteile des Körpers in 100 Gewichtsteilen der Lösung. **In Zahlentafel 3** ist das spez. Gewicht bei verschiedenen Konzentrationen für die flüssigen Leiter angegeben. Denn bei flüssigen Leitern sind ϱ und k erheblich von der Konzentration der Lösung abhängig. Die Leitfähigkeit k nimmt in der Regel mit steigender Temperatur zu und zwar etwa um 2% für 1° C.

Zahlentafel 2

Lösung	H_2SO_4	HNO_3	HCl	KOH	$AgNO_3$	NaCl	$CuSO_4$	$ZnSO_4$
5%	0,209	0,258	0,395	0,172	0,026	0,067	0,019	0,019
10%	0,392	0,461	0,630	0,325	0,048	0,121	0,032	0,032
15%	0,543	0,613	0,745	0,425	0,068	0,164	0,042	0,042
20%	0,653	0,711	0,762	0,499	0,087	0,196	—	0,047
25%	0,717	0,770	0,723	0,540	0,106	0,214	—	0,048
30%	0,740	0,785	0,662	0,542	0,124	—	—	0,044
40%	0,680	0,733	0,515	0,450	0,157	—	—	—
50%	0,541	0,631	—	—	0,186	—	—	—
60%	0,373	0,513	—	—	0,210	—	—	—
70%	0,216	0,396	—	—	—	—	—	—
80%	0,111	0,267	—	—	—	—	—	—

Zahlentafel 3

Spez. Gewicht 15° C	100 Gewichtsteile der Lösung enthalten							
	H_2SO_4	HNO_3	HCl	KOH	NaOH	NaCl	$CuSO_4 + 5H_2O$	$ZnSO_4 + 7H_2O$
1,05	7,5	8,2	10	6,1	4,3	6,9	7,8	8,5
1,10	14	17	20	12	8,7	14	15	17
1,15	21	25	30	17	13	20	28	24
1,20	27	32	40	22	18	26	—	31
1,25	33	40	—	27	22	—	—	37
1,30	39	47	—	31	27	—	—	44
1,40	50	65	—	39	37	—	—	55
1,50	60	91	—	47	46	—	—	—
1,60	69	—	—	55	56	—	—	—
1,70	77	—	—	63	66	—	—	—
1,80	87	—	—	—	—	—	—	—

14. Der elektrische Stromkreis

Jede elektrische Anlage läßt sich zurückführen auf einen elektrischen Stromkreis, der aus drei Hauptteilen besteht: Der Stromquelle G, der Leitung (Hinleitung L_1 und Rückleitung L_3) und dem Verbraucher Z (Abb. 12). Diese drei Teile stellen eine in sich geschlossene Verbindung von Leitern dar, die im allgemeinen aus verschiedenem Material bestehen und verschiedene Längen l und Querschnitte q besitzen. Jeder dieser Teile des Stromkreises hat also einen bestimmten elektrischen Widerstand $R = \varrho \cdot \frac{l}{q}$, die Stromquelle R_i, die Hinleitung zum Verbrauchsapparat R_1, der Verbrauchsapparat R_2 und die Rückleitung zur Stromquelle R_3. Entwickelt die Stromquelle eine konstante EMK E, so muß, da ihre Pole P und N durch die Leitungen und den Verbrauchsapparat leitend miteinander verbunden sind, ein elektrischer Strom auftreten, indem die Elektronen vom negativen Pol N über Hinleitung, Verbrauchsapparat und Rückleitung zum positiven Pol P und gemäß § 10 auch in der Stromquelle selbst vom positiven Pol zum negativen wandern. Der Strom I beschreibt also einen Kreislauf durch die ganze Anlage. Aus der Definition der Stromstärke I gleich sekundlicher Elektrizitätsmenge durch den Querschnitt q folgt, da nirgend eine Stauung der Elektronen auftreten kann, daß in jedem Querschnitt des Stromkreises, wo man ihn sich auch denken mag, in der Stromquelle, Hin- oder Rückleitung, oder im Verbrauchsapparat, die Stromstärke I stets den gleichen Wert besitzen muß, d. h. im ganzen Stromkreis konstant ist. Tatsächlich zeigt auch ein Strommesser, an welcher Stelle des Stromkreises man ihn auch einschalten mag, stets den gleichen Betrag an.

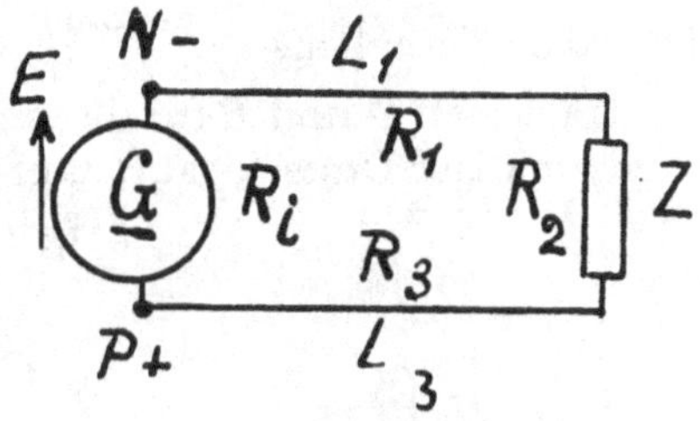

Abb. 12

Die Stromstärke I ist im ganzen Stromkreis, wie er auch zusammengesetzt sein mag, konstant.

Da $I = \sigma \cdot q \cdot v$, so ergibt sich, daß in Leitern verschiedenen Stoffes σ und verschiedenen Querschnitts q die Geschwindigkeit v der Elektronen verschieden groß ist, um so größer, je kleiner σ und q sind. Besteht der Stromkreis in allen seinen Teilen aus gleichem Leitermaterial, z. B. Kupfer, dann ist σ konstant und daher die Elektronengeschwindigkeit v in den Leitern von kleinerem Querschnitt q (dünnere Drähte) größer, als in den Leitern mit größerem Querschnitt q (dickere Drähte). In dieser Beziehung liegen im Stromkreis die Verhältnisse ähnlich wie bei einer Pumpenanlage, die eine Flüssigkeit in einer geschlossenen Leitung aus Röhren verschiedenen Querschnitts herumtreibt. In den engen Röhren fließt die Flüssigkeit rascher als in den weiten.

Nun ist nach § 12 für jeden beliebig abgegrenzten Teil der Strombahn zum Hindurchtreiben des Stromes I eine Spannung $U = I \cdot R$ nötig, also für die Stromquelle $U_i = I \cdot R_i$, für die Hinleitung $U_1 = I \cdot R_1$, für den Verbrauchsapparat $U_2 = I \cdot R_2$ und für die Rückleitung $U_3 = I \cdot R_3$. Daraus folgt, daß für alle Teile des Stromkreises $\frac{U_i}{R_i} = \frac{U_1}{R_1} = \frac{U_2}{R_2} = \frac{U_3}{R_3} = I$, d. h. das Verhältnis $\frac{\text{Spannung}}{\text{Widerstand}} = \text{konstant} = I$ ist.

Trägt man U und R für die einzelnen Teile des Stromkreises als Katheten rechtwinkliger Dreiecke auf, dann sind alle diese Dreiecke ähnlich (Abb. 12a).

$$\operatorname{tg} \alpha = \text{konstant}.$$

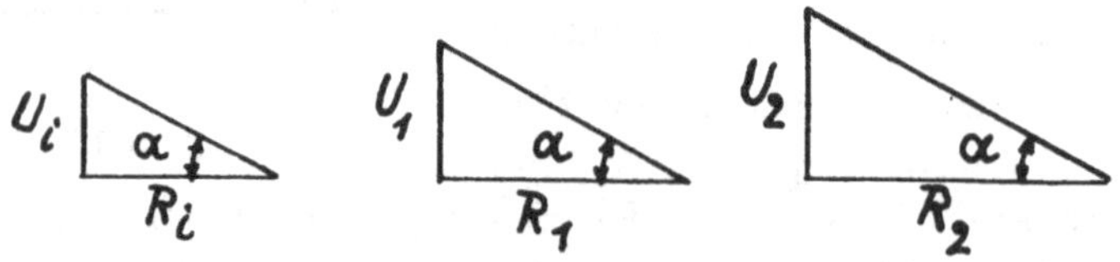

Abb. 12a

Ist E die EMK der Stromquelle, dann ist die in t Sekunden geleistete Gesamtarbeit im Stromkreis nach Gl. (18)

$$A = E I t \,\text{Ws}.$$

Da diese Arbeit gleich sein muß der Summe der in den einzelnen Teilen des Stromkreises geleisteten Arbeiten, so folgt

$$EIt = U_i It + U_1 It + U_2 It + U_3 It$$

und daraus

$$E = U_i + U_1 + U_2 + U_3. \tag{31}$$

In einem Stromkreis ist die EMK E der Stromquelle gleich der Summe der Spannungen U der einzelnen Teile des Stromkreises, d. h. jeder Teil des Stromkreises, wie man ihn auch abgrenzen mag (also auch jedes 1 cm), verbraucht einen Teil der EMK E der Stromquelle, gleich Stromstärke mal Widerstand dieses Teils des Stromkreises

$$E = \Sigma I R = I \Sigma R. \tag{31a}$$

Die Spannungen, welche in der Stromquelle und in den Leitungen verbraucht werden zum Hindurchtreiben des Stromes, also U_i, U_1 und U_3 heißen **Spannungsverluste,** die im Verbrauchsapparat Z verzehrte Spannung U_2 heißt **Nutzspannung,** da sie praktisch verwertet werden kann. Ein elektrischer Stromkreis arbeitet nur dann wirtschaftlich, wenn die Nutzspannung U_2 möglichst gleich der EMK E der Stromquelle ist, d. h. wenn die Spannungsverluste möglichst klein sind. Die im äußeren Teil des Stromkreises verbrauchte Spannung, d. i. die Spannung zwischen den Polen der Stromquelle

$$U = E - U_i = U_1 + U_2 + U_3 \tag{32}$$

heißt **Klemmenspannung** der Stromquelle.

Der Spannungsverlust in der gesamten Leitung ist

$$U_l = U_1 + U_3 = U - U_2 = I(R_1 + R_3) = \varrho \frac{2l}{q} I,$$

wenn Hin- und Rückleitung je l m Länge und qmm² Querschnitt besitzen.

Aus Gl. (31a) folgt

$$E = I(R_i + R_1 + R_2 + R_3).$$

Man bezeichnet $R_i + R_1 + R_2 + R_3 = R$ als **Gesamtwiderstand** des Stromkreises, R_i als den **inneren** Widerstand und $R_a = R_1 + R_2 + R_3$ als den **äußeren** Widerstand. Dann ergibt sich für den Stromkreis

$$I = \frac{E}{R} = \frac{E}{R_i + R_a} = \frac{E}{R_i + R_1 + R_2 + R_3}, \quad \textbf{(33)}$$

$$U = E - I \cdot R_i, \quad \textbf{(34a)}$$

$$U = I(R_1 + R_2 + R_3) = I \cdot R_a. \quad \textbf{(34b)}$$

Gl. (33) sagt aus, daß das OHMsche Gesetz nicht bloß auf jeden einzelnen Teil des Stromkreises, sondern auch auf den Stromkreis als Ganzes angewendet werden kann, wenn man als Spannung die EMK E der Stromquelle und als Widerstand den Gesamtwiderstand R des ganzen Stromkreises einsetzt. Es ergibt sich bei konstanter EMK E der Stromquelle im Stromkreis je nach der Größe seines Gesamtwiderstandes R eine bestimmte Stromstärke I, die durch Veränderung des äußeren Widerstandes R_a mittels eines Regelwiderstandes variiert werden kann. (R_i ist konstant, wenn man von der Erwärmung absieht.)

Die Gl. (34a) zeigt, daß die Klemmenspannung U der Stromquelle, d. h. die zwischen ihren Polen herrschende Spannung, bei stromliefernder Stromquelle um den Spannungsverlust $I \cdot R_i$, der in der Stromquelle verloren geht, kleiner ist als die EMK E, um so kleiner, je größer der Strom I ist. Für $I = 0$ wird $U = E$, d. h. bei offener oder leerlaufender Stromquelle ist die Klemmenspannung U gleich der EMK E. Man kann diese also nur messen an der leerlaufenden Stromquelle.

Eine genaue Vorstellung über die Vorgänge im Stromkreis bei Änderung des äußeren Widerstandes R_a ergibt eine bildliche Darstellung gemäß Abb. 13. Trägt man die Dreiecke der Abb. 12a wie in Abb. 13 aneinander an, dann erhält man die gerade Diagrammlinie AB, und die Tangente ihres Neigungswinkels α gegen OB ist ein Maß für die Stromstärke $I = E/R$. Bedeutet im Diagramm 1 mm $= a$ Volt und 1 mm $= b$ Ohm, dann ist $I = \operatorname{tg} \alpha \frac{a}{b}$ (A). Die Ordi-

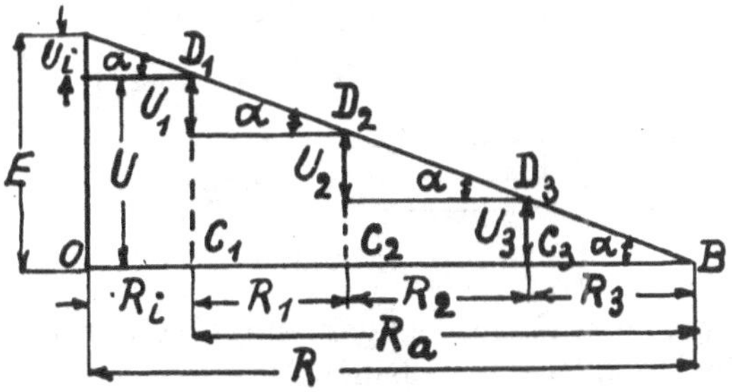

Abb. 13

naten C_1D_1, C_2D_2, C_3D_3 zwischen OB und AB stellen die in den Stromkreisteilen verbrauchten Spannungen dar, wie in der Abb. 13 angegeben, sie geben aber auch direkt die Potentiale der einzelnen Strombahnpunkte C_3, C_2, C_1 in Bezug auf das Potential des Minuspols der Stromquelle an. Aus der Ähnlichkeit der Dreiecke AA_1D_1 und ABO, sowie ABO und D_1BC_1 ergeben sich Beziehungen für U_i und U:

$$\frac{U_i}{E} = \frac{R_i}{R} \quad \text{oder} \quad U_i = E\frac{R_i}{R} = E\frac{R_i}{R_i + R_a}$$

und

$$\frac{U}{E} = \frac{R_a}{R} \quad \text{oder} \quad U = E\frac{R_a}{R} = E\frac{R_a}{R_i + R_a}.$$

Mit Hilfe des Diagramms der Abb. 13 ergibt sich anschaulich die Veränderung, welche Stromstärke I und Klemmenspannung U durch Änderung des äußeren Widerstandes R_a erfahren, wie Abb. 14 zeigt. Mit steigender Stromstärke I durch Verminderung von R_a sinkt die Klemmenspannung U. Bei offener (leerlaufender) Stromquelle (Diagrammlinie parallel zu OB durch A) ist $R = \infty$, $I = 0$ und $U = E$, bei Kurzschluß der Stromquelle (Diagrammlinie AC_1) ist $R = R_i$, $I = I_k = I_{max} = \frac{E}{R_i}$ und $U = 0$. Beim Kurzschluß der Stromquelle wird die gesamte EMK E im Innern der Stromquelle verbraucht und die Stromstärke I nimmt einen hohen Wert an (Kurzschlußstrom I_k).

Die Veränderung der Klemmenspannung U infolge veränderlicher Stromentnahme ist in der Praxis unerwünscht. Man fordert, daß U möglichst konstant und wenig verschieden von E bleibt. Wie aus Abb. 14 zu entnehmen ist, ist die Änderung von U um so geringer, je näher C_1D_1 an OA liegt, d. h. je kleiner der innere Widerstand R_i der Stromquelle ist. Man ist deshalb bestrebt, R_i möglichst klein zu halten. Das ist bei Akkumulatoren der Fall, so daß bei ihnen unabhängig von der Stromentnahme eine möglichst konstante Klemmenspannung $U \approx E$ vorhanden ist. Bei Dynamomaschinen, insbesondere bei kleinen Maschinen, ist R_i aber doch schon so groß, daß ein merklicher Spannungsverlust U_i in der Maschine auftritt. Dazu kommt noch, daß hier die EMK E an sich nicht konstant ist, sondern selbst wieder von U abhängt, also mit U ebenfalls sinkt, wodurch sich dann ein weiteres Sinken von U ergibt. Zur Konstanthaltung der Klemmenspannung U einer

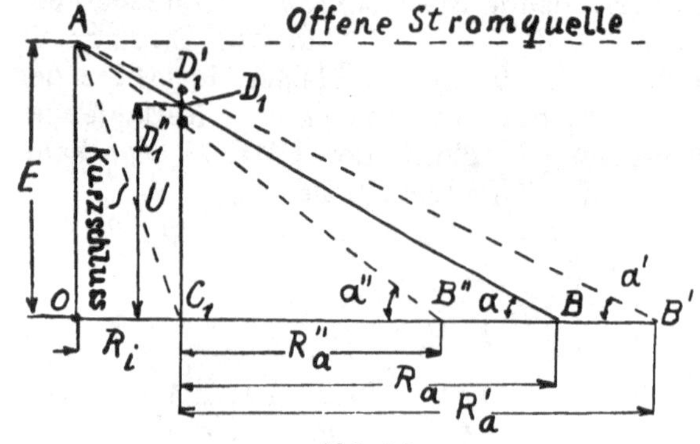

Abb. 14

elektrischen Maschine muß man durch geeignete Mittel die EMK E bei Stromzunahme erhöhen, bei Stromabnahme erniedrigen.

Der Anschluß an eine elektrische Anlage erfolgt bei Verbrauchern stets an zwei entsprechenden Punkten aa', bb', cc' der Hin- und Rückleitung gemäß Abb. 15. Eine zwischen zwei solchen Punkten herrschende Spannung z. B. U_a, die an Schalttafeln oder Steckkontakten abgenommen wird, ist dann die für den Teil $acc'a'$ des Stromkreises verfügbare, d. h. von diesem Teil verbrauchte Spannung, also immer die Spannung für den von den entsprechenden Punkten aus von der Stromquelle abgewendeten Teil des Stromkreises. Da nun $U = I \cdot R$, so folgt, daß $U_a > U_b > U_c$. Man kann also, wenn man zwei solche Spannungen z. B. U_a und U_b in entsprechender Entfernung l gemessen hat, sofort bestimmen, nach welcher Richtung hin die Stromquelle sich befindet. Die Differenz $U_a - U_b$ ist die Spannung, die auf dem Stück $ab + a'b'$ der Strombahn verbraucht wird, so daß

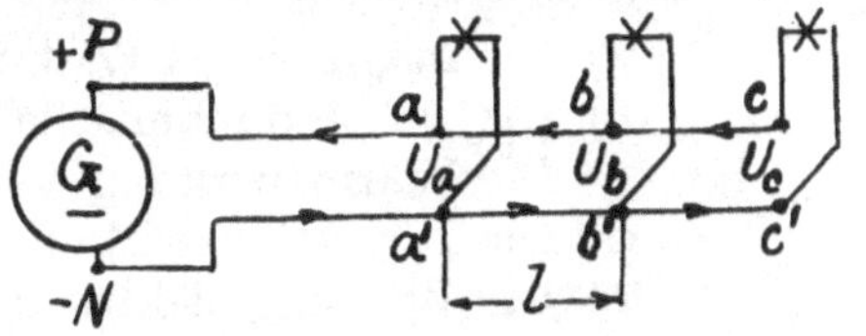

Abb. 15

$$U_a - U_b = I \cdot \varrho \frac{2l}{q}. \tag{35}$$

15. Meßinstrumente für Strom, Spannung, Leistung und Arbeit und ihre Schaltung im Stromkreis

Bei jeder elektrischen Anlage ist es unerläßlich, daß man über die im Stromkreis herrschende Stromstärke I, Klemmenspannung U, Leistung N und elektrische Arbeit A orientiert ist. Dies geschieht durch entsprechend in den Stromkreis eingeschaltete Meßinstrumente, die nach Ampere, Volt, Kilowatt und Kilowattstunden geeicht sind. Außerdem sind diese Meßgeräte in jedem Laboratorium unentbehrlich.

Die elektrischen Meßinstrumente beruhen auf den Wirkungen des elektrischen Stromes, indem vom sogenannten festen System des Gerätes auf das leicht drehbare, mit dem Zeiger versehene bewegliche System eine Drehwirkung ausgeübt wird. Diese vom Strom erzeugte Drehwirkung wird dann durch ein von einer Spiralfeder erzeugtes, proportional mit dem Drehwinkel des beweglichen Systems wachsendes Gegenmoment kompensiert, so daß sich für jeden Betrag der zu messenden Größe eine gewisse Gleichgewichtslage des beweglichen Systems, d. h. Zeigerstellung ergibt. Damit dieses Einstellen in die Gleichgewichtslage ohne Schwingungen geschieht, d. h. eine aperiodische Zeigereinstellung erfolgt, besitzt das bewegliche System eines jeden Meßinstruments auch eine Dämpfungsvorrichtung, welche die Bewegungsenergie des beweglichen Systems vernichtet. (Luft oder magnetische Dämpfung.) Bei den Meßinstrumenten für die elektrische

Arbeit (Elektrizitätszähler) arbeitet das dauernd sich drehende bewegliche System auf ein Zählwerk und die Dämpfung wird durch Wirbelströme von einem Bremsmagneten in einer Metallscheibe erzeugt, die auf der Achse des beweglichen Systems sitzt.

Die Stromwirkungen, auf deren Anwendung die Meßgeräte beruhen, sind:

a) Die magnetische Wirkung
b) Die elektrodynamische Wirkung
c) Die Wärmewirkung
d) Die Induktionswirkung
e) Die Wirkung elektrostatischer Kräfte
f) Die chemische Wirkung.

Bei den Instrumenten unter a) wirkt ein Dauermagnet auf eine stromdurchflossene bewegliche Spule (Drehspulinstrumente), oder eine stromdurchflossene feste Spule auf ein drehbares Weicheisenblech (Dreheiseninstrumente). Bei den Geräten unter b) wirkt eine feste stromdurchflossene Spule auf eine drehbare stromdurchflossene Spule (Dynamometrische Instrumente). Bei den Meßgeräten unter c) wird die Längenausdehnung eines festen stromdurchflossenen sogenannten Hitzdrahtes auf den Zeiger übertragen (Hitzdrahtinstrumente). Bei den Meßgeräten unter d) wirken zwei in der Phase verschobene Wechselströme drehend auf eine Metallscheibe oder Metalltrommel (Induktionsinstrumente). Bei den Meßgeräten unter e) wird eine elektrische Spannung durch elektrostatische Anziehung zwischen elektrisch geladenen Platten gemessen (Elektrometer) und bei den Instrumenten unter f) wird die Stärke eines Gleichstromes durch die von ihm aus einem flüssigen Leiter ausgeschiedene Metall- oder Gasmenge bestimmt (Voltameter).

Die Drehspulinstrumente unter a) sind nur zur Messung von **Gleich**-Spannungen und -Strömen geeignet, während die Induktionsinstrumente unter d) nur zur Messung von **Wechsel**-Spannungen und -Strömen geeignet sind. Für **Gleich**- und **Wechsel**-Spannungen und -Ströme sind zu verwenden die Dreheisengeräte unter a), die Dynamometer unter b) und die Hitzdrahtinstrumente unter c). Die Elektrometer unter e) eignen sich zur nur Messung von Gleich- und Wechsel-**Spannungen** und die Voltameter unter f) nur zur Messung von **Gleichströmen.** Für die Messung der elektrischen Leistung N und Arbeit A braucht man Instrumente, in welchen gleichzeitig eine Spannungs- und Strommessung vorgenommen wird. Diese Meßgeräte müssen also einen Spannungs- und einen Strompfad besitzen und das sind nur die Dynamometer unter b) und die Induktionsinstrumente unter d). Deshalb haben Strom- und Spannungsmesser, die nur einen Strom- bzw. Spannungspfad besitzen, zwei Klemmen, Leistungsmesser sowohl wie Elektrizitätszähler dagegen vier Klemmen. Die dynamometrischen Leistungsmesser und Elektrizitätszähler sind für Gleich- und Wechselstrom, die Induktionsleistungsmesser und Elektrizitätszähler nur für Wechselstrom zu gebrauchen.

1. Strommesser

Abb. 16 stellt im Prinzip die Einrichtung eines Dreheisenstrommessers dar. Ein Weicheisenblech K wird in eine vom zu messenden Strom I durchflossene Spule S gezogen umsomehr, je stärker der Strom ist. Dabei dreht sich das Blech um seine Achse, wodurch der an ihr befestigte Zeiger sich bewegt. Gegenmoment erfolgt durch Feder F, Luftdämpfung durch Dämpfungskammer D.

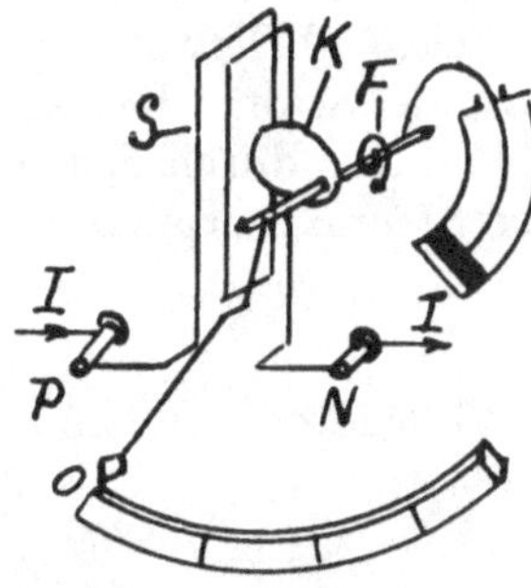

Abb. 16

Ein Strommesser muß also derart in die Strombahn eingeschaltet werden, daß man sie an der betreffenden Stelle aufschneidet und den Strommesser A (Amperemeter) einfügt, so daß der Strom I hindurchgeht (Abb. 17). Da die Stromstärke im ganzen Stromkreis dieselbe ist, so ist es ganz gleichgültig, an welcher Stelle der Strombahn der Strommesser eingeschaltet wird.

Nun hat der Strommesser einen bestimmten Widerstand $R_g \Omega$ und dadurch einen bestimmten Spannungsverbrauch in Volt

$$U_g = I \cdot R_g, \tag{36}$$

Abb. 17

sowie einen Leistungsverbrauch in Watt

$$N_g = U_g \cdot I = I^2 \cdot R_g. \tag{37}$$

Durch Einschalten des Strommessers darf nun keine merkliche Änderung im Stromkreis hervorgerufen werden, d. h. Spannungs- und Leistungsverbrauch müssen möglichst gering sein. Da diese Größen vom Widerstand R_g des Instrumentes abhängen, so folgt, daß jeder Strommesser einen sehr kleinen Widerstand besitzen muß. Der Strommesser der Abb. 16 muß deshalb eine Spule S aus wenig Windungen dicken Drahtes haben.

2. Spannungsmesser

Die Spannungsmesser beruhen auf den gleichen Wirkungen des elektrischen Stromes wie die Strommesser und sind deshalb auch im wesentlichen so gebaut wie die Strommesser. Aber die Spannungsmesser beruhen auf der Wirkung eines Stromes, der proportional sein muß der zu messenden Spannung U und die Skala ist nach Volt geeicht. Man schließt deshalb wie in Abb. 18 den Spannungsmesser (Voltmeter) mit zwei Drähten an die Punkte A und B der Strombahn an, deren Potentialdifferenz oder Spannung U gemessen werden soll. Da das Voltmeter an Punkten verschiedenen Potentials liegt, so fließt durch das Instrument entsprechend seinem

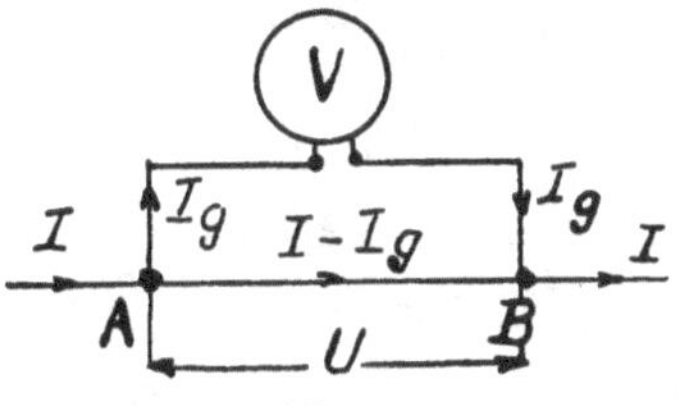

Abb. 18

Widerstand R_g ein Strom $I_g = U : R_g$ und dieser Strom bewirkt den Zeigerausschlag, die Skala ist aber nach der Spannung $U = I_g \cdot R_g$ eingeteilt. Weil nun aber der Strom I im Stromkreis an keiner Stelle eine Veränderung erleiden kann, so ergibt sich, daß der zwischen A und B fließende Leitungsstrom gleich $I - I_g$ ist, d. h. um den Voltmeterstrom I_g kleiner als I, damit der bei B abfließende Strom die gleiche Stärke I hat, wie der bei A zufließende Strom. Der zwischen A und B befindliche Teil der Strombahn erleidet also durch den Anschluß des Voltmeters einen Stromverlust, gleich dem Stromverbrauch in Ampere

$$I_g = \frac{U}{R_g} \tag{38}$$

des Voltmeters, und einen Leistungsverlust, gleich dem Leistungsverbrauch in Watt

$$N_g = U \cdot I_g = \frac{U^2}{R_g} \tag{39}$$

des Voltmeters. Da nun zwischen den Punkten A und B ein Verbraucher eingeschaltet ist, so darf dieser durch den Anschluß des Voltmeters keine merklichen Verluste erleiden. Deshalb müssen bei einem Spannungsmesser Strom- und Leistungsverbrauch sehr gering sein. Ein Spannungsmesser muß also einen der Spannung U entsprechenden hohen Widerstand R_g besitzen. Ein nach Abb. 16 gebauter Spannungsmesser nach dem Dreheisenprinzip muß eine Spule S mit viel Windungen dünnen Drahtes haben. Weil der hohe Widerstand aber meistens nicht in die Spule S des Meßwerks gelegt werden kann, so gibt man dem Voltmeter einen entsprechenden **Vorwiderstand** R_v, der bei niederen Spannungen im Instrument selbst angebracht ist, bei höheren Spannungen dem Instrument zugeschaltet werden muß.

3. Leistungsmesser

Es kommen nur Dynamometer oder Induktionsinstrumente in Frage, die erstgenannten für Gleich- und Wechselstrom, die letztgenannten nur für Wechselstrom. Die Meßgeräte nehmen eine Strom- und Spannungsmessung vor und deshalb enthalten z. B. die Dynamometer als Strompfad eine feste Stromspule S_i und als Spannungspfad eine drehbare Spannungsspule S_s, deren Felder senkrecht aufeinander stehen. Die schematische Darstellung der Einrichtung und Schaltung eines dynamometrischen Leistungsmessers zeigen Abb. 19a und 19b. Die feste Spule S_i und die

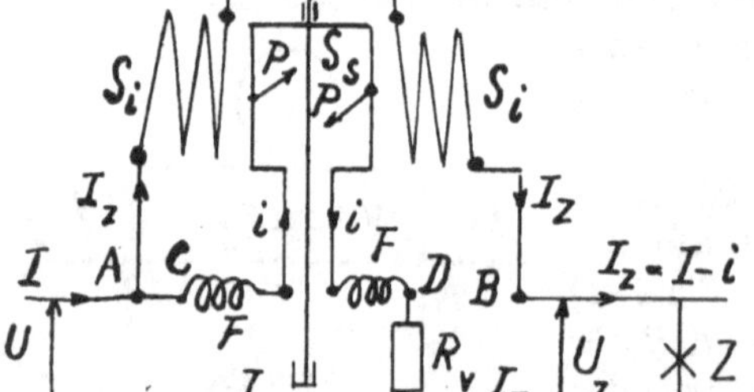

Abb. 19a

drehbare S_s wirken als Magnete, deren Stärken von den Strömen in den Spulen abhängen. Da nun S_i den Betriebsstrom I_z führt und der Strom i in S_s der Spannung proportional ist, so gibt der vom Produkt der beiden Ströme

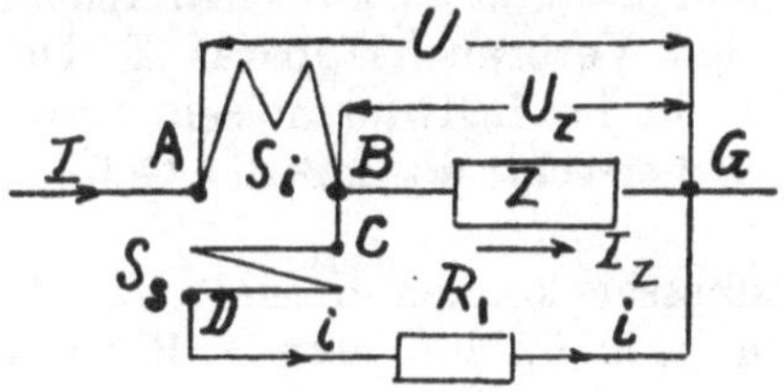

Abb. 19b

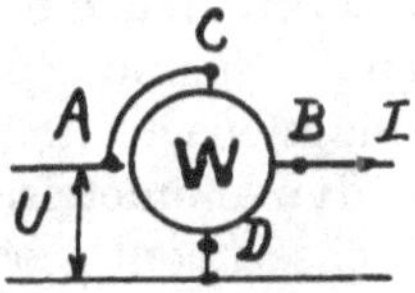

Abb. 19c

I_z und $i = \frac{U}{R_n}$ abhängige Zeigerausschlag die Leistung an. Wie die Abb. 19a, 19b und 19c zeigen, muß eine Klemme von S_i mit einer Klemme von S_s verbunden werden. Diese Verbindung geschieht an den außen am Instrument angebrachten vier Klemmen A, B und C, D. Bei dieser Verbindung der Spulen sind aber zwei Möglichkeiten vorhanden. In Abb. 19a ist die Klemme A von S_i mit der Klemme C von S_s verbunden, wodurch sich der zugeführte Strom I an der Klemme A teilt. Durch S_i fließt dann der durch den Verbraucher Z gehende Betriebsstrom $I_z = I - i$, aber S_s liegt nicht an der Spannung U_z des Verbrauchers, sondern an der größeren Spannung U und wird vom Strom $i = U : R_n$ durchflossen, wenn R_n der gesamte Widerstand des Spannungskreises ist. S_s mißt also den Spannungsverbrauch $(I - i) \cdot R_i$ von S_i mit, d. h. der Leistungsmesser mißt die Leistung seiner eigenen Stromspule

$$N_i = (I - i) \cdot R_i \cdot (I - i) = (I - i)^2 \cdot R_i = I_z^2 \cdot R_i \tag{40}$$

mit, wenn R_i den Widerstand von S_i bedeutet.

Bei der Schaltung der Abb. 19b ist die Klemme B von S_i mit der Klemme C von S_s verbunden. Die Verzweigung des zugeführten Stromes I findet also erst an der Klemme B von S_i statt. Dadurch liegt der Spannungspfad an der Spannung U_z des Verbrauchers, aber S_i enthält den zugeführten Strom $I = I_z + i$. Die Stromspule mißt also den Stromverbrauch $i = \frac{U_z}{R_n}$ von S_s mit, d. h. der Leistungsmesser mißt den Leistungsverbrauch

$$N_s = U_z \cdot i = U_z^2 : R_n \tag{41}$$

seines eigenen Spannungskreises mit.

Je nach der Schaltung müssen die Korrektionen $N_i = (I - i)^2 \cdot R_i = I_z^2 R_i$ bzw. $N_s = \frac{U_z^2}{R_n}$ berücksichtigt werden und zwar bei Leistungsmessung von Verbrauchern von den Angaben des Leistungsmessers abgezogen, bei Messung der abgegebenen Leistung von Stromquellen addiert werden. Man wählt meistens die Schaltung der Abb. 19b. Vernachlässigbar sind die Korrektionen bei Schaltung 19a bei kleinem Strom und hoher

Spannung, bei Schaltung 19b bei großem Strom und kleiner Spannung. Der Vorwiderstand R_v für die Spannungsspule S_s ist bei niederer Spannung im Instrument selbst untergebracht, bei höheren Spannungen muß R_v dem Meßgerät zugeschaltet werden und zwar stets zwischen Klemme D von S_s und der Klemme G hinter dem Verbrauchsapparat Z. Dadurch wird bewirkt, daß die Spannung U_z nicht im Instrument selbst zwischen Stromspule S_i und Spannungsspule S_s herrscht, so daß die Gefahr eines Überschlags vermieden wird.

Die dynamometrischen Leistungsmesser können deshalb für Gleich- und Wechselstrom verwendet werden, weil im letzteren Fall bei jedem Richtungswechsel sowohl in der Strom- als auch in der Spannungsspule die Ströme ihre Richtung umkehren, wodurch das Moment auf die Spannungsspule seine Richtung behält.

Bei den auf dem dynamometrischen Prinzip beruhenden Strom- und Spannungsmessern fließt der Strom I bzw. i durch feste und drehbare Spule, wodurch auch diese Instrumente für Gleich- und Wechselstrom benutzbar sind.

4. Elektrizitätszähler

Sie messen die elektrische Arbeit $A = N \cdot t$ und beruhen auf dem dynamometrischen Prinzip bei Gleichstrom und auf dem Induktionsprinzip bei Wechselstrom. Diese Meßgeräte sind Elektromotoren, bei denen das drehbare System auf ein Zählwerk arbeitet. Abb. 20a stellt den Aufbau eines Gleichstromzählers dar, der ähnlich dem eines Leistungsmessers ist.

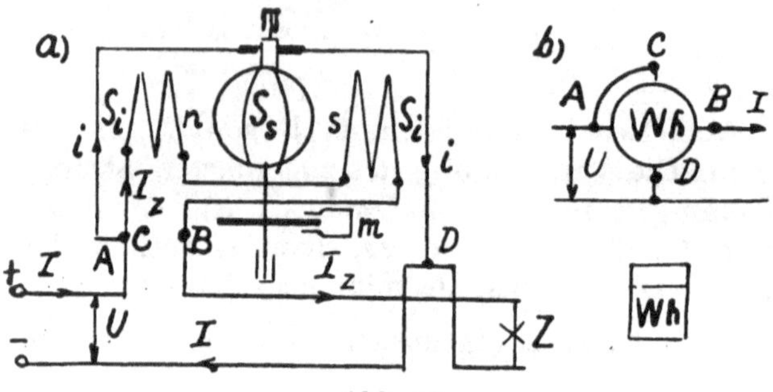

Abb. 20

Der Strom I_z durchfließt zwei Stromspulen S_i, die ein magnetisches Feld erzeugen. In ihm befindet sich das drehbare System, bestehend aus mehreren auf einer Achse sitzenden Drehspulen S_s, die mittels Kollektor und Bürsten an die Spannung U angeschlossen sind und von einem entsprechenden Strom i durchflossen werden.

Das Drehmoment, welches die Drehspulen S_s erfahren und welches, wie beim Leistungsmesser, proportional der Leistung N ist, wird durch die Achse mittels Zahnräder auf ein Zählwerk übertragen. Durch die Bremswirkung eines Dauermagneten m auf eine Metallscheibe der Achse wird bewirkt, daß ihre sekundliche Drehzahl der Leistung N proportional wird, und die Übersetzung ist so bemessen, daß das Zählwerk die elektrische Arbeit $A = N \cdot t$ in kWh anzeigt. Die Differenz der Zählerablesungen zu zwei verschiedenen Zeitpunkten ergibt die in der Zwischenzeit verbrauchte elektrische Arbeit.

Für Gleichstrom gibt es auch auf der chemischen Wirkung des Stromes beruhende Elektrizitätszähler (elektrolytische Zähler). Bei ihnen scheidet der Strom aus einer Jodquecksilberlösung Quecksilber ab, welches sich in einer vertikalen Glasröhre ansammelt, die nach Ah graduiert ist. Diese Zähler geben also die Elektrizitätsmenge $Q = I \cdot t$ in Ah innerhalb einer Zeit t Stunden an und heißen deshalb Mengenzähler oder Amperestundenzähler. Durch Multiplikation ihrer Angaben mit der mittleren Netzspannung U erhält man mit in vielen Fällen genügender Genauigkeit die elektrische Arbeit $A = U \cdot Q$ in Wattstunden.

Bei den **Induktionszählern** für Wechselstrom induzieren zwei feste von einer Strom- und einer Spannungsspule erregte Elektromagnete Wirbelströme in einer drehbaren Metallscheibe und erzeugen ein Drehmoment, welches auf ein Zählwerk übertragen wird. Bremsung wie bei den Gleichstromzählern.

Die Induktionszähler werden in Abschnitt IX, § 88 behandelt.

16. Schaltung der Widerstände
Die KIRCHHOFFschen Gesetze

In einer elektrischen Anlage sind meist mehrere Stromquellen wirksam und an die Leitungen sind eine größere Anzahl von Verbrauchswiderständen angeschlossen. Es gibt dann zwei hauptsächliche Arten von Schaltungen der Widerstände, die **Hintereinander-** oder **Reihenschaltung** und die **Nebeneinander-** oder **Parallelschaltung.** Als Kombination dieser beiden Schaltungen tritt in vielen Fällen die **gemischte Schaltung** auf.

Abb. 21 stellt eine reine Reihenschaltung, Abb. 22 eine reine Nebeneinanderschaltung und Abb. 23 eine gemischte Schaltung von Widerständen dar.

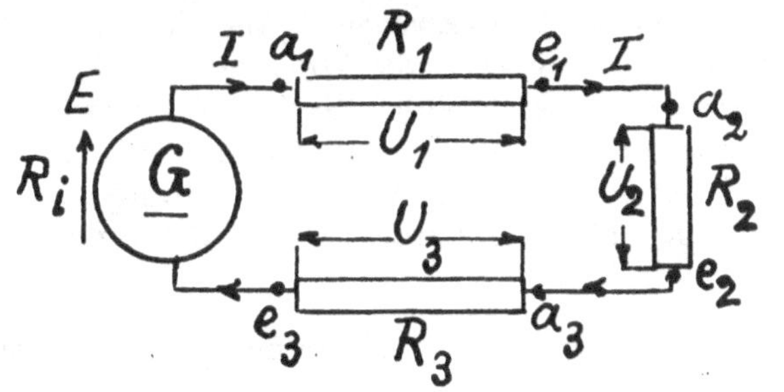

Abb. 21

Aus den drei Abbildungen erkennt man, daß durch die Schaltung mehrerer Widerstände die Leitungsanlage komplizierter wird als beim einfachen Stromkreis, insbesondere bei der Parallel- und gemischten Schaltung, wo Knotenpunkte und Maschen entstehen, so daß man von einem Leitungsnetz spricht.

Die Verbindungen zweier Knotenpunkte, z. B. in Abb. 22 und 23 die zwischen A und B liegenden parallelen Widerstände R_1, R_2 und R_3 bzw. R_1 und R_2 heißen **Leiterzweige** oder **Zweigwiderstände.** Ein aus zwei Zweigwiderständen bestehender in sich geschlossener Leiterkreis heißt eine **Masche**; in Abb. 22 z. B. entstehen drei solcher Maschen, bestehend aus

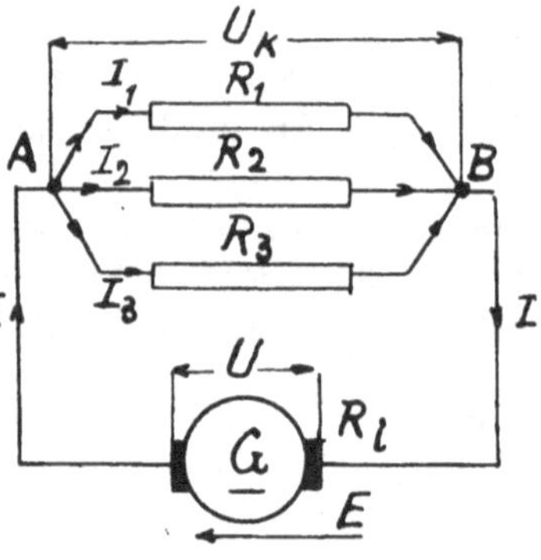

Abb. 22

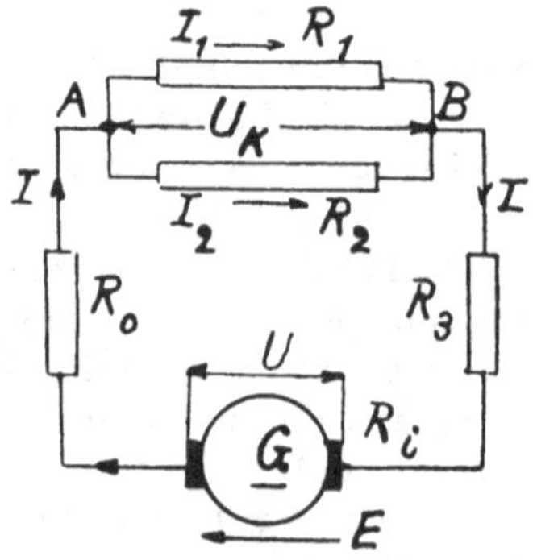

Abb. 23

den Widerständen R_1 und R_2, R_2 und R_3 und R_1 und R_3. Die Abbildungen zeigen auch den wesentlichen Unterschied zwischen der Reihen- und der Parallelschaltung.

Bei der **Reihenschaltung,** wo der Anfang *a* eines Widerstandes mit dem Ende *e* des vorhergehenden verbunden wird, werden die Widerstände alle vom selben Strom, dem Gesamtstrom I durchflossen, die Widerstände verbrauchen aber im allgemeinen, je nach ihrer Größe, verschiedene Spannungen $U_1 = I \cdot R_1$, $U_2 = I \cdot R_2$ usw.

Bei der **Parallelschaltung,** wo die Anfänge aller Widerstände in einem Knotenpunkt A vereinigt sind und ebenso die Enden aller Widerstände in einem zweiten Knotenpunkt B, liegen alle Widerstände an der gleichen Spannung U_k, werden aber im allgemeinen, je nach ihrer Größe, von verschieden großen Zweigströmen $I_1 = U_k : R_1$, $I_2 = U_k : R_2$ usw. durchflossen. In einem Stromkreis mit **gemischter Schaltung** der Widerstände gelten daher alle Widerstände als hintereinander geschaltet, die vom Gesamtstrom I durchflossen werden. In den drei Abbildungen gilt deshalb der innere Widerstand R_i der Stromquelle als hintereinander geschaltet und in Abb. 23 außerdem die Widerstände R_0 und R_3.

a) Reihenschaltung (Abb. 21)

Der Gesamtwiderstand, resultierende, Kombinations- oder **Ersatzwiderstand** der hintereinander geschalteten Widerstände ist, da die Widerstände alle vom selben Strom durchflossen werden,

$$R_k = R_1 + R_2 + R_3 + \cdots = \Sigma R\,. \qquad \textbf{(42)}$$

Der Ersatzwiderstand der Reihenschaltung ist gleich der Summe der Widerstände.

Der resultierende Gesamtleitwert (Ersatzleitwert) **einer Reihenschaltung** ist

$$G_k = \frac{1}{R_k} = \frac{1}{\Sigma R}. \tag{42a}$$

Für die Reihenschaltung der Abb. 21 ist $R_k = R_1 + R_2 + R_3 = R_a$ und, wenn man von den Widerständen der Zwischenverbindungen absieht, ist der Gesamtwiderstand des Stromkreises $R = R_i + R_k$ und die Stromstärke bei einer EMK E der Stromquelle $I = \frac{E}{R_i + R_k}$.

b) Parallelschaltung (Abb. 22)

Bei der Parallelschaltung handelt es sich um die Ermittlung der Zweigströme I_1, I_2, I_3 in den einzelnen Leiterzweigen. Zur Berechnung der Gesamtstromstärke I im Stromkreis ist aber vor allem die Kenntnis des Ersatzwiderstandes R_k der Stromverzweigung nötig. Die Berechnung der Zweigströme und des Ersatzwiderstandes erfolgt auf Grund der KIRCHHOFFschen Gesetze.

1. KIRCHHOFFsches Gesetz

Es handelt von den Stromverhältnissen an den Knotenpunkten (Abb. 24a und 24b). Aus der schon mehrmals erwähnten Tatsache, daß an keiner Stelle des Stromkreises eine Stauung der Elektronen auftreten kann, folgt: **In jedem Verzweigungspunkt (Knotenpunkt) ist die Summe der zufließenden Ströme gleich der Summe der abfließenden Ströme.**

$$I = I_1 + I_2 + I_3 + \cdots. \tag{43}$$

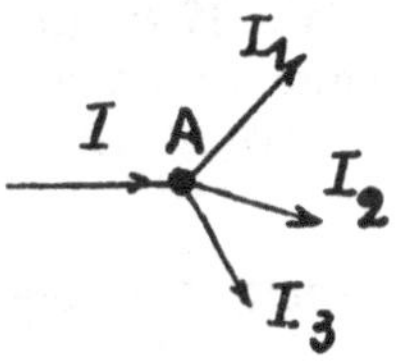

Abb. 24a

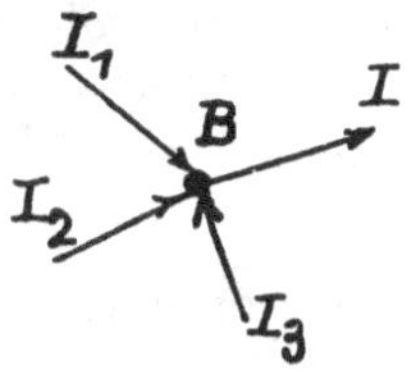

Abb. 24b

Versieht man die zufließenden Ströme mit positiven, die abfließenden mit negativen Vorzeichen, dann ergibt sich

$$I - I_1 - I_2 - I_3 - \cdots = 0 \text{ oder } I_1 + I_2 + I_3 + \cdots - I = 0$$

und das 1. KIRCHHOFFsche Gesetz läßt sich dann auch in der Form aussprechen: **In jedem Verzweigungspunkt ist die algebraische Summe aller Ströme gleich Null.**

$$\Sigma I = 0. \tag{43a}$$

2. KIRCHHOFFsches Gesetz

Es handelt von den Verhältnissen der Spannungen in einer Masche und ist eine Verallgemeinerung des OHMschen Gesetzes.

Nach dem OHMschen Gesetz folgt für eine Masche, d. h. einen geschlossenen Leiterkreis zwischen zwei Knotenpunkten:

In jedem geschlossenen Leiterkreis (Masche) ist die algebraische Summe aller Potentialdifferenzen durch OHMschen Spannungsverlust gleich der algebraischen Summe der elektromotorischen Kräfte.

$$\Sigma(I \cdot R) = \Sigma E. \tag{44}$$

Dabei ist zu beachten, daß man die Ströme in einer gewählten Richtung, z. B. im Uhrzeigersinn, als positiv, in der entgegengesetzten Richtung als negativ annimmt. Die EMKe werden als positiv gerechnet, wenn sie im Sinne der erstgewählten Richtung wirken.

Sind in dem geschlossenen Leiterkreis (Masche) keine EMKe vorhanden, dann ist die algebraische Summe aller Potentialdifferenzen durch OHMschen Spannungsverlust gleich Null.

$$\Sigma(I \cdot R) = 0. \tag{44a}$$

Setzt man statt der Spannungsabfälle $I \cdot R$ die ihnen gleichgroßen, von der Stromquelle zu leistenden und dem Strom entgegengerichteten Gegenspannungen $E_R = -I \cdot R$ in Gl. (44) ein, dann erhält sie die Form $-\Sigma E_R = \Sigma E$, oder

$$\Sigma E + \Sigma E_R = 0, \tag{44b}$$

d. h.: **In jedem Stromkreis ist die Summe aller Spannungen, d. h. die Summe aus allen EMKe und Gegenspannungen, gleich Null.**

Gl. (44b) ist die allgemeinste Form des 2. KIRCHHOFFschen Gesetzes, weil sie aussagt, daß im Stromkreis die **Spannungs**summe gleich Null ist, in Analogie zum 1. KIRCHHOFFschen Gesetz, nach welchem an einem Knotenpunkt die **Strom**summe gleich Null ist. Die Gl. (44b) findet besonders in der Wechselstromtechnik zweckmäßige Anwendung.

Anwendung der KIRCHHOFFschen Gesetze auf die Parallelschaltung

Aus dem 1. Gesetz ergibt sich, daß die algebraische Summe sämtlicher Zweigströme I_1, I_2 usw. gleich dem Gesamtstrom I sein muß. Aus dem 2. Gesetz ergibt sich, wenn man es auf die in Abb. 22 aus den Widerständen R_1 und R_2, bzw. R_2 und R_3, bzw. R_1 und R_3 gebildeten Maschen anwendet, in denen keine EMKe vorhanden sind, und wenn man die dem Uhrzeigersinn gleiche Richtung als positiv wählt, gemäß Gl. (44a):

$$\left.\begin{aligned} I_1 \cdot R_1 - I_2 \cdot R_2 &= 0, \text{ d. h. } I_1 : I_2 = R_2 : R_1 \\ I_2 \cdot R_2 - I_3 \cdot R_3 &= 0, \text{ d. h. } I_2 : I_3 = R_3 : R_2 \\ I_1 \cdot R_1 - I_3 \cdot R_3 &= 0, \text{ d. h. } I_1 : I_3 = R_3 : R_1 \end{aligned}\right\} \tag{45}$$

Je zwei Zweigströme verhalten sich umgekehrt wie ihre Widerstände. Nun ist umgeformt

$$I_1 : I_2 = \frac{1}{R_1} : \frac{1}{R_2} \text{ und } I_2 : I_3 = \frac{1}{R_2} : \frac{1}{R_3}$$

und daraus folgt die fortlaufende Proportion:

$$I_1 : I_2 : I_3 = \frac{1}{R_1} : \frac{1}{R_2} : \frac{1}{R_3} = G_1 : G_2 : G_3 . \tag{46}$$

Die Zweigströme verhalten sich wie die Kehrwerte der Widerstände, d. h. wie die Leitwerte der Zweige.

Je größer also der Widerstand eines Zweiges ist, um so kleiner ist der Strom durch den Zweig.

Die Proportion (46), die für beliebig viele Zweigströme gilt, gestattet im Verein mit der Gl. (43) $I = I_1 + I_2 + I_3 + \cdots$ die Berechnung der Zweigströme bei gegebenem Gesamtstrom I. Aus der Proportion $I_1 : I_2 : I_3 = \frac{1}{R_1} : \frac{1}{R_2} : \frac{1}{R_3}$ folgt nämlich, daß

$$I_1 = \frac{x}{R_1}; \quad I_2 = \frac{x}{R_2}; \quad I_3 = \frac{x}{R_3} \quad \text{usw.}$$

Die Proportionalitätskonstante x wird ermittelt durch Einsetzen der Werte von I_1, I_2 und I_3 in die Gleichung $I_1 + I_2 + I_3 + \cdots = I$, also $\frac{x}{R_1} + \frac{x}{R_2} + \frac{x}{R_3} + \cdots = I$, woraus sich durch Multiplikation mit dem Hauptnenner x ergibt, womit auch die Zweigströme gegeben sind.

Die Konstante x ist, wie man erkennt, nichts anderes als die Spannung U_k an der Verzweigung, die man damit zugleich gefunden hat. Da nämlich die Zweigwiderstände alle an der Spannung U_k liegen, so ergeben sich die Zweigströme auch aus

$$I_1 = \frac{U_k}{R_1}, \quad I_2 = \frac{U_k}{R_2}, \quad I_3 = \frac{U_k}{R_2} \quad \text{usw.} \tag{47}$$

und diese Gleichungen sind für die Berechnung der Zweigströme anzuwenden, wenn die Spannung U_k gegeben ist. Der Gesamtstrom I ergibt sich dann bei gegebener Spannung U_k als Summe der Zweigströme.

Die Berechnung des Gesamtstromes I wird aber einfacher, wenn man die **Stromverzweigung** durch ihren **Kombinations-** oder **Ersatzwiderstand** ersetzt. Das ist der Widerstand R_k eines einzigen Drahtes, durch den die Spannung U_k den Gesamtstrom I schickt, gemäß Abb. 25. Es muß dann sein $I = \frac{U_k}{R_k}$ und da $I = I_1 + I_2 + I_3 + \cdots$, so folgt mit den Gleichungen (47):

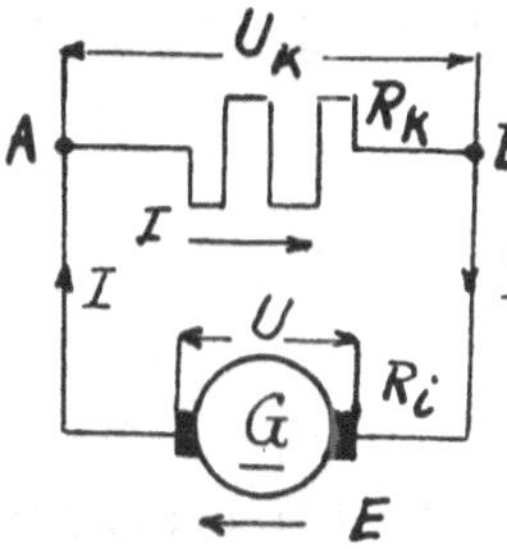

Abb. 25

$$\frac{U_k}{R_k} = \frac{U_k}{R_1} + \frac{U_k}{R_2} + \frac{U_k}{R_3} + \cdots,$$

also

$$\frac{1}{R_k} = \frac{1}{R_1} + \frac{1}{R_2} + \frac{1}{R_3} + \cdots = \sum\left(\frac{1}{R}\right), \tag{48}$$

$$G_k = G_1 + G_2 + G_3 + \ldots = \Sigma G. \tag{48a}$$

Bei der Parallelschaltung ist der Kehrwert des Ersatzwiderstandes gleich Summe der Kehrwerte der Zweigwiderstände oder der Ersatzleitwert ist gleich der Summe der Zweigleitwerte.

Da nun G_k größer ist als jeder einzelne Leitwert G_1, G_2 usw., so ist $R_k = \frac{1}{G_k}$ **kleiner** als jeder einzelne Zweigwiderstand.

Der Ersatzwiderstand einer Verzweigung ist kleiner als jeder einzelne Zweigwiderstand, also auch kleiner als der kleinste unter ihnen.

Die Spannung an den Verzweigungspunkten A und B ist

$$U_k = I \cdot R_k. \tag{49}$$

Besteht die Verzweigung aus n gleichen Widerständen R_0, dann ist

$$\frac{1}{R_k} = \frac{1}{R_0} + \frac{1}{R_0} + \cdots = \frac{n}{R_0},$$

also

$$R_k = \frac{R_0}{n}. \tag{50}$$

Sind zwei Widerstände parallel geschaltet, dann ergibt sich

$$\frac{1}{R_k} = \frac{1}{R_1} + \frac{1}{R_2} = \frac{R_1 + R_2}{R_1 \cdot R_2}$$

und

$$R_k = \frac{R_1 \cdot R_2}{R_1 + R_2}. \tag{50a}$$

Für den Stromkreis der Abb. 22 ist unter Vernachlässigung der Widerstände der Zuleitungen der Gesamtwiderstand des Stromkreises $R = R_i + R_k$ und die Stromstärke bei einer EMK E der Stromquelle $I = \frac{E}{R} = \frac{E}{R_i + R_k}$.

Für den Stromkreis der Abb. 23 ergibt sich der Gesamtwiderstand $R = R_i + R_0 + R_3 + R_k$ und bei einer EMK E der Stromquelle der Strom $I = \frac{E}{R} = \frac{E}{R_i + R_0 + R_3 + R_k}$.

17. Praktische Anwendung der Reihen- und Parallelschaltung von Widerständen

a) Herstellung kleiner Widerstände

Die Parallelschaltung gibt die Möglichkeit, kleine Widerstände genau herzustellen. Soll z. B. ein kleiner Widerstand R hergestellt werden, dann stellt man einen etwas zu großen Widerstand R_1 her und erniedrigt seinen Wert durch Parallelschaltung eines zweiten Widerstandes R_2 von solcher Größe, daß der resultierende Widerstand gleich R wird. Gegeben sind R und R_1, gesucht ist der Nebenwiderstand R_2. Nach Gl. (50a) ist $R = \frac{R_1 \cdot R_2}{R_1 + R_2}$ und daraus folgt

$$R_2 = \frac{R_1 \cdot R}{R_1 - R}. \tag{51}$$

Ist z. B. $R = 0{,}1\,\Omega$ herzustellen und nimmt man $R_1 = 0{,}11\,\Omega$, dann muß ein Widerstand

$$R_2 = \frac{0{,}11 \cdot 0{,}1}{0{,}11 - 0{,}1} = \frac{0{,}011}{0{,}01} = 1{,}1\,\Omega$$

parallel geschaltet werden (Abb. 26).

b) Meßbereicherhöhung der Meßinstrumente

Hierfür finden sowohl Parallel- als auch Reihenschaltung der Widerstände Anwendung. Um den **Meßbereich** eines für den Strom I_g geeichten **Strommessers** vom Eigenwiderstand R_g n mal größer zu machen, d. h. um den Strommesser zur Messung eines n mal größeren Stromes $I = n \cdot I_g$ benutzen zu können, schaltet man dem Strommesser einen **Nebenwiderstand** R_n parallel, so daß durch den Strommesser nur der Strom $I_g = \frac{I}{n}$ fließt (Abb. 27).

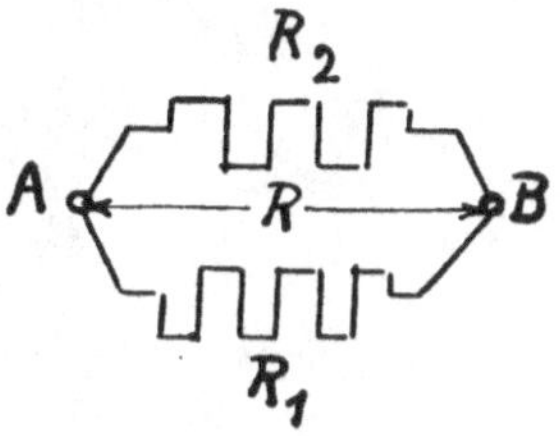

Abb. 26

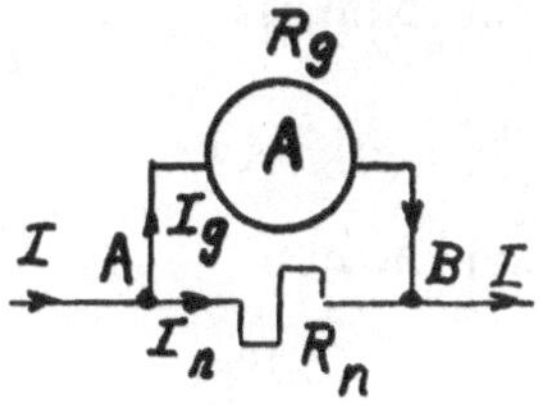

Abb. 27

Gesucht ist der Nebenwiderstand R_n bei bekanntem R_g und der Meßbereicherhöhung $n = \frac{I}{I_g}$. Ist I_n der vom Nebenwiderstand R_n aufgenommene Strom, dann ist $I = I_g + I_n$. Ferner ist $I_g = \frac{I}{n}$, d. h. $\frac{I_g}{I} = \frac{1}{n}$. Nach den Gesetzen über Stromverzweigung ist $\frac{I_g}{I_n} = \frac{R_n}{R_g}$, oder

$$\frac{I_g}{I_g + I_n} = \frac{I_g}{I} = \frac{R_n}{R_n + R_g} = \frac{1}{n}$$

und daraus folgt

$$R_n = \frac{R_g}{n - 1}. \tag{52}$$

Der Nebenwiderstand R_n eines Strommessers für eine n-fache Meßbereicherhöhung muß also $(n - 1)$ mal kleiner sein als der Instrumentenwiderstand R_g. Der Ersatzwiderstand aus Meßgerätwiderstand R_g und Nebenwiderstand R_n ist

$$R_A = \frac{R_g \cdot R_n}{R_g + R_n} = \frac{R_g \cdot \frac{R_g}{n-1}}{R_g + \frac{R_g}{n-1}} = \frac{R_g^2}{(n-1)\,R_g + R_g},$$

$$R_A = \frac{R_g^2}{n \cdot R_g} = \frac{R_g}{n}. \tag{52a}$$

Der zu messende Strom I in der Leitung ist dann gleich der Zeigerangabe des Strommessers multipliziert mit der Meßbereicherhöhung $n = \frac{I}{I_g} = \frac{R_g + R_n}{R_n}$.

Die **Meßbereicherhöhung** eines für eine Spannung U_g geeichten **Spannungsmessers** vom Eigenwiderstand R_g geschieht durch Reihenschaltung eines Vorwiderstandes R_v (Abb. 28). Soll eine n-fache Meßbereicherhöhung erzielt werden, d.h. der Spannungsmesser zur Messung einer n mal größeren Spannung $U = n \cdot U_g$ verwendet werden können, dann muß der Vorwiderstand R_v von solcher Größe sein, daß der Spannungsmesser nur $\frac{1}{n}$ der zu messenden Spannung U erhält. Es muß also $U_g = \frac{U}{n}$, oder $\frac{U_g}{U} = \frac{1}{n}$ sein. Nun ist

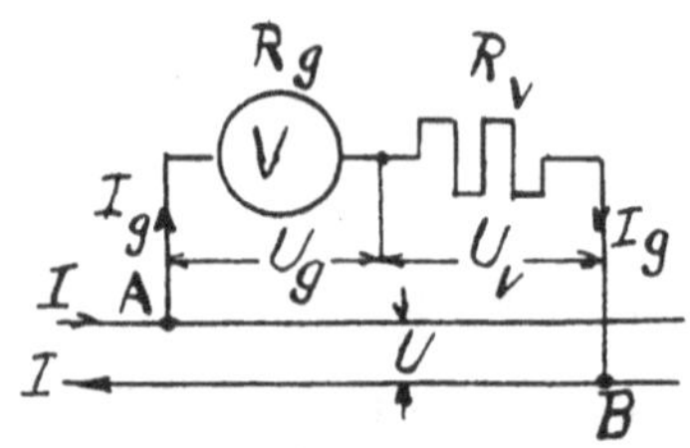

Abb. 28

$$U_g = I_g \cdot R_g \quad \text{und} \quad U_v = I_g \cdot R_v,$$

also

$$U = U_g + U_v = I_g \cdot (R_g + R_v)$$

und da nun

$$\frac{U_g}{U} = \frac{R_g}{R_g + R_v} = \frac{1}{n},$$

so ergibt sich

$$R_v = R_g \cdot (n - 1). \quad \textbf{(53)}$$

Der Vorwiderstand R_v eines Spannungsmessers für eine n fache Meßbereicherhöhung muß $(n - 1)$ mal größer sein als der Instrumentenwiderstand R_g.

Der Gesamtwiderstand R_S des Spannungsmessers mit Vorwiderstand ist

$$R_S = R_g + R_v = R_g + (n - 1) \cdot R_g = n \cdot R_g. \quad \textbf{(53a)}$$

Die gesuchte Spannung U ergibt sich aus der Zeigerangabe des Spannungsmessers multipliziert mit der Meßbereicherhöhung

$$n = \frac{U}{U_g} = \frac{R_g + R_v}{R_g}.$$

Die Meßbereicherhöhung durch Neben- bzw. Vorwiderstände bedeutet einen großen Vorteil, da man mit einem Instrument auskommt und je nach der Stärke des zu messenden Stromes bzw. der Höhe der zu messenden Spannung ein entsprechender Neben- bzw. Vorwiderstand anzuschalten ist. Diese Meßbereicherhöhungen durch Neben- bzw. Vorwiderstände können aber nur zur Messung von Gleichströmen und Gleichspannungen verwendet werden, da die Stromverteilung in den Widerständen von gewissen, bei Wechselstrom auftretenden Größen (Induktivität, Kapazität und Frequenz) abhängig ist. Die Verwendung von Nebenwiderständen bei Wechselstrommessungen ist daher nur bei Hitzdrahtstrommessern möglich, für alle anderen Strommesser sind besondere Transformatoren, sogenannte Stromwandler, nötig, die den zu messenden Strom I für den Strommesser auf den Höchstbetrag $I_g = 5$ A herabsetzen. Vorwiderstände R_v, die bifilar gewickelt sind, können zur Messung von Wechselspannungen prinzipiell benutzt werden, für höhere Spannungen verwendet man aber zur Meßbereicherhöhung von Spannungsmessern ebenfalls besondere Transformatoren, sogenannte Spannungswandler, welche die zu messende Spannung U für den Spannungsmesser auf den Höchstwert $U_g = 100$ V herabsetzen.

Bei **Leistungsmessern** und **Zählern** müssen Strom- und Spannungsspule ihre entsprechenden Meßbereicherhöhungen erhalten, d. h. der Strompfad einen Nebenwiderstand oder einen Stromwandler und der Spannungspfad einen Vorwiderstand oder Spannungswandler. Bei den Hochspannungsanlagen für Wechsel- bzw. Drehstrom, wo die Schalttafelinstrumente stets Strom- bzw. Spannungswandler erhalten müssen, sind die Meßgeräte selbst für Höchstbelastungen von 5 A bzw. 100 V gebaut.

c) Berechnung des Spannungsabfalls in Leitungsnetzen

1. Die Kettenleitung

In dieser Leitungsanlage sind Hin- und Rückleitung, die sogenannten Hauptleiter, an mehreren Stellen durch Anschluß von Verbrauchswiderständen überbrückt. Die Verbraucher sind also alle parallel angeschlossen, so daß eine ständige Wiederholung der Parallelschaltung vorliegt, ja auch schon in der Zentrale arbeiten die Stromquellen in Nebeneinanderschaltung.

Von der Stromquelle (Abb. 29) führen zunächst Verbindungen zu zwei Kupferschienen A und B, den sogenannten Sammelschienen. Von hier aus gehen dann parallel angeschlossen verschiedene Speiseleitungen oder Kabel zu bestimmten Speisepunkten und von dort aus wieder parallel angeschlos-

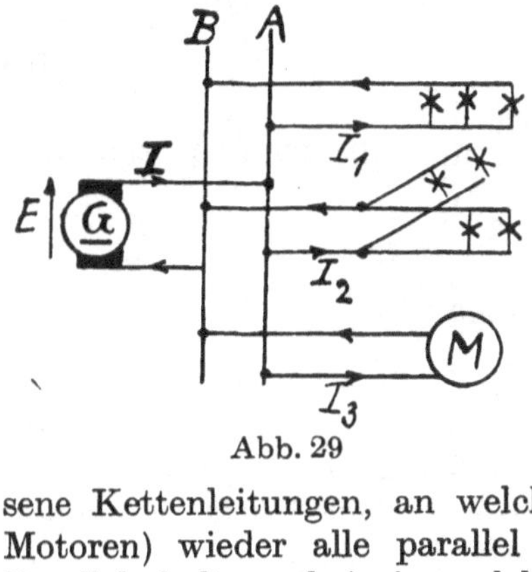

Abb. 29

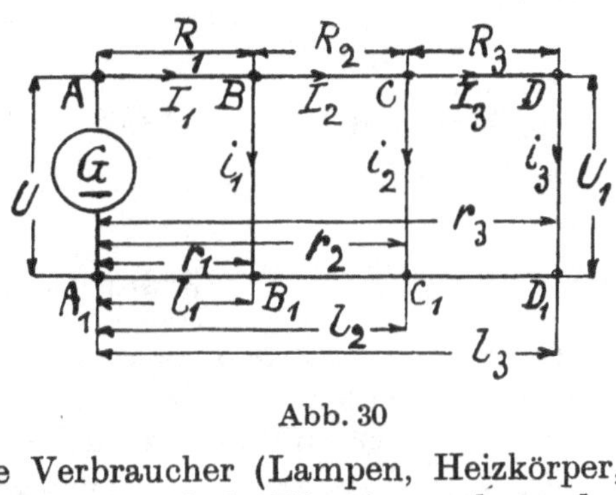

Abb. 30

sene Kettenleitungen, an welche die Verbraucher (Lampen, Heizkörper, Motoren) wieder alle parallel angeschlossen sind. Die Anwendung der Parallelschaltung bei einer elektrischen Anlage ergibt sich aus dem Umstand, daß im Gegensatz zur Reihenschaltung die einzelnen Verbraucher alle an der Netzspannung liegen und unabhängig voneinander ein- und ausgeschaltet werden können.

Für die Kettenleitung der Abb. 30 bedeuten:

i_1, i_2, i_3 die Ströme in den Stromverbrauchern,

I_1, I_2, I_3 die Ströme in den Hauptleiterteilen AB, BC, CD und

R_1, R_2, R_3 die entsprechenden Widerstände.

Nach dem KIRCHHOFFschen 2. Gesetz bzw. Gl. (35) ist der Spannungsverlust in der Leitung

$$v = U - U_1 = 2 \cdot (I_1 R_1 + I_2 R_2 + I_3 R_3) = 2\,\Sigma(IR)\,. \tag{54}$$

Die Leiterströme sind

$$I_1 = i_1 + i_2 + i_3; \qquad I_2 = i_2 + i_3; \qquad I_3 = i_3$$

eingesetzt in Gl. (54) für v gibt

$$v = 2\,[(i_1 + i_2 + i_3) R_1 + (i_2 + i_3) R_2 + i_3 R_3]\,,$$
$$v = 2\,[i_1 \cdot R_1 + i_2(R_1 + R_2) + i_3(R_1 + R_2 + R_3)]\,.$$

Setzt man $R_1 = r_1$; $R_1 + R_2 = r_2$ und $R_1 + R_2 + R_3 = r_3$, dann wird

$$v = 2 \cdot (i_1 r_1 + i_2 r_2 + i_3 r_3) = 2 \cdot \Sigma(i \cdot r)\,. \tag{54a}$$

Sind die Hauptleiter aus demselben Werkstoff und haben durchgängig denselben Querschnitt q, dann ist

$$r_1 = \varrho \frac{l_1}{q}; \qquad r_2 = \varrho \frac{l_2}{q}; \qquad r_3 = \varrho \frac{l_3}{q}$$

gibt eingesetzt in Gl. (54a)

$$v = \frac{2\varrho}{q}(i_1 l_1 + i_2 l_2 + i_3 l_3) = \frac{2\varrho}{q} \cdot \Sigma(il)\,. \tag{55}$$

Setzt man

$$i_1 l_1 + i_2 l_2 + i_3 l_3 = I \cdot L\,, \tag{55a}$$

dann wird

$$v = \frac{2\varrho}{q} \cdot I \cdot L\,. \tag{56}$$

L wird bestimmt aus Gl. (55a) zu $L = \frac{\Sigma(il)}{I}$ und ist der Schwerpunktsabstand der Zweigströme i.

2. Die Dreileiteranlage

Größere Gleichstromanlagen führt man im Dreileitersystem aus gemäß Abb. 31. Es wirken zwei gleiche Stromerzeuger in Serie auf das Netz, welches aus zwei Außenleitern und einem Mittelleiter besteht, der gewöhnlich geerdet ist. Die Rückleitung des ersten Stromerzeugers dient dem zweiten als Hinleitung. Es entstehen zwei Maschen, eine zwischen positivem Außenleiter und Mittelleiter, die andere zwischen negativem Außenleiter und Mittelleiter. Sind die Ströme in den beiden Netzhälften I_1 und I_2, dann ist der Strom im Mittelleiter

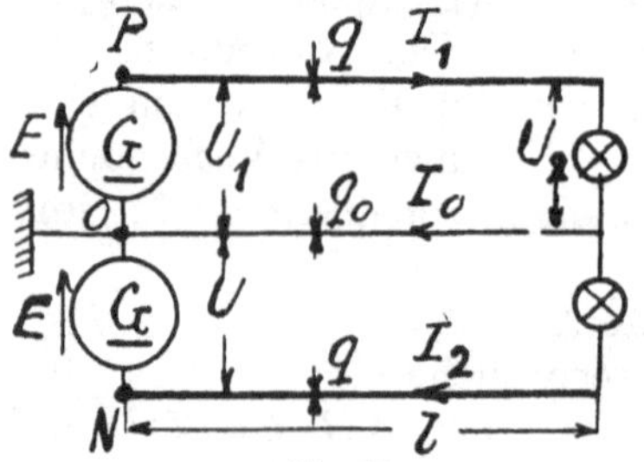

Abb. 31

$$I_0 = I_1 - I_2\,. \tag{57}$$

Bei gleicher Belastung der Netzhälften, d. h. $I_1 = I_2$ ist $I_0 = 0$, der Mittelleiter ist stromlos und gibt keinen Spannungsabfall. Spannungsverlust in einer Netzhälfte bei $I_1 = I_2$:

$$v = U_1 - U_2 = \varrho \frac{I_1 \cdot l}{q}. \tag{58}$$

Bei ungleicher Belastung $I_1 \neq I_2$ tritt der größte Spannungsverlust in der stärker belasteten Netzhälfte auf, also wenn z. B. $I_1 > I_2$, ist

$$v_1 = \varrho \frac{I_1 \cdot l}{q} + \varrho \frac{I_0 \cdot l}{q_0}. \tag{58a}$$

Bei ungleicher Belastung der Netzhälften, wie sie fast immer vorhanden ist, muß der Querschnitt q der Leitungen größer ausgeführt werden, als bei gleicher Belastung nötig wäre, um den zulässigen Spannungsverlust einzuhalten. Man berechnet zunächst aus Gl. (58) den Querschnitt $q = \varrho \frac{I_1 \cdot l}{v}$ der Außenleiter bei gleicher Belastung der Netzhälften. Diesen Querschnitt q macht man dann um 25% größer als berechnet und den Mittelleiter **halb** so stark als die Außenleiter. Der Spannungsabfall v erreicht dann die zulässige Grenze erst, wenn die eine Netzhälfte einen um 12,5% kleineren Strom führt als die vollbelastete Netzhälfte. Die Dreileiteranlage hat gegenüber der Zweileiteranlage den Vorteil der Ersparnis an Leitungsmaterial. Ersetzt man nämlich jede Netzhälfte durch einen einfachen Stromkreis mit der gleichen Belastung, so geht auch in der Rückleitung Spannung verloren. Bei gleichem Spannungsverlust mit der Dreileiteranlage muß der Leitungsquerschnitt der einfachen Anlage daher doppelt so groß, also $2q$ sein. Da man aber bei den zwei einfachen Stromkreisen vier Leitungen hat, so ist der Gesamtquerschnitt 4 mal $2q = 8q$, also fast 4 mal so groß als bei der Dreileiteranlage mit schwachem Nulleiter.

3. Dreieckschaltung der Widerstände

In manchen Fällen tritt eine Schaltung der Widerstände im Dreieck auf gemäß Abb. 32. Es handelt sich um die Berechnung der Netzströme und Spannungen. Man kann diese Aufgabe mit Hilfe der Kirchhoffschen Gesetze lösen. Die Berechnung wird aber einfacher, wenn man die Dreieckschaltung durch die **Sternschaltung** der Widerstände r_1, r_2 und r_3 ersetzt.

Bei unterbrochener Leitung DA fließt der Strom in der Dreieckschaltung durch R_1 und $R_2 + R_3$ vom resultierenden Widerstand $\frac{R_1 (R_2 + R_3)}{R_1 + R_2 + R_3}$, in der Sternschaltung durch die Widerstände $r_2 + r_3$. Sollen die Schaltungen gleichwertig sein, dann muß $r_2 + r_3 = \frac{R_1 (R_2 + R_3)}{R_1 + R_2 + R_3}$ sein.

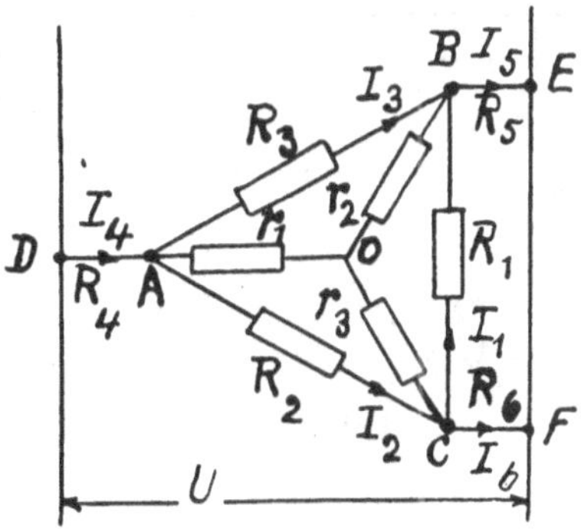

Abb. 32

Bei unterbrochenen Leitungen CF oder BE ergibt sich entsprechend $r_1 + r_2 = \frac{R_3(R_1+R_2)}{R_1+R_2+R_3}$ und $r_1 + r_3 = \frac{R_2(R_1+R_3)}{R_1+R_2+R_3}$.

Die Auflösung nach den Widerständen r_1, r_2 und r_3 der äquivalenten Sternschaltung ergibt

$$r_1 = \frac{R_2 \cdot R_3}{R_1+R_2+R_3}; \quad r_2 = \frac{R_1 \cdot R_3}{R_1+R_2+R_3}; \quad r_3 = \frac{R_1 \cdot R_2}{R_1+R_2+R_3}.$$

Die Sternschaltung aus r_1, r_2 und r_3 bietet den Netzströmen denselben Widerstand wie die Dreieckschaltung aus R_1, R_2 und R_3. In der Sternschaltung sind $r_2 + R_5$ und $r_3 + R_6$ parallel geschaltet und haben den Ersatzwiderstand

$$R_k = \frac{(r_2+R_5)\cdot(r_3+R_6)}{(r_2+R_5+r_3+R_6)}.$$

Das ganze Netz ist dadurch zurückgeführt auf eine einfache Leitung mit dem Widerstand $R = R_4 + r_1 + R_k$ und der Gesamtstrom im Netz beträgt $I_4 = \frac{U}{R}$. Die Spannung zwischen Sternpunkt O und Sammelschiene FE beträgt $U_k = U - I_4(r_1 + R_4)$ und daraus ergeben sich die Ströme in OBE und OCF zu $I_5 = U_k : (r_2 + R_5)$ und $I_6 = U_k : (r_3 + R_6)$. Die Spannungen der Knotenpunkte A, B und C gegen EF sind

$$U_a = U - I_4 R_4; \quad U_b = I_5 R_5; \quad U_c = I_6 R_6$$

und die Ströme in den Dreieckswiderständen R_1, R_2 und R_3 sind

$$I_3 = \frac{U_a - U_b}{R_3}; \quad I_2 = \frac{U_a - U_c}{R_2}; \quad I_1 = \frac{U_c - U_b}{R_1}.$$

d) Spannungsteiler (Potentiometer) und Kompensator

Darunter versteht man eine Vorrichtung, um von einer Spannung U alle Werte von 0 bis U abzugreifen. Der Spannungsteiler wird gewöhnlich zur Eichung von Spannungsmessern benutzt (Abb. 33). Die Spannung U wird an einen entsprechend großen Widerstand R gelegt. Mit Hilfe eines Gleitschiebers S kann von dem Widerstand dann irgendein Teilwiderstand r und damit eine Teilspannung U_g abgegriffen werden. Steht S in A, dann ist $U_g = 0$, bei Stellung in B ist $U_g = U$. Der Kombinationswiderstand von r und $R_v + R_g$ ist $R_k = \frac{r(R_g+R_v)}{r+R_g+R_v}$ und da $\frac{U_g}{U} = \frac{R_k}{R}$, so folgt

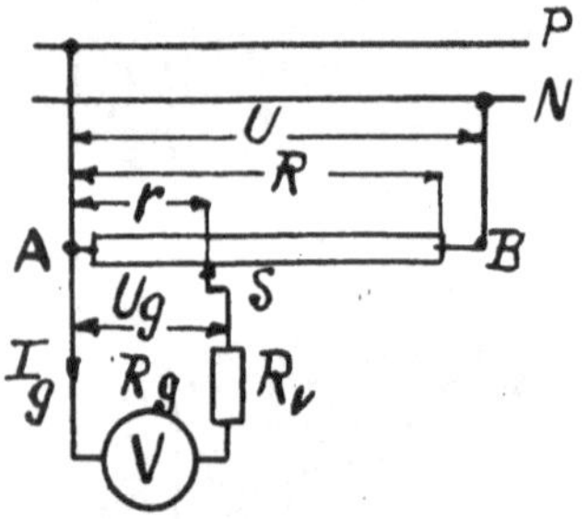

Abb. 33

$$U_g = U\frac{R_k}{R} = U\frac{r(R_g+R_v)}{R(r+R_g+R_v)}. \tag{59}$$

Ist $R_g + R_v$ groß gegen r, dann kann ohne merklichen Fehler gesetzt werden

$$U_g = U\frac{r}{R}. \tag{59a}$$

Bei der Eichung von Spannungsmessern wird meistens U_g nicht nach Gl. (59) bzw. (59a) berechnet, sondern das zu eichende Voltmeter wird parallel mit einem Normalinstrument an A und S des Widerstandes R angeschlossen. Es wird dann mit dem Schieber S eine größere Anzahl von Spannungswerten eingestellt und die Angaben des zu eichenden Voltmeters mit denen des Normalinstrumentes verglichen.

Schaltet man statt des Spannungsmessers V eine EMK E in Gegenschaltung zu U_g, so daß $E = U_g$, d. h. U_g von E aufgehoben wird, dann fließt durch diesen Zweig kein Strom und Gl. (59a) gilt dann streng in der Form $E = U_g = U \cdot \frac{r}{R}$. Die Schaltung heißt dann **Kompensationsschaltung** und dient zur Messung von Spannungen.

18. Messung von Widerständen

Grundsätzlich unterscheidet man bei der Messung elektrischer Größen vier Verfahren: Die direkte, indirekte, Komparations- und Kompensationsmethode. Bei der Messung von Widerständen kommen verschiedene Ausführungen dieser Methoden zur Anwendung, je nach der Art und der Größe des zu messenden Widerstandes, d. h. je nachdem es sich um einen festen oder flüssigen Leiter, den Widerstand von Stromquellen, Verbrauchern oder Meßinstrumenten, um große oder kleine Widerstände handelt. Ferner kann die Messung mit Gleich- oder Wechselstrom (Heizkörper, Glühlampen), in manchen Fällen nur mit Gleichstrom (Wicklungen von Maschinen, Motoren, Elektromagneten), in anderen Fällen nur mit Wechselstrom (flüssige Leiter) vorgenommen werden. Von den Widerstandsmessungen, wie sie in der elektrotechnischen Meßkunde näher behandelt werden, seien einige häufig angewandte hier angeführt.

a) Direkte Widerstandsmessung durch Vertauschen

Man schaltet mittels des Umschalters u (Abb. 34) den unbekannten Widerstand R_x an eine Stromquelle und mißt mit dem Strommesser A den Strom I. Dann legt man den Umschalter u auf einen Regelwiderstand R um und stellt den Regler so ein, bis das Amperemeter A dieselbe Stromstärke I angibt, wie vorher, als R_x eingeschaltet war. Es ist dann $R_x = R$. Dieses Resultat ist richtig, auch wenn der Strommesser A ungenau ist, man hat nur darauf zu achten, daß die Verbindungsdrähte der beiden Widerstände aus starken Drähten bestehen, bzw. gleichen Widerstand besitzen.

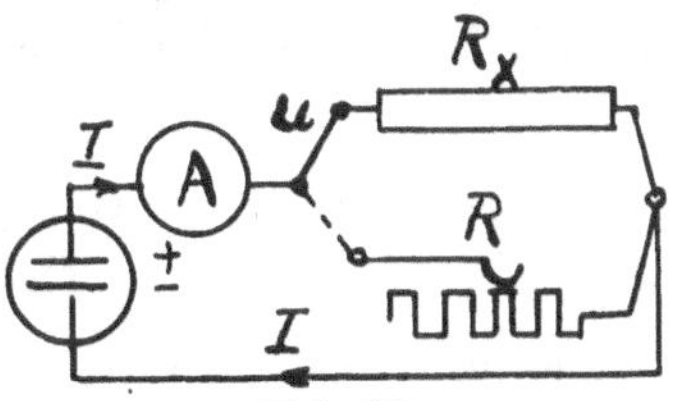

Abb. 34

b) Indirekte Widerstandsmessung

Die Messung des Widerstandes R_x erfolgt hier auf Grund des Ohmschen Gesetzes $R = \frac{U}{I}$ durch eine Strom- und Spannungsmessung nach Abb. 35a und 35b. Man schließt den gesuchten Widerstand R_x unter Vorschaltung eines Regelwiderstandes R_r (Schiebe-, Kurbel-, Flüssigkeitswiderstand) an eine Stromquelle an und mißt gemäß Schaltung 35a bzw. 35b die Spannung U und die Stromstärke I, die man mit dem Widerstand R_r passend einstellt. Bei der Berechnung des Widerstandes ist aber zu beachten, daß bei Schaltung 35a das Voltmeter V die am Widerstand R_x herrschende Spannung U zeigt, während das Amperemeter A auch den Voltmeterstrom $I_v = U : R_v$ mitmißt. Der Widerstand ergibt sich also zu

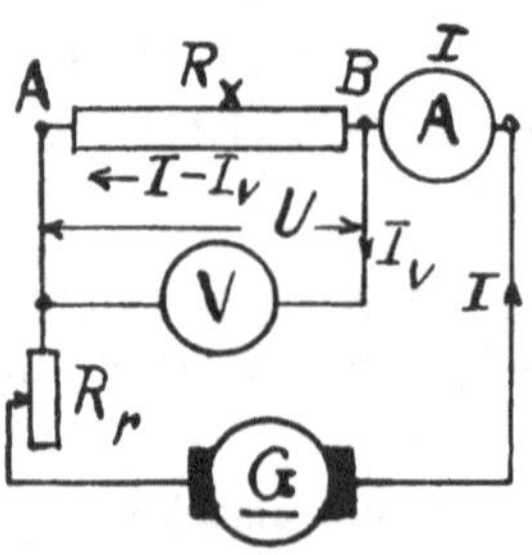

Abb. 35a

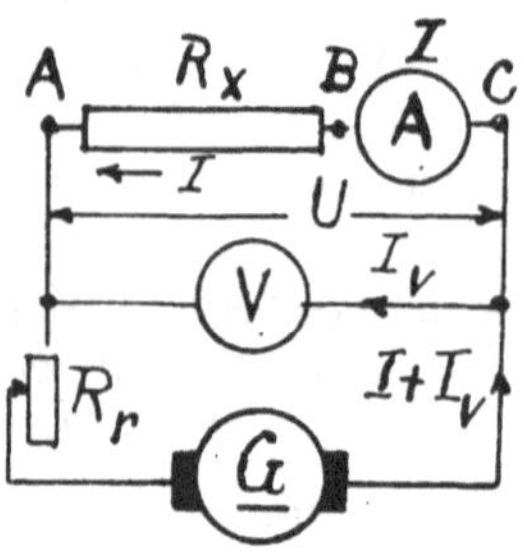

Abb. 35b

$$R_x = \frac{U}{I - I_v}. \qquad \textbf{(60a)}$$

Bei Anwendung der Schaltung 35b zeigt das Amperemeter A den durch R_x fließenden Strom I an, aber das Voltmeter V mißt die Spannung $U_a = I \cdot R_a$ des Amperemeters mit. Es ist also der gesuchte Widerstand

$$R_x = \frac{U - U_a}{I} = \frac{U - I R_a}{I} = \frac{U}{I} - R_a. \qquad \textbf{(60b)}$$

Verwendet man Schaltung 35a bei niederer Spannung und großem Strom, d. h. bei kleinem Widerstand R_x, und Schaltung 35b bei höherer Spannung und kleinem Strom, d. h. großem Widerstand R_x, dann sind die Korrektionen zu vernachlässigen und es ist

$$R_x = \frac{U}{I}. \qquad \textbf{(60c)}$$

Die Korrektionen $I_v = U : R_v$ und $U_a = I \cdot R_a$ kann man entweder den Eichkurven der Instrumente entnehmen, oder bei bekannten Widerständen R_v und R_a aus den Instrumentenangaben berechnen.

c) Widerstandsmessung mit der Wheatstoneschen Brücke
(Komparationsmethode)

Der zu messende Widerstand R_x wird mit einem bekannten Widerstand R (Stöpselwiderstand) verglichen (Abb. 36).

Die Wheatstonesche Brücke besteht aus einem auf einer Millimeterskala ausgespannten Meßdraht AB von konstantem Querschnitt q aus Manganin oder Nickelin, auf dem ein Schleifkontakt D verschoben werden kann. Im Nebenschluß zu dem Draht liegen mit Hilfe möglichst widerstandsfreier Verbindungen der zu messende Widerstand R_x und ein bekannter R, meist in Form eines Stöpselwiderstandskastens. Der Knotenpunkt C zwischen R_x und R und der Schleifkontakt D sind über einen empfindlichen Strommesser G (Galvanometer) verbunden. Anfang und Ende des Meßdrahtes sind mit den Polen eines galvanischen Elements oder Akkumulators E verbunden. Dadurch herrscht zwischen A und B eine konstante Spannung U, an der sowohl der Meßdraht als auch $R_x + R$ liegen. Es muß also immer möglich sein, durch Verschieben des Schleifkontaktes auf dem Meßdraht AB einen Punkt D zu erhalten, der das nämliche Potential hat wie der Punkt C. In diesem Fall fließt dann durch G kein Strom, das Instrument macht also keinen Ausschlag und durch die Potentialgleichheit findet bei C und D keine Stromverzweigung statt. Es fließt dann im ganzen Draht AB der gleiche Strom I_1 und in R_x und R der Strom I_2. Wendet man das 2. KIRCHHOFFsche Gesetz auf die beiden Maschen $ACDA$ und $BCDB$, welche keine EMK$_e$ enthalten, an, dann ergibt sich $I_2 R_x + 0 - I_1 R_1 = 0$ und $I_2 R - I_1 R_2 + 0 = 0$, d. h. $I_2 R_x = I_1 R_1$ und $I_2 R = I_1 R_2$, woraus durch Division folgt

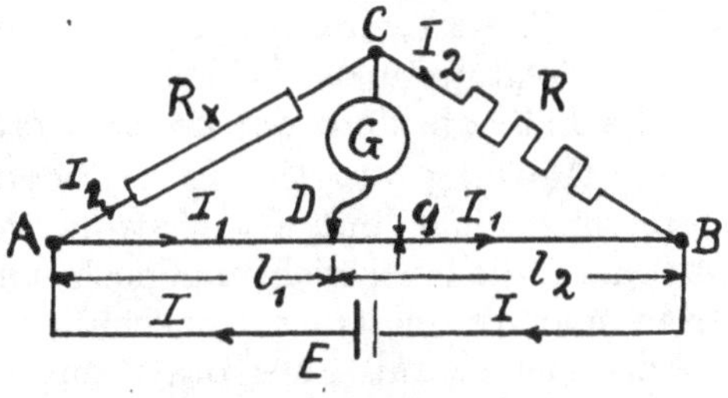

Abb. 36

$$\frac{R_x}{R} = \frac{R_1}{R_2} \tag{61}$$

und da

$$R_1 = \varrho \frac{l_1}{q} \quad \text{und} \quad R_2 = \varrho \frac{l_2}{q} \quad \text{also} \quad \frac{R_1}{R_2} = \frac{l_1}{l_2}$$

ergibt sich

$$R_x = R \cdot \frac{l_1}{l_2} . \tag{61a}$$

Da nun R gegeben ist und das Verhältnis der Drahtlängen $l_1 : l_2$ aus der Stellung des Schleifkontaktes D ermittelt werden kann, so läßt sich R_x aus R bestimmen. Bei der Ausführung der Messung zieht man im Stöpselkasten einen Widerstand R und verschiebt D so lange, bis das Galvanometer G keinen Ausschlag mehr macht.

Der Meßdraht AB wird statt in mm auch nach dem Verhältnis $\frac{l_1}{l_2}$ eingeteilt. Im Punkte A ist dann $\frac{l_1}{l_2} = 0$, in der Mitte von AB ist $\frac{l_1}{l_2} = 1$ und im Punkte B ist $\frac{l_1}{l_2} = \infty$. Die linke Drahthälfte enthält also nur Werte $\frac{l_1}{l_2}$ von 0 bis 1, die rechte Hälfte Werte $\frac{l_1}{l_2}$ von 1 bis ∞. Daraus erkennt man, daß die Meßgenauigkeit eine gute nur ist bei Stellung des Schiebers D auf der linken Meßdrahthälfte. Am größten ist die Meßdrahtgenauigkeit für $\frac{l_1}{l_2} = 1$, d. h. $l_1 = l_2$, wenn der Schleifkontakt Mitte Meßdraht steht. Dann ist $R_x = R$. Man wird also R so wählen, daß Nulleinstellung des Galvanometers erfolgt, wenn der Schleifkontakt D möglichst in der Mitte des Drahtes, auf alle Fälle aber auf der linken Drahthälfte, steht.

Zur Messung von flüssigen Widerständen, die wegen der chemischen Zersetzung nicht mit Gleichstrom vorgenommen werden darf, versieht man die Brückeneinrichtung noch mit einem Induktor, dessen Wechselstrom man durch einen Umschalter in die Brücke schicken kann. Das Galvanometer muß aber dann durch einen der Wechselstrom-Frequenz entsprechenden Telephonhörer ersetzt werden und der Schieber D wird auf dem Meßdraht so lange verschoben, bis das Telephon ein Geräuschminimum anzeigt (Telephonmeßbrücke). Auf diese Weise mißt man auch die Leitfähigkeit k flüssiger Leiter durch Vergleich mit einer Vergleichsnormalflüssigkeit mittels eines besonderen Glasgefäßes.

Bei der Messung kleiner Widerstände, etwa unter 1 Ω (Ankerwiderstände großer Maschinen), bilden die Übergangswiderstände und die Widerstände der Verbindungsleitungen eine Fehlerquelle. Man verwendet dann die **Doppelbrücke von THOMSON**, mit welcher auch die spezifischen Widerstände metallischer Leiter gemessen werden können (Abb. 36a). Der gesuchte Widerstand R_x und der Vergleichswiderstand R in Gestalt eines Meßdrahtes CD von 0,01 Ω Gesamtwiderstand werden zu einem mit starkem Strom belasteten Kreis vereinigt, wogegen nur die Verhältniswiderstände R_1, R_2, R_3 und R_4 die Anschlußleitungen erhalten und so groß sind, daß die zusätzlichen Widerstände zu vernachlässigen sind. Hat man die Widerstände so gewählt, daß $R_1 : R_2 = R_4 : R_3$, und den Schieber F so verschoben, daß das Galvanometer auf Null zeigt, dann ist die Stromverteilung gemäß Abb. 36a vorhanden. Nach dem 2. KIRCHHOFFschen Gesetz für die Maschen $ABKHA$ und $CFHKC$ ergibt sich

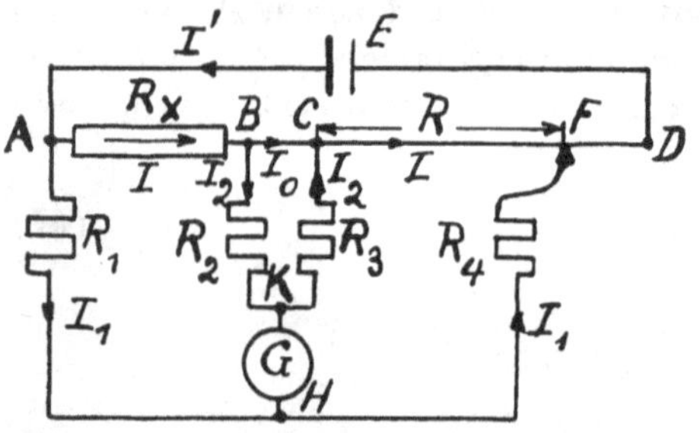

Abb. 36a

$$I R_x + I_2 R_2 = I_1 R_1$$

und

$$I R + I_2 R_3 = I_1 R_4,$$

oder

$$I R_x = I_1 R_1 - I_2 R_2$$

und

$$I R = I_1 R_4 - I_2 R_3.$$

Durch Division ergibt sich

$$\frac{R_x}{R} = \frac{I_1 R_1 - I_2 R_2}{I_1 R_4 - I_2 R_3} = \frac{R_1}{R_4} \cdot \frac{I_1 - I_2 \frac{R_2}{R_1}}{I_1 - I_2 \frac{R_3}{R_4}}$$

und weil

$$\frac{R_2}{R_1} = \frac{R_3}{R_4},$$

so folgt

$$\frac{R_x}{R} = \frac{R_1}{R_4},$$

oder

$$R_x = R \frac{R_1}{R_4}. \tag{61b}$$

Die Teilung des Meßdrahtes CD ist so ausgeführt, daß bei der jeweiligen Stellung von F der Widerstand R abgelesen werden kann.

19. Schaltung der Stromquellen

In jeder größeren elektrischen Anlage sind mehrere Stromquellen an der Stromlieferung beteiligt. Bei Elementen und Akkumulatoren hat es seinen Grund darin, daß EMK und Strom eines Elementes zu klein sind. Bei Verwendung elektrischer Maschinen, die ja zur Erzeugung der gebräuchlichen Spannungen gebaut werden können, geschieht es deshalb, damit bei dem im Laufe des Tages veränderlichen Strombedarf einer größeren elektrischen Anlage die Stromerzeuger ziemlich voll ausgenutzt und daher mit gutem Wirkungsgrad arbeiten. Für den normalen Bedarf arbeiten dann eine oder mehrere Maschinen und werden für den sogenannten Spitzenbedarf, der nur zu gewissen Tageszeiten für verhältnismäßig kurze Zeit auftritt, mit den übrigen Maschinen zusammengeschaltet. In besonderen Fällen, z. B. Gleichstromanlagen, arbeiten auch Maschinen mit Akkumulatoren zusammen.

Es gibt allgemein drei verschiedene Arten von Schaltungen der Stromquellen, die Serien- oder Hintereinanderschaltung, die Parallel- oder Nebeneinanderschaltung (auch Gegenreihenschaltung genannt) und die gemischte Schaltung. Bei Elementen und Akkumulatoren kommen alle drei Schaltungen vor und die Elemente bilden dann eine Batterie. Bei Maschinen kommen die erstgenannten beiden Schaltungen vor, z. B. bei der Gleichstrom-Dreileiteranlage die Serienschaltung, sonst aber meist die Parallelschaltung.

Es bezeichne allgemein:

n die Zahl der Stromquellen in der Schaltung, E die EMK einer Stromquelle, R_i den inneren Widerstand und I_0 den Strom einer Stromquelle, E_b die resultierende EMK der Schaltung und R_b ihren resultierenden inneren Widerstand, R_a den äußeren Widerstand des Stromkreises und I den Gesamtstrom im Stromkreis.

a) Die Hintereinanderschaltung

Diese Schaltung bezweckt, daß die EMKe der Stromquellen alle in derselben Richtung wirken, d. h. sich addieren. Es sind dann die ungleichnamigen Pole der Stromquellen zu verbinden, also der positive Pol der einen Stromquelle mit dem negativen der folgenden, wie in Abb. 37.

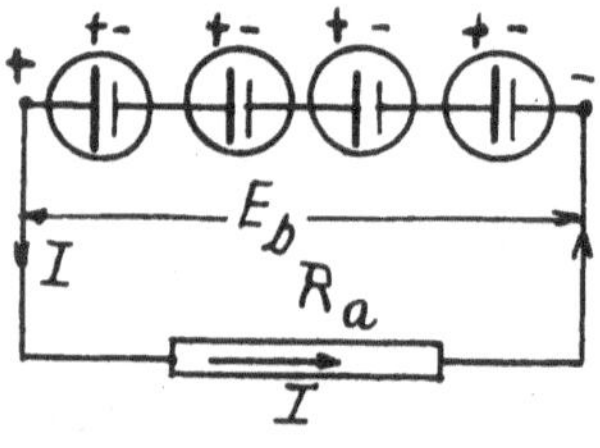

Abb. 37

Die Stromquellen müssen bei der Hintereinanderschaltung für gleiche Stromstärke gebaut sein, dagegen können ihre EMKe verschieden sein. Gewöhnlich sind sie aber auch gleich und dieser Fall wird vorausgesetzt. Gemäß den gewählten Bezeichnungen ist dann

$$E_b = n \cdot E; \quad R_b = n \cdot R_i; \quad I_0 = I. \tag{62a}$$

Bei der Hintereinanderschaltung wird also die EMK der Schaltung n mal größer als die EMK einer Stromquelle, aber auch der innere Widerstand. Durch alle Stromquellen fließt der Gesamtstrom I, für den sich nach dem OHMschen Gesetz ergibt

$$I = \frac{E_b}{R_b + R_a} = \frac{n \cdot E}{nR_i + R_a} = \frac{E}{R_i + \frac{R_a}{n}}. \tag{62b}$$

Der letzte Ausdruck für I zeigt, daß die Schaltung gewissermaßen auf eine Verkleinerung von R_a hinarbeitet. Die Stromstärke I ist nur dann größer als bei einem Element, wenn $n \cdot R_i$ klein gegen R_a ist. Für den Fall, daß die EMKe der einzelnen Stromquellen und ihre inneren Widerstände R_i verschieden sind, ist $E_b = \Sigma E$ und $R_b = \Sigma R_i$, $I_0 = I$, womit

$$I = \frac{\Sigma E}{\Sigma R_i + R_a}$$

wird.

b) Die Parallelschaltung

Bei der Parallelschaltung verbindet man die gleichnamigen Pole aller Stromquellen miteinander, d. h. alle positiven Pole je unter sich und alle negativen Pole je unter sich, wie in Abb. 38. Dadurch wirken die EMKe der Stromquellen gegeneinander. Damit innerhalb der Schaltung keine Ausgleichströme auftreten, die nach außen hin verloren gehen, müssen parallelgeschaltete Stromquellen gleiche EMKe besitzen. Es wird weiter vorausgesetzt, daß alle Stromquellen gleichen inneren Widerstand R_i haben, so daß dann alle von gleichgroßen Zweigströmen I_0 durchflossen werden, dann ist

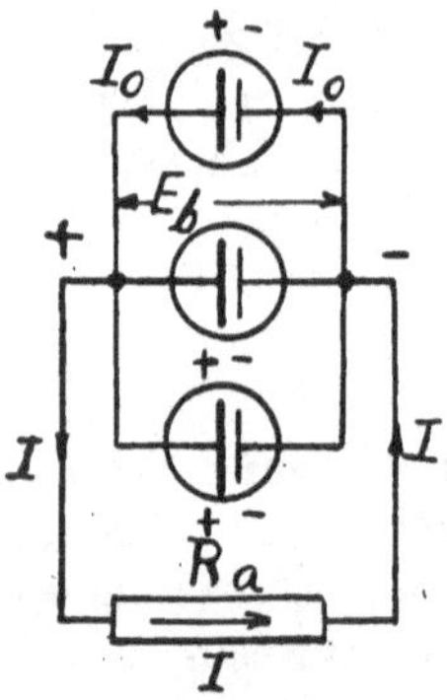

Abb. 38

$$E_b = E; \quad R_b = \frac{R_i}{n}; \quad I_0 = \frac{I}{n}. \tag{63a}$$

Bei der Parallelschaltung bleibt also die EMK E_b der Schaltung dieselbe wie bei einer Stromquelle, dagegen wird der innere Widerstand n mal kleiner und jede Stromquelle liefert $\frac{1}{n}$ des Gesamtstromes I, für den sich nach dem OHMschen Gesetz ergibt

$$I = \frac{E_b}{R_b + R_a} = \frac{E}{\frac{R_i}{n} + R_a} = \frac{nE}{R_i + nR_a}. \tag{63b}$$

Der zweite Ausdruck zeigt, daß die Parallelschaltung auf Verkleinerung des inneren Widerstandes R_i wirkt. Die Stromstärke I ist nur dann größer als bei einer Stromquelle, wenn R_a klein ist gegenüber R_i, d. h. bei kleinem äußeren Widerstand R_a, gegen den der innere sehr ins Gewicht fällt.

c) Die gemischte Schaltung

Die n Stromquellen sind zu je x Elementen hintereinander geschaltet und $\frac{n}{x}$ solcher Gruppen dann parallel geschaltet, wie Abb. 39 zeigt. Man hat also $\frac{n}{x}$ parallel geschaltete Gruppen und in jeder Gruppe sind x Elemente in Serie geschaltet. In Abb. 39 ist z. B. $n = 6$, $x = 3$ und $\frac{n}{x} = 2$. Eine solche gemischte Schaltung von n Elementen ist aber nur ausführbar, wenn sich die Zahl n der Elemente auf mindestens eine Art in zwei Faktoren zerlegen läßt, von denen jeder nicht kleiner als 2 ist. Für jede Faktorenzerlegung (falls die Faktoren verschieden sind) sind zwei gemischte Schaltungen möglich, z. B. für den Fall der Abb. 39 die beiden Schaltungen $x = 3$, $\frac{n}{x} = 2$ und $x = 2$, $\frac{n}{x} = 3$. Ist n auf mehrfache Art in Faktoren zerlegbar, dann gibt es entsprechend mehr gemischte Schaltungen, z. B. $n = 12 = 2 \cdot 6 = 3 \cdot 4$ gibt vier verschiedene gemischte Schaltungen.

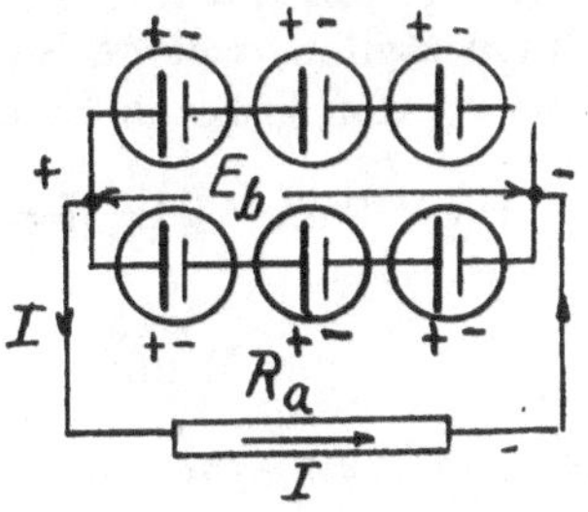

Abb. 39

Zur Vermeidung von Ausgleichströmen innerhalb der Schaltung müssen alle Gruppen gleiche EMKe E_b, d. h. bei einer Batterie alle Elemente gleiche EMK E, haben. Außerdem müssen alle Elemente für gleiche Stromstärke gebaut sein, da alle Gruppen und Stromquellen von gleichgroßen Zweigströmen I_0 durchflossen werden.

Es ist allgemein

$$E_b = xE; \quad R_b = \frac{R_i x}{\frac{n}{x}} = \frac{R_i x^2}{n}; \quad I_0 = \frac{I}{\frac{n}{x}} = \frac{I \cdot x}{n}. \tag{64a}$$

Bei der gemischten Schaltung ist also die EMK E_b der Batterie gleich der EMK einer Gruppe, d. h. x mal größer als die EMK E eines Elements, der innere **Batteriewiderstand** R_b wird infolge der Serienschaltung x mal größer und infolge der Parallelschaltung $\frac{n}{x}$ mal kleiner als R_i und jedes Element wird vom $\frac{n}{x}$ ten Teil des Gesamtstromes I durchflossen, für den sich ergibt

$$I = \frac{E_b}{R_b + R_a} = \frac{xE}{\frac{R_i x^2}{n} + R_a} = \frac{E}{\frac{R_i x}{n} + \frac{R_a}{x}}. \qquad \textbf{(64b)}$$

Nun sind in der gemischten Schaltung als allgemeinem Fall die Serien- und Parallelschaltung als Sonderfälle enthalten. Setzt man z. B. $x = n$, dann wird $\frac{n}{x} = 1$ und man erhält die Serienschaltung. Die Formeln (64a) und (64b) der gemischten Schaltung gehen dann auch für $x = n$ und $\frac{n}{x} = 1$ in die Formeln (62a) und (62b) der Serienschaltung über. In ähnlicher Weise erhält man aus der gemischten Schaltung für $x = 1$ und $\frac{n}{x} = n$ die Parallelschaltung. Durch Einsetzen dieser Werte in (64a) und (64b) erhält man die Gl. (63a) und (63b) der Parallelschaltung. Die Formeln (64a) und (64b) gelten daher für alle drei Schaltungen und man kann deshalb die Frage stellen, welche Schaltung gibt bei gegebenen Werten von E, n, R_i und R_a den größten Strom I?

Die Stromstärke $I = \frac{E}{\frac{R_i x}{n} + \frac{R_a}{x}}$ ist ein Maximum, wenn der Nenner $\frac{R_i \cdot x}{n} + \frac{R_a}{x}$ ein Minimum ist. Die Aufgabe läuft also darauf hinaus, denjenigen Wert von x zu suchen, für welchen $\frac{R_i x}{n} + \frac{R_a}{x}$ den kleinsten Wert annimmt. Man setzt $\frac{R_i x}{n} + \frac{R_a}{x} = y = \frac{R_i x^2 + n R_a}{n x}$ und löst nach x auf, woraus folgt

$$y n x = R_i x^2 + n R_a \quad \text{oder} \quad R_i x^2 - n y x + n R_a = 0,$$

und erhält

$$x = \frac{n y}{2 R_i} \pm \sqrt{\frac{n^2 y^2 - 4 n R_i R_a}{4 R_i^2}}.$$

Der kleinste Wert, den y annehmen kann, ist der, für den $n^2 \cdot y^2 = 4 n R_i R_a$ wird, d. h. $y = 2\sqrt{\frac{R_i R_a}{n}}$, weil für kleinere Werte von y der Ausdruck unter der Wurzel negativ und x nicht mehr reell wäre. Denjenigen Wert von x, der für $y = 2\sqrt{\frac{R_i R_a}{n}}$ gibt, findet man, indem man diesen Wert in die Gleichung für x einsetzt. Man erhält dann

$$x = \frac{n}{R_i}\sqrt{\frac{R_i R_a}{n}} \quad \text{d. h.} \quad x^2 = \frac{n R_a}{R_i} \quad \text{oder} \quad \frac{R_i x^2}{n} = R_a. \qquad \textbf{(65)}$$

Diejenige Schaltung gibt also den größten Strom, bei welcher der innere Widerstand R_b der Schaltung gleich dem äußeren Widerstand R_a ist.

20. Gegenschaltung von Stromquellen ungleicher EMKe im Stromkreis

In der Praxis kommt häufig der Fall vor, daß im Stromkreis beliebig verteilte Stromquellen verschieden großer EMKe gegeneinander geschaltet sind. Ein Beispiel hierfür bildet die später behandelte Ladung von Akkumulatoren, bei welcher der +-Pol der stromliefernden Maschine mit dem +-Pol der Batterie und ihr Minuspol mit dem —-Pol der Maschine verbunden werden muß, so daß also die EMK der Batterie der EMK der Maschine entgegenwirkt. Aber auch jeder in den Stromkreis geschaltete Elektromotor stellt eine der stromliefernden Stromquelle gegengeschaltete Stromquelle dar, weil jeder im Betrieb befindliche Elektromotor eine Gegen-EMK entwickelt. In Abb. 40 sei G die stromliefernde Dynamomaschine mit der EMK E, der Klemmenspannung U und dem inneren Widerstand R_i und M die gegengeschaltete Stromquelle, also z. B. die zu ladende Akkumulatorenbatterie mit der Gegen-EMK E_b, Klemmenspannung U_b und dem inneren Widerstand R_b. Im Stromkreis befinde sich noch ein Regelwiderstand, der mit den Leitungen zusammen einen Widerstand $R_0 \Omega$ haben soll. Abgesehen davon hat man denselben Fall wie bei der Parallelschaltung der Stromquellen, nur mit dem Unterschied, daß diese sich jetzt an verschiedenen Stellen des Stromkreises befinden und verschieden große EMK E besitzen. Wenn ein Ausgleichstrom I, wie er jetzt erwünscht ist, zustande kommen soll, dann müssen die EMKe verschieden groß sein. Da der Strom I im Sinne der größeren EMK fließt, so muß in unserem Fall $E > E_b$ sein. Und daraus ergibt sich dann, daß die Spannung U_b, die ein Spannungsmesser an den Klemmen der Batterie M anzeigt, keine von der Batterie herrührende Spannung ist, sondern die von der stromliefernden Stromquelle G stammende, an den Polen der Batterie M verfügbare Spannung darstellt, die nötig ist, um den Strom I entgegen der Batterie-EMK E_b in die Batterie zu treiben. Es ist also $U_b > E_b$. Wendet man das 2. KIRCHHOFFsche Gesetz gemäß Gl. (44) $\Sigma I \cdot R = \Sigma E$ auf unsern Stromkreis (Masche) an, dann ergibt sich, wenn $R = R_i + R_0 + R_b$ der Gesamtwiderstand des Stromkreises ist,

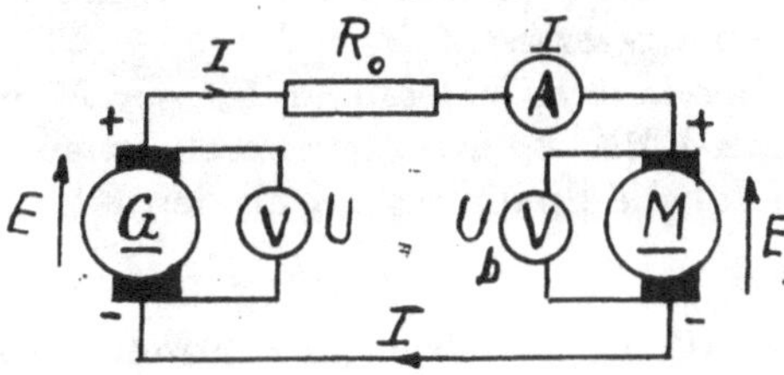

Abb. 40

$$E - E_b = I \cdot R, \quad \text{d.h.} \quad I = \frac{E - E_b}{R}. \tag{66}$$

Man erhält also das einfache Ergebnis, daß solche Stromkreise zu behandeln sind wie jeder einfache Stromkreis, in welchem die Differenz der EMKe tätig ist.

Ferner ergibt sich $E - E_b = I \cdot R = I \cdot (R_i + R_0 + R_b)$, oder

$$E = E_b + I \cdot (R_i + R_0 + R_b). \tag{66a}$$

Die EMK E der stromliefernden Stromquelle G muß also gleich sein der Summe aus sämtlichen Spannungsverlusten $I \cdot R_i$, $I \cdot R_0$ und $I \cdot R_b$ und der Gegen-EMK E_b der gegengeschalteten Stromquelle M. Für die Klemmenspannung U von G ergibt sich

$$U = E - I \cdot R_i = E_b + I \cdot (R_0 + R_b). \qquad \textbf{(66b)}$$

Nun ist $R_0 + R_b$ für die Dynamomaschine G der äußere Widerstand R_a des Stromkreises, so daß dann

$$U = E_b + I \cdot R_a. \qquad \textbf{(66c)}$$

Die Klemmenspannung U der stromliefernden Stromquelle G ist gleich dem Spannungsverlust $I \cdot R_a = I \cdot (R_0 + R_b)$ im ganzen äußeren Widerstand (wobei der innere Widerstand R_b von M mitgerechnet werden muß) plus der Gegen-EMK E_b der gegengeschalteten Stromquelle M.

Für die Spannung U_b an den Klemmen von M folgt aus Gl. (66b)

$$U_b = U - I \cdot R_0 = E_b + I \cdot R_b. \qquad \textbf{(66d)}$$

Zum Hindurchtreiben eines Stromes von der Stärke I muß an den Polen einer gegengeschalteten Stromquelle M von der stromliefernden Stromquelle G her eine Spannung U_b vorhanden sein gleich der Summe aus der Gegen-EMK E_b und dem Spannungsverlust $I \cdot R_b$ in der gegengeschalteten Stromquelle.

Aus Gl. (66d) ergeben sich noch die beiden Gleichungen

$$I = \frac{U_b - E_b}{R_b} \quad \text{und} \quad R_b = \frac{U_b - E_b}{I} \qquad \textbf{(67a)}$$

Die erste der Gl. (67a) zeigt, daß der Strom I in eine gegengeschaltete Stromquelle (Batterie, die geladen wird, oder im Betrieb befindlichen Elektromotor) von der Differenz der Spannungen $U_b - E_b$ hindurchgetrieben wird. Die zweite Gleichung ergibt, daß man den inneren Widerstand R_b einer gegengeschalteten Stromquelle mit einer Strom- und Spannungsmessung nicht ermitteln kann, weil man dadurch den Quotienten $U_b : I$, aber nicht R_b, sondern einen zu großen Wert erhält, da der Spannungsmesser U_b anzeigt und E_b nicht bekannt ist.

Die Beziehungen (66) bis (67a) lassen sich leicht auf den Fall ausdehnen, daß im Stromkreis mehrere gegengeschaltete Stromquellen vorhanden sind. Nun entwickeln aber nicht bloß im Ladezustand befindliche Batterien oder im Betrieb laufende Elektromotoren eine Gegen-EMK, sondern auch unter bestimmten Umständen gewisse Widerstände aus flüssigen oder metallischen Leitern. Wie in Abschnitt IV näher behandelt wird, erzeugen elektrolytische Leiter im allgemeinen infolge der chemischen Vorgänge bei Beschickung mit Gleichstrom eine Gegen-EMK E_p der Polarisation. Ferner entsteht in Drahtspulen mit viel Windungen, besonders wenn sie einen Eisenkern enthalten (Wicklungen von Maschinen, Motoren u. ä.), bei Beschickung mit Wechselstrom eine dauernd wirkende Gegen-EMK E_L der Selbstinduktion, wie in Abschnitt VII behandelt wird. Die in diesem Paragraphen abgeleiteten Ergebnisse behalten dann in den eben genannten Fällen für die Augenblickswerte von Spannung und Strom ihre Gültigkeit. Die Messung flüssiger Widerstände muß deshalb zur Vermeidung der chemischen Zersetzung mit Wechselstrom erfolgen und induktive Widerstände müssen mit Gleichstrom gemessen werden. Keine Gegen-EMK enthalten Heiz- und Kochapparate, Glühlampen u. ä.

Bei den Verbrauchern hat man also zu unterscheiden zwischen solchen mit Gegen-EMK und solchen ohne Gegen-EMK.

Im nächsten Abschnitt III wird über die Bedeutung und über die Auswirkungen dieses Unterschiedes genaueres ausgeführt werden.

Gemäß Gl. (67a) darf ein **stillstehender Gleichstrom**motor **nicht** ohne Anlaßwiderstand (R_0) an U_b angeschlossen werden, da wegen Fehlens von E_b bei dem kleinen R_b ein **Kurzschluß** entstehen würde. Dasselbe ist bei einem **Akkumulator** der Fall wegen der geringen $E_b = 2$ (V) und kleinem R_b. Bei einem **Wechselstrom**motor wird der entstehende Strom durch die Selbstinduktionsspannung E_L entsprechend gemildert.

III. Abschnitt

Die Wärmewirkungen des elektrischen Stromes

21. Das JOULEsche Gesetz

In einem Stromkreis sei AB (Abb. 41) ein Leiter, der lediglich einen Ohmschen Widerstand $R = \varrho \frac{l}{q}\,\Omega$ besitzt, aber keine EMK enthält. Bei einem Strom I (A) im Stromkreis herrsche zwischen den Enden A und B des Leiters die Spannung U (V). Da der Leiter nur Ohmschen Widerstand bietet, so gilt nach dem OHMschen Gesetz

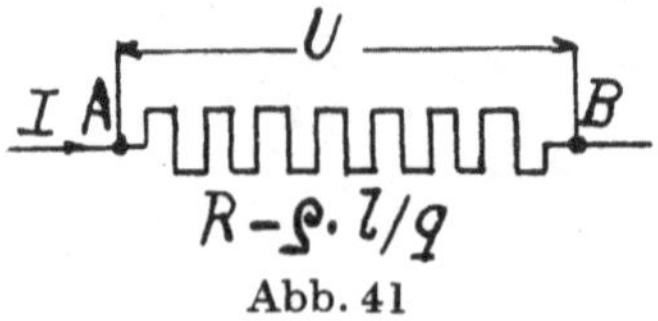

Abb. 41

$$I = \frac{U}{R} \quad \text{bzw.} \quad U = I \cdot R .$$

Die zum Hindurchtreiben des Stromes I aufgewandte, d. h. im Leiter verbrauchte elektrische Arbeit, ist gemäß Gl. (18)

$$A = U \cdot I \cdot t \,(\text{Ws}) \text{ oder (Joule)},$$

oder mit Hilfe der obigen Beziehungen auch

$$A = U \cdot I \cdot t = I^2 \cdot R \cdot t = \frac{U^2}{R} \cdot t \,(\text{Ws}) . \qquad \textbf{(68)}$$

Diese Arbeit dient lediglich zur Bewegung der Elektronen. Dabei entsteht aber, wie schon früher erwähnt, Reibung und Reibungsarbeit. Leztere verwandelt sich in Wärme und die Erfahrung zeigt auch, daß jeder Leiter vom Strom erwärmt wird.

Nach dem Prinzip der Erhaltung der Energie (ROB. MAYER), welches aussagt, daß an Arbeit nichts verloren geht, muß dann im Leiter AB die ganze Reibungsarbeit und damit die gesamte zur Überwindung der Elektronenreibung nötige elektrische Arbeit A (Ws) gemäß Gl. (68) in Wärme verwandelt werden und den Leiter erwärmen. Es wird deshalb in der Folge die zur Überwindung des Ohmschen Widerstandes verbrauchte und in Wärme umgesetzte elektrische Arbeit nach Gl. (68) als **Wärmearbeit A_w** und die entsprechende Leistung

$$N_w = U \cdot I = I^2 \cdot R = \frac{U^2}{R} \,(\text{W}) \qquad \textbf{(68a)}$$

als **Wärmeleistung** bezeichnet, so daß dann

$$A_w = N_w \cdot t\,(\mathrm{Ws}). \qquad \textbf{(68b)}$$

Es fragt sich nun, wie groß ist die im Leiter entstehende, der elektrischen Wärmearbeit A_w äquivalente Wärmemenge Q_w?

Die Einheit der Wärmemenge ist die Kilokalorie (kcal), d. i. die Wärmemenge, um ein kg Wasser um 1° zu erwärmen. Die Wärmemenge, um ein g Wasser um 1° zu erwärmen, heißt Grammkalorie (cal) und ist gleich $\frac{1}{1000}$ (kcal).

Nun ist nach ROB. MAYER 1 kcal = 427 kgm und da 1 kgm = 9,81 Ws, so folgt 1 kcal = 427 · 9,81 = 4190 Ws = 1,16 Wh und daraus dann

$$1\,\mathrm{Ws\,(Joule)} = \frac{1}{4190}\,\mathrm{kcal} = 0{,}2385\,\mathrm{cal},$$

oder

$$1\,\mathrm{Wh} = 0{,}860\,\mathrm{kcal} \text{ und } 1\,\mathrm{kWh} = 860\,\mathrm{kcal}.$$

Daraus ergibt sich:

In einem vom Strom I (A) durchflossenen Widerstand $R\,\Omega$, welcher U (V) Spannung verbraucht, wird durch die elektrische Arbeit

$$A_w = N_w \cdot t = U \cdot I \cdot t = I^2 \cdot R \cdot t = \frac{U^2}{R} \cdot t\,(\mathrm{Ws})$$

eine Wärmemenge entwickelt vom Betrag

$$Q_w = 0{,}24 \cdot A_w = 0{,}24 \cdot N_w \cdot t\,(\mathrm{cal}) \qquad \textbf{(69)}$$

oder

$$Q_w = \frac{0{,}24}{1000} \cdot A_w = \frac{0{,}24}{1000} \cdot N_w \cdot t\,(\mathrm{kcal}). \qquad \textbf{(69a)}$$

Die Gl. (69) und (69a) stellen das **JOULEsche Gesetz** dar und die Wärmemenge Q_w heißt **JOULEsche** oder **Stromwärme** und läßt sich mit Hilfe der Umrechnungsfaktoren 0,860 bzw. 860 in Wh und kWh umrechnen. Die Stromwärme Q_w ist also bei gleichbleibendem Widerstand R proportional dem Quadrat der Stromstärke I oder proportional dem Quadrat der Spannung U, bei gleichbleibendem Strom I proportional mit dem Widerstand R, bei gleichbleibender Spannung U umgekehrt proportional dem Widerstand R.

Da es für die Reibungsarbeit ohne Belang ist, wenn Spannung und Strom die Richtung wechseln, so gelten die Gl. (69) und (69a) auch für Wechselstrom, wenn U und I die entsprechenden Effektivwerte bedeuten znr Überwindung des Ohmschen Widerstandes R (§ 88).

Auch die zweite und dritte Form der Gl. (68a) lassen die Verwendbarkeit für Wechselstrom erkennen, weil I bzw. U im Quadrat vorkommen.

Die bisherigen Betrachtungen dieses Paragraphen lehren:

In Wärme wird nur diejenige elektrische Arbeit A_w verwandelt, welche zur Überwindung der Elektronenreibung, d. h. zur Überwindung des Ohmschen Widerstandes $R = \varrho \frac{l}{q}$ dient.

Bei einem Verbraucher, der nur Ohmschen Widerstand besitzt, wird dann die ganze ihm zugeführte elektrische Arbeit $A = N_w \cdot t = A_w$ in Wärme umgesetzt. Bei einem Verbraucher, der außerdem noch eine Gegen-EMK besitzt, wird, wie im nächsten Paragraphen näher auseinandergesetzt wird, nur ein Teil der zugeführten elektrischen Arbeit A in Wärme verwandelt, so daß bei solchen Verbrauchern die Wärmearbeit A_w meistens einen Energieverlust bedeutet.

Bei der praktischen Anwendung des JOULEschen Gesetzes treten zwei verschiedene Aufgaben auf:

a) Der Stromleiter dient zur Erwärmung einer Flüssigkeit oder eines festen oder eines gasförmigen Stoffes (Heiz- oder Kochapparate).

b) Es handelt sich um die Erwärmung des Leiters selbst.

Da die Stromwärme Q_w sowohl den Leiter als auch den von ihm zu erwärmenden Körper physikalisch verändert, so besteht noch ein physikalisches Gesetz zwischen Q_w und den Größen, die den physikalischen Zustand des Leiters bzw. des zu erwärmenden Körpers bedingen. Ist c die spezifische Wärme des Stromleiters bzw. des von ihm zu erwärmenden Stoffes, d. h. die Wärmemenge um 1 kg des Stoffes um 1° zu erwärmen in kcal bzw. in cal um 1 g des Stoffes um 1° zu erwärmen, G das Gewicht des Leiters bzw. des zu erwärmenden Körpers und ϑ in Grad Cels. die Temperaturerhöhung, dann ist

$$Q_w = G \cdot c \cdot \vartheta \text{ kcal oder cal} \qquad \textbf{(70)}$$

je nachdem G in kg oder g eingesetzt wird.

Im Falle a), wo der erhitzte Leiter seine Stromwärme Q_w an den zu erwärmenden Körper abgibt, bezieht sich Gl. (70) auf diesen Körper und Gl. (69) bzw. (69a) auf den Stromleiter. Es ist in diesem Fall gebräuchlich, Q_w aus Gl. (70) in kcal auszudrücken und Gl. (69a) zu benutzen, womit sich durch Gleichsetzen ergibt

$$N_w \cdot t = U \cdot I \cdot t = I^2 \cdot R \cdot t = \frac{U^2}{R} \cdot t = G \cdot \frac{1000 \cdot c}{0{,}24} \vartheta \text{ (Ws)}.$$

$\frac{1000 \cdot c}{0{,}24} = c_1$ ist die spezifische Wärmearbeit in Ws, um 1 kg eines Stoffes um 1° zu erwärmen, womit unter Berücksichtigung eines Wirkungsgrades $\eta = 0{,}8 \cdots 0{,}9$ sich ergibt

$$N_w \cdot t = U \cdot I \cdot t = I^2 \cdot R \cdot t = \frac{U^2}{R} t = \frac{G \cdot c_1 \cdot \vartheta}{\eta}. \qquad \textbf{(71)}$$

Nach Entnahme von c_1 aus Zahlentafel 4 kann man aus Gl. (71) die gesuchte Größe ermitteln.

Zahlentafel 4

	Wasser	Mineral-Öl	Kupfer	Eisen	Aluminium	Isolierstoff	
c_1	4190	1800	390	460	900	800—1700	Ws/°C, kg
γ	1,0	0,9	8,9	7,8	2,7	1,0	kg/dm³

Die Gl. (71) findet Anwendung bei der Berechnung der Heiz- und Kochapparate.

Im Falle b), wo nur der Stromleiter zu untersuchen ist, beziehen sich beide Gl. (69) bzw. (69a) und (70) auf den Stromleiter und man erhält durch Gleichsetzung

$$0{,}24 \cdot I^2 \cdot R \cdot t = G \cdot c \cdot \vartheta \text{ cal}.$$

Dabei ist $G = q \cdot l \cdot \gamma$ in g das Gewicht des Stromleiters, wenn γ sein spezifisches Gewicht bedeutet. Nun ist in $R = \varrho \frac{l}{q}$ die Leiterlänge l in m und der Querschnitt q in mm² einzusetzen, wogegen auf der rechten Seite in G der Querschnitt q in cm² und die Leiterlänge l in cm einzusetzen sind, das ist aber dasselbe, wie wenn man q in mm² und l in m einsetzt, denn

$$G = \frac{q^{\text{mm}^2}}{100} \cdot l^{\text{m}} \cdot 100 \cdot \gamma = q^{\text{mm}^2} \cdot l^{\text{m}} \cdot \gamma \text{ in g}.$$

Setzt man also auf beiden Seiten der Gleichung q in mm² und l in m ein, dann ergibt sich

$$0{,}24\, I^2 \varrho \frac{l}{q} t = q l \gamma c \vartheta,$$

woraus

$$\frac{I^2}{q^2} = \frac{\gamma \cdot c \cdot \vartheta}{0{,}24\, \varrho t}$$

und daraus

$$I = q \cdot \sqrt{\frac{\gamma c \vartheta}{0{,}24\, \varrho t}} (\text{A}), \tag{72a}$$

$$q = I \cdot \sqrt{\frac{0{,}24\, \varrho t}{\gamma c \vartheta}} \text{ mm}^2, \tag{72b}$$

$$\vartheta = \frac{0{,}24\, \varrho t}{\gamma c} \left(\frac{I}{q}\right)^2 \,^\circ\text{C}. \tag{72c}$$

Die sekundliche Temperaturerhöhung ist $\vartheta = \frac{0{,}24\, \varrho}{\gamma c} j^2$, also proportional mit dem Quadrat der Stromdichte $j = \frac{I}{q}$. In den Gl. (72) kommt die Leiterlänge l nicht vor, sie hat sich bei der Gleichsetzung der Gl. (69) und (70) herausgehoben. Daß die Erwärmung eines Leiters von seiner Länge unabhängig ist, ergibt sich aus der Überlegung, daß mit der Länge l zwar der im Leiter aufgespeicherte elektrische Effekt und die entsprechende Wärmemenge Q_w wächst, aber auch das zu erwärmende Gewicht G des Leiters.

Nach Gl. (72c) ist die Erwärmung ϑ eines Leiters proportional mit j^2 und mit t und die Temperaturerhöhung ϑ würde mit der Zeit t ständig steigen, weil die Gleichungen unter der Annahme abgeleitet sind, daß der Leiter keine Wärme ausstrahlt. In Wirklichkeit geht infolge der Wärmestrahlung der Temperaturanstieg langsamer vor sich und es tritt dann nach einer bestimmten Zeit t ein stationärer Zustand ein.

Die Gl. (72) können noch etwas umgeformt werden, wodurch sich Durchmesser d, Länge l und Gewicht G des Leiters ergeben. Aus Formel (72b) ergibt sich, weil $q = \frac{d^2 \cdot \pi}{4}$ mm², $\frac{d^2 \pi}{4} = I \cdot \sqrt{\frac{0{,}24\, \varrho t}{\gamma c \vartheta}}$ und daraus der Durchmesser d des Drahtes

$$d = \sqrt[4]{\frac{0{,}24 \cdot 16\, I^2 \varrho t}{\pi^2 \gamma c \vartheta}} = 0{,}789 \sqrt[4]{\frac{I^2 \varrho t}{\gamma c \vartheta}}\ \text{mm}. \qquad \textbf{(73a)}$$

Aus $R = \frac{U}{I} = \varrho \frac{l}{q}$ folgt $l = \frac{q \cdot U}{I \cdot \varrho}$ und mittels Gl. (72b) die Drahtlänge

$$l = \sqrt{\frac{0{,}24\, \varrho t}{\gamma c \vartheta}} \cdot \frac{U}{\varrho} = 0{,}488 \sqrt{\frac{U^2 t}{\gamma c \varrho \vartheta}}\ \text{m}. \qquad \textbf{(73b)}$$

Das Gewicht des Stromleiters ergibt sich aus $G = q \cdot l \cdot \gamma \cdot 10^{-3}$ kg

$$G = 0{,}00024\, \frac{U I t}{c \vartheta}\ \text{kg}. \qquad \textbf{(73c)}$$

Weil die **Formeln (72) und (73)** die Wärmestrahlung nicht berücksichtigen, so **dürfen** sie **nur benutzt werden zur Berechnung der kurzseitig** belasteten Widerstandsspiralen von **luftgekühlten Anlassern** für Motoren unter Zugrundelegung einer höchstzulässigen Übertemperatur von $\vartheta = 200°$. Widerstände von ölgekühlten Anlassern können mit der dreifachen Leistung, d. h. $\sqrt{3} \cdot I$ gegenüber luftgekühlten Anlassern beansprucht werden. Zu bemerken ist ferner noch, daß gemäß Gl. (73b) die Drahtlänge l mit wachsendem spezifischen Widerstand ϱ abnimmt, wogegen nach Gl. (73c) das Drahtgewicht G von ϱ nicht beeinflußt wird. Da nun der ganze Widerstand um so kleiner wird und die Herstellungskosten um so niedriger werden, je kleiner die Drahtlänge l ist, so ist ein hoher spezifischer Widerstand ϱ vorteilhaft.

Bei Widerständen, die einer Dauerbelastung unterliegen, wie z. B. **Reglerwiderstände**, muß die Wärmestrahlung berücksichtigt werden. Die Temperatur steigt nämlich infolge der Strahlung nicht mehr proportional mit der Zeit t an und es tritt nach Erreichung einer bestimmten Übertemperatur ϑ_0 ein **Beharrungszustand** ein, wenn nämlich die abgegebene Wärmeleistung gleich der zugeführten Wärmeleistung N_w ist.

Bezeichnet $N_w = U \cdot I = I^2 \cdot R = \frac{U^2}{R}$ in W die **zugeführte** Wärmeleistung, O in cm² die Oberfläche des Leiters, h die je cm² Oberfläche und ° Cels. ausgestrahlte Leistung, die sogenannte **Wärmeabgabezahl** in W/°Ccm² und ϑ_0 die Übertemperatur der Oberfläche im Beharrungszustand, dann ist die abgegebene Wärmeleistung $h \cdot O \cdot \vartheta_0$ in W gleich der zugeführten Wärmeleistung $N_w = I^2 \cdot R$ (W), also

$$N_w = h \cdot O \cdot \vartheta_0 \qquad \textbf{(74)}$$

und

$$\vartheta_0 = \frac{N_w}{O \cdot h}. \qquad \textbf{(74a)}$$

Bedeutet T die zur Erwärmung von 0° auf die Dauertemperatur ϑ_0 erforderliche Zeit, wenn **keine** Wärmeausstrahlung stattfinden würde, dann ist $N_w \cdot T = G \cdot c_1 \cdot \vartheta_0$, d. h.

$$T = \frac{G \cdot c_1 \cdot \vartheta_0}{N_w}. \tag{74b}$$

T heißt die **Zeitkonstante** des Körpers. Unter Berücksichtigung der Wärmestrahlung geht der Temperaturanstieg nach der Exponentialkurve $\vartheta = \vartheta_0(1 - e^{-\frac{t}{T}})$ vor sich, wie sich auch durch den Versuch nachweisen läßt (Abb. 42), wenn ϑ_0 die Übertemperatur im Beharrungszustand und ϑ zur Zeit t bedeuten. Zur Zeit $t = T$, d. h. $\frac{t}{T} = 1$ ist die Übertemperatur $\vartheta = 0{,}632\,\vartheta_0$ und erst nach der Zeit $t = 4{,}6 \cdot T$ erreicht ϑ den Wert $0{,}99\,\vartheta_0$ gemäß Abb. 42. Für Zeitabschnitte t, die wesentlich kleiner sind als die Zeitkonstante T, gibt die Gleichung

$$N_w \cdot t = G \cdot c_1 \cdot \vartheta \tag{74c}$$

den Temperaturverlauf genügend genau. Besteht ein Körper aus zwei Stoffen mit den Gewichten G und G' und den spezifischen Wärmearbeiten c_1 und c_1', dann ist in die Gl. (74b) und (74c) für $G \cdot c_1$ einzusetzen $G \cdot c_1 + G' \cdot c_1'$.

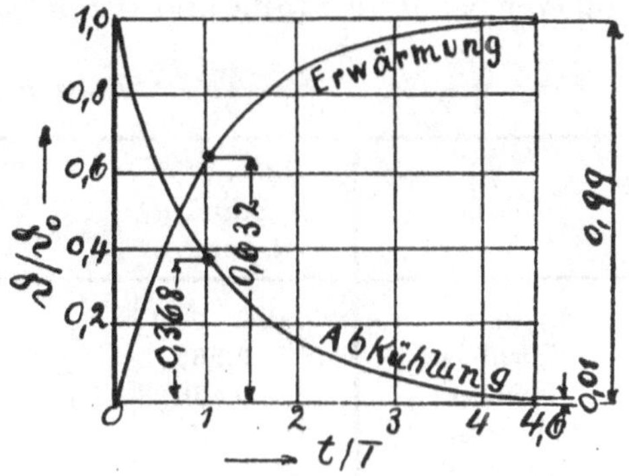

Abb. 42

Aus Gl. (74) ergibt sich $I^2 \cdot R = h \cdot O \cdot \vartheta$. Da in $R = \varrho \frac{l}{q} = \frac{\varrho \cdot l}{d^2 \frac{\pi}{4}}$, l in m und d in mm, dagegen in $O = d \cdot \pi \cdot l$, d und l in cm eingesetzt werden müssen, so ergibt sich, wenn man d in mm und l in m einsetzt

$$I^2 \varrho \frac{l}{d^2 \frac{\pi}{4}} = h \cdot \frac{d}{10} \pi \cdot 100\, l\vartheta = 10\, h d \pi l \vartheta$$

und daraus

$$d = \sqrt[3]{\frac{4}{10\,\pi^2} \cdot \frac{I^2 \varrho}{h\vartheta}} = 0{,}344 \sqrt[3]{\frac{I^2 \varrho}{h\vartheta}} \text{ mm}. \tag{75a}$$

Durch eine ähnliche Umformung aus $R = \frac{U}{I} = \varrho \frac{l}{q}$ und $l = \frac{q}{I} \cdot \frac{U}{\varrho}$ ergibt sich

$$l = 0{,}0926 \sqrt[3]{\frac{U^3 I}{h^2 \vartheta \varrho}} \text{ m} \tag{75b}$$

und schließlich aus $G = q \cdot l \cdot \gamma\, 10^{-3}$ kg $= \frac{d^2 \pi l}{4} \gamma \cdot 10^{-3}$ kg das Gewicht des Leiters

$$G = 0{,}000860\, \gamma \frac{UI}{h\vartheta} \sqrt[3]{\frac{I^2 \varrho}{h}} \text{ kg}. \tag{75c}$$

Gemäß Formel (75b) nimmt auch bei dauernder Wärmestrahlung die Drahtlänge l mit ϱ ab. Als zulässige Übertemperatur wird auch hier $\vartheta_0 = 200°$ angenommen.

Die Wärmeabgabezahl ist nach Versuchen $h \approx 0{,}0012 \sqrt[3]{d}$, d. h. für

d = 0,25	0,5	1,0	2,0	3,0 mm
h = 0,00075	0,00095	0,0012	0,00151	0,00173 W/°C, cm²

Bei natürlicher Kühlung und Temperaturen unter 100° beträgt

$$h = \frac{10}{10^4} \cdots \frac{14}{10^4}\,\mathrm{W/°C,\ cm^2}.$$

Die Zahlentafel 5 enthält verschiedene zur Herstellung von Widerständen benutzte Stoffe und deren Eigenschaften.

Zahlentafel 5.

Stoff	Spez. Widerstand ϱ Ω mm²/m	Temperaturziffer α	Spez. Wärme C	Spez. Gewicht γ kg/l
Eisen	0,1...0,13	+ 0,0045	0,11	7,8
Neusilber	0,365	+ 0,000196	0,095	8,5
Nickelin	0,436	+ 0,000076	0,095	8,9
Rheotan	0,48	+ 0,00023	—	8,6
Konstantan	0,50	+ 0,000005	0,1	8,8
Kruppin	0,85	0,0007	0,12	8,1

Wärmeabgabe bei isolierten Leitern und Spulen. Da die Isolation der Stromleiter durch starke Erwärmung beschädigt wird, so muß für eine gute Wärmeabgabe gesorgt werden. Man unterscheidet bei einem erwärmten isolierten Körper und bei dickeren Spulen von isolierten Drähten die **innere** Übertemperatur ϑ_i, d. h. den Temperaturunterschied zwischen dem Innern und der Oberfläche, und die **äußere** Übertemperatur ϑ_0, d. h. den Temperatursprung zwischen der Oberfläche und der Umgebung. Die äußere Übertemperatur ϑ_0 wird nach Gl. (74a) berechnet, die innere ϑ_i ergibt sich aus dem Wärmewiderstand R_t, der dem Wärmedurchgang geboten wird. Die gesamte Übertemperatur im Beharrungszustand ist dann $\vartheta = \vartheta_i + \vartheta_0$.

Die innere Übertemperatur ϑ_i ist um so größer, je größer die Wärmeleistung N_w und je größer der Wärmewiderstand R_t ist, so daß

$$\vartheta_i = N_w \cdot R_t. \qquad \textbf{(75d)}$$

R_t besitzt also die Einheit °C/W. Der spezifische Wärmewiderstand ϱ_t ist der Wärmewiderstand je 1 cm² Fläche und 1 cm Dicke, so daß bei einer Platte von F cm² Einströmfläche und a cm Dicke der Wärmewiderstand

$$R_t = \varrho_t \cdot \frac{a}{F}. \qquad \textbf{(75e)}$$

Zahlentafel 6 gibt für eine Anzahl wichtiger Stoffe den spezifischen Wärmewiderstand

Zahlentafel 6

Stoff	Kupfer	Aluminium	Getränkte Faserstoffe	Öl	Luft	
ϱ_t	0,26	0,50	600...800	500...800	2000...4000	°Ccm/W

Für eine Spule mit n Lagen, der Dicke a cm der Isolationsschicht und ihrer Oberfläche F cm² ergibt sich der Wärmewiderstand einer Spulenhälfte zu $R_t = \frac{n}{4}\varrho_t\frac{a}{F}$, wobei bei einer doppelten Isolationsdicke δ für Runddraht vom Durchmesser d, $a = 1{,}5\,\delta$ bei $\delta = \frac{d}{3}$ und $a = 2\,\delta$ bei $\delta = \frac{d}{10}$, für Flachdraht $a = \delta$. Es ist dann die Übertemperatur der Spulenmitte $\vartheta = \frac{N_w}{2} R_t$ und die durchschnittliche **innere** Übertemperatur der Spule

$$\vartheta_i = \frac{2}{3}\vartheta = \frac{N_w R_t}{3} = \frac{N_w \varrho_t n a}{12F}\,. \qquad \textbf{(75f)}$$

22. Anwendung des JOULEschen Gesetzes auf Stromverbraucher, die eine EMK besitzen

In § 21 wurde gezeigt, daß nur jene elektrische Arbeit, die zur Überwindung des Ohmschen Widerstandes dient, in Wärme verwandelt wird. Bei jedem Stromverbraucher, der nur Ohmschen Widerstand bietet, ist daher die ganze ihm zugeführte elektrische Arbeit Wärmearbeit A_w und wird zur Erwärmung verwendet. Wird die entstehende Stromwärme Q_w praktisch verwertet, d. h. ist der Verbraucher ein Heizkörper, dann wird man die Wärmeentwicklung möglichst groß gestalten und mit Rücksicht auf guten Wirkungsgrad darauf achten, daß der Verbraucher nur Ohmschen Widerstand und keine EMK besitzt. In denjenigen Teilen des Stromkreises, in welchen die Stromwärme nicht ausgenutzt werden kann, also in der gesamten Leitung, ist die Stromwärme ein Verlust und muß möglichst klein gehalten werden.

Wie steht es nun bzgl. der Stromwärme bei einem Verbraucher, der neben einem Ohmschen Widerstand R auch noch eine Gegen-EMK E besitzt, z. B. einem Elektromotor, einer Akkumulatorenbatterie? In Abb. 43 sei M ein Gleichstrommotor vom inneren Widerstand R_i (Ω), an dessen Klemmen A und B die Spannung U (V) herrscht und der den Strom I (A) aufnimmt.

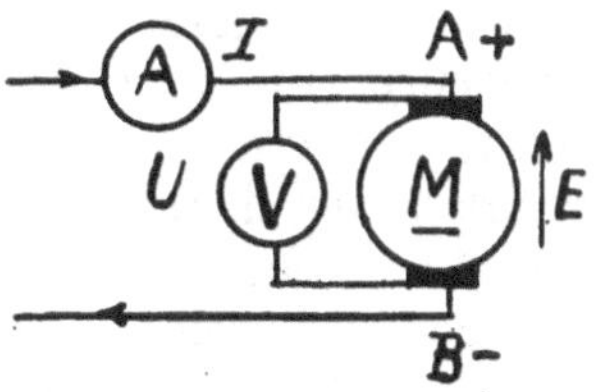

Abb. 43

Der Motor entwickelt entsprechend seiner Drehzahl eine der Spannung U entgegengerichtete EMK E (V). Die Spannungs- und Strompfeile sind in der Abbildung gemäß der in der Praxis üblichen Stromrichtung eingezeichnet. Für die nun anzustellenden Betrachtungen über den Motor gelten die Gl. (66d) und (67a) des Paragraphen 20, welche gemäß den in Abb. 43 gewählten Bezeichnungen die Formen $U = E + I \cdot R_i$ und $I = \frac{U - E}{R_i}$ annehmen. Dementsprechend wird, wie in § 20 schon gezeigt wurde, der Strom I von der Spannungsdifferenz $U - E$ in den Motor getrieben, so daß dann $E = U - I \cdot R_i$, d. h. der Motor richtet seine Drehzahl so ein, daß die erzeugte Gegen-EMK E gerade um den inneren Spannungsverlust $I \cdot R_i$ des Motors kleiner ist als die Spannung U an den Motorklemmen. Multipliziert man die Gl. $U = E + I \cdot R_i$ mit I, dann erhält man

$$U \cdot I = E \cdot I + I^2 \cdot R_i. \tag{76}$$

$U \cdot I$ ist die dem Motor insgesamt zugeführte elektrische Leistung N, $E \cdot I$ ist die Leistung zur Überwindung der Gegen-EMK E, die sogenannte innere Leistung N_i des Motors, und $I^2 \cdot R_i$ ist die Wärmeleistung N_w zur Überwindung des inneren Widerstandes R_i, d. h. zur Überwindung der Elektronenreibung. Gemäß den Ausführungen des § 21 wird also im Elektromotor von der gesamten zugeführten Leistung $N = U \cdot I$ nur ein Teil, nämlich $N_w = I^2 \cdot R_i$ in Stromwärme Q_w nach Gl. (69) und (69a) verwandelt, während der andere Teil $N_i = E \cdot I$ zur Überwindung der Gegen-EMK E verwendet und abzüglich der magnetischen und mechanischen Verluste des Motors als Nennleistung N_n in Form mechanischer Leistung an der Motorwelle abgegeben wird, Bei einem richtig berechneten und konstruierten Motor ist natürlich die innere Leistung $N_i = E \cdot I$ der bei weitem größere Teil der zugeführten Leistung N, da der Motor sonst mehr die Eigenschaften eines Heizkörpers annehmen würde.

Die Stromwärmeleistung $N_w = I^2 \cdot R_i$ bedingt also beim Elektromotor mit seinen magnetischen und mechanischen Verlusten zusammen den Wirkungsgrad $\eta = \frac{N_n}{N}$ des Motors (§ 11 unter d). Bei den elektrischen Gleichstrommaschinen und Motoren wird nachgewiesen, daß $N_i = \frac{N + N_n}{2}$ $= \frac{1}{2}\left(\frac{N_n}{\eta} + N_n\right) = \frac{1 + \eta}{2\eta} N_n$.

Wie beim Elektromotor liegen auch die Verhältnisse bei allen Verbrauchern, die eine EMK enthalten. Bei einer Akkumulatorenbatterie, welche geladen wird, wird die zur Überwindung der Gegenspannung E_b verbrauchte elektrische Leistung $E_b \cdot I$ in chemische Arbeit verwandelt, welche umkehrbar auf den Platten aufgespeichert wird, und nur die weit kleinere Wärmeleistung $N_w = I^2 \cdot R_b$ zur Überwindung des Ohmschen Widerstandes wird in Stromwärme umgesetzt.

Diese Betrachtungen geben also folgende Erkenntnis: Soll ein Verbraucher die ihm zugeführte elektrische Leistung N in irgendeiner Form, als umgeformte elektrische Leistung, mechanische oder chemische Leistung zum Teil wiedergeben, dann muß der Verbraucher eine entsprechende Gegen-EMK entwickeln, weil nur die zu ihrer Überwindung nötige Leistung $E \cdot I$ wiedergewonnen werden kann. Ein Heizkörper dagegen darf dem Strom nur Ohmschen Widerstand bieten, damit die ihm zugeführte Leistung N nur Wärmeleistung N_w ist.

Bei dieser Gelegenheit seien auch die diesbezüglichen Verhältnisse bei den Stromquellen betrachtet. Eine Dynamomaschine erzeugt infolge einer in mechanischer Form zugeführten Leistung N eine EMK E und eine innere elektrische Leistung $N_i = E \cdot I$. Diese Leistung ist um die mechanischen und magnetischen Verluste kleiner als die zugeführte Leistung N. Nun ist für die Dynamo laut Gl. (66 b) die Klemmenspannung $U = E - I \cdot R_i$, also um den Spannungsverlust $I \cdot R_i$ im inneren Widerstand R_i kleiner als die EMK E der Maschine. Multipliziert man die Gl. $E = U + I \cdot R_i$ mit I, dann erhält man

$$E \cdot I = U \cdot I + I^2 \cdot R_i . \tag{77}$$

Darin ist $U \cdot I$ die nach außen abgegebene elektrische Leistung, die sogenannte Nennleistung N_n der Maschine, und $I^2 \cdot R_i$ die Leistung N_w zur Überwindung der Elektronenreibung im Innern der Maschine, d. h. die Leistung, welche innerhalb der Maschine in Stromwärme verwandelt wird. Bei der Maschine wird also von der erzeugten inneren Leistung $N_i = E \cdot I$ nur ein Teil $N_w = I^2 \cdot R_i$ in Stromwärme verwandelt, während der überwiegend größere Teil als elektrische Nennleistung $N_n = U \cdot I$ nach außen abgegeben wird. Auch hier bedingt, wie beim Motor, die Stromwärmeleistung N_w mit den übrigen Verlusten zusammen den Wirkungsgrad $\eta = \frac{N_n}{N}$ der Maschine und es ist auch hier $N_i = E \cdot I = \frac{N + N_n}{2} = \frac{1 + \eta}{2\eta} N_n$.

23. Anwendung der Wärmewirkung des elektrischen Stromes zur Konstruktion von Strom- und Spannungsmessern

Die durch die Stromwärme bedingte physikalische Veränderung eines Metalldrahtes besteht neben der Temperaturerhöhung in einer Vergrößerung des Volumens. Für gewöhnlich fällt sie nicht sehr in Erscheinung. Bei einem Draht von sehr kleinem Querschnitt q aber wird die Längenänderung Δl schon merklich. Diese Tatsache benutzt man, um den im Draht fließenden Strom I, bzw. die ihn erzeugende Spannung U zu messen. Strom- und Spannungsmesser, die auf diesem Prinzip beruhen, heißen **Hitzdrahtinstrumente.** Sie können nach § 21 für Gleich- und Wechselstrom verwendet werden und zeigen in letzterem Fall den dynamometrischen Mittel- oder Effektivwert an, d. h. jenen konstanten Wert I eines Gleichstromes bzw. U einer Gleichspannung, die im Draht die gleiche Wärme Q_w erzeugen, wie die entsprechenden veränderlichen Wechselstromgrößen.

Die Hitzdrahtinstrumente sind, wie in Abb. 44 dargestellt, eingerichtet. Ein dünner waagrecht ausgespannter sogenannter **Hitzdraht** AB aus hitzebeständigem Metall (Platin-Iridium) wird durch eine Feder F gespannt, die am Hitzdraht durch einen Metallfaden CD angreift, der über eine Rolle r geführt ist, deren Achse einen Zeiger trägt. Im stromlosen Zustand ist der Hitzdraht geradlinig, bei Stromdurchgang dehnt er sich aus, so daß ihn die Feder nach unten zieht und dadurch Rolle r mit Zeiger dreht. Je stärker der Strom, desto stärker die Ausdehnung und desto größer der Zeigerausschlag. Der Zeiger hat erst dann einen bestimmten Ausschlag, wenn der Beharrungszustand der Erwärmung eingetreten ist, was aber bei dem dünnen Draht in einigen Sekunden der Fall ist. Die Übertemperatur im Beharrungszustand ist nach Gl. (74a)

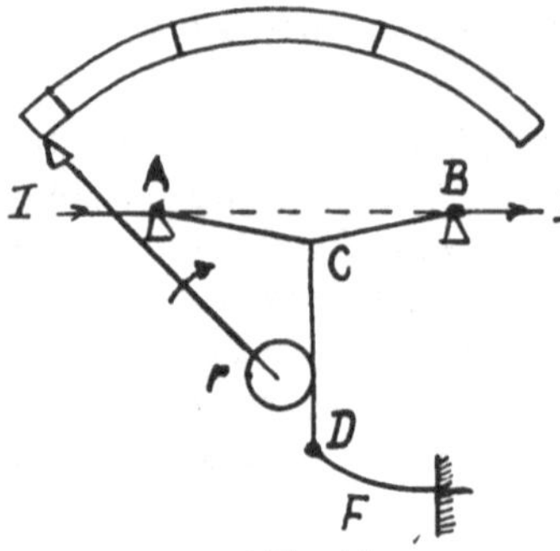

Abb. 44

$$\vartheta_0 = \frac{N_w}{h \cdot O} = \frac{I^2 \cdot R}{h \cdot O} = c \cdot I^2 .$$

Ist l die Länge des kalten Drahtes und α sein linearer Ausdehnungskoeffizient, dann ist die Verlängerung des Drahtes

$$\Delta l = l\alpha\vartheta_0 = c'\vartheta_0 = c''I^2 .$$

Da der Zeigerausschlag proportional mit Δl ist, so sind die Angaben des Instrumentes proportional dem Quadrat des Stromes, d. h. die Instrumentenskala ist quadratisch. Weil der Hitzdraht nur für Ströme bis 4 A und Spannungen bis 3 V benutzt werden kann, so muß bei Verwendung als Strommesser das Instrument entweder einen unterteilten Hitzdraht oder Hitzdrahtbänder, bei hohen Strömen einen Nebenschluß oder Stromwandler, bei Verwendung als Spannungsmesser einen Vorwiderstand oder Spannungswandler erhalten.

24. Anwendung der Wärmewirkung des elektrischen Stromes bei der Berechnung der Leitungen

Der in einer vom Strom I (A) durchflossenen Leitung vom Widerstand $R = \varrho \frac{l}{q} \Omega$ und dem Spannungsverlust $v = I \cdot R$ (V) verbrauchte elektrische Effekt $N_w = v \cdot I = I^2 \cdot R = \frac{v^2}{R}$ (W) dient zur Überwindung der Elektronenreibung und wird daher in Stromwärme $Q_w = \frac{0{,}24}{1000} N_w$ (kcal) verwandelt und erwärmt also die Leitung. Die im Leitungsdraht dadurch entstehende Übertemperatur des Beharrungszustandes ergibt sich nach Gl. (74b) zu $\vartheta_0 = \frac{N_w T}{G c_1}$, wobei $c_1 = \frac{1000\,c}{0{,}24}$, G in kg das Gewicht der Leitung und T die Zeitkonstante bedeuten. Da nun gemäß Abb. 42 im Beharrungszustand $\frac{t}{T} = 4{,}6$, d. h. $T = \frac{t}{4{,}6}$, so ergibt sich $\vartheta_0 = \frac{N_w t}{4{,}6\, G c_1}$ °C. Nun ist ferner $N_w = I^2 R = I^2 \varrho \frac{l}{q}$ und $G = q \cdot l \cdot \gamma \cdot 10^{-3}$, wenn q in mm² und l in m eingesetzt werden, so daß

$$\vartheta_0 = \frac{0{,}24}{4{,}6} \cdot \frac{\varrho t}{\gamma c} \left(\frac{I}{q}\right)^2. \tag{78}$$

Diese Gl. (78) unterscheidet sich von Gl. (72c) für mit t proportionalem Temperaturanstieg unter Vernachlässigung der Wärmestrahlung nur durch den Faktor 4,6 im Nenner, wodurch dieselbe Endübertemperatur nach einer 4,6 mal längeren Zeit t erreicht wird. Beide Gleichungen zeigen, daß die Temperaturerhöhung ϑ_0 proportional ist dem Quadrat der Stromdichte $j = \frac{I}{q}$. Diese Übertemperatur ϑ_0 muß in solchen Grenzen bleiben, daß die Isolation der Leitung keinen Schaden erleidet zur Vermeidung von Kurzschlüssen und Bränden. Die Stromdichte j darf dann einen bestimmten Wert nicht überschreiten, d. h. es muß bei gegebener Stromstärke I ein gewisser Mindestquerschnitt q ausgeführt werden, oder bei gegebenem Querschnitt q ist nur eine bestimmte Höchststromstärke I zulässig. Daraus ergibt sich auch die Erklärung für die zu Gl. (25b) in § 13 gemachte Bemerkung. **Nach den Vorschriften für die Errichtung von Starkstromanlagen** sind für Leitungen bestimmte Normalquerschnitte q festgesetzt und unter Zulassung einer Temperaturerhöhung von 20° bei isolierten Leitungen und 35° bei Kabeln höchstzulässige Stromstärken I festgelegt gemäß Zahlentafel 7. Dabei ist eine höchste Umgebungstemperatur von 30° angenommen.

Zahlentafel 7

1	2		3		4		5		6	
Querschnitt	Feste Verlegung in Rohr				Feste Verlegung in Luft				Einleiter Kabel unter 1000 V	
	Höchstzuläss. Strom I (A)		Nennstrom der Sicherung		Höchstzuläss. Strom I (A)		Nennstrom der Sicherung		Höchstzuläss. Strom I (A)	
mm²	Cu	Al	Cu	Al	Cu	Al	Cu	Al	Cu	Al
1,0	12	—	6	—	—	—	—	—	—	—
1,5	16	—	10	—	—	—	—	—	35	—
2,5	21	17	15	10	—	—	—	—	50	—
4	27	22	20	15	—	—	—	—	65	50
6	35	28	25	20	—	—	—	—	85	70
10	48	38	35	25	—	—	—	—	110	90
16	66	53	60	35	—	—	—	—	155	125
25	90	72	80	60	—	—	—	—	200	160
35	110	90	100	80	—	—	—	—	250	200
50	140	110	125	100	—	—	—	—	310	250

1	2		3		4		5		6	
Quer-schnitt	Feste Verlegung in Rohr				Feste Verlegung in Luft				Einleiter Kabel unter 1000 V	
	Höchstzuläss. Strom I (A)		Nennstrom der Sicherung		Höchstzuläss. Strom I (A)		Nennstrom der Sicherung		Höchstzuläss. Strom I (A)	
mm²	Cu	Al	Cu	Al	Cu	Al	Cu	Al	Cu	Al
70	175	140	160	125	230	185	200	160	380	305
95	215	175	200	160	290	230	260	200	460	370
120	255	205	225	200	350	280	300	260	535	430
150	295	235	260	225	410	330	350	300	610	490
185	340	270	300	260	480	385	430	350	685	550
240	400	320	350	300	570	455	500	430	800	640
300	470	375	430	350	660	530	600	500	910	730
400	570	455	500	430	790	630	700	600	1080	865
500	660	530	600	500	900	720	800	700	1230	985
625	—	—	—	—	—	—	—	—	1420	1140
800	—	—	—	—	—	—	—	—	1640	1310
1000	—	—	—	—	—	—	—	—	1880	1500

Die Werte der Zahlentafel 7 gelten für in Rohr verlegte gummiisolierte Leitungen und papierisolierte Bleikabel **im Dauerbetrieb.** Bei beweglichen Leitungen und in Luft verlegten festen Leitungen können die Höchststromstärken um 20 . . . 40%, bei aussetzendem Strom um 40% überschritten werden. Für blanke Leitungen bis 50 mm² sind die gleichen Höchstwerte gestattet wie für isolierte Leitungen. Blanke Leitungen über 50 mm² und Freileitungen dürfen bis zu der Grenze belastet werden, bei der eine für die Umgebung gefährliche Temperatur eintritt.

Die Leitungen werden gegen unzulässige Erwärmung durch Sicherungen geschützt. Es gibt Schmelzsicherungen und außerdem Installationsselbstschalter für Nennstromstärken von 6, 10, 15, 20 und 25 A. Da der Abschmelzstrom der Sicherungen über dem auf der Sicherung angegebenen Nennwert liegt, ist dieser entsprechend kleiner als die für den Querschnitt des Leiters zulässige Höchststromstärke I. Deshalb darf bei Anwendung von Schmelzsicherungen die Nennstromstärke des Verbrauchers nicht größer sein als die Nennstromstärke der Sicherung und für die Auswahl des Querschnitts q ist Spalte 3 der Zahlentafel 7 maßgebend. Bei den Installationsselbstschaltern dagegen kann für die Bestimmung des Querschnitts die Spalte 2 der Zahlentafel 7 zugrunde gelegt werden.

Bei der Bemessung des Leitungsquerschnitts ist nun aber nicht bloß der Gesichtspunkt einer zulässigen Erwärmung, sondern **auch die Forderung maßgebend, daß der Spannungsabfall v in der Leitung innerhalb gewisser Grenzen bleibt.** Bei zu großem Spannungsverlust schwankt die Spannung an den Verbrauchsstellen zwischen geringer und voller Belastung der Leitung so stark, daß die Lichtabgabe der Lampen sich merklich verändert und der Betrieb der Motoren Störungen erleidet, außerdem ergibt sich ein hoher Stromwärmeverlust $N_w = v \cdot I$. Ein geringer Spannungsverlust ergibt zwar einen kleinen Leistungsverlust N_w, dafür aber einen großen Leitungsquerschnitt q und eine teure Leitungsanlage. Aus technischen und wirtschaftlichen Gründen hält man den Spannungsabfall v in Prozenten ε der Betriebsspannung U in folgenden Grenzen:

Verteilungsnetze	$\varepsilon = 3\,\% = 0{,}03$
Lampenstromkreise	$\varepsilon = 1 \ldots 2\,\% = 0{,}01 \ldots 0{,}02$
Motorstromkreise	$\varepsilon = 3 \ldots 5\,\% = 0{,}03 \ldots 0{,}05$.

Bei direktem Anschluß an die Sammelschienen des Kraftwerkes oder an die Speisepunkte des Netzes darf bei Lampen $\varepsilon = 4\,\% = 0{,}04$ und bei Motoren $\varepsilon = 7\,\% = 0{,}07$ betragen.

Der Spannungsverlust bei einer Leitung von der einfachen Länge l m und dem Querschnitt q mm² ist also

$$v = \varepsilon \cdot U = 2\varrho \frac{l}{q} I. \tag{79}$$

Da nun die Erwärmung der Leitung gemäß Gl. (78) von der Länge l unabhängig ist, der Spannungsverlust v nach Gl. (79) aber proportional mit l ist, so ergibt sich, daß lange Leitungen auch auf zulässigen Spannungsverlust v zu berechnen sind und der sich daraus ergebende Querschnitt q auszuführen ist, wenn er größer ist als der aus Zahlentafel 7 sich ergebende. Aus Gl. (79) ergibt sich

$$q = \frac{2\varrho}{v} I \cdot l = \frac{2\varrho}{\varepsilon \cdot U} I \cdot l. \tag{80}$$

Bezüglich der **Betriebsspannung** U ist zu bemerken:

Ist in der Leitung eine elektrische Leistung N zu übertragen, so ergibt sich bei einer Betriebsspannung U bei $v = \varepsilon \cdot U$ und $I = \frac{N}{U}$ ein Leitungsquerschnitt

$$q = \frac{2\varrho}{v} I \cdot l = \frac{2\varrho l N}{\varepsilon U^2}. \tag{81}$$

Da l, N und ε durch die örtlichen Verhältnisse und Betriebsbedingungen gegeben sind, so kann man nur noch die Betriebsspannung U frei wählen. Die Gl. (81) zeigt, daß man zur Erzielung eines kleinen Leitungsquerschnitts q, d. h. einer billigen Leitungsanlage, die Energie N mit hoher Betriebsspannung U übertragen muß, und zwar muß U um so höher sein, je länger die Leitung ist. Bei Fernleitungen verwendet man deshalb Hochspannung und bei Verteilungsleitungen, an welche die Verbraucher angeschlossen sind, geht man auch unter 220 V nicht herunter. Normal sind 110, 220, 440 V, Bahnanlagen 550 und 750 V für Spannungen unter 1000 V. Über 1000 V: 1100, 1500, 3000 V.

Obwohl nun weitere Ausführungen über die Berechnung der Leitungen in das Gebiet der elektrischen Starkstromanlagen gehören, sollen doch noch einige grundlegende Erörterungen gemacht werden.

a) Mechanische Beanspruchung

Wegen der Haltbarkeit der Leitungen sind folgende **Mindestquerschnitte** festgelegt:

Festverlegte isolierte Leitungen in Gebäuden	$q = 1\ \text{mm}^2$
Alle Leitungen für Spannweiten von 1 bis 20 m	$q = 4\ \text{mm}^2$
Freileitungen ,, ,, ,, 20 ,, 35 m	$q = 6\ \text{mm}^2$
,, ,, ,, über 35 m	$q = 10\ \text{mm}^2$

Tiefste durchhängende Stelle bei Freileitungen 5 . . . 6 m über Boden.

b) Schaltung der Verbraucher

Es wird auf § 16 und § 17c verwiesen. Bei der Gruppenschaltung, die angewendet wird, wenn die Netzspannung U größer ist als die Spannung der Verbraucher, werden mehrere in Serie geschaltete Verbraucher zu einer Gruppe vereinigt und die einzelnen Gruppen parallel geschaltet.

c) Kettenleitung mit konstantem Querschnitt

Sie wurde bereits in § 17c behandelt und der Leitungsquerschnitt folgt aus Gl. (55) bzw. (55a) zu

$$q = \frac{2\varrho}{v}(i_1 l_1 + i_2 l_2 + \cdots) = \frac{2\varrho}{v}\sum(il) = \frac{2\varrho}{v} I \cdot L, \tag{82}$$

wenn $L = \frac{\Sigma(i \cdot l)}{I}$ der Schwerpunktabstand der Verbraucherströme i. Man kann die verteilte Belastung durch eine Einzelbelastung mit gleichem Strommoment ersetzen.

d) Dreileiteranlage

Auch sie wurde bereits in § 17c behandelt und aus Gl. (58) ergibt sich der Spannungsverlust für eine Netzhälfte bei gleicher Belastung $I_1 = I_2 = I$ und stromlosem Mittelleiter $v = \varepsilon U = \frac{\varrho \cdot Il}{q}$ und damit der Querschnitt der Außenleiter

$$q = \frac{\varrho}{\varepsilon U} Il = \frac{\varrho l N}{2\varepsilon U^2}, \tag{83}$$

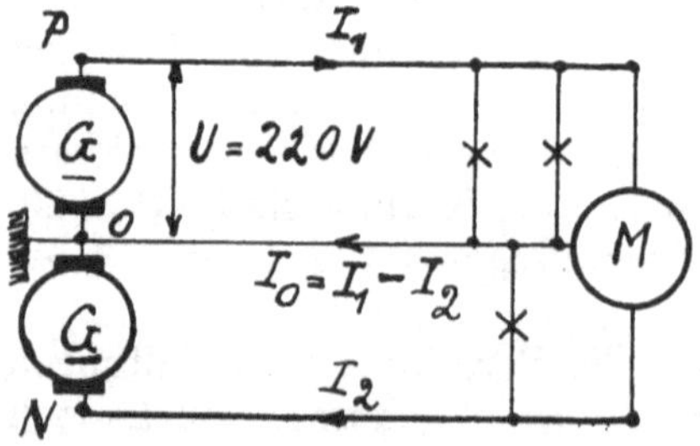

Abb. 45

weil $I = \frac{N}{2U}$.

Man kann also die Dreileiteranlage durch eine Zweileiteranlage mit gleicher Strombelastung ersetzen, deren Betriebsspannung gleich der Spannung zwischen den Außenleitern der Dreileiteranlage ist. Da der Nulleiter immer etwas Strom führt und einen Spannungsverlust verursacht, gibt man dem

Außenleiterquerschnitt einen Zuschlag von 25% und gibt dem Nulleiter den halben Querschnitt der Außenleiter. Das ist ausreichend, wenn der Belastungsunterschied der Netzhälften nicht größer als 12,5% des größeren Stromes ist.

e) Abgestufte Leitungen

Man kann bei solchen Leitungen, bei denen nach jeder Stromabnahme i eine Abstufung des Querschnittes q erfolgt, an Leitungsgewicht sparen. Die beste Ausnutzung des Leitungsmaterials erfolgt, wenn die Abstufung so erfolgt, daß der Spannungsverlust je Raumeinheit für alle Leitungsabschnitte den gleichen Wert hat. Auf die Raumeinheit kommt in einem Leitungsabschnitt vom Volumen $q \cdot l$, in welchem der Strom I fließt, ein Spannungsverbrauch

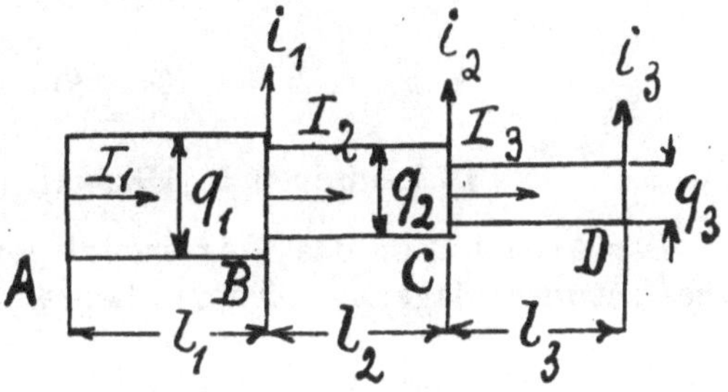

Abb. 46

$$v_0 = \varrho \frac{l}{q} I \cdot \frac{1}{q l} = \frac{\varrho I}{q^2}.$$

Die Spannungsverluste für die Leitung Abb. 46 sind für die Abschnitte AB, BC und CD gleich groß, wenn

$$\frac{I_1}{q_1^2} = \frac{I_2}{q_2^2} = \frac{I_3}{q}, \quad \text{oder} \quad \frac{\sqrt{I_1}}{q_1} = \frac{\sqrt{I_2}}{q_2} = \frac{\sqrt{I_3}}{q_3},$$

so daß

$$q_1 : q_2 : q_3 = \sqrt{I_1} : \sqrt{I_2} : \sqrt{I_3}. \tag{84}$$

Die Querschnitte q müssen den Wurzeln aus den Stromstärken I proportional sein.

Rauminhalt der Leitung.

$$V = 2 \cdot (q_1 l_1 + q_2 l_2 + q_3 l_3) \text{ cm}^3. \tag{85}$$

Es ist ferner

$$I_3 = i_3; \quad I_2 = i_3 + i_2; \quad I_1 = i_3 + i_2 + i_1 \tag{86}$$

$$q_2 : q_1 = \sqrt{\frac{I_2}{I_1}}; \quad q_2 = q_1 \sqrt{\frac{I_2}{I_1}}$$

$$q_3 : q_2 = \sqrt{\frac{I_3}{I_2}}; \quad q_3 = q_2 \sqrt{\frac{I_3}{I_2}} = q_1 \sqrt{\frac{I_3}{I_1}},$$

allgemein

$$q_n = q_1 \sqrt{\frac{I_n}{I_1}}. \tag{87}$$

Gesamtspannungsverlust in der Leitung:

$$v = \frac{2\varrho}{q_1} I_1 l_1 + \frac{2\varrho}{q_2} I_2 l_2 + \frac{2\varrho}{q_3} I_3 l_3,$$

$$v = \frac{2\varrho}{q_1} I_1 l_1 + \frac{2\varrho}{q_1} I_2 l_2 \sqrt{\frac{I_1}{I_2}} + \frac{2\varrho}{q_1} I_3 l_3 \sqrt{\frac{I_1}{I_3}},$$

oder

$$v \cdot q_1 = 2\varrho I_1 l_1 + 2\varrho I_2 l_2 \sqrt{\frac{I_1}{I_2}} + 2\varrho I_3 l_3 \sqrt{\frac{I_1}{I_3}}\,.$$

Bei gegebenem Spannungsverlust v ergibt sich der Querschnitt des stärkstbelasteten Leitungsabschnitts AB

$$q_1 = \frac{2\varrho I_1 l_1 + 2\varrho I_2 l_2 \sqrt{\frac{I_1}{I_2}} + 2\varrho I_3 l_3 \sqrt{\frac{I_1}{I_3}}}{v}\ \mathrm{mm}^2 \tag{88}$$

und die übrigen Querschnitte q_2 und q_3 aus Gl. (87)

$$q_n = q_1 \sqrt{\frac{I_n}{I_1}}\,.$$

f) **Leitungen in Häusern** (Abb. 47 und 47a)

Der Anschluß an das Netz erfolgt gewöhnlich an ein Kabel im Keller. Die Leitungsanlage ist meist in allen m Geschossen die gleiche. Man vereinfacht die Berechnung der Anlage, indem man sie durch eine mit der Gesamtstromstärke I einfach belastete Leitung ersetzt und alle Lampenstromkreise vom Belastungsschwerpunkt S der Steigleitung ausgehen läßt, der in L m Entfernung vom Anschluß liegt. Jeder Lampenstromkreis besitzt eine Belastung von $n \cdot i$ (A), deren Schwerpunkt S_1 von der Steigleitung L_1 m entfernt ist. Die Gesamtbelastung beträgt $I = 2mni$ (A). Man ersetzt also die $2m$ Lampenstromkreise durch eine Leitung vom $2m$-fachen Querschnitt q gemäß Abb. 47a. Gegeben ist ferner der Gesamtspannungsverlust $v = \varepsilon \cdot U$ (V). Der Querschnitt der Ersatzleitung ist dann

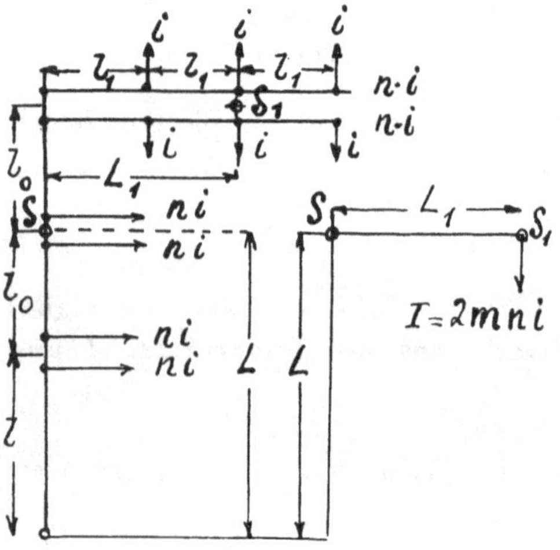

Abb. 47 Abb. 47a

$$q = \frac{2\varrho}{v}(L + L_1) \cdot I\,. \tag{89}$$

Dabei ist

$$I \cdot L = 2nil + 2ni(l + l_0) + 2ni(l + 2l_0) + \cdots + 2ni(l + (m-1)\,l_0),$$

also

$$L = \frac{2ni\left[ml + (m-1)\frac{m}{2} \cdot l_0\right]}{I},$$

und
$$L = \frac{2\,mni\left[l + \frac{(m-1)}{2} l_0\right]}{2\,mni} = l + \frac{m-1}{2} l_0 . \qquad \textbf{(89a)}$$

Ebenso ist $2\,niL_1 = 2\,i(l_1 + 2l_1 + 3l_1 + \cdots + nl_1) = 2\,in\frac{(n+1)}{2} l_1$

$$L_1 = \frac{n+1}{2} l_1 . \qquad \textbf{(89b)}$$

Die Ableitung der Gl. (89a) und (89b) beruht darauf, daß die Summe der n ersten Zahlen $S = 1 + 2 + 3 + \cdots + n = \frac{n}{2}(n+1)$ ist. Die Steigleitung führt man mit dem Querschnitt q aus und die Lampenleitungen mit dem Querschnitt $q : 2m$. Man rechnet dann noch den Spannungsabfall v nach und kontrolliert die Querschnitte sämtlich mit den Werten der Zahlentafel 7.

g) Doppelt gespeiste Leitungen.

Ein Leitungsteil z. B. Zweig AB, von dem die Strombelastungen i_1, i_2 usw. abzweigen, erhält Strom von beiden Seiten her. Abb. 48 zeigt von den beiden Leitern des Zweiges nur einen. Die Speiseströme I_1 und I_2 hängen ab von den Belastungen i_1, i_2 usw. und ihrer Verteilung, sowie von den Spannungen U_a und U_b an den Speisepunkten. Ist R der Widerstand des Leiters AB, dann ist der Strom im Leiter infolge der Spannungen U_a und U_b

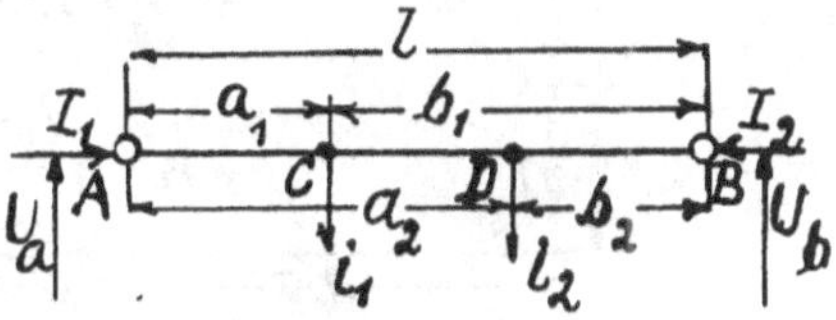

Abb. 48

$$I_0 = (U_a - U_b) : R . \qquad \textbf{(90)}$$

Die abgehenden Belastungsströme i_1, i_2 usw. kann man ersetzen durch zwei in den Speisepunkten A und B abfließende Ersatzströme I_a und I_b gemäß Abb. 48a. Sie ersetzen die Ströme i_1, i_2 usw. dann, wenn sie in bezug auf die Speisepunkte A und B gleiche Strommomente haben wie die Belastungsströme i_1, i_2 usw. Daraus lassen sich die Ersatzströme berechnen. Es ist also

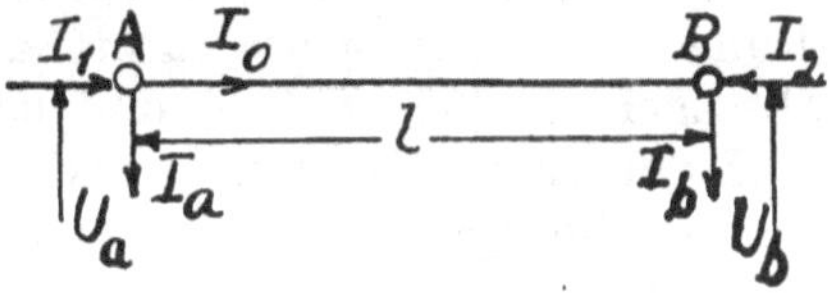

Abb. 48a

$$I_b \cdot l = i_1 a_1 + i_1 a_2 + \cdots = \Sigma(ia) \text{ und } I_a \cdot l = i_1 b_1 + i_2 b_2 + \cdots = \Sigma(ib) .$$

Daraus ergeben sich die Ersatzströme

$$I_b = \frac{\Sigma(ia)}{l} \quad \text{und} \quad I_a = \frac{\Sigma(ib)}{l} . \qquad \textbf{(91)}$$

Und damit ergeben sich die Speiseströme I_1 und I_2 nach dem 1. Kirchhoffschen Gesetz entsprechend Abb. 48a, wenn man die den Punkten A und B zufließenden Ströme positiv und die abfließenden negativ nimmt, zu

$$I_1 = I_a + I_0 \text{ und } I_2 = I_b - I_0 . \qquad \textbf{(91a)}$$

Die Ströme in den einzelnen Leitungsabschnitten AC, CD, DB usw. ergeben sich ebenfalls aus dem 1. KIRCHHOFFschen Gesetz

$$I_{ac} = I_1; \quad I_{cd} = I_{ac} - i_1 = I_1 - i_1; \quad I_{db} = I_{cd} - i_2 = I_1 - (i_1 + i_2). \quad \textbf{(92)}$$

Haben die Leitungsabschnitte die Widerstände R_{ac}, R_{cd}, R_{db} usw., dann ergeben sich die Spannungen an den Abzweigpunkten C und D

$$U_c = U_a - I_{ac} R_{ac}; \qquad U_d = U_c - I_{cd} R_{cd} \qquad \textbf{(92a)}$$

h) Ringleitungen

Das sind doppelt gespeiste Leitungen, deren Speisepunkte an der gleichen Spannung liegen, d. h. an die gleiche Sammelschiene angeschlossen

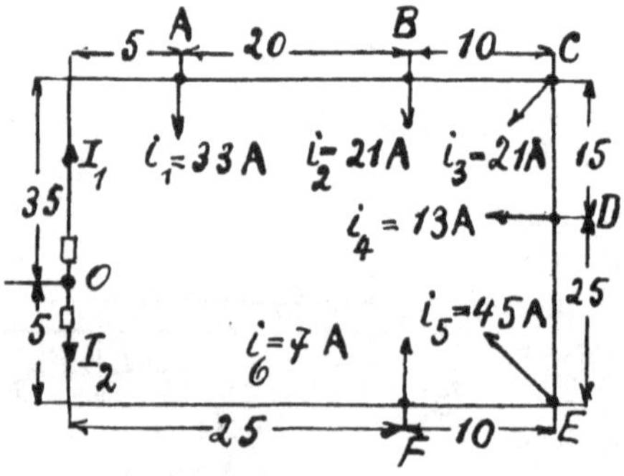

Abb. 49

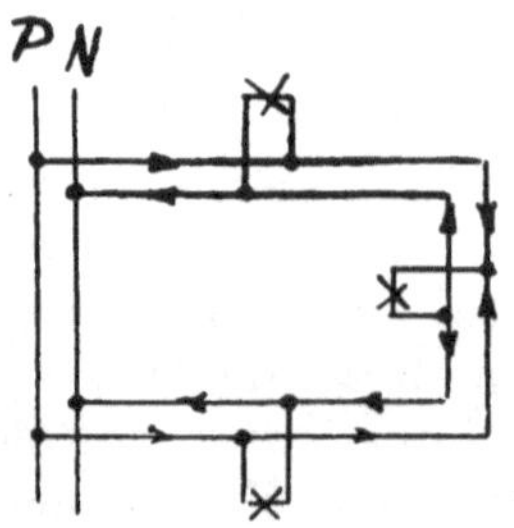

Abb. 49a

sind (Punkt O in Abb. 49). Die Stromlieferung erfolgt von beiden Seiten her und man hat den Vorteil, daß bei einer Stromunterbrechung auf einer Seite von der anderen Seite Strom weiter geliefert werden kann. Die Ringleitung wird mit gleichem Querschnitt durchgeführt. Da bei der Ringleitung die beiden Speisepunkte zusammenfallen, so ist $U_a = U_b$ und deshalb nach Gl. (90) $I_0 = 0$ und dadurch sind die Speiseströme I_1 und I_2 gleich den Ersatzströmen I_a und I_b und zwar gemäß Abb. 49 $I_1 = I_a$ und $I_2 = I_b$. Die Speiseströme ergeben sich dann nach Gl. (91) aus

$$I_1 \cdot l = \Sigma(ib), \qquad I_2 \cdot l = \Sigma(ia), \qquad \textbf{(93)}$$

wenn l die Gesamtlänge der Ringleitung und $I_1 + I_2 = \Sigma i$. Damit lassen sich dann die Ströme in den einzelnen Leitungsabschnitten und der Knotenpunkt feststellen, der von beiden Seiten Strom erhält. Ist dann das Strommoment in bezug auf den Speisepunkt O von irgendeiner Seite her bis zu dem Knotenpunkt, der von beiden Seiten Strom empfängt, gleich $I_1 \cdot l_1$ bzw. $I_2 \cdot l_2$, dann ergibt sich der Querschnitt q der Ringleitung bei gegebenem zulässigem Spannungsverlust $v = \varepsilon \cdot U$ nach Gl. (82) zu $q = \frac{2\varrho}{v} I_1 \cdot l_1$.

Sind die einzelnen Abschnitte der Ringleitung aus verschiedenem Werkstoff, oder haben sie ungleichen Querschnitt, dann muß man gemäß Gl. (54a) in die Gleichungen für die Strommomente statt der Abschnittslängen die entsprechenden Widerstände r_a, r_b usw. einsetzen. Ist R der Gesamtwiderstand, dann ergibt sich

$$I_1 \cdot R = \Sigma(i \cdot r_b); \quad I_2 \cdot R = \Sigma(i \cdot r_a) \text{ und } I_1 + I_2 = \Sigma i. \qquad \textbf{(93a)}$$

Die Berechnung einer Ringleitung kann man am besten an dem Beispiel der Abb. 49 klarmachen.

Gegeben ist die Spannung $U = 220$ Volt, der zulässige Spannungsabfall $\varepsilon = 5\%$, der spezifische Widerstand für Kupfer $\varrho = \frac{1}{56}$, sowie die Belastungsströme i und die Abschnittslängen a bzw. b in Metern. Man beginnt mit der Berechnung der Speiseströme I_1 und I_2 gemäß Gl. (93). Zur Berechnung von I_1 ergibt sich nach Abb. 49 die Gesamtlänge der Ringleitung

$$l = 40 + 20 + 10 + 15 + 25 + 10 + 30 = 150 \text{ m},$$

$$I_1 \cdot 150 = \Sigma(ib) = 33 \cdot 110 + 21 \cdot 90 + 21 \cdot 80 + 13 \cdot 65 + 45 \cdot 40 + 7 \cdot 30,$$

$$I_1 \cdot 150 = 3630 + 1890 + 1680 + 845 + 1800 + 210 = 10055 \text{ Am},$$

$$I_1 = \frac{10055}{150} = 67 \text{ A}. \ \Sigma i = 33 + 21 + 21 + 13 + 45 + 7 = 140 \text{ A},$$

$$I_2 = \Sigma i - I_1 = 140 - 67 = 73 \text{ A}.$$

Nun erfolgt die Berechnung der Ströme in den einzelnen Leitungsabschnitten, um den Knotenpunkt zu finden, der von beiden Seiten her Strom empfängt. Ströme in Richtung OA positiv gerechnet, gibt:

Leitungsabschnitt	OA	AB	BC	CD	DE	EF	FO
Stromstärke in (A)	+ 67 (I_1)	+ 34	+ 13	— 8	— 21	— 66	— 73 (I_2)

Punkt C erhält also von beiden Seiten Strom und zwar von B her 13 A und von D her 8 A. Strommoment für den Strang $l_1 = OABC$:

$$I_1 \cdot l_1 = 13 \cdot 70 + 21 \cdot 60 + 33 \cdot 40 = 3490 \text{ Am}.$$

Querschnitt $q = \frac{2 \cdot \varrho}{v} \cdot I_1 \cdot l_1$, $v = \varepsilon \cdot U = 0{,}05 \cdot 220 = 11$ Volt und damit

$$q = \frac{2}{56 \cdot 11} \cdot 3490 = 11{,}33 \text{ mm}^2.$$

Der nächsthöhere Normalquerschnitt ist 16 mm². Da der größte Strom $I_2 = 73$ A, so muß mit Rücksicht auf die Erwärmung gemäß Zahlentafel 7 ein Querschnitt von 25 mm² ausgeführt werden.

i) Verteilungsnetze

Das gesamte Leitungsnetz einer größeren elektrischen Anlage besteht aus den **Speiseleitungen**, die den Strom nach den Speisepunkten (Schwerpunkte der Stromentnahme) führen, dem **Verteilungsnetz**, welches die Speisepunkte mit den zu den einzelnen Speisepunkten gehörenden Versorgungsgebieten verbindet, und dem **Verbrauchernetz.** Bei kleinen Anlagen hängt das Verteilungsnetz direkt an den Sammelschienen des Kraftwerkes. Für die Speiseleitungen und das Verteilungsnetz verwendet man blanke Freileitungen aus mittelhartem oder hartem Kupfer, Aluminium bzw. Bronze oder im Erdboden verlegte papier- oder gummiisolierte Bleikabel. Für Querschnitte über 16 mm² sind die Leitungen aus dünnen Drähten verseilt. Im Verbrauchernetz benutzt man gummiisolierte Leitungen in Rohr verlegt oder als Rohrdrähte, bzw. Gummischlauchleitungen. Über die Verlegung der Leitungen bestehen bestimmte Vorschriften. Bezüglich der Berechnung des Verteilungsnetzes usw. wird auf Spezialliteratur verwiesen.

25. Anwendung der Wärmewirkung des elektrischen Stromes zur elektrischen Lichterzeugung

Bei den elektrischen Lichtquellen unterscheidet man **Temperaturstrahler** und **Lumineszenzstrahler.** Zur ersten Art gehören die Glüh- und Bogenlampen, zur zweiten Art die Gasentladungslampen oder Leuchtröhren, und die Metalldampflampen, wie Quecksilber- und Natriumdampflampen. Bei den **Temperaturstrahlern** stammt das Licht von durch den elektrischen Strom hocherhitzten festen Körpern aus schwer schmelzbarem und unverbrennlichem Stoff, der durch die Stromwärme zum Glühen kommt und den größten Teil der erzeugten Wärme als Licht ausstrahlt. Bei den **Lumineszenzstrahlern** stammt das Licht vom Lichtbogen ionisierter Metalldämpfe bzw. den Leuchtsäulen verdünnter Edelgase, hervorgerufen durch Stoß freier Elektronen mit den Atomen des Gases unter dem Einfluß hoher Spannung. Die lichttechnischen Größen sind Lichtstärke J, Lichtstrom Φ, Beleuchtungsstärke E und Leuchtdichte B.

Eine Lichtquelle sendet geradlinige Lichtstrahlen nach allen Richtungen des Raumes. Die **Lichtstärke J** einer Lichtquelle ist die im Raumwinkel $\omega = 1$ ausgestrahlte Lichtmenge, gibt also die Dichte der Lichtstrahlen an und ist bei einer punktförmigen Lichtquelle nach allen Richtungen des Raumes konstant. Sie wird gemessen in Hefnerkerzen (HK), d. i. die horizontale Lichtstärke J_h einer Hefner-Lampe. Die gesamte nach allen Richtungen des Raumes ausgestrahlte Lichtmenge einer Lichtquelle heißt **Gesamtlichtstrom Φ_0**. Die Einheit ist das Lumen (lm).

Bei einer Lichtquelle mit in allen Richtungen konstanter Lichtstärke J_0 beträgt der Gesamtlichtstrom, da der Raumwinkel für den gesamten Raum $4\,\pi$ ist,

$$\Phi_0 = 4\pi J_0. \qquad \textbf{(94)}$$

Die Lichtstärke J der in der Praxis gebräuchlichen Lichtquellen ist je nach der Gestalt des leuchtenden Körpers aber in den verschiedenen Richtungen verschieden groß, jedoch symmetrisch zur Achse der Lichtquelle. Bei solchen Lichtquellen bezeichnet man den aus Gl. (94) sich ergebenden Wert

$$J_0 = \frac{\Phi_0}{4\pi} \quad \textbf{(94a)}$$

als **mittlere Lichtstärke.**

Trägt man die Lichtstärke J für alle Richtungen einer durch die Achse einer Lichtquelle gehenden Ebene als Längen auf, dann erhält man als Verbindungslinie der Pfeilspitzen die **Lichtverteilungskurve** der Lichtquelle.

Da die Lichtstrahlen von der Lichtquelle aus strahlenförmig in den Raum gehen, so nimmt die Lichtstärke J als Dichte der Lichtstrahlen mit dem Quadrat der Entfernung r von der Lichtquelle ab, so daß

$$J_r = \frac{J}{r^2} \quad \textbf{(95)}$$

die Lichtstärke im Abstand r von der Lichtquelle (Abb. 50). Erhält eine Fläche F m² den Lichtstrom Φ lm, dann ist die **Beleuchtungsstärke** der Fläche

$$E = \frac{\Phi}{F} = \frac{J}{r^2} \quad \textbf{(96)}$$

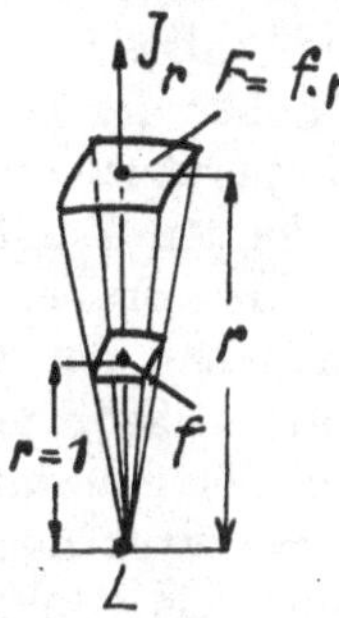

Abb. 50

bei senkrecht auffallenden Lichtstrahlen und

$$E' = E \cdot \cos\alpha = \frac{J}{r^2} \cdot \cos\alpha \quad \textbf{(97)}$$

bei schräg auffallenden Lichtstrahlen (Abb. 51). Die Einheit der Beleuchtungsstärke ist 1 lm/m² und heißt 1 Lux (lx).

Eine angeleuchtete Fläche strahlt Licht zurück. Das Verhältnis der Lichtstärke J von einer leuchtenden Fläche zum Auge zu der vom Auge gesehenen Größe f cm² der Fläche heißt **Leuchtdichte** $\boldsymbol{B}$ in HK/cm² oder Stilb (sb). Man rechnet gewöhnlich mit Apostilb (asb) $= \frac{1}{3{,}14 \cdot 10^4}$ (sb)

$$B = \frac{J}{f}. \quad \textbf{(98)}$$

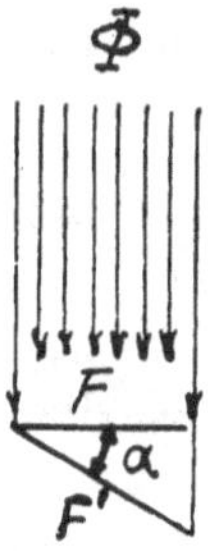

Abb. 51

Die Leuchtdichte B bedingt das Blenden des Auges. Soll eine nackte Lichtquelle nicht blenden, dann darf ihre Leuchtdichte B den Wert 0,3 HK/cm² nicht übersteigen, wenn f die Projektion der leuchtenden Fläche der Lichtquelle in der Sehrichtung ist. Bei elektrischen Lichtquellen heißt der Lichtstrom je Watt zugeführter elektrischer Leistung die **Lichtausbeute** ζ der Lampe. Ist bei dem gesamten Lichtstrom Φ_0 der Lampe in lm, N_0 ihr Leistungsverbrauch in W, dann ist die Lichtausbeute in lm/W

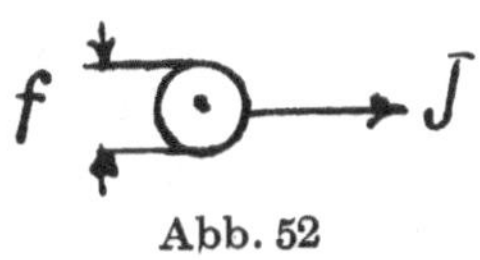

Abb. 52

$$\zeta = \frac{\Phi_0}{N_0}. \quad \textbf{(99)}$$

26. Elektrische Glühlampen und deren Schaltung

In einem dünnen Draht, dem Glühfaden oder Leuchtdraht, aus Kohle oder schwerschmelzbarem Metall von entsprechendem Widerstand R wird der gesamte elektrische Effekt $N_0 = U \cdot I = I^2 \cdot R = \frac{U^2}{R}$ Watt in Joulesche Wärme verwandelt und der Glühfaden zum Weißglühen gebracht. Die Glühlampen können deshalb für Gleich- und Wechselstrom Verwendung finden. Die Lichtstrahlung ist um so größer gegenüber der Wärmestrahlung, je höher die Temperatur des Glühfadens ist. Es ergibt sich jedoch für die Temperatur eine obere Grenze wegen der bei so hohen Temperaturen stattfindenden Zerstäubung des Glühfadens, die seine Lebensdauer bedingt. Bei den früher auch zur Beleuchtung verwendeten Kohlenfadenlampen, bei denen der Glühfaden aus einer karbonisierten Zellulosefaser in luftleerer Glasbirne besteht und die wegen ihrer geringen Lichtausbeute nur noch für Glühlampenwiderstände verwendet werden, konnte höchstens eine Temperatur des Glühfadens von 1500° erreicht werden bei einer Lebensdauer des Glühfadens von 600 Stunden. Bei den heute für Beleuchtungszwecke verwendeten Metalldrahtlampen besteht der Glühfaden aus einem dünnen Draht von dem schwerschmelzbaren Wolfram (3387°), wodurch eine Temperatur von 2000° bis 2500° erzielt werden kann, bei einer durchschnittlichen Lebensdauer der Lampe von 1000 Betriebsstunden. Da Wolfram bei hoher Temperatur vom Sauerstoff der Luft angegriffen wird, muß sich der Leuchtdraht in einer Glasbirne befinden, die entweder luftleer ist, oder mit einem sauerstoffreien Gas wie Stickstoff oder Argon bzw. Krypton gefüllt ist. Man unterscheidet also **luftleere** und **gasgefüllte Wolframlampen.** Die ersteren, die nur bis 100 W hergestellt werden, haben entweder einen über zwei an einem Glasarm befestigte Haltesterne im Zickzack gespannten oder einen gewendelten Leuchtdraht, die gasgefüllten Lampen, die bis zu 2000 W Leistung hergestellt werden, stets einen gewendelten Leuchtdraht. Der Vorteil der gasgefüllten Lampen besteht darin, daß durch den Gasdruck die Zerstäubung des glühenden Drahtes wesentlich vermindert wird und die Temperatur, wie schon erwähnt, bis auf 2500° getrieben werden kann, womit eine entsprechend hohe Lichtausbeute sich ergibt. Die Gasfüllung hat aber den Nachteil, daß das Gas dem Leuchtdraht einen Teil der zugeführten Wärme entzieht und an das Glas der Birne überträgt. Um diesen Nachteil möglichst zu verringern, ist der Leuchtdraht der gasgefüllten Lampen stets gewendelt, d. h. schraubenförmig gewickelt.

Die hochwattigen Wolframlampen haben für Beleuchtungszwecke die Bogenlampen fast vollständig verdrängt. Aber die Glühlampen sind sehr empfindlich gegen Änderung der Betriebsspannung. Bei einem Steigen der Spannung um 5% über Nennwert sinkt die Lebensdauer auf fast die Hälfte des Sollwertes, und bei einem Sinken um 5% sinkt die Lichtleistung um ca. 17%. Deshalb werden Glühlampen im Bereich der üblichen Netzspannungen in Staffeln von 5 zu 5 Volt hergestellt. Außerdem werden

Wolframlampen für kleine Lichtstärken und Spannungen von 2 bis 4 Volt hergestellt zum Betrieb mit Elementen und Akkumulatoren.

Aus dem Leistungsverbrauch N_0 (W) und der Spannung U (V) ergibt sich die Stromstärke der Lampe

$$I = \frac{N_0}{U} (\mathrm{A}) \tag{100}$$

und aus U und I bzw. N_0 der Widerstand des Leuchtdrahtes

$$R = \frac{U}{I} = \frac{U^2}{N_0} = \frac{N_0}{I^2} (\Omega) . \tag{100a}$$

Die nackte Lampe wird selten verwendet und erhält im allgemeinen eine **Ausrüstung oder Armatur.** Sie muß die Lichtverteilungskurve der nackten Lampe dem Beleuchtungszweck entsprechend abändern, damit der Lichtstrom in die gewünschte Richtung kommt, muß der Lampe mechanischen Schutz geben und Blendung verhüten. Die Armatur besteht aus zwei Hauptteilen, **Reflektoren** oder **Rückstrahler** und **Glocken.** Die Rückstrahler geben die Form der Lichtverteilungskurve, die Glocken verhindern die Blendung, sie verringern die Leuchtdichte B der nackten Lampe auf den zulässigen Wert.

Die Form der Rückstrahler hängt von der Beleuchtungsart ab, ob es sich um direkte, halbindirekte oder indirekte Beleuchtung handelt.

Direkte Beleuchtung: Der größte Teil des Lichtes wird nach unten geworfen. Gibt kräftige Schatten. Für Räume, deren Decke nicht weiß ist. Als **Armatur** entweder undurchlässige, oberhalb der Lampe angebrachte Schirme **(Tiefstrahler),** oder geschlossene bzw. nach unten offene Opalglasglocken **(Freistrahler).**

Halbindirekte Beleuchtung: Mehr als die Hälfte des Lichtstromes wird an die Decke gelenkt und der Rest nach unten geleitet. Gibt eine gleichmäßige Beleuchtung mit weichen Schatten. Als **Armatur** nach oben offene Opalglas-Schalen oder Leuchten, bei denen der untere Teil aus Opalglas, der obere aus Mattglas besteht.

Indirekte Beleuchtung: Gesamtes Licht wird an die Decke gelenkt, von der es dann nach unten geworfen wird. Gibt mildes, schattenfreies Licht. Nur für Räume mit weißer Decke. Als **Armatur** unter der Lampe befindliche undurchsichtige Rückstrahler.

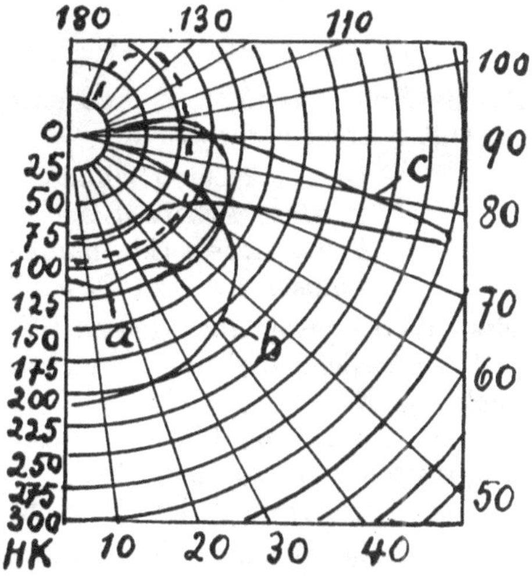

Abb. 53

Die Abb. 53 zeigt die Lichtverteilungskurven für verschiedene Lampenausrüstungen und zwar a) für Freistrahler, b) für Tiefstrahler, c) für Breitstrahler und die gestrichelte Kurve für die nackte Lampe.

Die Zahlentafel 8 gibt Leistung N_0, Lichtstrom Φ_0 und Lichtausbeute ζ von Osram-Glühlampen für 220 Volt.

Zahlentafel 8

N_0 W	Φ_0 lm	ζ lm/W	N_0 W	Φ_0 lm	ζ lm/W
15	135	9,0	200	3220	16,1
25	240	9,6	300	5250	17,5
40	480	12,0	500	9500	19,0
60	805	13,4	750	15300	20,4
75	1060	14,1	1000	21000	21,0
100	1510	15,1	1500	34000	22,7
150	2280	15,2	2000	41600	20,8

Da von dem Gesamtlichtstrom $\Phi = n\Phi_0$ der n nackten Lampen einer Beleuchtungsanlage durch die Armatur, die Wände und die Decke je nach der Beleuchtungsart ein bestimmter Betrag verloren geht, so kommt für die Ausnutzung nur ein nutzbarer Lichtstrom Φ_n lm in Betracht. Der Wirkungsgrad der Beleuchtungsanlage ist also

$$\eta = \frac{\Phi_n}{\Phi} = \frac{\Phi_n}{n\Phi_0} \tag{101}$$

und daher die Beleuchtungsstärke auf der Arbeitsfläche F m² in 1 m über Boden

$$E = \frac{\Phi_n}{F} = \frac{\eta\Phi}{F} = \frac{\eta \cdot n\Phi_0}{F} \, (\text{lx}) \,. \tag{101a}$$

Die Beleuchtungsstärke E muß entsprechend der zu verrichtenden Arbeit gewählt werden und zwar für

Grobe Arbeit (Schmiede)	$E = 20 \ldots 40$ lx
Mittlere Arbeit (Schlosser)	$E = 40 \ldots 80$ lx
Feine Arbeit (Mechaniker)	$E = 75 \ldots 150$ lx
Feinste Arbeit (Uhrmacher)	$E = 150 \ldots 300$ lx.

Diese Werte gelten für Allgemeinbeleuchtung. Erhalten die Arbeitsplätze noch zusätzliche örtliche Beleuchtung, dann reicht für die Allgemeinbeleuchtung $E = 20 \ldots 50$ lx.

Für Straßen und Plätze genügen je nach der Verkehrsstärke Beleuchtungsstärken von $E = 3 \ldots 30$ lx.

Der Wirkungsgrad der Beleuchtungsanlagen ist

bei direkter Beleuchtung	$\eta = 0{,}45 \ldots 0{,}60$
bei halbindirekter Beleuchtung	$\eta = 0{,}35 \ldots 0{,}45$
bei indirekter Beleuchtung	$\eta = 0{,}25 \ldots 0{,}35$.

Bei der Berechnung einer Allgemeinbeleuchtung für einen Raum mit der Bodenfläche F m² wählt man E und η gemäß den obigen Angaben und berechnet aus dem nutzbaren Lichtstrom $\Phi_n = E \cdot F$ den Gesamtlichtstrom der n Lampen aus Gl. (101a)

$$\Phi = \frac{EF}{\eta}\,\text{lm}\,. \qquad \textbf{(101b)}$$

Die Zahl n der Lampen wählt man je nach der gewünschten Gleichmäßigkeit der Beleuchtung so, daß der Lampenabstand $a = 1{,}5 \cdot h \ldots 2{,}5 \cdot h$ beträgt, wenn h die Aufhängehöhe der Lampen über der Arbeitsfläche (1 m über Boden) beträgt. Der Lichtstrom einer Lampe ergibt sich dann zu $\Phi_0 = \frac{\Phi}{n}$. Aus Zahlentafel 8 kann die entsprechende Lampe gewählt und der Gesamtleistungsverbrauch $N = n \cdot N_0$ bestimmt werden. **Die Schaltung der Glühlampen** erfolgt parallel, so daß jede eingeschaltete Lampe an der vollen Netzspannung U liegt. Als Schalter verwendet man Dreh- oder Kippschalter. Abgesehen von Schaltern für feuchte Räume, sind die Glühlampenschalter zur Vermeidung von Kurzschlüssen stets einpolig. Zahl und Bauart der Schalter und die Art der Leitungsführung richtet sich nach der Zahl der Stellen, von denen aus die Lampen geschaltet werden sollen. Man unterscheidet vier Schaltungen. Die **einfache Schaltung** ermöglicht das Schalten von nur einer Stelle aus (Abb. 54) unter Verwendung eines einfachen Schalters. Die **Wechsel-** oder **Korrespondenzschaltung** wird angewendet, wenn die Lampen von zwei Stellen aus ein- bzw. ausgeschaltet werden sollen. Man verwendet zwei Wechselschalter (Abb. 55), wodurch, wie man sich leicht an Hand der Abbildung überzeugen kann, die Lampe von jedem Schalter ein- und ausgeschaltet, als auch mit einem Schalter ein und mit dem andern ausgeschaltet werden kann.

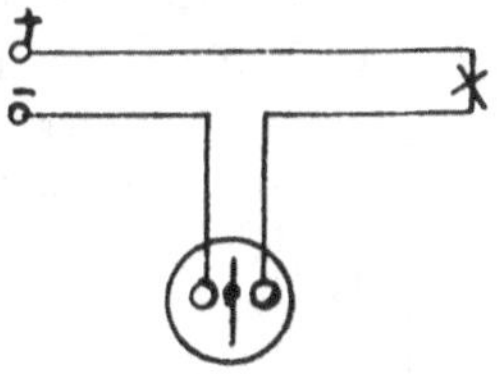

Abb. 54

Abb. 55

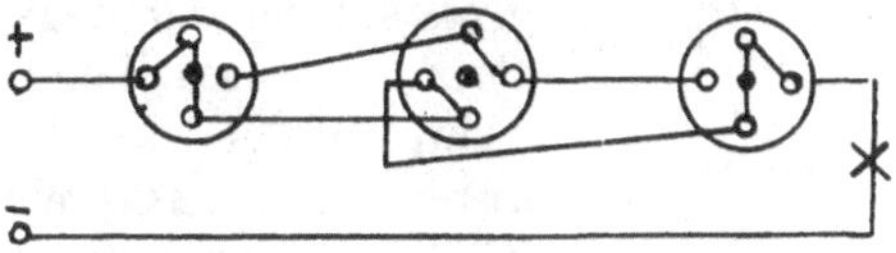

Abb. 56

Bei der **Treppenschaltung** (so genannt, weil sie hauptsächlich bei Treppenhausbeleuchtung vorkommt) können die Lampen von mehr als zwei Stellen aus geschaltet werden (Abb. 56). Man verwendet am Anfang und Ende der Leitung je einen Wechselschalter und dazwischen eine entsprechende Zahl von Kreuzschaltern (Polwender), bei denen zwei Kontaktfedern immer je zwei benachbarte Kontakte verbinden.

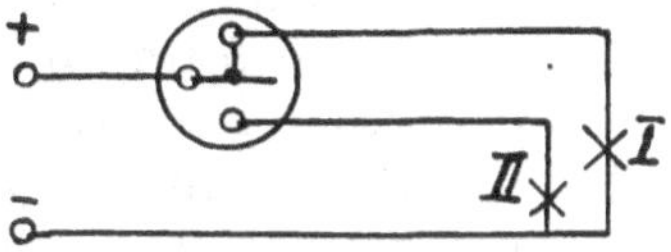

Abb. 57

Die **Gruppen-** oder **Serienschaltung** ermöglicht, daß von einer Stelle aus zwei Lampenkreise einzeln und zusammen ein- bzw. ausgeschaltet werden können. Zur Anwendung kommt ein Gruppen-(Serien-)Schalter nach Abb. 57, mit welchem jeder einzelne

Lampenkreis für sich und beide Lampenkreise zusammen ein- bzw. ausgeschaltet werden können. Die Schaltung kommt hauptsächlich bei Lüstern zur Verwendung.

27. Elektrische Bogenlampen und deren Schaltung

Auch bei den Bogenlampen wird die durch einen hohen Widerstand entstehende Stromwärme in Lichtstrahlung umgesetzt. Schickt man durch zwei sich berührende Kohlenstäbe *A* und *B* einen kräftigen Strom, dann wird die Berührungsstelle auf Weißglut erhitzt. Entfernt man die Kohlen etwas voneinander, so bleibt der elektrische Strom bestehen und fließt durch den Luftraum zwischen den Kohlenstäben. Einen solchen Elektrizitätsübergang zwischen zwei Elektroden in einem Gas von mehr als 1 mm Druck bezeichnet man als **Lichtbogen.** Die Kohlenspitzen sind dabei weißglühend und bilden die eigentliche Quelle des Lichtes, welches das Spektrum des Sonnenlichtes zeigt, während vom Lichtbogen ultraviolette Strahlen ausgehen. Der Lichtbogen besteht aus dem Kern *C*, dem stromleitenden Teil, und der Aureole *D*, welche aus verbrennenden Teilen der Kohlen besteht (Abb. 58). Sie erleiden einen Abbrand und Veränderungen ihrer Form. Bei Gleichstrom erhält die positive Kohle eine Aushöhlung (Krater), der eine Temperatur von 3500° ... 4000° aufweist. Die negative Kohle wird spitz und hat eine Temperatur von 2500° ... 3000°, erhält außerdem einen Pilzansatz, herrührend vom Material der positiven Kohle. Die Zerstäubung, d. h. der Abbrand der positiven Kohle ist etwa doppelt so groß als bei der negativen Kohle, weshalb man bei Gleichstrom erstere dicker nimmt und oben anordnet, weil sie dann infolge des Kraters ihr Licht hauptsächlich nach unten sendet. **Das Wesen des Lichtbogens** besteht darin, daß nach erfolgter Zündung durch Zusammenbringen der Kohlen der Raum zwischen ihnen durch Verdampfung der Kohlen mit neutralen Gasteilchen gefüllt und ionisiert wird. Die weißglühende negative Kohle sendet freie Elektronen aus, die zur positiven Kohle wandern und dadurch den elektrischen Strom zustande bringen. Durch die hohe Temperatur und durch den Zusammenprall der Elektronen mit den Gasteilchen werden diese in Elektronen und positive Ionen zerspalten (Stoßionisierung), wobei dann die Elektronen, weil sie negativ sind, zur positiven, die Ionen zur negativen Kohle wandern, was den stärkeren Abbrand der positiven Kohle und den Pilzansatz der negativen erklärt. Da die Elektronen bzw. Ionen beim Aufprallen auf die Kohlen ihre Bewegungsenergie in Wärme verwandeln, so werden die Kohlen weiter im erhitzten Zustand erhalten.

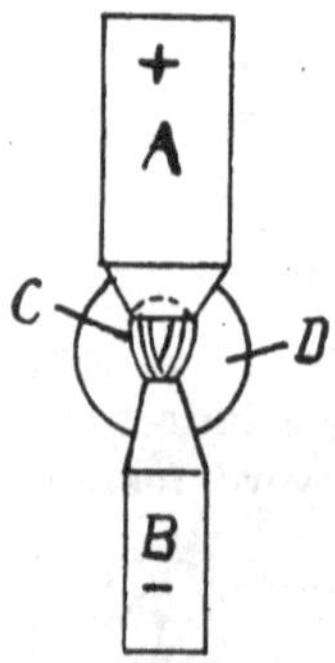

Abb. 58

Der Vorgang der Elektrizitätsströmung im Lichtbogen ist demnach kompliziert und deshalb stellt der Lichtbogen keinen Ohmschen Widerstand

R im bisher gebrauchten Sinne dar. Der Spannungsverbrauch des Lichtbogens besteht nämlich aus einem konstanten Anteil, der in der Nähe der Kohlen auftritt und zur Beschleunigung der Elektronen und Ionen dient, und aus einem, mit der Lichtbogenlänge l und der Stromstärke I veränderlichen Anteil zur Überwindung des elektrischen Widerstandes des Lichtbogens. Dieser zweite Teil nimmt mit der Lichtbogenlänge l zu und mit wachsender Stromstärke I ab. Aus Erfahrung ist die Lichtbogenspannung $U_b = a + b \cdot l + \frac{c + d \cdot l}{I}$ Volt, wobei für Gleichstrom $a = 39$, $b = 2$, $c = 12$ und $d = 10$, für Wechselstrom $a = 21$, $b = 2$, $c = 37$ und $d = 0$ ist. a ist die Spannung für $l = 0$ und $I = \infty$, d. h. die Minimumsspannung bei größter Stromstärke. Für $l = 0$ und $I = I$ erhält man die Minimumsspannung $a + \frac{c}{I}$ für eine bestimmte Stromstärke.

Trägt man U_b in Abhängigkeit von I bei konstantem l auf, dann erhält man Kurven nach Abb. 59, welche Charakteristiken des Lichtbogens heißen und um so tiefer liegen, je kleiner die Lichtbogenlänge l ist. Trägt man U_b in Abhängigkeit von l bei konstantem I auf, dann erhält man gerade Linien nach Abb. 59a, die um so tiefer liegen, je größer I ist. Ihr Schnittpunkt mit der Ordinatenachse gibt die Minimumsspannung $a + \frac{c}{I}$ für die betreffende Stromstärke I. Der Lichtbogen zwischen Kohleelektroden hat also nach Abb. 59 die Eigentümlichkeit, daß die Spannung U_b mit abnehmendem Strom I zunimmt, was mit dem Ohmschen Gesetz nicht in Einklang steht, so daß der Quotient $U_b : I$ keinen Widerstand im üblichen Sinne darstellt.

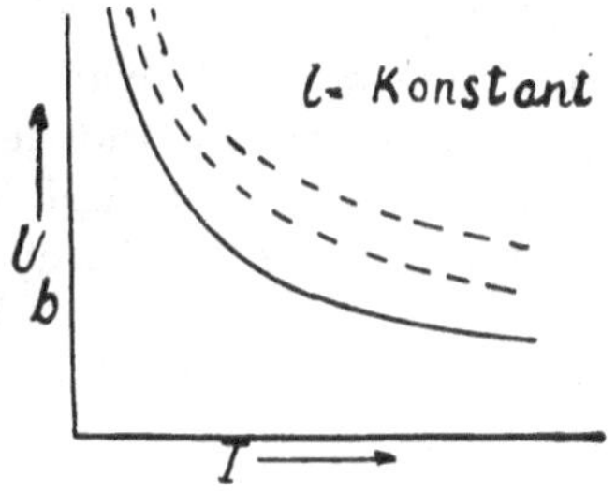

Abb. 59

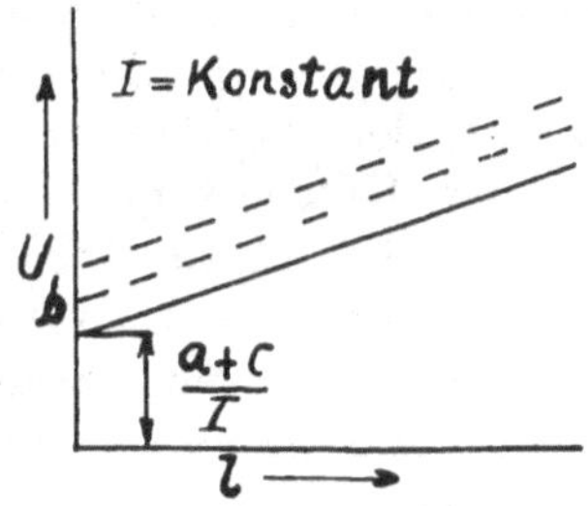

Abb. 59a

Schickt man durch die Kohlen Wechselstrom, dann bleibt der Lichtbogen ebenfalls erhalten, obwohl die Kohlen ständig ihre Polarität wechseln und der Strom I dabei durch Null hindurchgeht. Der Grund liegt darin, daß auch während des Richtungswechsels des Stromes die Kohlen glühend bleiben und freie Elektronen aussenden. Beide Kohlen bleiben dann spitz. Die **Lichtverteilungskurve** ist bei den Bogenlampen sehr ungleichmäßig, bei Gleichstrom mit der größten Lichtstärke J in 45° unterhalb der Horizontalen, bei Wechselstrom in 30° unter und über der Horizontalen. Die Spannung U_b ist bei normalem Brand bei Gleichstrom 40 V, bei Wechselstrom etwa 30 V, der Strom I je nach Größe der Lampe 6 ... 35 A. Es müssen also bei 110 V Netzspannung zwei, bei 220 V vier Lampen in Serie geschaltet werden. Die noch restliche Spannung wird bei Gleichstrom durch einen Vorwiderstand R_v, bei Wechselstrom durch eine Drosselspule verbraucht. Die Bedeutung dieses Widerstandes R_v ergibt sich aus Abb. 60a und 60b.

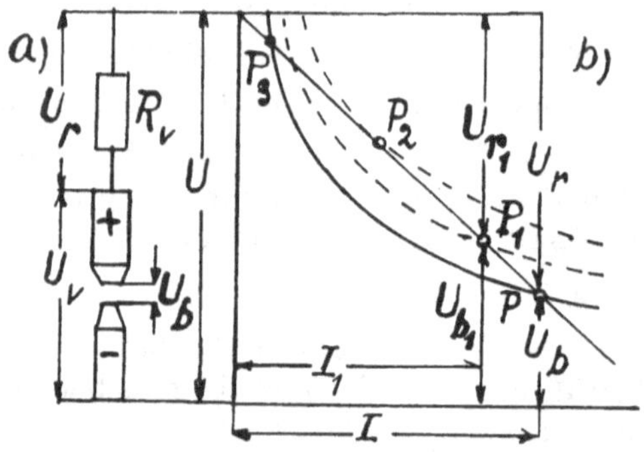

Abb. 60

Die an den Kohlen verfügbare Spannung ist $U_v = U - I \cdot R_v = U - U_r$, wobei U_r proportional mit I ist. Der Strom I wächst so lange, bis $U_v = U_b$ ist (Punkt P in Abb. 60b). Wird durch den Abbrand der Kohlen die Lichtbogenlänge l größer, dann wird der Spannungsverbrauch U_b des Lichtbogens höher und es gilt dann für U_b nach Abb. 59 eine höher liegende Kennlinie. Der Betriebspunkt wandert dabei nach P_1, während der Strom I auf I_1 abnimmt. Die verfügbare Spannung ist $U_{v1} > U_{b1}$, wodurch der Lichtbogen unruhig brennt und die Reguliervorrichtung der Lampe wieder auf normale Lichtbogenlänge zurückreguliert. Macht man den Abstand der Kohlen so groß, daß der Betriebspunkt über P_2 hinauskommt, dann wird $U_v < U_b$, wodurch der Lichtbogen abreißt, weil U_v den Strom nicht mehr aufrecht erhalten kann. Denn für die Lampenspannung U_b gelten die Kennlinien der Abb. 59 und für die verfügbare Spannung U_v die schräge Gerade der Abb. 60b.

Auch die Bogenlampe braucht eine **Ausrüstung,** bestehend aus den Kohlenhaltern, der Reguliervorrichtung, dem Rückstrahler und der Glasglocke. Bei den **Kohlen** gibt es Homogen- und Dochtkohlen. Letztere besitzen in der Achse einen Kern aus Ruß und Wasserglas, durch dessen bessere Leitfähigkeit der Lichtbogen in der Mitte der Kohlen bleibt. Zur Erzielung größerer Lichtausbeute verwendet man meist Effektkohlen mit einem Docht verdampfender Salze, die die Helligkeit der Lampe größer machen, weil wegen der guten Leitfähigkeit der verdampfenden Salze die Lichtbogenlänge größer gemacht werden kann als bei den gewöhnlichen

Abb. 61

Kohlen und weil die Dämpfe der Salze selbst Licht ausstrahlen, das dem Lichtbogen je nach der Natur der Salze eine charakteristische Färbung gibt. Damit dieses Licht besser zur Geltung kommt, stellt man die Effektkohlen unter einem spitzen Winkel schräg nach unten (Abb. 61). **Die Reguliervorrichtung** zieht beim Einschalten der Lampe die sich berührenden Kohlen auf die richtige Lichtbogenlänge auseinander und stellt sie beim Abbrand der Kohlen wieder auf den normalen Wert ein. Die Vorrichtung besteht aus Elektromagneten, deren Wicklungen von Strom durchflossen werden, sobald die Lampe eingeschaltet wird. Je nachdem nun die Regulierung vom Hauptstrom I der Lampe, von einem zu ihm parallelen Zweigstrom i oder von beiden zugleich getätigt wird, unterscheidet man Hauptschluß-, Nebenschluß- und Differentialregulierung. Am meisten verwendet wird die letztgenannte (Abb. 62). Der Hauptstrommagnet M und ein Nebenschlußmagnet M_1 wirken gleichzeitig auf die Kohlen ein. Das Gewicht der Kohlenhalter ist so ausgeglichen, daß beim Anschalten der Lampe sich die Kohlen berühren zwecks Zündung des Lichtbogens. Die Stromstärke I ist groß, die Spannung U_b klein. Die Wirkung des Hauptstrommagneten M überwiegt also die des Nebenschlußmagneten M_1, dessen Strom i von der Spannung abhängt. Die Kohlen werden also auseinandergezogen, wodurch aber die Spannung U_b wächst und damit die Wirkung des Nebenschlußmagneten M_1. Er hält dem Hauptstrommagneten M das Gleichgewicht, wenn die richtige Lichtbogenlänge l erreicht und $U_b = U_v$ ist. Wird l durch den Abstand größer, dann wird U_b größer und der Lampenstrom I kleiner gemäß Abb. 60b. Es überwiegt dann die Wirkung des Nebenschlußmagneten M_1 so lange, bis die Kohlen wieder auf den richtigen Abstand zusammengebracht sind. Die Lampe reguliert also auf ein konstantes Verhältnis $U_b : I$, d. h. auf konstanten Widerstand des Lichtbogens und eignet sich zu jeder Schaltung mit anderen Differentiallampen. Bei Wechselstrom ist eine einfachere, auf der Wirbelstromwirkung beruhende Differential-Regulierung in Anwendung, die später besprochen wird. Der Lichtbogen ist zum **Schutz gegen Blenden** von einer **Glasglocke** eingeschlossen, welche bei Effektkohlen besonders ventiliert sein muß, damit sie nicht von den Dämpfen beschlagen wird. Bei **offenen Bogenlampen**, bei denen die Luft freien Zutritt zu den Kohlen hat, haben die Kohlen einen großen Abbrand und deshalb je nach ihrer Länge eine kurze Brenndauer von 15... 20 Stunden. Dagegen besitzen die mit ganz engen Glocken versehenen geschlossenen oder **Dauerbrandlampen** eine Brenndauer bis zu 150 Stunden bei einer höheren Spannung von 50 V.

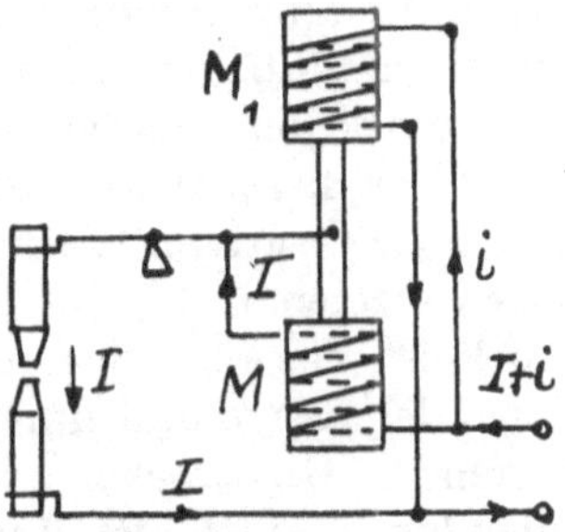

Abb. 62

Obwohl die Bogenlampen dieselbe oder z. T. eine höhere Lichtausbeute geben als die hochwattigen Glühlampen, werden sie zu Beleuchtungszwecken wenig mehr verwendet, weil Beschaffung und Wartung teurer sind als bei Glühlampen. Bogenlampen werden hauptsächlich verwendet für den Betrieb von Scheinwerfern und Projektionslampen und für Lampen zur Herstellung von Lichtbildern und Lichtpausen.

28. Die Quecksilberdampf-Bogenlampe

Die Erzeugung eines Lichtbogens, d. h. einer Elektrizitätsströmung mit Lichterscheinung, im luftleeren Raum oder in Luft von gewöhnlichem Druck, ist auch möglich, wenn man für die Elektroden statt Kohle andere leicht zerstäubbare Substanzen verwendet. Praktisch anwendbar hat sich der Lichtbogen zwischen Quecksilberelektroden erwiesen. Bei sehr geringem Luftdruck kann man zwischen einer negativen Elektrode aus Quecksilber und einer positiven Elektrode aus beliebigem leitendem Stoff einen Lichtbogen erzeugen, der bei 100 V etwa 1 m lang ist. Bei gewöhnlichem Luftdruck ist der Lichtbogen entsprechend kürzer. Die Spannung ist proportional der Länge und umgekehrt proportional dem Durchmesser der stromführenden Gasstrecke. Die Stromleitung findet in dem ionisierten Quecksilberdampf statt, der durch Verdampfung des Quecksilbers der **negativen** Elektrode entsteht. Es ist also eine Zündung des Lichtbogens erforderlich, entweder durch Funkenentladung zwischen den Elektroden oder indem man sie zur Berührung bringt. Aus der dadurch erhitzten Quecksilberelektrode treten die zum Betrieb des Lichtbogens nötigen freien Elektronen aus, die die Stoßionisierung des Quecksilberdampfes bewirken. Die dem Elektronenstrom in der Röhre entgegengerichteten und sich langsamer bewegenden positiven Ionen treffen mit Wucht auf die negative Elektrode und erhitzen diese so stark, daß sie auch nach der Zündung noch Elektronen ausstrahlen und Quecksilberdampf entwickeln kann. Der Lichtbogen sendet ein fahles blaugrünes Licht aus, welches reich an ultravioletten Strahlen ist und das Spektrum des Quecksilbers zeigt. Im Gegensatz zum Kohlenlichtbogen geht also das Licht beim Quecksilberdampflichtbogen nur vom Lichtbogen und nicht von den Elektroden aus. Wird der Lichtbogen in einer Glasröhre erzeugt, dann werden die ultravioletten Strahlen fast ganz vom Glas absorbiert, während bei Anwendung einer Quarzröhre die Absorption vermieden wird.

Der Quecksilberdampflichtbogen verhält sich auch sonst wesentlich anders als der Lichtbogen zwischen Kohleelektroden. Bei diesem nimmt die Spannung mit wachsendem Strom ab, beim Quecksilberdampflichtbogen nimmt sie zu. Der Lichtbogen zwischen Kohleelektroden wird von einem Magnetfeld in gleicher Weise abgelenkt wie ein stromführender Leiter, der Quecksilberdampflichtbogen wird nicht beeinflußt. Während der Lichtbogen zwischen Kohlen mit Wechselstrom betrieben werden kann, ist es beim Quecksilberdampflichtbogen nicht möglich, weil er, selbst wenn man für beide Elektroden Quecksilber verwendet, beim Stromdurchgang durch Null erlischt und neu gezündet werden muß. Der Quecksilberdampflichtbogen ist also nur mit Gleichstrom zu betreiben, soll es mit Wechselstrom geschehen, dann kann es nur durch den Anschluß an einen Gleichrichter erfolgen.

Wegen seines Reichtums an ultravioletten Strahlen findet der Quecksilberdampflichtbogen Verwendung in der Photographie und in der Medizin, vor allem auch als künstliche Höhensonne.

Trotz der hohen Lichtausbeute von 50 lm/W wird der Quecksilberdampflichtbogen zu Beleuchtungszwecken in Form von Quecksilberdampflampen wenig verwendet, obwohl die Lampe keine Bedienung braucht, da Reinigung und Elektrodenersatz in Wegfall kommen. Der Lichtbogen wird erzeugt in einem Quarzrohr mit Quecksilberelektroden, dem Brenner, der Luft von gewöhnlichem Druck enthält, wodurch das Quarzrohr beim Anschluß an 110 oder 220 V eine bequeme kurze Gestalt erhält. Die Zündung geschieht durch einen Kippmechanismus, der automatisch beim Einschalten der Lampe funktioniert und das Quecksilber der beiden Elektroden in Verbindung bringt. Das Licht ist nicht mehr so blaugrün wie bei der luftleeren Lampe und nähert sich mehr dem gelblich weißen Licht, ist aber für direkte Beleuchtung immer noch ungeeignet. Die Auswechslung der Brenner ist nach einer Brenndauer von 10000 Stunden nötig.

29. Der Quecksilberdampfgleichrichter

Der Quecksilberdampflichtbogen kann nach § 28 nicht mit Wechselstrom betrieben werden, selbst wenn man für beide Elektroden Quecksilber nimmt, weil während des Stromdurchganges durch Null das Quecksilber sich als Metall so rasch abkühlt, daß es nach dem Stromrichtungswechsel nicht mehr imstande ist, Elektronen auszusenden. Der Lichtbogen erlischt und kann durch eine neue Zündung nur für eine Halbwelle des Wechselstroms bestehen. Ist die eine der Elektroden nicht Quecksilber, sondern ein anderes Metall oder Kohle, dann besteht der Lichtbogen überhaupt nur für die Halbwelle, während welcher Quecksilber die negative Elektrode ist, weil hauptsächlich nur sie Elektronen aussendet. **Der Quecksilberdampflichtbogen** wirkt also als **elektrisches Ventil,** welches den elektrischen Strom nur nach einer Richtung hindurch läßt.

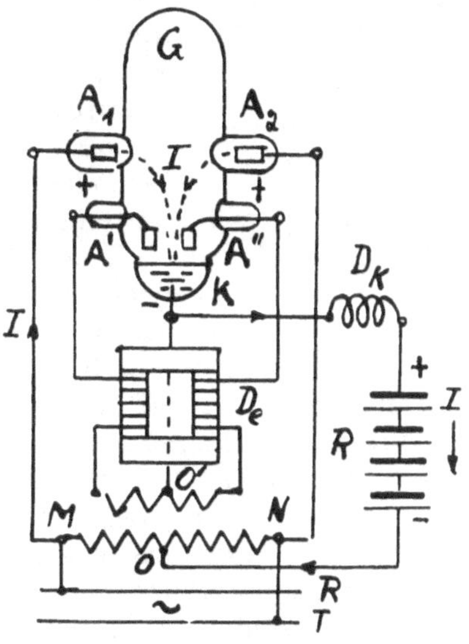

Abb. 63

Der Quecksilberdampfgleichrichter (Abb. 63) besteht aus einem **luftleeren** Glasgefäß, oder bei großen Leistungen aus einem Eisengefäß *G*, in dem sich zwei **positive** Graphitelektroden, sogenannte **Anoden A_1** und **A_2** befinden, sowie eine **negative** Quecksilberelektrode, sogenannte **Kathode *K*.** A_1 und A_2 sind an die Enden *M* und *N* der Wicklung eines Wechselstromtransformators angeschlossen, die Quecksilberkathode *K* durch einen Nutzwiderstand *R* mit der Mitte *O* der Transformatorwicklung verbunden. Zunächst ist eine Zündung erforderlich, indem man das Gefäß G kippt, bis die Elektrode A' oder A'' ins Quecksilber taucht. Da A' bzw. A'' über den Transformator an Spannung liegen, fließt zum Quecksilber ein Strom. Beim Zurückkippen des Gefäßes G entsteht an der Unterbrechungsstelle des Stromes ein Funken, der den Lichtbogen zündet. Bei größeren Gefäßen, wo Kippen unzweckmäßig ist, benutzt man eine besondere bewegliche Zündanode, oder legt eine so hohe Spannung an die Zündanode, daß zwischen ihr und der Kathode ein Funkenüberschlag stattfindet. Die erste Halbwelle des Stromes geht von derjenigen Anode (A_1 oder A_2) aus, die gerade an positiver Spannung liegt. Angenommen, es sei A_1, dann geht der Strom des Lichtbogens, nach der in der Praxis üblichen Festsetzung der Stromrichtung (die Elektronen bewegen sich entgegengesetzt), von M nach A_1 zur Kathode K, durch den Nutzwiderstand R nach O und N. Bei der zweiten Halbwelle hat die Spannung die Richtung gewechselt, der Strom des Lichtbogens geht also von N nach A_2 zur Kathode K und wieder über R nach O und M. Daß der Lichtbogen während des Richtungswechsels der Spannung nicht erlischt, ist dem Ionenstrom zu verdanken. Die Ionen, die entgegen dem Elektronenstrom im Gefäß von der Anode zur Kathode wandern, setzen beim Anprallen auf die Kathode ihre Bewegungsenergie an das Quecksilber in Form von Wärme ab und erzeugen auf der Oberfläche desselben einen weißglühenden sogenannten **Kathodenfleck,** der den Lichtbogen in der zweiten Halbwelle aufrecht erhält. Die Vorgänge wiederholen sich jetzt und zwischen K und O fließen beide Halbwellen in derselben Richtung, d. h. ein **intermettierender Gleichstrom** gemäß Abb. 64, und zwar von K nach O. Dieser Strom besteht aus einem reinen Gleichstrom (gleich dem Mittelwert des Wechselstroms) und einem überlagerten Wechselstrom. Durch eine Drosselspule, die Kathodendrossel D_k, wird der Wechselstromanteil abgedrosselt, so daß man einen nahezu reinen Gleichstrom erhält. Die Einrichtung nach Abb. 63 heißt deshalb **Gleichrichter,** weil Wechselstrom in Gleichstrom verwandelt wird. Ist die Gleichstromseite schwach belastet oder entlastet, dann treffen wenig bzw. gar keine Ionen auf das Quecksilber, dann erlischt der Kathodenfleck und mit ihm der Lichtbogen. Um den Betrieb auch bei starker Unterschreitung des Nennstromes zu ermöglichen, ordnet man einen **Hilfserregerstromkreis** an, der den Mindeststrom durch den Gleichrichter schickt. Dieser Hilfsstromkreis liegt durch eine besondere Spule des Transformators an einer geringen Spannung und schließt sich über Drosselspule D_e und die zwei Hilfsanoden A' und A''. Der Quecksilberdampf kondensiert sich im oberen Teil des Gefäßes und fließt zur Kathode K zurück.

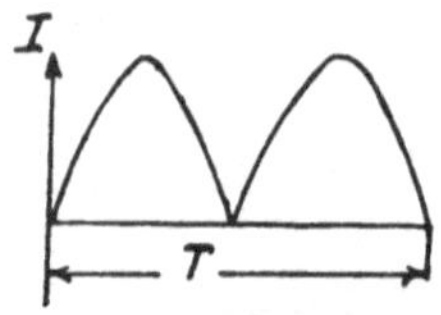

Abb. 64

Bei Gleichrichtern, deren Ströme 250 ... 500 A nicht übersteigen, sind die Gefäße aus Glas, für stärkere Ströme aus Stahl und es gibt Stahlgleichrichter bis zu 8000 A bei 800 V Spannung. Die Kühlung erfolgt bei

Glasgefäßen durch Luft, bei Stahlgefäßen durch Wasser. Bis 10 A betreibt man die Gleichrichter mit Einphasenstrom, größere Gleichrichter mit Dreiphasen- oder mit Sechsphasenstrom.

Bedeuten U_g und I_g Spannung und Strom im Gleichstromnetz und auf der Wechselstromseite U_w die Spannung zwischen Anode und Nullpunkt und I_w den Strom als Effektivwerte, dann gibt Zahlentafel 9 das Verhältnis zwischen den Gleich- und Wechselstromgrößen.

Zahlentafel 9

Zahl der Anoden	2	3	6
$U_w : U_g$	1,11	0,855	0,740
$I_w : I_g$	0,785	0,587	0,409

Die vom Gleichrichter abgegebene Gleichstromleistung ist $N_n = U_g \cdot I_g$. Der Aufprall der geladenen Gasteile auf die Elektroden und der Stromdurchgang durch die Dampfschicht geben Leistungsverluste, die einen Spannungsverlust im Gleichrichter von $v = 15 \ldots 25$ V ergeben. Die aufzuwendende Leistung ist also $N = (U_g + v) \cdot I_g$ und der Wirkungsgrad des Gleichrichters

$$\eta = \frac{N_n}{N} = \frac{U_g}{U_g + v}.$$

Der Wirkungsgrad ist vom entnommenen Strom nicht abhängig und wächst mit zunehmender Betriebsspannung. Mit $v = 20$ V ergibt sich

für $U_g = 110$ V $\quad \eta = 110 : 130 = 0{,}846$

„ $U_g = 500$ V $\quad \eta = 500 : 520 = 0{,}962$

„ $U_g = 800$ V $\quad \eta = 800 : 820 = 0{,}973$.

In Wirklichkeit ist η um 3,5 ... 6% kleiner.

30. Gasentladungslampen

Sie gehören zu den Lumineszenzstrahlern, die sich in **Leuchtröhren** und **Metalldampflampen** einteilen lassen.

a) Leuchtröhren

Bei den Lumineszenzstrahlern geht das Licht nicht wie bei den Glüh- und Bogenlampen von hocherhitzten festen Leuchtkörpern aus, welche Wärme und Licht ausstrahlen, sondern von der leuchtenden Gassäule selbst, die vorwiegend Licht und fast gar keine Wärme ausstrahlt. Das Licht wird bei diesen Lichtquellen also nicht durch Wärme, sondern durch Gasentladung erzeugt. Daher ist auch die Erwärmung der Glasröhre, in der die Gasentladung stattfindet, sehr gering und zwar ist die Oberflächentemperatur etwa 35 °C, während die Elektroden eine Temperatur von etwa 150 °C haben.

Die Gasentladungslampe besteht aus einer Glasröhre gemäß Abb. 65, die mit einem verdünnten Gas (unter 0,1 mm Quecksilber) oder mit Metalldampf gefüllt ist. Die Röhre enthält zwei Metallelektroden, Anode A und Kathode K, die durch in die Röhre eingeschmolzene Drähte mit der positiven Klemme P bzw. der negativen Klemme N der Spannung verbunden sind. Bei hinreichend hoher Spannung an den Klemmen geht zwischen den Elektroden ein Strom über, der das Gas zum Leuchten bringt. Dieser Strom wird erzeugt durch freie Elektronen, die aus der Kathode austreten und zur Anode wandern. Diese Elektronen stoßen dabei mit den Atomen des Füllgases zusammen und schleudern dabei deren Elektronen aus den Normalbahnen um den Atomkern in entferntere Bahnen. Beim Rückfall der Elektronen auf die alten Bahnen wird dann Licht ausgestrahlt, dessen Farbe von der Art des Gases abhängt. Man verwendet Edelgase, die mit anderen Stoffen keine Verbindung eingehen, und zwar Neon, Helium und Argon, sowie unedle Gase wie Stickstoff, Kohlendioxyd und Wasserstoff (Moorelicht). Die Lichtfarbe ist bei Neon orangerot (mit Hg-Zusatz blau, mit demselben Zusatz in gelbgrünem Glasrohr grün), bei Helium weißrosa (in gelbem Rohr gelb), bei Argon weißblau. Stickstoff gibt gelbrosa Lichtfarbe, Kohlensäure bläulichweiße Farbe.

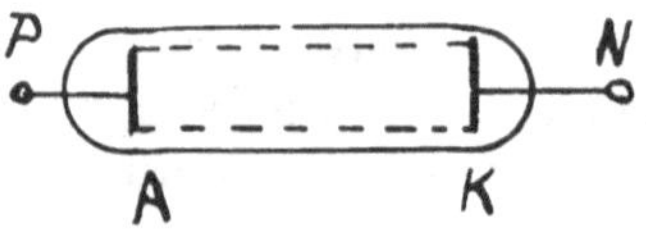

Abb. 65

Die Spannung der Leuchtröhre wächst mit der Rohrlänge und nimmt mit dem Rohrdurchmesser ab. Sie beträgt bei Edelgasröhren bis zu 6 kV, bei Röhren mit unedlen Gasen bis zu 25 kV, die Stromstärke beträgt nur Milliampere. Die Leuchtröhrenanlagen werden daher an das Lichtnetz durch Kleintransformatoren für eine Leistung von 0,2 ... 1,8 kVA angeschlossen zur Erzeugung der nötigen Hochspannung. Bei größeren Leistungen werden mehrere Transformatoren parallel an die Netzspannung angeschlossen und in Schutzkästen aus Eisen eingebaut. Die Leerlaufspannung der Transformatoren muß gleich der Zündspannung sein. Da aber nach dem Zünden eine geringere Betriebsspannung nötig ist, so wird zur Herstellung dieser Differenz und als Beruhigungswiderstand eine Drosselspule verwendet, die entweder vor den Transformator geschaltet, also im Niederspannungskreis angeordnet, oder meistens in den Oberspannungskreis gelegt wird. Es gibt jedoch auch neue Transformatoren, bei denen Drosselspulen nicht mehr erforderlich sind. Der Anschluß erfolgt an Drehstrom, wobei der Mittelpunkt der Oberspannungswicklung geerdet werden muß, so daß die Spannung gegen Erde höchstens 3 kV beträgt.

Die Leuchtröhren benötigen je nach dem Rohrdurchmesser 500 bis 2000 V je m. Bei einer Anschlußspannung von 6 kV können 12 ... 3 m Rohr hintereinander geschaltet werden. Normale Rohrdurchmesser sind 8, 10, 12, 17, 22 und 30 mm (am gebräuchlichsten 22 mm) bei einem Leistungsverbrauch von 25 ... 50 W je m. Betriebsspannung bei 8 mm Rohr etwa 1000 V, bei 30 mm Rohr 400 V je m. Zündspannung 1700 V bzw. 600 V je m Rohr.

b) Metalldampflampen

Da die Gasentladungslampen fast nur Licht und wenig Wärme ausstrahlen, so versprechen sie eine bessere Lichtausbeute als die Glüh- und Bogenlampen. Aber in den Gasentladungslampen treten sonst noch Verluste auf. Da die verhältnismäßig kalte Metallkathode dem Austritt der Elektronen einen Widerstand entgegensetzt, so herrscht zwischen der Kathode und der angrenzenden Gasschicht eine hohe Spannung, die man **Kathodenfall** nennt. Dadurch ist die Nutzspannung, welche auf die Gassäule wirkt, entsprechend kleiner als die zum Betrieb der Röhre nötige Spannung. Damit nun die Kathode infolge der durch den Kathodenfall an ihrer Oberfläche verbrauchten Leistung, die sich in Wärme umsetzt, nicht zu stark erhitzt und zerstört wird, muß man die Lampe mit geringem Strom betreiben. Aus den beiden geschilderten Umständen ergibt sich eine im Verhältnis zur Größe der Röhre geringe Lichtausbeute. Um diese Nachteile zu beseitigen, verwendet man Oxydkathoden, d. h. die Kathoden bestehen aus einem Gemisch aus Metall und Bariumoxyd bzw. besitzen nur einen Überzug aus Bariumoxyd. Solche mäßig erhitzte Kathoden setzen dem Austritt der Elektronen wenig Widerstand entgegen, verbrauchen geringe Spannung und vertragen hohen Strom. Dadurch ist es gelungen, bei geeignetem Dampfdruck **Natrium-** und **Quecksilberdampflampen** mit kleinen Abmessungen und hoher Lichtausbeute herzustellen, die mit Gleich- und Wechselstrom betrieben werden können und zur Beleuchtung von Straßen und Plätzen und zum Anleuchten von Gebäuden verwendet werden. Häufig erzeugt man ein dem Tageslicht ähnliches sogenanntes **Mischlicht,** indem man in einer Leuchte eine Quecksilberdampflampe und eine Glühlampe anbringt. Bei gleichem Leistungsverbrauch ist die Lichtausbeute einer Quecksilberdampflampe 2,5 mal, einer Natriumdampflampe 4 mal so groß wie bei einer Glühlampe.

31. Die PELTIERsche Wärmewirkung des elektrischen Stromes

Schickt man einen elektrischen Strom (in Abb. 66 ist die Stromrichtung entgegen der Elektronenbewegung) durch zwei verschiedene Metalle A und B oder zwei physikalisch verschiedene Stücke desselben Metalls, die verlötet oder fest miteinander verbunden sind, so tritt, wie PELTIER zuerst beboachtete, an der Verbindungsstelle eine **besondere** Wärmewirkung des Stromes auf, und zwar eine Erwärmung oder Abkühlung, je nach der Richtung, in welcher der Strom durch die **Verbindungsstelle** geht. Diese Erscheinung, der **PELTIEReffekt,** ist bei Wismut und Antimon ganz besonders wahrnehmbar und zwar entsteht eine Abkühlung, wenn der Strom vom Wismut zum Antimon, eine Erwärmung, wenn der Strom vom Antimon zum Wismut **durch die Verbindungsstelle** fließt.

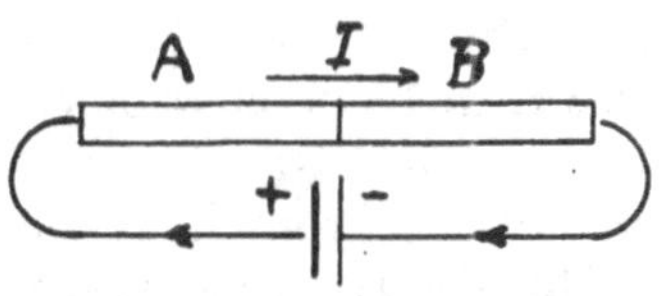

Abb. 66

Es hat sich ferner gezeigt, daß immer, wenn Wismut mit einem anderen Metall verbunden ist, die Verbindungsstelle **erwärmt** wird, wenn der Strom **vom** Metall **zum** Wismut durch die Verbindungsstelle geht. Es lassen sich deshalb alle Metalle in einer Reihe so anordnen, daß die Verbindungsstelle erwärmt wird, wenn der Strom vom **voranstehenden** zum **nachstehenden** Metall durch die Verbindungsstelle fließt.

Die thermoelektrische Spannungsreihe

Antimon - Eisen - Kadmium - Silber - Zink - Blei - Aluminium - Zinn - Kupfer - Messing - Gold - Platin - Quecksilber - Palladium - Kobalt - Nickel - Neusilber - Wismut.

Wenn z. B. ein Eisen- und ein Kupferstab miteinander verlötet sind, dann muß man den Strom vom Eisen zum Kupfer durch die Lötstelle schicken, wenn eine Erwärmung eintreten soll, und vom Kupfer zum Eisen, wenn eine Abkühlung stattfinden soll.

Die PELTIERsche Wärmewirkung hat ihre Ursache darin, daß an der Berührungsstelle zweier verschiedener Metalle eine kleine Kontakt-EMK e, eine sogenannte Berührungsspannung, auftritt. Die Entstehung dieser Spannung erklärt man sich dadurch, daß die Dichte der freien Elektronen in den einzelnen Metallen verschieden groß ist. Bei der Berührung zweier verschiedener Metalle findet dann ein Überströmen der Elektronen im Sinne eines Druckausgleiches statt vom Metall mit größerer Dichte zum Metall mit kleinerer Dichte. Dieser Druckausgleich kommt jedoch nicht vollständig zustande, weil infolge des Überströmens der Elektronen an der Berührungsfläche ein Potentialgefälle auftritt, so daß die Elektronenwanderung nur so lange dauert, bis die entstehende Berührungsspannung zwischen den Metallen einen weiteren Elektronenübergang verhindert.

Schickt man einen elektrischen Strom I durch die Verbindungsstelle zweier Metalle in Richtung der Berührungsspannung e, dann wird elektrische Energie $A_p = eIt$ (Ws) gewonnen, geht der Strom aber entgegen der Berührungsspannung e, dann wird elektrische Energie vom selben Betrag verbraucht. Das entspricht im ersten Fall einem Gewinn, im zweiten Fall einem Verlust einer Wärmemenge $Q_p = 0{,}24 \cdot e \cdot I \cdot t$ (cal). $0{,}24 \cdot e = p$ heißt PELTIERsche Konstante, das ist diejenige Wärmemenge in cal, die von 1 A in 1 s erzeugt bzw. absorbiert wird. Die Größe des PELTIEReffektes ist also auch $Q_p = p \cdot I \cdot t$ (cal) und aus dieser Gleichung kann man bei bekanntem Strom I die Berührungsspannung ermitteln.

Die PELTIERsche Wärmewirkung eines Stromes entsteht **neben** seiner JOULEschen Wärme und man erhält unter Berücksichtigung beider Erscheinungen, wenn U die Spannung an den Leitern vom Widerstand R ist:

a) PELTIERsche **Erwärmung** durch I:

I geht in der Richtung von e durch die Lötstelle. Nach dem 2. KIRCHHOFFschen Gesetz ist $U + e = I \cdot R$, oder $U = I \cdot R - e$. In den Leitern verbrauchte Energie $UIt = I^2Rt - eIt = A_w - A_p$, also um A_p kleiner als A_w, weil durch den PELTIEReffekt Energie gewonnen wird.

b) PELTIERsche **Abkühlung** durch I:

I geht in entgegengesetzter Richtung von e durch die Lötstelle. Nach dem 2. KIRCHHOFFschen Gesetz ist jetzt $U - e = I \cdot R$, oder $U = I \cdot R + e$. Die in den Leitern verbrauchte Energie ist $UIt = I^2Rt + eIt = A_w + A_p$, also um A_p größer als A_w, weil durch den PELTIEReffekt Energie verloren geht.

32. Die Thermoelektrizität

Die Umkehrung des PELTIERschen Phänomens bildet die von SEEBECK 1821 entdeckte thermoelektrische Spannungserzeugung.

Eine Erwärmung bzw. Abkühlung der Löt- bzw. Verbindungsstelle zweier verschiedener Metalle bringt eine elektromotorische Kraft (EMK) hervor.

Man hat es also hier mit einer EMK zu tun, die nicht durch galvanische Elemente, Akkumulatoren oder elektrische Maschinen, sondern durch Wärme erzeugt wird, und zwei solche miteinander verbundene Metalle heißen ein **Thermoelement.**

Bezüglich Größe und Richtung der erzeugten thermoelektrischen EMK gilt die thermoelektrische Spannungsreihe des § 31. Die EMK ist um so größer, je weiter die Metalle in der Spannungsreihe auseinander stehen. Außerdem ist die EMK abhängig von der Temperaturdifferenz ϑ zwischen der Verbindungsstelle der Metalle und ihren freien Enden. Proportionalität besteht jedoch nur angenähert innerhalb bestimmter Grenzen.

Bezeichnet ϑ_1 die Temperatur der Metallenden, ϑ_2 die Temperatur der erwärmten bzw. abgekühlten Lötstelle, T_0 die sogenannte neutrale Temperatur, dann ist die EMK eines Thermoelements

$$E = 2 \cdot (\vartheta_2 - \vartheta_1)\left(T_0 - \frac{\vartheta_1 + \vartheta_2}{2}\right).$$

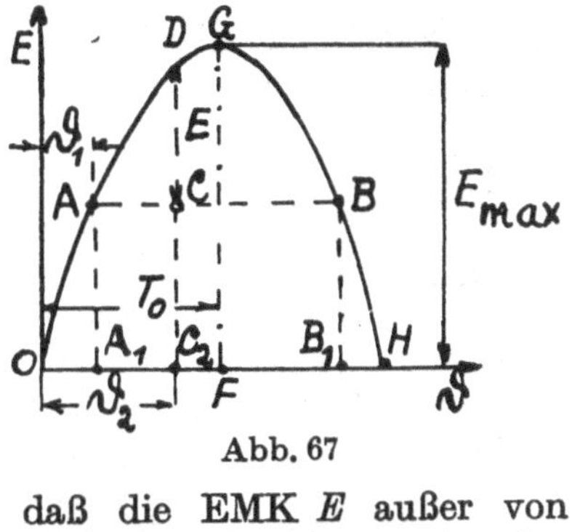

Abb. 67

Diese Gleichung stellt eine Parabel dar. Durch eine Umformung ergibt sich nämlich $E = 2T_0(\vartheta_2 - \vartheta_1) - (\vartheta_2 - \vartheta_1)^2$ und für $\vartheta_1 = 0$ gibt $E = 2\,T_0\vartheta_2 - \vartheta_2^2$. Diese Gleichung ist aber die Gleichung einer Parabel gemäß Abb. 67 mit dem Koordinatenursprung O. Bei $\vartheta_1 = 0$ ergibt sich für $\vartheta_2 = 0$ und $\vartheta_2 = 2\,T_0$ die EMK $E = 0$ und für $\vartheta_2 = T_0$ die maximale Spannung $E_{max} = T_0^2 = FG$. Es ergibt sich ferner, daß die EMK E außer von der Temperaturdifferenz $\vartheta = \vartheta_2 - \vartheta_1$ zwischen Lötstelle und Enden der Metalle auch von der Höhe dieser Temperaturen abhängt. Es ist auch $E = 0$ für $\vartheta_2 = \vartheta_1$ (Punkt A) und auch für $\frac{\vartheta_1 + \vartheta_2}{2} = T_0$ (Punkt B).

Die **Richtung der EMK** ergibt sich für zwei gegebene Metalle mit Hilfe der thermoelektrischen Spannungsreihe wie folgt: Bei **Erwärmung** der Lötstelle erhält das in der Reihe **voran**stehende Metall am freien Ende ein +-Potential, das **nachstehende** Metall ein —-Potential. Bei **Abkühlung** der Lötstelle umgekehrt.

Verbindet man die Enden eines Thermoelements durch einen Leiter, dann entsteht infolge der EMK ein sogenannter **Thermostrom.** Er fließt dann durch die erwärmte Lötstelle vom nachstehenden zum voranstehenden Metall der Spannungsreihe, durch die abgekühlte Lötstelle umgekehrt vom voranstehenden zum nachfolgenden Metall. Da nun der Thermostrom an der Lötstelle eine PELTIERsche Wärmewirkung hervorbringt, so ergibt sich nach § 31, daß der Thermostrom seine erwärmte Lötstelle abkühlt und seine abgekühlte erwärmt. Zur Aufrechterhaltung der thermoelektrischen EMK muß also ständig die Lötstelle erwärmt bzw. abgekühlt werden. Umgekehrt erzeugt jeder durch zwei verschiedene miteinander verbundene Metalle geschickte Strom infolge der durch den PELTIEReffekt bedingten Temperaturänderung an der Lötstelle einen Thermostrom, der dem hindurchgeleiteten Strom entgegengerichtet ist. Die PELTIERsche Wärmewirkung des elektrischen Stromes und die Thermoelektrizität geben also eine Umkehrbarkeit der elektrischen Vorgänge. Obwohl im Thermoelement Wärme unmittelbar in Elektrizität verwandelt wird, ergeben die Thermoelemente trotzdem eine geringe Spannung und sehr geringen Wirkungsgrad, weil die zugeführte Wärme zum größten Teil durch die Anschlußdrähte abgeleitet wird. Die thermoelektromotorischen Kräfte betragen je 1° Temperaturdifferenz in Mikrovolt

Wismut-Antimon	101	Neusilber-Eisen	27
Konstantan-Eisen	53	Nickel-Kupfer	22
Nickel-Eisen	32	Platin-Eisen	17
Nickel-Platin	28	Platinrhodium-Platin	8

Da die EMK auch durch Erhöhung der Temperaturdifferenz ϑ nicht entsprechend gesteigert werden kann, so muß man, um eine einigermaßen brauchbare EMK zu erhalten, wie bei den übrigen Stromquellen eine größere Anzahl Thermoelemente nach Abb. 68 hintereinander schalten und immer die gleichliegenden Lötstellen erwärmen. Man erhält dann eine **Thermosäule.** Man lötet Stäbe aus zwei verschiedenen Metallen A und B aneinander und erwärmt die Lötstellen der einen Seite (Temperatur ϑ_2). Ist nun A das in der Spannungsreihe voranstehende Metall, dann ergeben sich die gezeichneten Polaritäten und der Thermostrom fließt außen von K_1 nach K_2, durch die auf ϑ_2 erwärmten Lötstellen von K_2 nach K_1. Zwischen den Klemmen K_1 und K_2 hat man dann die resultierende EMK. Der innere Widerstand der Thermosäulen ist gering, da er aus Leitern 1. Klasse besteht.

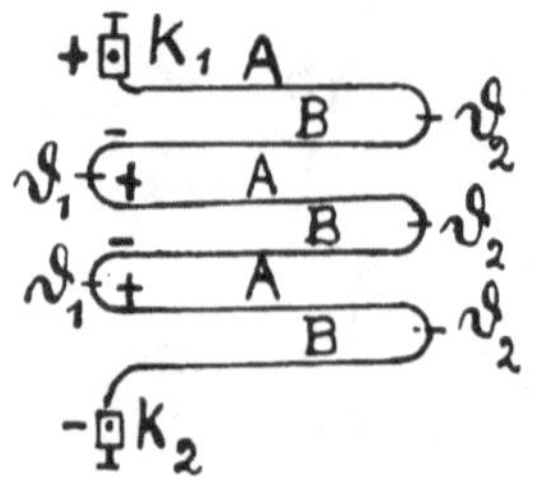

Abb. 68

In der Praxis verwendet man hauptsächlich die **GÜLCHERsche Thermosäule,** bei der die Erwärmung der Lötstellen durch Gasflammen geschieht. Es sind 50 Elemente vorhanden. Die positiven Elektroden sind Nickelröhren, die in zwei Reihen auf einer Schiefertafel befestigt sind und gleichzeitig als Gasbrenner dienen. Die negativen Elektroden sind Stäbchen einer antimonhaltigen Legierung. Die EMK der Säule beträgt 4 Volt, der innere Widerstand 0,5 Ω, so daß sich ein maximaler Strom von 4 : 0,5 = 8 Ampere ergibt.

Als Stromquelle findet die Thermosäule Anwendung, wenn keine andere Stromquelle zur Verfügung steht und nur eine niedere Spannung gebraucht wird. Ferner verwendet man die über einen empfindlichen Strommesser geschlossene Thermosäule zur Thermometrie, d. h. zur Messung der Wärmestrahlung von erhitzten Körpern. Besondere Bedeutung aber hat die Verwendung der Thermoelemente zur Messung hoher Temperaturen, wie sie bei technischen Öfen vorkommen, und sehr tiefen Temperaturen, wie sie bei der Verflüssigung der Gase auftreten, also zur Messung von Temperaturen, für die Quecksilber- (— 30° bis + 220°), Weingeist- (— 70° bis + 50°) und Luft-Thermometer (— 100° bis + 800°) nicht mehr verwendet werden können. Da die EMK eines Thermoelements eine Funktion der Temperatur der Lötstelle ist, so kann man das Thermoelement als Thermometer verwenden, wenn man das Thermoelement mit seiner Lötstelle in den Raum bringt, dessen Temperatur gemessen werden soll, und die freien Enden des Elements mit einem Galvanometer verbindet, welches nach Graden Celsius geeicht ist. Ein zur Temperaturmessung gebrauchtes Thermoelement heißt **Pyrometer** und ist nach Abb. 69 eingerichtet. Die beiden Metalldrähte *A* und *B* sind an den einen Enden im Knallgasgebläse zusammengeschmolzen, etwa 1,5 m lang und 0,5 mm dick und zur Isolation durch ein Porzellan- oder Quarzrohr *C* getrennt.

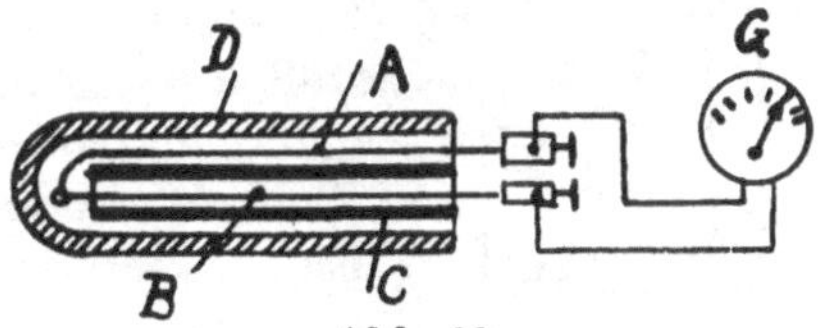

Abb. 69

Das Ganze steckt in einem Porzellanrohr *D*, über welches zum Schutz ein vernickeltes Eisenrohr geschoben ist. Die freien Enden der Drähte des Elements sind mit einem nach Graden Celsius geeichten Galvanometer *G* verbunden, das beliebig weit von der Meßstelle entfernt sein kann. Das Thermoelement eignet sich also für Fernmessungen und für die Bestimmung der Temperatur an Stellen, die für die üblichen Thermometer unzugänglich sind. Man verwendet bis 500° Kupfer-Konstantan, bis 800° Eisen-Konstantan, bis 1100° Nickel-Nickelchromdraht und bis 1600° Platin-Platinrhodium, für niedere Temperaturen Kupfer-Konstantan bzw. Eisen-Konstantan.

Wegen der Thermoelektrizität sollen die Widerstände von Meßinstrumenten aus Stoffen bestehen, die gegen Kupfer eine geringe Thermospannung haben (Manganin), da sonst die Temperaturunterschiede an den Anschlußklemmen der Leitungen eine Thermo-EMK geben, die das Meßergebnis fälscht.

IV. Abschnitt

Die chemischen Wirkungen des elektrischen Stromes

33. Die Elektrolyse

Während die Leiter 1. Klasse (Metalle und Kohle) durch den elektrischen Strom lediglich erwärmt, d. h. nur physikalisch verändert werden, erfahren die Leiter 2. Klasse (Säuren, Salze und Basen in gelöstem oder geschmolzenem Zustand) neben der physikalischen auch eine chemische Veränderung durch den elektrischen Strom.

Die flüssigen Leiter werden durch den elektrischen Strom auch in ihre chemischen Bestandteile zerlegt.

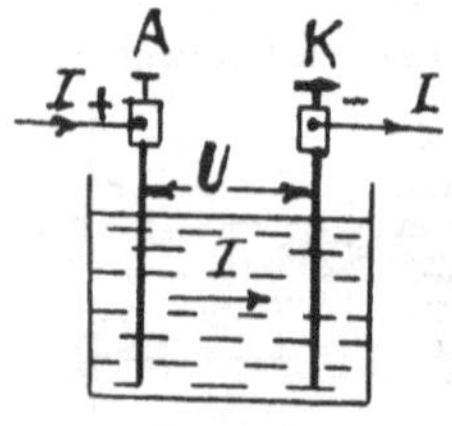

Abb. 70

Die chemische Veränderung der flüssigen Leiter durch den elektrischen Strom heißt **Elektrolyse,** die Flüssigkeit selbst **Elektrolyt,** die als Ein- und Austrittstellen des Stromes dienenden metallischen Leiter nennt man **Elektroden** und zwar die Eintrittstelle A positive Elektrode oder **Anode,** die Austrittstelle K negative Elektrode oder **Kathode** und den ganzen Apparat eine elektrolytische Zelle. Für alle Elektrolyten besteht das **allgemeingültige** Gesetz:

Die chemischen Zersetzungsprodukte kommen immer nur an den Elektroden zum Vorschein und zwar wandern Wasserstoff und Metalle zur Kathode, Säurereste und Radikalgruppen zur Anode.

Die getrennten Bestandteile des Elektrolyten heißt man **Ionen** (Wanderer), die zur Anode wandernden, Anionen und die zur Kathode wandernden, Kationen. Die an den Elektroden abgeschiedenen Ionen wirken nun aber in vielen Fällen wieder chemisch auf den Elektrolyten oder auf die Elektroden ein, d. h. die elektrolytisch abgeschiedenen Bestandteile gehen mit dem Elektrolyten bzw. den Elektroden sogenannte **sekundäre** chemische Prozesse ein. Dadurch erscheint das oben allgemein ausgesprochene Gesetz oft als nicht richtig, da infolge der sekundären Prozesse an den Elektroden nicht die Ionen des Elektrolyten selbst, sondern andere Substanzen erscheinen. Es seien hier einige Beispiele angeführt. Elektrolysiert man eine Kochsalz (NaCl)-Lösung zwischen Platinelektroden, dann wird das Kochsalz in die Ionen Natrium (Na) und Chlor (Cl) gespalten, von denen das erstere zur Kathode, das letztere zur Anode wandert. Der Versuch zeigt, daß an der Anode auch tatsächlich Chlorgas auftritt, an der Kathode aber nicht Natrium, sondern Wasserstoffgas. Das kommt daher, daß das Natrium aus chemischen Gründen nicht in der wässerigen Lösung als Metall bestehen kann, sondern mit dem Lösungswasser einen sekundären Prozeß unter Bildung von Natronlauge und Wasserstoff eingeht nach der chemischen Formel $2\,Na + 2\,H_2O = 2\,NaOH + H_2$. Der Wasserstoff erscheint dann statt des Natriums an der Kathode. In diesem Fall ist also das Kation einen sekundären Prozeß mit dem Elektrolyten eingegangen.

Wird Zinkvitriol ($ZnSO_4$) zwischen Kupferelektroden zersetzt, dann wird der Elektrolyt in die Ionen Zn und SO_4 gespalten, wobei ersteres Kation und letzteres Anion ist. An der Kathode tritt auch tatsächlich Zink auf, während an der Anode der Säurerest SO_4 sich mit dem Kupfer der Elektrode zu Kupfersulfat $Cu + SO_4 = CuSO_4$ verbindet. In diesem Beispiel war es also das Anion, welches mit der Anode einen sekundären Prozeß einging.

Als nächstes Beispiel betrachten wir die Elektrolyse einer Glaubersalz (Na_2SO_4)-Lösung zwischen Platinelektroden. Natrium ist Kation und der Schwefelsäurerest SO_4 Anion. Das erstere bildet nun sofort mit dem Wasser der Lösung die chemische Reaktion $2\,Na + 2\,H_2O = 2\,NaOH + H_2$, wobei der Wasserstoff an der Kathode emporsteigt. Das Anion bildet ebenfalls mit dem Lösungsmittel eine sekundäre Reaktion $2\,SO_4 + 2\,H_2O = 2\,H_2SO_4 + O_2$, so daß an der Anode Sauerstoff auftritt. In diesem Beispiel sind sowohl Anion wie Kation sekundäre Prozesse mit dem Elektrolyten eingegangen und man erhält an der Anode Sauerstoff und an der Kathode Wasserstoff.

Als letzter Fall sei die Zersetzung des Wassers zwischen Platinelektroden angeführt. Reines, d. h. destilliertes Wasser, kann nicht zersetzt werden, da es ein Nichtleiter ist. Die Zersetzung gelingt erst, wenn man das Wasser etwas ansäuert, oder wenn man gewöhnliches Brunnenwasser verwendet. Es entsteht dann an der Anode Sauerstoff und an der Kathode Wasserstoff im Volumen- bzw. Gewichtsverhältnis, wie die beiden Elemente im Wasser enthalten sind, so daß es den Anschein hat, als ob die Zersetzungsprodukte die Ionen des Wassers selbst wären. Z. B. mit Schwefelsäure versetztes Wasser gibt: H_2SO_4 wird gespalten in H_2 und SO_4, wobei H_2 als Kation an der Kathode erscheint, während der Säurerest SO_4 mit dem Lösungswasser den Prozeß $2\,SO_4 + 2\,H_2O = 2\,H_2SO_4 + O_2$ eingeht und an der Anode Sauerstoff freimacht. Das Brunnenwasser enthält immer Natron- und Kalisalze gelöst, welche bei der Elektrolyse zersetzt werden. Das Metall des Salzes zersetzt das Wasser und macht an der Kathode Wasserstoff frei, während der Säurerest mit dem Wasser Säure bildet und an der Anode Sauerstoff entwickelt, so daß also auch hier die an den Elektroden auftretenden Gase die Produkte sekundärer Prozesse sind.

34. Die Theorie der elektrolytischen Leitung Ohmscher Widerstand der Elektrolyten

In § 2 wurde bereits erwähnt, daß der elektrische Strom in flüssigen Leitern im Gegensatz zu den metallischen Leitern nicht durch Elektronenleitung, sondern durch reine Ionenleitung stattfindet. Die restlose Klärung über die Vorgänge in den Elektrolyten und über die Stromleitung in den flüssigen Leitern liefert die Theorie der Lösungen von CLAUSIUS-ARRHENIUS. Darnach besteht jedes zusammengesetzte Molekül, z. B. NaCl, aus zwei Teilen, die von vornherein entgegengesetzte elektrische Ladungen besitzen, dem positiven Metall und dem negativen Rest, die also je nach ihrer Wertigkeit mit entsprechenden positiven bzw. negativen gleichgroßen Elementarquanten behaftet sind. Das Molekül selbst ist also elektrisch neutral, während die Teilmoleküle mit ihren elektrischen Ladungen als **Ionen** elektrisch aktiv sind. Diese Spaltung der Moleküle in ihre Ionen, was man als **Dissoziation** bezeichnet, erfolgt schon bei der Lösung des zusammengesetzten Körpers und zwar durch den Einfluß des Lösungsmittels sowohl, wie auch dadurch, daß die Moleküle in der Lösung sich heftig bewegen, dadurch aneinanderprallen und sich in ihre Bestandteile zertrümmern. In einer Lösung befinden sich also nicht die geschlossenen Moleküle des gelösten Körpers, sondern die elektrisch wirksamen Ionen. Unter dem Einfluß ihrer elektrischen Kräfte finden wohl Wiedervereinigungen zu geschlossenen Molekülen statt, aber der größte Teil der Moleküle in einer Lösung ist doch dissoziiert und zwar nach ARRHENIUS immer nur ein ganz bestimmter Bruchteil der gelösten Substanz je nach der Konzentration der Lösung. Nach obigen Ausführungen ist dann auch nur dieser Bruchteil für die Elektrolyse von Bedeutung, weil nur dieser Bruchteil am Transport der Elektrizität beteiligt ist. Das Verhältnis der Zahl der dissoziierten Moleküle zur Gesamtzahl der in der Lösung vorhandenen Moleküle heißt **Dissoziationsgrad** der Elektrolyten. Er hängt von der Konzentration der Lösung ab und nimmt zu, wenn die Konzentration geringer wird. Bei sehr geringer Konzentration kann der Dissoziationsgrad den Wert 1,0 erreichen. Dann sind alle Moleküle in ihre Ionen zerfallen. Diese Anschauung stützt sich auf die Tatsache, daß der Leitwert eines Elektrolyten nicht proportional der Konzentration der Lösung ist, was ja der Fall sein müßte, wenn alle Moleküle in Ionen zerfallen wären.

Bringt man nun in eine solche dissoziierte Flüssigkeit zwei Elektroden, dann tritt unter dem Einfluß der Spannung zwischen Anode und Kathode, der sogenannten **Elektrodenspannung** U, ein Wandern der Ionen ein, indem die positiv geladenen Metallkationen zur Kathode und die negativ geladenen Anionen zur Anode wandern, während die geschlossenen Moleküle unberührt bleiben. Im Elektrolyten tritt also ein elektrischer Strom auf und zwar findet die Stromleitung durch die **Doppelbewegung** der Ladungen der positiven und negativen **Ionen** statt. Die Stromstärke I ist dann nichts anderes als die von den positiven **und** negativen Ionen in der Sekunde durch irgendeinen Flüssigkeitsquerschnitt transportierte Elektrizitätsmenge und, da die Stromstärke überall konstant ist, so ist sie an den Elektroden gleich der Ladung der in einer Sekunde ankommenden Ionen. Bezeichnet gemäß Abb. 71 n die Zahl der in einer Sekunde an der Kathode ankommenden +-Ionen, n' die Zahl der in der gleichen Zeit an der Anode ankommenden —-Ionen, n_1 die Zahl der in einer Sekunde durch einen Flüssigkeitsquerschnitt X—X gehenden +-Ionen und n_2 die Zahl der in der gleichen Zeit durch diesen Flüssigkeitsquerschnitt gehenden —-Ionen, sowie e die elektrische Ladung der Ionen in Coulomb, die ja bei ein und demselben Elektrolyten für die beiden Ionenarten gleichgroß sein muß, dann ergibt sich für die Stromstärke I, wenn als Stromrichtung die Bewegungsrichtung der +-Ionen angenommen wird:

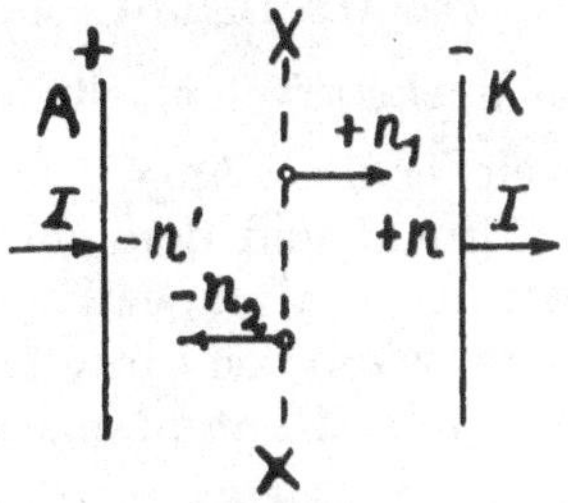

Abb. 71

An der **Kathode:** $I = n \cdot e$,

an der **Anode:** $I = -(-e)n' = n'e$.

Im **Flüssigkeitsquerschnitt** $\boldsymbol{X - X}$: $I = n_1 e - (-e)n_2 = (n_1 + n_2)e$.

Es ist also $ne = n'e = (n_1 + n_2)e$, d. h. $n = n' = n_1 + n_2$.

Die Anzahl der in der Sekunde ankommenden Ionen ist an beiden Elektroden gleich groß und die Anzahl der durch einen Flüssigkeitsquerschnitt wandernden Ionen ist gleich der Zahl der an einer Elektrode ankommenden Ionen.

Im Innern der Flüssigkeit ist also überall die gleiche Anzahl positiver und negativer Ionen vorhanden, d. h. das Innere bleibt als Ganzes elektrisch neutral und zeigt keine Veränderung, während an den Elektroden immerfort Ionen ankommen, ihre Ladung an die Elektroden abgeben und entweder unelektrisch an ihnen haften bleiben, d. h. sich niederschlagen, oder, wenn die Ionen Gase sind, von den Elektroden okkludiert werden, oder an ihnen in die Luft steigen. Damit erklärt sich, warum bei der Elektrolyse innerhalb der Flüssigkeit keine Veränderung bemerkt wird und die Zersetzungsprodukte nur an den Elektroden auftreten. Nach der Theorie von CLAUSIUS-ARRHENIUS werden also die Moleküle der Elektrolyten nicht vom Strom zersetzt, sondern die Elektrodenspannung ruft lediglich die Bewegung der Ionen (d. h. den Strom) hervor. Das steht in Übereinstimmung mit der Tatsache, daß die Elektrolyse schon bei jeder geringsten Stromstärke einsetzt, was nicht der Fall sein könnte, wenn zum Zertrümmern der Moleküle elektrische Energie nötig wäre.

Alles bisher Gesagte gilt sowohl für **elektrolytische Leiter** in gelöster als auch in **geschmolzener** Form. Auch bei den Elektrolyten in geschmolzener Form sind die Moleküle in dissoziiertem Zustand und die Ionen können sich nach den Elektroden hin bewegen. Dagegen treten bei der Elektrolyse von elektrolytischen Leitern in geschmolzener Form in der Regel keine sekundären Prozesse der Ionen mit den Elektrolyten bzw. den Elektroden auf, so daß bei geschmolzenen Salzen meist das reine Metall an der Kathode erscheint. Das ist der Grund, warum die Alkalimetalle nicht aus den Lösungen, sondern aus ihren geschmolzenen Salzen durch Elektrolyse gewonnen werden können.

Das **OHMsche Gesetz** gilt auch für die flüssigen Leiter, auch sie bieten dem elektrischen Strom einen Ohmschen Widerstand $R = \frac{U}{I} = \varrho \frac{l}{q}$ dar, welcher der Länge l des Stromweges zwischen den Elektroden direkt proportional und dem Querschnitt q der Flüssigkeit umgekehrt proportional ist. Aber als spezifischen Widerstand ϱ der flüssigen Leiter bezeichnet man, wie bereits in § 13 erläutert, den Widerstand in Ω cm, den ein Würfel von 1 cm Kantenlänge der Flüssigkeit besitzt, und der spezifische Leitwert k in $\frac{1}{\Omega \,\text{cm}}$ ist der Kehrwert von ϱ. Bei Berechnung von R ist also l in cm und q in cm² einzusetzen. Nun hat sich gezeigt, wie schon erwähnt, daß die Leitfähigkeit k nur bei schwacher Konzentration der Lösung gemäß Abb. 72 proportional mit dieser ist, wie sich auch aus Zahlentafel 2 ergibt. Da der Strom in einem Elektrolyten aus den Ladungen der wandernden Ionen besteht, so muß bei gleicher Elektrodenspannung die Stromstärke um so größer, d. h. der Widerstand um so kleiner sein, je mehr Ionen in der Raumeinheit vorhanden sind, und je schneller sie wandern, d. h. je geringer der Reibungswiderstand ist. Der spezifische Widerstand ϱ ist also abhängig von der Lösungskonzentration und damit vom Dissoziationsgrad und außerdem von der Temperatur. Da die Dissoziation meist mit der Temperatur zunimmt und der Bewegungswiderstand, den die Ionen erfahren, abnimmt, so ergibt sich aus beiden Gründen bei den Elektrolyten eine Abnahme des spezifischen Widerstandes ϱ mit wachsender Temperatur, d. h. ein negativer Temperaturkoeffizient α. Bezüglich des elektrischen Leitvermögens wird auf Zahlentafel 2 in § 13 verwiesen. Eine allgemeine Temperaturabhängigkeit für ϱ, wie bei den Metallen, läßt sich für die Elektrolyten nicht aufstellen. Rechnet man den spezifischen Widerstand ϱ für Kupfer auf Ω cm um, dann erhält man $1{,}8 \cdot 10^{-6}$. Im Vergleich dazu ist der spezifische Widerstand einer 5%igen NaCl-Lösung nach Zahlentafel 2, $\varrho = \frac{1}{0{,}067} = 14{,}92\,\Omega$ cm und zeigt, wie hoch der Widerstand flüssiger Leiter gegenüber dem der Metalle ist.

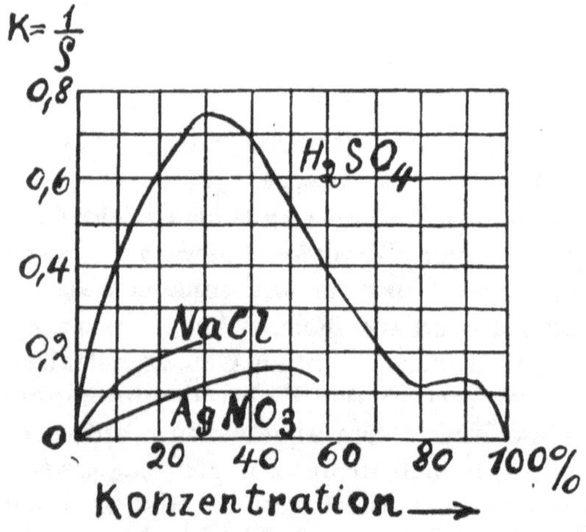

Abb. 72

35. Die Gesetze von FARADAY

Sie geben Aufschluß über die Gewichtsmengen der an den Elektroden entwickelten Ionen, bzw. über die zersetzte Gewichtsmenge des Elektrolyten.

1. Gesetz von FARADAY: Die Gewichtsmengen der vom elektrischen Strom an den Elektroden abgeschiedenen Ionen bzw. die zersetzte Gewichtsmenge des Elektrolyten sind proportional dem Produkt aus Stromstärke I und Zeit t, d. h. proportional der durch den Elektrolyten gegangenen Elektrizitätsmenge $Q = I \cdot t$ (As).

Bezeichnet m in mg die Gewichtsmenge der ausgeschiedenen Ionen bzw. des zersetzten Elektrolyten vom Strom I (A) in der Zeit t (s) dann ist

$$m = c \cdot I \cdot t = c \cdot Q, \tag{102a}$$

wobei c eine Konstante ist, die für jeden Stoff einen anderen Wert hat. c bedeutet nach Gl. (102a) die Gewichtsmenge der Ionen, die an der Anode bzw. Kathode von der Elektrizitätsmenge $Q = 1$ Coulomb (As) ausgeschieden wird, bzw. die durch $Q = 1$ Coulomb zersetzte Gewichtsmenge der Elektrolytflüssigkeit und heißt **elektrochemisches Äquivalent** (mg/As).

Das 1. FARADAYsche Gesetz steht in Übereinstimmung mit der Theorie der Elektrolyse in § 34. Die Gewichtsmengen der Ionen sind proportional ihrer Zahl n bzw. n' oder $n_1 + n_2$, nämlich gleich n bzw. n' oder $n_1 + n_2$ multipliziert mit dem Gewicht eines Ions. Da nun nach § 34 $ne = n'e = (n_1 + n_2)e = I$, also $n = n' = n_1 + n_2 = \frac{I}{e}$, so sind innerhalb irgendeiner Zeit t (s), n, n' und $n_1 + n_2$ und damit auch die Gewichtsmengen der Ionen bzw. des zersetzten Elektrolyten proportional mit $Q = I \cdot t$ und da die Gewichte eines Anions und eines Kations verschieden sind, so ergibt sich auch, daß die Proportionalkonstante c für jede Substanz einen anderen Wert besitzt.

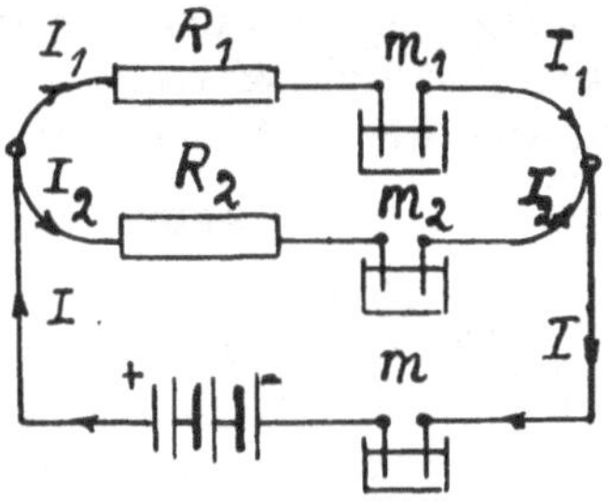

Abb. 73

Für das 1. FARADAYsche Gesetz kann der experimentelle Nachweis erbracht werden durch eine Schaltung nach Abb. 73.

Sind m_1, m_2 und m die in der **gleichen** Zeit t(s) in den drei elektrolytischen Zellen mit **demselben** Elektrolyten ausgeschiedenen Gewichtsmengen **desselben** Ions bzw. zersetzte Gewichtsmenge des Elektrolyten, dann ist nach Gl. (102a) $m_1 = cI_1t$; $m_2 = cI_2t$; $m = cIt$. Da nun nach den KIRCHHOFFschen Gesetzen $I = I_1 + I_2$ und $I_1 : I_2 = R_2 : R_1$ so folgt:

$$1.\ m = m_1 + m_2$$

und

$$2.\ \frac{m_1}{m_2} = \frac{I_1}{I_2} = \frac{R_2}{R_1},$$

was der Versuch auch tatsächlich ergibt.

2. Gesetz von FARADAY. Bei der Elektrolyse stehen die an den Elektroden beim **selben** Strom I in der **gleichen** Zeit t auftretenden Bestandteile der chemischen Zersetzung unter sich und zur zersetzenden Menge des Elektrolyten in einem **Gewichtsverhältnis,** welches dem Verhältnis **ihrer chemischen Äquivalente** entspricht, d. h. die Gewichtsmengen verhalten sich zueinander wie die Gewichtsverhältniszahlen, in denen die Stoffe in der chemischen Verbindung stehen.

Bezeichnet a das chemische Äquivalent eines Ions bzw. des Elektrolyten und c_1 eine Konstante, dann lautet der mathematische Ausdruck für das 2. FARADAYsche Gesetz für die ausgeschiedene Ionengewichtsmenge bzw. zersetzte Gewichtsmenge des Elektrolyten in mg

$$m = c_1 a I t = c_1 a Q. \qquad \textbf{(102b)}$$

Hier ist aber c_1 eine **allgemeingültige** Konstante, welche für **alle** Stoffe den **gleichen** Wert besitzt bei gleichem I und gleichem t, d. h. bei gleichem $Q = I \cdot t$ (As). Aus dem Vergleich der Gl. (102a) und (102b) ergibt sich, daß die Konstante in Gl. (102a), d. h. das elektrochemische Äquivalent eines Ions bzw. des Elektrolyten, gleich ist $c = c_1 \cdot a$.

Die für alle Stoffe geltende Konstante c_1 läßt sich aus Gl. (102b) durch den Versuch bestimmen und hat, damit sich m in mg ergibt, den Wert $c_1 = 0{,}010363$. Es ist also dann $c = 0{,}010363 \cdot a$ und

$$m = c \cdot I \cdot t = 0{,}010363 \cdot a \cdot I \cdot t. \qquad \textbf{(103)}$$

Mit Gl. (103) läßt sich die von einem Strom I (A) in t (s) ausgeschiedene Gewichtsmenge m mg irgendeines Ions bzw. zersetzte Gewichtsmenge irgendeines Elektrolyten berechnen, sobald das chemische Äquivalent a oder das elektrochemische Äquivalent c des Ions bzw. des Elektrolyten gegeben ist.

Bezeichnet a_0 das **Atomgewicht** eines Stoffes, d. h. die Zahl der Gewichtsteile (g, mg), mit der das Atom des Elements in eine chemische Verbindung tritt, und k die Wertigkeit oder Valenz, d. h. die Zahl der Wasserstoffatome, die das Element chemisch bindet oder vertritt, dann versteht man unter dem **chemischen Äquivalent** $\boldsymbol{a}$ des Stoffes den Quotienten aus $\frac{\text{Atomgewicht } a_0}{\text{Wertigkeit } k}$.

Das chemische Äquivalent, welches im 2. FARADAYschen Gesetz der Gl. (103) eine Rolle spielt, ist auch deshalb von Bedeutung, weil in jeder chemischen Verbindung, also z. B. bei einem Elektrolyten, die Gewichtsanteile der darin enthaltenen Elemente im Verhältnis ihrer chemischen Äquivalente stehen. Nehmen wir z. B. ein Element A vom Atomgewicht $(a_0)_1$ und der Wertigkeit k_1 und ein Element B vom Atomgewicht $(a_0)_2$ und der Wertigkeit k_2, dann verbinden sich $k_2(a_0)_1$ Gewichtsanteile des Elements A mit $k_1(a_0)_2$ Gewichtsanteilen des Elements B zu $k_2(a_0)_1 + k_1(a_0)_2$ Gewichtsteilen einer chemischen Verbindung mit der Formel $A_{k_2}B_{k_1}$. Haben k_2 und k_1 einen gemeinsamen Teiler, dann wird er in der chemischen Formel gehoben. Das Gewichtsverhältnis, in welchem die Elemente A und B in der chemischen Verbindung $A_{k_2}B_{k_1}$, stehen, ist also

$$\frac{k_2(a_0)_1}{k_1(a_{02})} = \frac{\frac{(a_0)_1}{k_1}}{\frac{(a_0)_2}{k_2}} = \frac{a_1}{a_2},$$

d. h. gleich dem Verhältnis der chemischen Äquivalente a_1 und a_2 der Elemente A und B.

Nehmen wir als Beispiel Kohlensäure CO_2. Der Index von C gibt die Wertigkeit von O und der Index von O die Wertigkeit von C an. Da nun für Sauerstoff $k = 2$, so ist in der Verbindung CO_2 für Kohlenstoff $k = 4$, in der Formel CO_2 ist also mit dem gemeinsamen Teiler 2 der Indices gehoben. Nun ist für Kohlenstoff $a_0 = 12$ und für Sauerstoff $a_0 = 16$ und demgemäß sind die chemischen Äquivalente beziehentlich $a = \frac{12}{4} = 3$ und $a = \frac{16}{2} = 8$. Nach Formel CO_2 verbinden sich 1×12 Gewichtsteile C mit $2 \times 16 = 32$ Gewichtsteilen O zu $12 + 32 = 44$ Gewichtsteilen CO_2. O und C stehen also in der Verbindung CO_2 im Gewichtsverhältnis $\frac{32}{12} = \frac{8}{3}$, d. h. im Verhältnis der chemischen Äquivalente.

Unter dem **Grammäquivalent** versteht man die Anzahl **Gramm** eines Stoffes, welche gleich dem chemischen Äquivalent a ist. Das Grammäquivalent Sauerstoff ist also gleich 8 g, für Kohlenstoff 3 g.

Die Zahlentafel 10 enthält für verschiedene Stoffe die Atomgewichte a_0, Valenzen k, chemischen Äquivalente (Äquivalentgewichte) a und elektrochemischen Äquivalente c in mg/As und g/Ah.

Bei einer chemischen Verbindung ist das elektrochemische Äquivalent c ebenfalls $0{,}010363\,a$, wobei sich das chemische Äquivalent a berechnet aus der Summe sämtlicher Gewichtsanteile geteilt durch die Valenz der Verbindung, oder auch aus der Summe der chemischen Äquivalente der einzelnen Stoffe. So ist z. B. das chemische Äquivalent von

$$\text{Wasser } (H_2O)\colon\ a = \frac{2 \cdot 1 + 1 \cdot 16}{2} = 9,$$

$$\text{Kochsalz } (NaCl)\colon\ a = \frac{1 \cdot 23 + 1 \cdot 35{,}46}{1} = 58{,}46,$$

$$\text{Schwefelsäure } (H_2SO_4)\colon\ a = \frac{2 \cdot 1 + 1 \cdot 32 + 4 \cdot 16}{2} = 49,$$

$$\text{Zinnchlorür } (SnCl_2)\colon\ a = \frac{1 \cdot 119 + 2 \cdot 35{,}46}{2} = 95.$$

Bei **gasförmigen Ionen** gibt man das elektrochemische Äquivalent c nicht in mg/As bzw. g/Ah, sondern in cm^3/As reduziert auf den Normalzustand (0° und 760 mm Barometerstand) an, indem man durch das spezifische Gewicht dividiert.

Als Beispiel soll das elektrochemische Äquivalent für Knallgas (H_2O) berechnet werden.

Gemäß Zahlentafel 10 werden von einem Coulomb (As) entwickelt

Wasserstoff $0{,}0104 \cdot 10^{-3}$ g, Sauerstoff $0{,}0829 \cdot 10^{-3}$ g.

Zahlentafel 10

Element	Atomgew. a_0	Valenz k	Chem. Äquivalent $a = \frac{a_0}{k}$	Elektrochem. Äquivalent $c = 0{,}010363\,a$	
				mg/As	g/Ah
Aluminium Al	27,1	3	9,03	0,0936	0,337
Blei Pb	207,1	2	103,55	1,073	3,863
Calcium Ca	40,09	2	20,04	0,2077	0,7477
Chlor Cl	35,46	1	35,46	0,3675	1,323
Eisen Fe	55,85	2	27,93	0,2894	1,042
Gold Au	197,2	3	65,7	0,681	2,452
Kalium K	39,1	1	39,1	0,4052	1,459
Kohlenstoff C	12,0	4	3,0	0,0311	0,1119
Kupfer Cu	63,57	1	63,57	0,6588	2,372
„		2	31,78	0,3294	1,186
Magnesium Mg	24,32	2	12,16	0,1260	0,4536
Mangan Mn	54,93	2	27,46	0,2846	1,025
„		3	18,31	0,1898	0,6833
Natrium Na	23	1	23	0,2384	0,858
Nickel Ni	58,68	2	29,34	0,3041	1,095
„		3	19,56	0,2027	0,730
Quecksilber Hg	200	1	200	2,0727	7,462
„		2	100	1,0363	3,731
Sauerstoff O	16	2	8	0,0829	0,2985
Schwefel S	32	2	16	0,166	0,598
Silber Ag	107,88	1	107,88	1,118	4,025
Silizium Si	28,3	4	7,08	0,0734	0,264
Stickstoff N	14	3	4,67	0,0485	0,1742
Wasserstoff H	1,008	1	1,008	0,0104	0,0376
Zink Zn	65,37	2	32,685	0,3387	1,219
Zinn Sn	119	2	59,5	0,617	2,220
„		4	29,75	0,308	1,110

Da das spezifische Gewicht im Normalzustand für Wasserstoff 0,00009 und für Sauerstoff 0,00143 ist, so ist das elektrochemische Äquivalent in cm³/As

für Wasserstoff $\frac{0{,}0104}{0{,}00009} \cdot 10^{-3} =$ 0,1155 cm³/As

für Sauerstoff $\frac{0{,}0829}{0{,}00143} \cdot 10^{-3} =$ 0,058 „ „

für Knallgas also 0,1735 cm³/As.

Es werden also von 1 (A) in 1 (s), d. h. von der Elektrizitätsmenge 1 Coulomb 0,174 cm³ Knallgas entwickelt.

36. Folgerungen aus den FARADAYschen Gesetzen

Setzt man in Gl. (102b) $m = c_1 \cdot a \cdot I \cdot t = c_1 a Q$ für $m = a$ mg, dann erhält man $a = c_1 a Q$ mg und daraus $Q = \frac{1}{c_1}$ (As) diejenige Elektrizitätsmenge, die zum Ausscheiden des Äquivalentgewichtes a mg **irgend**eines Ions, d. h. **jedes** Ions nötig ist. Zum Ausscheiden des **Äquivalentgewichtes** a mg einer **jeden** Substanz ist also **dieselbe** Elektrizitätsmenge $Q = \frac{1}{c_1} = \frac{1}{0{,}010363}$ As (Coulomb) nötig.

Zum Ausscheiden bzw. zur Zersetzung des **Grammäquivalents** a Gramm einer **jeden** Substanz sind also $Q = \frac{10^3}{0{,}010363} = 96510$ As nötig. Durch diese Elektrizitätsmenge werden also a Gramm eines jeden Ions ausgeschieden bzw. a Gramm eines jeden Elektrolyten zersetzt, d. h. also 1 g Wasserstoff, 107,88 g Silber, 8 g Sauerstoff, 23 g Natrium usw. ausgeschieden, bzw. 9 g Wasser, 58,46 g Kochsalzlösung, 49 g Schwefelsäure, 95 g Zinnchlorürlösung usw. zersetzt. Und da die Elektrizitätsleitung im Elektrolyten durch die Bewegung der elektrischen Ladungen der Ionen erfolgt, so ergibt sich, daß das Grammäquivalent a Gramm eines **jeden** Ions bzw. eines **jeden** Elektrolyten mit der **gleichen** Elektrizitätsmenge 96510 As behaftet ist.

Das Grammäquivalent $a = \frac{a_0}{k}$ (g) eines jeden Ions transportiert bei der Elektrolyse 96510 Coulomb (As).

Da nun ferner nach § 34 die Zahl der wandernden Ionen $n_1 + n_2 = n = n'$, also gleich der Zahl der an je einer Elektrode ankommenden Ionen ist, so folgt, daß bei jeder elektrolytischen Zersetzung je Grammäquivalent $a = \frac{a_0}{k}$ Gramm des zersetzten Elektrolyten 96510 Coulomb durch jeden Flüssigkeitsquerschnitt gehen und an **jeder** Elektrode ankommen. 96510 heißt die **FARADAYsche Konstante** und mit ihr läßt sich unter Vermeidung des elektrochemischen Äquivalents c die Gewichtsmenge der ausgeschiedenen Ionen bzw. zersetzte Gewichtsmenge des Elektrolyten in g berechnen. Wird von I (A) in t (s) von einem Stoff mit dem Grammäquivalent a die Gewichtsmenge G Gramm ausgeschieden, dann stellt $\frac{G}{a}$ die Zahl der ausgeschiedenen Grammäquivalente dar und da für jedes Grammäquivalent 96510 As nötig sind, so ergibt sich $Q = I \cdot t = \frac{G}{a}\, 96510$ As und daraus

$$G = \frac{a}{96510} I \cdot t = \frac{a}{96510} Q \,. \qquad \textbf{(104)}$$

Gl. (104) ergibt die Gewichtsmenge G des Ions bzw. Elektrolyten in Gramm und wird meist statt der Gl. (103) verwendet.

Mit Hilfe der FARADAYschen Konstanten kann man das **elektrische Elementarquantum** berechnen, d. h. die nach der Elektronentheorie kleinste Elektrizitätsmenge, welche jedes chemisch einwertige Atom mit sich führt, mit anderen Worten die Ladung e des Elektrons. Da nämlich $a = \frac{a_0}{k}$ Gramm eines jeden Stoffes mit 96510 Coulomb verbunden sind, so muß, wenn in a_0 Gramm eines Stoffes n_a Atome enthalten sind, jedes einwertige Atom mit einer bestimmten Elektrizitätsmenge e behaftet sein, jedes zweiwertige mit der doppelten Ladung, das k-wertige mit der Ladung $k \cdot e$. Die kleinste Ladung ist die Ladung e des einwertigen Atoms, d. h. die Ladung des elektrischen Atoms, des Elektrons. $a_0 = k \cdot \frac{a_0}{k} = k \cdot a$ Gramm heißt **Grammatom,** führt die Ladung $k \cdot 96510$ Coulomb und enthält n_a k-wertige Atome mit je einer Ladung $k \cdot e$. Es ist also

$$n_a \cdot k \cdot e = k \cdot 96510$$

und daraus die Elementarladung des Elektrons

$$e = \frac{96510}{n_a} \text{ As oder Coulomb.} \qquad \textbf{(105)}$$

Für Wasserstoff ist $a_0 = 1$, $k = 1$ und $a = 1$; 1 g Wasserstoff ist also mit 96510 Coulomb verbunden. Aus der Theorie der Gase ergibt sich, daß in $a_0 = 1$ g Wasserstoff $n_a = 6{,}1 \cdot 10^{23}$ Atome vorhanden sind mit je der Elementarladung e. Sie ergibt sich aus Gl. (105) zu

$$e = \frac{96510}{6{,}1 \cdot 10^{23}} = 1{,}57 \cdot 10^{-19}\,\text{As} = 1{,}57 \cdot 10^{-19} \cdot 3 \cdot 10^{9}\,\text{LE} = 4{,}71 \cdot 10^{-10}\,\text{LE}.$$

Da nun die Elementarladung e bekannt ist, so kann man für alle Stoffe die Zahl n_a der Atome je Grammatom a_0 g bestimmen aus Gl. (105) zu

$$n_a = \frac{96510}{e} = \frac{96510}{1{,}57 \cdot 10^{-19}} = 6{,}1 \cdot 10^{23}, \qquad \textbf{(105a)}$$

n_a heißt Loschmidtsche Zahl.

37. Die Polarisation

Da in Elektrolyten die Moleküle schon dissoziiert sind und nach dem Faradayschen Gesetz die ausgeschiedenen Ionengewichte der Stromstärke proportional sind, so muß auch schon bei der kleinsten Stromstärke eine Ionenentwicklung an den Elektroden auftreten. Das ist auch tatsächlich der Fall, aber der schwache Strom verschwindet nach ganz kurzer Zeit. Das hat seinen Grund darin, daß bei der Elektrolyse infolge des Wiedervereinigungsbestrebens der getrennten Teile eine Gegen-EMK zur Elektrodenspannung U auftritt, die sogenannte EMK E_p der Polarisation. Die Elektrolyse ist erst dann möglich, wenn die von außen aufgedrückte Elektrodenspannung $U > E_p$ ist. Die Erfahrung zeigt, daß die Polarisationsspannung E_p während der Elektrolyse ständig vorhanden ist und bis auf einen für die betreffende Zelle festbestimmten Maximalwert steigt, den sie dann beibehält. Die elektrolytische Zelle wirkt also wie ein Verbraucher mit Gegen-EMK und deshalb ist, wenn I in (A) der elektrolysierende Strom und R_p in Ω der Ohmsche Widerstand der Zelle, gemäß § 20

$$U = E_p + I R_p, \text{ oder } I = \frac{U - E_p}{R_p}.$$

Das Auftreten der Polarisationsspannung E_p sagt, daß während der Elektrolyse mit den Elektroden der Zelle eine Veränderung stattfinden muß, indem die Elektroden durch die an ihnen abgeschiedenen Stoffe Potentiale erhalten, die der Elektrodenspannung U entgegenwirken, so daß die Elektroden zu Polen einer der Spannung U gegengeschalteten Stromquelle werden mit der EMK E_p. Daß die Zelle durch die Elektrolyse tatsächlich zu einer Stromquelle wird, deren EMK E_p der von außen aufgepreßten Elektrodenspannung U entgegenwirkt, bestätigt der Versuch sofort, wenn man den elektrolysierenden Strom I unterbricht und die Elektroden durch einen Leitungsdraht verbindet. Die Zelle liefert dann einen Strom I_p, der im Draht von der Anode zur Kathode geht, also in der Zelle die entgegengesetzte Richtung vom elektrolysierenden Strom I hat. Dieser Strom I_p, den die Zelle nach Abschaltung des elektrolysierenden Stromes I liefert, heißt **Polarisationsstrom.** Er nimmt sehr rasch ab und hört schließlich ganz auf, ein Beweis dafür, daß die Polarisationsspannung E_p wieder auf Null zurückgeht. Das ist ohne weiteres erklärlich, weil der Polarisationsstrom I_p seine eigene Zelle elektrolysiert und, weil er die entgegengesetzte Richtung hat wie der primäre Strom I, auch die Elektroden in entgegengesetzter Richtung verändert. Man hat also auch bei der Elektrolyse die Umkehrbarkeit der elektrischen Vorgänge, auf die bei der Thermoelektrizität erstmals hingewiesen wurde.

Daß in einer elektrolytischen Zelle eine Gegenspannung auftreten muß, ist vollkommen verständlich. Wenn im Elektrolyten auch die Moleküle schon dissoziiert sind und zum Zertrümmern keine Stromenergie mehr nötig ist, so stellen die an den Elektroden ausgeschiedenen Stoffe, sofern sie von den Elektroden aufgenommen werden können, Energiemengen dar, die einer äquivalenten elektrischen Energie entsprechen. Das ist eben, wie früher schon klargemacht, nur möglich, wenn der Verbrauchsapparat neben dem Ohmschen Widerstand noch eine Gegenspannung bietet. Multipliziert man die Gleichung $U = E_p + I \cdot R_p$ mit I, dann ergibt sich

$$U \cdot I = E_p \cdot I + I^2 \cdot R_p.$$

$U \cdot I$ ist die gesamte der Zelle zugeführte elektrische Energie N, $I^2 \cdot R_p = N_w$ der Effektverlust durch Stromwärme und $E_p \cdot I = N_p$ die in den Zersetzungsprodukten umkehrbar aufgespeicherte chemische Energie. Auf Grund dieser Betrachtung läßt sich die Gegen-EMK E_p der Polarisation berechnen.

Die der Aufspeicherung der Zerstörungsprodukte entsprechende elektrische Arbeit während der Zeit t ist

$$A_p = E_p \cdot I \cdot t = E_p \cdot Q \text{ (Ws) oder (Joule)}.$$

Nun ist gemäß § 36 die zur Zersetzung eines Grammäquivalents $a = \frac{a_0}{k}$ Gramm des Elektrolyten nötige Elektrizitätsmenge $Q = 96510$ As, also die elektrische Arbeit $A_p = 96510\,E_p$ Ws. Diese Energie ist umkehrbar aufgespeichert und kann durch den Polarisationsstrom I_p wieder gewonnen werden, indem die Zersetzungsprodukte sich wieder vereinigen unter Wärmeentwicklung. Ist nun s in cal die Wärme, welche bei Bildung von 1 g frei wird, dann ist die Wärme, die bei Bildung des Grammäquivalents frei wird, $as = \frac{a_0}{k}s$ (cal). Nach dem JOULEschen Gesetz ist die entsprechende elektrische Arbeit $A = \frac{a \cdot s}{0{,}24}$ (Ws). Durch Gleichsetzung der Werte für A_p und A ergibt sich $96510\,E_p = \frac{a_0 s}{0{,}24\,k}$, oder

$$E_p = \frac{a_0 s}{0{,}24 \cdot 96510\,k} = \frac{a_0 s}{23000\,k} = 0{,}0000436\,\frac{a_0 \cdot s}{k}\,(\mathrm{V}).$$

$X = a_0 \cdot s$ heißt die **Wärmetönung** des elektrolytischen Leiters und k seine Valenz, so daß

$$E_p = 4{,}36 \cdot 10^{-5} \cdot \frac{X}{k}\,(\mathrm{V}). \qquad \mathbf{(106)}$$

Werte der Wärmetönung X für einige Elektrolyten und deren Wertigkeit k finden sich in Zahlentafel 11.

Zahlentafel 11

Verbindung	k	X cal	Verbindung	k	X cal
Wasser H_2O	2	68360	Kochsalz NaCl	1	97690
Salpetersäure HNO_3	1	41510	Kupfersulfat $CuSO_4$	2	55960
Schwefelsäure H_2SO_4	2	192910	Silbernitrat $AgNO_3$	1	16780

Für Kupfersulfat ist $X = 55960$, die Zahl der zu lösenden Valenzen $k = 2$, so daß die bei der Elektrolyse von Kupfersulfat entstehende EKM der Polarisation

$$E_p = 4{,}36 \cdot 10^{-5} \cdot \frac{55960}{2} = 1{,}21\ \mathrm{V}.$$

Obwohl die Erscheinung der Polarisationsspannung vom energetischen Standpunkt aus einleuchtend ist, so ist noch zu erklären, auf welche Weise und unter welchen Umständen die Polarisation der Zelle während der Elektrolyse entsteht. Durch den elektrolysierenden Strom I wandern die negativen Anionen des Elektrolyten zur Anode, die positiven Kationen zur Kathode, geben an den Elektroden ihre Ladung ab und bleiben als unelektrische Moleküle ganz oder zum Teil dort haften. Die gasförmigen Ionen werden nach Abgabe ihrer Ladungen als Moleküle von den Elektroden aufgenommen, d. h. okkludiert, zum Teil entweichen sie in die Luft. Die an oder in den Elektroden sich ablagernden Schichten der Zersetzungsprodukte haben nun aber, wie allgemein nachgewiesen ist, die Tendenz, wieder in Lösung zu gehen, sie besitzen einen sogenannten **Lösungsdruck,** der sie entgegen dem elektrolysierenden Strom I in die Flüssigkeit zurücktreibt. Das ist der Grund, warum der Polarisationsstrom I_p die entgegengesetzte Richtung hat vom elektrolysierenden Strom I. Die an den Elektroden lagernden Zersetzungsprodukte gehen nun aber nicht als Moleküle, sondern als elektrisch geladene Atome, als Ionen in Lösung, an der Anode als negative Anionen, an der Kathode als positive Kationen. Letztere laden daher den Elektrolyten positiv und erteilen der Kathode ein negatives Potential, umgekehrt erteilen die an der Anode in Lösung gehenden Anionen der Anode im Vergleich zum Elektrolyten ein positives Potential. Die Elektroden erhalten dadurch eine Potentialdifferenz E_p entgegen der Elektrodenspannung U. Die aufgespeicherte Arbeit während der Elektrolyse ist proportional der Gewichtsmenge der an den Elektroden ausgeschiedenen Stoffe und da diese nach dem 1. Faradayschen Gesetz proportional mit $I \cdot t$ ist, so folgt, wenn u ein Festwert ist, $A_p = uIt$. Andererseits ist aber auch $A_p = E_p I t$, woraus sich ergibt $E_p = u$, d. h. die Polarisationsspannung E_p hat für gleiche Elektrolyten und Elektroden einen bestimmten konstanten Wert.

Die Polarisation tritt also dadurch auf, daß elektrische Energie umkehrbar aufgespeichert wird, indem die Zersetzungsprodukte von den Elektroden aufgenommen werden, wodurch diese zu chemisch verschiedenen Körpern werden, und daß die Zersetzungsprodukte sich wieder vereinigen können. Kommen diese Voraussetzungen in Wegfall, dann tritt auch keine Polarisationsspannung E_p auf und kein Polarisationsstrom I_p. Diesen Fall kann man dadurch erreichen, daß man als Elektrolyten die Lösung eines Metallsalzes und für die beiden Elektroden, oder für die Anode allein, das Metall des Salzes verwendet. Die Elektroden sind dann von vornherein gleiche Stoffe und bleiben es auch, da an der Kathode sich Metall auf Metall niederschlägt und an der Anode die Säurerestionen Metall lösen und Salz bilden. Dadurch ist die Wiedervereinigung der getrennten Ionen unmöglich. Da ebensoviel Metall an der Anode gelöst wird, als an der Kathode niedergeschlagen wird, so wird die Arbeit zur Fällung des Metalls an der Kathode an der Anode wieder gewonnen durch Lösung gleicher Mengen des Metalls. In Zellen solcher Art, z. B. Kupfersulfat zwischen Kupferelektroden, Silbernitrat zwischen Silberelektroden ist $E_p = 0$ und die der Zelle zugeführte Energie $N = U \cdot I = I^2 R_p$, d. h. gleich der zur Überwindung des Ohmschen Widerstandes nötigen und in Wärme verwandelten Energie. Aber auch bei solchen Zellen tritt gewöhnlich eine, wenn auch erheblich kleinere Polarisationsspannung E_p bei längerem Stromdurchgang dadurch auf, daß im Elektrolyten Konzentrationsänderungen stattfinden, die auch bei gleichen Elektroden eine Gegen-EMK zur Folge haben. Diese Spannung kann dadurch gemessen werden, daß man den elektrolysierenden Strom I plötzlich unterbricht und an den Elektroden die Spannung mißt.

38. Die Voltameter

Aus den Gl. (102a) $m = c \cdot I \cdot t$ und (104) $G = \frac{a}{96510} I \cdot t$ ergibt sich bei gegebenen Werten von m bzw. G, c bzw. a und t die Stärke des durch eine elektrolytische Zelle geflossenen Stromes.

$$I = \frac{m}{ct} \quad \text{bzw.} \quad I = \frac{96510\, G}{at} \,(\text{A})\,. \qquad \textbf{(107)}$$

Man kann also die Elektrolyse auch zur Strommessung benutzen und zu solchem Zweck verwendete elektrolytische Zellen heißen **Voltameter.** Da sie vor allem auch zur genauen Messung schwacher Ströme benutzt werden, so verwendet man Zellen, deren Polarisationsspannung $E_p = 0$ ist. Je nachdem die ausgeschiedenen Ionen feste oder gasförmige Stoffe sind, unterscheidet man **Gewichts-** und **Volumvoltameter.**

Als **Gewichtsvoltameter** sind in Anwendung das **Silber-** und das **Kupfer**voltameter. Ersteres besitzt eine Silberanode und eine Platinkathode in einer etwa 30%igen Silbernitrat ($AgNO_3$)-Lösung. Letzteres besitzt eine Kupferanode und eine Kupfer-(Platin-)Kathode in einer konzentrierten Lösung von Kupfersulfat ($CuSO_4$). Die auf der Kathode innerhalb der Zeit t niedergeschlagenen Gewichtsmengen m (bzw. G) von Silber bzw. Kupfer müssen auf einer feinen Waage nach genauer Nullpunktsermittlung mittels Schwingungsbeobachtung als Differenz der Gewichte der beschlagenen und der reinen Kathode bestimmt werden. Das **Volumvoltameter** oder **Knallgasvoltameter** ist im wesentlichen ein mit einer Volumskala in cm³ versehenes Glasrohr, in dem angesäuertes Wasser zwischen Platinelektroden zersetzt wird und die sich entwickelnden Gase Sauerstoff und Wasserstoff gemeinsam als Knallgas aufgefangen werden. Die zur Berechnung des Stromes I nötigen elektrochemischen Äquivalente für die drei Arten der Voltameter ergeben sich gemäß § 35 aus Zahlentafel 11a.

Zahlentafel 11a

1 *A* scheidet aus	Silber	Kupfer	Knallgas 0° u. 760 mm
In 1 Sekunde	1,118 mg	0,3294 mg	0,174 cm³
„ 1 Minute	67,1 „	19,764 „	10,44 „

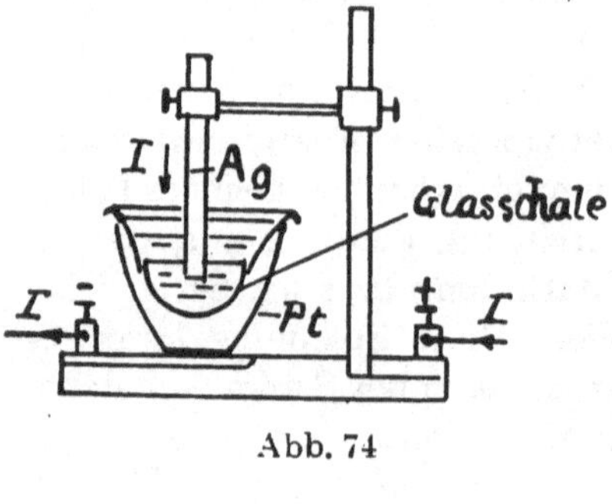

Abb. 74

Beim Knallgasvoltameter muß das entwickelte Knallgasvolumen m in cm³ auf den Normalzustand reduziert werden. Die Grammäquivalente a für die Benutzung der Formel (107) ergeben sich aus § 35 und zwar für Silber 107,88 g, Kupfer 31,78 g und Knallgas 9 g. Das Silbervoltameter ist für schwache Ströme, das Kupfervoltameter für stärkere Ströme und das Knallgasvoltameter für Ströme bis zu 30 A zu benutzen. Die Zeit t soll nicht weniger als eine Minute betragen. Die Voltameter werden meistens nicht zur eigentlichen Strommessung benutzt, sondern dienen zur Bestimmung der Elektrizitätsmenge Q, oder können wohl auch zur Eichung von Strommessern benutzt werden. Abb. 74 stellt ein Silbervoltameter dar.

39. Ventilzellen, Umformung der Stromart

Bei der Elektrolyse kann der Fall eintreten, daß die an der einen oder anderen Elektrode abgeschiedene Substanz mit dieser Elektrode eine chemische Verbindung eingeht, die ein so schlechter Leiter ist, daß der Stromdurchgang durch die Zelle aufhört. An der betreffenden Elektrode wird ein sogenannter Übergangswiderstand erzeugt. Diese Erscheinung tritt bei der Zersetzung von doppeltkohlensaurem Natron ($NaHCO_3$) ein, wenn man als **Anode Aluminium** verwendet. An ihr scheidet sich Sauerstoff ab und dieser geht mit Aluminium eine chemische Verbindung ein (Al_2O_3), die bis $U = 100$ Volt Elektrodenspannung keinen Strom durchläßt. **Aluminium sperrt also als Anode in einer Lösung von doppeltkohlensaurem Natron von jeder Spannung 100 V ab.** Ist dagegen Aluminium Kathode, d. h. kehrt der Strom seine Richtung um, dann geht er voll durch die Zelle. Solche Zellen, die also bei Aluminium als Anode den Strom sperren und ihn bei Aluminium als Kathode durchlassen, heißen **Ventilzellen** oder **GRÄTZsche Zellen.** Schließt man eine solche Zelle an Wechselstrom von 100 V an, dann erhält man vom Strom nur eine Halbwelle, für welche Aluminium Anode ist. Um auch die andere Halbwelle, aber kommutiert, d. h. in der gleichen Richtung wie die erste, zu erhalten, verwendet man vier Ventilzellen in der GRÄTZschen Schaltung der

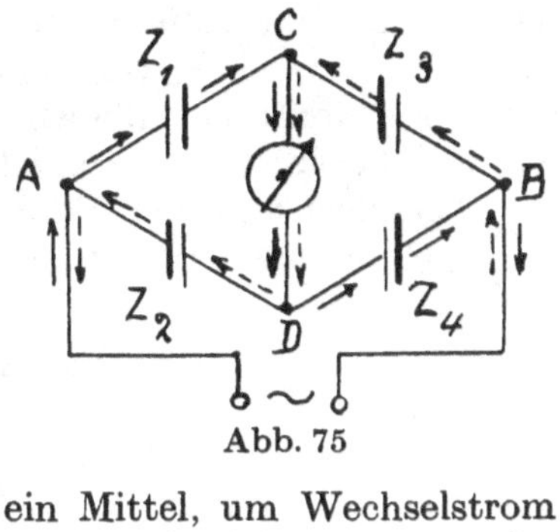

Abb. 75

Abb. 75 und hat mit dieser Anordnung dann ein Mittel, um Wechselstrom in intermettierenden Gleichstrom (Abb. 76) zu verwandeln, der wie der des Quecksilberdampfgleichrichters verwendet werden kann. Deshalb heißt die GRÄTZsche Schaltung von vier Ventilzellen ein **elektrolytischer Gleichrichter.** Die Schaltung ist ähnlich der WHEATSTONEschen Brücke. In den Ventilzellen Z_1, Z_2, Z_3 und Z_4 bedeuten die dicken Striche die Aluminiumelektroden, die anderen Elektroden bestehen aus Eisen. Die Wechselstromquelle E wird an A und B angeschlossen. Hat der Wechselstrom

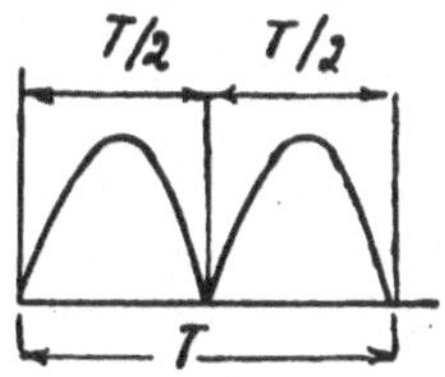

Abb. 76

die Richtung der ausgezogenen Pfeile, dann muß er von A über Z_1 nach C und von hier nach D und über Z_4 nach B zur Stromquelle zurückkehren. Hat der Strom die Richtung der gestrichelten Pfeile, dann muß er, da ihn ebenfalls Aluminium als Anode nicht durchläßt, von B über Z_3 nach C und von hier nach D und über Z_2 nach A zur Stromquelle zurück. Zwischen C und D fließt also intermettierender Gleichstrom. Gegenüber dem Quecksilberdampfgleichrichter eignet sich der Grätzsche Gleichrichter aber nur für kleine Stromstärken.

40. Praktische Anwendungen der Elektrolyse

Die Elektrolyse findet zunächst eine wichtige Anwendung bei den im nächsten Paragraphen betrachteten Sammlern oder Akkumulatoren. Die Elektrolyse bildet aber darüber hinaus das hauptsächlichste Mittel, dessen sich die Elektrochemie, eines der wichtigsten und fruchtbringendsten Anwendungsgebiete der Elektrotechnik, bedient. Die Aufgaben, die hier der Elektrolyse zufallen, sind folgende:

1. Die Herstellung von bleibenden oder abnehmbaren Metallniederschlägen auf Leitern oder Nichtleitern **(Galvanostegie),** d. h. Versilbern, Verkupfern, Vernickeln usw., und **Galvanoplastik,** d. h. Herstellung von Abdrucken, Druckplatten, Klischees.

2. Die Gewinnung reiner Metalle aus ihren wässerigen Lösungen oder geschmolzenen Salzen. Dieser Teil der Elektrochemie heißt **elektrische Metallurgie** (Raffinierung von Kupfer, Silber, Gold, Blei, Zink und Eisen, Gewinnung von Aluminium, Magnesium, Kalzium, Natrium und Cer).

3. Die Herstellung von wertvollen chemischen Verbindungen oder Stoffen aus minderwertvollen, die **Alkali-Chloridelektrolyse** (Darstellung von Hypochlorid, Bleichlaugen, Ätzalkali, Chlor und Wasserstoff).

Abgesehen von den Akkumulatoren gehört die Behandlung der unter 1 bis 3 angeführten Anwendungen der Elektrolyse in das Gebiet der Elektrochemie.

41. Die Akkumulatoren

Sie bieten die praktisch überaus wertvolle Möglichkeit, die zu irgendeiner Zeit an irgendeinem Ort verfügbare elektrische Energie zu späterer Benutzung aufzuspeichern. Die Akkumulatoren heißen deshalb auch Sammler. Sie finden infolgedessen Verwendung zur Unterstützung der Betriebsmaschinen von elektrischen Anlagen (siehe § 19), als Momentreserve bei Störungen z. B. zur Notbeleuchtung und im Sicherungsdienst der Eisenbahnen, als Pufferbatterien beim Betrieb von Straßenbahnen, zum Betrieb von Fahrzeugen wie Triebwagen, Lieferwagen usw., als Stromquelle zum Anlassen der Automobilmotoren und schließlich als tragbare Stromquelle.

Die Akkumulatoren beruhen auf der Umkehrbarkeit der chemischen und elektrischen Erscheinungen, nämlich darauf, daß durch einen elektrolysierenden Strom I die elektrolytische Zelle polarisiert, infolge der EMK E_p der Polarisation zur Stromquelle wird und einen Polarisationsstrom I_p liefert. Der **elektrolysierende Strom I** heißt **Primärstrom** oder, da er der Zelle die elektrische Energie zuführt, **Ladestrom.** Der **Polarisationsstrom** I_p heißt **Sekundärstrom** oder, da er die aufgespeicherte Energie wieder abgibt, **Entladestrom.** Die Zelle, d. h. der Akkumulator, heißt daher auch sekundäres Element. Gemäß § 37 haben Lade- und Entladestrom entgegengesetzte Richtung und die Elektrodenspannung U beim Laden muß mindestens so groß sein wie die Polarisationsspannung E_p der vollständig polarisierten Zelle. Der Entladestrom I_p, der nach erfolgter Ladung entsteht, wenn man die Elektroden durch einen Leiter verbindet, zersetzt nun seinerseits den Elektrolyten der Zelle und scheidet, da er die entgegengesetzte Richtung wie der Ladestrom I hat, an den Elektroden die entgegengesetzten Stoffe ab wie der Ladestrom I. Es wird also beim Entladen der Zelle die Polarisation der Elektroden fortwährend vermindert, so daß die Polarisationsspannung E_p abnimmt und schließlich ganz aufhört. Nach § 37 kann zwar die Polarisationsspannung E_p über einen, für jede Zelle festbestimmten Maximalwert nicht steigen, aber die während der Elektrolyse aufgespeicherte Energie ist proportional den Gewichtsmengen der an den Elektroden sich ablagernden bzw. von ihnen okkludierten Zersetzungsprodukte. Um also eine möglichst große Energie aufspeichern zu können, d. h. einen möglichst langdauernden und auch möglichst konstanten Entladestrom I_p zu erhalten, muß dafür gesorgt werden, daß sich an den Elektroden möglichst große Mengen Zersetzungsprodukte ablagern, bzw. von den Elektroden okkludiert werden können. Man muß also geeignete Stoffe sowohl für den Elektrolyten als auch für die Elektroden wählen. Mit der Polarisationsspannung E_p der Zelle kommt man aber höchstens immer nur auf den für die betreffende Zelle gültigen Höchstwert. Als Elektrolyten wird man vorteilhaft eine Flüssigkeit nehmen, die gasförmige Zersetzungsprodukte liefert, welche dann von geeigneten Elektroden okkludiert werden können. Man unterscheidet zwei Arten von Akkumulatoren, den sauren Bleiakkumulator und den alkalischen Eisen-Nickel-Akkumulator.

Der Bleiakkumulator

Die Elektroden sind Bleiplatten in verdünnter Schwefelsäure als Elektrolyten. Die Platten werden mit einer Schicht $PbSO_4$ überzogen, welche die Platten vor weiterer Einwirkung der Säure schützt. Während der Ladung durch den polarisierenden Strom I (Abb. 77a) verbindet sich das Anion SO_4 mit dem des $PbSO_4$ der Anode A und dem Lösungswasser H_2O zu 2 H_2SO_4, während die beiden Sauerstoffatome, die frei werden, sich mit dem Blei zu PbO_2 verbinden. An der Kathode K reduziert der Wasserstoff $PbSO_4$ zu Pb unter Bildung von H_2SO_4. Das Resultat der Ladung ist dann, daß man an der Anode A Bleisuperoxyd PbO_2 und an der Kathode K reines Blei Pb hat. Die Zelle von der Zusammensetzung $PbO_2 \mid H_2SO_4 \mid Pb$ stellt also ein galvanisches Element dar, mit einer EMK $E_p = 2$ V und im frischgeladenen Zustand, wo die Kathode noch mit Wasserstoff, die Anode noch mit Sauerstoff bedeckt sind, eine EMK von $E_p = 2{,}2$ V besitzt, die jedoch sehr schnell auf 2 V sinkt. Bei der Entladung (Abb. 77b) wird die Zelle durch den Polarisationsstrom I_p zersetzt, welcher in umgekehrter Richtung wie der polarisierende Strom I durch die Zelle fließt, d. h. I_p tritt bei der Pb-Elektrode, welche während der Ladung Kathode war, ein und bei der PbO_2-Elektrode, welche bei der Ladung Anode war, aus. Um nun bei der abwechselnden Verwendung des Akkumulators als Zersetzungszelle und als galvanische Zelle Verwechslungen zu vermeiden, bezeichnet man die Elektroden nach ihrer Polarität als **positive** und **negative** Platten. Die **Polarität** der Platten bleibt bei der Ladung und Entladung **ungeändert.** Der Ladestrom I geht in die Zelle von der positiven zur negativen Platte (Abb. 77a), der Entladestrom I_p von der negativen zur positiven Platte (Abb. 77b). Er scheidet an der positiven Platte (PbO_2), die für ihn Kathode ist, Wasserstoff H_2 ab, der diese Platte zu PbO reduziert, welches von der Schwefelsäure sofort in $PbSO_4$ verwandelt wird unter Bildung von Wasser H_2O. An der negativen Platte (Pb), die für den Polarisationsstrom I_p Anode ist, scheidet sich der Säurerest SO_4 ab, welcher mit dem Wasserstoff des Wassers Säure bildet und Sauerstoff freimacht, der die Bleiplatte zu PbO oxydiert, welches durch die Säure ebenfalls in $PbSO_4$ verwandelt wird. Am Ende der Entladung sind also beide Platten an der Oberfläche wieder in $PbSO_4$ verwandelt, wie bei Beginn der Ladung, und der Polarisationsstrom hört auf. Ein Akkumulator der eben beschriebenen Art wäre nun aber vollkommen unzweckmäßig. Die Bleiplatten erlauben kein tieferes Eindringen der chemischen Prozesse, sie geben keine Ablagerung, d. h. Okklusion genügend großer Mengen der Zersetzungsprodukte. Während der Ladung wird also nur ein geringer Teil der zur Überwindung der Gegenspannung E_p verbrauchten Energie $N_p = E_p' \cdot I$ umkehrbar aufgespeichert, die an den Platten entwickelten Gase gehen zum größten Teil in die Luft. Daraus folgt dann, daß auch der Entladestrom I_p nur kurze Zeit dauert.

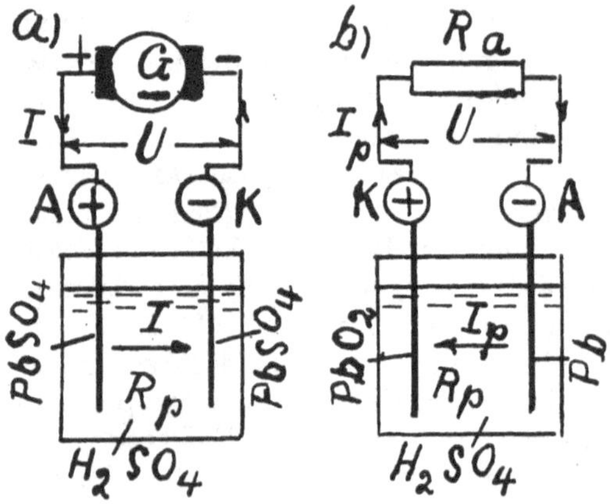

Abb. 77

Es ist also notwendig, daß die chemischen Prozesse sich bis ins Innere der Platten erstrecken, so daß sie zur Aufnahme einer möglichst großen Menge von Zersetzungsprodukten geeignet sind. Die Platten müssen, wie man sagt, **formiert** werden. Das geschieht entweder nach PLANTÉ durch häufiges Laden und Entladen, auch nach entgegengesetzten Richtungen, wozu man Großoberflächenplatten nach Abb. 78a verwendet, oder dadurch, daß man Masse- oder Taschenplatten verwendet gemäß Abb. 78b, in deren gitterförmigen Rahmen aus Antimonblei man als wirksamen Stoff einen Brei aus Bleisalzen einstreicht. Diese Füllmasse der Platten verwandelt sich bei der Ladung während des Formierens an der positiven Platte

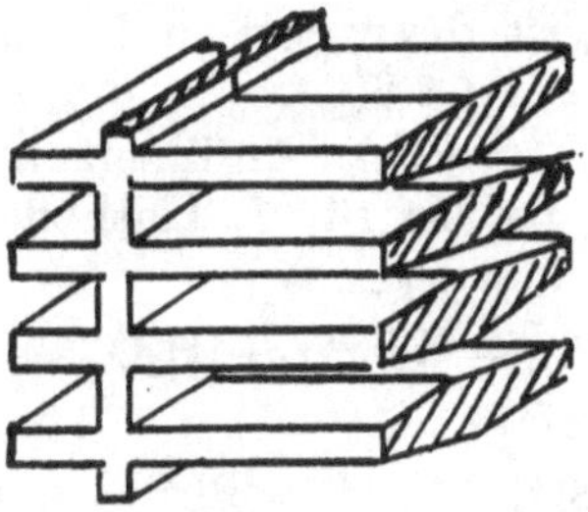

Abb. 78a

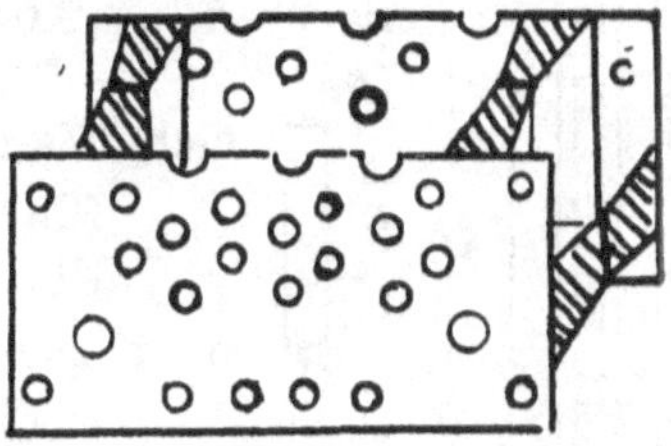

Abb. 78b

durch den ankommenden Sauerstoff in Bleisuperoxyd und an der negativen Platte durch den dort auftretenden Wasserstoff in Blei. Die Masseplatten sind leichter und billiger als die massiven Großoberflächenplatten, haben aber eine geringere Haltbarkeit; deshalb verwendet man auch für tragbare Akkumulatoren nur Masseplatten. Bei ortsfesten Akkumulatoren, wo es auf große Lebensdauer der Platten ankommt, sind die positiven Platten massiv. Um die Aufnahmefähigkeit möglichst groß zu machen, enthält der Akkumulator je nach der Stärke des Entladestromes I_p mehrere parallelgeschaltete positive und dementsprechend mehrere parallele negative Platten, so daß immer eine positive Platte sich zwischen zwei negativen befindet. Das Gefäß des Akkumulators besteht aus Glas, Steingut, Hartgummi oder Kunstharz. Die Flüssigkeit ist verdünnte Schwefelsäure, die chemisch rein sein muß, und das Wasser ist destilliertes Wasser. Das mit dem Aräometer zu bestimmende spezifische Gewicht der Lösung soll $\gamma = 1{,}15$ bis 1,22 betragen, weil diese Säuredichte die beste Ausnützung ergibt, im andern Fall ist destilliertes Wasser bzw. Säure zuzugeben, wenn im geladenen Zustand $\gamma > 1{,}2$ bzw. $\gamma < 1{,}2$ ist.

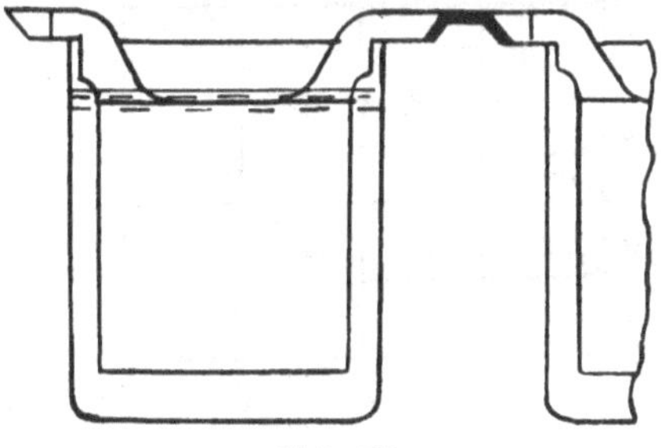

Abb. 79

Die Platten hängen mit angegossenen Nasen auf den Gefäßwänden und sind durch isolierende Trennplatten getrennt, welche Kanäle zum Durchlassen der Säure besitzen. Sie bestehen aus Holz oder porösem Hartgummi. Die Parallelschaltung der gleichnamigen Platten einer Zelle und die Reihenschaltung mit den benachbarten Zellen zeigt Abb. 79. Beim geladenen Akkumulator sind die positiven Platten, die PbO_2 enthalten, braun, die negativen Platten, deren Masse aus Bleischwamm besteht, grau.

Es werden nun die Prozesse bei der Entladung und Ladung des **formierten** Akkumulators betrachtet.

Entladung (Abb. 80)

Bei der Entladung ist $U = E_p - I_p \cdot R_p$. Die Klemmenspannung U ist um den Spannungsverlust $I_p R_p$ in der Zelle kleiner als die EMK E_p.

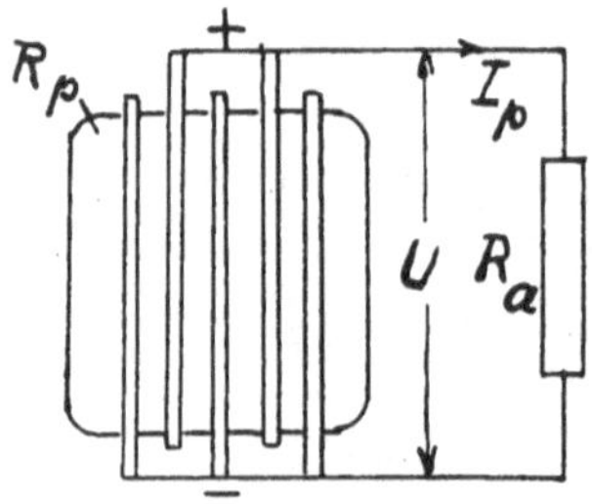

Abb. 80

Die Säure H_2SO_4 ist dissoziiert in H_2 und SO_4. $E_p = 2{,}04$ V; $U = 1{,}95$ V.

+-Platten: Masse PbO_2. An ihnen entwickelt sich Wasserstoff, da sie für I_p Kathoden sind:

$$PbO_2 + 2\,H = PbO + H_2O\,,$$
$$PbO + H_2SO_4 = PbSO_4 + H_2O\,,$$

oder zusammengefaßt

$$PbO_2 + H_2SO_4 + 2\,H = PbSO_4 + 2\,H_2O\,.$$

−-Platten: Füllmasse Pb (Bleischwamm). An diese Platten kommt der Säurerest SO_4, da sie für I_p Anoden sind:

$$Pb + SO_4 = PbSO_4\,.$$

Die gesamten Prozesse lassen sich in einer Formel schreiben:

$$PbO_2 + Pb + 2\,H_2SO_4 = 2\,PbSO_4 + 2\,H_2O\,.$$

Das Endresultat ist, daß bei der Entladung beide Platten in $PbSO_4$ verwandelt werden. Es werden zwei Moleküle H_2SO_4 verbraucht (ein zersetztes und ein von den +-Platten aufgenommenes) und zwei Moleküle H_2O gebildet, die in Lösung gehen. Die Lösung wird also bei der Entladung an Säure ärmer, an Wasser reicher, d. h. die Lösung wird verdünnt, ihr spezifisches Gewicht kleiner und sinkt auf 1,15, so daß man den Entladezustand mit dem Aräometer erkennen kann. Die Klemmenspannung U der Zelle (infolge des kleinen inneren Widerstandes wenig verschieden von der EMK E_p) sinkt von 1,95 V bei konstant gehaltenem Strom I_p gemäß Abb. 81 allmählich und gegen Schluß der Entladung rascher auf 1,85 bis 1,8 V. Bei dieser Spannung darf nicht weiter entladen werden, da die Spannung bei weiterer Stromentnahme schnell sinkt und die Wirksamkeit der Platten vermindert wird. Der Verlauf gemäß Kurve a in Abb. 81 findet statt, wenn der Sammler dauernd mit dem vollen Strom I_p beansprucht wird. Entnimmt man geringeren Strom oder legt man Ruhepausen ein, dann kann man aus der Klemmenspannung nicht auf den Entlade-

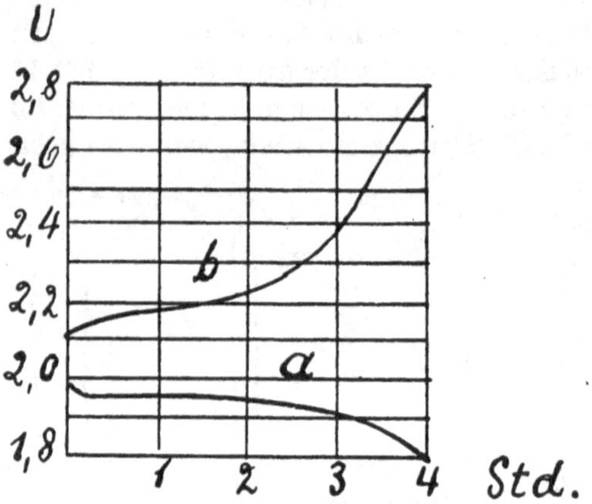

Abb. 81

zustand schließen, sondern nur aus dem spezifischen Gewicht der Lösung. Der maximale Entladestrom I_p richtet sich nach der Plattenzahl und Größe,

Das an den beiden Elektroden gebildete $PbSO_4$ wird bei der Ladung wieder aufgelöst. Bleibt aber ein Akkumulator längere Zeit im ungeladenen Zustand, dann geht das $PbSO_4$ in Kristallform über (weiße Schicht auf den Platten) und ist in dieser Form bei der nächsten Ladung schwer löslich, man sagt, die Platten sind **sulfatisiert.** Diese Sulfatisierung ist dadurch schädlich, daß sich lokale Ströme zwischen dem Blei der Platten und dem $PbSO_4$ bilden, die das wirksame PbO_2 zerstören, und daß durch abfallende Stücke Kurzschluß zwischen den Platten entsteht.

Ladung (Abb. 82)

Der Ladestrom I hat die entgegengesetzte Richtung vom Entladestrom I_p, es muß also bei der Ladung der +-Pol der Stromquelle G mit den +-Platten, der —-Pol der Stromquelle mit den —-Platten verbunden werden und es muß, da der Ladestrom I der Polarisationsspannung E_p des Sammlers entgegenfließt, $U = E_p + I \cdot R_p$ sein gemäß § 20 Gl. (66d). Die Elektrolyse erfolgt jetzt durch den Ladestrom I. Die Säure ist dissoziiert in H_2 und SO_4. $U = 2{,}09$ V zu Beginn der Ladung.

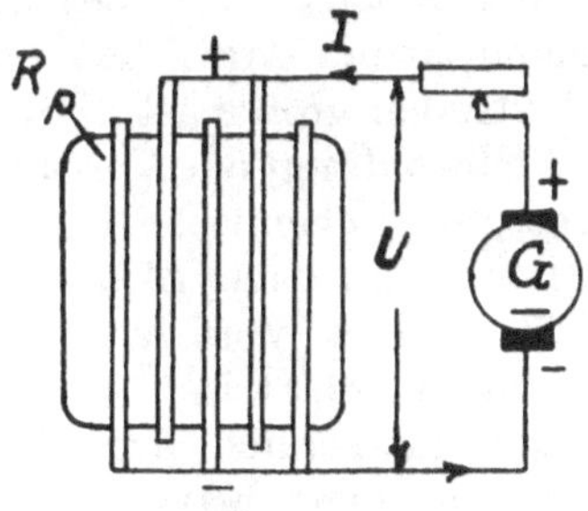

Abb. 82

+-Platten: Füllmasse $PbSO_4$. An diesen Platten tritt der Säurerest SO_4 auf, da sie für den Ladestrom I Anoden sind. Mit zwei Molekülen H_2O, die aus der Lösung gehen, bildet sich

$$PbSO_4 + SO_4 + 2\,H_2O = 2\,H_2SO_4 + PbO_2 .$$

—-Platten: Füllmasse $PbSO_4$. An diesen Platten tritt Wasserstoff auf, da sie für I Kathoden sind.

$$PbSO_4 + H_2 = H_2SO_4 + Pb .$$

Der Prozeß während der Ladung läßt sich zusammengefaßt auch wie folgt schreiben:

$$2\,PbSO_4 + H_2SO_4 + 2\,H_2O = PbO_2 + Pb + 3\,H_2SO_4 ,$$

oder

$$2\,PbSO_4 + 2\,H_2O = PbO_2 + Pb + 2\,H_2SO_4 .$$

Man ersieht daraus, daß während der Ladung die +-Platten wieder in PbO_2, die —-Platten wieder in Pb verwandelt werden, daß zwei Moleküle Wasser aus der Lösung entnommen und dafür zwei Moleküle Säure gebildet werden. Während der Ladung wird also die Lösung konzentrierter, das spezifische Gewicht steigt von 1,15 auf 1,22.

Der maximale Ladestrom richtet sich ebenfalls nach Plattengröße und Plattenzahl, da die entstehenden Zersetzungsprodukte von den Platten aufgenommen werden müssen und jede stärkere Ladung also keinen Zweck hätte. Der Verlauf der Klemmenspannung U während der Ladung mit der Zeit t ergibt sich aus Kurve b in Abb. 81. Die Spannung nimmt von 2,09 V langsam zu bis auf 2,4 V, bei welcher Spannung die Ladung im wesentlichen beendet ist. Bei weiterem Laden erfolgt hauptsächlich Wasserzersetzung, es findet eine lebhafte Entwicklung von Wasserstoff und Sauerstoff statt, die Zelle kocht, und die Spannung steigt rasch auf 2,73 V. Bei dieser Spannung ist die Ladung vollendet. Die Fortsetzung der Ladung über den Zeitpunkt des Kochens ist aber nötig, damit die Säure gut durchgemischt wird und damit vor allem alles $PbSO_4$ umgewandelt wird, was bei der Ladung unbedingt angestrebt werden muß wegen der Gefahr des Sulfatisierens der Platten. Bei noch weiterem Laden ginge die aufgewendete Energie verloren.

Daß die Klemmenspannung U während der Ladung größer ist als bei der Entladung, ergibt sich einmal aus dem Spannungsverbrauch (Unterschied $= 2\,I_p \cdot R_p$!) des inneren Widerstandes, hat aber vor allem auch seinen Grund darin, daß die EMK E_p infolge der Gasentwicklung an den Elektroden größer ist als bei der Entladung.

Obwohl nun der Vorgang der Ladung in einer Umwandlung elektrischer Energie in chemische Energie besteht, die umkehrbar aufgespeichert wird, spricht man beim Akkumulator von einer Aufnahmefähigkeit oder **Kapazität C.** Das Wort Kapazität hat also hier nicht dieselbe Bedeutung wie bei einem elektrisch geladenen Leiter oder bei einem Kondensator, bei denen tatsächlich nur Elektrizitätsmengen aufgespeichert werden. Man versteht unter Kapazität eines Akkumulators das Produkt aus Entladestrom I_p und Entladezeit t in Ah, d. h. also die Elektrizitätsmenge, die der Sammler abgeben kann. Sie ist abhängig von dem Gewicht der wirksamen Schicht der Platten, der Entladestrom von der Größe der Gesamtplattenfläche und der Preis von dem Gesamtbleigewicht. Die Kapazität eines Sammlers müßte also unabhängig sein von der Stärke des Entladestromes I_p. In Wirklichkeit aber ist die Kapazität bei Entladung mit starkem Strom kleiner als bei schwachem Strom, weil die wirksame Masse im ersteren Falle nicht so gründlich umgewandelt wird.

Bezeichnen

I_1 und $I_p = I_2$ den Lade- und Entladestrom in A,

t_1 und t_2 die Lade- und Entladezeit in h,

dann ist die **Ladekapazität** in Amperestunden (Ah)

$$C_1 = I_1 \cdot t_1 \qquad \textbf{(108a)}$$

und die **Entladekapazität** in Ah

$$C_2 = I_2 \cdot t_2. \qquad \textbf{(108b)}$$

Wegen Selbstentladeströmen im Akkumulator infolge unreiner Säure und unvollständiger Ladung, sowie durch den zur Gasbildung bedingten Stromverbrauch ist die Entladekapazität C_2 kleiner als die Ladekapazität C_1. Dadurch ist der **Lieferungsgrad** des Sammlers

$$\lambda = \frac{C_2}{C_1} = \frac{I_2 \cdot t_2}{I_1 \cdot t_1} \tag{109}$$

kleiner als 1 und zwar etwa $\lambda = 0{,}9$.

Unter dem **Wirkungsgrad** η des Akkumulators versteht man das Verhältnis von Wattstunden Entladung zu Wattstunden Ladung. Sind U_1 und U_2 die **mittleren** Spannungen beim Laden und Entladen, dann ist die **Ladearbeit** in Wh

$$A_1 = U_1 \cdot I_1 \cdot t_1 \tag{110a}$$

und die **Entladearbeit** in Wh

$$A_2 = U_2 \cdot I_2 \cdot t_2 \tag{110b}$$

und damit der **Wirkungsgrad**

$$\eta = \frac{A_2}{A_1} = \frac{U_2 \cdot I_2 \cdot t_2}{U_1 \cdot I_1 \cdot t_1} = \lambda \cdot \frac{U_2}{U_1}. \tag{111}$$

Da gemäß Abb. 81 U_1 viel größer ist als U_2 und beim Wirkungsgrad η auch die Energie berücksichtigt wird, die durch den inneren Widerstand R_p des Sammlers verbraucht wird, so ist der Wirkungsgrad η kleiner als der Lieferungsgrad λ und zwar ist ungefähr $\eta = 0{,}75$.

Vergleicht man die abgegebene Energie A_2 mit dem Akkumulatorgewicht, dann erhält man die Wh/kg des Sammlers. Sie betragen bei den ortsfesten Bleiakkumulatoren etwa 5,5 Wh/kg, bei den leichten Bleiakkumulatoren für Fahrzeuge etwa 30 Wh/kg. Deshalb findet der Bleiakkumulator hauptsächlich Verwendung für ortsfeste Batterien.

Der EDISON-Stahl-Akkumulator

Er ist bezüglich der Wh/kg = 24 zu vergleichen mit den leichten Bleiakkumulatoren. Der innere Widerstand R_p ist unter gleichen Verhältnissen größer, der Wirkungsgrad $\eta = 0{,}48 \ldots 0{,}60$ kleiner als beim Bleiakkumulator. Dagegen besitzt der EDISON-Akkumulator die Vorzüge, daß seine Kapazität C vom Entladestrom unabhängig ist, daß der Sammler längere Zeit ohne Schaden unbenutzt bleiben darf, eine Überlastung beim Entladen verträgt und infolge seiner Bauart gegen Erschütterungen ziemlich unempfindlich ist.

Er eignet sich daher für ortveränderlichen bzw. rauhen Betrieb, für Grubenlokomotiven, Grubenlampen und ähnliches. Der EDISON-Sammler ist ein alkalischer Sammler, der Elektrolyt besteht aus 21 %iger mit Lithiumzusatz versehener Kalilauge (KOH) vom spezifischen Gewicht $\gamma = 1{,}18 \ldots 1{,}2$. Die Platten bestehen aus vernickeltem Stahlblech und sind taschenförmig. Die positiven Platten sind mit Nickeloxydhydrat ($Ni_2(OH)_6$), die negativen mit Briketts von feinverteiltem Eisen gefüllt. Bei der **Entladung** wird an den positiven Platten $Ni_2(OH)_6$ zu $Ni(OH)_2$ reduziert, an den negativen Platten das Eisen zu $Fe(OH)_2$ oxydiert nach der Formel $Ni_2(OH)_6 + Fe = 2\,Ni(OH)_2 + Fe(OH)_2$, wobei der Elektrolyt unverändert bleibt, weil das zersetzte K(OH) wieder gebildet wird. Beim Laden findet der umgekehrte Prozeß statt, hier sind die positiven Platten Anoden und ihr $Ni(OH)_2$ wird zu $Ni_2(OH)_6$ oxydiert, während an den negativen Platten als Kathoden das $Fe(OH)_2$ zu Fe reduziert wird. Die Spannung steigt bei der Ladung auf 1,8 V, die EMK der frischgeladenen Zelle ist 1,4 V, beträgt bei der Entladung 1,15 ... 1,25 V und sinkt bis auf 1 V. Die ganze Zelle ist in einem Kasten aus vernickeltem Eisenblech eingeschlossen.

42. Zusammenarbeit der Akkumulatoren mit elektrischen Maschinen Ladeeinrichtungen

Da die Batterie zu ihrer Ladung eine Maschine nötig hat, so arbeiten beide in einer elektrischen Anlage auch meist in Parallelschaltung zusammen. Man erreicht dadurch, daß bei veränderlicher Belastung konstante Spannung gehalten werden kann und die Maschine nur für die mittlere Leistung berechnet zu sein braucht. Die Batterie hat eine vom Strom unabhängige konstante Klemmspannung U, weil die EMK E_p der Zellen vom Strom unabhängig und ihr innerer Widerstand klein ist. Dadurch nimmt bei Stromstößen die Batterie von dem Belastungsstoß denjenigen Betrag auf, welcher den Mittelwert übersteigt, bzw. unterschreitet (Pufferbatterie). Die Batterie schützt dann alle in der Strömungsrichtung der Energie **vor** der Batterie liegende Glieder der elektrischen Anlage vor Belastungsschwankungen, die hinter dem Anschlußpunkt der Batterie auftreten. Man schließt deshalb die Batterie unmittelbar vor dem Punkt an, in dem die Belastungsstöße auftreten. Die Klemmenspannung U der Batterie ist zwar von der Stromentnahme unabhängig, aber gemäß Abb. 81 ist die Spannung U sowohl beim Laden als beim Entladen zeitlichen Änderungen unterworfen, die bei einer Zelle zwar klein sind, bei einer Batterie aber ins Gewicht fallen. Bei der Entladung würde also die Spannung U der Batterie sinken, beim Laden steigen. Diese Spannungsänderungen werden dadurch ausgeglichen, daß man eine bestimmte Zahl von Zellen, **Schaltzellen** genannt, beim Entladen zu- und beim Laden abschaltet mit Hilfe eines **Zellenschalters** (Abb. 83). Er muß so beschaffen sein, daß das Zu- und Abschalten der Zellen ohne Stromunterbrechung und ohne Kurzschluß der zu- bzw. abzuschaltenden Zelle geschieht. Der Hebel des Zellenschalters ist deshalb als Doppelhebel H und h ausgebildet, die voneinander isoliert und durch einen Hilfswiderstand r verbunden sind, der beim Nennstrom gerade 1 V Spannungsverlust besitzt. Beim Zuschalten der Zellen während der Entladung der Batterie

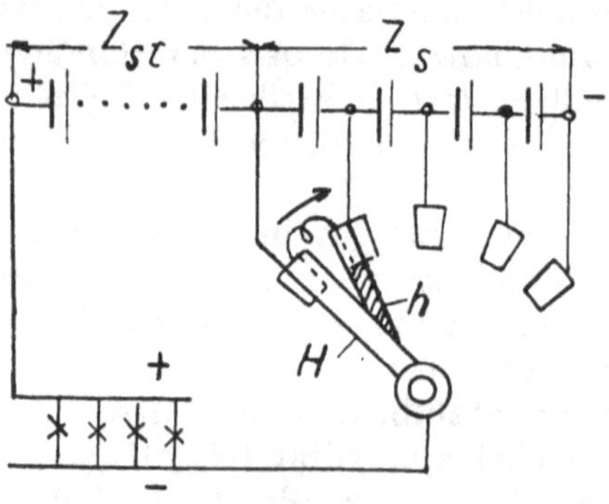

Abb. 83

muß der Hilfshebel *h* vorangehen und der Schaltvorgang spielt sich in vier Phasen ab.

1. Die zuzuschaltende Zelle wird durch die beiden Hebel über den Widerstand *r* geschlossen (siehe Abb.).

2. *H* gleitet vom linken Kontakt ab und das Netz ist durch den Hilfswiderstand *r*, der 1 V verbraucht, an die um eine Zelle verstärkte Batterie angeschlossen, so daß eine Spannungserhöhung von 1 V sich ergibt.

3. Beide Hebel befinden sich gleichzeitig auf dem rechten Kontakt, so daß jetzt das Netz an einer um 2 V höheren Spannung liegt.

4. Der Hilfshebel *h* gleitet vom rechten Kontakt ab, auf dem sich nur noch der Haupthebel *H* voll befindet. Die Spannung erhöht sich also ohne Stromunterbrechung und ohne Kurzschluß in zwei Stufen um je 1 V. Die Zahl der Kontakte beträgt um eins mehr als die Zahl der Schaltzellen.

Bei Spannungen bis 110 V wird jede Zelle einzeln geschaltet. Bei höheren Spannungen schaltet man, um mit einer nicht zu großen Zahl von Kontakten auszukommen, zwei oder mehr Zellen zwischen zwei Kontakte, wodurch jedesmal eine Gruppe von zwei oder mehr Zellen ab- oder zugeschaltet wird. Bei größeren Zellenschaltern ist die Kontaktbahn geradlinig und *H* und *h* sind auf einer Spindel mit flachem Gewinde parallel verschiebbar.

Soll die Batterie mit ihrer Maschine parallel arbeiten, dann hat man in Abb. 83 den Pluspol der Maschine mit dem Pluspol der Batterie und den Minuspol der Maschine unter Zwischenschaltung eines Minimalstromautomaten und eines Ausschalters mit dem Drehpunkt der Hebel zu verbinden. Der Minimalstromautomat schaltet bei Versagen der Maschine diese ab, damit sich die Batterie nicht in die Maschine entlädt und sie im bisherigen Drehsinn als Motor antreibt. Wird die Batterie beim Laden vom Netz getrennt, d. h. liefert sie während der Ladung keinen Strom, dann genügt ein **Einfachzellenschalter.** Wird die Batterie aber während des Ladens auch zur Stromlieferung an das Netz herangezogen, dann ist ein **Doppelzellenschalter** erforderlich, der zwei Kontaktbahnen und zwei Hebelanordnungen besitzt, einen mit der Maschine verbundenen **Ladehebel** H_l und einen mit dem Netz verbundenen **Entladehebel** H_e. Die Schaltung erfolgt nach Abb. 84.

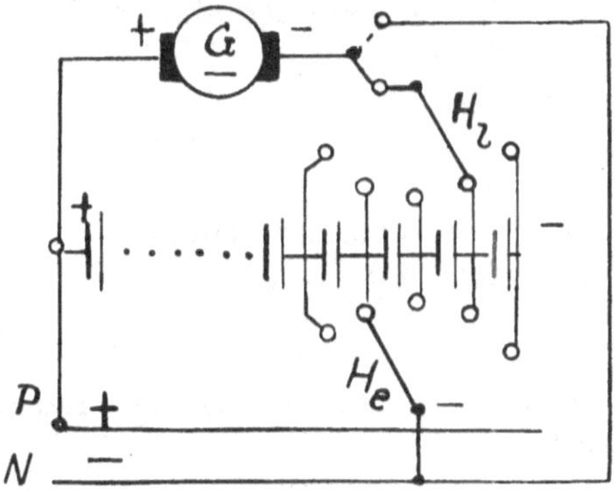

Abb. 84

Der Entladehebel H_e dient während der Ladung und Entladung als Spannungsregler. Der Ladehebel H_l, der stets außerhalb des Entladehebels steht, schaltet während der Ladung die mitgeladenen Zellen nach und nach ab, damit sie nicht unter Überladung leiden. Am Schluß der Ladung stehen beide Hebel auf demselben Kontakt ganz innen. Zum Parallelarbeiten mit der Maschine G muß durch Regeln der Maschinenspannung der Ladestrom auf Null gebracht werden und der Umschalter umgelegt werden, so daß die Maschine am Entladehebel liegt. Die Batterie wird dann bei wachsendem Stromverbrauch selbsttätig zur Mitarbeit herangezogen. Sinkt dabei ihre Spannung im Laufe der Zeit gemäß Abb. 81 Kurve a, dann wird der von Hand oder automatisch betätigte Endladehebel nach außen bewegt und nimmt durch einen Anschlag den Ladehebel mit, so daß am Schlusse der Entladung beide Hebel rechts außen stehen. Da die Kontakte von Lade- und Entladeseite miteinander verbunden sind, so führt man auch nur **eine** Kontaktbahn aus, auf der beide Hebel H_l und H_e schleifen.

Bei der **Berechnung der Zellenzahl** der Batterie muß unterschieden werden, ob die Batterie auch während des Ladens am Verbrauchernetz angeschlossen bleibt (Doppelzellenschalter), oder nicht (Einfachzellenschalter).

Es bezeichnet U in Volt die Betriebsspannung, d. h. die im Speisepunkt konstant zu haltende Spannung gleich niedrigster Entladespannung, u_{sp} den Spannungsabfall bei Vollast zwischen Sammelschienen und Speisepunkt, u_b zwischen Sammelschienen und Batterie.

$u_0 = 1{,}8$ V die Spannung einer Zelle am Ende der Entladung,
$u_1 = 2{,}2$ V die Ruhespannung der Zelle,
$u_{max} = 2{,}7$ V die höchste Ladespannung der Zelle,
u_2 in Volt die höchste Entladespannung je Zelle und zwar

a) bei einer Batterie, die während des Ladens vom Netz abgetrennt ist (Einfachzellenschalter), $u_2 = u_1 = 2{,}2$ V,

b) bei einer Batterie, die auch während des Ladens am Verbrauchernetz angeschlossen bleibt (Doppelzellenschalter), $u_2 = u_{max} = 2{,}7$ V,

Z_g die Gesamtzellenzahl der Batterie,
Z_{st} die Zahl der Stammzellen,
Z_s die Zahl der Schaltzellen.

Es ergibt sich dann für alle Fälle die Gesamtzellenzahl

$$Z_g = \frac{U + u_{sp} + u_b}{u_0} = \frac{U + u_{sp} + u_b}{1{,}8}. \qquad \textbf{(112)}$$

a) Batterie bei der Ladung an das Verbrauchernetz **nicht** angeschlossen (Einfachzellenschalter):

$$Z_{st} = \frac{U}{u_1} = \frac{U}{2{,}2}. \qquad \textbf{(113a)}$$

b) Batterie stets an das Verbrauchernetz angeschlossen (Doppelzellenschalter):

$$Z_{st} = \frac{U}{u_{max}} = \frac{U}{2{,}7}. \qquad \textbf{(113b)}$$

Die Zahl der Schaltzellen ist für beide Fälle a) und b):

$$Z_s = Z_g - Z_{st}. \qquad \textbf{(114)}$$

Der Stromerzeuger G zum Laden einer Batterie muß eine Klemmspannung liefern je Zelle von $u_{max} = 2{,}7$ V, also insgesamt eine Spannung U_{max}

$= Z_g \cdot 2{,}7$ V, z. B. bei U Volt Betriebsspannung muß die Ladespannung der Maschine um $2{,}7\, Z_g - U$, d. h. um $\frac{2{,}7\, Z_g - U}{U} \cdot 100\%$ größer sein als U. Die Betriebsmaschine G, die mit der Batterie parallel zusammenarbeitet, muß dann so gebaut sein, daß sie beim Laden diese Spannungssteigerung ermöglicht. Die Anlage wird dadurch einfach, aber die Betriebsmaschine **als Maschine mit erhöhbarer Spannung** ist teurer als eine normale Maschine und arbeitet nicht mit so günstigem Wirkungsgrad. Bei größeren Anlagen schaltet man deshalb beim Laden die normale Betriebsmaschine G mit einer **Zusatzmaschine** hintereinander, die dann die zum Laden nötige Mehrspannung liefert.

43. Galvanische Elemente

Galvanische Elemente sind Stromquellen, welche chemische Energie unmittelbar in elektrische Arbeit verwandeln. Die galvanischen Elemente beruhen auf der von VOLTA entdeckten Erscheinung, daß sich zwischen zwei verschiedenen Metallen, z. B. Kupfer und Zink, die sich in einem elektrolytischen Leiter, z. B. verdünnter Schwefelsäure, befinden, eine elektrische Potentialdifferenz ergibt, die abhängig ist von der Natur der verwendeten Stoffe, aber nicht von ihrer Größe. Das eine Metall (im erwähnten Beispiel Kupfer) wird der positive, das andere Metall (Zink) der negative Pol einer Stromquelle, die galvanisches oder Primärelement heißt, durch einen weiter unten beschriebenen Prozeß zwischen den Metallen und der Flüssigkeit. Dieser Prozeß steht still, wenn die Elektroden eine bestimmte Potentialdifferenz haben, die den im Element tätigen Scheidungskräften entspricht, was in außerordentlich kurzer Zeit der Fall ist. Gibt aber das Element Strom ab, indem man seine Pole leitend verbindet, dann gleichen sich ihre Ladungen aus und die Scheidungskräfte sind dann ständig tätig im Sinne einer Erhaltung der Potentiale der Elektroden. Es ergibt sich eine konstante EMK E und ein ständiger Strom I und die erzeugte elektrische Arbeit $A = E I t$ wird bestritten von der Energie, welche bei der chemischen Umwandlung frei wird infolge der Elektrolyse der Flüssigkeit durch den vom Element gelieferten Strom I.

Entstehung der EMK eines galvanischen Elements: Die Ionen eines jeden gelösten Salzes haben das Bestreben, sich möglichst weit voneinander zu entfernen, d. h. sich auf möglichst viel Lösungsmittel zu verteilen, mit anderen Worten, die Lösung zu verdünnen. Die Ionen werden also mit einer gewissen Kraft aus der Lösung getrieben und an hineintauchenden Körpern ausgefällt. Man nennt diese Kraft den **osmotischen Druck** der gelösten Substanz und er ist um so größer, je größer die Konzentration der Lösung ist. Der osmotische Druck gilt sowohl für die positiven Metallionen, wie für die negativen Restionen. Es hat sich aber gezeigt, daß die Restionen eine viel geringere Beweglichkeit haben, so daß stets im Mittel mehr Metallionen zur Ausfällung gelangen als Restionen. Umgekehrt nun hat jedes in einen flüssigen Leiter getauchte Metall die Tendenz, sich aufzulösen, d. h. es ist eine gewisse Kraft vorhanden, welche Metallionen in die Flüssigkeit treibt, der sogenannte **Lösungsdruck.** Osmotischer und Lösungsdruck stehen sich also entgegen, wenn ein Metall in eine Säure oder ein Salz taucht. Ein Auflösen kann nur eintreten, wenn der Lösungsdruck größer ist als der osmotische, ein Ausfällen nur, wenn umgekehrt der osmotische Druck der größere ist, und in beiden Fällen dauert der Prozeß so lange, bis durch die Konzentrationsänderung der Flüssigkeit die beiden Drucke gleich sind. Nun erhält bei der Lösung positiver Metallionen das Metall ein negatives, die Flüssigkeit ein positives Potential, beim Ausfällen von Metallionen die Flüssigkeit ein negatives und der Leiter, auf dem die Ausfällung erfolgt, ein positives Potential. Um also ein galvanisches Element von möglichst großer EMK zu erhalten, muß man für Elektroden und Elektrolyten geeignete Stoffe verwenden. Beim negativen Pol muß Lösen des Metalls, beim positiven Pol Ausfällen eintreten. Der **negative Pol** muß also aus einem Metall bestehen, welches einen möglichst **hohen Lösungsdruck** besitzt (Zink, Kadmium, Eisen), der **positive Pol** aus einem Metall, welches einen **kleinen Lösungsdruck** hat (Platin, Silber, Kupfer bzw. Kohle). Damit dieser Lösungsdruck bzw. osmotische Druck gut zur Wirkung kommt, taucht der negative Pol in eine schwach konzentrierte Salz- bzw. Säurelösung, der positive Pol in eine konzentrierte Lösung. Die Potentiale, welche die positive und negative Elektrode erhalten, heißen **Einzelpotentiale** und können bestimmt werden im Vergleich zu einer Nullelektrode. Die auf die Nullelektrode bezogenen Einzelpotentiale in äquivalentnormalen Lösungen heißen Normalpotentiale und ergeben sich in Volt aus der **elektrochemischen Spannungsreihe** der Zahlentafel 12 bezogen auf das Potential der Wasserstoffelektrode = 0. Die EMK zwischen den Elektroden einer Zusammensetzung zweier verschiedener Metalle gemäß Zahlentafel 12 mit einem Elektrolyten ist dann die Differenz der Einzelpotentiale $E = V_1 - V_2$, z. B. zwischen Kupfer und Zink $E = V_{Cu} - (-V_{Zn}) = V_{Cu} + V_{Zn} = 0{,}34 + 0{,}76 = 1{,}10$ V.

Zahlentafel 12

Elektrodenpotentiale NP in äquivalentnormalen Lösungen bei 18°

Stoffe	K	Na	Mg	Mn	Zn	Fe	Cd
NP in V	— 3,2	— 2,8	— 1,55	— 1,0	— 0,76	— 0,43	— 0,4
Stoff	Tl	Co	Ni	Pb	Sn	H_2	Sb
NP in V	— 0,32	— 0,29	— 0,22	— 0,12	— 0,1	± 0,0	+ 0,1
Stoff	Bi	Cu	O_2	Ag	Hg	Pd	Au
NP in V	+ 0,2	+ 0,34	+ 0,41	+ 0,8	+ 0,86	+ 0,82	+ 1,50

Da nun die gelösten + -Metallionen und das negativ geladene Metall sich anziehen, sowie die ausgeschiedenen + -Metallionen und das positiv geladene Metall sich abstoßen, so folgt, daß schon nach Lösung bzw. Ausscheidung unwägbarer Mengen die elektrostatischen Kräfte den Prozeß einstellen, woraus sich erklärt, warum die Potentiale und die EMK sofort vorhanden sind und über einen bestimmten Wert nicht steigen können. Schließt man aber das Element, dann gleichen sich die Ladungen der Pole aus und es kann von neuem Auflösen bzw. Ausfällen stattfinden.

Der Verwendung der Metalle zu Elektroden sind Grenzen gesetzt, weil die in Zahlentafel 12 vor dem Zink stehenden Metalle zu heftig mit Wasser reagieren und die nach Kupfer stehenden zu teuer sind. Die Kombination Zink-Kupfer ist also am günstigsten und die EMK dieser Kombination ist 1,1 V, wie bereits oben berechnet wurde. Die größte EMK der Kombination Gold-Kalium wäre $+ 1{,}5 + 3{,}2 = 4{,}7$ V.

Der vom Element gelieferte Strom elektrolysiert die Flüssigkeit und zwar ist der negative Pol Anode, der positive Kathode. Für den Fall, daß am positiven Pol Wasserstoff entwickelt wird, erzeugt er eine Gegen-EMK der Polarisation, weil Wasserstoff einen sehr hohen Lösungsdruck besitzt und dadurch das Potential des positiven Pols und damit die EMK des Elements vermindert. Man muß deshalb bei einem jeden Element, welches eine konstante EMK besitzen soll, durch ein depolarisierendes Mittel dafür sorgen, daß Wasserstoff nicht an den positiven Pol gelangt. Als **Depolarisatoren** verwendet man entweder eine zweite, den + -Pol umgebende Flüssigkeit, die den Wasserstoff bindet und Metall ausfällen läßt, oder man umgibt den + -Pol mit sauerstoffreichen Körpern (Braunstein MnO_2), welche den Wasserstoff aufnehmen. Bei Verwendung von zwei Flüssigkeiten sind sie durch eine Tonzelle getrennt. **Die wichtigsten galvanischen Elemente** sind:

Das DANIELL-Element (Abb. 85)

In einem Glasgefäß *a* befindet sich in einer konzentrierten Lösung von Kupfervitriol ($CuSO_4$) ein Kupferzylinder *b* als positiver Pol. In einer innerhalb des Kupferzylinders stehenden, mit verdünnter Schwefelsäure (H_2SO_4) gefüllten Tonzelle *c* befindet sich ein Zinkstab *d* als negativer Pol. Der Strom geht innerhalb des Elements vom Zink zum Kupfer, so daß Zink Anode und Kupfer Kathode ist.

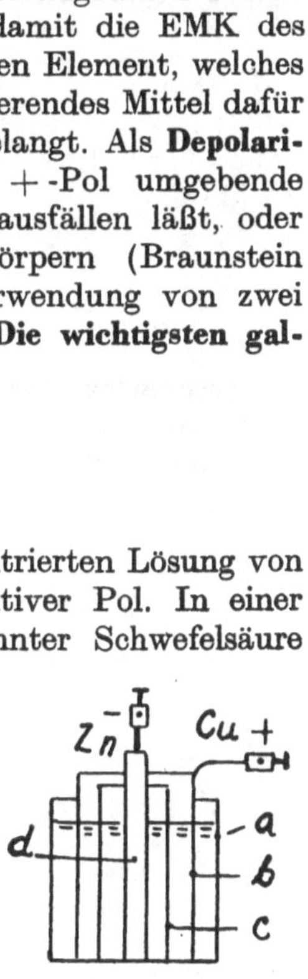

Abb. 85

— -Pol: $Zn + SO_4 = ZnSO_4$, also Lösung des Zinks,

+ -Pol: $H_2 + CuSO_4 = H_2SO_4 + Cu$, also Niederschlag von Cu am positiven Pol durch den Depolarisator $CuSO_4$. EMK $E = 1{,}07$ V.

Das Element von KRÜGER (Abb. 86)

In einem Gefäß befindet sich in einer konzentrierten Lösung von Kupfervitriol eine Kupferplatte als positiver Pol und darüber in einer leichten Lösung von Zinkvitriol ($ZnSO_4$) ein Zinkstab als negativer Pol. Durch den vom Zink zum Kupfer gehenden Strom im Element wandern die Metalle als Kationen in der Stromrichtung und die Säurereste entgegengesetzt.

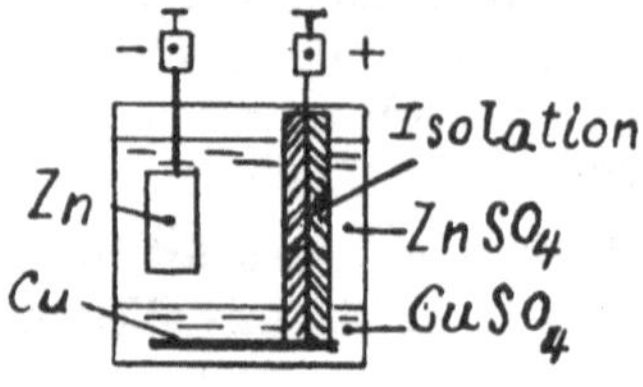

Abb. 86

+ -Pol: Niederschlag von Cu auf der Cu-Platte. An der Grenze zwischen den beiden Flüssigkeiten ergibt der Prozeß $SO_4 + Zn \mid SO_4 = ZnSO_4 + SO_4$ also Bildung von $ZnSO_4$.

— -Pol: $SO_4 + Zn = ZnSO_4$ Lösung von Zink. EMK $E = 1$ V.

Das LECLANCHÉ Element (Abb. 87)

Ein Zinkzylinder Zn als negativer Pol und ein von Braunstein umgebener Kohlestab C als positiver Pol befinden sich in einer Salmiaklösung (NH_4Cl). Cl ist Anion, geht also zum Zink und NH_4 ist Kation, geht zur Kohle. Stromrichtung von Zink zur Kohle.

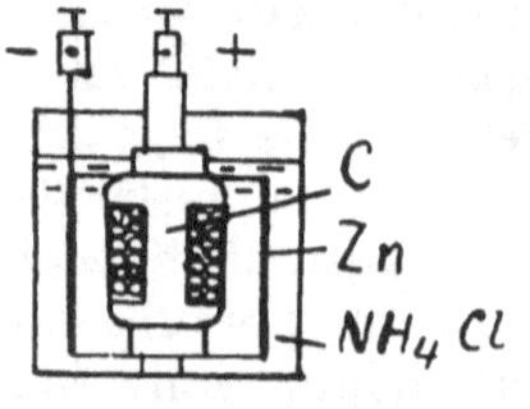

Abb. 87

— -Pol: $Zn + Cl_2 = ZnCl_2$ Bildung von Chlorzink,

+ -Pol: $2\,NH_4 = 2\,NH_3 + 2\,H$

$$2\,MnO_2 + 2H = Mn_2O_3 + H_2O$$

der Braunstein als Depolarisator bindet den Wasserstoff. EMK $E = 1{,}3 \ldots 1{,}5$ V. Das Element findet viel Verwendung.

Trockenelemente sind tragbare LECLANCHÉ-Elemente, bei denen die mit Braunstein umgebene Kohle und der Zinkzylinder sich in einer breiigen Masse aus Mehl oder Sägespänen befinden, die mit Salmiaklösung getränkt ist. EMK $E = 1{,}5$ V.

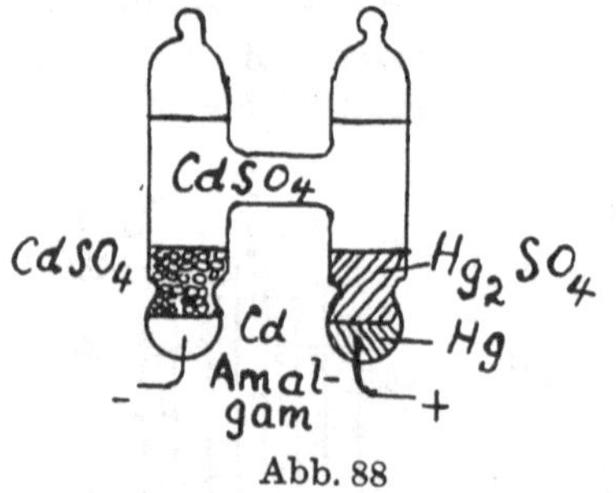

Abb. 88

Normalelemente: Es sind galvanische Elemente aus chemisch reinen Stoffen, die jahrelang ihre EMK beibehalten, wenn sie nur mit äußerst schwachen Strömen beansprucht werden, damit keine Polarisation eintritt. Normalelemente finden Verwendung zum Eichen von Spannungsmessern mit dem Kompensationsapparat. Am meisten gebraucht ist das Normalelement von WESTON (Abb. 88), dessen EMK $E = 1{,}0183$ V beträgt bei 20° C. Das Element besitzt in einer H-förmigen Röhre als positiven Pol Quecksilber (Hg) in Quecksilberoxydulsulfat (Hg_2SO_4) als Depolarisator und als negativen Pol Kadmiumamalgam in Kadmiumsulfat ($CdSO_4$) und das ganze Element ist dann mit einer konzentrierten Kadmiumsulfatlösung als Elektrolyten gefüllt. Die Röhre befindet sich in einem Holzkästchen. Nebenher ist auch das CLARK-Normalelement zu erwähnen, welches wegen seines hohen Temperaturkoeffizienten unbequem ist. Neben den Normalwiderständen sind bei praktischen Messungen die Normalelemente die zweite elektrische Grundeinheit.

Bei den galvanischen Elementen wird die erzeugte elektrische Arbeit bestritten von der Energie, die infolge der Elektrolysierung bei der chemischen Umwandlung frei wird. Beim DANIELL-Element z. B. wird beim Lösen des Zinks Wärme frei, beim Ausfällen von Kupfer aus $CuSO_4$ Wärme verbraucht. Die Differenz zwischen freiwerdender Wärme und Wärmeverbrauch wird in elektrische Energie verwandelt. Der Verbrauch an Zink beträgt 0,7 ... 1 kg je 1 kWh, weil das unreine käufliche Zink durch innere Ströme auch bei offenem Element zerstört wird.

V. Abschnitt

Magnetismus

44. Dauermagnete

Unter Magnetismus versteht man die Eigenschaft, Eisen anzuziehen. An gewissen Stellen der Erde (Norwegen, Schweden, Rußland) findet sich ein Eisenerz, der Magneteisenstein (Fe_3O_4), der diese Eigenschaft besitzt, und ein Stück dieses Eisenerzes heißt ein **natürlicher Magnet.** Die magnetische Wirkung tritt am stärksten stets an zwei bestimmten Stellen des Magneten auf, die seine **Pole** heißen. Bringt man ein Stück weiches Eisen oder aus hartem Stahl mit dem Pol eines Magneten in Verbindung oder in seine Nähe, dann wird das Weicheisen- bzw. Stahlstück ebenfalls magnetisch, d. h. die Stücke werden zu Magneten mit je zwei Polen, was man **magnetische Induktion** nennt. **Weiches Eisen** verliert nach der Entfernung von dem Magneten den erregten Magnetismus (temporärer Magnetismus) wieder bis auf einen kleinen Rest, welcher **remanenter Magnetismus** heißt. **Harter Stahl** behält nach Entfernung von dem Magneten dagegen den induzierten Magnetismus (Dauermagnetismus). Daher stellt man aus gehärtetem Stahl **künstliche Magnete** her, welche **permanente** oder **Dauermagnete** heißen und in drei Formen verwendet werden, als Magnetnadel, Stab- und Hufeisenmagnet (Abb. 89). Die Pole befinden sich an den Enden, man findet sie durch Eintauchen des Magneten in Eisenfeilspäne. Wird eine Magnetnadel auf einer Spitze im Schwerpunkt drehbar gelagert, ein Stab- oder Hufeisenmagnet drehbar aufgehängt, dann drehen sie sich immer so lange, bis die Verbindungslinie der Pole in die Nordsüdrichtung fällt, wobei stets **derselbe Pol** nach **Norden** zeigt. Man nennt den nach Norden weisenden Pol den **Nordpol,** den anderen Pol den **Südpol.** Nähert man den Polen eines drehbaren Magneten die Pole eines zweiten Magneten, dann zeigt sich das magnetische Grundgesetz: **Gleichnamige Pole stoßen sich ab, ungleichnamige ziehen sich an.** In Übereinstimmung mit den Erscheinungen bei den elektrischen Ladungen bezeichnet man, um die Verschiedenheit der magne-

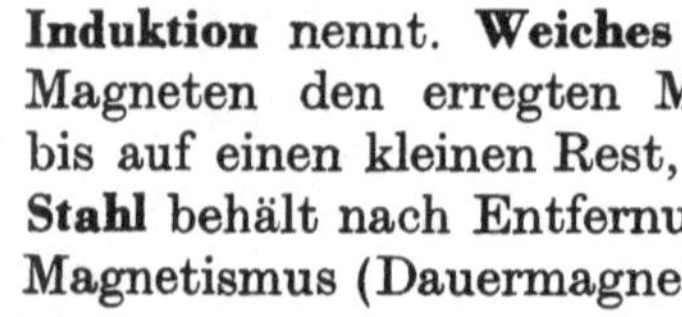

Abb. 89

tischen Pole auszudrücken, den Nordpol auch als + -Pol, den Südpol als — -Pol. Mit Hilfe der oben ausgesprochenen Gesetze kann man die Art der Pole eines Magneten feststellen. Die Tatsache, daß eine drehbare Magnetnadel oder jeder drehbar aufgehängte Magnet mit ihrem Nordpol nach Norden zeigen, erklärt sich dadurch, daß die Erde selbst ein großer Magnet ist mit einem magnetischen Südpol am geographischen Nordpol und einem magnetischen Nordpol am geographischen Südpol.

45. Das Wesen des Dauermagnetismus

Wird ein Eisen- oder Stahlstück *E* von einem Magneten *M* durch Induktion oder Berührung mit einem Pol des Magneten magnetisiert, dann entsteht bei dem Eisenstück *E* an der dem Magneten zugekehrten Seite der dem Magnetpol **ungleichnamige** Pol gemäß Abb. 90. Beim magnetisierten Eisenstück *E* entstehen also stets Nord- und Südpol und es zeigt sich, daß der magnetisierende Magnet *M* dabei von seinem Magnetismus nichts verliert. Außerdem ergibt sich noch folgende Erfahrungs**tatsache**: Bricht man einen Magneten an irgendeiner Stelle durch, **dann entstehen** an den Bruchflächen der beiden Stücke sofort zwei neue ungleichnamige Pole derart, daß jedes Stück für sich ein vollständiger Magnet ist mit je zwei Polen, einem Nord- und einem Südpol. Dieser Vorgang wiederholt sich, wenn man die Zerteilung beliebig oft fortsetzt.

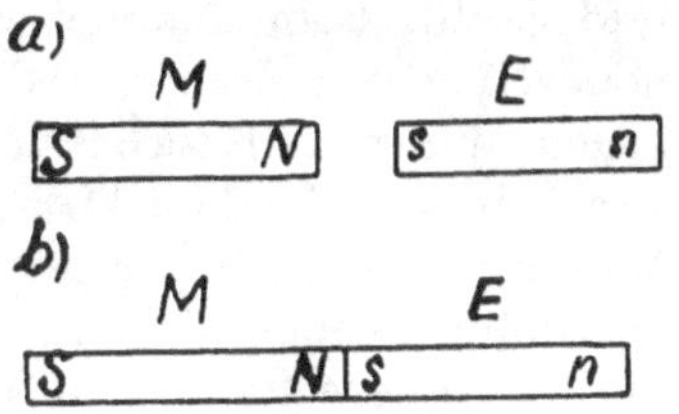

Abb. 90

Die Erscheinungen im Magnetismus lassen sich sämtlich durch folgende Vorstellung erklären: Im Eisen ist der Magnetismus schon enthalten, indem die Moleküle kleine Elektromagnete (elektrische Kreisströme) sind mit je einem Nord- und Südpol. Die Kreisströme sind die um die Atomkerne kreisenden Elektronen, die ihren Nordpol *n* auf derjenigen Seite haben, von der aus gesehen die Elektronen entgegen dem Uhrzeigersinn kreisen (Abb. 91b). Im unmagnetischen Zustand des Eisens sind die Molekularmagnete regellos verteilt, wodurch sie nach außen keine Wirkung geben können. Durch die Einwirkung eines Magneten werden nun aber die Molekularkreisströme gerichtet, so daß ihre Nordpole *n* nach der dem Nordpol *N* des Magneten abgekehrten Seite, ihre Südpole *s* nach der dem Nordpol des Magneten zu-

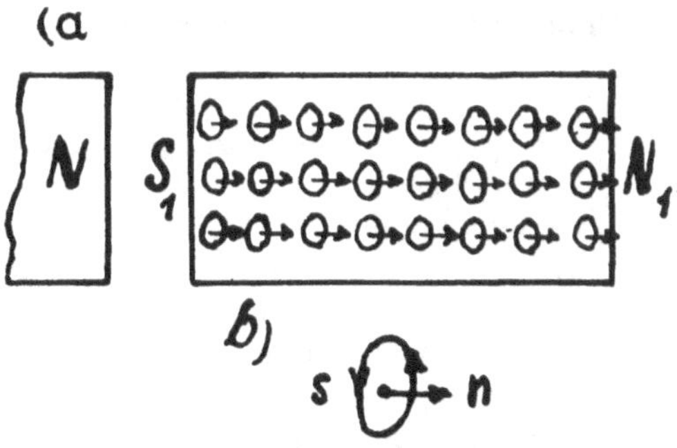

Abb. 91

gekehrten Seite stehen (Abb. 91a). Die Molekularkreisströme stellen sich also mit ihren Achsen in gleiche Richtung und so, daß die Elektronen im gleichen Sinne kreisen. Dadurch entsteht an dem einen Ende des magnetisierten Eisenstücks ein Südpol S_1, am andern Ende ein gleichstarker Nordpol N_1.

Das Magnetisieren besteht also in einem Ausrichten der Molekularkreisströme. Auf Grund dieser Anschauung ist es dann erklärlich, daß ein Magnet durch das Magnetisieren von Eisenstücken nichts von seinem Magnetismus einbüßt, daß beim magnetisierten Eisen an der dem Magneten zugekehrten Seite stets der ungleichnamige Pol entsteht, die magnetische Wirkung nach außen hin in der Hauptsache nur an den Polflächen auftritt und schließlich, daß beim Zerbrechen eines Magneten jedes Stück wieder ein Magnet ist. Es erklärt sich auch der Unterschied bei der Magnetisierung von Eisen und Stahl. Beim Magnetisieren müssen sich die Molekularmagnete in die neue Richtung drehen und setzen dieser Bewegung einen Widerstand entgegen, den man **Koerzitivkraft** nennt. Sie ist bei weichem Eisen sehr klein, weshalb sich die Molekularmagnete sehr leicht drehen und der induzierte Magnetismus sofort stark ist. Nach Entfernung des magnetisierenden Magneten drehen sich die Molekularkreisströme aber ebenso leicht wieder in ihre frühere Lage zurück und nur wenige bleiben in der neuen Lage und geben den remanenten Magnetismus. Bei hartem Eisen (Stahl) ist dagegen die Koerzitivkraft groß, die Molekularmagnete drehen sich schwer, bleiben aber auch in der neuen Lage, so daß der einmal induzierte Magnetismus dauernd ist. Eine Bestätigung erfährt diese Anschauung dadurch, daß auf rasches Ummagnetisieren Stahl nicht, dagegen weiches Eisen reagiert und sich dabei infolge der entstehenden Reibungsarbeit erwärmt. Die Existenz der Molekularkreisströme erklärt auch noch folgende Erfahrungstatsache. Ein Eisen- oder Stahlstück kann durch Anwendung immer stärkerer Magnete nicht beliebig stark magnetisiert werden, sondern der Magnetismus erreicht in jedem Eisenstück einen für das betreffende Stück festbestimmten Höchstwert. Man nennt diese Erscheinung **magnetische Sättigung** und sie ist offenbar erreicht, wenn alle Molekularströme gerichtet sind.

46. Das magnetische Feld

Von den Polen eines Magneten gehen Kräfte in den Raum, die sich im umgebenden Medium, d. h. also auch in der Luft fortpflanzen und dadurch einen Spannungszustand erzeugen. Man bezeichnet den Bereich, in welchem ein solcher Spannungszustand herrscht, als magnetisches Feld. Die von einem Magnetpol ausgehenden Kräfte wirken geradlinig nach allen Richtungen des Raumes und nehmen mit dem Quadrat der Entfernung r vom Pol ab. Abb. 92 zeigt die Richtungen der Polkräfte bei einem sehr langen Magneten. Bringt man eine Magnetnadel in den Bereich der Pole, dann stellt sie sich in die Kraftrichtungen ein und zwar so, daß beim Nordpol N

der Nordpol n der Nadel nach außen, beim Südpol S nach innen zeigt. Diese Kraftrichtungen kann man auch sichtbar machen, indem man auf den Magneten eine Glasplatte legt, die man um die Pole herum mit Eisenfeilspänen bestreut. Da jeder Feilspan durch magnetische Induktion zu einem kleinen Magneten wird, verhält er sich wie eine Magnetnadel. Die von den Feilspänen sichtbar gemachten Linien heißen, da sie in den Kraftrichtungen verlaufen, Kraft- oder Feldlinien und die positive Feldrichtung ist die Richtung, in welche der Nordpol n einer Magnetnadel zeigt, also vom Nordpol N weg, zum Südpol S hin. Nun gehen von jedem Pol unendlich viele Feldlinien in den Raum. Man trifft daher folgende Festsetzungen:

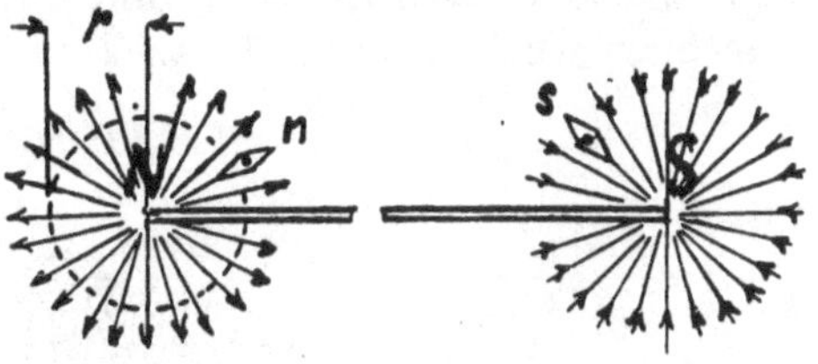

Abb. 92

Als Einheitspol **1 Maxwell (M)** gilt jener Pol, der auf den gleichstarken in 1 cm Entfernung in Luft die Kraft 1 Dyn ausübt. Ferner nimmt man das Bündel Feldlinien, welches vom Einheitspol im Raumwinkel $\omega = 1$ ausgeht, als eine Feldlinie an. Dann gehen vom Einheitspol 4π und vom Pol mit der m-fachen Wirkung $4\pi m$ Feldlinien aus. Die Gesamtzahl der von einem Pol ausgehenden Feldlinien nennt man den **magnetischen Fluß** des Poles, der mit Φ bezeichnet wird, so daß

$$\Phi = 4\pi m. \tag{115}$$

Die Einheit des magnetischen Flusses ist also die gleiche wie die Poleinheit, nämlich 1 Maxwell. Die Flußdichte, d. h. die Zahl der Feldlinien je 1 cm² einer zu ihnen senkrechten Fläche F heißt **magnetische Induktion** und wird mit $\mathfrak{B}$ bezeichnet

$$\mathfrak{B} = \frac{\Phi}{F}. \tag{115a}$$

Die Einheit ist **1 Gauß (G)** $= 1\ M/\text{cm}^2$. Die Induktion $\mathfrak{B}$ ist ein Vektor und hat die Richtung der Feldlinien, weshalb diese auch **Induktionslinien** heißen. Für die beiden Pole der Abb. 92 ist die Induktion im Abstand r cm von den Polen, da durch die Kugelfläche $F = 4r^2\pi$ cm² der Polfluß $\Phi = 4\pi m$ senkrecht hindurchgeht

$$\mathfrak{B} = \frac{4\pi m}{4r^2\pi} = \frac{m}{r^2}. \tag{115b}$$

Die Induktion $\mathfrak{B}$ ist ein Maß für die Stärke des Feldes.

Nach dem Coulombschen Gesetz ist die Kraft eines Poles m Maxwell auf einen in r cm befindlichen Pol m_1 Maxwell in Dyn

$$P = \frac{1}{\mu}\frac{m \cdot m_1}{r^2}, \tag{116}$$

wobei μ eine dem feldbildenden Medium entsprechende Magnetisierungszahl (Permeabilität) ist, welche, gemäß der Definition bezüglich des Einheitspols, für Luft den Wert $\mu = 1$ hat. Aus Gl. (116) ergibt sich die Feldkraft auf den Einheitspol $m_1 = 1$ im Abstand r cm vom Pol m, welche magnetische **Feldstärke** heißt und im absoluten Maß in der Folge mit $\mathfrak{H}^\nabla$ bezeichnet wird, in Dyn/Maxwell zu

$$\mathfrak{H}^\nabla = \frac{1}{\mu}\frac{m}{r^2} \tag{116a}$$

und für $\mu = 1$ in Luft

$$\mathfrak{H}^\nabla = \frac{m}{r^2}\,. \tag{116b}$$

Die Feldstärke ist wie $\mathfrak{B}$ ebenfalls ein Vektor mit derselben Richtung und hat als Einheit **1 Oersted.** Durch Vergleich der Gl. 115b und 116b ergibt sich, daß in Luft $\mathfrak{B}$ und $\mathfrak{H}^\nabla$ auch gleichen Betrag haben.

Die in den Gleichungen dieses Paragraphen auftretende **„Polstärke" *m*** bzw. m_1 **hat nicht die Bedeutung, daß an den Polflächen** eines Magneten etwa **magnetische Massen vorhanden sind,** da solche nicht existieren. Unter der **Polstärke *m*** eines Magneten **ist die Kraftwirkung** zu verstehen, **welche den ausgerichteten Molekularströmen eigen ist** und im Feld in Erscheinung tritt, d. h. die **Polstärke *m* ist** nach Gl. (115) der **4πte Teil des von den Molekularströmen** des Magneten **erzeugten Flusses Φ.**

Das einem Feldpunkt zugehörige **magnetische Potential *V*** in **Erg/Maxwell** ergibt sich als Arbeit, um den Einheitspol aus dem Unendlichen nach dem Feldpunkt zu schaffen,

$$V = -\int_\infty^r \mathfrak{H}^\nabla\, dr = -m\int_\infty^r \frac{dr}{r^2} = \frac{m}{r}\,. \tag{116c}$$

Die Differenz der Potentiale zweier Feldpunkte ist dann die magnetische Spannung V zwischen den Punkten, woraus wieder folgt, daß die Feldstärke $\mathfrak{H}^\nabla$ die Spannung je 1 cm ist.

Bei einem Magneten sind nun die Pole nie so weit voneinander entfernt, daß sie, wie in Abb. 92, gegenseitig unbeeinflußt bleiben, sondern es findet eine Überlagerung der beiden Polfelder zu einem resultierenden Feld statt. Nach früherem sind dann gemäß Abb. 3a Feldstärken $\mathfrak{H}^\nabla$ und Induktionen $\mathfrak{B}$ **geometrisch** zu addieren, woraus dann, da die beiden in Luft gleiche Richtung und Größe haben, das auch für die Resultierenden gilt. Durch Streuen von Eisenfeilspänen er-

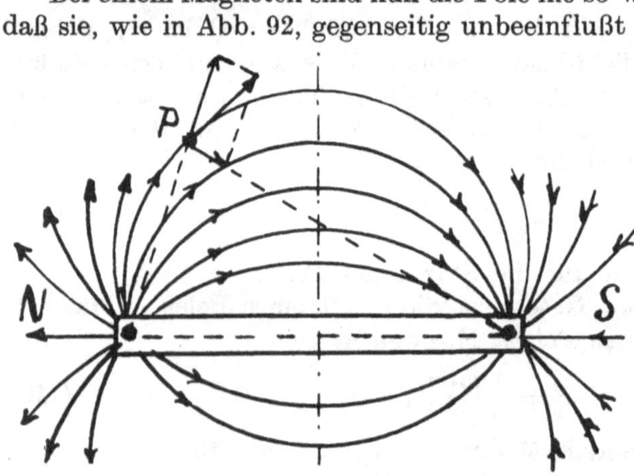

Abb. 93

geben sich bei einem Dauermagneten dann auch krumme Feldlinien, die vom Nordpol N zum Südpol S verlaufen gemäß Abb. 93, in welche sich auch ins Feld gebrachte Magnetnadeln einstellen. An jeder Stelle dieser Induktionslinien ist $\mathfrak{B} = \mathfrak{H}^{\nabla}$ und, weil sie durch die Wirkung beider Pole, d. h. durch die Wirkung sämtlicher Molekularkreisströme des Magneten entstehen, so folgt, daß aus dem Nordpol N der Fluß $\Phi = 4\pi m$ Feldlinien austritt und durch den Luftraum zum Südpol S zurückkehrt. Diese $\Phi = 4\pi m$ Linien gehen aber auch im Eisen des Magneten weiter vom Süd- zum Nordpol und zwar, wie Abb. 94 zeigt, als Achsen der gerichteten Kreisströme, welche ja die Induktionslinien und die Pole erzeugen. **Die Induktionslinien sind also geschlossene Linien.** Legt man irgendwo im Feld eine Fläche F senkrecht zu den Induktionslinien gemäß Abb. 95, dann bilden die Linien, welche den Rand der Fläche ausmachen, ein Induktionsrohr, durch welches der konstante Fluß Φ' geht, so daß die Induktion $\mathfrak{B} = \frac{\Phi'}{F}$ im Rohr nach den Polen zu immer größer wird. In einer Drahtwindung, die den Fluß des Rohres umfaßt, wird beim Entfernen der Windung innerhalb einer Sekunde eine elektrische Spannung in Volt induziert, die ein Maß für den Fluß im Rohr ist. **Man mißt den Fluß** deshalb **auch in Voltsekunden (Vs).** Wie in § 64 nachgewiesen wird, ist 1 Vs $= 10^8$ M, so daß man in der Praxis als Flußeinheit 1 Maxwell verwendet.

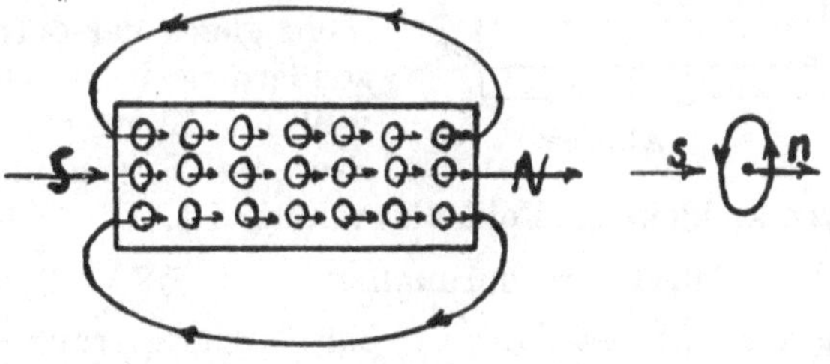

Abb. 94

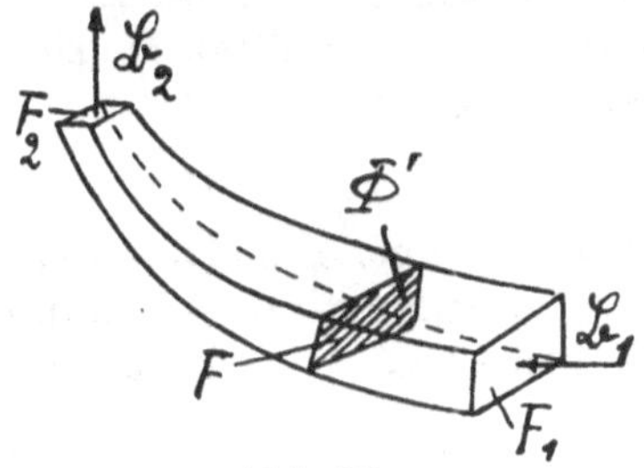

Abb. 95

Bei einem Dauermagneten ist in der Luft und im Magneten selbst in jedem Querschnitt der Gesamtfluß $4\pi m$ konstant. Im Magneten ist deshalb die Induktion $\mathfrak{B}$ am größten. Ist F_0 in cm² der Magnetquerschnitt und m die Polstärke, dann ist die Induktion im Magneten $\mathfrak{B}_0 = \frac{4\pi m}{F_0} = 4\pi \frac{m}{F_0}$ und auf der ganzen Länge l des Magneten konstant. $\frac{m}{F_0} = \sigma$ heißt **spezifische Magnetisierung.** Nun ist aber $\sigma = \frac{m}{F_0} = \frac{m \cdot l}{F_0 \cdot l}$ und $M = m \cdot l$, d. h. das Produkt aus Polstärke und Polabstand in Maxwellzentimeter, das magnetische Moment des Magneten. Und da $F_0 \cdot l = V_0$ sein Volumen ist, folgt

$$\sigma = \frac{M}{V_0} = \frac{m \cdot l}{F_0 \cdot l} \text{ Maxwell/cm}^2 \text{ (G)}, \tag{117}$$

$$\mathfrak{B}_0 = 4\pi\sigma \text{ Gauß}. \tag{118}$$

Im Feld eines Dauermagneten ist also an allen Stellen $\mathfrak{H}^{\nabla} = \mathfrak{B}$, aber der Betrag dieser Größen ist von Stelle zu Stelle veränderlich. An den Polflächen des Magneten geht die Induktion $\mathfrak{B}$ stetig vom Eisen in die Luft bzw. von Luft in das Eisen über. Die Feldstärke im Magneten ist aber nicht mehr gleich der dort herrschenden Induktion $\mathfrak{B}_0$, sondern nach Gl. (116a) μ mal kleiner als in Luft, weil im Eisen als leichter zu magnetisierenden Stoff zur Erzeugung der gleichen Induktion eine μ mal kleinere Feldstärke nötig ist. Die Feldstärke ändert sich daher an den Polflächen sprunghaft von $\mathfrak{H}^{\nabla} = \mathfrak{B}_0 = 4\pi\sigma$ außen auf $\mathfrak{H}_0^{\nabla} = \frac{\mathfrak{B}_0}{\mu}$ innen. $\mathfrak{H}_0^{\nabla}$ ist dann die zur Magnetisierung des Magneten, d. h. zur Ausrichtung der Molekularströme nötige magnetisierende Kraft. Da die Magnetisierung der Dauermagnete elektrisch erfolgt, kann man das Verhältnis

Abb. 96

$$\mu = \frac{\mathfrak{B}}{\mathfrak{H}^{\nabla}} \tag{119}$$

für verschiedene Eisensorten bestimmen. μ ist dimensionslos und heißt **relative Permeabilität.** Im Eisen besteht also zwischen der magnetisierenden Feldstärke $\mathfrak{H}^{\nabla}$ und der erzeugten Induktion $\mathfrak{B}$ die Beziehung

$$\mathfrak{B} = \mu \mathfrak{H}^{\nabla}. \tag{119a}$$

Dabei ist aber μ nicht konstant, sondern nimmt mit zunehmendem $\mathfrak{H}^{\nabla}$ ab.

Die magnetische Spannung längs eines Stückes l cm einer Feldlinie ist, da gemäß Gl. (116c) die Feldstärke $\mathfrak{H}^{\nabla}$ die Spannung je cm ist,

$$V = \int_0^l \mathfrak{H}^{\nabla} \cdot dl \text{ Erg/Maxwell}. \tag{120}$$

$\int_0^l \mathfrak{H}^{\nabla} \cdot dl$ heißt **Linienintegral der magnetischen Feldstärke.** Die Spannung längs einer **geschlossenen** Induktionslinie heißt **Rand-** oder **Umlaufspannung** (auch magnetomotorische Kraft MMK)

$$V = \oint \mathfrak{H}^{\nabla} \cdot dl = \mathfrak{H}_0^{\nabla} \cdot l + \int_N^S \mathfrak{B} \cdot dl \text{ Erg/Maxwell}. \tag{121}$$

$\mathfrak{H}_0^{\nabla} \cdot l$ ist die Spannung im Magneten, wo $\mathfrak{H}_0^{\nabla}$ konstant ist, und $\int_N^S \mathfrak{B} \cdot dl$ die Spannung längs des in Luft vom Nord- zum Südpol verlaufenden Teils der Induktionslinie, wo $\mathfrak{H}^{\nabla} = \mathfrak{B}$ von Punkt zu Punkt verschieden ist. Die Gl. (120) und (121) geben die Spannungen in Erg/Maxwell; durch Division mit 10^7 erhält man Ws/M. Magnetische Felder, bei denen die Feldlinien parallel laufen und $\mathfrak{H}^{\nabla}$ bzw. $\mathfrak{B}$ konstant sind, wie im Eisen eines Magneten, heißen **homogene Felder.** Bei einem homogenen Feld in Luft ist außerdem noch $\mathfrak{H}^{\nabla} = \mathfrak{B}$. Homogene Felder treten in Erscheinung in den Eisenteilen und Luftspalten der elektrischen Maschinen, Motoren und Elektromagneten.

47. Das Erdfeld

Das Verhalten einer Magnetnadel und jedes drehbar aufgehängten Magneten beweist, daß sie sich in einem magnetischen Feld befinden, das eine zur Erde unveränderliche Lage hat, also nur von der Erde herrühren kann. Nach § 44 erklärt man sich dieses Erdfeld dadurch, daß man am Erdnordpol einen magnetischen Südpol und am Erdsüdpol einen magnetischen Nordpol annimmt. Durch den Verlauf der Induktionslinien bei so weit auseinanderliegenden Polen ergibt sich, wie auch die Erfahrung bestätigt, daß das Feld innerhalb nicht zu großer Bezirke, z. B. an ein und demselben Ort, als homogen angesehen werden kann. Man hat im Erdfeld mit den empfindlichsten Mitteln keine fortbewegende Kraft auf eine Magnetnadel nachweisen können, was nur in einem homogenen Feld der Fall sein kann. Die Bestimmung der Erdfeldstärke erfolgt in § 48. Abb. 97 zeigt den Verlauf der Induktionslinien. Ihre Richtung ist am Äquator horizontal, auf der nördlichen Halbkugel schräg nach unten, auf der südlichen schräg nach oben und am Nord- bzw. Südpol senkrecht nach unten bzw. nach oben. Die Richtung der Induktionslinien und damit die Richtung der Erdfeldstärke $\mathfrak{H}_e^{\nabla}$, gibt eine in horizontaler und vertikaler Richtung bewegliche Magnetnadel nach Abb. 98 an. Der Nordpol n der Nadel zeigt tatsächlich unter einem Winkel i auf der nördlichen Halbkugel schräg nach unten, auf der südlichen Halbkugel schräg nach oben. Dieser Winkel i, der am Äquator Null ist, nimmt mit Annäherung an die Pole zu und beträgt dort 90°. Er heißt **magnetische Inklination** und deshalb die Magnetnadel der Abb. 98 eine Inklinationsnadel. Sie wird von der Erdfeldstärke $\mathfrak{H}_e^{\nabla}$, der **Totalintensität** des Erdfeldes, beeinflußt. Eine nur in horizontaler Ebene bewegliche Magnetnadel stellt sich in die Horizontalprojektion der Induktionslinien ein und wird von der Horizontalkomponente der Erdfeldstärke $\mathfrak{H}_e^{\nabla}$, der **Horizontalintensität** $\mathfrak{H}_h^{\nabla}$ des Erdmagnetismus beeinflußt. Eine solche Magnetnadel stellt sich in den magnetischen Meridian des Ortes ein, der im allgemeinen nicht mit dem geographischen Meridian des Ortes zusammenfällt, sondern mit ihm einen Winkel δ bildet, den man **magnetische Deklination** heißt. Eine nur in einer Horizontalebene drehbare Magnetnadel ist deshalb eine Deklinationsnadel. Man unterscheidet westliche und östliche Deklination, je nachdem der Nordpol n der Nadel westlich oder ost-

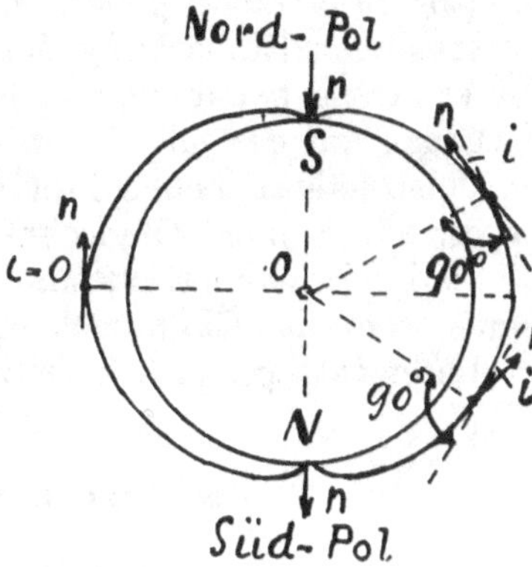

Abb. 97

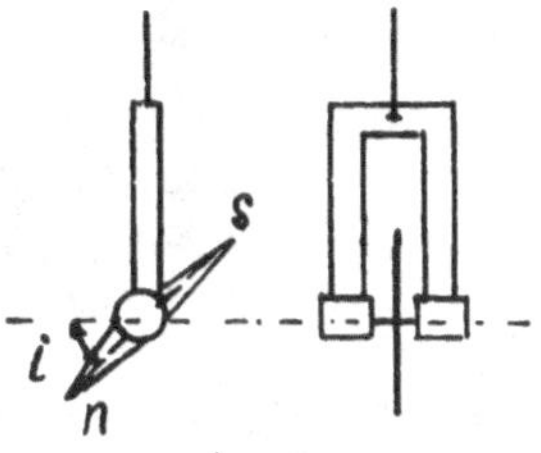

Abb. 98

wärts vom geographischen Meridian zeigt. Kennt man die Horizontalintensität $\mathfrak{H}_h^\nabla$ und die Inklination i, dann ist auch die Totalintensität $\mathfrak{H}_e^\nabla$ gegeben, denn es ist gemäß Abb. 99 $\mathfrak{H}_h^\nabla = \mathfrak{H}_e^\nabla \cos i$, $\mathfrak{H}_v^\nabla = \mathfrak{H}_e^\nabla \sin i$. Die Deklination ist z. B. für Berlin $\delta = 9° 40'$, die Inklination $i = 66°$, für Deutschland ist im Mittel $\mathfrak{H}_h^\nabla = 0{,}2$ und $\mathfrak{H}_e^\nabla = 0{,}47$ Oersted. Linien, welche die Orte gleicher Deklination δ verbinden, heißen Isogonen, Linien gleicher Inklination i Isoklinen. Die ersteren verlaufen etwa in Richtung der Meridiane, die letzteren annähernd parallel mit den Breitengraden. Der magnetische Äquator fällt nicht genau mit dem geographischen zusammen. Infolge der ständigen Einwirkung des Erdfeldes auf alle Eisen- und Stahlkörper gibt es streng genommen keine vollkommen unmagnetischen Körper auf der Erde. Auf der nördlichen und südlichen Halbkugel, je mehr man sich den Polen nähert, beobachtet man, daß vor allem lotrecht stehende Eisenkörper, wie Säulen, Ofenrohre usw., durch die größere Vertikalintensität $\mathfrak{H}_v^\nabla$ merklich magnetisch sind. Stärker noch ist dieser induzierte Magnetismus, wenn das Eisenstück mit seiner Hauptrichtung in der Richtung der Totalintensität $\mathfrak{H}_e^\nabla$ sich befindet.

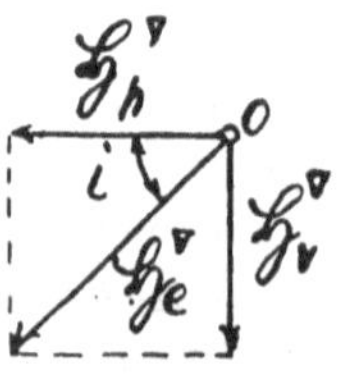

Abb. 99

48. Magnetisches Moment eines Magneten

Die Polstärke m eines Magneten kann durch die Bewegung bestimmt werden, die der Magnet in einem bekannten homogenen Feld erfährt. Am einfachsten verwendet man das Erdfeld, dessen Horizontalintensität $\mathfrak{H}_h^\nabla$ in jedem Ort bekannt ist. Wird der Magnet von der Länge l cm in seinem Schwerpunkt O drehbar aufgehängt, so daß er zu den Feldlinien des homogenen Erdfeldes nach Abb. 100 einen Winkel φ bildet, dann erfahren die Pole die gleichgroßen entgegengesetzt gerichteten Kräfte $P = m\mathfrak{H}_h^\nabla$ Dyn. Auf den Magneten wirkt also ein Kräftepaar vom Moment

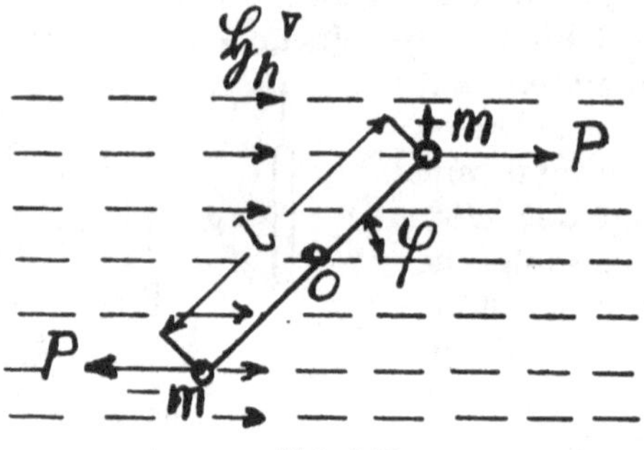

Abb. 100

$$M_d = P \cdot l \sin\varphi = m\mathfrak{H}_h^\nabla l \sin\varphi$$

und da $M = ml$ das magnetische Moment des Magneten, so folgt

$$M_d = M\mathfrak{H}_h^\nabla \sin\varphi \text{ Dyn cm}.$$

Es ist nur noch nötig, das Drehmoment M_d zu bestimmen, um das magnetische Moment M und daraus die Polstärke m zu berechnen. Das Moment M_d, welches der Magnet in der Lage φ erfährt, kann aus einer Schwingungsbeobachtung gefunden werden. Man bringt den Magneten um einen solchen

Winkel φ aus seiner Gleichsgewichtslage, daß man statt $\sin\varphi$ den Winkel φ selber setzen kann, so daß $M_d = M\,\mathfrak{H}_h^\nabla\,\varphi$ wird. Beim Loslassen des Magneten führt er um seine Gleichgewichtslage harmonische Schwingungen aus mit der Schwingungsdauer

$$T = 2\pi\sqrt{\frac{\Theta}{M\,\mathfrak{H}_h^\nabla}},$$

wenn Θ das Trägheitsmoment des Magneten bedeutet. Die Zeit T wird genau beobachtet und das Trägheitsmoment Θ aus den Abmessungen des Magneten berechnet oder durch besondere Schwingungsversuche ermittelt. Nach Abb. 100a ist $\Theta = \frac{m_0}{12}(l^2 + b^2)$, wenn l und b in cm eingesetzt werden und m_0 die Masse des Magneten in g bedeutet. Löst man die Gleichung für die Schwingungsdauer T nach $M \cdot \mathfrak{H}_h^\nabla$ auf, dann ergibt sich

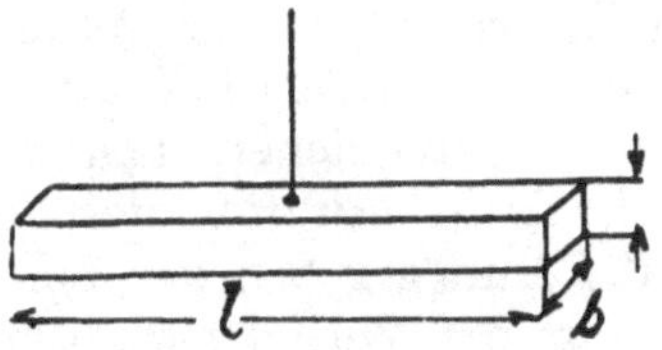

Abb. 100a

$$M\,\mathfrak{H}_h^\nabla = \frac{4\pi^2\Theta}{T^2}.$$

Aus dieser Gleichung kann man bei gegebenem $\mathfrak{H}_h^\nabla$ das magnetische Moment $M = ml$ des Magneten und daraus seine Polstärke berechnen, oder man kann bei gegebenem m die Horizontalintensität $\mathfrak{H}_h^\nabla$ des Erdfeldes bestimmen. Um von beiden Größen unabhängig zu sein, ermittelt man durch Ablenkungsbeobachtungen noch den Quotienten $M : \mathfrak{H}_h^\nabla$ und hat dann zwei Gleichungen zur Bestimmung von M und $\mathfrak{H}_h^\nabla$. Auf diese Weise wird $\mathfrak{H}_h^\nabla$ für die verschiedenen Orte der Erde bestimmt.

49. Eisen im magnetischen Feld

Bringt man in ein magnetisches Feld ein Stück Eisen, dann wird das Feld in der Umgebung des Eisenstücks der Stärke und Gestalt nach verändert, wie sich durch Feilspäne nachweisen läßt. Ein ursprünglich homogenes Feld von der Stärke $\mathfrak{H}^\nabla = \mathfrak{B}$ z. B. erfährt eine Veränderung gemäß Abb. 101. Die Feldlinien biegen in der Umgebung des Eisenstücks von ihrer ursprünglichen Richtung ab und sind bestrebt, möglichst im Eisen zu verlaufen, so daß es den Anschein hat, als würden die Feldlinien in das Eisenstück hineingesaugt. Das ursprünglich homogene Feld erfährt an den zu den Feldlinien senkrechten Flächen des Eisenstücks eine Verstärkung, entlang den mit den magnetisierenden Feldlinien parallelen Flächen des Eisen-

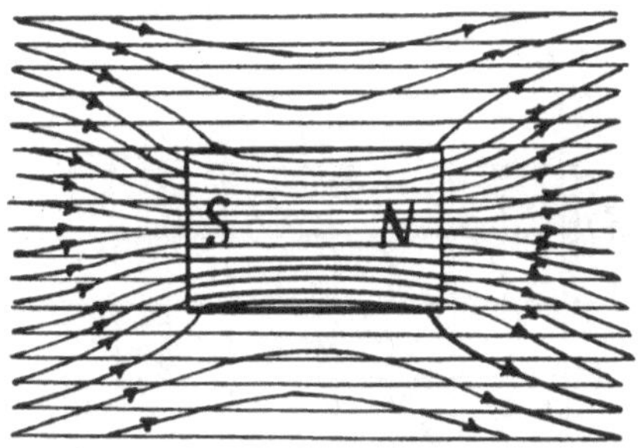

Abb. 101

stücks eine Schwächung. Im Eisen selbst verlaufen die Induktionslinien mit großer Dichte $\mathfrak{B} = \mu \mathfrak{H}^{\nabla}$. Die gleiche Erscheinung wie im **Eisen** zeigt sich auch, allerdings in schwächerem Maße, bei **Nickel** und **Kobalt** und man **bezeichnet** diese drei Stoffe **als ferromagnetische Stoffe.** Da der Erfolg der ist, daß die Feldlinien möglichst im Eisen verlaufen, so benutzt man diese Erscheinung zur Abschirmung eines Raumes gegen magnetische Kräfte, indem man ihn in Eisen einhüllt. Die Erklärung für die Gestalt des Feldes in Abb. 101 ergibt sich daraus, daß die Feldlinien des ursprünglichen Feldes das Eisenstück magnetisch machen. Es erhält dadurch an der Eintrittsstelle der Feldlinien einen Südpol S und an deren Austrittsstelle einen Nordpol N und erzeugt dadurch selbst ein Feld, welches mit dem ursprünglichen sich zu einem resultierenden zusammensetzt. Die algebraische Addition der Felder im Eisen und die geometrische Addition in der Luft ergeben das Feld der Abb. 101.

Für die Verhältnisse der Abb. 101 ergibt sich dann: Durch den auf den Feldlinien $\mathfrak{H}^{\nabla}$ senkrecht stehenden Querschnitt F des prismatischen Eisenstücks geht der resultierende Induktionsfluß $\Phi = \mathfrak{H}^{\nabla} \cdot F + 4\,\pi m$, so daß sich im Eisen eine Induktion

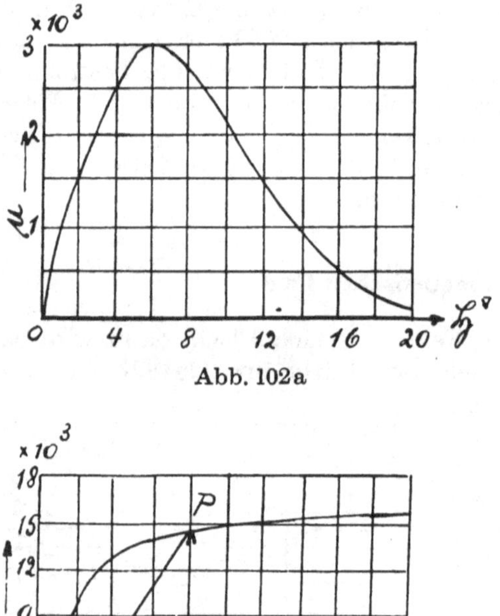

Abb. 102a

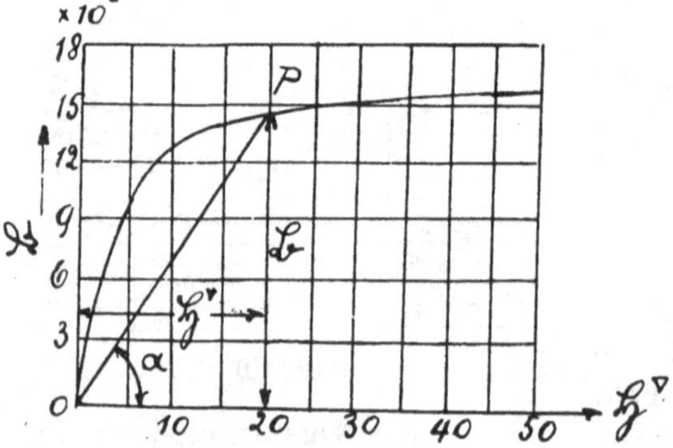

Abb. 102b

$$\mathfrak{B} = \frac{\Phi}{F} = \mathfrak{H}^{\nabla} + 4\pi \frac{m}{F} = \mathfrak{H}^{\nabla} + 4\pi\sigma \qquad (122)$$

ergibt, die um $\mathfrak{H}^{\nabla}$ größer ist als bei einem Magneten, der sich in keinem fremden Feld befindet. Die magnetische Permeabilität ist dann

$$\mu = \frac{\mathfrak{B}}{\mathfrak{H}^{\nabla}} = 1 + 4\pi \frac{\sigma}{\mathfrak{H}^{\triangle}}. \qquad (123)$$

$\frac{\sigma}{\mathfrak{H}^{\triangle}} = x$ heißt magnetische Suszeptibilität, womit

$$\mu = 1 + 4\,\pi x, \qquad (124)$$

$$\mathfrak{B} = \mu \mathfrak{H}^{\nabla}. \qquad (125)$$

Für **Luft** ist $\mu = 1$, d. h. $x = 0$. Bei den **paramagnetischen Stoffen** Mangan, Chrom, Platin, Aluminium u. a. m., welche die Feldlinien durch sich hindurchlassen und sich mit ihrer Hauptausdehnung in die Feldlinienrichtung stellen, ist μ wenig größer als 1, also x positiv. Bei den **diamagnetischen Stoffen**

Wismut, Antimon, Zink, Blei, Silber, Kupfer u. a. m., welche die Feldlinien abstoßen und sich mit ihrer Hauptausdehnung quer zu den Feldlinien stellen, ist μ wenig kleiner als 1, also $\varkappa$ negativ. Bei den genannten drei Stoffarten sind μ und $\varkappa$ konstant und unabhängig von $\mathfrak{H}^\nabla$. Bei den **ferromagnetischen Stoffen** dagegen besitzen $\varkappa$ und μ hohe Werte und sind nicht konstant, sondern nehmen mit wachsendem $\mathfrak{H}^\nabla$ erst zu und dann bis zur Sättigung stark ab (Abb. 102a). Aus dieser Abbildung, die für Eisen gilt, und Gl. (122) folgt die Funktion $\mathfrak{B} = \mu \mathfrak{H}^\nabla$ zwischen erzeugter Magnetisierung $\mathfrak{B}$ und magnetisierender Kraft $\mathfrak{H}^\nabla$. Die entsprechende Kurve der Abb. 102b heißt **$\mathfrak{B}$-$\mathfrak{H}^\nabla$-Magnetisierungskurve** und wird experimentell aufgemonmen, indem man ein Eisenstück immer stärker magnetisiert. Die Kurve zeigt, daß μ nur bei schwacher Sättigung des Eisens näherungsweise konstant und $\mathfrak{B}$ proportional mit $\mathfrak{H}^\nabla$ ist. Die Magnetisierungskurven haben für Gußeisen und Stahl den gleichen Charakter, die Stahlkurve besitzt aber höhere Werte von $\mathfrak{B}$. Zahlentafel 13 enthält Werte der Magnetisierungskurven für Gußeisen und Dynamostahl.

Zahlentafel 13

$\mathfrak{H}^\nabla$ Oersted	Gußeisen		Dynamostahl (Blech)	
	$\mathfrak{B}$	μ	$\mathfrak{B}$	μ
2	800	400	6000	3000
10	4900	490	13100	1310
20	6500	325	14800	740
50	7300	146	16200	324
100	9000	90	17400	174
120	9600	80	17500	146

Die Zahlentafel zeigt, daß mit zunehmender Sättigung μ und die Steigerung von $\mathfrak{B}$ immer mehr abnehmen.

50. Verlauf der Induktionslinien beim Übergang zwischen zwei Stoffen verschiedener Permeabilität μ

An den zu den Feldlinien eines magnetischen Feldes senkrecht stehenden Grenzflächen eines Eisenstücks treten magnetische Pole auf und ist eine Unstetigkeit des Vektors $\mathfrak{H}^\nabla$ vorhanden. Die Verhältnisse an der Grenzfläche zweier Medien verschiedener Permeabilität μ sollen jetzt untersucht werden. In Abb. 103 sei F die Grenzfläche zweier Stoffe 1 und 2 mit den Permeabilitäten μ_1 und μ_2. $\mathfrak{B}_1$ bzw. $\mathfrak{B}_2$ sind die entsprechenden Induktionen, $\mathfrak{B}_{n1}$ bzw. $\mathfrak{B}_{n2}$ ihre Normal- und $\mathfrak{B}_{t1}$ bzw. $\mathfrak{B}_{t2}$ Tangentialkomponenten. Desgleichen sind $\mathfrak{H}_{n1}^\nabla$ bzw. $\mathfrak{H}_{n2}^\nabla$ die Normalkomponenten der Feldstärken $\mathfrak{H}_1^\nabla$ und $\mathfrak{H}_2^\nabla$ und $\mathfrak{H}_{t1}^\nabla$ bzw. $\mathfrak{H}_{t2}^\nabla$ die Tangentialkomponenten in den

Stoffen 1 und 2. Nach § 46 ergibt sich, daß die Normalkomponente $\mathfrak{B}_n$ der Induktion von einem Stoff in den andern stetig übergeht, daß also

$$\mathfrak{B}_{n1} = \mathfrak{B}_{n2} \tag{126}$$

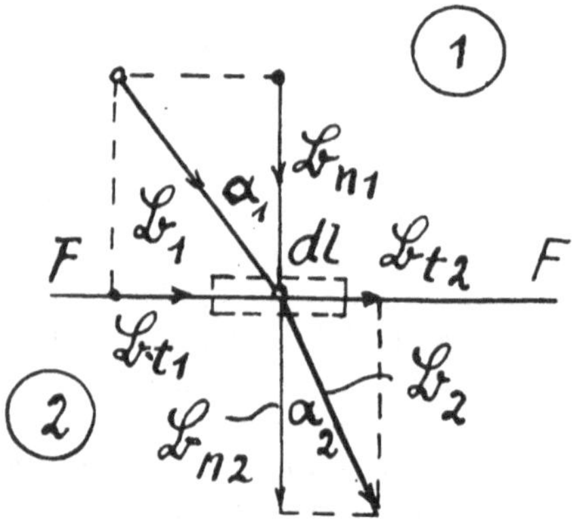

Abb. 103

ist. Da nun $\mathfrak{B}_{n1} = \mu_1 \mathfrak{H}_{n1}^\nabla$ und $\mathfrak{B}_{n2} = \mu_2 \mathfrak{H}_{n2}^\nabla$, so folgt $\mu_1 \mathfrak{H}_{n1}^\nabla = \mu_2 \mathfrak{H}_{n2}^\nabla$, also

$$\mathfrak{H}_{n1}^\nabla : \mathfrak{H}_{n2}^\nabla = \mu_2 : \mu_1 . \tag{126a}$$

Aus der Verschiedenheit der Permeabilitäten μ_1 und μ_2 ergibt sich, daß auch $\mathfrak{H}_{n1}^\nabla$ und $\mathfrak{H}_{n2}^\nabla$ verschieden sind, d. h.

Die Normalkomponente der Feldstärke $\mathfrak{H}^\nabla$ ändert sich an der Grenzfläche zweier Stoffe sprunghaft und zwar im umgekehrten Verhältnis der Permeabilitäten (siehe § 46).

Zur Bestimmung der Tangentialkomponenten von $\mathfrak{H}^\nabla$ und $\mathfrak{B}$ denkt man sich an der Grenzfläche F, wie in Abb. 103, ein Rechteck gelegt, das aus den zur Grenzfläche parallelen Linienelementen dl und den Strecken senkrecht zur Grenzfläche besteht. Nun muß die Randspannung über die Seiten dieses Rechtecks gleich Null sein, weil der Potentialunterschied zwischen Ausgangs- und Endpunkt des Umlaufweges gleich Null ist, da die beiden Punkte zusammenfallen. Unter Vernachlässigung der Beiträge auf den kleinen Strecken senkrecht zur Grenzfläche (da unendlich klein höherer Ordnung) ergibt sich $\oint \mathfrak{H}^\nabla dl = \mathfrak{H}_{t1}^\nabla \cdot dl - \mathfrak{H}_{t2}^\nabla dl = 0$, d. h.

$$\mathfrak{H}_{t1}^\nabla = \mathfrak{H}_{t2}^\nabla \tag{127}$$

und da $\mathfrak{H}_{t1} = \frac{\mathfrak{B}_{t1}}{\mu_1}$ und $\mathfrak{H}_{t2}^\nabla = \frac{\mathfrak{B}_{t2}}{\mu_2}$, so folgt

$$\mathfrak{B}_{t1} : \mathfrak{B}_{t2} = \mu_1 : \mu_2 . \tag{127a}$$

Bei den Tangentialkomponenten von $\mathfrak{B}$ und $\mathfrak{H}^\nabla$ ist also das Umgekehrte der Fall wie bei den Normalkomponenten:

Die Tangentialkomponente der Feldstärke $\mathfrak{H}^\nabla$ geht von einem Stoff in den andern stetig über und die Tangentialkomponente der Induktion $\mathfrak{B}$ ändert sich sprunghaft und zwar im Verhältnis der Permeabilitäten.

Bezeichnet α_1 den Einfallswinkel im Stoff 1 und α_2 den Ausfallswinkel im Stoff 2, dann ergibt sich aus den Gl. (126) und (127a)

$$\frac{\operatorname{tg}\alpha_2}{\operatorname{tg}\alpha_1} = \frac{\mathfrak{B}_{t2}}{\mathfrak{B}_{t1}} = \frac{\mu_2}{\mu_1} . \tag{128}$$

Für den Fall, daß Stoff 1 Eisen und Stoff 2 Luft ist, ergibt sich: Gewöhnlich ist im Eisen elektrischer Maschinen und Transformatoren $\mathfrak{B} < 20000$ G. Bei $\mathfrak{B} = 10000$ G ($\mu_1 = 2700$) treten die Induktionslinien praktisch **senkrecht** aus dem Eisen in die Luft aus ($\mu_2 = 1$), weil nach Gl. (128)

$$\operatorname{tg} \alpha_2 = \operatorname{tg} \alpha_1 \frac{\mu_2}{\mu_1} = \frac{1}{2700} \operatorname{tg} \alpha_1 .$$

Bei $\mathfrak{B} = 20000$ G ($\mu_1 = 53$) gilt dies aber nur für nicht zu große Einfallswinkel α_1, etwa für $\alpha_1 \lesseqgtr 79°$, d. h. $\operatorname{tg} \alpha_1 \lesseqgtr 5$. Bei $\mathfrak{B} = 24000$ G ($\mu_1 = 6{,}6$), also in den Ankerzähnen der Gleichstrommaschinen, treten die Induktionslinien **nicht** mehr senkrecht aus dem Eisen aus, insbesondere, wenn α_1 sehr groß ist.

51. Die Energie des magnetischen Feldes. Magnetisierungsarbeit

Die magnetisierende Feldstärke $\mathfrak{H}^\nabla$ erzeugt in einem Stoff mit der Permeabilität μ eine magnetische Induktion $\mathfrak{B} = \mu \mathfrak{H}^\nabla$ und gemäß § 46 eine spezifische Magnetisierung $\sigma = \frac{\mathfrak{B}}{4\pi}$. Es soll jetzt die Magnetisierungsarbeit berechnet werden, um die Raumeinheit 1 cm³ eines Stoffes zum Betrag σ zu magnetisieren. Diese Magnetisierungsarbeit wird dann im Feld des magnetisierten Stoffes als potentielle Energie aufgespeichert, ist also gleich der Energie W_m je Raumeinheit 1 cm³ des magnetischen Feldes. Grenzt man in dem der Magnetisierung unterworfenen Körper nach Abb. 104 und 105 die Raumeinheit 1 cm³ ab, dann erkennt man, daß die ma-

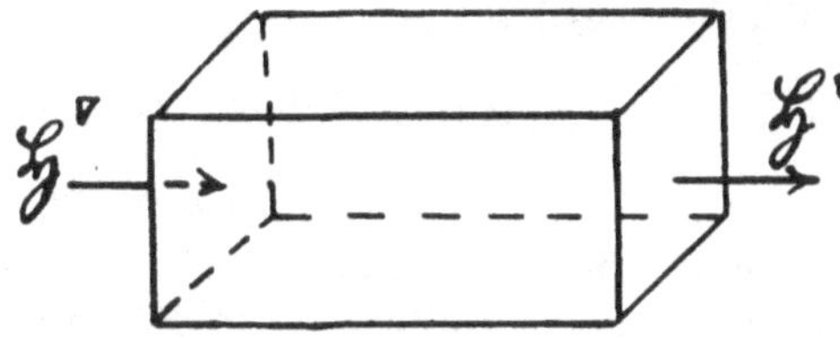

Abb. 104

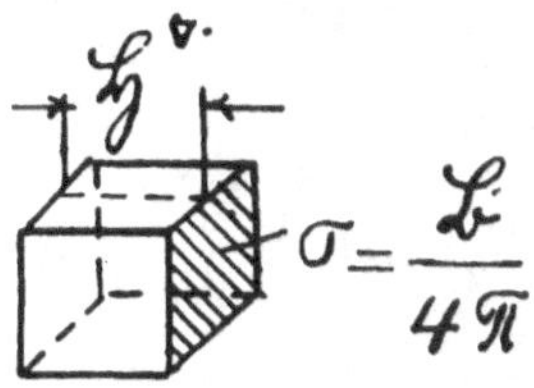

Abb. 105

gnetische Spannung je 1 cm Kantenlänge in Richtung der Feldlinien die Feldstärke $\mathfrak{H}^\nabla$ des magnetisierenden Feldes ist und die in 1 cm² senkrecht zur Feldlinienrichtung erzeugte Magnetisierung durch die spezifische Magnetisierung $\sigma = \frac{\mathfrak{B}}{4\pi}$ dargestellt wird. Beachtet man ferner, daß zur Magnetisierung auf den Betrag σ die Induktion von Null auf $\mathfrak{B}$ ansteigen muß, so ergibt sich die Magnetisierungsarbeit je 1 cm³ eines Stoffes von der Permeabilität μ in Erg/cm³

$$W_m = \frac{1}{2} \mathfrak{H}^\nabla \cdot \sigma = \frac{\mathfrak{H}^\nabla \mathfrak{B}}{8\pi} = \frac{\mathfrak{B}^2}{8\pi\mu} = \frac{\mu}{8\pi} \mathfrak{H}^{\nabla 2} . \qquad (129)$$

Durch Division mit 10^7 erhält man W_m in Ws/cm³. **Die Gl. (129)** dient zur **Berechnung** der **Magnetisierungsarbeit** für Stoffe mit konstanter Permeabilität μ, also **für die para- und diamagnetischen Stoffe** und auch für **Luft,** bei der wegen $\mu = 1$, $\mathfrak{H}^\nabla = \mathfrak{B}$ zu setzen ist, so daß $W_m = \frac{\mathfrak{B}^2}{8\pi} = \frac{1}{8\pi} \mathfrak{H}^{\nabla 2}$.

Diese Stoffe haben eine geradlinige Magnetisierungskurve nach Abb. 106, da $\mathfrak{B}$ proportional mit $\mathfrak{H}^\nabla$ ist.

Aus $W_m = \frac{\mathfrak{H}^\nabla \mathfrak{B}}{8\pi} = \frac{1}{4\pi} \cdot \frac{\mathfrak{H}^\nabla \mathfrak{B}}{2}$ ergibt sich, daß die Magnetisierungsarbeit je 1 cm³ gleich ist dem 4π ten Teil der Fläche *obc* zwischen der Magnetisierungskurve *OA* und der Ordinatenachse. **Bei den ferromagnetischen Stoffen** Eisen, Nickel und Kobalt ist die Permeabilität μ nicht konstant, sondern nach § 49 eine Funktion von $\mathfrak{H}^\nabla$ bzw. $\mathfrak{B}$ nach Abb. 102a und demgemäß die Funktion $\mathfrak{B} = \mu \mathfrak{H}^\nabla$ eine Kurve nach Abb. 107. Für einen ferromagnetischen Stoff **ist die Magnetisierungsarbeit je 1 cm³** um die Induktion von $\mathfrak{B}$ auf $\mathfrak{B} + d\mathfrak{B}$ zu erhöhen, wenn man während der Änderung um $d\mathfrak{B}$ die Permeabilität konstant annimmt, nach Gl. (129)

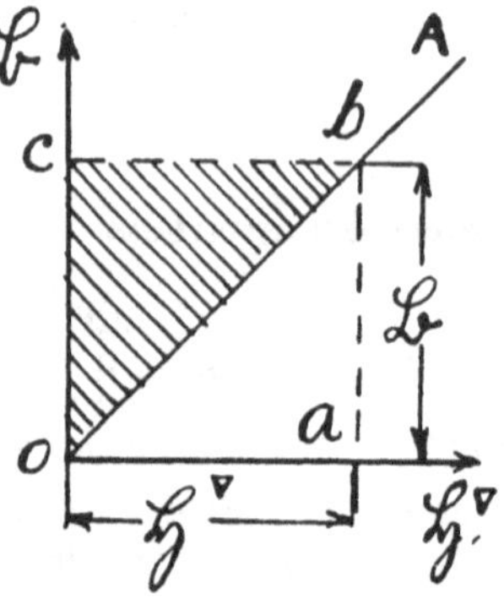

Abb. 106

$$d W_m = \frac{1}{8\pi\mu} [(\mathfrak{B} + d\mathfrak{B})^2 - \mathfrak{B}^2]$$

$$= \frac{1}{8\pi\mu} [2\,\mathfrak{B} \cdot d\mathfrak{B} + (d\mathfrak{B})^2].$$

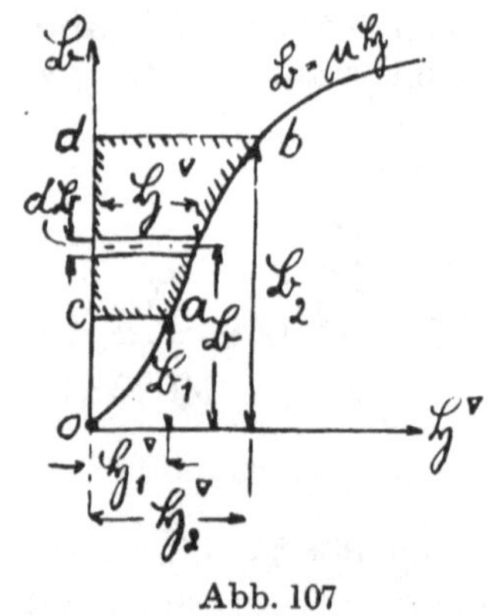

Abb. 107

Da $(d\mathfrak{B})^2$ als unendlich klein höherer Ordnung vernachlässigt werden kann, ergibt sich

$$d W_m = \frac{1}{4\pi\mu} \mathfrak{B} \cdot d\mathfrak{B} = \frac{1}{4\pi} \mathfrak{H}^\nabla \cdot d\mathfrak{B}. \quad \textbf{(130)}$$

Mithin ist die magnetische Arbeit um die Raumeinheit 1 cm³ eines ferromagnetischen Stoffes von $\mathfrak{B}_1$ bis $\mathfrak{B}_2$ zu magnetisieren in Erg/cm³

$$W_m = \frac{1}{4\pi} \int_{\mathfrak{B}_1}^{\mathfrak{B}_2} \mathfrak{H}^\nabla \cdot d\mathfrak{B} \,\frac{\text{Dyn}}{\text{M}} \cdot \frac{\text{M}}{\text{cm}^2} = \frac{\text{Erg}}{\text{cm}^3} \quad \textbf{(131)}$$

Gl. (131) gibt die Arbeit je 1 cm³ bei der Magnetisierung eines Eisenstücks, wenn durch Änderung der magnetisierenden Feldstärke $\mathfrak{H}^\nabla$ von $\mathfrak{H}_1^\nabla$ auf $\mathfrak{H}_2^\nabla$ die Induktion des Eisenstücks von $\mathfrak{B}_1$ auf $\mathfrak{B}_2$ gesteigert wird. Da $\mathfrak{H}^\nabla \cdot d\mathfrak{B}$ gleich einem der schmalen Flächenstreifen in Abb. 107 ist, so ist $\int_{\mathfrak{B}_1}^{\mathfrak{B}_2} \mathfrak{H}^\nabla \cdot d\mathfrak{B}$ gleich der Fläche *abdc* zwischen der Magnetisierungskurve und der Ordinatenachse.

Die zur Magnetisierung von $\mathfrak{B}_1$ auf $\mathfrak{B}_2$ eines Eisenstücks mit gegebener Magnetisierungskurve erforderliche Arbeit ist je Raumeinheit in Erg/cm³ gleich der $\frac{1}{4\pi}$ fachen Fläche zwischen dem entsprechenden Teil der Magnetisierungskurve und der Ordinatenachse.

Erfolgt die Magnetisierung vom unmagnetischen Zustand, d. h. von $\mathfrak{B}_1 = 0$ ab, dann ist $W_m = \frac{1}{4\pi}\int\limits_0^{\mathfrak{B}_2} \mathfrak{H}^\nabla \cdot d\mathfrak{B}$, also gleich der $\frac{1}{4\pi}$fachen Fläche *obd* der Abb. 107. Die Arbeit W_m muß von der magnetisierenden Ursache aufgewendet werden und wird im magnetisierten Stoff als potentielle Energie aufgespeichert. Erfolgt die Magnetisierung, wie im nächsten Abschnitt VI behandelt wird, von einem elektrischen Strom, dann muß die Stromquelle die Arbeit W_m leisten, während bei einem Dauermagneten die Energie W_m aus dem Feld des Magneten genommen wird. Ist $\mathfrak{B}_2 < \mathfrak{B}_1$, dann wird W_m negativ, weil $d\mathfrak{B}$ negativ ist, d. h. die im magnetischen Stoff aufgespeicherte Energie wird zurückgeliefert in den Stromkreis bzw. ins Feld des Dauermagneten. **Wird der Körper von den magnetischen Kräften in das Feld hineingezogen,** dann leistet das Feld außer der magnetischen Arbeit W_m auch noch mechanische Arbeit auf Kosten seiner potentiellen Energie bzw. auf Kosten des Stromes. In diesem Fall hat der Stoff, aus dem der Körper besteht, eine größere Permeabilität μ als der das Feld bildende Stoff. **Der Körper ist ferro- oder paramagnetisch. Muß** dagegen **der Körper durch** eine **äußere Kraft in das** magnetische **Feld hineingebracht werden,** dann wird die geleistete mechanische Arbeit A in magnetische Energie W_m umgesetzt. **Der Körper** hat dann eine kleinere Permeabilität μ als das feldbildende Medium, er **ist diamagnetisch.**

52. Die magnetische Hysteresis

Beim Eisen ist die Funktion $\mathfrak{B} = \mu\mathfrak{H}^\nabla$ nicht linear, weil die Permeabilität μ nicht konstant ist, sondern nach Abb. 102a mit zunehmender Feldstärke $\mathfrak{H}^\nabla$ zunächst rasch zunimmt und dann stark abfällt. Infolgedessen hat die Magnetisierung des Eisens eine Sättigungsgrenze. Dazu kommt aber noch, daß infolge des Beharrungsvermögens der Molekularkreisströme in Gestalt einer Reibungskraft der magnetische Zustand $\mathfrak{B}$ des magnetisierten Eisens bei einer Änderung der magnetisierenden Kraft $\mathfrak{H}^\nabla$ gegenüber der von dieser angestrebten Änderung zurückbleibt, so daß die magnetische Zustandsänderung **nach erfolgter Magnetisierung** nicht mehr nach der Magnetisierungskurve der Abb. 102b bzw. 107 (in Abb. 108 die Kurve OA) vor sich geht, sondern nach einer geschlossenen Kurve gemäß Abb. 108. Die Magnetisierung erfolgt nur dann nach der Kurve OA in Abb. 108,

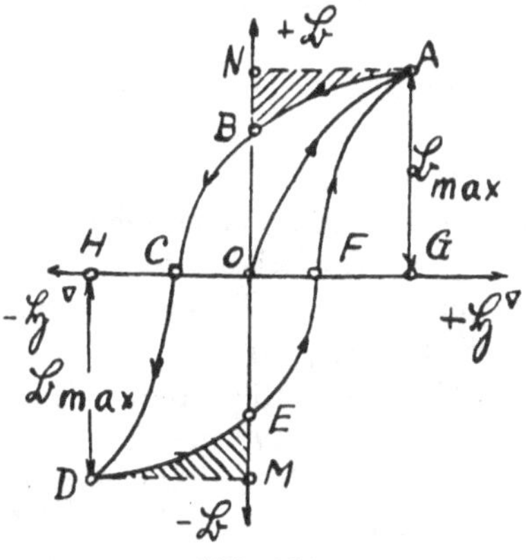

Abb. 108

wenn die Magnetisierung, vom vollkommen unmagnetischen Zustand $\mathfrak{B} = 0$ des Eisens ausgehend, mit von Null beginnendem und stetig wachsendem $\mathfrak{H}^\nabla$ vorgenommen wird. Hat man also $\mathfrak{H}^\nabla$ von Null bis auf den Wert OG allmählich wachsen lassen, dann hat auch die Induktion $\mathfrak{B}$ im Eisen nach der Kurve OA zugenommen bis auf $\mathfrak{B}_{max} = GA$. Läßt man aber jetzt $\mathfrak{H}^\nabla$ allmählich gegen Null wieder abnehmen, dann nimmt $\mathfrak{B}$ infolge des Beharrungsvermögens der Molekularmagnete nicht nach der Kurve AO, sondern nach der Kurve AB ab, so daß zu allen Werten von $\mathfrak{H}^\nabla$ jetzt höhere Werte von $\mathfrak{B}$ gehören, als während des Anwachsens von $\mathfrak{H}^\nabla$. Bei $\mathfrak{H}^\nabla = 0$ ist also das Eisen nicht unmagnetisch, sondern besitzt noch einen Magnetismus mit der Induktion OB, welche den **remanenten Magnetismus** darstellt. Um ihn zu vernichten, d. h. $\mathfrak{B} = 0$ zu erhalten, muß man nach der entgegengesetzten Richtung wie bisher einen gewissen Betrag $\mathfrak{H}^\nabla = OC$ aufwenden, der die **Koerzitivkraft** des Eisens darstellt. Bei Steigerung von $\mathfrak{H}^\nabla$ auf den Wert $OH = OG$ in der neuen Richtung wächst $\mathfrak{B}$ nach der Kurve CD in umgekehrter Richtung wie vorher auf den Wert $HD = -\mathfrak{B}_{max}$. Das Eisen wird also erst, wenn $\mathfrak{H}^\nabla$ den Wert OC überschreitet, in der neuen Richtung magnetisiert. Läßt man die negative Feldstärke $\mathfrak{H}^\nabla$ wieder auf Null abnehmen, dann nimmt auch $\mathfrak{B}$ nach der Kurve DE ab, so daß, wenn $\mathfrak{H}^\nabla = 0$, ein negativer remanenter Magnetismus mit der Induktion $OE = OB$ vorhanden ist. Zu dessen Vernichtung ist dann wieder eine Feldstärke $\mathfrak{H}^\nabla = OF = OC$ nötig in der ursprünglichen Richtung. Die Magnetisierung des Eisens in dieser Richtung beginnt dann erst wieder, wenn $\mathfrak{H}^\nabla$ den Wert OF überschreitet. Der jeweilige Wert von $\mathfrak{B}$ hängt also von den vorhergegangenen Werten ab in dem Sinne, daß der vorhergehende Zustand sich zu erhalten sucht, indem die Molekularmagnete sich der Änderung der Magnetisierung widersetzen. Dadurch bleibt die Änderung von $\mathfrak{B}$ gegenüber der Änderung von $\mathfrak{H}^\nabla$ zurück, was man **magnetische Hysteresis** nennt. Die geschlossene Figur $ABCDEFA$, welche die Funktion $\mathfrak{B} = f(\mathfrak{H}^\nabla)$ bildet für eine volle Ummagnetisierung, d. h. wenn $\mathfrak{H}^\nabla$ von OG auf OH und wieder zurück auf OG sich ändert, heißt **Hysteresisschleife.**

Die Gestalt der Hysteresisschleife hängt von der physikalischen und chemischen Beschaffenheit der Eisensorte ab. Weiches, kohlenstoffarmes Eisen hat eine kleine Koerzitivkraft, gehärteter Stahl eine große. Deshalb ist bei weichem Eisen die Hysteresisschleife schmal, bei Stahl breit, um so breiter, je größer der Kohlenstoffgehalt, d. h. die Härte des Eisens, ist. Deshalb verwendet man gehärteten Wolfram- und Kobaltstahl zur Herstellung von Dauermagneten.

Es ist noch die **Ummagnetisierungsarbeit** W_h zu berechnen für eine Periode, d. h. während sich $\mathfrak{H}^\nabla$ von OG über OH wieder zurück auf OG ändert. Nach § 51 ist die Arbeit in Erg/cm³, die während einer Änderung des magnetischen Zustandes gemäß der Funktion $\mathfrak{B} = f(\mathfrak{H}^\nabla)$ aufgewendet wird, gleich dem $\frac{1}{4\pi}$fachen der Fläche zwischen der Kurve $\mathfrak{B} = f(\mathfrak{H}^\nabla)$

und der Ordinatenachse, nämlich $W_m = \frac{1}{4\pi}\int\limits_{\mathfrak{B}_1}^{\mathfrak{B}_2} \mathfrak{H}^{\nabla} d\mathfrak{B}$. Beachtet man nun, daß W_m positiv ist, wenn $\mathfrak{H}^{\nabla}$ und $d\mathfrak{B}$ gleiches Vorzeichen haben, dagegen negativ bei ungleichem Vorzeichen von $\mathfrak{H}^{\nabla}$ und $d\mathfrak{B}$, und ferner, daß bei Abnahme eines negativen $\mathfrak{B}$-Betrages $d\mathfrak{B}$ positiv ist, dann ergibt sich, daß die Arbeit für die Kurve AB negativ ist ($+\mathfrak{H}^{\nabla}$, $-d\mathfrak{B}$), für die Kurve BD positiv ($-\mathfrak{H}^{\nabla}$, $-d\mathfrak{B}$), für die Kurve DE negativ ($-\mathfrak{H}^{\nabla}$, $+d\mathfrak{B}$) und für die Kurve EA positiv ($+\mathfrak{H}^{\nabla}$, $+d\mathfrak{B}$). **Die algebraische Summe aller Arbeiten bei einer vollen Ummagnetisierung,** d. h.

$$W_h = \frac{1}{4\pi}\int\limits_{\mathfrak{B}=GA}^{\mathfrak{B}=GA} \mathfrak{H}^{\nabla}\cdot d\mathfrak{B} \text{ in Erg/cm}^3$$

ist dann gleich dem $\frac{1}{4\pi}$ fachen der von der Hysteresisschleife eingeschlossenen Fläche. Die Ummagnetisierungsarbeit W_h ist ein Energieverlust, welcher durch den Widerstand verursacht wird, den die Molekularkreisströme der Ummagnetisierung entgegensetzen. Die Ummagnetisierungsarbeit wird in Wärme verwandelt und heißt **Hysteresisverlust.** Von der gesamten zur Ummagnetisierung aufgewendeten Arbeit W_m längs der Kurve $EFABCDE$ wird vom Feld nur die Arbeit längs der Kurven AB und DE gleich dem $\frac{1}{4\pi}$ fachen der Flächen ANB und DME, die in Abb. 108 schraffiert sind, zurückgeliefert, so daß als Verlust W_h gleich dem $\frac{1}{4\pi}$ fachen der Hysteresisschleifenfläche auftritt.

Um den Energieverlust der Ummagnetisierung berechnen zu können, muß die Hysteresisschleife der Eisensorte gegeben sein. In der Praxis verwendet man aber meist eine von STEINMETZ aufgestellte empirische Formel, wonach der Hysteresisverlust je 1 cm³ und Periode in Erg beträgt

$$W_h = \eta\,\mathfrak{B}^{1,6} = \eta\,\mathfrak{B}^{1,6}\cdot 10^{-7}\ \text{Ws},$$

wenn $\mathfrak{B}$ den Maximalwert $GA = HD$ der Induktion der Hysteresisschleife bedeutet. Ist G in kg das Gewicht des Eisenkörpers vom spezifischen Gewicht 7,7, so ist der Hysteresisverlust bei f Ummagnetisierungen in der Sekunde in Watt

$$N_h = \eta\,\mathfrak{B}^{1,6}\,\frac{1000\,G}{7,7} f\cdot 10^{-7}\ \text{W},$$

$$N_h = \eta\,\mathfrak{B}^{1,6}\cdot 130\,G f\, 10^{-7}\ \text{W}. \qquad \textbf{(132)}$$

Der Hysteresiskoeffizient η ist um so größer, je größer die Koerzitivkraft ist, und beträgt im Mittel für Dynamoblech 0,0013 bis 0,002, für Stahlguß 0,002 bis 0,008 und für Gußeisen 0,01 bis 0,02. Bei Induktionen über 10000 G ist η größer und man rechnet dann in Formel (132) mit $\mathfrak{B}^2$ statt $\mathfrak{B}^{1,6}$. Genauer als die Formel (132) und für die Rechnung bequemer ist die durch Versuche gefundene zweigliedrige Formel $N_h = f\cdot(\alpha'\mathfrak{B} + \beta'\mathfrak{B}^2)$, die man auch in der Form schreiben kann

$$N_h = \alpha \frac{f}{100} \cdot \frac{\mathfrak{B}}{10000} + \beta \frac{f}{100} \left(\frac{\mathfrak{B}}{10000}\right)^2 \text{W/kg},$$

worin die Materialkonstanten $\alpha = 0{,}9$ und $\beta = 3{,}5$ bei gewöhnlichem Dynamoblech und $\alpha = 0{,}3$ bis $0{,}4$ und $\beta = 2{,}1$ bis $2{,}6$ bei hochlegiertem Blech bis $\mathfrak{B} = 16000$ G gültig sind. Da in elektrischen Maschinen $\mathfrak{B}$ größer als 10000 G, in den Zähnen fast stets größer als 16000 G ist, so läßt man das erste Glied wegfallen und schreibt

$$N_h = \sigma_h \frac{f}{100} \left(\frac{\mathfrak{B}}{10000}\right)^2 G\,(\text{W}),$$

wobei σ_h so bestimmt wird, daß der gleiche Hysteresisverlust entsteht. Da nun für gewöhnliches Dynamoblech $\sigma_h = 4{,}4$, so ergibt sich schließlich der **Leistungsverlust durch Hysteresis in normalem Dynamoblech**

$$N_h = 2{,}2 \frac{f}{50} \left(\frac{\mathfrak{B}}{10000}\right)^2 G\,(\text{W}). \tag{133}$$

Der Verlust, der in $G = 1$ kg Eisen bei der Induktion $\mathfrak{B} = 10000$ G und der Frequenz des magnetisierenden Wechselfeldes $f = 50/\text{s}$ entsteht, ergibt sich aus Gl. (133) zu $v_h = 2{,}2$ W/kg und heißt die **Verlustziffer.**

Die Hysteresisverluste kann man dnrch Legierung des Eisens mit geeigneten Zusätzen (Silizium) vermindern; dadurch wird aber die Sättigungsgrenze des Eisens herabgesetzt. Für hochlegiertes Blech ist bei 0,5 mm Dicke $\sigma_h = 3{,}0$ und $v_h = 1{,}5$, bei 0,35 mm Dicke $\sigma_h = 2{,}4$ und $v_h = 1{,}2$. Alle Eisenkerne, die einer wechselnden Magnetisierung ausgesetzt sind, also bei den Transformatoren, Wechselstrommaschinen und Motoren sowie Wechselstrommagneten, müssen aus weichem Stahl sein (kleine Koerzitivkraft), damit die Ummagnetisierungsverluste N_h gering ausfallen.

53. Längszug und Querdruck im magnetischen Feld Zugkraft eines Magneten

Mit Hilfe der Gleichung für die Energie des magnetischen Feldes $W_m = \frac{\mathfrak{H}^\nabla \mathfrak{B}}{8\pi}$ Erg/cm³ kann der Spannungszustand des Feldes näher untersucht werden. Das Medium zwischen den Polen, die das Feld erregen, wird magnetisiert und besitzt nach Abb. 109 ein Volumen $v = x \cdot y \cdot z$, innerhalb dessen $\mathfrak{H}^\nabla$, $\mathfrak{B}$, μ und Φ konstant betrachtet werden. Die magnetische Energie in diesem Raum beträgt

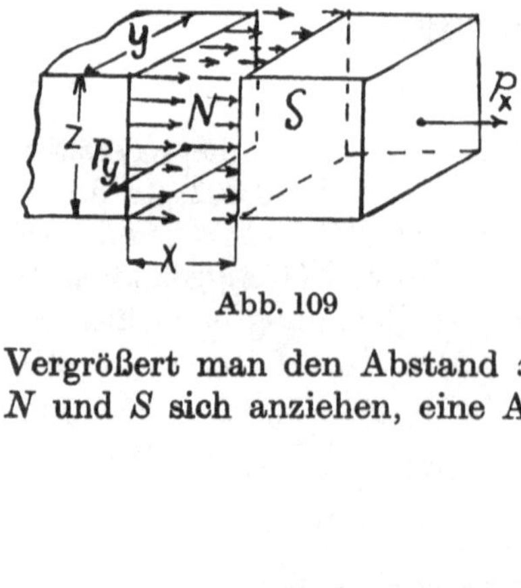

Abb. 109

$$W = \frac{\mathfrak{H}^\nabla \mathfrak{B}}{8\pi} v = \frac{\mathfrak{H}^\nabla \mathfrak{B}}{8\pi} x y z \text{ Erg}.$$

Vergrößert man den Abstand x der Pole um dx cm, so muß, da die Pole N und S sich anziehen, eine Arbeit $P_x \cdot dx$ Erg geleistet werden, und es ergibt sich ein Energiezuwachs im Feld zwischen den Polen vom Betrag $dW = \frac{\mathfrak{H}^{\nabla}\mathfrak{B}}{8\pi} yz \cdot dx$ Erg. Das Feld hat also der Verlängerung des Abstandes x um dx einen Widerstand P_x entgegengesetzt, der sich ergibt aus

$$P_x dx = \frac{\mathfrak{H}^{\nabla}\mathfrak{B}}{8\pi} yzdx$$

zu

$$P_x = \frac{\mathfrak{H}^{\nabla}\mathfrak{B}}{8\pi} \cdot F_x \,\text{Dyn}, \tag{134}$$

wenn $F_x = y \cdot z$ die Polfläche in cm² bedeutet.

Die Feldlinien eines magnetischen Feldes widersetzen sich ihrer Verlängerung, d. h. üben in ihrer Richtung einen Längszug aus, der sich nach Gl. (134) berechnen läßt. Er bewirkt die Anziehung zwischen ungleichnamigen Polen, oder zwischen einem Pol und einem Eisenstück, in welchem der ungleichnamige Pol induziert wird. Vergrößert man in dem Raumteil $v = x \cdot y \cdot z$ die Kante y senkrecht zu den Feldlinien um dy cm, dann entspricht das bei gleichbleibenden $\mathfrak{H}^{\nabla}$, $\mathfrak{B}$, μ und Φ einer Abnahme der magnetischen Energie im Raumteil im Betrag von $dW = \frac{\mathfrak{H}^{\nabla}\mathfrak{B}}{8\pi} xzdy = \frac{\mathfrak{H}^{\nabla}\mathfrak{B}}{8\pi} F_y dy$ Erg, wenn $F_y = x \cdot z$ die Fläche parallel zu den Feldlinien ist. Da die Verlängerung der Kante y um dy einen Energieverlust des Feldes zur Folge hat, so muß jetzt **das Feld** eine Arbeit geleistet haben, indem es durch eine in Richtung von dy, d. h. senkrecht zu den Feldlinien wirkende Kraft P_y die Verlängerung dy selbst anstrebt. Es muß also $P_y \cdot dy = \frac{\mathfrak{H}^{\nabla}\mathfrak{B}}{8\pi} F_y \cdot dy$ sein, oder

$$P_y = \frac{\mathfrak{H}^{\nabla}\mathfrak{B}}{8\pi} F_y \,\text{Dyn}. \tag{134a}$$

Die Feldlinien üben also senkrecht zu ihrer Richtung einen Querdruck P_y aus gemäß Gl. (134a) und suchen den vom Fluß Φ eingenommenen Raum zu vergrößern, d. h. ihre Dichte $\mathfrak{B}$ zu verringern. Dieser Querdruck ist also die Ursache, daß die diamagnetischen Stoffe wegen $\mathfrak{B} = \mu \mathfrak{H}^{\nabla} < \mathfrak{H}^{\nabla}$ die Dichte eines Flusses Φ geringer machen wollen, d. h. sich in einem magnetischen Feld von Stellen größerer Dichte zu Stellen geringerer Dichte bewegen und sich mit ihrer Haupterstreckung senkrecht zu den Feldlinien stellen.

Gl. (134) kann nun auch benutzt werden, um die Zug- bzw. Tragkraft eines Magneten zu berechnen. Da für Luft $\mathfrak{B} = \mathfrak{H}^{\nabla}$ ist, so ergibt sich die Zug- bzw. Tragkraft P eines Magnetpoles, wenn F_0 in cm² den Polquerschnitt bedeutet,

$$P = \frac{\mathfrak{B}^2 F_0}{8\pi} \,\text{Dyn} = \frac{\mathfrak{B}^2 F_0}{8\pi \cdot 981000} \,\text{kg},$$

$$P = 4{,}06\, \mathfrak{B}^2 F_0 \cdot 10^{-8} = \left(\frac{\mathfrak{B}}{5000}\right)^2 \cdot F_0 \,\text{kg}. \tag{135}$$

Bei einem Hufeisenmagneten ist für F_0 die doppelte Einzelpolfläche zu setzen. Mit Rücksicht auf die Streuung der Feldlinien ergibt Gl. (135) einen etwas zu großen Wert von P. Es wurde ferner angenommen, daß der Luftraum der Sitz der magnetischen Energie ist, was bei einem Dauermagneten nach § 54 tatsächlich zutrifft und bei einem Elektromagneten bei gleicher Induktion die Änderung der Energie im Eisen nur $\frac{1}{\mu}$ der Energie im gleichgroßen Luftraum ausmacht.

54. Berechnung des Dauermagneten

Bei einem Magneten sind die Induktionslinien geschlossene Kurven, weshalb man von einem magnetischen Kreis spricht. Er besteht im allgemeinen aus dem Weg der Feldlinien im Eisen des Magneten und dem Weg in der Luft zwischen den Polen. Im ganzen magnetischen Kreis ist der Gesamtinduktionsfluß $\Phi = 4\,\pi m$ konstant. Im Magneten sind wohl $\mathfrak{B}_0$ und $\mathfrak{H}_0^{\nabla}$ je für sich konstant, stehen aber in der Beziehung $\mathfrak{B}_0 = \mu \mathfrak{H}_0^{\nabla}$. Im Luftraum ist wohl an allen Stellen $\mathfrak{H}^{\nabla} = \mathfrak{B}$, aber $\mathfrak{H}^{\nabla}$ und $\mathfrak{B}$ sind von Stelle zu Stelle veränderlich, an den Magnetpolen am größten, in der Mittellotebene des Magneten am kleinsten. Man kann die Induktionslinien auch ganz im Eisen verlaufen lassen, d. h. einen eisengeschlossenen magnetischen Kreis herstellen durch einen Ringmagneten, dessen Pole zusammenstoßen, oder durch eine eiserne Überbrückung der Pole. Abgesehen von den Tragmagneten haben eisengeschlossene magnetische Kreise keine praktische Bedeutung, da, abgesehen von den Streulinien, alle Induktionslinien im Eisen verlaufen und nach außen kein magnetisches Feld in Erscheinung tritt. Aber auch der Stabmagnet ist nicht zweckmäßig, weil sich die magnetische Energie des Magneten auf einen sehr großen Luftraum verteilt. Wenn es sich also um die Ausnutzung eines möglichst starken Feldes handelt, muß man den Fluß Φ ein Stück Wegs durch die Luft gehen lassen und in diesem Luftraum die Wirkung des Feldes ausnutzen. Man verwendet deshalb bei der praktischen Verwendung des Dauermagnetismus Magnete mit einem entsprechend schmalen Luftspalt δ wie bei dem Magneten der Abb. 110 oder in Form des Hufeisenmagneten der Abb. 111. Im Eisen eines Dauermagneten ist die Feldstärke $\mathfrak{H}_0^{\nabla}$ jener Teil der bei der Magnetisierung aufgewendeten magnetisierenden Kraft, der im Eisen zurückgeblieben ist, also die Koerzitivkraft C des Eisens und die Induktion $\mathfrak{B}_0$ ist die Induktion $\mathfrak{B}_r$ der Remanenz. Jeder **Dauermagnet ist also Eisen**

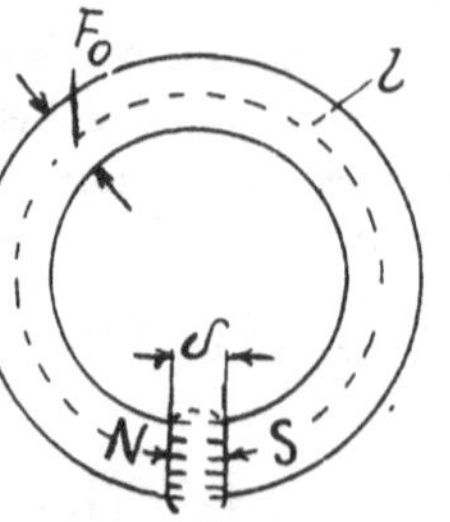

Abb. 110

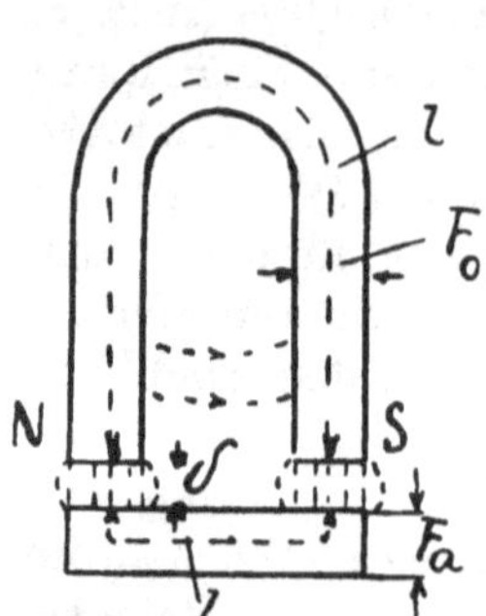

Abb. 111

im Remanenzzustand und es ist deshalb die Hysteresisschleife maßgebend. Die Zahlentafel 14 enthält für Spezialstähle, aus denen die Magnete bestehen, Koerzitivkraft C und Remanenz $\mathfrak{B}_r$.

Zahlentafel 14

Stahlsorte	Kohlenstoff %	C Oersted	$\mathfrak{B}_r$ Gauß
Chromstahl 3,4 % Cr	1,07	57	6700
Wolframstahl 2,7 % W	0,76	66	6400
Molybdänstahl 3,5 % Mo	0,51	60	6700

Die Werte sind gefunden für Stäbe von $l = 20$ cm und $F_0 = 1$ cm², die bis zur Sättigung magnetisiert wurden.

Im Eisen des Dauermagneten ist die konstante magnetische Energie der im Remanenzzustand verbliebenen Molekularkreisströme enthalten. Diese Energie je 1 cm³ des Magneten wird dargestellt durch die $\frac{1}{4\pi}$fache in Abb. 112 schraffierte Fläche F. Die gesamte magnetische Energie W_m des Magneten ergibt sich als Produkt der $\frac{1}{4\pi}$-fachen Fläche F mit dem Volumen $F_0 \cdot l$ des Magneten, so daß $W_m = \frac{1}{4\pi} F \cdot F_0 l$ ist. Diese Energie W_m gibt dem Magneten die Remanenzinduktion $\mathfrak{B}_r = OB$ und einen bestimmten Fluß Φ. Die Energie W_m erzeugt im umgebenden Raum das in § 46 näher beschriebene magnetische Feld und ist in ihm als Feldenergie $W_e = W_m$ enthalten.

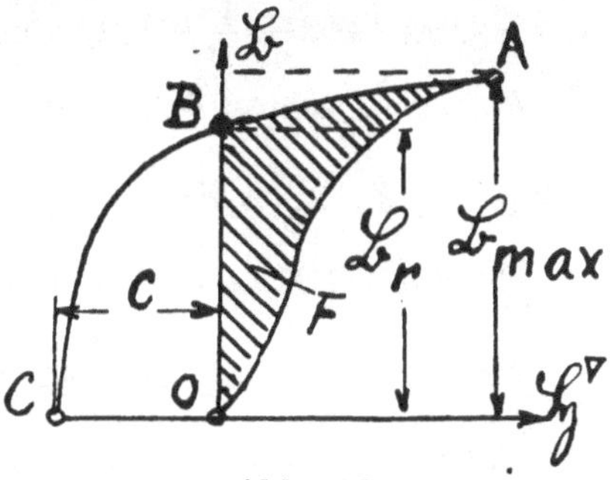

Abb. 112

Beim geschlitzten Ringmagneten der Abb. 110 dient sie zur Magnetisierung des Luftspaltes. Das Feld im Luftspalt ist nicht homogen, sondern die Induktion wird nach der Mitte zwischen den Polen zu schwächer derart, daß infolge des größeren Feldquerschnitts der Fluß Φ konstant bleibt. Ist $\mathfrak{B}$ die mittlere Induktion im Luftspalt, dann ist die zum Magnetisieren des Luftspaltes nötige Energie gemäß Gl. (129) $W_l = \frac{\mathfrak{B}^2}{8\pi} F_0 \delta$ Erg und es muß daher die Beziehung bestehen

$$\frac{\mathfrak{B}^2}{8\pi} F_0 \delta = \frac{1}{4\pi} F F_0 l, \text{ d.h. } \frac{\mathfrak{B}^2}{2} \delta = Fl,$$

woraus sich ergibt

$$\mathfrak{B} = \sqrt{2F\frac{l}{\delta}}. \qquad \textbf{(136a)}$$

Da nach § 51 $F = \int_0^{\mathfrak{B}} \mathfrak{H}^\nabla d\mathfrak{B} = \int_0^{\mathfrak{B}} \frac{\mathfrak{B} \cdot d\mathfrak{B}}{\mu}$ so hat F die Dimension G^2 und damit $\mathfrak{B}$ aus Gl. (136a) die Dimension G.

Mit der Induktion aus Gl. (136a) ergibt sich dann der Fluß im Querschnitt F_0 zu $\Phi = \mathfrak{B} F_0$ und der magnetische Zug der Pole

$$P = \left(\frac{\mathfrak{B}}{5000}\right)^2 \cdot F_0 \text{ [kg]}.$$

Bei einem Hufeisenmagneten der Abb. 111 dient die Energie W_m des Magneten zur Magnetisierung der Luftspalte und des Ankers. Bezeichnet wieder $\mathfrak{B}$ die mittlere Induktion in den Luftspalten, δ cm die Länge eines Luftspaltes, l cm die Länge des Magneten, l_a cm die Länge des Ankers, F_0 cm² den Magnetquerschnitt, F_a cm² den Ankerquerschnitt und F' die der Induktion $\mathfrak{B}_a = \mathfrak{B}\frac{F_0}{F_a}$ des Ankers entsprechende Fläche in Erg/cm³ zwischen seiner Magnetisierungskurve und der Ordinatenachse in Abb. 112, dann sind die magnetischen Energien in Erg für den Magnet $W_m = \frac{1}{4\pi} F F_0 l$, für den Anker $W_a = \frac{1}{4\pi} F' F_a l_a$ und für die Luftspalte mit Gl. (129) $W_l = \frac{\mathfrak{B}^2}{8\pi} F_0 \cdot 2\delta$. Da nun $W_m = W_l + W_a$, so folgt

$$W_l = \frac{\mathfrak{B}^2}{8\pi} F_0 \cdot 2\delta = P \cdot \delta = \frac{1}{4\pi} F F_0 l - \frac{1}{4\pi} F' F_a l_a = \frac{F F_0 l - F' F_a l_a}{4\pi} \qquad \textbf{(136b)}$$

oder, $\mathfrak{B}^2 F_0 \delta = F F_0 l - F' F_a l_a$, also durch Auflösen nach δ

$$\delta = \frac{1}{\mathfrak{B}^2}\left(F \cdot l - F' \frac{F_a}{F_0} l_a\right). \qquad \textbf{(136c)}$$

Mit Gl. (136c) kann bei gegebener Zugkraft P und damit gegebener Induktion $\mathfrak{B}$ die Luftspaltlänge δ berechnet werden. Dagegen lassen sich bei gegebenem δ die Induktion $\mathfrak{B}$ und die Tragkraft P aus Gl. (136c) nicht ermitteln, weil F' nicht bekannt ist. Man berechnet dann für eine Anzahl angenommener Werte von $\mathfrak{B}$ mit Gl. (136c) die Luftspaltlängen δ und trägt $\mathfrak{B}$ als Funktion von δ auf. Aus dieser Kurve können dann zu gegebenen Werten von δ die entsprechenden Induktionen $\mathfrak{B}$ entnommen und damit die Zugkraft P nach Gl. (135) berechnet werden, wobei für F_0 der doppelte Wert $2F_0$ zu setzen ist.

Liegt der Anker an den Polen an, dann ist $\mathfrak{B} = \mathfrak{B}_r$ die höchste Induktion, welche in dem magnetischen Kreis überhaupt auftreten kann. Der Magnet hat dann infolge Fehlens der Luftspalte δ nur den Anker auf $\mathfrak{B}_r$ zu magnetisieren. Da nun nach Abb. 112 auch in diesem Falle wegen $F > F'$ und $l > l_a$ stets $Fl > F'l_a$ ist, so bleibt also ein Rest der Magnetenergie W_m als Feldenergie $W_l = W_m - W_a = \frac{\mathfrak{B}_r^2}{8\pi} 2 F_0 \delta_r$ bestehen, so lange nach Gl. (136c) der Anker nicht den Querschnitt $F_a = \frac{F}{F'}\frac{l}{l_a} F_0$ besitzt.

Dabei ist $\delta_r = \frac{F \cdot l - F'_r \frac{F_a}{F_0} l_a}{\mathfrak{B}_r^2}$. Diese magnetische Energie dient zur Erzeugung der Streulinien, vor allem zwischen den Schenkeln des Magneten, und zur Magnetisierung der unvermeidlichen beiden Stoßfugen zwischen Magnet und Anker.

Bei anliegendem Anker ist also die Tragkraft des Magneten

$$P_r = \left(\frac{\mathfrak{B}_r}{5000}\right)^2 2 F_0 \text{ [kg]}, \qquad \textbf{(136d)}$$

und die magnetische Energie zur Erzeugung der Streulinien und Magnetisierung der Stoßfugen gemäß Gl. (136b)

$$W_{lr} = \frac{\mathfrak{B}_r^2}{8\pi} F_0 2\delta_r = P_r \delta_r = \frac{1}{4\pi}(F F_0 l - F'_r F_a l_a) \text{ Erg}$$

oder

$$W_{lr} = \frac{\mathfrak{B}_r^2}{5000^2} \cdot 2F_0 \cdot \frac{F l - F'_r \frac{F_a}{F_0} l_a}{\mathfrak{B}_r^2} = \frac{2(F F_0 l - F'_r F_a l_a)}{5000^2} \text{ [kgcm]}.$$

VI. Abschnitt

Die magnetischen Wirkungen des elektrischen Stromes
Der Elektromagnetismus

55. Das magnetische Feld eines Stromleiters

Jeder Stromleiter erzeugt ein magnetisches Feld. Taucht man einen vom Strom durchflossenen Draht in Eisenfeilspäne, dann bleiben sie am Draht hängen. Schon 1820 fand OERSTED, daß der elektrische Strom eine in seiner Nähe befindliche Magnetnadel aus dem magnetischen Meridian ablenkt, und AMPÈRE gab für die Richtung dieser Ablenkung die nach ihm benannte Regel, welche in abgeänderter Form lautet: Legt man die **rechte** Hand so an den Stromleiter, daß die Fingerspitzen in die Stromrichtung zeigen und die innere Handfläche dem Magneten zugekehrt ist, dann wird sein **Nordpol** in der Richtung des weggespreizten Daumens abgelenkt. Meistens aber bestimmt man die Ablenkung nach der **Schraubenregel:** Denkt man sich eine **Rechtsschraube** in die Stromrichtung geschraubt (Abb. 113a), dann gibt die Drehung der Schraube die Ablenkungsrichtung des Nordpols an. In entsprechender Weise ist dann der Ablenkungsrichtung des Nordpols eine bestimmte Richtung des elektrischen Stromes zugeordnet.

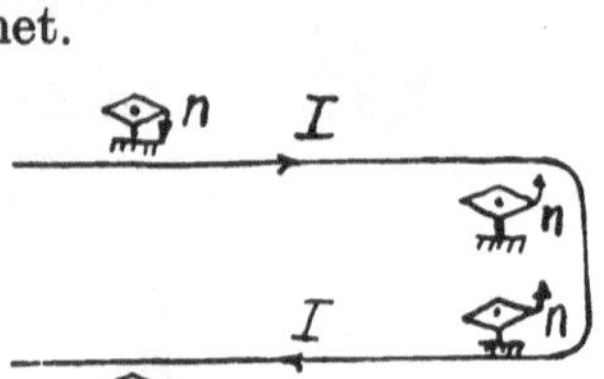

Abb. 113

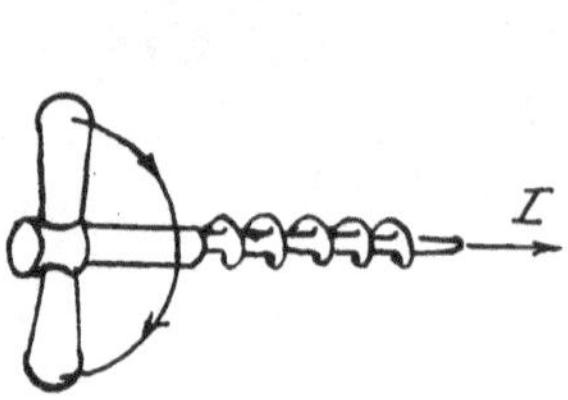

Abb. 113a

In Abb. 113 sind vier verschieden mögliche Fälle dargestellt und die Ablenkungsrichtungen der Nordpole n angegeben. Aus dieser Darstellung ergibt sich die Regel, daß die Ablenkungsrichtung sich umkehrt, wenn entweder die Stromrichtung oder die Lage des Magneten zum Stromleiter sich umkehrt, daß die Ablenkungsrichtung sich aber nicht ändert, wenn gleichzeitig Stromrichtung und Lage des Magneten zum Strom sich umkehren. Ein von einem Wechselstrom durchflossener Leiter übt also keine Wirkung auf eine Magnetnadel aus, trotzdem er ebenfalls ein magnetisches

Feld erzeugt, weil die durch die dauernde Stromrichtungsänderung hervorgerufenen entgegengesetzten Impulse auf die Magnetnadel sich aufheben.

Es werden jetzt die magnetischen Felder für die drei praktisch wichtigen Stromleiter betrachtet und zwar für den **geradlinigen Leiter,** den **Kreisstrom** und die **Stromspule** oder das Solenoid. Als umgebendes Medium ist Luft angenommen. Dabei kommt auch hier der Vorteil zustatten, daß die magnetischen Induktionslinien in einfacher Weise mittels Eisenfeilspänen sichtbar gemacht werden können. Es ergeben sich bei den magnetischen Feldern stromdurchflossener Leiter für die Induktionslinien geschlossene Kurven, die die Leiter umschlingen. Jeder Stromrichtung ist eine bestimmte Richtung der magnetischen Linien zugeordnet und umgekehrt. Diese Zuordnung der Richtungen erfolgt nach der oben angegebenen **Schraubenregel** in Abb. 113a. In Abb. 114 ist ein geschlossener Stromfaden

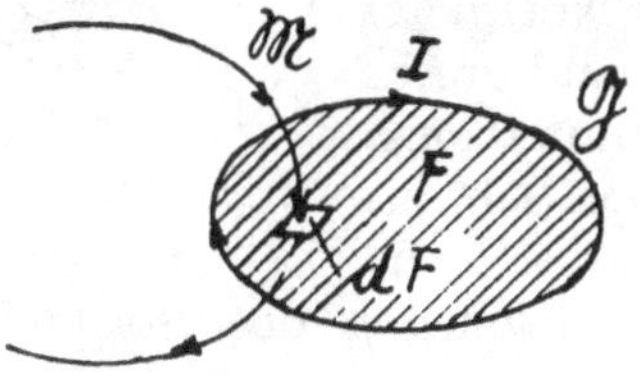

Abb. 114

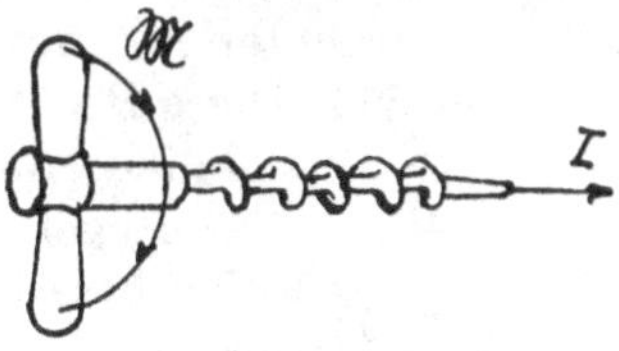

Abb. 114a

$\mathfrak{G}$ mit der Stromdichte j bzw. der Stromstärke I dargestellt, über den eine Fläche F gespannt ist. Dann verlaufen alle vom Stromfaden $\mathfrak{G}$ erzeugten magnetischen Linien $\mathfrak{M}$ so, daß sie mit dem Stromfaden **elektromagnetisch verkettet** sind. Alle magnetischen Linien $\mathfrak{M}$ treten durch die über den Stromfaden $\mathfrak{G}$ gespannte Fläche F und die Zuordnung der Richtungen von $\mathfrak{M}$ und I erfolgt nach der Schraubenregel, die aus Abb. 114a ersichtlich ist. Ist $\mathfrak{B}$ die Dichte der Normalkomponenten von $\mathfrak{M}$, dann ist das Integral von $\mathfrak{B}$ über die Fläche F der mit dem Stromfaden verkettete magnetische Fluß Φ, d. h.

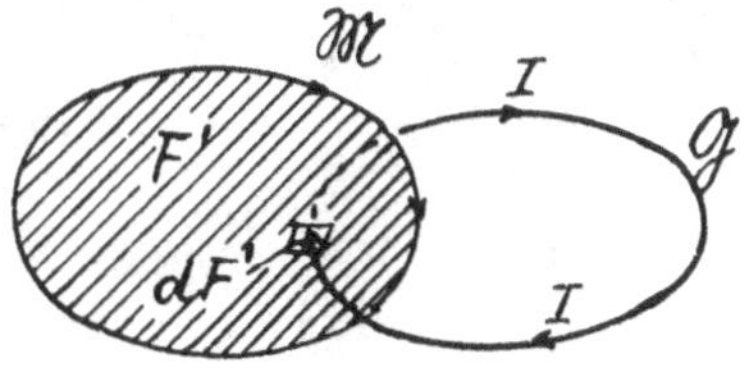

Abb. 115

$$\Phi = \int_F \mathfrak{B} \cdot dF .$$

Spannt man umgekehrt über eine geschlossene magnetische Linie $\mathfrak{M}$ eine Fläche F', dann geht der Stromfaden $\mathfrak{G}$ mit I(A) durch diese Fläche und die Zuordnung der Richtungen erfolgt wiederum nach der Schraubenregel gemäß Abb. 115 und 115a. Der durch die Fläche F' tretende Gesamtstrom des Stromfadens $\mathfrak{G}$ heißt die **Durchflutung Θ** in Ampere als Flächenintegral der Stromdichte

$$\Theta = \int_{F'} j \cdot dF' .$$

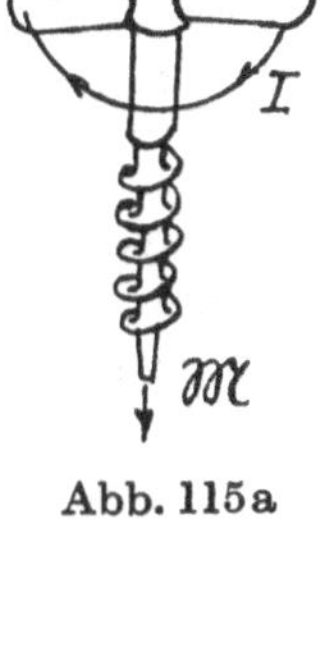

Abb. 115a

Bei elektrischen Maschinen und Apparaten liegt der Fall in der Regel so, daß der Stromfaden $\mathfrak{G}$ mit I(A) mehrmals in w Windungen die Fläche F' durchschneidet wie in Abb. 116, wo der Stromfaden in mehreren Windungen um einen Eisenkern geschlungen ist. Die Durchflutung ist dann $\Theta = I \cdot w$ Amperewindungen oder kurzweg Ampere.

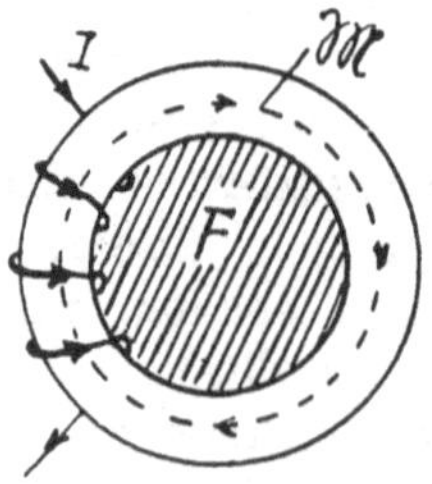

Abb. 116

a) **Der geradlinige Stromleiter.** Steckt man einen geraden stromdurchflossenen Draht durch eine waagrechte mit Feilspänen bestreute Platte (Abb. 117), dann bilden die Feilspäne Kreise, die konzentrisch zum Draht sind. Die Richtung der Induktionslinien, d. h. die Richtung der magnetischen Induktion $\mathfrak{B}$, zeigt der Nordpol n einer ins Feld gebrachten Magnetnadel an und ergibt sich wie in Abb. 117. Diese Richtung der Induktionslinien entspricht der Schraubenregel. Denkt man sich die Rechtsschraube in Richtung des Stromes I geschraubt, dann gibt die Drehung der Schraube den Richtungssinn der Induktionslinien. Sieht man also in der Stromrichtung auf das Feld, dann ist die Richtung der Induktionslinien im Uhrzeigersinn (Abb. 118a und b). Feldstärke $\mathfrak{H}$ bzw. Induktion $\mathfrak{B}$ sind auf einer Induktionslinie konstant und nehmen mit dem Abstand vom Leiter ab. Die Durchflutung ist $\Theta = I$.

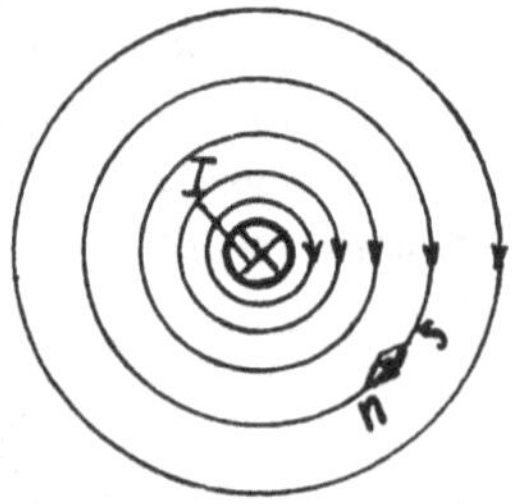

Abb. 117

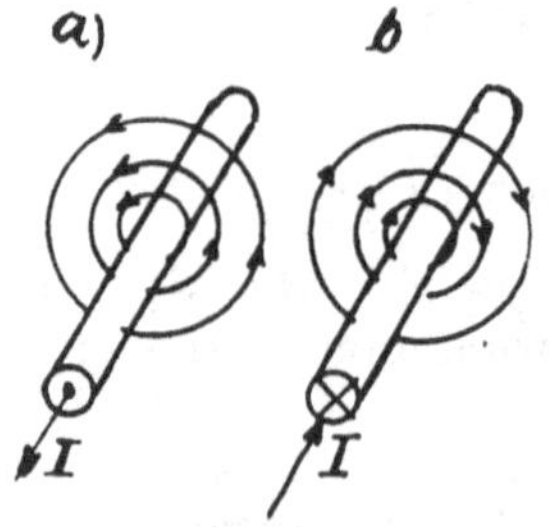

Abb. 118

Wird das Feld gemäß Abb. 119 von einem stromführenden Drahtbündel mit z Leitern erzeugt, dann ist die Durchflutung $\Theta = I \cdot z$.

Das Linienintegral für eine Induktionslinie und für jede beliebige den Stromleiter umschließende Kurve $\oint \mathfrak{H}_l \cdot dl$ hat einen festen Betrag und ein einzelner Pol würde dauernd im Kreis um den Stromleiter herumgetrieben werden. Das **Magnetfeld eines Stromleiters** ist also ein **quellenfreies Wirbelfeld.**

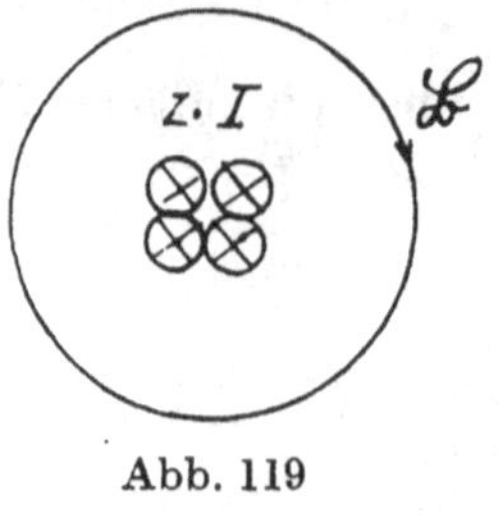

Abb. 119

b) **Der Kreisstrom** ist ein kreisförmig gebogener ebener Stromleiter nach Abb. 120. Schneidet man ihn in einer Durchmesserebene AB, dann ergibt sich mit Hilfe der Abb. 118 der Verlauf der Induktionslinien, da bei A der Strom herausfließt und die Induktionslinien entgegen dem Uhrzeigersinn laufen, bei B der Strom hineinfließt und die Induktionslinien im Uhrzeigersinn gerichtet sind. Ist die durch AB gelegte waagrechte Ebene eine mit Feilspänen bestreute Platte, dann zeigen die Feilspäne auch die gezeichnete Anordnung und eine Magnetnadel gibt die eingezeichnete Richtung der Induktion an. Die magnetischen Linien gehen also durch die über den Stromleiter gespannte Fläche F und umgekehrt geht der Stromleiter durch die über jede magnetische Linie gespannte Fläche F'. Hat der Kreisstrom w Windungen, dann ist die Durchflutung $\Theta = I \cdot w$ (A). Das Feld eines Kreisstromes gleicht dem einer magnetischen Scheibe, deren Pole in den Stirnflächen liegen. Da nämlich dieses Linienbild sich für jede Durchmesserebene ergibt, treten die Feldlinien aus der Nordpolstirnfläche aus und kehren durch den umgebenden Raum zur Südpolstirnfläche zurück. **Der Südpol ist gemäß Abb. 120 diejenige Stirnfläche, von der aus gesehen der Strom *I* im Uhrzeigersinn fließt.** Der mit Gleichstrom beschickte Leiter stellt sich, um eine vertikale Achse drehbar aufgehängt, mit seiner Ebene senkrecht zum magnetischen Meridian, so daß die Nordpolstirnfläche nach Norden zeigt. Bei Annäherung eines Dauermagneten oder zweiten Kreisstromes tritt Anziehung oder Abstoßung ein, je nachdem sich die ungleichnamigen oder gleichnamigen Polflächen gegenüberstehen. Jedes Weicheisenstück wird angezogen bis in die Ebene des Kreisstromes (§ 51). Wird der Kreisstrom mit Wechselstrom beschickt, dann ergibt sich ein Feld von derselben Form wie bei Gleichstrom mit dem Unterschied, daß die Vektoren $\mathfrak{B}$ und $\mathfrak{H}$ mit dem Strom ständig ihre Richtung und die Stirnflächen des Kreisstromes ihre magnetische Polarität wechseln. Es entsteht ein sogenanntes Wechselfeld. Ein solcher Kreisstrom stellt sich, frei aufgehängt, nicht in den magnetischen Meridian und beim Nähern eines Dauermagneten findet weder Anziehung noch Abstoßung statt. Jedes Weicheisenstück dagegen wird angezogen, weil es ständig ummagnetisiert wird. Die sämtlichen über den Kreisstrom gemachten Ausführugen gelten für jeden beliebig geformten Leiter, der eine ebene Stromfigur bildet.

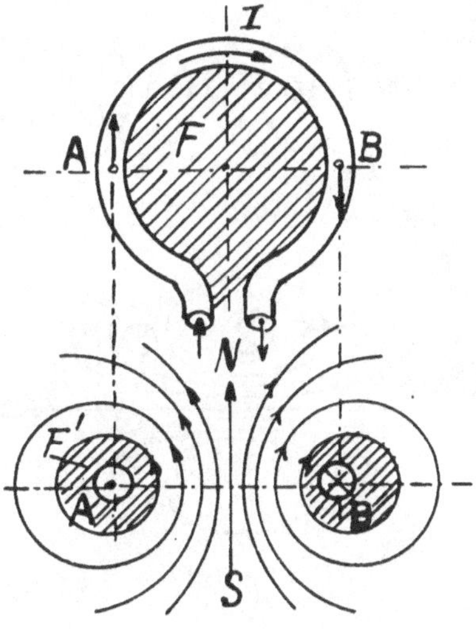

Abb. 120

c) **Die Stromspule oder das Solenoid** ist ein in Form einer Schraubenwindung gewickelter Stromleiter nach Abb. 121. Ein solcher Stromleiter ist nichts anderes als eine Aneinanderreihung von hintereinander geschalteten Kreisströmen bzw. Stromfiguren, die alle vom gleichen Strom im selben Sinn durchflossen werden. Der Schnitt durch eine Durchmesserebene gemäß Abb. 121b gibt eine über die geschlossenen Feldlinien gespannte Fläche und durch diese gehen sämtliche Stromfäden. Hat die Spule w Windungen, dann ist die Durchflutung $\Theta = I \cdot w$ (A). Aus Abb. 121b ergibt sich das Bild der Induktionslinien, wie es auch die Feilspäne liefern, und die Richtung der magnetischen Linien in Übereinstimmung mit der

Schraubenregel. Liegen die Windungen dicht nebeneinander und hat die Spule im Verhältnis zu ihrem Querschnitt eine entsprechend große Länge, dann sind die Induktionslinien im Innern der Spule nahezu parallel, d. h. das Feld ist homogen. Da das Feldlinienbild für jede andere Durchmesserebene das gleiche ist, so treten also die Induktionslinien aus der Nordpolstirnfläche aus, gehen durch den umgebenden Raum und schließen sich durch die andere Stirnfläche wieder, indem sie durch das Innere der Spule laufen und dabei durch sämtliche Flächen treten, die über die w Stromfäden gespannt sind. **Die magnetische Wirkung einer Spule ist die eines Stabmagneten und die Stirnfläche, von der aus gesehen der Strom im Uhrzeigersinn fließt, ist der Südpol.**

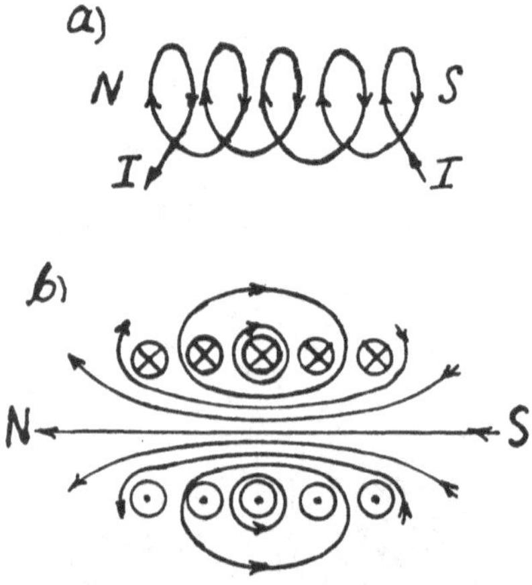

Abb. 121

Sonst gelten für das Solenoid die beim Kreisstrom gemachten Ausführungen.

Die magnetische Wirkung des elektrischen Stromes findet ausgedehnte Verwendung. Neben der Anwendung zur Herstellung von Dauermagneten wird das Feld des Kreisstromes und des Solenoids hauptsächlich bei den elektrischen Maschinen, Transformatoren, Elektromagneten und elektrischen Meßinstrumenten benutzt.

Als älteres Galvanometer wird ein mit seiner Ebene im magnetischen Meridian stehender und in seinem Mittelpunkt eine kurze drehbare Magnetnadel enthaltender Kreisstrom als sogenannte **Tangentenbussole** zum Messen von Gleichströmen und Spannungen benutzt. Bei den modernen Galvanometern und den **Drehspulinstrumenten** (Abb. 122) befindet sich im Luftspalt zwischen den Polen eines Dauermagneten M und einem Eisenkern E eine Stromspule S, deren magnetische Achse schräg zur Feldlinienrichtung des Magneten steht. Die stromführende Spule S erleidet im Feld des Magneten eine Drehung, die zur Strom- bzw. Spannungsmessung dient. Während die genannten Instrumente nur für Gleichstrom zu verwenden sind, gestatten die **Dreheiseninstrumente** (§ 15, Abb. 16), wo eine Stromspule auf Weicheisenteile richtend wirkt, oder die **dynamometrischen Meßinstrumente,** wo zwei Stromspulen aufeinander wirken, die Messung von Gleich- und Wechselströmen und Spannungen. Bei den elektrischen Maschinen und Elektromagneten erzeugt die magnetische Wirkung von Stromspulen die nötigen starken Felder.

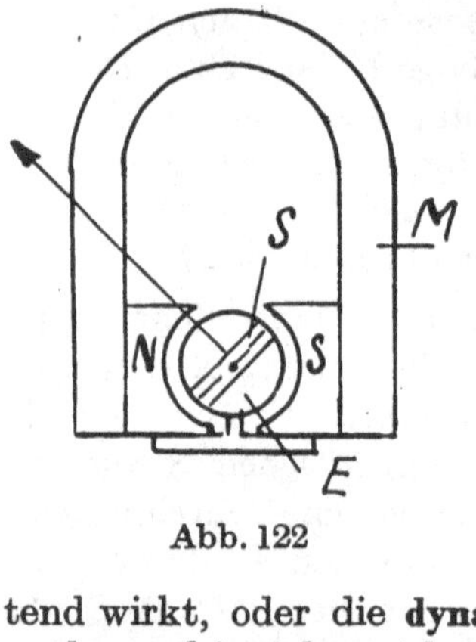

Abb. 122

56. Magnetische Energie und elektrische Arbeit

Zur Magnetisierung eines Stoffes, d. h. zur Erzeugung eines magnetischen Feldes, ist gemäß § 51 eine bestimmte Energie nötig, die sich pro Raumeinheit 1 cm³ aus Gl. (129) bzw. (131) ergibt. Die Energie bleibt im feldbildenden Medium als potentielle Energie aufgespeichert, so daß also **zur Aufrechterhaltung eines magnetischen Feldes keine Arbeit nötig ist.** Aber jede Änderung des magnetischen Zustandes, d. h. Änderung des Vektors $\mathfrak{B}$, verbraucht oder erzeugt Energie, die sich nach Gl. (131) berechnet und durch die $\frac{1}{4\pi}$fache Fläche zwischen dem betreffenden Teil der $\mathfrak{B} = \mu\mathfrak{H}^{\nabla}$ Kurve und der Ordinatenachse dargestellt wird. Es ist dabei gleichgültig, ob die Änderung des magnetischen Zustandes von der das Feld erzeugenden Ursache oder daher stammt, daß man ins Feld einen Körper mit anderer Permeabilität bringt, ihn also magnetisieren läßt, ihn im Feld bewegt oder vom Feld bewegen läßt. Wird ein Eisenkörper im Feld magnetisiert und vom Feld bewegt, z. B. ein Anker, der angezogen wird, dann wird Arbeit aus dem Feld gewonnen, wird dagegen der Eisenkörper aus dem Feld genommen, z. B. beim Abreißen eines Ankers, dann wird dem Feld Arbeit zugeführt.

Im Feld eines Dauermagneten gehen alle diese Vorgänge unter Aufspeicherung oder Freiwerden der Energie des Feldes vor sich, es wird im ersten Fall unter Verringerung der Feldenergie Arbeit geleistet, im zweiten Fall unter Aufwand mechanischer Arbeit Energie im Feld aufgespeichert.

Wie liegen nun die Verhältnisse im Feld eines Stromleiters? Durch welche Energie wird das Feld erzeugt? Wie die Erfahrung bestätigt, wird die in einem Stromleiter verbrauchte Energie $N = U \cdot I$ (W), solange keine Gegen-EMK vorhanden ist, zur Überwindung des Ohmschen Widerstandes benötigt und in Stromwärme verwandelt. Wenn auch wegen der umkehrbaren Aufspeicherung der Energie im Medium des Feldes zur Aufrechterhaltung des Feldes keine Energie nötig ist, so ist aber doch zur Schaffung des Feldes solche nötig. (Beim Dauermagneten sitzt sie im dauernd magnetischen Eisen.) Die Energie zur Schaffung des Feldes kann bei einem Stromfeld nur vom elektrischen Strom geliefert werden. Wo soll die Energie aber herkommen, wenn sie ganz in Wärme verwandelt wird? Nach dem, was von früher bekannt ist, muß man schließen, daß die Energie nur durch Überwindung einer im Stromleiter auftretenden Gegen-EMK geleistet werden kann. Und so ist es auch tatsächlich. Es wird im Abschnitt VII §§ 64 und 67 gezeigt werden, daß die Beziehungen zwischen elektrischem Strom und Magnetfeld wechselseitig sind. Wie eine Änderung des Stromes eine Änderung des Feldes hervorruft, so auch umgekehrt. Die Feldlinien des eigenen beim Einschalten des Stromes entstehenden Feldes erzeugen im Stromleiter eine Gegen-EMK, die mit dem Anwachsen des Feldes auf den stationären Zustand immer kleiner und schließlich, wenn der Gleichgewichtszustand erreicht ist, Null wird. Die zur Überwindung der vom Feld erzeugten Gegen-EMK in der Zeit bis zur Erreichung des stationären Zustandes verbrauchte elektrische Energie dient zur Erzeugung des Feldes und wird als magnetische Energie im Feld aufgespeichert. Der Strom nimmt also erst, nachdem das Feld erzeugt ist, den dem OHMschen Gesetz entsprechenden Wert I an und die elektrische Energie wird von diesem Zeitpunkt ab ganz in Stromwärme verwandelt, da zur Aufrechterhaltung eines bestehenden magnetischen Feldes keine Energie nötig ist. Das ist solange der Fall, solange im Feld und an der Stromstärke nichts geändert wird. Jede Änderung des Feldzustandes, wie oben betrachtet wurde, hat aber sofort eine Rückwirkung auf den Stromleiter durch Induktion einer EMK zur Folge, die nur solange dauert, solange die Feldänderung dauert. Eine **Arbeitsleistung des Feldes** durch Abnahme seiner Energie hat eine **Gegen-EMK im Leiter,** also einen elektrischen Arbeitsverbrauch, und eine **Zunahme der Energie des Feldes** durch mechanische Arbeit äußerer Kräfte hat eine **EMK im Leiter im Sinne des Stromes,** also eine Erzeugung elektrischer Arbeit, zur Folge. Im Feld eines Stromleiters gehen also alle Veränderungen im Feld unter Erzeugung oder Verbrauch elektrischer Arbeit vor sich. Ist, wie beim Anziehen eines Ankers, auch noch eine mechanische Arbeit, die Hubarbeit, zu leisten, dann wird auch dieser Betrag noch vom elektrischen Strom aufgebracht, wie später gezeigt wird.

57. Das Durchflutungsgesetz

Feldstärke $\mathfrak{H}$ und Induktion $\mathfrak{B}$ im elektromagnetischen Feld

Das Durchflutungsgesetz verknüpft die elektrischen Größen des Stromleiters mit den magnetischen Größen des erzeugten Feldes. Die magnetischen Linien entstehen durch die magnetische Spannung, welche die Durchflutung Θ im umgebenden Stoff hervorruft.

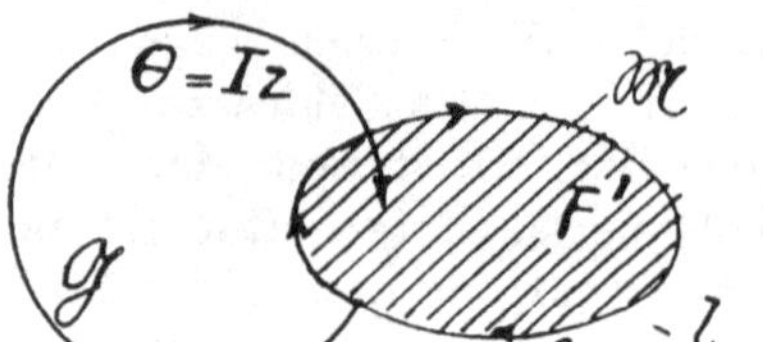

Abb. 123

Als Einheit der magnetischen Spannung wählt man im Stromfeld die Spannung, welche von der Durchflutung 1 Ampere erzeugt wird.

Besitzt der Stromfaden $\mathfrak{G}$ z Ströme von der Stärke I Ampere, dann ist die Durchflutung der Feldlinie $\mathfrak{M}$ in Abb. 123

$$\Theta = I \cdot z. \tag{137}$$

Diese Durchflutung erzeugt gemäß der eben erfolgten Festsetzung über die Einheit der magnetischen Spannung in jeder Feldlinie $\mathfrak{M}$ eine magnetische Rand- oder Umlaufspannung vom Betrag

$$V = \Theta = I \cdot z \text{ in A}. \tag{138}$$

Die magnetische Feldstärke $\mathfrak{H}$ ist die Spannung je Längeneinheit 1 cm der

Feldlinie $\mathfrak{M}$. Besitzt diese eine Länge l cm, dann ist die mittlere Feldstärke längs der Feldlinie $\mathfrak{M}$

$$\mathfrak{H} = \frac{V}{l} = \frac{\Theta}{l} = \frac{I \cdot z}{l} \text{ A/cm}. \tag{139}$$

Die magnetische Feldstärke wird also gemäß Gl. (139) nicht mehr, wie im Feld eines Dauermagneten, in Oersted, sondern in A/cm gemessen, weshalb dafür der Buchstabe $\mathfrak{H}$ gesetzt wird.

Aus den Gl. (138) und (139) ergibt sich für eine geschlossene Induktionslinie die **magnetische Umlaufspannung**

$$V = \oint \mathfrak{H}_l \cdot dl = \mathfrak{H} \cdot l = \Theta = Iz. \tag{140}$$

Gl. (140) heißt das **Durchflutungsgesetz** und sagt aus:

Die magnetische Umlaufspannung längs einer jeden Induktionslinie oder irgendeiner geschlossenen Kurve, die den Stromfaden $\mathfrak{G}$ umfaßt, ist gleich der Durchflutung $\Theta = I \cdot z$ in Ampere.

Da nun im elektromagnetischen Feld die Feldstärke $\mathfrak{H}$ in A/cm, die Induktion $\mathfrak{B}$ aber nach wie vor in G gemessen wird, so haben im elektromagnetischen Feld $\mathfrak{H}$ und $\mathfrak{B}$ auch **in Luft** nicht mehr den gleichen Zahlenwert und diese Beziehung soll jetzt ermittelt werden.

Beim **geradlinigen Leiter** (Abb. 124) sind die Feldlinien konzentrische Kreise und die Feldstärke $\mathfrak{H}$ ist längs einer ganzen Linie konstant. Ist die Durchflutung I in Ampere, dann ist nach Gl. (140) für eine Feldlinie im Abstand r cm vom Stromleiter, da $l = 2r\pi$ und $z = 1$, $\mathfrak{H} \cdot 2r\pi = I$ und die Feldstärke in A/cm

$$\mathfrak{H} = \frac{I}{2r\pi}. \tag{141}$$

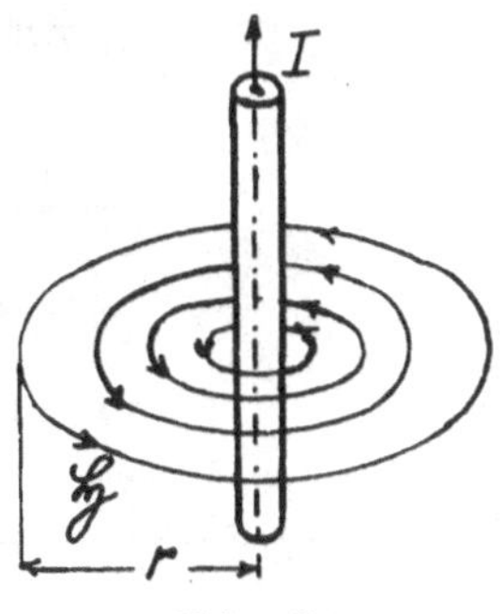

Abb. 124

Die Feldstärke nimmt also proportional mit dem Abstand r vom Stromleiter ab. Außerdem ist die Feldstärke proportional mit der Durchflutung Θ. Dasselbe gilt für die Induktion $\mathfrak{B}$, so daß

$$\mathfrak{B} = c\frac{I}{r},$$

wenn c die Proportionalitätskonstante ist. Durch Versuche ergab sich, daß, damit $\mathfrak{B}$ in Luft sich in Gauß ergibt, $c = 0{,}2$, womit

$$\mathfrak{B} = \frac{0{,}2I}{r}. \tag{141a}$$

Aus den Gl. (141) und (141a) folgt, daß im elektromagnetischen Feld in Luft

$$\frac{\mathfrak{B}}{\mathfrak{H}} = \Pi_0 = \frac{0{,}2I \cdot 2r\pi}{r \cdot I} = 0{,}4\pi = 1{,}257\,\frac{\text{G cm}}{\text{A}}. \tag{142}$$

Im Stromfeld ist also für **Luft**

$$\mathfrak{B} = \Pi_0 \mathfrak{H}, \tag{143}$$

$$\Pi_0 = 0{,}4\,\pi = 1{,}257 \qquad \textbf{(143a)}$$

ist die Magnetisierungszahl (absolute Permeabilität) für den leeren Raum und annähernd auch für Luft. Π_0 hat gemäß Gl. (142) die Dimension Gcm/A. Da nun 1 G = 1 Maxwell/cm², so ergibt sich als Benennung für Π_0 auch 1 M/Acm oder, wie in § 67 nachgewiesen wird, auch 10^8 Henry/cm (H/cm).

Aus Gl. (143) ergibt sich auch der Zusammenhang zwischen der Feldstärke $\mathfrak{H}^\nabla = \mathfrak{B}$ in Oersted und $\mathfrak{H}$ in A/cm und zwar

$$\mathfrak{H}^\nabla = \Pi_0 \mathfrak{H} = 0{,}4\,\pi \cdot \mathfrak{H}\,. \qquad \textbf{(143b)}$$

Ferner ergibt sich aus Gl. (143) bei gegebener Induktion $\mathfrak{B}$ die Feldstärke $\mathfrak{H}$ als magnetische Spannung pro 1 cm Induktionslinienlänge **in Luft** zu

$$\mathfrak{H} = \frac{\mathfrak{B}}{\Pi_0} = \frac{\mathfrak{B}}{0{,}4\,\pi} = \frac{\mathfrak{B}}{1{,}257} = 0{,}8\,\mathfrak{B}\,. \qquad \textbf{(144)}$$

Diese Beziehung ist für später bei der Berechnung magnetischer Kreise sehr wichtig.

Die Richtigkeit der Gl. (141a) kann wie folgt nachgewiesen werden: Zu einer horizontal freischwebenden Magnetnadel spannt man in r cm Entfernung parallel zur Nadel einen mit $I = 10$ A beschickten horizontalen Draht. Auf die Nadel wirkt dann vom Erdfeld her $\mathfrak{H}_h^\nabla = 0{,}2$ Oersted und senkrecht dazu vom Stromfeld $\mathfrak{H}^\nabla = \mathfrak{B}$. Die Nadel macht dann einen Ausschlag α von solcher Größe, daß, wie der Versuch ergibt, für alle möglichen r stets $r \cdot \operatorname{tg} \alpha = 10$ ist. Daraus folgt gemäß Abb. 124a

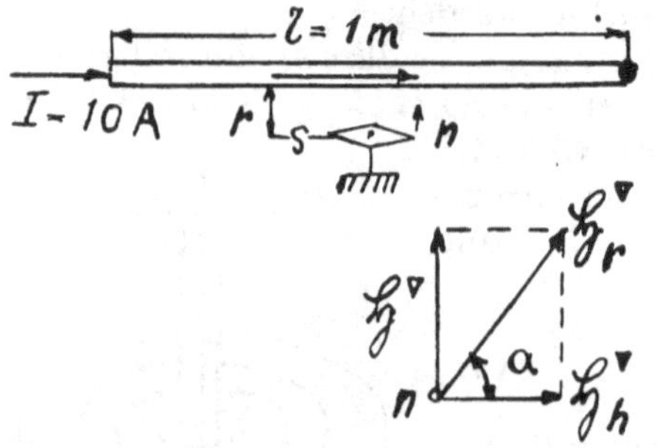

Abb. 124a

$$r\mathfrak{H}^\nabla : \mathfrak{H}_h^\nabla = 10, \quad \text{d. h.} \quad \mathfrak{H}^\nabla = \mathfrak{B} = \frac{10\,\mathfrak{H}_h^\nabla}{r} = \frac{10 \cdot 0{,}2}{r} = \frac{0{,}2\,I}{r}\,.$$

Bei einem anderen Stoff als Luft, z. B. **Eisen,** ist gemäß § 46 Gl. (119) die Induktion $\mathfrak{B}$ μ-mal größer als in Luft, so daß für einen Stoff mit der relativen Permeabilität μ die Induktion in Gauß

$$\mathfrak{B} = \mu \Pi_0 \mathfrak{H} = \Pi \mathfrak{H}\,, \qquad \textbf{(145)}$$

$$\Pi = \frac{\mathfrak{B}}{\mathfrak{H}} = \mu \Pi_0 = 0{,}4\,\pi\mu = 1{,}257\,\mu \qquad \textbf{(145a)}$$

ist dann die **Permeabilität des betreffenden Stoffes in Gcm/A.**

Da nun im elektromagnetischen Feld die Feldstärke $\mathfrak{H} = \frac{\Theta}{l}$ in A/cm benutzt wird, so verwendet man in der Praxis der Elektrotechnik Magnetisierungskurven, bei denen $\mathfrak{B}$ nicht als eine Funktion von $\mathfrak{H}^\nabla$ Oersted, sondern als eine Funktion von $\mathfrak{H}$ A/cm dargestellt ist gemäß Abb. 125.

Diese $\mathfrak{B}$-$\mathfrak{H}$-Magnetisierungskurven bieten den Vorteil, daß man den zur Erzeugung eines magnetischen Feldes $\mathfrak{B} = \frac{\Phi}{F}$ nötigen Magnetisierungsstrom I aus der zu $\mathfrak{B}$ gehörigen Abszisse $\mathfrak{H} = \frac{I \cdot z}{l}$ direkt entnehmen kann, wenn die Länge l cm einer Induktionslinie und die Zahl z der die Durchflutung bildenden Ströme gegeben sind.

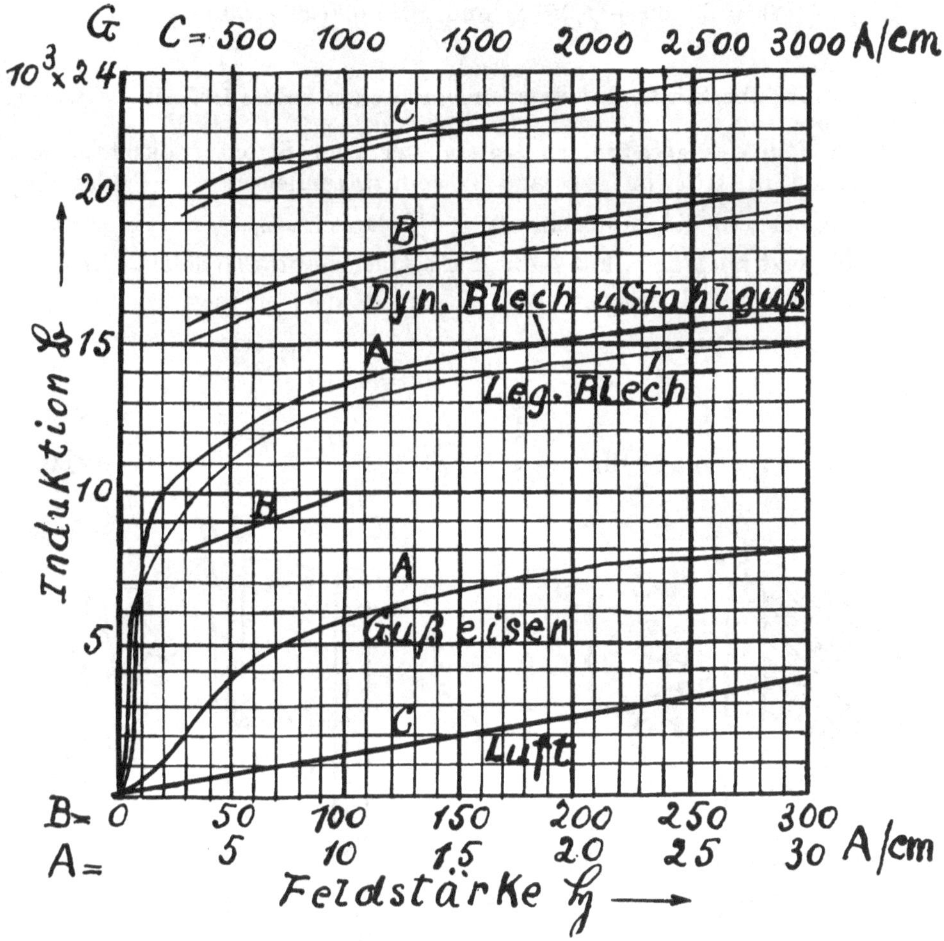

Abb. 125

Die Abb. 125 enthält Magnetisierungskurven für Luft, normales Dynamoblech und ausgeglühtes Gußeisen. Die Werte für Dynamoblech können auch für Dynamostahl benutzt werden. Auf der waagrechten Achse ist die Feldstärke $\mathfrak{H}$ in A/cm, auf der Ordinatenachse die zugehörige Induktion $\mathfrak{B}$ in G aufgetragen. Die Kurven sind in drei Abschnitte A, B und C zerlegt und zeigen, daß Dynamoblech für gleiche magnetische Dichte $\mathfrak{B}$ eine kleinere magnetisierende Feldstärke $\mathfrak{H}$ erfordert. Nach erfolgter Sättigung, d. h. über 22500 G, verläuft die Magnetisierungskurve für Dynamoblech parallel zur Magnetisierungskurve für Luft (siehe § 49, Gl. (122)) und der geradlinige Teil der Magnetisierungskurve trifft, rückwärts verlängert, die Ordinatenachse bei 20500 G. Deshalb ist für Induktionen über 22500 G gemäß Gl. (143)

$$\mathfrak{B} = 20500 + 1{,}257\,\mathfrak{H} \text{ und } \mathfrak{H} = 0{,}8(\mathfrak{B} - 20500).$$

58. Die Stärke des elektromagnetischen Feldes in Luft

a) Im Feld des **geradlinigen Leiters,** der vom Strom I durchflossen wird, wurde in § 57 im Abstand r vom Stromleiter die Feldstärke $\mathfrak{H} = \frac{I}{2r\pi}$ A/cm und die Induktion $\mathfrak{B} = \frac{0{,}2\,I}{r}$ berechnet.

Es soll jetzt noch der Fluß Φ durch die Querschnittsfläche $F = l(r-a)$ der Abb. 126 ermittelt werden. Weil $\Phi = \int_F \mathfrak{B} \cdot dF$, so folgt

$$\Phi = \int_a^{r-a} \mathfrak{B} l \cdot dr = l \cdot \int_a^{r-a} \frac{0{,}2\,I}{r}\,dr = 0{,}2\,Il \int_a^{r-a} \frac{dr}{r},$$

$$\Phi = 0{,}2\,Il \cdot \ln \frac{r-a}{a} \approx 0{,}2\,Il \cdot \ln \frac{r}{a}. \tag{146}$$

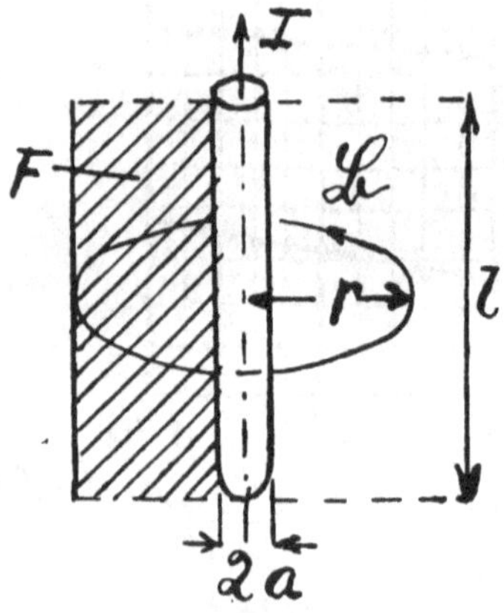

Abb. 126

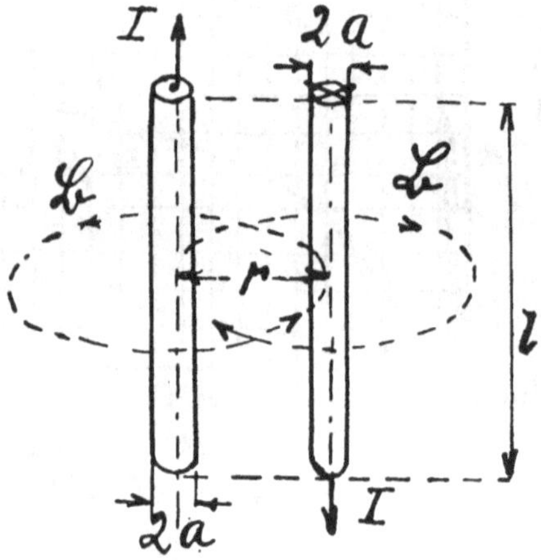

Abb. 126a

Ist der **Fluß Φ_1** zu ermitteln für eine **Leitermasche** von der Länge l cm zwischen zwei Leitern vom Durchmesser $2a$ cm im Abstand r cm, dann erkennt man aus Abb. 126a, daß sich die Flüsse Φ der einzelnen Leiter im Querschnitt F addieren, so daß also für die Leitermasche sich ein Fluß ergibt vom Betrag

$$\Phi_1 = 2\Phi = 0{,}4\, Il \cdot \ln \frac{r}{a}. \qquad \textbf{(146a)}$$

Die Gl. (141 a) gilt für die Induktion **außerhalb** des geradlinigen Leiters, wo die Feldlinien mit dem ganzen Strom I des Leiters verkettet sind. Will man auch die Induktion $\mathfrak{B}_i$ **innerhalb** des Leiterquerschnitts berechnen, dann ist zu beachten, daß mit einer im Leiterquerschnitt verlaufenden kreisförmigen Feldlinie nur ein Teil des Stromes I verkettet ist, der sich zum Gesamtstrom I verhält wie $r_0^2\pi$ zu $a^2\pi$ (Abb. 127). Für I hat man also in Gl. (141 a) zu setzen $\frac{r_0^2\pi}{a^2\pi} I = \frac{r_0^2}{a^2} I$ und, da für Kupfer ebenfalls $\mu = 1$ ist, so folgt

$$\mathfrak{B}_i = \frac{0{,}2}{r_0} \cdot \frac{r_0^2}{a^2} I = \frac{0{,}2\, r_0 I}{a^2}. \qquad \textbf{(146b)}$$

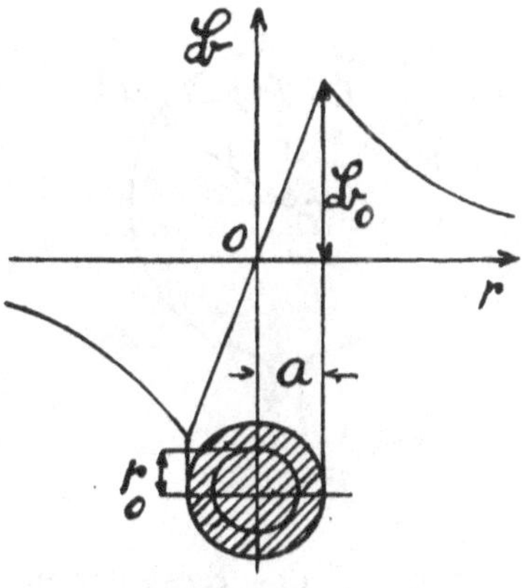

Abb. 127

Die Induktion $\mathfrak{B}_i$ nimmt also von der Leitermitte her geradlinig zu und an der Leiteroberfläche erhält man mit $r_0 = a$ aus Formel (141a) und (146b) den gleichen Wert

$$\mathfrak{B}_0 = \frac{0{,}2\, I}{a}. \qquad \textbf{(146c)}$$

Den Verlauf der Induktionslinien $\mathfrak{B}_i$ und $\mathfrak{B}$ zeigt Abb. 127 für den einfachen Leiter und Abb. 127a für die Leitermasche mit der resultierenden Induktion $\mathfrak{B}_r$.

b) **Beim Kreisstrom** ist die Feldstärke $\mathfrak{H}$ und Induktion $\mathfrak{B}$ im Mittelpunkt O von Bedeutung. Durch Messung ergibt sich, daß ein Strom von $I = 10$ A, in 1 cm eines Kreises vom Radius 1 cm fließend, im Mittelpunkt O die Induktion $\mathfrak{B} = 1$ Gauß erzeugt,

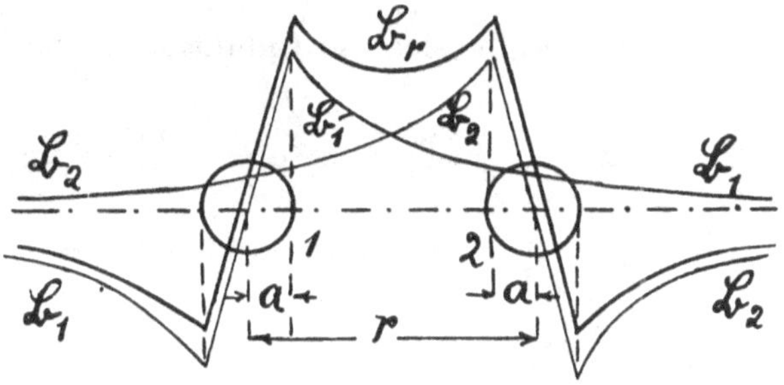

Abb. 127a

d. h. die Feldstärke $\mathfrak{H} = \frac{1}{\Pi_0}$ A/cm. Deshalb ist $I = 10$ A die elektromagnetische Einheit der Stromstärke. Unter Berücksichtigung, daß die magnetischen Kräfte mit dem Quadrat der Entfernung abnehmen, ergibt sich für den Mittelpunkt O eines vom Strom I Ampere in w Windungen durchflossenen Kreisstromes vom Radius r cm eine Induktion in G

$$\mathfrak{B} = \mathfrak{H}\nabla = \int_0^{2\pi r} \frac{w I\, dl}{10\, r^2} = \frac{w I \cdot 2 r\pi}{10\, r^2} = \frac{0{,}2\pi I w}{r}. \qquad \textbf{(147)}$$

und eine Feldstärke in A/cm

$$\mathfrak{H} = \frac{\mathfrak{B}}{\Pi_0} = \frac{0{,}2\pi I w}{0{,}4\pi r} = \frac{I \cdot w}{2r}\,. \qquad \textbf{(147a)}$$

Es soll nun noch die Induktion $\mathfrak{B}$ und Feldstärke $\mathfrak{H}$ für einen Punkt P auf der Achse des Kreisstromes gemäß Abb. 129 berechnet werden. Das

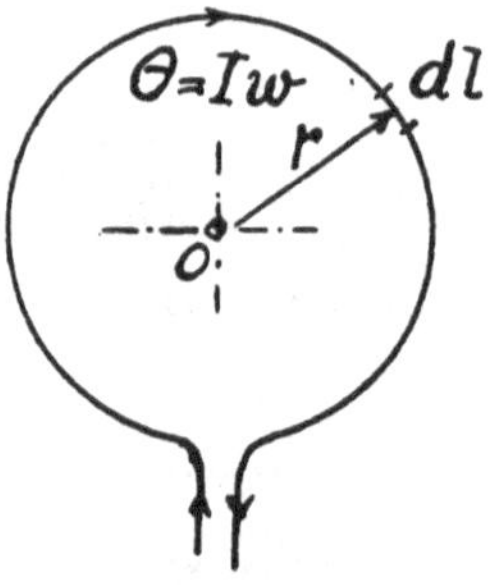

Abb. 128

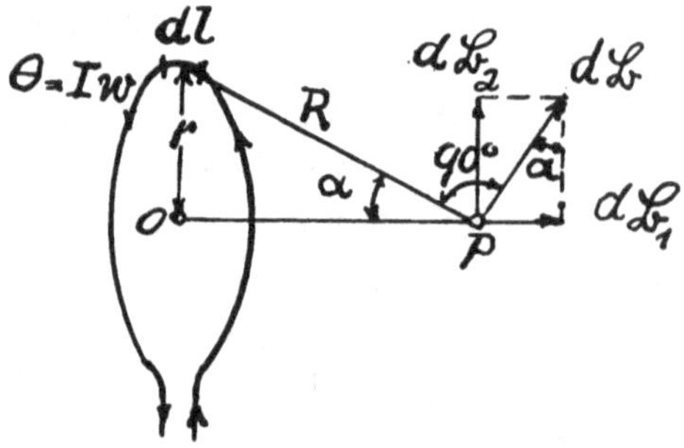

Abb. 129

Element dl des Kreisstromes erzeugt die Induktion $d\mathfrak{B} = \frac{Iwdl}{10R^2}$. Zerlegt man $d\mathfrak{B}$ in die Komponenten $d\mathfrak{B}_1$ und $d\mathfrak{B}_2$, dann heben sich im Punkt P alle Komponenten $d\mathfrak{B}_2$ des Kreisstromes auf, weil jedem Element dl ein diametrales gegenüberliegt mit gleichgroßem, aber entgegengesetzt gerichtetem $d\mathfrak{B}_2$. Es addieren sich also nur alle $d\mathfrak{B}_1$ zur Gesamtinduktion $\mathfrak{B}$ des Kreisstromes im Punkte P. Da $d\mathfrak{B}_1 = d\mathfrak{B}\sin\alpha = \frac{Iwdl}{10R^2}\sin\alpha$ und $R = \frac{r}{\sin\alpha}$, so ergibt sich die Induktion $\mathfrak{B}$ im Punkt P in Gauß

$$\mathfrak{B} = \int_0^{2\pi r} d\mathfrak{B}_1 = \int_0^{2\pi r} \frac{Iw \cdot dl}{10r^2}\sin^3\alpha = \frac{I \cdot w \cdot 2r\pi}{10r^2}\sin^3\alpha = \frac{0{,}2\pi I w}{r}\sin^3\alpha \qquad \textbf{(148)}$$

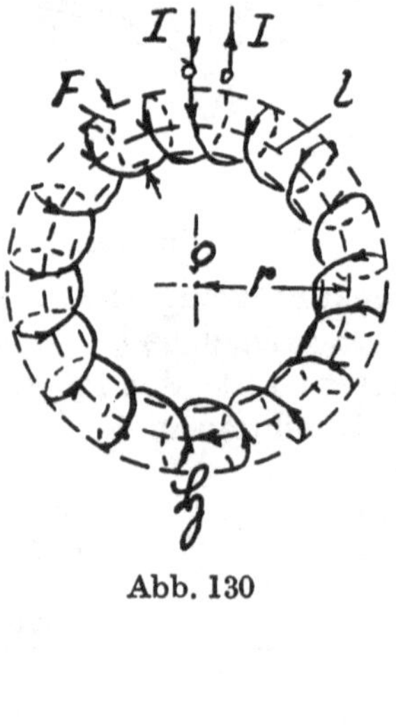

Abb. 130

und die Feldstärke in A/cm

$$\mathfrak{H} = \frac{\mathfrak{B}}{\Pi_0} = \frac{Iw}{2r}\sin^3\alpha\,. \qquad \textbf{(148a)}$$

c) Bei einer **ringförmigen eisenfreien Spule** nach Abb. 130 verlaufen alle Feldlinien als konzentrische Kreise **innerhalb** der Stromwindungen, da die in die Fläche F' tretenden, d. h. sie durchflutenden Ströme, gleichmäßig auf einem Kreise angeordnet sind. Weil die Feldlinien außen länger sind als innen, so ist die Feldstärke außen kleiner als innen, da die Umlaufspannung für alle Linien gleich der Durchflutung $\Theta = Iw$ ist, wenn die Spule w vom Strom I A durchflossene Windungen hat. Ist der Umfang der Ringspule aber groß gegenüber ihrem Durchmesser in radialer Richtung, dann kann das Feld annähernd als homogen angesehen werden. Ist l die Länge der mittleren Feldlinie und $\mathfrak{H}$ die entsprechende Feldstärke, dann ist nach dem Durchflutungsgesetz $\mathfrak{H} \cdot l = Iw$ oder

$$\mathfrak{H} = \frac{Iw}{l} = \frac{Iw}{2r\pi}\,\text{A/cm}\,. \tag{149}$$

Die Durchflutung $\Theta = Iw$ nennt man bei einer Spule auch ihre Amperewindungen. **Die Feldstärke einer ringförmigen Spule ist dann gleich den Amperewindungen pro 1 cm Feldlinienlänge.** Die Induktion ergibt sich dann nach Gl. (143) zu

$$\mathfrak{B} = \Pi_0 \mathfrak{H} = 0{,}4\,\pi\,\frac{Iw}{l} = 0{,}2\,\frac{Iw}{r} \tag{149a}$$

und der Spulenfluß $\Phi = \int \mathfrak{B} \cdot dF \approx \mathfrak{B} \cdot F$

$$\Phi = \Pi_0 \mathfrak{H} F = \Pi_0 \frac{Iw}{l} F = \frac{Iw}{\frac{l}{\Pi_0 F}}\,. \tag{150}$$

Die letzte Form der Gl. (150) hat die Gestalt des OHMschen Gesetzes für den magnetischen Kreis. Iw ist die das Feld erzeugende magnetische Umlaufspannung $V = \Theta$ und

$$R_m = \frac{l}{\Pi_0 F} \tag{151}$$

heißt **magnetischer Widerstand** der Spule in Luft, sein reziproker Wert heißt **magnetischer Leitwert**

$$\Lambda = \frac{\Pi_0 F}{l}\,. \tag{151a}$$

Es ist also $\Phi = \frac{\Theta}{R_m} = \Theta \cdot \Lambda$, woraus folgt, daß

$$R_m = \Theta : \Phi \text{ in A/M und } \Lambda = \Phi : \Theta \text{ in M/A}.$$

Denkt man sich die ringförmige Spule der Abb. 130 gerade gestreckt, so daß man eine Spule nach Abb. 121a von der Länge l cm erhält, welche groß im Verhältnis zum Querschnitt F der Spule ist, dann gelten auch hier näherungsweise die Gl. (149), (149a) und (150) für den Querschnitt in der Mitte der Spule, wo das Feld homogen ist. Außerhalb der Spule findet eine weitgehende Streuung der Feldlinien statt und das Feld ist sehr schwach im Vergleich zu dem im Innern der Spule. Die Umlaufspannung $\oint \mathfrak{H} \cdot dl = Iw$ wird im wesentlichen im Innern der Spule verbraucht, so daß man $\mathfrak{H} \cdot l = Iw$ setzen darf, wodurch dann die Gl. (149), (149a) und (150) angenähert gelten.

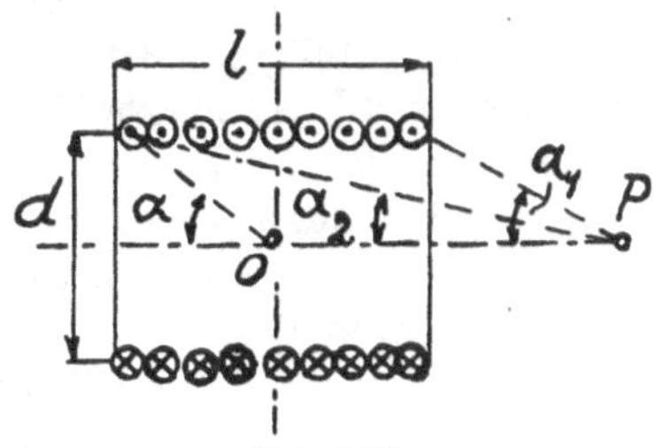

Abb. 131

Ist aber die Spule gemäß Abb. 131 kurz, dann wird infolge des hohen magnetischen Widerstandes außerhalb der Spule ein kleinerer Teil der Umlaufspannung im Innern der Spule verwendet und Feldstärke $\mathfrak{H}$ und Induktion $\mathfrak{B}$ werden schwächer um so mehr, je kürzer die Länge l cm der Spule und je größer ihr Querschnitt F cm² ist. Mit Hilfe der Gl. (148) und (148a) ergibt sich dann für den Mittelpunkt O der Spule

$$\mathfrak{H} = \frac{Iw}{l} \cos \alpha\,, \tag{152}$$

$$\mathfrak{B} = \Pi_0 \mathfrak{H} = 0{,}4\pi \frac{Iw}{l} \cos \alpha \tag{152a}$$

und für einen Punkt P außerhalb der Spule

$$\mathfrak{H} = \frac{Iw}{2l} (\cos \alpha_2 - \cos \alpha_1)\,, \tag{153}$$

$$\mathfrak{B} = \Pi_0 \mathfrak{H} = \frac{0{,}2\pi I w}{l} (\cos \alpha_2 - \cos \alpha_1)\,. \tag{153a}$$

59. Die Stärke des elektromagnetischen Feldes in Eisen
Der magnetische Kreis

Bringt man in eine Spule (Abb. 132) einen Eisenstab und beschickt die w Windungen mit einem Strom I A, dann entsteht durch die magnetische Spannung $V = \Theta = Iw$ eine Feldstärke $\mathfrak{H}$ gemäß Gl. (149) bzw. (152). Dadurch werden die Molekularkreisströme im Eisen gerichtet, wie Abb. 132 zeigt. Diese gleichgerichteten Molekularkreisströme unterstützen die äußere Erregung $\Theta = Iw$ sehr kräftig, so daß die durch dieselbe in Luft erzeugte Induktion (Gl. (149a) bzw. (152a)) gemäß Gl. (145) μ mal größer wird.

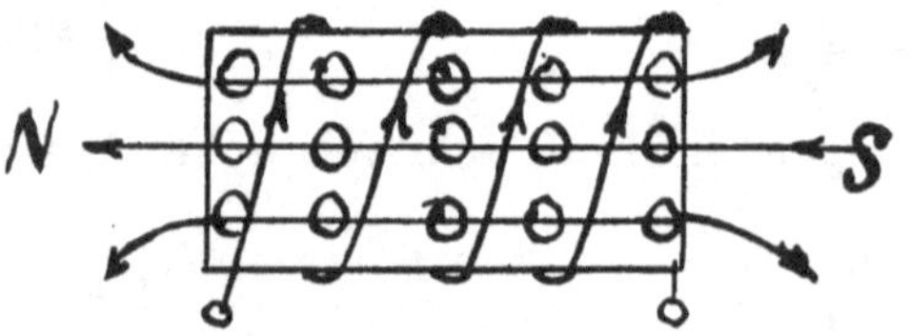

Abb. 132

Im Eisen entsteht also die Induktion

$$\mathfrak{B} = \mu \Pi_0 \mathfrak{H} = \Pi \mathfrak{H}\,.$$

Induktion $\mathfrak{B}$ und damit auch Induktionsfluß $\Phi = \mathfrak{B} \cdot F$ sind bei einer mit Eisenkern versehenen Spule μ mal größer als bei der leeren Spule bei gleicher Erregung $V = Iw$.

Nun sind aber μ und Π nicht konstant, weil das Richten der Molekularkreisströme anfänglich sehr stark einsetzt und dann immer geringer wird und im Zustand der magnetischen Sättigung des Eisens, wo alle Molekularströme gerichtet sind, ganz aufhört. Eine weitere Steigerung von $\mathfrak{B}$ kann dann nur noch durch die Zunahme der äußeren Erregung Iw bewirkt werden und verläuft dann wie in Luft. Die graphische Darstellung dieser Vorgänge geben die durch den Versuch aufgenommenen Magnetisierungskurven der Abb. 125. Und da die Permeabilität μ außer von der magnetischen Feldstärke $\mathfrak{H}$ bzw. Induktion $\mathfrak{B}$ noch von der Eisensorte abhängt, gibt es für jede Eisenart eine besondere Magnetisierungskurve, wobei die Kurve für Dynamoblech auch für Dynamostahl benutzt werden kann. Da diese Kurven aber statt μ, in Abhängigkeit von $\mathfrak{H}$, gleich den Zusammenhang $\mathfrak{B} = f(\mathfrak{H})$ zwischen $\mathfrak{B}$ und $\mathfrak{H}$ angeben, so kann die zur Erzielung eines bestimmten Flusses Φ, d. h. gegebener Induktion $\mathfrak{B} = \frac{\Phi}{F}$, nötige Erregung $\Theta = Iw$ sofort ermittelt werden. Die Permeabilität μ kann im Bedarfsfalle mit Gl. (145) zu $\mu = \frac{\mathfrak{B}}{\Pi_0 \mathfrak{H}}$ errechnet werden.

Eine **Spule mit Eisenkern** ist **ein Elektromagnet,** die Stirnflächen des Eisenkerns sind die Pole und der Südpol diejenige Stirnfläche, von der aus gesehen der Strom im Sinne des Uhrzeigers durch die Spulenwindungen fließt. Solche Elektromagnete mit Weicheisenkern werden den Dauermagneten vorgezogen, weil sie stärker sind und weil durch An- bzw. Abschalten des Stromes der Magnetismus je nach Bedarf rasch erzeugt, beliebig variiert und bis auf die Remanenz wieder vernichtet werden kann.

Die beim Einschalten des Stromes zur Erzeugung des magnetischen Feldes vom Strom gelieferte Energie wird im Feld, d. h. in der Luft und im Eisen, als magnetische Energie aufgespeichert und beim Abschalten des Stromes von der Luft restlos, vom Eisen zum Teil wieder zurückgeliefert, indem der verschwindende Induktionsfluß Φ in den Windungen der Spule eine dem Strom gleichgerichtete elektrische Spannung erzeugt (§ 56). Die zurückgelieferte Energie setzt sich bei der Stromunterbrechung unter Lichtbogenbildung in Wärme um, während der vom Eisen nicht zurückgelieferte Teil als remanenter Magnetismus zurückbleibt. Beschickt man die Spule aber mit Wechselstrom, dann liefert der Wechselstrommagnet ein Wechselfeld. Durch die dauernde Änderung im Zustand $\mathfrak{B}$ des Feldes findet auch dauernd in den Windungen der Spule eine Induktion einer mit dem Strom gegen- bzw. gleichgerichteten EMK statt. Es ergibt sich also abwechselnd elektrischer Energieverbrauch und Gewinn entsprechend den Änderungen der magnetischen Energie in dem das Feld bildenden Medium. Entsteht das Feld in Luft, dann beansprucht die Erhaltung des Wechselfeldes keinerlei Energieaufwand des Stromes, weil die während der Stromzunahme verbrauchte elektrische Energie von der Luft restlos an die Stromquelle zurückgeliefert wird. Enthält die Spule aber einen Eisenkern, dann wird die Energie vom Eisen nicht mehr restlos zurückgeliefert und es ergeben sich die in § 52 berechneten Hysteresisverluste zur Aufrechterhaltung des magnetischen Feldes.

Bei der praktischen Anwendung des Elektromagneten strebt man einen möglichst eisengeschlossenen magnetischen Kreis an. Es wird zunächst der vollständig eisengeschlossene Kreis betrachtet, indem man die ringförmige Spule der Abb. 130 mit einem Eisenkern ausfüllt. Die stromdurchflossene Spule erzeugt eine magnetisierende Feldstärke $\mathfrak{H}$, die wieder längs einer jeden kreisförmigen Feldlinie konstant ist. Ist der Querschnitt F cm^2 des Eisenkerns nicht zu groß im Verhältnis zu seiner Länge, dann kann man das Feld als homogen annehmen und die Feldstärke $\mathfrak{H}$ aus der Länge l cm der mittleren Feldlinie nach dem Durchflutungsgesetz berechnen, wodurch $\mathfrak{H} \cdot l = Iw$ und wie bei der eisenfreien Spule die Feldstärke in A/cm

$$\mathfrak{H} = \frac{Iw}{l}$$

wird. Die Feldstärke erzeugt im Eisenkern mit der relativen Permeabilität μ gemäß Gl. (145) eine Induktion in Gauß

$$\mathfrak{B} = \mu \Pi_0 \mathfrak{H} = \mu \Pi_0 \frac{Iw}{l}.$$

Man kann hier sicher annehmen, das alle Feldlinien im Eisen bleiben, so daß man unter Voraussetzung einer gleichmäßigen Verteilung der $\mathfrak{B}$-Linien den Induktionsfluß im Eisen berechnen kann nach der Gleichung

$$\Phi = \mathfrak{B}F = \mu \Pi_0 \frac{Iw}{l} F = \frac{Iw}{\frac{l}{\mu \Pi_0 F}}. \qquad \textbf{(154)}$$

Die Gleichung zeigt in ihrer letzten Form die Gestalt des magnetischen Ohmschen Gesetzes, wobei

$$R_m = \frac{l}{\mu \Pi_0 F} \qquad \textbf{(155)}$$

der magnetische Widerstand im Eisen und

$$\Lambda = \frac{\mu \Pi_0 F}{l} \qquad \textbf{(155a)}$$

der entsprechende Leitwert ist. Man ersieht aus Gl. (155), daß der magnetische Widerstand des Eisens μ mal kleiner ist als bei Luft und auch hier wieder

$$\Phi = \frac{\Theta}{R_m} = \Theta \Lambda,$$

so daß

$$R_m = \frac{\Theta}{\Phi} \text{ in } \frac{A}{M} \quad \text{und} \quad \Lambda = \frac{\Phi}{\Theta} \text{ in } \frac{M}{A}.$$

Weil die Feldlinien im Eisenring zusammenbleiben und es bei Anwendung des Durchflutungsgesetzes nur darauf ankommt, daß die Summe der von den Feldlinien umschlossenen Ströme gleich Iw ist, so brauchen die w Windungen nicht gleichmäßig über den ganzen Ring angeordnet zu sein, sondern können an irgendeiner Stelle des magnetischen Kreises zusammengedrängt oder in mehreren Teilen auf mehrere Stellen verteilt sein. Die abgeleiteten Formeln gelten im wesentlichen auch dann noch, wenn der eisenhaltige magnetische Kreis keine Kreisform hat. An besonders gekrümmten Stellen bleiben aber dann die Feldlinien nicht alle im Eisen, sondern gehen teilweise durch die Luft, was man magnetische Streuung nennt, welche dann besonders berücksichtigt werden muß. Das Ohmsche Gesetz für den magnetischen Kreis ist deswegen nicht so allgemein anwendbar wie das OHMsche Gesetz für den elektrischen Stromkreis, weil es keine Isolation gegen den Magnetismus gibt und jedes Medium magnetisierbar ist.

Der durch den elektrischen Strom magnetisierte Eisenring ist ein polloser Magnet und hat nach außen keine Wirkung. Bei der praktischen Anwendung des magnetischen Kreises verwendet man, wie schon in § 54 gezeigt wurde, einen mit einem Luftspalt versehenen Eisenkörper nach Abb. 133, der elektrisch magnetisiert wird. Bei einem engen Schlitz von der Länge δ cm kann angenommen werden, daß sämtliche $\mathfrak{H}$- und $\mathfrak{B}$-Linien im Querschnitt F bleiben. Die Streuung im Luftspalt δ ist um so größer, je größer δ und je kleiner F ist. Setzt man das Durchflutungsgesetz für den magnetischen Kreis an, dann ergibt sich, wenn $\mathfrak{H}_e = \frac{\mathfrak{B}}{\mu \Pi_0}$ nach Gl. (145) die Feldstärke im Eisen und $\mathfrak{H}_l = \frac{\mathfrak{B}}{\Pi_0}$ nach Gl. (144) die Feldstärke im Luftspalt δ ist,

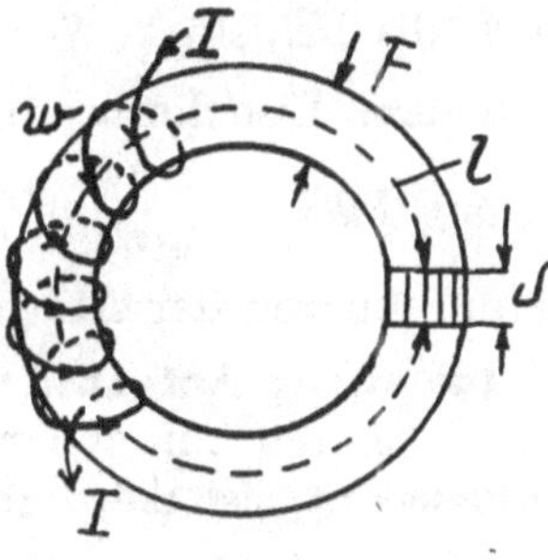

Abb. 133

$$\mathfrak{H}_e \cdot l + \mathfrak{H}_l \cdot \delta = I w, \tag{156}$$

$$\frac{\mathfrak{B}}{\mu \Pi_0} \cdot l + \frac{\mathfrak{B}}{\Pi_0} \delta = I w,$$

$$\mathfrak{B} = \frac{I w}{\frac{l}{\mu \Pi_0} + \frac{\delta}{\Pi_0}}, \tag{156a}$$

$$\Phi = \mathfrak{B} \cdot F = \frac{I w}{\frac{l}{\mu \Pi_0 F} + \frac{\delta}{\Pi_0 F}}. \tag{156b}$$

Aus Gl. (156b) ist ersichtlich, daß der magnetische Widerstand $R_m = \frac{l}{\mu \Pi_0 F} + \frac{\delta}{\Pi_0 F}$ aus zwei Teilen besteht, dem magnetischen Widerstand $\frac{l}{\mu \Pi_0 F}$ des Eisenweges und dem magnetischen Widerstand $\frac{\delta}{\Pi_0 F}$ des Luftspaltes.

Bei der **Berechnung eines magnetischen Kreises** treten in der Praxis zwei verschiedene Aufgaben auf:

1. Es ist für einen gegebenen magnetischen Kreis zu einem erwünschten Fluß Φ die notwendige Durchflutung $\Theta = I w$ zu berechnen.
2. Für einen gegebenen magnetischen Kreis ist der einer bestimmten Durchflutung $\Theta = I w$ entsprechende Fluß Φ zu ermitteln.

Die erste Aufgabe ist die in der Praxis meist vorliegende und kann für den magnetischen Kreis der eisenlosen Ringspule sowohl wie für eine Spule mit geschlossenem oder geschlitztem Eisenkern durchgeführt werden.

Aus dem gegebenen Fluß Φ erhält man durch Division mit dem Spulenquerschnitt F die Induktion $\mathfrak{B} = \frac{\Phi}{F}$. Bei der **eisenlosen** Ringspule ergibt sich damit sofort nach Gl. (143) $Iw = \frac{\mathfrak{B} \cdot l}{\Pi_0}$. Bei der Spule mit **geschlossenem** Eisenkern entnimmt man aus den Magnetisierungskurven der Abb. 125 zu $\mathfrak{B}$ die Feldstärke $\mathfrak{H}$ und erhält damit $Iw = \mathfrak{H} l$. Bei der Spule mit **geschlitztem** Eisenkern ergibt sich mit Gl. (156a) aus $\mathfrak{B} = \frac{\Phi}{F}$ die Durchflutung $Iw = \mathfrak{B}\left(\frac{l}{\mu \Pi_0} + \frac{\delta}{\Pi_0}\right)$, wobei $\mu \Pi_0 = \Pi$ sich mit Hilfe der Magnetisierungskurven der Abb. 125 ergibt zu $\Pi = \frac{\mathfrak{B}}{\mathfrak{H}}$.

Die zweite Aufgabe, welche in der Praxis eine geringere Rolle spielt, kann aber nur für den magnetischen Kreis einer Spule **ohne** und mit **geschlossenem** Eisenkern **genau** gelöst werden. Man erhält im ersten Fall aus der gegebenen Durchflutung $\Theta = Iw$ mit Gl. (150) sofort $\Phi = \frac{Iw}{\frac{l}{\Pi_0 F}}$ und im zweiten Fall ergibt sich aus den Magnetisierungskurven aus $\mathfrak{H} = \frac{Iw}{l}$ die Induktion $\mathfrak{B}$ und $\Phi = \mathfrak{B} \cdot F$. Für den magnetischen Kreis mit **geschlitztem** Eisenkern dagegen kann die zweite Aufgabe nur **näherungsweise** gelöst werden, weil μ nicht bekannt ist. Man vernachlässigt zunächst in Gl. (156b) den magnetischen Widerstand des Eisenkerns $\frac{l}{\mu \Pi_0 F}$, so daß dann $\Phi = \frac{Iw \Pi_0 F}{\delta}$, woraus man einen angenäherten Wert der Induktion $\mathfrak{B}' = \frac{\Phi}{F} = \frac{Iw \Pi_0}{\delta}$ erhält. Man wählt nun die Induktion entsprechend kleiner und erhält mit Hilfe der Magnetisierungskurven $\mu \Pi_0 = \frac{\mathfrak{B}}{\mathfrak{H}}$. Mit diesem Wert berechnet man mit Gl. (156a) $Iw = \mathfrak{B}\left(\frac{l}{\mu \Pi_0} + \frac{\delta}{\Pi_0}\right)$, welcher den gegebenen Wert von Iw ergeben muß. Ist das nicht der Fall, dann muß die Rechnung solange wiederholt werden.

In der Praxis, wo der magnetische Kreis meist aus mehreren Eisenteilen verschiedenen Querschnitts besteht, zwischen denen an einer oder mehreren Stellen Luftspalte vorkommen, **nimmt man für die Berechnung stets Gl. (156).**

Ist bei gegebenem Fluß Φ die Durchflutung $\Theta = Iw$ zu bestimmen, dann geht man bei dem magnetischen Kreis der Abb. 133 wie folgt vor: Man bestimmt die Induktion $\mathfrak{B} = \frac{\Phi}{F}$ und entnimmt hierzu aus einer der Magnetisierungskurven der Abb. 125 die magnetische Spannung $\mathfrak{H}_e$, pro 1 cm im Eisen. Für den Luftspalt, in welchem dieselbe Induktion herrscht, weil sie stetig vom Eisen in die Luft übergeht, ergibt sich die magnetische Spannung pro 1 cm gemäß Gl. (144) zu $\mathfrak{H}_l = 0{,}8\,\mathfrak{B}$. Die magnetische Spannung für den gesamten magnetischen Kreis ist dann gemäß Gl. (156) $Iw = \mathfrak{H}_e \cdot l + \mathfrak{H}_l \cdot \delta$ in Ampere.

Besitzen die Eisenteile des magnetischen Kreises verschiedene Querschnitte F, dann müssen für jeden einzelnen Teil $\mathfrak{B}$ und $\mathfrak{H}_e$ und die entsprechende magnetische Spannung $\mathfrak{H}_e \cdot l$ bestimmt werden.

Die Berechnung soll an einem häufig vorkommenden Beispiel klargemacht werden: Ein Gleichstromelektromagnet der Abb. 134 aus Dynamostahl soll im Luftspalt den Fluß $\Phi = 300000$ M erzeugen und besitzt einen quadratischen Eisenquerschnitt $F = 25$ cm². Gesamtwindungszahl $w = 200$, Streufluß $\Phi_s = 0{,}4 \cdot 300000 = 120000$ M. Gesucht sind erforderliche Durchflutung Θ und Betriebsstrom I. Fluß in Schenkeln und Joch

$$\Phi_g = \Phi + \Phi_s = 420000 \text{ M}$$

Fluß im Anker

$$\Phi = 300000 \text{ M}.$$

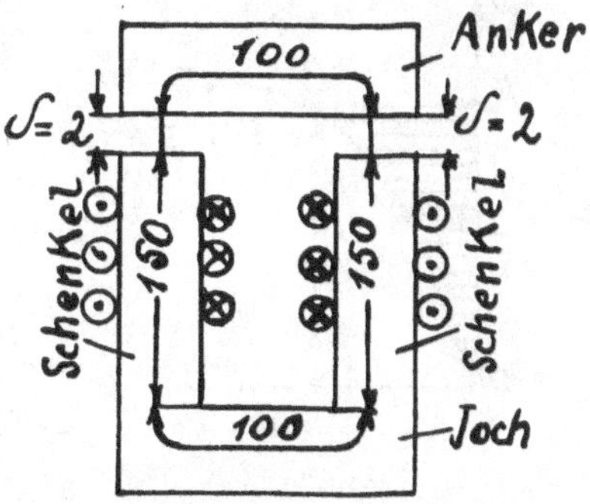

Abb. 134

Die für die einzelnen Teile des magnetischen Kreises sich ergebenden Flüsse Φ, Induktionen $\mathfrak{B} = \frac{\Phi}{F}$, Feldstärken $\mathfrak{H}$, Feldlinienlängen l und magnetischen Spannungen $\mathfrak{H} \cdot l$ sind in untenstehender Zahlentafel zusammengestellt. Die Feldstärken $\mathfrak{H}$ für Anker, Schenkel und Joch werden aus der Magnetisierungskurve für Dynamostahl zu den entsprechenden Induktionen $\mathfrak{B}$ entnommen, die Feldstärke im Luftspalt ist $\mathfrak{H} = 0{,}8\,\mathfrak{B}$.

Abschnitt	Fluß Φ	Querschnitt F	Induktion $\mathfrak{B}$	Feldstärke $\mathfrak{H}$	Feldlinienlänge l	Magn. Spannung $\mathfrak{H} \cdot l$
	M	cm²	G	A/cm	cm	A
Luftspalt	300000	25	12000	9600	0,4	3840
Anker	300000	25	12000	4,5	10	45
Schenkel	420000	25	16800	65	30	1950
Joch	420000	25	16800	65	10	650
			$\mathfrak{B} = \frac{\Phi}{F}$	$\Theta = Iw = \sum \mathfrak{H} \cdot l = 6485$		

Der Magnetisierungsstrom ist $I = \frac{\Theta}{w} = \frac{6485}{200} = 32{,}425$ A.

60. Magnetische Charakteristik und Feldenergie Elektrische Arbeit bei einem Elektromagneten

Zur Lösung der Aufgabe, zu einer gegebenen Durchflutung $\Theta = Iw$ eines magnetischen Kreises nach Abb. 133 bzw. 134 den Fluß Φ zu bestimmen, führt man für eine Anzahl angenommener Flüsse Φ die in § 59 ausgeführte Berechnung der Durchflutung $\Theta = Iw$ durch und trägt Φ in Abhängigkeit von Θ auf. Man erhält dann eine der Magnetisierungskurve ähnliche Kurve, welche **magnetische Charakteristik** heißt (Abb. 135).

Aus ihr kann man dann für jede Durchflutung $\Theta = Iw$ den in dem magnetischen Kreis erzeugten Fluß Φ entnehmen. Da nun die Durchflutung $\Theta = Iw$ bei gegebenem Fluß Φ oder umgekehrt der Fluß Φ bei gegebener Durchflutung Θ vom magnetischen Widerstand des ganzen magnetischen Kreises abhängen (Gl. (156b)), so folgt, daß die magnetische Charakteristik $\Phi = f(\Theta)$ von der speziellen Gestalt des magnetischen Kreises abhängt, d. h. daß jeder magnetische Kreis seine eigene magnetische Charakteristik hat. Sie verläuft um so weiter entfernt von der Ordinatenachse, je größer der magnetische Widerstand des magnetischen Kreises ist, je größer also die Luftspaltlänge δ ist. Dadurch steht die magnetische Charakteristik im Gegensatz zur Magnetisierungskurve, die unabhängig von der Gestalt des magnetisierten Körpers für irgendeine Stelle desselben gilt. Und wie die Fläche zwischen der Magnetisierungskurve $\mathfrak{B} = f(\mathfrak{H})$ und der Ordinatenachse ein Maß für die Magnetisierungsarbeit W_m pro Raumeinheit des magnetisierten Körpers darstellt (§ 51, Gl. (131)), so stellt die Fläche zwischen der magnetischen Charakteristik $\Phi = f(\Theta)$ und der Ordinatenachse in Abb. 135 ein Maß für die Magnetisierungsarbeit W des **ganzen magnetischen Kreises** dar.

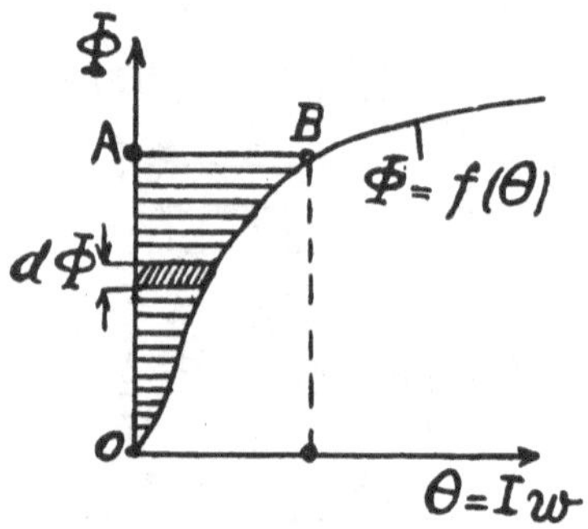

Abb. 135

Es sei zunächst ein eisengeschlossener magnetischer Kreis von der Länge l cm und dem Querschnitt F cm² angenommen. Dann ist nach Gl. (131) § 51 die Magnetisierungsarbeit je 1 cm³ des Eisenkerns

$$W_m = \frac{1}{4\pi} \int_0^{\mathfrak{B}} \mathfrak{H}^{\nabla} \cdot d\mathfrak{B} \text{ Erg}.$$

Diese Arbeit, die als magnetische Energie im Eisen aufgespeichert wird, wird im elektrisch erregten magnetischen Kreis vom Strom geliefert und soll jetzt durch die Durchflutung Θ ausgedrückt werden.

Nach Gl. (143b) ist $\mathfrak{H}^{\nabla} = \Pi_0 \mathfrak{H} = 0{,}4\pi\mathfrak{H} = 0{,}4\pi \frac{Iw}{l}$ und $d\mathfrak{B} = \frac{d\Phi}{F}$, wodurch

$$W_m = \frac{1}{4\pi} \int_0^{\Phi} 0{,}4\pi \frac{Iw}{l} \cdot \frac{d\Phi}{F} \cdot 10^{-7} \text{ Ws/cm}^3,$$

$$W_m = \int_0^{\Phi} \frac{Iw}{l} \cdot \frac{d\Phi}{F} \cdot 10^{-8} = \int_0^{\mathfrak{B}} \mathfrak{H} \cdot d\mathfrak{B}\, 10^{-8} \text{ Ws/cm}^3$$

und für den gesamten Eisenkörper vom Volumen $F \cdot l$ cm³ in Ws

$$W_e = \frac{F \cdot l}{10^8} \int_0^{\mathfrak{B}} \mathfrak{H} \cdot d\mathfrak{B} = \int_0^{\Phi} \frac{Iw \cdot d\Phi}{10^8} = \frac{1}{10^8} \int_0^{\Phi} \Theta \cdot d\Phi. \qquad \textbf{(157)}$$

Da nun in Abb. 135 $\Theta \cdot d\Phi$ der schraffierte Flächenstreifen ist, so ist $\int_0^\Phi \Theta \cdot d\Phi$ die Fläche OAB zwischen der Ordinatenachse und der magnetischen Charakteristik $\Phi = f(\Theta)$. **Die Magnetisierungsarbeit für den Eisenkörper ist also nach Gl. (157) der 10^8te Teil der Fläche OAB zwischen der Ordinatenachse und der Kurve $\Phi = f(\Theta)$.**

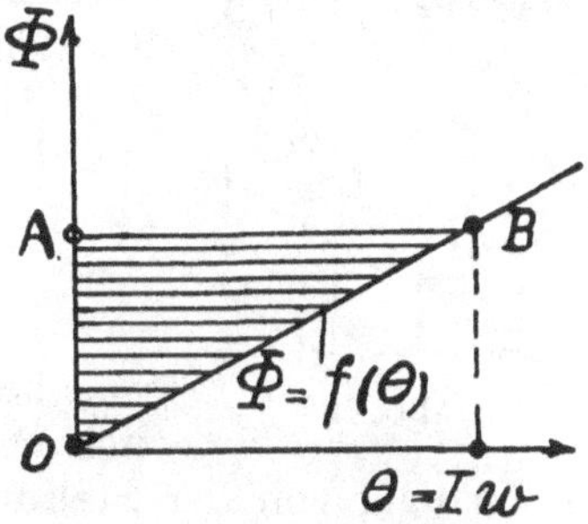

Abb. 136

Für Luft mit $\mu = 1$ ist nach Gl. (143) $\mathfrak{B}$ und damit Φ gemäß Gl. (150) mit $\Theta = Iw$ proportional und die magnetische Charakteristik eine Gerade nach Abb. 136.

Die Fläche OAB wird dann ein Dreieck und die Magnetisierungsarbeit für den Luftspalt δ ist in Ws

$$W_l = \frac{\Theta\Phi}{2 \cdot 10^8} = \frac{Iw\Phi}{2 \cdot 10^8}. \qquad \textbf{(157a)}$$

Für einen magnetischen Kreis, der Eisen und Luftspalte enthält, ist die Magnetisierungsarbeit die Summe aus W_e und W_l also, wenn Θ_l die Durchflutung für den Luftspalt und Θ_e für das Eisen bedeutet,

$$W = \frac{\Theta_l \cdot \Phi}{2 \cdot 10^8} + \frac{1}{10^8} \int_0^\Phi \Theta_e \cdot d\Phi \quad \text{in Ws}. \qquad \textbf{(158)}$$

Das zweite Glied $W_e = \frac{1}{10^8} \cdot \int_0^\Phi \Theta_e \cdot d\Phi$ muß aus der magnetischen Charakteristik bestimmt werden. Die graphische Darstellung ergibt sich aus Abb. 137. Die 10^{-8}-fache Fläche OAB gibt die Magnetisierungsarbeit für die Luftspalte und die 10^{-8}-fache Fläche OBC für Anker, Schenkel und Joch. Die 10^{-8}-fache Fläche OAC gibt die gesamte Magnetisierungsarbeit gleich der magnetischen Feldenergie gemäß Gl. (158).

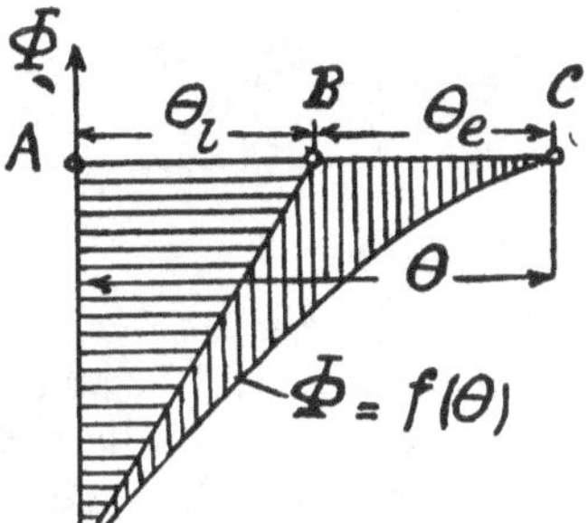

Abb. 137

Durch die wiederholte Durchrechnung des magnetischen Kreises für verschiedene Φ, d. h. $\mathfrak{B}$, erhält man die Kurve OC und durch Eintragen der Geraden OB mit Hilfe von Θ_l kann man die Magnetisierungsarbeit W in den Eisen- und den Luftanteil zerlegen. Bei mäßigen Sättigungen wird der größte Teil der Durchflutung Θ und der Magnetisierungsarbeit W für die Luft gebraucht, während das Eisen bei höheren Sättigungen immer mehr in Erscheinung tritt. Die magnetische Charakteristik $\Phi = f(\Theta)$, d. h. Kurve OC, ist als **Leerlaufkennlinie** bei den elektrischen Maschinen von Bedeutung.

Der Fluß Φ bzw. die Induktion $\mathfrak{B}$ im Luftspalt zur Berechnung des magnetischen Kreises von Elektromagneten ergeben sich aus der Gl. (135) in § 53 für die Zugkraft $P = \left(\frac{\mathfrak{B}}{5000}\right)^2 \cdot F$ kg, die vom Magneten verlangt wird.

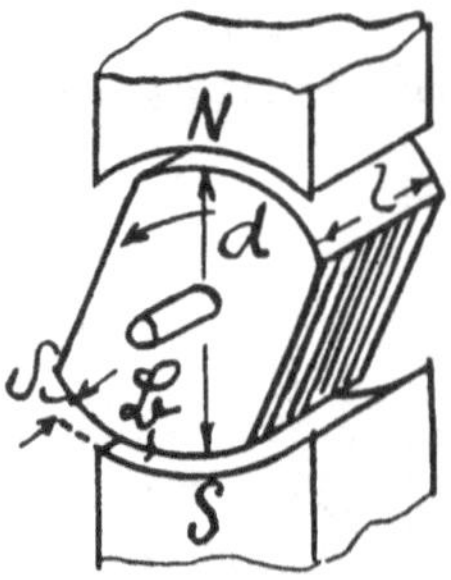

Abb. 138

Bei Elektromagneten mit **drehbarem** Anker, wie bei den elektrischen Maschinen und Motoren gemäß Abb. 138, ergibt sich die Induktion $\mathfrak{B}$ im Luftspalt δ aus dem auf den Anker ausgeübten Drehmoment in kg/cm

$$M_d = \left(\frac{\mathfrak{B}}{5000}\right)^2 \cdot l \cdot d \cdot \delta, \qquad \textbf{(159)}$$

weil bei konstantem Magnetisierungsstrom die Induktion $\mathfrak{B}$ konstant bleibt und das Drehmoment M_d dann unabhängig von der Stellung des Ankers ist.

Die Ermittlung der elektrischen Arbeit eines **Elektro-Hubmagneten** kann mit Hilfe der magnetischen Charakteristik durchgeführt werden. Da der magnetische Widerstand des magnetischen Kreises bis zum Anschlag des Ankers sich fortwährend verkleinert, so muß man die magnetischen Charakteristiken für Anfangs- und für Endlage des Ankers bestimmen gemäß Abb. 139.

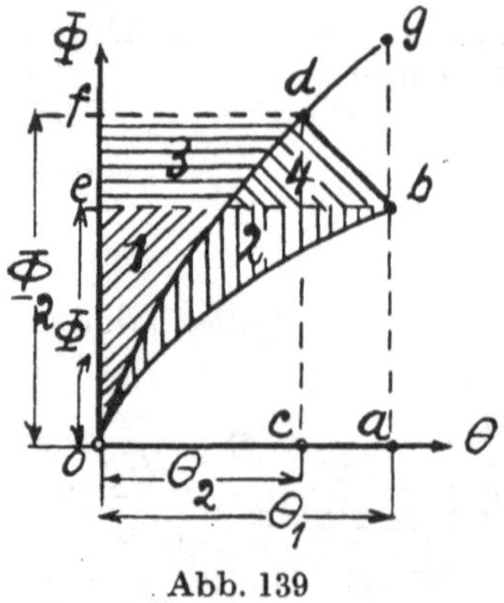

Abb. 139

Angenommen ist ein **Gleichstrommagnet,** der an konstanter Klemmenspannung liegt, so daß sein Strom durch den Widerstand der Wicklung gegeben ist. Die Durchflutung sei $\Theta_1 = oa$. Hat der Anker einen bestimmten Abstand von den Polen, dann gilt **vor** dem Hub die magnetische Charakteristik ob, **nach** dem Hub od. Vor dem Hub ist also nach eingetretenem stationärem Zustand der Fluß $\Phi_1 = ab$ und $\Theta = \Theta_1 = oa$. Während des Hubes verringert sich der magnetische Widerstand und der Fluß nimmt zu, während I und damit Θ abnehmen. Die Änderung erfolgt nach der Kurve bd. In der Endlage des Ankers ist der Fluß $\Phi_2 = cd$ und die Durchflutung $\Theta_2 = oc$. Der Strom I wächst dann wieder wie beim Einschalten mit anliegendem Anker und die Durchflutung wieder auf $\Theta_1 = oa$, wodurch der Fluß nach der Kurve dg auf den Wert ag steigt. Bezeichnet man die verschieden schraffierten Flächen mit 1 bis 4, dann ist die während des Hubes im ganzen geleistete elektrische Arbeit dargestellt durch die Flächen $3 + 4$ gleich $\int_{\Phi_1}^{\Phi_2} \frac{\Theta \cdot d\Phi}{10^8}$. Zur Magnetisierung des magnetischen Kreises **vor** dem Hub ist eine Energie W_1 nötig, die durch die Flächen $1 + 2$ dargestellt wird, und im Moment, wo der Anker anschlägt, ist die Energie W_2 gleich der Fläche $1 + 3$. Die Energie hat also während des Hubes um einen Betrag

$W_2 - W_1$ zugenommen, der durch die Fläche $1 + 3 - (1 + 2) = 3 - 2$ dargestellt wird.

Die vom Strom insgesamt geleistete Arbeit $3 + 4$ besteht also außer der der Zunahme der magnetischen Energie $W_2 - W_1$ entsprechenden Arbeit $3 - 2$ auch noch aus der Hubarbeit A gleich $3 + 4 - (3 - 2) = 4 + 2$, so daß also die Hubarbeit

$$A = \int_{\Phi_1}^{\Phi_2} \frac{\Theta \cdot d\Phi}{10^8} - (W_2 - W_1). \tag{160}$$

Die Hubarbeit A wird also dargestellt durch die Fläche zwischen den beiden magnetischen Charakteristiken. Man erhält einfache Beziehungen zwischen Feldenergie und mechanischer Hubarbeit, wenn man Φ proportional mit Θ annimmt, was meistens angenähert der Fall ist, weil der magnetische Widerstand des Luftspaltes wesentlich größer ist als der des Eisens. Man kann dann zwei Fälle unterscheiden.

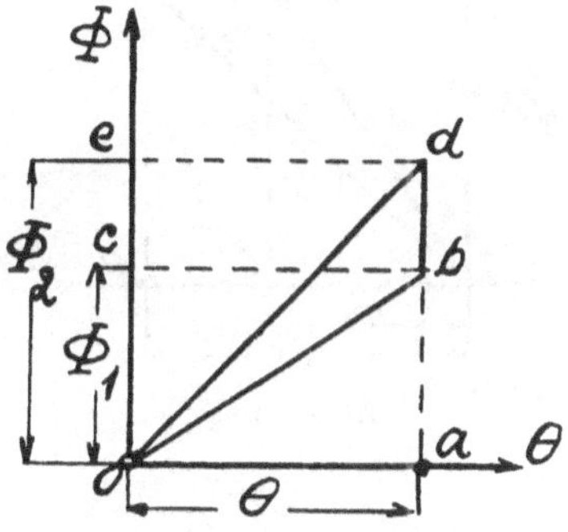

Abb. 140a

a) **Die Durchflutung Θ ist während der Bewegung des Ankers unveränderlich.** Dieser Fall liegt vor beim **Gleichstrommagneten,** wenn die Bewegung des Ankers langsam erfolgt. Gemäß Abb. 140a ist dann

$$W_1 = \frac{1}{2}\frac{\Theta\Phi_1}{10^8} = \text{halbes Rechteck } oabc,$$

$$W_2 = \frac{1}{2}\frac{\Theta\Phi_2}{10^8} = \text{halbes Rechteck } oade,$$

$$\int_{\Phi_1}^{\Phi_2} \frac{\Theta \cdot d\Phi}{10^8} = \frac{\Theta}{10^8}(\Phi_2 - \Phi_1) = \text{Rechteck } cbde, \text{ also nach Gl. (160)},$$

$$A = \int_{\Phi_1}^{\Phi_2} \frac{\Theta \cdot d\Phi}{10^8} - (W_2 - W_1) = \text{halbes Rechteck } cbde = \text{Dreieck } obd,$$

$$A = \frac{\Theta}{2 \cdot 10^8}(\Phi_2 - \Phi_1) = W_2 - W_1. \tag{160a}$$

Die mechanische Arbeit ist gleich der **Zunahme** der magnetischen Energie. Der Überschuß der vom Netz geleisteten elektrischen Arbeit über die Stromwärme wird zur Hälfte in mechanische Arbeit verwandelt, zur andern Hälfte zur Erhöhung der magnetischen Energie verwendet.

b) **Der Fluß Φ bleibt während der Bewegung des Ankers unveränderlich.** Dieser Fall liegt vor beim **Wechselstrommagneten,** dessen Wicklung an konstanter Spannung liegt. Gemäß Abb. 140b ist dann

$$W_1 = \frac{1}{2}\frac{\Theta_1 \Phi}{10^8} = \text{halbes Rechteck } oabe,$$

$$W_2 = \frac{1}{2}\frac{\Theta_2 \Phi}{10^8} = \text{halbes Rechteck } ocde,$$

$$W_2 - W_1 = \frac{\Phi}{2 \cdot 10^8}(\Theta_2 - \Theta_1) = \text{halbes Rechteck } cabd,$$

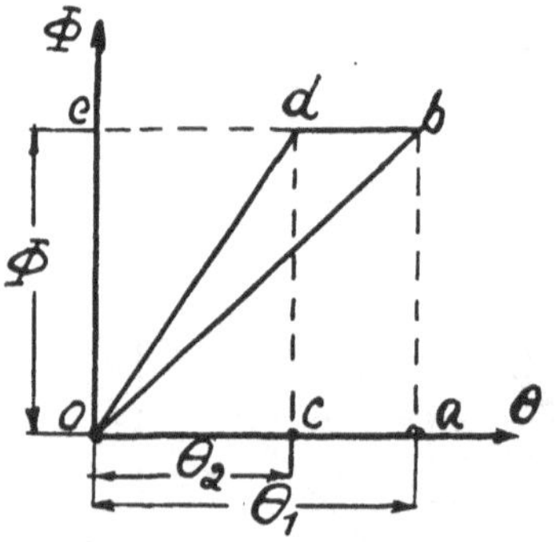

Abb. 140b

$$\int_{\Phi}^{\Phi} \frac{\Theta \cdot d\Phi}{10^8} = 0, \text{ also nach Gl. (160)},$$

$$A = 0 - (W_2 - W_1) = \text{halbes Rechteck } cabd$$
$$= \text{Dreieck } obd,$$

$$A = -(W_2 - W_1). \qquad \textbf{(160b)}$$

Die mechanische Arbeit ist gleich der **Abnahme** der magnetischen Energie. Während der Bewegung des Ankers wird vom Netz nur die Stromwärme geliefert.

61. Verzweigung des magnetischen Kreises
Berechnung der Erregerwicklung

Die Gestalt des Elektromagneten richtet sich nach dem Zweck, dem er dienen soll. Häufig ist die Form des **Hufeisenmagneten** nach Abb. 134. Er besteht aus den Polen oder Schenkeln, welche die Wicklung tragen und durch das Joch miteinander verbunden sind. Der Anker ist durch Luftspalte von den Polen getrennt. Anwendung findet der Hufeisenmagnet, wenn die Spulen durch äußere Einwirkungen nicht gefährdet werden.

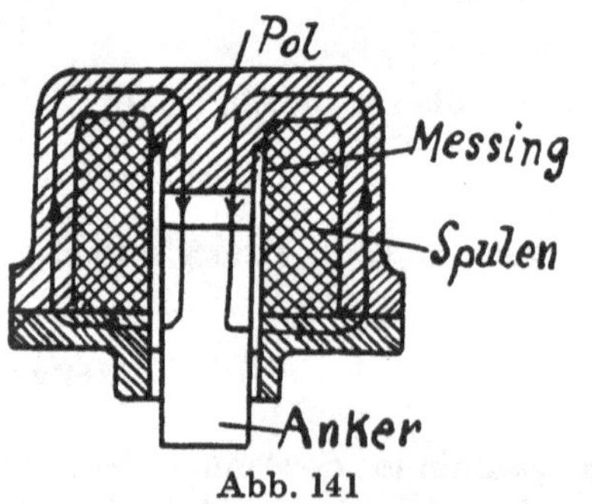

Abb. 141

Beim **Topfmagnet,** der angewendet wird, wenn die Spule einen mechanischen Schutz braucht, umschließt die Spule Pol und Anker, die beide zylindrisch sind. Außerdem wird die Spule von einem ringförmigen Eisenmantel umschlossen wie in Abb. 141.

Beim **Mantelmagnet,** der bei den elektrischen Maschinen Verwendung findet, sind die Pole durch zwei Jochhälften miteinander verbunden, auf die sich der Polfluß verteilt gemäß Abb. 142.

Größere Maschinen erhalten mehrpolige Magnete nach Abb. 142a, bei denen Nord- und Südpole abwechseln.

Beim Hufeisenmagnet ist der magnetische Kreis unverzweigt; Schenkel, Joch, Luftspalte und Anker sind hintereinander geschaltet.

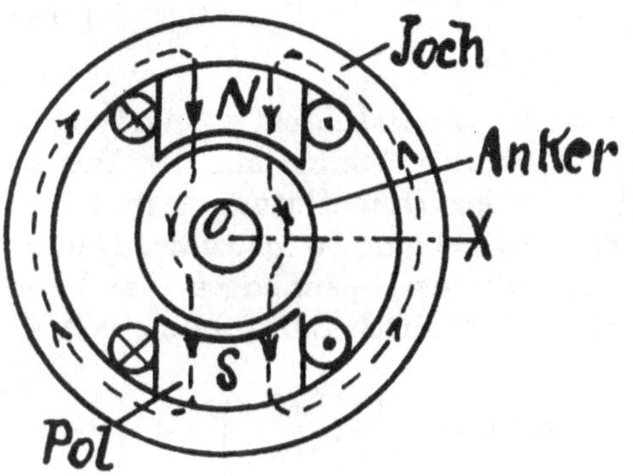

Abb. 142

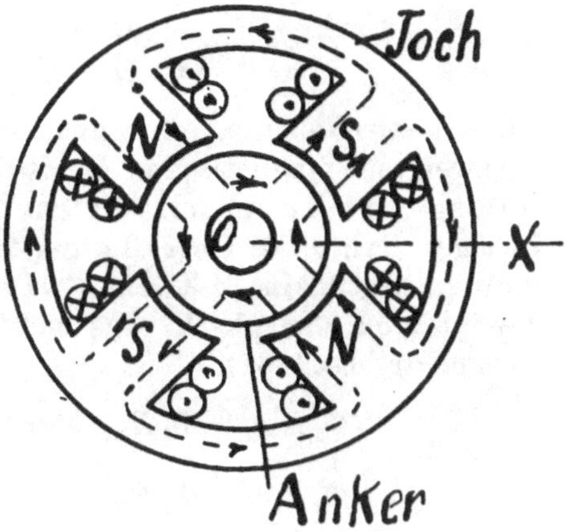

Abb. 142a

Beim Topf- und Mantelmagnet findet aber eine Verzweigung des durch Pol und Anker gehenden Flusses in zwei Jochzweige statt. Diese Verhältnisse, wie sie auch bei Transformatoren vorkommen, sollen jetzt untersucht werden. Gegeben sei ein magnetischer Kreis wie Abb. 143. Die magnetisierende Durchflutung sei $\Theta = Iw$, sie erzeugt den Fluß Φ, der sich in einzelne Teilflüsse Φ_1, Φ_2 und Φ_3 auflöst. Die magnetischen Widerstände der einzelnen Teile des magnetischen Kreises seien R_m, R_{m1}, R_{m2} und R_{m3}, ihre Querschnitte F, F_1, F_2 und F_3 und ihre mittleren Feldlinienlängen l, l_1, l_2 und l_3. Es ergibt sich dann für die magnetischen Widerstände

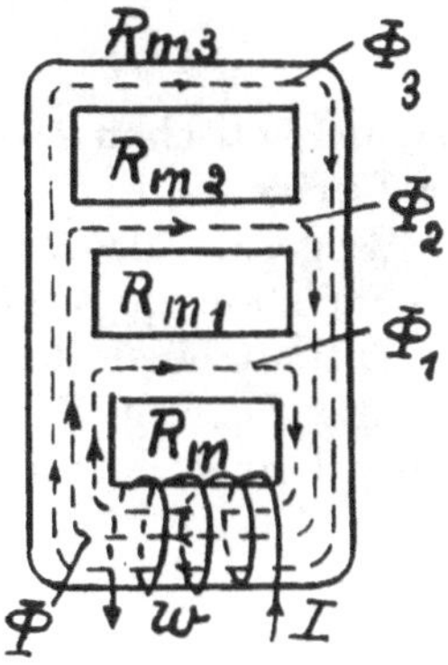

Abb. 143

$$R_m = \frac{l}{\mu \Pi_0 F}, \quad R_{m1} = \frac{l_1}{\mu_1 \Pi_0 F_1}, \quad R_{m2} = \frac{l_2}{\mu_2 \Pi_0 F_2},$$

$$R_{m3} = \frac{l_3}{\mu_3 \Pi_0 F_3}.$$

Da in den Zweigen weder Feldlinien entstehen noch verschwinden können, so ist $\Phi = \Phi_1 + \Phi_2 + \Phi_3$. Wendet man das Durchflutungsgesetz auf eine Feldlinie an, die durch den ersten Zweig geht, dann erhält man

$$\Theta = \mathfrak{H} \cdot l + \mathfrak{H}_1 l_1 = \frac{\mathfrak{B}}{\mu \Pi_0} l + \frac{\mathfrak{B}_1}{\mu_1 \Pi_0} l_1,$$

oder

$$\Theta = \mathfrak{B} \cdot F \frac{l}{\mu \Pi_0 F} + \mathfrak{B}_1 F_1 \frac{l_1}{\mu_1 \Pi_0 F_1},$$

d. h.

$$\Theta = \Phi \cdot R_m + \Phi_1 \cdot R_{m1}.$$

Verfährt man in gleicher Weise mit den anderen Zweigen des magnetischen Kreises, dann erhält man

$$\left.\begin{aligned}\Theta &= \Phi \cdot R_m + \Phi_1 R_{m1}\\ \Theta &= \Phi \cdot R_m + \Phi_2 R_{m2}\\ \Theta &= \Phi \cdot R_m + \Phi_3 R_{m3}\end{aligned}\right\} \quad (161).$$

Aus diesen Gleichungen ergibt sich, daß die Gesamtdurchflutung Θ eines verzweigten magnetischen Kreises gleich ist der Summe aus der Durchflutung für den unverzweigten Teil und der Durchflutung **irgendeines** Zweiges, d. h.: **Die Durchflutung für die Verzweigung ist gleich der Durchflutung irgendeines Zweiges. Die magnetischen Spannungen paralleler Zweige sind also gleich,** was sich auch ergibt durch Subtraktion von je zweien der Gl. (161):

$$\left.\begin{aligned}\Phi_1 R_{m1} - \Phi_2 R_{m2} &= 0, \quad \text{oder} \quad \Phi_1 : \Phi_2 = \frac{1}{R_{m1}} : \frac{1}{R_{m2}}\\ \Phi_2 R_{m2} - \Phi_3 R_{m3} &= 0, \quad \text{oder} \quad \Phi_2 : \Phi_3 = \frac{1}{R_{m2}} : \frac{1}{R_{m3}}\\ \Phi_1 R_{m1} - \Phi_3 R_{m3} &= 0, \quad \text{oder} \quad \Phi_1 : \Phi_3 = \frac{1}{R_{m1}} : \frac{1}{R_{m3}}\end{aligned}\right\} \quad (161\,\text{a})$$

Diese Beziehungen lassen sich auch auf die Form einer fortlaufenden Proportion bringen

$$\Phi_1 : \Phi_2 : \Phi_3 = \frac{1}{R_{m1}} : \frac{1}{R_{m2}} : \frac{1}{R_{m3}}. \quad (161\,\text{b})$$

Die magnetischen Zweigflüsse verhalten sich wie die magnetischen Leitwerte der Zweige.

Es gelten also auch hier die KIRCHHOFFschen Gesetze und es besteht eine vollständige Analogie mit der Verzweigung im elektrischen Stromkreis.

Enthält einer der Zweige, z. B. R_{m3}, außerdem eine Durchflutung Θ_3, indem auf diesem Zweig sich ebenfalls Magnetisierungswindungen befinden, dann ist nach dem Durchflutungsgesetz (Gl. (161))

$$\Theta = \Phi R_m + \Phi_1 R_{m1},$$

$$\Theta = \Phi R_m + \Phi_2 R_{m2},$$

aber

$$\Theta \pm \Theta_3 = \Phi R_m \pm \Phi_3 R_{m3},$$

woraus durch Subtraktion folgt

$$\Theta_3 = \Phi_3 R_{m3} - \Phi_1 R_{m1} = \Phi_3 R_{m3} - \Phi_2 R_{m2}$$

bzw.

$$\Theta_3 = \Phi_3 R_{m3} + \Phi_1 R_{m1} = \Phi_3 R_{m3} + \Phi_2 R_{m2}. \quad (162)$$

Mit diesen Gleichungen kann man für eine beliebige Zahl von Zweigen die Durchflutung $\Theta = Iw$ aus den Flüssen berechnen, dagegen nicht die umgekehrte Aufgabe lösen, aus der Durchflutung Θ die Flüsse zu ermitteln.

In der Praxis kommt hauptsächlich gemäß Abb. 141 und 142 der Fall vor, daß eine Verzweigung eintritt in **zwei** Zweige von genau gleichen magnetischen Widerständen $R_{m1} = R_{m2}$, so daß nach Gl. (161) für $\Phi_1 = \Phi_2 = \frac{\Phi}{2}$ sich ergibt

$$\Theta = \Phi R_m + \frac{\Phi}{2} R_{m1} = \Phi\left(R_m + \frac{R_{m1}}{2}\right) = \Phi\left(R_m + \frac{R_{m2}}{2}\right).$$

Da nun $\frac{R_{m1}}{2} = \frac{l_1}{\mu_1 \Pi_0 2 F_1}$, so berechnet man die Durchflutung für die Verzweigung gleich der Durchflutung für **einen** Zweig, der den Gesamtfluß Φ und den Querschnitt $2 \cdot F_1$ hat.

Im magnetischen Kreis der Abb. 142 und 142a z. B. haben Pole und Luftspalte den Gesamtfluß Φ. Von da ab verzweigt sich der magnetische Kreis, so daß Anker und Joch den Fluß $\frac{\Phi}{2}$ führen, oder man nimmt nach dem oben Gesagten für Anker und Joch den Gesamtfluß Φ, dafür aber ihren doppelten Querschnitt. Zu den Induktionen $\mathfrak{B}$ in Pol, Anker und Joch erhält man dann aus den Magnetisierungskurven der Abb. 125 die magnetischen Spannungen $\mathfrak{H}$ je 1 cm Induktionslinienweg, für die Luftspalte dagegen $\mathfrak{H} = 0{,}8\, \mathfrak{B}$ gemäß Gl. (144). Bei der Berechnung der Durchflutungen $\Theta = \mathfrak{H} \cdot l$ dürfen für Anker und Joch nur die Längen l bis zur Linie OX und nur **ein** Luftspalt genommen werden, wenn man die Durchflutung für **einen** Pol berechnet.

Für die **Berechnung der Erregerwicklung** ist maßgebend die für die Speisung zur Verfügung stehende elektrische Spannung U. Ist I der Erregerstrom und R der elektrische Widerstand der Erregerwicklung, dann ist nach dem OHMschen Gesetz

$$U = I \cdot R.$$

Ist nun l_m in m die mittlere Windungslänge der Erregerspule, w ihre Windungszahl und q ihr Leiterquerschnitt in mm², dann ist

$$R = \varrho \frac{w \cdot l_m}{q} \tag{163}$$

und damit

$$U = \varrho \frac{(I \cdot w)\, l_m}{q}, \tag{164}$$

woraus sich bei ermittelter Durchflutung Θ der Leiterquerschnitt ergibt zu

$$q = \varrho \frac{\Theta l_m}{U}, \tag{165}$$

worin $\varrho = 1/46$ gesetzt wird, entsprechend einer Temperatur von 75°. Die Aufteilung der Durchflutung Θ auf w und I erfolgt mit Rücksicht auf die Erwärmung, die durch die Stromdichte $j = \frac{I}{q}$ bestimmt wird. Daraus ergibt sich dann der Erregerstrom

$$I = q \cdot j \tag{165a}$$

und die Windungszahl

$$w = \frac{\Theta}{I} \tag{165b}$$

Die zulässige Stromdichte j beträgt für Dauerbetrieb bei natürlicher Kühlung $j = 1{,}2 \ldots 2{,}5$ A/mm², bei künstlicher Kühlung $j = 2 \ldots 4$ A/mm².

62. Die magnetische Streuung

Umfassen die magnetisierenden Windungen nicht den ganzen Eisenkörper des magnetischen Kreises, dann bleiben nicht sämtliche Feldlinien im Eisen, sondern ein Teil derselben tritt an den Enden der Magnetisierungsspule aus dem Eisen heraus und schließt sich durch die Luft um die Spule herum. Bedeckt die Spule den größten Teil des Eisens (Abb. 144b), dann verlaufen die Linien in der Luft in der gleichen Richtung wie im Eisen;

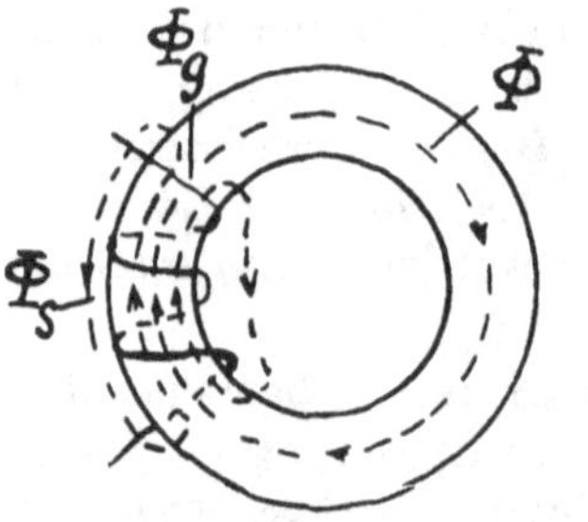

Abb. 144a

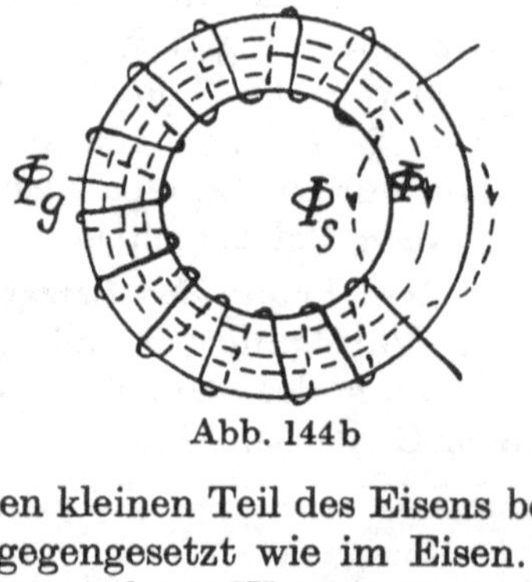

Abb. 144b

wenn aber die Spule (Abb. 144a) nur einen kleinen Teil des Eisens bedeckt, dann laufen die Linien in der Luft entgegengesetzt wie im Eisen. Dieses Heraustreten der Feldlinien aus dem gewünschten Weg nennt man **Feldstreuung** und die außerhalb der gewünschten Bahn verlaufenden Linien **Streulinien;** sie bilden das **Streufeld** oder den **Streufluß** Φ_s. Diejenigen Linien, welche im Eisen bleiben und dadurch auch durch den Luftspalt des magnetischen Kreises gehen, bilden den **Nutzfluß** Φ, auch zuweilen Hauptfluß genannt, und der **Gesamtfluß** ist $\Phi_g = \Phi + \Phi_s$. Bei der magnetischen Streuung findet also eine Verzweigung von Φ_g in Φ und Φ_s statt. Man bezeichnet als **Streufaktor** das Verhältnis entweder nach Heyland

$$\tau = \frac{\Phi_s}{\Phi} \tag{166}$$

oder nach Hopkinson

$$s = \frac{\Phi_g}{\Phi}. \tag{167}$$

τ ist kleiner, s größer als 1 und beide sind um so größer, je größer die Zahl der Streulinien im Verhältnis zu der der nutzbaren Linien. τ und s lassen sich durcheinander ausdrücken, indem

$$\Phi_g = \Phi + \Phi_s = \Phi + \tau\Phi = \Phi(1 + \tau),$$

also

$$s = \frac{\Phi_g}{\Phi} = 1 + \tau. \tag{168}$$

Der Streufluß bei einem Luftspalt ist um so größer, je größer der Polumfang u und die Luftspaltlänge δ sind, dagegen um so kleiner, je größer die Polfläche F ist, Man kann etwa setzen

$$\tau = \frac{\Phi_s}{\Phi} = 2\frac{u \cdot \delta}{F} \text{ bis } 3\frac{u \cdot \delta}{F}. \tag{169}$$

Meistens jedoch setzt man nach der Erfahrung $\tau = 0{,}15 \ldots 0{,}25$. Es ist also

$$\Phi_s = \tau\Phi, \tag{170}$$

$$\Phi_g = (1 + \tau)\Phi. \tag{170a}$$

Um nun noch die Abhängigkeit der Streuung von der Sättigung des Eisens, von der Gestalt des magnetischen Kreises und der Anordnung der Magnetspule zu erhalten, drückt man die Flüsse und die Streufaktoren durch die magnetischen Widerstände aus. Bezeichnet R_m den magnetischen Widerstand der nützlichen Feldlinien, R_{ms} den der streuenden und R_{mg} den der gesamten und ist $\Theta = Iw$ die Durchflutung des magnetischen Kreises, dann ergibt sich $\Phi = \frac{\Theta}{R_m}$, $\Phi_s = \frac{\Theta}{R_{ms}}$, $\Phi_g = \frac{\Theta}{R_{mg}}$ und daraus folgt

$$\tau = \frac{R_m}{R_{ms}}, \tag{171a}$$

$$s = \frac{R_m}{R_{mg}}, \tag{171b}$$

und weil $\Phi_g = \Phi + \Phi_s$, so ist $\frac{1}{R_{mg}} = \frac{1}{R_m} + \frac{1}{R_{ms}}$, also

$$R_{mg} = \frac{R_m \cdot R_{ms}}{R_m + R_{ms}}, \tag{171c}$$

d. h. eine Parallelschaltung von R_m und R_{ms}. Aus den Gl. (171a) und (171b) ist ersichtlich, daß τ und s und damit die Streuung um so größer sind, je größer R_m gegenüber R_{ms} ist. Da nun $R_m = \frac{l}{\mu \Pi_0 F}$ proportional mit $\frac{1}{\mu}$ ist, so ist auch die Streuung proportional mit $\frac{1}{\mu}$, hängt also von der Eisensättigung ab. **Die Streuung ist beim größten Wert von μ, d. h. bei schwacher Sättigung am kleinsten.**

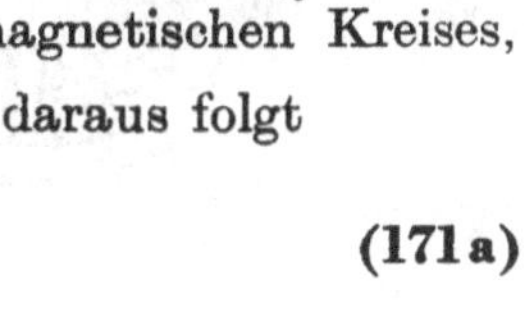

Abb. 145

Besonders aber ist die Streuung noch abhängig von der Gestalt des magnetischen Kreises und der Anordnung der Magnetspulen. Die Streuung ist um so größer, je kleiner R_{ms} ist, d. h. je kürzer die Spule ist und je weiter sie vom Eisenkern entfernt ist. In Abb. 145 z. B. ist die Streuung kleiner, als wenn die Spule auf dem kurzen Schenkel angebracht wäre. Von Bedeutung für die Größe der Streuung sind wegen ihres hohen magnetischen Widerstandes besonders Stoßfugen und Luftspalte im Eisenkern. In Abb. 146 z. B. ist die Streuung kleiner, als wenn die Spule auf dem kurzen Schenkel wäre, da in letzterem Fall dann der Luftspalt nur für Φ, aber nicht für Φ_s in Betracht käme. Man wird also die Spule zu beiden Seiten des Luftspaltes anordnen. Auch durch ungleichmäßige Verteilung der Windungen tritt Streuung auf. Sind auf dem Eisenkern zwei Magnetisierungswicklungen angeordnet, dann treten auch zwei Streufelder auf, die ineinander übergehen, wenn, wie in Abb. 147a, die Durchflutungen in gleicher Richtung wirken, dagegen noch eine

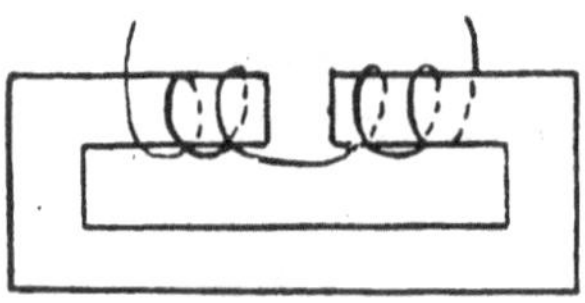

Abb. 146

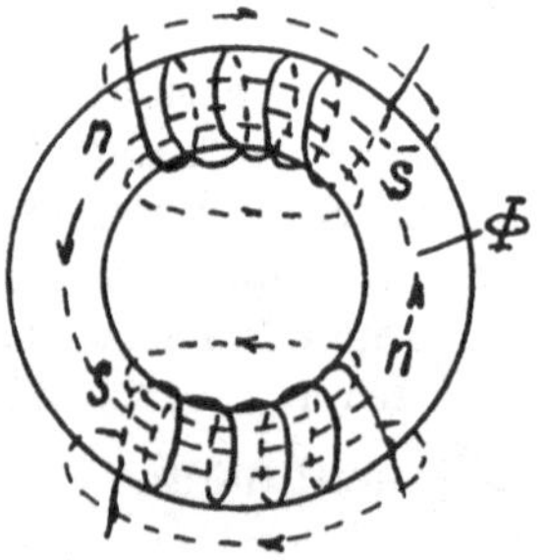

Abb. 147a

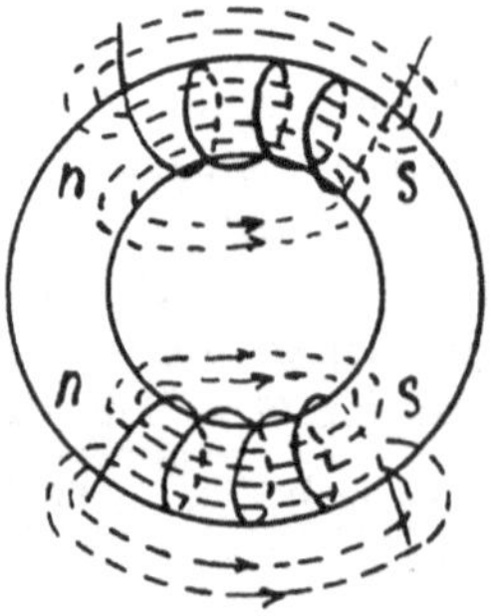

Abb. 147b

Streuung durch **magnetische Stauung** erzeugen, wenn, wie in Abb. 147b, die Durchflutungen entgegengesetzt wirken.

63. Kraftwirkung des magnetischen Feldes auf einen stromdurchflossenen Leiter

Kräfte zwischen Stromleitern

In magnetischen Feldern erfahren nicht nur die Eisenteile mechanische Kräfte, solche Kraftwirkungen treten auch an stromdurchflossenen Leitern auf, die sich in einem magnetischen Feld befinden. Diese Erfahrungstatsache beruht darauf, daß stromdurchflossene Leiter magnetische Felder erzeugen und dadurch mechanische Kräfte auf Magnete ausüben, wodurch dann umgekehrt die Stromleiter vom Magneten bzw. seinem Feld die entsprechende Reaktionskraft erfahren.

Gemäß § 58b erzeugt ein Strom von 10 A, in 1 cm eines Kreises von 1 cm Radius fließend, im Kreismittelpunkt die Induktion $\mathfrak{B} = 1$ G, d. h. die Feldstärke $\mathfrak{H} = \frac{1}{\Pi_0}$ A/cm und damit auf einen im Mittelpunkt befindlichen Magnetpol 1 M die Kraft 1 Dyn. Bildet daher nach Abb. 148 der vom Strom I A durchflossene Leiter einen Kreisbogen von der Länge

l cm und dem Radius r cm, so übt der Strom I auf einen Magnetpol mM im Mittelpunkt des Kreises eine Kraft aus

$$P = \frac{Il \cdot m}{10 r^2} \text{ Dyn} = \frac{I \cdot l \cdot m}{9810000 \cdot r^2} \text{ kg}.$$

Diese Kraft P geht nach der Schraubenregel senkrecht in die aus dem Leiter $\overline{ab}$ und dem Pol m gebildete Ebene hinein. Dadurch erfährt der Stromleiter $\overline{ab}$ im Punkte c die gleichgroße, parallele und entgegengesetzt gerichtete Reaktionskraft P, wie in Abb. 148. In obiger Gleichung für P bedeutet nun aber $\frac{m}{r^2}$ die Feldstärke $\mathfrak{H}^{\nabla} = \Pi_0 \mathfrak{H}$ oder Induktion $\mathfrak{B}$, die vom Magnetpol m, d. h. von seinem Feld, an der Stelle erzeugt wird, an der sich der Leiter l befindet, so daß man also schreiben kann

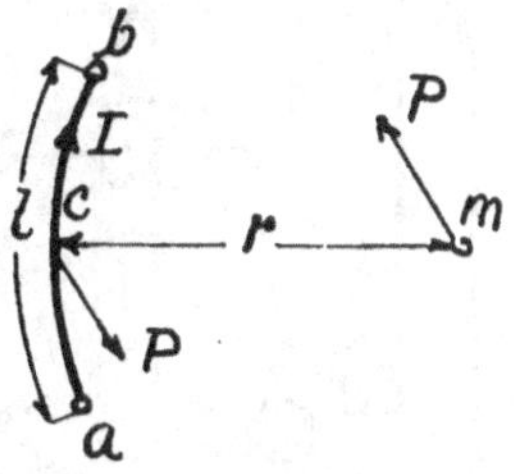

Abb. 148

$$P = \frac{I \cdot l \cdot \mathfrak{B}}{9810000} \text{ kg}.$$

Ist das von m erzeugte Feld $\mathfrak{B}$ an allen Stellen des Leiters dasselbe, d. h. homogen, dann kann der Stromleiter von der Länge l cm auch gerade sein, so daß man eine Anordnung gemäß Abb. 149 erhält. Ein vom Strom IA durchflossener gerader Leiter von der Länge l cm erfährt also in einem magnetischen Feld von der zum Leiter senkrechten Induktion $\mathfrak{B}G$ eine senkrecht zum Leiter und zur Induktion gerichtete Kraft

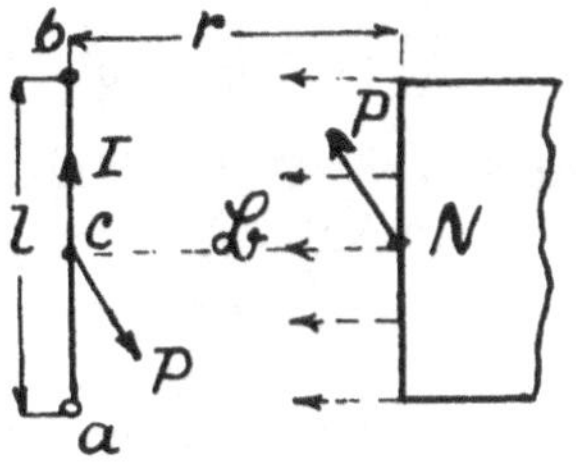

Abb. 149

$$P = \frac{Il\mathfrak{B}}{9810000} = 1{,}02\, Il\mathfrak{B} \cdot 10^{-7} \approx \frac{I}{10} \cdot \frac{l}{100} \cdot \frac{\mathfrak{B}}{10000} \text{ kg}. \quad \textbf{(172)}$$

Für die **Richtung dieser Kraft** ergibt sich nach Abb. 149 die **Linke-Handregel:** Hält man die linke Hand so an den Stromleiter, daß die Induktionslinien senkrecht in die innere Handfläche treten und die ausgestreckten Finger in die Stromrichtung weisen, dann gibt der abgespreizte Daumen die Richtung der Kraft an.

Besteht der Stromleiter aus z vom Strom I durchflossenen Drähten, so ist die Kraft, die die Drähte zusammen erfahren, in kg

$$P = z \frac{Il\mathfrak{B}}{9810000}. \quad \textbf{(172a)}$$

Die Kraftwirkung, welche ein magnetisches Feld auf Stromleiter ausübt, findet nützliche Anwendung bei den **Elektromotoren.** Ein Elektromotor besteht gemäß Abb. 150 aus einem elektrisch erregten feststehenden Magnetsystem, innerhalb dessen mit einem entsprechenden Luftspalt ein zylindrischer eiserner Anker drehbar gelagert ist. Er ist mit einer großen Anzahl Spulen bewickelt, die alle hintereinander geschaltet sind und mit Strom beschickt werden. Der Strom fließt dann, da jede Spule einen Leiter unter dem Nord- und einen unter dem Südpol enthält, in allen Drähten unter dem Südpol entgegengesetzt wie in den Drähten unter dem Nordpol. Wird der Ankerwicklung der Strom I_a durch die Bürsten A und B zugeführt, dann teilt er sich, wie im nächsten Abschnitt VII bei der Betrachtung der Gleichstromwicklung nachgewiesen wird, in zwei parallele Zweige, so daß der Strom in jedem Ankerdraht $i_a = \frac{I_a}{2}$ A beträgt. Ist die Stromrichtung in den Ankerdrähten wie in Abb. 150, dann erfährt im Feld der Pole jeder Ankerdraht nach der Linke-Hand-Regel eine Kraft gemäß Gl. (172) $P_0 = \frac{i_a l \mathfrak{B}}{9810000}$ kg, wenn $\mathfrak{B}$ die Induktion im Luftspalt und l cm die Ankerlänge ist. Jede Spule erfährt also ein Kräftepaar vom Moment $P_0 \cdot D$ kg/cm.

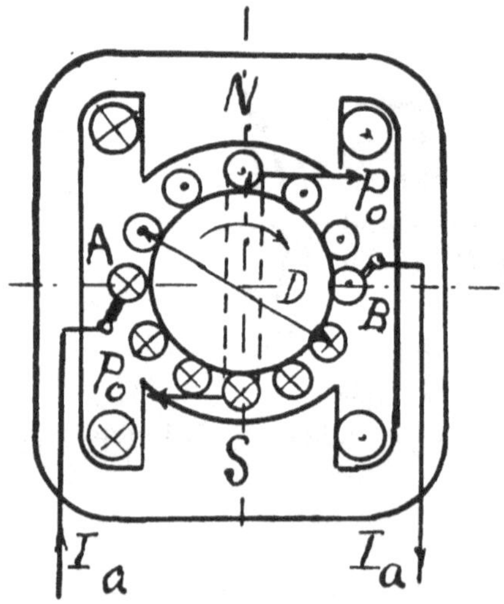

Abb. 150

Bezitzt der Anker insgesamt z Drähte, dann erhält er eine Gesamtumfangskraft in kg

$$P = z \frac{\mathfrak{B} l}{9810000} \cdot \frac{I_a}{2} \tag{173}$$

und ein Drehmoment in kg/cm

$$M_d = P \cdot \frac{D}{2} = \frac{z}{2} \cdot \frac{\mathfrak{B} l}{9810000} \cdot \frac{I_a}{2} \cdot D, \tag{174}$$

welches den Anker in der Pfeilrichtung in Rotation versetzt.

Kräfte zwischen Stromleitern entstehen dadurch, daß die Stromleiter magnetische Felder erzeugen und diese wieder, wie oben nachgewiesen, Kräfte auf Ströme ausüben.

Da **Kreisströme** und **Spulen** wie magnetische Scheiben bzw. Stabmagneten wirken, so findet Anziehung oder Abstoßung statt, je nachdem die Stirnflächen mit ungleichnamiger bzw. gleichnamiger Polarität sich gegenüberstehen.

Die Kraftwirkung zwischen parallelen, gleich- oder entgegengesetzt gerichteten Strömen, die sich in ihren gegenseitigen Feldern befinden, ergibt sich durch Betrachtung der gemeinsamen Felder gemäß Abb. 151a und 151b, wie sie sich auch durch Eisenfeilspäne ergeben.

Bei parallelen, **gleichgerichteten** Strömen (Abb. 151a) ergibt das gemeinsame Feld geschlossene Kurven, die beide Stromleiter umfassen, und der **Längszug** der Feldlinien übt eine **Anziehung** auf die beiden Stromleiter aus.

Bei parallelen, **entgegengesetzt** gerichteten Strömen (Abb. 151b) erhält das gemeinsame Feld die Form wie bei einem Kreisstrom und der **Querdruck** der Feldlinien bedingt eine **Abstoßung** der Stromleiter.

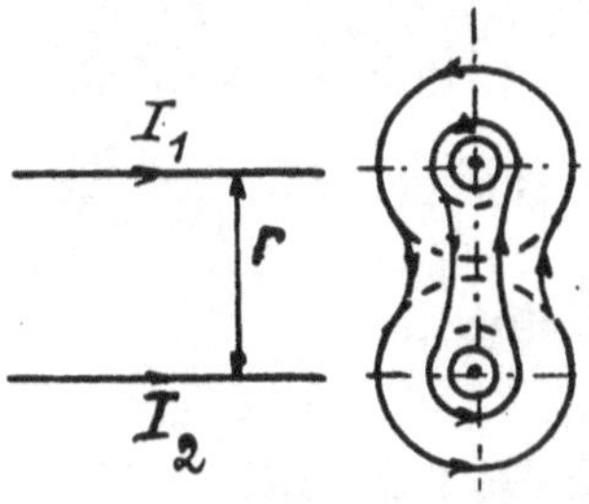

Abb. 151a

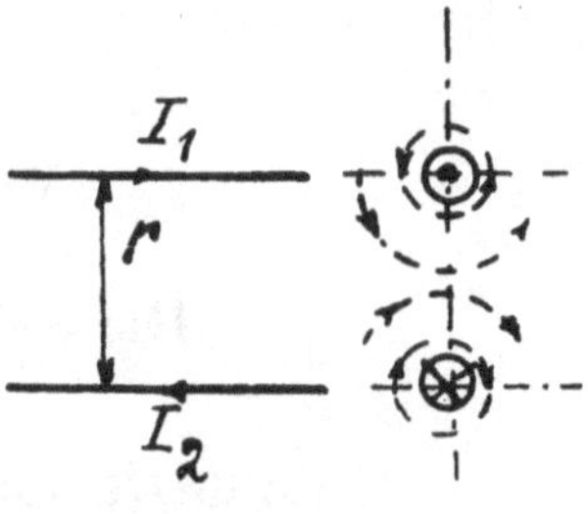

Abb. 151b

Es ergibt sich also die Regel: **Parallele, gleichgerichtete Ströme ziehen sich an, parallele, entgegengesetzt gerichtete Ströme stoßen sich ab.**

Die Größe dieser Kräfte ergibt sich gemäß Abb. 152. Der Stromleiter I_2 erzeugt am Stromleiter I_1 ein magnetisches Feld mit der Induktion $\mathfrak{B}_2 = 0{,}2\frac{I_2}{r}$ nach Gl. (141a) und die Kraft, welche dadurch der Leiter I_1 erfährt, ist nach Gl. (172) in kg

$$P = \frac{I_1 l \mathfrak{B}_2}{9810000} = \frac{0{,}2\,I_1 I_2}{9810000} \cdot \frac{l}{r} \approx \frac{I_1}{1000} \cdot \frac{I_2}{1000} \cdot \frac{2l}{100r}. \quad \textbf{(175)}$$

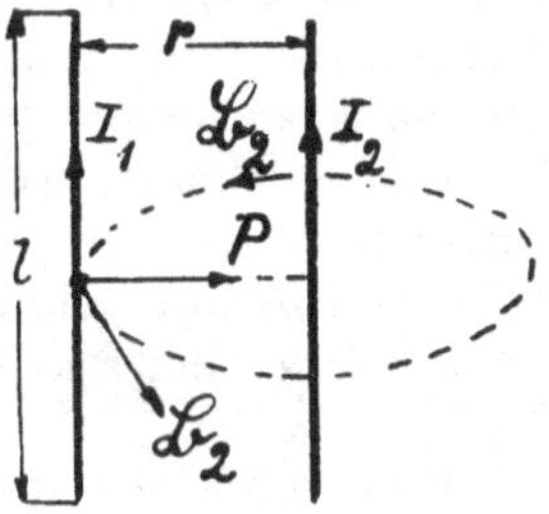

Abb. 152

Die Richtung der Kraft P am Leiter I_1 ergibt sich nach der Linke-Hand-Regel und wirkt anziehend. Man hält die linke Hand mit ausgestreckten Fingern so an den Leiter I_1, daß die Induktion $\mathfrak{B}_2$ senkrecht in die Handinnenfläche tritt und die Fingerspitzen in Richtung von I_1 weisen, dann gibt der abgespreizte Daumen die Richtung von P an.

VII. Abschnitt

Die elektrische Induktion

64. Das Induktionsgesetz von FARADAY

Im Abschnitt VI wurde gezeigt, daß stromdurchflossene Leiter magnetische Felder erzeugen und daß stromdurchflossene Leiter in magnetischen Feldern eine Bewegung erfahren. Diese Tatsachen legen auf Grund der allgemeinen Wechselbeziehung zwischen Elektrizität und Magnetismus die Vermutung nahe, daß auch umgekehrt von magnetischen Feldern elektrische Spannungen bzw. Ströme in Leitern erzeugt werden können. Daß diese Möglichkeit, welche man als **elektrische Induktion** bezeichnet, tatsächlich vorhanden ist, hat FARADAY 1831 nachgewiesen. Auf der elektrischen Spannungsinduktion, deren Größe das Induktionsgesetz bestimmt, beruhen die elektrischen Generatoren und Transformatoren, sowie manche Meßgeräte.

Das Induktionsgesetz, welches wie das Durchflutungsgesetz die elektrischen mit den magnetischen Größen verknüpft, sagt aus, daß in einer Windung eine EMK bzw. ein Strom erzeugt wird, wenn der mit der Windung verkettete magnetische Fluß, der sogenannte **Windungsfluß Φ**, sich ändert und daß die Größe der induzierten EMK proportional der sekundlichen Änderung des Windungsflusses ist.

Die Änderung des mit der Windung verketteten Flusses Φ kann praktisch auf zweierlei Art geschehen:

1. Durch eine Relativbewegung zwischen Windung und magnetischem Feld, indem sich die Windung gegenüber dem Feld, oder das Feld gegenüber der Windung bewegt. Man spricht dann von einer **Induktion der Bewegung** oder einer **Bewegungsspannung.**
2. Ohne Relativbewegung zwischen Windung und Feld, indem sich die Stärke $\mathfrak{B}$ des Feldes zeitlich ändert. Man spricht dann von einer **Induktion der Ruhe** oder einer **Transformationsspannung.**

A. Induktion der Bewegung

Sie findet Anwendung bei den elektrischen Stromerzeugern oder Generatoren. Nach Abb. 153a und b sei eine Windung, deren eine Seite mit l cm Länge senkrecht zu den Induktionslinien eines homogenen Feldes von der Stärke $\mathfrak{B}$ steht, gegeben. Bewegt man die Windung im Zeitelement dt um das Wegelement ds cm, d. h. mit der Geschwindigkeit $v = \frac{ds}{dt}$ cm/s, nach rechts aus dem Feld heraus, dann erfährt der Windungsfluß eine Verminderung um den Betrag $d\Phi = \mathfrak{B}\, l\, ds$, wodurch in der Windung eine EMK E Volt induziert und, wenn die Windung geschlossen ist, ein Strom I Ampere erzeugt wird, wie der Versuch ergibt. Es entsteht also in der Windung eine elektrische Arbeit $dA = EI\, dt$ (Ws). Zum Bewegen der Windung ist daher eine äquivalente mechanische Arbeit nötig. Sie ergibt sich dadurch, daß die vom Strom I durchflossene Seite $\overline{ab}$ der Windung gemäß Gl. (172) eine Kraft $P = \frac{Il\mathfrak{B}}{9810000}$ kg erfährt nach der Linke-Hand-Regel. Nun erfahren zwar auch die zur Bewegungsrichtung v parallelen Seiten ad und bc der Windung nach der Linke-Hand-Regel Kräfte P'. Sie sind aber, wie auch E und I gerichtet sein mögen, parallel und gleichgroß, heben sich also auf und können auch, da sie senkrecht zur Bewegungsrichtung v stehen, keine Arbeit leisten. Es entsteht also die EMK E und damit der Strom I in solcher Richtung, daß die Kraft P der Bewegungsrichtung v entgegengerichtet ist. Damit sind dann E und I wie eingezeichnet gerichtet, d. h. von oben gesehen entgegen dem Uhrzeigersinn. Würde man die Windung nach links in das Feld hineinbewegen, dann ergäbe sich eine Zunahme des Windungsflusses und v, P und E sowie I würden ihre Richtung umkehren.

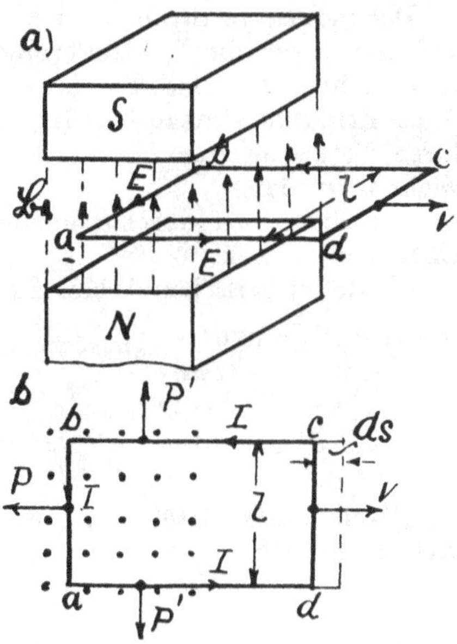

Abb. 153

Bezüglich des Richtungssinnes der induzierten EMK ergibt sich also an Hand der Abb. 153 folgende **Schraubenregel** gemäß Abb. 154a und b. Die Richtung der induzierten EMK E oder, wenn der Stromkreis geschlossen ist, die Richtung des induzierten Stromes I, ist bei einer **Zunahme** des Windungsflusses Φ (Abb. 154a) diesem **linksschraubig,** bei einer **Abnahme** des Windungsflusses (Abb. 154b) **rechtsschraubig** zugeordnet, oder auch: Blickt man in Richtung der Induktionslinien durch die Windung, dann ergibt eine **Zunahme** des Windungsflusses (positives $d\Phi$)

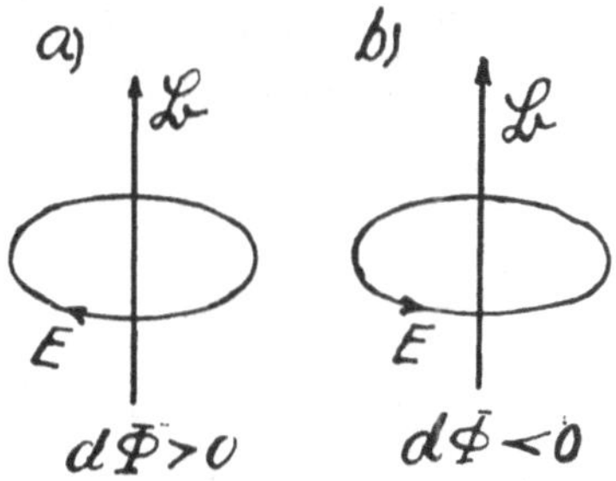

Abb. 154

eine EMK **entgegen** dem Uhrzeigersinn (negative EMK), eine **Abnahme** des Windungsflusses (negatives $d\Phi$) eine EMK im Uhrzeigersinn (positive EMK).

Der induzierte Strom I ist also so gerichtet, daß er einen Induktionsfluß erregt, der die Flußänderung zu verhindern sucht. Das magnetische Feld besitzt also eine Trägheit gegen Änderungen (LENZsches Gesetz). Diese Erfahrungstatsache läßt sich leicht einsehen, da im anderen Fall durch die gegenseitige Wechselwirkung Strom und Fluß ins Ungemessene wachsen würden.

Auf Grund der durchgeführten Betrachtung läßt sich die Größe der EMK E berechnen.

Die der elektrischen Arbeit $E I\, dt$ (Ws) äquivalente mechanische Arbeit ist $dA = P \frac{ds}{100}$ kgm $= \frac{I l \mathfrak{B}}{9810000} \cdot \frac{ds}{100} = \frac{I l \mathfrak{B}\, ds}{9{,}81 \cdot 10^8}$ kgm. Da nun 1 Ws $= \frac{1}{9{,}81}$ kgm, so folgt $\frac{E I\, dt}{9{,}81} = \frac{I l \mathfrak{B}\, ds}{9{,}81 \cdot 10^8}$, oder

$$E = \mathfrak{B} \cdot l \frac{ds}{dt} \cdot 10^{-8}\,\mathrm{V} = \mathfrak{B} l v \cdot 10^{-8}\,\mathrm{V} \qquad \textbf{(176)}$$

oder, weil $\mathfrak{B} l\, ds = d\Phi$, und unter Berücksichtigung der Regel über die Richtung von E

$$E = -\frac{d\Phi}{dt}\, 10^{-8}\,\mathrm{V}. \qquad \textbf{(177)}$$

Würde man den Fluß in Voltsekunden einsetzen, dann würde in Gl. (177) der Faktor 10^{-8} fortfallen und durch Auflösung nach $d\Phi$ ergäbe sich $d\Phi = -E\, dt$, woraus sich erkennen läßt, warum die „Voltsekunde" die Flußeinheit ist.

Bei w in Reihe geschalteten Windungen einer Spule ist die gesamte EMK

$$E = w \frac{\mathfrak{B} l v}{10^8} = -w \frac{d\Phi}{dt}\, 10^{-8}. \qquad \textbf{(178)}$$

Gl. (177) gibt das **Induktionsgesetz: In jeder Windung wird eine EMK induziert, deren Größe gleich ist dem 10^{-8}fachen der sekundlichen Abnahme des mit der Windung verketteten Flusses.**

Weil die **positive** Spannungsrichtung von einer **Flußabnahme** erzeugt wird, hat man die Flußabnahmegeschwindigkeit $-\frac{d\Phi}{dt}$ mit einem besonderen Namen als **magnetischen Schwund** bezeichnet. Die Spannung einer Windung ist dann gleich dem magnetischen Schwund in Voltsekunden (Vs).

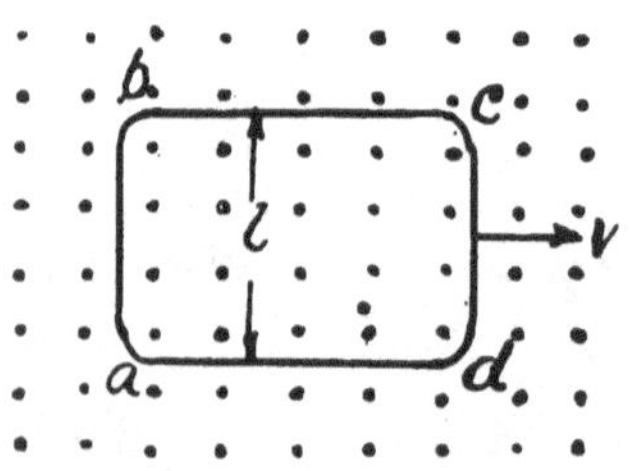

Abb. 155

Daß es bei einer Windung nur auf die **Änderung** des Windungsflusses ankommt, erkennt man sofort, wenn sich die Windung ganz im Feld befindet gemäß Abb. 155. Bei jeder Bewegung in Richtung des Feldes und senkrecht dazu erfährt der Windungsfluß Φ bei konstanter Stärke $\mathfrak{B}$ des Feldes **keine** Änderung mehr, da Φ konstant und $\frac{d\Phi}{dt} = 0$ ist, also auch $E = 0$ ist, d. h. es wird keine EMK induziert. Anders liegt der Fall, wenn die zu den Kraftlinien und der Bewegung v senkrechten Seiten ab und cd der Windung unter verschieden starken oder entgegengesetzt gerichteten Feldern sich befinden. Befindet sich z. B. das Stück ab im Feld eines Nord- und cd im Feld eines Südpoles nach Abb. 156, dann hat man beim Nordpol eine Abnahme des Flusses und beim Südpol eine Zunahme eines **entgegengesetzt** gerichteten Flusses der Windung. Nach der Schraubenregel ergeben sich dann die EMKe E_1 und E_2 und die resultierende EMK der Windung ist gemäß Gl. (176) für $\mathfrak{B}_2 = -\mathfrak{B}_1$

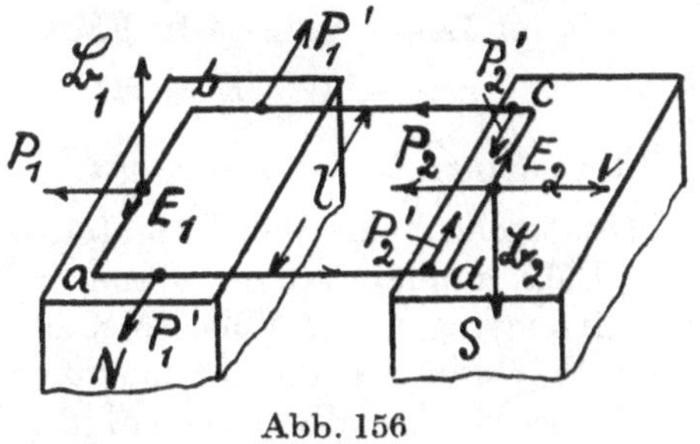

Abb. 156

$$E = E_1 + E_2 = vl(\mathfrak{B}_1 + B_2)\,10^{-8}. \qquad \textbf{(179)}$$

Die in Abb. 156 eingezeichneten Kräfte P_1' und P_2' heben sich auf, während P_1 und P_2 sich addieren.

Die Gl. (179) ist von Bedeutung für die elektrischen Generatoren und zeigt, daß die beiden Seiten einer Windung unter verschiedenen Polen liegen müssen, wenn eine EMK entstehen soll, weil sonst E_1 und E_2 einander entgegenwirken und sich aufheben.

Bei der praktisch meist vorliegenden Symmetrie der Nord- und Südpolinduktion ist $\mathfrak{B}_1 = \mathfrak{B}_2 = \mathfrak{B}$ und Gl. (179) ergibt

$$E = 2\,\mathfrak{B} l v 10^{-8}\ \mathrm{V}. \qquad \textbf{(179a)}$$

Bei einer Spule mit w Windungen ist

$$E = 2\,w \mathfrak{B} l v 10^{-8}. \qquad \textbf{(179b)}$$

Gl. (179) zeigt aber auch, daß zur Erzeugung der EMK E in der Windung die einzelnen Leiter ab und cd, welche Spulenseiten heißen, ihren Beitrag liefern, so daß man auch von der in einem Leiter induzierten EMK sprechen kann. Für einen einzelnen Leiter der Spule erhält man aus Gl. (179)

$$E = \mathfrak{B} l v 10^{-8}, \qquad \textbf{(179c)}$$

wenn $\mathfrak{B}$ die über die ganze Leiterlänge l konstante Normalkomponente der Induktion ist und die Bewegung senkrecht zum Leiter stattfindet. Für die in einem bewegten Leiter induzierte EMK läßt sich dann ihre Richtung einfacher aus der Rechte-Hand-Regel bestimmen: Hält man die ausgestreckte rechte Hand so, daß die Feldlinien in die Handinnenfläche treten und der abgespreizte Daumen die Relativbewegung des Leiters zu den Feldlinien angibt, dann geben die ausgestreckten Finger die Richtung der induzierten EMK an.

Bildet v mit der Senkrechten zu den Feldlinien einen Winkel α und die Leiterlänge l mit den Feldlinien einen Winkel β, dann kommt für v nur die Komponente $v \cdot \cos\alpha$ und für l nur die Projektion $l \cdot \sin\beta$ in Frage, so daß die im Leiter induzierte EMK

$$E = \mathfrak{B} l v \cdot \cos\alpha \sin\beta \; 10^{-8}. \qquad \textbf{(179d)}$$

Da bei dem Leiter $\mathfrak{B} l v = \mathfrak{B} l \frac{ds}{dt}$ die Zahl der vom Leiter in der Sekunde geschnittenen Feldlinien bedeutet, so ergibt sich also, daß in einem Leiter eine EMK induziert wird, wenn er Feldlinien schneidet und zwar muß er zur Erzeugung von 1 Volt EMK in der Sekunde 10^8 Feldlinien schneiden, wenn $\mathfrak{B}$, l und v senkrecht zueinander stehen (Gl. (179c)).

Da es bei der Windung auf die **Änderung** des Windungsflusses Φ und beim einzelnen Leiter auf das **Schneiden** der Feldlinien ankommt, so ist es in bezug auf die Größe der EMK gleichgültig, ob der Leiter sich gegenüber dem Feld, oder letzteres sich relativ zum Stromleiter bewegt. In bezug auf die Richtung der EMK aber ist zu beachten, daß sich bei der Windung bei gleichbleibender Bewegungsrichtung v die entgegengesetzt gerichtete EMK ergibt und daß bei der Rechte-Hand-Regel für den einzelnen Leiter, wenn sich das Feld bewegt, der abgespreizte Daumen in die Richtung weisen muß, von der her die Bewegung des Feldes kommt.

Zu bemerken ist ferner, daß in den Gl. (176) bis (179d) $\mathfrak{B}$ in Gauß, l in cm, v in cm/s und Φ in Maxwell einzusetzen sind.

Ändert sich der Windungsfluß Φ gleichmäßig von Φ_1 auf Φ_2 innerhalb der Zeit t Sekunden bei konstantem $\mathfrak{B}$ und v, dann kann die sekundliche Flußänderung $\frac{d\Phi}{dt} = \frac{\Phi_2 - \Phi_1}{t}$ gesetzt werden, womit dann die induzierte EMK nach Gl. (178)

$$E = -w \frac{\Phi_2 - \Phi_1}{t} \, 10^{-8}. \qquad \textbf{(180)}$$

Ändert sich der Windungsfluß Φ in gleichen Zeitabschnitten um ungleiche Werte dadurch, daß $\mathfrak{B}$ bzw. v mit der Zeit veränderlich sind, dann sind auch Windungsflußänderung $\frac{d\Phi}{dt}$ und EMK E mit der Zeit veränderlich und Gl. (180) gibt nur den Mittelwert der EMK. Der Quotient $\frac{d\Phi}{dt}$ bezieht sich dann nur auf ein sehr kleines Zeitintervall dt als Differentialquotient der Funktion $\Phi = f(t)$ und $e = -\frac{w}{10^8}\frac{d\Phi}{dt}$ gibt dann die EMK in einem bestimmten Zeitpunkt t.

Ist R in Ω der Widerstand des ganzen Spulenkreises, dann ist nach dem Ohmschen Gesetz der Strom in Ampere $i = \frac{e}{R} = \frac{-w}{R \cdot 10^8} \cdot \frac{d\Phi}{dt}$ zur Zeit t und die Elektrizitätsmenge während der Zeit dt

$$dQ = i \cdot dt = -\frac{w}{R \cdot 10^8} \cdot d\Phi \text{ (As)}.$$

Die Elektrizitätsmenge in der Zeit t Sekunden, während sich der Windungsfluß von Φ_1 auf Φ_2 ändert, gleichgültig ob gleichmäßig oder ungleichmäßig, ist dann

$$Q = \int_{\Phi_1}^{\Phi_2} i \cdot dt = -\frac{w}{R \cdot 10^8} \int_{\Phi_1}^{\Phi_2} d\Phi\,,$$

$$Q = -\frac{w}{R \cdot 10^8}(\Phi_2 - \Phi_1) = \frac{w}{R}\,\frac{\Phi_1 - \Phi_2}{10^8}\ (\mathrm{As})\,. \qquad \textbf{(181)}$$

Die mittlere Stromstärke ist

$$I = \frac{Q}{t} = \frac{w}{R \cdot t} \cdot \frac{\Phi_1 - \Phi_2}{10^8}\ (\mathrm{A})\,, \qquad \textbf{(181a)}$$

und die mittlere EMK der Induktion

$$E = I \cdot R = \frac{w}{t} \cdot \frac{\Phi_1 - \Phi_2}{10^8}\ (\mathrm{V})\,. \qquad \textbf{(181b)}$$

B. Induktion der Ruhe

Hier wird eine EMK in einer Windung oder in einem einzelnen Leiter erzeugt, ohne daß eine Relativbewegung zwischen magnetischem Feld und Stromleiter stattfindet, indem der Windungsfluß Φ bzw. die Stärke $\mathfrak{B}$ des Feldes sich zeitlich ändern. In der Gl. (178) $e = -w\frac{d\Phi}{dt} \cdot 10^{-8}$ für die Windung, bzw. Gl. (179c)

$$e = \mathfrak{B} \cdot l \cdot v \cdot 10^{-8} = \mathfrak{B} \cdot l\frac{ds}{dt} 10^{-8} = \frac{d\Phi}{dt} \cdot 10^{-8}$$

für den einzelnen Leiter, sind $\mathfrak{B}$ und Φ veränderlich mit der Zeit t und $\frac{d\Phi}{dt}$ bedeutet den Differentialquotienten der Funktion $\Phi = f(t)$. Damit ist auch die EMK zeitlich veränderlich und deshalb der Buchstabe e. Befinden sich Windung oder Leiter in einem von einem Gleichstrom I erregten Feld $\mathfrak{B}$, dann wird eine EMK e nur erzeugt beim Ein- bzw. Ausschalten des Stromes, d. h. beim Entstehen oder Verschwinden des Feldes, oder im Augenblick einer Verstärkung oder Schwächung des Stromes I, weil nur dann eine Änderung des Windungsflusses bei der Windung bzw. ein Schneiden von Feldlinien beim Leiter auftritt. Befinden sich aber Windung oder Leiter in einem von einem Wechselstrom i erzeugten Wechselfeld, dann wird wegen der mit dem Wechselstrom erfolgenden periodischen Änderung der Stärke und Richtung des Feldes in der Windung bzw. im Leiter **dauernd** eine Wechsel-EMK e erzeugt. Ist i der Augenblickswert des das Feld erzeugenden Wechselstromes und R_m der magnetische Widerstand des Feldes, dann ist $\Phi = \frac{iw}{R_m}$, also proportional mit i, d. h. der Fluß Φ ändert zeitlich periodisch mit dem Wechselstrom i Größe und Richtung gemäß Abb. 157.

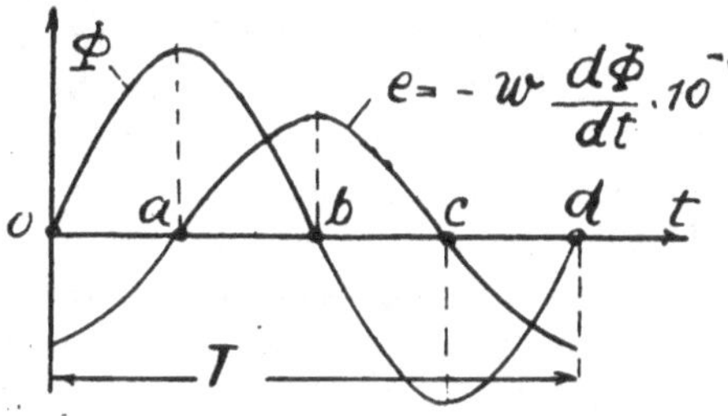

Abb. 157

Dieser Fluß induziert in einer Spule von w Windungen die Wechsel-EMK

$$e = -w \frac{d\Phi}{dt} 10^{-8} \text{(V)}$$

gemäß Abb. 157. Der mit den w Windungen verkettete Fluß Φ nimmt nämlich bis zum Zeitpunkt a zu und die EMK e ist nach dem Induktionsgesetz negativ. Vom Zeitpunkt a bis zum Zeitpunkt c nimmt Φ ab und e ist positiv. Die EMK e muß also in den Zeitpunkten a und c die Richtung wechseln und, da der Differentialquotient $\frac{d\Phi}{dt}$ dem Betrag nach von a bis b wächst und nach c wieder abnimmt, so folgt der eingezeichnete Verlauf der in der Spule induzierten Spannung e. Sie stellt eine Wechselspannung dar (siehe § 10) und hat gegenüber dem sie erzeugenden Fluß Φ und Wechselstrom i eine **zeitliche Nacheilung von $^1/_4$ Periode.** Da nun der Fluß $\Phi = F_n \cdot \mathfrak{B}$, wenn F_n die zu den Feldlinien senkrechte Fläche ist, so hängt die Transformationsspannung e auch von der Lage der Windungsfläche F zu den Feldlinien ab. In Abb. 158 sind drei verschiedene Lagen der Windungsfläche F gezeichnet. In der Lage A ist $F_n = F$, also Fluß Φ und induzierte Spannung e am größten, in der Lage B ist $F_n = F \cos \alpha$, d. h. Φ und e sind kleiner als bei Lage A, und in der Lage C ist $F_n = 0$ und damit Φ und e ebenfalls gleich Null, d. h. es wird keine EMK induziert. Die Induktion der Ruhe findet Anwendung bei den Transformatoren für Wechselstrom.

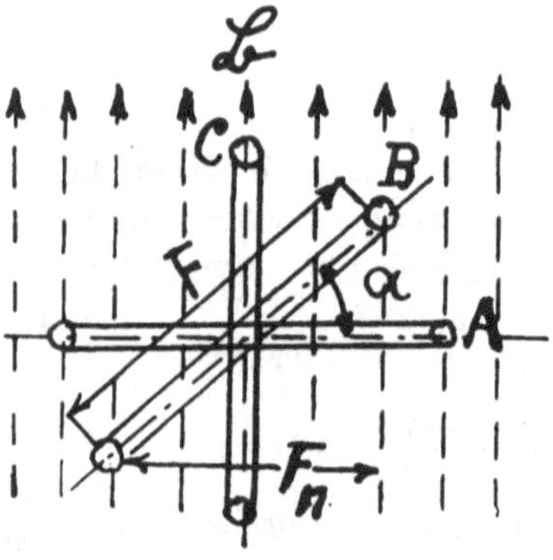

Abb. 158

65. Das Induktionsgesetz in seiner allgemeinsten Form

In § 64 wurde die in einer Windung induzierte EMK der Bewegung und der Ruhe ermittelt und an Hand der Abb. 156 der Schluß gezogen, daß auch in einem Leiter von der Länge l eine EMK gemäß Gl. (179c) bzw. (179d) induziert wird, wenn der Leiter mit der Geschwindigkeit v durch ein Feld von der Stärke $\mathfrak{B}$ bewegt wird. Die Frage, ob in einem geraden Leiter allein überhaupt eine EMK erzeugt werden kann, kann durch den Versuch nicht beantwortet werden. Der Messung zugänglich ist auch bei einem offenen Leiterstück immer nur die Spannung in einem geschlossenen Kreis, weil der Leiter durch Drähte mit einem Spannungsmesser verbunden werden muß, wodurch eine Windung entsteht. Auch bei den meisten praktischen Anwendungen des Induktionsgesetzes hat man es stets mit einer Windung oder einer Spule zu tun. Trotzdem kann man eine induzierte EMK in einem einzelnen Leiter annehmen, weil das Induktionsgesetz in seiner allgemeinsten Form, wie es jetzt abgeleitet werden soll, ergibt, daß jeder veränderliche Fluß eine ihn umschlingende elektrische Randspannung nach Gl. (177) erzeugt, die nicht an das Vorhandensein eines Leiters gebunden ist, so daß auf ein Leiterstück ein Teil dieser Spannung treffen würde.

Die in einer geschlossenen Windung durch Änderung des verketteten Flusses Φ induzierte EMK ist, wenn Φ in Vs eingesetzt wird, nach Gl. (177) $e = -\frac{d\Phi}{dt}$ (V). Ist $\mathfrak{E}$ die elektrische Feldstärke im induzierten Leiter, d. h. die EMK je cm Leiterlänge und dl ein Längenelement, dann ist $e = \oint \mathfrak{E} \cdot dl$ die Randspannung längs der ganzen, den Fluß umfassenden Windung. $\frac{d\Phi}{dt}$ ist die Änderungsgeschwindigkeit des mit der Windung verketteten Flusses und $-\frac{d\Phi}{dt}$ die Abnahmegeschwindigkeit des Flusses oder der magnetische Schwund, Es ist also

$$\oint \mathfrak{E} \cdot dl = -\frac{d\Phi}{dt}\,. \tag{182}$$

Diese Gleichung stellt das Induktionsgesetz in der allgemeinsten Form dar und lautet:

Die elektrische Randspannung eines von einem geschlossenen Leiter umfaßten veränderlichen magnetischen Flusses ist gleich dem Schwund des Flusses.

Da $\oint \mathfrak{E} \cdot dl$ verschieden von Null ist, so ist das um den magnetischen Fluß herum im Leiter entstehende elektrische Feld ein Wirbelfeld und die elektrischen Feldlinien sind in sich geschlossen.

Wie also ein elektrischer Strom von einem magnetischen Wirbelfeld umschlossen wird, so ist ein veränderlicher magnetischer Fluß von einem elektrischen Wirbelfeld umgeben.

Die Randspannung $e = \oint \mathfrak{E} \cdot dl$ ist vom Ohmschen Widerstand des Leiterkreises vollkommen unabhängig. Denkt man sich den Widerstand immer größer werdend, bis der Strom i in der Windung Null wird, dann muß die Randspannung e trotzdem noch bestehen bleiben, wenn auch kein Leiter mehr vorhanden ist. Die Randspannung kann aber dann nur ein den magnetischen Fluß rings umgebendes elektrostatisches Feld im Dielektrikum geben, welches an allen Stellen vorhanden ist, die das veränderliche Feld umgeben. Dieses elektrische Feld hat eine Wirbel-EMK, weil $e = \oint \mathfrak{E} \cdot dl$ nicht Null ist. Das Feld kann aber trotzdem nicht als Wirbelfeld bezeichnet werden, weil die Elektronen nicht auf den geschlossenen Feldlinien herumgetrieben, sondern im Dielektrikum nur aus den Gleichsgewichtlagen etwas verschoben werden. Man bezeichnet das Feld deshalb als **elektrodynamisches Feld.**

66. Anwendungen der elektrischen Induktion

Die Induktion der Bewegung findet Anwendung zur Spannungserzeugung bei den in der Starkstromtechnik verwendeten Stromquellen, den elektrischen Generatoren für Gleich- und Wechselstrom. Da die Generatoren mechanische Energien in elektrische umwandeln, erfolgt bei ihnen die Erzeugung der EMK durch Drehung. Auf der **Induktion der Ruhe** beruhen die Transformatoren für Wechselstrom, welche als ruhende Apparate eine Wechselspannung in eine solche anderer Größe umwandeln.

a) Gleichstromerzeuger

Bei den Gleichstromgeneratoren drehen sich, in Nuten am Umfang eines Eisenzylinders, des sogenannten Ankers, befestigte Drahtwindungen im Feld eines mit Gleichstrom erregten magnetischen Kreises. Abb. 159 stellt das Schema einer Gleichstrommaschine mit einer Drahtwindung dar. Ist die Ebene der Windung *abcd* waagrecht, d. h. befindet sie sich zwischen den Polen, dann ist die Windung mit dem gesamten konstanten Polfluß Φ verkettet, wodurch die EMK gemäß Abb. 155 den Wert Null hat. Bei der Drehung im Pfeilsinn in die in Abb. 159 gezeichnete Lage schneiden die Drähte *ab* und *cd* der Windung die Induktionslinien des Feldes und es werden in den Drähten EMKe induziert und zwar in *ab* unter dem Nordpol gemäß Rechte-Hand-Regel nach hinten ⊗, in *cd* unter dem Südpol nach vorne ⊙. Kommt bei der Weiterdrehung die Windungsebene wieder in die waagrechte Lage, dann ist die EMK in der Windung wieder Null. Bei weiterer Drehung im Pfeilsinn kommt das Leiterstück *ab* der Windung unter den Südpol und das Leiterstück *cd* unter den Nordpol, wodurch sich die Richtung der induzierten EMKe umkehrt. Nach einer vollen Umdrehung des Ankers wiederholen sich die beschriebenen Vorgänge. Bei einer Drehung der Windung im Uhrzeigersinn ist die Richtung der induzierten EMK in der Windung also derart, daß das gerade unter dem Nordpol befindliche Leiterstück nach hinten und das unter dem Südpol befindliche nach vorn induziert wird. Da nun im Laufe der Drehung die einzelnen Leiterstücke bald unter dem Nord- und bald unter dem Südpol sich befinden, so erhält man, wenn man Anfang und Ende der Windung mit je einem Schleifring verbindet, zwischen den Schleifringen eine Wechsel-

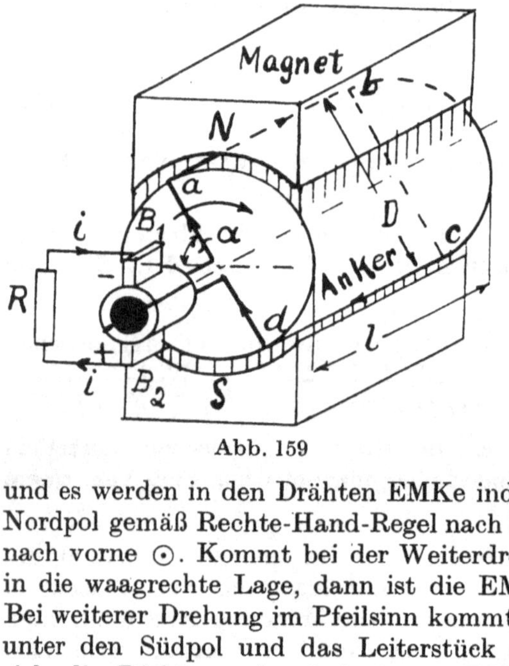

Abb. 159

spannung, die bei homogenem Feld sinusförmig ist und bei einer Umdrehung des Ankers eine volle Welle oder Periode durchläuft, gemäß Abb. 160a und b. Ist $\mathfrak{B}$ die magnetische Dichte des Feldes und $v = \frac{D\pi n}{60}$ cm/s die Umfangsgeschwindigkeit der Windung, dann ist nach Abb. 160b gemäß Gl. (179) und (179a) die resultierende EMK in der Windung in der gezeichneten Lage α:

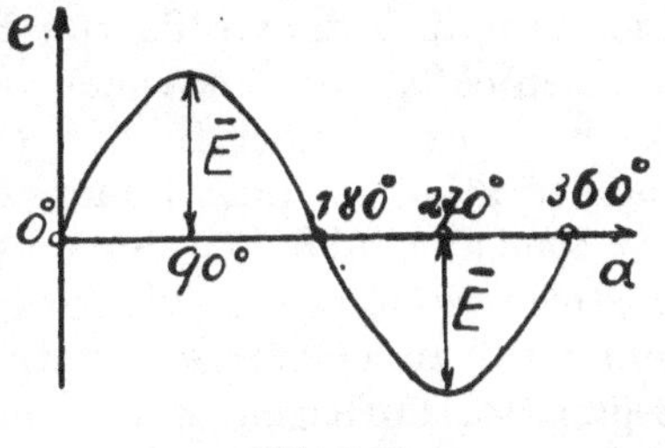

Abb. 160a

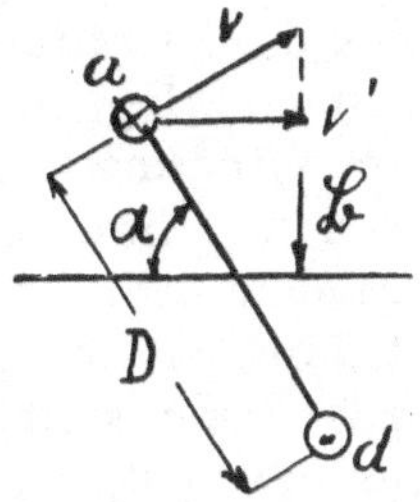

Abb. 160b

$$e = 2\,\mathfrak{B} l v' \cdot 10^{-8}$$

und da $v' = v \sin \alpha$, so folgt

$$e = 2\,\mathfrak{B} l v \sin \alpha \cdot 10^{-8}\ (\mathrm{V}). \qquad \textbf{(183)}$$

Die maximale EMK

$$E = 2\,\mathfrak{B} l v \cdot 10^{-8} \qquad \textbf{(183a)}$$

ist vorhanden bei $\alpha = 90°$ und $270°$, wo $v' = v$ ist.

Es ergibt sich also, daß beim Windungsfluß Null ($\alpha = 90°$ und $270°$) die EMK den Höchstwert hat, und beim maximalen Windungsfluß Φ ($\alpha = 0°$ und $180°$) die EMK den Wert Null besitzt. Man sagt dann, daß **die EMK dem Windungsfluß eine Viertelperiode nacheilt.** Gl. (183) wurde abgeleitet auf Grund der Annahme eines homogenen Feldes im Luftspalt, was in Wirklichkeit nicht zutrifft, weil die Feldlinien senkrecht in den Anker eintreten und daher die Drähte *ab* und *cd* der Windung die Feldlinien senkrecht schneiden (siehe § 78).

Verbindet man die Schleifringe mittels Bürsten durch einen Widerstand R, dann erhält man einen sinusförmigen Wechselstrom $i = \frac{e}{R}$. Diesen Wechselstrom kann man in einen intermettierenden Gleichstrom nach Abb. 161 verwandeln durch Gleichrichtung der zweiten Halbwelle unter Anwendung eines **Stromwenders** oder Kommutators wie in Abb. 159. Er besteht aus zwei voneinander isolierten halbzylindrischen Metallsegmenten, an die Anfang und Ende der Windung angeschlossen werden. Durch diesen Stromwender wird bewirkt, daß immer dann, wenn sich die Windung über die waagrechte Lage hinwegbewegt und die Richtung der EMK in den Leiterstrecken *ab* und *cd* sich umkehrt, die Bürsten B_1 und B_2 mit den entgegengesetzten Segmenten des Stromwenders in Verbindung kommen, so daß B_1 nicht ständig mit *ab* und B_2 mit *cd* in Verbindung stehen, sondern B_1 immer mit dem gerade unter dem Nordpol befindlichen

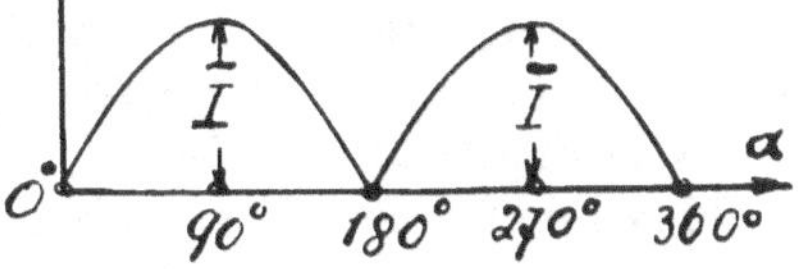

Abb. 161

und B_2 mit dem unter dem Südpol befindlichen Leiterstück der Windung verbunden sind. Dadurch behalten die Bürsten ihre Polarität, d. h. B_1 ist ständig der negative und B_2 der positive Pol der Maschine. Damit nicht bloß die Richtung, sondern auch die Größe von EMK und Strom konstant bleiben, bringt man gleichmäßig auf den Anker verteilt eine größere Anzahl von Windungen an, die man zu einer in sich geschlossenen sogenannten Wicklung hintereinander schaltet, indem man das Ende einer Windung mit dem Anfang der nächsten über ein Stromwendersegment verbindet. Dadurch erhält der Stromwender ebensoviel Segmente als Windungen auf dem Anker sind und wird zu einem Segmentring. Die Bürsten müssen dann auf solchen Segmenten aufliegen, welche mit Windungen verbunden sind, deren Leiterstücke in der neutralen Zone zwischen den Polen liegen. Die Ankerwicklung zerfällt aber dadurch in zwei parallel geschaltete Wicklungszweige von je gleichviel Windungen, wodurch die Spannung zwischen den Bürsten erzeugt wird von den Windungen eines Wicklungszweiges. Da aber jeder Wicklungszweig bei jeder Lage des Ankers gleichviel und gleichliegende Windungen erthält, so ist die Spannung zwischen den Bürsten konstant. Abb. 162 stellt schematisch eine Ankerwicklung mit acht Windungen (Spulen) dar, wobei jede Windung ein Leiterstück ⊗ unter dem Nord- und ein Leiterstück ⊙ unter dem Südpol besitzt gemäß Abb. 156. Aus den eingezeichneten Induktionen und Strompfeilen erkennt man die Parallelschaltung der beiden Wicklungszweige. In dem einen Zweig befinden sich die Windungen 1'1—8'8—7'7 und 6'6, in dem zweiten Wicklungszweig die Windungen 22'—33'—44' und 55'.

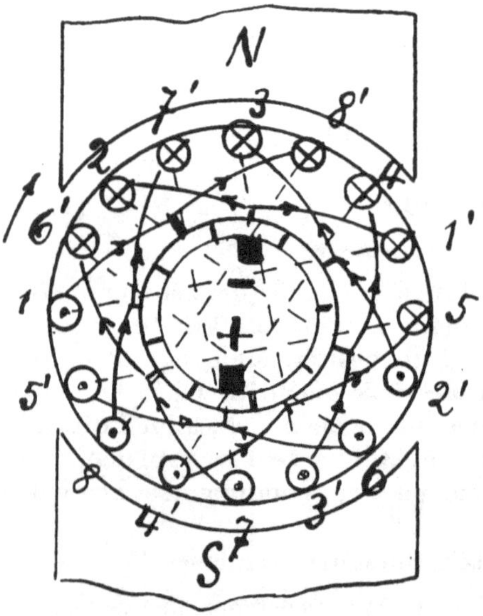

Abb. 162

Maschinen mit einer Leistung von über 2 kW erhalten ein Magnetsystem mit einer größeren Zahl von abwechselnd sich folgenden Nord- und Südpolen, wodurch die Ankerwicklung im allgemeinen mehr als zwei parallele Wicklungszweige erhält.

b) Wechselstromerzeuger

Da bei den Wechselstromgeneratoren der Stromwender in Wegfall kommt, so bewegen sich hier die mit Gleichstrom erregten Magnetpole an den in Nuten eines ringförmigen stillstehenden Ankers untergebrachten

Windungen vorbei gemäß Abb. 163. Spannung und Strom werden daher von festen Klemmen des Ankers abgenommen. Der Wechselstromgenerator benötigt aber eine Gleichstromerregermaschine für die Magnetpole.

Der Anker enthält so viele Windungen als das Polrad Pole besitzt und die EMKe aller Windungen werden in Reihe geschaltet, so daß die Gesamt-EMK des Ankers gleich der Summe der EMKe sämtlicher Windungen ist. Wir betrachten die Vorgänge in zwei benachbarten Windungen 1 und 2. In der in Abb. 163 gezeichneten Stellung des Polrades ist die EMK in den Windungen ein Maximum und ihre Richtungen ergeben sich von oben gesehen wie im Grundriß der Abb. 163 eingezeichnet nach der Rechte-Hand-Regel (abgespreizten Daumen nach links halten). Die beiden induzierten Leiterstücke einer jeden Windung befinden sich in Feldern ungleichnamiger Pole (Abb. 156). Bei der Weiterdrehung des Polrades im Pfeilsinn findet bei beiden Windungen 1 und 2 eine Zunahme des Flusses statt, denn unter die Windung 1 kommt der Nordpol N, unter die Windung 2 der Südpol S und die Richtung der EMK in jeder Windung ist der Induktion $\mathfrak{B}$ nach Abb. 154a linksschraubig zugeordnet. Die Induktionsrichtungen bleiben also wie eingezeichnet. Kommt der Nordpol ganz unter die Windung 1 und der Südpol ganz unter die Windung 2, dann ist in den beiden Windungen nach Abb. 155 die EMK gleich Null, weil die EMKe in den beiden Seiten jeder Windung sich aufheben. Bei der Weiterdrehung des Polrades ergibt sich für beide Windungen 1 und 2 eine Abnahme des Flusses und die EMKe in beiden Windungen sind jetzt der Induktion $\mathfrak{B}$ rechtsschraubig zugeordnet nach Abb. 154b. In beiden Windungen wechselt also die EMK ihre Richtung. Kommt der Nordpol in die Mitte zwischen Windung 1 und 2 und der Südpol zwischen Windung 2 und 3, dann besitzt die EMK in beiden Windungen das entgegengesetzt gerichtete Maximum wie in der Ausgangsstellung des Polrades in Abb. 163. Das Polrad hat sich dann um die Polteilung τ weitergedreht und die EMK in beiden Windungen hat eine halbe Welle durchlaufen und ist wieder gleich Null, wenn der linke Nordpol ganz unter der Windung 2 und der Südpol ganz unter der Windung 3 sich

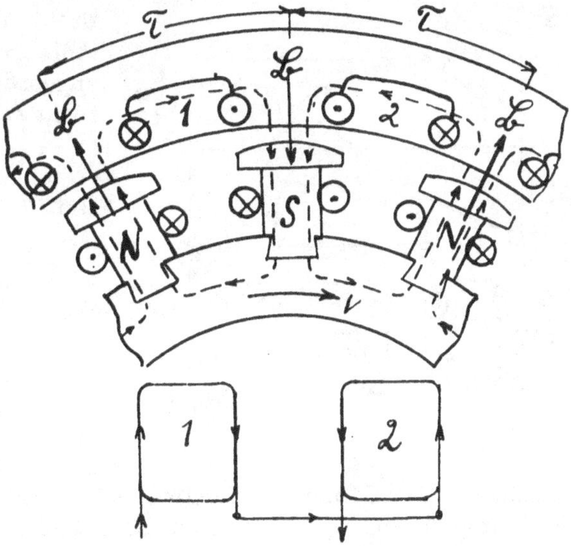

Abb. 163

befinden. Der gleiche Vorgang spielt sich in den übrigen Windungen ab. Zusammengefaßt ergibt sich also: In zwei benachbarten Windungen haben die EMKe zu jedem Moment entgegengesetzte Richtung. Immer, wenn die Magnetpole gerade unter den Windungen stehen, so daß sie mit dem vollen Polfluß Φ verkettet sind, ist die EMK in sämtlichen Windungen gleich Null und wechselt bei der Weiterdrehung des Polrades die Richtung. Wenn die Pole in der Mitte zwischen zwei Windungen stehen wie in Abb. 163, so daß die Windungen mit dem Fluß $\Phi = 0$ verkettet sind, hat die EMK in allen Spulen den Maximalwert. Während der Drehung des Polrades um eine Polteilung τ durchläuft die EMK in den Windungen eine Halbwelle. Für die Windung 1 ist z. B., während sich der linke Nordpol der Abb. 163 um die Polteilung τ im Pfeilsinn dreht, der Verlauf der EMK wie in Abb. 163a, wenn die linksschraubig zugeordnete EMK $= -E$ und die rechtsschraubig zugeordnete EMK $= +E$ ist. Aus dieser Abbildung ergibt sich auch, daß beim Windungsfluß $\Phi = 0$ die EMK den Maximalwert $\bar{E}$ besitzt und beim Maximalwindungsfluß $\Phi = \Phi$ die EMK den Wert Null hat. Auch erkennt man, daß die EMK e dem Fluß Φ eine Viertelperiode zeitlich nacheilt. Der Sinuscharakter der EMK wird durch einen sinusförmigen Polfluß im Luftspalt erreicht, der durch entsprechende Gestaltung der Polstirnfläche geschaffen wird dadurch, daß sich der Luftspalt von der Polmitte aus nach beiden Seiten sinusförmig erweitert.

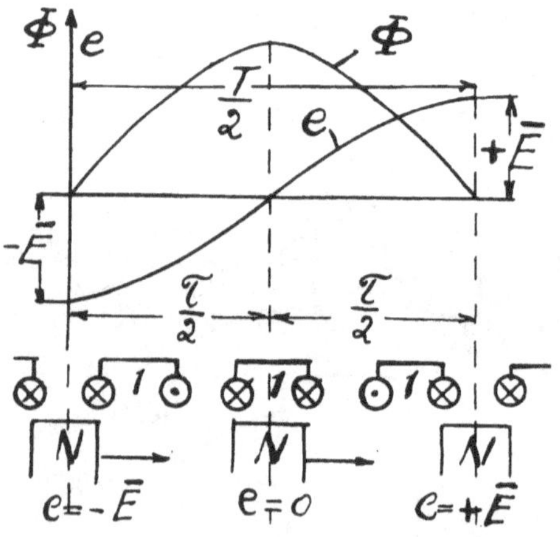

Abb. 163a

Besitzt das Polrad $2p$ Pole, dann durchläuft die induzierte EMK in allen Windungen bei einer Umdrehung des Polrades $2p$ Halbwellen oder p volle Wellen (Perioden). Macht das Polrad n Umdrehungen je Minute, dann besitzt die EMK der Maschine je Minute pn Perioden, also eine Frequenz von

$$f = \frac{p \cdot n}{60} \qquad (184)$$

Perioden je Sekunde. Für eine gegebene Frequenz f muß also beim Wechselstromerzeuger das Produkt pn einen bestimmten Wert haben, nämlich $p \cdot n = 60 \cdot f$. Je höher also die Drehzahl n des Polrades ist, desto weniger Pole muß es haben und desto kleiner und billiger wird die Maschine. Von besonderem Vorteil sind deshalb die von Dampfturbinen mit $n = 3000$ je Minute angetriebenen **Turbogeneratoren,** welche bei der üblichen Frequenz $f = 50$ Hertz nur $p = \frac{60f}{n} = \frac{60 \cdot 50}{3000} = 1$ Polpaar, d. h. 2 Pole besitzen müssen. Das Polrad enthält aber dann keine Schenkelpole mehr, sondern ist ein mit der Welle ein Stück bildender Vollpolläufer mit verteilter Wicklung nach Abb. 163b. Enthält der Anker w Windungen, d. h. 2 w induzierte Leiter, dann ist der Maximalwert der EMK der Maschine, wenn $\bar{\mathfrak{B}}$ die maximale Luftspaltinduktion in Polmitte, l die Ankerlänge und v die Umfangsgeschwindigkeit der Pole

$$\bar{E} = \frac{2w\bar{\mathfrak{B}}lv}{10^8}\,\text{V}. \qquad \textbf{(185)}$$

Mittelwert und Effektivwert siehe § 81.

Da gemäß Abb. 163 die EMKe aller Ankerleiter hintereinander geschaltet sind, so ist der Wechselstromgenerator geeignet zur Erzeugung höherer Spannungen (bis 50 kV).

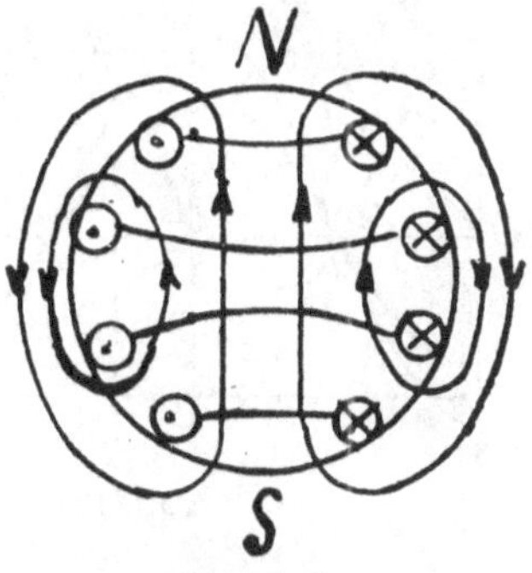

Abb. 163b

c) Transformator

Er beruht auf der Induktion der Ruhe und bedarf daher zu seinem Betrieb eines Wechselfeldes. Der Transformator ist also nur für Wechselstrom verwendbar. Der Transformator besteht gemäß Abb. 164 aus einem geschlossenen Eisenkern, der zwei Spulen trägt, eine primäre 1 mit w_1 Windungen und eine sekundäre 2 mit w_2 Windungen. Spule 1 wird an einen Wechselstromgenerator G, d. h. an eine Wechselspannung u_1 angeschlossen. Spule 2 sei ungeschlossen. Der in die Spule 1 fließende Wechselstrom i_1 erzeugt im Eisenkern einen Fluß Φ wechselnder Richtung und Größe und dadurch, wie in § 64 auseinandergesetzt, in der Spule 1 gemäß Abb. 157 eine

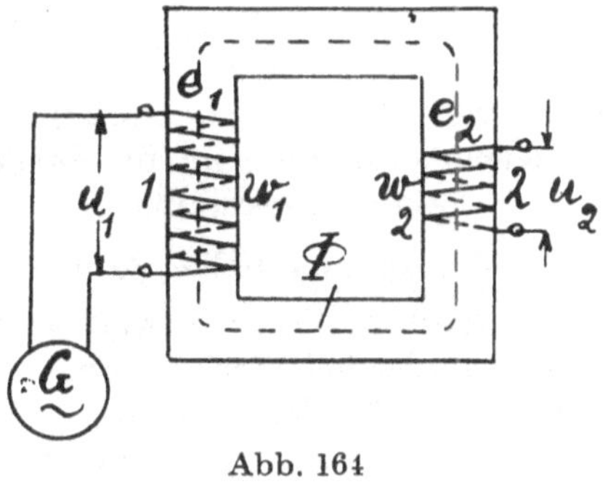

Abb. 164

Wechselspannung $e_1 = -w_1 \frac{d\Phi}{dt} 10^{-8}$, die gegenüber dem Fluß Φ und dem Strom i_1 eine zeitliche Nacheilung von $^1/_4$ Periode hat wie in Abb. 165. Da aber der Fluß Φ auch mit den w_2 Windungen der Spule 2 verkettet ist, erzeugt er auch in der Spule 2 eine Wechselspannung $e_2 = -w_2 \frac{d\Phi}{dt} 10^{-8}$, die ebenfalls gegenüber dem Strom i_1 um $^1/_4$ Periode verspätet ist, aber bei $w_1 \neq w_2$ in der Größe von e_1 verschieden ist. Der sich dauernd ändernde Fluß Φ des Wechselstromes i_1 erzeugt also dauernd in beiden Spulen Wechselspannungen. Nimmt man nun, was praktisch nicht möglich ist, einen vollständig verlustlosen Transformator an, d. h. setzt man die Spannungsverluste in den Spulen und die Ummagnetisierungsverluste im Eisenkern nach § 52 gleich Null, dann hat man im Transformator bei offener Sekundärspule 2 keine abgegebene Leistung, so daß auch die zugeführte Leistung gleich Null sein muß. Dann braucht die primär vom Generator G an den Klemmen der Spule 1 aufgedrückte Klemmenspannung u_1 nur die EMK e_1 zu überwinden, die in Spule 1 induziert wird, d. h. u_1 muß in jedem Zeitmoment mit e_1 gleiche Größe aber entgegengesetzte Richtung haben; u_1 muß also, wie in der Abb. 165, nach der gestrichelten Kurve verlaufen und es muß sein

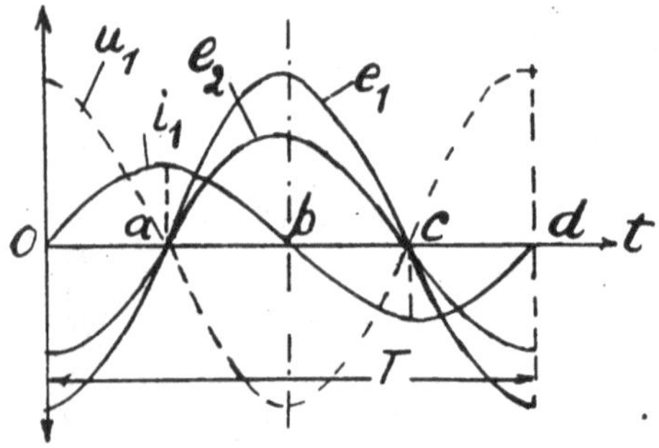

Abb. 165

$$u_1 = -e_1 = +w_1 \frac{d\Phi}{dt} 10^{-8}.$$

Die primäre Klemmenspannung u_1 eilt also dem Strom i_1 um $^1/_4$ Periode vor und da wegen des zu Null sich ergebenden Spannungsverlustes in der offenen Spule 2 die Klemmenspannung

$$u_2 = e_2 = -w_2 \frac{d\Phi}{dt} 10^{-8},$$

so folgt

$$\frac{u_2}{u_1} = \frac{w_2}{w_1}.$$

Beim verlustlosen und leerlaufenden Transformator verhalten sich also die Klemmenspannungen der Spulen $u_2 : u_1$ wie ihre Windungszahlen $w_2 : w_1$ und die Sekundärspannung $u_2 = e_2$ eilt gemäß Abb. 165 der Primärspannung $u_1 = -e_1$ um eine halbe Periode nach. Auf der Beziehung $\frac{u_2}{u_1} = \frac{w_2}{w_1}$ beruht die außerordentlich wichtige Verwendung des Transformators als Spannungswandler bei Wechselstrom, da er auf einfachste Weise erlaubt, Hochspannung in Niederspannung und umgekehrt zu verwandeln. Es fragt sich jetzt nur noch, wieso trotz des von der Klemmenspannung u_1 in den Transformator getriebenen, den Fluß Φ erzeugenden Stromes i_1 die Primärleistung gleich Null sein kann. Es wird aber später gezeigt werden, daß bei Wechselstrom immer die Leistung gleich Null ist, wenn, wie hier, Spannung u_1 und Strom i_1 eine Phasenverschiebung von $^1/_4$ Periode zueinander haben. Der Strom i_1 ist hier ein sogenannter **Blindstrom,** der keine Leistung vollbringt, was in unserm Fall auch möglich ist, da alle Verluste zu Null angenommen wurden und daher zur Aufrechterhaltung des Wechselfeldes auch keine Energie nötig ist.

Belastet man den Transformator, indem man die Klemmen der Spule 2 z. B. durch einen Ohmschen Widerstand schließt, dann ändern sich die Verhältnisse bei konstant gehaltenem Strom i_1 insofern, als die Klemmenspannungen u_2 kleiner und u_1 größer werden müssen als die entsprechenden

EMKe e_2 und e_1 infolge der Spannungsverluste in den Spulen. Der Sekundärstrom i_2 bleibt in Phase mit u_2, aber zwischen der Primärspannung u_1 und dem Strom i_1 muß jetzt eine kleinere Phasenverschiebung als $^1/_4$ Periode herrschen, weil jetzt eine der Sekundärleistung $u_2 i_2$ entsprechende Primärleistung $u_1 \cdot i_1$ in jedem Augenblick vorhanden sein muß. Dadurch wird auch zwischen u_2 und u_1 die Phasenverschiebung kleiner als $^1/_2$ Periode. Und da, abgesehen von den Verlusten $u_1 \cdot i_1 \approx u_2 \cdot i_2$, so folgt

$$\frac{i_2}{i_1} = \frac{u_1}{u_2} = \frac{w_1}{w_2},$$

d. h. die Ströme i_2 und i_1 verhalten sich umgekehrt wie die Windungszahlen w_2 und w_1. Noch stärkere Änderungen in den Verhältnissen zwischen den Spannungen unter sich und den Strömen unter sich, sowie zwischen Spannungen und Strömen treten auf, wenn der sekundäre Belastungswiderstand induktiv oder kapazitiv ist, d. h. Eisen enthält oder einen Kondensator.

67. Selbstinduktion

Das Induktionsgesetz gilt auch dann, wenn die Induktionslinien nicht von einem fremden Feld, sondern vom Strom des eigenen Leiterkreises herrühren. Denn die Feldlinien, die beim Schließen des Stromes in einem Leiter oder in einer Spule im umgebenden Raum entstehen, oder beim Ausschalten des Stromes verschwinden, schneiden den Leiter bzw. verändern den mit den Windungen der Spule verketteten Fluß, wodurch im Leiter bzw. in der Spule eine EMK induziert wird. Die Induktion der EMK erfolgt aber nicht bloß beim Ein- bzw. Ausschalten, sondern auch beim Verstärken und Schwächen des Stromes, also auch stets und zwar dauernd, wenn Wechselstrom im Leiter oder in der Spule fließt. Die Erzeugung einer EMK in einem Leiter bzw. einer Spule durch Änderung des Eigenstromes heißt **Selbstinduktion.**

Beim Transformator in § 66 z. B. ist die Spannung e_1, die in Spule 1 erzeugt wird, eine EMK der Selbstinduktion, weil sie durch den Wechselstrom i_1 der eigenen Spule erzeugt wird. Aus der Abb. 165 ergibt sich dann: **Die EMK der Selbstinduktion hat gegenüber dem sie erzeugenden Strom i und Fluß Φ eine Verspätung von $^1/_4$ Periode und ist dem zunehmenden Strom entgegengerichtet, dem abnehmendem Strom gleichgerichtet.**

Diese Erkenntnis folgt auch aus dem Durchflutungsgesetz in Verbindung mit der Schraubenregel für einen veränderlichen Strom i. Es ergibt sich gemäß Abb. 154 in § 64 dann eine Zuordnung der Richtung der EMK E_L der Selbstinduktion zur Stromänderung di wie in Abb. 166a und b. Daß die

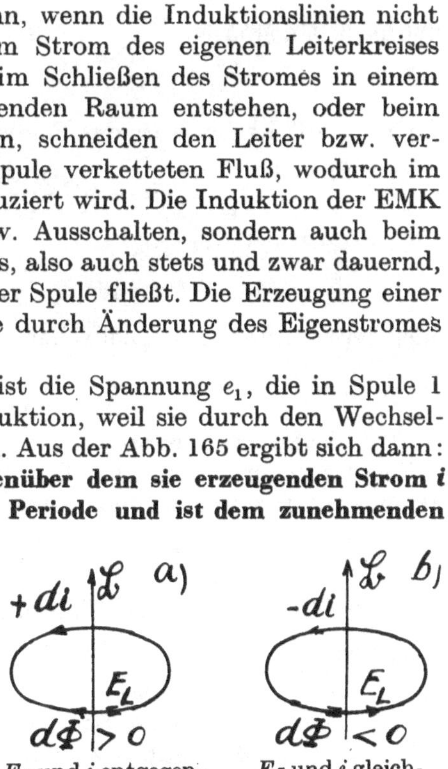

E_L und i entgegengesetzt gerichtet — E_L und i gleichgerichtet

Abb. 166

EMK dem sie erzeugenden Fluß und Strom zeitlich $^1/_4$ Periode nacheilt, gilt also für jede induzierte Spannung in einer Windung, sei es durch Induktion der Bewegung oder der Ruhe oder durch Selbstinduktion. Durch die Betrachtungen des § 56 Abschnitt VI ist bereits bekannt, daß beim Einschalten des Stromes die Energie zur Überwindung der dem Strom entgegengerichteten Selbstinduktionsspannung E_L zur Schaffung des magnetischen Feldes des Leiters dient und daß diese Energie, die im Feld umkehrbar aufgespeichert wird, beim Unterbrechen des Stromes, infolge der mit dem Strom gleichgerichteten Selbstinduktionsspannung E_L, wieder in elektrischer Form in den Stromkreis ganz bzw. teilweise zurückgeliefert wird.

Die Größe der Selbstinduktions-EMK ist nach dem Induktionsgesetz (Gl. (178))

$$E_L = -w \frac{d\Phi}{dt} 10^{-8}$$

und da nach dem OHMschen Gesetz des Magnetismus (Gl. (154))

$$\Phi = \mu \Pi_0 F \cdot \frac{iw}{l}$$

und nach Gl. (155a)

$$\Lambda = \frac{\mu \Pi_0 F}{l}$$

der magnetische Leitwert des Feldes ist, so folgt:

$$E_L = -w^2 \frac{\mu \Pi_0 F}{l \cdot 10^8} \cdot \frac{di}{dt} = -w^2 \frac{\Lambda}{10^8} \cdot \frac{di}{dt}. \tag{186}$$

Der Ausdruck

$$L = \frac{w^2 \Lambda}{10^8} = \frac{w^2 \mu \Pi_0 F}{l \cdot 10^8} = \frac{0{,}4 \pi \mu w^2 F}{l \cdot 10^8} \tag{187a}$$

oder bei eisenfreiem magnetischen Feld

$$L = \frac{w^2 \Pi_0 F}{l \cdot 10^8} = \frac{0{,}4 \pi w^2 F}{l \cdot 10^8} \tag{187b}$$

wird als **Selbstinduktionskoeffizient** oder **Selbstinduktivität** der betreffenden Leiteranordnung bezeichnet. Die EMK der Selbstinduktion ergibt sich damit aus der einfachen Beziehung

$$E_L = -L \frac{di}{dt}, \tag{188}$$

d. h. als Produkt der Selbstinduktivität L und der sekundlichen Stromänderung $\frac{di}{dt}$. Für $\frac{di}{dt} = 1$ wird $E_L = -L$, d. h. der Selbstinduktionskoeffizient L eines Leiters ist die Induktionsspannung, die im Leiter erzeugt wird, wenn sich die Stromstärke i in der Zeiteinheit um 1 A gleichmäßig ändert. **Die praktische Einheit der Selbstinduktivität L**, die jener Leiter besitzt, bei dem 1 V Selbstinduktionsspannung erzeugt wird, wenn sich die Stromstärke um 1 A in der Sekunde gleichmäßig ändert, **heißt**

1 Henry (1 H). Aus Gl. (187a) ergibt sich dann für $\frac{\Lambda}{10^8}$ als Einheit Henry und, da μ dimensionslos ist, für $\frac{\Pi_0}{10^8}$ Henry/cm, was schon in § 57 erwähnt wurde.

L ist nur von der Anordnung des magnetischen Kreises abhängig (Windungszahl w und magnetischer Leitwert Λ) und daher für eine gegebene Leiteranordnung von bestimmter Größe. L ist proportional mit dem Quadrat der Windungszahl w und gemäß den Gl. (187) haben bei gleichem w niedere Spulen von großem Querschnitt F ein großes L und lange Spulen von geringem Querschnitt F ein kleines L, geradlinige Leiter ein sehr kleines L. Dagegen ist L nicht abhängig vom Stoff des Leiters, nur Eisendrähte machen wegen ihres stark magnetischen Charakters eine Ausnahme.

Für Messungen verwendet man **Selbstinduktionsnormalen,** das sind Drahtrollen, die eine bestimmte Zahl Henry als Selbstinduktivität besitzen. Diese Normalen müssen aber in ihrer Form unveränderlich sein, vor allem gegenüber Temperatureinflüssen. Man wickelt deshalb den Draht auf Rollen aus Serpentinstein und schließt den Draht ganz in Stein ein. Mit dem Faktor 10^8 im Nenner der Gl. (187a und b) hat L die Dimension cm/10^9 und es ist **1 H = 10^9 cm.** Denn μ ist dimensionslos, Π_0 hat die Einheit $\frac{\mathrm{G\,cm}}{\mathrm{A}}$ und statt A kann nach Gl. (141a) in elektromagn. Maß (§ 58b) gesetzt werden 10 G cm, dann ergibt sich für die Induktivität L die Einheit $\frac{\mathrm{G\,cm} \cdot \mathrm{cm}^2}{10\,\mathrm{G\,cm} \cdot 10^8 \cdot \mathrm{cm}} = \frac{\mathrm{cm}}{10^9}$. Da das Henry für die in der Praxis vorkommenden Induktivitäten eine zu große Einheit ist, gibt man L entweder in cm oder meistens in Millihenry (mH) = 10^{-3} Henry an.

Bei eisenlosen Feldern ist gemäß Gl. (187b) ***L* konstant** und die Selbstinduktions-EMK E_L also proportional mit der sekundlichen Stromänderung. Ändert sich in diesem Fall der Strom innerhalb der Zeit t'' von I_1 auf I_2, d. h. der Fluß von $\Phi_1 = \Lambda I_1 w$ auf $\Phi_2 = \Lambda I_2 w$, dann ist die EMK der Selbstinduktion

$$E_L = -\frac{w^2 \Lambda}{10^8} \cdot \frac{I_2 - I_1}{t} = -L \frac{I_2 - I_1}{t}, \qquad \textbf{(188a)}$$

dabei ist nach Gl. (187b) der Selbstinduktionskoeffizient

$$L = \frac{w^2}{10^8} \cdot \frac{\Pi_0 F}{l}.$$

Nun ist $\frac{\Pi_0 F}{l}$ gemäß Gl. (150) der in **einer** Windung vom Strom 1 A erzeugte Fluß. Nennt man ihn Φ_0, dann ist

$$L = \frac{w^2}{10^8} \Phi_0, \qquad \textbf{(189)}$$

wobei

$$\Phi_0 = \frac{0{,}4\,\pi F}{l} = \mathfrak{B}_0 F, \qquad \textbf{(190)}$$

wenn $\mathfrak{B}_0$ die magnetische Induktion ist, die von 1 A in **einer** Windung erzeugt wird. Der Gesamtfluß ist dann beim Strom I A in w Windungen

$$\Phi = I \cdot w\Phi_0 = \Theta\Phi_0 . \qquad \textbf{(190a)}$$

Die Gl. (188a) erhält dann die Form

$$E_L = -\frac{w^2\Phi_0}{10^8} \cdot \frac{I_2 - I_1}{t} . \qquad \textbf{(191)}$$

Enthält der magnetische Kreis Eisen, dann ist wegen der veränderlichen Permeabilität μ **der Fluß Φ nicht mehr proportional mit dem Strom I** und man kann dann nur die Größe der mittleren Induktivität bestimmen. Schwankt der Fluß zwischen Null und dem Höchstwert Φ bei der Durchflutung Θ, dann ist der durchschnittliche Einheitsfluß $\Phi_0 = \Phi : \Theta$ und durch Einsetzen dieses Wertes in Gl. (189) erhält man die mittlere Induktivität.

Auch die magnetische Energie W_m des Feldes läßt sich durch die Induktivität L ausdrücken, da ja die Selbstinduktion die Energie zur Erzeugung des Feldes umkehrbar aufspeichert und beim Zusammenbruch des Feldes wieder in den Stromkreis zurückliefert. In § 56 wurde schon auseinandergesetzt, daß beim Einschalten des Stromes und Entstehen des magnetischen Feldes bis zum Erreichen des Gleichgewichtszustandes die Selbstinduktionsspannung veränderlich ist mit dem von Null auf den Endwert I anwachsenden Strom. Die Selbstinduktionsspannung und der Strom sind also mit kleinen Buchstaben e_L und i zu bezeichnen.

Die Feldenergie ist die Arbeit zur Überwindung der Selbstinduktionsspannung, also $W_m = -\int_0^{\Phi} e_L i \cdot dt$ und da nach Gl. (186) $e_L = -w^2 \frac{\Lambda}{10^8} \cdot \frac{di}{dt}$, so ist

$$W_m = \frac{w^2 \Lambda}{10^8} \int_0^I i\,di = L \int_0^I i\,di ,$$

$$W_m = \frac{1}{2} L I^2 \,(\mathrm{Ws}) . \qquad \textbf{(192)}$$

Auch für einen Luftspalt ergab sich in § 60 Gl. (157a) die magnetische Energie

$$W_l = \frac{\Theta\Phi}{2 \cdot 10^8} = \frac{Iw \cdot \Phi}{2 \cdot 10^8} (\mathrm{Ws}) .$$

Setzt man in dieser Gleichung $\Phi = \Theta\Phi_0 = Iw\Phi_0$, dann ergibt sich

$$W_l = \frac{1}{2} \frac{w^2\Phi_0}{10^8} \cdot I^2 = \frac{1}{2} L I^2 \,(\mathrm{Ws}) .$$

Für einen geschlossenen Eisenkern ergab sich in § 60 nach Gl. (157) für die magnetische Energie

$$W_e = \int_0^{\Phi} \frac{\Theta \cdot d\Phi}{10^8} = \frac{1}{10^8} \int_0^I iw \cdot \Lambda w \cdot di ,$$

$$W_e = \frac{w^2 \Lambda}{10^8} \int_0^I i\,di = \frac{1}{2} L I^2 .$$

Die Gleichung für die magnetische Energie eines Feldes von der Induktivität L bei einem Erregerstrom I hat Ähnlichkeit mit der Formel für die Bewegungsenergie $\frac{1}{2} m \cdot v^2$ der Mechanik und die Selbstinduktivität verhält sich dabei wie die Masse m. In diesen Gleichungen kommt zum Ausdruck, daß sich das magnetische Feld träge verhält, d. h. Zeit zu seiner Bildung benötigt, weil sich das Feld seinem Aufbau widersetzt durch die Erzeugung der dem erregenden Strom entgegengerichteten Selbstinduktionsspannung E_L.

Berechnung von Induktivitäten

a) Leitungsmasche (Abb. 167)

Die Leitungsmasche, bestehend aus zwei gleichen parallelen Drähten vom Durchmesser $2a$, der Länge l und dem Leiterabstand r (Hin- und Rückleitung bei Freileitungen, Sammelschienen usw.), kann als eine Spule mit einer Windung angesehen werden. Nach Gl. (146a) in § 58 ist der Fluß im Querschnitt $F = r \cdot l$ der Masche beim Strom I A $\Phi_1 = 0{,}4 I l \cdot \ln \frac{r}{a}$, also bei einem Strom von $I = 1$ A, $\Phi_{10} = 0{,}4\, l \cdot \ln \frac{r}{a}$ und die Induktivität der Masche ($w = 1$)

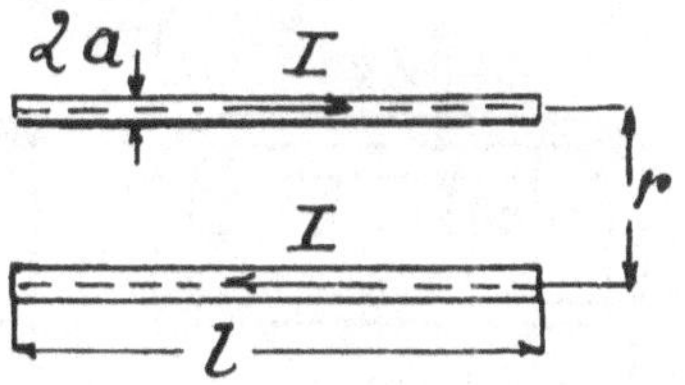

Abb. 167

$$L = \frac{w^2 \Phi_{10}}{10^8} = \frac{0{,}4\, l}{10^8} \ln \frac{r}{a}\,. \qquad \textbf{(193)}$$

Hierzu kommt aber noch der Fluß Φ_i innerhalb der Leiterquerschnitte. Da nach Gl. (146b) die Induktion im Radius r_0 $\mathfrak{B}_i = \frac{0{,}2 r_0 I}{a^2}$, so ist der Fluß innerhalb der beiden Leiterquerschnitte $\Phi_i = 2 \int\limits_{r_0=0}^{r_0=a} \mathfrak{B}_i l \cdot dr_0$. Da innerhalb des Leiters der Fluß nur mit dem Strom innerhalb des Kreises mit dem Radius r_0 verkettet ist, so muß, wenn I den Gesamtstrom bedeutet, in Gl. (146b) für den Strom der Wert $I \cdot \frac{r_0^2}{a^2}$ gesetzt werden. Damit wird

$$\Phi_i = 0{,}4\, l \int\limits_{r_0=0}^{r_0=a} \frac{I r_0^3}{a^4}\, dr_0 = \frac{0{,}4\, l}{a^4} I \int\limits_{r_0=0}^{r_0=a} r_0^3\, dr_0\,,$$

$$\Phi_i = \frac{0{,}4\, l}{a^4} I \cdot \frac{a_4}{4} = 0{,}1\, l I$$

und für $I = 1$ A ergibt sich

$$\Phi_{i0} = 0{,}1\, l\,.$$

Der gesamte Fluß in der Masche bei $I = 1$ A ist also

$$\Phi_0 = \Phi_{10} + \Phi_{i0} = 0{,}4\, l \left[\ln \frac{r}{a} + 0{,}25\right]$$

und damit ergibt sich die Induktivität der Leitermasche in Henry nach Gl. (189) zu

$$L = \frac{\Phi_0}{10^8} = \frac{0{,}4\,l}{10^8}\left[\ln\frac{r}{a} + 0{,}25\right]. \tag{193a}$$

Die Induktivität ist also um so kleiner, je näher die Leitungen beieinander liegen. Sehr nahe nebeneinander liegende Leitungen mit entgegengesetzter Stromrichtung haben eine vernachlässigbar kleine Induktivität. Man macht davon Gebrauch zur Herstellung **induktionsfreier** Widerstände durch Aufwickeln von nebeneinander liegender Hin- und Rückleitung (bifilare Wicklung).

b) Drahtwindung und flache Spule

Die Induktivität läßt sich aus Gl. (193) ableiten. Ist $u \sim 2\,l$ der Umfang einer langen Leiterschleife und $F = r \cdot l$ ihre Fläche, dann ergibt sich $l = \frac{u}{2}$ und $r = \frac{2F}{u}$. Hat der Draht der Schleife den Umfang $u_1 = 2a\pi$, dann ist $a = \frac{u_1}{2\pi}$. Durch Einsetzen von l, r und a in Gl. (193) ergibt sich

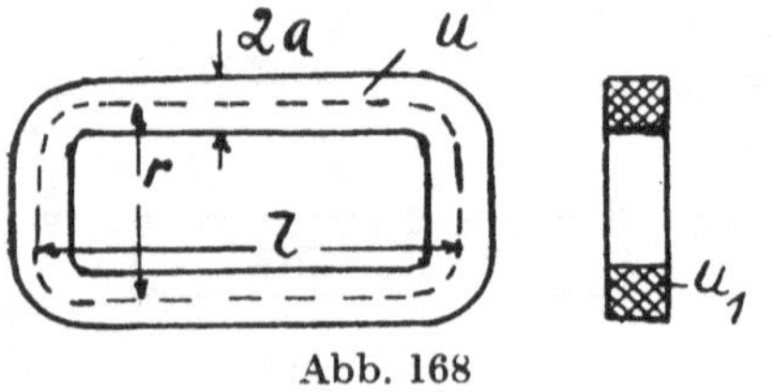

Abb. 168

$$L = \frac{0{,}2\,u}{10^8} \cdot \ln\frac{4\pi F}{u \cdot u_1}. \tag{194}$$

Diese Formel gilt angenähert auch für eine Drahtwindung von entsprechendem Umfang, auch für Drähte mit unrundem Querschnitt. Ersetzt man die Drahtwindung durch eine Spule gleicher Abmessungen mit w Windungen, dann ist

$$L = \frac{0{,}2\,u\,w^2}{10^8} \cdot \ln\frac{4\pi F}{u \cdot u_1}, \tag{194a}$$

u ist dann die mittlere Windungslänge und u_1 der Umfang des Spulenquerschnitts.

c) Lange Spule ohne Eisen

Das Feld im Innern ist homogen, außerhalb der Spule zerstreuen sich die Induktionslinien auf einen großen Raum und die Induktion $\mathfrak{B}$ ist dort schwach und erfordert von der Durchflutung Θ einen geringen Anteil. Man kann also nach Gl. (190) setzen $\Phi_0 = \mathfrak{B}_0 \cdot F = \frac{0{,}4\pi}{l} F$, womit dann bei einer Windungszahl w der Spule die Induktivität in Henry

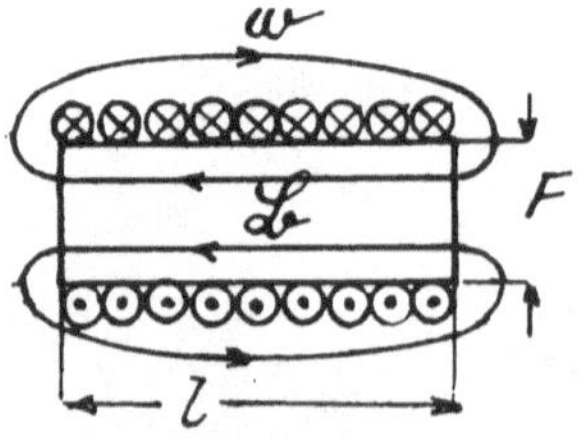

Abb. 169

$$L = \frac{w^2 \Phi_0}{10^8} = \frac{0{,}4\,\pi\,w^2 F}{10^8\,l}. \tag{195}$$

Diese Formel gibt einen etwas zu großen Wert.

d) Spule mit Eisenkern und Luftspalt
(Elektromagnet)

Für einen derartigen magnetischen Kreis ist nach dem OHMschen Gesetz des Magnetismus nach Gl. (156b) der Fluß

$$\Phi = \frac{I w}{\frac{l}{\mu \Pi_0 F} + \frac{\delta}{\Pi_0 F}},$$

also der magnetische Widerstand $R_m = \frac{l + \mu\delta}{\mu \Pi_0 F}$ und der magnetische Leitwert $\Lambda = \frac{\mu \Pi_0 F}{l + \mu\delta}$ und daher die Induktivität

$$L = \frac{w^2 \Lambda}{10^8} = \frac{w^2}{10^8} \cdot \frac{\mu \Pi_0 F}{l + \mu\delta}. \qquad \textbf{(196)}$$

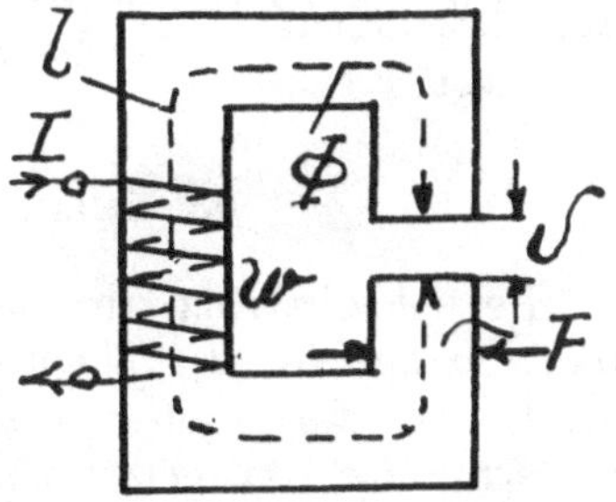

Abb. 170

Bei geringer magnetischer Induktion $\mathfrak{B}$ und nicht zu kleinem Luftspalt δ kann die für den Eisenweg l nötige Durchflutung, d. h. der magnetische Widerstand des Eisens, vernachlässigt werden und man erhält für die Induktivität für $l = 0$

$$L = \frac{w^2}{10^8} \frac{\Pi_0 F}{\delta} = \frac{0{,}4\pi w^2 F}{10^8 \delta}, \qquad \textbf{(196a)}$$

wobei statt F dann bei großem Luftspalt δ der wirksame Querschnitt $F_1 = F(1 + \tau)$ des Luftfeldes einzusetzen ist, wenn τ nach Gl. (169) den magnetischen Streufaktor bedeutet.

Bei besonders schwieriger Leiteranordnung läßt sich die Berechnung der Induktivität umgehen, indem man sie durch Messung bestimmt.

Wird in einem Stromkreis mit hoher Induktivität der Strom rasch unterbrochen, dann entsteht eine hohe Selbstinduktionsspannung. Da diese EMK den Strom zu erhalten sucht, reißt der entstehende Lichtbogen zwischen den Schalterkontakten, der die in Wärme umgewandelte Feldenergie darstellt, erst nach größerem Schaltweg ab. Außerdem kann die hohe Spannung zwischen den Spulenenden einen Durchschlag der Wicklung hervorrufen. Mit Rücksicht darauf unterbricht man deshalb bei einem Elektromagneten den Strom entweder erst, nachdem man ihn durch einen geeigneten Widerstand abgeschwächt hat, oder man trennt die Spule ohne Stromunterbrechung durch einen **Magnetschalter** ab und schließt sie über einen Widerstand R nach Abb. 171. Der Magnetstrom I kann sich dann allmählich totlaufen in dem von der Magnetspule R_m und dem Widerstand R gebildeten Kreis. In vielen Fällen ist es nötig, die Selbstinduktion ganz zu vermeiden, z. B. bei Meßwiderständen. Man wickelt dann, wie schon bei der Leitungsmasche

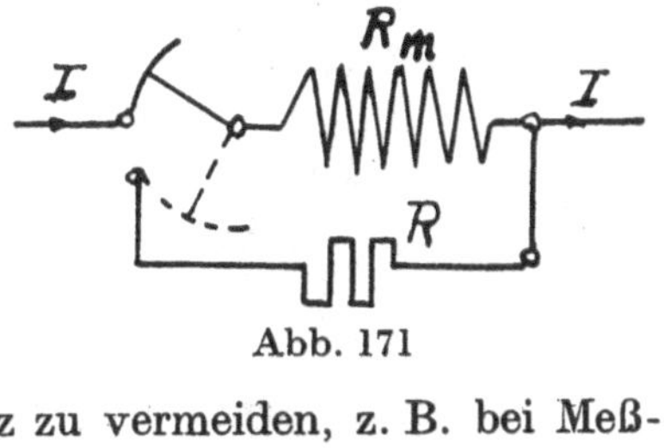

Abb. 171

erwähnt, den Spulendraht **bifilar** nach Abb. 172 auf, so daß in zwei benachbarten Windungen der Strom entgegengesetzt fließt, wodurch die magnetische Wirkung und Selbstinduktion aufgehoben wird. Auf diese Weise sind z. B. die Widerstandsspulen der Stöpselwiderstände gewickelt. Dieses Mittel ist aber nur da anwendbar, wo man auf die magnetische Wirkung des Stromes verzichtet.

Abb. 172

68. Selbstinduktion im Gleichstromkreis

Bei Gleichstrom tritt Selbstinduktion nur auf bei einer **Änderung des Dauerzustandes,** vor allem also beim Ein- und Ausschalten des Stromes im Leiter. Es ergeben sich dann **Übergangszustände,** die zwischen der im Stromkreis vorgenommenen Änderung und dem Erreichen des Dauerzustandes liegen, indem beim Einschalten der Strom allmählich auf den dem Ohmschen Gesetz entsprechenden Endwert I steigt und beim Ausschalten des Stromes von dem Wert I allmählich auf den Wert Null abnimmt. Während dieser Übergangszustände gehen Umsetzungen von Energiemengen vor sich und zwar wird während des Einschaltvorganges elektrische Energie in Form von magnetischer Energie im Feld aufgespeichert, dagegen während des Ausschaltvorganges die magnetische Energie aus dem Feld wieder als elektrische Energie in den Stromkreis zurückgeliefert, denn die Selbstinduktions-EMK ist ja beim Einschalten dem Strom entgegengerichtet, beim Ausschalten dem Strom gleichgerichtet.

Zur Untersuchung des Stromverlaufes während der Übergangszustände beim Einschalten und Unterbrechen des Stromes sei ein Stromkreis von der Induktivität L Henry und dem Widerstand $R\,\Omega$ gegeben, welcher an der konstanten Gleichspannung U Volt hängt. Der stationäre, dem Ohmschen Gesetz entsprechende Endwert des Stromes ist dann $I = \frac{U}{R}$ und der Strom in irgendeinem Zeitmoment t des Übergangszustandes sei i.

A. Einschaltvorgang

Nach dem 2. Kirchhoffschen Gesetz ist gemäß § 20, da die Selbstinduktionsspannung $E_L = -L\frac{di}{dt}$ beim Einschalten des Stromes eine Gegen-EMK darstellt,

$$U - L\frac{di}{dt} = iR\,, \tag{197}$$

oder

$$i = \frac{U - L\frac{di}{dt}}{R}\,. \tag{197a}$$

Diese Bedingungsgleichung für den Stromstärkeverlauf enthält neben i außer den Konstanten des Stromkreises U, L und R noch den Differentialquotienten $\frac{di}{dt}$. Gl. (197) und Gl. (197a) sind also Differentialgleichungen. Zu ihrer Lösung geht man von der Umformung der Gl. (197) $U - L\frac{di}{dt} = i \cdot R$ aus, woraus folgt $-L\frac{di}{dt} = iR - U$. Da $U = IR$, ergibt sich $-L\frac{di}{dt} = R(i - I)$ oder

$$-\frac{L}{R}\cdot\frac{1}{dt} = \frac{i - I}{di}.$$

Der Bruch

$$T = \frac{L}{R} \tag{197b}$$

heißt **Zeitkonstante**, weil, wie später sich ergibt, seine Einheit $\frac{\text{Henry}}{\Omega} = \frac{\Omega s}{\Omega} = s$ ist.

Damit ergibt sich dann

$$-\frac{dt}{T} = \frac{di}{i - I}, \tag{197c}$$

die Integration auf beiden Gleichungsseiten liefert

$$-\frac{t}{T} = \ln(i - I) + \ln c = \ln\left[c(i - I)\right].$$

Daraus folgt dann aus der Bedeutung des natürlichen Logarithmus, wenn $e = 2{,}71828$ die Basis desselben ist, $e^{-\frac{t}{T}} = c(i - I)$. Die noch in der Gleichung vorkommende willkürliche Konstante c hängt von der Anfangsbedingung ab und kann aus der Festsetzung, daß für $t = 0$, $i = 0$ ist, bestimmt werden. Diesen Werten muß die obige Gleichung genügen und man erhält durch Einsetzen, da $e^0 = 1$, $1 = -cI$, d. h. $c = -\frac{1}{I}$, so daß also $e^{-\frac{t}{T}} = 1 - \frac{i}{I}$ und schließlich

$$i = I\left(1 - e^{-\frac{t}{T}}\right). \tag{198}$$

Gl. (198) stellt das gesuchte Gesetz des Stromanstiegs in Abhängigkeit von der Zeit t dar. Der Strom erreicht seinen Endwert I, wenn $e^{-\frac{t}{T}} = 0$, d. h. wenn $t = \infty$, also streng genommen erst nach unendlich langer Zeit. Praktisch kommt die Stromstärke i schon nach verhältnismäßig kurzer Zeit t ihrem Endwert I sehr nahe. Für $t = T$ wird

$$i = I - \frac{I}{e} = I - \frac{I}{2{,}71828} = 0{,}632\,I.$$

Die Zeitkonstante T gibt also die Zeit an, in welcher der Strom beim Einschalten auf das 0,632-fache seines Endwertes steigt. Das Anwachsen des Stromes geht also um so rascher, je kleiner $T = \frac{L}{R}$ ist, d. h. je kleiner die Induktivität L und je größer der Widerstand R des Stromkreises ist. Für $L = 0$, d. h. in einem induktionsfreien Stromkreis, wäre schon zur

Zeit $t = 0$ gemäß Gl. (198) $i = I$. Ist z. B. $I = 5$ A und $T = \frac{L}{R} = 1$, dann ist schon nach $t = 1$ s der Strom $i = 0{,}632 \cdot 5 = 3{,}16$ A. Aus Gl. (198) ergibt sich auch, daß die Selbstinduktion in ihrer Wirkung einem den Strom I schwächenden sogenannten Extrastrom i_L gleichkommt, dessen Größe $i_L = I e^{-\frac{t}{T}}$ ist. Damit ergibt sich auch der zu irgend einer Zeit t vorhandene Augenblickswert e_L der Selbstinduktionsspannung, wenn man für $I = \frac{U}{R}$ setzt, zu

$$e_L = -U e^{-\frac{t}{T}}, \tag{199}$$

so daß also $i_L = \frac{e_L}{R}$ und $i = I - i_L$.

B. Ausschaltvorgang

Beim Abtrennen vom Netz und Unterbrechen des Stromes ist $U = 0$, so daß also während des Ausschaltvorganges in einem in sich kurzgeschlossenen induktiven Leiterkreis vom Widerstand R nur die selbstinduktive EMK E_L wirkt; die Bedingungsgleichung lautet dann entsprechend Gl. (197) bzw. Gl. (197a) $i = \frac{E_L}{R}$ oder

$$E_L = -L \frac{di}{dt} = i \cdot R. \tag{200}$$

Damit ergibt sich dann $-\frac{L}{R} \cdot \frac{1}{dt} = \frac{i}{di}$ oder

$$-\frac{dt}{T} = \frac{di}{i}, \tag{200a}$$

durch Integration wird $-\frac{t}{T} = \ln i + \ln c = \ln ci$, also $e^{-\frac{t}{T}} = ci$. Da für $t = 0$ der Strom $i = I$, so folgt, da $e^0 = 1$, $1 = cI$, d. h. $c = \frac{1}{I}$, so daß dann $e^{-\frac{t}{T}} = \frac{i}{I}$ und schließlich

$$i = I e^{-\frac{t}{T}}. \tag{201}$$

Diese Gleichung gibt das Gesetz der Stromabnahme nach dem Abschalten der Spannung U. Auch beim Ausschaltvorgang ist $i = 0$, wenn $e^{-\frac{t}{T}} = 0$, d. h. $t = \infty$, also erst nach Verlauf einer unendlich langen Zeit t. Aber auch hier kommt praktisch schon nach verhältnismäßig kurzer Zeit der Strom dem Wert Null sehr nahe.

Für $t = T$ ist $i = \frac{I}{e} = 0{,}368\,I$. Die Zeitkonstante $T = \frac{L}{R}$ gibt also beim Ausschalten des Stromes die Zeit an, innerhalb der der Strom i auf das 0,368-fache seines Anfangswertes I sinkt. Auch das Verschwinden des Stromes geht um so rascher, je kleiner die Induktivität L und je größer der Widerstand R ist, und für $L = 0$ ist für $t = 0$ schon $i = 0$. Für $I = 5$ A und $T = \frac{L}{R} = 1$ ist nach $t = 1$ s der Strom $i = 0{,}368 \cdot 5 = 1{,}84$ A. Beim Ausschaltvorgang ist der Strom i gleich dem Extrastrom selbst, also $i = i_L = Ie^{-\frac{t}{T}}$ und die Selbstinduktion-EMK $e_L = Ue^{-\frac{t}{T}}$, so daß $i_L = \frac{e_L}{R}$.

Die in den Gl. (198) und (201) vorkommende Funktion von e für verschiedene Werte $\frac{t}{T}$ enthält Zahlentafel 15.

Zahlentafel 15

$\frac{t}{T}$	0	0,5	1	2	3	4	5
$e^{-\frac{t}{T}}$	1,000	0,606	0,368	0,135	0,050	0,018	0,007

Der Verlauf des Ausschaltvorganges ergibt sich gemäß Gl. (201) mit Hilfe obiger Werte von $e^{-\frac{t}{T}}$ sofort wie Abb. 173 zeigt und da die Gl. (198) für den Einschaltvorgang dieselbe Funktion von e enthält und die Ergänzung zu 1 gibt, so ist auch der Verlauf des Einschaltvorganges nach Abb. 174 gegeben.

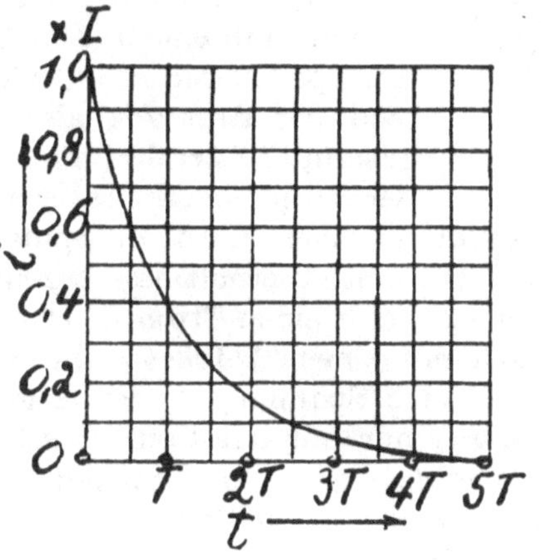

Abb. 173

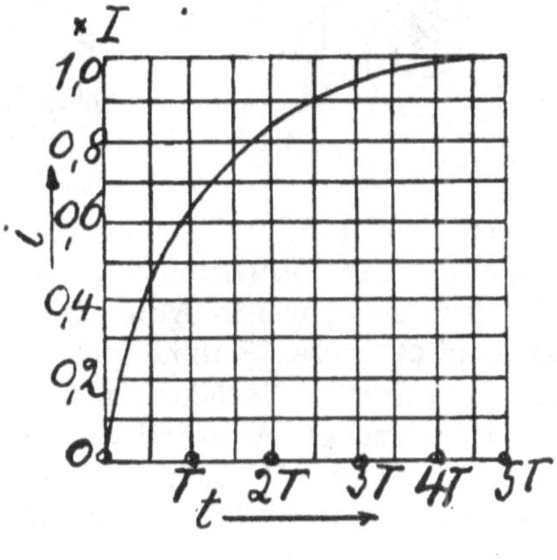

Abb. 174

Die Endwerte $i = 0$ bzw $i = I$ werden praktisch zur gleichen Zeit t zwischen 4 T und 5 T erreicht. Die Stromwerte i zur Zeit t können aus Abb. 173 bzw. 174 sofort entnommen werden je nach dem Wert von T und $e^{-\frac{t}{T}}$.

69. Gegeninduktion

Als Gegen- oder Fremdinduktion bezeichnet man die Spannungserzeugung, wenn sie hervorgerufen wird durch den Strom eines Leiters bzw. einer Windung in einem fremden Leiter bzw. einer fremden Windung.

Die Gegeninduktion tritt also auf, wenn bei relativer Ruhe zwischen den Leiteranordnungen der induzierte Fremdleiter 2 mit einem veränderlichen magnetischen Fluß des das Feld erregenden induzierenden Leiters 1 verkettet ist. So ist z. B. beim Transformator in § 66 die vom Fluß Φ der Spule 1 in der Spule 2 erzeugte Spannung e_2 eine EMK der Gegeninduktion und gemäß Abb. 165 ergibt sich für ihre Richtung: **Die EMK der Gegeninduktion ist dem zunehmenden Primärstrom entgegengerichtet, dem abnehmenden gleichgerichtet.** Ist der Strom i_1 im Leiter 1 ein Wechselstrom, dann ist die EMK der Gegeninduktion im Leiter 2 eine Wechselspannung und eilt dem Strom i_1 eine Viertel-Periode nach. Ist der Strom i_1 im Leiter 1 ein Gleichstrom, dann entsteht Gegeninduktion nur beim Ein- und Ausschalten bzw. einer Änderung nach Betrag oder Richtung des Stromes i_1 gemäß Abb. 173 und 174.

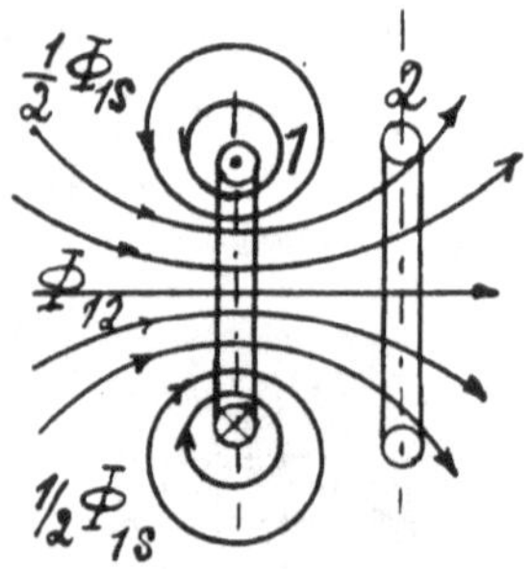

Abb. 175

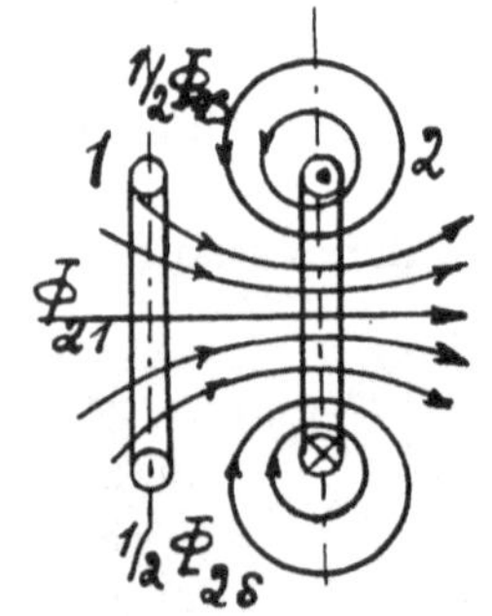

Abb. 176

Im allgemeinen geht (Abb. 175) bei der Gegeninduktion nicht der gesamte Fluß der induzierenden Spule 1 durch die Spule 2 hindurch. Der vom Strom i_1 der Spule 1 erzeugte Fluß Φ_1 ist nur mit einem Teil Φ_{12} mit Spule 2 verkettet, während der Rest Φ_{1S} als sogenannter **Streufluß** nur mit der erregenden Spule 1 selbst verkettet ist. Für die Erzeugung der gegeninduktiven EMK in Spule 2 ist also nur der Flußanteil Φ_{12} maßgebend. Dieselben Verhältnisse ergeben sich, wenn man, wie in Abb. 176, die Spule 2 durch einen Strom i_2 erregt. Das Feld Φ_2 dieses Stromes ist dann auch mit einem Anteil Φ_{21} mit der Spule 1 verkettet, welcher in dieser Spule eine Spannung e_1 der Gegeninduktion erzeugt, während der **Streufluß** Φ_{2S} nur mit der Spule 2 selbst verkettet bleibt. Bezeichnet man die Windungszahlen der Spulen entsprechend mit w_1 und w_2, dann erhält man für die in der Spule 2 erzeugte EMK e_2 und für die in Spule 1 erzeugte EMK e_1

$$e_2 = -\frac{w_2}{10^8}\frac{d\Phi_{12}}{dt} \quad \text{und} \quad e_1 = -\frac{w_1}{10^8}\frac{d\Phi_{21}}{dt}. \qquad \textbf{(202)}$$

Bei gleichen Flüssen $\Phi_{12} = \Phi_{21}$ (Transformator) sind die Spannungen e_1 und e_2 verschieden groß, wenn die Windungszahlen w_2 und w_1 verschieden groß sind. Da die Flüsse Φ_{12} und Φ_{21} beide Leiter durchsetzen, so haben ihre Felder gleichen magnetischen Leitwert Λ, so daß $\Phi_{12} = \Lambda w_1 i_1$ und $\Phi_{21} = \Lambda w_2 i_2$, womit dann, wenn Λ konstant vorausgesetzt wird,

$$\frac{d\Phi_{12}}{dt} = \Lambda w_1 \frac{di_1}{dt} \quad \text{und} \quad \frac{d\Phi_{21}}{dt} = \Lambda w_2 \frac{di_2}{dt},$$

so daß schließlich

$$e_2 = -\frac{\Lambda w_1 w_2}{10^8} \frac{di_1}{dt} \text{ und } e_1 = -\frac{\Lambda w_1 w_2}{10^8} \frac{di_2}{dt}. \tag{202a}$$

Der den beiden Gleichungen gemeinsame Ausdruck

$$M = \frac{\Lambda w_1 w_2}{10^8} = \frac{w_1 w_2 \mu \Pi_0 F}{10^8 \; l} \tag{203}$$

heißt Koeffizient der **Gegeninduktion.** Damit ergibt sich dann

$$e_2 = -M\frac{di_1}{dt} \text{ und } e_1 = -M\frac{di_2}{dt}. \tag{204}$$

Die Spannung der Gegeninduktion ist also gleich dem Produkt aus der Gegeninduktivität M und der Änderungsgeschwindigkeit $\frac{di}{dt}$ des erregenden Stromes. Die Gegeninduktivität M ist abhängig von μ und der geometrischen Beschaffenheit der Leiteranordnung, sowie proportional dem Produkt der Windungszahlen. Bei eisenlosem Feld ist $\mu = 1$ und M konstant. Für $\frac{di}{dt} = 1$ ergibt sich in beiden Gleichungen (204) e_1 bzw. $e_2 = -M$, d. h. die Gegeninduktivität zweier Leiter ist die im Fremdleiter induzierte Spannung, wenn die Stromstärke im induzierenden Leiter in einer Sekunde gleichmäßig um 1 A geändert wird. Die praktische Einheit für M ist wie bei L das Henry, als kleinere Einheiten auch 1 Millihenry (mH) $= 10^{-3}$ Henry oder 1 cm $= 10^{-9}$ Henry.

Für das eisenlose Feld ist in Gl. (203) $\frac{\Pi_0 F}{l} = \Phi_0$ der Fluß, der von einer Windung der erregenden Spule 1 beim Strom $i_1 = 1$ A erzeugt wird. Da hier der Fluß mit dem Strom proportional ist, so ist der gesamte Fluß $\Phi_{12} = w_1 i_1 \Phi_0$ und die Induktivität

$$M = \frac{w_1 w_2}{10^8} \Phi_0 \tag{205}$$

und damit die EMK durch Gegeninduktion

$$e_2 = -\frac{w_1 w_2}{10^8} \Phi_0 \frac{di_1}{dt} \text{ und } e_1 = -\frac{w_1 w_2}{10^8} \Phi_0 \frac{di_2}{dt}. \tag{206}$$

Setzt man in Gl. (203) für

$$\frac{\mu \Pi_0 F}{l} = \Lambda = \frac{\Phi_{12}}{w_1 i_1} = \frac{\Phi_{21}}{w_2 i_2},$$

dann erhält man

$$M = \frac{w_1 w_2}{10^8} \cdot \frac{\Phi_{12}}{w_1 i_1} = \frac{w_1 w_2}{10^8} \frac{\Phi_{21}}{w_2 i_2},$$

oder

$$M = \frac{w_2}{10^8} \frac{\Phi_{12}}{i_1} = \frac{w_1}{10^8} \frac{\Phi_{21}}{i_2}. \tag{207}$$

Bis jetzt wurde vorausgesetzt, daß der Fremdleiter offen sei. Es sei aber noch der Fall betrachtet, daß er durch einen Widerstand R_2 induktionsfrei belastet sei, wobei angenommen wird, daß Spule 1 der Primärleiter und

Spule 2 der Sekundärleiter ist. In Spule 1 erzeugt das vom Strom i_1 geschaffene gesamte Feld $\Phi_1 = \Phi_{12} + \Phi_{1S}$ eine Selbstinduktionsspannung e_{1L}, während das Feld Φ_{12} in Spule 2 eine Spannung e_2 der Gegeninduktion erzeugt, welche im Stromkreis der Spule 2 einen Strom i_2 hervorruft. Das von diesem Strom erregte gesamte Feld $\Phi_2 = \Phi_{21} + \Phi_{2S}$ induziert in Spule 2 eine Selbstinduktionsspannung e_{2L}, während das Feld Φ_{21} in Spule 1 eine gegeninduktive EMK e_1 hervorruft.

Bezeichnet Λ_{1s} den Leitwert des primären und Λ_{2s} den Leitwert des sekundären Streufeldes, sowie Λ den Leitwert der Felder Φ_{12} bzw. Φ_{21}, dann ergibt sich:

a) Für Spule 1:

Selbstinduktion

$$e_{1L} = -\frac{\Lambda w_1^2}{10^8}\frac{di_1}{dt} - \frac{\Lambda_{1s} w_1^2}{10^8}\frac{di_1}{dt},$$

$$e_{1L} = -\frac{(\Lambda + \Lambda_{1s}) w_1^2}{10^8}\frac{di_1}{dt} = -L_1\frac{di_1}{dt}, \tag{208}$$

wenn

$$L_1 = \frac{(\Lambda + \Lambda_{1s}) w_1^2}{10^8} \tag{208a}$$

den Selbstinduktionskoeffizienten der Spule 1 bedeutet.

Gegeninduktion:

$$e_1 = -\frac{\Lambda w_1 w_2}{10^8}\frac{di_2}{dt} = -M\frac{di_2}{dt}, \tag{209}$$

wenn

$$M = \frac{\Lambda w_1 w_2}{10^8} \tag{209a}$$

die Gegeninduktivität der beiden Spulen ist.

b) Für Spule 2 ergibt sich:

Selbstinduktion

$$e_{2L} = -\frac{\Lambda w_2^2}{10^8}\frac{di_2}{dt} - \frac{\Lambda_{2s} w_2^2}{10^8}\frac{di_2}{dt},$$

$$e_{2L} = -\frac{(\Lambda + \Lambda_{2s}) w_2^2}{10^8}\frac{di_2}{dt} = -L_2\frac{di_2}{dt}, \tag{210}$$

wenn

$$L_2 = \frac{(\Lambda + \Lambda_{2s}) w_2^2}{10^8} \tag{210a}$$

die Selbstinduktivität der Spule 2 bedeutet.

Gegeninduktion:

$$e_2 = -\frac{\Lambda w_1 w_2}{10^8}\frac{di_1}{dt} = -M\frac{di_1}{dt}, \tag{211}$$

wenn wieder M die Gegeninduktivität der Leiterkreise ist. Die Augenblickswerte der Spannungen in den beiden Leitern sind dann

$$\left.\begin{aligned} e_{\mathrm{I}} &= -\left(L_1 \frac{d i_1}{d t} + M \frac{d i_2}{d t}\right), \\ e_{\mathrm{II}} &= -\left(L_2 \frac{d i_2}{d t} + M \frac{d i_1}{d t}\right). \end{aligned}\right\} \tag{212}$$

Der betrachtete Vorgang spielt sich auch in dem sekundär geschlossenen Transformator ab, so daß für die Augenblickswerte von Primär- und Sekundärspannung die Formeln (212) gelten. Sie ergeben, daß beim sekundär geschlossenen Transformator das Verhältnis $\frac{e_{\mathrm{I}}}{e_{\mathrm{II}}}$ nicht mehr gleich dem Verhältnis $\frac{w_1}{w_2}$ der Windungszahlen ist wie beim sekundär offenen Transformator. Man erkennt ferner, daß daran nur die Streuspannungen $e_{1S} = \frac{\Lambda_{1s} w_1^2}{10^8} \frac{d i_1}{d t}$ und $e_{2S} = \frac{\Lambda_{2s} w_2^2}{10^8} \frac{d i_2}{d t}$ schuld sind. Setzt man sie gleich Null, d. h. Λ_{1S} und $\Lambda_{2S} = 0$ (streuungsloser Transformator), dann ergibt sich

$$\frac{e_{\mathrm{I}}}{e_{\mathrm{II}}} = \frac{\frac{\Lambda w_1}{10^8}\left[w_1 \frac{d i_1}{d t} + w_2 \frac{d i_2}{d t}\right]}{\frac{\Lambda w_2}{10^8}\left[w_2 \frac{d i_2}{d t} + w_1 \frac{d i_1}{d t}\right]} = \frac{w_1}{w_2}.$$

Primär- und Sekundärspannung verhalten sich dann wieder wie die Windungszahlen.

Berechnung von Gegeninduktivitäten

Ihre Berechnung kann für Spulenanordnungen mit oder ohne Eisen mit Hilfe der Gl. (203), (205) bzw. (207) erfolgen. Es soll jetzt noch die Gegeninduktivität zwischen zwei Freileitungen 1 und 2 gemäß Abb. 177 ermittelt werden. Nach Gl. (146a) in § 58 Abschnitt VI erzeugt jeder Strang der Leitung 1 beim Strom 1 A in der zweiten Leitungsmasche den Fluß

$$\frac{\Phi_0}{2} = 0{,}2l\left[\ln \frac{r_1}{a} - \ln \frac{r_2}{a}\right] = 0{,}2l \cdot \ln \frac{r_1}{r_2}.$$

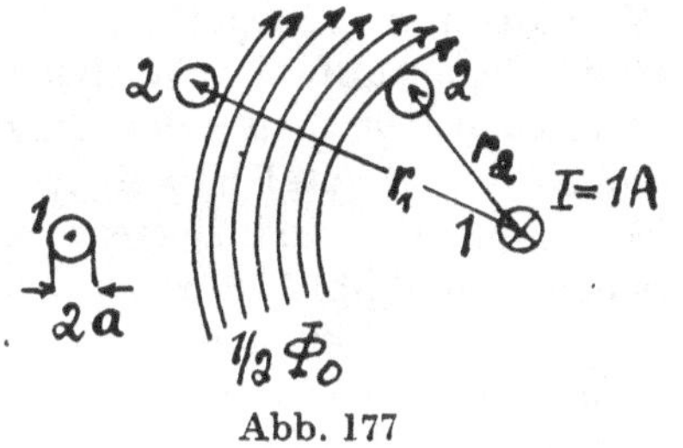

Abb. 177

Mit $w_1 = w_2 = 1$ ergibt sich dann die Gegeninduktivität zwischen den Leitungen nach Gl. (205)

$$M = \frac{\Phi_0}{10^8} = \frac{0{,}4l}{10^8} \cdot \ln \frac{r_1}{r_2}. \tag{213}$$

Die Induktivität, welche die zweite Leitung auf die erste ausübt, ist ebenso groß.

70. Wirbelströme

Eine Induktion von elektrischen Spannungen und Erzeugung von Strömen findet nicht bloß in drahtförmigen Leitern, sondern auch in scheibenförmigen oder räumlich ausgedehnten leitenden Körpern statt, wenn durch Bewegung ein Schneiden von magnetischen Feldlinien eintritt, oder wenn ruhende massive Leitermassen in einem magnetischen Feld von veränderlichem Fluß sich befinden. In solchen leitenden scheibenförmigen oder räumlich ausgedehnten Körpern ist dann durch die induzierten Spannungen Gelegenheit zur Ausbildung von flächenhaft verteilten Strömen gegeben, welche **Wirbelströme** heißen, da sie sich in dem Metallkörper wirbelartig schließen. Weil der elektrische Widerstand massiver Leitermassen sehr klein ist (insbesondere bei Kupfer und Eisen), so nehmen die Wirbelströme beachtliche Stärke an. Die Richtung der induzierten Spannungen und Ströme ergibt sich nach der Rechte-Hand- bzw. Schraubenregel. Wird z. B. eine Metallscheibe gemäß Abb. 178 zwischen den Polen eines Magneten mit der Geschwindigkeit v bewegt, dann entstehen durch Schneiden der Feldlinien von der Dichte $\mathfrak{B}$ in der Scheibe Umlaufspannungen vom Betrag $E = \frac{\mathfrak{B} l v}{10^8}$ und dementsprechende Wirbelströme I, wie eingezeichnet. Die Wirbelstromenergie verwandelt sich in Stromwärme, so daß also zum Entstehen von Wirbelströmen ein Äquivalent an mechanischer oder elektrischer Arbeit geleistet werden muß. Werden, wie im Beispiel der Abb. 178, die Wirbelströme durch Bewegung des Leiters in einem magnetischen Feld erzeugt, dann wird die äquivalente Arbeit als mechanische Arbeit von der den Leiter bewegenden Kraft geleistet. Das Feld, welches die Wirbelströme erzeugt, übt nämlich gemäß Gl. (172) nach der Linke-Hand-Regel auf die Wirbelströme und dadurch auf den damit behafteten Leiter eine der Bewegung entgegengerichtete Kraft P aus, die also überwunden werden muß. Die Wirbelströme hemmen also die Bewegung des induzierten Körpers, sie bremsen also. Während die Scheibe in Abb. 178 z. B. bei unerregten Polen eines Elektromagneten längere Zeit hin und her schwingt, kommt die Scheibe bei erregten Polen schon nach wenigen Schwingungen zur Ruhe, ja, bleibt bei einem starken Feld wie in einer zähen Masse zwischen den Polen stecken. Werden die Wirbelströme von einem Feld mit veränderlichem Fluß erzeugt in einer ruhenden Leitermasse, dann wird die Wirbelstromenergie von dem felderregenden Strom geliefert, wie z. B. bei einer Wechselstromspule mit Eisenkern. Die Wirbelströme wirken dann nach den Gesetzen der Gegeninduktion zurück auf das Feld und auf den Stromleiter des Primärstromes. Es ergibt sich dann ein Energieverlust, der vom Strom der Spule bestritten werden muß. Diese im Eisenkern bei Wechselstrom auftretenden Wirbelstromverluste durch Stromwärme bilden zusammen mit den schon früher betrachteten Hysteresisverlusten die sogenannten Eisenverluste des Eisenkernes.

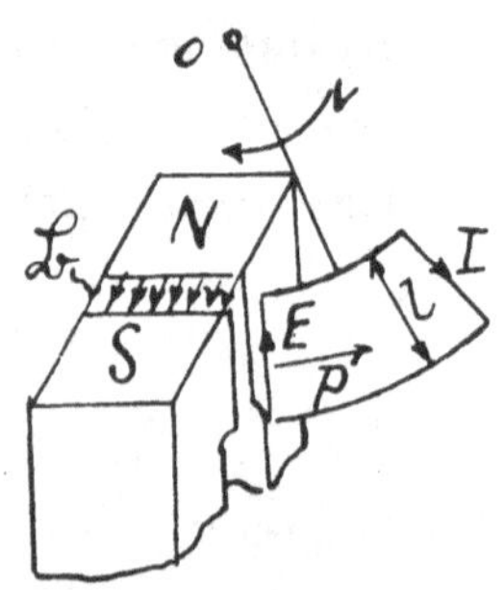

Abb. 178

Die Bremswirkung der Wirbelströme, die in einer in einem Feld bewegten Leitermasse entstehen, benutzt man zur Dämpfung der lebendigen

Kraft des beweglichen Systems des Meßwerkes von Meßinstrumenten zwecks aperiodischer Zeigereinstellung, zum Bremsen der Achsen von Elektrizitätszählern, zum Abbremsen der Leistungen kleiner Elektromotoren mit der GRAUschen Wirbelstrombremse und zum Stillsetzen schwerer, schnell laufender Schwungräder. Ferner beruhen die nur für Wechselstrom verwendbaren Induktionsinstrumente, die Elektrizitätszähler und die Differentialregulierung der Wechselstrombogenlampen auf der Wirkung der Wirbelströme.

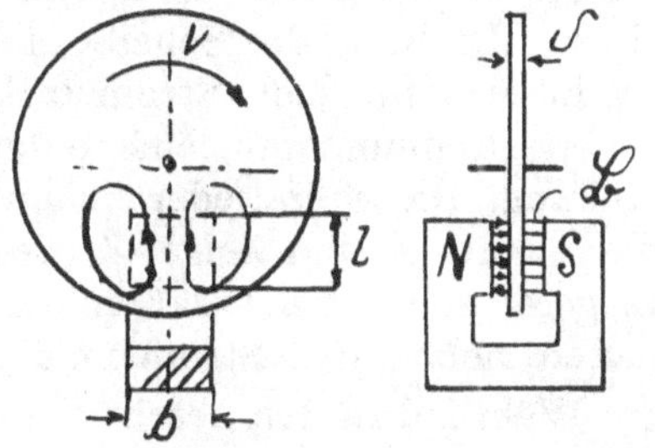

Abb. 179

Bei der Anwendung der Wirbelstrombremswirkung bewegt sich ein auf der abzubremsenden Achse sitzender scheibenförmiger Leiter (Aluminium) zwischen den Polen eines Dauer- oder Elektromagneten. Abb. 179 stellt z. B. die **Bremsscheibe** eines **Elektrizitätszählers** dar, die sich zwischen den Polen eines Dauermagneten von der Länge l und der Breite b mit der Geschwindigkeit v dreht. Bei einer Felddichte $\mathfrak{B}$ ist die in der Scheibe erzeugte EMK $E = \frac{\mathfrak{B} l v}{10^8}$ (V). Der Widerstand der Wirbelströme längs der Strombahnen der Abb. 179 ist $R = \varrho \frac{k \cdot l}{b \delta} \Omega$, wobei $k = 1,9 \ldots 2,5$ den Widerstand außerhalb der Pole berücksichtigt. Die Stärke der Wirbelströmung ist dann $I = \frac{E}{R}$ (A) und damit die Bremskraft nach Gl. (172) $P = \frac{\mathfrak{B} l I}{9810000}$ kg. Für die magnetische Dämpfung bei Meßinstrumenten verwendet man keine volle Kreisscheibe, sondern nur eine Metallscheibe in Form eines Kreissektors.

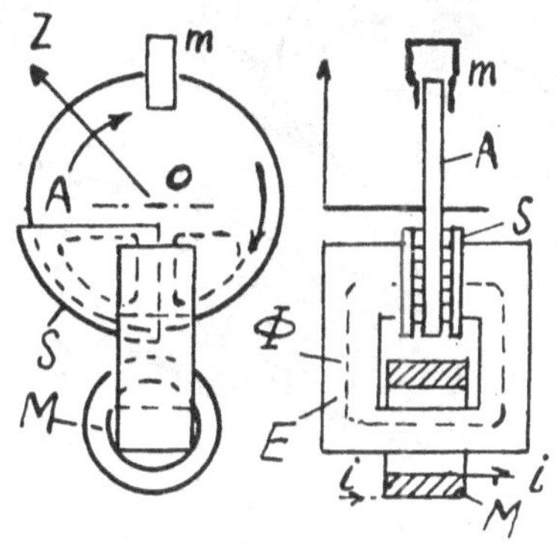

Abb. 179a

Bei den **Induktionsinstrumenten** der Scheibentype für Strom-Spannungs- und Leistungsmessung befindet sich eine um eine waagrechte Achse O drehbare Aluminiumscheibe A zwischen den Polen eines Wechselstrommagneten E (Abb. 179a). Dessen Polflächen sind zur Hälfte mit Kupferplatten S bedeckt. Wird nun der zu messende Wechselstrom i in die Magnetspule M geleitet, dann entsteht in dem Magneten E ein Wechselfluß Φ, welcher in den Platten S und in der Scheibe A Wirbelströme induziert. In der Scheibe A werden aber nur in dem Teil, der sich nicht gerade zwischen den Platten S befindet, Ströme induziert. In dem Teil der Scheibe A, der sich zwischen den Platten S befindet, werden nur sehr schwache Wirbelströme induziert, weil das Feld Φ des Magneten vom Feld der Wirbelströme der Platten *S* fast kompensiert wird. Da nun die in den Platten *S* und in der Scheibe *A* erzeugten Wirbelströme ständig parallel und gleichgerichtet sind, so erfolgt Anziehung, d. h. die Scheibe *A* dreht sich gegen die Platten *S* hin in der Pfeilrichtung, so daß ein Ausschlag des Zeigers *Z* sich ergibt. Die Vorrichtung der Abb. 179a stellt einen Elektromotor dar, da die Drehwirkung auf die Scheibe *A* eine ständige ist. Um die Vorrichtung als Strommesser zu benutzen, bringt man an der Achse *O* eine Spiralfeder an, die ein der Drehung der Scheibe *A* proportionales Gegenmoment ausübt, dann ergibt sich für jede Stromstärke, d. h. für jede Größe des auf *A* ausgeübten Drehmoments, eine entsprechende Gleichgewichtslage und Zeigerstellung. Die Spiralfeder bringt dann auch beim Abschalten des Stromes die Scheibe *A* und Zeiger *Z* wieder in die Nullage zurück. Die aperiodische Zeigereinstellung bewirkt ein permanenter Dämpfmagnet *m*. **Leistungsmesser** haben neben der Stromspule noch eine entsprechende Spannungsspule.

Während in den beschriebenen Beispielen die Wirbelströme eine nützliche Verwendung fanden, findet in anderen Fällen ein unbeabsichtigtes und infolge der Wärmeentwicklung und des Energieverbrauchs schädliches Auftreten der Wirbelströme statt. Das ist z. B. der Fall bei den in einem Gleichstrommagnetsystem sich drehenden eisernen Ankern der Gleichstromerzeuger, bei den stillstehenden, dem wechselnden Feld des rotierenden Magnetsystems ausgesetzten eisernen Ankern der Wechselstromerzeuger, sowie bei allen Wechselstromapparaten, die Eisenkerne enthalten, wie Elektromagneten, Transformatoren usw. Da man in allen diesen Fällen die Entstehung der Wirbelströme im Eisen nicht vermeiden kann, so muß man darauf bedacht sein, die Stärke der Wirbelströme möglichst klein zu halten. Das geschieht dadurch, daß man den Weg der Wirbelströme möglichst oft durchschneidet, indem man die Ankerkörper bzw. Eisenkerne nicht massiv ausführt, sondern aus einzelnen untereinander isolierten Blechen aufbaut, sie also lamelliert herstellt. Da die Schnittebenen, d. h. die Fugen der Bleche, also senkrecht zu den Stromflächen der Wirbelströme sein müssen und diese wieder senkrecht zu den magnetischen Feldlinien sind, so müssen die Blechfugen parallel mit den magnetischen Feldlinien laufen. Der Anker einer Gleichstrommaschine muß also gemäß Abb. 180a,

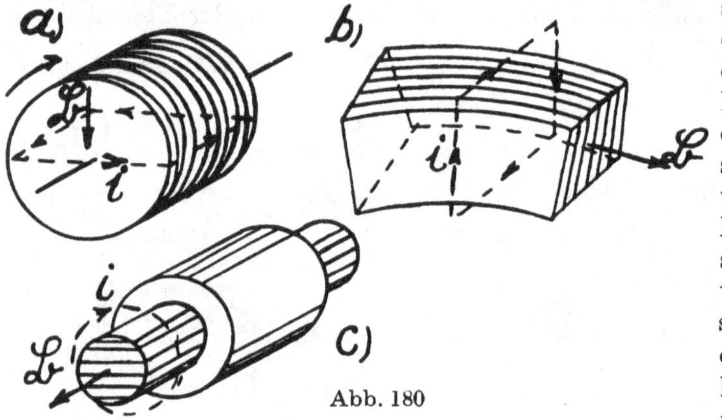

Abb. 180

der einer Wechselstrommaschine, sowie der Eisenkern eines Transformators und Elektromagneten nach Abb. 180b und der Eisenkern einer Spule nach Abb. 180c lamelliert werden. Die Stromflächen der Wirbelströme sind gestrichelt gezeichnet und die Wirbelstromrichtung i gilt für Zunahme der eingezeichneten Induktion $\mathfrak{B}$ gemäß der Schraubenregel. Spulenträger schneidet man, wenn sie aus Metall sind, parallel zu den Feldlinien auf, oder verfertigt sie aus Isolierstoff (Preßspan).

Die Berechnung der Wirbelstromverluste in einem aus Blechen zusammengesetzten Eisenkörper ist deshalb von besonderer Bedeutung. Abb. 181 stellt ein Blech von der Dicke δ cm dar, welches durch die parallel zu seinen Fugen gerichtete Induktion $\mathfrak{B}$ einer wechselnden Magnetisierung ausgesetzt ist.

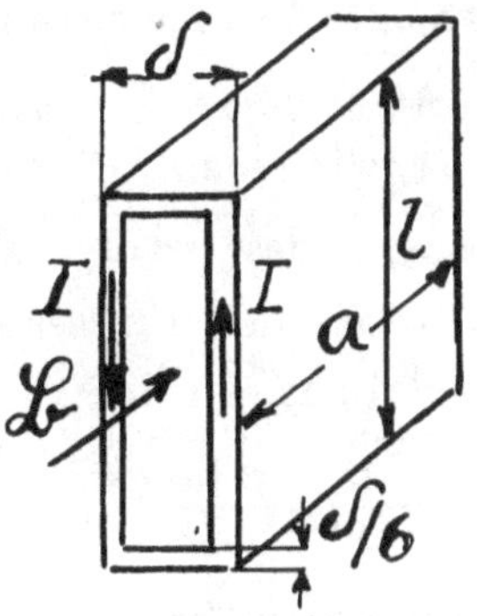

Abb. 181

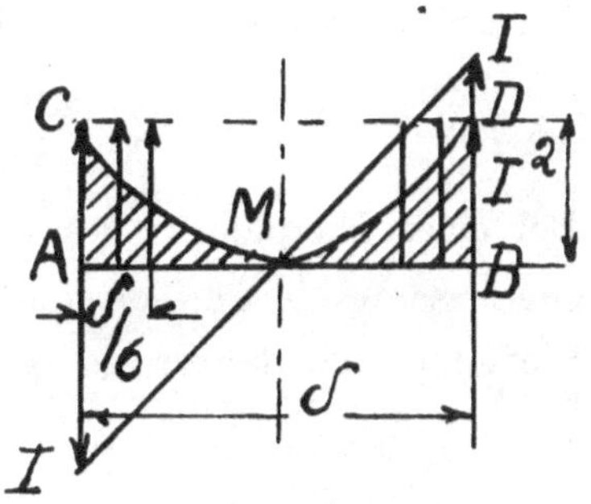

Abb. 181a

Die induzierten Wirbelströme i haben daher bei einer Zunahme von $\mathfrak{B}$ die gezeichnete Richtung, bei der Abnahme von $\mathfrak{B}$ die entgegengesetzte Richtung. Beim Richtungswechsel von $\mathfrak{B}$ gelten die umgekehrten Richtungen von i, so daß gemäß Abb. 157 die Wirbelströme bei einer vollständigen Ummagnetisierung eine volle Welle durchlaufen. Bei der maximalen Induktion $\overline{\mathfrak{B}}$ beträgt der größte Fluß im Blech $\overline{\Phi} = \overline{\mathfrak{B}} l \delta$. Steigt dieser Fluß in t Sekunden gleichmäßig auf diesen Höchstwert $\overline{\Phi}$, dann entsteht in der Umrandung des Bleches die EMK

$$E = \frac{\overline{\Phi}}{10^8 \cdot t} = \frac{\overline{\mathfrak{B}} l \delta}{10^8 \cdot t},$$

welche im Blech Wirbelströme erzeugt. Die Verteilung dieser Wirbelströme auf die Blechdicke δ ist so, wie die gerade Linie in Abb. 181a angibt, d. h. die Wirbelströme sind am Rande am größten und in der Blechmitte gleich Null, weil der von den Stromfäden umrandete Fluß nach der Mitte zu gleichmäßig abnimmt. Die Wärmeleistung N_w der Wirbelströme ist nach Gl. (68a) proportional mit dem Quadrat der Wirbelströme. Die Verteilung der Wärmeleistung N_w über die Blechdicke δ erfolgt demnach gemäß der Parabel in Abb. 181a. Nun ist die Fläche CMD der Parabel $\frac{2}{3}\delta I^2$ und daher die schraffierte Fläche zwischen der Parabel und der Linie AB gleich $\delta I^2 - \frac{2}{3}\delta I^2 = \frac{\delta I^2}{3}$. Man erhält also den Wert der Wärmeleistung der Wirbelströme, wenn man annimmt, daß der Maximalwert I der Ströme auf jeder Blechseite nur in einer Breite $\frac{\delta}{6}$ auftritt. Unter dieser Annahme kann man dann die Länge der Strombahn zu $2\,l$ cm und den Querschnitt zu $\frac{a\delta}{6}$ cm² setzen, so daß der Widerstand, den die Wirbelströme im Blech erfahren, sich ergibt zu

$$R = \varrho \frac{0{,}02\,l \cdot 6}{100\,a\,\delta} = \varrho \frac{12\,l}{10^4\,a\,\delta}\,\Omega\,.$$

Die durch die Wirbelströme erzeugte Wärmeleistung ist dann

$$N_w = I^2 R = \frac{E^2}{R} = \frac{\mathfrak{B}^2 l^2 \delta^2}{10^{16} \cdot t^2} \cdot \frac{10^4 a\,\delta}{12\,l\,\varrho} = \frac{1}{10^{12} \cdot 12} \cdot \frac{\mathfrak{B}^2 l\,a\,\delta^3}{t^2 \varrho}\,. \tag{214}$$

Bei einer Frequenz f des Wechselfeldes beträgt die Dauer einer Ummagnetisierung $\frac{1}{f}$ und da der Anstieg des Flusses Φ nach Abb. 157 eine Viertelperiode dauert, so ist $t = 1 : 4f$, so daß

$$N_w = \frac{4}{3 \cdot 10^{12}} \cdot \frac{\mathfrak{B}^2 l\,a\,\delta^3 f^2}{\varrho}\,. \tag{214a}$$

$\frac{\gamma\,l\,a\,\delta}{10^3} = G$ ist das Gewicht des Bleches in kg, wodurch $l\,a\,\delta = 10^3 \cdot G/\gamma$ und

$$N_w = \frac{4\,G}{3 \cdot 10^9 \varrho\,\gamma} (\mathfrak{B}\,\delta\,f)^2 \text{ in W}. \tag{214b}$$

Die Bleche eines lamellierten Eisenkerns erfahren also eine dauernde Erwärmung, die für die Maschinen und Apparate einen Leistungsverlust bedeutet. Die Gl. (214b) zeigt, daß die Wirbelstromverluste um so kleiner werden, je kleiner die Blechdicke δ und je höher der spezifische elektrische Widerstand ϱ ist; deshalb wählt man die Blechstärke zwischen 0,35 und 0,5 mm und verwendet statt normalem Dynamoblech sogenanntes legiertes Blech, d. h. siliziumhaltiges Blech, welches einen höheren spezifischen Widerstand besitzt, z. B. hochlegiertes Blech mit einem 4 bis 5 mal größeren Widerstand als normales Dynamoblech. Bei sehr hoher Frequenz verwendet man zur Verringerung der Wirbelstromverluste statt lamellierter Blechkerne sogenannte Massekerne aus feinem Eisenpulver, dessen Teilchen durch Isolierlack voneinander isoliert sind. Diese Massekerne haben aber einen großen magnetischen Widerstand und erfordern also zur Erzeugung eines Flusses eine höhere Durchflutung.

Die Gl. (214b) ist für gleichförmige Änderung des Flusses Φ abgeleitet. Bei sinusförmiger Flußänderung sind die Verluste um 25% höher. Für $\varrho = 0{,}1$ und $\gamma = 7{,}85$ bei normalem Dynamoblech ergibt sich in Watt

$$N_w = 1{,}4 \left(\frac{\mathfrak{B}}{10000} \cdot \frac{\delta}{0{,}5}\,\frac{f}{50}\right)^2 G\,, \tag{215}$$

wenn $\mathfrak{B}$ die maximale Induktion in G, δ die Blechdicke in mm, f die Frequenz und G das Eisengewicht in kg bedeuten.

Die Wirbelstromverluste für 1 kg Gewicht bei $\mathfrak{B} = 10000$ G, $f = 50/\text{s}$ und $\delta = 0{,}5$ mm heißt die **Verlustziffer** für Wirbelströme und beträgt laut Gl. (215) für normales Dynamoblech

$$v_w = 1{,}4 \text{ W/kg}.$$

Das magnetische Feld der Wirbelströme wirkt dem sie erzeugenden Fluß Φ entgegen und hat deshalb auf die Bleche einen entmagnetisierenden Einfluß. Dabei erfährt das Innere der Bleche die stärkste Entmagnetisierung, weil auf das Innere alle Wirbelströme wirken, während die Randfasern keine Beeinflussung erleiden, so daß der Fluß Φ hauptsächlich nur am Rand sich durchsetzen kann. Diese Erscheinung (SKINeffekt) ist bei dicken Blechen und hoher Frequenz ziemlich stark.

Die in wechselstromdurchflossenen Leitern erzeugten Wirbelströme und ihre Wirkung werden in Abschnitt IX, § 82 behandelt.

VIII. Abschnitt

Das elektrische Feld

Das elektrische Feld tritt in zweierlei Form in Erscheinung: Einmal als ein als Wirbelfeld bezeichnetes Strömungsfeld in Leitern, wie es in Abschnitt II im Stromkreis aufgetreten ist, und zum andern als ein wirbelfreies elektrostatisches Feld in Isolatoren, welches in Abschnitt I schon zum Teil behandelt wurde. Beide Arten des elektrischen Feldes haben als Ursachen elektrische Ladungen Q bzw. Potentialdifferenzen oder Spannungen U. Der Unterschied besteht aber darin, daß beim Strömungsfeld die Feldlinien geschlossene Linien sind, längs denen elektrische Ladungen herumgetrieben werden (daher Wirbelfeld), während beim elektrostatischen Feld die Feldlinien an den Ladungen Anfang und Ende haben und im Isolator elektrische Ladungen nur aus ihrer Gleichsgewichtslage etwas verschoben werden (daher wirbelfreies Feld).

In beiden Fällen ist die die Elektronenbewegung bewirkende **Kraft** die elektrische Feldstärke $\mathfrak{E}$. Für das Strömungsfeld in Leitern ist dann die Randspannung $E = \oint \mathfrak{E} \cdot dl \neq 0$, für das elektrostatische Feld in Isolatoren ist dagegen für jede geschlossene Linie $\oint \mathfrak{E}_l \cdot dl = 0$, wie früher schon nachgewiesen wurde. Es sei in diesem Zusammenhang daran erinnert, daß nach § 65 am Rande eines veränderlichen magnetischen Flusses in einem Isolator ein elektrostatisches Wechselfeld mit einer Wirbel-EMK entsteht, weil $e = \oint \mathfrak{E}_l \cdot dl \neq 0$ ist. Dieses Feld kann aber nicht als Wirbelfeld bezeichnet werden, weil die Elektronen nicht auf den geschlossenen Feldlinien herumgetrieben, sondern im Isolator nur aus den Gleichgewichtslagen abwechselnd nach entgegengesetzten Richtungen etwas verschoben werden, weshalb man hier von einem elektrodynamischen Feld spricht.

71. Elektrisches Strömungsfeld in Leitern

Bei einem stromdurchflossenen Leiter, der homogen ist und durchgehend konstanten Querschnitt besitzt, sind die einzelnen Stromfäden, d. h. Elektronenbahnen oder Feldlinien, an allen Stellen im Innern des Leiters, sofern er gerad ist, geradlinig und parallel, im allgemeinen äquidistant und von gleicher Dichte. Man hat es mit einem homogenen Feld oder einer laminaren Strömung zu tun. Bei einer Änderung des Leiterquerschnitts wird an der Übergangsstelle die Strömung nicht laminar. In dem neuen Querschnitt nach der Übergangsstelle tritt dann aber wieder eine laminare Strömung auf, da die Stromstärke in einem unverzweigten Leiter konstant ist. Weil die Verteilung der Stromfäden auf den neuen Querschnitt wieder gleichmäßig erfolgt, so ist die Dichte der Linien jetzt eine andere, bei einem größeren Querschnitt kleiner, bei einem kleineren Querschnitt größer. Die Dichte der Stromfäden, d. h. die Dichte der Stromstärke I in einem Leiter vom Querschnitt q mm², ist nach früherem die Stromdichte $j = \frac{I}{q}$. Sie hat also in verschiedenen Querschnitten verschiedene Größe und an den Übergangsstellen auch verschiedene Richtung. Die Stromdichte ist also eine gerichtete Größe oder ein Vektor und wird mit dem Buchstaben j bezeichnet. Im inhomogenen Feld, wo sich die Stromdichte von Punkt zu Punkt des Feldes ändert, ergibt sich die Stromdichte in einem bestimmten Punkt des Leiters zu

$$j = \frac{dI}{dq} \tag{216}$$

und damit die Stromstärke

$$I = \int j \cdot dq, \tag{216a}$$

wenn q die Querschnittsfläche senkrecht zur Richtung der Strombahnen bedeutet.

Fließt z. B. ein Strom I durch eine Scheibe von konstanter Stärke s (Abb. 182) vom inneren zum äußeren Zylinder, dann ist die Stromdichte an der Stelle A

$$j = \frac{I}{2r\pi s}.$$

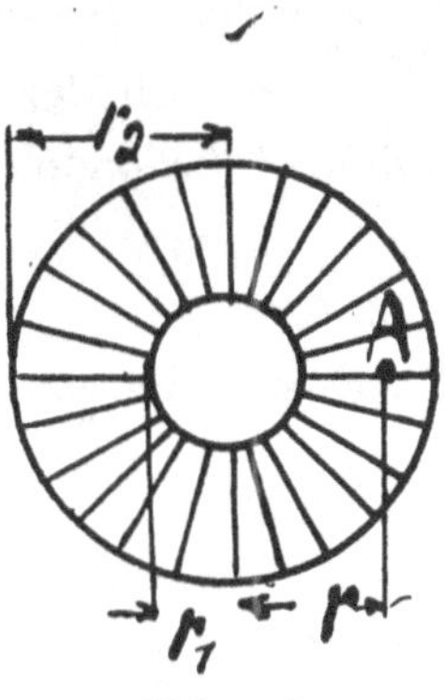

Abb. 182

Der Abstand der Stromlinien gibt also ein Maß für die Stromdichte j und da das Feld durch das Verhalten der Stromdichte bestimmt ist, so kann man das Strömungsfeld auch als ein Feld der Stromdichte j bezeichnen. Gemäß den Ausführungen in § 9 Abschnitt II wird die Stromstärke I in einem Leiter verursacht durch die zwischen den Enden des Leiters herrschende elektrische Spannung U und nach Gl. (16) ist in einem homogenen Leiter von konstanter elektrischer Raumdichte σ der freien Elektronen und durchgehend gleichem Querschnitt q die Geschwindigkeit $v = \frac{j}{\sigma}$ der Elektronen konstant und damit auch nach Gl. (14) die Stromstärke $I = \sigma q v$ auf die ganze Länge l des Leiters. Die Elektronen bewegen sich also gleichförmig, woraus sich in § 9 ergab, daß die sie treibende Kraft ebenfalls konstant und gleich dem den Elektronen gebotenen Reibungswiderstand W ist. Die Kraft auf die Einheitsladung 1 As (Coulomb) der Elektronen, gleichbedeutend mit der elektrischen Spannung je Längeneinheit $U : l$, ist die elektrische Feldstärke $\mathfrak{E}$. Es ergab sich dann für den Zusammenhang zwischen $\mathfrak{E}$, U und ϱ im homogenen Strömungsfeld nach Gl. (22) und (22a)

$$\mathfrak{E} = \frac{U}{l} = \varrho j\,. \tag{216b}$$

Im nichthomogenen Strömungsfeld ist für ein Leiterstück von der Länge dl

$$\mathfrak{E} = \frac{dU}{dl} = dj\,. \tag{216c}$$

Die elektrische Feldstärke $\mathfrak{E}$ ist also gleich dem Produkt aus spez. Widerstand ϱ und Stromdichte j.

Für die Stromdichte folgt

$$j = \frac{1}{\varrho}\,\mathfrak{E} = k \cdot \mathfrak{E}\,. \tag{216d}$$

Die Stromdichte j ist gleich dem Produkt aus Leitfähigkeit k und elektrischer Feldstärke $\mathfrak{E}$.

Vergleicht man die Gl. (216b) und (216d) mit den Gl. (24a) und (24) des § 12, dann ergibt sich, daß an Stelle von I, R und U jetzt j, ϱ und $\mathfrak{E}$, d. h. lauter entsprechende spezifische Größen treten. Während also das Ohmsche Gesetz der Gl. (24) für einen ganzen Leiter bzw. einen ganzen Stromkreis Gültigkeit hat, bezieht sich das in den Gl. (216) zum Ausdruck kommende Gesetz auf eine bestimmte Stelle der Strömung und ist deshalb auch im inhomogenen Feld gültig, also auch im Isolator mit sehr großem Wert von ϱ oder sehr kleinem von k. Und gerade für diesen Fall gestatten die Gl. (216) eine einfache Berechnung.

Besteht z. B. die Scheibe der Abb. 182 aus einem Isolator mit $\varrho = 10^{11}\,\frac{\Omega\,\mathrm{mm}^2}{\mathrm{m}}$ und soll der durch eine Spannung U kV vom inneren zum äußeren Zylinder fließende Strom I berechnet werden, dann ergibt sich

$$j = \frac{I}{2r\pi s} \quad \text{und} \quad \mathfrak{E} = \varrho j = \varrho\,\frac{I}{2r\pi s}\,.$$

Da es sich um ein inhomogenes Feld handelt, ist gemäß Gl. (216c)

$$U = \frac{1}{10^3}\int \mathfrak{E} \cdot dr = \frac{\varrho}{10^3}\,\frac{I}{2\pi s}\int\limits_{r_1}^{r_2}\frac{dr}{r} = \frac{\varrho}{10^3}\,\frac{I}{2\pi s}\cdot \ln\frac{r_2}{r_1}$$

und damit

$$I = \frac{U \cdot 10^3\, 2\pi s}{\varrho \cdot \ln\dfrac{r_2}{r_1}}\,.$$

Die Strömungslinien des durch die Spannung U bzw. Feldstärke $\mathfrak{E}$ erzeugten Feldes können bei konstantem ϱ sowohl als Feldlinien der Stromdichte j, als auch der Feldstärke $\mathfrak{E} = \varrho j$ betrachtet werden, da j und $\mathfrak{E}$ einander proportional sind und gleiche Richtung haben. Der Abstand der Linien steht dann im umgekehrten Verhältnis zu den Beträgen von j und $\mathfrak{E}$.

72. Elektrostatisches Feld in Isolatoren

Eine Gleichstromquelle G sei durch Leitungen mit zwei Metallplatten verbunden, die sich in einem Abstand d voneinander befinden. Der Stoff zwischen den Platten sei ein guter Isolator. In den Zuleitungen fließt dann kein Strom und es findet kein Spannungsabfall statt, so daß zwischen den Platten die Generatorspannung U herrscht. Beim Anschließen der Platten werden — für eine ganz kurze Zeit allerdings — durch den Druck der Generatorspannung der mit dem —-Pol verbundenen Platte ebensoviel Elektronen zugeführt, wie sie der mit dem +-Pol verbundenen Platte entzogen werden. Das bedeutet aber, daß die mit dem —-Pol des Generators verbundene Platte eine negative elektrische Ladung Q und die mit dem +-Pol des Generators verbundene Platte eine gleichgroße positive elektrische Ladung erhält. Während dieses Ladevorgangs fließt also in den Zuleitungen vorübergehend ein kurzer Strom. Er dauert aber nur so lange, bis die Platten diejenige Ladung Q aufgenommen haben, die ihnen entsprechend ihrer Kapazität Potentiale erteilt, die eine Spannung zwischen den Platten ergeben, die der Generatorspannung das Gleichgewicht hält. Denn Abb. 183 zeigt, daß zwischen den Platten und dem Generator eine Parallelschaltung vorliegt, wodurch Plattenspannung und Generatorspannung einander entgegenwirken. Die Spannung U zwischen den Platten und die Ladungen Q bleiben infolgedessen auch noch bestehen, wenn man die Platten von der Stromquelle trennt. Verbindet man aber dann die Platten durch einen leitenden Draht, dann veranlaßt die Spannung U zwischen den Platten durch den Draht hindurch einen Stromstoß von der negativ geladenen Platte zur positiv geladenen, also in entgegengesetzter Richtung wie beim Anschluß der Platten. Sie entladen sich und die Ladungen gleichen sich aus, so daß beide Platten wieder unelektrisch werden.

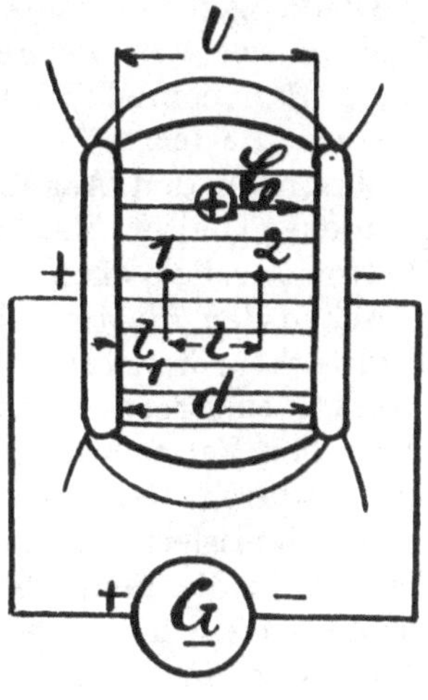

Abb. 183

Ist nun Q in As (Coulomb) die Ladung auf einer der Platten und U in Volt die Spannung zwischen den Platten, dann bezeichnet man analog Gl. (11)

$$C = \frac{Q}{U} \qquad \textbf{(217)}$$

als die **Kapazität** der Anordnung, weil, wie die Erfahrung zeigt, Q mit U proportional ist und daher für eine bestimmte Anordnung der Quotient $\frac{Q}{U}$ konstanten Wert hat. Die Einheit von C ist das Farad (§ 11). Für die Ladung Q einer Platte ergibt sich dann

$$Q = C\,U. \qquad \textbf{(217a)}$$

Gl. (217a) zeigt, daß die Platten bei einer gegebenen Spannung U eine um so größere Ladung Q aufnehmen können, je größer die Kapazität C ist. C stellt also das Fassungsvermögen der Anordnung für Elektrizitätsmengen dar. Die Anordnung der Abb. 183 heißt ein **Kondensator** und die Platten werden Belegungen genannt. Je nach ihrer Gestalt unterscheidet man Platten-, Zylinder- und Kugelkondensatoren.

Bringt man in den Raum zwischen den Platten eine mit einer elektrischen Ladung versehene Metall- oder Holundermarkkugel, dann wird sie von der einen Platte angezogen und von der anderen abgestoßen, es findet also eine Elektronenbewegung statt, und da als Ursache einer solchen eine Feldstärke vorhanden sein muß, so folgt, daß zwischen den Platten ein elektrisches Feld besteht. Da der Raum zwischen den Platten aber mit einem Isolator ausgefüllt ist und also die Valenzelektronen seiner Atome nur auf ihren Bahnen um den Atomkern abgelenkt, d. h. aus ihren Gleichgewichtslagen verschoben werden können, so ist das Feld ein **wirbelfreies Feld,** in welchem die Feldstärke $\mathfrak{E}$ nur einen Spannungszustand erzeugen kann. Man nennt die strömungslosen Felder in Isolatoren daher **elektrostatische Felder.**

Da nach den Ausführungen in § 6, Abschnitt I von einem elektrisch geladenen Leiter die Feldlinien senkrecht in den Raum gehen und die Platten parallele ebene Flächen sind, so folgt, daß die Feldlinien im Isolator zwischen den Platten alle parallel sind und daß ihre Dichte und damit die Feldstärke $\mathfrak{E}$ konstant sind. Das von der Spannung U zwischen den Platten erzeugte elektrostatische Feld ist also homogen. Diese Tatsache kann man durch den Versuch nachweisen entweder mit einem geladenen Probekörper oder dadurch, daß man die Feldlinien sichtbar macht, indem man in das Feld pulverisierte Körper wie Glaswolle, Gips oder Bärlappsamen bringt, die sich in die Feldrichtung einstellen. Sie geht von der positiven Platte zur negativen, da ein positiv geladener Probekörper sich von der positiven Platte weg zur negativen hinbewegt. Diese Richtung ist dann auch die der Feldstärke $\mathfrak{E}$ (Abb. 183). Die Größe der Feldstärke ergibt sich aus der Homogenität des Feldes zu

$$\mathfrak{E} = \frac{U}{d}. \qquad \textbf{(218)}$$

Dadurch kann man Spannungen zwischen zwei Punkten des Feldes berechnen. So herrscht z. B. zwischen den Punkten 1 und 2 der Abb. 183 die Spannung $U_{12} = \mathfrak{E} \cdot l$, wobei nach Gl. (218) $\mathfrak{E} = \frac{U}{d}$. Es ergeben sich dadurch auch die Spannungen zwischen einer der Platten und den Feldpunkten. So hat Punkt 1 gegen die positive Platte eine Spannung $U_1 = \mathfrak{E} \cdot l_1$ und Punkt 2: $U_2 = \mathfrak{E}(l_1 + l)$. Auf gleiche Weise ergeben sich die Spannungen gegen die negative Platte. **Eine graphische Darstellung von diesen Spannungen** ergibt sich, wenn man ins Feld **Potentiallinien** (§ 4 und 5) einzeichnet. Für den Plattenkondensator der Abb. 183 sind die Potentiallinien Parallele zu den Platten, wie in Abb. 184 gestrichelt gezeichnet, da nach § 4 die

Potentiallinien senkrecht auf den Feldlinien stehen. Herrscht zwischen den Platten eine Spannung U und sind z. B. in Abb. 184 fünf Potentiallinien gezeichnet, dann ist die Spannung zwischen zweien derselben $\frac{U}{6}$. Dadurch läßt sich die Spannung an irgendeinem Punkt des Feldes aus der Zeichnung bestimmen. Wegen des überall senkrechten Schnittes zwischen Feldlinien und Potentialflächen sind beim Zylinderkondensator die Potentialflächen konachsiale Zylinderflächen und die Potentiallinien konzentrische Kreise. Beim Kugelkondensator sind die Potentialflächen konzentrische Kugelflächen und die Potentiallinien konzentrische Kreise.

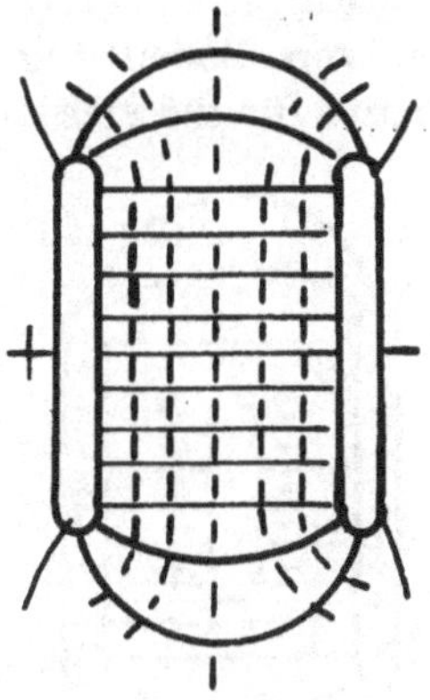

Abb. 184

Die Abb. 183 und 184 stellen einen Plattenkondensator dar und Gl. (218) gibt die konstante Feldstärke $\mathfrak{E}$ im homogenen Feld dieses Kondensators. Beim **Zylinderkondensator** ist eine Anordnung der Belegungen wie in Abb. 182 vorhanden. Infolge des radialen Verlaufs der Feldlinien zwischen den Zylinderflächen der Belegungen mit den Radien r_1 und r_2 ist das Feld inhomogen und die Feldstärke $\mathfrak{E}$ nur auf Potential-Kreislinien konstant, in radialer Richtung aber veränderlich. Es gilt also hier die Gl. (216c) $\mathfrak{E} = \frac{dU}{dr}$ oder $U = \int \mathfrak{E}\, dr$. Bedeutet $\mathfrak{E}$ die Feldstärke im Punkt A der Abb. 182 und $\mathfrak{E}_1$ an der inneren Zylinderfläche, dann ist, da der Abstand der Feldlinien ein Maß für die Größe der Feldstärke darstellt, $\mathfrak{E} : \mathfrak{E}_1 = r_1 : r$, also $\mathfrak{E} = \mathfrak{E}_1 \frac{r_1}{r}$ und die Spannung im Punkt A

$$U_A = \int_{r_1}^{r} \mathfrak{E}\, dr = \int_{r_1}^{r} \mathfrak{E}_1 \frac{r_1}{r}\, dr = \mathfrak{E}_1 r_1 \int_{r_1}^{r} \frac{dr}{r}$$

$$U_A = \mathfrak{E}_1 r_1 \cdot \ln \frac{r}{r_1}. \qquad \textbf{(219)}$$

Setzt man $r = r_2$, dann ergibt sich die Gesamtspannung U zwischen den Zylinderflächen

$$U = \mathfrak{E}_1 r_1 \cdot \ln \frac{r_2}{r_1} \qquad \textbf{(219a)}$$

und daraus die Feldstärke an der inneren Zylinderfläche

$$\mathfrak{E}_1 = \frac{U}{r_1 \cdot \ln \frac{r_2}{r_1}}. \qquad \textbf{(219b)}$$

Diese Feldstärke ist beim Zylinderkondensator die höchst auftretende und für den Durchschlag des Isolators maßgebend. Aus $\mathfrak{E} = \mathfrak{E}_1 \frac{r_1}{r}$ folgt dann die Feldstärke im Punkt A

$$\mathfrak{E} = \frac{U}{r \cdot \ln \frac{r_2}{r_1}}. \qquad \textbf{(219c)}$$

73. Elektrische Verschiebung und Verschiebungsfluß

Für das Verständnis der Vorgänge im Isolierstoff des Kondensators ist von Bedeutung die Erscheinung der **Influenzelektrisierung,** die aber heute für die elektrische Energieerzeugung keine Rolle mehr spielt. Bringt man in ein elektrisches Feld, z. B. eines Kondensators der Abb. 185, einen isoliert befestigten unelektrischen metallischen Körper, so zeigt sich, daß seine beiden, den Belegungen zugekehrten Seiten elektrische Ladungen besitzen und zwar die zu den Belegungen ungleichnamigen Ladungen, die, wie man sagt, **influenziert** worden sind. Die Erklärung ergibt sich dadurch, daß die Feldstärke die Elektronen des Metallkörpers entgegengesetzt zu der im Sprachgebrauch festgesetzten Feldrichtung (Abb. 183) bewegt, also in Abb. 185 von rechts nach links. Dadurch erhält die rechte Seite des im Feld befindlichen Metallkörpers zu wenig Elektronen, also eine positive Ladung, die linke Seite zuviel Elektronen, d. h. eine negative Ladung. In gleicher Weise werden beim Laden des Kondensators die Valenzelektronen der Isolierstoffatome um kleine Beträge aus ihren Bahnen abgelenkt, ohne das Atomgefüge durchbrechen zu können. Beim Entladen des Kondensators gehen dann infolge des herrschenden Spannungszustandes die Elektronen wieder in ihre Ausgangsstellungen zurück. Diese während der Ladung und Entladung auftretenden kleinen Bewegungen der Elektronen nennt man **dielektrische Verschiebung.** Liegt der Kondensator an einer Wechselspannung, dann findet ein wechselseitiges Auf- und Entladen der Belegungen statt, wobei diese ständig ihre Polarität ändern. Das hat zur Folge, daß in den Zuleitungen ein meßbarer Wechselstrom fließt und im Dielektrikum des Kondensators ein elektrisches Wechselfeld erzeugt wird, welches die Elektronen der Isolierstoffatome entsprechend der Größe und Richtung der Spannung abwechselnd nach entgegengesetzten Richtungen verschiebt.

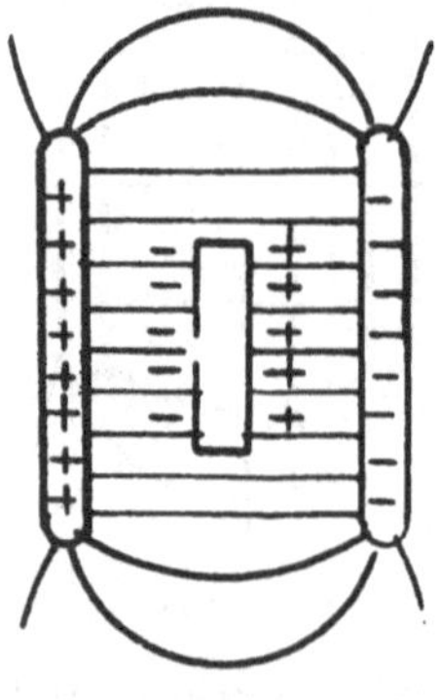

Abb. 185

Es handelt sich nun um die Ermittlung der Größe der im Dielektrikum des Kondensators verschobenen Elektrizitätsmenge. Sie hängt von der Feldstärke $\mathfrak{E}$ bzw. der Spannung U ab. Ferner aber, wie Versuche ergeben, ist die gesuchte Größe wesentlich auch von der Art des Isolierstoffs abhängig. Diese neue Feldgröße soll die je Flächeneinheit im Dielektrikum verschobene Elektronenelektrizitätsmenge darstellen und wird elektrische **Verschiebung** genannt und, da sie ein Vektor ist, mit $\mathfrak{D}$ bezeichnet. Die Einheit der elektrischen Verschiebung $\mathfrak{D}$ ist also $\frac{\text{Coulomb}}{\text{cm}^2} = \frac{\text{As}}{\text{cm}^2}$. $\mathfrak{D}$ ist eine spezifische Größe wie $\mathfrak{E}$, oder $\mathfrak{B}$ und $\mathfrak{H}$ im magnetischen Feld. Die gesamte in einer zur Feldrichtung senkrechten Fläche F verschobene oder auch influenzierte Elektrizitätsmenge ist mit Hilfe der elektrischen Verschiebung $\mathfrak{D}$

$$Q_e = \mathfrak{D} \cdot F \tag{220}$$

in C oder As. Für ein inhomogenes Feld, wo $\mathfrak{D}$ innerhalb der Fläche F veränderlich, also gleich

$$\mathfrak{D} = \frac{dQ_e}{dF} \tag{220a}$$

ist, ergibt sich

$$Q_e = \int \mathfrak{D} \cdot dF. \tag{220b}$$

Da der Ausdruck auf der rechten Seite der Gl. (220b) dieselbe Form hat wie der für den magnetischen Fluß, so bezeichnet man

$$Q_e = \int \mathfrak{D} \cdot dF = \Phi_e \tag{220c}$$

als elektrischen Fluß oder **Verschiebungsfluß.** (Er ist nicht zu verwechseln mit dem manchmal in der Literatur vorkommenden elektrischen Kraftfluß $\Psi = \int (\mathfrak{E} \cdot dF)$. Der Gl. (220c) kann man ganz allgemeine Bedeutung geben, da man $\int \mathfrak{D} \cdot dF$ auf eine geschlossene, eine Ladung Q ganz einschließende Fläche F ausdehnen kann, wodurch sich der Gausssche Satz ergibt

$$Q = \oint \mathfrak{D} \cdot dF, \tag{220d}$$

wobei dann auch hier dF das auf $\mathfrak{D}$ senkrecht stehende Flächenelement bedeutet. Gl. (220d) sagt aus:

Der gesamte von einer Ladung Q ausgehende elektrische Fluß ist gleich dieser Ladung.

Für den Kondensator folgt dann nach Abb. 183

$$Q_e = Q = \mathfrak{D} \cdot F, \tag{221}$$

wegen der Gleichheit von Fluß und Elektrizitätsmenge, wenn Q die Ladung eines Beleges und F seine Fläche ist.

Wegen der Proportionalität zwischen Q und U (Gl. (217a)) und zwischen U und $\mathfrak{E}$ (Gl. (218)) folgt auch Proportionalität zwischen $\mathfrak{E}$ und Φ_e und damit zwischen $\mathfrak{E}$ und $\mathfrak{D}$, so daß

$$\mathfrak{D} = \Delta \mathfrak{E} = \varepsilon \Delta_0 \mathfrak{E}. \tag{222}$$

Die Proportionalitätskonstante Δ heißt **Elektrisierungszahl** und ist

$$\Delta = \varepsilon \Delta_0, \tag{222a}$$

wobei Δ_0 die **Verschiebungskonstante** ist, d. h. die Elektrisierungszahl für den leeren Raum und angenähert auch für Luft. Sie hat auf Grund vorliegender Messungen den Wert

$$\Delta_0 = \frac{1}{36\pi \cdot 10^{11}} = 0{,}885 \cdot 10^{-13}. \tag{223}$$

Die Einheit ist gemäß Gl. (222) $\frac{1\,\mathrm{As/cm^2}}{1\,\mathrm{V/cm}} = 1\,\mathrm{F/cm}$ (Farad/cm), da ε dimensionslos ist. Δ_0 entspricht also im magnetischen Feld der absoluten

Permeabilität Π_0. Der Faktor ε von Δ heißt **relative Elektrisierungszahl** oder **Dielektrizitätskonstante** und entspricht im magnetischen Feld der relativen Permeabilität μ. ε ist wie μ dimensionslos, aber im Gegensatz zu μ konstant, also von der Stärke des Feldes unabhängig.

Zahlentafel 16

Isolator	ε	Isolator	ε
Glas	3...8	Mikanit	4,5...5,5
Glimmer	4,5...8	Mineralöl	2,2
Hartgummi	2,0...3,5	Papier 2	2,0
Hartpapier	3,5...4,8	Petroleum	2,0
Kabelisolatoin	4,3	Porzellan	4,5...5,8
Luft	1,0	Wasser	80
Marmor	6...8		

Aus Gl. (222) ergibt sich durch Auflösung nach $\mathfrak{E}$: $\mathfrak{E} = \frac{\mathfrak{D}}{\varepsilon \Delta_0}$ und da $\mathfrak{D} = \frac{Q}{F}$ nach Gl. (221), folgt für die Feldstärke in V/cm zur Erzeugung des Verschiebungsflusses Q

$$\mathfrak{E} = \frac{Q}{\varepsilon \Delta_0 F}. \tag{224}$$

Die Feldstärken zweier Kondensatoren gleicher Ladung Q und mit gleichen Flächen F der Belegungen aber verschiedenen Dielektrika mit den Konstanten ε_1 und ε_2 stehen in der Beziehung

$$\mathfrak{E}_1 : \mathfrak{E}_2 = \varepsilon_2 : \varepsilon_1. \tag{224a}$$

Die Feldstärke ist um so größer, je kleiner die Dielektrizitätskonstante ist.

Aus Gl. (224) ergibt sich auch die Feldstärke $\mathfrak{E}$, die von einer punktförmigen Ladung Q in r cm Entfernung erzeugt wird, wenn man für F die die Ladung umschließende Kugelfläche, d. h. $F = 4\,r^2\pi$ setzt, welche überall zu den Feldlinien senkrecht steht. Man erhält

$$\mathfrak{E} = \frac{1}{\varepsilon \Delta_0} \cdot \frac{Q}{4 r^2 \pi}. \tag{225}$$

Damit läßt sich auch die Kraft P ermitteln, die zwischen zwei mit den Ladungen Q und Q_1 versehenen Körpern herrscht, wenn ihre Entfernung r cm beträgt. Die Ladung Q erzeugt an der Stelle, wo sich die Ladung Q_1 befindet, die Feldstärke $\mathfrak{E} = \frac{1}{\varepsilon \Delta_0} \cdot \frac{Q}{4 r^2 \pi}$. Sie ist gleichbedeutend mit der Kraft auf die Einheitsladung 1 As, in V/cm = 10,2 kg (siehe Abschnitt II, § 11). Die Ladung Q_1 erfährt dann eine Kraft vom Betrag

$$P = Q_1 \mathfrak{E} = \frac{1}{\varepsilon \Delta_0} \cdot \frac{Q \cdot Q_1}{4 r^2 \pi}\ \text{(J/cm)}. \tag{226}$$

Gl. (226) ist das **COULOMBsche Gesetz** im praktischen Maßsystem. Der Träger der Ladung Q erhält die gleichgroße Kraft P, welche bei ungleichnamigen Ladungen in einer Anziehung, bei gleichnamigen Ladungen in einer Abstoßung besteht.

74. Lade- und Entladestrom der Kondensatoren

Aus § 72 und 73 ist schon bekannt, daß beim Laden und Entladen eines Kondensators mit **Gleichspannung** in den Zuleitungen nur kurzzeitige Stromstöße auftreten. Der zeitliche Verlauf dieser Stromstöße soll nun ermittelt werden. Da die der Generatorspannung U entgegenwirkende Kondensatorspannung U_c während der Ladung und Entladung zeitlich veränderlich ist (beim Laden steigt sie von Null auf U an, beim Entladen nimmt sie von diesem Wert auf Null ab), so sind auch Lade- und Entladestrom in den Zuleitungen veränderlich. Wird der **Kondensator** über einen Widerstand R mit der Spannung U **geladen,** dann tritt im ersten Augenblick ein Anfangsstrom $I = U : R$ auf, der die Kondensatorladung einleitet. Mit zunehmender Ladung q der Belegungen wächst nach Gl. (217a) die Kondensatorspannung $u_c = q : C$, wenn C die Kapazität des Kondensators ist. Infolge der ständig kleiner werdenden wirksamen Spannung $U - u_c$ nimmt auch der Ladestrom $i = \frac{dq}{dt}$ ab.

Es ist also während der Ladung $U - u_c = i \cdot R$, also

$$U - \frac{q}{C} = R\frac{dq}{dt} \quad \text{oder} \quad CU - q = RC\frac{dq}{dt}.$$

Bezeichnet man $T = C \cdot R$ als **Zeitkonstante,** dann wird $UC - q = T\frac{dq}{dt}$, d. h.

$$-\frac{dt}{T} = \frac{dq}{q - CU}. \tag{227}$$

Gl. (227) hat genau die Form wie Gl. (197c), es sind nur statt I und i die Größen $C \cdot U$ und q getreten. Die Anfangsbedingung ist ebenfalls übereinstimmend, da für $t = 0$ auch $q = 0$. Die Lösung der Differentialgleichung (227) ergibt also

$$q = CU\left(1 - e^{-\frac{t}{T}}\right). \tag{228}$$

Für $t = T$ wird $q = 0{,}632 \cdot CU = 0{,}632 \cdot Q$, d. h. die Zeitkonstante $T = C \cdot R$ gibt die Zeit an, in welcher die Kondensatorladung q auf das 0,632-fache ihres Endwertes Q steigt. Das Anwachsen geht also um so rascher, je kleiner Kapazität C und Widerstand R sind und theoretisch würde die Aufladung erst nach der Zeit $t = \infty$ erreicht werden. Für $R = 0$ wäre schon zur Zeit $t = 0$ die Ladung $q = C \cdot U = Q$ und der Strom $i = 0$.

Der Ladestrom $i = \frac{dq}{dt}$ wird erhalten durch Differentiieren der Gl. (228) nach t:

$$i = \frac{dq}{dt} = -CU\left(-\frac{1}{T}\right)e^{-\frac{t}{T}} = \frac{CU}{T}e^{-\frac{t}{T}},$$

$$i = \frac{U}{R}e^{-\frac{t}{T}} = I \cdot e^{-\frac{t}{T}}, \tag{229}$$

da $\frac{U}{R} = I$ der Anfangsstrom ist. In der Zeit $t = T$ erreicht der Ladestrom den Wert $i = \frac{I}{e} = 0{,}368\,I$. Weil der Ladestrom den gleichen Verlauf hat wie der Strom beim Ausschalten einer Induktivität nach Gl. (201), so können zur Ermittlung des Ladestromes sowohl Abb. 173 wie Zahlentafel 15 benutzt werden.

Bei der **Entladung des Kondensators** über einen Widerstand R gilt die Gleichung $u_c = i \cdot R$ und da $i = -\frac{dq}{dt}$, weil q abnimmt, so ergibt sich die Differentialgleichung mit $u_c = q : C$ und $C \cdot R = T$

$$-\frac{dt}{T} = \frac{dq}{q}. \tag{230}$$

Ihre Lösung ist $-\frac{t}{T} = \ln cq$, d. h. $e^{-\frac{t}{T}} = cq$. Mit der Anfangsbedingung, daß für $t = 0$ die Ladung $q = Q = C \cdot U$, erhält man

$$q = CU\,e^{-\frac{t}{T}}. \tag{231}$$

Durch Differentiation nach t ergibt sich

$$i = \frac{dq}{dt} = CU\left(-\frac{1}{T}\right)e^{-\frac{t}{T}} = -\frac{CU}{T}e^{-\frac{t}{T}}$$

und mit $\frac{U}{R} = I$ erhält man schließlich

$$i = -I\,e^{-\frac{t}{T}}. \tag{232}$$

Der Entladestrom verläuft also wie der Ladestrom.

75. Berechnung von Kapazitäten

Die Größe der Kapazität ist abhängig von der Form und den Abmessungen der Leiteranordnung sowie von dem Dielektrikum im Feldraum.

1) Kondensatoren

Für einen Kondensator ist nach Gl. (217) $C = \frac{Q}{U}$, wobei Q die Ladung eines Beleges und U die Spannung zwischen den Belegungen bedeutet.

a) Plattenkondensator

F = Fläche einer Platte, d = Abstand der Platten, zwischen den Platten ein homogenes elektrisches Feld.

Es ist hier $\Phi_e = Q = \mathfrak{D} \cdot F$, also $\mathfrak{D} = \frac{Q}{F}$ und andererseits $\mathfrak{D} = \varepsilon \Delta_0 \mathfrak{E}$, wobei $\mathfrak{E} = \frac{U}{d}$ gemäß den Gl. (221), (222) und (218). Daraus ergibt sich $\frac{Q}{F} = \varepsilon \Delta_0 \frac{U}{d}$, oder

$$Q = \varepsilon \Delta_0 \frac{F}{d} \cdot U. \tag{233}$$

Durch Vergleich mit Gl. (217a) $Q = CU$ ergibt sich die **Kapazität des Plattenkondensators** zu

$$C = \varepsilon \Delta_0 \frac{F}{d}. \tag{233a}$$

b) Zylinderkondensator (Einleiterkabel)

Das Feld ist hier inhomogen. Länge von Innen- und Außenleiter $= l$, Radien von Innen- bzw. Außenleiter $= r_1$ und r_2. Fläche F_1, Feldstärke $\mathfrak{E}_1$ und Verschiebung $\mathfrak{D}_1$ gelten für den Innenleiter. Mit $\mathfrak{D}_1$ aus Gl. (221) und $\mathfrak{E}_1$ aus Gl. (219b) sowie $F_1 = 2 r_1 \pi l$ ergibt sich

$$\mathfrak{D}_1 = \frac{Q}{2 r_1 \pi l} = \varepsilon \Delta_0 \frac{U}{r_1 \cdot \ln \frac{r_2}{r_1}},$$

also

$$Q = \varepsilon \Delta_0 \frac{2\pi l}{\ln \frac{r_2}{r_1}} U; \qquad \mathfrak{E}_1 = \frac{U}{r_1 \cdot \ln \frac{r_2}{r_1}}. \tag{234}$$

Durch den Vergleich mit Gl. (217a) folgt die **Kapazität des Zylinderkondensators**

$$C = \frac{Q}{U} = \varepsilon \Delta_0 \frac{2\pi l}{\ln \frac{r_2}{r_1}}. \tag{234a}$$

Diese Gleichung gilt auch für **Einleiterkabel,** wenn U die Spannung zwischen Leiter und Bleimantel bedeutet.

Bei einer Leydner Flasche ist in $\frac{r_2}{r_1} = \frac{r_1 + d}{r_1}$ der Abstand d sehr klein im Verhältnis zu r_1, so daß man für $\ln \frac{r_2}{r_1} = \ln \frac{r_1 + d}{r_1} \approx \frac{d}{r_1}$ setzen darf, wodurch dann die **Kapazität der Leydner Flasche**

$$C = \varepsilon \Delta_0 \frac{2\pi l r_1}{d}. \tag{234b}$$

2) Leitungen

Von Bedeutung ist auch das elektrische Feld elektrischer Leitungen. Sie erzeugen in ihrer Umgebung durch ihre elektrischen Ladungen elektrische Feldlinien, welche auf leitenden Körpern, die sie treffen, elektrische Ladungen influenzieren, welche gleich dem auftreffenden Verschiebungsfluß sind gemäß Gl. (220c). Diese Ladungen erzeugen dann Spannungen zwischen den geladenen Körpern. Auch auf der Erde erzeugen geladene Körper, also auch elektrische Leitungen, elektrische Ladungen, so daß man auch von einer Kapazität eines geladenen Körpers bzw. einer elektrischen Leitung gegen die Erde sprechen kann. Sind die Leitungen an eine Stromquelle angeschlossen, die zwischen den Leitungen eine Spannung aufrecht erhält, dann stellen sich die induzierten Ladungen so ein, daß die von ihnen erzeugte Spannung gleich der von der Stromquelle her zwischen den Leitungen herrschenden Spannung ist.

a) Einzelleitung

Die Leitung habe eine Länge l cm und einen Radius r_0 cm und sei mit einer Ladung Q belegt. Das umgebende Medium sei Luft ($\varepsilon = 1$). Der Leiter sendet nach Abb. 186 auf die ganze Länge l radiale elektrische Feldlinien aus und, weil der Verschiebungsfluß nach Gl. (220c) $\Phi_e = \oint \mathfrak{D} \cdot dF = Q$ und nach Gl. (222) $\mathfrak{D} = \Delta_0 \mathfrak{E}$, so ergibt sich

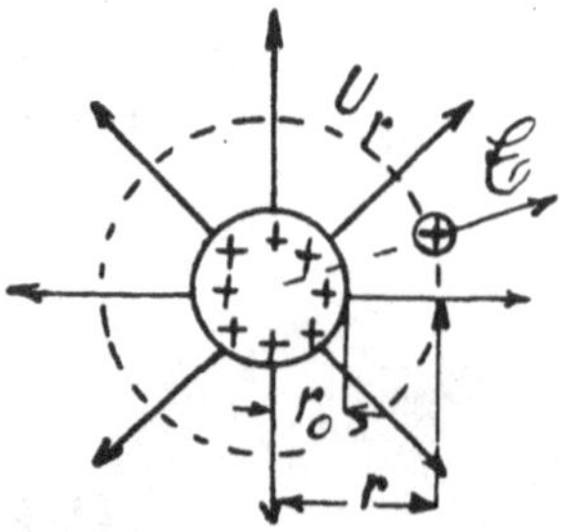

Abb. 186

$$\oint \Delta_0 \mathfrak{E}\, dF = \Delta_0 \mathfrak{E} \oint dF = Q.$$

Weil in der radialen Entfernung r vom Leiter die für den Fluß Φ_e in Betracht kommende Durchschnittsfläche $\oint dF = 2r\pi l$ ist, so folgt, da $\mathfrak{E}$ auf jeder Niveaufläche konstant ist, $\Delta_0 \mathfrak{E} \cdot 2r\pi l = Q$, oder für die Feldstärke auf einer zur Leiteroberfläche im Abstand r konachsialen Zylinderfläche

$$\mathfrak{E} = \frac{Q}{2\pi \Delta_0 r l}. \qquad \textbf{(235)}$$

Für $r = r_0$ ergibt sich die Feldstärke am Umfang des Leiters

$$\mathfrak{E}_0 = \frac{Q}{2\pi \Delta_0 r_0 l}. \qquad \textbf{(235a)}$$

Die Feldstärke ist also am Umfang des Drahtes am größten und ist umgekehrt proportional dem Abstand r von der Drahtachse. Wegen der in der Richtung r vorhandenen Veränderlichkeit des Feldes ist nach Gl. (216c) $\mathfrak{E} = \frac{dU}{dr}$, d. h. $dU = \mathfrak{E}\, dr = \frac{Q}{2\pi \Delta_0 r l} dr$. Durch Integration ergibt sich für die Grenzen $r = r_0$ und $r = r$ die Spannung zwischen Leiteroberfläche mit $r = r_0$ und Zylinderfläche im Abstand $r = r$

$$U_r = \frac{Q}{2\pi \Delta_0 l} \int_{r_0}^{r} \frac{dr}{r} = \frac{Q}{2\pi \Delta_0 l} \ln \frac{r}{r_0}. \qquad \textbf{(236)}$$

b) Doppelleitung

Auch hier treten die elektrischen Feldlinien (ausgezogene Kurven) senkrecht aus den Leiteroberflächen aus und die Potentiallinien (gestrichelte Kurven) schneiden die Feldlinien überall senkrecht. Es ergibt sich also, daß sich die elektrischen Feldlinien mit den magnetischen senkrecht schneiden und zwar verlaufen die elektrischen Feldlinien in den magnetischen Potentialflächen und die magnetischen Feldlinien in den elektrischen Potentialflächen. Die elektrischen und magnetischen Feldlinien bilden also sogenannte Trajektorien.

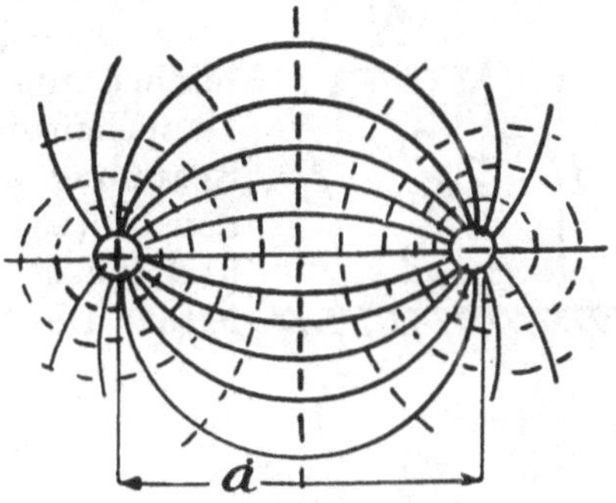

Abb. 187

Die beiden Felder der Einzelleiter geben also ein resultierendes inhomogenes Feld. Befindet sich der zweite Leiter der Doppelleitung in der Entfernung $r = a$ vom ersten Leiter, dann ruft der erste Leiter nach Gl. (236) zwischen den Leitern eine Spannung hervor von

$$U_1 = \frac{Q}{2\pi \Lambda_0 l} \ln \frac{a}{r_0}$$

und da der zweite Leiter mit der entgegengesetzt gleichen Ladung Q belegt ist, erzeugt er die gleiche Spannung

$$U_2 = \frac{Q}{2\pi \Lambda_0 l} \ln \frac{a}{r_0} .$$

Die beiden Spannungen U_1 und U_2 addieren sich, da die Ladungen entgegengesetztes Vorzeichen haben, zur Resultierenden

$$U = U_1 + U_2 = \frac{2Q}{2\pi \Lambda_0 l} \ln \frac{a}{r_0} = \frac{Q}{\pi \Lambda_0 l} \ln \frac{a}{r_0} ,$$

woraus

$$Q = \frac{\pi \Lambda_0 l}{\ln \frac{a}{r_0}} U . \tag{237a}$$

Die Kapazität der Doppelleitung $C = \frac{Q}{U}$ in Luft ist also

$$C = \frac{\pi \Lambda_0 l}{\ln \frac{a}{r_0}} . \tag{237b}$$

Die Feldstärke an den Leiteroberflächen ist nach Gl. (235a) und (237a)

$$\mathfrak{E}_0 = \frac{U}{2 r_0 \ln \frac{a}{r_0}} . \tag{237c}$$

c) Leiterkapazität gegen Erde

Mit Gl. (237b) kann die Kapazität einer Einzelleitung gegen Erde berechnet werden. Die Leitung influenziert auf der Erdoberfläche eine gleichgroße entgegengesetzte Ladung $-Q$. Da nun die Erde das Potential Null hat, so müssen die Ladungen des Leiters und der Erde ein resultierendes Feld erzeugen, welches an der Erdoberfläche das Potential Null besitzt. Ein solches Feld ergibt sich auch, wenn man die Erde gemäß Abb. 188 durch den gestrichelt gezeichneten Leiter mit der Ladung $-Q$ ersetzt, der zur Erdoberfläche spiegelbildlich mit der Leitung liegt. Man erhält dann eine Doppelleitung mit dem Leiterabstand $a = 2h$ und der Spannung $2U$ zwischen den Leitern. Setzt man in den Gl. (237a), (237b) und (237c) deshalb für $a = 2h$ und für $U = 2U$, dann ergibt sich für den Einzelleiter: Die Ladung des Leiters

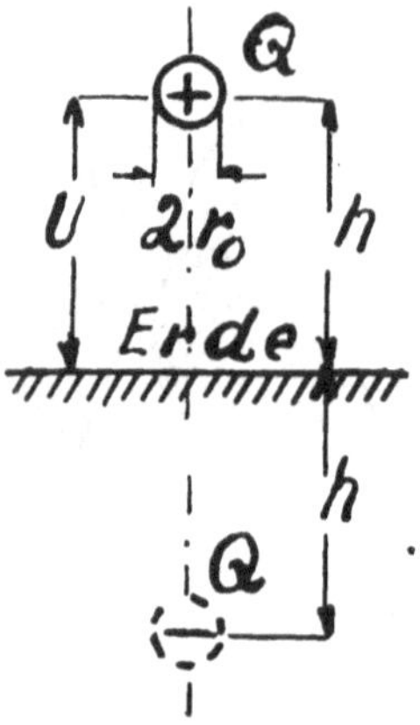

Abb. 188

$$Q = \frac{2\pi\Delta_0 l}{\ln\frac{2h}{r_0}} U. \tag{238a}$$

Die Spannung gegen Erde

$$U = \frac{Q}{2\pi\Delta_0 l} \ln\frac{2h}{r_0}. \tag{238b}$$

Die Kapazität gegen Erde $C = \frac{Q}{U}$,

$$C = \frac{2\pi\Delta_0 l}{\ln\frac{2h}{r_0}} \tag{238c}$$

und die Feldstärke an der Leiteroberfläche

$$\mathfrak{E}_0 = \frac{U}{r_0 \ln\frac{2h}{r_0}}. \tag{238d}$$

3. Spule

Durch die zwischen den einzelnen Windungen einer Spule bestehenden Spannungen werden elektrische Ladungen in den Windungen erzeugt. Eine aus Kupferband gewickelte Spule wie Abb. 189 verhält sich bezüglich des Feldverlaufes wie ein Einleiterkabel (Zylinderkondensator), dessen Bleimantelweite dem Außendurchmesser $2 \cdot r_2$ der Spule und dessen Leiterdicke dem Innendurchmesser $2 \cdot r_1$ der Spule entspricht. Bei der Spule ist aber der Zwischenraum zwischen den Belegen nur zum Teil mit Isolation ausgefüllt. Ist δ die Kupferbandstärke und δ_1 die Dicke einer Isolationsschicht, dann verhalten sich die Isolationsstärken Kabel zu Spule wie $\delta + \delta_1$ zu δ_1, in welchem Verhältnis die Kapazität der Spule größer ist als die des Kabels. Nach Gl. (234a) ist dann die Kapazität der Spule

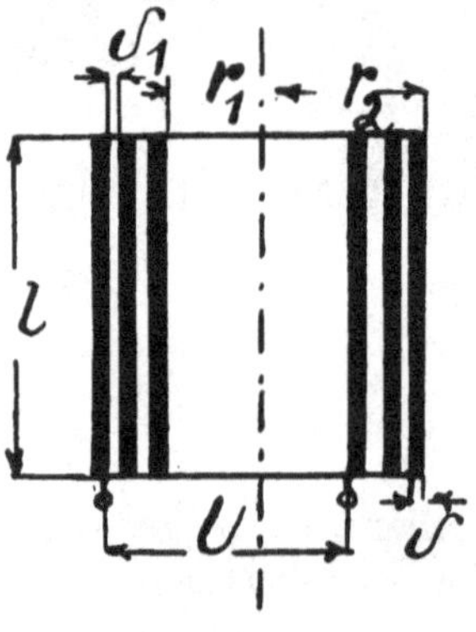

Abb. 189

$$C = \frac{2\pi\varepsilon\Delta_0 l}{\ln\frac{r_2}{r_1}} \cdot \frac{\delta + \delta_1}{\delta_1}. \tag{239}$$

Diese Formel dient auch zur näherungsweisen Abschätzung für eine mit Draht bewickelte Spule.

76. Schaltung von Kondensatoren

Kondensatoren gleicher oder verschieden großer Kapazität können durch Reihen- oder Parallelschaltung zu einer resultierenden Kapazität C vereinigt werden.

a) Reihenschaltung von Kondensatoren (Kaskadenschaltung)

Die Verbindung der Kondensatoren geschieht nach Abb. 190. Gesucht ist die Gesamtkapazität C der Schaltung, wenn sie an der Spannung U liegt. Der Verschiebungsfluß ist bei allen Kondensatoren der gleiche, d. h. die Kondensatoren nehmen alle die gleiche Ladung Q auf, weil die positive Ladung jedes Kondensators gleich der negativen des vorhergehenden ist. Entsprechend den Kapazitäten betragen die Spannungen an den Kondensatoren $U_1 = Q : C_1$, $U_2 = Q : C_2$, $U_3 = Q : C_3$. Die Teilspannung eines Kondensators ist also um so größer, je kleiner seine Kapazität ist.

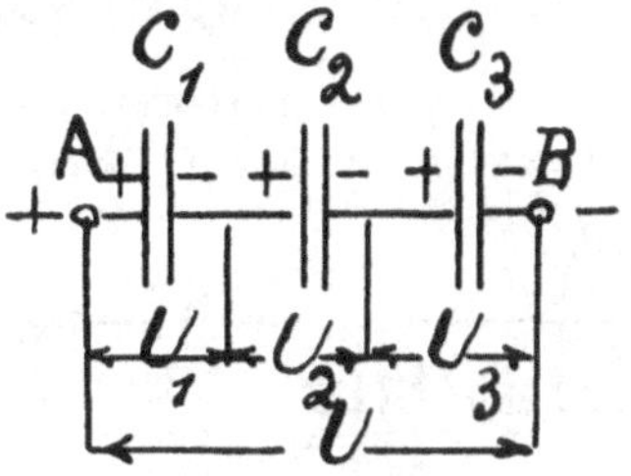

Abb. 190

Da die Summe der einzelnen Spannungen U_1, U_2, U_3, ... gleich der Gesamtspannung U ist, so ergibt sich, weil $U = \frac{Q}{C}$, wenn C die resultierende oder Ersatzkapazität der Schaltung ist,

$$\frac{Q}{C} = \frac{Q}{C_1} + \frac{Q}{C_2} + \frac{Q}{C_3} + \cdots,$$

oder

$$\frac{1}{C} = \frac{1}{C_1} + \frac{1}{C_2} + \frac{1}{C_3} + \cdots. \tag{240}$$

Der Kehrwert der Ersatzkapazität einer Reihenschaltung von Kondensatoren ist gleich der Summe der Kehrwerte der Teilkapazitäten.

Haben z in Reihe geschaltete Kondensatoren die gleiche Kapazität C_0, dann ist

$$\frac{1}{C} = \frac{z}{C_0}, \quad \text{oder} \quad C = \frac{C_0}{z}. \tag{240a}$$

Für die Reihenschaltung von zwei Kapazitäten ergibt sich speziell

$$\frac{1}{C} = \frac{1}{C_1} + \frac{1}{C_2} = \frac{C_1 + C_2}{C_1 \cdot C_2},$$

also

$$C = \frac{C_1 \cdot C_2}{C_1 + C_2}. \qquad \textbf{(240b)}$$

Die Formeln (240) haben dieselbe Gestalt wie die Formeln für die Parallelschaltung der Widerstände, was besagt, daß die Kapazität die Eigenschaft eines Leitwertes besitzt. Ferner ergeben die Formeln, daß durch die Reihenschaltung die Kapazität eine Minderung erfährt, und zwar ist die **Ersatzkapazität kleiner als jede Teilkapazität, also** auch **kleiner als die kleinste unter ihnen,** wie sich aus Formel (240) ableiten läßt.

$$C = \frac{1}{\frac{1}{C_1} + \frac{1}{C_2} + \frac{1}{C_3} + \cdots}.$$

Da nun $\frac{1}{\frac{1}{C_1}} = C_1$, $\frac{1}{\frac{1}{C_2}} = C_2$ usw., so folgt, daß C kleiner ist als jede Teilkapazität.

b) Parallelschaltung von Kondensatoren

Die Kondensatoren haben hier die gleiche Spannung U, erhalten aber entsprechend ihren Kapazitäten verschiedene Ladungen $Q_1 = C_1 \cdot U$, $Q_2 = C_2 \cdot U$ usw. Ist C die Ersatzkapazität, so ist, weil $Q = Q_1 + Q_2 + Q_3 + \cdots = U \cdot (C_1 + C_2 + C_3 + \cdots)$ die gesamte Ladung,

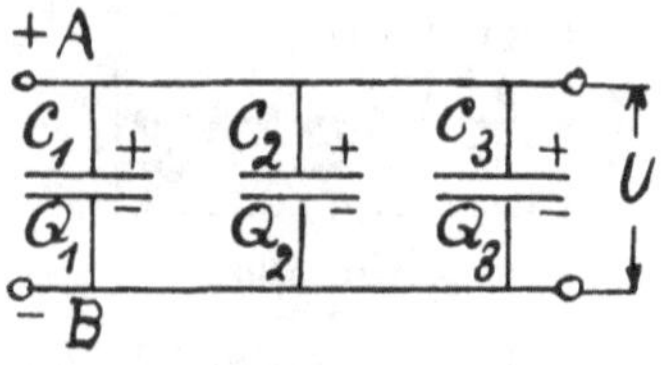

Abb. 191

$$C = \frac{Q}{U} = C_1 + C_2 + C_3 + \cdots. \qquad \textbf{(241)}$$

Die Ersatzkapazität einer Parallelschaltung von Kondensatoren ist gleich der Summe der Teilkapazitäten.

Gl. (241) hat dieselbe Form wie die Formel für die Reihenschaltung von Widerständen. Sind z Kondensatoren mit der gleichen Kapazität C_0 parallel geschaltet, dann ist die Ersatzkapazität

$$C = zC_0. \qquad \textbf{(241a)}$$

Durch Parallelschalten wird also die Kapazität größer.

Man kann mit Kondensatoren auch eine gemischte Schaltung ausführen, indem man eine Anzahl Gruppen von Kondensatoren parallel schaltet, deren jede eine bestimmte Anzahl in Reihe geschalteter Kondensatoren enthält.

c) Technische Kondensatoren

Sie bestehen in der Schwachstromtechnik hauptsächlich aus Metallfolien, die durch Zwischenlagen von Glimmer oder paraffiniertem Papier kammartig ineinander gelegt werden (Abb. 192), so daß beide Seiten jeder Folie wirksam sind. Dadurch benötigt man für F cm² einer jeden Elektrode nur $F/2$ cm² Metallfolie. Man erhält dann in einfacher Weise eine Parallelschaltung einer größeren Anzahl von Kondensatoren. Von den Belegungen führen Leitungen zu Messingklötzen auf dem Deckel des Kondensatorgehäuses, so daß man durch Einstecken von Stöpseln Kapazitäten verschiedener Größe zwischen zwei Klemmen einschalten kann. Bei Meß- und Regelkondensatoren sind die Metallblättchen durch Luftzwischenräume getrennt (Luftkondensatoren).

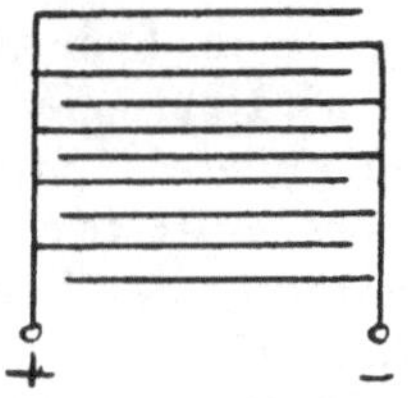

Abb. 192

In der Starkstromtechnik benutzt man meist statt der Blockkondensatoren **Kondensatorwickel.** Man wickelt ein sehr langes Band aus zwei Aluminium, Blei- oder Zinnblättchen und zwei Papierlagen über einen Dorn, tränkt das Ganze mit heißem Öl oder Paraffin, preßt es flach und umgibt es mit einer Schutzhülle und bringt den Wickel in einem ölgefüllten eisernen Gefäß unter. Bei Hochspannung statt Papierzwischenlagen dünne Glimmerblättchen.

77. Ladungsenergie und dielektrische Verluste

Bei der Ladung eines Kondensators nimmt in der Zeit dt die Ladung um den Betrag $dQ = i \cdot dt$ zu und die Kondensatorgegenspannung steigt um den Betrag du_c (Abb. 193). Da nach Gl. (217a) dQ und du_c proportional sind, indem $dQ = C \cdot du_c$, so folgt $i \cdot dt = C \cdot du_c$. Die in der Zeit dt dem Kondensator zugeführte und im Feld aufgespeicherte Arbeit ist

$$dA = u_c \cdot i \cdot dt = u_c \cdot dQ = C \cdot u_c \cdot du_c.$$

Während der Ladung steigt u_c von Null auf $U_c = U$, also ist die Ladearbeit und aufgespeicherte Feldenergie

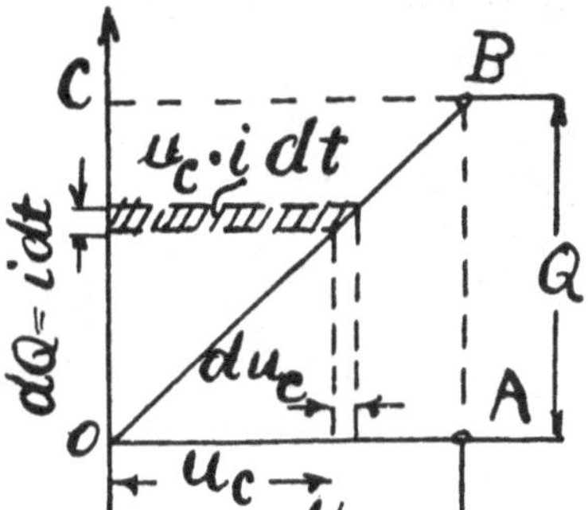

Abb. 193

$$A = W_e = C \int_{u_c=0}^{u_c=U} u_c\, du_c = C \left| \frac{u_c^2}{2} \right|_0^U = \frac{C U^2}{2} = \frac{Q U}{2} \tag{242}$$

in Ws gleich der Summe der schraffierten Flächenstreifen, d. h. gleich Fläche des Dreiecks OBC in Abb. 193.

Dielektrische Verluste kommen dadurch zustande, daß der den Raum zwischen den Elektroden ausfüllende Isolierstoff kein ideales Dielektrikum ist. Generell stellt jeder Isolator einen mehr oder minder schlechten Leiter dar, so daß unter dem Einfluß der Elektrodenspannung U nicht bloß eine reine dielektrische Verschiebung eintritt, sondern noch besondere Erscheinungen auftreten, die bewirken, daß die Ladungsarbeit nicht vollständig umkehrbar als Feldenergie W_e aufgespeichert und beim Entladen nicht wieder vollkommen zurückgeliefert wird. Die dielektrischen Verluste sind von dreierlei Art:

Da der Isolationswiderstand eines Isolierstoffes nicht unendlich groß ist, so wird bei jedem festen, flüssigen oder gasförmigen Isolator, insbesondere bei höherer Spannung und dünner Isolationsschicht, ein, wenn auch noch so geringer Strom I_R durch das Dielektrikum fließen, welcher eine Erwärmung des Isolators und einen **Stromwärmeverlust** erzeugt vom Betrag $N_w = U \cdot I_R$.

Außerdem finden bei festen und flüssigen Isolierstoffen sogenannte **Randentladungen** über die Oberfläche des Isolators in Gestalt besonderer Ströme I_F statt, vor allem bei feuchter Oberfläche. Dieser **Leistungsverlust durch Oberflächenwiderstand** R_F ist $N_F = I_F^2 R_F \cdot R_F = U \cdot I_F$.

Die dritte Form, in welcher dielektrische Verluste auftreten können, ist die auch schon bei niederer Spannung bei festen Isolatoren in Frage kommende sogenannte **Rückstandsbildung.** Die Elektronen werden, wie bei einem im Isolator befindlichen Probekörper, im Isolierstoff verschoben, wodurch ein Teil der Ladung ins Innere eindringt, was ebenfalls einem Leistungsverlust gleichkommt, der bei Wechselstrom infolge der fortgesetzt erfolgenden Verschiebungen einen in Betracht zu ziehenden Energieverlust ergibt.

IX. Abschnitt

Gesetze des Wechselstromes

Die Betrachtungen der Abschnitte VI und VIII haben gezeigt, daß ein von einem **Gleichstrom** durchflossener Leiter in seiner Umgebung ein magnetisches und ein elektrisches Feld erzeugt derart, daß sich die Feldlinien und Potentiallinien des einen Feldes mit denen des anderen Feldes rechtwinklich kreuzen. Die beiden Felder bilden das elektromagnetische Feld des Stromleiters. Es ist ein ruhendes Feld, weil die Feldgrößen $\mathfrak{H}$ bzw. $\mathfrak{E}$ der Stärke und Richtung nach konstant sind.

Bei einem von einem **Wechselstrom** durchflossenen Leiter, wo Spannung und Strom sich der Stärke und Richtung nach zeitlich periodisch ändern, sind auch die Vektoren $\mathfrak{H}$ des magnetischen und $\mathfrak{E}$ des elektrischen Feldes der Größe und Richtung nach periodisch veränderlich und damit auch das elektromagnetische Feld des Stromleiters. Die bildliche Darstellung des zeitlichen Verlaufs der magnetischen und elektrischen Größen ergibt dann für einen von Wechselstrom durchflossenen Leiter wellenförmige Linien (§ 10), wie es für eine Wechselspannung in Abb. 194 nochmals wiedergegeben ist. Die Welle besteht aus zwei Halbwellen, bei denen das Wachsen und Abnehmen der Spannung nach dem gleichen Gesetz (sinusförmig) erfolgt und positives und negatives Maximum einander gleich sind. Der Maximalwert, der in der Folge mit $\bar{E}$ bezeichnet wird, heißt **Scheitelwert,** der Wert e zu irgendeiner Zeit **Augenblickswert** der Spannung. Die Zeit T einer vollen Welle in Sekunden (s) bezeichnet man als eine **Periode** und die Zahl der vollen Wellen je Sekunde $f = \frac{1}{T}$ heißt **Frequenz.** Ihre Einheit (1 P/s) wird auch 1 Hertz (Hz) genannt. Technische Wechselspannungen haben gewöhnlich eine Frequenz $f = 50$ Hz, so daß die Periode $T = \frac{1}{f} = \frac{1}{50}$ s beträgt. Bei elektrischen Bahnen ist in der Regel $f = 16^2/_3$ Hz. Die Felder solcher Spannungen bzw. Ströme bezeichnet man als langsam veränderlich, wogegen in der Hochfrequenztechnik, wo die Frequenz in Kilohertz (kHz) = 1000 Hz, oder in Megahertz (MHz) = 10^6 Hz gemessen wird, rasch veränderliche Felder auftreten.

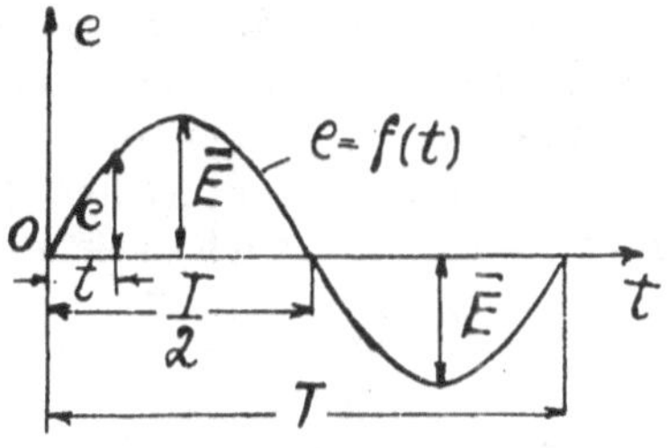

Abb. 194

Der Gleichstrom bietet den Vorteil der Energieaufspeicherung in Akkumulatoren und der unmittelbaren Verwendung zur Elektrolyse. Auch die Gleichstrommotoren haben vorteilhafte Betriebseigenschaften bezüglich Drehmoment und Drehzahlregelung für alle Betriebe und für Straßenbahnen.

Der Wechselstrom dagegen besitzt den großen Vorzug, daß durch ihn Spannungen und Ströme unter geringsten Verlusten in jede gewünschte Größe umgewandelt werden können mittels ruhender Apparate (Transformatoren) und daß dadurch die Übertragung großer elektrischer Leistungen auf unbeschränkt weite Entfernungen möglich ist. Außerdem hat der Wechselstrom die Entwicklung wichtiger technischer Gebiete erschlossen, wie Nachrichtentechnik, Funkwesen, Tonfilm usw.

78. Erzeugung sinusförmiger Wechselspannungen

a) EMK der Bewegung

In Abschnitt VII, § 66 wurde gezeigt, daß in einer Windung des Ankers einer Gleichstrommaschine eine sinusförmige EMK induziert wird, wenn sich der Anker im Feld der Pole dreht. Es ergab sich ferner, daß die EMK ihrem Windungsfluß eine Viertelperiode nacheilt. Auch an Hand der Abb. 163 und 163a wurde nachgewiesen, daß in den Ankerwindungen eines Wechselstromgenerators eine zwischen Null und einem Maximum periodisch sich ändernde Spannung erzeugt wird, die ihrem Windungsfluß eine Viertelperiode nacheilt. Der Sinuscharakter der Spannung wurde hier erreicht durch einen sinusförmigen Polfluß im Luftspalt, indem dieser gegen die Polenden zu entsprechend vergrößert wird.

Die Beziehung zwischen Windungsfluß und induzierter EMK soll nun noch näher untersucht werden.

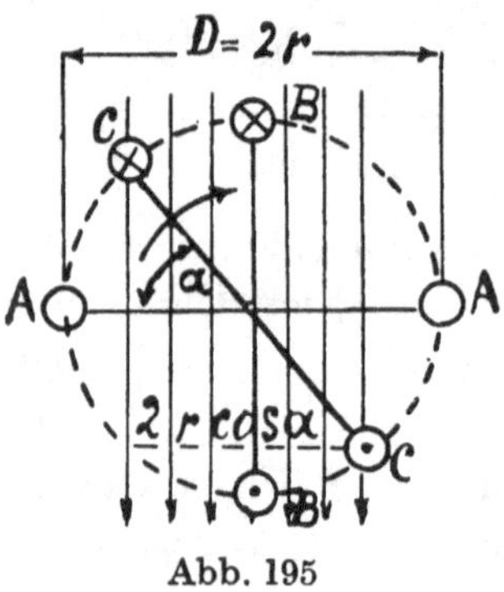

Abb. 195

Im homogenen Polfeld von der Stärke $\mathfrak{B}$ (Abb. 195) dreht sich in der Pfeilrichtung die Windung vom Durchmesser $D = 2\,r$ und der Länge l. Der Polfluß ist also konstant $\Phi = \mathfrak{B} D l = \mathfrak{B} \cdot 2 r l$. Der Windungsfluß für irgendeine Lage α der Windung sei Φ_α und dessen Höchstwert $\bar{\Phi}$. Für die Windung existieren zwei ausgezeichnete Lagen im Polfeld, die Lage $A - A$ $(\alpha = 0)$, für die $\Phi_\alpha = \Phi = \bar{\Phi}$ und die Lage $B - B$ $(\alpha = 90°)$, in welcher $\Phi_\alpha = 0$ ist. In irgendeiner Lage C $(0 < \alpha < 90°)$ hat gemäß Abb. 195 der Windungsfluß den Betrag

$$\Phi_\alpha = \mathfrak{B} \cdot 2\,r l \cos \alpha = \bar{\Phi} \cos \alpha. \qquad \textbf{(243)}$$

Der Windungsfluß ändert sich also während einer Umdrehung nach der Kosinusfunktion, deren Werte in Zahlentafel 17 enthalten sind.

Zahlentafel 17

α	0°	30°	60°	90°	120°	150°	180°	210°	240°	270°	300°	330°	360°
$\cos\alpha$	1	$\frac{\sqrt{3}}{2}$	$\frac{1}{2}$	0	$-\frac{1}{2}$	$-\frac{\sqrt{3}}{2}$	-1	$-\frac{\sqrt{3}}{2}$	$-\frac{1}{2}$	0	$\frac{1}{2}$	$\frac{\sqrt{3}}{2}$	1
Φ_α	$\bar{\Phi}$	$\frac{\sqrt{3}}{2}\bar{\Phi}$	$\frac{\bar{\Phi}}{2}$	0	$-\frac{\bar{\Phi}}{2}$	$-\frac{\sqrt{3}\bar{\Phi}}{2}$	$-\bar{\Phi}$	$-\frac{\sqrt{3}\bar{\Phi}}{2}$	$-\frac{\bar{\Phi}}{2}$	0	$\frac{\bar{\Phi}}{2}$	$\frac{\sqrt{3}\bar{\Phi}}{2}$	$\bar{\Phi}$

Da nun $\cos\alpha = \sin(\alpha + 90°)$, so ist auch

$$\Phi_\alpha = \bar{\Phi}\sin(\alpha + 90°). \tag{243a}$$

Nun ist nach Gl. (183) die in der Windung in der Lage α induzierte EMK $e = 2\mathfrak{B}lv\sin\alpha\cdot 10^{-8}$ und da bei n Umläufen je Minute $v = \frac{D\pi n}{60} = \frac{r\pi n}{30}$, so folgt $e = \mathfrak{B}\cdot 2rl\frac{\pi n}{30}\sin\alpha\cdot 10^{-8}$. Weil nun $\mathfrak{B}\cdot 2rl = \Phi = \bar{\Phi}$ und $\frac{\pi n}{30} = \omega_0$ die räumliche Winkelgeschwindigkeit der Windung, so erhält man

$$e = \omega_0\bar{\Phi}\sin\alpha\cdot 10^{-8}. \tag{244}$$

Für $\sin\alpha = 1$ ergibt sich der Scheitelwert der EMK

$$\bar{E} = \omega_0\bar{\Phi}\,10^{-8} \tag{244a}$$

und damit wird schließlich

$$e = \bar{E}\sin\alpha. \tag{244b}$$

Die induzierte EMK ist sinusförmig und ihre Welle eilt der Flußwelle 90° (1/4 Periode) nach, wie der Vergleich der Formeln (243a) und (244b) ergibt. Die Zeitwerte der EMK für eine Periode ergeben sich aus Zahlentafel 18.

Zahlentafel 18

α	0°	30°	60°	90°	120°	150°	180°	210°	240°	270°	300°	330°	360°
$\sin\alpha$	0	$\frac{1}{2}$	$\frac{\sqrt{3}}{2}$	1	$\frac{\sqrt{3}}{2}$	$\frac{1}{2}$	0	$-\frac{1}{2}$	$-\frac{\sqrt{3}}{2}$	-1	$-\frac{\sqrt{3}}{2}$	$-\frac{1}{2}$	0
e	0	$\frac{\bar{E}}{2}$	$\frac{\sqrt{3}\bar{E}}{2}$	$\bar{E}$	$\frac{\sqrt{3}\bar{E}}{2}$	$\frac{\bar{E}}{2}$	0	$-\frac{\bar{E}}{2}$	$-\frac{\sqrt{3}\bar{E}}{2}$	$-\bar{E}$	$-\frac{\sqrt{3}\bar{E}}{2}$	$-\frac{\bar{E}}{2}$	0

Für $\alpha = 0°$, 180°, 360°, wo nach Zahlentafel 17 $\Phi_\alpha = \bar{\Phi}$ ist, hat die EMK e den Wert Null und für $\alpha = 90°$ und 270°, wo $\Phi_\alpha = 0$ ist, hat die EMK ihren Scheitelwert $\bar{E}$ nach Gl. (244b).

Das Induktionsgesetz $e = -\frac{d\Phi}{dt}$ enthält die Flußänderung nach der Zeit t und deshalb soll in die Gl. (243) bis (244b) statt des Drehwinkels α die Zeit t eingeführt werden.

Rechnet man den Winkel α im Bogenmaß, dann ist bei gleichbleibender Drehzahl n der Windung $\alpha : t = 2\pi : T$, woraus folgt

$$\alpha = \frac{2\pi}{T} \cdot t = 2\pi f \cdot t .$$

$\frac{2\pi}{T} = 2\pi f$ gibt die Zahl der Perioden (vollen Spannungswellen) in 2π Sekunden an und wird mit ω bezeichnet. Damit wird dann

$$\alpha = \omega \cdot t . \qquad \textbf{(245)}$$

Ist p die Polpaarzahl des Magnetsystems bzw. des Polrades eines Generators, dann ergibt sich mit Gl. (184) $f = \frac{p \cdot n}{60}$

$$\omega = 2\pi f = p \cdot \frac{\pi n}{30} = p \cdot \omega_0 . \qquad \textbf{(246)}$$

Daraus ist zu ersehen, daß für $p = 1$ (2poliges Magnetsystem) $\omega = \omega_0$, d. h. gleich der Winkelgeschwindigkeit des Ankers bzw. des Polrades ist, bei einem $2p$-poligen Magnetsystem aber gleich der p-fachen Winkelgeschwindigkeit ω_0 ist, weil hier eine volle Spannungswelle nicht mehr einer Umdrehung des Ankers bzw. Polrades, sondern einer Drehung um die doppelte Polteilung entspricht. $\omega = 2\pi f$ heißt deshalb elektrische Winkelgeschwindigkeit oder **Kreisfrequenz** und die Gl. (243) bis (244b) gehen dann allgemein in die Form über

$$\Phi_t = \ddot{\Phi} \cos \omega t = \ddot{\Phi} \sin\left(\omega t + \frac{\pi}{2}\right), \qquad \textbf{(247)}$$

$$e = \frac{\omega \ddot{\Phi}}{10^8} \sin \omega t = \ddot{E} \sin \omega t , \qquad \textbf{(248)}$$

$$\ddot{E} = \omega \ddot{\Phi}\, 10^{-8} . \qquad \textbf{(248a)}$$

Ersetzt man die Windung durch eine Spule mit w Windungen, dann ist die EMK

$$e = \frac{w \omega \bar{\Phi}}{10^8} \sin \omega t = \bar{E} \sin \omega t \qquad \textbf{(249)}$$

und ihr Scheitelwert

$$\bar{E} = w \cdot \frac{\omega \bar{\Phi}}{10^8} . \qquad \textbf{(250)}$$

Ein zeitlich sinusförmig veränderlicher Windungsfluß induziert in einer Windung eine ebenfalls zeitlich sinusförmig sich ändernde EMK, deren Welle der Flußwelle $^1/_4$ Periode (90° oder $\frac{\pi}{2}$) **nacheilt.**

Die gesetzmäßige Abhängigkeit der Größen Φ bzw. e von α bzw. t kann übersichtlicher durch eine bildliche Darstellung veranschaulicht werden und zwar auf zweierlei Art, durch ein **Liniendiagramm** und durch ein **Zeigerdiagramm.**

Bei der **Darstellung im Liniendiagramm** trägt man in einem rechtwinkligen Koordinatensystem die unabhängigen Veränderlichen α bzw. t

in einem beliebigen Maßstab als Abszissen auf und als Ordinaten die den Zahlentafeln 17 und 18 entsprechenden Werte der abhängigen Veränderlichen Φ_t bzw. e, ebenfalls in einem beliebigen Maßstab. Für Φ_t, e und $\frac{d\Phi}{dt}$ ergeben sich dann Kurven wie in Abb. 196. Man erkennt die Phasenverschiebung von $^1/_4$ Periode zwischen Φ_t und e. Im Liniendiagramm eilt diejenige Größe vor, deren Welle zeitlich früher ihren positiven Höchstwert erreicht, also in diesem Fall der Fluß Φ_t.

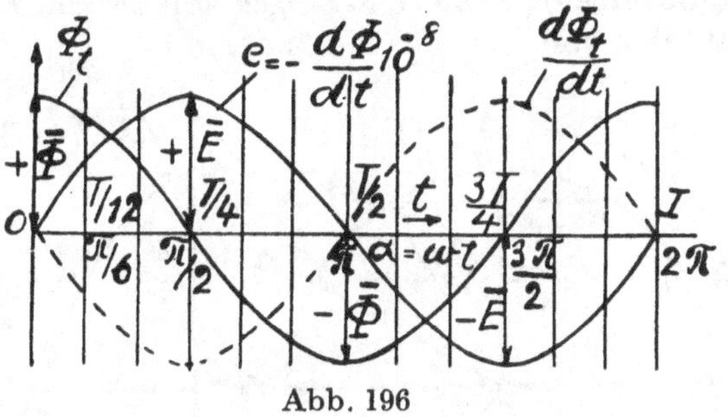

Abb. 196

Im **Zeigerdiagramm** (Abb. 197) erfolgt die bildliche Darstellung einer nach dem **Sinusgesetz** veränderlichen Größe symbolisch durch eine um ihren einen Endpunkt sich drehende Strecke, welche **Zeiger** genannt wird. Die Länge des Zeigers ist gleich dem Scheitelwert der darzustellenden Größe. Der Zeiger muß so rasch umlaufen, daß sein Umlauf einer Periode entspricht, der Zeiger muß also mit einer Winkelgeschwindigkeit gleich der Kreisfrequenz $\omega = 2\pi f = p\frac{\pi n}{30}$ rotieren. Als Drehrichtung gilt die **Linksdrehung.** Durch die Projektion des Zeigers auf eine Bezugslinie, **Zeitlinie** genannt, ergeben sich die Augenblickswerte der sinusförmig veränderlichen Größe für eine Periode. Dreht sich z. B. der Zeiger $\overline{OA}$ in Abb. 197 in der Pfeilrichtung von der waagrechten Linie als Ausgangsstellung, dann ist die Projektion $\overline{OB}$ des Zeigers auf die Zeitlinie $\overline{OZ}$ gleich $\overline{OA}\ \sin\alpha$. Hat der Zeiger $\overline{OA_1}$ die Zeitlinie $\overline{OZ}$ als Ausgangsstellung, dann ist seine Projektion $\overline{OB_1}$ auf die Zeitlinie gleich $\overline{OA_1}\cos\alpha = \overline{OA_1}\sin(\alpha + 90°)$. $\overline{OA_1}$ hat dann gegenüber $\overline{OA}$ eine Phasenvoreilung von $\varphi = \alpha + 90° - \alpha = 90°$.

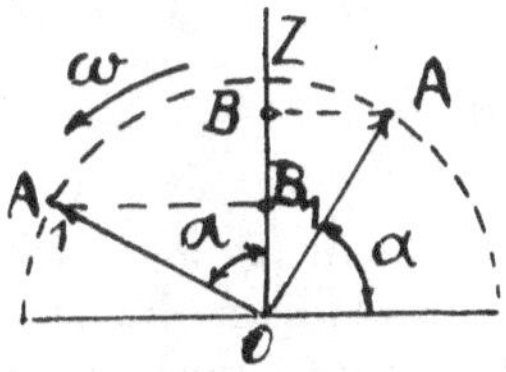

Abb. 197

Zur Zeichnung eines Zeigerdiagramms gehören vier Angaben: Zeigerlänge gleich Scheitelwert der Größe, Kreisfrequenz ω, Zeitlinie und Drehrichtung. Das Zeigerdiagramm bietet auch den Vorteil, daß mit seiner Hilfe eine rasche Zeichnung des Liniendiagramms einer sinusförmig veränderlichen Größe erhalten werden kann, wozu noch die Ausgangsstellung des Zeigers gegeben sein muß. In Abb. 198 ist das Zeigerdiagramm des Windungsflusses Φ_t und das daraus erhaltene Liniendiagramm dargestellt.

Da für $t = 0$ bzw. $\alpha = 0$ nach Zahlentafel 17 $\Phi_t = \overline{\Phi}$, so ist die Ausgangsstellung des Zeigers von der Länge $\overline{\Phi}$ die Zeitlinie selbst. Weil für $t = 0$ bzw. $\alpha = 0$ nach Zahlentafel 18 die EMK $e = 0$ ist, so wäre die Ausgangsstellung des Zeigers für e im Zeigerdiagramm wie in der Abb. 198a und es würde sich im Liniendiagramm eine um $T/4$ oder $\frac{\pi}{2}$ nacheilende Sinuslinie ergeben. Die Zeiger von Φ_t und e, d. h. $\bar{\Phi}$ und $\bar{E}$ haben also einen Winkel von 90° gegeneinander.

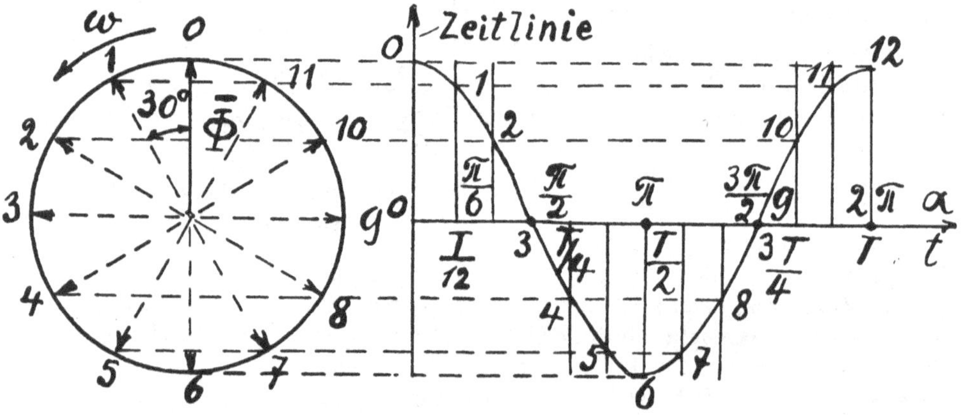

Abb. 198

Die Zeiger sinusförmig sich ändernder Größen gleicher Frequenz schließen im Zeigerdiagramm einen Winkel zwischen sich ein, welcher der gegenseitigen Phasenverschiebung der Größen entspricht und zwar eilt derjenige Zeiger vor, der im Drehsinn des Diagramms (Linksdrehung) voreilt.

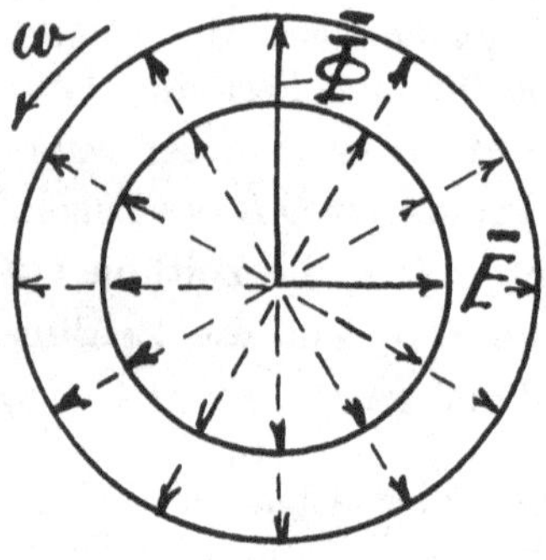

Abb. 198a

Deshalb bietet das Zeigerdiagramm besonderen Vorteil bei der Darstellung mehrerer gegeneinander phasenverschobener sinusförmig veränderlicher Größen.

Um aus dem Zeigerdiagramm für den Fluß Φ_t das entsprechende Liniendiagramm zu erhalten, trägt man nach Abb. 198 auf dem mit der Zeigerlänge $\bar{\Phi}$ beschriebenen Drehkreis, von der Ausgangsstellung 0 des Zeigers beginnend, 12 Winkelstellungen 1 bis 11 von je 30° ein. Die sich dadurch auf dem Kreis ergebenden 12 Punkte projiziert man auf die Ordinaten über den den 12 Winkelstellungen des Zeigers entsprechenden Abszissenmarken 0 bis 12 des Liniendiagramms. Die durch Verbindung der Ordinatenpunkte sich ergebende Kurve stellt dann das Liniendiagramm für den Fluß Φ_t dar.

Es war bisher eine Anordnung mit zweipoligem Magnetsystem angenommen. Bei dem mehrpoligen Magnetsystem mit $2p$ Polen oder p Polpaaren muß die Weite einer Windung ebenfalls gleich einer Polteilung sein, damit die beiden Leiter der Windung im Feld ungleichnamiger Pole sich befinden. Aus Abb. 199 einer vierpoligen Anordnung erkennt man, daß gemäß § 66 die EMK der Windung eine volle Welle durchläuft, wenn sie sich um die doppelte Polteilung im Felde dreht. Während also bei der zweipoligen Maschine einer Ankerumdrehung eine Periode der Spannungswelle entspricht, entsprechen bei der vierpoligen Maschine einer Ankerumdrehung zwei Perioden, im allgemeinen bei einer $2p$-poligen Anordnung p Perioden der Spannungswelle, so daß, wie auch schon in § 66 gefunden wurde, $f = \frac{pn}{60}$ ist. Damit ergibt sich dann auch nach Gl. (246) die Kreisfrequenz ω als die p-fache Winkelgeschwindigkeit $\omega_0 = \frac{\pi n}{30}$ des Ankers. Einer Phasenverschiebung von $^1/_4$ Periode oder 90° bzw. $\frac{\pi}{2}$ entspricht also bei der zweipoligen Maschine eine Ankerdrehung von ebenfalls 90°, bei der vierpoligen Maschine eine Ankerdrehung von 90° : 2 = 45°, allgemein bei einer $2p$-poligen Maschine eine Ankerdrehung von $\frac{90°}{p}$. Einer Periode entspricht eine Ankerdrehung von $\frac{360°}{p}$, einer Phasenverschiebung von φ Periodengraden also ein Ankerdrehwinkel von $\frac{\varphi°}{p}$. Die gleichen Beziehungen gelten für das Polrad einer Wechselstrommaschine.

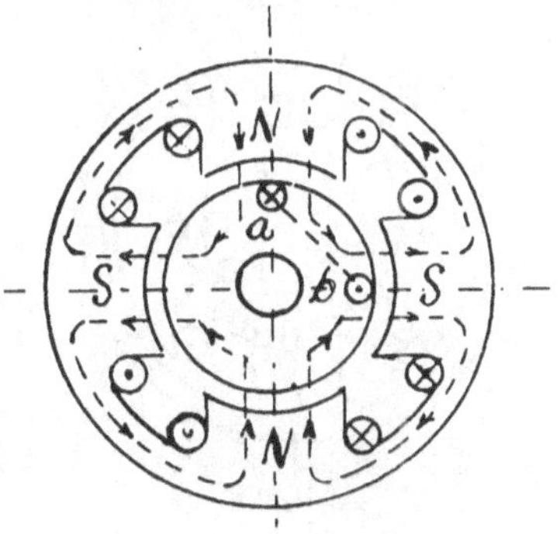

Abb. 199

Die der Frequenz $f = 50$ Hz für verschiedene Polpaarzahlen p entsprechenden Drehzahlen $n = \frac{60 \cdot f}{p}$ enthält Zahlentafel 19.

Zahlentafel 19

p	1	2	3	4	5	6	7	8
n	3000	1500	1000	750	600	500	428,6	375

Die sinusförmige EMK nach Gl. (183), (248) und (249) beruht auf der Voraussetzung, daß die Windung oder Spule sich in einem homogenen Feld dreht. Das ist aber praktisch nicht der Fall, da die Drähte der Windung in Nuten eines eisernen Ankers liegen. Nach genauen Untersuchungen sind Pol- und Ankeroberfläche als magnetische Niveauflächen zu betrachten, d. h. die Feldlinien treten aus den Polen senkrecht in den Luftspalt und von dort senkrecht in den Anker über. Die Drähte *ab* und *cd* der Windung in Abb. 150 und 160b schneiden also die Feldlinien senkrecht mit konstanter Geschwindigkeit v, wodurch sich eine rechteckförmige aber keine sinusförmige Spannungskurve ergibt. Der Sinuscharakter der induzierten Spannung läßt sich dann erreichen durch Schaffung einer sinusförmigen Induktion $\mathfrak{B}$ im Luftspalt, indem man ihn von der Polmitte aus nach beiden

Seiten entsprechend erweitert gemäß Abb. 200. Ist $\overline{\mathfrak{B}}$ die Induktion in Polmitte, dann muß die Erweiterung des Luftspaltes so erfolgen, daß in jeder Lage α der Windung die Induktion den Betrag $\mathfrak{B}_\alpha = \overline{\mathfrak{B}} \sin \alpha$ hat. Ist das der Fall, dann ist der Fluß am Ankerumfang, der mit der Windung in der Stellung α verkettet ist,

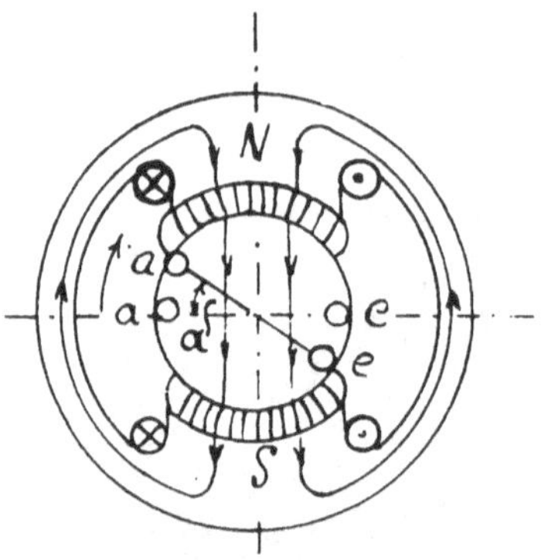

Abb. 200

$$\Phi_\alpha = \int_\alpha^{\alpha+\pi} \overline{\mathfrak{B}} \sin \alpha l r \, d\alpha = \overline{\mathfrak{B}} r l \cdot \int_\alpha^{\alpha+\pi} \sin \alpha \cdot d\alpha,$$

$$\Phi_\alpha = \overline{\mathfrak{B}} l r \left[-\cos \alpha \right]_\alpha^{\alpha+\pi}$$

$$= -\left[\cos(\alpha + \pi) - \cos \alpha \right] \overline{\mathfrak{B}} l r,$$

$$\Phi_\alpha = -\overline{\mathfrak{B}} l r \left[-\cos \alpha - \cos \alpha \right]$$

$$= 2 \overline{\mathfrak{B}} l r \cos \alpha .$$

Nach Gl. (243) ist aber $\Phi_\alpha = \mathfrak{B} \cdot 2\, l r \cos \alpha = \overline{\Phi} \cos \alpha$ der Windungsfluß, welcher nach Gl. (244) eine sinusförmige EMK $e = \frac{\omega \overline{\Phi}}{10^8} \sin \alpha$ erzeugt. Daraus ergibt sich der Satz:

Einer **räumlich** über die Polteilung sinusförmig verteilten Induktion $\mathfrak{B}$ entspricht eine sinusförmig **zeitlich** veränderliche EMK-Welle.

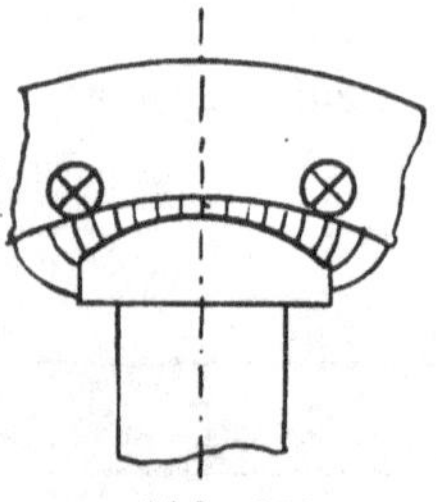
Abb. 201

Ebenso muß bei den Polen des Polrades eines Wechselstromerzeugers nach Abb. 163 eine sinusförmige Verteilung der Induktion $\mathfrak{B}$ erfolgen, indem die dem Anker zugekehrten Polflächen so gestaltet werden, daß der Luftspalt sich von der Polmitte aus sinusförmig erweitert (Abb. 201). Bei den zweipoligen Turbogeneratoren, wo das Polrad ein Vollpolläufer nach Abb. 163b und der Luftspalt konstant ist, erreicht man eine räumlich sinusförmige Verteilung der Induktion $\mathfrak{B}$ im Luftspalt dadurch, daß man die Erregeramperewindungen am Läuferumfang sinusförmig verteilt, indem man die Drahtzahl der Erregerwindungen sinusförmig abstuft.

b) EMK der Ruhe

In jeder ruhenden Windung bzw. Spule mit w Windungen erzeugt ein sinusförmiger Strom i ein mit ihm phasengleiches sinusförmiges magnetisches Wechselfeld und dieses nach dem Induktionsgesetz $e = -w \frac{d\Phi}{dt} 10^{-8}$ in der Windung oder Spule eine sinusförmige EMK, die EMK e_L der **Selbstinduktion.** Solche Wechselflüsse erzeugen aber auch in anderen Spulen, die mit diesen Flüssen oder Teilen davon verkettet sind, EMKe durch **gegenseitige Induktion,** wie sie beim Transformator auftreten. Diese EMKe der Ruhe heißen **EMKe der Transformation.** Der Verlauf und die gegenseitige Phasenverschiebung der Sinuswellen von Fluß und induzierter EMK bei Selbst- und gegenseitiger Induktion sind genau so wie in Abb. 196 zwischen Fluß und EMK der Bewegung, indem die Spannungswelle e der Flußwelle Φ_t auch $^1/_4$ Periode nacheilt, wie seinerzeit schon nachgewiesen wurde.

c) Überlagerung von EMK der Bewegung und EMK der Ruhe

Dieser Fall liegt vor bei den Ankerspulen der **Wechselstrommotoren,** bei denen das Magnetsystem mit Wechselstrom erregt wird und die Pole also einen Wechselfluß erzeugen. Durch ihn wird in einer Ankerwindung eine EMK e_r der Ruhe erzeugt und da sich der Anker dreht, so entsteht durch die Bewegung der Windung in dem Polwechselfeld gleichzeitig auch eine EMK e_b der Bewegung in der Windung. Damit man nun die letztere in der Gleichung der resultierenden EMK e nicht doppelt erhält, muß man bei der Berechnung von e_r die Windung sich **ruhend** denken.

Da für beide EMKe die Augenblickswerte berechnet werden, so ist, wenn die Ankerwindung für die Zeit dt ruhend gedacht ist, die induzierte EMK der Ruhe

$$e_r = -\frac{d\Phi_t}{dt} \cdot 10^{-8}.$$

Bewegt sich jetzt die Windung in der Zeit dt in dem in diesem Zeitintervall konstant gedachten räumlichen Polfluß Φ_x um das Stück dx, also mit der Geschwindigkeit $v = \frac{dx}{dt}$, dann ist die dadurch erzeugte EMK der Bewegung

$$e_b = -\frac{d\Phi_x}{dt} 10^{-8} = -\frac{d\Phi_x}{dx} \cdot \frac{dx}{dt} 10^{-8} = -\frac{d\Phi_x}{dx} v \cdot 10^{-8}.$$

Der Augenblickswert der resultierenden EMK ist dann

$$e = e_r + e_b = -\left(\frac{d\Phi_t}{dt} + \frac{d\Phi_x}{dx} v\right) 10^{-8}. \tag{251}$$

Die für die resultierende EMK in Betracht kommende, zeitlich und räumlich bestimmte Flußänderung beträgt also

$$\frac{d\Phi}{dt} = \frac{\partial\Phi}{\partial t} + \frac{\partial\Phi}{\partial x} v \tag{251a}$$

und damit die resultierende EMK

$$e = -\frac{d\Phi}{dt} 10^{-8} = -\left(\frac{\partial\Phi}{\partial t} + \frac{\partial\Phi}{\partial x} v\right) 10^{-8} = e_r + e_b. \tag{251b}$$

Nun ist aber gemäß § 64 Abb. 156 die EMK e_b der Bewegung nach Gl. (179) auch

$$e_b = v \cdot l\,(\mathfrak{B}_1 + \mathfrak{B}_2)\, 10^{-8},$$

so daß

$$e = e_r + e_b = -\left[\frac{\partial\Phi}{\partial t} + v \cdot l\,(\mathfrak{B}_1 + \mathfrak{B}_2)\right] 10^{-8}. \tag{252}$$

$\mathfrak{B}_1$ und $\mathfrak{B}_2$ sind die Induktionen, welche an den Stellen herrschen, wo sich die beiden Leiter *ab* und *cd* der Windung gerade befinden. Bei der praktisch vorliegenden Symmetrie der Nord- und Südpolinduktion ist $\mathfrak{B}_1 = \mathfrak{B}_2 = \mathfrak{B}$ und dadurch

$$e = e_r + e_b = -\left[\frac{\partial \Phi}{\partial t} + 2\,\mathfrak{B}\,l\,v\right] 10^{-8}. \qquad \textbf{(252a)}$$

79. Zusammensetzung sinusförmiger EMK-Wellen

Es handelt sich hier um die Ermittlung der Resultierenden von Wechselspannungen gleicher Frequenz f, die aber eine Phasenverschiebung von φ Periodengraden gegeneinander haben. Gesucht sind also der Scheitelwert $\overline{E}$ der resultierenden Spannung und ihre Phasenverschiebung φ_r zu einer der Einzelspannungen. Die Einzelspannungen, welche zusammengesetzt werden sollen, werden erzeugt in einseitig zusammengeschalteten Spulen, welche verschiedene Lage auf einem Anker haben. Infolge verschiedener Windungszahlen besitzen die Spannungen der Spulen verschieden große Scheitelwerte und außerdem eine Phasenverschiebung φ gegeneinander.

Es gibt zwei Arten der einseitigen Zusammenschaltung zweier Spulen, die Summen- und die Gegenreihenschaltung.

Die **Summenreihenschaltung** verbindet bei gleichem Wicklungssinn der Spulen das Ende der Spule I mit dem Anfang der Spule II. Dadurch sind die **Augenblickswerte** e_1 und e_2 der Wechselspannungen der beiden Spulen **gleichgerichtet,** d. h. in jeder Spule vom Anfang zum Ende hin, die Spannungen wirken also im selben Sinn und **addieren sich.**

Bei der Summenreihenschaltung sind die Augenblickswerte e_1 und e_2 der Teilspannungen zur Gesamtspannung e algebraisch zu addieren.

$$e = e_1 + e_2. \qquad \textbf{(253a)}$$

Die **Gegenreihenschaltung** verbindet die Enden der beiden Spulen I und II miteinander. Dadurch sind die **Augenblickswerte** e_1 und e_2 der Teilspannungen der beiden Spulen **entgegengerichtet,** die Spannungen wirken also gegeneinander und **subtrahieren sich.**

Bei der Gegenreihenschaltung sind die Augenblickswerte e_1 und e_2 der Teilspannungen zur Gesamtspannung e algebraisch zu subtrahieren.

$$e = e_1 - e_2. \qquad \textbf{(253b)}$$

Die bei der Zusammensetzung der Spannungen gestellte Aufgabe, Scheitelwert und Phasenverschiebung der resultierenden Spannung zu bestimmen, kann man also mit dem **Liniendiagramm** lösen, indem man die um φ phasenverschobenen Sinuslinien der einzelnen Spannungen gemäß Abb. 196 bzw. 198 zeichnet und die gleichzeitigen Augenblickswerte der einzelnen Spannungswellen **algebraisch** addiert bzw. subtrahiert, je nachdem eine Summen- oder Gegenreihenschaltung vorliegt. Durch Verbindung der Endpunkte der auf diese Weise gefundenen Ordinaten erhält man die Sinuslinie der resultierenden Spannung und damit auch ihren Scheitelwert und ihre Phasenverschiebungen zu den einzelnen Spannungen. **Die Phasenverschiebung φ zwischen zwei Wellen** wird im **Liniendiagramm** gefunden als Entfernung des positiven Scheitelwertes der einen Welle von dem positiven Scheitelwert der anderen Welle, wobei dann diejenige Welle voreilt, die ihren positiven Scheitelwert zeitlich früher besitzt.

Einfacher erhält man die Zusammensetzung von Spannungen mit dem **Zeigerdiagramm.**

Gegeben seien zwei Spulen I und II mit verschiedener räumlicher Lage auf einem zweipoligen Anker und ungleichen Windungszahlen w_1 und w_2. Der Scheitelwert der in Spule I erzeugten Spannung ist dann bei der Frequenz f und der Kreisfrequenz $\omega = 2\pi f$ gemäß Gl. (250) $\overline{E}_1 = w_1 \omega \overline{\Phi} \cdot 10^{-8}$ und für Spule II $\overline{E}_2 = w_2 \omega \overline{\Phi} \cdot 10^{-8}$. Die Augenblickswerte zu irgendeiner Zeit t sind nach Gl. (249) $e_1 = \overline{E}_1 \sin(\omega t + \varphi)$ und $e_2 = \overline{E}_2 \sin \omega t$, wenn die Spule I gegen die Spule II räumlich um den Winkel φ voreilend auf dem Anker verschoben ist. Dieser Winkel entspricht bei der zweipoligen Maschine auch der Phasenverschiebung der beiden Spannungen, bei einer $2\,p$-poligen Maschine aber ist sie nur $\frac{\varphi}{p}$.

Zur Zeit $t = 0$ ist nämlich $e_1 = \overline{E}_1 \sin \varphi$ und $e_2 = 0$, die Spannung e_1 hat also ihren Scheitelwert und ihre Zeitwerte um $\omega t = \varphi$, d. h. um $t = \frac{\varphi}{\omega}$ Sekunden früher, wenn φ im Bogenmaß eingesetzt wird $\left(\varphi = \frac{2\pi}{360} \cdot \varphi^\circ\right)$. Die Spannung e_1 hat also gegenüber e_2 eine Phasenvoreilung φ.

Die beiden Spulen werden einmal in Summen- und dann in Gegenreihenschaltung verbunden und in beiden Fällen in gleicher Anordnung sowohl auf einem sich drehenden, als auch auf einem ruhenden Anker angenommen. Die Ausführung erfolgt mit dem Zeigerdiagramm der Abb. 197 und 198.

a) Summenreihenschaltung

1) Spulen auf rotierendem Anker

Die Abb. 202a zeigt die Anordnung der Spulen auf dem Anker, Abb. 202b das Zeigerdiagramm. In der Regel wird der Zeiger des Bezugsvektors horizontal angenommen. Das Zeigerdiagramm soll aber jetzt so gezeichnet werden, daß es die Augenblickswerte e_1, e_2 und e für die Stellung der Spulen in Abb. 202a ergibt. Der Bezugsvektor ist die Spannung $\overline{E}_1$ in Spule I. Als Zeitlinie gilt die Polmittellinie. Die Scheitelwerte $\overline{E}_1$ und $\overline{E}_2$ der Spannungen in den Spulen I und II werden der Abb. 202a entsprechend unter dem Phasenwinkel φ als Zeiger aufgetragen, $\overline{E}_1 = OA_1$ und um φ nacheilend $\overline{E}_2 = OA_2$. Ihre Projektionen auf die Zeitlinie ergeben die Augenblickswerte $e_1 = OB_1 = E_1$ und $e_2 = OB_2$. Zeichnet man zu $\bar{E}_1$ und $\bar{E}_2$ die Resultante, dann erhält man den Zeiger OA und seine Projektion OB auf die Zeitlinie. Aus der Kongruenz der schraffierten Dreiecke folgt, daß

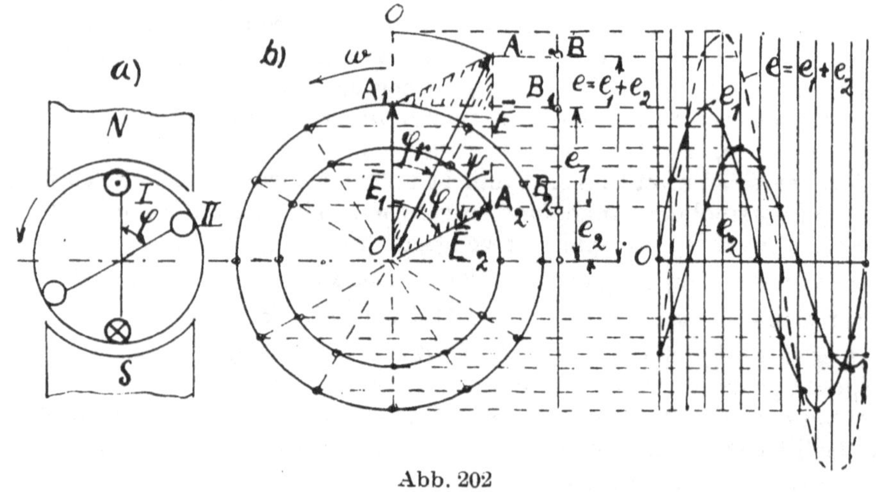

Abb. 202

$OB = OB_1 + OB_2 = e_1 + e_2$. Der Zeiger OA als geometrische Summe von OA_1 und OA_2 erzeugt also bei seiner Drehung um Punkt O mit der Kreisfrequenz ω eine Sinuswelle, deren Ordinaten in jedem Zeitmoment gleich der algebraischen Summe der Ordinaten der Sinuswellen der Zeiger $\bar{E}_1$ und $\bar{E}_2$ sind, d. h. der Zeiger OA ist der Scheitelwert $\bar{E}$ der resultierenden Spannung bei Summenreihenschaltung der Spulen I und II. Die Phasenverschiebung der resultierenden Spannung $\bar{E}$ zu $\bar{E}_1$ ist φ_r und bedeutet eine Nacheilung von $\bar{E}$ gegen $\bar{E}_1$, dagegen eine Voreilung von $\varphi - \varphi_r$ gegen $\bar{E}_2$. Es ergibt sich also:

Bei der Summenreihenschaltung ist der Scheitelwert der resultierenden Spannung gleich der geometrischen Summe der Scheitelwerte der Teilspannungen.

Dieser Satz gilt also für die Zusammensetzung beliebig vieler Spannungen und die Projektion des Zeigers der resultierenden Spannung E ergibt den resultierenden Augenblickswert der Teilspannungen.

2) Spulen in ruhendem Anker

Der Anker einer zweipoligen Wechselstrommaschine nach Abb. 203a besitzt zwei Spulen I und II, deren Achsen um den Winkel φ verschoben sind. Es soll das Zeigerdiagramm in der Lage gezeichnet werden, aus der man die Spannungen der einzelnen Spulen und die resultierende Spannung für die in Abb. 203a gezeichnete Stellung des Magneten entnehmen kann.

Man nimmt die Mittellinie N—S des Magneten als Zeitlinie und trägt die Zeiger $\bar{E}_1$ und $\bar{E}_2$ der Spulenspannungen in die Abb. 203b mit der gegenseitigen Phasenverschiebung φ so ein, daß ihre Richtungen die gleiche

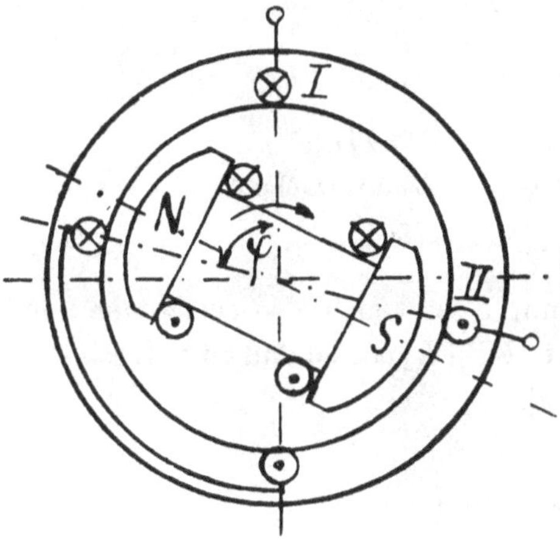

Abb. 203a

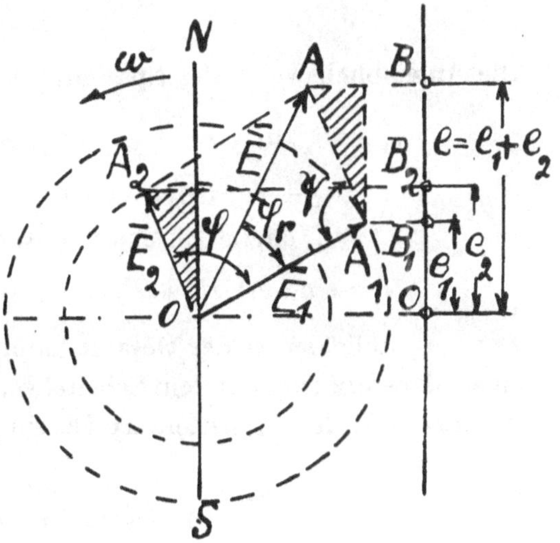

Abb. 203b

Lage zum Magneten haben wie die Spulen I und II in Abb. 203a. Bei der angegebenen Drehrichtung ergibt sich, daß die EMK in Spule II der EMK in Spule I um φ voreilend einzutragen ist. Die Resultante aus $\bar{E}_1$ und $\bar{E}_2$ gibt den Scheitelwert $\bar{E}$ der resultierenden EMK und ihre Phasenverschiebung φ_r zur EMK in Spule I. Durch Projektion der Zeiger auf die Zeitlinie ergeben sich die Augenblickswerte der Einzelspannungen und der Gesamtspannung für die Stellung des Magneten in Abb. 203a. Handelt es sich, wie in vielen Fällen, nur um die Bestimmung von $\bar{E}$ und φ_r, dann kann man die Zeiger $\bar{E}_1$ und $\bar{E}_2$ irgendwie unter einem Winkel φ so auftragen, daß $\bar{E}_2$ voreilt. Durch Drehung der Zeiger des Diagramms der Abb. 203b im Pfeilsinn ergeben sich für eine Periode die Augenblickswerte sämtlicher Spannungen für die einzelnen Stellungen des Magneten, da einer Rechtsdrehung des Magneten eine Linksdrehung des Ankers entspricht.

Der Scheitelwert $\bar{E}$ der Gesamtspannung und ihre Phasenverschiebung φ_r lassen sich auch rechnerisch ermitteln.

Nach dem Kosinussatz der Trigonometrie ist gemäß Abb. 202b und 203b für das Dreieck OA_2A bzw. OA_1A

$$\bar{E}^2 = \bar{E}_1^2 + \bar{E}_2^2 - 2\,\bar{E}_1\bar{E}_2\cos\psi.$$

Da nun $\psi = 180° - \varphi$ und $\cos(180° - \varphi) = -\cos\varphi$, so folgt

$$\bar{E} = \sqrt{\bar{E}_1^2 + \bar{E}_2^2 + 2\,\bar{E}_1 \bar{E}_2 \cos\varphi} \tag{254a}$$

und ferner ergibt sich

$$\operatorname{tg}\varphi_r = \frac{\bar{E}_2 \sin\varphi}{\bar{E}_1 + \bar{E}_2 \cos\varphi}. \tag{254b}$$

Die Augenblickswerte der Spannungen sind

$$e_1 = \bar{E}_1 \sin(\omega t), \qquad e_2 = \bar{E}_2 \sin(\omega t \pm \varphi),$$

$$e = e_1 + e_2 = \bar{E}_1 \sin(\omega t) + \bar{E}_2 \sin(\omega t \pm \varphi),$$

$$= \bar{E}_1 \sin(\omega t) + \bar{E}_2 \sin(\omega t) \cos\varphi \pm \bar{E}_2 \cos(\omega t) \sin\varphi,$$

$$e = \sin(\omega t)\left[\bar{E}_1 + \bar{E}_2 \cos\varphi\right] \pm \cos(\omega t)\left[\bar{E}_2 \sin\varphi\right]. \tag{254c}$$

Der Augenblickswert der Gesamtspannung e setzt sich also zusammen aus einer Sinusfunktion mit dem Scheitelwert $[\bar{E}_1 + \bar{E}_2 \cos\varphi]$ und einer Kosinusfunktion mit dem Scheitelwert $[\bar{E}_2 \sin\varphi]$.

b) Gegenreihenschaltung

Nach Gl. (253b) sind die Augenblickswerte e_1 und e_2 der Teilspannungen bei einer Gegenreihenschaltung **algebraisch** zu **subtrahieren,** um den Augenblickswert e der Gesamtspannung zu erhalten. Daraus folgt, daß die Scheitelwerte $\bar{E}_1$ und $\bar{E}_2$ bzw. die Zeiger der Teilspannungen im Zeigerdiagramm **geometrisch** zu **subtrahieren** sind.

Bei der Gegenreihenschaltung ist der Scheitelwert der resultierenden Spannung gleich der geometrischen Differenz der Scheitelwerte der Teilspannungen.

Die Entscheidung darüber, welche von den Spannungen von der andern geometrisch zu subtrahieren ist, erfolgt durch die Festsetzung, welche Spannung die Bezugsspannung und welche Spannung die gegenzuschaltende ist, und zwar muß die gegengeschaltete Spannung von der Bezugsspannung **geometrisch subtrahiert** werden. Man hat also an den Endpunkt des Zeigers der Bezugsspannung den Zeiger der gegenzuschaltenden Spannung parallel verschoben, aber mit entgegengesetzter Pfeilrichtung, d. h. **um 180° gewendet** anzusetzen, also **den gewendeten** Zeiger zum Bezugszeiger **geometrisch** zu **addieren.**

Das Liniendiagramm zur Konstruktion der Teilspannungswellen wird aber mit der durch die Phasenverschiebung φ der Spannungen bedingten Lage der Zeiger gezeichnet. Die Welle der Gesamtspannung wird erhalten durch algebraische Subtraktion der Augenblickswerte der Teilspannungswellen. Im Zeigerdiagramm wird, wenn man das Liniendiagramm erhalten will, der Bezugszeiger in die Horizontale gelegt.

1) Spulen auf rotierendem Anker

Für die Ankerspulen der Abb. 202a ergibt sich, wenn Spule II die gegengeschaltete ist, ein Zeigerdiagramm nach Abb. 204. Da Spannung e_1 die Bezugsspannung ist, so trägt man den parallel verschobenen gewendeten Zeiger $\bar{E}_2$ an den Endpunkt A_1 des Bezugszeigers $\bar{E}_1$ additiv an und erhält dadurch den Punkt A. OA ist dann die geometrische Differenz aus

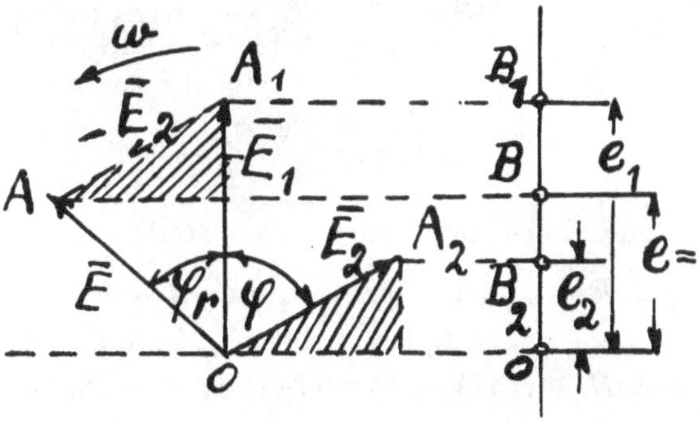

Abb. 204

$\bar{E}_1$ und $\bar{E}_2$ und deshalb der Scheitelwert $\bar{E}$ der Gesamtspannung. Aus der Kongruenz der schraffierten Dreiecke ergibt sich nämlich, daß der Augenblickswert von $\bar{E}$ gleich ist $e = e_1 - e_2$. Die Gesamtspannung e hat zur Bezugsspannung e_1 eine Phasenvoreilung φ_r. Will man noch das Liniendiagramm, dann werden die Sinuskurven der Teilspannungen e_1 und e_2 mit den Zeigern $OA_1 = \bar{E}_1$ und $OA_2 = \bar{E}_2$ gezeichnet, wobei e_1 die Bezugswelle ist.

2) Spulen in ruhendem Anker

Für den Anker der Abb. 203a ergibt sich, wenn Spule I die Bezugsspule und Spule II die gegengeschaltete Spule ist, das Zeigerdiagramm der Abb. 205. Es ist dann der Zeiger OA_2 der Spannung $\bar{E}_2$ der Spule II von dem Zeiger OA_1 der Spannung $\bar{E}_1$ der Spule I geometrisch zu subtrahieren, indem man in A_1 den Zeiger OA_2 parallel, aber gewendet als A_1A abträgt. OA ist dann der Scheitelwert $\bar{E}$ der Gesamtspannung, $e = e_1 - e_2$ ihr Augenblickswert und φ_r ihre Phasenverschiebung zur

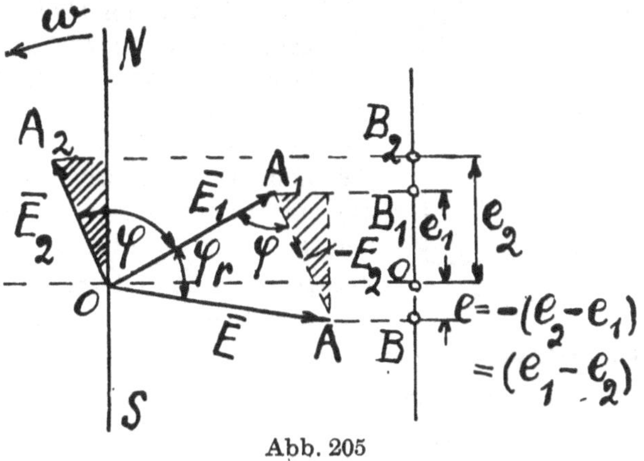

Abb. 205

Spannung e_1 und zwar eine Nacheilung. Das Liniendiagramm wird gezeichnet mit den Zeigern $\bar{E}_1 = OA_1$ und $\bar{E}_2 = OA_2$ und die Ordinaten der beiden Sinuskurven werden algebraisch subtrahiert, womit man die Augenblickswerte e der resultierenden Welle erhält. Bezugswelle ist e_1.

Die analytische Ermittlung von $\bar{E}$ und φ_r ergibt:

$$\bar{E}^2 = \bar{E}_1^2 + \bar{E}_2^2 - 2\bar{E}_1\bar{E}_2 \cos\varphi,$$

$$\bar{E} = \sqrt{\bar{E}_1^2 + \bar{E}_2^2 - 2\bar{E}_1\bar{E}_2 \cos\varphi}, \qquad (255\text{a})$$

$$\operatorname{tg}\varphi_r = \frac{-\bar{E}_2 \sin\varphi}{\bar{E}_1 - \bar{E}_2\cos\varphi}. \qquad (255\text{b})$$

Die Augenblickswerte der Spannungen sind:

$$e_1 = \bar{E}_1 \sin(\omega t); \quad e_2 = \bar{E}_2 \sin(\omega t + \varphi),$$

$$e = e_1 - e_2 = \bar{E}_1 \sin(\omega t) - \bar{E}_2 \sin(\omega t + \varphi),$$

$$e = \bar{E}_1 \sin(\omega t) - \bar{E}_2 \sin(\omega t)\cos\varphi - \bar{E}_2 \cos(\omega t)\sin\varphi,$$

$$e = \sin(\omega t)\left[\bar{E}_1 - \bar{E}_2\cos\varphi\right] + \cos(\omega t)\left[-\bar{E}_2\sin\varphi\right]. \qquad (255\text{c})$$

80. Zusammensetzung sinusförmiger Ströme

Die im vorigen Paragraphen für sinusförmige Spannungen behandelte Zusammensetzung im Linien- und Zeigerdiagramm hat Gültigkeit für alle frequenzgleichen sinusförmig veränderlichen Größen, also auch für elektrische Wechselströme. Der Fall tritt praktisch auf bei der Verzweigung oder Parallelschaltung von Wechselströmen.

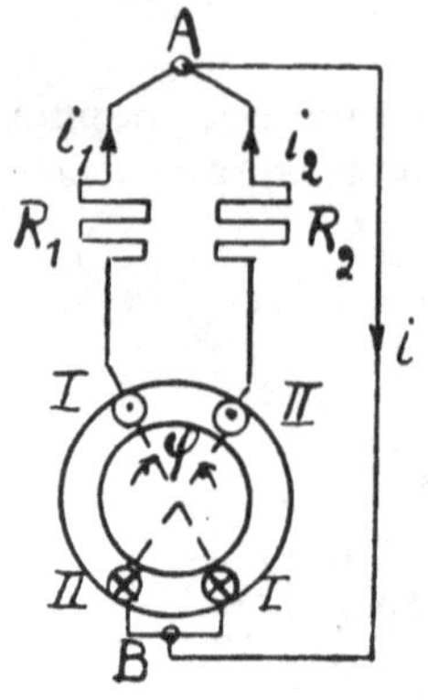

Abb. 206

Bei einem Wechselstromerzeuger (Abb. 206) werden zwei Spulen I und II, deren Spannungen eine Phasenverschiebung φ gegeneinander haben, über Widerstände R_1 und R_2 geschlossen. Dann sind auch die durch die Widerstände parallel fließenden Wechselströme i_1 und i_2 phasenverschoben. In der gemeinsamen Rückleitung zum Generator fließt der Wechselstrom i. Für die Augenblickswerte der Ströme i_1, i_2 und i gelten die Gesetze der Stromverzweigung, d. h. es muß für jeden Zeitmoment t der unverzweigte Strom i gleich sein der **algebraischen** Summe der Zweigströme i_1 und i_2, also $i = i_1 + i_2$. Daraus folgt dann aus den Ergebnissen des vorigen Paragraphen, daß **der Scheitelwert $\bar{I}$ des Gesamtstromes gleich der geometrischen Summe der Scheitelwerte $\bar{I}_1$** und **$\bar{I}_2$ der Zweig- oder Teilströme** ist. Damit kann der Scheitelwert $\bar{I}$ des Gesamtstromes und seine Phasenverschiebung φ_r aus den Scheitelwerten $\bar{I}_1$ und $\bar{I}_2$ der Teilströme und ihrer Phasenverschiebung φ durch Zeichnen eines Linien- oder Zeigerdiagramms genau so ermittelt werden, wie es in § 79 für die Spannungen gezeigt wurde. Hat der Strom i_1 gegenüber i_2, wie in Abb. 207, eine Phasenvoreilung φ, dann ergibt sich Scheitelwert $\bar{I}$ und Phasenverschiebung φ_r des Gesamtstromes aus dem Zeigerdiagramm. Die Augenblickswerte zu einem Zeitpunkt t ergeben sich als Projektionen der Zeiger auf die Zeitlinie. Es ergibt sich also, daß **das 1. Kirchhoffsche Gesetz bei Wechselstrom** für die Augenblickswerte der Ströme **in der Form gilt, daß an einem Knotenpunkt die algebraische Summe der Augenblickswerte sämtlicher Ströme gleich Null ist.**

$$\Sigma i = 0. \qquad (256)$$

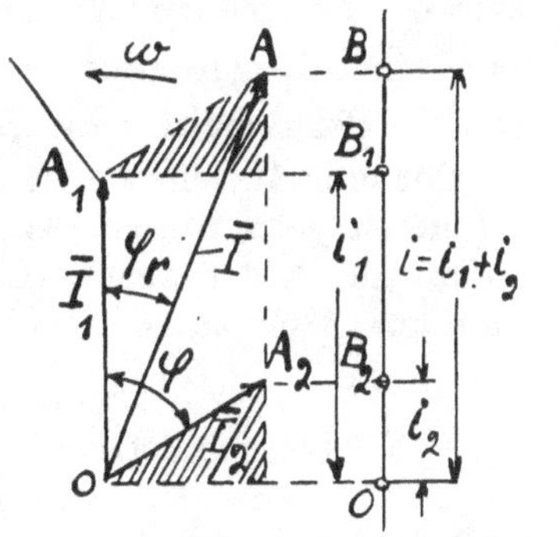

Abb. 207

Aus Abb. 207 folgt dann für die Scheitelwerte der Ströme an einem Knotenpunkt das **1. Kirchhoffsche Gesetz für die Wechselströme. In jedem Knotenpunkt ist die geometrische Summe der Scheitelwerte der Ströme gleich Null.**

$$\Sigma_g \bar{I} = 0. \qquad (256\,a)$$

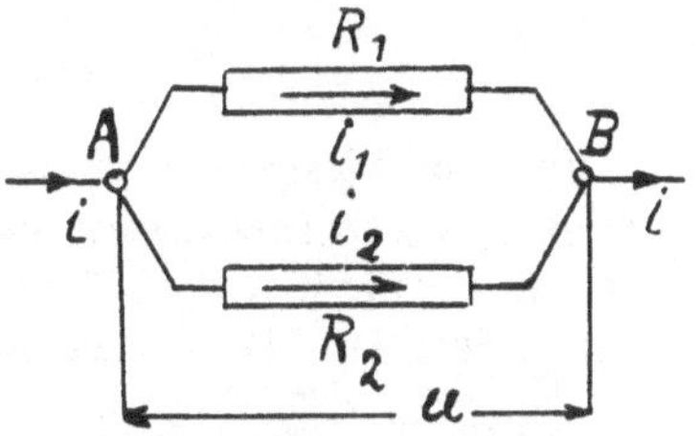

Abb. 208

Bei einer **Leitermasche** nach Abb. 208, die unter dem Einfluß einer Wechselspannung u steht und nur Ohmsche Widerstände R_1 und R_2 enthält, gilt für die Augenblickswerte $u = i_1 R_1 = i_2 R_2$, woraus folgt

$$i_1 R_1 - i_2 R_2 = 0$$

oder

$$\Sigma i R = 0. \qquad (257\,a)$$

Das 2. Kirchhoffsche Gesetz für eine EMK-freie Leitermasche gilt auch bei Wechselstrom für die Augenblickswerte der Produkte aus Strom und Widerstand.

Enthalten die Zweige EMKe e_1 bzw. e_2, die den Strömen gleich- oder entgegengerichtet sind (z. B. Selbstinduktionsspannungen oder dgl.), dann ist

$$u \pm e_1 = i_1 R_1; \qquad u \pm e_2 = i_2 R_2,$$

also durch Subtraktion der beiden Gleichungen

$$\pm e_1 \mp e_2 = i_1 R_1 - i_2 R_2,$$

d. h.

$$\Sigma e = \Sigma i R. \qquad (257\,b)$$

Also auch für eine Leitermasche, welche EMKe enthält, gilt das 2. Kirchhoffsche Gesetz für die Augenblickswerte der Spannungen und Ströme gemäß Gl. (257b). Bei der Berechnung der algebraischen Summen in Gl. (257a) und (257b) ist wieder so zu verfahren, wie in § 16 angegeben wurde und wie es sich aus der eben erfolgten Ableitung der Gl. (257a und b) ergibt.

Nun ist $\Sigma i R$ der Augenblickswert eines Zeigers mit dem Scheitelwert $\Sigma_g \bar{I} R$, wenn $\Sigma_g \bar{I} \cdot R$ die geometrische Summe der Produkte aus Scheitelwert der Ströme und Widerstand ist. Und ebenso ist Σe der Augenblickswert eines Zeigers mit dem Scheitelwert $\Sigma_g \bar{E}$ gleich der geometrischen Summe der Scheitelwerte E sämtlicher EMKe innerhalb der Masche.

Für eine Masche lautet also **das 2. KIRCHHOFFsche Gesetz für Wechselstrom: In jeder Masche ist die geometrische Summe der Scheitelwerte der EMKe gleich der geometrischen Summe der Produkte aus Stromscheitelwert und Widerstand.**

$$\Sigma_g \bar{E} = \Sigma_g \bar{I} R, \qquad (257\text{c})$$

wenn Σ_g eine geometrische Summe bedeutet.

Im nächsten § 81 wird gezeigt, daß man in den Gl. (256a) und (257c) statt der Scheitelwerte auch die Effektivwerte der Spannungen und Ströme setzen kann.

81. Mittelwerte von Sinuswellen. Scheitelfaktor und Formfaktor

a) Arithmetischer Mittelwert

Die zum Messen von Spannungen und Strömen für Gleichstrom verwendeten Instrumente mit gleichmäßiger Zeigerskala sind die Drehspulinstrumente nach Abb. 122 in § 55, deren Zeigerausschlag proportional dem Strom i ist. Die Drehspule des Instruments erfährt im konstanten Feld $\mathfrak{B}$ des Dauermagneten ein Drehmoment $M_d = \frac{\mathfrak{B}\, l i D}{9810}$ Gramm $= C \cdot i$ Gramm, wenn $C = \frac{\mathfrak{B} l D}{9810}$, sowie D den Durchmesser und l die Länge der Spule bedeuten. M_d ist also proportional mit i und damit auch der Zeigerausschlag und stets nach einer Seite, wenn der Strom konstante Richtung hat. Schickt man aber Wechselstrom in die Drehspule, dann erfolgt kein Zeigerausschlag, weil die Spule bei der Frequenz f in der Sekunde $2f$ Impulse nach entgegengesetzten Richtungen erhält, denen sie nicht folgen kann. Um aber diese genau zeigenden Instrumente auch für Wechselstrom verwenden zu können, stellt man Drehspulinstrumente mit eingebautem Gleichrichter her, welcher die zweite, negative Halbwelle des

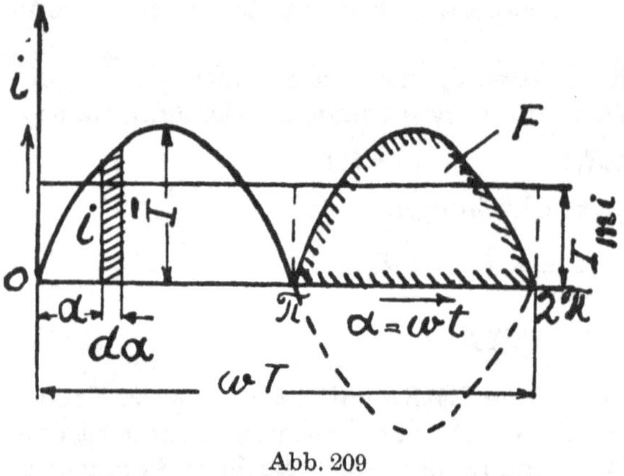

Abb. 209

Wechselstroms wendet, so daß man einen Stromverlauf nach Abb. 209 erhält. Der Zeiger gibt jetzt einen Ausschlag gleich dem **arithmetischen** (galvanometrischen) **Mittelwert** $I_{m\,i}$ des Wechselstromes. Er ist in Abb. 209 gleich der Höhe des Rechtecks, welches gleichen Inhalt besitzt wie die schraffierte Fläche F zwischen Stromkurve und Abszissenachse, so daß

$$I_{m\,i} = \frac{F}{\pi} = \frac{1}{\pi}\int_0^{\pi} i\,d\alpha = \frac{\omega}{\pi}\int_0^{\frac{T}{2}} i \cdot dt\,. \tag{258}$$

Nun ist $\int_0^{\frac{T}{2}} i \cdot dt$ die vom Wechselstrom i während einer halben Periode gelieferte Elektrizitätsmenge Q, welche gleich $\frac{F}{\omega}$, d. h. dem $\frac{1}{\omega}$ fachen der Fläche F ist. Wird also der gleichgerichtete Strom zur Elektrolyse benutzt, dann scheidet er an den Elektroden dem Gewicht nach genau soviel Zersetzungsprodukte aus wie ein Gleichstrom vom Wert $I_{m\,i}$. Zur Ermittlung von $I_{m\,i}$ muß Gl. (258) benutzt werden, indem man für i entweder die Funktion $i = f(\alpha)$ oder $i = f(t)$ einsetzt. Ist die Stromkurve sehr unregelmäßig, dann muß aus der Zeichnung die Fläche F durch eine Näherungsmethode oder mit dem Planimeter bestimmt werden.

Für einen sinusförmigen Wechselstrom ist $i = \bar{I} \sin\alpha$ und damit

$$I_{m\,i} = \frac{1}{\pi}\int_0^{\pi} i \cdot d\alpha = \frac{1}{\pi}\int_0^{\pi} \bar{I}\sin\alpha \cdot d\alpha = \frac{\bar{I}}{\pi}\int_0^{\pi} \sin\alpha \cdot d\alpha\,,$$

$$I_{m\,i} = \frac{\bar{I}}{\pi}\Big[-\cos\alpha\Big]_0^{\pi} = \frac{2}{\pi}\bar{I} = 0{,}637\,\bar{I}. \tag{258a}$$

Der arithmetische Mittelwert hat nur für die Elektrolyse praktische Bedeutung, die aber mit Wechselstrom nicht ausführbar ist. Die Kenntnis des arithmetiscben Mittelwertes ist aber theoretisch für manche Berechnungen nötig.

b) Quadratischer Mittelwert oder Effektivwert

Um die Gleichrichtung des Wechselstromes zu vermeiden, verwendet man bei Wechselstrommessungen Meßgeräte mit quadratischem Ausschlag, dessen Richtung wegen $(-i)^2 = i^2$ von der Stromrichtung unabhängig ist. Solche Meßgeräte sind Hitzdraht- und dynamometrische Instrumente, sowie Induktionsinstrumente. Daß die Hitzdrahtinstrumente quadratischen Zeigerausschlag geben, wurde bereits an Hand der Abb. 44 in § 23 nachgewiesen. Bei den Dynamometern, die am Schlusse des § 55 erwähnt wurden, fließt der zu messende Wechselstrom i durch eine feste und eine im Feld der festen Spule befindliche drehbare Spule. Die Felder verlaufen entweder in Luft (eisenlose Dynamometer) oder in Eisen (eisengeschlossene

Dynamometer). Die Induktion des Feldes der festen Spule ist $\mathfrak{B} = Ci$ und das Drehmoment auf die Drähte der auch von i durchflossenen drehbaren Spule $M_d = C_1 \mathfrak{B} l i = C_2 i l i = C_3 i^2$. Das Drehmoment M_d auf die bewegliche Spule ist also proportional dem Quadrat des Stromwertes i, wodurch der Ausschlag der Spule während der positiven und negativen Halbwelle des Wechselstromes die gleiche Richtung hat. Der entstehende Dauerausschlag des Zeigers entspricht also dem quadratischen Mittelwert I^2 der quadratischen Augenblickswerte i^2 nach Abb. 210. Der quadratische Mittelwert ist also

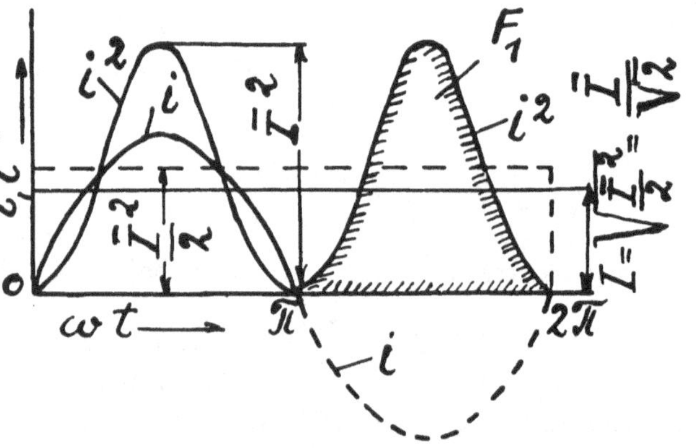

Abb. 210

$$I^2 = \frac{F_1}{\pi} = \frac{1}{\pi} \int_0^{\pi} i^2 \cdot d\alpha = \frac{\omega}{\pi} \int_0^{\frac{T}{2}} i^2 \cdot dt. \tag{259}$$

Der quadratische Mittelwert I^2 ist daher in Abb. 210 die Höhe des Rechtecks, welches gleichen Inhalt besitzt mit der schraffierten Fläche F_1 zwischen der i^2-Kurve und der Abszissenachse.

Ist nun R der Widerstand des Stromkreises oder eines Verbrauchers oder des Instrumentes selbst, dann ist

$$A_w = R \int_0^{\frac{T}{2}} i^2 \cdot dt = R \frac{F_1}{\omega} = \frac{\pi}{\omega} I^2 R = \frac{I^2 R}{2f}, \tag{259a}$$

die Wärmearbeit in Ws, die während einer Halbwelle, d. h. in $\frac{T}{2} = 1 : 2f$ Sekunden, vom Wechselstrom i oder von einem Gleichstrom $I = \sqrt{I^2}$ in einem Widerstand R geleistet wird und gleich der $\frac{R}{\omega}$ fachen schraffierten Fläche F_1 ist.

Der Wurzelwert I aus dem quadratischen Mittelwert I^2 heißt, weil er die Größe eines Gleichstromes angibt, der in jeder Zeit t die gleiche Wärmeenergie $Q_w = 0{,}24\, I^2 R t$ in cal liefert wie der Wechselstrom i, der **Effektivwert des Wechselstroms.** Zu seiner Berechnung dient Gl. (259).

Es ist allgemein

$$I = \sqrt{\overline{I^2}} = \sqrt{\frac{1}{\pi}\int_0^{\pi} i^2 \cdot d\alpha} = \sqrt{\frac{2}{T}\int_0^{\frac{T}{2}} i^2 \cdot dt} = \sqrt{\frac{\omega}{\pi}\int_0^{\frac{T}{2}} i^2 \cdot dt} \tag{259b}$$

Für eine Sinuswelle $i = \bar{I} \sin\alpha$ ergibt sich

$$I^2 = \frac{1}{\pi}\int_0^{\pi} (\bar{I}\sin\alpha)^2\, d\alpha = \frac{\bar{I}^2}{\pi}\cdot\int_0^{\pi} \sin^2\alpha \cdot d\alpha\,.$$

Da $\sin^2\alpha = \frac{1}{2}(1 - \cos 2\alpha)$, so folgt

$$I^2 = \frac{\bar{I}^2}{2\pi}\left[\int_0^{\pi} d\alpha - \int_0^{\pi} \cos 2\alpha \cdot d\alpha\right] = \frac{\bar{I}^2}{2\pi}\left[\alpha - \frac{\sin 2\alpha}{2}\right]_0^{\pi},$$

$$I^2 = \frac{\bar{I}^2}{2\pi}\left[\pi - 0\right] = \frac{\bar{I}^2}{2}, \tag{260}$$

$$I = \frac{\bar{I}}{\sqrt{2}} = 0{,}707\,\bar{I}. \tag{260a}$$

Der Effektivwert I bzw. U eines Wechselstroms bzw. einer Wechselspannung berechnet sich bei Sinuskurven, indem man den Scheitelwert $\bar{I}$ bzw. $\bar{U}$ durch $\sqrt{2}$ dividiert. Für eine Welle von anderer als der Sinusform muß I aus Gl. (259b) berechnet bzw. aus Gl. (259) als $I = \sqrt{\frac{F_1}{\pi}}$ ermittelt werden.

Hitzdrahtinstrumente, Dynamometer und Induktions-(Ferraris-) instrumente zeigen also bei Wechselstrom Effektivwerte von Spannung und Strom an. Aus der oben angegebenen Bedeutung des Effektivwertes folgt dann, daß die auch für Gleichstrom verwendbaren Hitzdrahtinstrumente und Dynamometer mit Gleichstrom geeicht für Wechselstrom benutzt werden können. Induktionsinstrumente gemäß Abb. 179a dagegen können nur mit Wechselstrom geeicht werden. Nun verwendet man für Wechselstrom auch die auch für Gleichstrom gebräuchlichen Dreheiseninstrumente nach Abb. 16 in § 15. Bei diesen Instrumenten ist die Kraft auf den Eisenkern den Zeitwerten des Stromes und des im Eisen erzeugten Magnetismus $\mathfrak{B}$ proportional. Bei den meist benutzten Instrumenten mit starkgesättigtem Eisenkern (Eisenblech) ist $\mathfrak{B}$ konstant und der Zeigerausschlag proportional mit dem Strom i. Die Instrumente geben also bei Wechselstrom nicht Effektivwerte an. Damit die Skala aber nach Effektivwerten graduiert werden kann, eicht man diese Dreheiseninstrumente mit Wechselstrom mit Hitzdrahtinstrumenten oder Dynamometern, die selbst mit Gleichstrom geeicht sind.

Weil die Wechselstrommeßinstrumente Effektivwerte von Spannung und Strom anzeigen, werden alle Wechselspannungen und Ströme in

Effektivwerten ausgedrückt, indem man die Scheitelwerte durch $\sqrt{2}$ dividiert. Deshalb werden auch die in Spulen induzierten EMKe der Bewegung und der Ruhe in Effektivwerte umgerechnet, indem man die entsprechenden Gleichungen durch $\sqrt{2}$ dividiert. Der Effektivwert einer solchen Spannung ergibt sich aus Gl. (250) zu

$$E = \frac{\bar{E}}{\sqrt{2}} = \frac{w\omega\bar{\Phi}}{\sqrt{2}}\,10^{-8}\,.$$

Man könnte nun den Scheitelwert $\bar{\Phi}$ des Flusses durch $\sqrt{2}$ dividieren und würde den Effektivwert $\Phi = \frac{\bar{\Phi}}{\sqrt{2}}$ des Flusses erhalten. Da dieser aber direkt nicht meßbar ist und auch sonst keine Rolle spielt, da z. B. auch die in Spulen mit Eisenkernen auftretenden Hysteresis- und Wirbelstromverluste vom maximalen Fluß abhängen, so behält man in der Formel für die effektive EMK den Scheitelwert $\bar{\Phi}$ des Flusses bei und erhält

$$E = \frac{\bar{E}}{\sqrt{2}} = \frac{\omega}{\sqrt{2}}\,w\bar{\Phi}\cdot 10^{-8} = \frac{2\pi}{\sqrt{2}}\,fw\bar{\Phi}\,10^{-8},$$

$$E = 4{,}44\,fw\bar{\Phi}\cdot 10^{-8}\,. \qquad \textbf{(261)}$$

Außerdem erhält man aus Gl. (183a) für die in einer Ankerspule mit w Windungen induzierte EMK elektrischer Maschinen den Effektivwert in der Form

$$E = \frac{\bar{E}}{\sqrt{2}} = \frac{1}{\sqrt{2}}\,2\,\bar{\mathfrak{B}}wlv\cdot 10^{-8} = \sqrt{2}\,\bar{\mathfrak{B}}wlv\cdot 10^{-8}, \qquad \textbf{(261 a)}$$

wobei dann $\bar{\mathfrak{B}}$ bei sinusförmiger Verteilung der Induktion $\mathfrak{B}$ über die Polteilung τ durch entsprechende Gestaltung des Luftspaltes den Höchstwert der Induktion bedeutet, wenn die Spulenseiten in Polmitte stehen. Der gleiche Wert für den Effektivwert der EMK ergibt sich auch aus Gl. (179), wenn man bei Stellung der Spulenseiten in Polmitte $\bar{\mathfrak{B}}_1 = \bar{\mathfrak{B}}_2 = \bar{\mathfrak{B}}$ setzt, was ja wegen der Symmetrie der Nord- und Südpolinduktion der Fall ist. Es läßt sich dann nachweisen, daß die Gl. (261 a) mit Gl. (261) gleichwertig ist. Beim Ankerdurchmesser $D = 2\,r$ ist die Geschwindigkeit $v = \frac{2r\pi n}{60}$ und, in Gl. (261 a) eingesetzt, ergibt sich der Scheitelwert $\bar{E}$ der EMK

$$\begin{aligned}\bar{E} &= 2\,\bar{\mathfrak{B}}wl\frac{2r\pi n}{60}\,10^{-8}\\ &= 2\pi\cdot 2wl\bar{\mathfrak{B}}\frac{rn}{60}\cdot 10^{-8}\cdot\frac{2p}{2p}\cdot\frac{\pi}{\pi}\\ &= 2\pi\frac{pn}{60}\cdot wl\frac{2}{\pi}\,\bar{\mathfrak{B}}\frac{2r\pi}{2p}\cdot 10^{-8}.\end{aligned}$$

Da nun $\frac{pn}{60} = f$, $\frac{2r\pi}{2p} = \tau$ und $\frac{2}{\pi}\,\bar{\mathfrak{B}}\tau l = \bar{\Phi}$, sowie $\frac{2}{\pi}\,\bar{\mathfrak{B}}$ der arithmetische

Mittelwert der Induktion $\mathfrak{B}$ ist, erhält man schließlich $\bar{E} = 2\pi f w \bar{\Phi} \cdot 10^{-8}$ und den Effektivwert

$$E = \frac{2\pi}{\sqrt{2}} f w \bar{\Phi} \cdot 10^{-8} = 4{,}44 f w \bar{\Phi} \cdot 10^{-8}.$$

Werden **Zeigerdiagramme** nicht auch zur Konstruktion von Liniendiagrammen verwendet, dann werden sie stets mit Effektivwerten der Spannungen und Ströme gezeichnet. Die Augenblickswerte erhält man aber dann, indem man die Projektionen der als Effektivwerte gezeichneten Vektoren auf die Zeitlinie mit $\sqrt{2}$ multipliziert, weil Effektivwertzeiger weder Augenblickswerte noch ein Liniendiagramm ergeben. Der magnetische Fluß wird im Zeigerdiagramm stets als Scheitelwert aufgetragen. Wegen der Beziehung $I = \frac{\bar{I}}{\sqrt{2}}$ gelten die in § 80 abgeleiteten KIRCHHOFFschen Gesetze für Wechselstrom auch für die Effektivwerte der Ströme und Spannungen, so daß also in jedem Knotenpunkt $\Sigma_g I = 0$ und in jeder Masche

$$\Sigma_g E = \Sigma_g I \cdot R.$$

Die Beziehungen zwischen Scheitelwert, arithmetischem Mittelwert und Effektivwert sind bei jeder Kurvenform andere. Zur Beurteilung einer Kurvenform bzgl. ihrer Stumpfheit oder Spitzheit dienen Formfaktor und Scheitelfaktor.

Als **Formfaktor** bezeichnet man

$$f_0 = \frac{E}{E_{mi}} \text{ bzw. } \frac{I}{I_{mi}}, \tag{262a}$$

also das Verhältnis von Effektivwert zu arithmetischem Mittelwert. Bei einer Sinuskurve ist

$$f_0 = \frac{\bar{E} : \sqrt{2}}{\bar{E} \cdot 2 : \pi} = \frac{0{,}707\,\bar{E}}{0{,}637\,\bar{E}} = 1{,}11\,. \tag{262b}$$

Unter dem **Scheitelfaktor** versteht man das Verhältnis von Scheitelwert zu Effektivwert

$$f_s = \frac{\bar{E}}{E} \text{ bzw. } \frac{\bar{I}}{I}. \tag{262c}$$

Für eine Sinuslinie ist

$$f_s = \frac{\bar{E}}{E} = \frac{\sqrt{2}\,E}{E} = \sqrt{2} = 1{,}414. \tag{262d}$$

Formfaktor und Scheitelfaktor sind um so größer, je spitzer die Wellenform ist. Der Scheitelfaktor gibt die Umrechnung von Scheitelwert in Effektivwert und umgekehrt und bei ihm sind die Unterschiede zwischen den einzelnen Wellenformen größer als beim Formfaktor, wie sich aus Zahlentafel 20 ergibt.

Zahlentafel 20

Kurvenform	Sinuskurve	Rechteck	Halbkreis	Dreieck	Spitze aus zwei Halbparabeln	Halbellipse
Formfaktor	1,11	1,00	1,04	1,15	1,35	1,04
Scheitelfaktor	1,414 $=\sqrt{2}$	1,00	1,22	1,732 $=\sqrt{3}$	2,22	1,22

Die Aufnahme von Wechselstromkurven erfolgt mit dem **Oszillographen.** Durch ihn können Wechselspannungen und Ströme als Liniendiagramme aufgenommen werden. Der Oszillograph besteht in der Hauptsache aus einem Dauer- oder Elektromagneten, zwischen dessen Polen N und S sich eine mit einem Spiegel s versehene Meßschleife ab aus dünnem Draht befindet, die durch eine Feder in der Ruhelage festgehalten ist (Abb. 211). Durch die beiden Drähte der Schleife wird der Wechselstrom i, dessen Welle untersucht werden soll, geleitet. Da er in den Drähten entgegengesetzt gerichtet ist, so bringt der Strom i durch die vom Feld ausgeübten entgegengesetzten Kräfte $P = \mathfrak{B} i l$ die Schleife in Schwingungen, entsprechend der Frequenz f des Stromes i. Die Eigenschwingungsdauer der Schleife muß gegenüber der Zeitdauer $T = \frac{1}{f}$ der Periode des Wechselstromes i verschwindend klein sein. Eine elektrische Punktlampe sendet einen Lichtstrahl auf den Spiegel s, der dieser auf eine aus Spiegelsegmenten bestehende, um eine Vertikalachse drehbare Trommel (Polygonspiegel) reflektiert. Wird nun die Trommel so rasch gedreht, daß sie synchron läuft, d. h. daß nach jeder Schwingung der Schleife ein neues Spiegelsegment den Lichtstrahl auffängt, dann wird durch den von den Spiegelsegmenten auf eine Mattscheibe abgelenkten Lichtstrahl die Stromkurve aufgezeichnet. Besitzt die Trommel z Spiegelsegmente, dann muß sie bei einem 50-periodigen Wechselstrom $n = \frac{50}{z}$ Umdrehungen in der Sekunde machen. Durch Verwendung eines Nebenwiderstandes bzw. Vorwiderstandes können größere Ströme bzw. Spannungen aufgenommen werden.

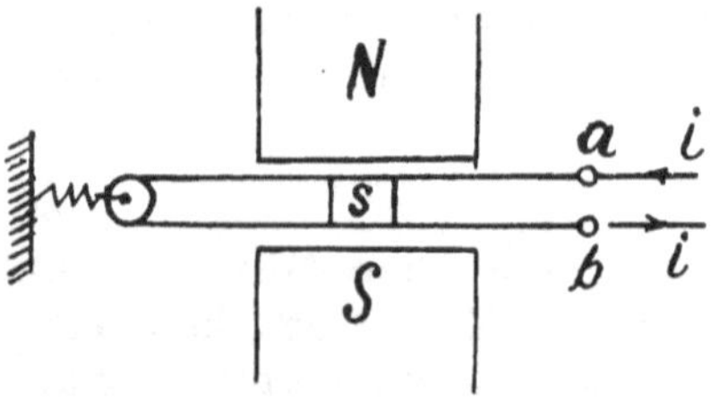

Abb. 211

82. Der einfache Wechselstromkreis

Schließt man an die Klemmen einer Wechselstrommaschine durch Leitungen irgendeinen Verbraucher an, dann entsteht ein Stromkreis, in welchem infolge der periodisch veränderlichen EMK E der Stromquelle auch ein periodisch veränderlicher Strom, also ein Wechselstrom, fließt, dessen Effektivwert I mit Strommessern gemessen werden kann. Dieser Strom verursacht in der Ankerwicklung der Maschine infolge ihres Widerstandes einen Spannungsverlust, so daß an den Klemmen der Maschine eine Spannung herrscht, welche um diesen Spannungsverlust kleiner ist als die EMK E der Maschine. Man bezeichnet diese an den Klemmen nach außen hin verfügbare Spannung als Klemmenspannung U der Maschine.

An die Maschinenklemmen können angeschlossen werden:

1. Einfache Leiter oder Verbraucher, welche nur einen Ohmschen Widerstand $R = \varrho \frac{l}{q}$ besitzen (Heizkörper, Glühlampen).
2. Verbraucher, die Selbstinduktion besitzen, also Spulen größerer Windungszahl um einen Eisenkern, z. B. Elektromagnete, Transformatoren, Motoren usw. Man heißt solche Verbraucher induktive Verbraucher.
3. Kondensatoren, auch kapazitive Verbraucher genannt.

Aus den Ergebnissen der Betrachtungen in den Abschnitten VII und VIII ergibt sich, daß bei Gleichspannung induktionsfreie und induktive Verbraucher bzgl. Stromstärke keinen Unterschied ergeben und daß beim Kondensator kein dauernder Strom fließt. Bei Wechselspannungsanschluß aber vermindern induktive und kapazitive Verbraucher die Stromstärke. Ferner ergibt sich aber auch, daß der schwächende Einfluß auf die Stromstärke mit wachsender Frequenz bei der Induktivität zunimmt, bei der Kapazität abnimmt, wobei darauf hingewiesen wird, daß gemäß § 73 in den Zuleitungen zum Kondensator ein dauernder Wechselstrom fließt bei Anschluß an eine Wechselspannung. Besonders bemerkenswert ist aber, daß infolge der Wirbelstromwirkung mit zunehmender Frequenz auch die Wechselstromstärke bei Ohmschem Widerstand R kleiner wird, so daß für diesen bei hohen Frequenzen der Echtwiderstand R_e zu setzen ist.

Man hat also im Wechselstromkreis zu unterscheiden zwischen Ohmschem, induktivem, kapazitivem und Echtwiderstand. Kommt einer dieser Widerstände einzeln vor im Wechselstromkreis, dann heißt er ein einfacher Wechselstromkreis. In vielen Fällen treten aber mehrere dieser verschiedenen Widerstände zusammen auf und man spricht dann von einem zusammengesetzten Wechselstromkreis.

Es werden zunächst die Vorgänge im einfachen Wechselstromkreis behandelt.

a) Ohmscher Widerstand

Der Ohmsche Widerstand R, der bei niederer Frequenz für Gleich- und Wechselspannung den gleichen Wert besitzt, ist an eine Wechselstromquelle angeschlossen, die eine zeitlich sinusförmige Klemmenspannung $u = \bar{U} \sin \omega t$ liefert. In dem auf diese Weise gebildeten Strom-

Abb. 212

kreis entsteht dann nach dem Ohmschen Gesetz ein Strom wechselnder Richtung und Größe vom Augenblickswert

$$i = \frac{u}{R} = \frac{\bar{U} \sin \omega t}{R} = \frac{\bar{U}}{R} \sin \omega t\,. \tag{263}$$

Der Strom ist also ebenfalls sinusförmig mit der gleichen Periode wie die Spannung u und die Stromwelle i ist mit der Spannungswelle u phasengleich. Der Quotient $\frac{\bar{U}}{R}$ vor der trigonometrischen Funktion $\sin \omega t$ ist als Amplitude der Stromwelle i der Höchstwert, den der Strom i für $\omega t = \frac{\pi}{2}$, $\frac{3\pi}{2}$, $\frac{5\pi}{2}$ usw. annimmt, $\frac{\bar{U}}{R}$ ist also der Scheitelwert des entstehenden Wechselstromes

$$\bar{I} = \frac{\bar{U}}{R}\,. \tag{263a}$$

Damit ergibt sich der Effektivwert der Stromstärke

$$I = \frac{\bar{I}}{\sqrt{2}} = \frac{\bar{U}}{\sqrt{2}} \cdot \frac{1}{R} = \frac{U}{R}\,. \tag{263b}$$

Für die Effektivwerte von Spannung und Strom gilt also das Ohmsche Gesetz

$$U = I \cdot R\,. \tag{264}$$

Die Gl. (263) bzw. (264) $u = i \cdot R$ bzw. $U = I \cdot R$ entsprechen dem 2. Kirchhoffschen Gesetz. Schreibt man die Gleichungen in der Form $u - i \cdot R = 0$ bzw. $U - I \cdot R = 0$, dann kann man $-i \cdot R$ als Augenblickswert e_R und $-I \cdot R$ als Effektivwert E_R einer vom Widerstand R erzeugten Gegenspannung auffassen, die von der Klemmenspannung U überwunden werden muß. Die bildliche Darstellung des Spannungs- und Stromverlaufs im Zeiger- und Liniendiagramm gibt Abb. 213.

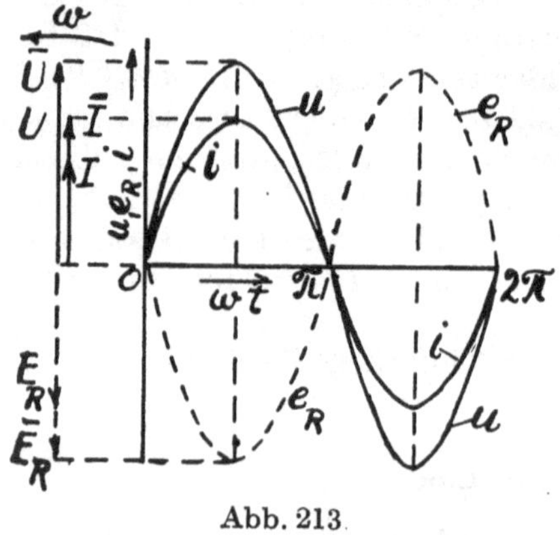

Abb. 213

Wegen der Phasengleichheit $\varphi = 0$ von u und i fallen die Zeiger $\bar{U}$ und $\bar{I}$ im Zeigerdiagramm in eine Linie. In die gleiche Linie sind auch die Effektivwerte U und I aufzutragen, wenn das Zeigerdiagramm mit Effektivwerten gezeichnet wird, wie das in der Regel üblich ist. Die Augenblickswerte u und i sind aber die Projektionen von $\bar{U}$ und $\bar{I}$ auf die Zeitlinie, d. h. aus den Scheitelwerten zu ermitteln, da gemäß Gl. (263) u und i von den Scheitelwerten abhängen. Wenn daher das Zeigerdiagramm ohne Liniendiagramm gezeichnet wird, wie das meistens der Fall ist, dann erhält man die Augenblickswerte u und i, indem man die Projektionen der im effektiven Maß gezeichneten Zeiger auf die Zeitlinie mit $\sqrt{2}$ multipliziert.

b) Induktiver Widerstand

An die Wechselstromquelle mit der sinusförmigen Klemmenspannung u wird ein rein induktiver Widerstand angeschlossen in Form einer eisenlosen Spule, deren Ohmscher Widerstand vernachlässigbar klein ist. Die Induktivität der Spule sei L. Besitzt die Spule einen Eisenkern, dann muß er schwach gesättigt sein oder einen Luftspalt δ besitzen gemäß § 67 in Abschnitt VII, so daß dann innerhalb einer Periode und bei verschiedenen Betriebszuständen μ konstant ist und L nach Formel (196a) ebenfalls als konstant angenommen werden darf.

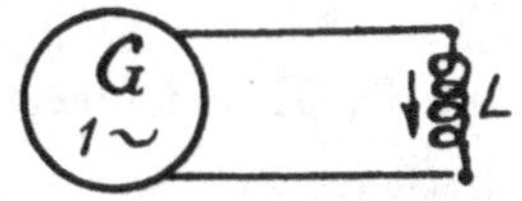

Abb. 214

Da anzunehmen ist, daß eine sinusförmige Klemmenspannung u auch einen sinusförmigen Strom i hervorruft, so wird zunächst ein sinusförmiger Strom $i = \bar{I} \sin \omega t$ vorausgesetzt. Dieser Strom erzeugt in den Windungen der Spule infolge des mit ihm phasengleichen sinusförmigen Wechselflusses Φ eine EMK der Selbstinduktion

$$e_L = -w \frac{d\Phi}{dt} 10^{-8} = -L \frac{di}{dt}, \qquad \textbf{(265)}$$

welche nach § 67 dem Fluß und Strom $^1/_4$ Periode nacheilt. Aus Gl. (265) ergibt sich die Selbstinduktionsspannung zu $e_L = -L \frac{di}{dt} = -L\omega \bar{I} \cos \omega t$ und da $\cos \omega t = \sin\left(\omega t + \frac{\pi}{2}\right)$ und $-\cos \omega t = \sin\left(\omega t - \frac{\pi}{2}\right)$, so ergibt sich

$$e_L = (\omega L) \bar{I} \sin\left(\omega t - \frac{\pi}{2}\right). \qquad \textbf{(265a)}$$

Der Scheitelwert der Selbstinduktionsspannung, für die sich aus Gl. (265a) ebenfalls eine Phasennacheilung $\varphi = \frac{\pi}{2}$, d. h. $^1/_4$ Periode, gegen den Strom $i = \bar{I} \sin \omega t$ ergibt, ist also

$$\bar{E}_L = \bar{I}(\omega L) \qquad \textbf{(265b)}$$

und der Effektivwert der Selbstinduktions-EMK

$$E_L = \frac{\bar{E}_L}{\sqrt{2}} = \frac{\bar{I}}{\sqrt{2}}(\omega L) = I(\omega L). \qquad \textbf{(265c)}$$

Weil der Ohmsche Widerstand $R = 0$ angenommen wurde und also zu seiner Überwindung keine Spannung nötig ist, so muß zwischen der Klemmenspannung u und der EMK e_L der Selbstinduktion nach dem 2. KIRCHHOFFschen Gesetz die Beziehung bestehen $u + e_L = 0$ oder $u = -e_L$, also $u + \left(-L \frac{di}{dt}\right) = 0$, d. h. $u = L \frac{di}{dt}$

$$u = \bar{I}(\omega L)\cos\omega t = \bar{I}(\omega L)\sin\left(\omega t + \frac{\pi}{2}\right). \qquad \textbf{(266)}$$

Ein sinusförmiger Strom i kann also in einem induktiven Widerstand nur durch eine sinusförmige Klemmenspannung u erzeugt werden, welche dem Strom i $^1/_4$ Periode voreilt. Dadurch eilt die Klemmenspannung u der Selbstinduktions-EMK e_L eine halbe Periode, d. h. π vor. u ist also jeden Augenblick mit e_L von gleicher Größe und entgegengesetzter Richtung.

Der Scheitelwert der Klemmenspannung ist aus Gl. (266)

$$\bar{U} = \bar{I}(\omega L) \qquad \textbf{(266a)}$$

und der Effektivwert

$$U = I(\omega L). \qquad \textbf{(266b)}$$

Die Scheitel- und Effektivwerte von u haben die gleiche Größe wie die entsprechenden Werte der Selbstinduktion-EMK e_L, aber als Zeiger im Zeigerdiagramm entgegengesetzte Richtung entsprechend der gegenseitigen Phasenverschiebung von einer halben Periode, das sind 180° im Diagramm.

Aus den Gl. (265c) und (266b) ergibt sich, daß

$$\omega L = \frac{E_L}{I} = \frac{U}{I} \qquad \textbf{(267)}$$

einen Widerstand darstellt, da ωL die Dimension $\frac{V}{A} = \Omega$ besitzt. Da nun $\omega = 2\pi f = \frac{2\pi}{T}$ als Einheit $\frac{1}{s}$ und $L = \frac{w^2 \Lambda}{10^8}$ als Einheit $\frac{M}{10^8 A} = \frac{Vs}{A}$ hat, so ergibt sich ebenfalls für ωL die Einheit $\frac{Vs}{As} = \frac{V}{A} = \Omega$.

Deshalb bezeichnet man $\omega L = X_i$ als **induktiven Widerstand** bzw. als induktiven Blindwiderstand, wie später nachgewiesen wird.

Der induktive Widerstand $X_i = \omega L$ hängt außer von der Induktivität L auch von der Kreisfrequenz ω ab und wächst linear mit ihr, so daß die Stromstärke $I = \frac{U}{\omega L}$ mit Zunahme der Frequenz f abnimmt. Bei hoher Frequenz kann also der Strom I gedrosselt werden. Daher heißen Spulen mit überwiegend induktivem Widerstand **Drosselspulen.** Beim Anschluß an eine Gleichspannung, d. h. $f = 0$, ergibt sich ein Kurzschluß.

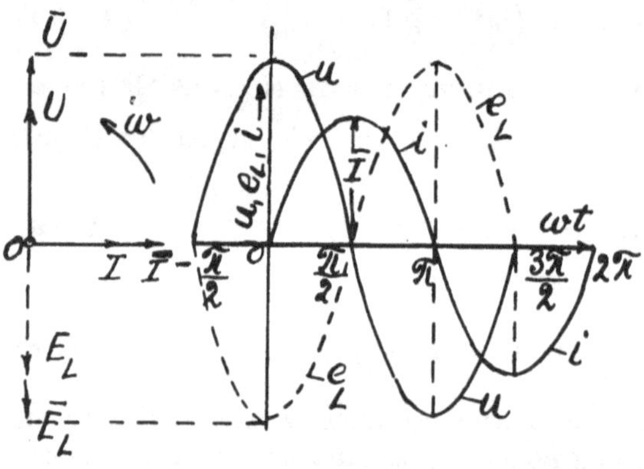

Abb. 215

Die bildliche Darstellung im Zeiger- und Liniendiagramm gibt Abb. 215, die nach den obigen Ausführungen verständlich ist. Bezugswelle ist die Stromwelle i, welcher die u-Welle $^1/_4$ Peroide voreilt und die e_L-Welle um ebensoviel nacheilt. Aus Abb. 215 ergibt sich aber noch eine wichtige Feststellung. In der Viertelperiode von 0 bis $\frac{\pi}{2}$ sind Spannung u und Strom i gleichgerichtet und die Augenblicksleistung ist $u \cdot i$, die elektrische Arbeit in dieser Viertelperiode also

$$A = \int_0^{\frac{T}{4}} u i \, dt = \int_0^{\frac{T}{4}} L \frac{di}{dt} \cdot i \, dt = L \int_0^{\bar{I}} i \, di ,$$

$$A = L \cdot \left[\frac{i_2}{2}\right]_0^{\bar{I}} = L \frac{\bar{I}^2}{2} (\text{Ws}) . \qquad \textbf{(268)}$$

Das ist der gleiche Wert, der schon in § 67 für die Energie W_m zur Erzeugung des magnetischen Feldes gefunden wurde, wenn man für I den Strom beim Erreichen des maximalen Flusses $\bar{\Phi}$, für den jetzigen Fall also $\bar{I}$, einsetzt. Da nun von 0 bis $\frac{\pi}{2}$ u und i gleiche Richtung haben, so wird die durch Gl. (268) angegebene positive Arbeit A vom Generator geleistet und, weil in der gleichen Zeit e_L und i entgegengesetzt gerichtet sind, von der Selbstinduktionsspannung e_L verbraucht und im Feld als magnetische Energie W_e aufgespeichert. In der nächsten Viertelperiode von $\frac{\pi}{2}$ bis π haben jetzt e_L und i gleiche Richtung, dagegen u und i entgegengesetzte Richtung, so daß jetzt die negative Energie $W_e = \frac{L\bar{I}^2}{2}$ von der Selbstinduktion e_L im Verein mit dem Strom i als elektrische Arbeit A an den Generator zurückgeliefert wird. Wegen der periodischen Wiederholung der Vorgänge findet also bei reinem induktivem Widerstand $X_i = \omega L$ im Stromkreis kein Energieverbrauch statt, indem der Arbeitsbetrag $A = \frac{L\bar{I}^2}{2}$ zwischen Stromquelle und Verbraucher dauernd hin- und hergeschoben wird. Der Strom i ist also ein sogenannter **Blindstrom.** Damit ist der in § 66 schon beim verlustlos leerlaufenden Transformator aufgetretene Fall geklärt.

Es ergibt sich also ganz allgemein:

Haben Spannung *u* und Strom *i* eine Phasenverschiebung von $^1/_4$ Periode, dann ist die elektrische Arbeit innerhalb einer jeden halben Periode gleich Null.

Der induktive Widerstand $X_i = \omega L$ bewirkt durch die Selbstinduktion eine Phasenverschiebung zwischen Klemmenspannung und Strom von $^1/_4$ Periode, wodurch der Effektverbrauch gleich Null ist.

Bei Wechselstrom ist also durch Anwendung einer Spule mit Selbstinduktivität L und vernachlässigbarem Ohmschen Widerstand eine **Drosselung** möglich **ohne Energieverbrauch. Bei Gleichstrom** benötigt man dagegen zur Drosselung einen entsprechend großen Ohmschen Widerstand R und muß dadurch den **Stromwärmeverlust** $N_w = I^2 \cdot R$ (W) mit **in Kauf nehmen.**

Wie bereits in § 81 angegeben, wird bei Wechselstrom mit dem Maximalwert des Flusses $\bar{\Phi}$ gerechnet. Deshalb müssen bei der Berechnung wechselstromerregter magnetischer Kreise auch die Induktionen und Magnetisierungsströme in Maximalwerten eingesetzt werden. Für das OHMsche Gesetz des Magnetismus ergibt sich dann $\bar{\Phi} = \Lambda w \bar{I}$, wobei nach Gl. (261) $\bar{\Phi} = \frac{U \cdot 10^8}{4{,}44 w f}$.

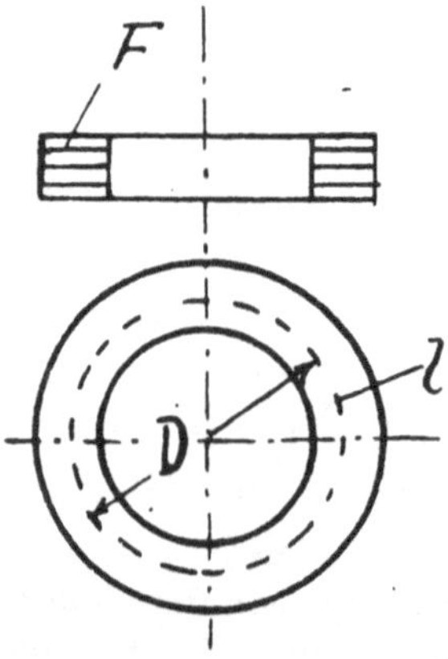

Abb. 216

Bei den Drosselspulen werden Induktion $\bar{\mathfrak{B}}$ bzw. Eisenquerschnitt F so gewählt, daß geringe magnetische Sättigung vorhanden ist, so daß μ konstant bleibt. Gegeben sind gewöhnlich U, I, f, μ bzw. $\bar{\mathfrak{B}}$ und die Abmessungen des Eisenkerns, gesucht Windungszahl w und Luftspalt δ. Bei einer **Eisendrossel ohne Luftspalt** gemäß Abb. 216 ergibt sich bei gegebenen U, I, f, l und $\bar{\mathfrak{B}}$ aus der Magnetisierungskurve die maximale Feldstärke $\bar{\mathfrak{H}}$ und daraus $\Pi = \frac{\bar{\mathfrak{B}}}{\bar{\mathfrak{H}}}$. Unter Vernachlässigung des Ohmschen Widerstandes der Wicklung folgt aus $U = E_L = I\omega L$ die Induktivität $L = \frac{U}{\omega I}$. Aus dem Durchflutungsgesetz $\bar{\mathfrak{H}} \cdot l = I\sqrt{2}w$ folgt $w = \frac{\bar{\mathfrak{H}} \cdot l}{I\sqrt{2}}$ und aus Gl. (187a) $L = \frac{w^2}{10^8} \cdot \frac{\Pi F}{l}$ ergibt sich der Eisenquerschnitt $F = \frac{L l \cdot 10^8}{\Pi w^2}$, sowie der Fluß $\bar{\Phi} = \bar{\mathfrak{B}} F$. Für eine **Eisendrossel mit Luftspalt** δ ist unter Vernachlässigung des magnetischen Eisenwiderstandes nach Gl. (196a) $L = \frac{\Pi_0}{10^8} \cdot \frac{w^2 F}{2\delta}$ und nach Gl. (143) $\bar{\mathfrak{B}} = \frac{\Pi_0 \bar{I} w}{2\delta} = \frac{\Pi_0 I\sqrt{2}w}{2\delta}$

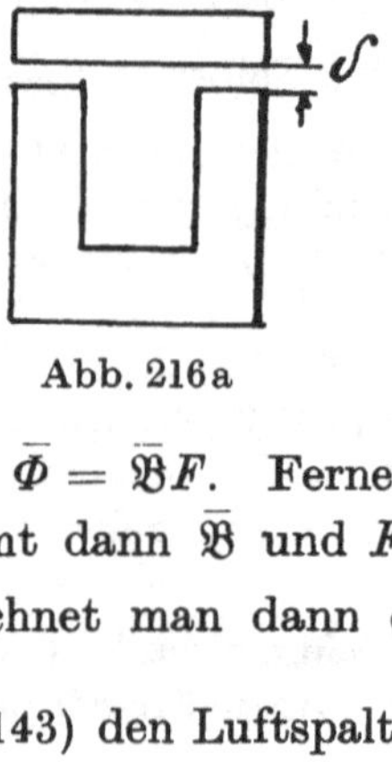

Abb. 216a

und $\bar{\Phi} = \bar{\mathfrak{B}} F$. Ferner ist nach Gl. (261) $U = 4{,}44 f \cdot w\bar{\Phi} \cdot 10^{-8}$. Man nimmt dann $\bar{\mathfrak{B}}$ und F an und berechnet damit $\bar{\Phi} = \bar{\mathfrak{B}} F$. Aus Gl. (261) berechnet man dann die Windungszahl der Drossel $w = \frac{U \cdot 10^8}{4{,}44 f \bar{\Phi}}$ und aus Gl. (143) den Luftspalt $\delta = \frac{\Pi_0 I\sqrt{2}w}{2\bar{\mathfrak{B}}}$. Bestimmt man noch, daß der Ohmsche Widerstand R nur ein bestimmter Prozentsatz (z. B. 1%) vom induktiven Widerstand ωL sein soll, dann kann noch der Drahtquerschnitt q ermittelt werden. Ist l_m die mittlere Windungslänge des Spulendrahtes, dann ist der Widerstand der Spule $R = \varrho \frac{l_m}{q}$ und der Drahtquerschnitt $q = \frac{\varrho l_m}{R}$ mm², welcher noch mit der Stromdichte $j = \frac{I}{q}$ zu kontrollieren ist.

c) Kapazitiver Widerstand

Die Wechselstromquelle G ist mit ihrer sinusförmigen Klemmenspannung U an einen Kondensator von der Kapazität C angeschaltet. Infolge der periodischen Änderung der Spannung U werden unter dem Gegendruck der Platten- oder Kondensatorspannung E_c die Belegungen des Kondensators wechselseitig auf- und entladen. Es fließt also in der Leitung ein Wechselstrom i. Die Spannung U erzeugt, wie in Abschnitt VIII gezeigt wurde, im Dielektrikum des Kondensators ein elektrisches Feld, wodurch im Takt der Frequenz f der Klemmenspannung u eine pendelnde Bewegung der Valenzelektronen der Isolierstoffatome, eine sogenannte elektrische Verschiebung und ein Verschiebungsfluß Φ_e entsteht, welcher gleich der Ladung Q eines Beleges ist. Bei Gleichspannung ist $Q = C \cdot U$, d.h. die Ladung Q, proportional der Spannung U und die Proportionalitätskonstante C wird als Kapazität des Kondensators bezeichnet. Liegt der Kondensator an einer Wechselspannung $u = \bar{U} \sin \omega t$ von der Kreisfrequenz $\omega = 2\pi f$, dann bewirkt eine Spannungsänderung du in der Zeit dt nur eine entsprechend kleine Änderung $dQ = i \cdot dt$ der Ladung auf den Belegen, wenn i der Ladestrom ist. Daraus ergibt sich für den Lade- bzw. Entladestrom in der Leitung, weil dQ mit du proportional ist, die Beziehung

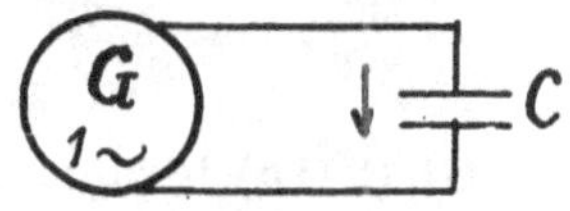

Abb. 217

$$dQ = i \cdot dt = C \cdot du$$

und daraus

$$i = C \frac{du}{dt}. \tag{269}$$

Da nun $u = \bar{U} \sin \omega t$, so ergibt die Differentiation

$$\frac{du}{dt} = \bar{U} \omega \cos \omega t = \bar{U} \omega \sin\left(\omega t + \frac{\pi}{2}\right),$$

so daß also

$$i = \omega C \bar{U} \cos \omega t = \frac{\bar{U}}{\frac{1}{\omega C}} \sin\left(\omega t + \frac{\pi}{2}\right). \tag{270a}$$

Die Amplitude der Stromwelle, welche auftritt, wenn $\sin\left(\omega t + \frac{\pi}{2}\right) = 1$ ist, d.h. für $\omega t = 0, \frac{\pi}{2}, \frac{3\pi}{2}$ usw., ist der **Scheitelwert des Stromes**

$$\bar{I} = \frac{\bar{U}}{\frac{1}{\omega C}}, \tag{270b}$$

so daß der **Effektivwert** des Ladestromes i

$$I = \frac{\bar{I}}{\sqrt{2}} = \frac{U}{\frac{1}{\omega C}}. \tag{270c}$$

Daraus folgt für die Klemmenspannung u am Kondensator aus Gl. (270b) der **Scheitelwert**

$$\bar{U} = \bar{I} \cdot \frac{1}{\omega C} \tag{271}$$

und aus Gl. (270c) der **Effektivwert** von u

$$U = I \cdot \frac{1}{\omega C}. \tag{271a}$$

Die Gl. (271a) besagt, daß

$$\frac{1}{\omega C} = \frac{U}{I}. \tag{271b}$$

Weil $\frac{1}{\omega C}$ die Einheit $\frac{1\,\mathrm{V}}{1\,\mathrm{A}}$ besitzt, so stellt $\frac{1}{\omega C}$ einen Widerstand dar, den man als **kapazitiven Widerstand** X_k oder auch kapazitiven Blindwiderstand bezeichnet. Seine Dimension ergibt sich auch aus den Einheiten von ω und $C = Q/U = \mathrm{As}/V$ zu Ω. Der kapazitive Widerstand $1/\omega C$ nimmt mit der Größe der Kapazität C und der Frequenz ω ab, so daß bei sehr hohen Frequenzen der Kondensator als Kurzschluß wirkt.

Aus Gl. (270a) folgt: **Eine sinusförmig veränderliche Spannung u erzeugt im Anschluß an eine Kapazität C einen sinusförmig veränderlichen Strom i gleicher Frequenz, welcher der Spannung u eine $^1/_4$ Periode voreilt.**

Schreibt man die Gl. (269) in der Form $du = \frac{1}{C}\, i\, dt$, dann ergibt sich durch Integration

$$u = \frac{1}{C} \int i\, dt. \tag{272}$$

Da $\int i\, dt = \int dQ = Q$ die Ladung auf den Belegungen des Kondensators ist, so sagt Gl. (272), daß der Augenblickswert der Klemmenspannung u und damit auch der Augenblickswert der Kondensatorspannung

$$e_c = -u = -\frac{1}{C} \int i\, dt = -\bar{U} \sin \omega t = \bar{U} \cos\left(\omega t + \frac{\pi}{2}\right), \tag{272a}$$

gleich sind dem $1/C$-fachen der augenblicklichen Ladung Q auf den Belegungen. Scheitel- und Effektivwert der Gegenspannung e_c sind also gleich den entsprechenden Werten von u, also

$$\bar{E}_c = \bar{I} \cdot \frac{1}{\omega C} \quad \text{und} \quad E_c = I \cdot \frac{1}{\omega C}.$$

Außerdem gibt der Vergleich mit der Formel $i = \omega C \bar{U} \cos \omega t$, daß die Gegenspannung e_c dem Strom i eine Viertelperiode **voreilt,** also zur Klemmenspannung u um eine halbe Periode phasenverschoben ist. Die Kondensatorspannung e_c verhält sich also bezüglich Phasenverschiebung dem Strom gegenüber umgekehrt wie die Selbstinduktionsspannung e_L.

Das Zeiger- und Liniendiagramm gibt Abb. 218. Bezugswelle ist die u-Welle. Die Abbildung veranschaulicht auch den Lade- und Entladevorgang beim Kondensator.

Von $t = 0$ bis $t = T/4$ haben u und i gleiche Richtung, der Kondensator wird geladen, die Gegenspannung e_c wächst und ist der Klemmenspannung u entgegengerichtet. Von $t = T/4$ bis $t = T/2$ nimmt nach vollendeter

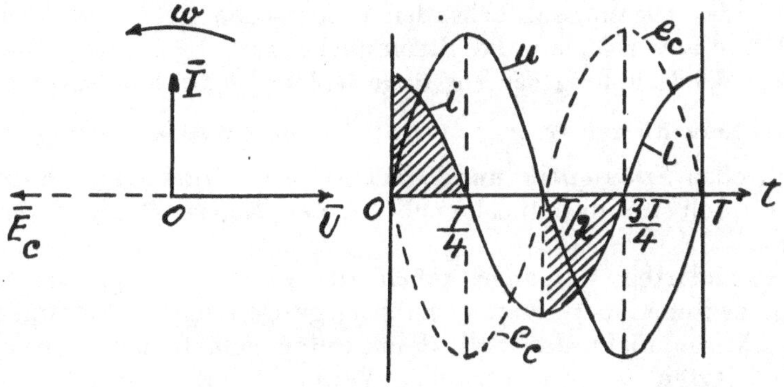

Abb. 218

Ladung $Q = \int i \cdot dt$ die Klemmenspannung u ab, wodurch die Kondensatorspannung e_c die Ladung wieder in die Stromquelle zurückdrückt, i hat jetzt gleiche Richtung mit e_c, der Kondensator entlädt sich. Im Augenblick der vollständigen Entladung sind u und e_c beide gleich Null. Von $t = T/2$ bis $t = 3\,T/4$ hat die Klemmenspannung u die entgegengesetzte Richtung wie bisher, der Kondensator wird jetzt in entgegengesetzter Richtung geladen, i hat mit u gleiche Richtung, e_c wächst in entgegengesetzter Richtung bis zur vollendeten Ladung bei $t = 3\,T/4$ auf den Scheitelwert $\bar{E}_c$ an. Da nun von diesem Zeitpunkt ab u wieder abnimmt, erfolgt von $t = 3\,T/4$ bis $t = T$ wieder unter dem Druck von e_c die Entladung des Kondensators und i hat mit e_c gleiche Richtung. Die Vorgänge wiederholen sich von jetzt ab periodisch. Die Lade- und Entladezeiten dauern also jeweils je $^1/_4$ Periode und die Lade- und Entlade-Viertelperiodenwellen des Stromes i in den Zuleitungen setzen sich innerhalb einer Periode zu einer der Spannungswelle u um eine Viertelperiode voreilenden Stromwelle i zusammen. In den in der Abb. 218 schraffierten Ladezeiten, wo u und i gleiche Richtung haben, ist die elektrische Augenblicksleistung $u \cdot i$ und daher die elektrische Arbeit in jeder dieser Viertelperioden

$$A = \int_0^{\frac{T}{4}} u i \, dt = \int_0^{\frac{T}{4}} u C \frac{du}{dt} \cdot dt ,$$

$$A = C \int_0^{\bar{U}} u \, du = C \left[\frac{u^2}{2}\right]_0^{\bar{U}} = C \frac{\bar{U}^2}{2} \text{ (Ws)}. \tag{273}$$

Für eine Gleichspannung U wurde die Ladearbeit schon in § 77 und der Verlauf des Ladestromes in § 74 behandelt. In den Ladezeiten $t = 0$ bis

$t = T/4$ und $t = T/2$ bis $t = 3\,T/4$ wird die von der Wechselstromquelle geleistete positive Arbeit A zur Überwindung der Gegenspannung e_c benutzt und im Dielektrikum als Feldenergie W_e aufgespeichert und in den Entladezeiten $t = T/4$ bis $t = T/2$ und $t = 3\,T/4$ bis $t = T$ wird die Energie W_e des zusammenbrechenden elektrischen Feldes in Form elektrischer Energie von e_c an die Stromquelle zurückgeliefert. **Wegen der periodischen Wiederholung der Vorgänge findet also bei kapazitivem Widerstand $1/\omega C$ kein Energieverbrauch statt, indem der Arbeitsbetrag $A = C\frac{\bar{U}^2}{2}$ ständig zwischen Stromquelle und Kondensator hin- und hergeschoben wird.** Wie bei der Selbstinduktion ist **auch bei der Kapazität der Strom i ein Blindstrom.**

Die geschilderten Vorgänge haben zur Voraussetzung, daß das Dielektrikum zwischen den Kondensatorbelegungen ein vollkommenes ist. Ist das praktisch nicht der Fall, dann treten gemäß den Ausführungen in § 77 drei Arten von dielektrischen Verlusten auf, wodurch die Ladearbeit A nicht vollkommen im Feld aufgespeichert und bei der Entladung nicht vollständig zurückgeliefert wird. Dieser Energieverlust kann nur dadurch sein, daß der Ladestrom I kein Blindstrom mehr ist, d. h. der Klemmenspannung U um weniger als $^1/_4$ Periode voreilt. Im Zeigerdiagramm eilt dann der Ladestrom I der Klemmenspannung U um einen Winkel φ vor, der um den **Verlustwinkel δ** kleiner ist als 90° gemäß Abb. 219. Der Ladestrom I kann dann in zwei Komponenten zerlegt werden, in einen Blindstrom I_b und in einen mit U phasengleichen Strom I_w, der im Verein mit U die Verluste ergibt und Wirkstrom heißt. Es ist dann

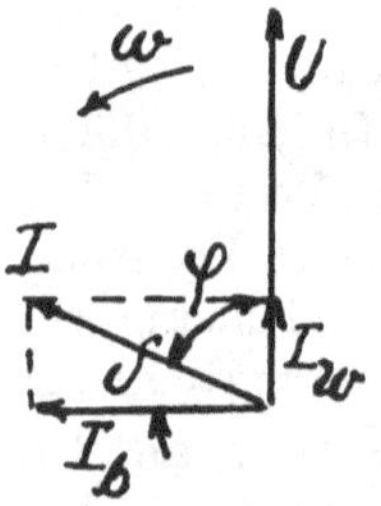

Abb. 219

$$I_w = I_b \operatorname{tg} \delta. \tag{274}$$

Bei festen und flüssigen Isolatoren wachsen I_w und I_b mit der Frequenz f (I_b etwas mehr). Der Verlustwinkel δ nimmt daher mit wachsender Frequenz ab, mit wachsender Temperatur stark zu. Bei 20° und $f = 50$ P/s ist $\operatorname{tg}\delta$ für Glimmer $6/10^4$, getränktes Papier $100/10^4$, Porzellan $200/10^4$ und Mineralöl $50/10^4$. Einen unvollkommenen Kondensator ersetzt man gemäß Abb. 219a durch einen verlustlosen Kondensator mit dem Strom I_b, dem ein Ohmscher Widerstand R mit dem Strom I_w parallel geschaltet ist. Als idealer Kondensator gilt ein Luftkondensator.

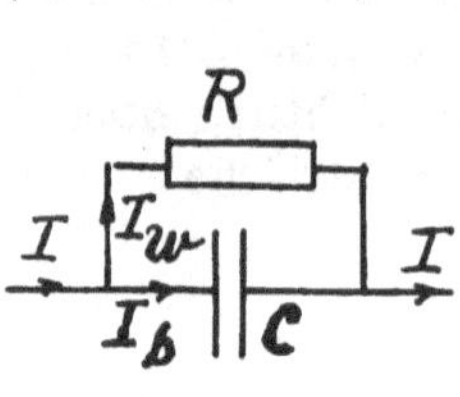

Abb. 219a

d) Echtwiderstand

In einem wechselstromdurchflossenen Leiter entstehen durch das im Leiterquerschnitt enthaltene Wechselfeld des Leiterstromes (Abb. 127) Wirbel-EMKe und Wirbelströme, bei höheren Frequenzen in solchem Ausmaß, daß im Leiterquerschnitt eine Stromverdrängung hervorgerufen und dadurch der Widerstand R des Leiters erhöht wird. Dieser erhöhte Ohmsche Widerstand heißt **Echtwiderstand.** Die Induktionslinien des im Leiterquerschnitt herrschenden Wechselfeldes bilden zur Achse des Stromleiters konzentrische Kreise, auf denen die Stromflächen der entstehenden Wirbelströme senkrecht stehen. Die Richtung der im Leiterquerschnitt auftretenden Wirbelströme ist also parallel zur Leiterachse, so daß die Wirbelströme den Leiterstrom i überlagern. Eine Darstellung dieser Verhältnisse gibt Abb. 220 für einen Leiter mit Kreisquerschnitt.

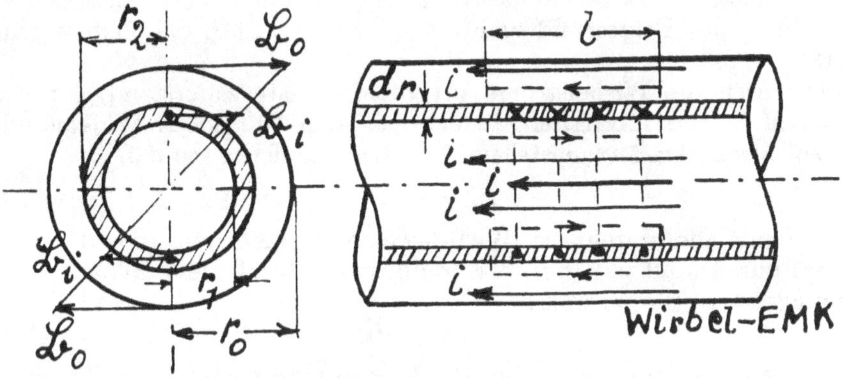

Abb. 220

Gemäß der Verteilung der Induktion $\mathfrak{B}_i$ im Leiterquerschnitt nach Gl. (146b) bzw. (146c) und Abb. 127 ist der magnetische Fluß des Leiterstromfeldes für einen Flächenstreifen von der Breite dr auf die Leiterlänge l

$$\Phi_i = \int_{r_1}^{r_2} \mathfrak{B}_i \cdot l\,dr = \int_{r_1}^{r_2} \Pi \mathfrak{H}_i \cdot l\,dr = \mu \Pi_0 l \int_{r_1}^{r_2} \mathfrak{H}_i\,dr \tag{275}$$

und die EMK des diesen Fluß umschließenden Wirbels

$$e = -\frac{d\Phi_i}{dt} 10^{-8} = -\frac{\mu \Pi_0 l}{10^8} \cdot \frac{d}{dt} \int_{r_1}^{r_2} \mathfrak{H}_i\,dr, \tag{275a}$$

da nach Gl. (145) $\mathfrak{B}_i = \mu \Pi_0 \mathfrak{H}_i$. Die Gl. (275a) beruht auf § 65 Abschnitt VII, wonach jeder veränderliche magnetische Fluß von einem elektrischen Wirbelfeld umgeben ist, dessen Feldlinien senkrecht stehen zu den magnetischen und dessen Randspannung gleich dem magnetischen Schwund ist. Wie die in Abb. 220 gestrichelt eingezeichneten, den Wechselfluß umgebenden Stromwirbel (gemäß Schraubenregel bei Flußzunahme linksschraubig) zeigen, wird der Leiterstrom i in der Nähe der Leiterachse geschwächt, in der Nähe der Leiteroberfläche dagegen verstärkt, so daß die Wirbelströme die gleichmäßige Verteilung des Leiterstromes i über den Leiterquerschnitt stören und eine Stromverdrängung gegen die Leiteroberfläche hervorrufen. Das bedeutet eine nicht mehr volle Ausnutzung des Leiterquerschnitts und damit eine Erhöhung des Widerstandes R des Leiters. Die Wirkung ist um so bedeutender, je größer $\frac{d\Phi_i}{dt}$ ist, d. h. je größer die Frequenz f des Leiterstromes i ist, so daß bei hohen Frequenzen eine merkliche Änderung des Ohmschen Widerstandes festzustellen ist.

Nun erzeugen die Wirbelströme auch ein magnetisches Wechselfeld, dessen Feldlinien ebenfalls in Ebenen senkrecht zur Leiterachse verlaufen, aber, wie aus der Richtung der Stromwirbel in Abb. 220 zu erkennne ist, den Feldlinien des Leiterstromes entgegengerichtet sind, so daß sich eine Schwächung des Feldes und damit der Induktivität L des Leiters gemäß Gl. (189) ergibt.

Der durch die Wirbelströme vergrößerte Leiterwiderstand, der **Echtwiderstand R_e**, wird erhalten, indem man den Ohmschen Widerstand R mit dem **Stromverdrängungsfaktor $k > 1$** multipliziert, so daß

$$R_e = k \cdot R. \qquad \textbf{(276a)}$$

Ebenso wird die durch die Wirbelströme verkleinerte Induktivität L_e erhalten durch Multiplikation der Induktivität L mit dem **induktiven Verdrängungsfaktor $g < 1$**, womit

$$L_e = g \cdot L \qquad \textbf{(276b)}$$

k und g sind entsprechend der Größe x aus untenstehender Zahlentafel zu entnehmen.

Zahlentafel 21

x cm	0,5	1,0	1,5	2,0	2,5	> 3
Rechteckiger Leiter in Eisennut						
k	1,01	1,09	1,38	1,90	2,48	$\approx x$
g	1,00	0,98	0,89	0,75	0,61	$\approx 1{,}5 : x$
Kreisförmiger Leiter in Luft						
k	1,02	1,26	1,75	2,25	2,75	$\approx x + 0{,}25$
g	0,99	0,88	0,66	0,49	0,40	$\approx 1 : x$

Dabei ist für rechteckige Leiter in Eisennut

$$x = h\sqrt{0{,}2\pi\omega : \varrho \cdot 10^4}$$

und für runde Leiter

$$x = \frac{r}{2}\sqrt{0{,}2\pi\omega : \varrho \cdot 10^4}$$

Stabhöhe h bzw. Radius r in cm, ϱ in $\frac{\Omega\,\text{mm}^2}{\text{m}}$.

Die Stromverdrängungsfaktoren k und g können aus dem Verhältnis der Leistungsverluste bei Wechsel- und Gleichstrom berechnet werden. Zu diesem Zweck muß aber die Stromverteilung im Leiter bei Wechselstrom ermittelt werden. Die Abb. 221 zeigt einen Leiterstab von der Länge l cm, der Höhe h cm und der Breite b cm in der Nut eines Eisenkörpers.

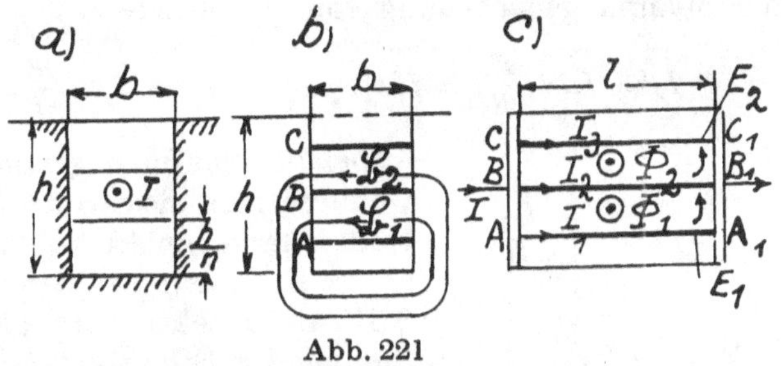

Abb. 221

Zur Bestimmung der Stromverteilung im Leiter zerlegt man ihn der Höhe nach in n Streifen von gleicher Höhe h/n cm, in Abb. 221 sind es drei Streifen. Der Ohmsche Widerstand des ganzen Stabes ist $R = \varrho_1 \frac{l}{bh}$ und der eines einzelnen Streifens $R_0 = nR = \frac{n\varrho_1 l}{bh}$ infolge der Parallelschaltung und die Induktivität nach der Formel (196a) bei gleichmäßig verteiltem Strom und unter Vernachlässigung der Durchflutung für den Eisenweg

$$L_0 = \frac{\Pi_0}{10^8} \cdot \frac{lh}{nb} = \frac{0{,}4\pi}{10^8} \cdot \frac{lh}{nb}. \tag{277}$$

Die n Stabstreifen sind gleichwertig mit n parallel geschalteten Strombändern AA_1, BB_1, CC_1 usw., welche die Ströme I_1, I_2, I_3 usw. führen und den Widerstand $R_0 = n \cdot R$ besitzen. Die effektiven Ströme I_1, I_2, I_3 usw. erzeugen, wenn man wieder die Durchflutung für das Eisen vernachlässigt, zwischen je zwei Bändern die effektiven Induktionen nach Gl. (143)

$$\mathfrak{B}_1 = 0{,}4\pi\mathfrak{H}_1 = 0{,}4\pi\frac{I_1}{b} \quad \text{und} \quad \mathfrak{B}_2 = 0{,}4\pi\mathfrak{H}_2 = 0{,}4\pi\frac{I_1 + I_2}{b}$$

und die **effektiven** Flüsse $\Phi = \mathfrak{B} \cdot F = \mathfrak{B} \cdot l\,\frac{h}{n}$

$$\Phi_1 = \mathfrak{B}_1 l\,\frac{h}{n} = \frac{0{,}4\pi l h I_1}{nb}; \qquad \Phi_2 = \mathfrak{B}_2 l\,\frac{h}{n} = \frac{0{,}4\pi l h (I_1 + I_2)}{nb}.$$

Diese Flüsse induzieren in den Maschen AA_1B_1B, BB_1C_1C usw. die Wirbel-EMKe, die den Strömen $^1/_4$ Periode nacheilen, gemäß Gl. (250), wenn $w = 1$ ist,

$$E_1 = \frac{\omega\Phi_1}{10^8} = \frac{0{,}4\pi l h \omega I_1}{10^8 nb}; \qquad E_2 = \frac{\omega\Phi_2}{10^8} = \frac{0{,}4\pi l h \omega (I_1 + I_2)}{10^8 nb}.$$

Nach dem 2. Kirchhoffschen Gesetz $\Sigma_g E = \Sigma_g I \cdot R$ ist nun

$$E_1 = I_1 R_0 - I_2 R_0; \qquad E_2 = I_2 R_0 - I_3 R_0 \text{ usw.},$$

wenn die Differenzen **geometrisch** zu nehmen sind. Setzt man

$$\frac{E_1}{I_1 R_0} = \frac{E_2}{(I_1 + I_2) R_0} = y = \frac{0{,}4\pi}{10^8} \cdot \frac{\omega h^2}{n^2 \varrho_1}, \tag{278}$$

wenn $\varrho_1 = \varrho : 10^4$ den spezifischen Widerstand in Ω cm bedeutet, so folgt aus den obigen Gleichungen des KIRCHHOFFschen Gesetzes unter Beachtung der Spannungsnacheilung von $^1/_4$ Periode

$$I_2 = I_1 - \frac{E_1}{R_0} = I_1 + yI_1; \quad I_3 = I_2 - \frac{E_2}{R_0} = I_2 + y(I_1 + I_2),$$

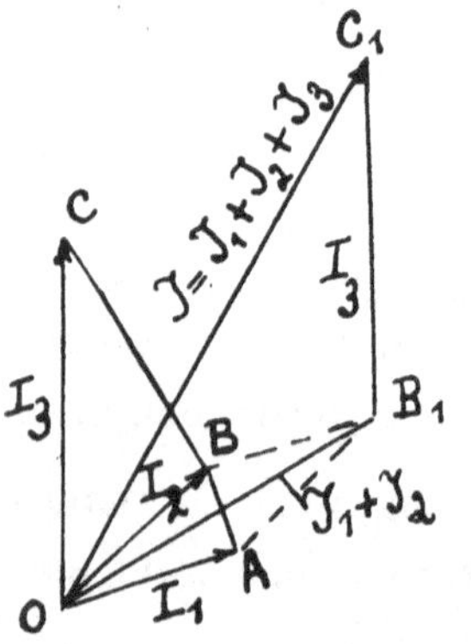

Abb. 222

wobei die Summen **geometrisch** auszuführen sind, wodurch man die Ströme I_1, I_2, I_3 usw. zeichnerisch finden kann gemäß Abb. 222. Aus dieser Zeichnung ergibt sich auch der Gesamtstrom I nach § 80 und § 81 als Effektivwert gleich der geometrischen Summe der Effektivwerte der Zweigströme. In der Zeichnung ist $AB = y \cdot I_1 = y \cdot OA$ und steht senkrecht auf $I_1 = OA$, $BC = y \cdot (I_1 + I_2) = y \cdot OB_1$ und steht senkrecht auf OB_1, wobei OB_1 die geometrische Summe von I_1 und I_2 ist. OC_1 ist der Gesamtstrom gleich der geometrischen Summe sämtlicher Ströme. Man erkennt, daß die Ströme in den einzelnen Streifen des Leiters verschiedene Phasen haben. Sind die Ströme aus Abb. 222 ermittelt, dann ist der Stromwärmeverlust bei Wechselstrom

$$N_w = R_0(I_1^2 + I_2^2 + I_3^2 + \cdots),$$

wobei die Summe eine algebraische ist. Bei Gleichstrom ist bei gleichem Strom I der Leistungsverlust

$$N_{wg} = RI^2$$

und somit der Verdrängungsfaktor

$$k = \frac{N_w}{N_{wg}} = \frac{R_0(I_1^2 + I_2^2 + \cdots)}{RI^2} = \frac{n(I_1^2 + I_2^2 + \cdots)}{I^2}. \tag{279}$$

Bei Wechselstrom ist also der Stromwärmeverlust

$$N_w = kN_{wg} = kRI^2 = R_e I^2 \tag{279a}$$

und die magnetische Energie des Stabfeldes nach Gl. (268)

$$W_e = L_e \frac{I^2}{2}. \tag{279b}$$

Die Werte von k sind in der Zahlentafel angegeben in bezug auf $x = n\sqrt{\frac{y}{2}}$ bei rechteckigen und in bezug auf $x = \frac{r}{2}\sqrt{0,2\pi\omega : \varrho\, 10^4}$ bei runden Leitern. Bei einem Eisenstab sind Flüsse und Spannungen μ mal größer und dadurch auch y. In den Gleichungen füs x ist dann $\omega\mu$ statt ω einzusetzen.

83. Die symbolische Rechnung und ihre Anwendung auf den einfachen Wechselstromkreis

a) Bedeutung der symbolischen Rechnung

Setzt man bei der rechnerischen Behandlung eines Wechselstromkreises die KIRCHHOFFschen Gesetze an, dann erhält man eine Gleichung zwischen den Augenblickswerten der Größen. Setzt man auch noch die Funktionen ihrer zeitlichen Veränderung ein, dann kann man aus solchen Gleichungen auch die Scheitelwerte der Größen und ihre Phase erhalten (siehe § 82 unter a, b und c). Während nun aber die eben geschilderte rechnerische Behandlung eines einfachen Wechselstromkreises keine Schwierigkeiten bereitet, treten diese bei der Behandlung eines zusammengesetzten Wechselstromkreises insofern auf, als die Scheitel- bzw. Effektivwerte und die Phase der resultierenden Größen nur durch eine mehr oder minder komplizierte mathematische Umformung der entsprechenden Gleichung erhalten werden können, da die Scheitel- bzw. Effektivwerte sich geometrisch zusammensetzen. Um in solchen Fällen einfacher zum Ziel zu gelangen, ist man gezwungen, ein Zeigerdiagramm zu zeichnen, aus dem sich Scheitel- bzw. Effektivwert und Phase der Gesamtgröße ergeben. Da in der Praxis meistens nur die Effektivwerte und ihre Phasenlagen von Bedeutung sind und die Augenblickswerte nicht gewünscht sind, so brauchen auch die Zeiger des Diagramms nicht umzulaufen. Die Zeiger können dann in bezug auf irgendeine günstig angenommene Bezugsachse mit ihren Effektivwerten und Phasenverschiebungen als **ruhende** Zeiger gezeichnet werden, wodurch sie den Charakter bildlich dargestellter gerichteter Größen oder Vektoren erhalten und dann auch Vektoren heißen. Das mit ihnen gezeichnete Diagramm heißt **Vektordiagramm.**

Die **symbolische Rechnung** ermöglicht nun, unter Umgehung des Vektordiagramms den **Effektivwert** einer gesuchten Größe **rechnerisch** zu ermitteln, indem die **geometrische** Beziehung zwischen den Effektivwerten der Größen **symbolhaft** durch eine Gleichung zum Ausdruck gebracht wird, die nur algebraische Rechenoperationen enthält, in der also die Effektivwerte der Vektoren statt geometrisch algebraisch miteinander verbunden sind. Zum Zeichen dafür, daß es sich aber trotzdem um geometrische Beziehungen handelt, werden die Vektoren mit deutschen Buchstaben bezeichnet in der Gleichung. Die Beträge der Vektoren (Effektivwerte) werden mit lateinischen Buchstaben bezeichnet. Die Phasenverschiebung wird in der symbolischen Gleichung durch einen Richtungsanzeiger symbolhaft zum Ausdruck gebracht, z. B. die Phasenverschiebung von 90° durch den Kennbuchstaben $\pm j$, je nachdem es sich um eine Vor- oder Nacheilung handelt. Die symbolische Gleichung wird nach den Regeln der symbolischen Rechnung nach der gesuchten Größe aufgelöst. Das Ergebnis wird dann nach den Sätzen der Geometrie wieder in eine analytische Beziehung umgesetzt. Die symbolische Rechnung bietet großen Vorteil bei der rechnerischen

Behandlung zusammengesetzter Wechselstromkreise, vor allem bei Reihenparallelschaltungen.

b) Regeln der symbolischen Rechnung

Abb. 223 stellt einen Vektor $\mathfrak{r}$ dar, der in einem rechtwinkligen Koordinatensystem eine Winkelstellung α zur horizontalen Achse als Bezugsachse besitzt. Die zwei aufeinander senkrecht stehenden Komponenten des Vektors sind a und b. Der Winkel α wird von der Bezugsachse ab im Gegenuhrzeigersinn als positiv gezählt. Die Komponenten a und b addieren sich geometrisch zur Länge r des Vektors $\mathfrak{r}$. Um das zum Ausdruck zu bringen, gibt man der auf der horizontalen Bezugsachse senkrechten Komponente b den Faktor j als Richtungsanzeiger bei. Nach den obigen Ausführungen unter a) hat man dann für den Vektor $\mathfrak{r}$ eine symbolische Gleichung, welche die geometrische Zusammensetzung des Vektors erkennen läßt, in der Form

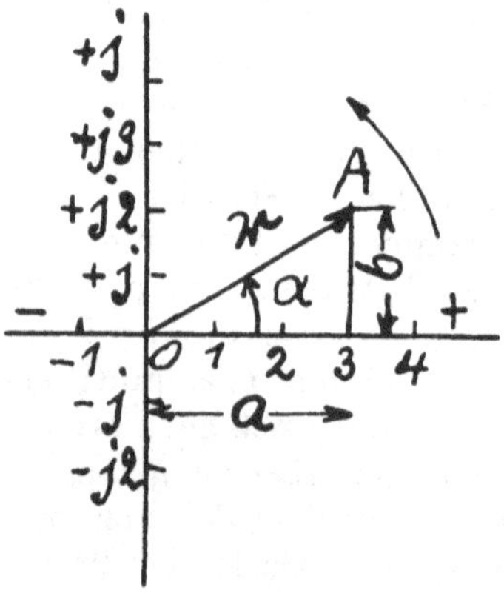

Abb. 223

$$\mathfrak{r} = a + jb \tag{280}$$

für den Vektor der Abb. 223 also

$$\mathfrak{r} = 3 + j2.$$

Nun ist, weil r den Betrag des Vektors bedeutet, aus Abb. 223

$$a = r \cos\alpha \quad \text{und} \quad b = r \sin\alpha,$$

so daß

$$\mathfrak{r} = a + jb = r(\cos\alpha + j\sin\alpha) \tag{280a}$$

und der Betrag (Länge) des Vektors

$$r = \sqrt{a^2 + b^2}. \tag{280b}$$

Die Winkellage α des Vektors ergibt sich aus

$$\operatorname{tg}\alpha = \frac{b}{a}. \tag{280c}$$

Dreht man den Vektor $\mathfrak{r}$ im positiven Drehsinn um 90° oder $\frac{\pi}{2}$, dann steht gemäß Abb. 223a der neue Vektor $\mathfrak{r}_1$ senkrecht auf $\mathfrak{r}$. Nach Gl. (280) muß dann der neue Vektor $\mathfrak{r}_1$ die symbolische Gleichung haben $\mathfrak{r}_1 = -a_1 + jb_1$, wobei $a_1 = r\sin\alpha = b$ und $b_1 = r\cos\alpha = a$, so daß $\mathfrak{r}_1 = -b + ja$ ist. Die nämliche Gleichung ergibt sich aber, wenn man den Vektor $\mathfrak{r} = a + jb$ mit j multipliziert, falls $j^2 = -1$, d. h. $j = \sqrt{-1}$ ist.

$$j\mathfrak{r} = ja + j^2 b = -b + ja = \mathfrak{r}_1.$$

Man wählt deshalb den Richtungsanzeiger j gleich der imaginären Einheit $\sqrt{-1}$. Dann stellt die symbolische Gleichung eines Vektors mathematisch eine **komplexe Zahl** dar, weshalb man die symbolische Rechnung auch als komplexe bezeichnet.

Multipliziert man einen Vektor $\mathfrak{r}$ mit $+j$, dann erhält man einen neuen Vektor gleicher Größe $r_1 = r$, der sich ergibt, wenn man den gegebenen Vektor $\mathfrak{r}$ um 90° oder $\frac{\pi}{2}$ im Gegenuhrzeigersinn dreht.

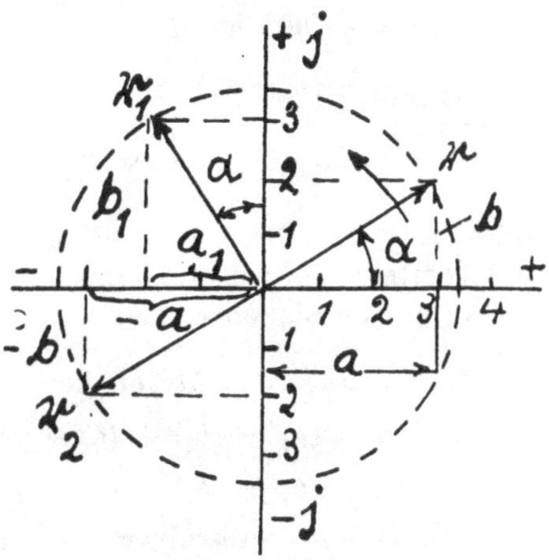

Abb. 223a

Dreht man den Vektor $\mathfrak{r}_1$ weiter um 90° im Gegenuhrzeigersinn, dann ergibt sich nach Abb. 223a der mit $\mathfrak{r}$ entgegengesetztgerichtete gleichgroße Vektor $\mathfrak{r}_2 = -\mathfrak{r} = -a - jb$. Das folgt auch durch Multiplikation des Vektors $\mathfrak{r}_1$ mit $+j$ oder des Vektors $\mathfrak{r}$ mit $j^2 = -1$. Es ergibt sich dadurch

$$j\mathfrak{r}_1 = j(-b + ja) = -a - jb = -(a + jb) = -\mathfrak{r}$$

und ebenfalls

$$j^2 \cdot \mathfrak{r} = j^2(a + jb) = -a - jb = -(a + jb) = -\mathfrak{r}.$$

Die Multiplikation eines Vektors $\mathfrak{r}$ mit $+j$ ergibt eine Drehung des Vektors um 90° oder $\frac{\pi}{2}$ im Gegenuhrzeigersinn, die Multiplikation mit $-j$ eine 90° Drehung im Uhrzeigersinn und die Multiplikation mit $j^2 = -1$ eine Drehung um 180° im Gegenuhrzeiger- oder Uhrzeigersinn, d. h. den gleichgroßen entgegengesetztgerichteten Vektor $-\mathfrak{r}$.

Die Vektoren lassen sich auch durch eine **Exponentialfunktion** ausdrücken.

Gegeben ist der Vektor $\mathfrak{r} = r(\cos\alpha + j\sin\alpha)$ gemäß Gl. (280a). Aus den Reihen für $\cos\alpha$, $\sin\alpha$ und e^α ergibt sich nach dem Eulerschen Satz

$$\cos\alpha + j\sin\alpha = e^{j\alpha}, \qquad \textbf{(281a)}$$

wobei $e = 2{,}71828$ die Basis des natürlichen Logarithmensystems ist. Die **Exponentialform** des Vektors $\mathfrak{r}$ ist also

$$\mathfrak{r} = r \cdot e^{j\alpha}. \qquad \textbf{(281b)}$$

Da $\mathfrak{r}$ den Vektor nach Größe und Richtung und r den Betrag des Vektors bezeichnet, **so gibt der Faktor $e^{j\alpha}$ die Richtung an, in welche der Vektor aus der Bezugsachse gedreht ist.** $e^{j\alpha}$ wird daher als **Dreher** bezeichnet. Er hat auf die Länge des Vektors keinen Einfluß.

$$
\begin{aligned}
\text{Für } \alpha &= 0^\circ \text{ ist } e^{j0^0} = \cos 0^\circ + j\sin 0^\circ = 1\,, \\
\alpha &= 90^\circ \text{ ist } e^{j90^0} = \cos 90^\circ + j\sin 90^\circ = +j\,, \\
\alpha &= -90^\circ \text{ ist } e^{j(-90^0)} = \cos(-90^\circ) + j\sin(-90^\circ) = -j\,, \\
\alpha &= 120^\circ \text{ ist } e^{j120^0} = \cos 120^\circ + j\sin 120^\circ = -\frac{1}{2} + j\frac{\sqrt{3}}{2}\,, \\
\alpha &= 240^\circ \text{ ist } e^{j240^0} = e^{-j120^0} = -\frac{1}{2} - j\frac{\sqrt{3}}{2}\,.
\end{aligned}
$$

Weil ein Vektor in der symbolischen Form $\mathfrak{r} = a + jb$ eine komplexe Zahl vorstellt, so geschieht das Rechnen mit Vektoren nach den Rechenregeln der komplexen Zahlen.

Addition und Subtraktion komplexer Zahlen

$$\mathfrak{r}_1 + \mathfrak{r}_2 = (a_1 + jb_1) + (a_2 + jb_2) = (a_1 + a_2) + j(b_1 + b_2)\,, \qquad \textbf{(282a)}$$

$$\mathfrak{r}_1 - \mathfrak{r}_2 = (a_1 + jb_1) - (a_2 + jb_2) = (a_1 - a_2) + j(b_1 - b_2)\,. \qquad \textbf{(282b)}$$

Man addiert bzw. subtrahiert sowohl die beiden reellen Zahlen a_1 und a_2, als auch die beiden imaginären Zahlen b_1 und b_2.

Multiplikation und Division komplexer Zahlen

Für diese Rechenoperationen verwendet man die Exponentialform der Vektoren. Gegeben sind die Vektoren $\mathfrak{r}_1 = r_1 e^{j\alpha_1}$ und $\mathfrak{r}_2 = r_2 e^{j\alpha_2}$. Der durch **Multiplikation** sich ergebende neue Vektor $\mathfrak{r}$ ist

$$\mathfrak{r} = \mathfrak{r}_1 \cdot \mathfrak{r}_2 = r_1 e^{j\alpha_1} \cdot r_2 e^{j\alpha_2} = r_1 \cdot r_2 \cdot e^{j(\alpha_1 + \alpha_2)}\,. \qquad \textbf{(283a)}$$

Bei der Multiplikation zweier Vektoren werden ihre absoluten Beträge multipliziert und ihre Richtungswinkel addiert.

Durch **Division** ergibt sich ein neuer Vektor

$$\mathfrak{r} = \frac{\mathfrak{r}_1}{\mathfrak{r}_2} = \frac{r_1 e^{j\alpha_1}}{r_2 e^{j\alpha_2}} = \frac{r_1}{r_2} e^{j(\alpha_1 - \alpha_2)}\,. \qquad \textbf{(283b)}$$

Bei der Division zweier Vektoren werden die absoluten Beträge dividiert und die Richtungswinkel subtrahiert.

Potenzieren und Radizieren komplexer Zahlen

Die **Potenz** eines Vektors gibt einen Vektor

$$\mathfrak{r} = (a + jb)^n = (r e^{j\alpha})^n = r^n \cdot e^{j \cdot n\alpha}\,. \qquad \textbf{(284a)}$$

Durch **Radizieren** eines Vektors erhält man

$$\mathfrak{r} = \sqrt[n]{a + jb} = \sqrt[n]{r e^{j\alpha}} = r^{\frac{1}{n}} \cdot e^{\frac{j\alpha}{n}} = \sqrt[n]{r} \cdot e^{j\frac{\alpha}{n}}\,. \qquad \textbf{(284b)}$$

Beim Potenzieren eines Vektors wird der absolute Betrag r potenziert und der Richtungswinkel α mit dem Exponenten der Potenz multipliziert. Beim Radizieren wird der Betrag r radiziert und der Richtungswinkel α durch den Wurzelexponenten dividiert.

Beseitigung komplexer Zahlen im Nenner

Gegeben ist $\mathfrak{r} = \frac{a + jb}{c + jd}$. In diesem Fall muß der Nenner reell gemacht werden, indem man Zähler und Nenner mit der komplex konjugierten Zahl $c - jd$ multipliziert. Die komplex konjugierte Zahl stellt einen Vektor dar, der zum Vektor $c + jd$ **spiegelbildlich** liegt in bezug auf die reelle Achse.

$$\frac{a + jb}{c + jd} = \frac{(a + jb)(c - jd)}{(c + jd)(c - jd)} = \frac{ac + jbc - jad - j^2 bd}{c^2 - j^2 d^2}$$

$$= \frac{(ac + bd) + j(bc - ad)}{c^2 + d^2}, \tag{285}$$

wobei $j^2 = -1, \; -j^2 = +1; \; \frac{1}{j} = \frac{1}{j} \cdot \frac{j}{j} = -j$.

Differentiieren und Integrieren von Vektoren

$$\frac{d\mathfrak{r}}{d\alpha} = \frac{d}{d\alpha} r \cdot e^{j\alpha} = jr \cdot e^{j\alpha} = j \cdot \mathfrak{r} = r \cdot e^{j90^0}. \tag{286a}$$

Ein differentiierter Vektor gibt einen um 90° voreilenden Vektor.

$$\int \mathfrak{r}\, d\alpha = \int r \cdot e^{j\alpha} d\alpha = \frac{1}{j} r \cdot e^{j\alpha} = -j\mathfrak{r} = r \cdot e^{-j90^0}. \tag{286b}$$

Ein integrierter Vektor gibt einen um 90° nacheilenden Vektor.

c) Anwendung der symbolischen Rechnung auf den einfachen Wechselstromkreis

Die symbolische Rechnung der Wechselstromtechnik bedient sich dreier Grundsymbole, die zeichnerisch als Vektoren, d. h. ruhende Strecken, in einem Vektordiagramm dargestellt werden und die früher rotierenden Zeiger vertreten. Diese Symbole sind für die Spannung $\mathfrak{U}$, für den Strom $\mathfrak{J}$ und für den Fluß $\dot{\Phi}$ und haben als Zeiger die Exponentialfunktion $\mathfrak{U} = U e^{j\omega t}$, $\mathfrak{J} = I e^{j\omega t}$, $\dot{\Phi} = \Phi e^{j\omega t}$. Die Beträge der Vektoren sind die mit lateinischen Buchstaben bezeichneten Effektivwerte U, I und für den Fluß Φ. Die Stellung zur Bezugsachse gibt der Dreher $e^{j\alpha} = e^{j\omega t}$ an. Die Bezugsachse wird in der Regel waagrecht oder lotrecht angenommen, bei mehreren Vektoren kann auch einer der Vektoren selbst gewählt werden. Die Abb. 224 gibt Beispiele bezgl. der Festlegung der Vektoren zu einer Bezugsachse, die dann als reelle Achse gilt.

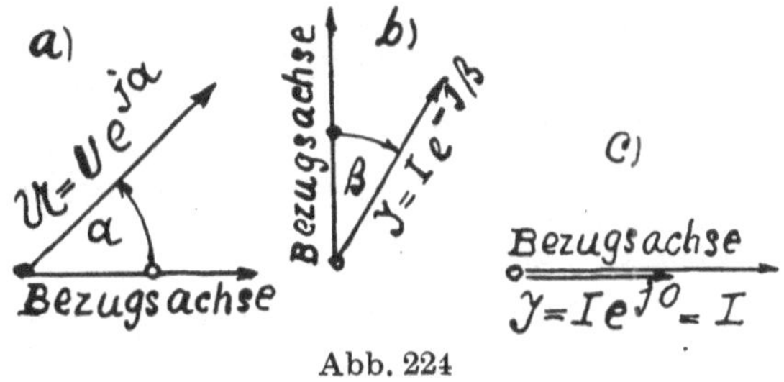

Abb. 224

In Abb. 224a ist der Vektor $\mathfrak{U}$ um den Winkel α im positiven Sinn aus der Bezugsachse gedreht, daher der Dreher $e^{j\alpha}$. In Abb. 224b ist der Vektor $\mathfrak{J}$ um den Winkel β im negativen Sinn aus der Bezugsachse gedreht, daher der Dreher $e^{-j\beta}$ und in der Abb. 224c liegt der Vektor $\mathfrak{I}$ in der Bezugsachse selbst, daher der Dreher $e^{j0} = 1$.

Die Grundsymbole $\mathfrak{U}$, $\mathfrak{I}$ und $\dot{\Phi}$ sind die Größen, welche mit den Konstanten R bzw. R_e, ωL und $1/\omega C$ der Widerstände in den symbolischen Gleichungen auftreten. Die symbolischen Gleichungen erhält man am einfachsten, indem man in den analytischen Gleichungen der KIRCHHOFFschen Gesetze die Augenblickswerte e, u, i und Φ durch $\mathfrak{E}$, $\mathfrak{U}$, $\mathfrak{I}$ und $\dot{\Phi}$ ersetzt und eine Phasenvoreilung mit dem Kennbuchstaben $+j$, eine Nacheilung mit $-j$ kennzeichnet.

Für den Fall, daß in den analytischen Gleichungen Differentialquotienten bzw. Integrale auftreten, sind noch besondere Vorschriften zu beachten. Es handelt sich hier um Ausdrücke wie $e = \frac{d\Phi_t}{dt}$, $u = L\frac{di}{dt}$, $i = C\frac{du}{dt}$ und $u = \frac{1}{C}\int i\,dt$. Da die Differentiation einer Sinusfunktion oder eines Vektors eine Winkeländerung um 90° und eine Verlängerung mit dem Faktor ω, die Integration eine Winkeländerung um $-90°$ und eine Kürzung mit dem Faktor $\frac{1}{\omega}$ erzeugt, so ist $\frac{d}{dt}$ durch $j\omega$, $\int dt$ durch $-j\frac{1}{\omega}$ zu ersetzen bei der Übersetzung der analytischen Gleichung in die symbolische Form. $j\omega$ wird deshalb auch **Drehstrecker** genannt.

Es ist z. B.

$$\frac{d\sin\omega t}{dt} = \omega\cos\omega t = \omega\sin\left(\omega t + \frac{\pi}{2}\right) \qquad \textbf{(287a)}$$

und

$$\frac{d}{dt}e^{j\omega t} = j\omega e^{j\omega t}, \qquad \textbf{(287b)}$$

sowie

$$\int\sin\omega t\,dt = -\frac{1}{\omega}\cos\omega t = \frac{1}{\omega}\sin\left(\omega t - \frac{\pi}{2}\right) \qquad \textbf{(288a)}$$

und

$$\int e^{j\omega t} = \frac{1}{j\omega}e^{j\omega t} = -j\frac{1}{\omega}e^{j\omega t}. \qquad \textbf{(288b)}$$

Damit ergibt sich für die induzierte EMK aus der Gleichung

$$e = -w\frac{d\Phi}{dt}10^{-8} = -\frac{w}{10^8}\frac{d}{dt}\bar{\Phi}\sin\omega t = -\frac{w\omega}{10^8}\bar{\Phi}\cos\omega t = \frac{w\omega}{10^8}\bar{\Phi}\sin\left(\omega t - \frac{\pi}{2}\right)$$

die symbolische Form

$$\mathfrak{E} = -j\frac{\omega w}{10^8}\dot{\Phi} = \frac{\omega w}{10^8}\Phi e^{-j90^0} \qquad \textbf{(289a)}$$

und der Betrag

$$E = \frac{\omega w}{\sqrt{2}}\bar{\Phi}\cdot 10^{-8} = 4{,}44 f w\bar{\Phi}\,10^{-8}. \qquad \textbf{(289b)}$$

Bei der symbolischen Berechnung des einfachen Wechselstromkreises wird der Strom $\mathfrak{I}$ als Bezugsvektor angenommen.

1) Ohmscher Widerstand R

Die analytische Gleichung der Augenblickswerte lautet nach § 82

$$u_R = iR \qquad \textbf{(290 a)}$$

und die Klemmenspannung in symbolischer Form

$$\mathfrak{U}_R = \mathfrak{J}R, \qquad \textbf{(290 b)}$$

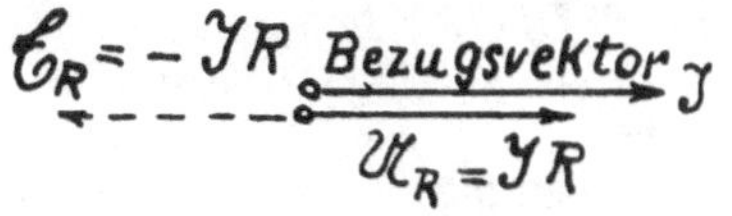

Abb. 225

sowie die Ohmsche Gegenspannung

$$\mathfrak{E}_R = -\mathfrak{J}R. \qquad \textbf{(290 c)}$$

Im Vektordiagramm sind die Vektoren $\mathfrak{U}_R$ und $\mathfrak{J}$ in Phase. Die Effektivwerte oder Beträge sind

$$U_R = IR = E_R. \qquad \textbf{(290 d)}$$

2) Induktiver Widerstand ωL

Analytische Gleichung nach § 82

$$u_L = L\frac{di}{dt}. \qquad \textbf{(291 a)}$$

Symbolische Gleichung der Klemmenspannung (induktiver Spannungsverlust), dem Strom $\mathfrak{J}$ $^1/_4$ Periode voreilend,

$$\mathfrak{U}_L = j\omega L\mathfrak{J} = I\omega L e^{j90^0}. \qquad \textbf{(291 b)}$$

Induktive Gegenspannung, dem Strom um $^1/_4$ Periode nacheilend,

$$\mathfrak{E}_L = -\mathfrak{U}_L = -j\omega L\mathfrak{J} = I\omega L e^{-j90^0}. \qquad \textbf{(291 c)}$$

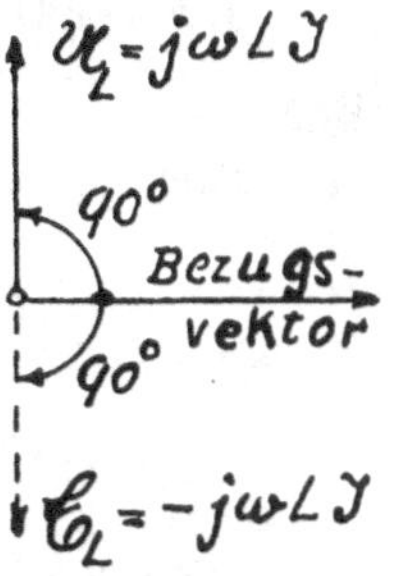

Abb. 226

Die Effektivwerte oder Beträge sind

$$U_L = I\omega L = E_L. \qquad \textbf{(291 d)}$$

Im Vektordiagramm sind die Vektoren $\mathfrak{U}_L$ bzw. $\mathfrak{E}_L$ um 90° vor- bzw. nacheilend gegen den Bezugsvektor $\mathfrak{J}$ verschoben. In den symbolischen Gleichungen zeigt $+j$ die Drehung seines Vektors um 90° im positiven Linksdrehsinn an und $-j$ eine negative Rechtsdrehung in Beziehung zum Bezugsvektor. Der Faktor j ist zwar ein reiner Richtungsanzeiger, kann aber auch als Einheitsvektor mit der Länge 1 aufgefaßt werden.

3) Kapazitiver Widerstand $\frac{1}{\omega C}$

Analytische Gleichung nach § 82

$$u_C = \frac{1}{C}\int i\,dt. \qquad \textbf{(292 a)}$$

Symbolische Gleichungen für die Klemmenspannung (kapazitiver Spannungsverlust), dem Strom $\mathfrak{J}$ um $^1/_4$ Periode nacheilend,

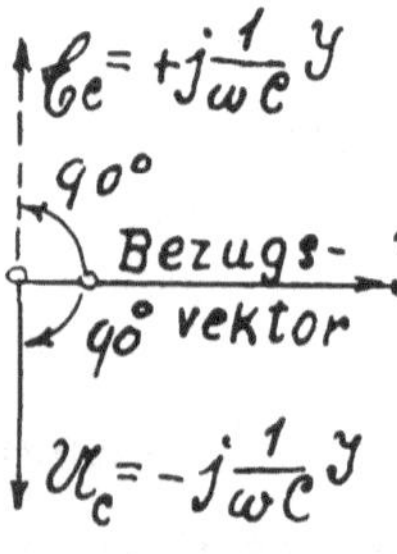

Abb. 227

$$\mathfrak{U}_C = \frac{1}{j\omega C}\mathfrak{J} = -j\frac{1}{\omega C}\mathfrak{J} = I\frac{1}{\omega C}\cdot e^{-j90^0} \qquad (292\text{b})$$

und für die kapazitive Gegenspannung

$$\mathfrak{E}_C = -\mathfrak{U}_C = +j\frac{1}{\omega C}\mathfrak{J} = I\frac{1}{\omega C}\cdot e^{+j90^0}. \qquad (292\text{c})$$

$+j$ weist wieder auf eine Linksdrehung um 90° und $-j$ auf eine Rechtsdrehung um 90° hin in Beziehung auf den Bezugsvektor $\mathfrak{J}$, da im Vektordiagra m die Vektoren $\mathfrak{U}_C$ bzw. $\mathfrak{E}_C$ gegen den Bezugsvektor $\mathfrak{J}$ um 90° nach- bzw. voreilend sind.

Die Effektivwerte oder Beträge sind

$$U_C = I\frac{1}{\omega C} = E_C. \qquad (292\text{d})$$

4) Komplexe Form der Widerstände, Widerstandsvektoren

Der elektrische Widerstand ist der Quotient aus Spannung und Strom. Der Wechselstromwiderstand in komplexer Form ergibt sich hiernach aus dem Quotienten der Vektoren $\mathfrak{U}/\mathfrak{J}$ und wird mit $\mathfrak{Z}$ bezeichnet. Aus den Gl. (290b), (291b) und (292b) folgt

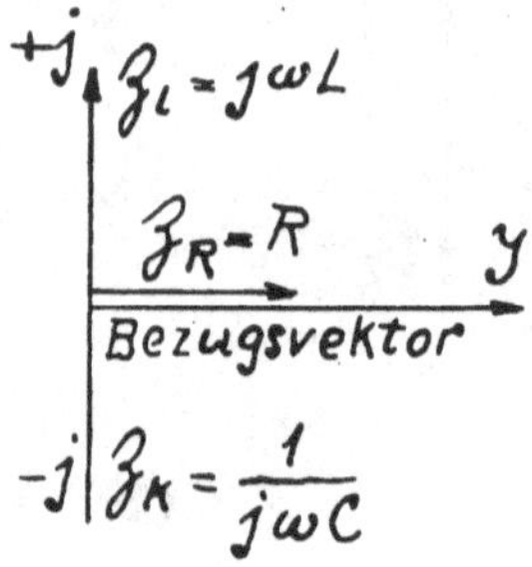

Abb. 228

Wirkwiderstand:

$$\mathfrak{Z}_R = \frac{\mathfrak{U}_R}{\mathfrak{J}} = R, \qquad (293\text{a})$$

Induktiver Widerstand:

$$\mathfrak{Z}_i = \frac{\mathfrak{U}_L}{\mathfrak{J}} = j\omega L, \qquad (293\text{b})$$

Kapazitiver Widerstand:

$$\mathfrak{Z}_k = \frac{\mathfrak{U}_C}{\mathfrak{J}} = \frac{1}{j\omega C}. \qquad (293\text{c})$$

Ihre Beträge sind $Z = R$, $X_i = \omega L$ und

$$X_k = \frac{1}{\omega C}. \qquad (293\text{d})$$

Die Beträge des induktiven und kapazitiven Widerstands werden also auch kurz mit X_i bzw. X_k bezeichnet.

Aus den Gl. (293a, b, c) ergibt sich, daß die Widerstände $\mathfrak{Z}_R = Re^{j0^0}$, $\mathfrak{Z}_i = X_i e^{+j90^0}$ und $\mathfrak{Z}_k = X_k e^{-j90^0}$, allgemein $\mathfrak{Z} = Z\cdot e^{\pm j\varphi}$, komplexe Größen sind, welche also genau wie $\mathfrak{U}$ und $\mathfrak{J}$ als Vektoren dargestellt werden können, weshalb sie **Widerstandsvektoren** heißen. **Die Wider-**

standsvektoren müssen dann aber stets den Strom $\mathfrak{J}$ als Bezugsvektor erhalten. Ferner ist noch aus den bisher aufgestellten symbolischen Gleichungen zu entnehmen, **daß in komplexen Rechnungen die Zahlenbeträge von R, ωL und $\frac{1}{\omega C}$ immer positiv einzusetzen sind,** ebenso wie die komplexen Formen R, $j\omega L$ und $\frac{1}{j\omega C}$ der Widerstände. Aus dem Diagramm der Widerstandsvektoren (Abb. 228) ergibt sich durch Multiplikation mit $\mathfrak{J}$ das Diagramm der Spannungsvektoren, wie die Abb. 229 zeigt.

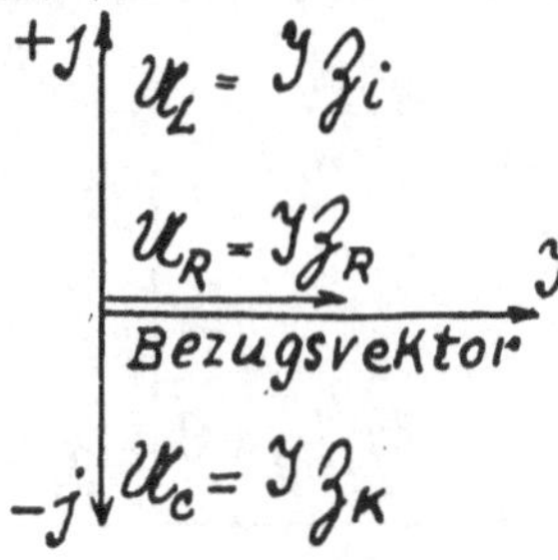

Abb. 229

5) Komplexe Form der Leitwerte, Leitwertvektoren

Mit dem symbolischen Widerstand $\mathfrak{Z}$ hat das Ohmsche Gesetz allgemein die symbolische Form

$$\mathfrak{U} = \mathfrak{J} \cdot \mathfrak{Z}, \tag{294a}$$

woraus sich ergibt

$$\mathfrak{J} = \frac{\mathfrak{U}}{\mathfrak{Z}} = \mathfrak{U}\frac{1}{\mathfrak{Z}} = \mathfrak{U}\mathfrak{Y}, \tag{294b}$$

sowie

$$\mathfrak{Y} = \frac{\mathfrak{J}}{\mathfrak{U}}. \tag{294c}$$

$\mathfrak{Y} = \frac{1}{\mathfrak{Z}}$, d. h. der Kehrwert des Widerstandes $\mathfrak{Z}$, heißt wieder Leitwert und ist ebenso wie $\mathfrak{Z}$ eine komplexe Größe und kann deshalb als **Leitwertvektor** in einem Diagramm dargestellt werden. Die zu den Widerstandsvektoren $\mathfrak{Z}_R = R$, $\mathfrak{Z}_i = j\omega L = jX_i$ und $\mathfrak{Z}_k = \frac{1}{j\omega C} = \frac{1}{j}X_k$ gehörenden Leitwertvektoren sind:

Wirkleitwertvektor

$$\mathfrak{Y}_R = \frac{1}{\mathfrak{Z}_R} = \frac{1}{R}, \tag{295a}$$

Induktiver Leitwertvektor

$$\mathfrak{Y}_i = \frac{1}{\mathfrak{Z}_i} = \frac{1}{j\omega L}, \tag{295b}$$

Kapazitiver Leitwertvektor

$$\mathfrak{Y}_k = \frac{1}{\mathfrak{Z}_k} = j\omega C. \tag{295c}$$

Die **Beträge** werden bezeichnet mit

$$G = \frac{1}{R} \quad \text{als Wirkleitwert,} \tag{296a}$$

$$B_i = \frac{1}{\omega L} \quad \text{als induktiver Blindleitwert,} \tag{296b}$$

$$B_k = \omega C \quad \text{als kapazitiver Blindleitwert.} \tag{296c}$$

Werden **Leitwertvektoren** wie in Abb 230 im Diagramm dargestellt, dann **erhalten** sie **stets den Spannungsvektor $\mathfrak{U}$ als Bezugsvektor,** weil nach Gl. (294b) nur das Produkt aus $\mathfrak{U}$ und $\mathfrak{Y}$ einen physikalischen Sinn hat. Während man den Strom als Bezugsvektor fast immer in die horizontale Achse legt, wird der **Spannungsvektor als Bezugsvektor in die vertikale Achse** gelegt, welche dann die reelle Achse ist. Durch Multiplikation der einzelnen Leitwertvektoren mit $\mathfrak{U}$ erhält man die zugehörigen Stromvektoren $\mathfrak{J} = \mathfrak{U}\mathfrak{Y}$.

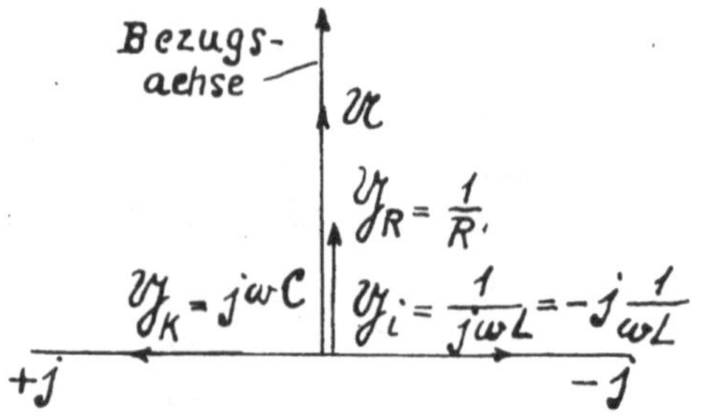

Abb. 230

$$\mathfrak{Y}_R = \frac{1}{R} e^{j0^0}$$

ist in Phase mit dem Bezugsvektor $\mathfrak{U}$,

$$\mathfrak{Y}_i = \frac{1}{j\omega L} = -jB_i = B_i e^{-j90^0}$$

eilt $\mathfrak{U}$ um 90° **nach** und

$$\mathfrak{Y}_k = j\omega C = jB_k = B_k e^{+j90^0}$$

eilt $\mathfrak{U}$ um 90° **vor.**

Die Vektoren $\mathfrak{Z} = \frac{\mathfrak{U}}{\mathfrak{J}} = Ze^{\pm j\varphi}$ und $\mathfrak{Y} = \frac{\mathfrak{J}}{\mathfrak{U}} = Ye^{\mp j\varphi}$ zeigen mit ihrem Dreher die Phasenverschiebung φ zwischen $\mathfrak{U}$ und $\mathfrak{J}$ an. Wie bei den Widerständen sind auch bei komplexen Rechnungen die Zahlenwerte der Leitwertbeträge $G = \frac{1}{R}$, $B_i = \frac{1}{\omega L}$ und $B_k = \omega C$ **positiv** einzusetzen. Bezogen auf $\mathfrak{U}$ weisen die Dreher $e^{j\varphi}$ von $\mathfrak{Z}$ und $\mathfrak{J}$ verschiedene Vorzeichen, die Dreher von $\mathfrak{Y}$ und $\mathfrak{J}$ gleiche Vorzeichen auf.

84. Der zusammengesetzte Wechselstromkreis mit Reihenschaltung der Widerstände

Im Wechselstromkreis treten mehrere der betrachteten drei Widerstandsarten gleichzeitig auf. Es wird zunächst der Stromkreis mit **Reihenschaltung** der verschiedenartigen Widerstände behandelt.

a) Ohmscher und induktiver Widerstand in Reihenschaltung

Die an der sinusförmigen Wechselspannung U liegende Schaltung der Abb. 231 besitzt einen Ohmschen Widerstand R und einen induktiven Widerstand von der Induktivität L. Der Fall ist gegeben entweder dadurch, daß ein induktionsfreier Widerstand R in Reihe geschaltet ist zu einer

Spule mit der Induktivität L und verschwindend kleinem Wirkwiderstand, oder dadurch, daß nur eine Spule mit Wirkwiderstand R und Induktivität L an der Spannung U liegt.

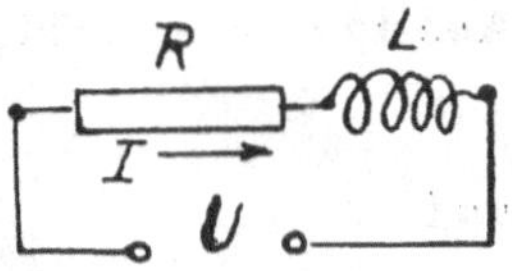

Abb. 231

Nimmt man einen sinusförmigen Strom $i = \bar{I} \sin \omega t$ im Stromkreis an, dann erfordert er für R eine Spannung $u_R = i R$ und für L eine Spannung $u_L = L \frac{di}{dt} = -e_L$, so daß nach dem 2. KIRCHHOFFschen Gesetz für die Klemmenspannung u die Gleichung besteht

$$u = u_R + u_L = i R + L \frac{di}{dt}. \tag{297}$$

Weil nun $u_R = i R = R \bar{I} \sin \omega t$ und $u_L = L \frac{di}{dt} = \omega L \bar{I} \cos \omega t$, so folgt

$$u = R \bar{I} \sin \omega t + \omega L \bar{I} \cos \omega t,$$
$$u = \bar{I} (R \sin \omega t + \omega L \cos \omega t). \tag{297a}$$

Aus dieser Gleichung zwischen den Augenblickswerten ergeben sich die Scheitelwerte $\bar{I} R$ und $\bar{I} \omega L$ der einzelnen Spannungswellen, ihre gleiche Frequenz ω und ihre gegenseitige Phasenverschiebung 90° oder $\frac{\pi}{2}$, weil $\cos \omega t = \sin \left(\omega t + \frac{\pi}{2}\right)$, d. h. die u_L-Welle eilt der u_R-Welle und dem Strom i um $^1/_4$ Periode vor, weil die u_R-Welle mit dem Strom phasengleich ist. Aus der Gl. (297a) sind aber nicht zu entnehmen der Scheitelwert der Klemmenspannung u und ihre Phasenlage φ zur Stromwelle i als Bezugswelle. **Da bei Reihenschaltung alle Verbraucher den gleichen Strom i führen, so ist für Reihenschaltung stets der Stromvektor $\mathfrak{J}$ als Bezugsvektor zu wählen.**

Da aber nun gerade der Scheitelwert bzw. der daraus zu ermittelnde Effektivwert der Spannung u und ihre Phasenlage φ zum Strom i die Größen sind, die ermittelt werden sollen, so wäre man jetzt veranlaßt, ein Vektor- oder Liniendiagramm zu zeichnen, um die gesuchten Größen daraus zu entnehmen. Einfacher kommt man aber, wenn man auf eine rechnerische Ermittlung Wert legt, durch die symbolische Rechnung zum Ziel, indem man die analytische Gl. (297) in die entsprechende symbolische umsetzt. Es soll aber zunächst gezeigt werden, wie man durch Umformung der Gl. (297a) auf rein analytischem Wege, allerdings viel umständlicher, zur Lösung gelangt, so daß dadurch der Vorteil der symbolischen Rechnung besonders klar wird.

Zur Umformung der Gl. (297a) setzt man der Kürze halber $R = a$ und $\omega L = b$, ferner $\omega t = \alpha$ und $\frac{b}{a} = \operatorname{tg} \varphi \cdot \frac{b}{a}$ ist, da b und a gleiche Dimension besitzen, eine reine Zahl, die jeden beliebigen Wert haben kann, so daß man den Quotienten $\frac{b}{a}$ gleich der Tangente eines entsprechenden Winkels φ setzen kann.

Mit diesen Abkürzungen erhält man aus Gl. (297a)

$$u = \bar{I}(a \sin \alpha + b \cos \alpha).$$

Aus $\operatorname{tg} \varphi = \frac{b}{a}$ folgt nun aber

$$\sin \varphi = \frac{1}{\sqrt{1 + \operatorname{cotg}^2 \varphi}} = \frac{b}{\sqrt{a^2 + b^2}}$$

und

$$\cos \varphi = \frac{1}{\sqrt{1 + \operatorname{tg}^2 \varphi}} = \frac{a}{\sqrt{a^2 + b^2}},$$

so daß dann

$$u = \bar{I}\sqrt{a^2 + b^2}\left(\frac{a}{\sqrt{a^2 + b^2}} \sin \alpha + \frac{b}{\sqrt{a^2 + b^2}} \cos \alpha\right),$$

oder

$$u = \bar{I}\sqrt{a^2 + b^2}(\sin \alpha \cos \varphi + \cos \alpha \sin \varphi),$$

$$u = \bar{I}\sqrt{a^2 + b^2} \sin(\alpha + \varphi).$$

Setzt man nun wieder für $a = R$, $b = \omega L$ und $\alpha = \omega t$, dann ergibt sich schließlich

$$u = \bar{I}\sqrt{R^2 + (\omega L)^2} \sin(\omega t + \varphi) \qquad \textbf{(298)}$$

und daraus der Scheitelwert der Spannung u

$$\bar{U} = \bar{I}\sqrt{R^2 + (\omega L)^2} \qquad \textbf{(298a)}$$

und ihr Effektivwert

$$U = \frac{\bar{U}}{\sqrt{2}} = I\sqrt{R^2 + (\omega L)^2}, \qquad \textbf{(298b)}$$

sowie die Phasenverschiebung zum Strom i

$$\operatorname{tg} \varphi = \frac{b}{a} = \frac{\omega L}{R} = \frac{X i}{R}. \qquad \textbf{(298c)}$$

Für die Phasenverschiebung φ zwischen Spannung u und Strom i ist also das Verhältnis des induktiven Widerstandes ωL zum Wirkwiderstand R maßgebend.

Aus Gl. (298) ergibt sich, daß die Klemmenspannung U dem Strom I um φ **voreilt.** Für $\omega L = 0$, d. h. induktionsfreien Verbraucher, wird $\operatorname{tg} \varphi$ und $\varphi = 0$, so daß Phasengleichheit zwischen U und I besteht. Für $R = 0$, d. h. bei einem rein induktiven Verbraucher, ist $\operatorname{tg} \varphi = \infty$ und $\varphi = 90°$ und der Strom I eilt der Spannung U um 90° **nach.** Die Gl. (298) gehen also in die entsprechenden Gleichungen des einfachen Wechselstromkreises über. Da bei vorhandenem R und ωL die Funktion $\operatorname{tg} \varphi$ nicht den Wert Unendlich annehmen kann, so folgt, **daß bei Reihenschaltung von Wirk- und induktivem Widerstand die Phasenverschiebung φ zwischen U und I stets kleiner ist als $^1/_4$ Periode.**

Zusammengefaßt ergibt sich also:

Bei Ohmschem und induktivem Widerstand in Reihenschaltung erzeugt eine sinusförmige Klemmenspannung u einen sinusförmigen Strom i gleicher Frequenz, welcher der Spannung um $\varphi < \frac{\pi}{2}$ nacheilt.

Der Effektivwert des Stromes ist aus Gl. (298b)

$$I = \frac{U}{\sqrt{R^2 + (\omega L)^2}} \tag{299}$$

und die Widerstandsgröße

$$\frac{U}{I} = \sqrt{R^2 + (\omega L)^2} = Z \tag{300}$$

heißt **Scheinwiderstand.** Er setzt sich, wie Gl. (300) zeigt, **geometrisch** als Hypotenuse eines rechtwinkligen Dreiecks aus den Widerständen R und ωL als Katheten zusammen gemäß Abb. 232. Außerdem ergeben auch Gl. (298a und b), daß sich die Vektoren $\bar{U}_R = \bar{I}R$ der Wirkspannungswelle und $\bar{U}_L = \bar{I}\omega L$ der Blindspannungswelle geometrisch in einem rechtwinkligen Dreieck zum Vektor

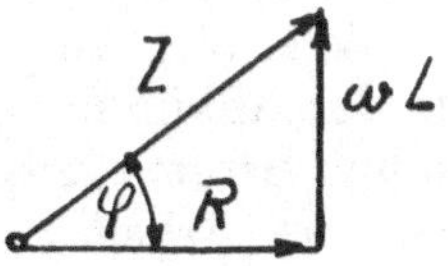

Abb. 232

$$\bar{U} = \sqrt{\bar{U}_R^2 + \bar{U}_L^2} \tag{301}$$

der Klemmenspannungswelle zusammensetzen. Zu den gleichen Ergebnissen gelangt man, wenn man auf Grund der Gl. (297) in der Form

$$u = R\bar{I}\sin\omega t + \omega L\bar{I}\sin\left(\omega t + \frac{\pi}{2}\right) \tag{302}$$

ein Zeiger- und Liniendiagramm zeichnet, bzw. nur ein Vektordiagramm mit dem Stromvektor $\mathfrak{J}$ als Bezugsvektor.

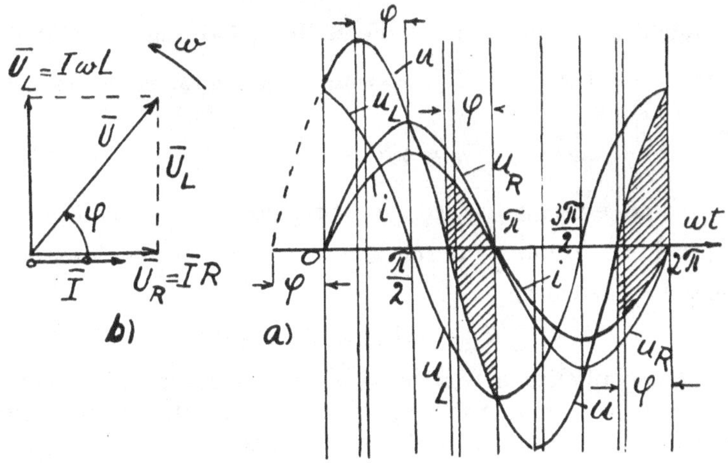

Abb. 233

Abb. 233 gibt Zeiger- und Liniendiagramm für die Stromwelle i als Bezugswelle, bzw. den Stromzeiger $\bar{I}$ als Bezugszeiger. Aus Gl. (302) folgt, daß die Wirkspannungswelle u_R mit i phasengleich ist und die Blindspannungswelle u_L um $\frac{\pi}{2}$ voreilt. Im Liniendiagramm a) der Abb. 233 addieren sich die Augenblickswerte der u_R und der u_L Wellen **algebraisch** zu den Augenblickswerten der u Welle. Es ergibt sich eine Phasenvoreilung $\varphi < \frac{\pi}{2}$ zur Stromwelle i. Im Zeigerdiagramm ist der Zeiger $\overline{U}_R$ der Wirkspannung mit dem Bezugszeiger $\overline{I}$ phasengleich, während der Zeiger $\overline{U}_L$ der Blindspannung 90° voreilt. Aus beiden Diagrammen ergeben sich die gleichen Resultate, wie sie die Gl. (298) aussagen.

Wie aus Abb. 233a zu ersehen ist, sind innerhalb einer Periode zwei in der Abbildung schraffierte Zeitintervalle vorhanden, in denen Spannung u und Strom i entgegengesetzte Vorzeichen haben, die Leistung also negativ ist und Arbeit an die Stromquelle zurückgeliefert wird. Diese Zeitintervalle erstrecken sich über die Zeit $t = \frac{\varphi}{\omega} = \frac{\varphi}{2\pi f} = \frac{\varphi}{2\pi} T$ Sekunden. Da nun, wie nachgewiesen, $\varphi < \frac{\pi}{2}$, so ist auch $t < \frac{T}{4}$, d. h. kleiner als $^1/_4$ Periode. Dadurch ist innerhalb einer halben Periode die Summe der negativen Arbeiten **nicht** mehr gleich der Summe der positiven, wie bei $\varphi = \frac{\pi}{2}$ bei der reinen Selbstinduktion, sondern **kleiner** als die Summe der positiven Arbeiten, woraus folgt, daß innerhalb einer Periode Gesamtarbeit und mittlere Leistung der Stromquelle einen positiven Wert besitzen, der Stromkreis also elektrische Arbeit verbraucht. **Der Ohmsche Widerstand verringert die 90° Phasenverschiebung, die bei reiner Selbstinduktion entsteht, und verursacht einen Energieverbrauch im Stromkreis.**

Die symbolische Rechnung für die Reihenschaltung von R und ωL

Sie ergibt die Lösung auf kürzerem Wege. Man geht von der **analytischen** Gl. (297) aus

$$u = iR + L\frac{di}{dt}.$$

Unter Annahme eines sinusförmigen Stromes $i = \overline{I} \sin \omega t$ ersetzt man u durch $\mathfrak{U}$, i durch $\mathfrak{I}$ und $\frac{d}{dt}$ durch den Drehstrecker $j\omega$, dann erhält man die **symbolische** Gleichung

$$\mathfrak{U} = \mathfrak{I}R + j\omega L\mathfrak{I} = \mathfrak{I}(R + j\omega L). \qquad \textbf{(303)}$$

Man kann die symbolische Gleichung auch gemäß den Ausführungen zu Beginn des § 83 dadurch erhalten, daß man die algebraische Beziehung zwischen den Größen u, u_R und u_L der analytischen Gleichung unter Benutzung der Symbole $\mathfrak{U}$ und $\mathfrak{I}$ in die geometrische Beziehung zwischen den effektiven Größen $U_R = I \cdot R$ und $U_L = I \,.\, \omega L$ verwandelt und eine 90° Voreilung durch den Faktor $+j$, eine 90° Nacheilung durch $-j$ kennzeichnet.

Aus der symbolischen Gl. (303) folgt der Betrag der Klemmenspannung

$$U = I\sqrt{R^2 + (\omega L)^2} \qquad \textbf{(303a)}$$

und der Scheinwiderstand in symbolischer Form

$$\mathfrak{Z} = \frac{\mathfrak{U}}{\mathfrak{J}} = R + j\omega L \tag{303b}$$

und sein Betrag

$$Z = \sqrt{R^2 + (\omega L)^2} = \sqrt{R^2 + X_i^2}. \tag{303c}$$

Die graphische Darstellung der Gl. (303a und 303b) zeigt Abb. 234 und zwar für die Spannungen und für die Widerstände.

Der Bezugsvektor ist $\mathfrak{J}$. Aus den Gl. (303) sowohl wie aus Abb. 234 ergibt sich der Vektorcharakter des Scheinwiderstandes, der sich aus den Widerständen $Z_R = R$ und $Z_i = \omega L = X_i$ und als Widerstandsvektor aus den Widerstandsvektoren $\mathfrak{Z}_R = R$ und $\mathfrak{Z}_i = j\omega L$ geometrisch zusammensetzt im sogenannten **Widerstandsdreieck.** Durch Multiplikation der Seiten des Widerstandsdreiecks mit $\mathfrak{J}$ erhält man das Spannungsdiagramm der Abb. 234a. Auch aus Abb. 234 ergibt sich die Phasenverschiebung φ zwischen Klemmenspannung U und Strom I in Übereinstimmung mit Gl. (298c) aus

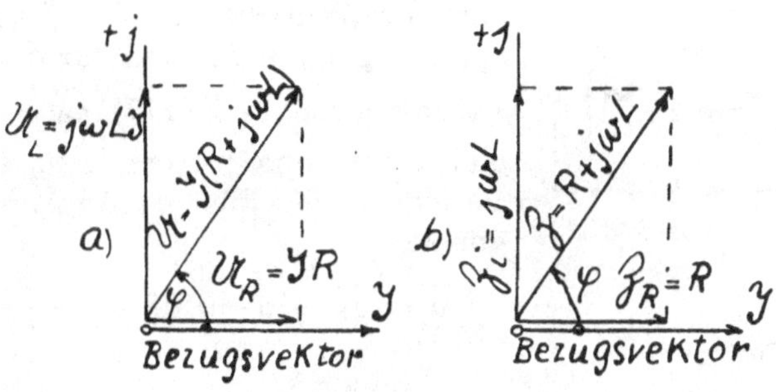

Abb. 234

$$\operatorname{tg}\varphi = \frac{\omega L}{R} \quad \text{zu} \quad \varphi = \operatorname{arctg}\frac{\omega L}{R}. \tag{303d}$$

Der Widerstandsvektor $\mathfrak{Z}$ in Exponentialform ergibt sich aus Gl. (303c) und (303d)

$$\mathfrak{Z} = Z e^{j\varphi} = \sqrt{R^2 + (\omega L)^2} \cdot e^{j \operatorname{arctg}\frac{\omega L}{R}}. \tag{303e}$$

Mit Hilfe des Widerstandsdreiecks ergeben sich noch einfache zeichnerische Ermittlungen von U_R, U_L und I aus gegebener Klemmenspannung U nach Abb. 235.

In Abb. 235a schneidet der Halbkreis über $OA = U$ auf der Hypotenuse des Dreiecks OBC die Spannung $U_L = OD$ ab, während $AD = U_R$ ist. In Abb. 235b schneidet der Halb-

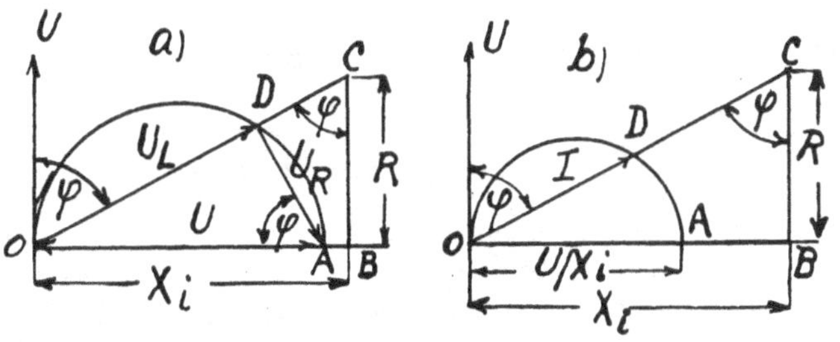

Abb. 235

kreis über $OA = U/X_i$ auf der Hypotenuse des Widerstandsdreiecks OBC den Strom $I = OD = U_L/X_i = I X_i/X_i$ ab. $\operatorname{tg} \varphi = X_i/R$ gibt die Richtung von I gegenüber U. Die Ermittlung von I nach Abb. 235b ist besonders vorteilhaft bei regelbarem Widerstand R.

b) Ohmscher und kapazitiver Widerstand in Reihenschaltung

An der sinusförmigen Spannung U liegen in Reihe ein Wirkwiderstand $R\ \Omega$ und ein Kondensator mit der Kapazität C Farad. Zur Erzeugung eines sinusförmigen Stromes $i = \bar{I} \sin \omega t$ ist nötig eine Wirkspannung $u_R = i R$ und für die Kapazität C eine Blindspannung nach Gl. (272) $u_C = \frac{1}{C} \int i\,dt$. u_R ist phasengleich mit dem Strom i, u_C eilt dem Strom i um $^1/_4$ Periode nach. Für die Augenblickswerte der Spannung gilt also

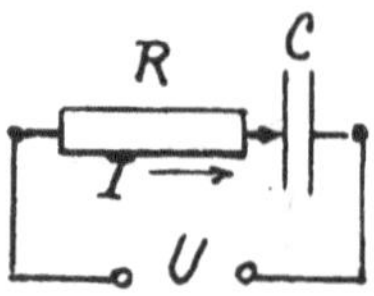

Abb. 236

$$u = u_R + u_C = i R + \frac{1}{C} \int i\,dt. \qquad \textbf{(304)}$$

Nun ist

$$u_R = R \bar{I} \sin \omega t \text{ und } u_C = \frac{\bar{I}}{\omega C} \sin\left(\omega t - \frac{\pi}{2}\right) = -\frac{\bar{I}}{\omega C} \cos \omega t\,, \qquad \textbf{(304a)}$$

so daß also

$$u = \bar{I}\left(R \sin \omega t - \frac{1}{\omega C} \cos \omega t\right).$$

Setzt man wieder $R = a$, $\frac{1}{\omega C} = b$, $\frac{b}{a} = \operatorname{tg} \varphi$ und $\omega t = \alpha$, dann ergibt eine ganz ähnliche Rechnung wie bei Ohmschem und induktivem Widerstand

$$u = \bar{I} \sqrt{R^2 + \left(\frac{1}{\omega C}\right)^2} \sin(\omega t - \varphi). \qquad \textbf{(305)}$$

Aus dieser Gleichung ist zu entnehmen der Scheitelwert der Klemmenspannung u

$$\bar{U} = \bar{I} \sqrt{R^2 + \left(\frac{1}{\omega C}\right)^2} = \bar{I} \sqrt{R^2 + X_k^2} \qquad \textbf{(305a)}$$

und ihr Effektivwert

$$U = \frac{\bar{U}}{\sqrt{2}} = I \sqrt{R^2 + \left(\frac{1}{\omega C}\right)^2} = I \sqrt{R^2 + X_k^2}\,, \qquad \textbf{(305b)}$$

sowie die Phasennacheilung zum Strom i

$$\operatorname{tg} \varphi = \frac{\frac{1}{\omega C}}{R} = \frac{X_k}{R}. \qquad \textbf{(305c)}$$

Für $R = 0$ wird $\operatorname{tg} \varphi = \infty$, d. h. $\varphi = 90^\circ$, also kapazitiver Widerstand. Für $C = \infty$ wird $\operatorname{tg} \varphi = 0$, d. h. $\varphi = 0$, also nur Ohmscher Widerstand. Die Gleichungen gehen in die entsprechenden Gleichungen des einfachen Wechselstromkreises über. $C = 0$ würde nach Gl. (305) eine unendlich große Klemmenspannung erfordern oder bei gegebener Spannung den Strom Null ergeben. Das ist erklärlich, weil ωC ein Leitwert ist und also ein Kondensator mit der Kapazität Null gleichbedeutend ist mit einer Unterbrechung des Wechselstromkreises. Da $\operatorname{tg}\varphi$ nicht unendlich groß werden kann bei vorhandenem Widerstand R, so folgt, daß bei Ohmschem und kapazitivem Widerstand in Reihe $\varphi < \frac{\pi}{2}$, d. h. die Phasenverschiebung φ kleiner als $^1/_4$ Periode ist.

Bei Ohmschem und kapazitivem Widerstand in Reihe erzeugt eine sinusförmige Klemmenspannung u einen sinusförmigen Strom i gleicher Frequenz, welcher der Spannung um $\varphi < \frac{\pi}{2}$ voreilt.

Der Effektivwert des Stromes ist aus Gl. (305b)

$$I = \frac{U}{\sqrt{R^2 + \left(\frac{1}{\omega C}\right)^2}} = \frac{U}{\sqrt{R^2 + X_k^2}} \tag{306}$$

und der **Scheinwiderstand**

$$Z = \frac{U}{I} = \sqrt{R^2 + \left(\frac{1}{\omega C}\right)^2} = \sqrt{R^2 + X_k^2}. \tag{307}$$

Er setzt sich aus Wirkwiderstand R und kapazitivem Blindwiderstand $X_k = \frac{1}{\omega C}$ im Widerstandsdreieck der Abb. 237 geometrisch zusammen. Ebenso setzen sich nach Gl. (305a) und (305b) die Scheitel- und Effektivwerte der Wirkspannung $U_R = I \cdot R$ und der Blindspannung $U_C = \frac{I}{\omega C}$ als Katheten in einem rechtwinkligen Dreieck geometrisch zum Scheitel- bzw. Effektivwert der Klemmenspannung $U = \sqrt{U_R^2 + U_C^2}$ zusammen.

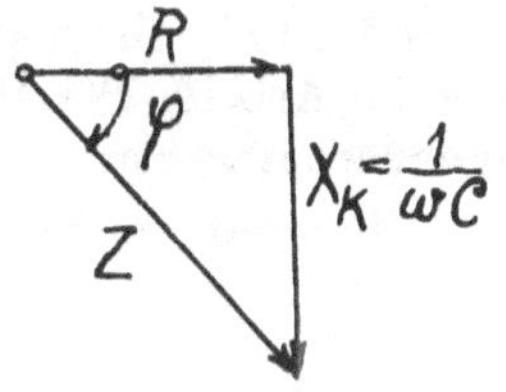

Abb. 237

Abb. 238 zeigt das Vektordiagramm mit Effektivwerten. Bezugsvektor ist der Stromvektor I. U_R in Phase mit I und U_C ihm $^1/_4$ Periode nacheilend, setzen sich zum Vektor U der Klemmenspannung zusammen und es ergibt sich auch ihre Phasenverschiebung $\varphi < 90°$ als Nacheilung zum Strombezugsvektor I. **Durch Division der Vektoren mit I erhält man das Widerstandsdiagramm.** $Z_R = R$ und $X_k = \frac{1}{\omega C}$ ergeben geometrisch den Scheinwiderstand $Z = \sqrt{R^2 + X_k^2}$ und die Phasenverschiebung aus

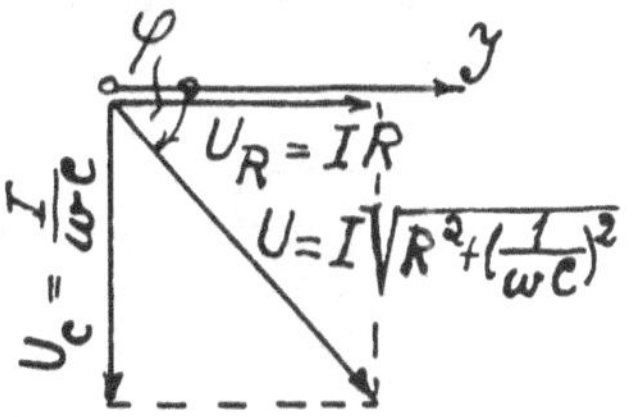

Abb. 238

$$\operatorname{tg}\varphi = \frac{U_C}{U_R} = \frac{\frac{1}{\omega C}}{R}.$$

Im **Liniendiagramm der Abb. 239** addieren sich wieder die Augenblickswerte der mit der Bezugswelle i phasengleichen u_R-Welle **algebraisch** mit den Augenblickswerten der der Bezugswelle i um 90° nacheilenden u_C-Welle und ergeben die Klemmenspannungswelle u mit der Phasennacheilung $\varphi < \frac{\pi}{2}$ zur Stromwelle i. Auch hier ergeben sich innerhalb einer Periode zwei in der Abb. 239 schraffierte Zeitintervalle von der Dauer $t = \frac{\varphi}{\omega} = \frac{\varphi}{2\pi} T$ Sekunden, d. h. da $\varphi < \frac{\pi}{2}$ ist, von der Dauer $t < \frac{T}{4}$ Sekunden, während welcher u und i entgegengesetzte Richtung haben und also Energie an die Stromquelle zurückgeliefert wird. Die Gesamtarbeit hat dadurch innerhalb einer Periode einen positiven Betrag, d. h. der Stromkreis verbraucht elektrische Arbeit. **Der Ohmsche Widerstand R verringert die 90° Voreilung des Kondensatorstromes und verursacht einen Energieverbrauch im Stromkreis.**

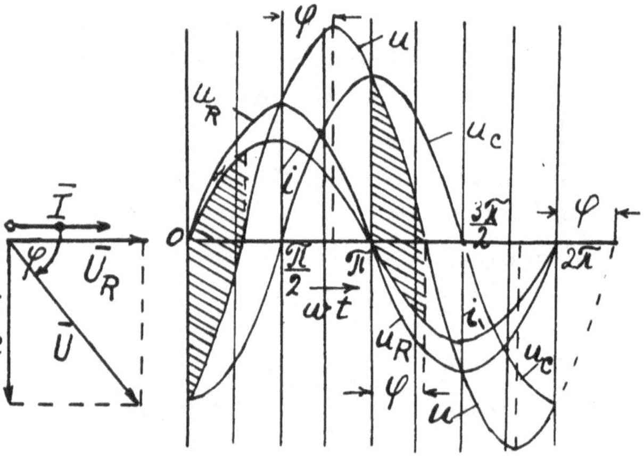

Abb. 239

Die symbolische Rechnung geht aus von der Gl. (304)

$$u = u_R + u_C = iR + \frac{1}{C}\int i\,dt.$$

Ersetzt man u durch $\mathfrak{U}$, i durch $\mathfrak{J}$ und $\int dt$ durch $\frac{1}{j\omega} = -j\frac{1}{\omega}$, dann erhält man die symbolische Gleichung

$$\mathfrak{U} = \mathfrak{U}_R + \mathfrak{U}_C = \mathfrak{J}R + \frac{1}{j\omega C}\mathfrak{J} = \mathfrak{J}R - j\frac{1}{\omega C}\mathfrak{J} = \mathfrak{J}\left(R - j\frac{1}{\omega C}\right). \qquad \textbf{(308)}$$

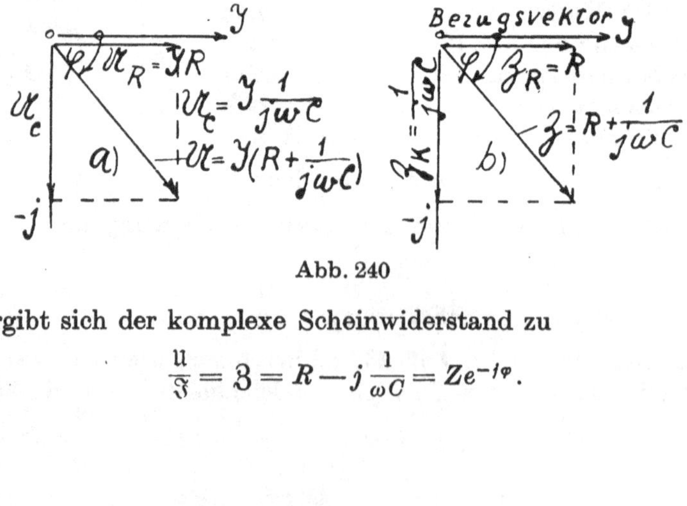

Abb. 240

Daraus ergibt sich der komplexe Scheinwiderstand zu

$$\frac{\mathfrak{U}}{\mathfrak{J}} = \mathfrak{Z} = R - j\frac{1}{\omega C} = Ze^{-j\varphi}. \qquad \textbf{(308 a)}$$

Die Beträge sind dann gemäß Gl. (308) und (308a)

$$U = I\sqrt{R^2 + \left(\frac{1}{\omega C}\right)^2}; \quad Z = \sqrt{R^2 + \left(\frac{1}{\omega C}\right)^2}; \quad \operatorname{tg}\varphi = \frac{\frac{1}{\omega C}}{R}. \qquad \textbf{(308b)}$$

Die Gl. (308) hätte man auch erhalten als geometrische Summe der Effektivwerte von Wirk- und Blindspannung, wenn das Symbol der Blindspannung wegen ihrer 90° Nacheilung mit dem Faktor $-j$ versehen wird.

Spannungs- und Widerstandsdiagramm in symbolischer Darstellung zeigt Abb. 240.

c) Ohmscher, induktiver und kapazitiver Widerstand in Reihe

Ein sinusförmiger Strom $i = \bar{I} \sin \omega t$ erfordert in dem durch Abb. 241 dargestellten Stromkreis eine Wirkspannung $u = iR$, für die Selbstinduktion eine Blindspannung $u_L = L\frac{di}{dt}$ und für die Kapazität eine Blindspannung $u_C = \frac{1}{C}\int i\,dt$, so daß für die Klemmenspannung u die Gleichung gilt

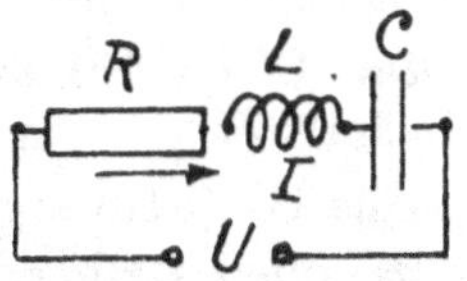

Abb. 241

$$u = u_R + u_L + u_C = iR + L\frac{di}{dt} + \frac{1}{C}\int i\,dt. \qquad \textbf{(309)}$$

u_R ist mit i phasengleich, u_L eilt $^1/_4$ Periode vor und u_C ebensoviel nach. Da nun nach Gl. (266) und Gl. (304a)

$$u_R = R\bar{I}\sin\omega t, \qquad u_L = \bar{I}\omega L \sin\left(\omega t + \frac{\pi}{2}\right) = \bar{I}\omega L \cos\omega t$$

und

$$u_C = \bar{I}\frac{1}{\omega C}\sin\left(\omega t - \frac{\pi}{2}\right) = -\frac{\bar{I}}{\omega C}\cos\omega t,$$

so ist

$$u = u_R + u_L + u_C = \bar{I}\left[R\sin\omega t + \left(\omega L - \frac{1}{\omega C}\right)\cos\omega t\right]. \qquad \textbf{(309a)}$$

Durch die Substitutionen $R = a$, $\omega L - \frac{1}{\omega C} = b$, $\operatorname{tg}\varphi = \frac{b}{a}$ und $\omega t = \alpha$ ergibt sich durch eine ähnliche Rechnung wie früher

$$\left.\begin{aligned} u &= \bar{I}\sqrt{R^2 + \left(\omega L - \frac{1}{\omega C}\right)^2}\sin(\omega t + \varphi) \\ u &= \bar{I}\sqrt{R^2 + (X_i - X_k)^2}\sin(\omega t + \varphi) \end{aligned}\right\} \qquad \textbf{(310)}$$

und

$$\operatorname{tg}\varphi = \frac{\omega L - \frac{1}{\omega C}}{R} = \frac{X_i - X_k}{R}. \qquad \textbf{(310a)}$$

Aus Gl. (310) folgt der Scheitelwert der Klemmenspannung u

$$\bar{U} = \bar{I}\sqrt{R^2 + \left(\omega L - \frac{1}{\omega C}\right)^2} = \bar{I}\sqrt{R^2 + (X_i - X_k)^2} \qquad \textbf{(310b)}$$

und ihr Effektivwert

$$U = \frac{\bar{U}}{\sqrt{2}} = I\sqrt{R^2 + \left(\omega L - \frac{1}{\omega C}\right)^2} = I\sqrt{R^2 + (X_i - X_k)^2}. \quad \textbf{(310c)}$$

Die Gleichungen zeigen, daß Selbstinduktion und Kapazität einander entgegenwirken.

Die Phasenverschiebung der Klemmenspannung zum Strom I ergibt Gl. (310a). Da wieder tg φ nicht den Wert Unendlich annehmen kann, ist $\varphi < \frac{\pi}{2}$, d. h. kleiner als $^1/_4$ Periode. Ob sich aber eine Phasenvor- oder -Nacheilung der Spannung u ergibt, hängt davon ab, ob $\omega L - \frac{1}{\omega C} \gtrless 0$ ist. Ist $\omega L > \frac{1}{\omega C}$, dann ist tg $\varphi > 0$ und damit auch φ positiv, d. h. die Spannung u eilt gegen den Strom i vor. Ist dagegen $\omega L < \frac{1}{\omega C}$, dann ist tg $\varphi < 0$, also φ negativ und die Spannung u eilt gegen den Strom i nach.

Die Gl. (310c) stellt das OHMsche Gesetz für Wechselstrom in vollständiger Fassung dar.

Aus Gl. (310) ergibt sich zusammengefaßt:

Bei einer Reihenschaltung von Ohmschem, induktivem und kapazitivem Widerstand erzeugt eine sinusförmige Spannung u einen sinusförmigen Strom i gleicher Frequenz, welcher der Spannung um $\varphi < \frac{\pi}{2}$ nach- oder voreilt, je nachdem $\omega L > \frac{1}{\omega C}$ bzw. $\omega L < \frac{1}{\omega C}$ ist.

Der Effektivwert des Stromes ist aus Gl. (310c)

$$I = \frac{U}{\sqrt{R^2 + \left(\omega L - \frac{1}{\omega C}\right)^2}} = \frac{U}{\sqrt{R^2 + (X_i - X_k)^2}} \quad \textbf{(310d)}$$

und der Scheinwiderstand des Stromkreises

$$Z = \frac{U}{I} = \sqrt{R^2 + \left(\omega L - \frac{1}{\omega C}\right)^2} = \sqrt{R^2 + (X_i - X_k)^2}. \quad \textbf{(311)}$$

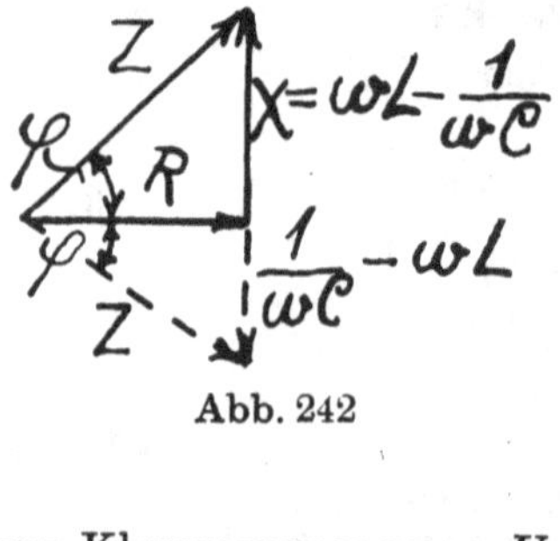

Abb. 242

Bezeichnet man den resultierenden Blindwiderstand $X_i - X_k = X$, dann bilden R, X und Z wieder das rechtwinklige Widerstandsdreieck gemäß Abb. 242. Durch Multiplikation der Widerstandsvektoren mit dem Strom I ergibt sich das Spannungs-Vektordiagramm, in welchem sich die Wirkspannung U_R mit der resultierenden Blindspannung

$$U_L - U_C = U_X$$

zur Klemmenspannung U zusammensetzen gemäß der Gl. (310c)

$$U = \sqrt{U_R^2 + (U_L - U_C)^2} = \sqrt{U_R^2 + U_X^2}. \quad \textbf{(312)}$$

Der Betrag des Scheinwiderstandes Z ist stets reell, gleichgültig ob $\omega L \gtrless \frac{1}{\omega C}$. Der Fall $\omega L = \frac{1}{\omega C}$ wird in § 89 als **Spannungsresonanz** näher untersucht.

Aus Abb. 242 ergibt sich noch für die Phasenverschiebung φ:

$$\sin\varphi = \frac{X}{Z} = \frac{IX}{U} = \frac{U_X}{U} = \frac{U_L - U_C}{U} \tag{312a}$$

und

$$\cos\varphi = \frac{R}{Z} = \frac{I \cdot R}{U} = \frac{U_R}{U}. \tag{312b}$$

Die symbolische Rechnung geht aus von der Gl. (309)

$$u = u_R + u_L + u_C = i\,R + L\frac{di}{dt} + \frac{1}{C}\int i\,dt.$$

Man ersetzt darin u durch $\mathfrak{U}$, i durch $\mathfrak{J}$, $\frac{d}{dt}$ durch $j\omega$ und $\int dt$ durch $-j\frac{1}{\omega}$ und erhält die symbolische Gleichung

$$\mathfrak{U} = \mathfrak{J}R + j\omega L\mathfrak{J} - j\frac{1}{\omega C}\,\mathfrak{J} = \mathfrak{J}\left[R + j\left(\omega L - \frac{1}{\omega C}\right)\right]. \tag{313}$$

Daraus ergibt sich dann der komplexe Scheinwiderstand

$$\mathfrak{Z} = \frac{\mathfrak{U}}{\mathfrak{J}} = R + j\left(\omega L - \frac{1}{\omega C}\right) = Ze^{j\varphi} \text{ für } \omega L > \frac{1}{\omega C}, \tag{313a}$$

$$\mathfrak{Z} = R - j\left(\frac{1}{\omega C} - \omega L\right) = Ze^{-j\varphi} \text{ für } \frac{1}{\omega C} > \omega L. \tag{313b}$$

Die Beträge von $\mathfrak{U}$ und $\mathfrak{Z}$ geben die Gl. (310c) und Gl. (311) und der Betrag von φ folgt aus

$$\operatorname{tg}\varphi = \frac{\omega L - \frac{1}{\omega C}}{R} \quad \text{für } \omega L > \frac{1}{\omega C} \tag{313c}$$

und

$$\operatorname{tg}\varphi = \frac{\frac{1}{\omega C} - \omega L}{R} \quad \text{für } \frac{1}{\omega C} > \omega L, \tag{313d}$$

wobei es vorteilhaft ist, den Zahlenwert von φ positiv zu berechnen. Vor- bzw. Nacheilung von $\mathfrak{U}$ und $\mathfrak{Z}$ ergeben sich in den symbolischen Gleichungen aus dem Vorzeichen von j. $+j$ bedeutet Voreilung, $-j$ Nacheilung gegenüber dem Strom $\mathfrak{J}$. Abb. 243 zeigt Spannungs- und Widerstandsdiagramm in symbolischer Darstellung.

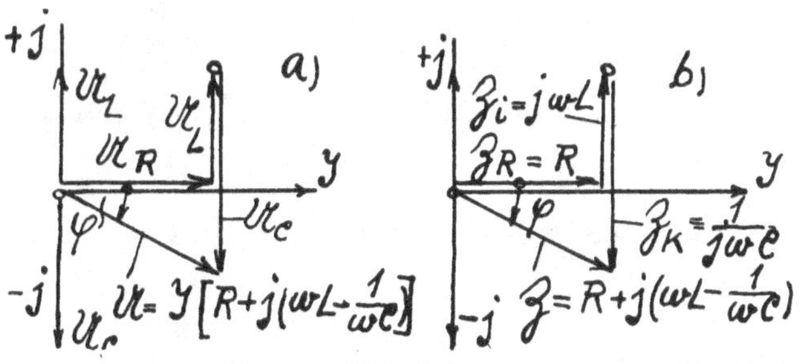

Abb. 243

d) Reihenschaltung für eine beliebige Zahl von Verbrauchern

Im allgemeinen Fall liegen eine größere Zahl von induktiven und kapazitiven Verbrauchern in Reihe an einer Spannung U gemäß Abb. 244.

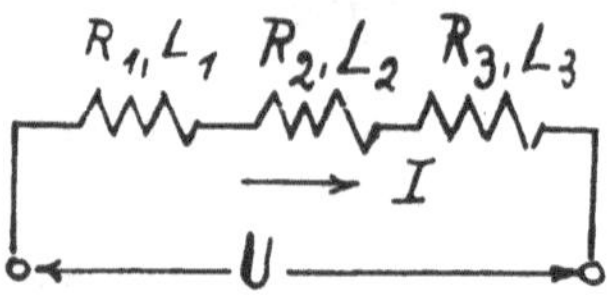

Abb. 244

Durch sämtliche Verbraucher fließt der gleiche Strom I, dagegen sind die Spannungen U_1, U_2 usw. der einzelnen Verbraucher verschieden groß je nach ihren Anteilen an Wirk- und Blindwiderständen. Setzt man $\omega L = X_i$, $\frac{1}{\omega C} = X_k$ und allgemein $\left(\omega L - \frac{1}{\omega C}\right) = X$, dann sind die Spannungen der einzelnen Verbraucher und ihre Phasenverschiebungen zum Strom I gemäß Gl. (310a) und (310c)

$$U_1 = I\sqrt{R_1^2 + X_1^2}\,, \qquad U_2 = I\sqrt{R_2^2 + X_2^2} \text{ usw.}$$

und

$$\operatorname{tg}\varphi_1 = \frac{X_1}{R_1}\,, \qquad \operatorname{tg}\varphi_2 = \frac{X_2}{R_2} \quad \text{usw.}$$

Im Vektordiagramm haben also alle in Reihe geschalteten Verbraucher den Stromvektor I gemeinsam, weshalb er auch als Bezugsvektor zu wählen ist. Dagegen hat jeder einzelne Verbraucher einen eigenen Spannungsvektor U_1, U_2 usw. und diese Spannungsvektoren haben verschiedene Phasenverschiebungen φ_1, φ_2 usw. gegenüber dem Stromvektor I. Gemäß § 79 ist aber die **geometrische** Summe aller Verbraucherspannungen U_1, U_2 usw. gleich der an der Reihenschaltung wirkenden Klemmenspannung U, die dadurch zum Strom I ebenfalls eine Phasenverschiebung φ erhält. Zerlegt man jede einzelne Verbraucherspannung U_1, U_2 usw. in eine mit dem Stromvektor phasengleiche Wirkspannung $U_{R1} = I \cdot R_1$ und eine um $\frac{\pi}{2}$ vor- bzw. nacheilende Blindspannung U_{L1} bzw. U_{C1} oder allgemein $U_{L1} - U_{C1} = U_{x1} = I \cdot X_1$ usw., dann müssen, wenn U_w die Wirkspannungskomponente der Klemmenspannung U und U_b ihre Blindspannungskomponente bedeuten, die Beziehungen bestehen

$$U_w = U_{R1} + U_{R2} + \cdots = IR_1 + IR_2 + \cdots = I(R_1 + R_2 + \cdots),$$
$$U_b = U_{x1} + U_{x2} + \cdots = IX_1 + IX_2 + \cdots = I(X_1 + X_2 + \cdots).$$

Da ferner nach Gl. (312) $U = \sqrt{U_w^2 + U_b^2}$, so ist

$$U = I \cdot \sqrt{(R_1 + R_2 + \cdots)^2 + (X_1 + X_2 + \cdots)^2} \tag{314a}$$

und die Phasenverschiebung der Spannung U gegen den Strom I

$$\operatorname{tg}\varphi = \frac{U_b}{U_w} = \frac{X_1 + X_2 + \cdots}{R_1 + R_2 + \cdots}\,. \tag{314b}$$

Weil nun $R_1 + R_2 + \cdots = R$ der Gesamtwirkwiderstand der ganzen Reihenschaltung und $X_1 + X_2 + \cdots = X$ der Gesamtblindwiderstand, so ist

$$U = I \cdot \sqrt{R^2 + X^2} \tag{314c}$$

und
$$\operatorname{tg}\varphi = \frac{X}{R}. \tag{314d}$$

Gl. (314c) ist wieder das OHMsche Gesetz in der allgemeinsten Form. **Man hat also bei der Reihenschaltung einfach das OHMsche Gesetz für Wechselstrom anzusetzen und bei der Berechnung des Gesamtscheinwiderstandes Z für R den gesamten Wirkwiderstand und für X den gesamten Blindwiderstand sämtlicher Verbraucher in die Gleichungen (314c) und (314d) einzusetzen.**

Das Vektordiagramm der Spannungen für mehrere Verbraucher mit induktiven Scheinwiderständen $Z = \sqrt{R^2 + X_i^2}$ in Reihenschaltung zeigt Abb. 245. Sind nur zwei Verbraucher in Reihe geschaltet, dann kann man die Gesamtspannung U und ihre Phasenverschiebung φ zum Strom I mit Hilfe des Kosinussatzes aus den einzelnen Spannungen U_1 und U_2 und ihren Phasenverschiebungen φ_1 und φ_2 berechnen. Es ergibt sich

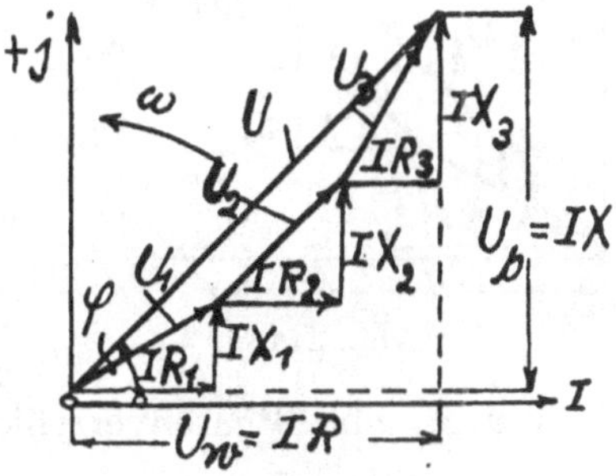

Abb. 245

$$U = \sqrt{U_1^2 + U_2^2 + 2\,U_1 U_2 \cos(\varphi_2 - \varphi_1)}, \quad \cos\varphi = \frac{U_1\cos\varphi_1 + U_2\cos\varphi_2}{U} = \frac{U_w}{U}.$$

Symbolische Rechnung

Die einzelnen Scheinwiderstände seien z. B.

$$\mathfrak{Z}_1 = R_1 + j\omega L_1, \quad \mathfrak{Z}_2 = R_2 - j\frac{1}{\omega C_2}, \quad \mathfrak{Z}_3 = R_3 + j\omega L_3 - j\frac{1}{\omega C_3}.$$

Setzt man $\omega L = X_i$, $\frac{1}{\omega C} = X_k$ und $\left(\omega L - \frac{1}{\omega C}\right) = X$, dann ist der **Gesamtscheinwiderstand** der Reihenschaltung als **geometrische** Summe der Scheinwiderstände der einzelnen Verbraucher

$$\mathfrak{Z} = \mathfrak{Z}_1 + \mathfrak{Z}_2 + \cdots = (R_1 + jX_1) + (R_2 + jX_2) + \cdots,$$

wobei bei kapazitiven Widerständen $-j$ gesetzt werden muß. Die Klemmenspannung $\mathfrak{U}$ der Reihenschaltung ist dann

$$\begin{aligned}\mathfrak{U} &= \mathfrak{U}_1 + \mathfrak{U}_2 + \cdots = \mathfrak{I}\mathfrak{Z}_1 + \mathfrak{I}\mathfrak{Z}_2 + \mathfrak{I}\mathfrak{Z}_3 + \cdots \\ &= \mathfrak{I}[(R_1 + jX_1) + (R_2 + jX_2) + \cdots] \\ &= \mathfrak{I}[(R_1 + R_2 + \cdots) + j(X_1 + X_2 + \cdots)].\end{aligned}$$

Ist $R = R_1 + R_2 + \cdots$ der gesamte Wirkwiderstand und $X = X_1 + X_2 + \cdots$ der gesamte Blindwiderstand, dann folgt

$$\mathfrak{U} = \mathfrak{I}[R + jX] = \mathfrak{I}\mathfrak{Z}. \tag{315}$$

Die Beträge ergeben sich aus dieser Gleichung zu

$$U = I \cdot \sqrt{R^2 + X^2}, \tag{315a}$$

$$Z = \sqrt{R^2 + X^2}, \qquad \textbf{(315b)}$$

$$\operatorname{tg} \varphi = \frac{X}{R}. \qquad \textbf{(315c)}$$

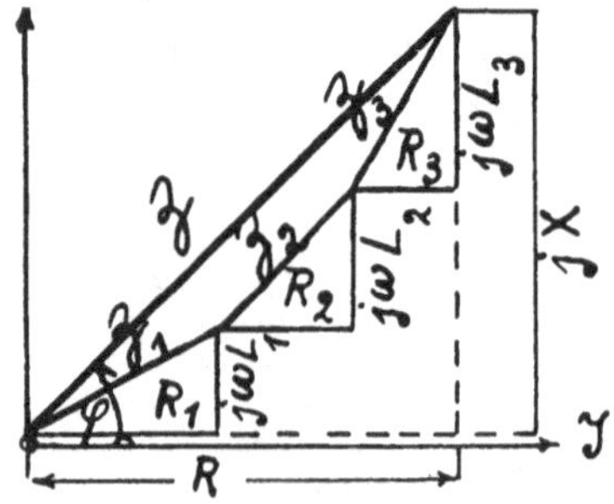

Abb. 246

Das Spannungsdiagramm ergibt wieder die Abb. 245 und das Vektordiagramm der Widerstände zeigt Abb. 246. Bei der Reihenschaltung kann also im Spannungsdiagramm die Gesamtspannung U zusammengesetzt werden aus einer Wirkspannung $U_w = I \cdot R$ und einer Blindspannung $U_b = I \cdot X$ und im Widerstandsdiagramm der Gesamtscheinwiderstand Z aus einem Wirkwiderstand $R = R_1 + R_2 + \cdots$ und einem Blindwiderstand $X = X_1 + X_2 + \cdots$ wobei U_w und R mit I phasengleich sind, während U_b und X eine Phasenverschiebung von $\pm 90°$ zum Strom I haben.

85. Der zusammengesetzte Wechselstromkreis mit Parallelschaltung der Widerstände

a) Analytische Rechnung

Bei der Parallelschaltung liegen nach Abb. 247 eine beliebige Zahl von Ohmschen, induktiven und kapazitiven Widerständen R, X_i, X_k parallel an einer Spannung U. Diese Spannung ist allen Zweigen der Parallelschaltung gemeinsam und bewirkt in jedem Zweig einen Zweig- oder Teilstrom I_1, I_2 usw. entsprechend den Scheinwiderständen Z_1, Z_2 usw. der einzelnen Zweige. Die Teilströme erhalten dadurch Phasenverschiebungen φ_1, φ_2 usw. zur Spannung U. Diese Zweigströme sind

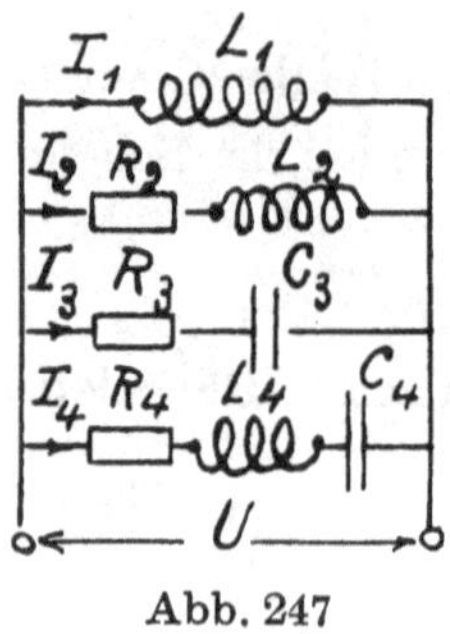

Abb. 247

$$\left.\begin{aligned} I_1 &= \frac{U}{Z_1} = \frac{U}{\sqrt{R_1^2 + X_1^2}}; \quad \operatorname{tg} \varphi_1 = \frac{X_1}{R_1} \\ I_2 &= \frac{U}{Z_2} = \frac{U}{\sqrt{R_2^2 + X_2^2}}; \quad \operatorname{tg} \varphi_2 = \frac{X_2}{R_2} \end{aligned}\right\} \qquad \textbf{(316)}$$

Nach § 80 setzen sich diese Zweigströme **geometrisch** zum Gesamtstrom I zusammen mit der Phasenverschiebung φ zur Spannung U (Abb. 248a). **Da die Spannung U allen Zweigströmen gemeinsam ist, so wählt man für die Parallelschaltung den lotrecht angenommenen Spannungsvektor U als Bezugsvektor.** Man kann dann den Strom I gemäß Abb. 248b zerlegen in eine mit U phasengleiche **Wirkstromkomponente**

$$I_w = I \cos \varphi \qquad \textbf{(317a)}$$

und in eine um 90° vor- bzw. nacheilende **Blindstromkomponente**

$$I_b = I \sin \varphi. \tag{317b}$$

Dabei ist dann I_w die **algebraische** Summe der Wirkkomponenten und I_b die **algebraische** Summe der Blindkomponenten **sämtlicher** Zweigströme, also $I_w = I_{w1} + I_{w2} + \cdots$ und $I_b = I_{b1} + I_{b2} + \cdots$, wenn man alle gemäß Gl. (316) berechneten Zweigströme in Wirk- und Blindkomponenten zerlegt. Für den Gesamtstrom ergibt sich dann

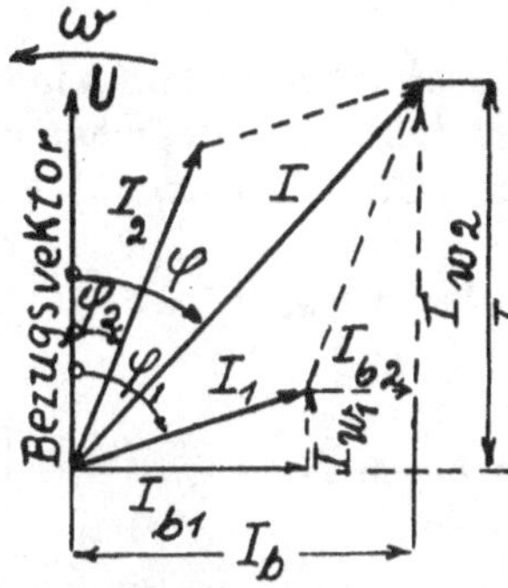

Abb. 248a

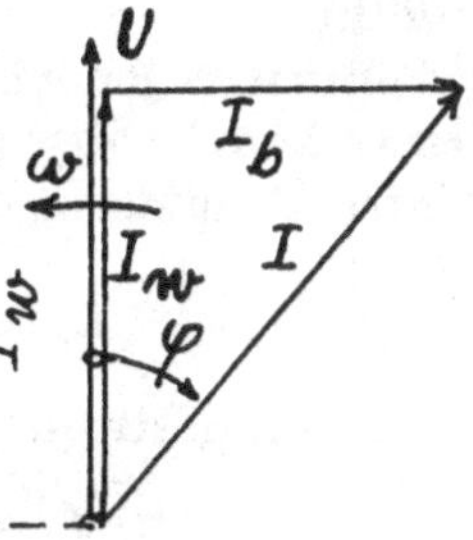

Abb. 248b

$$I = \sqrt{I_w^2 + I_b^2} \tag{318a}$$

und für seine Phasenverschiebung zur Spannung U

$$\operatorname{tg} \varphi = \frac{I_b}{I_w}. \tag{318b}$$

Dabei entspricht auch wieder eine Nacheilung des Stromes einer Verschiebung des Stromvektors **entgegen** dem positiv gewählten Linksdrehsinn des Diagramms. Für die Schaltung der Abb. 247 ist das Vektordiagramm in Abb. 249 gezeichnet. Angenommen ist, daß Zweig 1 Induktivität, Zweig 2 überwiegende Kapazität, Zweig 3 reine Induktivität und Zweig 4 überwiegende Induktivität besitzt.

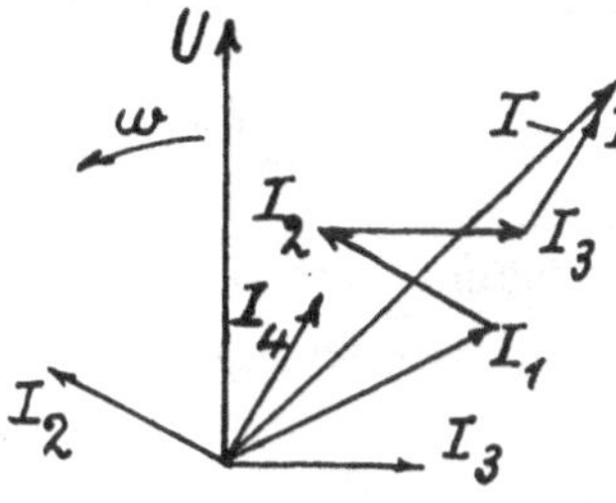

Abb. 249

Bei gegebener Spannung U und gegebenen Widerständen berechnet man die einzelnen Zweigströme nach Größe und Phase mit den Gl. (316). Durch geometrische Addition der Zweigstromvektoren nach Abb. 249 erhält man den Gesamtstrom I und seine Phasenverschiebung φ zur Spannung U, wobei die Winkel vom Bezugsvektor U ab gemessen werden. Will man den Strom I **rechnerisch** ohne Zeichnung bestimmen, dann berechnet man für jeden Zweigstrom Wirk- und Blindstromkomponente, z. B. für I_1 den Wirkstrom

$$I_{w1} = I_1 \cos \varphi_1 = I_1 \frac{R_1}{Z_1} = U \frac{R_1}{Z_1^2} \tag{319a}$$

und den Blindstrom

$$I_{b1} = I_1 \sin \varphi_1 = I_1 \frac{X_1}{Z_1} = U \frac{X_1}{Z_1^2} \tag{319b}$$

unter Benutzung der Gl. (312a und b). Man addiert dann **algebraisch** die Wirkströme aller Teilströme zum Wirkstrom des Gesamtstromes

$I_w = I_{w1} + I_{w2} + \cdots$ und die Blindströme aller Teilströme zum Blindstrom $I_b = I_{b1} + I_{b2} + \cdots$ des Gesamtstromes, dann erhält man den Gesamtstrom I und seine Phasenverschiebung φ zur Spannung U gemäß Gl. (318a und b).

Meistens jedoch **rechnet man** zweckmäßiger **mit den Wirk- und Blindleitwerken** der Zweige, insbesondere, **wenn die Teilströme nicht verlangt sind.** Unter Benutzung der Gl. (319a und b) ergibt sich Gesamtwirkstrom

$$I_w = I_{w1} + I_{w2} + \cdots = U\left[\frac{R_1}{Z_1^2} + \frac{R_2}{Z_2^2} + \cdots\right],$$

Gesamtblindstrom

$$I_b = I_{b1} + I_{b2} + \cdots = U\left[\frac{X_1}{Z_1} + \frac{X_2}{Z_2^2} + \cdots\right],$$

Gesamtstrom

$$I = \sqrt{I_w^2 + I_b^2},$$

$$I = U\sqrt{\left(\frac{R_1}{Z_1^2} + \frac{R_2}{Z_2^2} + \cdots\right)^2 + \left(\frac{X_1}{Z^2} + \frac{X_2}{Z_2^2} + \cdots\right)^2}. \quad \textbf{(320)}$$

Diese Gleichung zeigt, daß der Wurzelausdruck der Scheinleitwert Y der ganzen Stromverzweigung ist, so daß

$$I = U \cdot Y = U\frac{1}{Z}. \quad \textbf{(320a)}$$

Da $Z_1 = \sqrt{R_1^2 + X_1^2}$, so ist der Scheinleitwert des Zweiges 1

$$Y_1 = \frac{1}{\sqrt{R_1^2 + X_1^2}} = \frac{\sqrt{R_1^2 + X_1^2}}{R_1^2 + X_1^2} = \frac{\sqrt{R_1^2 + X_1^2}}{Z_1^2} = \sqrt{\left(\frac{R_1}{Z_1^2}\right)^2 + \left(\frac{X_1}{Z_1^2}\right)^2}. \quad \textbf{(321)}$$

Bezeichnet man $G_1 = \frac{R_1}{Z_1^2}$ als den Wirkleitwert und $B_1 = \frac{X_1}{Z_1^2}$ als den Blindleitwert des Zweiges 1, dann ist

$$Y_1 = \sqrt{G_1^2 + B_1^2} \quad \textbf{(321a)}$$

und

$$I_1 = U Y_1 = U\sqrt{G_1^2 + B_1^2}. \quad \textbf{(321b)}$$

Weil $I_{w1} = U\frac{R_1}{Z_1^2} = UG_1$ und $I_{b1} = U\frac{X_1}{Z_1^2} = UB_1$, so folgt

$$\operatorname{tg}\varphi_1 = \frac{I_{b1}}{I_{w1}} = \frac{B_1}{G_1}. \quad \textbf{(321c)}$$

Der Gesamtstrom I ist gemäß Gl. (320)

$$I = U\sqrt{(G_1 + G_2 + \cdots)^2 + (B_1 + B_2 + \cdots)^2}.$$

Da $G_1 + G_2 + \cdots = G$ der Wirkleitwert der Verzweigung und $B_1 + B_2 + \cdots = B$ der Blindleitwert der Verzweigung, so folgt der Scheinleitwert der Verzweigung zu

$$Y = \sqrt{G^2 + B^2} \quad \textbf{(322a)}$$

und der Gesamtstrom und seine Phasenverschiebung

$$I = UY = U\sqrt{G^2 + B^2}; \qquad \operatorname{tg}\varphi = \frac{B}{G}. \tag{322b}$$

Man berechnet also für jeden Zweig den Wirkleitwert $G_1 = \frac{R_1}{Z_1^2}$ und den Blindleitwert $B_1 = \frac{X_1}{Z_1^2}$, addiert **algebraisch** die Wirkleitwerte aller Zweige zum Wirkleitwert G der Verzweigung und alle Blindleitwerte der Zweige zum Blindleitwert B der Verzweigung und ermittelt aus den Gl. (322a und b) Y, I und φ.

Dabei ist aber folgendes zu beachten: **Der Wirkleitwert** eines jeden Zweiges **ist stets positiv** und damit auch der Wirkleitwert G der Verzweigung. **Dagegen ist der Blindleitwert** eines Zweiges **bei** nacheilendem Blindstrom, also **induktiver Belastung, negativ,** eines Zweiges **bei** voreilendem Blindstrom, also **kapazitiver Belastung, positiv. Dadurch wird** auch **der Blindleitwert B der Verzweigung negativ oder positiv. Das hat** nach Gl. (322b) auf den Betrag des Stromes I, sowie **auf Betrag und Vorzeichen der Phasenverschiebung φ einen Einfluß. Ergibt sich tg φ positiv, dann ist I voreilend, ist tg φ negativ, dann eilt I nach.**

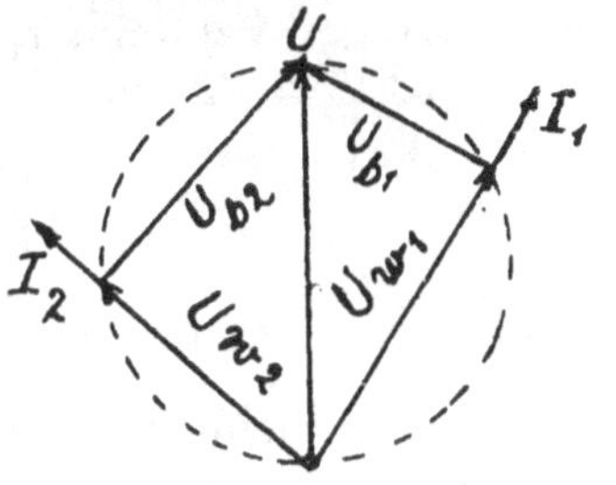

Abb. 250

Bei der Parallelschaltung kann man auch die Spannung U in bezug auf irgendeinen Stromvektor I in zwei Komponenten zerlegen nach Abb. 250 und zwar in eine mit dem Strom phasengleiche Wirkspannung

$$U_w = U\cos\varphi = \frac{U \cdot IR}{U} = I \cdot R \tag{323a}$$

und in eine zum Strom 90° vor- bzw. nacheilende Quer- oder Blindspannung

$$U_b = U\sin\varphi = \frac{U \cdot IX}{U} = IX. \tag{323b}$$

In diesem Fall ist der Strom Bezugsvektor. Das Diagramm der Abb. 250 kann für jeden Zweig einer Parallelschaltung gezeichnet werden, wobei dann die Eckpunkte der rechtwinkligen Dreiecke alle auf dem Kreis mit U als Durchmesser liegen müssen.

Eine einfache zeichnerische Ermittlung der Zweigströme und des Gesamtstromes einer häufig vorkommenden Stromverzweigung nach Abb. 251 zeigt Abb. 252.

Gegeben ist die Klemmenspannung U, gesucht sind I_1, I_2 und I. Gemäß den Abb. 235a und b ergeben sich die Phasenverschiebungen φ_1 und φ_2 aus $\operatorname{tg}\varphi_1 = \frac{X_1}{R_1}$ und $\operatorname{tg}\varphi_2 = \frac{X_2}{R_2}$, sowie die Zweigströme I_1 und I_2 und der

Gesamtstrom I und seine Phasenverschiebung φ durch die über U/X_1 bzw. U/X_2 gezeichneten Halbkreise. Bei Regelung des Widerstandes R_1 bleibt

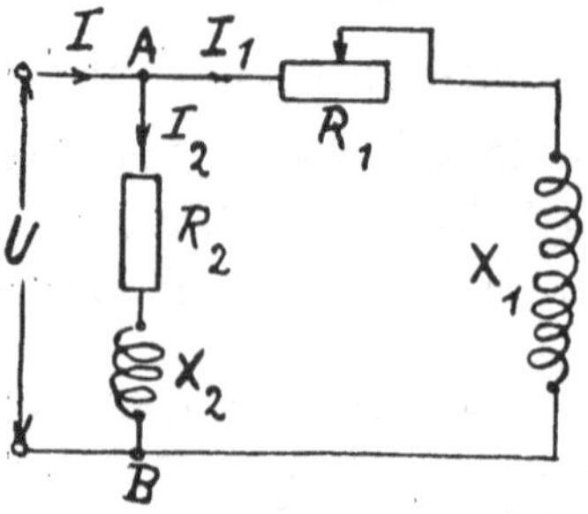

Abb. 251

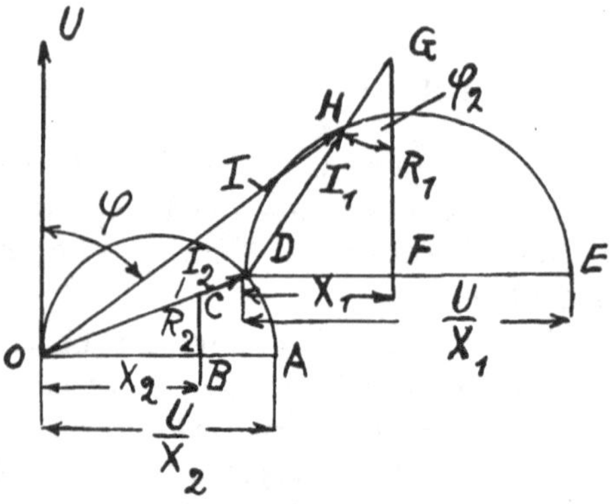

Abb. 252

die Spitze der Vektoren I_1 und I stets auf dem Halbkreis über DE. Für $R_1 = 0$ ist $I = OE$, für $R_1 = \infty$ ist $I = OD$.

b) Symbolische Rechnung

Gemäß Gl. (320a) ist $I = U\frac{1}{Z} = U\,Y$, wobei $Y = \frac{1}{Z}$ der Betrag des gerichteten Scheinleitwertes $\mathfrak{Y} = \frac{1}{\mathfrak{Z}}$. Nach den Gl. (321) ist der Scheinleitwert eines aus Ohmschem Widerstand R und induktivem Widerstand ωL bestehenden Zweiges $Y = \sqrt{G^2 + B_i^2}$, worin $G = \frac{R}{Z^2} = \frac{R}{R^2 + (\omega L)^2}$ der Wirkleitwert und $B_i = -\frac{X_i}{Z^2} = \frac{-\omega L}{R^2 + (\omega L)^2}$ der in diesem Falle negative Blindleitwert ist. Der Scheinleitwert des Stromzweiges ist also

$$Y = \sqrt{G^2 + B_i^2} = \sqrt{\left(\frac{R}{R^2 + (\omega L)^2}\right)^2 + \left(\frac{\omega L}{R^2 + (\omega L)^2}\right)^2} \qquad \textbf{(324)}$$

und $\operatorname{tg}\varphi = -\frac{B_i}{G}$, der Scheinwiderstand ist

$$Z = \sqrt{R^2 + X_i^2} = \sqrt{R^2 + (\omega L)^2}.$$

In **symbolischer** Form ist der Scheinwiderstand des Zweiges $\mathfrak{Z} = R + j\omega L$ und deshalb der **Richtleitwert** für den induktiven Scheinwiderstand

$$\mathfrak{Y} = \frac{1}{\mathfrak{Z}} = \frac{1}{R + j\omega L} = \frac{R - j\omega L}{(R + j\omega L)(R - j\omega L)} = \frac{R - j\omega L}{R^2 + (\omega L)^2},$$

$$\mathfrak{Y} = \frac{R}{R^2 + (\omega L)^2} - j\,\frac{\omega L}{R^2 + (\omega L)^2}. \qquad \textbf{(324a)}$$

$\mathfrak{Y}$ hat die komplexe Form $a - jb$ eines Vektors, entsprechend dem Widerstand $\mathfrak{Z} = a + jb$.

Die aus Formel (324) zu entnehmenden Beträge sind für den **Wirkleitwert**

$$G = \frac{R}{R^2 + (\omega L)^2}, \tag{324b}$$

und für den **induktiven Blindleitwert**

$$B_i = \frac{\omega L}{R^2 + (\omega L)^2}. \tag{324c}$$

Die Gleichung des gerichteten **induktiven Scheinleitwertes** ist dann in vereinfachter Form

$$\mathfrak{Y} = G - j B_i. \tag{324d}$$

Die symbolische Gleichung zur Berechnung des Stromes I lautet

$$\mathfrak{I} = \mathfrak{U}\,\mathfrak{Y} = \mathfrak{U}(G - j B_i) = \mathfrak{U}G - j\,\mathfrak{U}B_i. \tag{324e}$$

Die Darstellung der symbolischen Gl. (324d und e) im Vektordiagramm zeigt Abb. 253. Bezugsachse ist der Vektor $\mathfrak{U}$. Der Stromvektor $\mathfrak{U}G$ ist in Phase mit $\mathfrak{U}$ als Wirkstromkomponente vom Betrag

$$UG = I_w = I \cos\varphi.$$

Der Stromvektor $-j\mathfrak{U}B_i$, der gegen $\mathfrak{U}$ um 90° nacheilt, ist die Blindstromkomponente vom Betrag $UB_i = I_b = I \sin\varphi$. Aus

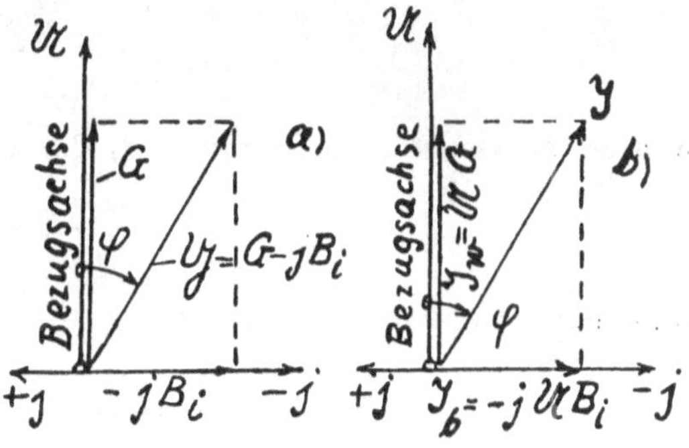

Abb. 253

dem Diagramm der Leitwerte entsteht durch Multiplikation der Vektoren mit $\mathfrak{U}$ das Stromdiagramm, in welchem der Strom in die zwei senkrecht aufeinander stehenden Wirk- und Blindstromkomponenten zerlegt ist. Deshalb auch die Bezeichnungen Wirk- und Blindleitwert.

Für einen **Stromzweig mit Ohmschem Widerstand R und kapazitivem Widerstand** $\frac{1}{\omega C}$ ist der Scheinwiderstand $Z = \sqrt{R^2 + \left(\frac{1}{\omega C}\right)^2}$ und der Scheinleitwertwert $Y = \frac{1}{Z} = \sqrt{G^2 + B_k^2}$, wobei

$$G = \frac{R}{Z^2} = \frac{R}{R^2 + X_k^2} = \frac{R}{R^2 + \left(\frac{1}{\omega C}\right)^2}$$

der Wirkleitwert des Stromzweiges und

$$B_k = \frac{X_k}{Z^2} = \frac{X_k}{R^2 + X_k^2} = \frac{\frac{1}{\omega C}}{R^2 + \left(\frac{1}{\omega C}\right)^2}$$

der kapazitive Blindleitwert, so daß kapazitiver Scheinleitwert des Stromzweiges

$$Y = \sqrt{G^2 + B_k^2} = \sqrt{\left(\frac{R}{R^2 + \left(\frac{1}{\omega C}\right)^2}\right)^2 + \left(\frac{\frac{1}{\omega C}}{R^2 + \left(\frac{1}{\omega C}\right)^2}\right)^2} \tag{325}$$

und $\operatorname{tg} \varphi = \frac{+B_K}{G}$.

In symbolischer Form ist der Scheinwiderstand des Stromzweiges $\mathfrak{Z} = R + \frac{1}{j\omega C} = R - j\frac{1}{\omega C}$ und der Richtleitwert

$$\mathfrak{Y} = \frac{1}{\mathfrak{Z}} = \frac{1}{R - j\frac{1}{\omega C}} = \frac{R + j\frac{1}{\omega C}}{\left(R - j\frac{1}{\omega C}\right)\left(R + j\frac{1}{\omega C}\right)} = \frac{R + j\frac{1}{\omega C}}{R^2 + \left(\frac{1}{\omega C}\right)^2},$$

$$\mathfrak{Y} = \frac{R}{R^2 + \left(\frac{1}{\omega C}\right)^2} + j\frac{\frac{1}{\omega C}}{R^2 + \left(\frac{1}{\omega C}\right)^2} \tag{325a}$$

und es ist wieder dem Betrag nach der Wirkleitwert

$$G = \frac{R}{R^2 + \left(\frac{1}{\omega C}\right)^2} \tag{325b}$$

und der kapazitive Blindleitwert

$$B_k = \frac{\frac{1}{\omega C}}{R^2 + \left(\frac{1}{\omega C}\right)^2}. \tag{325c}$$

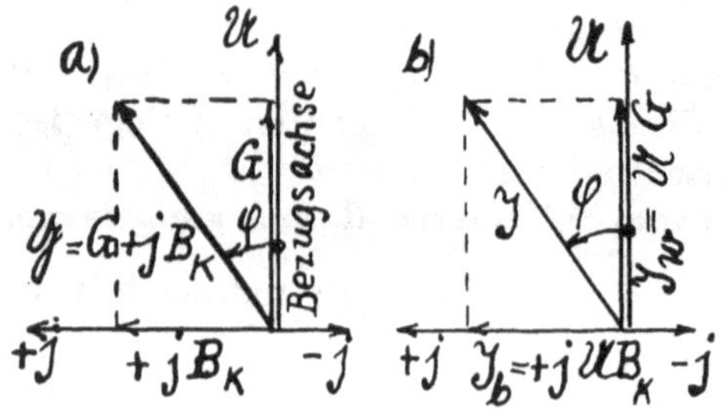

Abb. 254

Die Gleichung des gerichteten **kapazitiven Scheinleitwerts** ist

$$\mathfrak{Y} = G + jB_k \tag{325d}$$

und die symbolische Gleichung für den Strom

$$\mathfrak{J} = \mathfrak{U}\mathfrak{Y} = \mathfrak{U}(G + jB_k) = \mathfrak{U}G + j\mathfrak{U}B_k. \tag{325e}$$

Faßt man die Gl. (324) und (325) zusammen, dann ist

$$\mathfrak{J} = \mathfrak{U}\mathfrak{Y} = \mathfrak{U}(G \mp jB) = \mathfrak{U}G \mp j\mathfrak{U}B = \mathfrak{J}_w \mp j\mathfrak{J}_b, \tag{326}$$

$$\mathfrak{Y} = G \mp jB. \tag{326a}$$

Die Beträge sind für den Scheinleitwert

$$Y = \sqrt{G^2 + B^2} \tag{326b}$$

und für den Effektivwert des Stromes

$$I = UY = U\sqrt{G^2 + B^2}, \tag{326c}$$

sowie für die Phasenverschiebung zwischen Strom und Spannung

$$\operatorname{tg} \varphi = \frac{\pm B}{G} . \tag{326d}$$

In den Gl. (326), (326a) und (326d) gilt das + **Zeichen,** der Voreilung $+j$ entsprechend, bei **kapazitiven** Blindleitwerten B_k und das — **Zeichen,** der Nacheilung $-j$ entsprechend, bei **induktiven** Blindleitwerten B_i.

Auf Grund der in diesem Paragraphen gegebenen Unterlagen können sowohl für die einzelnen Zweige einer Parallelschaltung Scheinleitwert und Strom ermittelt werden, als auch Gesamtscheinleitwert $Y_g = \sqrt{(\Sigma G)^2 + (\Sigma B)^2}$ und Gesamtstrom $I = U Y_g$ der Parallelschaltung. Der reziproke Wert $Z = \frac{1}{Y_g}$ ist **der resultierende Scheinwiderstand der Parallelschaltung** und **wird als Ersatzwiderstand bezeichnet.** Er ist von Bedeutung bei der Berechnung der zusammengesetzten Reihenparallelschaltungen.

Der Ersatzwiderstand ergibt sich mit seinem Betrag wie folgt:

$$Z = \frac{1}{Y_g} = \frac{1}{\sqrt{G^2 + B^2}} = \sqrt{\frac{1}{G^2 + B^2}} = \sqrt{\frac{G^2 + B^2}{(G^2 + B^2)^2}} ,$$

$$Z = \sqrt{\left(\frac{G}{G^2 + B^2}\right)^2 + \left(\frac{B}{G^2 + B^2}\right)^2} = \sqrt{\left(\frac{G}{Y_g^2}\right)^2 + \left(\frac{B}{Y_g^2}\right)^2} , \tag{326e}$$

$$\frac{G}{G^2 + B^2} = \frac{G}{Y_g^2} = R_{\text{Ers}} \tag{326f}$$

ist der **Ersatzwirkwiderstand** der Verzweigung und

$$\frac{\pm B}{G^2 + B^2} = \frac{\pm B}{Y_g^2} = X_{\text{ers}} \tag{326g}$$

der **Ersatzblindwiderstand** der Verzweigung.

Bei der symbolischen Rechnung ermittelt man den Ersatzwiderstand aus $\mathfrak{Z} = \frac{1}{\mathfrak{Y}_g}$.

c) Berechnung des Scheinleitwerts und Ersatzwiderstands für verschiedene häufige Parallelschaltungen

1) Parallelschaltung zweier Wirkwiderstände R_1 und R_2

Ersatzleitwert

$$\mathfrak{Y} = \mathfrak{Y}_1 + \mathfrak{Y}_2 = G_1 + G_2 = \frac{1}{R_1} + \frac{1}{R_2}$$

$$= \frac{R_1 + R_2}{R_1 \cdot R_2} = G , \tag{327a}$$

Ersatzwiderstand

$$\mathfrak{Z} = \frac{1}{\mathfrak{Y}} = \frac{R_1 R_2}{R_1 + R_2} = \frac{1}{G} = Z . \tag{327b}$$

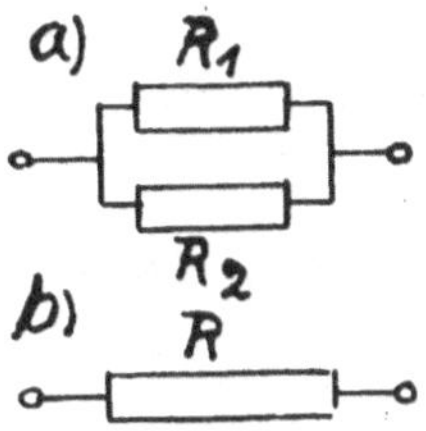

Abb. 255

2) Parallelschaltung zweier induktiver Blindwiderstände ωL_1 und ωL_2

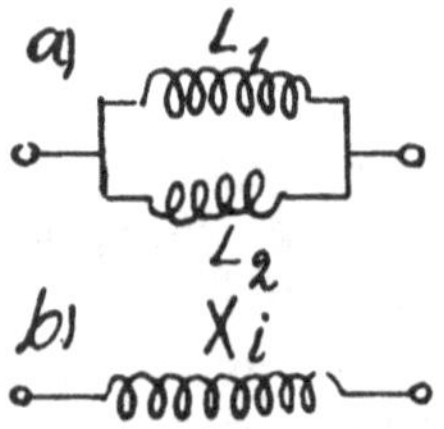

Abb. 256

Analytisch: Ersatzleitwert

$$Y = Y_1 + Y_2 = \frac{1}{X_{i1}} + \frac{1}{X_{i2}} = \frac{X_{i1} + X_{i2}}{X_{i1} \cdot X_{i2}}$$
$$= \frac{\omega L_1 + \omega L_2}{(\omega L_1) \cdot (\omega L_2)} = B_i, \qquad \textbf{(328a)}$$

Ersatzwiderstand

$$Z = \frac{1}{Y} = \frac{X_{i1} \cdot X_{i2}}{X_{i1} + X_{i2}} = \frac{(\omega L_1) \cdot (\omega L_2)}{\omega L_1 + \omega L_2} = \frac{1}{B_i} = X_i. \qquad \textbf{(328b)}$$

Symbolisch: Ersatzleitwert

$$\mathfrak{Y} = \mathfrak{Y}_1 + \mathfrak{Y}_2 = \frac{1}{j\omega L_1} + \frac{1}{j\omega L_2} = -j\,\frac{\omega L_1 + \omega L_2}{(\omega L_1) \cdot (\omega L_2)} = -j\,B_i \qquad \textbf{(328c)}$$

mit dem Betrag

$$B_i = \frac{\omega L_1 + \omega L_2}{(\omega L_1) \cdot (\omega L_2)}, \qquad \textbf{(328d)}$$

Ersatzwiderstand

$$\mathfrak{Z} = \frac{1}{\mathfrak{Y}} = \frac{1}{-j B_i} = j\,\frac{(\omega L_1) \cdot (\omega L_2)}{\omega L_1 + \omega L_2} \qquad \textbf{(328e)}$$

mit dem Betrag

$$Z = X_i = \frac{(\omega L_1) \cdot (\omega L_2)}{\omega L_1 + \omega L_2} = \frac{X_{i1} \cdot X_{i2}}{X_{i1} + X_{i2}} = \frac{1}{B_i}. \qquad \textbf{(328f)}$$

Ersatzleitwert und Ersatzwiderstand sind rein induktiv.

3) Parallelschaltung zweier Kapazitäten C_1 und C_2

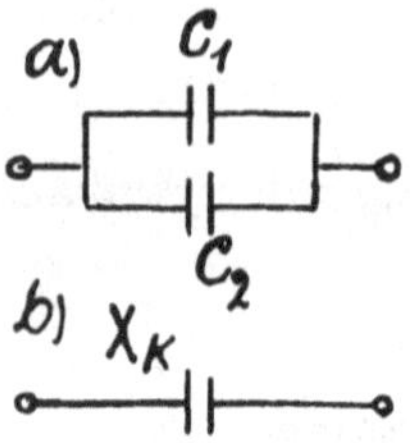

Abb. 257

Analytisch: Ersatzleitwert

$$Y = Y_1 + Y_2 = \omega C_1 + \omega C_2$$
$$= \omega(C_1 + C_2) = B_k, \qquad \textbf{(329a)}$$

Ersatzwiderstand

$$Z = \frac{1}{Y} = \frac{1}{\omega(C_1 + C_2)} = X_k = \frac{1}{B_k}. \qquad \textbf{(329b)}$$

Symbolisch: Ersatzleitwert

$$\mathfrak{Y} = \mathfrak{Y}_1 + \mathfrak{Y}_2 = j\omega C_1 + j\omega C_2 = j\omega(C_1 + C_2) = j\,B_k \qquad \textbf{(329c)}$$

mit dem Betrag

$$B_k = \omega(C_1 + C_2), \qquad \textbf{(329d)}$$

Ersatzwiderstand

$$\mathfrak{Z} = \frac{1}{\mathfrak{Y}} = \frac{1}{j\omega(C_1 + C_2)} = -j\,\frac{1}{\omega(C_1 + C_2)} \qquad \textbf{(329e)}$$

mit dem Betrag

$$Z = X_k = \frac{1}{\omega(C_1 + C_2)} = \frac{1}{B_k}. \qquad \textbf{(329f)}$$

Ersatzleitwert und Ersatzwiderstand sind rein kapazitiv.

4) Parallelschaltung von Wirkwiderstand und Selbstinduktion

Analytisch: Ersatzleitwert

$$Y = \sqrt{Y_1^2 + Y_2^2} = \sqrt{\frac{1}{R^2} + \frac{1}{(\omega L)^2}} = \frac{\sqrt{R^2 + (\omega L)^2}}{R\omega L}, \qquad \textbf{(330a)}$$

Ersatzwiderstand

$$Z = \frac{1}{Y} = \frac{R\omega L}{\sqrt{R^2 + (\omega L)^2}}. \qquad \textbf{(330b)}$$

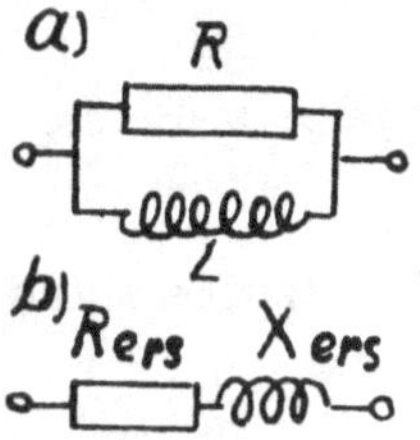

Abb. 258

Symbolisch: Ersatzleitwert

$$\mathfrak{Y} = \mathfrak{Y}_1 + \mathfrak{Y}_2 = \frac{1}{R} + \frac{1}{j\omega L} = \frac{1}{R} - \frac{j}{\omega L} = \frac{\omega L - jR}{R\omega L} \qquad \textbf{(330c)}$$

mit dem Betrag

$$Y = \frac{\sqrt{R^2 + (\omega L)^2}}{R\omega L}. \qquad \textbf{(330d)}$$

Ersatzwiderstand

$$\mathfrak{Z} = \frac{1}{\mathfrak{Y}} = \frac{R\omega L}{\omega L - jR} = \frac{R\omega L(\omega L + jR)}{(\omega L - jR)(\omega L + jR)},$$

$$\mathfrak{Z} = \frac{R(\omega L)^2}{R^2 + (\omega L)^2} + j\frac{R^2(\omega L)}{R^2 + (\omega L)^2} = R_{\text{Ers}} + jX_{\text{Ers}} \qquad \textbf{(330e)}$$

mit dem Betrag

$$Z = \sqrt{R_{\text{Ers}}^2 + X_{\text{Ers}}^2} = \sqrt{\frac{R^2(\omega L)^4 + R^4(\omega L)^2}{[R^2 + (\omega L)^2]^2}},$$

$$Z = \sqrt{\frac{R^2(\omega L)^2[(\omega L)^2 + R^2]}{[R^2 + (\omega L)^2]^2}} = \frac{R\omega L}{\sqrt{R^2 + (\omega L)^2}} = \frac{1}{Y}. \qquad \textbf{(330f)}$$

Ersatzleitwert und Ersatzwiderstand enthalten Ohmsche und induktive Bestandteile.

Die Schaltung der Abb. 258 kommt vor bei Spulen in Wechselstrommaschinen und Transformatoren. Man kann eine Ersatzparallel- oder Ersatzreihenschaltung wählen, je nachdem eine Komponentenzerlegung des Stromes oder der Spannung bezweckt wird. Bei Drosselspulen kommen beide Schaltungen zur Anwendung.

5) Parallelschaltung von Wirkwiderstand und Kapazität

Analytisch: Ersatzleitwert

$$Y = \sqrt{Y_1^2 + Y_2^2} = \sqrt{\frac{1}{R^2} + (\omega C)^2}$$

$$= \sqrt{\frac{1 + (R\omega C)^2}{R^2}} = \frac{\sqrt{1 + (R\omega C)^2}}{R}, \qquad \textbf{(331a)}$$

Ersatzwiderstand

$$Z = \frac{1}{Y} = \frac{R}{\sqrt{1 + (R\omega C)^2}}. \qquad \textbf{(331b)}$$

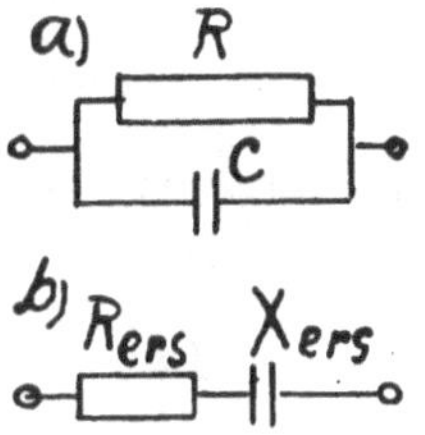

Abb. 259

Symbolisch: Ersatzleitwert

$$\mathfrak{Y} = \mathfrak{Y}_1 + \mathfrak{Y}_2 = \frac{1}{R} + j\omega C = \frac{1 + jR\omega C}{R} \qquad \textbf{(331c)}$$

mit dem Betrag

$$Y = \frac{\sqrt{1 + (R\omega C)^2}}{R}, \qquad \textbf{(331d)}$$

Ersatzwiderstand

$$\mathfrak{Z} = \frac{1}{\mathfrak{Y}} = \frac{R}{1 + jR\omega C} = \frac{R(1 - jR\omega C)}{(1 + jR\omega C)(1 - jR\omega C)} = \frac{R - jR^2\omega C}{1 + (R\omega C)^2},$$

$$\mathfrak{Z} = \frac{R}{1 + (R\omega C)^2} - j\frac{R^2\omega C}{1 + (R\omega C)^2} = R_{\text{Ers}} - jX_{\text{Ers}}. \qquad \textbf{(331e)}$$

mit dem Betrag

$$Z = \sqrt{R_{\text{Ers}}^2 + X_{\text{Ers}}^2} = \frac{R}{\sqrt{1 + (R\omega C)^2}} = \frac{1}{Y}. \qquad \textbf{(331f)}$$

Ersatzleitwert und Ersatzwiderstand enthalten OHMsche und kapazitive Anteile.

Die Schaltung der Abb. 259 wird, wie schon in § 82 Ziffer c am Schlusse erwähnt wurde, als Ersatzschaltung für einen Kondensator mit dielektrischen Verlusten verwendet. Der Ersatzwiderstand setzt sich aus einem Wirkwiderstand $\frac{R}{1 + (R\omega C)^2}$ und einem kapazitiven Blindwiderstand $\frac{R^2\omega C}{1 + (R\omega C)^2}$ zusammen.

6) Parallelschaltung eines induktiven mit einem kapazitiven Blindwiderstand

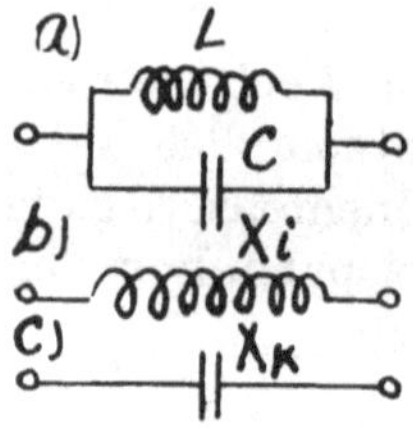

Abb. 260

Analytisch: Ersatzleitwert

$$Y = Y_1 + Y_2 = \frac{1}{\omega L} - \omega C = \frac{1 - \omega^2 LC}{\omega L} = B, \qquad \textbf{(332a)}$$

Ersatzwiderstand

$$Z = \frac{1}{Y} = \frac{\omega L}{1 - \omega^2 LC} = X. \qquad \textbf{(332b)}$$

Symbolisch: Ersatzleitwert

$$\mathfrak{Y} = \mathfrak{Y}_1 + \mathfrak{Y}_2 = \frac{1}{j\omega L} + j\omega C = \frac{1 + j^2(\omega L)(\omega C)}{j\omega L},$$

$$\mathfrak{Y} = -j\frac{1 - \omega^2 LC}{\omega L} = -jB \qquad \textbf{(332c)}$$

mit dem Betrag

$$Y = \frac{1 - \omega^2 LC}{\omega L} = B, \qquad \textbf{(332d)}$$

Ersatzwiderstand

$$\mathfrak{Z} = \frac{1}{\mathfrak{Y}} = +j\frac{\omega L}{1 - \omega^2 LC} \qquad \textbf{(332e)}$$

mit dem Betrag

$$Z = \frac{\omega L}{1 - \omega^2 LC} = X = \frac{1}{Y}. \qquad \textbf{(332f)}$$

Ersatzleitwert und Ersatzwiderstand sind reine Blindwerte. Der Ersatzwiderstand $Z = X$ ist rein induktiv für $\omega^2 LC < 1$ (Abb. 260b) und rein kapazitiv für $\omega^2 LC > 1$ (Abb. 260c). Diese Schaltung wird benutzt als **Stromresonanzschaltung** (§ 89, Ziff. b). Ferner findet die Schaltung praktische Verwendung zur **Phasenkompensierung,** d. h. zur Beseitigung der Phasenverschiebung zwischen Spannung und Strom, indem man den nacheilenden Netzstrom der Motoren durch Parallelschalten von Kondensatoren kompensiert, so daß die Generatoren des Kraftwerkes nur Wirkstrom zu liefern haben und mit besserem Wirkungsgrad arbeiten.

7) Parallelschaltung zweier induktiver Scheinwiderstände

Analytisch: Nach den Gl. (324b und c) sind die Wirkleitwerte der Zweige

$$G_1 = \frac{R_1}{R_1^2 + (\omega L_1)^2} \quad \text{und} \quad G_2 = \frac{R_2}{R_2^2 + (\omega L_2)^2}$$

und die Blindleitwerte

$$B_1 = \frac{\omega L_1}{R_1^2 + (\omega L_1)^2} \quad \text{und} \quad B_2 = \frac{\omega L_2}{R_2^2 + (\omega L_2)^2}.$$

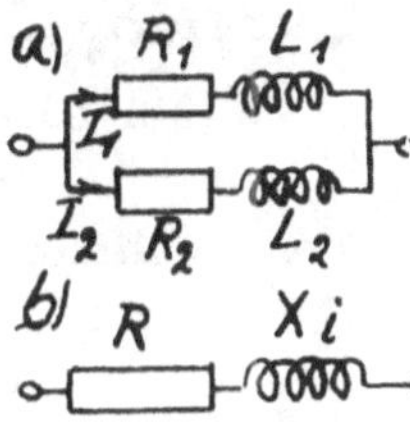

Abb. 261

Infolgedessen ist der resultierende Wirkleitwert der Verzweigung

$$G = G_1 + G_2 = \frac{R_1}{R_1^2 + (\omega L_1)^2} + \frac{R_2}{R_2^2 + (\omega L_2)^2} \qquad \textbf{(333a)}$$

und der resultierende Blindleitwert

$$B_i = B_1 + B_2 = \frac{\omega L_1}{R_1^2 + (\omega L_1)^2} + \frac{\omega L_2}{R_2^2 + (\omega L_2)^2}. \qquad \textbf{(333b)}$$

Damit ergibt sich nach Gl. (326b) der Scheinleitwert der Parallelschaltung zu

$$Y = \sqrt{G^2 + B_i^2}. \qquad \textbf{(333c)}$$

Der Effektivwert des Stromes ist

$$I = U \cdot Y \qquad \textbf{(333d)}$$

und seine Phasenverschiebung zur Spannung

$$\operatorname{tg} \varphi = -\frac{B_i}{G}. \qquad \textbf{(333e)}$$

Ist nun der Ersatzwirkwiderstand nach Gl. (326f)

$$R_{\text{Ers}} = \frac{G}{G^2 + B_i^2} = \frac{G}{Y^2} \qquad \textbf{(334a)}$$

und der Ersatzblindwiderstand nach Gl. (326g)

$$X_{\text{Ers}} = \frac{-B_i}{G^2 + B_i^2} = \frac{-B_i}{Y^2}, \qquad \textbf{(334b)}$$

dann ist der Ersatzscheinwiderstand

$$Z = \sqrt{R_{\text{Ers}}^2 + X_{\text{Ers}}^2} = \sqrt{\left(\frac{G}{Y^2}\right)^2 + \left(\frac{B_i}{Y^2}\right)^2}. \tag{334c}$$

Symbolisch:

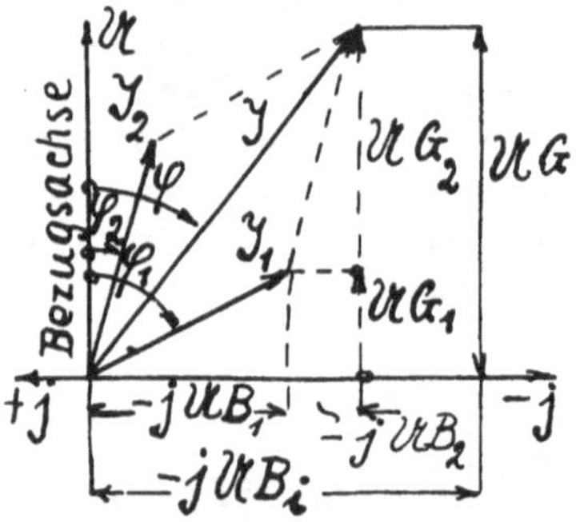

Abb. 261c

$$\mathfrak{Z}_1 = R_1 + j\omega L_1; \quad \mathfrak{Z}_2 = R_2 + j\omega L_2. \tag{334d}$$

$$\mathfrak{I} = \mathfrak{I}_1 + \mathfrak{I}_2 = \mathfrak{U}\,\mathfrak{Y}_1 + \mathfrak{U}\,\mathfrak{Y}_2$$
$$= \mathfrak{U}(G_1 - jB_1) + \mathfrak{U}(G_2 - jB_2),$$
$$\mathfrak{I} = \mathfrak{U}[(G_1 + G_2) - j(B_1 + B_2)],$$
$$\mathfrak{I} = \mathfrak{U} \cdot [G - jB_i] = \mathfrak{U} \cdot Y. \tag{334e}$$

Der Effektivwert des Stromes ist

$$I = U\sqrt{G^2 + B_i^2} = U \cdot Y, \tag{334f}$$

wenn der resultierende Wirkleitwert

$$G = G_1 + G_2 = \frac{R_1}{R_1^2 + (\omega L_1)^2} + \frac{R_2}{R_2^2 + (\omega L_2)^2}$$

und der resultierende Blindleitwert

$$B_i = B_1 + B_2 = \frac{\omega L_1}{R_1^2 + (\omega L_1)^2} + \frac{\omega L_2}{R_2^2 + (\omega L_2)^2}.$$

Die Phasenverschiebung des Stromes zur Spannung U ist

$$\operatorname{tg}\varphi = -\frac{B_i}{G}. \tag{334g}$$

Der Ersatzscheinwiderstand der Stromverzweigung ist $\mathfrak{Z} = \frac{1}{\mathfrak{Y}}$

$$\mathfrak{Z} = \frac{1}{G - jB_i} = \frac{G + jB_i}{G^2 + B_i^2} = \frac{G}{G^2 + B_i} + j\frac{B_i}{G^2 + B_i^2},$$

$$\mathfrak{Z} = \frac{G}{Y^2} + j\frac{B_i}{Y^2} \tag{334h}$$

mit dem Betrag

$$Z = \sqrt{\left(\frac{G}{Y^2}\right)^2 + \left(\frac{B_i}{Y^2}\right)^2}. \tag{334i}$$

Der Ersatzscheinwiderstand setzt sich zusammen aus dem Ersatzwirkwiderstand $R_{\text{Ers}} = \frac{G}{Y^2}$ und dem Ersatzblindwiderstand $X_{\text{Ers}} = \frac{-B_i}{Y^2}$.

8) Parallelschaltung zweier kapazitiver Scheinwiderstände

Analytisch: Gemäß Gl. (325) sind die Wirkleitwerte der Zweige

$$G_1 = \frac{R_1}{R_1^2 + \left(\frac{1}{\omega C_1}\right)^2} \quad \text{und} \quad G_2 = \frac{R_2}{R_2^2 + \left(\frac{1}{\omega C_2}\right)^2},$$

sowie die Blindleitwerte

$$B_1 = \frac{\frac{1}{\omega C_1}}{R_1^2 + \left(\frac{1}{\omega C_1}\right)^2}$$

und

$$B_2 = \frac{\frac{1}{\omega C_2}}{R^2 \;\; \left(\frac{1}{\omega C_2}\right)^2}.$$

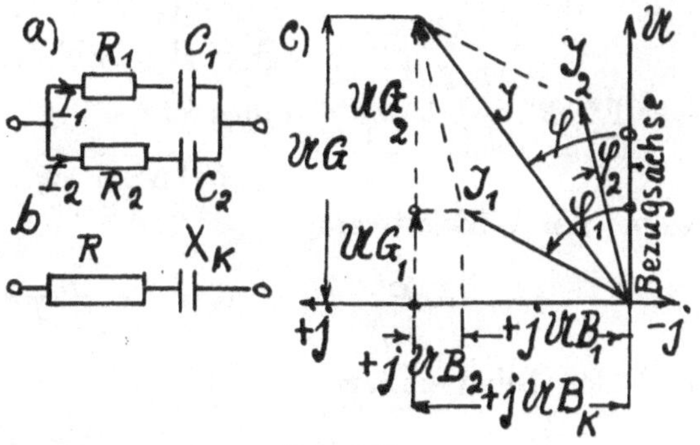

Abb. 262

Infolgedessen ist der resultierende Wirkleitwert der Verzweigung

$$G = G_1 + G_2 = \frac{R_1}{R_1^2 + \left(\frac{1}{\omega C_1}\right)^2} + \frac{R_2}{R^2 + \left(\frac{1}{\omega C_2}\right)^2} \tag{335a}$$

und ihr resultierender Blindleitwert

$$B_k = B_1 + B_2 = \frac{\frac{1}{\omega C_1}}{R^2 \; \left(\frac{1}{\omega C_1}\right)^2} + \frac{\frac{1}{\omega C_2}}{R_2^2 + \left(\frac{1}{\omega C_2}\right)^2}. \tag{335b}$$

Damit ergibt sich nach Gl. (326b) der Scheinleitwert der Parallelschaltung zu

$$Y = \sqrt{G^2 + B_k^2}. \tag{335c}$$

Der Effektivwert des Stromes ist

$$I = U \cdot Y \tag{335d}$$

und seine Phasenverschiebung zur Spannung aus

$$\operatorname{tg} \varphi = \frac{+B_k}{G}. \tag{335e}$$

Da der Ersatzwirkwiderstand nach Gl. (326f)

$$R_{\text{Ers}} = \frac{G}{G^2 + B_k^2} = \frac{G}{Y^2} \tag{336a}$$

und der Ersatzblindwiderstand nach Gl. (326g)

$$X_{\text{Ers}} = \frac{+B_k}{G^2 + B_k^2} = +\frac{B_k}{Y^2}, \tag{336b}$$

so ist der Ersatzscheinwiderstand nach Gl. (326e)

$$Z = \sqrt{R_{\text{Ers}}^2 + X_{\text{Ers}}^2} = \sqrt{\left(\frac{G}{Y^2}\right)^2 + \left(\frac{B_k}{Y^2}\right)^2}. \tag{336c}$$

Symbolisch:

$$\mathfrak{Z}_1 = R_1 - j\,\frac{1}{\omega C_1} \quad \text{und} \quad \mathfrak{Z}_2 = R_2 - j\,\frac{1}{\omega C_2},$$

$$\begin{aligned}\mathfrak{J} = \mathfrak{J}_1 + \mathfrak{J}_2 &= \mathfrak{U}(G_1 + jB_1) + \mathfrak{U}(G_2 + jB_2)\\ &= \mathfrak{U}[(G_1 + G_2) + j(B_1 + B_2)],\\ \mathfrak{J} &= \mathfrak{U}[G + jB_k]. \end{aligned} \tag{336d}$$

Der Effektivwert des Stromes ist

$$I = U\sqrt{G^2 + B_k^2} = U \cdot Y, \tag{336e}$$

wobei der Wirkleitwert

$$G = G_1 + G_2 = \frac{R_1}{R_1^2 + \left(\frac{1}{\omega C_1}\right)^2} + \frac{R_2}{R_2^2 + \left(\frac{1}{\omega C_2}\right)^2}$$

und der Blindleitwert

$$B_k = B_1 + B_2 = \frac{\frac{1}{\omega C_1}}{R_1^2 + \left(\frac{1}{\omega C_1}\right)^2} + \frac{\frac{1}{\omega C_2}}{R_2^2 + \left(\frac{1}{\omega C_2}\right)^2}.$$

Die Phasenverschiebung des Stromes zur Spannung folgt aus

$$\operatorname{tg} \varphi = \frac{+B_k}{G}. \tag{336f}$$

Der Ersatzscheinwiderstand ist

$$\mathfrak{Z} = \frac{1}{\mathfrak{Y}} = \frac{1}{G + jB_k} = \frac{G - jB_k}{G^2 + B_k^2},$$

$$\mathfrak{Z} = \frac{G}{G^2 + B_k^2} - j\frac{B_k}{G^2 + B_k^2} = \frac{G}{Y^2} - j\frac{B_k}{Y^2} \tag{336g}$$

mit dem Betrag

$$Z = \sqrt{\left(\frac{G}{Y^2}\right)^2 + \left(\frac{B_k}{Y^2}\right)^2}. \tag{336h}$$

Der Ersatzscheinwiderstand setzt sich zusammen aus dem Ersatzwirkwiderstand $R_{\text{Ers}} = \frac{G}{Y^2}$ und dem Ersatzblindwiderstand $X_{\text{Ers}} = \frac{+B_k}{Y^2}$.

9) Parallelschaltung eines induktiven mit einem kapazitiven Scheinwiderstand

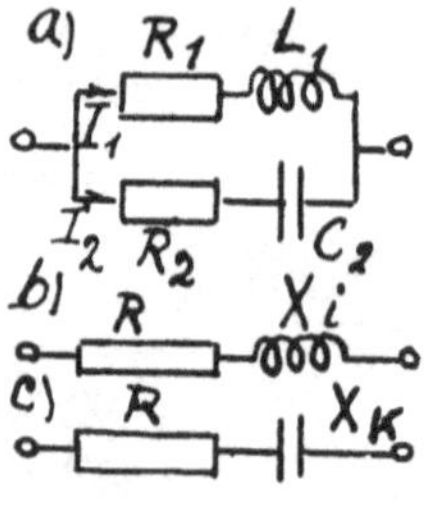

Abb. 263

Analytisch: Gemäß Gl. (324b und c) und Gl. (325) sind die Wirkleitwerte der Zweige

$$G_1 = \frac{R_1}{R_1^2 + (\omega L_1)^2} \quad \text{und} \quad G_2 = \frac{R_2}{R_2^2 + \left(\frac{1}{\omega C_2}\right)^2},$$

sowie die Blindleitwerte

$$B_1 = \frac{\omega L_1}{R_1^2 + (\omega L_1)^2} \quad \text{und} \quad B_2 = \frac{\frac{1}{\omega C_2}}{R_2^2 + \left(\frac{1}{\omega C_2}\right)^2}.$$

Infolgedessen ist der resultierende Wirkleitwert der Verzweigung

$$G = G_1 + G_2 = \frac{R_1}{R_1^2 + (\omega L_1)^2} + \frac{R_2}{R_2^2 + \left(\frac{1}{\omega C_2}\right)^2} \tag{337a}$$

und der resultierende Blindleitwert

$$B = B_2 - B_1 = B_k - B_i = \frac{\frac{1}{\omega C_2}}{R_2^2 + \left(\frac{1}{\omega C_2}\right)^2} - \frac{\omega L_1}{R_1^2 + (\omega L_1)^2}. \tag{337b}$$

Damit ergibt sich nach Gl. (326b) der Scheinleitwert der Parallelschaltung

$$Y = \sqrt{G^2 + B^2} = \sqrt{G^2 + (B_k - B_i)^2}. \tag{337c}$$

Der Effektivwert des Stromes ist

$$I = U \cdot Y \tag{337d}$$

und seine Phasenverschiebung zur Spannung folgt aus

$$\operatorname{tg} \varphi = \frac{B}{G} = \frac{B_k - B_i}{G}. \tag{337e}$$

Da der Ersatzwirkwiderstand nach Gl. (326f)

$$R_{\text{Ers}} = \frac{G}{G^2 + B^2} = \frac{G}{Y^2} \tag{338a}$$

und der Ersatzblindwiderstand

$$X_{\text{Ers}} = \frac{B}{G^2 + B^2} = \frac{B_k - B_i}{G^2 + (B_k - B_i)^2}, \tag{338b}$$

so ist der Ersatzscheinwiderstand

$$Z = \sqrt{R_{\text{Ers}}^2 + X_{\text{Ers}}^2} = \sqrt{\left(\frac{G}{Y^2}\right)^2 + \left(\frac{B_k - B_i}{Y^2}\right)^2}. \tag{338c}$$

Symbolisch:

$$\mathfrak{Z}_1 = R_1 + j(\omega L_1); \qquad \mathfrak{Z}_2 = R_2 - j\frac{1}{\omega C_2},$$

$$\mathfrak{I} = \mathfrak{I}_1 + \mathfrak{I}_2 = \mathfrak{U}\mathfrak{Y}_1 + \mathfrak{U}\mathfrak{Y}_2 = \mathfrak{U}(G_1 - jB_1) + \mathfrak{U}(G_2 + jB_2),$$

$$\mathfrak{I} = \mathfrak{U}[(G_1 + G_2) + j(B_2 - B_1)] = \mathfrak{U}[G + jB]. \tag{338d}$$

Der Effektivwert des Stromes ist also

$$I = U\sqrt{G^2 + B^2} = U \cdot Y. \tag{338e}$$

Die Phasenverschiebung des Stromes zur Spannung ergibt sich aus

$$\operatorname{tg} \varphi = \frac{B}{G} = \frac{B_k - B_i}{G}. \tag{338f}$$

Der Ersatzscheinwiderstand der Parallelschaltung ist

$$\mathfrak{Z} = \frac{1}{\mathfrak{Y}} = \frac{1}{G + jB} = \frac{G - jB}{G^2 + B^2} = \frac{G}{G^2 + B^2} - j\frac{B}{G^2 + B^2},$$

$$\mathfrak{Z} = \frac{G}{Y^2} - j\frac{B_k - B_i}{Y^2} \tag{338g}$$

mit dem Betrag

$$Z = \sqrt{\left(\frac{G}{Y^2}\right)^2 + \left(\frac{B_k - B_i}{Y^2}\right)^2}. \qquad \textbf{(338h)}$$

Der Ersatzscheinwiderstand setzt sich also zusammen aus dem Ersatzwirkwiderstand $R_{Ers} = \frac{G}{Y^2}$ und dem Ersatzblindwiderstand $X_{Ers} = \frac{B_k - B_i}{Y^2}$.

86. Zusammengesetzte Reihenparallelschaltung der Widerstände

Die Schaltung besteht nach Abb. 264 aus einer Zusammensetzung einer Reihenschaltung beliebiger Widerstände mit einer Parallelschaltung beliebiger Widerstände. Die zwischen A und B in Reihe an der Spannung U_0 liegenden Widerstände haben nach § 84, Ziff. d einen resultierenden Wirkwiderstand R_0 und einen resultierenden Blindwiderstand $X_0 = X_i - X_k$, d. h. einen Gesamtscheinwiderstand

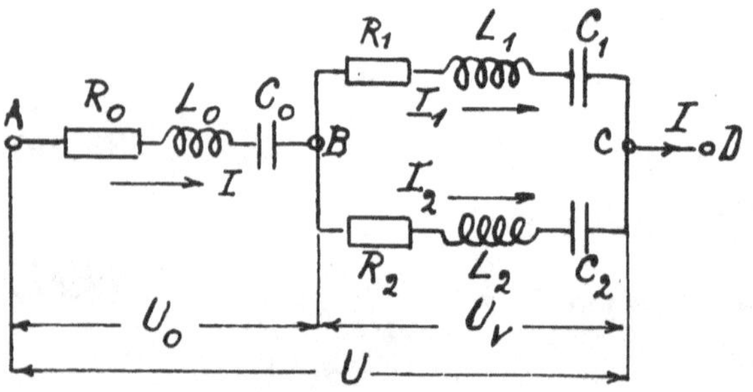

Abb. 264

$$Z_0 = \sqrt{R_0^2 + X_0^2}. \qquad \textbf{(339)}$$

Die zwischen B und C an der Spannung U_v liegenden Verzweigungen haben entsprechende resultierende Wirk- und Blindwiderstände R_1, X_1; R_2, X_2 usw. und Gesamtscheinwiderstände

$$Z_1 = \sqrt{R_1^2 + X_1^2}; \quad Z_2 = \sqrt{R_2^2 + X_2^2}.$$

Demzufolge besitzen dann die einzelnen Zweige je einen Wirkleitwert $G_1 = \frac{R_1}{Z_1^2}$, $G_2 = \frac{R_2}{Z_2^2}$ und einen Blindleitwert $B_1 = \frac{X_1}{Z_1^2}$, $B_2 = \frac{X_2}{Z_2^2}$ usw. Der Gesamtwirkleitwert der Parallelschaltung ist dann $G = G_1 + G_2 + \cdots$ und der Blindleitwert $B = B_1 + B_2 + \cdots$. Damit ergibt sich für die Parallelschaltung ein Scheinleitwert $Y = \sqrt{G^2 + B^2}$ und ein Scheinersatzwiderstand

$$Z_v = \frac{1}{Y} = \sqrt{\left(\frac{G}{Y^2}\right)^2 + \left(\frac{B}{Y^2}\right)^2} = \sqrt{R_{Ers}^2 + X_{Ers}^2}. \qquad \textbf{(340)}$$

Dadurch ist die Reihenparallelschaltung ersetzt durch eine Reihenschaltung mit dem Gesamtscheinwiderstand gemäß Gl. (314a)

$$Z = \sqrt{(R_0 + R_{Ers})^2 + (X_0 + X_{Ers})^2}. \qquad \textbf{(341)}$$

Ist I der Gesamtstrom, der den zwischen A und B geschalteten Widerständen gemeinsam ist, dann ist der Spannungsverbrauch dieser Widerstände

$$U_0 = I Z_0 = I \sqrt{R_0^2 + X_0^2} \qquad \textbf{(342)}$$

und die Phasenverschiebung zwischen U_0 und I

$$\operatorname{tg} \varphi_0 = \frac{X_0}{R_0}. \tag{342a}$$

Die Spannung zwischen den Punkten B und C der Verzweigung ist

$$U_v = I \cdot Z_v = I \sqrt{R_{Ers}^2 + X_{Ers}^2} \tag{343}$$

und die Phasenverschiebung zwischen I und U_v

$$\operatorname{tg} \varphi_v = \frac{X_{Ers}}{R_{Ers}} = \frac{B}{G}. \tag{343a}$$

Die Gesamtspannung zwischen A und C, d. h. die Klemmenspannung der ganzen Reihenparallelschaltung, ist

$$U = I \cdot Z = I \sqrt{(R_0 + R_{Ers})^2 + (X_0 + X_{Ers})^2} \tag{344}$$

und die Phasenverschiebung zwischen U und I

$$\operatorname{tg} \varphi = \frac{X_0 + X_{Ers}}{R_0 + R_{Ers}}. \tag{344a}$$

Die Verzweigung für sich kann mit Hilfe der Gl. (316) weiter behandelt werden, wodurch sich die Zweigströme ergeben

$$I_1 = \frac{U_v}{Z_1} = \frac{U_v}{\sqrt{R_1^2 + X_1^2}}; \quad \operatorname{tg} \varphi_1 = \frac{X_1}{R_1}, \tag{345a}$$

$$I_2 = \frac{U_v}{Z_2} = \frac{U_v}{\sqrt{R_2^2 + X_2^2}}; \quad \operatorname{tg} \varphi_2 = \frac{X_2}{R_2}. \tag{345b}$$

usw., wenn φ_1 und φ_2 die Phasenverschiebungen der Zweigströme gegenüber U_v bedeuten.

Aus den Gl. (339) bis (345a) können bei gegebenen Widerständen und gegebenem Strom I sämtliche Spannungen und Zweigströme, bei gegebenen Widerständen und gegebener Spannung U die übrigen Spannungen U_0 und U_v und sämtliche Ströme berechnet werden. Die Gl. (342a), (343a) und (344a) zeigen, daß U_0 und U_v eine Phasenverschiebung gegeneinander und Phasenverschiebungen zu U besitzen, und Gl. (344) ergibt, daß sich U_0 und U_v geometrisch zur Gesamtspannung U zusammensetzen, ebenso wie nach § 85 die Zweigströme I_1, I_2 usw. zum Gesamtstrom I.

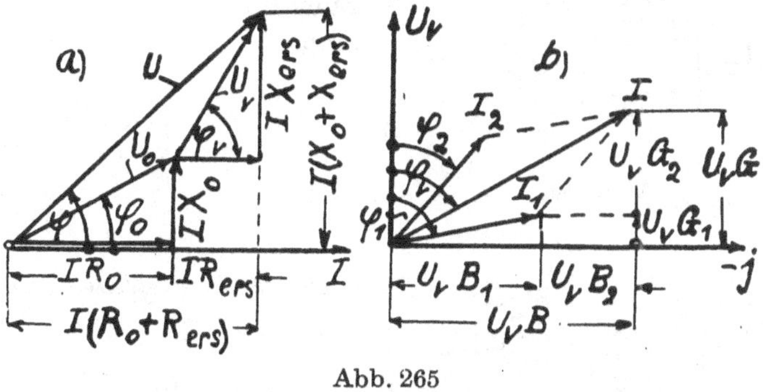

Abb. 265

Sind in der Abb. 264 zwischen A und B und in den zwei Zweigen nur Ohmsche und induktive Widerstände vorhanden, dann zeigt Abb. 265a das Spannungsdiagramm für die Reihenparallelschaltung AC und Abb. 265b das Stromdiagramm für die Verzweigung BC. In symbolischer Form ist der Gesamtscheinwiderstand

$$\mathfrak{Z} = \left[\frac{G}{Y^2} + R_0\right] + j\left[\frac{B}{Y^2} + \omega L_0\right].$$

Während die einfache Reihen- und die einfache Parallelschaltung auf analytischem Wege ebenso wie mit der symbolischen Methode berechnet werden können, wobei die Lösung mit Zeigerdiagramm größere Anschaulichkeit bietet, ist bei der Berechnung der Reihenparallelschaltung die analytische Art umständlich und der Vorteil der symbolischen Methode unbestritten. Für eine Anzahl häufig vorkommender Schaltungen sind deshalb in der Abb. 266a bis i die Gesamtersatzwiderstände Z in symbolischer Form angegeben.

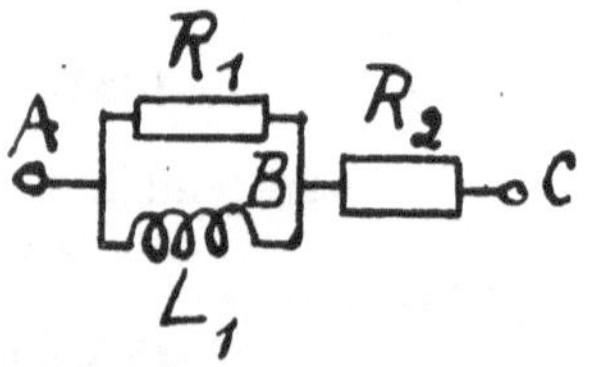

Abb. 266a

1. Zum Wirkwiderstand Gl. (330e) wird R_2 addiert.

$$\mathfrak{Z} = \left[R_2 + \frac{R_1(\omega L_1)^2}{R_1^2 + (\omega L_1)^2}\right] + j\,\frac{R_1^2(\omega L_1)}{R_1^2 + (\omega L_1)^2}. \qquad \textbf{(346a)}$$

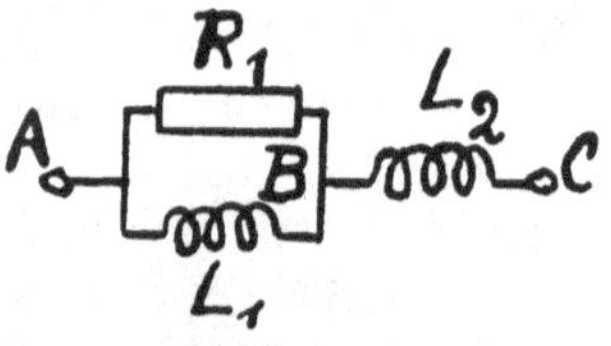

Abb. 266b

2. Zum Blindwiderstand Gl. (330e) wird $+j\omega L_2$ addiert.

$$\mathfrak{Z} = \frac{R_1(\omega L_1)^2}{R^2 + (\omega L_1)^2} + j\left[\frac{R_1^2(\omega L_1)}{R_1^2 + (\omega L_1)^2} + \omega L_2\right]. \qquad \textbf{(346b)}$$

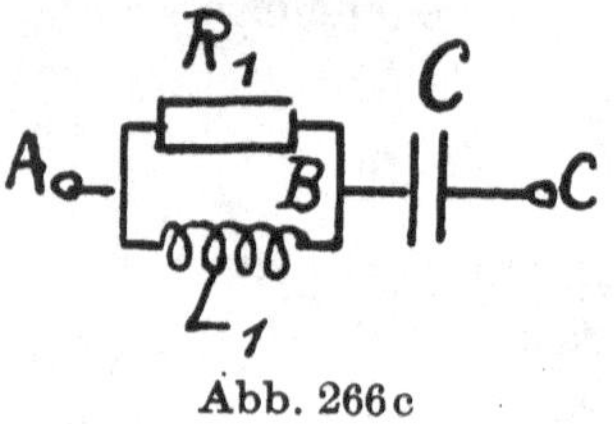

Abb. 266c

3. Zum Blindwiderstand Gl. (330e) wird $-j\frac{1}{\omega C}$ addiert.

$$\mathfrak{Z} = \frac{R_1(\omega L_1)^2}{R_1^2 + (\omega L_1)^2} + j\left[\frac{R_1^2(\omega L_1)}{R_1^2 + (\omega L_1)^2} - \frac{1}{\omega C}\right]. \qquad \textbf{(346c)}$$

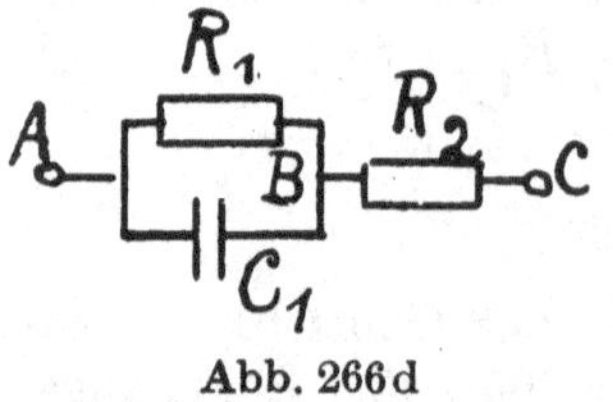

Abb. 266d

4. Zum Wirkwiderstand Gl. (331e) wird R_2 addiert.

$$\mathfrak{Z} = \left[R_2 + \frac{R_1}{1 + (R_1\omega C_1)^2}\right] - j\,\frac{R_1^2\omega C_1}{1 + (R_1\omega C_1)^2}. \qquad \textbf{(346d)}$$

5. Zum Blindwiderstand Gl. (331 e) wird $+j\omega L$ addiert.

$$\mathfrak{Z} = \frac{R_1}{1+(R_1\omega C_1)^2} + j\left[\omega L - \frac{R_1^2\omega C_1}{1+(R_1\omega C_1)^2}\right]. \quad \textbf{(346e)}$$

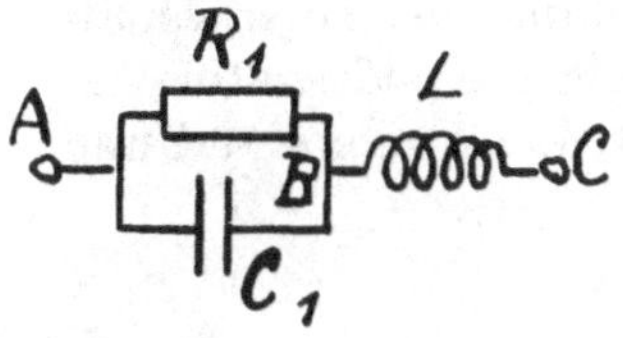

Abb. 266 e

6. Zum Blindwiderstand Gl. (331 e) wird $-j\frac{1}{\omega C_2}$ addiert.

$$\mathfrak{Z} = \frac{R_1}{1+(R_1\omega C_1)^2} - j\left[\frac{R_1^2\omega C_1}{1+(R_1\omega C_1)^2} + \frac{1}{\omega C_2}\right]. \quad \textbf{(346f)}$$

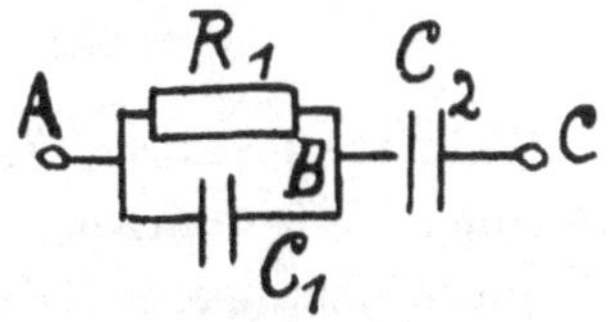

Abb. 266f

7. Zum Ersatzwiderstand Gl. (332e) wird R_2 addiert.

$$\mathfrak{Z} = R_2 + j\frac{\omega L_1}{1-\omega^2 L_1 C_1}. \quad \textbf{(346g)}$$

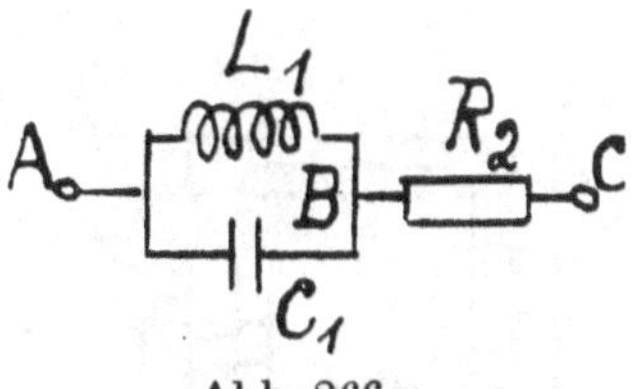

Abb. 266g

8. Zum Ersatzwiderstand Gl. (332e) wird $+\omega L_2$ addiert.

$$\mathfrak{Z} = j\left[\frac{\omega L_1}{1-\omega^2 L_1 C_1} + \omega L_2\right]. \quad \textbf{(346h)}$$

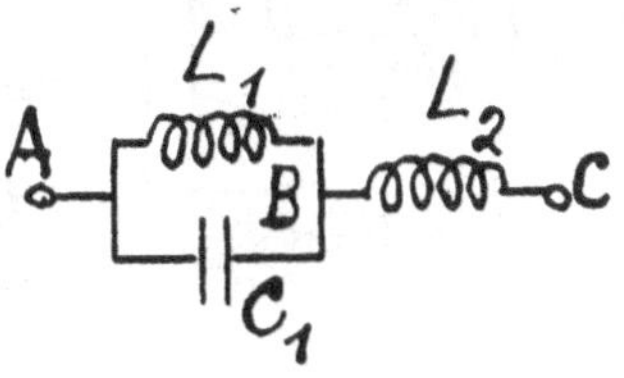

Abb. 266h

9. Zum Ersatzwiderstand Gl. (332e) wird $-j\frac{1}{\omega C_2}$ addiert.

$$\mathfrak{Z} = j\left[\frac{\omega L_1}{1-\omega^2 L_1 C_1} - \frac{1}{\omega C_2}\right]. \quad \textbf{(346i)}$$

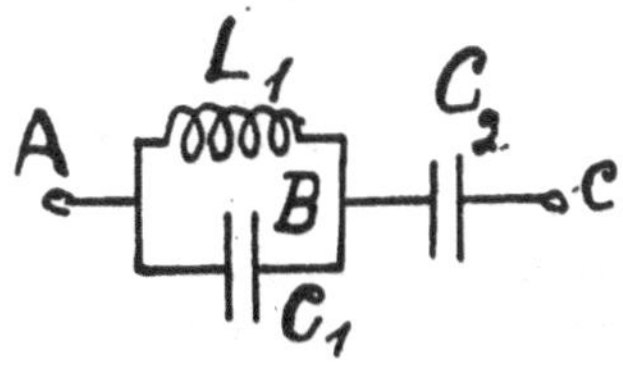

Abb. 266i

Der **Betrag** des Gesamtscheinwiderstandes ergibt sich aus der symbolischen Form $\mathfrak{Z} = a \pm jb$ zu $Z = \sqrt{a^2 + b^2}$ und die Phasenverschiebung aus $\operatorname{tg}\varphi = \frac{\pm b}{a}$ je nach dem Vorzeichen von j.

Die Schaltung 266a ist die Ersatzschaltung einer Drosselspule mit Eisenkern. R_1 tritt für den Eisenwiderstand und R_2 für den Kupferwiderstand der Drosselspule ein. Die Schaltung 266d ist die Ersatzschaltung eines Kondensators mit unvollkommenem Isolator, wobei R_1 den Dielektrikumswiderstand und R_2 den Kupferwiderstand der Zuleitungen vertritt.

87. Wechselstrommagnet und Drosselspule Mechanische Wirkungen des Wechselstromes

a) Wechselstrommagnet

Beim verlustlosen Elektromagneten liegen die Verhältnisse wie folgt: Der den Fluß $\bar{\Phi}$ erzeugende Strom I_μ induziert in den w Windungen der Magnetwicklung eine EMK der Selbstinduktion $E_L = \omega L I_\mu = 4{,}44 f w \bar{\Phi} \cdot 10^{-8}$, welche dem Strom I_μ und dem Fluß Φ eine Viertelperiode (90°) nacheilt. Die zur Überwindung von E_L nötige Spannung $U_L = E_L$ eilt also dem Strom und Fluß um $^1/_4$ Periode vor. Der Magnetisierungsstrom I_μ ist also Blindstrom, so daß zur Erzeugung des magnetischen Feldes keine elektrische Arbeit nötig ist. Berücksichtigt man nun aber die Eisenverluste durch Hysteresis und Wirbelströme $N_h + N_w$ gemäß Gl. (133) und (215), dann erhöhen diese den Strom und zwar durch einen mit U_L in Phase befindlichen Wirkstrom $I_w = \frac{N_h + N_w}{U_L}$, der sich mit dem Magnetisierungsstrom I_μ geometrisch zum Gesamtstrom I zusammensetzt (Abb. 267b). Dieser Strom verursacht in der Magnetwicklung einen mit ihm phasengleichen Spannungsverlust $U_R = I \cdot R_{Cu}$, der sich mit U_L zur Klemmenspannung U geometrisch addiert. Der Strom I hat also zur Klemmenspannung U eine Phasennacheilung $\varphi < \frac{\pi}{2}$. Die Ersatzschaltung gibt Abb. 267c und den Ersatzwiderstand $\mathfrak{Z}$ Gl. (346a). R_{Fe} ersetzt die Wärmeverluste im Eisen und R_{Cu} die Wärmeverluste in der Magnetwicklung, so daß

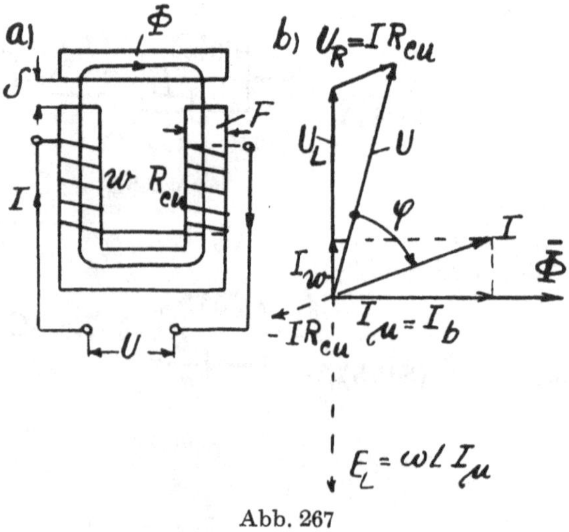

Abb. 267

$$\mathfrak{Z} = \left[R_{Cu} + \frac{R_{Fe}(\omega L)^2}{R_{Fe}^2 + (\omega L)^2}\right] + j\,\frac{R_{Fe}^2(\omega L)}{R_{Fe}^2 + (\omega L)^2}\,.$$

Es ist also zusammengefaßt:

$$U_L = \omega L I \mu = I_w R_{Fe} = \frac{N_h + N_w}{I_w},$$

so daß der Eisenwiderstand

$$R_{Fe} = \frac{N_h + N_w}{I_w^2}.$$

In **symbolischer Form** ergibt sich:

$$\mathfrak{E}_L = -j\omega L I_\mu = -j\,4{,}44\, f w \overline{\Phi}\, 10^{-8},$$

$$\mathfrak{U}_L = \mathfrak{J}_w R_{Fe} = j\omega L \mathfrak{J}_\mu, \quad \mathfrak{U}_R = \mathfrak{J} R_{Cu},$$

$$\mathfrak{J} = \mathfrak{U}_L \mathfrak{Y} = \mathfrak{U}_L(\mathfrak{Y}_1 + \mathfrak{Y}_2)$$

$$= \mathfrak{U}_L \frac{1}{R_{Fe}} + \mathfrak{U}_L \frac{1}{j\omega L}$$

$$= \mathfrak{U}_L \frac{1}{R_{Fe}} - j\,\mathfrak{U}_L \frac{1}{\omega L} = \mathfrak{J}_w + \mathfrak{J}_\mu,$$

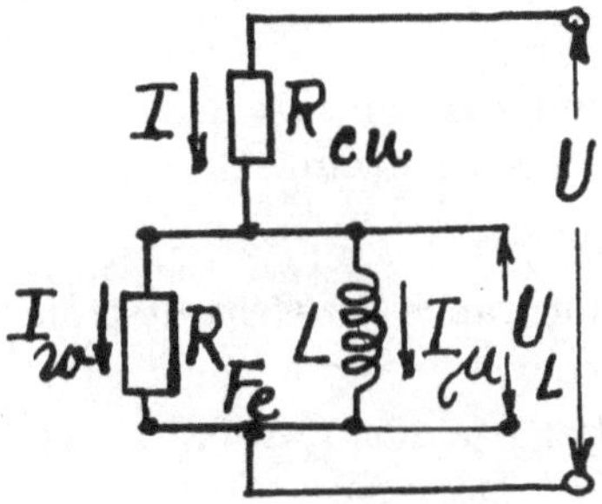

Abb. 267c

mit dem Betrag

$$I = \sqrt{I_w^2 + I_\mu^2}.$$

Die Kraft P, welche ein Pol auf einen Anker ausübt, hängt gemäß Gl. (135) vom Quadrat der magnetischen Induktion ab und wechselt daher zwischen Null und einem Höchstwert $P_{max} = \left(\frac{\overline{\mathfrak{B}}}{5000}\right)^2 F$ kg, wenn $\overline{\mathfrak{B}}$ die maximale Induktion im Luftspalt ist und der Mittelwert des Quadrates $\frac{1}{2}\overline{\mathfrak{B}}^2$. Da die Tragkraft des Wechselstrommagneten gleich der mittleren Zugkraft ist, so beträgt die Tragkraft **eines** Poles mit dem Querschnitt F cm²

$$P = \frac{1}{2}\left(\frac{\overline{\mathfrak{B}}}{5000}\right)^2 F, \qquad \textbf{(347a)}$$

und bei einem Elektromagneten mit **zwei** Polen

$$P = \left(\frac{\overline{\mathfrak{B}}}{5000}\right)^2 F. \qquad \textbf{(347b)}$$

Dabei ist

$$\overline{\mathfrak{B}} = \frac{\Pi_0 I_\mu \sqrt{2}\, w}{2\delta} \quad \text{und} \quad \overline{\Phi} = \overline{\mathfrak{B}} F.$$

Aus den Gl. (347) ergibt sich bei gegebener Zugkraft P die Induktion

$$\overline{\mathfrak{B}} = 5000\sqrt{\frac{2P}{F}} \quad \text{bzw.} \quad \overline{\mathfrak{B}} = 5000\sqrt{\frac{P}{F}}, \qquad \textbf{(348)}$$

wobei F so gewählt wird, daß $\overline{\mathfrak{B}} < 12000$ G ist. Damit berechnet sich dann der maximale Fluß $\overline{\Phi} = \overline{\mathfrak{B}} \cdot F$. Man setzt zunächst die unbekannte Spannung U_L unter Vernachlässigung des Spulenwiderstandes R_{Cu} gleich der Klemmenspannung U, also

$$U_L = U = 4{,}44\, f w \overline{\Phi}\, 10^{-8} \qquad \textbf{(348a)}$$

und ermittelt daraus die Windungszahl der Magnetspule

$$w = \frac{U \cdot 10^8}{4{,}44 f \Phi}. \qquad \textbf{(348b)}$$

Unter Vernachlässigung der Durchflutung für das Eisen ist der Magnetisierungsstrom

$$I_\mu = \frac{2 \mathfrak{B} \delta}{\sqrt{2} \Pi_0 w} \qquad \textbf{(348c)}$$

und aus den mit den Gl. (133) und (215) berechneten Eisenverlusten folgt der Wirkstrom

$$I_w = \frac{N_h + N_w}{U} \qquad \textbf{(348d)}$$

und damit der Gesamtstrom

$$I = \sqrt{I_w^2 + I_\mu^2}. \qquad \textbf{(348e)}$$

Der Spannungsabfall in der Wicklung ist dadurch

$$U_R = I \cdot R_{Cu}. \qquad \textbf{(348f)}$$

Das Vektordiagramm kann jetzt nach Abb. 267b gezeichnet werden, ergibt aber eine Klemmenspannung U', welche mit der gegebenen Spannung U nicht übereinstimmt, weshalb die Spannungen und Ströme im Verhältnis $\frac{U}{U'}$ umgerechnet werden müssen. Mit der richtigen Spannung U_L erhält man dann die Windungszahl w, sowie den Eisenwiderstand $R_{Fe} = \frac{N_h + N_w}{I_w^2}$ und die Induktivität

$$L = \frac{\Pi_0}{10^8} \frac{w^2 F}{2\delta}. \qquad \textbf{(348g)}$$

Wechselstrommagnete verursachen durch die in der Stärke schnellwechselnde Anziehung ein starkes Brummen des Ankers. Der Betriebsstrom I ist bei gegebener Tragkraft P der gleiche wie bei Gleichstrom. Die Spannung U zur Erzeugung des Betriebsstromes I ist aber viel größer als bei Gleichstrom, weil die Spannung U nicht bloß den Spannungsabfall U_R, sondern auch die Selbstinduktionsgegenspannung E_L überwinden muß. Daher ist die Scheinleistung $N_s = U \cdot I$ eines Wechselstrommagneten dementsprechend größer als der Leistungsverbrauch eines gleichstarken Gleichstrommagneten. Während die Betriebskosten von der infolge der Phasenverschiebung φ kleineren Wirkleistung $N = U I \cos \varphi$ abhängen, wachsen die Abmessungen und der Preis des Magneten mit der Scheinleistung N_s. Für Hubmagnete verwendet man deshalb nur dann Wechselstrom, wenn sich die Umformung in Gleichstrom nicht lohnt, z. B. zum Betrieb kleiner Magnete.

b) Drosselspule

Ein Gerät nach Abb. 267 mit hoher Selbstinduktion E_L und sehr geringem Ohmschen Widerstand R_{Cu} wird als **Eisendrosselspule** zum Abdrosseln des Stromes in der Stark- und Schwachstromtechnik vielfach verwendet. Die Drosselspule wurde schon in § 82 Ziff. b unter Vernachlässigung des Ohmschen Kupfer- und magnetischen Eisenwiderstandes behandelt. Für die genaue Berechnung unter Berücksichtigung des Widerstandes der Wicklung und der Eisenverluste gilt die Ersatzschaltung der Abb. 267c und das Vektordiagramm der Abb. 267b mit dem Unterschied, daß sich die Induktion $\bar{\mathfrak{B}}$ nicht aus der Tragkraft P ergibt, wie beim Magneten. $\bar{\mathfrak{B}}$ wird nicht höher als 12000 G angenommen. Zur Glättung der Verzerrung der Stromwelle (§ 87, Ziff. c) erhält die Drosselspule einen Luftspalt, mit welchem die Induktivität L und die Spannung U auf einen bestimmten Wert eingestellt werden können, und zwar sind L und U um so größer, je kleiner der Luftspalt ist. Drosselspulen werden stets mit kleinem Wirkstrom I_w und geringem Ohmschem Spannungsverlust $U_R = I \cdot R_{Cu}$ ausgeführt, so daß der Verlustwinkel, d. h. die Abweichung der Phasenverschiebung φ von 90°, nur wenige Grade beträgt. Dadurch ist der Leistungsverbrauch der Drosselspule gemäß § 82 Ziff. b sehr gering.

Bei einer Eisendrosselspule mit Luftspalt δ erfolgt die Berechnung auf Grund einer gewählten Induktion $\bar{\mathfrak{B}} < 12000$ G wie beim Magneten. Bei einer Eisendrosselspule ohne Luftspalt dagegen ergibt sich der Magnetisierungsstrom aus der Gleichung

$$I_\mu = \frac{\mathfrak{H}\, l_{Fe}}{w}\,, \qquad \textbf{(348h)}$$

wobei $\mathfrak{H} = \sqrt{\mathfrak{H}^2_{\text{mittel}}}$ die effektive Eisenfeldstärke ist, welche wie in Beispiel 108 aus der $\mathfrak{H}^2 = f(\alpha)$-Kurve bestimmt wird.

c) Verzerrung der Stromkurve

Infolge der Hysteresisverluste im Eisenkern des Magneten bzw. der Drosselspule wird bei Wechselstrom die Energie, die während des Anwachsens des Stromes in dieser Viertelperiode zur Schaffung des magnetischen Feldes geliefert wird, in der nächsten Viertelperiode der Stromabnahme unvollständig vom Eisen zurückgeliefert, was eine unsymmetrische Form der Stromkurve zur Folge hat. Diese Verzerrung der Stromkurve hängt von der Größe der Hysteresis, d. h. von der Größe der Koerzitivkraft und von der Sättigung ab. Die Stromkurve läßt sich deshalb auch aus der Hysteresiskurve konstruieren.

Es wird zunächst gezeigt, daß eine sinusförmige Wechselspannung stets einen zeitlich sinusförmig veränderlichen Fluß im magnetischen Kreis des Magneten bzw. der Drosselspule erzeugt. Der entstehende Fluß induziert in der Spule eine EMK der Selbstinduktion $e_L = -\frac{w}{10^8} \cdot \frac{d\Phi_t}{dt}$. Unter Vernachlässigung des Ohmschen Widerstandes R_{Cu} der Spule ist dann die zur Überwindung der dem Fluß Φ um $^1/_4$ Periode nacheilenden EMK e_L nötige äußere Klemmenspannung $u = -e_L = \frac{w}{10^8}\frac{d\Phi_t}{dt}$. Bei sinusförmiger Spannung $u = \bar{U} \sin \omega t$ ist $U \sin \omega t = \frac{w}{10^8} \cdot \frac{d\Phi_t}{dt}$, also $d\Phi_t = \frac{\bar{U} \cdot 10^8}{w} \sin \omega t\, dt$, so daß durch Integration

$$\Phi_t = \frac{\bar{U} \cdot 10^8}{w} \int \sin \omega t\, dt = \frac{\bar{U} \cdot 10^8}{w\omega} (-\cos \omega t) = \frac{\bar{U} \cdot 10^8}{w\omega} \sin\left(\omega t - \frac{\pi}{2}\right). \quad \textbf{(349)}$$

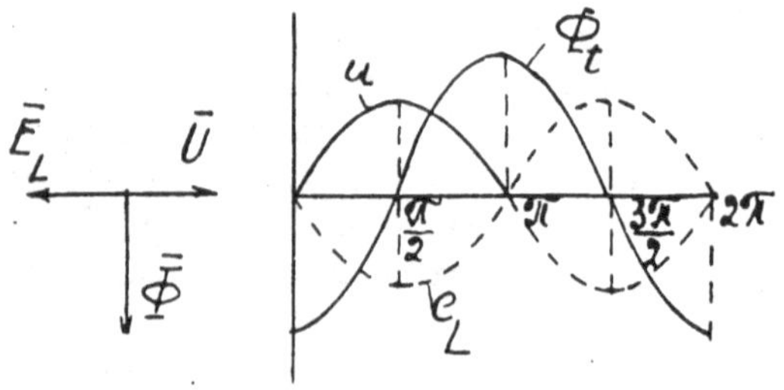

Abb. 268

Damit ist nachgewiesen, daß eine sinusförmige Wechselspannung U auch einen sinusförmigen magnetischen Fluß Φ erzeugt, der gegen die Spannung um $^1/_4$ Periode nacheilt gemäß Abb. 268.

Es wird nun auf Grund eines sinusförmigen Flusses Φ_t bzw. auf Grund einer zeitlich sinusförmig verlaufenden Induktion $\mathfrak{B}_t = \frac{\Phi_t}{F}$ die Stromwelle gezeichnet und zwar für einen Wechselstrommagneten (bzw. Drosselspule) mit Eisenkern mit breiter Hysteresisschleife und nennenswerten Eisenverlusten.

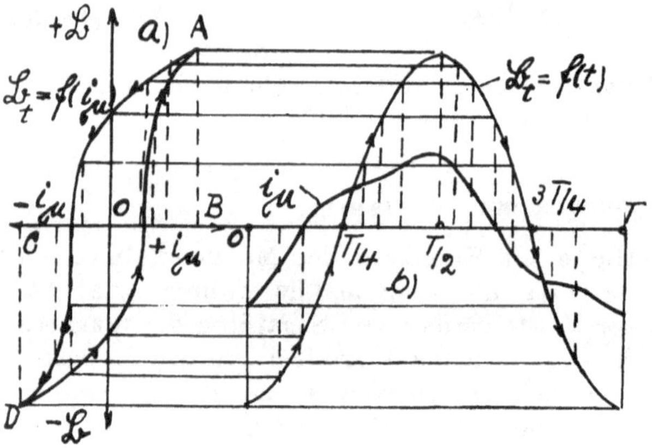

Abb. 269

Der Fluß Φ bzw. die Induktion $\mathfrak{B}$ wird durch den Strom i_μ hervorgerufen. Weil nun gemäß der Magnetisierungskurve $\mathfrak{B} = \Pi \mathfrak{H}$ und $\mathfrak{H} = \frac{i_\mu \cdot w}{l}$, so ist auch $\mathfrak{B} = f(i_\mu)$. In der Abb. 269 ist in der Abb. a die magnetische Charakteristik $\mathfrak{B}_t = f(i_\mu)$ gezeichnet. Zur Umsetzung der $\mathfrak{B}_t = f(i_\mu)$-Kurve der Abb. a in die $i_\mu = f(t)$-Kurve der Abb. b, d. h. zur Zeichnung des Liniendiagramms der i_μ-Welle, zeichnet man zunächst die $\mathfrak{B}_t = f(t)$-Kurve als Sinuskurve mit dem Scheitelwert $\bar{\mathfrak{B}} = BA$ (Gl. (348)). Dann sucht man für bestimmte Punkte der $\mathfrak{B}_t = f(t)$-Welle in der Abb. b des Zeitdiagramms die entsprechenden i_μ-Werte in der Magnetisierungskurve der Abb. a, wobei zu beachten ist, daß die Magnetisierungskurven der Hysteresisschleife im Sinne der eingezeichneten Pfeile durchlaufen werden. Die gefundenen i_μ-Werte auf der Abszissenachse der Abb. a trägt man als Ordinaten über die für jeden $\mathfrak{B}_t$-Wert zugehörigen Zeitpunkte der Abszisse der Abb. b auf. Durch Verbindung dieser Punkte ergibt sich die i_μ-Welle. Sie enthält die

Hysteresisenergie N_h bereits als eine entsprechende Wattkomponente $I_{wh} = \frac{N_h}{U}$. Zur Berücksichtigung der Wirbelstromverluste muß man die i_μ-Welle noch additiv zusammensetzen mit einer mit u in Phase befindlichen Wirkstromkomponentenwelle $I_{w\omega} = \frac{N_w}{U}$. Der Verlauf der i_μ- und i-Welle weicht stark von der Sinusform ab. Die Wellen sind unsymmetrisch verzerrt. Ihr Scheitelwert fällt zwar zeitlich mit dem der $\mathfrak{B}_t$-Welle zusammen, aber die Nullwerte sind gegen die $\mathfrak{B}_t$-Welle um $t = \frac{\varphi}{\omega}$ voreilend verschoben, die Kurven sind bloß noch in den Halbwellen spiegelbildlich. Diese Vorverschiebungen der Nullwerte sind um so größer, je größer die Induktion $\mathfrak{B}$ der Remanenz ist, sie sind aber gleichgroß, so daß die Stromwellen die gleiche Frequenz besitzen wie die $\mathfrak{B}_t$-Welle. Solche Stromwellen können aber durch keinen rotierenden Zeiger eines Zeigerdiagramms erzeugt werden. Um nun aber als Annäherung an die wirklichen Verhältnisse für Wechselstrommagnete bzw. Drosselspulen mit verzerrter Stromwelle ein Vektordiagramm nach Abb. 267b zeichnen zu können, ersetzt man die verzerrte Stromwelle der Abb. 269 durch eine gleichwertige sinusförmige Stromwelle mit gleichem Effektivwert. Man nimmt dann den Magnetisierungsstrom i_μ sinusförmig und U_L um 90° nacheilend als reinen Blindstrom an mit dem Effektivwert $I_\mu = I_b$ gemäß Gl. (348c) bzw. (348h) und berücksichtigt die Eisenverluste $N_h + N_w$ durch einen sinusförmigen und mit U_L phasengleichen Wirkstrom i_w vom Effektivwert I_w gemäß Gl. (348d). Die Vektoren $I_\mu = I_b$ und I_w werden dann zum Vektor I des Gesamtstromes zusammengesetzt. Daß der sinusförmige Ersatzstrom I des Vektordiagramms der Abb. 267b bezüglich Eisenverluste als Ersatz für den verzerrten Strom von gleichem Effektivwert gelten kann, folgt daraus, daß die Wirkstromkomponente des Ersatzstromes aus der Gl. (348d) berechnet wird zu $I_w = \frac{N_h + N_w}{U}$, woraus sich ergibt $U I_w = \frac{\overline{U}\,\overline{I}_w}{\sqrt{2}\cdot\sqrt{2}} = \frac{\overline{U}\,\overline{I}_w}{2} = N_h + N_w$, d. h. der Wirkstrom des Ersatzstromes ist aus der mittleren Leistung zur Deckung der gleichen Eisenverluste ermittelt. Die Phasenlage des Ersatzstromes ergibt sich aus $\cos\varphi = \frac{I_w}{I}$ und damit auch der Blindstrom desselben $I_b = I \sin\varphi$. Bei der Berechnung mittels Ersatzschaltung und Vektordiagramm wird $I_b = I_\mu$ gesetzt und dementsprechend berechnet.

Enthält der Eisenkern einen Luftspalt, dann wird die Verzerrung der Stromkurve verringert und zwar um so mehr, je größer die Luftspaltlänge δ ist, d. h. je mehr der magnetische Widerstand des Luftspaltes den des Eisenweges überwiegt. Die magnetische Kennlinie $\mathfrak{B}_t = f(i_\mu)$ nähert sich dann derjenigen für Luft und die Stromwelle i der Sinusform.

d) Kraftwirkung eines Wechselfeldes auf einen wechselstromdurchflossenen Leiter

Die Kraft P, welche der Wechselstromleiter nach der Linke-Hand-Regel i Wechselfeld der Abb. 270 erfährt, ist gemäß Gl. (172) von den Augenblickswerten der magnetischen Dichte $\mathfrak{B}$ und des Stromes I abhängig. Bei Phasengleichheit zwischen Feld und Strom ist bei einer Pollänge l der Höchstwert der ablenkenden Kraft

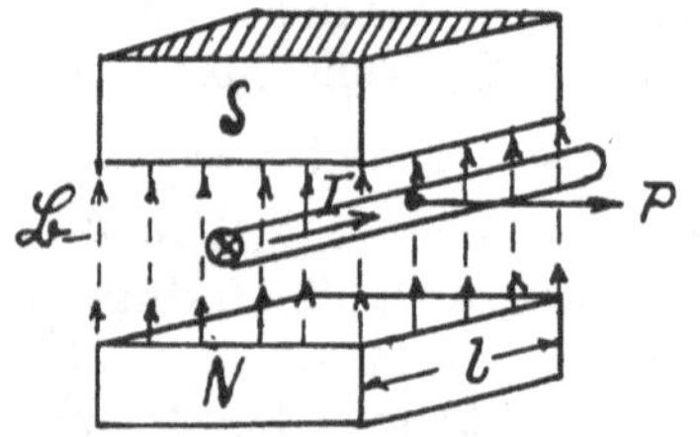

Abb. 270

$$\bar{P} = \frac{\bar{\mathfrak{B}} \bar{I} l}{9810000}$$

und die durchschnittliche Kraft

$$P = \frac{1}{2} \frac{\bar{\mathfrak{B}} \bar{I} l}{9810000} = \frac{\bar{\mathfrak{B}} I l}{\sqrt{2}\, 9810000}. \quad \textbf{(350)}$$

Besteht zwischen Feld und Strom eine Phasenverschiebung von 90°, dann erfährt der Stromleiter abwechselnd gleichgroße entgegengesetzte Kräfte, deren Wirkungen auf den Leiter sich aufheben.

Hat die Phasenverschiebung zwischen Feld und dem Wechselstrom im Leiter den Betrag φ, dann zerlegt man den Leiterstrom in die Komponente $I \cos \varphi$ in Phase mit dem Feld und in die um 90° verschobene Komponente $I \sin \varphi$. Da nur die erstere wirksam ist, so ergibt sich eine ablenkende Kraft in kg

$$P = \frac{\bar{\mathfrak{B}}\, l\, I \cos \varphi}{\sqrt{2}\, 9810000}. \quad \textbf{(351)}$$

88. Arbeit und Leistung der Wechselströmung

1. Einfacher Wechselstromkreis

a) Wirkwiderstand

Im Stromkreis befindet sich (§ 82a) ein Wirkwiderstand R, der Strom i_w ist in Phase mit der Spannung u. Die Augenblicksleistung ist $N_t = u \cdot i_w$. Da Spannung und Strom stets gleichgerichtet sind, d. h. entweder beide gleichzeitig positiv oder beide gleichzeitig negativ, so ist N_t stets positiv und die Kurve der Leistung $N_t = u \cdot i_w$ wie in Abb. 271. Es wird also von der Stromquelle ständig Leistung abgegeben, die im Widerstand R in Wärme verwandelt wird. Die Kurve der Augenblicksleistung N_t besitzt aber die doppelte Frequenz von Spannung und Strom, so daß die Leistung in einem Diagramm für Spannung und Strom nicht als Zeiger oder Vektor dargestellt werden kann. Gemäß Abb. 271 wiederholen sich die Vorgänge bzgl. der N_t-Kurve nach jeder halben Periode und die elektrische Arbeit innerhalb einer Periode ist, wenn $\omega t = \alpha$ und $dt = \frac{d\alpha}{\omega}$,

$$A = \int_0^T u \cdot i_w dt = \frac{1}{\omega} \int_0^{2\pi} u \cdot i_w d\alpha. \tag{352}$$

Die Arbeit A während einer Periode ist also gleich der $\frac{1}{\omega}$-fachen Fläche zwischen der N_t-Kurve und der Abszissenachse. Die mittlere Wirkleistung ist dann

$$N_w = \frac{A}{T} = \frac{1}{T} \int_0^T u \cdot i_w dt = \frac{\omega}{2\pi} \cdot \frac{1}{\omega} \int_0^{2\pi} u \cdot i_w d\alpha,$$

$$N_w = \frac{1}{2\pi} \int_0^{2\pi} u \cdot i_w d\alpha, \tag{353a}$$

da $\omega T = 2\pi$ oder $T = \frac{2\pi}{\omega}$. Die mittlere Leistung N_w wird also geometrisch dargestellt durch die Höhe eines Rechtecks mit der Basis 2π, welches gleichen Inhalt besitzt wie die Fläche zwischen der N_t-Kurve und der Abszissenachse.

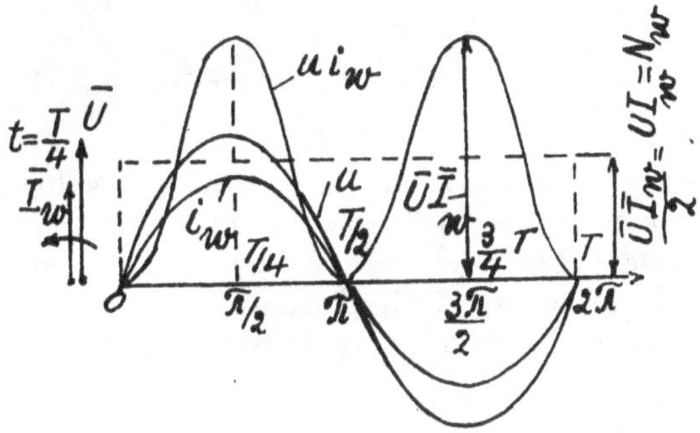

Abb. 271

Unter der Voraussetzung einer sinusförmigen Spannung $u = \overline{U} \sin \omega t = \overline{U} \sin \alpha$ und eines sinusförmigen Stromes $i_w = \overline{I}_w \sin \omega t = \overline{I}_w \sin \alpha$ ergibt die mittlere Leistung

$$N_w = \frac{1}{2\pi} \int_0^{2\pi} \overline{U}\,\overline{I}_w \sin^2 \alpha \, d\alpha = \frac{\overline{U}\,\overline{I}_w}{2\pi} \int_0^{2\pi} \sin^2 \alpha \, d\alpha.$$

Nach der Regel der partiellen Integration ist

$$\int \sin^2 \alpha \, d\alpha = \int \sin \alpha \cdot \sin \alpha \, d\alpha = \sin \alpha (-\cos \alpha) - \int (-\cos^2 \alpha) \, d\alpha$$
$$= -\sin \alpha \cos \alpha + \int (1 - \sin^2 \alpha) d\alpha = -\sin \alpha \cos \alpha + \alpha - \int \sin^2 \alpha \, d\alpha,$$

$$2 \int \sin^2 \alpha \, d\alpha = \alpha - \sin \alpha \cos \alpha; \qquad \int \sin^2 \alpha \, d\alpha = \frac{1}{2} (\alpha - \sin \alpha \cos \alpha).$$

$$N_w = \frac{\overline{U}\,\overline{I}_w}{2\pi} \left| \frac{1}{2} (\alpha - \sin \alpha \cos \alpha) \right|_0^{2\pi} = \frac{\overline{U}\,\overline{I}_w}{4\pi} [2\pi - 0],$$

womit

$$N_w = \frac{\overline{U}\,\overline{I}_w}{2} = \frac{\overline{U}}{\sqrt{2}} \cdot \frac{\overline{I}_w}{\sqrt{2}} = U I_w. \tag{353b}$$

Die mittlere Leistung eines mit der Spannung in Phase befindlichen Wirkstromes berechnet sich wie bei Gleichstrom aus dem Produkt der Effektivwerte von Spannung und Strom.

b) Induktiver Blindwiderstand

Im Stromkreis befindet sich ein rein induktiver Widerstand $X_i = \omega L$. Der Strom ist hier nach § 82 unter b vollkommener Blindstrom i_b und eilt der Spannung u um $^1/_4$ Periode nach gemäß Abb. 272. Wie schon in § 82 nachgewiesen, sind innerhalb einer Periode Spannung u und Strom i_b während je $^1/_4$ Periode abwechselnd zweimal gleich- und zweimal entgegengerichtet wie in Abb. 272. Dadurch wechselt das Vorzeichen der Leistung von Viertelperiode zu Viertelperiode, so daß die Stromquelle während $^1/_4$ Periode Leistung und Arbeit abgibt (schraffierte Flächen) und in der nächsten Viertelperiode wieder zurückgeliefert erhält. Es wurde auch nachgewiesen, daß die Energie einer Viertelperiode, welche ständig zwischen Stromquelle und Verbraucher hin- und hergeschoben wird, gleich der Energie des magnetischen Feldes $W_m = \frac{L I_b^2}{2}$ des Verbrauchers ist, die in der einen Viertelperiode von der Stromquelle zur Erzeugung des magnetischen Feldes geliefert und in der nächsten Viertelperiode vom zusammenbrechenden Feld wieder in elektrischer Form zurückgeliefert wird. Und da die Vorgänge sich nach jeder halben Periode wiederholen, so ist die mittlere Leistung während einer Periode gleich Null. Das Produkt aus den Effektivwerten der Spannung U und des Blindstromes I_b

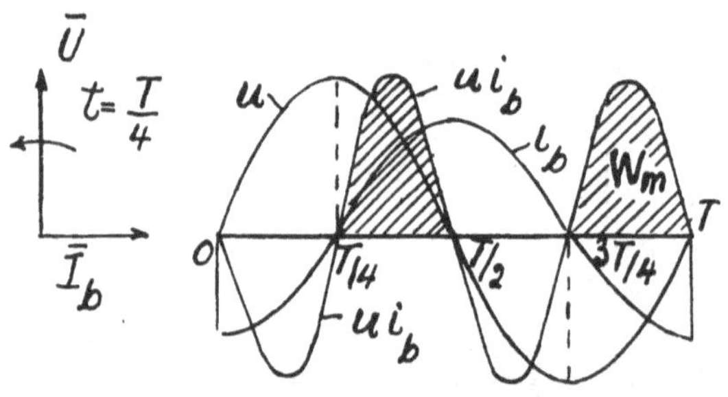

Abb. 272

$$N_b = U \cdot I_b = I_b^2 \cdot X_i = I_b^2 \cdot \omega L \tag{354}$$

heißt **Blindleistung.** Eine physikalische Bedeutung kommt aber der Blindleistung nicht zu, da sie nicht wie die Wirkleistung N_w nach außen an den Verbraucher abgegeben wird, sondern zwischen ihm und der Stromquelle nur hin- und hergeschoben wird.

Die praktische Einheit der Blindleistung ist das **Blindwatt (BW)** bzw. **Blindkilowatt (BkW)** = 1000 BW. Statt dessen sind auch die Bezeichnungen **Blindvoltampere (BVA)** und **Blindkilovoltampere (BkVA)** gebräuchlich. Ebenso ist für die Blindarbeit

$$A_b = U \cdot I_b \cdot t \tag{354a}$$

die Bezeichnung **Blindkilowatt-** oder **Blindkilovoltamperestunden (BkWh)** bzw. **(BkVAh)** in Anwendung.

Für die Blindleistung benötigt die Wechselstromquelle keine Leistungszufuhr, denn die vom Antriebsmotor auf den Stromerzeuger übertragene Leistung ist gleich der Wirkleistung N_w des Generators. Der Verbraucher hat auch nur die vom Zähler gemessene Wirkarbeit zu zahlen. Da aber der Generator den Gesamtstrom $I = \sqrt{I_w^2 + I_b^2}$ liefern muß, so ist dieser für die Größe des Querschnitts der Generator- und Motorwicklungen sowie der Leitungen maßgebend und der Generator muß für die Scheinleistung $N_s = UI = \sqrt{N_w^2 + N_b^2} = I^2 Z$ gebaut sein. Deshalb muß in manchen Fällen vom Verbraucher auch die Blindarbeit bezahlt werden, die durch besondere Blindarbeitszähler gemessen wird.

c) Kapazitiver Blindwiderstand

Im Stromkreis befindet sich ein rein kapazitiver Widerstand $X_k = \frac{1}{\omega C}$. Nach § 82 unter c ist der Strom hier ebenfalls vollkommener Blindstrom i_b und eilt der Spannung u um $^1/_4$ Periode vor nach Abb. 273. Nach den Ausführungen in § 82 über die Lade- und Entladevorgänge beim Kondensator wird dieser geladen in den Viertelperioden, in welchen u und i_b gleichgerichtet sind (in der Abb. schraffiert) und entladen während der Viertelperioden, in denen u und i_b entgegengesetzte Richtung haben. Ladung und Entladung erfolgen abwechselnd nach entgegengesetzten Richtungen. In den Ladeviertelperioden sind Leistung und Arbeit positiv, während der Entladeviertelperioden negativ. Die Kurve der Augenblicksleistung $N_t = u \cdot i_b$ hat also einen Verlauf wie in Abb. 273. Wie bereits in § 82 unter c nachgewiesen wurde, gibt auch hier die Stromquelle in einer Viertelperiode elektrische Arbeit ab und erhält sie in der nächsten Viertelperiode vom Kondensator wieder zurückgeliefert, so daß zwischen Stromerzeuger und Verbraucher der Energiebetrag $W_e = \frac{C\bar{U}^2}{2}$ ständig hin- und hergeschoben wird und die mittlere Leistung während einer Periode gleich Null ist. Die Energie $W_e = \frac{C\bar{U}^2}{2}$ dient während der Ladeviertelperioden zur Erzeugung des elektrischen Feldes im Dielektrikum des Kondensators und wird in den Entladeviertelperioden beim Verschwinden des Feldes als elektrische Energie wieder zurückgeliefert. Generator und Kondensator sind also abwechselnd Erzeuger und Verbraucher. Weil auch hier keine Energie während einer Periode nach außen abgegeben wird, handelt es

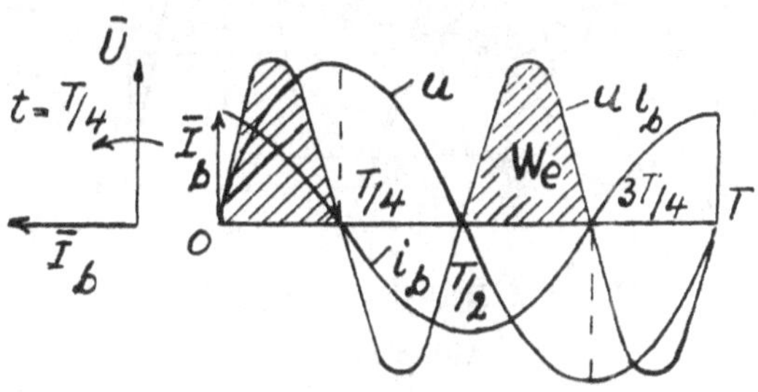

Abb. 273

sich hier ebenfalls um eine Blindleistung $N_b = U \cdot I_b$ und eine Blindarbeit $A_b = U \cdot I_b \cdot t$ mit dem kapazitiven Blindstrom I_b.

Im Gegensatz zu den Wirkleistungen, welche elektrische Energie nach außen führen und sie in nichtelektrische Energieformen wie Wärme, mechanische oder chemische Leistung umwandeln, dienen die Blindleistungen nur zur Erzeugung magnetischer oder elektrischer Felder und werden beim Verschwinden dieser Felder wieder an die Stromquelle zurückgeliefert.

2. Zusammengesetzter Wechselstromkreis

Es handelt sich hier um Stromkreise, wie sie in § 84 unter a, b und c behandelt wurden. Es wurde dort gezeigt, daß der Wirkwiderstand R die Phasenverschiebung von $^1/_4$ Periode, die die Blindwiderstände X_i und X_k erzeugen, vermindert und zwischen Spannung u und Strom i eine Phasenverschiebung $\pm \varphi < \frac{\pi}{2}$ hervorruft. Für einen solchen Fall sind in Abb. 274 die Liniendiagramme für die Spannung u, den um $\varphi < \frac{\pi}{2}$ phasenverspäteten Strom i und die Augenblicksleistung $N_t = u \cdot i$ gezeichnet, d. h. für einen Stromkreis mit Wirkwiderstand R und induktivem Blindwiderstand $X_i = \omega L$. Aus dem Verlauf der Kurve der Augenblicksleistung $N_t = u \cdot i$ erkennt man, wie in § 84 unter a bereits erläutert wurde, daß N_t positiv ist, solange u und i gleiche Richtung haben, und negativ, solange u und i entgegengesetztgerichtet sind, wodurch die N_t-Kurve mit der Abszissenachse bald positive, bald negative Flächen bildet. Die positiven Flächen bedeuten vom Stromerzeuger geleistete Arbeiten, die negativen Flächen zurückgelieferte Arbeiten. Die positiven und negativen Flächen sind aber jetzt ungleich und die negativen Flächen erstrecken sich auf eine Zeit $t = \frac{\varphi}{\omega}$, d. h. da $\varphi < \frac{\pi}{2}$, auf eine Zeit $t < \frac{\pi}{2\omega} < \frac{\pi}{4\pi f} < \frac{T}{4}$, d. h. kleines als $^1/_4$ Periode. Da also die Summe der positiven Arbeiten innerhalb einer halben Periode, bzw. einer Periode, größer ist als die Summe der negativen Arbeiten, so haben innerhalb einer Periode die Gesamtarbeit A und auch die mittlere Leistung N einen positiven Wert, d. h. der Stromkreis verbraucht vom Generator gelieferte elektrische Arbeit. Diese Arbeit bzw. Leistung muß dann, solange keine Hysteresis- und Wirbelstromverluste auftreten, gleich der zur Überwindung des Wirkwiderstandes R nötigen und in Stromwärme verwandelten Arbeit bzw. Leistung sein, weil die zur Überwindung der

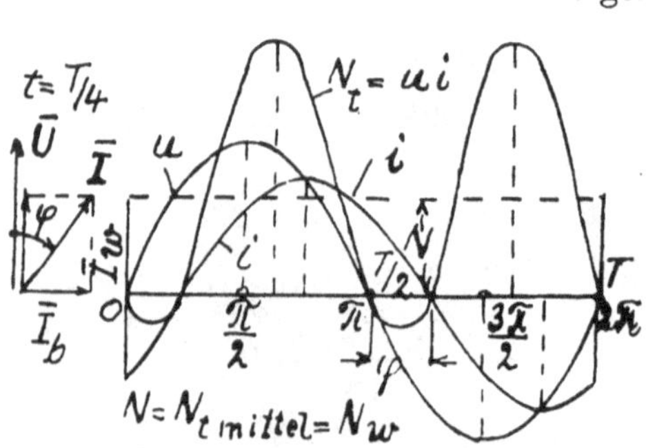

Abb. 274

Selbstinduktion oder zum Laden eines Kondensators nötige Arbeit restlos wieder zurückgeliefert wird.

Da die Vorgänge sich bzgl. der N_t-Kurve gemäß Abb. 274 nach jeder halben Periode wiederholen, so ist die während dieser Zeit vom Stromerzeuger geleistete elektrische Arbeit

$$A = \int_0^{\frac{T}{2}} u i \, dt = \frac{1}{\omega} \int_0^{\pi} u \cdot i \, d\alpha, \tag{355}$$

d. h. gleich der $\frac{1}{\omega}$-fachen algebraischen Summe der Flächen zwischen der N_t-Kurve und der Abszissenachse. Die mittlere Leistung ist daher

$$N = \frac{A}{\frac{T}{2}} = \frac{2}{T} \int_0^{\frac{T}{2}} u i \, dt = \frac{1}{\pi} \int_0^{\pi} u i \, d\alpha, \tag{356}$$

weil $\omega \frac{T}{2} = \pi$ oder $\frac{T}{2} = \frac{\pi}{\omega}$, also $\frac{2}{T} = \frac{\omega}{\pi}$ und $A = \frac{1}{\omega} \int_0^{\pi} u i \, d\alpha$. Die mittlere Leistung N wird also geometrisch dargestellt durch die Höhe eines Rechtecks mit der Basis π, welches flächengleich ist mit der algebraischen Summe der Flächen zwischen der N_t-Kurve und der Abszissenachse.

Für eine sinusförmige Spannung $u = \overline{U} \sin \omega t$ und einen sinusförmigen, um $\pm \varphi$ phasenverschobenen Strom $i = \overline{I} \sin(\omega t \pm \varphi)$ erhält man aus Gl. (356) für $\omega t = \alpha$

$$\begin{aligned}
N &= \frac{1}{\pi} \int_0^{\pi} \overline{U} \sin \alpha \cdot \overline{I} \sin(\alpha \pm \varphi) \, d\alpha, \\
&= \frac{\overline{U}\overline{I}}{\pi} \int_0^{\pi} \sin \alpha \cdot \sin(\alpha \pm \varphi) \, d\alpha, \\
&= \frac{\overline{U}\overline{I}}{\pi} \int_0^{\pi} \sin \alpha (\sin \alpha \cos \varphi \pm \cos \alpha \sin \varphi) \, d\alpha, \\
&= \frac{\overline{U}\overline{I}}{\pi} \left[\int_0^{\pi} \sin^2 \alpha \cos \varphi \, d\alpha \pm \int_0^{\pi} \sin \alpha \cos \alpha \sin \varphi \, d\alpha \right].
\end{aligned}$$

Da φ und damit $\sin \varphi$ und $\cos \varphi$ Konstante sind, so folgt

$$N = \frac{\overline{U}\overline{I}}{\pi} \left[\cos \varphi \int_0^{\pi} \sin^2 \alpha \, d\alpha \pm \sin \varphi \int_0^{\pi} \sin \alpha \cos \alpha \, d\alpha \right].$$

Nun ist, wie in diesem Paragraphen unter 1a abgeleitet,

$$\int_0^{\pi} \sin^2 \alpha \, d\alpha = \frac{1}{2} \Big[\alpha - \sin \alpha \cos \alpha \Big]_0^{\pi} = \frac{1}{2} \Big[\pi - 0 - 0 \Big] = \frac{\pi}{2}$$

und ferner ist

$$\int \sin\alpha \cos\alpha \, d\alpha \quad \text{für} \quad \sin\alpha = z \quad \text{und} \quad \cos\alpha \, d\alpha = dz$$

$$\int \sin\alpha \cos\alpha \, d\alpha = \int z \, dz = \frac{z^2}{2} = \frac{\sin^2\alpha}{2}$$

und daher

$$\int_0^\pi \sin\alpha \cos\alpha \, d\alpha = \left[\frac{\sin^2\alpha}{2}\right]_0^\pi = 0.$$

Man erhält also

$$N = \frac{\bar{U}\bar{I}}{\pi} \frac{\pi}{2} \cos\varphi = \frac{\bar{U}\bar{I}}{2} \cos\varphi = \frac{\bar{U}}{\sqrt{2}} \cdot \frac{\bar{I}}{\sqrt{2}} \cos\varphi,$$

$$N = U I \cos\varphi. \qquad \textbf{(356a)}$$

Die elektrische Arbeit während einer Zeit t ist dann

$$A = U I t \cos\varphi, \qquad \textbf{(356b)}$$

wobei jedoch t ein Vielfaches einer halben Periode sein muß, weil $\int_0^\pi \sin\alpha \cos\alpha \, d\alpha$ nur für π oder ein Vielfaches davon zu Null wird. Gl. (356) gelten für Phasenvor- oder -Nacheilung und ferner ergibt sich aus $N = \frac{\bar{U}\bar{I}}{2} \cos\varphi = \frac{\bar{U}}{2} \bar{I} \cos\varphi$, daß der Mittelwert $N = U I \cos\varphi$ der N_t-Kurve gleich ist dem Mittelwert $N_w = \frac{\bar{U}\bar{I}_w}{2} = U I_w$ der Wirkleistungskurve der Abb. 271.

Gl. (356a) ergibt den Satz:

Die Leistung des Wechselstromes wird berechnet, indem man das Produkt der Effektivwerte von Spannung und Strom mit dem Cosinus des Phasenverschiebungswinkels multipliziert.

Der Faktor $\cos\varphi$ wird deshalb **Leistungsfaktor** genannt. Das Produkt der Effektivwerte $U \cdot I$ von Spannung und Strom wird bei Wechselstrom als **Scheinleistung N_s** bezeichnet, so daß

$$N_s = U I \qquad \textbf{(357)}$$

und

$$\cos\varphi = \frac{N}{N_s} = \frac{N}{U I}. \qquad \textbf{(358a)}$$

Nach Gl. (312b) ist auch

$$\cos\varphi = \frac{U_w}{U} = \frac{I \cdot R}{U} = \frac{R}{Z}, \qquad \textbf{(358b)}$$

wenn $U_w = I \cdot R$ die Wirkspannung und $Z = \frac{U}{I}$ der Scheinwiderstand des Stromkreises ist. Mit $\cos\varphi$ aus Gl. (358b) folgt

$$N = U I \cos\varphi = \frac{U I \cdot I R}{U} = I^2 R = N_w. \qquad \textbf{(359a)}$$

Die mittlere Leistung des Wechselstromes ist gleich der Wirkleistung $N_w = I^2 \cdot R$. Außerdem ergibt sich noch, da $U = I \cdot Z$,

$$N_s = UI = I^2 Z. \qquad \textbf{(359b)}$$

Für die Scheinleistung N_s gelten als Einheiten das **Voltampere (VA)** oder **Kilovoltampere (kVA)** = 1000 VA zum Unterschied von der Leistung $N = N_s \cos\varphi$, die in W oder kW ausgedrückt wird. Durch Auflösung der Gl. (359a) nach R erhält man

$$R = \frac{N}{I^2}. \qquad \textbf{(360a)}$$

Bei Wechselstrom kann der Ohmsche Widerstand eines induktiven bzw. kapazitiven Verbrauchers nur aus einer Messung der Leistung N und der Stromstärke I gefunden werden. Aus einer Spannungs- und Strommessung ergibt sich gemäß Gl. (359b) der Scheinwiderstand

$$Z = \frac{N_s}{I^2} = \frac{UI}{I^2} = \frac{U}{I}. \qquad \textbf{(360b)}$$

Aus der schon aus § 85 bekannten Vektorenzerlegung der Abb. 248b und 250 ergibt sich, daß man sich die Leistung $N = U \cdot I \cdot \cos\varphi$ erzeugt denken kann von der Spannung U und dem Wirkstrom $I_w = I \cdot \cos\varphi$, oder auch von der Wirkspannung $U_w = U \cdot \cos\varphi$ in Verbindung mit dem Gesamtstrom I. Und dementsprechend entstehen die Blindleistungen nach Abb. 248b aus der Spannung U und dem Blindstrom $I_b = I \cdot \sin\varphi$ zu $N_b = U \cdot I_b = U \cdot I \cdot \sin\varphi$, oder nach Abb. 250 aus der Blindspannung $U_b = U \cdot \sin\varphi$ und dem Gesamtstrom I zu $N_b = U_b I = U \cdot I \cdot \sin\varphi$. Multipliziert man die Vektoren der Abb. 248 mit U bzw. die Vektoren der Abb. 250 mit I, dann erhalten sie die Beträge $U \cdot I = N_s$, $U \cdot I_w = U_w \cdot I = N_w = N$ und $U \cdot I_b = U_b \cdot I = N_b$ und es ergibt sich, daß

$$N_s = \sqrt{N_w^2 + N_b^2} = \sqrt{(I^2 \cdot R)^2 + (I^2 \cdot X)^2} = I^2 \cdot Z. \qquad \textbf{(361)}$$

Wirk- und Blindleistung setzen sich **geometrisch** unter einem rechten Winkel zur Scheinleistung zusammen und die komplexe Formel der Leistungsvektoren lautet

$$\mathfrak{N}_s = N_w \pm j N_b. \qquad \textbf{(361a)}$$

Die Leistung $N = U \cdot I \cdot \cos\varphi$ ist bei gegebenen U und I um so kleiner, je größer die Phasenverschiebung φ ist, weil $\cos\varphi$ mit zunehmendem φ abnimmt. Für Phasengleichheit von U und I, d. h. $\varphi = 0$, gibt die Gl. (356a) $N = U \cdot I$, also den Wert der Gl. (353b), wenn $I_w = I$ ist. Für einen Blindstrom, d. h. eine Phasenverschiebung $\varphi = 90°$, ergibt Gl. (356a) $N = 0$, weil $I = I_b$ ist.

3. Messung der elektrischen Leistung und Arbeit bei Wechselstrom

Zur Ermittlung der Leistung N ist bei Wechselstrom außer den Beträgen von U und I noch die Kenntnis des Wertes von $\cos\varphi$ nötig, der im allgemeinen unbekannt ist. Zwar kann man $\cos\varphi$ mit einem in den

Stromkreis geschalteten $\cos\varphi$-Messer bestimmen, aber die Ermittlung der Leistung N wäre dadurch sehr umständlich. Man **mißt** deshalb auch **bei Wechselstrom die Leistung** mit einem **Leistungsmesser.** Wie aus § 15 schon bekannt ist, kommen als Leistungsmesser nur Dynamometer und Induktionsinstrumente in Frage.

In § 15 Abb. 19 ist der Aufbau eines **dynamometrischen Leistungsmessers** und seine Wirkungsweise bei Gleichstrom geschildert. **Bei Wechselstrom** liegen die Verhältnisse wie folgt:

Der Strom i_z in der festen Spule erzeugt ein magnetisches Feld von der Augenblicksstärke $\mathfrak{B}$, welche nach § 63 Gl. (175) auf den Strom i der beweglichen Spule ein Drehmoment ausübt, welches dem Produkt $i_z \cdot i$ der Ströme proportional ist. Da der Strom i aber der Spannung u proportional ist, so ist das Augenblicksmoment $c_1 \cdot u \cdot i_z$, wenn c_1 eine Konstante ist. Wegen der Trägheit der beweglichen Spule stellt sich der Zeigerausschlag auf den Mittelwert der Momentantriebe innerhalb einer Periode bzw. halben Periode ein. Das Moment auf die bewegliche Spule ist also $M_d = \frac{c_1}{T/2}\int\limits_0^{T/2} u i_z dt$. Das Moment M_d ist also nach Gl. (356) bei sinusförmigem Verlauf von Spannung u und Strom $i_z = \bar{I}_z \sin(\omega t \pm \varphi)$ proportional der mittleren Leistung $N = U \cdot I_z \cdot \cos\varphi$. Da dem Moment M_d Gleichgewicht gehalten wird durch ein mit dem Zeigerausschlag α proportionales Federgegenmoment $M_g = c_2\alpha$, so ist $M_d = c_1 U I_z \cos\varphi = c_2\alpha$, oder $\alpha = c\, U I_z \cos\varphi = c \cdot N$. Der Zeigerausschlag ist demnach ein Maß für die Leistung N. Bezüglich Schaltung des Leistungsmessers wird auf § 15 unter 3, bezüglich Meßbereicherhöhung auf § 17 unter b verwiesen. **Die Induktionsleistungsmesser für Wechselstrom** beruhen auf dem Wirbelstromprinzip gemäß § 70 Abb. 179a. Es sind aber hier außer dem Hauptstrommagneten noch zwei zu beiden Seiten von ihm angeordnete und an der Spannung U liegende Magnete vorhanden. **Die Messung der elektrischen Arbeit $A = N \cdot t$** erfolgt **bei Wechselstrom durch Induktionszähler,** welche das Produkt aus Leistung N und Zeit t durch ein Zählwerk registrieren.

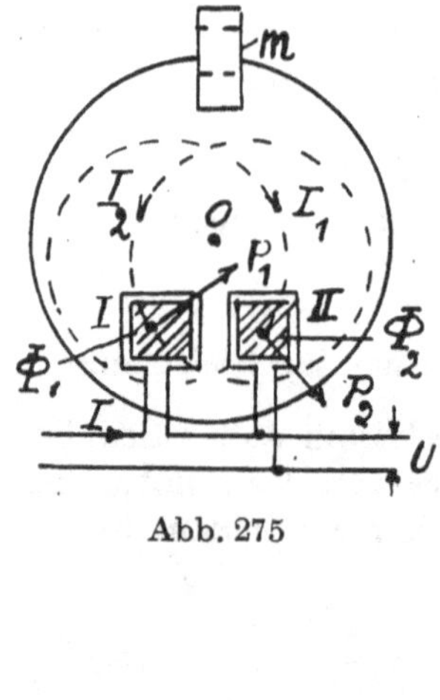

Abb. 275

Aufbau und Wirkungsweise eines Induktionszählers zeigen die Abb. 275 und 276. Auf eine Aluminiumscheibe, die um eine vertikale Achse drehbar ist, wirken zwei Wechselstrommagnete I und II. Der Fluß Φ_1 des vom Betriebsstrom I erregten Magneten I ist in Phase mit dem Strom I. Φ_1 induziert in der Aluminiumscheibe eine Wirbel-EMK, die dem Fluß Φ_1 um $^1/_4$ Periode nacheilt und in der Scheibe einen dem Fluß Φ_1 ebensoviel nacheilenden Strom I_1 erzeugt. Der von der Netzspannung U, die zunächst phasengleich mit I angenommen ist, erregte

Magnet II wirkt, noch durch eine Vorschaltdrossel unterstützt, als Drosselspule, so daß sein Fluß Φ_2 gemäß Abb. 267 b in § 87 der Spannung U um fast $^1/_4$ Periode nacheilt (Abb. 276). Der durch Φ_2 erzeugte Strom I_2 in der Scheibe eilt dem Fluß Φ_2 wieder um $^1/_4$ Periode nach, wie die von Φ_2 erzeugte EMK, so daß also I_2 mit der Spannung U in Gegenphase sich befindet. Zwischen den Flüssen Φ_1 und Φ_2 und ebenso zwischen den Strömen I_1 und I_2 herrscht also eine Phasenverschiebung von $^1/_4$ Periode und es sind I_1 und Φ_2 phasengleich, I_2 und Φ_1 aber in Gegenphase. Der Strom I_2 ist deshalb linkslaufend eingezeichnet in Abb. 275. Nun übt Φ_2 auf den mit ihm phasengleichen Strom I_1 eine Kraft P_2 aus gemäß Gl. (350) in § 87 nach der Linke-Hand-Regel und Φ_1 auf den zu ihm gegenphasigen Strom I_2 die Kraft P_1. Die beiden Kräfte geben auf die Scheibe Drehmomente M_{d2} und M_{d1}, die im gleichen Drehsinn wirken. Besteht zwischen der Spannung U und dem Strom I eine Phasenverschiebung φ, dann herrscht diese Phasenverschiebung auch zwischen Φ_1 und I_2, sowie zwischen Φ_2 und I_1. Die Kräfte P_1 und P_2 berechnen sich dann nach Gl. (351) des § 87 und sind proportional $\Phi_1 I_2 \cos\varphi$ bzw. $\Phi_2 I_1 \cos\varphi$. Da nun Φ_1 und I_1 proportional dem Netzstrom I und Φ_2 und I_2 proportional der Netzspannung U sind, so erfolgt die Drehung der Scheibe mit einem resultierenden Moment M_d, welches proportional ist $U \cdot I \cdot \cos\varphi$, d. h. proportional mit der Leistung N. Damit die Scheibe sich nun nicht dauernd beschleunigt, erzeugt der Bremsmagnet m durch Induktion von Wirbelströmen in der Scheibe nach § 70 eine Bremskraft, welche proportional ist der Drehgeschwindigkeit v der Scheibe. Die Geschwindigkeit der Scheibe nimmt so lange zu, bis das Bremsmoment gleich dem Triebkraftmoment ist, wodurch sich eine dem Triebkraftmoment M_d und damit der Leistung $N = U \cdot I \cdot \cos\varphi$ proportionale Drehgeschwindigkeit der Scheibe ergibt. Da die Drehzahl der Scheibe von der Drehgeschwindigkeit v und von der Betriebszeit t abhängt, so gibt ein Zählwerk, welches von der Scheibe durch eine Räderübersetzung angetrieben wird, mit der Gesamtdrehzahl die elektrische Arbeit $A = N \cdot t$ in kWh an. Wegen der Rückwirkung der Scheibenströme auf die magnetischen Felder Φ_1 und Φ_2 sind die Induktionsinstrumente nur für die Frequenzen benutzbar, für welche sie geeicht sind.

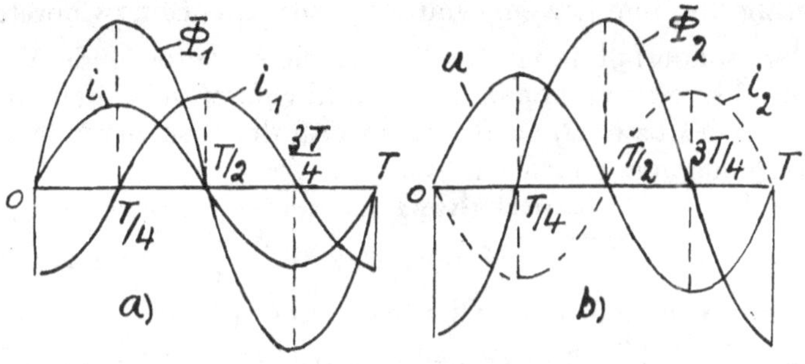

Abb. 276

89. Resonanz im Wechselstromkreis

Bei der Reihenschaltung und bei der Parallelschaltung von Wirkwiderstand R, induktivem und kapazitivem Blindwiderstand ωL bzw. $\frac{1}{\omega C}$ ist der Sonderfall möglich, daß durch entsprechende Wahl von ω, L und C induktiver und kapazitiver Blindwiderstand einander gleich werden, d. h. $X_i = X_k$ bzw. $B_i = B_k$ ist, so daß der resultierende Blindwiderstand bzw. Blindleitwert gleich Null ist.

Für die **Reihenschaltung** ist gemäß Abb. 241 und Gl. (311) und (310a) $Z = \sqrt{R^2 + (X_i - X_k)^2}$ und $\operatorname{tg}\varphi = \frac{X_i - X_k}{R}$ und für die **Parallelschaltung** nach Abb. 263 und Gl. (337c) und (337e) $Y = \sqrt{G^2 + (B_k - B_i)^2}$ und $\operatorname{tg}\varphi = \frac{B_k - B_i}{G}$. Für $X_i = X_k$ bzw. $B_k = B_i$ wird

bei der Reihenschaltung: $Z = R$ und $\varphi = 0$,

bei der Parallelschaltung: $Y = G = \frac{1}{R}$ und $\varphi = 0$.

Trotz gleichzeitiger Wirksamkeit von Induktivität und Kapazität ist die Phasenverschiebung zwischen Spannung und Strom $\varphi = 0$, d. h. Spannung und Strom sind in Phase, der Netzstrom ist reiner Wirkstrom und sein Betrag ist der gleiche, wie wenn nur Wirkwiderstand R vorhanden wäre, weil $Z = R$ bzw. $G = \frac{1}{R}$ ist. Diesen Sonderfall bei Reihen- und Parallelschaltung bezeichnet man als **Resonanz** und zwar als **Spannungsresonanz** bei **Reihen**schaltung und **Stromresonanz** bei **Parallel**schaltung.

a) Spannungsresonanz

Gegeben ist eine Reihenschaltung von R, L und C nach Abb. 241, für welche gemäß Gl. (310c) bzw. (310a)

$$U = I\sqrt{R^2 + \left(\omega L - \frac{1}{\omega C}\right)^2} \quad \text{und} \quad \operatorname{tg}\varphi = \frac{\omega L - \frac{1}{\omega C}}{R}.$$

Damit $\operatorname{tg}\varphi = 0$ wird, ist also die **Resonanzbedingung**

$$\omega L - \frac{1}{\omega C} = 0. \tag{362}$$

Wird durch entsprechende Werte von L, C oder ω der resultierende Blindwiderstand $\omega L - \frac{1}{\omega C} = 0$, dann ergibt sich der **Resonanzstrom** zu

$$I_r = \frac{U}{R}. \tag{363}$$

Bei höheren Spannungen U und geringem Wirkwiderstand R können der Resonanzstrom I_r und damit die Selbstinduktions- und Kapazitätsspannungen $U_{Lr} = I_r \omega L$ und $U_{Cr} = I_r \cdot \frac{1}{\omega C}$, die sogenannten Resonanzspannungen, sehr hohe Werte annehmen, so daß sie für die Isolation elektrischer Anlagen gefährlich werden. Bei gegebenen konstanten Werten von U, R, L und C tritt bei einer bestimmten Frequenz $f = f_r$ Resonanz ein. Diese Frequenz f_r bzw. Kreisfrequenz $\omega_r = 2\pi f_r$ ergibt sich aus

$$\omega_r L = \frac{1}{\omega_r C}$$

zu

$$\omega_r^2 = \frac{1}{LC}, \tag{364a}$$

$$\omega_r = \frac{1}{\sqrt{LC}} = 2\pi f_r = \frac{2\pi}{T_r}, \tag{364b}$$

$$\left.\begin{aligned} f_r &= \frac{1}{2\pi} \cdot \frac{1}{\sqrt{LC}} \\ T_r &= 2\pi\sqrt{LC} \end{aligned}\right\} \tag{364c}$$

Bei der Resonanzfrequenz f_r ist der Strom I_r am größten bei konstanten U, R, L und C, bei größerer oder kleinerer Frequenz $f \gtrless f_r$ ist die Stromstärke I geringer. Bei den Frequenzen $f = 0$ bzw. $f = \infty$ sperrt der Kondensator bzw. die Drosselspule den Stromkreis. Wegen der in einer Reihenschaltung von R, L und C bei der Resonanzfrequenz f_r auftretenden, nahezu gleichgroßen und sehr hohen induktiven und kapazitiven Resonanzspannungen U_{Lr} und U_{Cr}, nennt man diesen Resonanzfall **„Spannungsresonanz"**.

Bei kleinen Werten des Wirkwiderstandes R treten die Scheitelwerte von I, U_L und U_C für $f = f_r$ gleichzeitig auf, wie Abb. 277a zeigt. Bei größeren Wirkwiderständen R fallen die Scheitelwerte $\bar{I}$, $\bar{U}_L$ und $\bar{U}_C$ auseinander wie in Abb. 277b, so daß die Scheitelwerte für drei verschiedene Frequenzen f_r, f_{Lr} und f_{Cr}

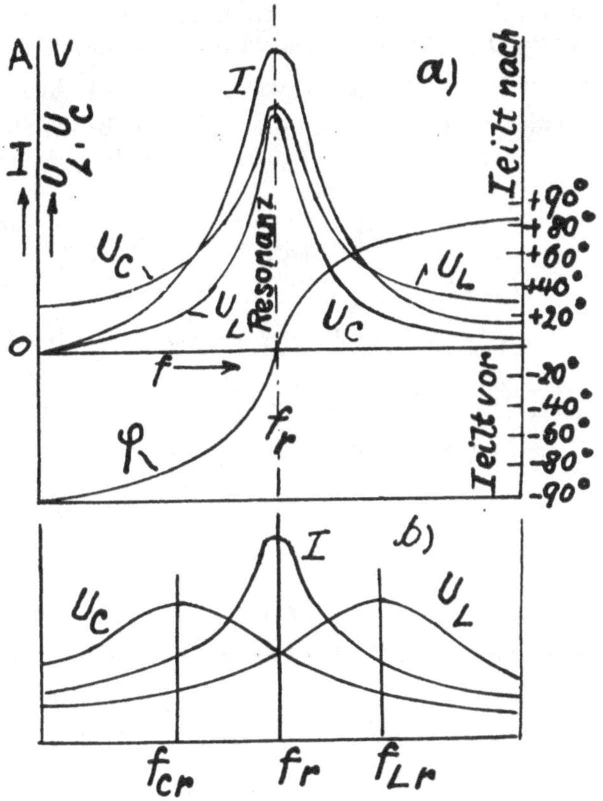

Abb. 277

eintreten. Diese Frequenzen f_{Lr} und f_{Cr} ergeben sich aus den Gleichungen für U_L und U_C. Bei gegebenen R, L und C in Reihenschaltung ist

$$I = \frac{U}{\sqrt{R^2 + \left(\omega L - \frac{1}{\omega C}\right)^2}}$$

und deshalb die Selbstinduktions- und Kapazitätsspannung

$$U_L = I\omega L = \frac{U\omega L}{\sqrt{R^2 + \left(\omega L - \frac{1}{\omega C}\right)^2}}$$

und

$$U_C = \frac{I}{\omega C} = \frac{U}{\omega C\sqrt{R^2 + \left(\omega L - \frac{1}{\omega C}\right)^2}}.$$

Die Maxima finden sich aus den Gleichungen $\frac{dU_L}{d\omega} = 0$ und $\frac{dU_C}{d\omega} = 0$. Für die Selbstinduktionsspannung U_L soll die Rechnung durchgeführt werden. Da U konstant ist, wird U_L ein Maximum, wenn der bei U stehende Ausdruck ein Maximum wird. Da dieser Ausdruck ein Bruch $\frac{f(\omega)}{F(\omega)}$ ist, so finden sich die Werte von ω, die den Bruch zu einem Maximum machen, aus der Beziehung $F(\omega)f'(\omega) - f(\omega)F'(\omega) = 0$. Man erhält also

$$\sqrt{R^2 + \left(\omega L - \frac{1}{\omega C}\right)^2}\cdot L - \omega L \frac{2\left(\omega L - \frac{1}{\omega C}\right)\left(L + \frac{1}{\omega^2 C}\right)}{2\sqrt{R^2 + \left(\omega L - \frac{1}{\omega C}\right)^2}} = 0,$$

$$R^2 + \left(\omega L - \frac{1}{\omega C}\right)^2 - \left(\omega L - \frac{1}{\omega C}\right)\left(\omega L + \frac{1}{\omega C}\right) = 0,$$

$$R^2 + \omega^2 L^2 - 2\frac{L}{C} + \frac{1}{\omega^2 C^2} - \omega^2 L^2 + \frac{1}{\omega^2 C^2} = 0,$$

$$\omega^2 C^2 R^2 - 2\omega^2 CL + 2 = 0, \qquad \omega^2(2LC - R^2C^2) = 2,$$

$$\omega = \sqrt{\frac{2}{2LC - R^2C^2}} = 2\pi f_{Lr}$$

und daraus

$$f_{Lr} = \frac{1}{2\pi}\sqrt{\frac{2}{2LC - R^2C^2}}. \tag{364d}$$

Durch eine ähnliche Rechnung erhält man

$$f_{Cr} = \frac{1}{2\pi}\sqrt{\frac{1}{LC} - \frac{R^2}{2L^2}}. \tag{364e}$$

Wird die Gleichung $\bar{U}_{Cr} = \frac{\bar{I}_r}{\omega_r C}$ quadriert und die Resonanzbedingung $\omega_r^2 = \frac{1}{LC}$ in die erhaltene Gleichung $\bar{U}_{Cr}^2 = \frac{\bar{I}_r^2}{\omega_r^2 C^2}$ eingesetzt und durch 2 dividiert, dann wird $\frac{\bar{U}_{Cr}^2}{2} = \frac{\bar{I}_r^2 LC}{2C^2}$ oder

$$\frac{C\,\overline{U}_{Cr}^2}{2} = \frac{L\,\overline{I}_r^2}{2}. \qquad \textbf{(364f)}$$

Diese Gleichung sagt, wie schon in § 84 gefunden, daß der Energiebetrag zur Erzeugung des elektrischen bzw. magnetischen Feldes dauernd zwischen dem Kondensator und der Drossel hin- und hergeschoben wird, so daß die Stromarbeit lediglich aus der Wärmearbeit $A_w = I_r^2 \cdot R$ besteht, sofern keine magnetischen oder dielektrischen Verluste auftreten.

Denkt man sich den induktiven und kapazitiven Widerstand in einem Stromkreis ohne Wirkwiderstand in Reihe geschaltet, dann heißt die nach Gl. (364c) berechnete Resonanzfrequenz f_r die **Eigenfrequenz** des Stromkreises.

Bei der numerischen Durchrechnung einer Aufgabe gemäß Abb. 277 berechnet man für $f = 0 \cdots \infty$ folgende Größen: $\omega = 2\pi f$, $X_i = \omega \cdot L$, $X_k = \frac{1}{\omega C}$, $X_i - X_k = X$, $Z = \sqrt{R^2 + X^2}$, $I = U/Z$, $U_L = I \cdot X_i$, $U_C = I \cdot X_k$, $\operatorname{tg} \varphi = X/R$ und φ.

Verlauf der Resonanzstromkurve bei gegebenem Frequenzabstand f/f_r

$$\mathfrak{I} = \frac{\mathfrak{U}}{\mathfrak{Z}} = \frac{\mathfrak{U}}{R + j\omega L + \frac{1}{j\omega C}}.$$

Im Resonanzfall muß $Z = R$ sein, d.h. $j\omega_r L + \frac{1}{j\omega_r C} = 0$ oder $\omega_r L + \frac{1}{j^2\omega_r C} = 0$, also $\omega_r L = \frac{1}{\omega_r C}$, woraus dann wieder die Resonanzfrequenz sich wie in Gl. (364c) ergibt $f_r = \frac{1}{2\pi} \cdot \frac{1}{\sqrt{LC}}$ und der Resonanzstrom $\mathfrak{I}_r = \frac{\mathfrak{U}}{R}$.

Bei gegebenen Werten von R, L und C ist für ein gewähltes Verhältnis $\frac{\omega}{\omega_r} = \frac{f}{f_r} = p$, dem sogenannten **Frequenzabstand,** das Verhältnis $q = I/I_r$ ein Maß für die Flachheit oder Steilheit der Stromresonanzkurve.

$$I = \frac{U}{\sqrt{R^2 + \left(\omega L - \frac{1}{\omega C}\right)^2}} = \frac{I_r \cdot R}{\sqrt{R^2 + \left(\omega L - \frac{1}{\omega C}\right)^2}},$$

weil im Resonanzfall $U = I_r \cdot R$ ist. Durch Erweitern des Bruches mit $\sqrt{\frac{C}{L}}$ ergibt sich

$$I = \frac{I_r R \cdot \sqrt{\frac{C}{L}}}{\sqrt{R^2 \frac{C}{L} + \frac{\omega^2 L^2 C}{L} - 2\frac{L}{C} \cdot \frac{C}{L} + \frac{C}{\omega^2 C^2 L}}},$$

$$I = \frac{I_r R \sqrt{\frac{C}{L}}}{\sqrt{R^2 \frac{C}{L} + \omega^2 LC - 2 + \frac{1}{\omega^2 CL}}}.$$

Da nun nach Gl. (364a) $\frac{1}{LC} = \omega_r^2$, d h. $LC = \frac{1}{\omega_r^2}$, so folgt

$$I = \frac{I_r R \sqrt{\frac{C}{L}}}{\sqrt{R^2 \frac{C}{L} + \frac{\omega^2}{\omega_r^2} - 2 + \frac{\omega_r^2}{\omega^2}}}.$$

Setzt man $R\sqrt{\frac{C}{L}} = D$, $\frac{\omega}{\omega_r} = p$ und $\frac{I}{I_r} = q$, dann ergibt sich

$$q = \frac{I}{I_r} = \frac{D}{\sqrt{D^2 + p^2 - 2 + \frac{1}{p^2}}} = \frac{Dp}{\sqrt{(Dp)^2 + p^4 - 2p^2 + 1}} = \frac{Dp}{\sqrt{(Dp)^2 + (p^2 - 1)^2}}$$

und schließlich

$$q = \frac{I}{I_r} = \frac{\frac{\omega}{\omega_r} R\sqrt{\frac{C}{L}}}{\sqrt{\left(\frac{\omega}{\omega_r} R\sqrt{\frac{C}{L}}\right)^2 + \left[\left(\frac{\omega}{\omega_r}\right)^2 - 1\right]^2}}. \quad \textbf{(365)}$$

Da die Einheit von $D = R\sqrt{\frac{C}{L}}$ gleich ist $\frac{V}{A}\sqrt{\frac{s}{\Omega^2 s}} = \Omega\sqrt{\frac{1}{\Omega^2}} = 1$, so ist D ein Zahlenfaktor und heißt **Dämpfungsfaktor.** Er berechnet sich aus

$$D = R\sqrt{\frac{C}{L}}. \quad \textbf{(365a)}$$

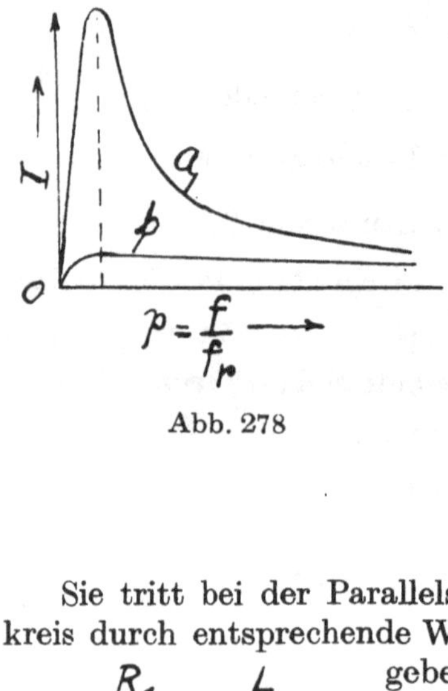

Abb. 278

Setzt man $pD = a$ und $p^2 - 1 = b$, dann ist auch nach Gl. (365)

$$q = \frac{I}{I_r} = \frac{a}{\sqrt{a^2 + b^2}}. \quad \textbf{(365b)}$$

Es ergibt sich für eine kleine Dämpfung D eine steile Resonanzkurve $I = q \cdot I_r = f(p)$ und bei großer Dämpfung D eine flache Resonanzkurve $I = f(p)$ gemäß Abb. 278 (Kurve a für kleine und Kurve b für große Dämpfung D).

b) Stromresonanz

Sie tritt bei der Parallelschaltung der Abb. 279 auf, wenn im Stromkreis durch entsprechende Wahl der Wirk- bzw. Blindwiderstände bei gegebener Frequenz, oder bei gegebenen Widerständen bei einer bestimmten Frequenz, Phasengleichheit zwischen Spannung U und Gesamtstrom I stattfindet. Es soll bei unveränderten Werten von R_1, R_2, L und C ermittelt werden, bei welcher Frequenz f_r **Stromresonanz,** d. h. Phasengleichheit zwischen Spannung U und Strom I, eintritt, d. h. die **Blindströme** sich aufheben.

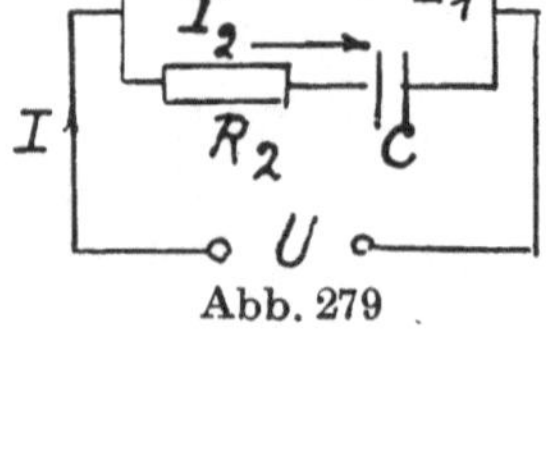

Abb. 279

Für die Schaltung der Abb. 279 gelten die Ausführungen zu Abb. 263 in § 85 unter c, Fall 9 und die entsprechenden Gl. (337a) und (337b). Danach ist dann, da sich der Gesamtstrom I geometrisch aus den Zweigströmen I_1 und I_2 zusammensetzt, nach Gl. (337c) und (337d)

$$I = U\,Y = U\sqrt{G^2 + B^2} = U\sqrt{G^2 + (B_k - B_i)^2}.$$

Soll nun Phasengleichheit zwischen U und I bestehen, d. h. $\operatorname{tg}\varphi = 0$ sein, dann muß gemäß Gl. (337e) $B_k - B_i = 0$ sein, so daß dann der Resonanzstrom $I_r = UG$ ist, wenn G der Wirkleitwert der Verzweigung bei der Resonanzfrequenz f_r ist.

Die Bedingung für Stromresonanz ist also

$$B = B_k - B_i = 0 \tag{366a}$$

und der Resonanzstrom ist für $f = f_r$

$$I_r = U \cdot G. \tag{366b}$$

Für die Schaltung der Abb. 279 ist nun

$$G = G_1 + G_2 = \frac{R_1}{R_1^2 + (\omega L)^2} + \frac{R_2}{R_2^2 + \left(\frac{1}{\omega C}\right)^2}$$

und ferner

$$B = B_k - B_i = \frac{\frac{1}{\omega C}}{R_2^2 + \left(\frac{1}{\omega C}\right)^2} - \frac{\omega L}{R_1^2 + (\omega L)^2}.$$

Die Bedingungsgleichung lautet also:

$$\frac{\frac{1}{\omega C}}{R_2^2 + \left(\frac{1}{\omega C}\right)^2} - \frac{\omega L}{R^2 + (\omega L)^2} = 0. \tag{366c}$$

Bringt man die Brüche auf gleichen Nenner, dann muß, damit der Ausdruck den Wert Null annimmt, der Zähler den Wert Null haben, es muß also sein

$$\frac{1}{\omega C}\left(R_1^2 + (\omega L)^2\right) - \omega L\left(R_2^2 + \left(\frac{1}{\omega C}\right)^2\right) = 0, \tag{366d}$$

mit $-\omega L$ dividiert ergibt

$$R_2^2 + \left(\frac{1}{\omega C}\right)^2 - \frac{1}{\omega C}\left(\frac{R_1^2 + (\omega L)^2}{\omega L}\right) = 0,$$

oder

$$\left(\frac{1}{\omega C}\right)^2 - \frac{R_1^2 + (\omega L)^2}{\omega L} \cdot \left(\frac{1}{\omega C}\right) + R_2^2 = 0. \tag{366e}$$

Gl. (366e) ist eine quadratische Gleichung für $\frac{1}{\omega C} = x$ von der Form

$a x^2 + b x + c = 0$ mit den Wurzeln

$$x = -\frac{b}{2a} \pm \frac{\sqrt{b^2 - 4ac}}{2a}.$$

Für Gl. (366e) folgt also

$$\frac{1}{\omega C} = \frac{R_1^2 + (\omega L)^2}{2\omega L} \pm \sqrt{\left(\frac{R_1^2 + (\omega L)^2}{2\omega L}\right)^2 - R_2^2}. \quad \textbf{(367)}$$

Gl. (367) ist die **Resonanzbedingung,** aus der sich bei konstanten Werten von R_1, R_2, L und C die Kreisfrequenz ω_r für Resonanz und die Resonanzfrequenz f_r berechnen lassen. Es ist zunächst

$$\sqrt{\left(\frac{R_1^2 + (\omega_r L)^2}{2\omega_r L}\right)^2 - R_2^2} = \frac{1}{\omega_r C} - \frac{R_1^2 + (\omega_r L)^2}{2\omega_r L}.$$

Durch Quadrieren ergibt sich

$$\left(\frac{R_1^2 + (\omega_r L)^2}{2\omega_r L}\right)^2 - R_2^2 = \frac{1}{\omega_r^2 C^2} - \frac{2}{\omega_r C}\,\frac{R_1^2 + (\omega_r L)^2}{2\omega_r L} + \left(\frac{R^2 + (\omega_r L)^2}{2\omega_r L}\right)^2$$

$$-\frac{1}{\omega_r^2 C^2} + \frac{R_1^2 + (\omega_r L)^2}{\omega_r^2 C L} = R_2^2.$$

Mit $\omega_r^2 C^2 L$ multipliziert, gibt

$$-L + C R_1^2 + C(\omega_r L)^2 = R_2^2 \omega_r^2 C^2 L,$$

$$-L + C R_1^2 + C\omega_r^2 L^2 = R_2^2 \omega_r^2 C^2 L,$$

$$\omega_r^2 (C L^2 - R_2^2 C^2 L) = L - C R_1^2,$$

$$\omega_r = \sqrt{\frac{L - C R_1^2}{C L (L - C R_2^2)}} = 2\pi f_r,$$

also

$$f_r = \frac{1}{2\pi}\sqrt{\frac{L - C R_1^2}{C L (L - C R_2^2)}}. \quad \textbf{(367 a)}$$

Für die Resonanzfrequenz f_r ergibt sich mit Hilfe der Gl. (367) auch eine graphische Lösung. Bezeichnet man mit $\varphi(f) = \frac{1}{\omega C}$ die linke Seite der Gleichung und mit $\psi(f)$ die rechte Seite der Gl. (367), berechnet $\varphi(f)$ und $\psi(f)$ für verschiedene Frequenzen f und zeichnet die Kurven $\varphi(f)$ und $\psi(f)$ gemäß Abb. 280, dann ergibt sich im Schnittpunkt P der beiden Kurven auf der Abszissenachse die Resonanzfrequenz f_r. Sind auch noch Resonanzstrom I_r, seine gleichgroßen Blindstromkomponenten I_{ri} und I_{rk}, sowie die Zweigströme I_1 und I_2 zu ermitteln, dann berechnet man für f_r bzw. für verschiedene Frequenzen $f = 0 \cdots \infty$ die entsprechenden Größen gemäß untenstehender Tabelle.

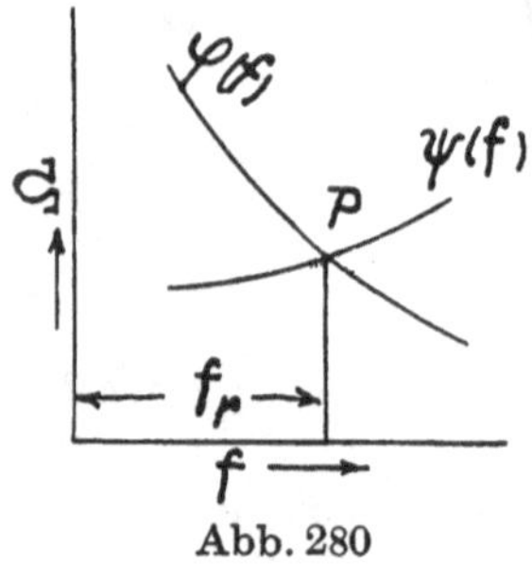

Abb. 280

Zweigstrom I_1	Zweigstrom I_2	Gesamtstrom I
$X_i = \omega L$	$X_k = \frac{1}{\omega C}$	$G = G_1 + G_2$
$G_1 = \frac{R_1}{R_1^2 + X_i^2}$	$G_2 = \frac{R_2}{R_2^2 + X_k^2}$	$B = B_k - B_i$
$B_i = \frac{X_i}{R_1^2 + X_i^2}$	$B_k = \frac{X_k}{R_2^2 + X_k^2}$	$Y = \sqrt{G^2 + B^2}$
$Y_1 = \sqrt{G_1^2 + B_i^2}$	$Y_2 = \sqrt{G_2^2 + B_k^2}$	$I = UY$
$I_1 = UY_1$	$I_2 = UY_2$	$\operatorname{tg} \varphi = \frac{B}{G}$
$\operatorname{tg} \varphi_1 = \frac{-B_i}{G_1}$	$\operatorname{tg} \varphi_2 = \frac{B_k}{G_2}$	φ
φ_1	φ_2	

Für $f = f_r$ ergeben sich

Resonanzstrom I_r	Indukt. Blindstrom I_{ri}	Kapazit. Blindstrom I_{rk}
$I_r = UG$	$I_{ri} = UB_i$	$I_{rk} = UB_k$
$\operatorname{tg} \varphi_r = \pm \frac{B}{G} = 0$	$\operatorname{tg} \varphi_{ri} = -\frac{B_i}{G_i} = \infty$	$\operatorname{tg} \varphi_{rk} = +\frac{B_k}{G_k} = \infty$

Für drei wichtige Sonderfälle werden noch Resonanzfrequenz f_r und Resonanzstrom I_r berechnet.

1) Schaltung Abb. 280a

$$Z_1 = \sqrt{R_1^2 + (\omega L)^2};$$

$$Z_2 = \sqrt{R_2^2 + \left(\frac{1}{\omega C}\right)^2}.$$

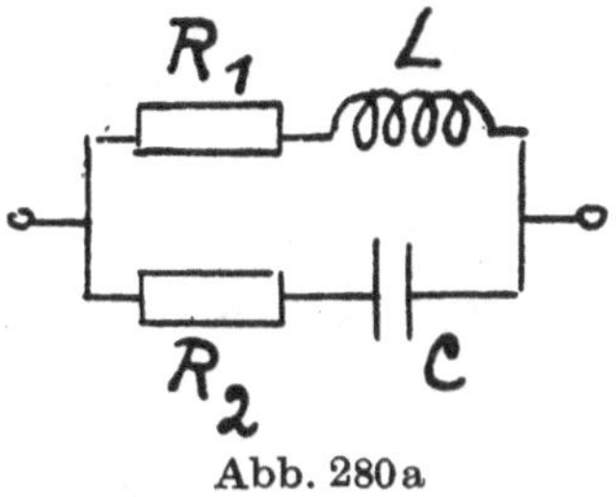

Abb. 280a

Resonanzfrequenz aus Gl. (367a)

$$f_r = \frac{1}{2\pi}\sqrt{\frac{L - CR_1^2}{CL(L - CR_2^2)}}, \qquad \textbf{(368a)}$$

Resonanzstrom

$$I_r = UG = U\left[\frac{R_1}{R_1^2 + (\omega_r L)^2} + \frac{R_2}{R_2^2 + \left(\frac{1}{\omega_r C}\right)^2}\right].$$

Aus Gl. (366d) ist

$$\frac{1}{R_2^2 + \left(\frac{1}{\omega C}\right)^2} = \omega^2 LC \frac{1}{R_1^2 + (\omega L)^2}$$

und damit wird dann

$$I_r = U\left[\frac{R_1}{R_1^2 + (\omega_r L)^2} + \omega_r^2 LC \frac{R_2}{R_1^2 + (\omega_r L)^2}\right],$$

$$I_r = U\frac{R_1 + R_2\omega_r^2 LC}{R_1^2 + (\omega_r L)^2}. \qquad \textbf{(368b)}$$

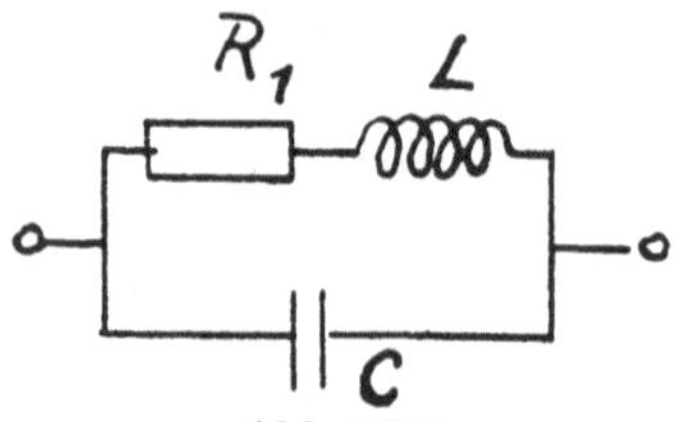

Abb. 280b

2) Schaltung 280b

$$Z_1 = \sqrt{R_1^2 + (\omega L)^2}; \qquad Z_2 = \frac{1}{\omega C}.$$

Dieser Fall ergibt sich aus dem vorhergehenden durch $R_2 = 0$, wodurch die Resonanzfrequenz

$$f_r = \frac{1}{2\pi}\frac{1}{L}\sqrt{\frac{L}{C} - R_1^2} \qquad \textbf{(369a)}$$

und der Resonanzstrom

$$I_r = U\frac{R_1}{R^2 + (\omega_r L)^2}. \qquad \textbf{(369b)}$$

3) Schaltung Abb. 280b, wenn $R_1 \ll \omega L$.

In diesem Fall kann $R_1 \approx 0$ gesetzt werden, wodurch dann aus Gl. (366c) die Resonanzbedingung folgt $\frac{1}{\omega C} = \omega L$. Damit ist dann die Resonanzfrequenz wie bei der Reihenschaltung

$$f_r = \frac{1}{2\pi\sqrt{LC}}. \qquad \textbf{(370a)}$$

Der Resonanzstrom berechnet sich aus Gl. (369b), worin im Nenner R_1^2 gegenüber $(\omega_r L)^2$ vernachlässigt und $(\omega_r L)^2$ ersetzt wird durch $\omega_r L \cdot \frac{1}{\omega_r C}$, so daß dann

$$I_r = U\frac{R_1}{(\omega_r L)^2} = U\frac{R_1}{(\omega_r L)\frac{1}{\omega_r C}} = U\frac{C R_1}{L}. \qquad \textbf{(370b)}$$

Nach Gl. (366b) ist $\frac{C R_1}{L}$ ein Wirkleitwert G. Der Widerstand $R_s = \frac{1}{G} = \frac{L}{C R_1}$ heißt **Sperrkreiswiderstand. Bei dieser Schaltung sind nämlich die Zweigströme**

$$I_1 = \frac{U}{\sqrt{R_1^2 + (\omega_r L)^2}} \approx \frac{U}{\omega_r L} = I_2 = \frac{U}{\frac{1}{\omega_r C}} = U\omega_r C$$

größer als der Netzstrom

$$I_r = U\frac{R_1}{(\omega_r L)^2} = \frac{U R_1}{\omega_r L \cdot \frac{1}{\omega_r C}} = U\frac{C R_1}{L}.$$

Die Schaltung läßt also im Resonanzfall nur einen sehr geringen Strom I_r durch und heißt deshalb auch ein **Sperrkreis.**

Gemäß Abb. 235 ergeben sich die Zweigströme I_1 und I_2 auch graphisch aus Abb. 281. Ist $R_1 = 0$, dann ist bei Resonanz $\omega L = \frac{1}{\omega C}$ der Scheinwiderstand Z der Reihenschaltung gleich Null. Damit ist auch die von außen wirkende Betriebsspannung $U = I \cdot Z = 0$, d. h. es muß bei Abschaltung der Spannung U im Stromkreis dauernd ein Strom weiterfließen, der durch den einmal geladenen Kondensator durch Hin- und Herschieben der Energie $\frac{C\bar{U}_c^2}{2} = \frac{L\bar{I}^2}{2}$ aufrecht erhalten wird. Dieser Energiebetrag führt mit der schon erwähnten **Eigenfrequenz** $f_r = \frac{1}{2\pi} \cdot \frac{1}{\sqrt{LC}}$ des aus Kondensator und Drossel gebildeten Stromkreises **Schwingungen** aus und man spricht dann von einem **Schwingungskreis**, der im nächsten Paragraphen behandelt wird.

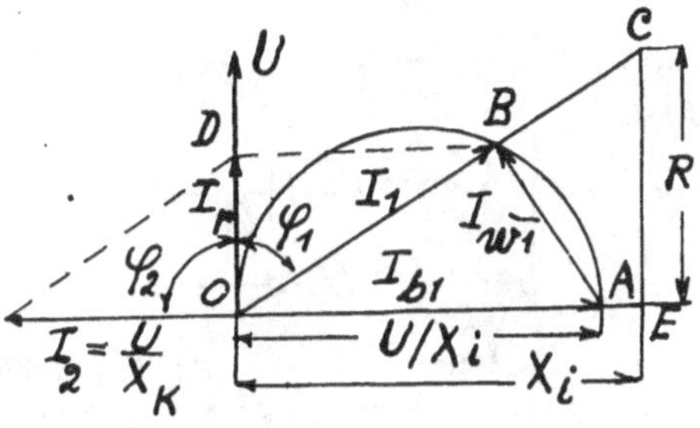

Abb. 281

Graphische Lösung der Stromresonanz

Die Stromresonanz kann auch eine graphische Behandlung erfahren, die einen guten Überblick über die Verhältnisse bietet. Zu diesem Zweck berechnet man für veränderliche Frequenz

$$f = 0 \cdots \infty$$

nach nebenstehender Tabelle für die Zweige die Scheinwiderstände, Phasenverschiebungen und Zweigströme und setzt diese geometrisch in einem Vektordiagramm mit dem Spannungsvektor U als Bezugsvektor zum resultierenden Strom I zusammen.

Zweig 1: R_1 und X_i	Zweig 2: R_2 und X_k
$X_i = \omega L$	$X_k = \frac{1}{\omega C}$
$Z_1 = \sqrt{R_1^2 + (\omega L)^2}$	$Z_2 = \sqrt{R_2^2 + \left(\frac{1}{\omega C}\right)^2}$
$\operatorname{tg} \varphi_1 = \frac{X_i}{R_1}$	$\operatorname{tg} \varphi_2 = \frac{X_k}{R_2}$
φ_1	φ_2
$I_1 = \frac{U}{Z_1}$	$I_2 = \frac{U}{Z_2}$

Diejenige Frequenz, für welche I phasengleich ist mit U, ist dann die Resonanzfrequenz f_r und der entsprechende Strom I der Resonanzstrom I_r. Die Abb. 281a zeigt, daß die Vektorspitzen von I_1, I_2 und I bei veränderlicher Frequenz f bestimmte Kurven durchlaufen. I_1 beschreibt einen Halbkreis mit dem Durchmesser I_1 für $f = 0$, weil für $f = 0$ $\omega L = 0$ und I_1 nur Wirkstrom ist. I_2 beschreibt ebenfalls einen Halbkreis mit dem Durchmesser I_2 für $f = \infty$, weil für diesen Wert $\frac{1}{\omega C} = 0$ wird und im Zweig 2 nur Wirkstrom fließt. Die Spitze des resultierenden Stromes I beschreibt eine vom Kreisbogen abweichende Kurve. Ferner ergibt die Abb. 281 a,

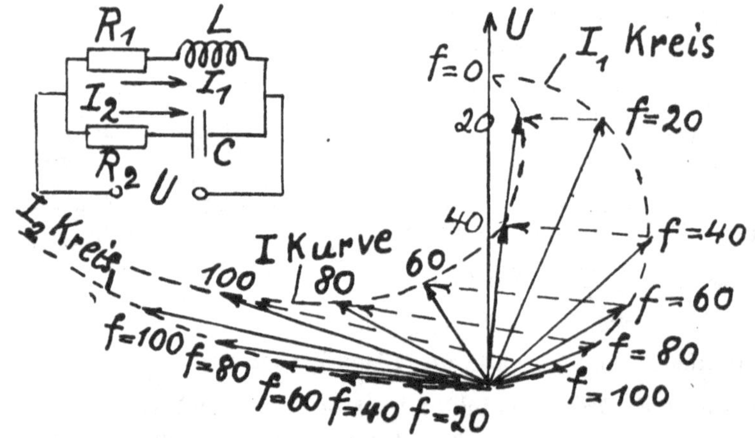

Abb. 281 a

daß der Resonanzstrom I_r in der Nähe des Stromminimums sich befindet, welches bei kleinen Widerständen R_1 und R_2 (im Vergleich zu X_i und X_k) mit dem Resonanzstrom ziemlich zusammenfällt.

90. Der Schwingungskreis

In § 89 wurde bereits erwähnt, daß bei der Schaltung der Abb. 282 nach Abschaltung der äußeren Spannung U, die für den Kondensator als Ladespannung wirkte, in dem übrigbleibenden, aus Kondensator C, Induktivität L und Ohmschem Widerstand R bestehenden geschlossenen Kreis ein Wechselstrom weiterfließt und daß man die Reihenschaltung aus Kapazität, Induktivität und Ohmschem Widerstand als Schwingungskreis bezeichnet, weil die Ladeenergie $\frac{C U_c^2}{2}$ des Kondensators in dem Kreis mit der Eigenfrequenz des Kreises hin- und herschwingt. Bei fehlendem Ohmschem Widerstand R ist kein Energieverbrauch im Stromkreis vorhanden, die Schwingungen und damit der Strom behalten ihre anfängliche Stärke und man spricht dann vom **dämpfungsfreien Schwingungskreis** (freie Schwingung). Bei vorhandenem Ohmschem Widerstand R wird durch diesen elektrische Leistung verbraucht und in Wärme umgesetzt, weshalb eine Abnahme der Schwingungsenergie eintritt und dadurch die Schwingungen und die Stromstärke mit der Zeit abklingen. Man hat dann den **gedämpften Schwingungskreis** (gedämpfte Schwingung).

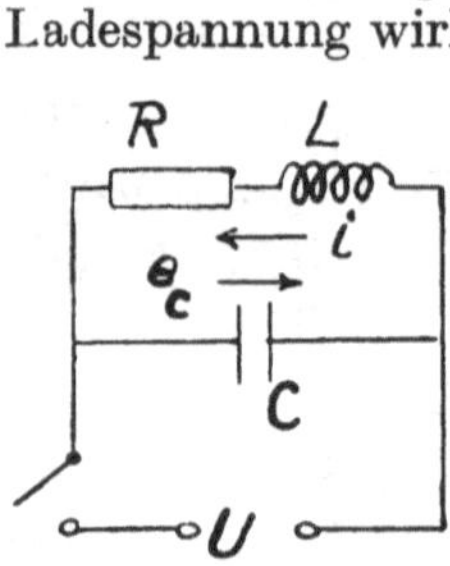

Abb. 282

Nach dem Abschalten der äußeren Ladespannung U entlädt sich der Kondensator C innerhalb einer Viertelperiode von $0 \cdots T/4$ über die aus R und L bestehende Drosselspule gemäß Abb. 283. Der von der einen

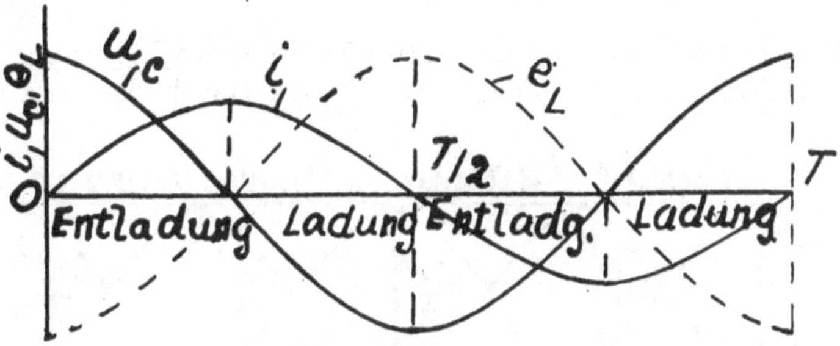

Abb. 283

Kondensatorbelegung über die Drossel zur anderen Belegung fließende Entladestrom i verschiebt dabei die Energie $\frac{C\overline{U}_c^2}{2}$ und erzeugt damit in der Spule das magnetische Feld. Nach beendeter Entladung des Kondensators besitzt die Spule ihr volles Feld und die Selbstinduktionsspannung e_L, die bisher dem Strom i entgegengerichtet war, ist gleich Null. Auch die Kondensatorspannung u_C hat den Wert Null. In der nun folgenden $^1/_4$ Periode von $T/4 \cdots T/2$ bricht das magnetische Feld der Spule zusammen und die jetzt mit dem Strom i gleichgerichtete Selbstinduktionsspannung schiebt die Feldenergie $\frac{L\overline{I}^2}{2}$ nun in den Kondensator zurück, lädt ihn in entgegengesetztem Sinne und erzeugt das elektrische Feld im Dielektrikum, wobei Selbstinduktionsspannung e_L und Kapazitätsspannung u_C auf ihren Scheitelwert steigen. Von jetzt ab wiederholen sich die geschilderten Vorgänge.

Aus den Liniendiagrammen für u_C, e_L und i in Abb. 283 ergibt sich, daß während der Entladezeiten der Kondensator Erzeuger und die Drossel Verbraucher und während der Ladezeiten die Drossel Erzeuger und der Kondensator Verbraucher ist, wobei die Feldenergiebeträge zwischen Kondensator und Drossel hin- und herpendeln. Der Kondensator hat beim Scheitelwert $\overline{U}_C$ der Spannung u_c die elektrische Energie $W_e = \frac{C\overline{U}_c^2}{2}$ und die Drossel beim Scheitelwert $\overline{I}$ des Stromes i die magnetische Energie $W_m = \frac{1}{2}L\overline{I}^2$. Findet bei $R = 0$ keine Energieabgabe statt, dann ist $W_m = W_e$ und die hin- und herschwingende Energie ist gleich einer konstanten Blindarbeit

$$W = \frac{C\overline{U}_c^2}{2} = \frac{L\overline{I}^2}{2}. \tag{371a}$$

Während der einzelnen Viertelperioden, wo die Energie von der elektrischen in die magnetische Form und umgekehrt übergeht, ist für jeden Augenblick mit den Zeitwerten u_c und i

$$W_t = \frac{C u_c^2}{2} + \frac{L_i^2}{2} = \text{konstant}. \qquad \textbf{(371b)}$$

Es handelt sich dann um eine ungedämpfte Energieschwingung im dämpfungsfreien Schwingungskreis nach Abb. 283a. Durch den nun aber stets

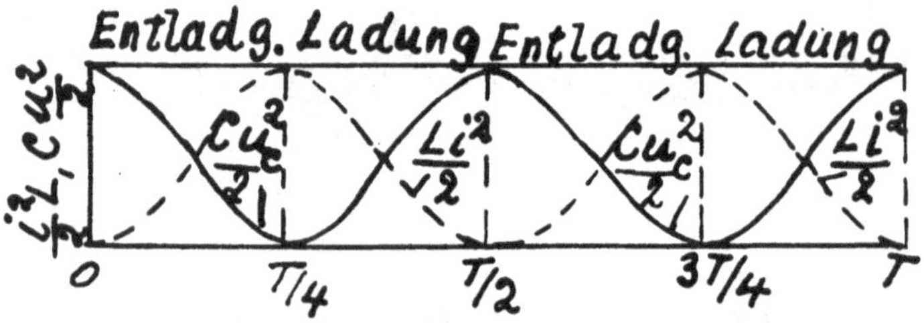

Abb. 283a

vorhandenen Wirkwiderstand, sowie durch Strahlungen tritt ein ständiger Energieverbrauch auf, so daß dann die Größe jeder neuen Kondensatoraufladung vermindert ist, die Energieschwingungen dadurch eine Dämpfung erfahren und ständig schwächer werden.

Differentialgleichung des Schwingungskreises

Der Kondensator besitzt nach seiner Aufladung mit der Elektrizitätsmenge $Q_t = \int i\,dt$ zwischen seinen Belegungen eine Spannung $e_C = -\frac{Q_t}{C} = -\frac{1}{C}\int i\,dt$. Diese Spannung wirkt im Schwingungskreis als EMK und erzeugt einen Strom i. Durch ihn treten im Schwingungskreis zwei Gegenspannungen auf, nämlich der Spannungsverbrauch $e_R = -i \cdot R$ im Wirkwiderstand und die EMK der Selbstinduktion der Drossel $e_L = -L \cdot \frac{di}{dt}$. Die Spannungsgleichung lautet also

$$e_C + e_R + e_L = 0, \quad \text{oder} \quad iR + L\frac{di}{dt} + \frac{1}{C}\int i\,dt = 0. \qquad \textbf{(372a)}$$

Diese Gleichung ergibt sich auch aus Gl. (309) der Reihenschaltung von R, L und C, wenn man die aufgepreßte Klemmenspannung $u = 0$ setzt. Da nach früherem $Q_t = \int i\,dt = C u_c$ und $dQ_t = i\,dt$ ist, so folgt $\frac{dQ_t}{dt} = i = C\frac{du_c}{dt}$, so daß $\frac{d^2Q_t}{dt^2} = \frac{di}{dt} = C\frac{d^2u_c}{dt^2}$. Setzt man die oben gefundenen Werte für i, $\frac{di}{dt}$ und $\frac{1}{C}\int i\,dt$ in Gl. (372a) ein, dann folgt:

$$LC\frac{d^2u_c}{dt^2} + RC\frac{du_c}{dt} + u_c = 0$$

und durch Division mit LC

$$\frac{d^2 u_c}{dt^2} + \frac{R}{L}\frac{du_c}{dt} + \frac{u_c}{LC} = 0\,. \tag{372b}$$

$\omega_0 = \frac{1}{\sqrt{LC}}$ ist die Eigenkreisfrequenz des wirkwiderstandsfreien Schwingungskreises, so daß $\frac{1}{LC} = \omega_0^2$ ist. Setzt man ferner $\frac{R}{L} = 2a$, wobei man $a = \frac{R}{2L}$ als Dämpfungsfaktor bezeichnet, dann erhält man für die Differentialgleichung des Schwingungskreises

$$\frac{d^2 u_c}{dt^2} + 2a\frac{du_c}{dt} + \omega_0^2 u_c = 0 \tag{372c}$$

eine Differentialgleichung zweiter Ordnung mit den Konstanten $2a$ und ω_0^2.

a) Der dämpfungsfreie Schwingungskreis

Unter Vernachlässigung des Wirkwiderstandes R, d. h. für $a = \frac{R}{2L} = 0$, erhält man für die ungedämpfte Schwingung

$$\frac{d^2 u_c}{dt^2} + \omega_0^2 u_c = 0$$

oder

$$\frac{d^2 u_c}{dt^2} = -\omega_0^2 u_c\,. \tag{373}$$

Setzt man der kurzen Schreibweise wegen $\frac{du_c}{dt} = u_c'$ und $\frac{d^2 u_c}{dt^2} = u_c''$, dann erhält Gl. (373) die Form

$$u_c'' = -\omega_0^2 u_c\,. \tag{373a}$$

Zur Lösung ist eine zweimalige Integration nötig. Durch Multiplikation mit u_c' ergibt sich $u_c' u_c'' = -\omega_0^2 u_c u_c'$, d. h. $u_c' \frac{du_c'}{dt} = -\omega_0^2 u_c \frac{du_c}{dt}$ oder $u_c' du_c' = -\omega_0^2 u_c du_c$ und durch Integration $\int u_c' du_c' = -\omega_0^2 \int u_c du_c$

$$\frac{u_c'^2}{2} = -\frac{\omega_0^2 u_c^2}{2} + \frac{C_1}{2}$$

und daraus

$$u_c' = \sqrt{C_1 - \omega_0^2 u_c^2} = \frac{du_c}{dt}\,,$$

also

$$\frac{du_c}{\sqrt{C_1 - \omega_0^2 u_c^2}} = dt\,;$$

durch Integration folgt

$$\int \frac{du_c}{\sqrt{C_1 - \omega_0^2 u_c^2}} = \int \frac{du_c}{\sqrt{C_1}\cdot\sqrt{1 - \left(\frac{\omega_0 u_c}{\sqrt{C_1}}\right)^2}} = t + C_2\,.$$

Substituiert man $\frac{\omega_0 u_c}{\sqrt{C_1}} = z$, dann wird $\frac{\omega_0 du_c}{\sqrt{C_1}} = dz$, d. h. $du_c = \frac{\sqrt{C_1}}{\omega_0} dz$ und

$$\frac{1}{\sqrt{C_1}}\int\frac{du_c}{\sqrt{1-\left(\frac{\omega_0 u_c}{\sqrt{C_1}}\right)^2}} = \frac{1}{\omega_0}\int\frac{dz}{\sqrt{1-z^2}} = \frac{1}{\omega_0}\arcsin z = \frac{1}{\omega_0}\arcsin\frac{\omega_0 u_c}{\sqrt{C_1}} = t + C_2\,.$$

Daraus folgt

$$\frac{\omega_0 u_c}{\sqrt{C_1}} = \sin(\omega_0 t + \omega_0 C_2) \quad \text{und} \quad u_c = \frac{\sqrt{C_1}}{\omega_0}\sin(\omega_0 t + \omega_0 C_2)\,.$$

Wird $\frac{\sqrt{C_1}}{\omega_0} = K$ und $\omega_0 C_2 = k$ gesetzt, dann erhält man

$$u_c = K\sin(\omega_0 t + k) = K[\sin(\omega_0 t)\cos k + \cos(\omega_0 t)\sin k]\,,$$
$$u_c = K\sin(\omega_0 t)\cos k + K\cos(\omega_0 t)\sin k\,.$$

$K\cos k = A$ und $K\sin k = B$ gesetzt, gibt schließlich als Lösung der Differentialgleichung (373)

$$u_c = A\sin(\omega_0 t) + B\cos(\omega_0 t)\,. \tag{373b}$$

Das ist die Gleichung der **harmonischen Schwingung,** weshalb die Reihenschaltung aus R, L und C Schwingungskreis heißt. Die willkürlichen Integrationskonstanten A und B können aus den Anfangsbedingungen für u_c und $i = C\frac{du_c}{dt}$ bestimmt werden. Beim Schließen des Schwingungskreises, d. h. für $t = 0$, ist $u_c = U_0$ und $i = C\cdot\frac{du_c}{dt} = 0$. Dann ist für $t = 0$ auch $\sin(\omega_0 t) = 0$ und $\cos(\omega_0 t) = 1$. Also wird für $t = 0$ gemäß Gl. (373b): $u_c = U_0 = A\cdot 0 + B\cdot 1$, so daß also die Konstante $B = U_0$. Da für $t = 0$ aber auch $i = C\frac{du_c}{dt} = 0$, so muß $\frac{i}{C} = \frac{du_c}{dt} = 0$ sein. Nun ist $\frac{du_c}{dt} = A\omega_0\cos(\omega_0 t) - B\omega_0\sin(\omega_0 t)$ und für $t = 0$ $\frac{du_c}{dt} = A\omega_0\cdot 1 - B\omega_0\cdot 0 = 0$, woraus $A = 0$ folgt. Mit den Werten $A = 0$ und $B = U_0$ ergibt sich aus Gl. (373b) die Gleichung für den zeitlichen Verlauf der Kondensatorspannung

$$u_c = U_0\cos\omega_0 t\,, \tag{374}$$

wobei $\omega_0 = \frac{1}{\sqrt{LC}}$, so daß die Frequenz der Schwingung

$$f = \frac{\omega_0}{2\pi} = \frac{1}{2\pi\sqrt{LC}} \tag{374a}$$

und die Periodendauer

$$T = \frac{1}{f} = 2\pi\sqrt{LC}\,. \tag{374b}$$

Die Ladespannung des Kondensators u_c klingt also nicht einmalig auf Null ab, sondern verläuft periodisch nach einer Cosinusfunktion, der Kondensator wird zum Sitz einer Wechselspannung. Er lädt sich im dämpfungsfreien Schwingungskreis bei $R = 0$ abwechselnd nach entgegengesetzten Richtungen immer wieder zur vollen Spannung U_0 auf und verschiebt die Elektrizitätsmenge Q wechselseitig von einem Beleg zum andern.

Für den Entladestrom ergibt sich aus $e_c = u_c = -\frac{1}{C}\int i\,dt$ der Wert

$$i = -C\frac{du_c}{dt} = -C\frac{d(U_0\cos\omega_0 t)}{dt} = +(C\omega_0)U_0\sin\omega_0 t.$$

Da nun $U_0 C\omega_0 = I_0$ der Strom zur Zeit $t = T/4$, so ist

$$i = I_0\sin(\omega_0 t), \tag{374c}$$

wobei

$$I_0 = U_0 C\omega_0 = \frac{U_0 C}{\sqrt{LC}} = U_0\sqrt{\frac{C}{L}} = \frac{U_0}{\sqrt{\frac{L}{C}}}.$$

$Z = \sqrt{\frac{L}{C}}$ heißt **Wellenwiderstand** des Stromkreises.

Die Selbstinduktionsgegenspannung ist

$$e_L = -L\frac{di}{dt} = -\omega_0 L I_0\cos(\omega_0 t),$$

$$e_L = \omega_0 L I_0\sin\left(\omega_0 t - \frac{\pi}{2}\right). \tag{374d}$$

Da $u_c = U_0\cos\omega_0 t = U_0\sin\left(\omega_0 t + \frac{\pi}{2}\right)$, so folgt, wie sich auch aus der Abb. 283 ergibt, daß die Kondensatorspannung u_c als Generator- oder Entladespannung dem Strom i nicht **nach-**, sondern um $^1/_4$ Periode **voreilt**, während die Selbstinduktionsspannung e_L dem Strom i um $^1/_4$ Periode nacheilt und daher mit der Kondensatorspannung u_c in Gegenphase ist. Die Verhältnisse liegen also wie bei einem Stromkreis mit reiner Selbstinduktion, bei dem die Kondensatorspannung die äußere Klemmenspannung vertritt.

b) Der gedämpfte Schwingungskreis

Die Differentialgleichung für diesen Fall ist die Gl. (372c)

$$\frac{d^2u_c}{dt^2} + 2a\frac{du_c}{dt} + \omega_0^2 u_c = 0$$

hat also die Form

$$u_c'' + 2au_c' + \omega_0^2 u_c = 0. \tag{375}$$

Gl. (375) unterscheidet sich von Gl. (373) des dämpfungsfreien Schwingungskreises dadurch, daß sie noch ein Glied mit u_c' und dem Dämpfungsfaktor $a = \frac{R}{2L}$ enthält. Wie schon früher erwähnt, handelt es sich hier wegen der im Widerstand R auftretenden Energieverluste um eine abklingende Schwingung, die auch durch das Dämpfungsglied $a = \frac{R}{2L}$ zum Ausdruck kommt.

Die während der Abnahme der Scheitelspannung von U_0 auf $\overline{U}$ entstehende Minderung der Schwingungsenergie von $W_0 = \frac{CU_0}{2}$ auf $W = \frac{C\overline{U}^2}{2}$ ist gleich der vom Wirkwiderstand R verbrauchten Wärmearbeit A. Sie beträgt in dt Sekunden $dA = I^2 R \cdot dt$. Einer Abnahme des Scheitelwertes der Spannung um $d\bar{U}$ entspricht eine Abnahme der Schwingungsenergie um

$$dW = C \cdot d\left(\frac{\bar{U}^2}{2}\right) = C\,\frac{2\bar{U}}{2}\,d\bar{U} = C\bar{U} \cdot d\bar{U}. \qquad \textbf{(376)}$$

Es muß also, weil dem Stromkreis keine Arbeit zugeführt wird, $dW + dA = 0$, d. h. $dW = -dA$ oder $C\bar{U} \cdot d\bar{U} = -I^2 R\,dt$ sein. Nun ist gemäß Gl. (371a) $I^2 = \frac{\bar{I}^2}{2} = \frac{\bar{U}^2 C}{2L}$, so daß

$$C\bar{U} \cdot d\bar{U} = -\frac{\bar{U}^2 C}{2L} R\,dt,$$

oder

$$\frac{d\bar{U}}{\bar{U}} = -\frac{R}{2L}\,dt. \qquad \textbf{(376a)}$$

Die bezogene Spannungsabnahme ist also für gleiche Zeiten gleich groß. Die **anfängliche** Spannungsabnahme ist nach Gl. (376a) $d\bar{U} = U_0 dt \frac{R}{2L}$. Wäre die Spannungsabnahme in jedem späteren Zeitabschnitt so groß wie zu Anfang, dann würde die Spannung in der Zeit $T_0 = \frac{2L}{R}$ von U_0 auf Null sinken. Diese Zeit heißt **Zeitkonstante,** ihr Kehrwert $a = \frac{R}{2L}$ ist der **Dämpfungsfaktor** der Schwingung. Den tatsächlichen Spannungsverlauf gibt die Integration der Gl. (376a) mit $a = \frac{R}{2L}$

$$\int_{U_0}^{\bar{U}} \frac{d\bar{U}}{\bar{U}} = -a \int_0^t dt = -at = -\frac{t}{T_0}$$

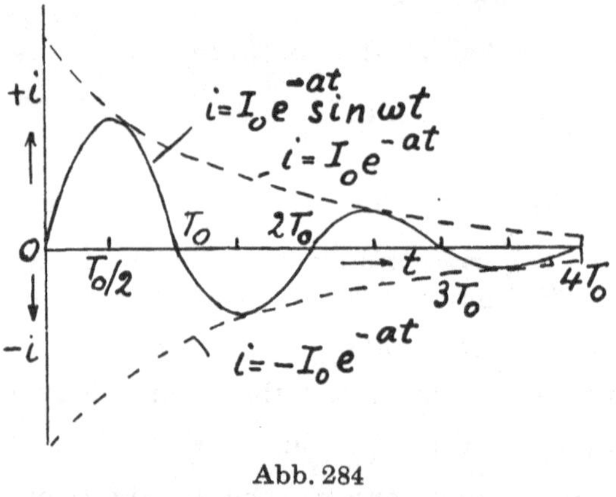

Abb. 284

oder

$$\ln \frac{\bar{U}}{U_0} = -at = -\frac{t}{T_0},$$

woraus folgt $\frac{\bar{U}}{U_0} = e^{-at}$ und

$$\bar{U} = U_0 e^{-at} = U_0 e^{-\frac{t}{T_0}}. \qquad \textbf{(377)}$$

Gl. (377) gibt den Scheitelwert der Spannung nach t Sekunden. Nach Ablauf der Zeit $T_0 = \frac{2L}{R}$ ist der Scheitelwert der Schwingung noch nicht Null, sondern sinkt erst nach $t = 4{,}6\ T_0$ auf 1 % des anfänglichen Wertes. Ist, wie in praktisch häufig vorkommenden Fällen, $a^2 = \frac{R^2}{4L^2}$ sehr klein gegenüber $\omega^2 = \frac{1}{LC}$, so daß $\omega \approx \omega_0 = \frac{1}{\sqrt{LC}}$, dann ergeben sich die Augenblickswerte von Spannung und Strom aus Gl. (374) und (374c) zu

$$u_c = U_0 e^{-at} \cos \omega_0 t\,, \tag{377a}$$

$$i = U_0 C \omega_0 e^{-at} \sin \omega_0 t = \frac{U_0}{\omega_0 L} e^{-at} \cdot \sin \omega_0 t = I_0 e^{-at} \sin \omega_0 t\,. \tag{377b}$$

Im gedämpften Schwingungskreis verlaufen u_c und i sinusförmig und die Scheitelwerte U_0 und I_0 werden mit e^{-at} auf Null abgedämpft. Da $\sin \omega_0 t$ zwischen den Scheitelwerten ± 1 schwankt, so schwankt die Stromkurve $i = I_0 e^{-at} \sin \omega_0 t$ zwischen den Kurven $i_1 = I_0 e^{-at}$ und $i_2 = -I_0 e^{-at}$ gemäß Abb. 284.

91. Ortskurven

Ändert man in einem Stromkreis durch eine entsprechende Regelvorrichtung eine der Größen R, L, C, I, ω, U, dann ändern die übrigen Größen ihren Betrag sowohl wie ihre Phase. Werden die Größen als Vektoren in einem Vektordiagramm aufgetragen, dann beschreiben die Vektorspitzen entsprechend der im Stromkreis vorgenommenen Änderung bestimmte Kurven, welche **Ortskurven** heißen. Ist z. B. in Abb. 285 $\mathfrak{Z}_1 = OA$ ein fester und $v \cdot \mathfrak{Z}_2 = AB$ ein seinem Betrag nach regelbarer Vektor, dann ist der resultierende Vektor $\mathfrak{Z} = \mathfrak{Z}_1 + v\mathfrak{Z}_2 = OB$. Die Gerade AB stellt dann die Ortskurve der Größe $\mathfrak{Z}$ dar, weil die Spitze des Vektors $\mathfrak{Z}$ für jeden Wert von v auf der Geraden liegt. Die Ortskurven bieten also den Vorteil, einen guten Überblick über die Gesetzmäßigkeit der Veränderung einer Größe zu geben. Man unterscheidet zwei Hauptarten von Ortskurven, nämlich **Spannungs-** und **Widerstandsdiagramme** und **Strom-** und **Leitwertdiagramme.** Bestimmt man bei **konstant gehaltener Stromstärke I** für veränderliche Widerstände $\mathfrak{Z}$ die sich gemäß dem Ohmschen Gesetz $\mathfrak{U} = \mathfrak{I} \cdot \mathfrak{Z}$ ergebenden Änderungen der Spannungswerte $\mathfrak{U}$, dann erhält man als Kurve der Spitzen der Vektoren $\mathfrak{U}$ ein **Spannungsdiagramm,** bei **konstanter Spannung $\mathfrak{U}$** als Kurve der Spitzen der $\mathfrak{I}$-Vektoren ein **Stromdiagramm.** In beiden Fällen wird der Bezugsvektor in die waagrechte reelle Achse gelegt. Bezugsvektor ist beim Widerstands- und Spannungsdiagramm der Stromvektor $\mathfrak{I}$, beim Leitwert- und Stromdiagramm der Spannungsvektor $\mathfrak{U}$.

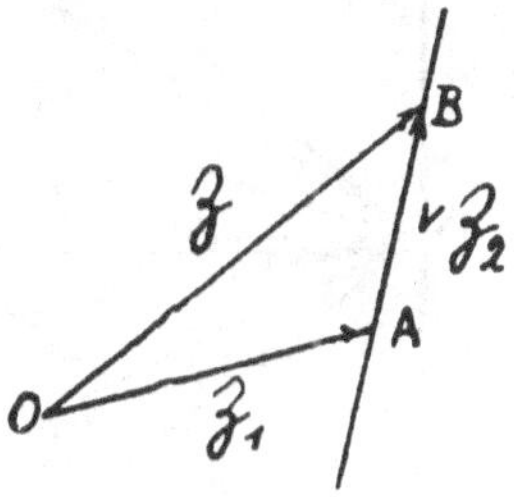

Abb. 285

Widerstandsvektoren $\mathfrak{Z} = Rv \pm jX$ bzw. $\mathfrak{Z} = R \pm jXv$ und Spannungsvektoren $\mathfrak{U} = \mathfrak{I} \cdot \mathfrak{Z}$ beschreiben als Ortskurven Gerade, welche parallel oder senkrecht zum Bezugsvektor $\mathfrak{I}$ sind.

Leitwertvektoren $\mathfrak{Y} = \dfrac{1}{Rv \pm jX}$ bzw. $\mathfrak{Y} = \dfrac{1}{R \pm jXv}$, sowie Stromvektoren $\mathfrak{I} = \mathfrak{U}\,\mathfrak{Y}$ beschreiben als Ortskurven Halbkreise, welche durch den Anfangspunkt O des Bezugsvektors gehen und deren Mittelpunkt M auf der reellen oder auf der j-Achse liegt. Durch Multiplikation der Widerstandsvektoren $\mathfrak{Z}$ mit einer konstanten Stromstärke $\mathfrak{J}$ geht das Widerstandsdiagramm in das Spannungsdiagramm über. Durch Multiplikation der Leitwertvektoren $\mathfrak{Y}$ mit einer konstanten Spannung $\mathfrak{U}$ verwandelt sich das Leitwertdiagramm in ein Stromdiagramm. Da durch sogenannte **Inversion** die Ortskurve der Leitwerte aus der Ortskurve der Widerstände gefunden werden kann, so kann ein Stromdiagramm aus einem Spannungsdiagramm gezeichnet werden.

a) Spannungsdiagramm

Die folgenden Beispiele zeigen Ortskurven der Spannung $\mathfrak{U}$ bei einer Reihenschaltung von R, L und C, wenn bei konstantem Strom $\mathfrak{J}$ das eine Mal der Blindwiderstand $X = \omega L - \frac{1}{\omega C}$, das andere Mal der Wirkwiderstand R verändert wird. Es gilt die Gleichung

$$\mathfrak{U} = \mathfrak{J}(R + jX) = \mathfrak{J}R + \mathfrak{J}jX. \quad \textbf{(378a)}$$

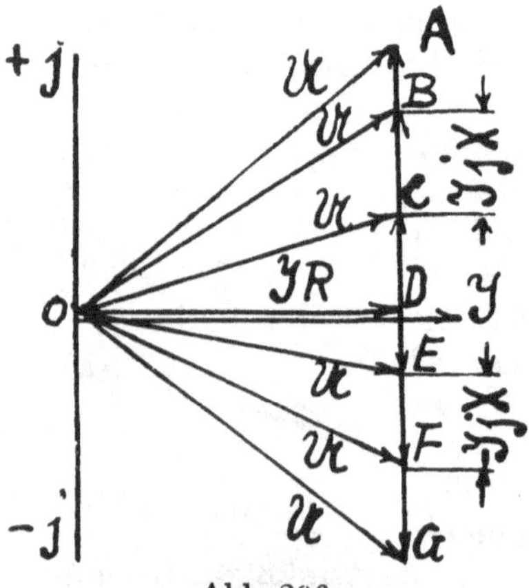

Abb. 286a

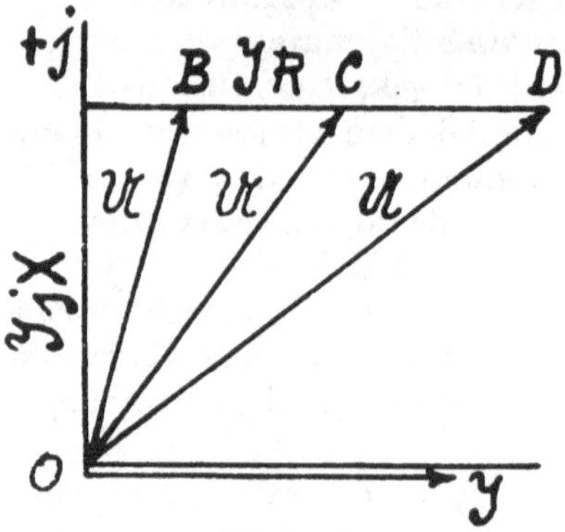

Abb. 286b

Bei konstantem Wirkwiderstand R verändert sich der Blindwiderstand X (Abb. 286a). Bezugsvektor ist Stromvektor $\mathfrak{J}$ in der positiven reellen Achse. Die Wirkspannung $\mathfrak{J}R$ ist in Phase mit dem Strom. Die Blindspannung $\pm\,\mathfrak{J}jX$ wird senkrecht dazu vor- oder nacheilend angetragen, je nachdem Selbstinduktion ωL oder Kapazität $\frac{1}{\omega C}$ überwiegt, entsprechend $+\,\mathfrak{J}jX$ bzw. $-\,\mathfrak{J}jX$. Da der Endpunkt der Spannung $\mathfrak{U}$ auf der Geraden AG wandert, so ist diese Gerade die Ortskurve der Gleichung $\mathfrak{U} = \mathfrak{J}\mathfrak{Z}$ bei konstantem $\mathfrak{J}$ und R und veränderlichem X.

Im Diagramm der Abb. 286b ändert sich bei konstantem Strom $\mathfrak{J}$ und konstantem Blindwiderstand $+\,jX$ der Wirkwiderstand R. Blindspannung $\mathfrak{J}jX$ liegt in der $+\,j$-Achse, bzw. $-\,j$-Achse, gleich der Strecke OA, woran die veränderliche Wirkspannung $\mathfrak{J}R$ parallel zum Stromvektor $\mathfrak{J}$ angetragen wird. Die Spitze des Spannungsvektors $\mathfrak{U}$ wandert längs der Geraden AD, so daß diese Gerade die Ortskurve der Gleichung $\mathfrak{U} = \mathfrak{J}\mathfrak{Z}$ ist bei konstantem $\mathfrak{J}$ und X und veränderlichem R.

Bei gleichzeitiger proportionaler Änderung von R und X ist die Ortskurve eine schräge, durch O gehende Gerade. Besteht keine Proportionalität zwischen den Änderungen von R und X, dann ergibt sich als Ortskurve eine krumme Linie, die durch die Beziehung zwischen R und X bestimmt ist. Durch Division der Spannungsvektoren mit $\mathfrak{I}$ erhält man das Widerstandsdiagramm, so daß also die Ortskurven der Spannung $\mathfrak{U}$ mit den Ortskurven des Scheinwiderstandes $\mathfrak{Z}$ übereinstimmen.

b) Stromdiagramm

Es handelt sich hier um Ortskurven des Stromes $\mathfrak{I}$ einer Reihenschaltung von R, L und C bei konstanter Spannung $\mathfrak{U}$ und veränderlichem X bzw. R.

Bei konstantem R (Abb. 287a) dividiert man die Gleichung $\mathfrak{U} = \mathfrak{I}R + \mathfrak{I}jX$ durch R und erhält

$$\frac{\mathfrak{U}}{R} = \mathfrak{I} + \mathfrak{I}j\frac{X}{R}. \qquad \textbf{(378b)}$$

Bezugsvektor ist jetzt der Spannungsvektor $\mathfrak{U}$ und liegt mit dem gleichphasigen Vektor $\frac{\mathfrak{U}}{R}$ in der positiven reellen Achse. Die Vektoren $\mathfrak{I}$ und $\mathfrak{I}j\cdot\frac{X}{R}$ stehen gemäß Gl. (378b) senkrecht aufeinander und setzen sich zum konstanten Vektor $\frac{\mathfrak{U}}{R}$ zusammen. Bei veränderlichem X ergeben sich verschiedene zusammengehörige Vektoren $\mathfrak{I}$ und $\mathfrak{I}j\frac{X}{R}$, deren Schnittpunkte, da die Vektoren senkrecht aufeinander stehen, auf einem Kreis mit dem Durchmesser $\frac{\mathfrak{U}}{R} = \mathfrak{I}$ liegen. Die Strecken $OA \ldots OE$ geben gemäß Gl. (378b) nach Größe und Phase die entsprechenden Ströme $\mathfrak{I}$ an. Die Ortskurve des Stromes bei konstanter Spannung $\mathfrak{U}$ und konstantem Wirkwiderstand R ist also der Kreis vom Durchmesser OC. In der unteren Kreishälfte sind die Komponenten $\mathfrak{I}j\frac{X}{R}$, dem Strom $\mathfrak{I}$ um 90° voreilend, es ist hier $\omega L > \frac{1}{\omega C}$, die Ströme $\mathfrak{I}$ sind der Spannung $\mathfrak{U}$ nacheilend, also induktiv. In der oberen Kreishälfte sind die Komponenten $\mathfrak{I}\left(-j\frac{X}{R}\right)$, dem Strom $\mathfrak{I}$ um 90° nacheilend, es überwiegt $\frac{1}{\omega C}$, die Ströme $\mathfrak{I}$ sind der Spannung $\mathfrak{U}$ kapazitiv voreilend. Der Durchmesser OC des Kreises ist der Strom für $X = 0$, d. h. $\mathfrak{I} = \frac{\mathfrak{U}}{R}$.

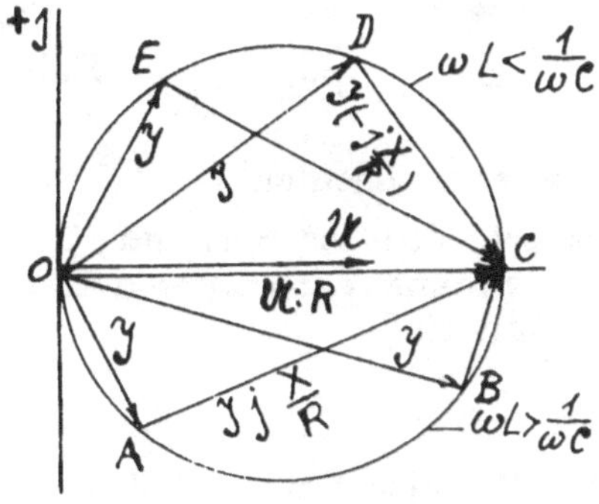

Abb. 287a

Zur Zeichnung des **Stromdiagramms** für **veränderliches *R*** bei **konstantem *X* und $\mathfrak{U}$** dividiert man die Gleichung $\mathfrak{U} = \mathfrak{J}R + \mathfrak{J}jX$ durch jX, wobei $1 : j = -j$ ist:

$$\frac{\mathfrak{U}}{jX} = -j\frac{\mathfrak{U}}{X} = \mathfrak{J} + \frac{\mathfrak{J}R}{jX} = \mathfrak{J} - \mathfrak{J}j\frac{R}{X}\,. \qquad \textbf{(378c)}$$

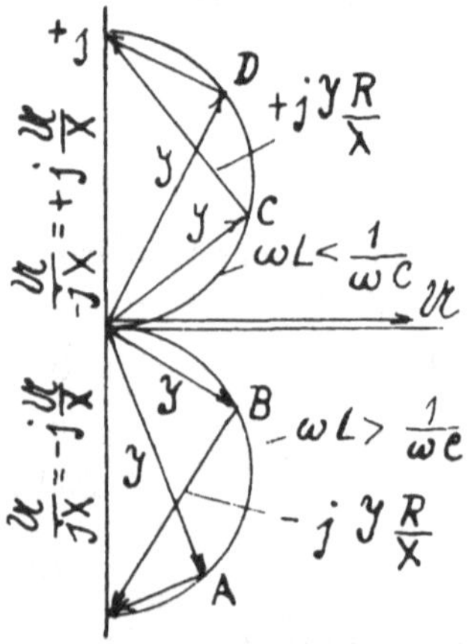

Abb. 287b

Für überwiegende Induktivität $\omega L > \frac{1}{\omega C}$, d. h. positives X, liegt der Vektor $-j\frac{\mathfrak{U}}{X}$ in der negativen j-Achse. Auch hier müssen wieder die Komponenten $\mathfrak{J}$ und $-j\mathfrak{J}\frac{R}{X}$ unter einem Winkel von 90° zusammenstoßen, d. h. in einem Halbkreis liegen, dessen Durchmesser $-j\frac{\mathfrak{U}}{X}$ ist. Der untere Halbkreis ist also die Ortskurve der Ströme bei konstantem positivem X und veränderlichem R. Für einen negativen Wert von $X\left(\frac{1}{\omega C} > \omega L\right)$, liegt der Vektor $\frac{\mathfrak{U}}{-jX} = +j\frac{\mathfrak{U}}{X}$ in der positiven (oberen) j-Achse. Der obere Halbkreis ist also die Ortskurve der Ströme bei konstantem negativem X und veränderlichem R. Die Komponenten $+j\mathfrak{J}\frac{R}{X}$ eilen dem Strom $\mathfrak{J}$ um 90° vor. Die Ströme $\mathfrak{J}$ selbst eilen der Spannung $\mathfrak{U}$ ebenfalls vor, sind also kapazitiv, während die Ströme $\mathfrak{J}$ im unteren Halbkreis der Spannung $\mathfrak{U}$ nacheilen, also induktiv sind.

c) Inversion

Für eine Reihenschaltung von R, L und C ist der gerichtete Scheinwiderstand

$$\mathfrak{Z} = \frac{\mathfrak{U}}{\mathfrak{J}} = R + j\left(\omega L - \frac{1}{\omega C}\right)$$

in der Exponentialform nach Gl. (313a)

$$\mathfrak{Z} = Z e^{j\varphi} \qquad \textbf{(379)}$$

mit dem Betrag $Z = \sqrt{R^2 + \left(\omega L - \frac{1}{\omega C}\right)^2}$ und der Phasenverschiebung $\operatorname{tg}\varphi = \frac{\omega L - \frac{1}{\omega C}}{R}$ gemäß den Gl. (313c) und (313d).

Der Kehrwert des Scheinwiderstandes $\mathfrak{Z}$ ist der gerichtete Scheinleitwert $\mathfrak{Y} = \frac{1}{\mathfrak{Z}}$ und der in Exponentialform

$$\mathfrak{Y} = \frac{1}{\mathfrak{Z}} = \frac{1}{Z e^{j\varphi}} = \frac{1}{Z} e^{-j\varphi}\,. \qquad \textbf{(380)}$$

Diesen Vektor $\mathfrak{Y}$ bezeichnet man als den zum Vektor $\mathfrak{Z}$ **inversen** Vektor und die graphische Bestimmung von Leitwertvektoren $\mathfrak{Y}$ aus gegebenen $\mathfrak{Z}$-Vektoren heißt man **Inversion.**

Da die Phasenwinkel zusammengehöriger $\mathfrak{Z}$ und $\mathfrak{Y}$ Vektoren gemäß den Gl. (379) und (380) entgegengesetztes Vorzeichen haben, so ergibt sich, daß in bezug auf die Bezugsachse die Richtung des $\mathfrak{Y}$ Vektors spiegelbildlich zur Richtung des $\mathfrak{Z}$ Vektors ist.

Da nun in der Bezugsachse ein Spannungsvektor $\mathfrak{U}$ bzw. ein Stromvektor $\mathfrak{J}$ liegt, auf die die Phasenlage der $\mathfrak{Z}$- bzw. $\mathfrak{Y}$-Vektoren bezogen wird, so gehört zu jedem $\mathfrak{Z}$-Vektor ein $\mathfrak{U} = \mathfrak{J}\,\mathfrak{Z}$-Vektor und zu jedem $\mathfrak{Y}$-Vektor ein $\mathfrak{J} = U\,\mathfrak{Y}$-Vektor in der Bezugsebene.

Die Inversion bietet also den Vorteil, daß bei der Bestimmung der Ortskurve der Scheinleitwerte $\mathfrak{Y}$ aus einer **gegebenen** Ortskurve von $\mathfrak{Z}$-Vektoren umfangreiche Rechnungen vermieden werden. Für die Zeichnung ergibt sich dabei noch ein besonderer Vorteil. Da der Betrag des Leitwerts $Y = \frac{1}{Z}$, so ergibt das Produkt der zusammengehörigen, in der Zeichnung aufzutragenden Y und Z cm Beträge für alle zusammengehörigen Vektoren der Zeichnung die gleiche Zahl K, welche **Inversionspotenz** heißt. Da also die Produkte der den gewählten Ohm- und Siemensmaßstäben entsprechenden cm Beträge von $\mathfrak{Z}$ und $\mathfrak{Y}$ den gleichen Wert geben, d. h. $Z_1 Y_1 = Z_2 Y_2 = Z_3 Y_3 = K$, so ist der zu Z [cm] aufzutragende Betrag $Y\,[\mathrm{cm}] = \frac{K\,[\mathrm{cm}^2]}{Z\,[\mathrm{cm}]}$.

Wegen der Spiegelbildlichkeit der $\mathfrak{Y}$- und $\mathfrak{Z}$-Vektoren zum Bezugsvektor haben sie einen gemeinsamen Ursprung, nämlich den Anfangspunkt O des Bezugsvektors, welcher **Inversionszentrum** heißt.

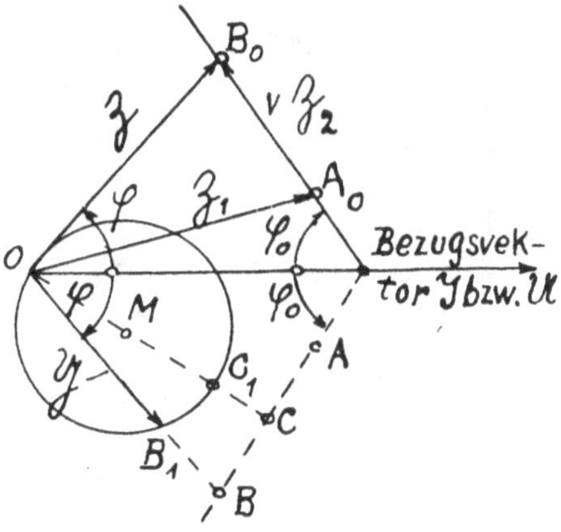

Abb. 288

In Abb. 288 sei OB_0 ein Vektor $\mathfrak{Z} = \mathfrak{Z}_1 + v\,\mathfrak{Z}_2$ und A_0B_0 seine Ortskurve. In bezug auf den Bezugsvektor (reelle Achse) ist AB das Spiegelbild der Ortskurve von $\mathfrak{Z}$ und $OB = OB_0$ das Spiegelbild von $\mathfrak{Z}$. Zieht man OC senkrecht zu AB und zeichnet einen Kreis vom Durchmesser OC_1, dessen Mittelpunkt M auf OC liegt, dann sind die Dreiecke OB_1C_1 und OBC wegen der Gleichheit der Winkel ähnlich. Daraus folgt dann

$$OB_1 : OC_1 = OC : OB \quad \text{oder} \quad OB_1 = OC \cdot OC_1 : OB.$$

Macht man den Kreisdurchmesser $OC_1 = 1/OC$, dann ist

$$OB_1 = \frac{1}{OB} = \frac{1}{OB_0} = \frac{1}{Z}.$$

Da also der Vektor OB_1 seinem Betrag nach gleich dem Kehrwert des Betrages von $\mathfrak{Z}$ ist mit dem gleichgroßen Phasenwinkel entgegengesetzten Vorzeichens, so stellt OB_1 den zu $\mathfrak{Z}$ inversen Vektor des Leitwertes $\mathfrak{Y} = \frac{1}{\mathfrak{Z}} = \frac{1}{\mathfrak{Z}_1 + v\,\mathfrak{Z}_2}$ dar. Und da für jeden Wert von v die Spitze des Vektors $\mathfrak{Y}$ auf dem Kreis liegt, so ist der Kreis mit dem Durchmesser $OC_1 = 1/OC$ die Ortskurve des Vektors $\mathfrak{Y} = \frac{1}{\mathfrak{Z}_1 + v\,\mathfrak{Z}_2}$, d. h. die Ortskurve des zum Scheinwiderstand $\mathfrak{Z} = \mathfrak{Z}_1 + v\,\mathfrak{Z}_2$ gehörigen Scheinleitwerts $\mathfrak{Y} = \frac{1}{\mathfrak{Z}}$. Es ergibt sich also: **Zu einer Geraden als Ortskurve der Scheinwiderstände $\mathfrak{Z}$ gehört als Ortskurve der Scheinleitwerte $\mathfrak{Y}$ ein Kreis.**

Aus Abb. 288 ergibt sich ferner: Zeichnet man das Spiegelbild der Ortskurve von $\mathfrak{Z}$, dann liegt der Mittelpunkt M des Leitwert-Ortskurvenkreises auf der Senkrechten vom Inversionszentrum O auf die Spiegelgerade. Der Durchmesser des Kreises ist gleich dem Kehrwert der Entfernung des Inversionszentrums O von der Ortskurve des Vektors $\mathfrak{Z}$. Ist diese Ortskurve eine Parallele zur Bezugsachse, dann liegt der Mittelpunkt M des Kreises auf der $\mp j$-Achse, ist die $\mathfrak{Z}$-Ortskurve eine Senkrechte zur Bezugsachse, dann liegt der Mittelpunkt M des Kreises auf der reellen Bezugsachse selbst.

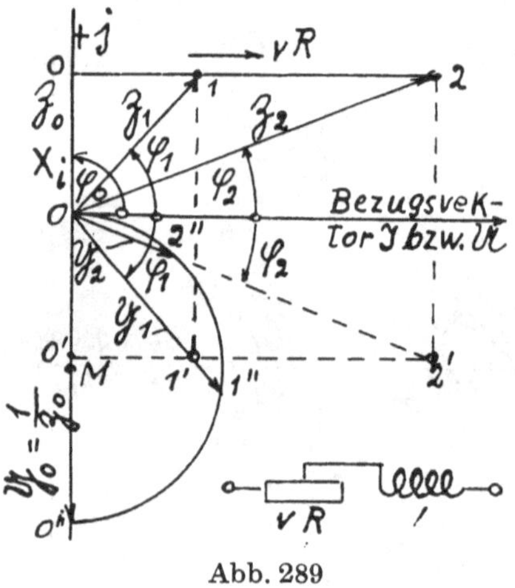

Abb. 289

Im ersteren Fall der Abb. 289 (X_i konstant und $v \cdot R$ durch v veränderlich) ist für $v = 0$, $\mathfrak{Z}_0 = \pm jX_i$, $\varphi_0 = 90°$ und $\mathfrak{Y}_0 = \frac{1}{\mathfrak{Z}_0}$ gleich dem Durchmesser des Kreises. Für $v = \infty$ ist $\mathfrak{Z}_\infty = \infty$ und $\varphi_\infty = 0$ und dadurch $\mathfrak{Y}_\infty = \frac{1}{\mathfrak{Z}_\infty} = 0$, d. h. der Leitwert $\mathfrak{Y}_\infty$ fällt mit dem Inversionszentrum 0 zusammen. Da $\mathfrak{Z} = vR + jX_i$, so ist für $v = 0$: $\mathfrak{Z}_0 = +jX_i$, $\operatorname{tg}\varphi_0 = \frac{X_i}{R_0} = \infty$, $\varphi_0 = 90°$ und $\mathfrak{Y}_0 = \frac{1}{\mathfrak{Z}_0} = \frac{1}{jX_i} = -j\frac{1}{X_i}$. Für $v = \infty$: $\mathfrak{Z} = \mathfrak{Z}_\infty = \infty$, $\operatorname{tg}\varphi_\infty = \frac{X_i}{\infty} = 0$, $\varphi_\infty = 0$ und $\mathfrak{Y}_\infty = \frac{1}{\mathfrak{Z}_\infty} = \frac{1}{\infty} = 0$. Für $v = 0$ fällt $\mathfrak{Y}_0$ mit dem Kreisdurchmesser zusammen und liegt wegen $\varphi_0 = 90°$ in der $-j$-Achse. Für $v = \infty$ ist $\mathfrak{Y}_\infty = 0$, fällt also mit dem Inversionszentrum O zusammen und liegt wegen $\varphi_\infty = 0$ in der Bezugsachse. Für $v = 1$ ist $\mathfrak{Z}_1 = v_1 R + jX_i = R_1 + jX_i$, $\operatorname{tg}\varphi_1 = \frac{X_i}{R_1} = \frac{\mathfrak{Z}_0}{R_1}$ und $\mathfrak{Y}_1 = \frac{1}{\mathfrak{Z}_1}$. Für $v = 2$ ist $\mathfrak{Z}_2 = v_2 R + jX_i = R_2 + jX_i$, und $\operatorname{tg}\varphi_2 = \frac{X_i}{R_2} = \frac{\mathfrak{Z}_0}{R_2}$, sowie $\mathfrak{Y}_2 = \frac{1}{\mathfrak{Z}_2}$.

Bei der zeichnerischen Lösung bestimmt man zunächst die Ortskurve der Widerstandsvektoren. Sie ist bei veränderlichem Wirkwiderstand $v \cdot R$ eine zur Bezugsachse parallele Gerade. Sie hat ihren Ausgangspunkt im Endpunkt des vom Inversionszentrum O aus (dem Bezugsvektor um 90° voreilend) gezeichneten Vektors $\mathfrak{Z}_0 = + X_i$. Trägt man auf dieser waagrechten Geraden die Werte $v \cdot R$ für $v = 1, 2$ usw. ab, dann erhält man die Punkte 1, 2 usw. und durch ihre Verbindung mit dem Inversionszentrum O die entsprechenden Vektoren $\mathfrak{Z}_1$, $\mathfrak{Z}_2$ usw. Diese Widerstandsvektoren werden nun gespiegelt, indem man die Punkte 1, 2 usw. nach 1′, 2′ usw. projiziert und diese Punkte mit O verbindet, wodurch man die Richtung der $\mathfrak{Y}$-Vektoren erhält. Ihre Größe ergibt sich durch die Schnittpunkte der Geraden $O\,1'$ $O\,2'$ usw. mit der Ortskurve der $\mathfrak{Y}$-Vektoren, welche nach den obigen Ausführungen ein durch O gehender Kreis ist, dessen Mittelpunkt M auf der $-j$-Achse liegt. Der Durchmesser des Kreises ist gleich dem Kehrwert des Abstands des Inversionszentrums von der $\mathfrak{Z}$-Ortskurve, also in dem vorliegenden Fall $\mathfrak{Y}_0 = \frac{1}{\mathfrak{Z}_0} = \frac{1}{X_i}$ Siemens. Die Strecken $O\,1''$, $O\,2''$ usw. sind dann in Siemens die Beträge der Vektoren $\mathfrak{Y}_1$, $\mathfrak{Y}_2$ usw. Der Siemensmaßstab ergibt sich durch den Vergleich mit $\mathfrak{Y}_0 = \frac{1}{\mathfrak{Z}_0}$. In dem durch Abb. 290 dargestellten Falle (R_1 konstant und $X_i = \omega L = 2\pi f_v L$ durch f_v veränderlich) ist $\mathfrak{Z} = R_1 + j\omega L = R_1 + j\,2\pi f_v L$ für $f_v = 0$, $\mathfrak{Z}_0 = R_1$ und $\varphi_0 = 0$ und daher $\mathfrak{Y}_0 = \frac{1}{\mathfrak{Z}_0} = \frac{1}{R_1}$ gleich dem Durchmesser des Kreises. Für $f_v = \infty$ ist $\mathfrak{Z}_\infty = \infty$ und $\varphi_\infty = 90°$, daher $\mathfrak{Y}_\infty = \frac{1}{\mathfrak{Z}_\infty} = 0$, d. h. der Leitwert fällt mit dem Inversionszentrum O zusammen. Wegen $\varphi_0 = 0$ fällt $\mathfrak{Y}_0 = \frac{1}{R_1}$ mit dem Bezugsvektor zusammen. Da R_1 mit dem Bezugsvektor phasengleich ist, X_i ihm aber um 90° voreilt, so ist die Ortskurve der $\mathfrak{Z}$-Vektoren die dem Bezugsvektor um 90° voreilende X_i-Gerade. Zur Bestimmung der Leitwertvektoren $\mathfrak{Y}$ wird die Ortskurve der $\mathfrak{Z}$-Vektoren gespiegelt und die mitgespiegelten Vektorenden mit dem Inversionszentrum O verbunden, wodurch man die Richtungen der $\mathfrak{Y}$-Vektoren erhält. Nach Abb. 288 ist die Ortskurve der $\mathfrak{Y}$-Vektoren dann ein Kreis, dessen Mittelpunkt auf dem Bezugsvektor liegt und dessen Durchmesser gleich $\mathfrak{Y}_0 = \frac{1}{\mathfrak{Z}_0} = \frac{1}{R_1}$ ist. Die Spitzen der $\mathfrak{Y}$-Vektoren sind die Schnittpunkte ihrer Rich-

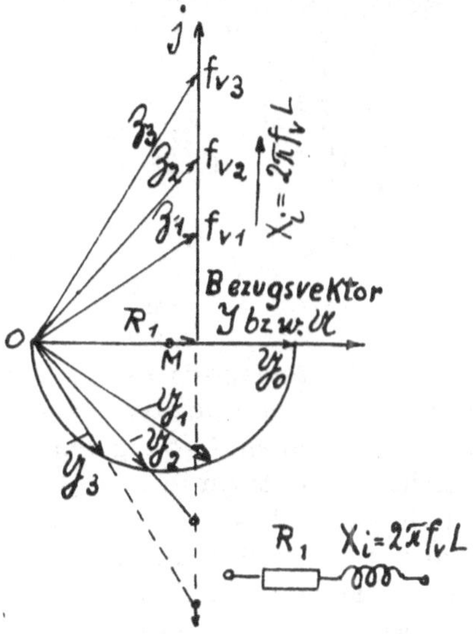

Abb. 290

tungslinien mit dem Kreis. Dadurch ergeben sich die Längen der $\mathfrak{Y}$-Vektoren und ihre Beträge im SIEMENSmaßstab, der durch den Vergleich mit $\mathfrak{Y}_0 = \frac{1}{R_1}$ sich ergibt. Bei der Berechnung der Widerstandsvektoren ist für $f_v = v$ allgemein $\mathfrak{Z}_v = R_1 + jX_{iv} = R_1 + j2\pi f_v L$; $\operatorname{tg}\varphi_v = \frac{X_{iv}}{R_1}$; $\mathfrak{Y}_v = \frac{1}{\mathfrak{Z}_v}$, wenn v von $0 \cdots \infty$ angenommen wird.

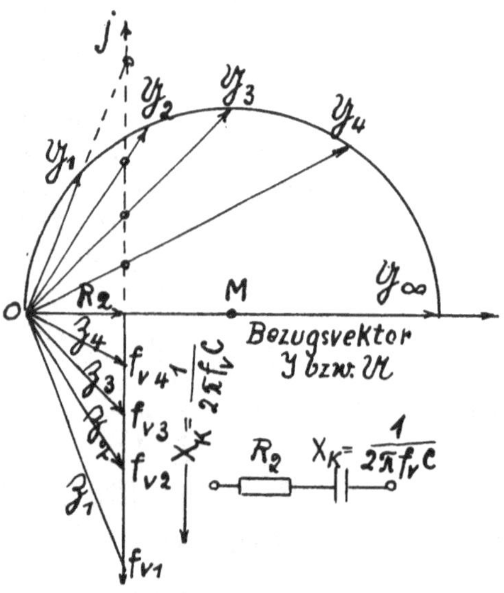

Abb. 291

Im Falle der Abb. 291 (R_2 konstant, $X_k = \frac{1}{\omega C} = \frac{1}{2\pi f_v C}$ durch $f_v = 0 \cdots \infty$ veränderlich) ist $\mathfrak{Z} = R_2 - jX_k = R_2 - j\frac{1}{2\pi f_v C}$ und daher für $f_v = 0$: $\mathfrak{Z}_0 = \infty$, $\operatorname{tg}\varphi_0 = \frac{X_k}{R_2} = \infty$, $\varphi_0 = 90°$, so daß $\mathfrak{Y}_0 = \frac{1}{\mathfrak{Z}_0} = 0$ und fällt mit dem Inversionszentrum zusammen. Für $f_v = \infty$ ergibt sich $\mathfrak{Z}_\infty = R_2$, $\operatorname{tg}\varphi_\infty = \frac{X_k}{R_2} = 0$, $\varphi_\infty = 0°$, so daß $\mathfrak{Y}_\infty = \frac{1}{\mathfrak{Z}_\infty} = \frac{1}{R_2}$ in der Bezugsachse liegt und gleich dem Durchmesser des Kreises ist. Für $f_v = v$ ist $\mathfrak{Z}_v = R_2 - jX_{kv} = R_2 - j\frac{1}{2\pi f_v C}$, $\operatorname{tg}\varphi_v = \frac{X_{kv}}{R_2}$ und $\mathfrak{Y}_v = \frac{1}{\mathfrak{Z}_v}$.

Bei der zeichnerischen Bestimmung der Leitwertvektoren fällt R_2 in die Bezugsachse. Da die Werte $-X_k$ dem Bezugsvektor 90° nacheilend an R_2 anzutragen sind, so ergeben sie eine in der $-j$-Richtung liegende Gerade, welche die Ortskurve der $\mathfrak{Z}$-Vektoren darstellt. Sie wird gespiegelt und durch Verbindung der mitgespiegelten Vektorenden mit dem Inversionszentrum O erhält man die Richtungen der $\mathfrak{Y}$-Vektoren. Ihre Ortskurve ist nach früheren Ausführungen ein Kreis, dessen Mittelpunkt M auf der Bezugsachse liegt und dessen Durchmesser gleich dem Kehrwert der Entfernung des Inversionszentrums O von der Ortskurve des Vektors $\mathfrak{Z}$ ist, im vorliegenden Fall also $\mathfrak{Y}_\infty = \frac{1}{\mathfrak{Z}_\infty} = \frac{1}{R_2}$. Die Schnittpunkte der Richtungslinien der $\mathfrak{Y}$-Vektoren mit dem jetzt oberhalb der Bezugsachse liegenden Halbkreis sind die Spitzen der $\mathfrak{Y}$-Vektoren, deren Beträge sich wie in den vorhergehend behandelten Beispielen ergeben.

Mit den Ergebnissen der Abb. 290 und 291 könnte man noch die Ortskurve des resultierenden Scheinleitwerts $\mathfrak{Y} = \mathfrak{Y}_i + \mathfrak{Y}_k$ der Parallelschaltung der beiden Stromkreise ermitteln, indem man die beiden Halbkreise der Abb. 290 und 291 an einen Bezugsvektor so anträgt, daß die Inversionszentren O zusammenfallen. Man hat dann nur immer zwei zur gleichen Frequenz f_v gehörige Vektoren $\mathfrak{Y}_i$ und $\mathfrak{Y}_k$ geometrisch zum resultierenden Vektor $\mathfrak{Y} = \mathfrak{Y}_i + \mathfrak{Y}_k$ zusammenzusetzen. Durch Verbindung der Spitzen der $\mathfrak{Y}$-Vektoren erhält man die resultierende Ortskurve.

Es soll jetzt noch **das Spannungsdiagramm** und durch Inversion **das Stromdiagramm für eine zusammengesetzte Reihenparallelschaltung** nach Abb. 292 gezeichnet werden. Ähnliche Schaltungen sind nämlich von praktischer Bedeutung als Ersatzschaltungen für Transformatoren und Asynchronmotoren.

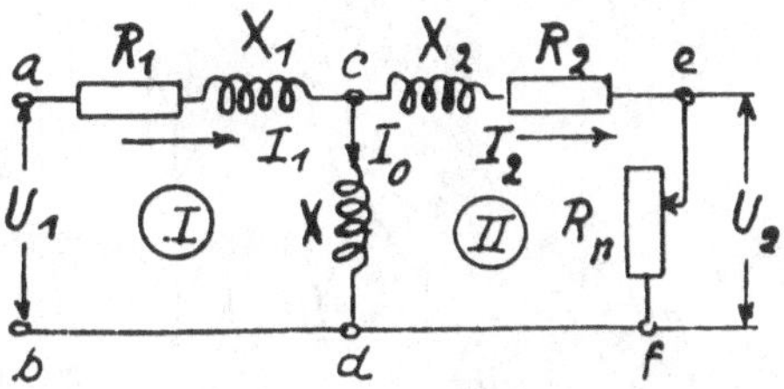

Abb. 292

Die Schaltung der Abb. 292 besteht aus einer Reihenschaltung eines Wirkwiderstandes R_1 mit einem induktiven Blindwiderstand X_1 in Verbindung mit einer zwischen c und d liegenden Parallelschaltung. Ihr einer Zweig enthält in Reihe einen induktiven Widerstand X_2 und die Wirkwiderstände R_2 und R_n, der zweite Zweig besitzt einen induktiven Widerstand X. Zwischen a und b wirkt die aufgedrückte Klemmenspannung U_1, an die Punkte e und f ist an die dort herrschende Spannung U_2 der regelbare Belastungswiderstand R_n als Wirkwiderstand angeschlossen. Der Gesamtstrom der Schaltung ist I_1, die Zweigströme sind I_0 und I_2 und setzen sich geometrisch zum Gesamtstrom I_1 zusammen.

d) Spannungsdiagramm

Gesucht ist die Ortskurve der Spannung U_1, wenn bei konstantem Gesamtstrom I_1 die Belastung durch den Regelwiderstand R_n verändert wird. Als Bezugsvektor gilt der Stromvektor I_1. Die Spannungen im Teil ac der Schaltung sind $\mathfrak{J}_1 R_1 = OA$ in Phase mit $\mathfrak{J}_1$ und $+ j\mathfrak{J}_1 X_1 = AB$, der Spannung $\mathfrak{J}_1 R_1$ um 90° voreilend, so daß $\mathfrak{J}_1(R_1 + jX_1) = OB$ die Spannung zwischen a und c ist. Die Spannung an der Verzweigung zwischen c und d ist den beiden Zweigen gemeinsam. Sie setzt sich mit der Spannung OB geometrisch zur Gesamtspannung $\mathfrak{U}_1$ zusammen. Nun ist die Spannung an der Verzweigung auch gleich $I_0 \cdot X$. Da nun $\mathfrak{J}_0$ die geometrische Differenz ist aus $\mathfrak{J}_1$ und $\mathfrak{J}_2$, so muß die Spannung an der Verzweigung die geometrische Differenz sein zwischen $\mathfrak{J}_1 X$ und $\mathfrak{J}_2 X$, ist also die gestrichelt gezeichnete Spannung BG. Sie ist andererseits gleich der Spannung $\mathfrak{J}_2(R_2 + R_n) + j\mathfrak{J}_2 X_2$ des ersten Zweiges, wobei $\mathfrak{J}_2(R_2 + R_n) = BF$ in Phase mit $\mathfrak{J}_2$ und $\mathfrak{J}_2 X_2 = FG$ dem Strom $\mathfrak{J}_2$ um 90° voreilt. Zieht man GC senkrecht zu DG, dann ist Dreieck CDG ähnlich dem Dreieck BDF, woraus folgt $\frac{CD}{BD} = \frac{DG}{DF}$, d.h. $\frac{CD}{I_1 X} = \frac{I_2 X}{I_2(X + X_2)}$ oder $CD = I_1 \frac{X^2}{X + X_2}$. Ferner ist

$$BC = BD - CD = I_1\left(X - \frac{X^2}{X+X_2}\right) = I_1 \frac{X X_2}{X+X_2}.$$

Bei konstantem Strom I_1 bleiben im Diagramm die Strecken $OA = I_1 R_1$, $AB = I_1 X_1$, $BD = I_1 X$ und $CD = I_1 \frac{X^2}{X+X_2}$, sowie $BC = I_1 \frac{X \cdot X_2}{X+X_2}$ und damit das Verhältnis $\frac{BC}{CD} = \frac{FG}{GD} = \frac{X_2}{X}$ konstant. Der Punkt F des Diagramms beschreibt also bei veränderlichem Belastungsstrom I_2 einen Halbkreis über der konstanten Strecke $BD = I_1 X$ und die Spitze G des Vektors der Gesamtspannung U_1 beschreibt einen Halbkreis über der konstanten Strecke CD. Der Strom $\mathfrak{J}_2$ hat die Richtung CG.

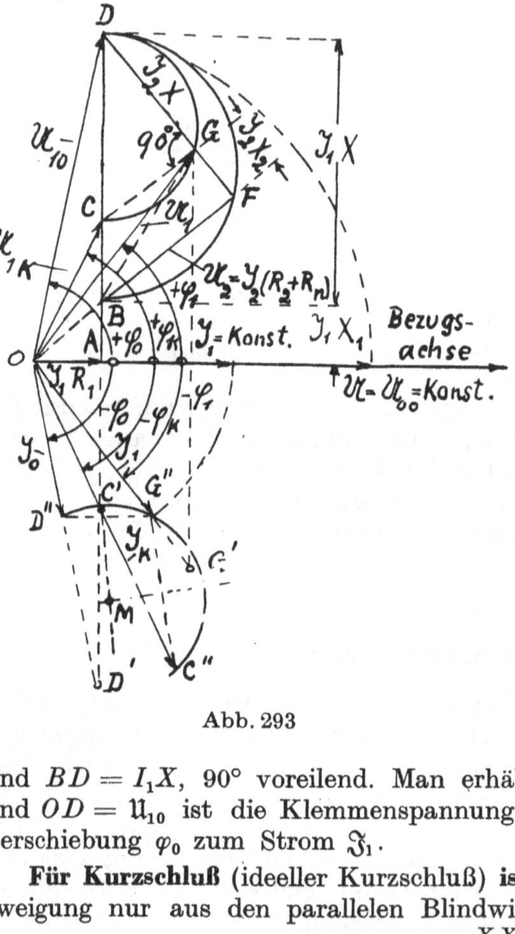

Abb. 293

Zur Konstruktion des Diagramms bestimmt man zwei wichtige Punkte, den **Leerlaufpunkt *D*** und den **Kurzschlußpunkt *C***

Für Leerlauf ist $R_n = \infty$, d. h. $I_2 = 0$ und dadurch

$$\mathfrak{U}_1 = \mathfrak{U}_{10}$$
$$= \mathfrak{J}_1 R_1 + j\mathfrak{J}_1(X_1 + X).$$

Man trägt also auf: $OA = I_1 R_1$ in Phase mit $\mathfrak{J}_1$, $AB = I_1 X_1$ und $BD = I_1 X$, 90° voreilend. Man erhält Punkt D als Leerlaufpunkt und $OD = \mathfrak{U}_{10}$ ist die Klemmenspannung bei Leerlauf mit der Phasenverschiebung φ_0 zum Strom $\mathfrak{J}_1$.

Für Kurzschluß (ideeller Kurzschluß) **ist** $R_2 + R_n = 0$, so daß die Verzweigung nur aus den parallelen Blindwiderständen X_2 und X besteht mit dem resultierenden Widerstand $\frac{X X_2}{X+X_2}$. Dann ist $\mathfrak{U}_1 = \mathfrak{U}_k = \mathfrak{J}_1 R_1 + j\mathfrak{J}_1\left(X_1 + \frac{X X_2}{X+X_2}\right)$. Da nun $I_1 \frac{X X_2}{X+X_2} = BC$, so trägt man an den Punkt B des Diagramms die Strecke BC an und erhält in C den Kurzschlußpunkt, so daß die Strecke OC den Vektor der Kurzschlußspannung $\mathfrak{U}_{1k}$ darstellt mit der Phasenverschiebung φ_k zum Strom $\mathfrak{J}_1$. Damit ist auch der Durchmesser CD für den Halbkreis gegeben, welcher die Ortskurve für den Vektor der Klemmenspannung $\mathfrak{U}_1$ darstellt.

e) Stromdiagramm

Das Stromdiagramm wird durch Inversion aus dem Spannungsdiagramm gezeichnet. Bezugsvektor ist der Spannungsvektor $\mathfrak{U}_1$ und gesucht ist die Ortskurve des Gesamtstromes $\mathfrak{J}_1$, wenn bei konstanter Spannung $\mathfrak{U}_1$ die Belastung durch den Regelwiderstand verändert wird. Es handelt sich um die Ermittlung der Vektoren $\mathfrak{J}_0$, $\mathfrak{J}_k$ und $\mathfrak{J}_1$. Zu diesem Zweck werden zunächst die diesen Strömen im Spannungsdiagramm entsprechenden Spannungsvektoren $\mathfrak{U}_{10}$, $\mathfrak{U}_{1k}$ und $\mathfrak{U}_1$ an der Bezugsachse gespiegelt durch Übertragung der Winkel $+\varphi_0$, $+\varphi_k$ und $+\varphi_1$ dadurch, daß man die Punkte D, C und G des Spannungsdiagramms nach D', C' und G' spiegelt, wodurch man die Stromrichtungen OD' für $\mathfrak{J}_0$, OC' für $\mathfrak{J}_k$ und OG' für $\mathfrak{J}_1$ erhält. Auf diesen Richtungen sind jetzt die cm-Beträge der Ströme aufzutragen mit Hilfe der Inversionspotenz K. Bedeutet x die Anzahl cm je Volt im Spannungsdiagramm und y die als Maßstab gewählte Anzahl cm je Ampere für das Stromdiagramm, dann ist die Inversionspotenz $K = x \cdot y$ cm². Ist nun $x \cdot U$ [cm] der Betrag eines Spannungsvektors, dann ist der Betrag des entsprechenden inversen Stromvektors $y \cdot I = \frac{K}{x \cdot U}$ [cm]. Man trägt also auf: Auf OD' die Strecke $\frac{K}{xU_0} = OD''$, auf OC' die Strecke $\frac{K}{xU_k} = OC''$ und auf OG' die Strecke $\frac{K}{xU_1} = OG''$. Die Ströme sind dann $I_0 = \frac{OD''}{y}$ der Leerlaufstrom, $\frac{OC''}{y} = I_k$ der Kurzschlußstrom und $\frac{OG''}{y} = I_1$ der Gesamtstrom bei konstanter Spannung U_1. Als Ortskurve des Stromvektors $\mathfrak{J}_1$ im Stromdiagramm ergibt sich ein Kreis, dessen Mittelpunkt M als Schnittpunkt der Mittellote über den Sehnen $D''G''$ und $G''C''$ gefunden wird.

Da sich bei der Änderung von $R_n = \infty$ (Leerlauf) bis $R_n = 0$ (Kurzschluß) bei konstantem Strom I_1 die Spitze des Spannungsvektors $\mathfrak{U}_1$ auf einem Kreis bewegt und bei konstanter Spannung $\mathfrak{U}_1$ die Spitze des Vektors $\mathfrak{J}_1$ einen Kreis beschreibt, heißen diese Ortskurven das **Kreisdiagramm** der Ersatzschaltung Abb. 292.

92. Der Lufttransformator

Ein Transformator beruht gemäß § 66, Ziff. c auf der Induktion der Ruhe und hat den Zweck, eine Wechselspannung in eine solche anderer Größe umzuwandeln. Der Transformator heißt daher auch **Umspanner.** Diese Umspannung erfolgt unter möglichst geringen Verlusten der zugeführten elektrischen Leistung, so daß der Umspanner mit hohem Wirkungsgrad arbeitet.

Nach § 66, Ziff. c besteht der Umspanner im wesentlichen aus zwei elektrisch getrennten Spulen, der **primären,** welcher die elektrische Leistung zugeführt wird, und der **sekundären,** welche die Leistung mit der umgewandelten Spannung wieder abgibt. Beide Spulen sind durch die von ihnen erzeugten magnetischen Flüsse miteinander verkettet. Je nachdem diese Flüsse in einem die Spulen tragenden Eisenkern oder in Luft verlaufen, unterscheidet man **Eisen-** und **Lufttransformatoren.** Erstere werden vorwiegend in der Starkstromtechnik, letztere häufig in der Hochfrequenztechnik verwendet. Im folgenden wird der Lufttransformator behandelt. Es wird dabei Bezug genommen auf die in den § 66, Ziff. c, 67 und 69 entwickelten Ergebnisse.

1) Allgemeine Beziehungen

Die zu transformierende Wechselspannung U_1 wird an die Primärspule mit der Windungszahl w_1 angeschlossen. Dadurch fließt in der Primärspule ein Wechselstrom i_1, welcher einen magnetischen Wechselfluß Φ_1 und damit eine Wechsel-EMK der Ruhe $e_{1L} = -w_1 \frac{d\Phi_1}{dt} \cdot 10^{-8}$ erzeugt vom Effektivwert

$$E_{1L} = 4{,}44\, f w_1 \overline{\Phi}_1\, 10^{-8}. \qquad \textbf{(381)}$$

Diese Selbstinduktionsspannung ist gemäß Abb. 165 in § 66, Ziff. c in Gegenphase mit der angelegten Primärspannung U_1. Wenn man von dem Spannungsverlust in der Primärspule absieht, ist zunächst

$$U_1 = E_{1L}. \qquad \textbf{(381 a)}$$

Der in der Primärspule erzeugte Wechselfluß Φ_1 wird beim Lufttransformator gemäß § 69 mit einem Teil Φ_{12} von der Sekundärspule mit der Windungszahl w_2 umfaßt, wodurch in der Sekundärspule eine mit e_{1L} gleichphasige EMK der Gegeninduktion $e_2 = -w_2 \frac{d\Phi_{12}}{dt} 10^{-8}$ induziert wird vom effektiven Betrag

$$E_2 = 4{,}44\, f w_2 \overline{\Phi}_{12}\, 10^{-8}. \qquad \textbf{(381 b)}$$

Setzt man auch hier $E_2 = U_2$, dann ergibt das Spannungsverhältnis

$$\frac{U_1}{U_2} = \frac{E_{1L}}{E_2} = \frac{w_1 \Phi_1}{w_2 \Phi_{12}} \qquad \textbf{(381 c)}$$

und unter der Annahme kleiner Streuung

$$\frac{U_1}{U_2} = \frac{E_{1L}}{E_2} = \frac{w_1}{w_2},$$

so daß das Verhältnis von Primär- zu Sekundärspannung gleich dem Verhältnis der Windungszahlen ist. Da die Sekundärspule an einen Verbraucher angeschlossen ist, erzeugt die Sekundärspannung U_2 einen Wechselstrom I_2. Bei induktionsfreier Belastung und Vernachlässigung der Verluste ist dann

$$U_1 I_1 \approx U_2 I_2 \quad \text{oder} \quad \frac{I_1}{I_2} \approx \frac{U_2}{U_1} \approx \frac{w_2}{w_1},$$

d. h. die Primär- und Sekundärströme verhalten sich umgekehrt wie die Windungszahlen.

Der Sekundärstrom I_2 erzeugt in der Sekundärspule einen Wechselfluß Φ_2, der in der **Sekundärspule** eine EMK der **Selbstinduktion** vom Effektivwert

$$E_{2L} = 4{,}44 f w_2 \overline{\Phi}_2 \, 10^{-8} \tag{382a}$$

und mit seinem Teilfluß Φ_{21} in der **Primärspule** eine effektive EMK der **Gegeninduktion**

$$E_1 = 4{,}44 f w_1 \overline{\Phi}_{21} \, 10^{-8} \tag{382b}$$

induziert. Primär- und Sekundärspule sind also durch die Flüsse Φ_{12} und Φ_{21} miteinander verkettet, während die Streuflüsse $\Phi_{1S} = \Phi_1 - \Phi_{12}$ und $\Phi_{2S} = \Phi_2 - \Phi_{21}$ nur mit der Primär- bzw. Sekundärspule verkettet sind. Sind die beiden Spulen fest und möglichst aneinander gelegt, daß die Streuflüsse Φ_{1S} und Φ_{2S} so klein werden, daß $\Phi_1 \approx \Phi_{12}$ und $\Phi_2 \approx \Phi_{21}$ gesetzt werden kann, dann bezeichnet man diese Anordnung der Spulen als **feste Kopplung.** Ist dagegen die Sekundärspule innerhalb der Primärspule drehbar angeordnet, dann hat man eine **lose Kopplung** der Spulen. Hier werden bei nahezu senkrechter Lage der Spulenebenen Φ_{12} und Φ_{21} sehr klein.

Es bezeichne:

Λ_1 bzw. Λ_2 die magnetische Leitfähigkeit der Flüsse Φ_1 bzw. Φ_2, $\Lambda_{12} = \Lambda_{21}$ den magnetischen Leitwert der den beiden Spulen gemeinsamen Flüsse Φ_{12} und Φ_{21} und Λ_{1S} bzw. Λ_{2S} die magnetischen Leitwerte der primären bzw. sekundären Streuflüsse Φ_{1S} bzw. Φ_{2S}. Dann ergibt sich nach § 69 Gl. (202) bis (211):

$\Phi_1 = i_1 w_1 \Lambda_1 =$ Gesamtfluß der Primärspule durch den Strom i_1.

$\frac{\Phi_1 w_1}{10^8 i_1} = \frac{w_1^2 \Lambda_1}{10^8} = L_1 =$ Selbstinduktionskoeffizient der Primärspule = primärer Spulenfluß beim Strom 1 A.

$\Phi_{12} = i_1 w_1 \Lambda_{12} =$ von der Sekundärspule umfaßter Teilfluß von Φ_1.

$\frac{\Phi_{12} w_2}{10^8 i_1} = \frac{w_1 w_2}{10^8} \Lambda_{12} = M_{12} =$ Koeffizient der Gegeninduktion von der Primär- auf die Sekundärspule oder sekundär umfaßter Spulenfluß, erzeugt vom Primärstrom 1 A.

$\Phi_2 = i_2 w_2 \Lambda_2 =$ Gesamtfluß der Sekundärspule durch den Strom i_2.

$\frac{\Phi_2 w_2}{10^8 i_2} = \frac{w_2^2 \Lambda_2}{10^8} = L_2 =$ Selbstinduktionskoeffizient der Sekundärspule = sekundärer Spulenfluß beim Strom 1 A.

$\Phi_{21} = i_2 w_2 \Lambda_{21} =$ von der Primärspule umfaßter Teilfluß von Φ_2.

$\frac{\Phi_{21} w_1}{10^8 i_2} = \frac{w_2 w_1}{10^8} \Lambda_{21} = M_{21} =$ Koeffizient der Gegeninduktion von der Sekundär- auf die Primärspule oder primär umfaßter Spulenfluß, erzeugt vom Sekundärstrom 1 A.

Unter der Annahme $\Lambda_{12} = \Lambda_{21} = \Lambda$ wird $M_{12} = M_{21} = M$.

Je nach einer festen oder losen Kopplung unterscheiden sich die erzeugten Flüsse Φ_1 und Φ_2 mehr odes weniger stark von den ausgenutzten Flüssen Φ_{12} bzw. Φ_{21}. Ein Maß für die mehr oder minder starke Ausnutzung des erzeugten Primär- bzw. Sekundärflusses geben $k_1 = \frac{\Phi_{12}}{\Phi_1}$ bzw. $k_2 = \frac{\Phi_{21}}{\Phi_2}$

oder der als geometrisches Mittel der beiden berechnete **Kopplungsgrad k** des Transformators

$$k = \sqrt{k_1 \cdot k_2} = \sqrt{\frac{\Phi_{12}}{\Phi_1} \cdot \frac{\Phi_{21}}{\Phi_2}}\,. \tag{383a}$$

Mit $\Phi_1 = \frac{i_1 L_1}{w_1} 10^8$, $\Phi_2 = \frac{i_2 L_2}{w_2} \cdot 10^8$, $\Phi_{12} = \frac{M_{12} i_1}{w_2} 10^8$, $\Phi_{21} = \frac{M_{21} i_2}{w_1} 10^8$ erhält man

$$k = \sqrt{\frac{M_{12} \cdot M_{21}}{L_1 \cdot L_2}}\,. \tag{383b}$$

Für $M_{12} = M_{21} = M$ folgt

$$k = \sqrt{\frac{M^2}{L_1 L_2}} = \frac{M}{\sqrt{L_1 \cdot L_2}}\,. \tag{383c}$$

Da beim streuungsfreien Transformator $\Phi_{12} = \Phi_1$ und $\Phi_{21} = \Phi_2$, so ergibt sich für diese starre Kopplung aus Gl. (383a) für den Kopplungsgrad $k = 1$. Bei Eisentransformatoren ist $k = 0{,}99$.

2) Streukoeffizient σ und Streuinduktivitäten L_{1S} und L_{2S}

Als Streukoeffizient wird für den Lufttransformator der Ausdruck bezeichnet

$$\sigma = \frac{\Phi_1 \Phi_2 - \Phi_{12} \Phi_{21}}{\Phi_1 \Phi_2}\,. \tag{384}$$

Bei einem streuungsfreien Transformator, für den $\Phi_1 = \Phi_{12}$ und $\Phi_2 = \Phi_{21}$, ist dann sinngemäß $\sigma = 0$.

Auf Grund der Gl. (383a) und (383c) besteht zwischen Streukoeffizient σ und Kopplungsfaktor k die Beziehung

$$\sigma = \frac{\Phi_1 \Phi_2}{\Phi_1 \cdot \Phi_2} - \frac{\Phi_{12} \Phi_{21}}{\Phi_1 \cdot \Phi_2} = 1 - k^2 = 1 - \frac{M^2}{L_1 L_2}\,. \tag{385}$$

Bedeuten Λ_{1S} und Λ_{2S} die Leitwerte der Streulinienbahnen, dann sind die Streuflüsse selbst $\Phi_{1S} = i_1 w_1 \Lambda_{1S}$ und $\Phi_{2S} = i_2 w_2 \Lambda_{2S}$. Da eine Induktivität allgemein $L = \frac{\Phi w}{10^8 i}$, d. h. der Fluß beim Strom 1 Ampere ist, so ergeben sich die Streuinduktivitäten zu

$$L_{1S} = \frac{\Phi_{1S} w_1}{10^8 i_1} = \frac{(i_1 w_1 \Lambda_{1S}) w_1}{10^8 i_1} = \frac{w_1^2 \Lambda_{1S}}{10^8}\,, \tag{386a}$$

$$L_{2S} = \frac{\Phi_{2S} w_2}{10^8 i_2} = \frac{(i_2 w_2 \Lambda_{2S}) w_2}{10^8 i_2} = \frac{w_2^2 \Lambda_{2S}}{10^8}\,. \tag{386b}$$

Da aber auch $\Lambda_{1S} = \Lambda_1 - \Lambda_{12}$ und $\Lambda_{2S} = \Lambda_2 - \Lambda_{21}$, so ergibt sich für die **primäre** Streuinduktivität

$$L_{1S} = \frac{w_1^2 \Lambda_{1S}}{10^8} = \frac{w_1^2 \Lambda_1 - w_1^2 \Lambda_{12}}{10^8} = \frac{w_1^2 \Lambda_1}{10^8} - \frac{(w_1 w_2 \Lambda_{12})}{10^8} \frac{w_1}{w_2}\,,$$

$$L_{1S} = L_1 - M_{12} \frac{w_1}{w_2} \tag{387a}$$

und ebenso für die **sekundäre** Streuinduktivität

$$L_{2S} = \frac{w_2^2 \Lambda_{2S}}{10^8} = \frac{w_2^2 \Lambda_2 - w_2^2 \Lambda_{21}}{10^8} = \frac{w_2^2 \Lambda_2}{10^8} - \frac{(w_2 w_1 \Lambda_{21})}{10^8} \cdot \frac{w_2}{w_1},$$

$$L_{2S} = L_2 - M_{21} \frac{w_2}{w_1}. \qquad \textbf{(387b)}$$

Kopplungsgrad k und Streukoeffizient σ lassen sich auch aus den Gl. (387a) und (387b) ableiten. Bezeichnet

$$s_1 = \frac{L_1}{M_{12} \frac{w_1}{w_2}} \quad \text{und} \quad s_2 = \frac{L_2}{M_{21} \frac{w_2}{w_1}},$$

dann ist

$$s_1 \cdot s_2 = \frac{L_1 L_2}{M_{12} \frac{w_1}{w_2} \cdot M_{21} \frac{w_2}{w_1}} = \frac{L_1 L_2}{M_{12} \cdot M_{21}}$$

und für $M_{12} = M_{21} = M$ ist $\frac{1}{s_1 s_2} = \frac{M^2}{L_1 L_2} = k^2$.

Besitzt der Transformator Streuung, dann sind s_1 und $s_2 > 1$, sowie $\frac{1}{s_1 s_2} < 1$; bei streuungsfreiem Transformator, d. h. L_{1S} und $L_{2S} = 0$ und dadurch gemäß Gl. (387a und b) $L_1 = M_{12} \frac{w_1}{w_2}$ und $L_2 = M_{21} \frac{w_2}{w_1}$ sind $s_1 = s_2 = 1$ und auch $\frac{1}{s_1 s_2} = 1$. Es ist demnach $1 - \frac{1}{s_1 s_2}$ ein Maß für die Gesamtstreuung, also

$$\sigma = 1 - \frac{1}{s_1 s_2} = 1 - \frac{M^2}{L_1 L_2} = 1 - k^2. \qquad \textbf{(388)}$$

3) Spannungsgleichungen und Vektordiagramme

Da beim Lufttransformator die magnetische Charakteristik geradlinig ist (§ 60, Abb. 136), so sind gemäß § 87 unter c Spannungen und Ströme von sinusförmigen Verlauf.

a) Leerlaufender Transformator

An die Sekundärspule ist kein Verbraucher angeschlossen. Die Primärspule besitzt Wirkwiderstand R_1 und Selbstinduktivität L_1 und ist an die Wechselspannung $u_{10} = \overline{U}_{10} \sin \omega t$ angeschlossen. Dadurch entstehen durch den Wechselstrom i_{10} in der Spule als Gegenspannungen der Ohmsche Spannungsverlust $e_{1R} = -i_{10} \cdot R_1$ und die Selbstinduktions-EMK $e_{1L} = -L_1 \frac{d i_{10}}{dt}$. Nach dem 2. Kirchhoffschen Gesetz lautet dann die Gleichung für die Augenblickswerte der Spannungen im **Primärkreis**

$$u_{10} - i_{10} R_1 - L_1 \frac{d i_{10}}{dt} = 0 \qquad \textbf{(389a)}$$

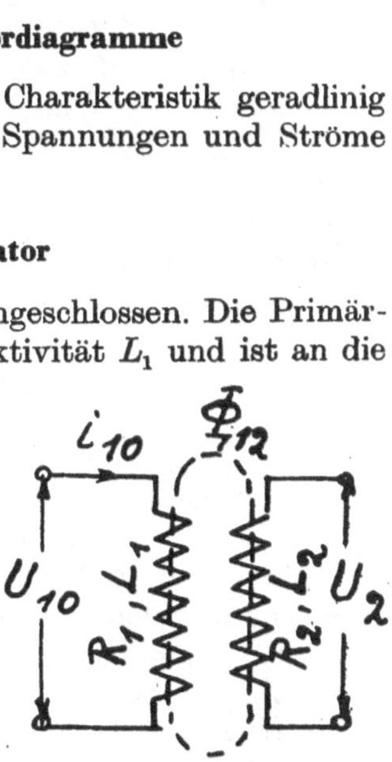

Abb. 294

oder in symbolischer Form

$$\mathfrak{U}_{10} = \mathfrak{I}_{10} R_1 + j(\omega L_1)\mathfrak{I}_{10}. \tag{389b}$$

Der Leerlaufstrom hat also den Betrag

$$I_{10} = \frac{U_{10}}{\sqrt{R_1^2 + (\omega L_1)^2}} \tag{389c}$$

mit der Phasenverschiebung zu $\mathfrak{U}_{10}$ aus

$$\operatorname{tg} \varphi_{10} = \frac{\omega L_1}{R_1}. \tag{389d}$$

Der vom Strom i_{10} erzeugte Fluß Φ_{12} induziert bei einer Gegeninduktivität M_{12} eine EMK der Gegeninduktion in der **Sekundärspule**

$$e_2 = -w_2 \frac{d\Phi_{12}}{dt} 10^{-8} = -M_{12} \frac{d i_{10}}{dt} \tag{390a}$$

nach § 69 Gl. (204), vom Effektivwert

$$E_2 = I_{10} \omega M_{12} \tag{390b}$$

und in symbolischer Form

$$\mathfrak{E}_2 = -j(\omega M_{12})\mathfrak{I}_{10}, \tag{390c}$$

wobei ωM_{12} ein induktiver Widerstand wie ωL ist, was durch den Vergleich der Formeln für M_{12} und L_1 hervorgeht.

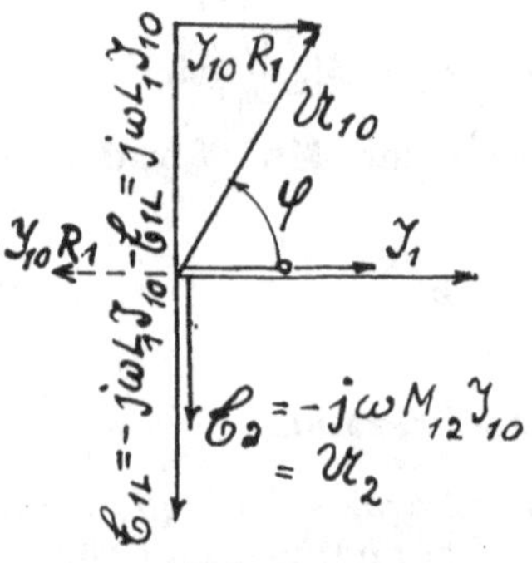

Abb. 295

Das Vektordiagramm für den Leerlauf zeigt Abb. 295. Bezugsvektor ist der Stromvektor $\mathfrak{I}_1$. Mit ihm in Phase ist der Vektor Φ_1 bzw. Φ_{12}. $\mathfrak{E}_{1L} = -j\omega L_1 \mathfrak{I}_{10}$ eilt dem Fluß Φ_1 und $\mathfrak{E}_2 = \mathfrak{U}_2 = -j\omega M_{12}\mathfrak{I}_{10}$ dem Fluß Φ_{12} um 90° nach, während der primäre induktive Spannungsabfall $-\mathfrak{E}_{1L} = j\omega L_1 \mathfrak{I}_{10}$ dem Bezugsvektor $\mathfrak{I}_1$ um 90° voreilt. Der Wirkspannungsabfall $\mathfrak{I}_{10} R_1$ ist mit $\mathfrak{I}_{10}$ phasengleich. Er setzt sich mit dem induktiven Spannungsabfall zur Primärspannung $\mathfrak{U}_{10}$ zusammen.

b) Belasteter Transformator

Sekundärkreis

Der Primärstrom $\mathfrak{I}_1$ erzeugt in der Sekundärspule eine EMK der Gegeninduktion $\mathfrak{E}_2 = -j\omega M_{12}\mathfrak{I}_1$ vom Effektivwert $\mathfrak{E}_2 = I_1 \omega M_{12}$, die im geschlossenen Sekundärkreis den Sekundärstrom i_2 erzeugt. Ist R_2 der sekundäre Spulenwiderstand und R_n der Wirkwiderstand des Verbrauchers, dann ist $R_{II} = R_2 + R_n$ der Wirkwiderstand des Sekundärkreises. Da ferner L_2 der Selbstinduktionskoeffizient der Sekundärspule und L_n die Induktivität des Verbrauchers, so ist $L_{II} = L_2 + L_n$ die gesamte sekundäre Induktivität. Damit ergibt sich der Scheinwiderstand des Sekundärkreises

$$Z_{II} = \sqrt{R_{II}^2 + (\omega L_{II})^2} \tag{391a}$$

und der effektive Betrag des Sekundärstromes zu

$$I_2 = \frac{E_2}{Z_{II}} = \frac{I_1 \omega M_{12}}{\sqrt{R_{II}^2 + (\omega L_{II})^2}} = \frac{4{,}44 f w_2 \overline{\Phi}_{12} 10^{-8}}{\sqrt{R_{II}^2 + (\omega L_{II})^2}} \tag{391b}$$

mit der Phasenverschiebung zwischen $\mathfrak{E}_2$ und $\mathfrak{J}_2$ aus

$$\operatorname{tg} \varphi_2 = \frac{\omega L_{II}}{R_{II}}. \tag{391c}$$

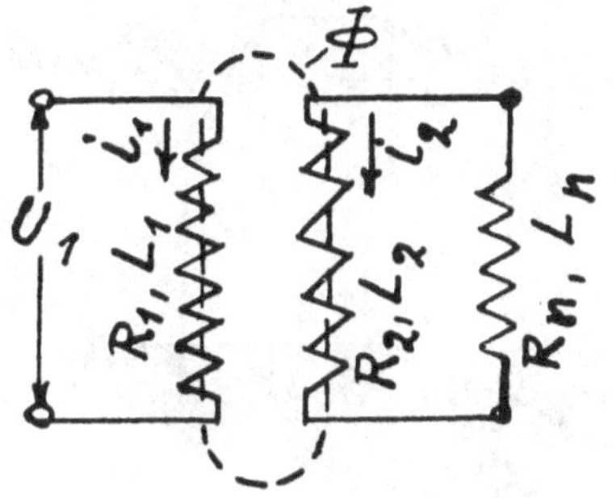

Abb. 296

E_2 eilt dem Fluß Φ_{12} und damit dem Strom $\mathfrak{J}_1$ um 90° nach, der Strom $\mathfrak{J}_2$ also um $(90 + \varphi_2)°$.

Die Spannungsgleichung des Sekundärkreises lautet

$$e_2 = -M_{12} \cdot \frac{d i_1}{d t} = i_2 R_{II} + L_{II} \frac{d i_2}{d t}, \tag{392a}$$

wobei $i_2 R_{II}$ in Phase mit i_2 und $L_{II} \frac{d i_2}{d t}$ um 90° dem i_2 voreilt.

In symbolischer Form lautet die Gl. (392a)

$$\mathfrak{E}_2 = -j \omega M_{12} \mathfrak{J}_1 = \mathfrak{J}_2 R_{II} + j \omega L_{II} \mathfrak{J}_2. \tag{392b}$$

Der Betrag ist

$$E_2 = I_1 \omega M_{12} = I_2 \sqrt{R_{II}^2 + (\omega L_{II})^2}. \tag{392c}$$

Primärkreis

Der Sekundärstrom i_2 des belasteten Transformators erzeugt mit seinem Teilfluß Φ_{21} infolge der Gegeninduktivität M_{21} in der Primärspule eine EMK $e_1 = -M_{21} \frac{d i_2}{d t}$ der Gegeninduktion. Dadurch erhält die Spannungsgleichung (389a) des Primärkreises beim leerlaufenden Transformator eine Erweiterung und lautet

$$u_1 - i_1 R_1 - L_1 \frac{d i_1}{d t} - M_{21} \frac{d i_2}{d t} = 0 \tag{393a}$$

und in symbolischer Form

$$\mathfrak{U}_1 = \mathfrak{J}_1 R_1 + j \omega L_1 \mathfrak{J}_1 + j \omega M_{21} \mathfrak{J}_2. \tag{393b}$$

Die Primärspannung $\mathfrak{U}_1$ hat also zu decken den Wirkspannungsabfall $I_1 R_1$, den Blindspannungsabfall $I_1 \omega L_1$ und den Spannungsabfall $I_2 \omega M_{21}$ durch die im Primärkreis vom Sekundärstrom erzeugte Gegeninduktionsspannung E_1. Dabei ist $-E_{1R} = I_1 R_1$ in Phase mit $\mathfrak{J}_1$, $-E_{1L} = I_1 \omega L_1$ ihm um 90° voreilend und $-E_1 = I_2 \omega M_{21}$ dem Strom $\mathfrak{J}_2$ um 90° voreilend. Die Spannungen $\mathfrak{E}_{1L} = -j \omega L_1 \mathfrak{J}_1$ und $\mathfrak{E}_1 = -j \omega M_{21} \mathfrak{J}_2$ selbst eilen ihren Strömen

$\mathfrak{I}_1$ bzw. $\mathfrak{I}_2$ um 90° nach. Das Vektordiagramm des belasteten Transformators gibt Abb. 297. Mit Hilfe des Diagramms lassen sich noch berechnen das Stromübersetzungsverhältnis $\ddot{u}$, der primäre Phasenwinkel φ_1 und der Primärstrom I_1. Aus Gl. (392c) folgt:

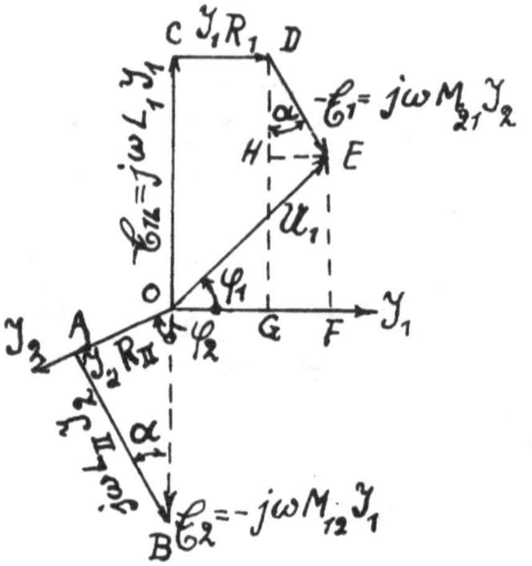

Abb. 297

$$I_1 \omega M_{12} = I_2 \sqrt{R_{II}^2 + (\omega L_{II})^2}.$$

Daraus ergibt sich das **Stromübersetzungsverhältnis**

$$\ddot{u} = \frac{I_2}{I_1} = \frac{\omega M_{12}}{\sqrt{R_{II}^2 + (\omega L_{II})^2}}. \tag{394}$$

Aus Abb. 297 ergibt sich

$$\operatorname{tg} \varphi_1 = \frac{EF}{OF} = \frac{DG - DH}{OG + GF}$$
$$= \frac{I_1 \omega L_1 - I_2 \omega M_{21} \cos \alpha}{I_1 R_1 + I_2 \omega M_{21} \sin \alpha}.$$

Erweitert man den Bruch mit I_1 und setzt $\cos \alpha = \frac{I_2 \omega L_{II}}{I_1 \omega M_{12}}$ und $\sin \alpha \frac{I_2 R_{II}}{I_1 \omega M_{12}}$ aus Dreieck OAB, sowie $M_{12} = M_{21} = M$, dann ergibt sich

$$\operatorname{tg} \varphi_1 = \frac{I_1^2 \omega L_1 - I_2^2 \omega L_{II}}{I_1^2 R_1 + I_2^2 R_{II}} \tag{395}$$

und für $I_2 = \ddot{u} I_1$ gesetzt

$$\operatorname{tg} \varphi_1 = \frac{\omega (L_1 - \ddot{u}^2 L_{II})}{R_1 + \ddot{u}^2 R_{II}}. \tag{396}$$

Aus Dreieck OEF erhält man $\overline{OE}^2 = \overline{EF}^2 + \overline{OF}^2$

$$U_1^2 = \left(I_1 \omega L_1 - I_2 \omega M \frac{I_2 \omega L_{II}}{I_1 \omega M}\right)^2 + \left(I_1 R_1 + I_2 \omega M \cdot \frac{I_2 R_{II}}{I_1 \omega M}\right)^2,$$
$$U_1^2 = \left(I_1 \omega L_1 - \frac{I_2^2}{I_1} \omega L_{II}\right)^2 + \left(I_1 R_1 + \frac{I_2^2}{I_1} R_{II}\right)^2,$$
$$= (I_1 \omega L_1 - I_1 \omega L_{II} \ddot{u}^2)^2 + (I_1 R_1 + I_1 R_{II} \ddot{u}^2)^2,$$
$$= I_1^2 (\omega L_1 - \omega L_{II} \ddot{u}^2)^2 + I_1^2 (R_1 + R_{II} \ddot{u}^2)^2$$

und nach I_1 aufgelöst

$$I_1 = \frac{U_1}{\sqrt{(R_1 + R_{II} \ddot{u}^2)^2 + (\omega L_1 - \omega L_{II} \ddot{u}^2)^2}}. \tag{397}$$

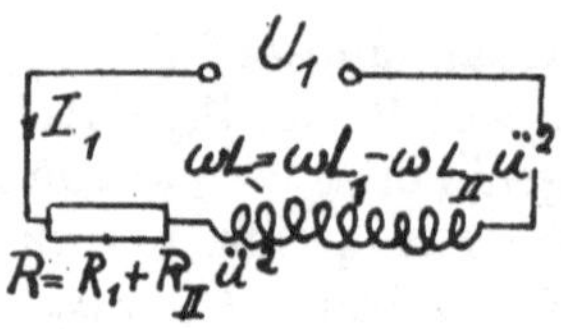

Abb. 298

Gl. (397) sagt aus, daß man den ganzen Lufttransformator ersetzen kann durch eine einzige vom Primärstrom I_1 durchflossene Spule gemäß Abb. 298 mit dem Wirkwiderstand $R = R_1 + R_{II} \ddot{u}^2$ und einem induktiven Blindwiderstand $\omega L = \omega L_1 - \omega L_{II} \ddot{u}^2$, wobei sekundärer Wirk- und Blindwiderstand im Primärkreis mit ihrem $ü^2$-fachen Betrag auftreten. Der belastete Transformator wirkt also gegenüber dem leerlaufenden auf den Primärkreis zurück mit einem erhöhten Wirkwiderstand und einem verminderten Blindwiderstand.

c) Kurzgeschlossener Transformator

Im Kurzschluß der Sekundärwicklung ist $R_n = 0$ und $L_n = 0$. Es bleibt im Sekundärkreis bloß noch der Widerstand R_2 und der induktive Widerstand ωL_2 der Sekundärspule. Unter der vielfach zulässigen Vernachlässigung des Widerstandes R_2 gegenüber ωL_2 bei Kurzschluß ergibt sich für das Stromübersetzungsverhältnis $ü_k$ bei Kurzschluß nach Gl. (394)

$$ü_k = \frac{I_{2k}}{I_1} = \frac{\omega M_{12}}{\omega L_2} = \frac{w_1 w_2 \Lambda_{12}}{w_2^2 \Lambda_2} = \frac{w_1 \Lambda_{12}}{w_2 \Lambda_2}. \qquad \textbf{(398a)}$$

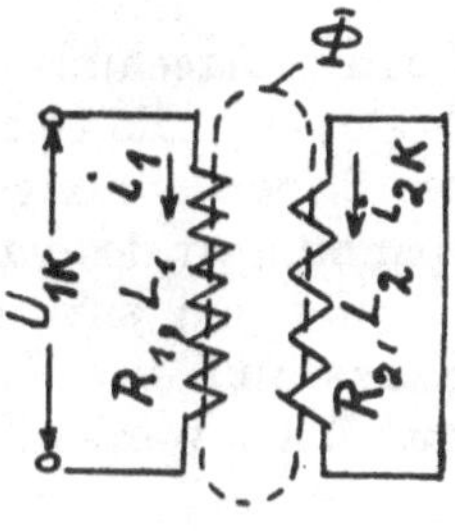

Abb. 299

Da nun $\Lambda_{12} = \Lambda_{21}$ und gegenüber diesen Werten Λ_{1S} und Λ_{2S} gering sind, so kann man auch setzen $\Lambda_{12} = \Lambda_2$, dann folgt

$$ü_k = \frac{I_{2k}}{I_1} \approx \frac{w_1}{w_2}. \qquad \textbf{(398b)}$$

Der sekundäre Kurzschlußstrom I_{2k} verhält sich zum Primärstrom I_1 angenähert umgekehrt wie die Windungszahlen w_1 und w_2. $ü_k$ heißt auch **inneres Übersetzungsverhältnis.** Wenn R_2 verschwindend klein ist gegen ωL_2, dann eilt der Kurzschlußstrom I_{2k} gegen E_2 um fast 90° nach, gemäß Gl. (391c). Setzt man in den Gl. (392b) und (393b) für $R_{II} = R_2$, $L_{II} = L_2$ und für $I_2 = I_{2k}$ und zeichnet das Vektordiagramm für den Kurzschluß des Transformators, dann erhält man Abb. 300. Aus dieser Abb. 300 ergibt sich, daß

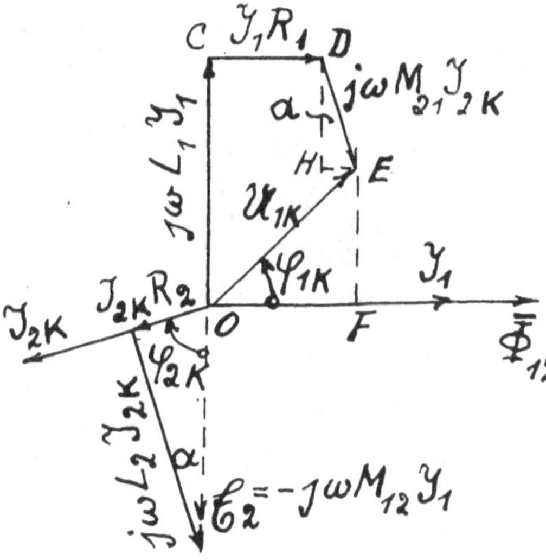

Abb. 300

$$\mathfrak{U}_{1k} \cos \varphi_{1k} = OF = I_1 R_1 + \omega M_{21} I_{2k} \sin \alpha.$$

Nun ist für $I_2 = I_{2k}$, $R_{II} = R_2$ und $M_{12} = M_{21}$, $\sin \alpha = \frac{I_{2k} R_2}{I_1 \omega M_{21}}$, womit dann

$$U_{1k} \cos \varphi_{1k} = I_1 R_1 + \omega M_{21} I_{2k} \cdot \frac{I_{2k} R_2}{I_1 \omega M_{21}},$$

$$U_{1k} \cos \varphi_{1k} = I_1 R_1 + \frac{I_{2k}^2}{I_1} R_2.$$

Da nach Gl. (398b) $\frac{I_{2k}^2}{I_1^2} = ü_k^2$ also $\frac{I_{2k}^2}{I_1} = I_1 ü_k^2$, so folgt

$$U_{1k} \cos \varphi_{1k} = I_1 R_1 + I_1 R_2 ü_k^2 = I_1 (R_1 + R_2 ü_k^2). \qquad \textbf{(399a)}$$

Ebenso ergibt eine ähnliche Rechnung

$$U_{1k} \sin \varphi_{1k} = I_1 (\omega L_{1S} + \omega L_{2S} ü_k^2). \qquad \textbf{(399b)}$$

Beim Kurzschluß des Transformators hat die Wirkspannungskomponente $U_{1k} \cos \varphi_{1k}$ die Spannungsabfälle in den Wirkwiderständen R_1 und R_2 und die Blindspannungskomponente $U_{1k} \sin \varphi_{1k}$ der Primärspannung die Streuspannungen des ganzen Transformators zu decken.

Mit den entwickelten Formeln können für Leerlauf, Belastung und Kurzschluß des Transformators Spannungen, Ströme und Phasenwinkel berechnet werden.

4) Ersatzschaltung, ihre Vektordiagramme und Ortskurven

Bei einer elektrischen Maschine bzw. einem elektrischen Apparat wird eine übersichtliche Darstellung der Strom- und Spannungsverhältnisse bei Änderung der Belastung und die entsprechende Ortskurve der Strom- und Spannungsvektoren verlangt und das macht die Aufstellung einer Ersatzschaltung für die Maschine bzw. den Apparat nötig. Man ist dann in der Lage, wie in § 91 unter c, aus der Ersatzschaltung der Abb. 292 das Vektordiagramm und die entsprechenden Ortskurven zu zeichnen (Abb. 293).

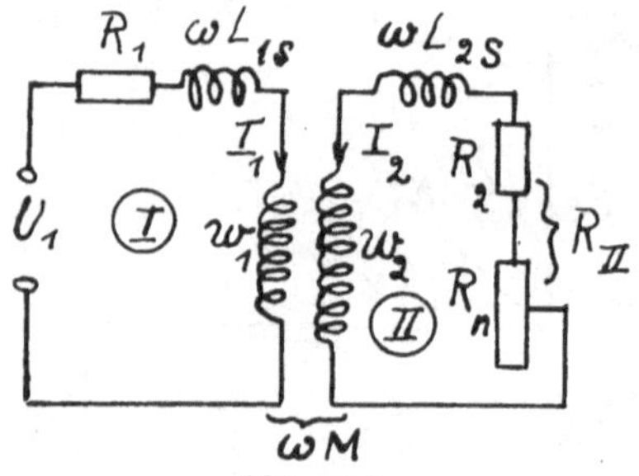

Abb. 301

Abb. 301 stellt die Schaltung des Lufttransformators dar, die über die auf der Primär- und Sekundärseite auftretenden Widerstände Aufschluß gibt. Nach den bisherigen Untersuchungen treten folgende Widerstände auf: Die Spulenwiderstände R_1 und R_2 und der Belastungswiderstand R_n, die induktiven, durch die Streulinien entstehenden Streuwiderstände ωL_{1S} und ωL_{2S} und der für den gemeinsamen Fluß der Spulen in Betracht kommende Kopplungswiderstand ωM.

Nun ist bei einem Transformator die Übersetzung $ü_k = \frac{w_1}{w_2}$ so groß, daß die Spannungen und Ströme von Primär- und Sekundärseite stark verschiedene Größe haben. Da nun in einem Vektordiagramm primäre und sekundäre Spannungen und Ströme in geometrische Verbindung treten, so wären bei der Aufstellung von Vektordiagrammen doppelte Spannungs-

und Strommaßstäbe notwendig. Außerdem könnte man die primären und sekundären Spannungsverluste wegen der Übersetzung nicht direkt miteinander vergleichen. Die angeführten Mängel beseitigt **die Ersatzschaltung, bei der alle sekundären Widerstände, Spannungen und Ströme auf die Primärseite reduziert, d. h. umgerechnet sind für den Fall, daß $w_2 = w_1$ ist.** Deshalb besitzt die Ersatzschaltung auch nur eine für die Primär- und Sekundärseite gemeinsame Spule mit der Windungszahl w_1. Die auf primär umgerechneten Sekundärgrößen werden in der Folge mit dem Index ′ gekennzeichnet. Unter diesen Voraussetzungen ergibt sich die Ersatzschaltung für den Lufttransformator wie Abb. 302.

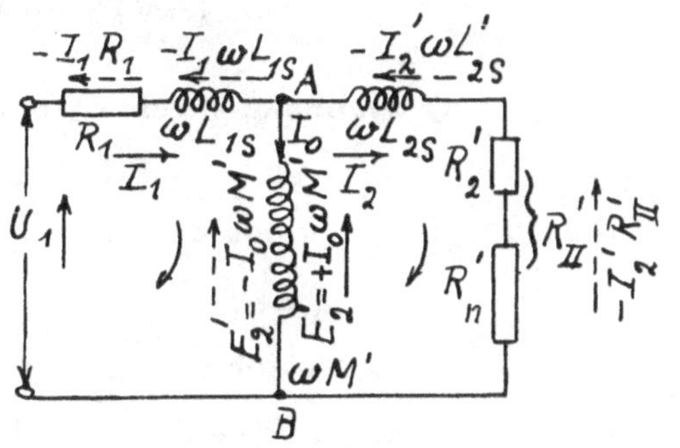

Abb. 302

Dabei ist folgendes zu beachten: Positiv zu zählende Ströme sind im Uhrzeigersinn eingezeichnet. Ströme **zum** Knotenpunkt A, z. B. I_1, sind **positiv,** Ströme **vom** Knotenpunkt A **weg,** z. B. I_2' und I_0, sind **negativ** einzusetzen. Es ist also $i_1 - i_2' - i_0 = 0$, d. h. $i_1 = i_2' + i_0$ oder $i_0 = i_1 - i_2'$. Treibende EMKe E und aufgedrückte Spannungen U sind **positiv** im Sinne des entsprechenden Strompfeiles. In Masche I ist deshalb die EMK E_2' als Gegenspannung negativ, in Masche II dagegen als treibende EMK des Sekundärkreises positiv im Sinne des Stromes I_2'. **Gegen**spannungen in Widerständen sind **negativ,** gegen den Strompfeil gerichtet.

Für die Umrechnung auf die Primärseite ergibt sich:

Da sich die Ströme umgekehrt wie die Windungszahlen verhalten, ist $\frac{I_2}{I_2'} = \frac{w_1}{w_2}$ d. h.

$$I_2' = I_2 \frac{w_2}{w_1} = I_2 \frac{1}{\ddot{u}_k} \qquad \textbf{(400)}$$

Spannungen verhalten sich wie die Windungszahlen, so daß $\frac{U_2}{U_2'} = \frac{w_2}{w_1}$ d. h.

$$U_2' = U_2 \frac{w_1}{w_2} = U_2 \ddot{u}_k . \qquad \textbf{(401)}$$

Für Wirkwiderstände R und selbstinduktive Widerstände ωL gilt:

$$U_{R2}' = (I_2 R_2) \frac{w_1}{w_2} = I_2' \frac{w_1}{w_2} \cdot R_2 \frac{w_1}{w_2} = I_2' R_2 \left(\frac{w_1}{w_2}\right)^2 = I_2' \cdot R_2',$$

also

$$R_2' = R_2 \left(\frac{w_1}{w_2}\right)^2 = R_2 \ddot{u}_k^2 . \qquad \textbf{(402 a)}$$

Ebenso ist

$$(\omega L_2)' = (\omega L_2) \left(\frac{w_1}{w_2}\right)^2 = (\omega L_2) \ddot{u}_k^2 . \qquad \textbf{(402 b)}$$

Dagegen gilt für den Kopplungswiderstand ωM:

$$(\omega M)' = \omega \frac{(w_1 w_2 \Lambda_{12})}{10^8} \frac{w_1}{w_2} = \omega \cdot \frac{w_1^2}{10^8} \Lambda_{12} = (\omega M)\, \ddot{u}_k ,$$

$$(\omega M)' = (\omega M) \ddot{u}_k . \qquad \textbf{(402c)}$$

a) Spannungsgleichungen und Vektordiagramme

Primärkreis

Gemäß Abb. 302 ergibt sich nach dem 2. KIRCHHOFFschen Gesetz

$$u_1 - i_1 R_1 - L_{1s} \frac{d i_1}{d t} - M' \frac{d i_0}{d t} = 0 , \qquad \textbf{(403a)}$$

und da $i_0 = i_1 - i_2'$, so folgt

$$u_1 - i_1 R_1 - L_{1s} \frac{d i_1}{d t} - M' \frac{d i_1}{d t} + M' \frac{d i_2'}{d t} = 0 \qquad \textbf{(403b)}$$

und daraus

$$u_1 = i_1 R_1 + L_{1s} \frac{d i_1}{d t} + M' \frac{d i_1}{d t} - M' \frac{d i_2'}{d t} \qquad \textbf{(403c)}$$

und in symbolischer Form

$$\mathfrak{U}_1 = \mathfrak{J}_1 R_1 + j\omega L_{1s} \mathfrak{J}_1 + j\omega M' \mathfrak{J}_1 - j\omega M' \mathfrak{J}_2' . \qquad \textbf{(403d)}$$

Da nach Gl. (387a) $L_{1s} + M' = L_{1s} + M \frac{w_1}{w_2} = L_1$, so ergibt sich

$$\mathfrak{U}_1 = \mathfrak{J}_1 R_1 + j\omega L_1 \mathfrak{J}_1 - j\omega M' \mathfrak{J}_2' . \qquad \textbf{(404)}$$

Für den Primärkreis ist nach Abb. 302 $\mathfrak{J}_2' = \mathfrak{J}_2 \frac{1}{\ddot{u}_k}$ negativ zu rechnen

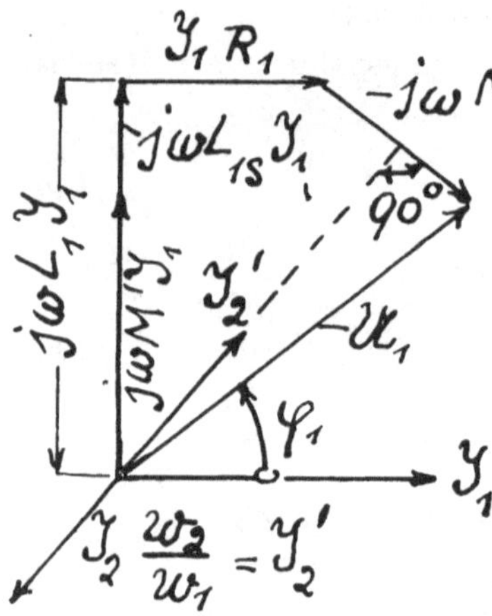

Abb. 303a

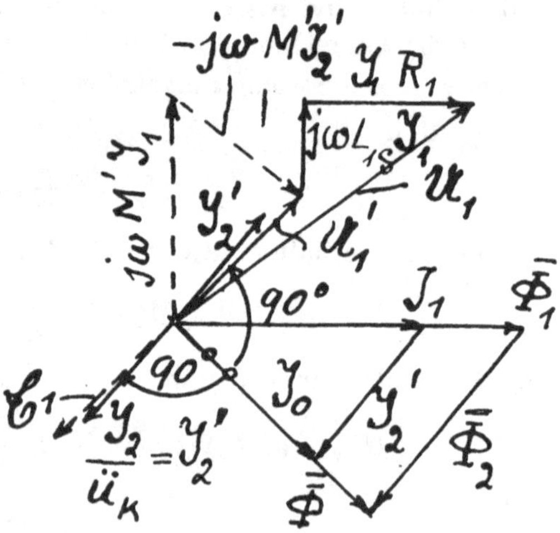

Abb. 303b

und deshalb im Vektordiagramm der Vektor $\mathfrak{J}_2' = -\mathfrak{J}_2 \frac{1}{\ddot{u}_k}$ einzutragen. Das Diagramm nach Gl. (404) zeigt Abb. 303a. $\mathfrak{J}_1 R_1$ ist mit $\mathfrak{J}_1$ gleichphasig, $j\omega L_1\mathfrak{J}_1 = j\omega M'\mathfrak{J}_1 + j\omega L_{1s}\mathfrak{J}_1$ eilt $\mathfrak{J}_1$ um 90° vor, dagegen $-j\omega M'\mathfrak{J}_2'$ eilt $\mathfrak{J}_2'$ um 90° nach. Das Diagramm nach Gl. (403d) zeigt Abb. 303b. Da $\mathfrak{J}_0 = \mathfrak{J}_1 - \mathfrak{J}_2'$, so ist die resultierende Durchflutung $\mathfrak{J}_0 w_1 = \mathfrak{J}_1 w_1 - \mathfrak{J}_2' w_1 = \mathfrak{J}_1 w_1 - (-\mathfrak{J}_2' w_1) = \mathfrak{J}_1 w_1 + \mathfrak{J}_2 w_2$, weil nach Gl. (400) $\mathfrak{J}_2' = \frac{\mathfrak{J}_2}{\ddot{u}_k} = \mathfrak{J}_2 \frac{w_2}{w_1}$. Die aus Primär- und Sekundärdurchflutung gebildete resultierende Durchflutung $\mathfrak{J}_0 w_1$ erzeugt den mit $\mathfrak{J}_0$ phasengleichen Fluß Φ, welcher in der Primärspule die ihm um 90° nacheilende EMK $\mathfrak{E}_1$ induziert vom Betrag $E_1 = 4{,}44 f w_1 \overline{\Phi} \cdot 10^{-8}$, deren Gegenspannung $\mathfrak{U}_1'$ als Resultierende von $j\omega M'\mathfrak{J}_1$ und $-j\omega M'\mathfrak{J}_2'$ in Abb. 303b eingetragen ist. Das Diagramm der Abb. 303b findet beim Eisentransformator Verwendung und unterscheidet sich vom dem der Abb. 303a nur durch die Reihenfolge, in der die Vektoren zusammengesetzt sind. Mit $\mathfrak{U}_1'$ setzt sich dann der primäre Streuspannungsabfall $\mathfrak{U}_{1S} = j\omega L_{1S}\mathfrak{J}_1$ und der Wirkspannungsabfall $\mathfrak{U}_{1R} = \mathfrak{J}_1 R_1$ zur Primärspannung $\mathfrak{U}_1$ zusammen.

Sekundärkreis

Für den Sekundärkreis ist die Spannung $\mathfrak{E}_2' = +\omega M'\mathfrak{J}_0$ die EMK mit dem Augenblickswert $e_2' = M' \frac{di_0}{dt}$ im Sinne des Stromes $\mathfrak{J}_2'$, so daß also

$$M' \frac{di_0}{dt} - L_{2s}' \frac{di_2'}{dt} - i_2' R_{\mathrm{II}}' = 0 \qquad \textbf{(405a)}$$

und mit $i_0 = i_1 - i_2'$ ergibt sich

$$M' \frac{di_1}{dt} - M' \frac{di_2'}{dt} - L_{2s}' \frac{di_2'}{dt} - i_2' R_{\mathrm{II}}' = 0 \qquad \textbf{(405b)}$$

oder in symbolischer Form

$$j\omega M'\mathfrak{J}_1 - j\omega\mathfrak{J}_2'(M' + L_{2s}') - \mathfrak{J}_2' R_{\mathrm{II}}' = 0. \qquad \textbf{(405c)}$$

Nach Gl. (387b) ist $L_2 = M \frac{w_2}{w_1} + L_{2S}$. Durch Multiplikation dieser Gleichung mit $\ddot{u}_k^2 = \left(\frac{w_1}{w_2}\right)^2$ ergibt sich $M\ddot{u}_k + L_{2S}\ddot{u}_k^2 = L_2\ddot{u}_k^2$, oder $M' + L_{2s}' = L_2'$ in Übereinstimmung mit den Gl. (402b und c). Dadurch erhält man

$$j\omega M'\mathfrak{J}_1 = j\omega L_2'\mathfrak{J}_2' + \mathfrak{J}_2' R_{\mathrm{II}}'. \qquad \textbf{(406a)}$$

Da $R_{\mathrm{II}}' = R_2' + R_n'$, so ist auch $\mathfrak{J}_2' R_{\mathrm{II}}' = \mathfrak{J}_2' R_2' + \mathfrak{J}_2' R_n'$ und da $\mathfrak{J}_2' R_n' = U_2'$, so folgt

$$-\mathfrak{U}_2' = \mathfrak{J}_2' R_2' + j\omega L_2'\mathfrak{J}_2' - j\omega M'\mathfrak{J}_1. \qquad \textbf{(406b)}$$

Gl. (406b) ergibt sich aus Gl. (404) durch Vertauschen der Indizes und das Minuszeichen sagt, daß $\mathfrak{U}_2$ eine Gegenspannung im Verbraucher ist. Das Vektordiagramm zu Gl. (406a) ist Abb. 304. Gegenüber der Abb. 297 zeigt sich, daß die auf primär reduzierten Vektoren des Sekundärkreises um 180° gedreht sind, infolge der Lage des Vektors $\mathfrak{J}_2' = -\mathfrak{J}_2 \frac{1}{\ddot{u}_k}$.

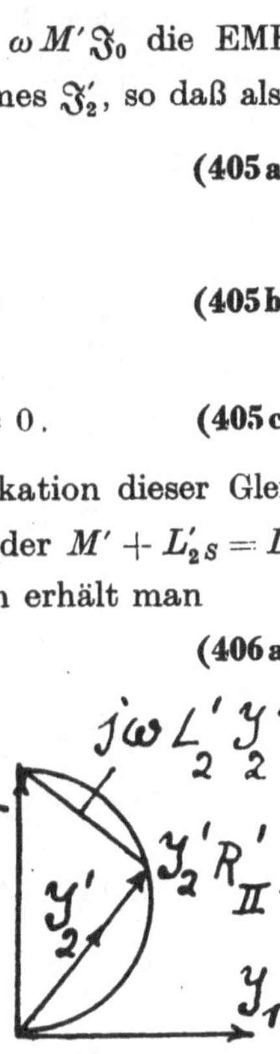

Abb. 304

b) Ortskurven des Lufttransformators

Auf Grund der Abb. 303a und 304 kann das Spannungsdiagramm zunächst primär und sekundär getrennt und dann für die ganze Ersatzschaltung gezeichnet werden für den Stromvektor $\mathfrak{J}_1$ als Bezugsvektor.

Gemäß den Spannungsgleichungen (404) bzw. (403d) für die Primärspannung $\mathfrak{U}_1 = \mathfrak{J}_1 R_1 + j\omega L_1 \mathfrak{J}_1 - j\omega M' \mathfrak{J}_2'$, oder $\mathfrak{U}_1 = \mathfrak{J}_1 R_1 + j\omega L_{1s} \mathfrak{J}_1 + j\omega M' \mathfrak{J}_1 - j\omega M' \mathfrak{J}_2'$ ergibt sich das Vektordiagramm für den Primärkreis nach Abb. 305a. $\mathfrak{J}_1 R_1$ gleichphasig mit $\mathfrak{J}_1$, $j\omega L_1 \mathfrak{J}_1$ um 90° $\mathfrak{J}_1$ voreilend und $-j\omega M' \mathfrak{J}_2'$ um 90° $\mathfrak{J}_2'$ nacheilend, setzen sich zur Primärspannung $\mathfrak{U}_1$ zusammen. Nach Gl. (406a) $\mathfrak{E}_2 = j\omega M' \mathfrak{J}_1 = j\omega L_2' \mathfrak{J}_2' + \mathfrak{J}_2' R_{II}'$ ergibt sich das Vektordiagramm für den Sekundärkreis. Unter Beachtung der obigen Gleichungen für $\mathfrak{U}_1$ besteht die Beziehung

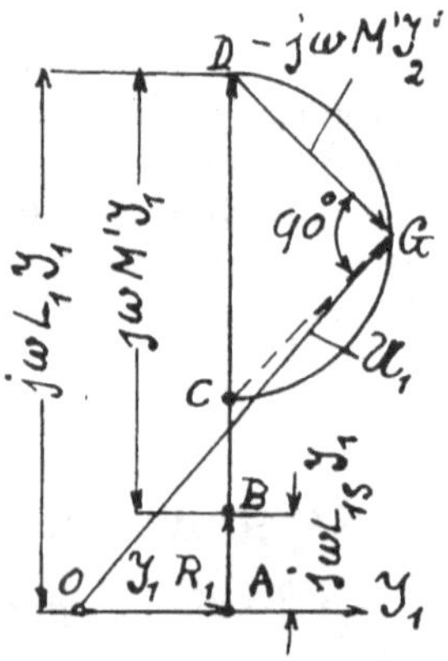

Abb. 305a

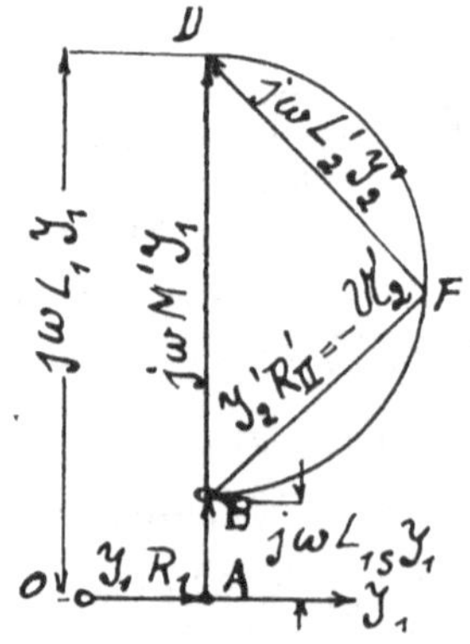

Abb. 305b

$$j\omega L_1 \mathfrak{J}_1 = j\omega L_{1s} \mathfrak{J}_1 + j\omega M' \mathfrak{J}_1,$$

womit sich die Abb. 305b gemäß Abb. 304 ergibt. $\mathfrak{J}_2' R_{II}'$ phasengleich mit $\mathfrak{J}_2'$ und $j\omega L_2' \mathfrak{J}_2'$, dem Strom $\mathfrak{J}_2'$ um 90° voreilend, setzen sich zur sekundären EMK $\mathfrak{E}_2 = j\omega M' \mathfrak{J}_1$ zusammen. Die Abb. 305a und 305b können nun zu einem Diagramm zusammengesetzt werden nach Abb. 306.

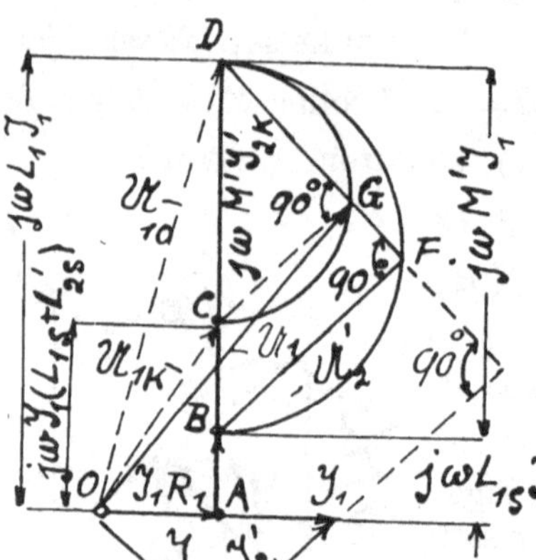

Abb. 306

Aus Abb. 306 ergibt sich für den Leerlauf

$$\mathfrak{U}_{10} = \mathfrak{J}_1 R_1 + j\omega L_{1s} \mathfrak{J}_1 + j\omega M' \mathfrak{J}_1$$
$$= \mathfrak{J}_1 R_1 + j\omega L_1 \mathfrak{J}_1. \qquad \textbf{(406c)}$$

Abb. 306 ergibt also für die Ersatzschaltung des Lufttransformators ein Spannungsdiagramm wie in Abb. 293 in § 91 mit dem Unterschied, daß die Sekundärspannungen auf die Primärseite umgerechnet sind, damit für sämtliche Spannungen ein Maßstab verwendet werden kann. Auch im Diagramm der Abb. 306 bilden die Spannungsvektoren des Sekundärkreises ein rechtwinkliges Dreieck *BDF* mit dem 90°-Winkel im Punkte *F*. In diesem Dreieck ist bei konstantem $\mathfrak{J}_1$ die Hypotenuse $BD = j\omega M' \mathfrak{J}_1$ konstant. Deshalb muß sich bei veränderlicher sekundärer Belastung von $\mathfrak{J}_2' = 0$ $(R_{II} = \infty)$ bis $\mathfrak{J}_2' = \mathfrak{J}_{2k}'(R_{II} = 0)$, also von Leerlauf bis Kurzschluß, die Spitze des Vektors $-\mathfrak{U}_2' = \mathfrak{J}_2' R_{II}'$ auf einem Halbkreis über BD bewegen mit B als Drehpunkt. Aus den ähnlichen Dreiecken CGD und BDF folgt, daß $DG : GF = DC : CB$, so daß, da der Punkt F auf einem Kreisbogen wandert, auch der Punkt G auf einem Kreisbogen mit dem Durchmesser CD wandern muß. Der Vektor $\mathfrak{U}_1$ beschreibt also mit seiner Spitze G einen Halbkreis mit dem Punkt O als Drehpunkt. Aus dem Diagramm der Abb. 306 ergeben sich ferner die primären Spannungen $\mathfrak{U}_{10}$ bei Leerlauf und $\mathfrak{U}_{1k}$ beim ideellen Kurzschluß. **Im Leerlauf ist** $\mathfrak{J}_2' = 0$, daher $\mathfrak{J}_0 = \mathfrak{J}_1$ und $j\omega M' \mathfrak{J}_2' = 0$. Dadurch gibt Gl. (404) für die Primärspannung $\mathfrak{U}_{10} = \mathfrak{J}_1 R_1 + j\omega L_1 \mathfrak{J}_1$, d. h. den Vektor OD und den **Punkt D als Leerlaufpunkt.**

Im ideellen Kurzschluß ist $R_{II} = R_2 + R_n = 0$ und $\mathfrak{J}_{2k}' \approx \mathfrak{J}_1$ nach Gl. (398b) und (400), sowie $-\mathfrak{U}_{2k}' = \mathfrak{J}_{2k}' R_{II}' = 0$. Punkt F wandert also nach B, so daß der Punkt G nach C wandert und $CD = j\omega M' \mathfrak{J}_{2k}'$ ist. **Punkt C ist** also **der Kurzschlußpunkt** und das **Dreieck OAC** das **Kurzschlußdreieck.** Der Vektor OC ist die primäre Kurzschlußspannung $\mathfrak{U}_{1k}$ und AC ihre Blindkomponente, welche nach Gl. (399b) gegeben ist durch $\mathfrak{U}_{1k} \sin \varphi_{1k} = j\omega(L_{1s}\mathfrak{J}_1 + L_{2s}'\mathfrak{J}_1)$. Die Strecke BC stellt also die sekundäre Streuspannung $j\omega L_{2s}'\mathfrak{J}_1 = j\omega L_{2s}'\mathfrak{J}_{2k}'$ im Kurzschluß dar, Die Wirkkomponente der primären Kurzschlußspannung $\mathfrak{U}_{1k} \cos \varphi_{1k}$ hat bei ideellem Kurzschluß gemäß Gl. (399a) den Betrag $I_1 R_1$ und wird in Abb. 306 durch die Strecke OA dargestellt.

Aus dem Spannungsdiagramm der Abb. 306 kann in genau der gleichen Weise wie bei Abb. 293 das Stromdiagramm mit der entsprechenden Ortskurve durch Inversion gezeichnet werden, indem man auf den durch Spiegelung der Vektoren $\mathfrak{U}_{10}$, $\mathfrak{U}_{1k}$ und $\mathfrak{U}_1$ gefundenen Stromrichtungen für $\mathfrak{J}_0$, $\mathfrak{J}_k$ und $\mathfrak{J}_1$ die Beträge dieser Ströme entsprechend aufträgt. Diese Beträge bestimmt man mit Hilfe der Inversionspotenz K. Für die Spitzen der Stromvektoren ergibt sich dann auch hier wie bei Abb. 293 ein Kreis als Ortskurve. Durch Division der Vektoren des Spannungsdiagramms mit I_1 geben die von O aus an den Kreis vom Durchmesser CD unter den Winkeln φ_0, φ_k und φ_1 zum Bezugsvektor gezogenen Vektoren $\mathfrak{Z}_0$, $\mathfrak{Z}_k$ und $\mathfrak{Z}_1$ im Ohmmaßstab nach Größe und Richtung den entsprechenden Gesamtscheinwiderstand $\mathfrak{Z}$ des Transformators für das Primärnetz an. In gleicher Weise stellt dann der Kreis für die Stromvektoren des Stromdiagramms die Ortskurve der Leitwerte $\mathfrak{Y} = \frac{1}{\mathfrak{Z}}$ dar.

c) Streukoeffizienten aus dem Diagramm

Es ist

$$s_1 = \frac{\omega L_1}{\omega M \frac{w_1}{w_2}} = \frac{\omega L_1}{\omega M'} = \frac{I_1 \omega L_1}{I_1 \omega M'} = \frac{AD}{BD}.$$

$$s_2 = \frac{\omega L_2}{\omega M \frac{w_2}{w_1}} = \frac{\omega L_2 \left(\frac{w_1}{w_2}\right)^2}{\omega M \frac{w_2}{w_1}\left(\frac{w_1}{w_2}\right)^2} = \frac{\omega L_2'}{\omega M'} = \frac{I_2' \omega L_2'}{I_2' \omega M'} = \frac{DF}{DG} = \frac{BD}{CD},$$

$$s_1 \cdot s_2 = \frac{AD}{BD} \cdot \frac{BD}{CD} = \frac{AD}{CD},$$

$$\sigma = 1 - \frac{1}{s_1 s_2} = 1 - \frac{CD}{AD} = \frac{AD - CD}{AD} = \frac{AC}{AD},$$

$$\sigma = \frac{\omega I_1 (L_1 s + L_2' s)}{I_1 \omega L_1} \approx \frac{U_{1k}}{U_{10}} \approx \frac{I_0}{I_k}.$$

Für $R_1 = 0$ ist dann genau $\sigma = \frac{U_{1k}}{U_{10}} = \frac{I_0}{I_k}$, wie aus Abb. 306 zu ersehen ist, und außerdem ergibt sich $I_k = \frac{I_0}{\sigma}$.

93. Mehrwellige Ströme

a) Grundwelle und Oberwellen

Spannungswellen von Wechselstrommaschinen und die durch den Einfluß der Belastungswiderstände erzeugten Stromwellen haben in jeder Periode den gleichen Verlauf derart, daß die negative Halbwelle das Spiegelbild ist der positiven Halbwelle in bezug auf die waagrechte Achse. Positive und negative Halbwelle unterscheiden sich also nur durch den Richtungssinn, so daß die Kenntnis einer Halbwelle genügt. Haben die Wellen keinen sinusförmigen Verlauf, dann kann man nach FOURIER jede verzerrte aber periodische Welle zerlegen in eine Sinuswelle mit gleicher Frequenz wie die gegebene Welle und eine Anzahl anderer Sinuswellen mit höherer

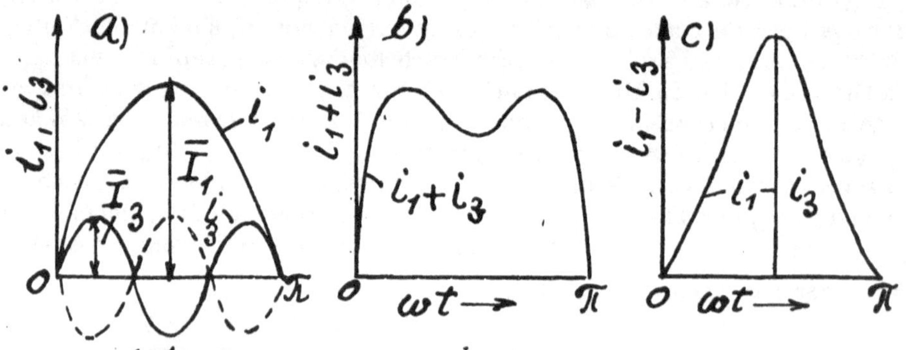

Abb. 307

Frequenz. Die Sinuswelle mit der Frequenz der gegebenen verzerrten Welle heißt **Grundwelle** und die anderen Wellen höherer Frequenz heißen **Oberwellen** und zwar die Welle mit der doppelten Frequenz heißt zweite, die mit der dreifachen Frequenz dritte Oberwelle usw. Die von elektrischen Maschinen erzeugten Spannungs- und Stromwellen haben nur ungeradzahlige Oberwellen, also 3., 5. usw., während die geradzahligen (2., 4. usw.) nicht vorhanden sind; außerdem sind die Halbwellen meist symmetrisch zum Scheitelwert. Abb. 307 zeigt eine sinusförmige Grundwelle i_1 eines Wechselstromes mit einer sinusförmigen dritten Oberwelle i_3, deren Scheitelwert $\bar{I}_3 = \frac{\bar{I}_1}{3}$ ist. Es sind auch die Wellen

$$i_1 + i_3 = \bar{I}_1 \sin \omega t + \bar{I}_3 \sin 3\,\omega t \qquad \textbf{(407a)}$$

und

$$i_1 - i_3 = \bar{I}_1 \sin \omega t - \bar{I}_3 \sin 3\,\omega t \qquad \textbf{(407b)}$$

gezeichnet.

b) Zerlegung symmetrischer Wellen

Die Zerlegung einer durch Messung ermittelten Spannungs- oder Stromkurve in Grund- und Oberwellen heißt **harmonische Analyse.** Außer einer meßtechnischen Bestimmung der Oberwellen gibt es zur Analysierung von Kurven eine Anzahl graphischer Verfahren. Die symmetrischen Wellen enthalten, wie oben schon ausgeführt, nur Oberwellen ungerader Ordnungszahl, setzen sich also aus ungeradzahligen Sinus- und Kosinusgliedern zusammen bei gleichen Halbwellen. Wenn auch noch Symmetrie besteht bzgl. der beiden Viertelwellen, wie in Abb. 307, dann fehlen die Kosinusglieder ganz und es kommen nur ungeradzahlige Sinuswellen vor. Für symmetrische Wellen, die keine Oberwellen von mehr als der fünffachen Frequenz aufweisen, kann die Zerlegung gemäß Abb. 308 vorgenommen werden. Man teilt die Grundlinie der Halbwelle in sechs gleiche Teile und mißt die zugehörigen Wellenhöhen h_1, h_2 und h_3 der gegebenen Welle. Man setzt die Wellenhöhe für den Phasenwinkel $\alpha = \omega t$ gleich

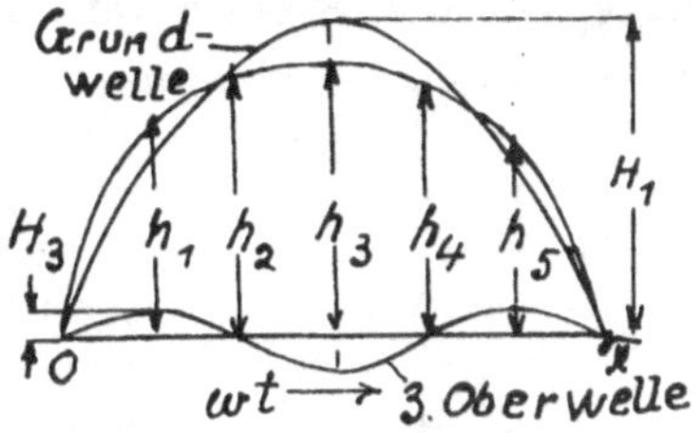

Abb. 308

$$h = H_1 \sin \alpha + H_3 \sin 3\alpha + H_5 \sin 5\alpha. \qquad \textbf{(408)}$$

Die Gleichung gibt h_1 für $\alpha = 30°$, h_2 für $\alpha = 60°$ und h_3 für $\alpha = 90°$. Durch Auflösung der drei Gleichungen, welche die Formel (408) liefert, ergeben sich der Scheitelwert der **Grundwelle**

$$H_1 = \frac{1}{3}(h_1 + h_2\sqrt{3} + h_3), \qquad \textbf{(408a)}$$

der Scheitelwert der **Oberwelle** mit der **dreifachen Frequenz**

$$H_3 = \frac{1}{3}(2h_1 - h_3) \qquad \textbf{(408b)}$$

und der Scheitelwert der **Oberwelle** mit der **fünffachen Frequenz**

$$H_5 = \frac{1}{3}(h_1 - h_2\sqrt{3} + h_3)\,. \qquad \textbf{(408c)}$$

In Abb. 308 ist nur die dritte Oberwelle gezeichnet. Die Grundwelle ergibt sich dadurch, daß an jeder Stelle die Summe der Ordinaten der Grundwelle und der Oberwelle gleich der Ordinate der gegebenen Welle ist. Die Grundwelle und ihr Scheitelwert ist von besonderer Bedeutung. Das Verhältnis aus den Effektivwerten der Grundwelle und der Gesamtwelle heißt **Verzerrungsfaktor.**

Für $\alpha = 30°$ gibt Gl. (408) $h_1 = \frac{H_1}{2} + H_3 + \frac{H_5}{2}$.

Für $\alpha = 60°$ „ „ „ $h_2 = H_1\frac{\sqrt{3}}{2} - H_5\frac{\sqrt{3}}{2}$.

Für $\alpha = 90°$ „ „ „ $h_3 = H_1 - H_3 + H_5$.

Aus diesen drei Gleichungen ergeben sich die Scheitelwerte H_1, H_3 und H_5 gemäß den Gl. (408a, b und c).

Von besonderer Bedeutung sind die rechteckige, trapezförmige und dreieckige Kurvenform.

Rechteckige Welle

Ist I der konstante Wert des rechteckigen Stromes, dann ist nach Gl. (408a) der Scheitelwert der Grundwelle $\approx I + \frac{1}{3}I \approx \frac{4}{3}I = \frac{4}{\pi}I$ und die rechteckige Stromkurve wird dargestellt durch die Gleichung

$$i = \frac{4I}{\pi}\left(\sin\omega t + \frac{1}{3}\sin 3\,\omega t + \frac{1}{5}\sin 5\,\omega t + \cdots\right). \qquad \textbf{(409)}$$

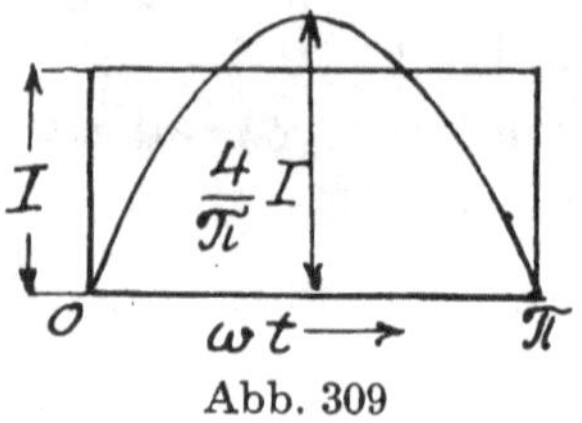

Abb. 309

Nun gibt es zwar theoretisch unendlich viele Oberwellen, aber der Höchstwert der einzelnen Wellen nimmt im umgekehrten Verhältnis der Ordnungszahl ab. Eine rechteckige Spannungskurve würde ein Wechselstromgenerator ergeben bei konstantem Luftspalt und großer Polbedeckung.

Trapezförmige Welle

Die Stromkurve der Abb. 310 hat die Form eines gleichschenkligen Trapezes. Eine trapezförmige Spannungskurve entsteht z. B. bei einer Polbedeckung von $^2/_3$ der Polteilung, welche auch bei Wechselstromgeneratoren ausgeführt wird statt der schwierig herzustellenden Anordnung mit sinusförmig verteilter Erregerwicklung. Für eine Trapezwelle ergibt sich für den Scheitelwert der Grundwelle

$$H_1 = \frac{4I}{\pi\beta}\sin\beta\,,$$

so daß die Trapezwelle dargestellt wird durch die Gleichung

$$i = \frac{4I}{\pi\beta}\left(\sin\beta\sin\omega t + \frac{1}{9}\sin 3\beta\sin 3\omega t + \frac{1}{25}\sin 5\beta\sin 5\omega t + \cdots\right). \quad \textbf{(410)}$$

Von Bedeutung ist eine Trapezwelle mit $\beta = \frac{\pi}{3} = 60°$ gemäß Abb. 310. Für $\beta = \frac{\pi}{3} = 60°$ ist, da $\sin 3\beta = \sin 180° = 0$ und $\sin\beta = \sin 60° = \frac{\sqrt{3}}{2} = -\sin 5\beta = -\sin 300° = +\sin 7\beta = +\sin 420°$ usw., sowie $\frac{4I}{\pi\beta} = \frac{4I}{\frac{\pi^2}{3}} = \frac{12I}{\pi^2}$, also $\frac{4I}{\pi\beta}\sin\beta = \frac{12I}{\pi^2}\frac{\sqrt{3}}{2} = \frac{6\sqrt{3}}{\pi^2}I$. Es gilt dann für eine Welle nach Abb. 310 die Gleichung

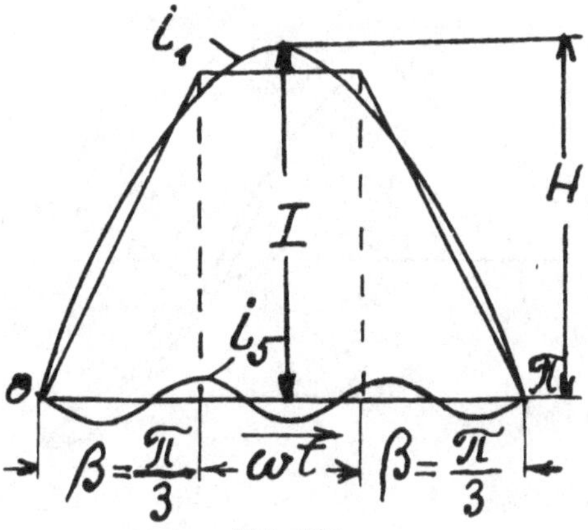

Abb. 310

$$i = \frac{6\sqrt{3}}{\pi^2} I\left(\sin\omega t - \frac{1}{25}\sin 5\,\omega t + \frac{1}{49}\sin 7\,\omega t - + \cdots\right). \quad \textbf{(410a)}$$

Bei einer Trapezwelle mit $\beta = \frac{\pi}{3}$ tritt eine dritte Oberwelle nicht auf, die fünfte ist schon sehr schwach und die siebente kann schon vernachlässigt werden.

Dreieckwelle

Für $\beta = 90° = \frac{\pi}{2}$ wird aus der Trapezwelle eine Welle von der Form eines gleichschenkligen Dreiecks. Ist I der Scheitelwert des Dreiecks, dann ist die Gleichung der Dreieckswelle mit $\beta = \frac{\pi}{2}$ und dadurch $\sin\beta = 1$ und dem Scheitelwert der Grundwelle

$$H_1 = \frac{4I}{\pi\beta}\sin\beta = \frac{4I}{\frac{\pi^2}{2}} = \frac{8I}{\pi^2},$$

sowie unter Beachtung, daß

$$\sin\frac{\pi}{2} = \sin\frac{3\pi}{2} = \sin\frac{5\pi}{2} = 1,$$

$$i = \frac{8I}{\pi^2}\left(\sin\omega t - \frac{1}{9}\sin 3\,\omega t + \frac{1}{25}\sin 5\,\omega t \pm \cdots\right). \quad \textbf{(411)}$$

Die Welle hat eine dritte Oberwelle und ist daher nicht günstig.

Kurven mit unsymmetrischen Viertelwellen

Wellen mit symmetrischen Viertelwellen, wie sie bisher betrachtet wurden, enthalten in der Fourierschen Reihe nur Sinusglieder. Wellen, die je Viertelperiode unsymmetrisch sind, wie z. B. die Stromkurve einer Eisendrossel in Abb. 269, enthalten außer den ungeradzahligen Sinusgliedern auch ungeradzahlige Kosinusglieder. Bezeichnen A_1, A_3, A_5 usw. die Scheitelwerte der Sinuswellen und B_1, B_3, B_5 usw. die Scheitelwerte der Kosinuswellen, dann lautet die Gleichung für eine verzerrte Welle mit symmetrischen Halbwellen, aber unsymmetrischen Viertelwellen

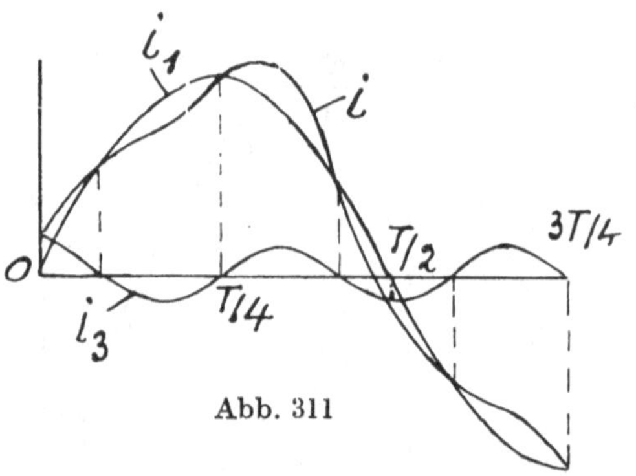

Abb. 311

$$i = A_1 \sin \omega t \pm A_3 \sin 3\,\omega t \pm A_5 \sin 5\,\omega t \pm \cdots + B_1 \cos \omega t \pm B_3 \cos 3\,\omega t \pm B_5 \cos 5\,\omega t \pm \cdots. \quad \textbf{(412)}$$

So hat z. B. eine Stromkurve mit einer Sinusgrundwelle $i_1 = \overline{I}_1 \sin \omega t$ und einer dritten Kosinusoberwelle $i_3 = \overline{I}_3 \cos 3\,\omega t$

$$i = i_1 + i_3 = \overline{I}_1 \sin \omega t + \overline{I}_3 \cos 3\,\omega t$$

die Form der Abb. 311, wie sich durch Addition der Augenblickswerte ergibt. Die Welle hat die gleiche Gestalt wie die Welle des Stromes i_μ in Abb. 269.

c) Effektivwert und Leistung verzerrter Strom- und Spannungswellen

Ist I der Effektivwert einer verzerrten Stromwelle, I_1 der Effektivwert der Grundwelle und I_3, I_5, I_7 usw. die Effektivwerte der entsprechenden Oberwellen, dann bewirken Grund- und Oberwellen in einem konstanten Wirkwiderstand R, wie er bei niedrigen Frequenzen angenommen werden kann, je für sich eine entsprechende Wärmeleistung $I_1^2 R$, $I_3^2 R$, $I_5^2 R$ usw. und zwar gleichgültig, ob es sich um eine Sinus- oder Kosinuswelle handelt. Die Gesamtwärmeleistung ist demnach

$$N_w = I_1^2 R + I_3^2 R + I_5^2 R + \cdots = R(I_1^2 + I_3^2 + I_5^2 + \cdots).$$

Nun ist bei einem Effektivwert I des verzerrten Wechselstromes die gesamte in Wärme verwandelte Energie auch $I^2 R$, so daß

$$N_w = I^2 R = (I_1^2 + I_3^2 + I_5^2 + \cdots) R, \quad \textbf{(413)}$$

woraus sich ergibt

$$I = \sqrt{I_1^2 + I_3^2 + I_5^2 + \cdots}. \quad \textbf{(414a)}$$

Desgleichen ist der Effektivwert einer verzerrten Spannungswelle

$$U = \sqrt{U_1^2 + U_3^2 + U_5^2 + \cdots}. \quad \textbf{(414b)}$$

Der Effektivwert einer verzerrten Welle ist der Wurzelwert aus der Summe der Quadrate der Effektivwerte von Grundwelle und sämtlicher Oberwellen der verzerrten Welle.

Zerlegt man Spannungs- und Stromwelle, welche im allgemeinen eine Phasenverschiebung $\pm\varphi$ gegeneinander besitzen, in Grund- und Oberwellen, dann sind die Augenblickswerte ganz allgemein

$$u = u_1 + u_2 + u_3 + \cdots \text{ und } i = i_1 + i_2 + i_3 + \cdots.$$

Die Augenblicksleistung N_t ist gleich dem Produkt der beiden Ausdrücke, also $N_t = u \cdot i = (u_1 + u_2 + u_3 + \cdots)(i_1 + i_2 + i_3 + \cdots)$. Durch die Multiplikation erhält man Produkte, deren Faktoren gleiche Frequenz haben, z. B. $u_1 i_1$, $u_2 i_2$, $u_3 i_3$ usw., als auch Produkte, deren Faktoren ungleiche Frequenz haben, wie z. B. $u_1 i_2$, $u_1 i_3$, $u_2 i_1$, $u_2 i_3$ usw. **Nach § 88 Ziff. 2 geben Spannungs- und Stromwellen gleicher Frequenz eine mittlere Leistung**

$$N_1 = U_1 I_1 \cos\varphi_1,\ N_2 = U_2 I_2 \cos\varphi_2,\ N_3 = U_3 I_3 \cos\varphi_3 \text{ usw.}$$

Bei Spannungs- und Stromwellen **ungleicher** Ordnungszahl z. B.

$$u_1 = \bar{U}_1 \sin\omega t = \bar{U}_1 \sin\alpha$$

und

$$i_2 = \bar{I}_2 \sin(2\,\omega t \pm \varphi) = \bar{I}_2 \sin(2\,\alpha \pm \varphi)$$

ist die Augenblicksleistung

$$u_1 i_2 = \bar{U}_1 \bar{I}_2 \sin\alpha \sin(2\,\alpha \pm \varphi)$$

und nach § 88, Ziff. 2 ist dann die mittlere Leistung

$$N_{12} = \frac{\bar{U}_1 \bar{I}_2}{\pi}\left[\cos\varphi \int_0^\pi \sin\alpha \sin 2\,\alpha\, d\alpha \pm \sin\varphi \int_0^\pi \sin\alpha \cos 2\,\alpha\, d\alpha\right].$$

Da aber sowohl $\int_0^\pi \sin\alpha \sin 2\,\alpha\, d\alpha = 0$, als auch $\int_0^\pi \sin\alpha \cos 2\,\alpha\, d\alpha = 0$, so ist auch $N_{12} = 0$. Daraus ergibt sich:

Spannungs- und Stromwellen verschiedener Frequenz ergeben während einer Periode keine mittlere Leistung.

Als mittlere Leistung einer verzerrten Spannungs- und Stromwelle bleibt also nur die Leistung der Grundwellen und die Leistungen der Oberwellen **gleicher** Frequenzen, so daß, da die Wellen nur Oberwellen von ungerader Ordnungszahl besitzen,

$$N = N_1 + N_3 + N_5 + \cdots = U_1 I_1 \cos\varphi_1 + U_3 I_3 \cos\varphi_3 + U_5 I_5 \cos\varphi_5 + \cdots$$

Besitzt also eine verzerrte Spannungswelle den Effektivwert

$$U = \sqrt{U_1^2 + U_3^2 + U_5^2 + \cdots}$$

und eine verzerrte Stromwelle den Effektivwert

$$I = \sqrt{I_1^2 + I_3^2 + I_5^2 + \cdots}$$

dann ergeben sie eine Gesamtleistung

$$N = U_1 I_1 \cos\varphi_1 + U_3 I_3 \cos\varphi_3 + U_5 I_5 \cos\varphi_5 + \cdots \qquad \textbf{(415)}$$

Die Gesamtleistung verzerrter Spannungs- und Stromwellen ist gleich der Summe der Einzelleistungen der Grundwellen und der Oberwellen gleicher Frequenz.

Ist das Produkt der Effektivwerte U und I einer verzerrten Spannungs- und Stromwelle die **Scheinleistung**

$$N_s = U I, \qquad \textbf{(416a)}$$

dann bezeichnet man auch hier das Verhältnis von Wirkleistung N zur Scheinleistung N_s als **Leistungsfaktor**

$$k = \frac{N}{N_s}, \qquad \textbf{(416b)}$$

obwohl k eine reine Zahl ist und keine Winkelfunktion.

d) Einfluß der Widerstandsarten

1) Wirkwiderstand *R*

Wird an einen konstanten Wirkwiderstand R eine verzerrte Spannungswelle u gelegt, dann ist der Augenblickswert des Stromes $i = \frac{u}{R}$. Wegen der Konstanz von $\frac{1}{R} = G$ sind die Werte von i proportional den entsprechenden Werten von u, so daß also Spannungs- und Stromwelle die gleiche Kurvenform haben.

2) Induktiver Widerstand ωL

Durch Integration der Gleichung $u = L\frac{di}{dt}$ ergibt sich

$$i = \frac{1}{L}\int u\,dt. \qquad \textbf{(417)}$$

Für eine verzerrte Welle von der Gleichung

$$u = \bar{U}_1 \sin\omega t + \bar{U}_3 \sin 3\,\omega t + \bar{U}_5 \cos 5\,\omega t$$

ist

$$i = -\frac{\bar{U}_1}{\omega L}\cos\omega t - \frac{\bar{U}_3}{3\,\omega L}\cos 3\,\omega t + \frac{\bar{U}_5}{5\,\omega L}\sin 5\,\omega t. \qquad \textbf{(417a)}$$

Da die Scheitelwerte der Einzelwellen $\frac{\bar{U}_1}{\omega L} = \bar{I}_1$, $\frac{\bar{U}_3}{3\,\omega L} = \bar{I}_3$ und $\frac{\bar{U}_5}{5\,\omega L} = \bar{I}_5$, so erhält man

$$i = -\bar{I}_1 \cos\omega t - \bar{I}_3 \cos 3\,\omega t + \bar{I}_5 \sin 5\,\omega t. \qquad \textbf{(417b)}$$

Weil der induktive Widerstand ωL gemäß Gl. (417a) proportional mit der Ordnungszahl der Oberwelle auf $3\,\omega L$, $5\,\omega L$, $7\,\omega L$ usw. wächst, so werden die **Stromoberwellen** für zunehmende Ordnungszahlen stark abgedämpft, so daß die Stromkurve weniger verzerrt ist als die Spannungskurve und fast sinusförmig verläuft. Eine Drosselspule, insbesondere mit Luftspalt, erzeugt eine Glättung der Stromkurve, wie sie das Oszillogramm der Abb. 312 zeigt.

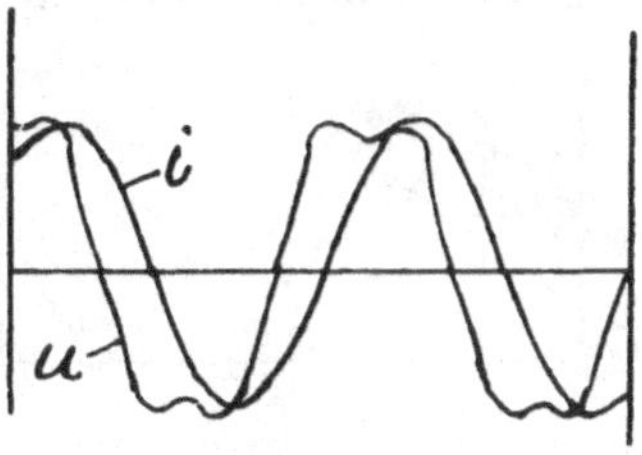

Abb. 312

3) Kapazitiver Widerstand $\frac{1}{\omega C}$

Bei einer Kapazität C an einer Spannung u ist nach Gl. (269) in § 82

$$i = C\frac{du}{dt}. \tag{418a}$$

Für eine verzerrte Spannung

$$u = \bar{U}_1 \sin \omega t + \bar{U}_3 \sin 3\,\omega t - \bar{U}_5 \cos 5\,\omega t$$

ist dann durch Differentiation

$$i = \omega C \bar{U}_1 \cos \omega t + 3\,\omega C \bar{U}_3 \cos 3\,\omega t + 5\,\omega C \bar{U}_5 \sin 5\,\omega t,$$

$$i = \bar{I}_1 \cos \omega t + \bar{I}_3 \cos 3\,\omega t + \bar{I}_5 \sin 5\,\omega t. \tag{418b}$$

Da hier die kapazitiven Leitwerte ωC, $3\,\omega C$, $5\,\omega C$ usw. mit der Ordnungszahl der Oberwellen wachsen, so wächst auch die Stärke der Stromoberwellen mit ihrer Ordnungszahl. Bei kapazitiver Belastung treten, infolge der mit steigender Ordnungszahl der Oberwellen sich verkleinernden kapazitiven Widerstände $\frac{1}{\omega C}$, die Oberwellen in der Stromkurve viel stärker in Erscheinung als bei der Spannungswelle, wie Abb. 313 zeigt. Deshalb benutzt man auch Kondensatoren zum Nachweis nicht deutlich erkennbarer Oberwellen einer Spannungskurve.

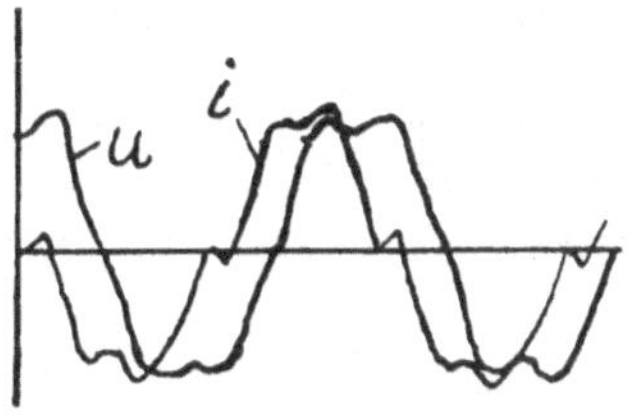

Abb. 313

e) Misch- oder Wellenstrom

Bei einem in den Halbwellen symmetrischen Wechselstrom (Abb. 269 und 311) ist für eine volle Periode der arithmetische Mittelwert gleich Null. Dagegen ergibt sich beim Misch- oder Wellenstrom der Abb. 314 ein arithmetischer Mittelwert I_{mi}, weil der Flächeninhalt einer positiven Halbwelle nicht mehr gleich dem Inhalt einer negativen Halbwelle ist. Der arithmetische Mittelwert des Wellenstromes heißt der **Gleichstrom-**

anteil I_g des Wellenstromes. Der Wellenstrom besteht also aus dem konstanten Gleichstromanteil $i_g = I_g$ und einem überlagerten Wechselstrom i_w.

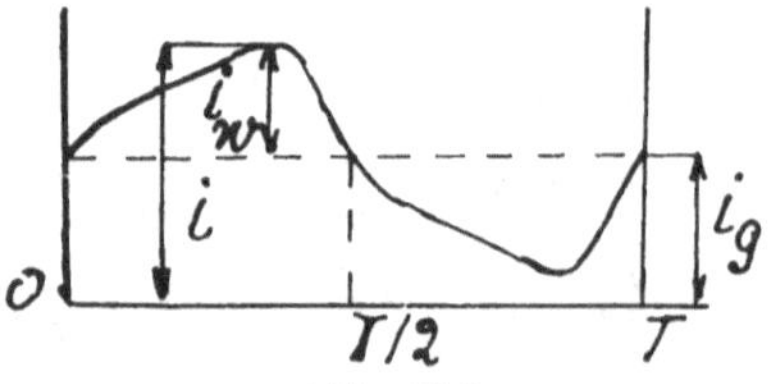

Abb. 314

Den Wellenstrom i kann kein Gleichstrominstrument anzeigen, weil es nur den Gleichstromanteil i_g angibt, nicht aber den überlagerten Wechselstrom i_w. Zur Messung des Wellenstromes i muß also ein Wechselstrominstrument verwendet werden (Hitzdrahtinstrument oder Dynamometer), welches dann den Effektivwert I des Wellenstromes anzeigt. Mißt man außerdem den Gleichstromanteil I_g mit einem Drehspulinstrument, dann ist gemäß Gl. (414a), wenn I_w den Effektivwert des überlagerten Wechselstromes bedeutet, der Effektivwert des Wellenstromes

$$I^2 = I_g^2 + I_w^2 = I_g^2 + (I_1^2 + I_3^2 + I_5^2 + \cdots), \quad \textbf{(419a)}$$

$$I = \sqrt{I^2} = \sqrt{I_g^2 + (I_1^2 + I_3^2 + I_5^2 + \cdots)}. \quad \textbf{(419b)}$$

Der Effektivwert I eines Wellenstromes ist also die Wurzel aus der Summe vom Quadrat des Gleichstromanteils und den Quadraten der Effektivströme der Grund- und sämtlicher Oberwellen des Wechselstromes.

94. Der Drehstrom (Dreiphasenstrom)

a) Erzeugung der Phasenspannungen

Der Drehstromerzeuger (Drehstromgenerator) besteht wie der Wechselstromgenerator aus einem ringförmigen stillstehenden Anker mit der Wicklung am inneren Umfang und aus einem sich innerhalb des Ankers

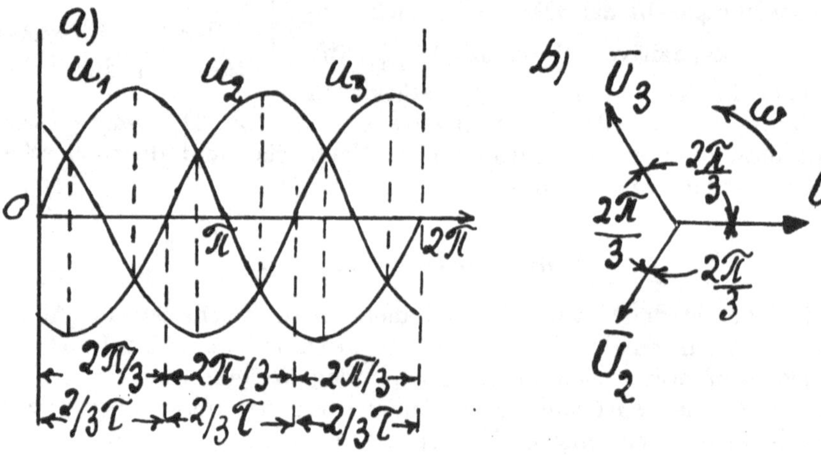

Abb. 315

drehenden Magnet, der als Schenkelpolrad oder Vollpolläufer ausgeführt und mit Gleichstrom erregt ist. Während aber die Wechselstrommaschine nur eine einzige Wicklung besitzt, deren am ganzen Ankerumfang verteilte Spulen sämtlich hintereinander geschaltet sind, hat der Drehstromerzeuger drei voneinander unabhängige Wicklungen am Ankerumfang, welche **Wicklungsstränge oder Phasen** heißen. Die Drähte bzw. Spulen eines jeden Wicklungsstranges sind für sich hintereinander geschaltet und so am Anker verteilt, daß die Spulenseiten eines Wicklungsstranges von denen eines anderen nicht überdeckt werden. Da nun in jedem Strang

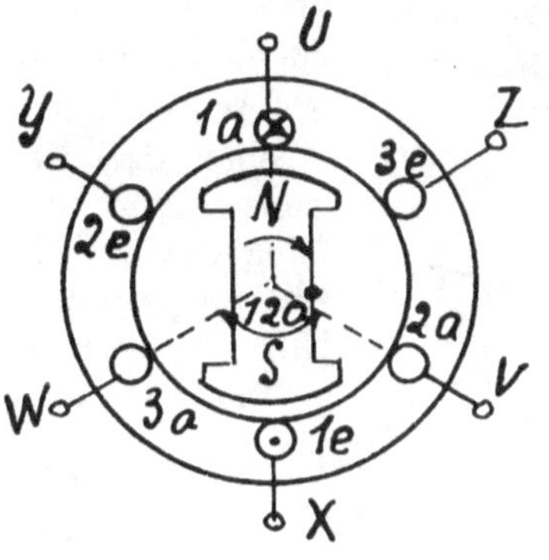

Abb. 316a

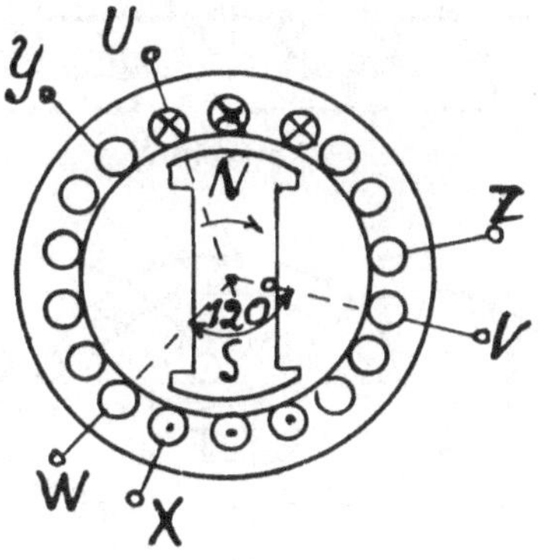

Abb. 316b

eine volle Spannungswelle bei der Drehung des Magneten um eine doppelte Polteilung 2τ erzeugt wird, so muß jede doppelte Polteilung je eine oder eine gleiche Zahl Spulen der **drei** Stränge enthalten. Innerhalb einer jeden doppelten Polteilung sind nun die Spulen der drei Stränge im Anker so angeordnet, daß sie räumlich um $^1/_3$ der doppelten Polteilung 2τ bzw. um $^2/_3$ der Polteilung τ verschoben sind. Dann haben die in den einzelnen Strängen erzeugten **Phasenspannungen** eine Phasenverschiebung von 120°, wodurch man das praktisch wichtige **Dreiphasensystem** erhält.

Die in den einzelnen drei Strängen erzeugten Phasenspannungen ergeben also dann drei, zeitlich um 120° versetzte Spannungswellen mit den Augenblickswerten $u_1 = \overline{U}_1 \sin \omega t$, $u_2 = \overline{U}_2 \sin\left(\omega t - \frac{2\pi}{3}\right)$ und $u_3 = \overline{U}_3 \sin\left(\omega t - \frac{4\pi}{3}\right)$. Die drei Phasenspannungen werden dann in einem Liniendiagramm durch drei um $\frac{2\pi}{3}$ zeitlich verschobene Spannungswellen u_1, u_2 und u_3 und in einem Zeigerdiagramm durch drei um 120° versetzte Zeiger dargestellt (Abb. 315).

Nach den obigen Ausführungen besitzt eine Dreiphasenwicklung mindestens drei Nuten je Polteilung oder ein Vielfaches davon, also sechs oder neun Nuten je Polteilung. Abb. 316a zeigt eine zweipolige Dreiphasenwicklung mit drei Nuten je Polteilung, Abb. 316b mit neun Nuten je Polteilung. Die Anfänge der drei Phasen werden mit U, V und W, ihre Enden beziehentlich mit X, Y und Z bezeichnet.

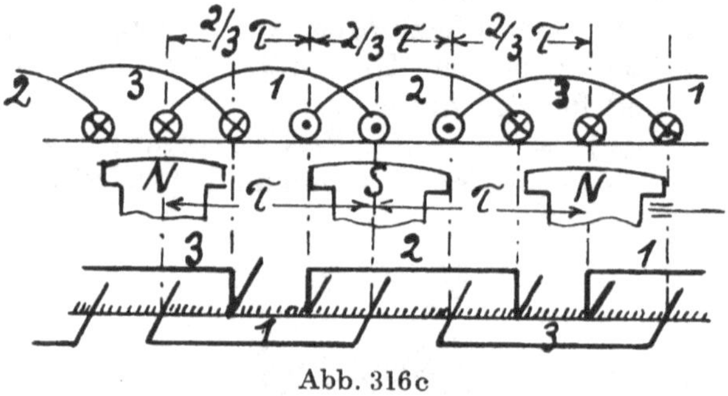

Abb. 316c

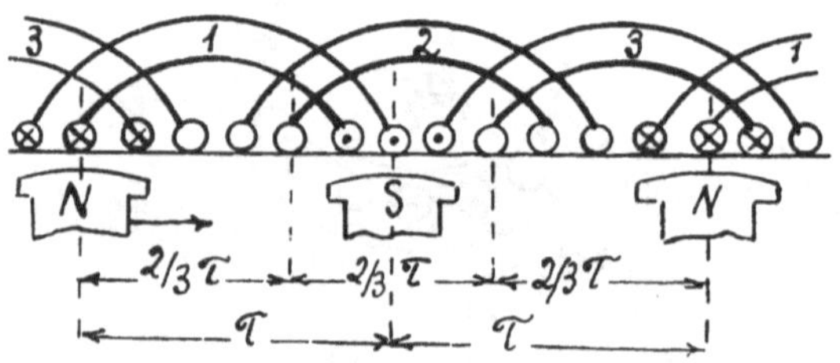

Abb. 316d

Abb. 316c zeigt eine $2p$-polige Dreiphasenwicklung mit drei Nuten je Polteilung und Abb. 316d mit sechs Nuten je Polteilung. Die Wicklungsköpfe müssen wie in der Abb. 316c entsprechend abgekröpft werden.

Aus Abb. 317a ist zu ersehen, daß die algebraische Summe der Augenblickswerte der drei Phasenspannungen gleich Null ist, ebenso wie ihre geometrische Summe.

$$U_1 - U_2 \cos 60^\circ - U_3 \cos 60^\circ = U_1 - \frac{U_2}{2} - \frac{U_3}{2} = 0,$$

weil $U_1 = U_2 = U_3$. Desgleichen ergibt sich aus Abb. 317b, daß bei gleicher Belastung der drei Phasen, d. h. $I_1 = I_2 = I_3$ und $\varphi_1 = \varphi_2 = \varphi_3$, auch die algebraische Summe der Augenblickswerte der drei Phasenströme gleich Null ist, ebenso wie ihre geometrische Summe.

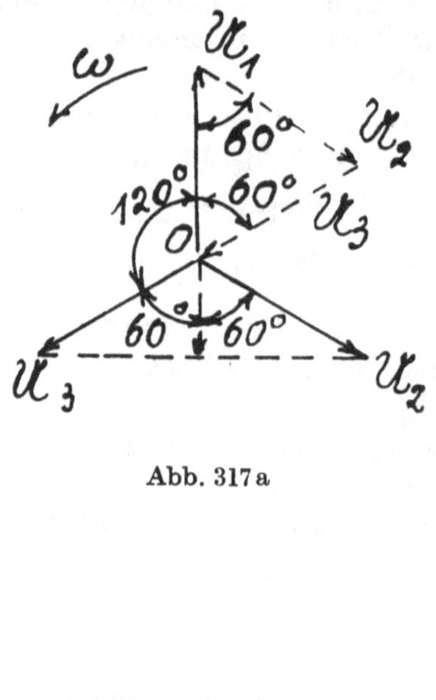

Abb. 317a

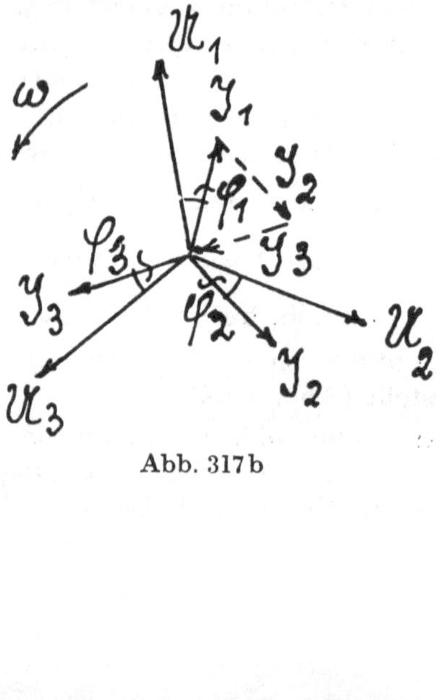

Abb. 317b

b) Schaltung der drei Wicklungsstränge

Zur Fortleitung der drei Phasenströme I_1, I_2 und I_3 könnte man Anfang und Ende einer jeden Strangwicklung durch Leitungen zu Verbrauchern führen, wodurch dann sechs Fernleitungen nötig wären. Auf Grund der eben festgestellten Beziehungen zwischen den drei Phasenspannungen bzw. den drei Phasenströmen faßt man zur Ersparnis von Fernleitungen die drei Strangwicklungen entweder in **Gegenreihenschaltung** durch Verbindung der drei Enden zur **Sternschaltung**, oder in **Summenreihenschaltung** durch Verbindung des Endes einer Phase mit dem Anfang der nächsten zur **Dreieckschaltung** zusammen. Man erhält dann statt drei Einphasenwechselströme mit sechs Leitungen drei miteinander verkettete Wechselströme, den verketteten **Dreiphasen-** oder **Drehstrom** mit nur drei Fernleitungen, die mit *R*, *S* und *T* bezeichnet werden und zur Kennzeichnung die Farben gelb, grün und violett erhalten. Stellt man wie üblich die Wicklungsstränge durch drei achsial gewickelte Spulen mit um 120° gegeneinander verschobenen Achsen dar, dann zeigt **Abb. 318a das offene Dreiphasensystem, Abb. 318b die Sternschaltung** und **Abb. 318c die Dreieckschaltung.**

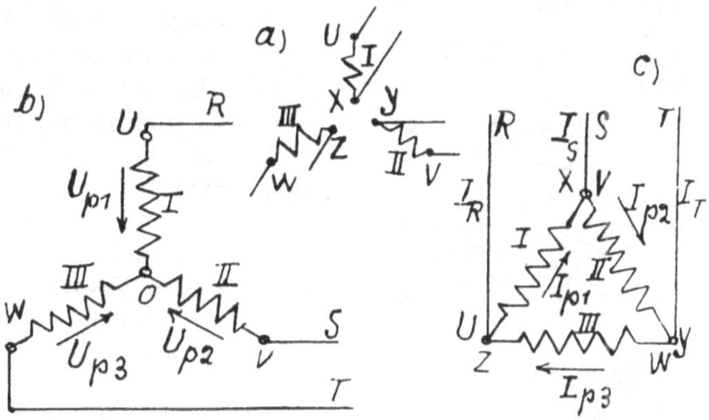

Abb. 318

Bei der Sternschaltung (⅄) ist ein Rückleiter nicht nötig, weil im Sternpunkt *O* die Summe der Augenblickswerte der zu- und abfließenden Ströme gleich Null ist, und bei der Dreieckschaltung (△) kann kein Kurzschlußstrom auftreten, weil die Resultierende der drei Phasenspannungen gleich Null ist.

c) Spannungs- und Stromverhältnisse bei ⅄ und △ Schaltung

Die auf die Phasen bezogenen Spannungen, Ströme und Phasenwinkel erhalten den Index *p*. Bei gleicher Belastung der Phasen ist

$$U_{p1} = U_{p2} = U_{p3} = U_p \quad \text{und} \quad I_{p1} = I_{p2} = I_{p3} = I_p,$$

sowie die Phasenwinkel zwischen den **Phasen**spannungen und Strömen

$$\varphi_{p1} = \varphi_{p2} = \varphi_{p3} = \varphi_p.$$

Bei Sternschaltung (Abb. 318b) ist der Phasenstrom I_p identisch mit dem Strom I_l im angeschlossenen Außenleiter, also $I_{p1} = I_R$, $I_{p2} = I_s$ und

$I_{p3} = I_T$, wogegen durch die Gegenreihenschaltung der Phasen die Spannung zwischen zwei Außenleitungen, die sogenannte **verkettete Spannung** U_l, die geometrische Differenz ist der dazwischenliegenden Phasenspannungen, also $\mathfrak{U}_{RS} = \mathfrak{U}_{12} = \mathfrak{U}_{p1} - \mathfrak{U}_{p2}$, $\mathfrak{U}_{ST} = \mathfrak{U}_{23} = \mathfrak{U}_{p2} - \mathfrak{U}_{p3}$ und $\mathfrak{U}_{TR} = \mathfrak{U}_{31} = \mathfrak{U}_{p3} - \mathfrak{U}_{p1}$.

Bei Dreieckschaltung (Abb. 318c) ist dagegen die verkettete Spannung U_l zwischen zwei Außenleitern gleich der dazwischenliegenden Phasenspannung U_p, also $U_{RS} = U_{12} = U_{p1}$, $U_{ST} = U_{23} = U_{p2}$ und $U_{TR} = U_{31} = U_{p3}$, während der verkettete Strom I_l im Außenleiter gleich ist der geometrischen Differenz der in dem betreffenden Knotenpunkt zu- und abfließenden Phasenströme, also $\mathfrak{J}_S = \mathfrak{J}_{12} = \mathfrak{J}_{p1} - \mathfrak{J}_{p2}$, $\mathfrak{J}_T = \mathfrak{J}_{23} = \mathfrak{J}_{p2} - \mathfrak{J}_{p3}$ und $\mathfrak{J}_R = \mathfrak{J}_{31} = \mathfrak{J}_{p3} - \mathfrak{J}_{p1}$. Dabei ist jedoch folgendes zu beachten: Bei der **Sternschaltung** in Abb. 318b ist die positive Richtung der Spannungszeiger für jede Phase von ihrem Anfang zum Sternpunkt eingezeichnet. Vom Außenleiter R über Phase 1 zum Sternpunkt O und über Phase 2 zum Außenleiter S ist Spannung $\mathfrak{U}_{p1}$ positiv und $\mathfrak{U}_{p2}$ negativ. Deshalb ist die Spannung $\mathfrak{U}_{RS}$ zwischen den Außenleitern R und S zu ermitteln durch die geometrische Subtraktion der Spannung $\mathfrak{U}_{p2}$ von $\mathfrak{U}_{p1}$ im Vektordiagramm der Abb. 319. Die gleiche Vorschrift gilt für die Bestimmung der verketteten Spannungen $\mathfrak{U}_{ST}$ und $\mathfrak{U}_{TR}$. Aus Abb. 319 ergibt sich, daß die drei verketteten Spannungen $\mathfrak{U}_{RS}$, $\mathfrak{U}_{ST}$ und $\mathfrak{U}_{TR}$ gleichgroß sind und jede gegen ihren Bezugsvektor um 30° voreilend verschoben ist. Es ist also $\mathfrak{U}_{RS} = \mathfrak{U}_{ST} = \mathfrak{U}_{TR} = \mathfrak{U}_l$ und es ergibt sich der Betrag der verketteten Spannung aus der Phasenspannung U_p

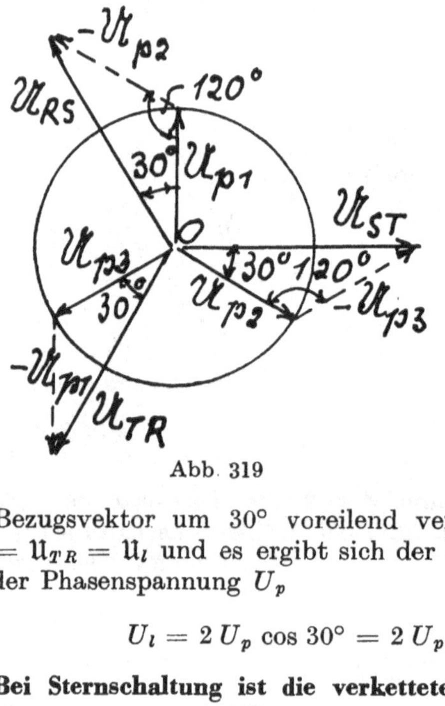

Abb. 319

$$U_l = 2\,U_p \cos 30° = 2\,U_p \frac{\sqrt{3}}{2} = \sqrt{3}\,U_p = 1{,}73\,U_p. \qquad \textbf{(420a)}$$

Bei Sternschaltung ist die verkettete Spannung des symmetrischen Dreiphasensystems das $\sqrt{3}$-fache der Phasenspannung.

Dagegen ist $I_R = I_S = I_T = I_l$ bei symmetrischem Dreiphasensystem und der Betrag des verketteten Außenleiterstromes

$$I_l = I_p. \qquad \textbf{(420b)}$$

Bei der **Dreieckschaltung** der Abb. 318c sind die Stromvektoren bei gleicher Belastung der drei Phasen $\mathfrak{J}_{p1}$, $\mathfrak{J}_{p2} = \mathfrak{J}_{p1} e^{-j120°}$ und $\mathfrak{J}_{p3} = \mathfrak{J}_{p2} e^{-j120°}$ zeitlich um 120° gegeneinander verschoben und von gleichem Betrag. Die positive Richtung der Stromzeiger im Vektordiagramm der Abb. 318c ist in jeder Phase von ihrem Anfang zu ihrem Ende eingetragen. Für den Strom $\mathfrak{J}_S$ im Außenleiter S ist dann $\mathfrak{J}_{p1}$ der zufließende und $\mathfrak{J}_{p2}$ der abfließende Strom, so daß nach dem 1. KIRCHHOFFschen Gesetz der Strom $\mathfrak{J}_S$ im Vektordiagramm der Abb. 320 die geometrische Differenz ist aus $\mathfrak{J}_{p1}$ und $\mathfrak{J}_{p2}$, also $\mathfrak{J}_S = \mathfrak{J}_{12} = \mathfrak{J}_{p1} - \mathfrak{J}_{p2}$ mit $\mathfrak{J}_{p1}$ als Bezugsvektor. Nach der gleichen Regel ist $\mathfrak{J}_T = \mathfrak{J}_{23} = \mathfrak{J}_{p2} - \mathfrak{J}_{p3}$ und $\mathfrak{J}_R = \mathfrak{J}_{31} = \mathfrak{J}_{p3} - \mathfrak{J}_{p1}$. Da die drei Außenleiterströme bei gleicher Belastung der drei Phasen gleichgroß sind und um 30° gegen den zugehörigen Bezugsvektor voreilend verschoben sind, so ergibt sich $I_R = I_S = I_T = I_l$ und der Betrag des verketteten Stromes aus dem Phasenstrom I_p gemäß Abb. 320 zu

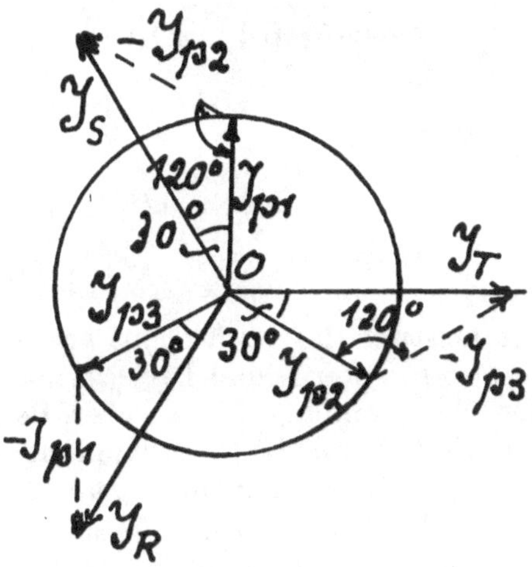

Abb. 320

$$I_l = 2\,I_p \cos 30° = \sqrt{3}\,I_p = 1{,}73\,I_p. \tag{421a}$$

Bei Dreieckschaltung der Phasen ist der verkettete Strom im Außenleiter eines symmetrischen Dreiphasensystems gleich dem $\sqrt{3}$-fachen des Phasenstromes.

Dagegen ist hier $U_{RS} = U_{ST} = U_{TR} = U_l$ und der Betrag der verketteten Spannung gleich der Phasenspannung

$$U_l = U_p. \tag{421b}$$

d) Leistung des Drehstroms

Die Leistung des Drehstroms ist gleich der Summe der Leistungen der drei Phasen. Bei gleicher Belastung der drei Phasen, z. B. Drehstrommotor, sind U_p, I_p und φ_p für alle drei Phasen gleichgroß. Die Leistung einer Phase ergibt sich nach Gl. (356a) zu $N_p = U_p I_p \cos \varphi_p$ und damit die Gesamtleistung der drei gleichbelasteten Phasen

$$N = 3\,U_p I_p \cos \varphi_p. \tag{422}$$

Die Leistung soll nun durch die verketteten Werte von Spannung und Strom für Stern- und Dreieckschaltung ausgedrückt werden.

Für **Sternschaltung** ist:

$$U_l = \sqrt{3}\,U_p, \quad \text{d. h.} \quad U_p = \frac{U_l}{\sqrt{3}}; \quad I_l = I_p,$$

also
$$N = 3\,U_p I_p \cos\varphi_p = 3\,\frac{U_l}{\sqrt{3}}\,I_l \cos\varphi_p\,,$$
$$N = \sqrt{3}\,U_l I_l \cos\varphi_p\,. \qquad \textbf{(422a)}$$

Für **Dreieckschaltung** ist:
$$U_l = U_p;\; I_l = \sqrt{3}\,I_p\,,\; \text{d. h.}\; I_p = \frac{I_l}{\sqrt{3}}\,,$$
also
$$N = 3\,U_p I_p \cos\varphi_p = 3\,U_l\,\frac{I_l}{\sqrt{3}} \cos\varphi_p\,,$$
$$N = \sqrt{3}\,U_l I_l \cos\varphi_p\,. \qquad \textbf{(422b)}$$

Die Leistung des Drehstroms bei **symmetrischer Belastung** der drei Phasen ist also bei Stern- und Dreieckschaltung mit der nämlichen Gleichung aus der Netzspannung U_l zwischen den Außenleitern und dem Außenleiter- oder Netzstrom I_l in Verbindung mit dem Kosinus des Phasenwinkels zwischen **Phasenspannung U_p** und **Phasenstrom I_p** zu berechnen.

Aus der gemessenen Drehstromleistung N und gemessenen verketteten Werten U_l und I_l kann
$$\cos\varphi_p = \frac{N}{\sqrt{3}\,U_l I_l} \qquad \textbf{(422c)}$$
berechnet und dadurch φ_p ermittelt werden.

Es ist nicht nötig, daß Stromerzeuger und Stromverbraucher gleiche Schaltung der Phasen aufweisen. Es kann z. B. der Stromerzeuger Sternschaltung und der Verbraucher Dreieckschaltung besitzen oder umgekehrt. Die letztgenannte Schaltung ist aber nur bei symmetrischer Belastung anwendbar, da sonst die Verbraucher ungleiche Spannungen erhalten.

e) Messung der Drehstromleistung

1) Einphasige Messung

Haben die drei Phasen genau gleiche Belastung, dann ergibt sich die gesamte Drehstromleistung N, wenn man die gemessene Leistung N_p einer Phase mit 3 multipliziert, so daß gemäß Gl. (422)
$$N = 3\,N_p = 3\,U_p I_p \cos\varphi_p\,.$$
Diese Messung von N_p ist bei Sternschaltung mit zugänglichem Sternpunkt O nach Abb. 321a

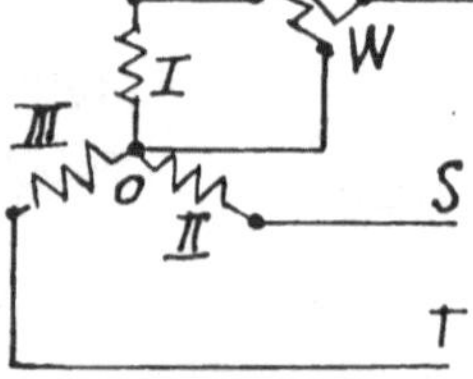

Abb. 321a

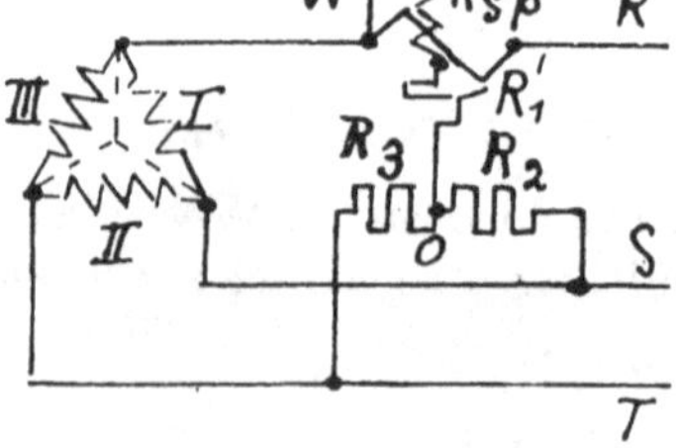

Abb. 321b

leicht auszuführen mit einem Leistungsmesser W. Bei Dreieckschaltung, oder wenn der Sternpunkt O bei Sternschaltung nicht zugänglich ist, muß zur Messung der Phasenleistung ein **künstlicher Nullpunkt** durch eine Schaltung wie in Abb. 321b hergestellt werden. Es geschieht dies durch Verbindung des Leistungsmessers W mit einem sogenannten Nullpunktwiderstand R_0. Er enthält drei Widerstände R_1', R_2 und R_3 derart, daß $R_1 = R_1' + R_{Sp} = R_2 = R_3$ ist, wenn R_{Sp} den Widerstand der Spannungsspule des Leistungsmessers bedeutet. Dadurch sind zwischen jedem der drei Außenleiter R, S und T und dem Nullpunkt O gleichgroße Widerstände geschaltet. Die Größe der Nullpunktswiderstände R_1', R_2 und R_3 ist bestimmt durch den zulässigen Strom I_I in der Spannungsspule des Leistungsmessers W, denn es muß jeder Sternwiderstand $R_1 = R_2 = R_3 = \frac{U_l/\sqrt{3}}{I_I}$ sein, weil die Spannung zwischen O und einem Außenleiter $\frac{U_p}{\sqrt{3}} = \frac{U_l}{\sqrt{3}}$ ist und bei Δ-Schaltung $U_p = U_l$ beträgt. Daß der Leistungsmesser W die Phasenleistung bei dieser Schaltung anzeigt, ergibt sich an Hand der Abb. 321c. Aus den Sternspannungen $\mathfrak{U}_1$, $\mathfrak{U}_2$ und $\mathfrak{U}_3 = \mathfrak{U}$ ergeben sich die verketteten Spannungen $\mathfrak{U}_{p1}$, $\mathfrak{U}_{p2}$, $\mathfrak{U}_{p3} = \mathfrak{U}_p$, welche bei der Dreieckschaltung der Abb. 321b auch die Phasenspannungen sind. I_{p1}, I_{p2} und I_{p3} sind die den Phasenspannungen $\mathfrak{U}_{p1}$, $\mathfrak{U}_{p2}$ und $\mathfrak{U}_{p3}$ um den Phasenwinkel $\varphi_p = \varphi_{p1} = \varphi_{p2} = \varphi_{p3}$ nacheilenden Phasenströme der Dreieckschaltung. Die entsprechenden verketteten oder Außenleiterströme sind I_R, I_S und $I_T = I_l = \sqrt{3}\, I_p$. Dabei ist der Phasenwinkel zwischen den Außenleiterströmen $\mathfrak{J}_l$ und den dazugehörigen Sternspannungen $\mathfrak{U}$ ebenfalls φ_p. Die Stromspule des Leistungsmessers W der Abb. 321b führt den Strom $I_R = I_p\sqrt{3}$, während die Spannungsspule an der Sternspannung U_1 liegt und, da zwischen beiden die Phasenverschiebung φ_p herrscht, so mißt der Leistungsmesser W die Leistung $U_1 I_R \cos\varphi_p = \frac{U_p}{\sqrt{3}}\sqrt{3}\, I_p \cos\varphi_p = U_p\, I_p \cos\varphi_p = N_p$, d. h. die Leistung einer Phase. Die Konstanten des Nullpunktwiderstandes R_0 sind aber so angegeben, daß man durch Multiplikation mit dem Zeigerausschlag des Instruments die gesamte Drehstromleistung $N = 3\, N_p$ erhält.

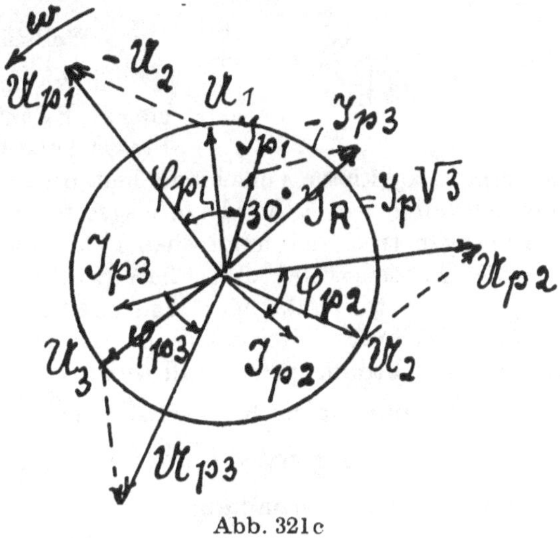
Abb. 321c

2) Zwei-Leistungsmessermethode

Diese Art der Leistungsmessung nach der Schaltung der Abb. 322 ist am gebräuchlichsten und bei symmetrischer und unsymmetrischer Belastung anwendbar, sowohl für Stern- wie für Dreieckschaltung. Die Stromspulen werden in irgend zwei der Außenleitungen geschaltet und die Spannungsspulen an die dritte Außenleitung gelegt.

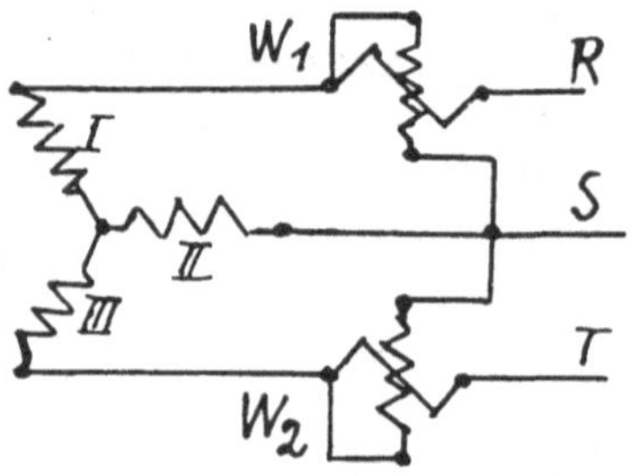

Abb. 322

Beliebige Belastung der Phasen

Sie kommt häufig vor, da eine genau gleiche Belastung sich nicht so leicht in der Praxis herstellen läßt und selbst bei Drehstrommotoren kleine Verschiedenheiten in den Phasenströmen und Phasenwinkeln auftreten. Es wird vorausgesetzt, daß die verketteten und Phasenspannungen trotz der ungleichen Belastung symmetrisch bleiben. Obwohl nun die Phasenströme und Phasenwinkel verschieden sind, so muß doch für jeden Knotenpunkt nach dem Kirchhoffschen Gesetz die algebraische Summe der Augenblickswerte der Ströme und die geometrische Summe der Stromvektoren gleich Null sein.

Es ist dann für die **Sternschaltung:**

$$i_{p1} + i_{p2} + i_{p3} = 0 \text{ und } \mathfrak{J}_R + \mathfrak{J}_S + \mathfrak{J}_T = 0.$$

Für die **Dreieckschaltung** gilt:

$$u_{p1} + u_{p2} + u_{p3} = 0 \text{ und } \mathfrak{U}_{RS} + \mathfrak{U}_{ST} + \mathfrak{U}_{TR} = 0.$$

Die Augenblicksleistung des Dreiphasensystems ist dann als Leistung aller drei Phasen

$$N_t = u_{p1} i_{p1} + u_{p2} i_{p2} + u_{p3} i_{p3} \tag{423a}$$

und die mittlere Dreiphasenleistung nach Gl. (356)

$$N = \frac{1}{T}\int_0^T N_t d\,t = \frac{1}{T}\int_0^T (u_{p1} i_{p1} + u_{p2} i_{p2} + u_{p3} i_{p3})\,dt. \tag{423b}$$

Sternschaltung:

Setzt man $i_{p2} = -i_{p1} - i_{p3}$, dann folgt

$$N = \frac{1}{T}\int_0^T i_{p1}(u_{p1} - u_{p2})\,dt - \frac{1}{T}\int_0^T i_{p3}(u_{p2} - u_{p3})\,dt. \tag{424a}$$

Da nun $u_{p1} - u_{p2} = u_{RS}$ und $u_{p2} - u_{p3} = u_{ST}$ und, wenn φ_1 der Phasenwinkel zwischen $\mathfrak{J}_{p1}$ und $\mathfrak{U}_{RS}$ und φ_2 zwischen $\mathfrak{U}_{ST}$ und $\mathfrak{J}_{p3}$, ergibt die Gleichung (424a)

$$N = U_{RS} I_{p1} \cos\varphi_1 - U_{ST} I_{p3} \cos\varphi_2. \tag{424b}$$

Der Vergleich mit Abb. 322 zeigt, daß $U_{RS} I_{p1} \cos\varphi_1 = N_1$ die vom Leistungsmesser W_1 angezeigte Leistung und $-U_{ST} I_{p3} \cos\varphi_2 = N_2$ die vom Leistungsmesser W_2 gemessene Leistung darstellt. Denn W_1 führt in der Stromspule den Strom $I_{p1} = I_R$ und seine Spannungsspule liegt an der verketteten Spannung U_{RS} und W_2 führt den Strom $I_{p3} = I_T$ und liegt an der verketteten Spannung $-U_{ST}$. Gemäß Abb. 323 ist nun $\varphi_1 = \varphi_{p1} + 30^\circ$ (30° bis $30^\circ + 90^\circ$) und $\varphi_2 = \varphi_{p3} + 150^\circ$ (150° bis $150^\circ + 90^\circ$). Da nun $\cos\varphi_2 = \cos(\varphi_{p3} + 150^\circ)$ stets negativ ist, so ist N_2 stets positiv. Dagegen ist $\cos\varphi_1 = \cos(\varphi_{p1} + 30^\circ)$ nur bis $\varphi_{p1} = 60^\circ$ positiv und für diesen Betrag selbst gleich Null, d. h. der Leistungsmesser W_1 gibt für $\varphi_{p1} = 60^\circ$ oder $\cos\varphi_{p1} = 0{,}5$ keinen Ausschlag und die gesamte Drehstromleistung zeigt der Leistungsmesser W_2 an. Wird $\varphi_{p1} > 60^\circ$, dann ist $\cos\varphi_1 = \cos(\varphi_{p1} + 30^\circ)$ negativ, der Leistungsmesser W_1 schlägt verkehrt aus, seine Spannungsspule muß umgeklemmt werden und sein Ausschlag α_1 von dem Ausschlag α_2 des Leistungsmessers W_2 subtrahiert werden. Es ist also

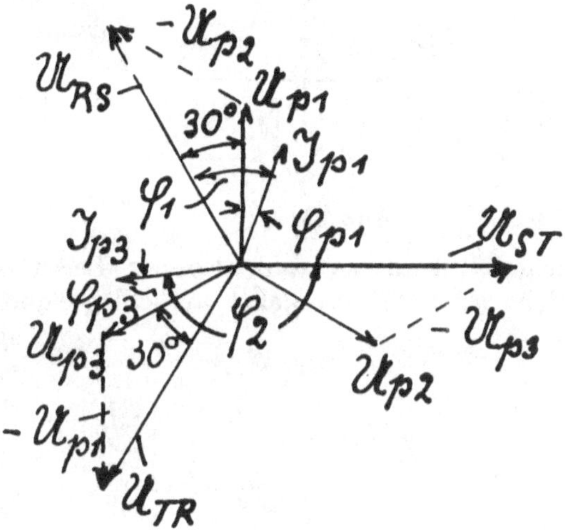

Abb. 323

$$N = \pm N_1 + N_2 = c(\alpha_2 \pm \alpha_1). \qquad \textbf{(424c)}$$

Dreieckschaltung:

Setzt man in Gl. (423b) für $u_{p3} = -u_{p1} - u_{p2}$ dann ergibt sich für die mittlere Leistung des Dreiphasensystems

$$N = -\frac{1}{T}\int_0^T u_{p1}(i_{p3} - i_{p1})\,dt + \frac{1}{T}\int_0^T u_{p2}(i_{p2} - i_{p3})\,dt. \qquad \textbf{(425a)}$$

Da nun $u_{p1} = u_{RS}$ und $u_{p2} = u_{ST}$, sowie $i_{p3} - i_{p1} = i_R$ und $i_{p2} - i_{p3} = i_T$ so folgt, wenn φ_1 den Phasenwinkel zwischen $\mathfrak{J}_R$ und $\mathfrak{U}_{RS}$ und φ_2 den Phasenwinkel zwischen $\mathfrak{J}_T$ und $\mathfrak{U}_{ST}$ bedeutet, aus Gl. (425a)

$$N = -U_{RS} I_R \cos\varphi_1 + U_{ST} I_T \cos\varphi_2. \qquad \textbf{(425b)}$$

Der Vergleich mit Abb. 324 zeigt, daß $-U_{RS} I_R \cos\varphi_1 = N_1$ die vom Leistungsmesser W_1 und $U_{ST} I_T \cos\varphi_2 = N_2$ die vom Leistungsmesser W_2 gemessene Leistung bedeuten. Denn W_1 führt den Strom I_R und liegt an der Spannung U_{RS}, während W_2 den Strom I_T führt und an der

Spannung U_{ST} liegt. Nun ist gemäß Abb. 325 $\varphi_2 = \varphi_{p2} - \beta$, also selbst bei $\varphi_{p2} = 90°$ stets kleiner als 90°. Dadurch ist dann $\cos\varphi_2$ stets positiv und damit auch $N_2 = U_{ST} I_T \cos\varphi_2$. Ferner ist nach Abb, 325 $\varphi_1 = 120° - (\varphi_{p3} - \gamma)$. Solange also $\varphi_{p3} - \gamma < 30°$, d. h. bei $\varphi_{p3} = 90°$ und $\gamma > 60°$, ist $\varphi_1 > 90°$ und damit $\cos\varphi_1$ negativ, wodurch $N_1 = - U_{RS} I_R \cos\varphi_1$ positiv wird. Wenn $\varphi_{p3} - \gamma > 30°$, also bei $\varphi_{p3} = 90°$ und $\gamma < 60°$, ist $\varphi_1 < 90°$ und damit $\cos\varphi_1$ positiv, wodurch $N_1 = - U_{RS} I_R \cos\varphi_1$ negativ wird, so daß also der Leistungsmesser W_1 bei $\varphi_{p3} - \gamma > 30°$, d. h. $\varphi_1 < 90°$, verkehrt ausschlägt und bei umgeklemmter Spannungsspule sein Ausschlag α_1 vom Ausschlag α_2 des Leistungsmessers W_2 subtrahiert werden muß. Bei $\varphi_{p3} - \gamma = 30°$, d. h. $\varphi_1 = 90°$, ist $\cos\varphi_1 = 0$ und $N_1 = 0$, d. h. der Leistungsmesser W_1 zeigt keinen Ausschlag und die gesamte Drehstromleistung wird vom Leistungsmesser W_2 angezeigt. Es ist also auch bei Dreieckschaltung

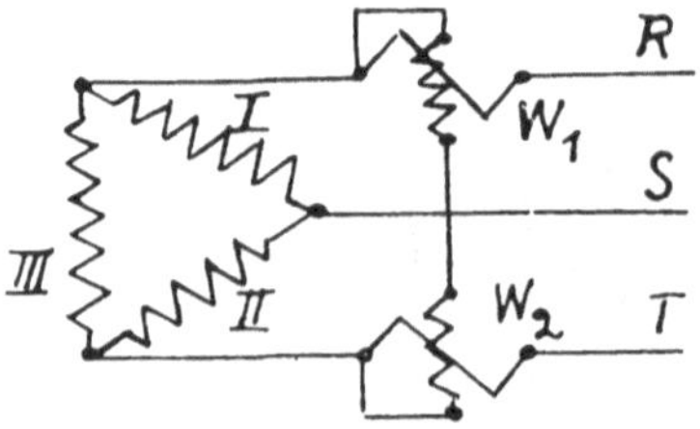

Abb. 324

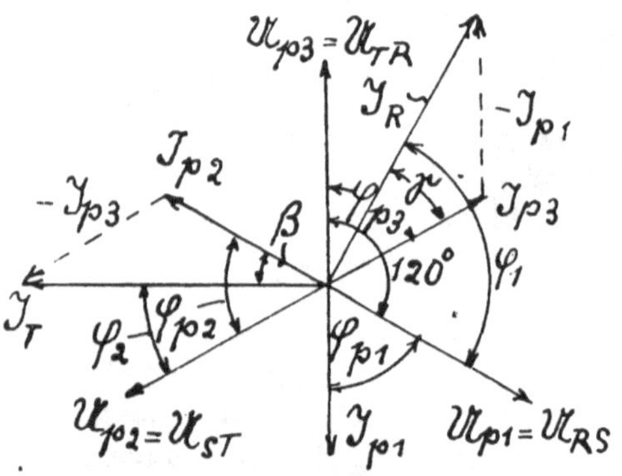

Abb. 325

$$N = \pm N_1 + N_2 = c(\alpha_2 \pm \alpha_1). \qquad \textbf{(425 c)}$$

Besitzt die Sternschaltung einen Nulleiter, dann führt dieser bei unsymmetrischer Belastung Strom. In solchem Fall werden die drei Phasenleistungen einzeln mit drei Leistungsmessern gemessen, wobei an je einen Außenleiter und den Nulleiter ein Leistungsmesser angeschlossen wird gemäß Abb. 326. Sie stellt auch die Schaltung dar, die bei den Nulleiterzählern für Drehstrom verwendet wird.

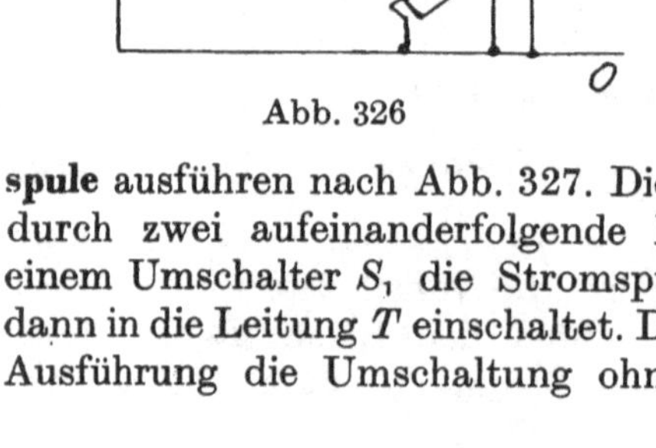

Abb. 326

Die Zweileistungsmesser-Methode kann man bei Stern- und Dreieckschaltung **auch mit einem Leistungsmesser** durch Umschaltung der **Stromspule** ausführen nach Abb. 327. Die Drehstromleistung $N = N_1 + N_2$ wird durch zwei aufeinanderfolgende Messungen bestimmt, indem man mit einem Umschalter S_1 die Stromspule einmal in die Außenleitung R und dann in die Leitung T einschaltet. Der Schalter erlaubt durch eine besondere Ausführung die Umschaltung ohne Stromunterbrechung. Für den Fall, daß der Ausschlag des Leistungsmessers bei einer Schaltung negativ wird, sieht man zur Umschaltung der Spannungsspule ebenfalls einen Umschalter S_2 vor.

Symmetrische Belastung der Phasen

Setzt man in die für beliebige Belastung der Phasen geltenden Formeln (424b) und (425b) die für gleiche Belastung geltenden Spannungen, Ströme und Phasenwinkel ein, dann erhält man die schon aufgestellten Formeln (422a) u. (422b).

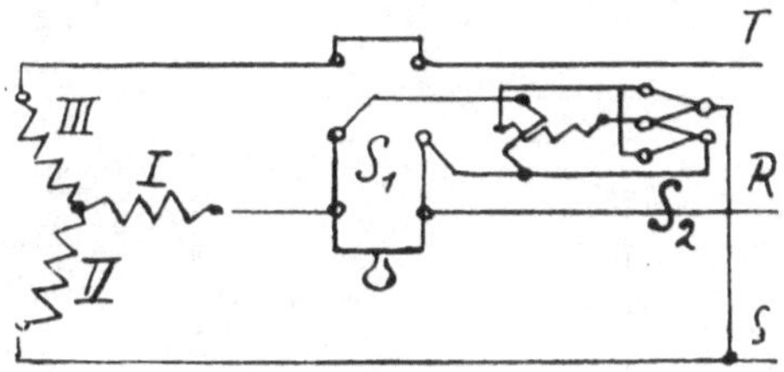

Abb. 327

Sternschaltung:

Es ist

$$I_{p1} = I_{p2} = I_{p3} = I_p = I_l \text{ und } U_{p1} = U_{p2} = U_{p3} = U_p,$$

$$\varphi_{p1} = \varphi_{p2} = \varphi_{p3} = \varphi_p \text{ und } U_{RS} = U_{ST} = U_{TR} = U_l = \sqrt{3}\, U_p.$$

Setzt man in Gl. (424b) $\cos\varphi_1 = \cos(\varphi_p + 30°) = \cos\varphi_p \cos 30° - \sin\varphi_p \sin 30°$ und für $\cos\varphi_2 = \cos(\varphi_p + 150°) = -\cos(30° - \varphi_p) = -(\cos\varphi_p \cos 30° + \sin\varphi_p \sin 30°)$ dann ergibt sich

$$N = U_l I_l (\cos\varphi_1 - \cos\varphi_2) = U_l I_l \cdot 2\cos\varphi_p \cos 30° = U_l I_l\, 2\cos\varphi_p \frac{\sqrt{3}}{2},$$

$$N = \sqrt{3}\, U_l I_l \cos\varphi_p = c(\alpha_2 \pm \alpha_1).$$

Dreieckschaltung:

Es ist

$$I_{p1} = I_{p2} = I_{p3} = I_p \text{ und } I_R = I_S = I_T = I_l = \sqrt{3}\, I_p,$$

$$\varphi_{p1} = \varphi_{p2} = \varphi_{p3} = \varphi_p \text{ und } U_{p1} = U_{p2} = U_{p3} = U_p = U_l.$$

Bei gleicher Belastung der Phasen ist $\gamma = \beta = 30°$ und nach Abb. 325 $\varphi_1 = 150° - \varphi_p$ und $\varphi_2 = \varphi_p - 30°$. Damit ergibt sich $\cos\varphi_1 = \cos(150° - \varphi_p) = -\cos(30° + \varphi_p) = -(\cos 30° \cos\varphi_p - \sin 30° \sin\varphi_p)$ und $\cos\varphi_2 = \cos(\varphi_p - 30°) = \cos\varphi_p \cos 30° + \sin\varphi_p \sin 30°$. Durch Einsetzen in Gl. (425b) ergibt sich

$$N = U_l I_l (-\cos\varphi_1 + \cos\varphi_2) = U_l I_l \cdot 2\cos\varphi_p \cos 30° = U_l I_l \cdot 2\cos\varphi_p \frac{\sqrt{3}}{2},$$

$$N = \sqrt{3}\, U_l I_l \cos\varphi_p = c(\alpha_2 \pm \alpha_1).$$

Die Angaben des Leistungsmessers W_1 hängen bei Stern- und Dreieckschaltung gemäß den Gl. (424b) bzw. (425b) von $\cos(\varphi_p + 30°)$ ab. Für $\varphi_p = 60°$ wird $\cos(\varphi_p + 30°) = \cos 90° = 0$ und W_1 zeigt keinen Ausschlag. Für $\varphi_p > 60°$ wird $\cos(\varphi_p + 30°)$ negativ und W_1 schlägt verkehrt aus. Seine Spannungsspule muß umgeklemmt werden und seine Zeigerangaben von denen des Leistungsmessers W_2 subtrahiert werden.

Bei gleicher Belastung der Phasen und Sternschaltung kann die Drehstromleistung N auch mit einem Leistungsmesser durch **Umschalten der Spannungsspule** ermittelt werden mit der Schaltung der Abb. 328. Die Stromspule wird vom Strom $I_{p2} = I_l$ durchflossen. Liegt der Umschalter S_1 auf dem oberen Kontakt, dann liegt die Spannungsspule an Spannung $-\mathfrak{U}_{RS}$ und man mißt die Leistung N_2, liegt der Umschalter auf dem unteren Kontakt, dann liegt die Spannungsspule an Spannung $\mathfrak{U}_{ST}$ und man mißt die Leistung N_1. Wie man aus Abb. 323 ersehen kann, ist der Phasenwinkel zwischen $\mathfrak{U}_{RS}$ und $\mathfrak{J}_{p2}$ gleich $\varphi_2 = \varphi_p + 150°$ und der Phasenwinkel zwischen $\mathfrak{U}_{ST}$ und $\mathfrak{J}_{p2}$ gleich $\varphi_1 = \varphi_p + 30°$, so daß die vom Leistungsmesser gemessene Gesamtleistung

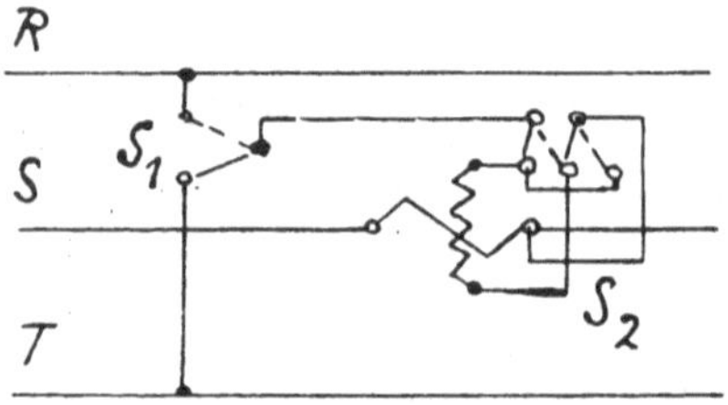

Abb. 328

$$N = -U_{RS} I_{p2} \cos\varphi_2 + U_{ST} I_{p2} \cos\varphi_1 = N_2 + N_1 .$$

$\cos\varphi_2$ ist stets negativ, also $N_2 = -U_{RS} I_{p2} \cos\varphi_2$ stets positiv dagegen $\cos\varphi_1$ für $\varphi_p > 60°$ negativ und damit auch $N_1 = U_{ST} I_{p2} \cos\varphi_1$. Durch Einsetzen von $\cos\varphi_1$ und $\cos\varphi_2$ ergibt sich, wie früher schon ausgeführt,

$$N = U_l I_l \cdot 2 \cos\varphi_p \cos 30° = U_l I_l \cdot 2 \cos\varphi_p \frac{\sqrt{3}}{2} = \sqrt{3}\, U_l I_l \cos\varphi_p = c(\alpha_2 \pm \alpha_1) .$$

Der Umschalter S_2 ist zum Umschalten des Stromes in der Spannungsspule, falls bei N_1 der Ausschlag α_1 negativ wird.

3) Bestimmung des Leistungsfaktors $\cos\varphi_p$

Bei ungleicher Phasenbelastung müssen mit drei Leistungsmessern, drei Spannungs- und drei Strommessern die Leistungen, Spannungen und Ströme der einzelnen Phasen gemessen werden.

Bei gleicher Phasenbelastung genügt die Ausführung der Messung in einer Phase. Ist $N = 3\, N_p$ die Drehstromleistung, U_p und I_p die gemessenen Werte von Spannung und Strom einer Phase, dann ist die Scheinleistung der drei Phasen $N_s = 3\, U_p I_p$ und der Leistungsfaktor

$$\cos\varphi_p = \frac{N}{3\, U_p I_p} = \frac{N}{\sqrt{3}\, U_l I_l} . \tag{426}$$

Meistens wird der Leistungsfaktor mit der Zweileistungsmessermethode bestimmt. Es ist nämlich

$$\frac{N_1}{N_2} = \frac{U_l I_l \cos(\varphi_p + 30°)}{U_l I_l \cos(\varphi_p - 30°)} = \frac{\cos(\varphi_p + 30°)}{\cos(\varphi_p - 30°)} = \frac{c\,\alpha_1}{c\,\alpha_2} = \frac{\alpha_1}{\alpha_2} . \tag{427}$$

Für gleiche Phasenbelastung ergibt sich für einen bestimmten Phasenwinkel

φ_p ein festes Verhältnis $\frac{\alpha_1}{\alpha_2}$ der Leistungsmesserausschläge. Aus diesem Verhältnis läßt sich eine Kurve $\cos\varphi_p = f\left(\frac{\alpha_1}{\alpha_2}\right)$ ableiten. Man nimmt für φ_p verschiedene Werte an und berechnet hierfür $\cos\varphi_p$. Dann berechnet man ferner für jeden angenommenen Wert von φ_p die Funktionen $\cos(\varphi_p + 30°)$ und $\cos(\varphi_p - 30°)$ und damit das Verhältnis $\frac{\alpha_1}{\alpha_2}$ gemäß Zahlentafel 22.

Zahlentafel 22

φ_p	0°	10°	20°	30°	40°	50°	60°	70°	80°	90°
$\cos\varphi_p$	1	0,984	0,939	0,866	0,766	0,642	0,5	0,342	0,174	0
$\cos(\varphi_p + 30°)$	0,866	0,766	0,642	0,5	0,342	0,174	0	−0,174	−0,324	−0,5
$\cos(\varphi_p - 30°)$	0,866	0,939	0,984	1	0,984	0,939	0,866	0,766	0,642	0,5
$\frac{\alpha_1}{\alpha_2}$	+1	0,817	0,653	0,5	0,347	0,185	0	−0,227	−0,5	−1

Auf Grund dieser Zahlentafel ergibt sich die Kurve der Abb. 329. Aus Abb. 329 kann man zu jedem Wert $\frac{\alpha_1}{\alpha_2}$ den Leistungsfaktor $\cos\varphi_p$ entnehmen. Aus den Leistungsmesserausschlägen α_1 und α_2 ergibt sich auch $\operatorname{tg}\varphi_p$. Für Sternschaltung ist nach Gl. (424b) bei gleicher Phasenbelastung

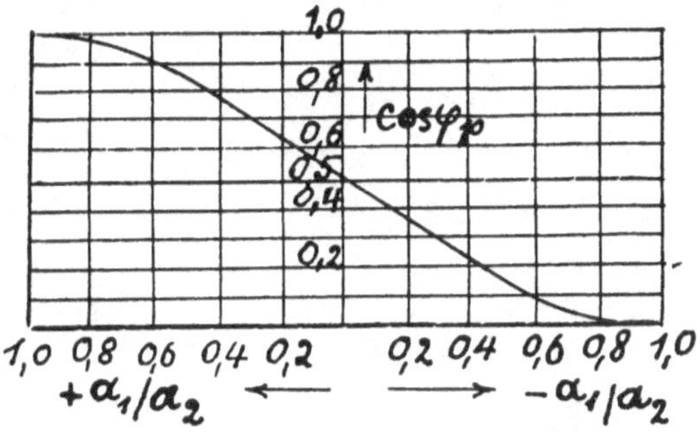

Abb. 329

$$N = N_1 + N_2 = U_l I_p \cos(\varphi_p + 30°) + U_l I_p \cos(\varphi_p - 30°),$$

$$N = N_1 + N_2 = U_l I_p \sqrt{3}\cos\varphi_p = c(\alpha_1 + \alpha_2). \qquad \textbf{(428a)}$$

Nun ist ferner

$$N_1 - N_2 = U_l I_p \cos(\varphi_p + 30°) - U_l I_p \cos(\varphi_p - 30°),$$

$$N_1 - N_2 = U_l I_p \cdot 2\sin 30° \sin\varphi_p = U_l I_p \sin\varphi_p = c(\alpha_1 - \alpha_2). \qquad \textbf{(428b)}$$

Daraus ergibt sich

$$\frac{N_1 - N_2}{N_1 + N_2} = \frac{\sin\varphi_p}{\sqrt{3}\cos\varphi_p} = \frac{\alpha_1 - \alpha_2}{\alpha_1 + \alpha_2},$$

woraus folgt

$$\operatorname{tg}\varphi_p = \sqrt{3}\,\frac{N_1 - N_2}{N_1 + N_2} = \sqrt{3}\,\frac{\alpha_1 - \alpha_2}{\alpha_1 + \alpha_2}. \qquad \textbf{(429)}$$

Für Dreieckschaltung ergibt sich unter Benutzung der Gl. (425b) und der für symmetrische Belastung abgeleiteten Beziehungen das gleiche Resultat für tg φ_p wie in Gl. (429).

Man kann die nach Gl. (429) bzw. aus Abb. 329 erhaltenen Werte kontrollieren unter Benutzung der Gleichung $N = \sqrt{3}\, U_l I_l \cos\varphi_p$ mit Gl. (422c)

$$\cos\varphi_p = \frac{N}{\sqrt{3}\, U_l I_l}\,.$$

X. Abschnitt

Berechnungsbeispiele für die Abschnitte I bis IV

95. Beispiele für Abschnitt I

Beispiel 1. Im Feld einer elektrischen Ladung $Q = +200$ LE in Luft sind die Feldpunkte A und B gegeben. Wie groß sind die Feldstärken $\mathfrak{E}_a$ und $\mathfrak{E}_b$ in den Feldpunkten und die zwischen diesen Punkten herrschende elektrische Spannung?

Die eingezeichneten Feldstärken sind die Feldkräfte auf die in A und B befindlichen Einheitsladungen in Dyn/LE gemäß Gl. (2), wobei $\varepsilon = 1$ zu setzen ist (Luft).

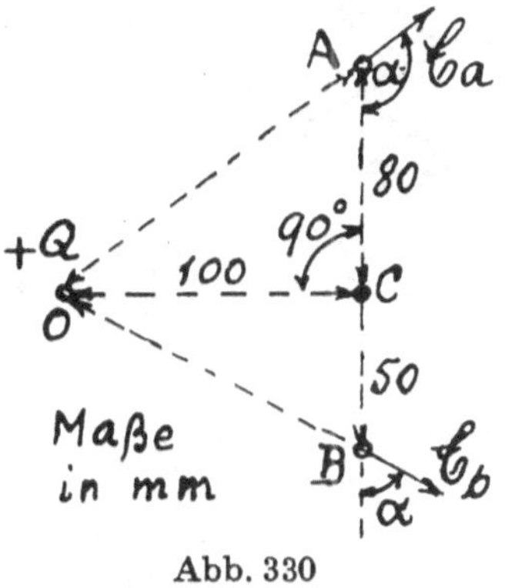

Abb. 330

$$OA = r_a = \sqrt{10^2 + 8^2} = \sqrt{164} = 12{,}8 \text{ cm}.$$

$$OB = r_b = \sqrt{10^2 + 5^2} = \sqrt{125} = 11{,}18 \text{ cm}.$$

$$\mathfrak{E}_a = \frac{Q}{r_a^2} = \frac{200}{164} = 1{,}221 \text{ Dyn/LE} = 1{,}244 \text{ mg/LE}.$$

$$\mathfrak{E}_b = \frac{Q}{r_b} = \frac{200}{125} = 1{,}60 \text{ Dyn/LE} = 1{,}631 \text{ mg/LE}.$$

Die Spannung U ist nach Gl. (4a) die Potentialdifferenz

$$V_a - V_b = \frac{Q}{r_a} - \frac{Q}{r_b} = \frac{200}{12{,}8} - \frac{200}{11{,}18} = -2{,}26 \frac{\text{Erg}}{\text{LE}}.$$

Die Spannung U ist nach Gl. (5) auch die Arbeit zum Verschieben der Einheitsladung von A nach B längs der Strecke AB. Da nun die Arbeit von A bis C negativ ist, weil $\mathfrak{E} \cos \alpha$ negativ ist, und die Arbeit von C bis B und $\mathfrak{E} \cos \alpha$ positiv sind, so ergibt sich für U ein negatives Vorzeichen. Von A bis C kann die Verschiebung nur unter Aufwendung einer äußeren Kraft $\mathfrak{E} \cos \alpha$ geschehen, von C bis B dagegen bewirkt die Feldkraftkomponente $\mathfrak{E} \cos \alpha$ die Verschiebung. Sie kann natürlich nur längs einer Führung geschehen.

Beispiel 2. Für die in Beispiel 1 gegebenen Verhältnisse soll die Arbeit berechnet werden zum Verschieben der Ladung $Q_e = +10$ LE von A nach B.

Diese Arbeit ist nach Gl. (4) $A = Q_e \cdot U$.

$$A = 10 \cdot (-2{,}26) \text{ Erg} = -22{,}6 \text{ Erg}.$$

Beispiel 3. Im Feld zweier ungleichnamiger gleichgroßer Ladungen $\pm Q = 400$ LE, die sich in 10 cm Entfernung voneinander befinden (Abb. 331), sind zwei Feldpunkte A und B gegeben. Man ermittle Größe und Richtung der Feldstärken $\mathfrak{E}_a$ und $\mathfrak{E}_b$ in A und B. Wie groß ist die elektrische Spannung U zwischen den beiden Punkten?

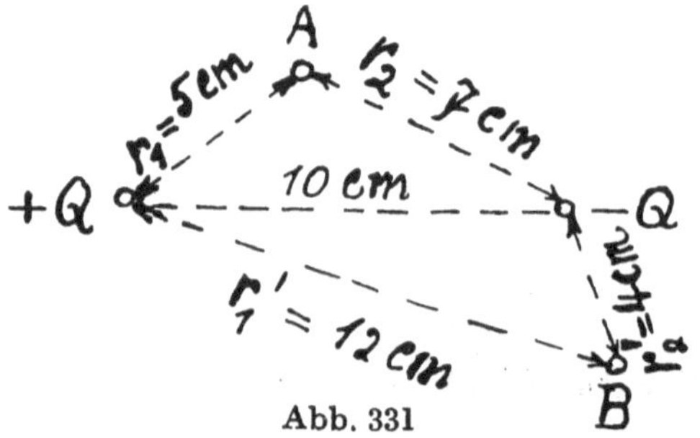

Abb. 331

Die Feldstärken $\mathfrak{E}_a$ und $\mathfrak{E}_b$ in A und B setzen sich geometrisch aus den von den einzelnen Ladungen herrührenden Feldstärken zusammen und zwar $\mathfrak{E}_a$ aus $\mathfrak{E}_1$ von $+Q$ und $\mathfrak{E}_2$ von $-Q$, desgleichen $\mathfrak{E}_b$ aus $\mathfrak{E}'_1$ von $+Q$ und $\mathfrak{E}'_2$ von $-Q$ (Abb. 332).

$$\mathfrak{E}_1 = \frac{Q}{r_1^2} = \frac{400}{25} = 16\,\frac{\text{Dyn}}{\text{LE}};$$

$$\mathfrak{E}_2 = \frac{Q}{r_2^2} = \frac{400}{49} = 8{,}163\,\frac{\text{Dyn}}{\text{LE}}.$$

Durch geometrische Zusammensetzung in Abb. 332 findet man $\mathfrak{E}_a = 22$ Dyn/LE.

$$\mathfrak{E}'_1 = \frac{Q}{r_1'^2} = \frac{400}{144} = 2{,}8\,\frac{\text{Dyn}}{\text{LE}};$$

$$\mathfrak{E}'_2 = \frac{Q}{r_2'^2} = \frac{400}{16} = 25\,\frac{\text{Dyn}}{\text{LE}}.$$

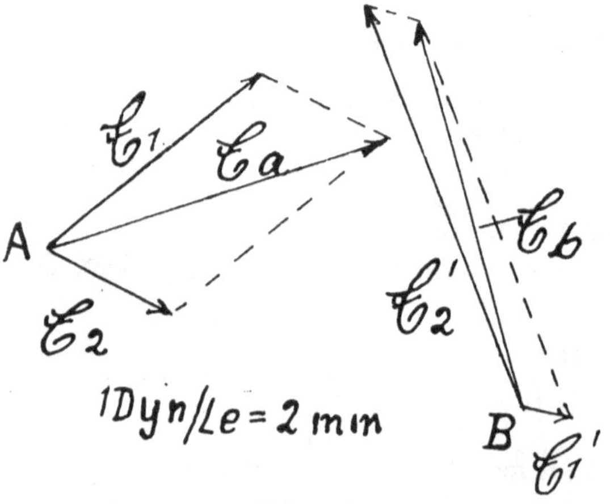

Abb. 332

Durch geometrische Zusammensetzung ergibt sich

$$\mathfrak{E}_b = 24\ \text{Dyn/LE}.$$

Die Spannung U zwischen A und B ist $U = V_a - V_b$. Die Potentiale V_a und V_b setzen sich aber algebraisch aus den von den einzelnen Ladungen herrührenden Potentialen zusammen.

$$V_a = +\frac{Q}{r_1} - \frac{Q}{r_2} = \frac{400}{5} - \frac{400}{7} = 80 - 57{,}14 = 22{,}86\,\frac{\text{Erg}}{\text{LE}}.$$

$$V_b = +\frac{Q}{r'_1} - \frac{Q}{r'_2} = \frac{400}{12} - \frac{400}{4} = 33{,}33 - 100 = -66{,}67\,\frac{\text{Erg}}{\text{LE}}.$$

$$U = V_a - V_b = 22{,}86 - (-66{,}67) = 22{,}86 + 66{,}67 = 89{,}53\,\frac{\text{Erg}}{\text{LE}}.$$

In ähnlicher Weise wäre zu verfahren, wenn das Feld durch zwei gleichnamige Ladungen gemäß Abb. 3c erzeugt wird.

Beispiel 4. Ein kugelförmiger Leiter von $r = 4$ cm Radius erhält eine Ladung $Q = +480$ LE. Gesucht sind Potential V, Feldstärke $\mathfrak{E}$, Ladungsdichte $\mathfrak{D}$ und Kapazität C, sowie die Arbeit A in Erg und kgm zum Laden des Leiters. Man zeichne die Potentiallinien für $V = 80$, 60, 40 und 20 $\frac{\text{Erg}}{\text{LE}}$.

$$V = \frac{Q}{r} = \frac{480}{4} = 120\,\frac{\text{Erg}}{\text{LE}}$$

nach Gl. (7) und nach Gl. (8)

$$\mathfrak{E} = \frac{Q}{r^2} = \frac{480}{16} = 30\,\frac{\text{Dyn}}{\text{LE}}$$

oder $\frac{\text{Erg/LE}}{\text{cm}}$, d. h. Spannung/cm.

$$\mathfrak{D} = \frac{\mathfrak{E}}{4\pi} = \frac{30}{4\pi} = 2{,}38\,\frac{\text{LE}}{\text{cm}^2}$$

nach Gl. (9). Gemäß Gl. (10) ist $C = \frac{Q}{V} = r = 4$ cm. Nach Gl. (13) ergibt sich die Ladearbeit

$$A = \frac{QV}{2} = \frac{480 \cdot 120}{2} = 480 \cdot 60 = 28800\ \text{Erg} = \frac{28800}{9{,}81} \cdot 10^{-7}\ \text{kgm} \approx 0{,}288 \cdot 10^{-3}\ \text{kgm},$$

oder nach Gl. (13a)

$$A = \frac{CV^2}{2} = \frac{4 \cdot 120^2}{2} = 28800\ \text{Erg}.$$

Für die Radien der Potentiallinien ergibt sich

$$V = 120\,\frac{\text{Erg}}{\text{LE}};\quad r = \frac{Q}{V} = \frac{480}{120} = 4\ \text{cm},$$

$$V_1 = 80\,\frac{\text{Erg}}{\text{LE}};\quad r_1 = \frac{Q}{V_1} = \frac{480}{80} = 6\ \text{cm},$$

$$V_2 = 60\,\frac{\text{Erg}}{\text{LE}};\quad r_2 = \frac{Q}{V_2} = \frac{480}{60} = 8\ \text{cm},$$

$$V_3 = 40\,\frac{\text{Erg}}{\text{LE}};\quad r_3 = \frac{Q}{V_3} = \frac{480}{40} = 12\ \text{cm},$$

$$V_4 = 20\,\frac{\text{Erg}}{\text{LE}};\quad r_4 = \frac{Q}{V_4} = \frac{480}{20} = 24\ \text{cm}.$$

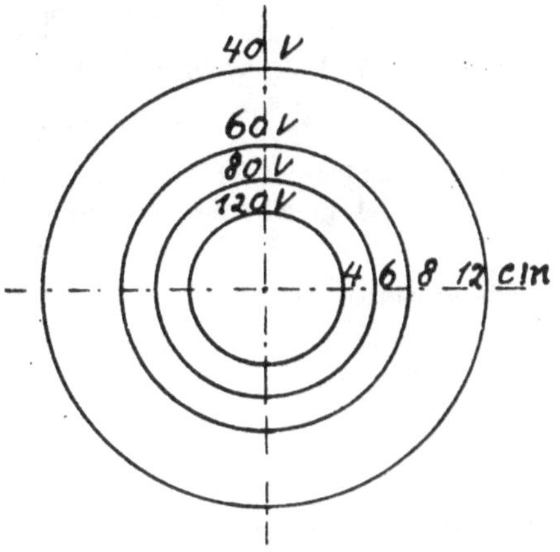

Abb. 333

Beispiel 5. Welche Feldstärke herrscht in den Feldpunkten, die sich im Feld des Beispiels 4 auf der Potentialfläche für $V = 40$ befinden, und wie groß ist die Arbeit, um die Ladung $Q_e = +100$ LE von dieser Potentialfläche auf die Kugeloberfläche zu bringen?

$$\mathfrak{E} = \frac{Q}{r_3^2} = \frac{480}{12^2} = \frac{480}{144} = 3{,}33\,\frac{\text{Dyn}}{\text{LE}}.$$

Arbeit zum Verschieben der Ladung $Q_e = 100$ LE ist

$$A = Q_e \cdot U = 100\,(40 - 120) = -\,8000\ \text{Erg}.$$

96. Beispiele für Abschnitt II

Beispiel 6. Zwei kugelförmige metallische Leiter A_1 und A_2 mit den Radien $r_1 = r_2 = 5$ cm erhalten von einer Elektrizitätsquelle beziehentlich die konstanten Ladungen $\pm Q = \frac{1}{6}$ LE. Die beiden Leiter sind nach Abb. 6 durch einen Chromnickeldraht von $l = 10$ m Länge miteinander verbunden. Gesucht sind die Potentiale

V_1 und V_2 der Leiter A_1 und A_2 und die zwischen ihnen herrschende elektrische Spannung U in Volt. Man ermittle ferner die elektrische Feldstärke $\mathfrak{E}$ im Draht als Spannung in V/cm und als Kraft in kg/Coulomb. Nach Gl. (7) ergeben sich die Leiterpotentiale

$$V_1 = \frac{+Q}{r_1} = \frac{+1}{30}\frac{\text{Erg}}{\text{LE}} = \frac{+300}{30} = +10\ \text{V},$$

desgleichen

$$V_2 = \frac{-Q}{r_2} = -\frac{1}{30}\frac{\text{Erg}}{\text{LE}} = -\frac{300}{30} = -10\ \text{V}.$$

Der Draht liegt also an der Spannung

$$U = V_1 - V_2 = 10 - (-10) = 20\ \text{V}.$$

Die Feldstärke als Spannung je 1 cm Drahtlänge ist

$$\mathfrak{E} = \frac{U}{l} = \frac{20}{1000} = 0{,}02\ \text{V/cm} = 2\ \text{V/m}.$$

Da nach § 11 unter b) 1 V/cm = 10,2 kg/C, so folgt

$$\mathfrak{E} = 0{,}02 \cdot 10{,}2 = 0{,}204\ \text{kg/C} = 204\ \text{g/C}.$$

Die Feldstärke $\mathfrak{E}$ ist im Draht vom negativen Leiter A_2 zum positiven A_1 gerichtet und ist gleich dem mechanischen Reibungswiderstand W der Elektronen. Die Stromdichte im Draht ergibt sich nach Gl. (25b) zu $j = \mathfrak{E} : \varrho$, wobei gemäß § 13 $\mathfrak{E}$ in V/m einzusetzen ist. Mit $\varrho = 1\,\frac{\Omega\text{mm}^2}{\text{m}}$ aus Zahlentafel 1 ergibt sich

$$j = \frac{2\ \text{V}}{\text{m} \cdot 1\,\frac{\Omega\text{mm}^2}{\text{m}}} = 2\ \text{A/mm}^2.$$

Beispiel 7. Ein Strom $I = 60$ A fließt hintereinander durch zwei Kupferdrähte, von denen der eine $q_1 = 10\ \text{mm}^2$ und der zweite $q_2 = 6\ \text{mm}^2$ Querschnitt besitzt. Die Geschwindigkeit der Elektronen beträgt im ersten Draht $v_1 = 0{,}5$ mm/s. Wie groß ist die Geschwindigkeit v_2 im zweiten Draht? Welche Elektrizitätsmenge in Ah fließt innerhalb 30 Minuten durch die Drähte?

Gemäß Gl. (16) ist $v_1 = \frac{j_1}{\sigma}$ und $v_2 = \frac{j_2}{\sigma}$, demzufolge

$$\frac{v_2}{v_1} = \frac{j_2}{j_1} = \frac{I \cdot q_1}{q_2 \cdot I} = \frac{q_1}{q_2}$$

und deshalb

$$v_2 = v_1 \frac{q_1}{q_2} = 0{,}5 \cdot \frac{10}{6} = \frac{5}{6}\ \text{mm/s} = 0{,}833\ \text{mm/s}.$$

Nach Gl. (17) ergibt sich die Elektrizitätsmenge

$$Q = I \cdot t = 60\ \text{A} \cdot 30 \cdot 60\ \text{s} = 108000\ \text{As} = \frac{108000}{3600}\ \text{Ah} = 30\ \text{Ah}.$$

Beispiel 8. Eine Gleichstromdynamo von $N_n = 50$ kW Nennleistung besitzt einen Wirkungsgrad $\eta = 0{,}89$. Welche Antriebsleistung N_z in PS bzw. N in kW ist erforderlich?

$$N_z = \frac{N_n}{0{,}736\,\eta} \approx \frac{4}{3}\frac{N_n}{\eta}\,[\text{PS}], \qquad (\text{Gl. } (20\text{a}))$$

$$N_z = \frac{4}{3}\,\frac{50}{0,89} \approx 75\,\text{PS}.$$

Nach Gl. (20b) ist $N = \frac{N_n}{\eta} = \frac{50}{0,89}\,\text{kW} = 56,17\,\text{kW}$.

Welchen Strom I gibt die Dynamo ab, wenn sie eine Klemmenspannung $U = 230\,\text{V}$ liefert?

Nach Gl. (19) ist $N_n = UI\,[\text{W}] = \frac{UI}{1000}\,[\text{kW}]$, also

$$I = \frac{1000\,N_n}{U} = \frac{1000 \cdot 50\,\text{W}}{230\,\text{V}} = 217,4\,\text{A}.$$

Wie groß ist die Umfangskraft P in kg an der Riemenscheibe der Dynamo, wenn sie $n = 1000$ Umdrehungen je Minute macht und der Riemenscheibendurchmesser $d = 20$ cm beträgt?

Ist $v = \frac{d\pi n}{6000}$ m/s die Riemengeschwindigkeit, dann ist $N_z = \frac{P \cdot v}{75}$ [PS], also

$$P = \frac{75\,N_z}{v} = \frac{75\,N_z \cdot 6000}{d\pi n}\,\text{kg}, \qquad P = \frac{75 \cdot 75 \cdot 6000}{20\,\pi \cdot 1000} = 537,42\,\text{kg}.$$

Beispiel 9. Ein Aufzug für eine Last von $Q = 2$ t bei einer Geschwindigkeit $v = 0,5$ m/s besitzt eine Schneckenwinde vom Wirkungsgrad $\eta_w = 0,4$ und soll durch einen Gleichstrommotor angetrieben werden. Wie groß ist die Nennleistung N_a des Motors in PS und seine aufzunehmende elektrische Leistung N in kW?

Die Nennleistung des Motors zum Betrieb des Aufzuges ist

$$N_a = \frac{Q \cdot v}{75\,\eta_w}\,[\text{PS}] = \frac{2000\,\text{kg} \cdot 0,5\,\text{m/s}}{75 \cdot 0,4} = 33,33\,\text{PS}.$$

Der Wirkungsgrad eines Motors solcher Leistung ist $\eta = 0,88$. Damit ergibt sich die aufzunehmende elektrische Motorleistung nach Gl. (21a) $N \approx \frac{3}{4}\,\frac{N_a}{\eta}$ [kW]

$$N = \frac{3}{4} \cdot \frac{33,33}{0,88}\,\text{kW} = 28,40\,\text{kW}.$$

Wie groß ist der vom Motor aufgenommene Strom I bei einer Netzspannung $U = 220\,\text{V}$ an den Motorklemmen?

Gemäß Gl. (21c) ist $I = \frac{1000 N}{U} = \frac{28400\,\text{W}}{220\,\text{V}} = 129,09$ A.

Beispiel 10. Zwischen den Enden eines Kupferdrahtes von $l = 140$ m Länge und $q = 2\,\text{mm}^2$ Querschnitt herrscht eine Spannung $U = 20$ V. Wie groß ist die elektrische Feldstärke $\mathfrak{E}$ im Draht in V/cm bzw. V/m, der mechanische Reibungswiderstand W der Elektronen in kg/As, die Stromdichte j in A/mm² und die Geschwindigkeit v der Elektronen? Welche Stärke I in A besitzt der Strom im Draht und wie groß ist die elektrische Arbeit A in der Zeit t, welche die Elektronen brauchen, um den ganzen Draht zu durchfließen? Man beweise, daß diese Arbeit gleich ist der mechanischen Arbeit A_m zur Überwindung des Reibungswiderstandes W der Elektronen auf die Länge l des Drahtes.

Gemäß Gl. (22) ist die Feldstärke

$$\mathfrak{E} = \frac{U}{l} = \frac{20\,\text{V}}{14000\,\text{cm}} = 0,00143\,\text{V/cm} = 0,143\,\text{V/m}.$$

Da 1 V/cm = 10,2 kg/As, so ist

$$W = \mathfrak{E} = 0{,}00143 \cdot 10{,}2\ \text{kg/As} = 0{,}014586\ \text{kg/As} = 14{,}586\ \text{g/As}.$$

Nach Gl. (22b) ist $j = \frac{I}{q} = \frac{U}{\varrho l}$, wobei $\frac{U}{l} = \frac{20\ \text{V}}{140\ \text{m}} = 0{,}143\ \text{V/m}$ die Feldstärke $\mathfrak{E}$, da l in m eingesetzt werden muß, wenn für Kupfer $\varrho = \frac{1}{56}\frac{\Omega\text{mm}^2}{\text{m}}$ aus Zahlentafel 1 entnommen wird bei 20° C. Dann hat j die Dimension $\frac{\text{V}}{\text{m}\frac{\Omega\text{mm}^2}{\text{m}}} = \text{A/mm}^2$. Es ergibt sich also $j = 0{,}143 \cdot 56 = 8\ \text{A/mm}^2$ und $I = q \cdot j = 2\ \text{mm}^2 \cdot 8\ \text{A/mm}^2 = 16\ \text{A}$. Die Geschwindigkeit der Elektronen im Draht ist $v = \frac{j}{\sigma}$. Für $j = 6\ \text{A/mm}^2$ ist, wie in § 12 nachgewiesen wurde, $v = 0{,}05$ cm/s und da sich, wie in Beispiel 7 abgeleitet wurde, die Geschwindigkeiten verhalten wie die Stromdichten, so ergibt sich für $j = 8\ A/\text{mm}^2$ eine Elektronengeschwindigkeit von $v = 0{,}05\frac{8}{6} = \frac{0{,}4}{6} = 0{,}066\ \text{cm/s}$.

$$\text{Probe: } I = \sigma q v = 12{,}8 \cdot 10^3\ \text{C/cm}^3 \cdot \frac{2}{100}\ \text{cm}^2 \cdot 0{,}066\ \text{cm/s},$$

$$I = 12{,}8 \cdot 2 \cdot 0{,}66\ \text{C/s} = 16{,}9\ \text{A},$$

oder mit dem Ohmschen Gesetz der Gl. (23) und (24).

$$R = \varrho\frac{l}{q} = \frac{1}{56} \cdot \frac{140}{2}\ \Omega = \frac{140}{112} = 1{,}25\ \Omega.$$

$$I = \frac{U}{R} = \frac{20\ \text{V}}{1{,}25\ \Omega} = 16\ \text{A}.$$

Die Zeit, welche die Elektronen brauchen, um den 140 m langen Draht zu durchfließen, ist

$$t = \frac{l}{v} = \frac{14000\ \text{cm}}{0{,}066\ \text{cm/s}} = 212121\ \text{s} = \frac{212121}{3600}\ \text{h} = 58{,}92\ \text{h}.$$

Damit ergibt sich die elektrische Arbeit nach Gl. (18)

$$A = Q \cdot U = UIt = 20\ \text{V} \cdot 16\ \text{A} \cdot 212121\ \text{s} = 6{,}7878 \cdot 10^7\ \text{Ws},$$

$$A = \frac{6{,}7878 \cdot 10^7}{36 \cdot 10^5}\ \text{kWh} = 18{,}85\ \text{kWh}.$$

Die mechanische Arbeit zur Überwindung der Elektronenreibung W ist $A_m = \mathfrak{E} \cdot Q \cdot l = \frac{U}{l} Q \cdot l = 10{,}2\ UQ$ kgcm

$$A_m = \frac{10{,}2}{100}\ UQ\ \text{kgm} = 9{,}81 \cdot \frac{10{,}2}{100}\ UQ\ \text{Ws} = UQ\ \text{Ws} = \text{A}.$$

Beispiel 11. Wie groß ist der elektrische Widerstand eines Kupferdrahtes von 1,6 mm Durchmesser und $l = 120$ m Länge bei 20° C? Welcher Strom fließt durch den Draht, wenn seine Enden an eine Spannung von $U = 10$ V gelegt werden?

Der Querschnitt des Drahtes ist $q = \frac{d^2\pi}{4} = \frac{1{,}6^2\pi}{4}\ \text{mm}^2 = 2{,}0106\ \text{mm}^2$ und bei seiner Länge $l = 120$ m ist der elektrische Widerstand $R = \varrho\frac{l}{q} = \frac{l}{kq}\ \Omega$. Aus Zahlentafel 1 ergibt sich der spezifische Widerstand bei 20° C $\varrho_{20} = 0{,}01786$, oder $k_{20} = 56$. Damit folgt der Drahtwiderstand $R = \dfrac{120\,\text{m}}{56\,\dfrac{\text{Sm}}{\text{mm}^2}\cdot 2\,\text{mm}^2} = 1{,}0714\,\Omega$.

Nach Gl. (24) ergibt sich eine Stromstärke

$$I = \frac{U}{R} = \frac{10\,\text{V}}{1{,}0714\,\Omega} = 9{,}337\,\text{A}.$$

Beispiel 12. Eine zylindrische Spule (Abb. 334) hat $h = 156$ mm Wickelhöhe, $d_i = 22$ mm lichten und $d_a = 100$ mm äußeren Durchmesser. Die Spule ist bewickelt mit Kupferdraht von $d = 0{,}7$ mm $\varnothing$ blank und $d_1 = 1{,}1$ mm $\varnothing$ isoliert. Gesucht ist der Spulenwiderstand bei 20° und 60° C.

Ist $d_m = \dfrac{d_i + d_a}{2} = \dfrac{122}{2} = 61$ mm der mittlere Spulendurchmesser, dann ist die mittlere Windungslänge $l_m = d_m\pi = 61\pi$ mm $= 191{,}6$ mm und bei w Windungen der Spule die aufgewickelte Drahtlänge $l = l_m \cdot w = 191{,}6 \cdot w$ mm $= 0{,}1916\,w$ in m.

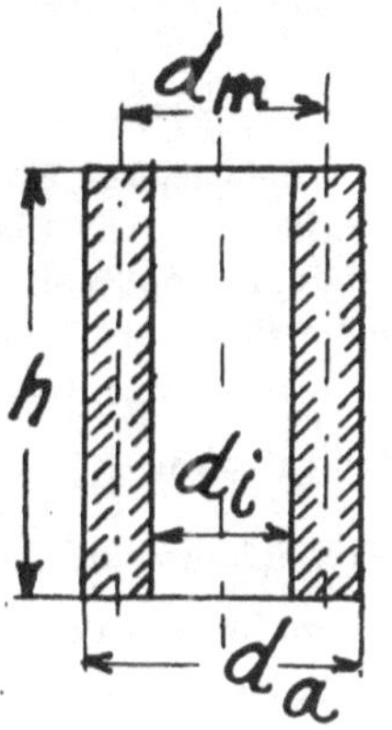

Abb. 334

Zahl der Drähte einer Lage $\dfrac{h}{d_1} = \dfrac{156}{1{,}1} = 142$.

Zahl der Lagen $= \dfrac{d_a - d_i}{2} : d_1 = \dfrac{78}{2} : 1{,}1 = 35$.

Windungszahl $w = 142 \cdot 35 = 4970$.

Drahtlänge $l = 0{,}1916 \cdot 4970$ m $= 952$ m.

Drahtquerschnitt $q = \dfrac{d^2\pi}{4} = \dfrac{0{,}7^2\pi}{4}\,\text{mm}^2 = 0{,}3848\,\text{mm}^2$.

Der Widerstand bei 20° C ist

$$R_{20} = \varrho_{20}\frac{l}{q} = \frac{1}{56}\cdot\frac{952}{0{,}3848} = 44{,}173\,\Omega.$$

Nach Gl. (28b) ist

$$R_{60} = R_{20}\frac{T_{60}}{255} = 44{,}173\,\frac{235+60}{255}\,\Omega, \qquad R_{60} = 44{,}173\cdot\frac{295}{255}\,\Omega = 50{,}795\,\Omega,$$

oder nach Gl. (28a)

$$R_{60} = R_{20}[1 + \alpha_{20}(60-20)] = 44{,}173[1 + 0{,}004\cdot 40] = 44{,}173\cdot 1{,}16\,\Omega = 50{,}795\,\Omega.$$

Beispiel 13. Der Widerstand einer Kupferwicklung beträgt bei 20° $R_{20} = 2\,\Omega$. Nach längerem Betrieb wird der Widerstand zu $R = 2{,}3\,\Omega$ gemessen. Wie groß ist die Temperaturerhöhung $\vartheta = t - 20°$?

Nach Gl. (29) ist

$$\vartheta = t - 20° = T - T_{20} = \frac{(R - R_{20})\,T_{20}}{R_{20}}$$

und da $T_{20} = 235° + 20° = 255°$, so ergibt sich

$$\vartheta = t - 20° = \frac{0{,}3\cdot 255}{2} = 38{,}25°$$

und die Temperatur der Wicklung $t = \vartheta + 20° = 58{,}25°$.

Beispiel 14. Welchen Widerstand muß der Heizdraht eines Bügeleisens haben, das an einer Spannung $U = 220$ V einen Strom $I = 4$ A aufnehmen soll?

Nach Gl. (24b) ist $R = \frac{U}{I} = \frac{220\,\text{V}}{4\,\text{A}} = 55\,\Omega$.

Beispiel 15. Eine Spule aus Messingdraht soll bei $t = 60°$ einen Widerstand $R_{60} = 50\,\Omega$ besitzen. Welche Länge l muß der Draht haben bei einem Querschnitt von $q = 2$ mm²?

Übertemperatur $\vartheta = t - 20° = 60° - 20° = 40°$.

Nach Gl. (28a) ist der Widerstand bei $t = 60°$ $R_{60} = R_{20}(1 + \alpha_{20}\vartheta)$ und daraus folgt der Widerstand des Drahtes bei 20° mit $\alpha_{20} = 0{,}002$.

$$R_{20} = R_{60} : (1 + \alpha_{20}\vartheta) = 50 : (1 + 0{,}002 \cdot 40) = 46{,}30\,\Omega.$$

Aus $R_{20} = \varrho_{20}\frac{l}{q}$ ergibt sich mit $\varrho_{20} = 0{,}065\,\frac{\Omega\,\text{mm}^2}{\text{m}}$ (Zahlentafel 1) die Drahtlänge zu

$$l = \frac{R_{20} \cdot q}{\varrho_{20}} = \frac{46{,}30\,\Omega \cdot 2\,\text{mm}^2}{0{,}065\,\frac{\Omega\,\text{mm}^2}{\text{m}}} = 1424{,}615\,\text{m}.$$

Beispiel 16. Eine 10%ige Salzsäurelösung (HCl-Lösung) wird durch Platinelektroden, die eine Fläche q von je 10 cm² haben und $l = 20$ cm voneinander entfernt sind, an eine Spannung $U = 40$ V gelegt. Welche Stärke hat der durch die Flüssigkeit gehende Strom I bei 18° und bei 38°?

Aus Zahlentafel 2 entnimmt man für eine 10%ige HCl-Lösung die elektrische Leitfähigkeit $k_{18} = \frac{1}{\varrho_{18}} = 0{,}63\,\frac{1}{\Omega\,\text{cm}}\left[\frac{\text{S}}{\text{cm}}\right]$. Da bei flüssigen Leitern ϱ und k für einen Flüssigkeitswürfel von 1 cm Kantenlänge gelten, so sind in $R = \frac{l}{kq}$ l in cm und q in cm² einzusetzen. Es ergibt sich also

$$R_{18} = \frac{20\,\text{cm}}{0{,}63\,\frac{1}{\Omega\,\text{cm}} \cdot 10\,\text{cm}^2} = 3{,}174\,\Omega$$

und die Stromstärke

$$I_{18} = \frac{U}{R_{18}} = \frac{40\,\text{V}}{3{,}174\,\Omega} = 12{,}6\,\text{A}.$$

Zur Ermittlung von R_{38} und I_{38} muß die Leitfähigkeit k_{38} bestimmt werden. Die Temperaturdifferenz beträgt $\vartheta = 38° - 18° = 20°$. Nach § 13 ist dann die Leitfähigkeit k_{38} um 40% größer als k_{18}, also $k_{38} = 0{,}63 \cdot \frac{140}{100} = 0{,}882$ S/cm. Da nun

$$\frac{R_{38}}{R_{18}} = \frac{k_{18}}{k_{38}} = \frac{0{,}63}{0{,}882} = 0{,}714,$$

so folgt

$$R_{38} = R_{18} \cdot 0{,}714 = 3{,}174 \cdot 0{,}714 = 2{,}266\,\Omega.$$

$$I_{38} = \frac{U}{R_{38}} = \frac{40\,\text{V}}{2{,}266\,\Omega} = 17{,}65\,\text{A}.$$

Beispiel 17. Ein galvanisches Element hat eine EMK von $E = 2$ V und einen inneren Widerstand $R_i = 0{,}5\,\Omega$. Die Pole sind durch einen Draht von $R_a = 1{,}2\,\Omega$

Widerstand verbunden. Wie groß ist die Stromstärke I im Stromkreis und die Klemmenspannung U?

Nach Gl. (33) ist $I = \frac{E}{R} = \frac{E}{R_i + R_a}$

$$R = R_i + R_a = 0{,}5 + 1{,}2 = 1{,}7\,\Omega \quad \text{und} \quad I = \frac{2\,\text{V}}{1{,}7\,\Omega} = 1{,}176\,\text{A}.$$

Die Klemmenspannung ist nach Gl. (34b)

$$U = I \cdot R_a = 1{,}176\,\text{A} \cdot 1{,}2\,\Omega = 1{,}411\,\text{V},$$

oder gemäß Gl. (34a)

$$U = E - I R_i = 2 - 1{,}176 \cdot 0{,}5 = 1{,}412\,\text{V}.$$

Beispiel 18. Um den innern Widerstand R_i eines Akkumulators zu bestimmen, wurde bei offenem Stromkreis die EMK zu $E = 2{,}1$ V gemessen und dann bei $R_a = 2\,\Omega$ äußerem Widerstand ein Strom $I = 1{,}0$ A entnommen. Wie groß ist der innere Widerstand R_i?

Nach Gl. (33) ist

$$R = \frac{E}{I} = \frac{2{,}1\,\text{V}}{1{,}0\,\text{A}} = 2{,}1\,\Omega \quad \text{und} \quad R_i = R - R_a = 2{,}1 - 2 = 0{,}1\,\Omega.$$

Beispiel 19. Eine Dynamomaschine mit $R_i = 0{,}5\,\Omega$ innerem Widerstand ist an einen Stromkreis angeschlossen, welcher aus einer Glühlampe mit $R_1 = 75\,\Omega$ Widerstand und einer Leitung von $R_2 = 1\,\Omega$ Widerstand besteht. Wie groß ist die Klemmenspannung U und die EMK E der Stromquelle und wie groß sind die Spannungsverluste in den einzelnen Teilen des Stromkreises, wenn die Stromstärke $I = 3$ A beträgt?

Der äußere Widerstand beträgt

$$R_a = R_1 + R_2 = 75 + 1 = 76\,\Omega$$

und deshalb nach Gl. (34b) die Klemmenspannung

$$U = I \cdot R_a = 3\,\text{A} \cdot 76\,\Omega = 228\,\text{V}.$$

Die EMK ist nach Gl. (33)

$$E = I R = I(R_i + R_a) = 3\,\text{A}\,(0{,}5 + 76)\,\Omega = 229{,}5\,\text{V}.$$

Der Spannungsverlust in der Stromquelle ist

$$U_i = E - U = 229{,}5 - 228 = 1{,}5\,\text{V}.$$

$$\text{Probe:} \quad U_i = I \cdot R_i = 3\,\text{A} \cdot 0{,}5\,\Omega = 1{,}5\,\text{V}.$$

Der Spannungsverbrauch der Glühlampe beträgt

$$U_1 = I R_1 = 3\,\text{A} \cdot 75\,\Omega = 225\,\text{V}$$

und in der Leitung

$$U_2 = I \cdot R_2 = 3\,\text{A} \cdot 1\,\Omega = 3\,\text{V}.$$

$$\text{Probe:} \quad U_i + U_1 + U_2 = 1{,}5 + 225 + 3 = 229{,}5\,\text{V} = E$$

und

$$U_1 + U_2 = 225 + 3 = 228\,\text{V} = U.$$

Beispiel 20. Die Länge l einer unzugänglichen Kupferleitung von $q = 16\,\text{mm}^2$ Querschnitt soll ermittelt werden, wenn gegeben sind: Spannung zwischen Hin- und Rückleitung am Anfang $U_a = 110\,\text{V}$, am Ende $U_b = 107\,\text{V}$ und Stromstärke $I = 60\,\text{A}$. Nach Gl. (35) ist der Spannungsverlust in der Leitung $U_a - U_b = I\varrho\frac{2l}{q}$ und daraus folgt

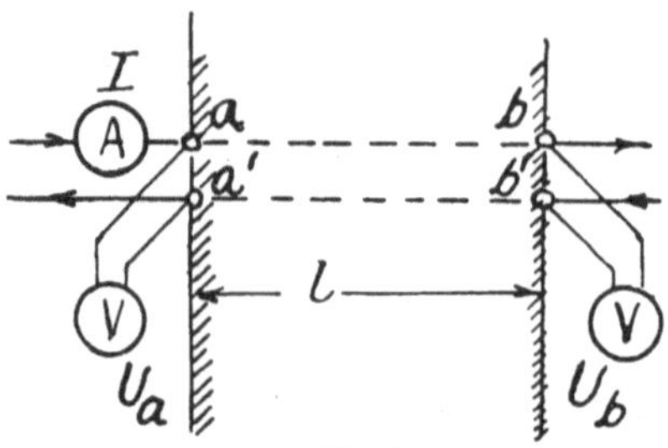

Abb. 335

$$l = \frac{(U_a - U_b)q}{2I\varrho} = \frac{(U_a - U_b)q \cdot k}{2I}$$

$$= \frac{3\,\text{V} \cdot 16\,\text{mm}^2 \cdot 56\,\frac{\text{m}}{\Omega\text{mm}^2}}{2 \cdot 60\,\text{A}} = 22{,}4\,\text{m}.$$

Beispiel 21. Ein nach Abb. 19b geschalteter dynamometrischer Leistungsmesser liegt an der Gleichspannung $U = 110\,\text{V}$ und nimmt den Strom $I = 15\,\text{A}$ auf. Der Widerstand der Stromspule S_i ist $R_i = 0{,}08\,\Omega$ und der Widerstand des Spannungskreises $R_n = 4400\,\Omega$. Wie groß ist der vom Leistungsmesser angezeigte elektrische Effekt N und wie groß die im Verbraucher Z verwertete Leistung N_z? Welchen Korrektionsbetrag N_s hat man von N zu subtrahieren, um N_z zu erhalten und wie kann N_s bei der Messung ermittelt werden?

Da die Stromspule S_i den Strom I führt und der Spannungskreis an der Spannung $U_z = iR_n$ liegt, zeigt der Leistungsmesser den Effekt

$$N = I \cdot U_z = IiR_n$$

an. Die Spannung am Spannungskreis (d. h. am Verbraucher) ergibt sich zu $U_z = U - IR_i = 110 - 15 \cdot 0{,}08 = 108{,}8\,\text{V}$ und der Strom im Spannungskreis

$$i = \frac{U_z}{R_n} = \frac{108{,}8\,\text{V}}{4400\,\Omega} = 0{,}0247\,\text{A}.$$

Damit ergibt sich die Stromstärke im Verbraucher

$$I_z = I - i = 15 - 0{,}0247 = 14{,}9753\,\text{A}.$$

Widerstand des Verbrauchers

$$R_z = \frac{U_z}{I_z} = \frac{108{,}8\,\text{V}}{14{,}9753\,\text{A}} = 7{,}265\,\Omega.$$

Die vom Leistungsmesser angezeigte Leistung ergibt sich zu $N = U_z \cdot I = 108{,}8\,\text{V} \cdot 15\,\text{A} = 1632\,\text{W}$ und die an den Verbraucher abgegebene Leistung ist

$$N_z = U_z I_z = 108{,}8\,\text{V} \cdot 14{,}9753\,\text{A} = 1629{,}31264\,\text{W}.$$

Der Leistungsmesser zeigt also $N - N_z = 2{,}68736\,\text{W}$ zu viel an. Dieser Korrektionsbetrag ist der Effektverbrauch des Spannungskreises und ergibt sich auch aus

$$N_s = U_z \cdot i = \frac{U_z^2}{R_n} = 108{,}8\,\text{V} \cdot 0{,}0247\,\text{A} = 2{,}68736\,\text{W}.$$

Der Beweis folgt auch mit $I = I_z + i$ aus der Gleichung $N = U_z I = U_z(I_z + i) = U_z I_z + U_z i = N_z + N_s$, so daß $N_s = N - N_z$.

Beim Messen mit dem Leistungsmesser wird die Korrektion $N_s = \frac{U_z^2}{R_n}$ bestimmt, indem man parallel zum Spannungskreis ein Voltmeter schaltet, welches U_z anzeigt.

Der Effektverbrauch $N_g = \frac{U_z^2}{R_g}$ des verwendeten Voltmeters vom Widerstand R_g ist dann ebenfalls noch von den Leistungsmesserangaben N zu subtrahieren.

Beispiel 22. An drei parallel geschalteten Widerständen $R_1 = 3\,\Omega$, $R_2 = 6\,\Omega$ und $R_3 = 12\,\Omega$ herrscht eine Spannung $U_k = 12$ V. Zu berechnen sind die Zweigströme I_1, I_2 und I_3, der Gesamtstrom I und der Ersatzwiderstand R_k.

$$I_1 = \frac{U_k}{R_1} = \frac{12\,\text{V}}{3\,\Omega} = 4\,\text{A}, \qquad I_2 = \frac{U_k}{R_2} = \frac{12\,\text{V}}{6\,\Omega} = 2\,\text{A},$$

$$I_3 = \frac{U_k}{R_3} = \frac{12\,\text{V}}{12\,\Omega} = 1\,\text{A}. \qquad \text{Gesamtstrom } I = I_1 + I_2 + I_3 = 7\,\text{A}.$$

Nach Gl. (48) ist für den Ersatzwiderstand R_k

$$\frac{1}{R_k} = \frac{1}{R_1} + \frac{1}{R_2} + \frac{1}{R_3} = \frac{1}{3} + \frac{1}{6} + \frac{1}{12} = \frac{7}{12}\,\text{S}.$$

$R_k = \frac{12}{7}\,\Omega = 1\frac{5}{7}\,\Omega$, also kleiner als der kleinste Zweigwiderstand $3\,\Omega$. Zur Probe ergibt sich der Gesamtstrom $I = \frac{U_k}{R_k} = \frac{12 \cdot 7}{12} = 7$ A.

Beispiel 23. Für die Stromverzweigung der Abb. 336 ist unter Vernachlässigung der Widerstände der Verbindungsleitungen der Ersatzwiderstand R_k zu berechnen, wenn der Strom I

1. bei a zu und bei b weggeführt wird,
2. „ b „ „ „ c „ „ ,
3. „ a „ „ „ c „ „ .

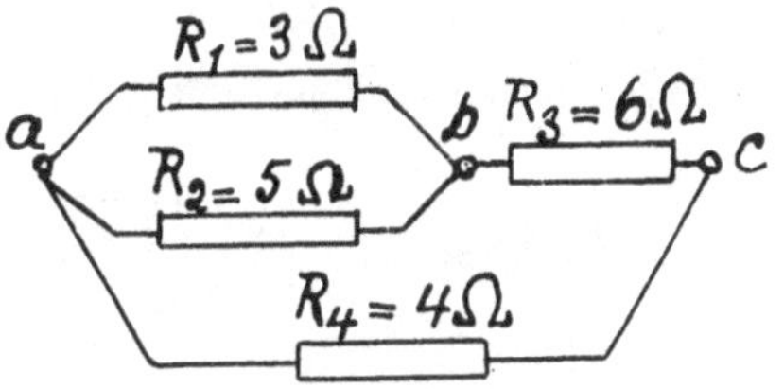

Abb. 336

1. Fall: Es entstehen drei Zweige, R_1, R_2 und $R_3 + R_4$.

$$\frac{1}{R_k} = \frac{1}{R_1} + \frac{1}{R_2} + \frac{1}{R_3 + R_4} = \frac{1}{3} + \frac{1}{5} + \frac{1}{10} = \frac{19}{30}\,\text{S}.$$

$$R_k = \frac{30}{19}\,\Omega = 1\frac{11}{19}\,\Omega = 1{,}578\,\Omega.$$

2. Fall: Es entstehen zwei Zweige, R_3 und $\frac{R_1 \cdot R_2}{R_1 + R_2} + R_4$.

$$\frac{1}{R_k} = \frac{1}{R_3} + \frac{1}{\frac{R_1 \cdot R_2}{R_1 + R_2} + R_4} = \frac{1}{6} + \frac{1}{\frac{3 \cdot 5}{3 + 5} + 4} = \frac{1}{6} + \frac{1}{\frac{15}{8} + 4}.$$

$$\frac{1}{R_k} = \frac{1}{6} + \frac{8}{47} = \frac{95}{282}\,\text{S}; \qquad R_k = \frac{282}{95}\,\Omega = 2{,}968\,\Omega.$$

3. Fall: Es entstehen zwei Zweige, R_4 und $\frac{R_1 \cdot R_2}{R_1 + R_2} + R_3$.

$$\frac{1}{R_k} = \frac{1}{R_4} + \frac{1}{\frac{R_1 \cdot R_2}{R_1 + R_2} + R_3} = \frac{1}{4} + \frac{1}{\frac{15}{8} + 6} = \frac{1}{4} + \frac{8}{63} = \frac{95}{252}\,\text{S}.$$

$$R_k = \frac{252}{95}\,\Omega = 2{,}652\,\Omega.$$

Sämtliche Ersatzwiderstände sind kleiner als der kleinste Zweigwiderstand.

Beispiel 24. Ein galvanisches Element mit $E = 1{,}12$ V EMK und $R_i = 0{,}5\,\Omega$ innerem Widerstand wird von den Klemmen aus durch zwei parallel geschaltete Widerstände $R_1 = 1\,\Omega$ und $R_2 = 9\,\Omega$ geschlossen. Zu berechnen sind Klemmenspannung U und sämtliche Ströme.

Zur Ermittlung der Klemmenspannung U mit Gl. (49) bzw. Gl. (34a) oder (34b) ist die Stärke I des Gesamtstromes nötig. Um I berechnen zu können, müssen R_1 und R_2 durch ihren Ersatzwiderstand R_k ausgedrückt werden. Nach Gl. (48) folgt

$$\frac{1}{R_k} = \frac{1}{R_1} + \frac{1}{R_2} = \frac{1}{1} + \frac{1}{9} = \frac{10}{9}\,\text{S} \quad \text{und} \quad R_k = \frac{9}{10}\,\Omega = 0{,}9\,\Omega\,.$$

Oder mit Gl. (50a)

$$R_k = \frac{R_1 \cdot R_2}{R_1 + R_2} = \frac{9}{10}\,\Omega = 0{,}9\,\Omega\,.$$

Gemäß dem OHMschen Gesetz Gl. (33) für den Stromkreis der vorliegenden Aufgabe ist $I = \frac{E}{R_i + R_a}$, wobei jetzt $R_a = R_k = 0{,}9\,\Omega$. Damit ergibt sich

$$I = \frac{1{,}12\,\text{V}}{0{,}5 + 0{,}9\,\Omega} = \frac{1{,}12\,\text{V}}{1{,}4\,\Omega} = 0{,}8\,\text{A}$$

und damit folgt die Klemmenspannung nach Gl. (34b)

$$U = I \cdot R_a = I \cdot R_k = 0{,}8\,\text{A} \cdot 0{,}9\,\Omega = 0{,}72\,\text{V}\,.$$

Die Zweigströme ergeben sich dadurch zu

$$I_1 = \frac{U}{R_1} = \frac{0{,}72\,\text{V}}{1\,\Omega} = 0{,}72\,\text{A}$$

$$I_2 = \frac{U}{R_2} = \frac{0{,}72\,\text{V}}{9\,\Omega} = 0{,}08\,\text{A}$$

$$I = 0{,}80\,\text{A}\,.$$

Beispiel 25. Zwei parallel geschaltete Widerstände $R_1 = 5\,\Omega$ und $R_2 = 3\,\Omega$ sind durch zwei Drähte mit je $R_0 = 0{,}5\,\Omega$ Widerstand mit den Klemmen eines galvanischen Elements von $E = 1{,}5$ V EMK und $R_i = 0{,}5\,\Omega$ innerem Widerstand verbunden. Gesucht sind alle Spannungen und Ströme.

Ersatzwiderstand der parallel geschalteten Widerstände R_1 und R_2 ist $R_k = \frac{R_1 \cdot R_2}{R_1 + R_2} = \frac{15}{8}\,\Omega = 1{,}875\,\Omega$. Der Gesamtwiderstand des Stromkreises ist $R = R_i + 2\,R_0 + R_k = 0{,}5 + 1 + 1{,}875\,\Omega = 3{,}375\,\Omega$ und somit die Stromstärke im Stromkreis

$$I = \frac{E}{R} = \frac{1{,}5\,\text{V}}{3{,}375\,\Omega} = 0{,}444\,\text{A}\,.$$

Die Klemmenspannung der Stromquelle ist $U = I \cdot R_a$; wobei $R_a = 2\,R_0 + R_k = 1 + 1{,}875 = 2{,}875\,\Omega$, also

$$U = 0{,}444\,\text{A} \cdot 2{,}875\,\Omega = 1{,}2765\,\text{V}\,.$$

Spannung an der Verzweigung der Widerstände R_1 und R_2 beträgt $U_k = I \cdot R_k = 0{,}444\,\text{A} \cdot 1{,}875\,\Omega = 0{,}8325\,\text{V}$. Damit ergeben sich die Zweigströme

$$I_1 = \frac{U_k}{R_1} = \frac{0{,}8325\,\text{V}}{5\,\Omega} = 0{,}1665\,\text{A}$$

$$I_2 = \frac{U_k}{R_2} = \frac{0{,}8325\,\text{V}}{3\,\Omega} = 0{,}2775\,\text{A}$$

$$I = I_1 + I_2 = 0{,}4440\,\text{A}\,.$$

Der Spannungsverlust in den Zuleitungen vom Widerstand $2R_0$ ergibt sich zu $U_0 = U - U_k = 1,2765 - 0,8325 = 0,444$ V oder zu $U_0 = I \cdot 2R_0 = 0,444\,\text{A} \cdot 1\,\Omega = 0,444$ V.

Spannungsverlust in der Stromquelle

$$U_i = IR_i = 0,444\,\text{A} \cdot 0,5\,\Omega = 0,222\,\text{V} \quad \text{oder} \quad U_i = E - U = 1,5 - 1,2765,$$
$$U_i = 0,2235\,\text{V}.$$

Beispiel 26. Welche EMK E muß eine Stromquelle von $R_i = 0,6\,\Omega$ innerem Widerstand besitzen, wenn sie $n = 10$ parallel geschaltete Glühlampen speisen soll, von denen jede $R_0 = 24\,\Omega$ Widerstand hat und $I_0 = 0,6$ A Strom braucht? Widerstand der Hin- und Rückleitung in Summa $R_l = 1\,\Omega$. Wie groß ist die Spannung U_k an den Lampen?

Gesamtstrom $I = nI_0 = 10 \cdot 0,6 = 6$ A. Ersatzwiderstand der zehn Glühlampen $R_k = \frac{R_0}{n} = \frac{24}{10} = 2,4\,\Omega$.

Der Gesamtwiderstand des Stromkreises beträgt

$$R = R_i + R_l + R_k = 0,6 + 1 + 2,4 = 4\,\Omega.$$

EMK der Stromquelle nach Gl. (33)

$$E = I \cdot R = 6\,\text{A} \cdot 4\,\Omega = 24\,\text{V}.$$

Spannung an den Lampen $U_k = IR_k = 6\,\text{A} \cdot 2,4\,\Omega = 14,4$ V.

Beispiel 27. Ein Gleichstromdynamo von $E = 110$ V EMK und $R_i = 0,3\,\Omega$ innerem Widerstand ist durch zwei je $l = 100$ m lange Kupferdrähte von $d = 2$ mm ⌀ verbunden mit $n = 10$ parallel geschalteten Widerständen von je $R_0 = 100\,\Omega$. Zu den Widerständen ist ein Voltmeter mit $R_g = 6000\,\Omega$ parallel geschaltet. Zu berechnen sind Gesamtstrom I, Zweigstrom I_0 in den Widerständen, Voltmeterstrom I_g, Spannung U_k an den Widerständen und Klemmenspannung U der Stromquelle.

Gesamtwiderstand des Stromkreises $R = R_i + R_l + R_k = R_i + R_a$, wenn R_l der Widerstand der Zuleitungen und R_k der Ersatzwiderstand der zehn parallelen Widerstände R_0 und des Voltmeters R_g. Der Querschnitt der Leitungen ist $q = \frac{d^2\pi}{4} = \frac{4\pi}{4} = 3,14\,\text{mm}^2$, so daß $R_l = \frac{200}{56 \cdot 3,14} = 1,137\,\Omega$. Ersatzwiderstand der zehn parallelen Widerstände $= \frac{R_0}{10} = 10\,\Omega$ und damit der Ersatzwiderstand der Widerstände samt Voltmeter

$$R_k = \frac{\frac{R_0}{10} \cdot R_g}{\frac{R_0}{10} + R_g} = \frac{10 \cdot 6000}{10 + 6000} = \frac{60}{6,01} = 9,98\,\Omega.$$

Gesamtwiderstand im Stromkreis $R = R_i + R_l + R_k = R_i + R_a$. $R_a = R_l + R_k$ $1,137\,\Omega + 9,98\,\Omega = 11,117\,\Omega$, so daß $R = 0,3 + 11,117 = 11,417\,\Omega$. Der Gesamtstrom beträgt

$$I = \frac{E}{R} = \frac{110\,\text{V}}{11,417\,\Omega} = 9,635\,\text{A}.$$

Da die Zweigströme sich umgekehrt verhalten wie ihre Widerstände, so folgt $\frac{I_0}{I_g} = \frac{R_g}{R_0} = \frac{6000}{100} = 60$, d.h. $I_0 = 60\,I_g$; weil $10\,I_0 + I_g = I$ sein muß, so ergibt sich

$600\,I_g + I_g = I = 9{,}635$ A, also $601\,I_g = 9{,}635$ A und $I_g = \frac{9{,}635\text{ A}}{601} = 0{,}01603$ A, $I_0 = 60 I_g = 0{,}9618$ A.

Spannung an der Verzweigung

$$U_k = I_0 R_0 = 0{,}9618\text{ A} \cdot 100\,\Omega = 96{,}18\text{ V},$$

oder

$$U_k = I_g R_g = 0{,}01603\text{ A} \cdot 6000\,\Omega = 96{,}18\text{ V}.$$

Klemmenspannung der Stromquelle

$$U = I \cdot R_a = 9{,}635\text{ A} \cdot 11{,}117\,\Omega = 107{,}112\text{ V}.$$

Beispiel 28. Ein Strommesser mit $R_g = 0{,}02\,\Omega$ Widerstand soll eine $n = 10$-fache Meßbereicherhöhung erhalten. Welcher Nebenwiderstand R_n ist parallel zu schalten? Wie groß sind Spannungsverbrauch U_A und Leistungsverbrauch N_A von Instrument und Nebenwiderstand zusammen bei einem Leitungsstrom von $I = 20$ A?

Der Nebenwiderstand ist nach Gl. (52)

$$R_n = \frac{R_g}{n-1} = \frac{0{,}02\,\Omega}{9} = 0{,}00222\,\Omega.$$

Bei einem Leitungsstrom $I = 20$ A ist der durch den Strommesser fließende Strom $I_g = \frac{I}{10} = 2$ A und daher der Spannungsverbrauch $U_A = U_g = I_g R_g = 2 \cdot 0{,}02 = 0{,}04$ V und der Leistungsverbrauch $N_A = I \cdot U_A = 20\text{ A} \cdot 0{,}04\text{ V}$, $N_A = 0{,}8$ W, oder auch $N_A = I^2 R_A = 400 \cdot \frac{0{,}02}{10} = 0{,}8$ W, weil nach Gl. (52a) $R_A = \frac{R_g}{n} = 0{,}002\,\Omega$ beträgt.

Beispiel 29. Einem Strommesser mit $R_g = 0{,}4\,\Omega$ Widerstand wird ein Nebenschluß von $R_n = 0{,}1\,\Omega$ parallel geschaltet. Wie groß ist die Meßbereicherhöhung n? Wenn der Strommesser $I_g = 3$ A anzeigt, wie groß ist dann der wirkliche im Stromkreis fließende Strom I?

Die Meßbereicherhöhung ist nach Gl. (52) $n = \frac{I}{I_g}$, $n = \frac{R_g + R_n}{R_n} = \frac{0{,}5}{0{,}1} = 5$. Bei $I_g = 3$ A ist der Strom im Stromkreis $I = n I_g = 5 \cdot 3\text{ A} = 15$ A.

Beispiel 30. Ein Voltmeter mit $R_g = 4000\,\Omega$ Eigenwiderstand und $U_g = 100$ V soll zur Messung von $U = 500$ V eingerichtet werden. Welcher Vorwiderstand R_v ist nötig? Wie groß sind Strom- und Leistungsverbrauch I_g und N_S des Meßgerätes mit Vorwiderstand?

Die Meßbereicherhöhung ist $n = \frac{U}{U_g} = \frac{500\text{ V}}{100\text{ V}} = 5$ und der Vorwiderstand nach Gl. (53)

$$R_v = (n-1) R_g = 4 \cdot 4000\,\Omega = 16000\,\Omega.$$

Der Gesamtwiderstand ist nach Gl. (53a)

$$R_S = n R_g = 5 \cdot 4000\,\Omega = 20000\,\Omega.$$

Der Stromverbrauch des Voltmeters ist $I_g = \frac{U}{R_S} = \frac{500\text{ V}}{20000\,\Omega} = 0{,}025$ A und der Leistungsverbrauch $N_S = U I_g = 500 \cdot 0{,}025$ W

$$N_S = 12{,}5\text{ W, oder } N_S = I_g^2 \cdot R_S = 0{,}025^2 \cdot 20000 = 12{,}5\text{ W}.$$

Beispiel 31. Eine Kettenleitung, wie in Abb. 337 belastet, besitzt einen Querschnitt $q = 16\,\text{mm}^2$. Die Stromverbraucher haben die Ströme $i_1 = 10\,\text{A}$, $i_2 = 20\,\text{A}$ und $i_3 = 25\,\text{A}$ und haben vom Anfang der Leitung die Entfernungen $l_1 = 30\,\text{m}$, $l_2 = 50\,\text{m}$ und $l_3 = 65\,\text{m}$. Zu berechnen ist der Spannungsverlust v in der Leitung.

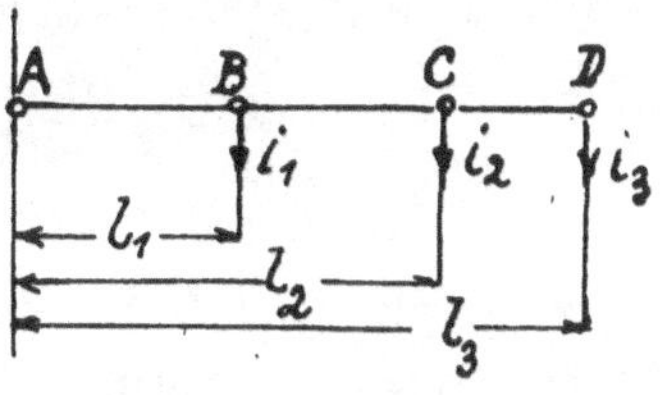

Abb. 337

Gesamter Stromverbrauch $I = i_1 + i_2 + i_3 = 10 + 20 + 25 = 55\,\text{A}$. Ist L der Schwerpunktsabstand der Ströme, dann ist $IL = \Sigma(il) = i_1 l_1 + i_2 l_2 + i_3 l_3$

$$IL = 10 \cdot 30 + 20 \cdot 50 + 25 \cdot 65 = 300 + 1000 + 1625 = 2925\,\text{Am}.$$

Nach Gl. (56) ist mit $\varrho = \frac{1}{56} \frac{\Omega\,\text{mm}^2}{\text{m}}$ der Spannungsverlust in der Leitung $v = \frac{2\varrho I L}{q} = \frac{2 \cdot 2925}{56 \cdot 16} = 6{,}53\,\text{V}$.

Beispiel 32. Die Außenleiter einer Gleichstrom-Dreileiteranlage vom Querschnitt $q = 100\,\text{mm}^2$ sind mit $I_1 = 100\,\text{A}$ und $I_2 = 85\,\text{A}$ belastet und haben eine Länge $l = 500\,\text{m}$. Der Mittelleiter hat einen Querschnitt $q_0 = 50\,\text{mm}^2$. Gesucht ist der größte Spannungsverlust.

Strom im Mittelleiter $I_0 = I_1 - I_2 = 100 - 85 = 15\,\text{A}$. Der größte Spannungsverlust in der stärker belasteten Netzhälfte ist dann nach Gl. (58a)

$$v_1 = \frac{\varrho l I_1}{q} + \frac{\varrho l I_0}{q_0} = \frac{1}{56} \cdot \frac{500 \cdot 100}{100} + \frac{1}{56} \cdot \frac{500 \cdot 15}{50}$$
$$= \frac{500}{56} + \frac{150}{56} = 8{,}928 + 2{,}678 = 11{,}606\,\text{V}.$$

Bei gleicher Belastung der Netzhälften wäre bei einem Spannungsverlust $v = 11{,}6\,\text{V}$ der Außenleiterquerschnitt nach Gl. (58) nur

$$q = \frac{\varrho l I_1}{v} = \frac{1}{56} \cdot \frac{500 \cdot 100}{11{,}6} = 76{,}92\,\text{mm}^2.$$

Beispiel 33. $n = 12$ Elemente von je $E = 2\,\text{V}$ EMK und $R_i = 1\,\Omega$ innerem Widerstand sollen bei einem äußeren Widerstand $R_a = \frac{4}{3}\,\Omega$ Strom erzeugen. Wie viele Arten von Schaltungen sind möglich und welche Stromstärke I entspricht einer jeden?

$n = 12$ läßt sich auf drei Arten in Faktoren zerlegen: $1 \cdot 12$, $2 \cdot 6$ und $3 \cdot 4$. Da für jede Faktorenzerlegung zwei Schaltungen sich ergeben, so sind sechs verschiedene Schaltungen möglich, eine Reihen- und eine Parallelschaltung, sowie vier gemischte Schaltungen.

1. $x = 1$; $\frac{n}{x} = 12$, **Parallelschaltung** der 12 Elemente. Nach Gl. (63a) ist: EMK der Batterie $E_b = E = 2\,\text{V}$. Innerer Widerstand der Batterie $R_b = \frac{R_i}{n} = \frac{1}{12}\,\Omega$. Nach Gl. (63b) ist die Stromstärke im Stromkreis

$$I = \frac{E_b}{R_b + R_a} = \frac{2}{\frac{1}{12} + \frac{4}{3}} = \frac{2\,\text{V}}{\frac{17}{12}\,\Omega} = \frac{24}{17}\,\text{A} = 1{,}4117\,\text{A}.$$

2. $x = 12$; $\frac{n}{x} = 1$, **Reihenschaltung** der 12 Elemente. Nach Gl. (62a) ist: EMK der Batterie $E_b = nE = 12 \cdot 2\text{ V} = 24\text{ V}$. Innerer Widerstand der Batterie $R_b = n \cdot R_i = 12 \cdot 1\,\Omega = 12\,\Omega$. Nach Gl. (62b) ist die Stromstärke im Stromkreis

$$I = \frac{E_b}{R_b + R_a} = \frac{24}{12 + \frac{4}{3}} = \frac{24\text{ V}}{\frac{40}{3}\,\Omega} = \frac{72}{40}\text{ A} = 1{,}8\text{ A}.$$

3. $x = 2$; $\frac{n}{x} = 6$, **Gemischte Schaltung,** $\frac{n}{x} = 6$ parallele Gruppen mit je $x = 2$ Elementen in Reihe. Nach Gl. (64a) ist: EMK der Batterie $E_b = xE = 2 \cdot 2\text{ V} = 4\text{ V}$. Innerer Widerstand der Batterie $R_b = \frac{R_i x}{n/x} = \frac{2\,\Omega}{6} = \frac{1}{3}\,\Omega$. Nach Gl. (64b) ist die Stromstärke im Stromkreis

$$I = \frac{E_b}{R_b + R_a} = \frac{4}{\frac{1}{3} + \frac{4}{3}} = \frac{4\text{ V}}{\frac{5}{3}\,\Omega} = \frac{12}{5}\text{ A} = 2{,}4\text{ A}.$$

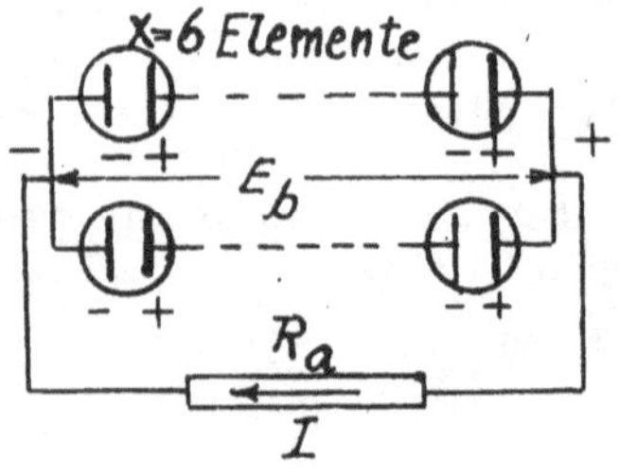

Abb. 338

4. $x = 6$; $\frac{n}{x} = 2$, **Gemischte Schaltung,** $\frac{n}{x} = 2$ parallele Gruppen von je $x = 6$ Elementen in Reihe gemäß Abb. 338. Nach Gl. (64a) ist: EMK der Batterie $E_b = xE = 6 \cdot 2\text{ V} = 12\text{ V}$. Innerer Widerstand der Batterie $R_b = \frac{R_i x}{n/x} = \frac{1 \cdot 6}{2}\,\Omega = 3\,\Omega$. Nach Gl. (64b) ist die Stromstärke im Stromkreis

$$I = \frac{E_b}{R_b + R_a} = \frac{12}{3 + \frac{4}{3}} = \frac{12\text{ V}}{\frac{13}{3}\,\Omega} = \frac{36}{13}\text{ A} = 2{,}769\text{ A}.$$

5. $x = 3$; $\frac{n}{x} = 4$, **Gemischte Schaltung,** $\frac{n}{x} = 4$ parallele Gruppen mit je $x = 3$ Elementen in Reihe. Nach Gl. (64a) ist: EMK der Batterie $E_b = xE = 3 \cdot 2\text{ V} = 6\text{ V}$. Innerer Widerstand der Batterie $R_b = \frac{R_i x}{n/x} = \frac{1 \cdot 3\,\Omega}{4} = \frac{3}{4}\,\Omega$. Nach Gl. (64b) ist die Stromstärke im Stromkreis

$$I = \frac{E_b}{R_b + R_a} = \frac{6}{\frac{3}{4} + \frac{4}{3}} = \frac{6\text{ V}}{\frac{25}{12}\,\Omega} = \frac{72}{25}\text{ A} = 2{,}88\text{ A}.$$

6. $x = 4$; $\frac{n}{x} = 3$, **Gemischte Schaltung,** $\frac{n}{x} = 3$ parallele Gruppen mit je $x = 4$ Elementen in Reihe. Nach Gl. (64a) ist: EMK der Batterie $E_b = xE = 4 \cdot 2\text{ V} = 8\text{ V}$. Innerer Batteriewiderstand $R_b = \frac{R_i x}{n/x} = \frac{1 \cdot 4\,\Omega}{3} = \frac{4}{3}\,\Omega$. Nach Gl. (64b) ist die Stromstärke im Stromkreis

$$I = \frac{E_b}{R_b + R_a} = \frac{8}{\frac{4}{3} + \frac{4}{3}} = \frac{8\text{ V}}{\frac{8}{3}\,\Omega} = \frac{24}{8}\text{ A} = 3\text{ A}.$$

Diese Schaltung, für welche $R_b = R_a = \frac{4}{3}\,\Omega$ ist, ergibt die größte Stromstärke $I = 3\text{ A}$.

Beispiel 34. $n = 196$ Elemente von je $E = 1{,}5$ V EMK und $R_i = \frac{1}{4}\,\Omega$ innerem Widerstand sollen in einem äußeren Widerstand $R_a = 1\,\Omega$ das Maximum der Stromstärke geben. Wie müssen die Elemente geschaltet werden und wie stark ist der entstehende Strom I?

Die Elemente müssen so geschaltet werden, daß der innere Widerstand R_b der Batterie gleich dem äußeren Widerstand R_a ist. Bei $\frac{n}{x}$ parallelen Elementengruppen mit je x in Reihe geschalteten Elementen muß nach Gl. (65)

$$\frac{R_i x^2}{n} = R_a, \quad \text{d. h.} \quad x = \sqrt{\frac{n R_a}{R_i}} = \sqrt{\frac{196 \cdot 1}{\frac{1}{4}}} = \sqrt{4 \cdot 196} = 2 \cdot 14 = 28$$

und $\frac{n}{x} = \frac{196}{28} = 7$ sein. Die Batterie erhält also gemischte Schaltung mit sieben parallelen Gruppen von je 28 Elementen in Reihe.

EMK der Batterie

$$E_b = xE = 28 \cdot 1{,}5\text{ V} = 42\text{ V}.$$

Innerer Widerstand der Batterie

$$R_b = \frac{R_i \cdot x}{\frac{n}{x}} = \frac{\frac{1}{4} \cdot 28}{7}\,\Omega = 1\,\Omega = R_a .$$

Stromstärke

$$I = \frac{E_b}{R_b + R_a} = \frac{42\text{ V}}{2\,\Omega} = 21\text{ A}.$$

Wenn x nicht rational ist, dann ist für x die nächstliegende ganze Zahl zu nehmen, welche ein Teiler von n ist.

Beispiel 35. $n = 30$ Elemente mit je $E = 1{,}8$ V EMK und $R_i = 0{,}5\,\Omega$ innerem Widerstand sollen so geschaltet werden, daß die Batterie eine EMK $E_b = 18$ V besitzt. Welche Schaltung ist anzuwenden und wie groß sind Strom I und Klemmenspannung U, wenn der äußere Widerstand $R_a = 3\,\Omega$ beträgt?

Nach Gl. (64a) ist $E_b = xE$, also $x = \frac{E_b}{E} = \frac{18}{1{,}8} = 10$ und $\frac{n}{x} = \frac{30}{10} = 3$. Die Batterie erhält also gemischte Schaltung mit drei parallelen Gruppen von je zehn Elementen in Reihe. Innerer Widerstand der Batterie

$$R_b = \frac{R_i x}{\frac{n}{x}} = \frac{0{,}5 \cdot 10}{3}\,\Omega = \frac{5}{3}\,\Omega .$$

Stromstärke

$$I = \frac{E_b}{R_b + R_a} = \frac{18}{\frac{5}{3} + 3} = \frac{18\text{ V}}{\frac{14}{3}\,\Omega} = \frac{54}{14}\text{ A} = 3{,}857\text{ A}.$$

Klemmenspannung $U = I \cdot R_a = 3{,}857\text{ A} \cdot 3\,\Omega$

$$U = 11{,}571\text{ V} \quad \text{oder} \quad U = E_b - I R_b = 18 - 3{,}857 \cdot \frac{5}{3} = 11{,}5717\text{ V}.$$

Beispiel 36. Ein Generator G mit $E_g = 100$ V EMK und $R_g = 0{,}5\,\Omega$ innerem Widerstand ist nach Abb. 339 parallel geschaltet zu einer Akkumulatorenbatterie von 60 Zellen mit je $E = 2{,}2$ V EMK und $R_i = 0{,}001\,\Omega$ innerem Widerstand. Über einen Schalter S kann ein Belastungswiderstand $R_a = 3\,\Omega$ angeschlossen werden, worin der Widerstand der Zuleitungen einbegriffen ist.

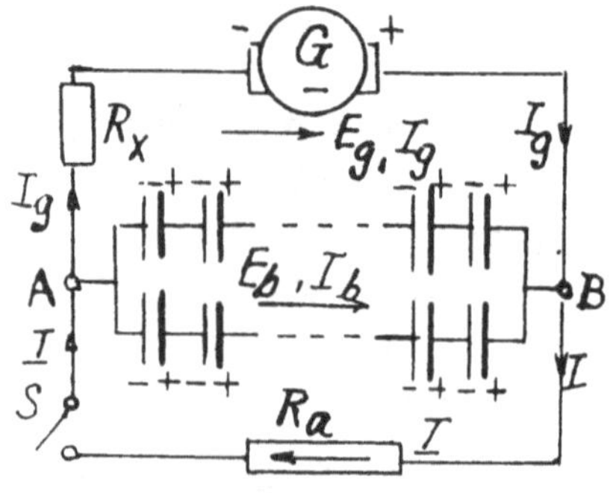

Abb. 339

a) Wie groß ist der Widerstand R_x, wenn die Batterie bei geöffnetem Schalter S vom Generator mit $I_g = 20$ A geladen werden soll? Wie groß ist die Spannung U_b zwischen A und B?

b) Wie verteilt sich der insgesamt abgegebene Strom $I = I_g + I_b$ auf den Generator und die Batterie, wenn R_x kurzgeschlossen und Schalter S geschlossen ist?

c) Welcher Strom I kommt zustande, wenn bei kurz geschlossenem R_x und geschlossenem Schalter S Generator und Batterie auf R_a parallel arbeiten, indem die Klemmenspannung des Generators auf die EMK E_b der Batterie vermindert wird? Wie verteilt sich dabei der Strom I auf Generator und Batterie?

Für die Batterie ist $n = 60$, $x = 30$ und $\frac{n}{x} = 2$. Daraus ergibt sich die EMK der Batterie $E_b = xE = 30 \cdot 2{,}2\text{ V} = 66$ V und ihr innerer Widerstand $R_b = \frac{R_i x}{n/x} = \frac{30 \cdot 0{,}001}{2}\,\Omega$, $R_b = 0{,}015\,\Omega$.

a) Gemäß Gl. (66) ist $I_g = \frac{E_g - E_b}{R}$, wenn der Gesamtwiderstand des aus Generator, R_x und Batterie gebildeten Stromkreises $R = R_g + R_x + R_b = \frac{E_g - E_b}{I_g} = \frac{34\text{ V}}{20\text{ A}} = 1{,}7\,\Omega$. Daraus folgt

$$R_x = R - (R_g + R_b) = 1{,}7 - (0{,}5 + 0{,}015)\,\Omega\,,$$
$$R_x = 1{,}7 - 0{,}515 = 1{,}185\,\Omega\,.$$

Ferner ist

$$U_b = E_g - I_g(R_g + R_x) = 100 - 20(0{,}5 + 1{,}185)\text{ V}\,,$$
$$U_b = 100 - 33{,}7 = 66{,}3\text{ V} = E_b + I_g R_b = 66 + 20 \cdot 0{,}015 = 66 + 0{,}3 = 66{,}3\text{ V}$$

gemäß Gl. (66d).

b) Da die in Gegenreihenschaltung befindlichen EMKe E_g und E_b und die entsprechenden Widerstände R_g und R_b verschieden groß sind, so müssen die KIRCHHOFFschen Gesetze in Form der Gl. (43) und (44) angewendet werden. Aus dem 1. KIRCHHOFFschen Gesetz folgt für die Knotenpunkte A und B

$$I = I_g + I_b\,.$$

Für den aus Generator und Batterie gebildeten geschlossenen Leiterkreis (Masche) ergibt sich nach dem 2. KIRCHHOFFschen Gesetz $E_g - E_b = I_g R_g - I_b R_b$ und für die aus Batterie und R_a bestehende Masche

$$E_b = I_b R_b + I R_a\,.$$

In diesen Gleichungen ist schon eine Gleichung für die aus Generator und R_a bestehende Masche enthalten. Aus den aufgestellten drei Gleichungen können die drei Unbekannten I_g, I_b und I ermittelt werden und es ergibt sich:

$$E_g - I_b R_b - I R_a = I_g R_g - I_b R_b$$

und

$$\text{(I)}\quad I_g = \frac{E_g - I R_a}{R_g}, \quad \text{sowie} \quad \text{(II)}\quad I_b = \frac{E_b - I R_a}{R_b},$$

womit

$$I = I_g + I_b = \frac{E_g R_b - I R_a R_b + E_b R_g - I R_a R_g}{R_g R_b},$$

woraus folgt

$$I R_g R_b + I R_a R_b + I R_a R_g = E_g R_b + E_b R_g,$$

$$\text{(III)}\quad I = \frac{E_g R_b + E_b R_g}{R_g R_b + R_a R_b + R_a R_g}.$$

Durch Einsetzen der Zahlenwerte erhält man

$$I = 22{,}2223\ \text{A}, \quad I_g = 66{,}6662\ \text{A}, \quad I_b = -44{,}46\ \text{A},$$

$$\text{Probe:}\quad I = I_g - I_b = 22{,}2062\ \text{A}.$$

Der Strom I_b ist **negativ**, wirkt also der Batterie-EMK E_b entgegen und lädt die Batterie, er ist ein vom Generator herrührender Ausgleichstrom in die Batterie. Der Strom I_b verteilt sich zur Hälfte auf die zwei parallelen Elementengruppen der Batterie.

c) Gesamt-EMK der parallel arbeitenden Stromquellen $E_b = 66$ V. Resultierender innerer Widerstand

$$R_k = \frac{R_g \cdot R_b}{R_g + R_b} = \frac{0{,}5 \cdot 0{,}015}{0{,}5 + 0{,}015} = \frac{0{,}0075}{0{,}515}\,\Omega = 0{,}01456\,\Omega.$$

Gesamtwiderstand des Stromkreises

$$R = R_k + R_a = 0{,}0145 + 3\,\Omega = 3{,}01456\,\Omega.$$

Stromstärke

$$I = \frac{E_b}{R} = \frac{66\ \text{V}}{3{,}01456\,\Omega} = 21{,}89\ \text{A}.$$

Die Ströme I_g und I_b verhalten sich hier umgekehrt wie die inneren Widerstände von Generator und Batterie $I_g : I_b = R_b : R_g$ und ferner ist $I_g + I_b = I$. Setzt man $I_g = y R_b$ und $I_b = y R_g$, dann folgt

$$y(R_b + R_g) = I, \quad \text{d. h.} \quad y = \frac{I}{R_b + R_g} = \frac{21{,}89\ \text{A}}{0{,}515\,\Omega} = 42{,}5\,\frac{\text{A}}{\Omega},$$

$$I_g = 42{,}5 \cdot R_b = 42{,}5 \cdot 0{,}015 = 0{,}6375\ \text{A}$$

und

$$I_b = 42{,}5 \cdot R_g = 42{,}5 \cdot 0{,}5 = 21{,}25\ \text{A},$$

$$I = I_g + I_b = 21{,}8875\ \text{A}.$$

Ein Ausgleichstrom zwischen Generator und Batterie tritt nicht auf, beide Ströme I_g und I_b werden nach außen an den Widerstand R_a abgegeben.

Zu den gleichen Ergebnissen gelangt man auch, wenn man in den Gl. (I), (II) und (III) $E_g = E_b = 66$ V setzt. Es ergibt sich dann aus Gl. (III)

$$I = \frac{E_b(R_b + R_g)}{R_b R_g + R_a(R_b + R_g)} = \frac{E_b}{\dfrac{R_b R_g}{R_b + R_g} + R_a} = \frac{E_b}{R_k + R_a}.$$

Ferner erhält man aus den Gl. (1) und (11)

$$I_g = \frac{E_b - I R_a}{R_g} \quad \text{und} \quad I_b = \frac{E_b - I R_a}{R_b},$$

so daß

$$I_g : I_b = R_b : R_g.$$

Damit sind auch die Klemmenspannungen von Batterie und Generator gleichgroß, d.h. $U_g = U_b$. Denn es ist $U_g = E_b - I_g R_g$ und $U_b = E_b - I_b R_b$ und weil $\frac{I_g}{I_b} = \frac{R_b}{R_g}$, d.h. $I_g R_g = I_b R_b$, so folgt $U_g = U_b$.

97. Beispiele für Abschnitt III

Beispiel 37. In einer 1 km langen Kupferleitung vom Querschnitt $q = 10\,\text{mm}^2$ werden bei $U = 1000$ V Spannung $N = 20$ kW fortgeleitet. Welche Wärmeleistung N_w geht in der Leitung verloren und wie groß ist die entsprechende Wärmemenge Q_w?

Nach Gl. (68a) ist die Wärmeleistung (Wärmearbeit je 1 s) $N_w = I^2 R$ [W].

Stromstärke in der Leitung $I = \frac{N}{U} = \frac{20000\,\text{W}}{1000\,\text{V}} = 20\,\text{A}$.

Widerstand der Leitung $R = \varrho \frac{l}{q} = \frac{1}{56} \cdot \frac{2000}{10} = 3{,}571\,\Omega$.

Wärmeleistung $N_w = 20^2 \cdot 3{,}57 = 400 \cdot 3{,}57 = 1428\,\text{W} = 1{,}428\,\text{kW}$.

Entstehende Wärmemenge $Q_w = 0{,}24 \cdot 1{,}428\,\text{kcal} = 0{,}3427\,\text{kcal}$.

Beispiel 38. Ein Gleichstrommotor nimmt bei der Klemmenspannung $U = 220$ V den Strom $I = 20$ A auf. Der Widerstand der Ankerwicklung beträgt $R_i = 1\,\Omega$. Welche Leistung N nimmt der Motor auf, wie groß ist die in der Ankerwicklung in Joulesche Wärme umgesetzte Wärmeleistung N_w und wie groß ist die Gegen-EMK E des Motors? Welche Nennleistung N_n in kW und PS gibt der Motor an die Welle ab, wenn die magnetischen und mechanischen Verluste $N_v = 500$ W betragen, und wie groß ist der Wirkungsgrad η?

Die vom Motor aufgenommene Leistung ist nach Gl. (76)

$$N = UI = 220\,\text{V} \cdot 20\,\text{A} = 4400\,\text{W} = 4{,}4\,\text{kW}.$$

Die im Anker verbrauchte Wärmeleistung ist

$$N_w = I^2 R_i = 20^2 \cdot 1\,\text{W} = 400\,\text{W}.$$

Da nach Gl. (76) $N = UI = EI + I^2 R_i = N_i + N_w$, so ergibt sich die innere Leistung zur Überwindung der Gegen-EMK E zu $N_i = EI = N - N_w = 4400 - 400$, $N_i = 4000\,\text{W} = 4\,\text{kW}$. Die Gegen-EMK des Motors ergibt sich daraus zu $E = \frac{N_i}{I} = \frac{4000\,\text{W}}{20\,\text{A}} = 200\,\text{V}$ (oder auch $E = U - I R_i$). Die Nennleistung des Motors ist

$$N_n = N_i - N_v = 4000 - 500 = 3500\,\text{W} = 3{,}5\,\text{kW} = \frac{3500}{736}\,\text{PS} = 4{,}755\,\text{PS}.$$

Der Wirkungsgrad des Motors ergibt sich damit zu

$$\eta = \frac{N_n}{N} = \frac{3{,}5\,\mathrm{kW}}{4{,}4\,\mathrm{kW}} = 0{,}795\,.$$

Beispiel 39. 2 Liter Wasser von $\vartheta_1 = 12^\circ$ C sollen durch eine Heizspirale von $R = 5\,\Omega$ Widerstand mit einem Strom $I = 10$ A zum Sieden ($\vartheta_2 = 100^\circ$ C) gebracht werden. Wie lange dauert es und wieviel kWh sind dazu nötig?

Da hier der Fall a) der Anwendung des Jouleschen Gesetzes vorliegt, hat man die Gl. (71) zu benutzen und zwar gemäß den gegebenen Größen in der Form $N_w \cdot t = I^2 R t = G c_1 \vartheta$, wenn hier $\eta = 1$ gesetzt werden kann. Nun ist $G = 2$ kg (da 1 dm³ Wasser 1 kg wiegt), $c_1 = 4190$ aus Zahlentafel 4, $\vartheta = \vartheta_2 - \vartheta_1 = 88^\circ$, $I = 10$ A und $R = 5\,\Omega$. Die gesuchte Zeit in Sekunden ergibt sich dann zu

$$t = \frac{G c_1 \vartheta}{I^2 R} = \frac{2 \cdot 4190 \cdot 88}{100 \cdot 5} = 1474{,}9\ \mathrm{s} = 24{,}58\ \text{Minuten}\,.$$

Die elektrische Wärmearbeit ist

$$A_w = N_w \cdot t = I^2 R t = \frac{500}{1000} \cdot \frac{24{,}58}{60}\,\mathrm{kWh} = 0{,}2048\ \mathrm{kWh}\,.$$

Beispiel 40. In einem elektrischen Kochtopf sollen 5 l Wasser in $t = 15$ Min. von $\vartheta_1 = 15^\circ$ auf $\vartheta_2 = 85^\circ$ erwärmt werden. Welche Stromstärke I ist nötig bei einer Netzspannung $U = 100$ V und wie groß ist der Widerstand R des Heizdrahtes? Wirkungsgrad des Kochgerätes $\eta = 0{,}8$.

Auch hier ist Gl. (71) zu benutzen, aber weil statt des Stromes I die Spannung U gegeben ist, in der Form $U I t = \frac{G c_1 \vartheta}{\eta}$, woraus sich die Stromstärke ergibt zu $I = \frac{G \cdot c_1 \vartheta}{U t \eta}$ A. Mit $G = 5$ kg, $c_1 = 4190$, $\vartheta = \vartheta_2 - \vartheta_1 = 70^\circ$, $t = 15$ Min. $= 900$ s und $\eta = 0{,}8$ folgt $I = \frac{5 \cdot 4190 \cdot 70}{100 \cdot 900 \cdot 0{,}8} = 20{,}368$ A.

Widerstand des Heizdrahtes $R = \frac{U}{I} = \frac{100\,\mathrm{V}}{20{,}368\,\mathrm{A}} = 4{,}91\,\Omega$.

Beispiel 41. Ein Widerstand $R = 5\,\Omega$ aus einem $d = 2$ mm dicken Eisendraht soll bei einer Benutzungsdauer von $t = 30$ s eine Temperaturerhöhung $\vartheta = 40^\circ$ erfahren. Wie groß ist die zulässige Stromstärke I? Wie groß ist die Übertemperatur ϑ_0 der Oberfläche im Beharrungszustand und in welcher Zeit t_0 würde sie erreicht werden?

Hier liegt der Fall b) der Anwendung des Jouleschen Gesetzes vor. Wegen der kurzen Benutzungsdauer von $t = 30$ s können die Formeln (72) bzw. (73) benutzt werden (Vernachlässigung der Wärmestrahlung). Nach Gl. (72a) ergibt sich die gesuchte Stromstärke

$$I = q \sqrt{\frac{\gamma c \vartheta}{0{,}24\, \varrho t}}\,[\mathrm{A}]\,.$$

Aus Zahlentafel 5 entnimmt man für Eisen $\varrho = 0{,}1 \frac{\Omega\,\mathrm{mm}^2}{\mathrm{m}}$, $c = 0{,}11$ kcal/kg° und $\gamma = 7{,}8$ kg/l. Der Drahtquerschnitt ist $q = \frac{d^2 \pi}{4} = \frac{4\pi}{4} = 3{,}14\ \mathrm{mm}^2$ und damit die Stromstärke

$$I = 3{,}14 \sqrt{\frac{7{,}8 \cdot 0{,}11 \cdot 40}{0{,}24 \cdot 0{,}1 \cdot 30}} = 21{,}66\ \mathrm{A}\,.$$

Daraus folgt die Wärmeleistung

$$N_w = I^2 R = 21{,}66^2 \cdot 5 = 2345{,}5\ \mathrm{W}.$$

Die Übertemperatur im Beharrungszustand ist nach Gl. (74a) $\vartheta_0 = \frac{N_w}{O h}$, wenn $O = d\pi l$ in cm² die Drahtoberfläche und $h = \frac{15}{10^4}$ in W/°C cm² die Wärmeabgabezahl ist. Die Drahtlänge l ergibt sich aus $R = \varrho \frac{l}{q}$ zu $l = \frac{qR}{\varrho} = \frac{3{,}14\ \mathrm{mm}^2 \cdot 5\,\Omega}{0{,}1\,\Omega \frac{\mathrm{mm}^2}{\mathrm{m}}} = 157$ m,

so daß $O = 0{,}2\pi \cdot 15700\ \mathrm{cm}^2 = 9859{,}6\ \mathrm{cm}^2$ und $O \cdot h = 9859{,}6 \cdot \frac{15}{10^4} = 14{,}7894$ W/°C.

Die Temperatur im Beharrungszustand ist dann

$$\vartheta_0 = \frac{N_w}{O \cdot h} = \frac{2345{,}5}{14{,}7894} = 158{,}6\ {}^\circ\mathrm{C}.$$

Zeitkonstante T nach Gl. (74b) ist

$$T = \frac{G c_1 \vartheta_0}{N_w} = \frac{G c_1 N_w}{O \cdot h \cdot N_w} = \frac{G c_1}{O \cdot h}.$$

Das Drahtgewicht ergibt sich zu

$$G = q^{\mathrm{mm}^2} \cdot l^{\mathrm{m}} \cdot \gamma \cdot 10^{-3}\ \mathrm{kg}, \qquad G = 3{,}14 \cdot 157 \cdot 7{,}8 \cdot 10^{-3}\ \mathrm{kg} = 3{,}85\ \mathrm{kg}.$$

Mit $c_1 = 460$ Ws/°C kg für Eisen aus Zahlentafel 4 folgt $T = \frac{3{,}85 \cdot 460}{14{,}7894} = 112{,}98$ s $= 1{,}883$ Min. Unter Berücksichtigung der Wärmestrahlung würde $\vartheta_0 = 158{,}6°$ erreicht werden in der Zeit

$$t_0 = 4{,}6\,T = 4{,}6 \cdot 1{,}883\ \mathrm{Min} = 8{,}66\ \mathrm{Min}.$$

Die Gl. (72) bzw. (73) ergeben genügend genaue Ergebnisse für Zeitabschnitte, die wesentlich kleiner sind als die Zeitkonstante T.

Beispiel 42. Der Widerstand eines Reglers für Dauerbetrieb besteht aus Konstantandraht ($\varrho = 0{,}5$, $c = 0{,}1$, $\gamma = 8{,}8$ und $\alpha = 5 \cdot 10^{-6}$ gemäß Zahlentafel 5), besitzt $R = 20\,\Omega$ und führt einen Strom $I = 1{,}3$ A. Welchen Durchmesser d und welche Länge l muß der Draht erhalten, wenn die Übertemperatur im Beharrungszustand $\vartheta_0 = 200°$ betragen darf? In welcher Zeit t_0 wird sie erreicht?

Es kommen die Gl. (75) zur Anwendung. Wegen des kleinen Temperaturkoeffizienten α kann der Temperatureinfluß auf den Widerstand vernachlässigt werden.

Nach Gl. (75a) ist mit einer Wärmeabgabezahl $h = \frac{10}{10^4}$ der Drahtdurchmesser

$$d = 0{,}344 \sqrt[3]{\frac{I^2 \varrho}{h \cdot \vartheta_0}} = 0{,}344 \sqrt[3]{\frac{1{,}3^2 \cdot 0{,}5 \cdot 10^4}{10 \cdot 200}} = 0{,}344 \cdot 1{,}481 = 0{,}51\ \mathrm{mm}.$$

Aus $R = \varrho \frac{l}{q}$ ergibt sich die Drahtlänge $l = \frac{qR}{\varrho}$, wobei $q = \frac{d^2 \pi}{4} = \frac{0{,}51^2 \pi}{4} = 0{,}196\ \mathrm{mm}^2$, so das $l = \frac{0{,}196 \cdot 20}{0{,}5} = 7{,}84$ m. Das Drahtgewicht nach Gl. (75c) oder $G = q^{\mathrm{mm}^2} \cdot l^{\mathrm{m}} \cdot \gamma \cdot 10^{-3}$ kg ergibt sich zu

$$G = 0{,}196 \cdot 7{,}84 \cdot 8{,}8 \cdot 10^{-3}\ \mathrm{kg} = 0{,}0135\ \mathrm{kg}.$$

$$c_1 = \frac{1000\,c}{0{,}24} = 416{,}67\ \mathrm{Ws/{}^\circ C\ kg}.$$

Drahtoberfläche

$$O = d\pi l = 0{,}051\pi \cdot 784\ \mathrm{cm}^2 = 123{,}1\ \mathrm{cm}^2.$$

$$h \cdot O = \frac{10}{10^4} \cdot 123{,}1 = 0{,}1231\ \mathrm{W/^\circ C}.$$

Damit folgt die Zeitkonstante

$$T = \frac{Gc_1}{hO} = \frac{0{,}0135 \cdot 416{,}67}{0{,}1231} = 45{,}42\ \mathrm{s} = 0{,}76\ \mathrm{Min}.$$

Der Beharrungszustand mit $\vartheta_0 = 200^\circ$C wird erreicht nach $t_0 = 4{,}6\,T = 4{,}6 \cdot 0{,}76$ Min $= 3{,}48$ Min.

Beispiel 43. Der Kupferstab der Abb. 340, welcher mit 0,4 mm dickem getränktem Faserstoff isoliert ist, führt den Strom $I = 42$ A. Man berechne die innere und äußere Übertemperatur, sowie die dazu nötige Zeit t_0.

Der Stabquerschnitt ist unter Abzug von 0,2 mm² für die Abrundungen

$$q = 5{,}5 \cdot 1{,}4 - 0{,}2 = 7{,}5\ \mathrm{mm}^2.$$

Widerstand des Stabes in warmem Zustand $\left(\varrho = \frac{1}{46}\right)$ ist

$$R = \frac{1}{46} \cdot \frac{0{,}16}{7{,}5} = 0{,}000463\ \Omega.$$

Wärmeleistung

$$N_w = I^2 \cdot R = 1764 \cdot 463 \cdot 10^{-6} = 0{,}816\ \mathrm{W}.$$

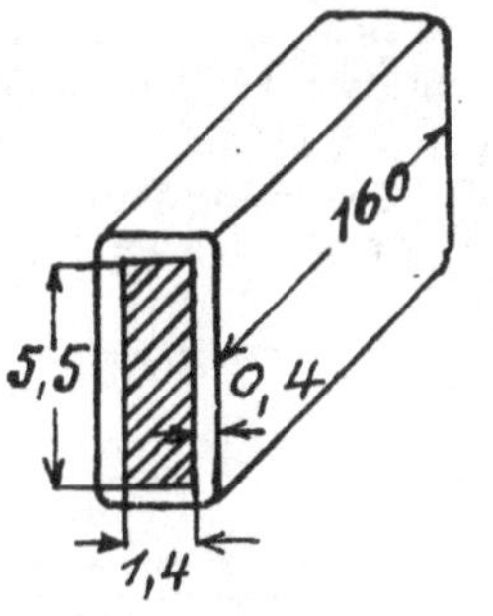

Abb. 340

Die Wärmedurchgangsfläche beträgt $F = 2(0{,}14 + 0{,}55) \cdot 16 = 22\ \mathrm{cm}^2$ und die Dicke der Isolation ist $a = 0{,}04$ cm. Mit $\varrho_t = 700\,^\circ\mathrm{C\,cm/W}$ aus Zahlentafel 6 folgt der Wärmewiderstand $R_t = \varrho_t \cdot \frac{a}{F} = 700 \frac{0{,}04}{22} = 1{,}27\,^\circ\mathrm{C/W}$. Innere Übertemperatur $\vartheta_i = N_w R_t = 0{,}816 \cdot 1{,}27 = 1{,}036\,^\circ$C. Staboberfläche $O_1 = 2(0{,}22 + 0{,}63) \cdot 16 = 1{,}7 \cdot 16 = 27{,}2\ \mathrm{cm}^2$. Mit $h = \frac{10}{10^4}\ \mathrm{W/^\circ C\,cm^2}$ ergibt sich die äußere Übertemperatur $\vartheta_0 = \frac{N_w}{hO_1} = \frac{0{,}816 \cdot 10^4}{10 \cdot 27{,}2} = 30\,^\circ$C.

Die gesamte Übertemperatur ist $\vartheta_{\max} = \vartheta_i + \vartheta_0 = 31\,^\circ$C. Kupfergewicht $G = 7{,}5^{\mathrm{mm}^2} \cdot 0{,}16^{\mathrm{m}} \cdot 8{,}9 \cdot 10^{-3}\ \mathrm{kg} = 0{,}01$ kg. Spezifische Wärmearbeit für Kupfer $c_1 = 390\ \mathrm{Ws/^\circ C\,kg}$. Gewicht der Isolation $G' = 2(0{,}22 + 0{,}55) \cdot 0{,}04 \cdot 16 \cdot 1 \cdot 10^{-3}$. $G' = 0{,}985 \cdot 10^{-3}$ kg. Spezifische Wärmearbeit für Isolation $c_1' = 1200\ \mathrm{Ws/^\circ C\,kg}$ nach Zahlentafel 4.

Zeitkonstante $T = \frac{(Gc_1 + G'c_1')\vartheta_{\max}}{N_w}$, also

$$T = \frac{(0{,}01 \cdot 390 + 0{,}985 \cdot 10^{-3} \cdot 1200) \cdot 31}{0{,}816} = \frac{(3{,}9 + 1{,}182)\,31}{0{,}816} = 193\ \mathrm{s} = 3{,}217\ \mathrm{Min}.$$

$$t_0 = 4{,}6 \cdot 3{,}217 = 14{,}8\ \mathrm{Min}.$$

Beispiel 44. Die Magnetspule einer Dynamomaschine hat Abmessungen wie in Abb. 341 und besitzt $n = 4$ Lagen Kupferflachdraht; die Isolationsstärke ist $a = 0{,}4$ mm und die mittlere Windungslänge $u = 430$ mm. Gesucht ist die gesamte

Übertemperatur $\vartheta_{max} = \vartheta_i + \vartheta_0$, wenn die Wärmeabgabezahl $h = \frac{30}{10^4}$ W/°C cm² und die Wärmeleistung $N_w = 136$ W betragen.

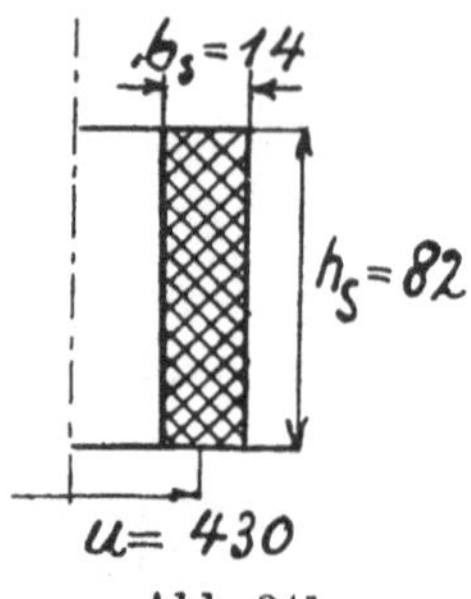

Abb. 341

Die innere Übertemparatur ist nach Gl. (75f) $\vartheta_i = \frac{N_w \cdot \varrho_t n a}{12 F}$ und mit einer Wärmedurchgangsfläche $F = u \cdot h_s = 43 \cdot 8{,}2 = 353$ cm²

$$\vartheta_i = \frac{136 \cdot 700 \cdot 4 \cdot 0{,}04}{12 \cdot 353} = 4°.$$

Die äußere Übertemperatur ist nach Gl. (74a) $\vartheta_0 = \frac{N_w}{h O}$ und bei einer Oberfläche der Spule $O = u(2h_s + 2b_s) = 43 \cdot 2(8{,}2 + 1{,}4) = 86 \cdot 96$ cm² $= 826$ cm², $\vartheta_0 = \frac{136 \cdot 10^4}{30 \cdot 826} = 55°$, so daß $\vartheta_{max} = \vartheta_i + \vartheta_0 = 4° + 55° = 59$ °C.

Beispiel 45. Für die Kettenleitung der Abb. 342 ist der konstante Kupferquerschnitt q zu berechnen. Betriebsspannung $U = 220$ V, zulässiger Spannungsverlust $\varepsilon = 2\%$.

Spannungsverlust $v = \varepsilon \cdot U = 0{,}02 \cdot 220$ V $= 4{,}4$ V.

Nach Gl. (82) ist der Leitungsquerschnitt

$$q = \frac{2\varrho}{v} \Sigma(i l) = \frac{2}{56 \cdot 4{,}4}(10 \cdot 20 + 5 \cdot 60 + 20 \cdot 90) = \frac{2300}{28 \cdot 4{,}4} = 18{,}66 \text{ mm}^2.$$

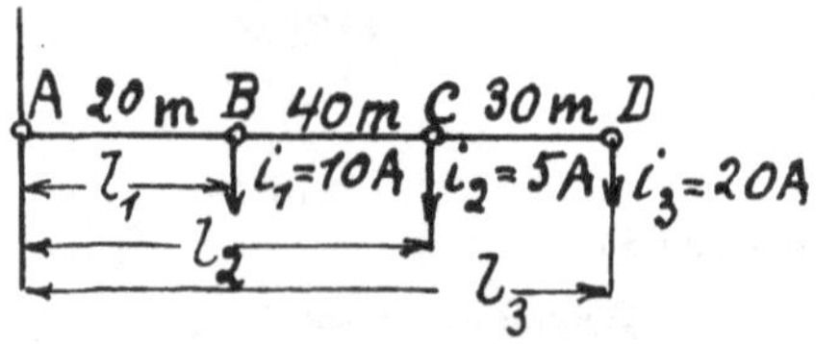

Abb. 342

Der nächst höhere Normalquerschnitt ist $q = 25$ mm². Gemäß Zahlentafel 7, Spalte 2 (Installationsselbstschalter) reicht dieser Querschnitt für eine Strombelastung von $I = 90$ A. Da der Höchststrom der gegebenen Leitung nur $I = 35$ A beträgt, so kann $q = 25$ mm² ausgeführt werden. Es ergibt sich dann ein kleinerrer Spannungsabfall von $v = \frac{2\varrho}{q} \Sigma(i l) = \frac{2}{56 \cdot 25} \cdot 2300$ V $= 3{,}3$ V. Führt man $q = 16$ mm² aus, dann ergibt sich ein etwas höherer Spannungsverlust $v = \frac{2}{56 \cdot 16} \cdot 2300$ V $= 5{,}13$ V.

In Rücksicht auf die Erwärmung würde $q = 6$ mm² genügen.

Beispiel 46. Eine Verteilungskupferleitung, welcher bei A Strom zugeführt wird, besitzt die in Abb. 343 angegebenen Motorbelastungen. Die Betriebsspannung ist $U = 220$ V, der zulässige Spannungsverlust $\varepsilon = 5\%$. Zu ermitteln sind der Querschnitt q der Hauptleitung AE und q_1 der Stichleitung CG.

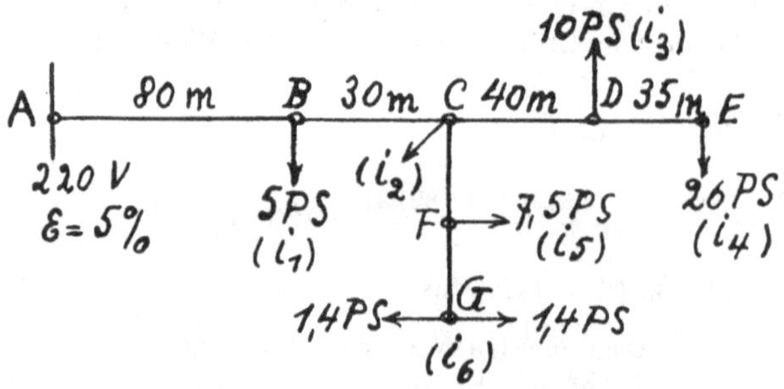

Abb. 343

Spannungsverlust $v = \varepsilon U = 0{,}05 \cdot 220$ V $= 11$ Volt. Die Berechnung der Motorströme erfolgt nach der Gleichung $i = \frac{736\ \text{PS}}{U \cdot \eta}$, wenn η den Wirkungsgrad des Motors bedeutet (bei unbekanntem η kann man etwa 900 W je PS annehmen).

PS	η	i[A]
5	0,80	21
7,5	0,81	31
1,4	0,70	7
10,0	0,82	41
26,0	0,86	100

Es wird zunächst der Querschnitt q der Hauptleitung AE berechnet, wobei der in der Stichleitung CG fließende Strom $i_5 + 2i_6 = 31 + 2 \cdot 7 = 45$ A als Belastung i_2 des Punktes C der Hauptleitung angenommen wird. Gemäß Gl. (82) ergibt sich der Querschnitt der Hauptleitung

$$q = \frac{2\varrho}{v}\,\Sigma(il) = \frac{2}{56 \cdot 11}(21 \cdot 80 + 45 \cdot 110 + 41 \cdot 150 + 100 \cdot 185)\,,$$

$$q = \frac{31280}{308} = 101{,}55\ \text{mm}^2\,.$$

Ausgeführt wird der Normalquerschnitt $q = 120\,\text{mm}^2$. Der Maximalstrom in der Leitung ist 207 A, so daß der Querschnitt auch in Rücksicht auf die Erwärmung genügt.

Zur Berechnung des Querschnitts q_1 der Stichleitung CG benötigt man den zulässigen Spannungsverlust für diese Leitung. Der Spannungsverlust von A über B, C, F bis G darf nur $v = 11$ V betragen. Der Spannungsverlust v_1 in der Leitung CG ist gleich 11 V vermindert um den Spannungsverlust von A bis C. Von A bis B fließen 207 A und von B bis C fließen $207 - 21 = 186$ A, wodurch der Spannungsverlust von A bis C beträgt

$$v_{AC} = 207 \cdot \frac{2 \cdot 80}{56 \cdot 120} + 186 \cdot \frac{2 \cdot 30}{56 \cdot 120} = \frac{2}{56 \cdot 120}(207 \cdot 80 + 186 \cdot 30) = 6{,}59\ \text{V}\,.$$

Der Spannungsverlust für die Stichleitung ist also

$$v_1 = v - v_{AC} = 11 - 6{,}59 = 4{,}41\ \text{V}\,.$$

Damit ergibt sich der Querschnitt der Stichleitung CG, wenn $CF = 20$ m und $FG = 30$ m beträgt

$$q_1 = \frac{2\varrho}{v_1}\,\Sigma(il) = \frac{2}{56 \cdot 4{,}41}(31 \cdot 20 + 14 \cdot 50) = 10{,}7\ \text{mm}^2\,.$$

Zu wählen ist nach Zahlentafel 7 $q_1 = 16\,\text{mm}^2$, welcher Querschnitt beim Maximalstrom von 45 A in der Stichleitung auch in Rücksicht auf die Erwärmung genügt.

Beispiel 47. Man bestimme mit Hilfe der Zahlentafel 8 für eine 100 W Osram-Glühlampe für 220 V die mittlere Lichtstärke J_0, die Stromstärke I und den Widerstand R des Leuchtdrahtes.

Nach Gl. (94a) ist die mittlere Lichtstärke

$$J_0 = \frac{\Phi_0}{4\pi} = \frac{1510\ \text{lm}}{4\pi} = 120{,}223\ \text{HK}\,.$$

Der Stromverbrauch der Lampe ist nach Gl. (100) $I = \frac{N_0}{U} = \frac{100\,\text{W}}{220\,\text{V}} = 0{,}4545$ A und der Widerstand des Leuchtdrahtes nach Gl. (100a)

$$R = \frac{U}{I} = \frac{220\ \text{V}}{0{,}45\ \text{A}} \approx 489\,\Omega\,.$$

Beispiel 48. Eine Bogenlampe hat die Charakteristik $U_b = 21 + 2l + \frac{37}{I}$. Die Lampe ist auf $U_b = 38$ V bei $I = 8$ A einreguliert. Beim Abbrand der Kohlen beginnt die Regulierung zu arbeiten, wenn die Spannung auf 39 V gestiegen ist, und arbeitet so lange, bis die Spannung auf 37,12 V gesunken ist. Die Lampe ist an eine Betriebsspannung $U = 45$ V angeschlossen. Wie groß ist der Vorwiderstand F_v der Lampe und die Lichtbogenlänge l, wenn die Lampe normal mit $U_b = 38$ V brennt? Man zeichne die Charakteristik für diese normale Lichtbogenlänge und den Betriebspunkt P. Wie groß sind die Lampenströme I_1 und I_2 bei den Spannungen $U_{b1} = 39$ V und $U_{b2} = 37{,}12$ V?

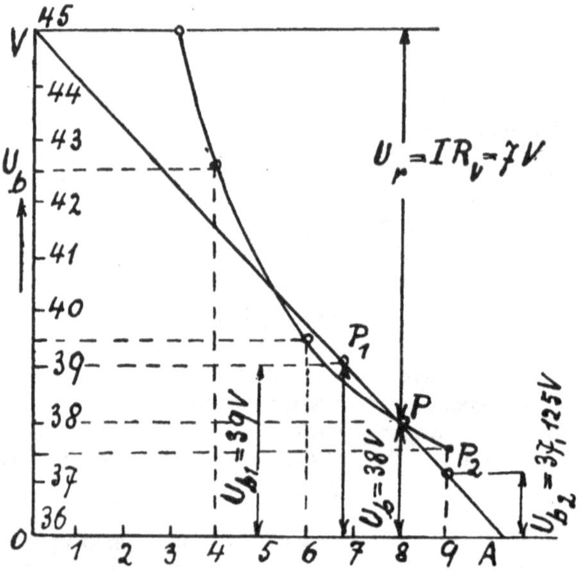

Abb. 344

Der Vorwiderstand R_v ergibt sich aus der Formel $U_b = U - IR_v$, d. h. $IR_v = U - U_b$ zu

$$R_v = \frac{U - U_b}{I} = \frac{45 - 38}{8} = \frac{7}{8}\,\Omega = 0{,}875\,\Omega .$$

Die normale Lichtbogenlänge l bestimmt sich aus der Gleichung der Charakteristik für $U_b = 38$ V und $I = 8$ V durch Auflösen nach l. Es ergibt sich $2l = U_b - 21 - \frac{37}{I} = 38 - 21 - \frac{37}{8} = 12{,}4$ mm, also $l = 6{,}2$ mm. Zur Bestimmung der Charakteristik für $l = 6{,}2$ mm konstant setzt man in die Gleichung für U_b verschiedene Werte von I ein.

$I = 1$ A gibt $U_b = 21 + 12{,}4 + 37 = 70{,}4$ V,

$I = 2$ A ,, $U_b = 21 + 12{,}4 + \frac{37}{2} = 51{,}9$ V,

$I = 4$ A ,, $U_b = 21 + 12{,}4 + \frac{37}{4} = 42{,}65$ V,

$I = 6$ A ,, $U_b = 21 + 12{,}4 + \frac{37}{6} = 39{,}56$ V,

$I = 8$ A ,, $U_b = 21 + 12{,}4 + \frac{37}{8} = 38{,}00$ V,

$I = 9$ A ,, $U_b = 21 + 12{,}4 + \frac{37}{9} = 37{,}51$ V.

Der Lampenstrom bei $U_{b1} = 39$ V ergibt sich zu

$$I_1 = \frac{U - U_{b1}}{R_v} = \frac{45 - 39}{0{,}875} = 6{,}857 \text{ A}.$$

und bei der Spannung $U_{b2} = 37{,}12$ V zu

$$I_2 = \frac{U - U_{b2}}{R_v} = \frac{45 - 37{,}12}{0{,}875} = 9 \text{ A}.$$

Der Betriebspunkt P ist der Schnittpunkt der Charakteristik für die normale Lichtbogenlänge $l = 6{,}2$ mm und der Geraden der Spannung $U_r = I \cdot R_v$. Der Punkt P_1 liegt auf der höhergelegenen Charakteristik für die größere Lichtbogenlänge l_1 und der Punkt P_2 auf der tiefergelegenen Charakteristik für die kleinere Lichtbogenlänge l_2. Während des Reguliervorgangs von $I_1 = 6{,}857$ A auf $I_2 = 9$ A ergeben sich Lichtstärkeschwankungen der Lampe. Da 1 A etwa 100 HK ergibt, so ist die normale Lichtstärke beim Strom $I = 8$ A gleich 800 HK, beim Strom $I_1 = 6{,}857$ A gleich 686 HK und beim Strom $I_2 = 9$ A gleich 900 HK, so daß sich eine Lichtstärkeschwankung von $900 - 686 = 214$ HK, das sind $\frac{214}{800} \cdot 100\% = 26{,}75\%$ ergibt. Es muß dann der Vorwiderstand R_v vergrößert werden.

Beispiel 49. Eine Lichtquelle A soll an der Stelle B eine Beleuchtungsstärke $E = 50$ lx geben. Welche Lichtstärke J in HK in Richtung AB muß die Lichtquelle besitzen?

Nach Gl. (97) ist die Beleuchtungsstärke in B: $E = \frac{J}{r^2} \cos\alpha$, also $J = \frac{E r^2}{\cos\alpha}$. Dabei ist $r^2 = \overline{AB}^2 = 4^2 + 2^2 = 20\,\text{m}^2$ und $\cos\alpha = \frac{AC}{AB}$.

$$\cos\alpha = \frac{4}{\sqrt{20}} = \frac{4}{4{,}47};$$

$$J = \frac{50 \cdot 20 \cdot 4{,}47}{4} = 1117\ \text{HK}.$$

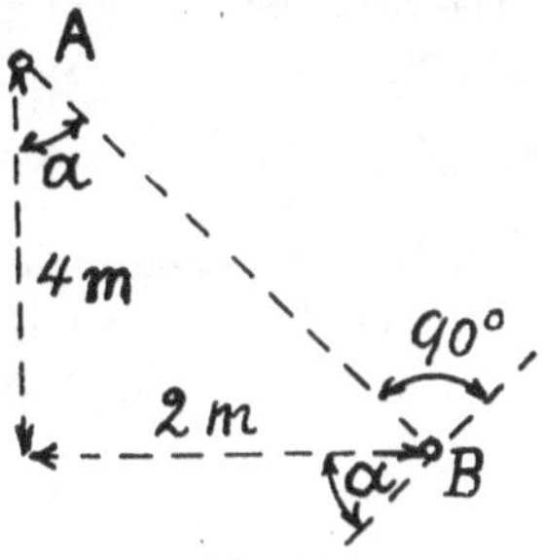

Abb. 345

Beispiel 50. Ein Büroraum von 10 m Länge und 4 m Breite soll direkte Allgemeinbeleuchtung erhalten. Gesucht sind Zahl, Lichtstrom und Wattstärke der Glühlampen, wenn sie $h = 2{,}5$ m über der Arbeitsfläche hängen.

Für direkte Beleuchtung gilt ein Wirkungsgrad $\eta = 0{,}5$ im Mittel und für Büroarbeit als feine Arbeit eine Beleuchtungsstärke $E = 75 \ldots 150$ lx. Mit $E = 100$ lx folgt aus Gl. (101b) ein Gesamtlichtstrom der Lampen $\Phi = \frac{EF}{\eta} = \frac{100 \cdot 10 \cdot 4}{0{,}5}$ lm $= 8000$ lm. Gemäß Abb. 346 werden $n = 4$ Lampen in der gezeichneten Anordnung gewählt. Dann ist die Lampenentfernung $a = \sqrt{2^2 + 2^2} = 2{,}82$ m, also kleiner als $1{,}5\,h = 1{,}5 \cdot 2{,}5$ m $= 3{,}75$ m, wodurch Gleichmäßigkeit der Beleuchtung gewährleistet ist. Der Lichtstrom einer Lampe ist dann

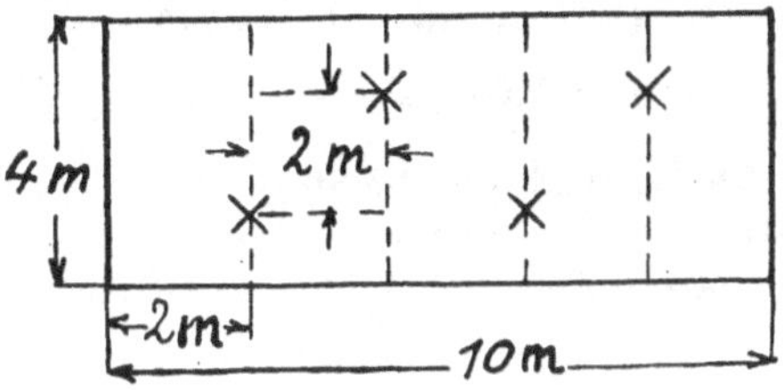

Abb. 346

$$\Phi_0 = \frac{\Phi}{n} = \frac{8000\ \text{lm}}{4} = 2000\ \text{lm}.$$

Nach Zahlentafel 8 genügen vier Lampen von je $N_0 = 150$ W und $\Phi_0 = 2280$ lm. Der Gesamtleistungsverbrauch ist $N = n N_0 = 4 \cdot 150$ W $= 600$ W und ergibt bei einer Netzspannung $U = 220$ V eine Gesamtstromstärke $I = \frac{600\ \text{W}}{220\ \text{V}} = 2{,}72$ A, je Lampe $I_0 = \frac{150\ \text{W}}{220\ \text{V}} = 0{,}682$ A.

98. Beispiele für Abschnitt IV

Beispiel 51. Ein Strom $I = 0{,}5$ A geht $t = 1$ h 20 Min durch ein Silberbad. Welche Silbermenge in mg und g wird ausgeschieden?

a) Gemäß Gl. (103) ist die ausgeschiedene Gewichtsmenge $m = cIt$, wofür aus Zahlentafel 10 für Silber $c = 1{,}118$ mg/As oder $c = 4{,}025$ g/Ah. Die Zeit des Stromdurchgangs ist $t = 3600 + 1200$ s $= 4800$ s oder $1\frac{1}{3}$ h. Damit ergibt sich dann

$$m = 1{,}118 \text{ mg/As} \cdot 0{,}5 \text{ A} \cdot 4800 \text{ s} = 2683 \text{ mg} = 2{,}683 \text{ g},$$

oder

$$m = 4{,}025 \text{ g/Ah} \cdot 0{,}5 \text{ A} \cdot 1{,}33 \text{ h} = 2{,}683 \text{ g}.$$

b) Mit Gl. (104) ist die ausgeschiedene Gewichtsmenge in g: $G = \frac{a}{96510} It$, wobei a das Grammäquivalent des ausgeschiedenen Stoffes und 96510 die Faradaysche Konstante bedeuten. Aus Zahlentafel 10 ist für Silber $a = 107{,}88$ g, womit dann

$$G = \frac{107{,}88 \text{ g}}{96510 \text{ As}} \cdot 0{,}5 \text{ A} \cdot 4800 \text{ s} = 2{,}64 \text{ g}.$$

Beispiel 52. Wieviel Atome enthält 1 g Blei?

Die Zahl der Atome je Grammatom a_0[g] eines jeden Stoffes ist nach Gl. (105a) $n_a = \frac{96510}{e} = 6{,}1 \cdot 10^{23}$. Da gemäß Zahlentafel 10 für Blei das Grammatom $k \cdot a = a_0 = 207{,}1$ g beträgt, so sind in 1 g Blei $\frac{6{,}1 \cdot 10^{23}}{207{,}1} = 2{,}946 \cdot 10^{21}$ zweiwertige Atome enthalten.

Beispiel 53. Es sollen in 4 Stunden 25 Liter Knallgas entwickelt werden. Wie groß ist die dazu nötige Stromstärke I?

Nach Zahlentafel 11a entwickelt der Strom 1 A in 1 Minute 10,44 cm³ Knallgas, d. h. in $4^h = 240$ Min $10{,}44 \cdot 240$ cm³ $= 2505{,}6$ cm³. Zur Entwicklung von 25 dm³ $= 25000$ cm³ Knallgas sind dann $I = \frac{25000}{2505{,}6} \approx 10$ A nötig.

Beispiel 54. Welche Stärke δ mm besitzt ein Kupferniederschlag auf einem Gegenstand von $F = 30$ cm² Oberfläche, wenn durch das **zweiwertige** Kupferbad $3^h\,30^{Min}$ ein Strom $I = 10$ A geht? Spezifisches Gewicht von Kupfer $\gamma = 8{,}9$.

Das Gewicht des Kupferniederschlags ist nach Gl. (104) $G = \frac{a}{96510} It = F\delta\gamma$ [g] und daraus folgt

$$\delta = \frac{aIt}{96510 \cdot F \cdot \gamma} \text{ cm} = \frac{31{,}78 \cdot 10 \cdot 12600}{96510 \cdot 30 \cdot 8{,}9} \text{ cm} = 0{,}155 \text{ cm} = 1{,}55 \text{ mm}.$$

Beispiel 55. Drei elektrolytische Zellen sind hintereinander geschaltet. Die erste enthält eine Kochsalzlösung (NaCl), die zweite Schwefelsäure (H_2SO_4) und die dritte eine Lösung von Zinnchlorür ($SnCl_2$). Welche Gewichtsmengen Ionen werden in den drei Zellen ausgeschieden und welche Gewichtsmengen der drei Elektrolyten zersetzt von einem Strom I in einer Zeit t, der das Grammäquivalent Natrium ausscheidet? Wenn der Strom 100 A beträgt, wie lange dauert es?

Zum Ausscheiden des Grammäquivalents a [g] eines Ions bzw. Zersetzen des Grammäquivalents a [g] eines Elektrolyten sind gemäß § 36 96510 As nötig. Das muß also die Elektrizitätsmenge $Q = It$ As sein, welche durch die Zellen geht. Es wird dann in jeder Zelle von jedem Ion das Grammäquivalent ausgeschieden und das Grammäquivalent der Elektrolytflüssigkeit zersetzt. Mit Hilfe der Zahlentafel 10 und den im Anschluß daran berechneten chemischen Äquivalenten der Elektrolyten der drei Zellen ergibt sich:

a) **Zelle 1:** Nach Zahlentafel 10 sind die Grammäquivalente a für Na = 23 g, für Cl = 35,46 g und für NaCl = 58,46 g.

Es werden also ausgeschieden:

An der Anode	35,46 g Cl
An der Kathode	23,00 g Na
Es werden zersetzt	58,46 g NaCl,

wobei 58,46 g = 35,46 g + 23 g gemäß obigen Angaben das Grammäquivalent von NaCl ist.

Infolge der in § 33 erwähnten sekundären Reaktion des Kations $2\,Na + 2\,H_2O = 2\,NaOH + H_2$ entsteht an der Kathode statt 23 g Na die chemisch äquivalente Menge von 1 g H, während 31 g NaOH in Lösung gehen. Die Bilanzgleichung des Prozesses lautet also

$$58{,}46\text{ g } NaCl + 9\text{ g } H_2O = 67{,}46\text{ g} = 35{,}46\text{ g } Cl + 1\text{ g } H + 31\text{ g } NaOH.$$

b) **Zelle 2:** Die Grammäquivalente a sind nach Zahlentafel 10 für H = 1 g, S = 16 g, O = 8 g, $SO_4 = \frac{32 + 4 \cdot 16}{2} = 16 + 32 = 48$ g und $H_2SO_4 = 49$ g.

Es werden ausgeschieden:

An der Anode	48 g SO_4
An der Kathode	1 g H
Es werden zersetzt	49 g H_2SO_4,

wobei gemäß den Ausführungen in § 35 das Grammäquivalent von H_2SO_4 gleich 49 g ist. Nun geht der Säurerest SO_4 an der Anode eine sekundäre Reaktion ein $2\,SO_4 + 2\,H_2O = 2\,H_2SO_4 + O_2$, wodurch an der Anode statt 48 g SO_4 die chemisch äquivalente Menge von 8 g O ausgeschieden wird, während 49 g H_2SO_4 in Lösung gehen. Die Bilanzgleichung des Prozesses lautet

$$49\text{ g } H_2SO_4 + 9\text{ g } H_2O = 58\text{ g} = 1\text{ g } H + 49\text{ g } H_2SO_4 + 8\text{ g } O.$$

c) **Zelle 3:** Die Grammäquivalente sind für Sn = 59,5 g, Cl = 35,46 g und für $SnCl_2$ = 95 g.

Es werden ausgeschieden:

An der Anode	35,46 g Cl
An der Kathode	59,50 g Sn
Es werden zersetzt	94,96 g ≈ 95 g $SnCl_2$,

wobei 95 g nach § 35 das Grammäquivalent von $SnCl_2$ sind. Sekundäre Reaktionen treten nicht auf.

Bei einer Stromstärke $I = 100$ A ist, weil $Q = I \cdot t = 96510$ As $= 100\,t$ As, die Zeit

$$t = \frac{96510\text{ As}}{100\text{ A}} = 965{,}1\text{ s} = 16\text{ Min}.$$

Beispiel 56. Eine Kochsalzlösung von 20 Gewichtsteilen NaCl in 100 Gewichtsteilen H_2O wird zwischen Platinelektroden elektrolysiert. Die Elektroden haben eine Oberfläche $q = 40\text{ cm}^2$ und stehen $l = 15$ cm voneinander entfernt, die Zelle liegt an einer Elektrodenspannung $U = 10$ V. Wie groß ist unter Berücksichtigung der

Gegenspannung E_p der Polarisation der durch die Zelle fließende Strom I? Welche Gewichtsmengen Chlor an der Anode und Wasserstoff an der Kathode werden in einer Stunde ausgeschieden? Wie lange dauert es, bis das Grammäquivalent Chlor ausgeschieden wird?

Nach § 37 ist die Stromstärke in einer elektrolytischen Zelle mit Polarisation $I = \frac{U - E_p}{R_p}$. Aus Zahlentafel 2 entnimmt man für eine 20%ige NaCl-Lösung eine Leitfähigkeit $k = 0{,}196$ S/cm, so daß der spezifische Widerstand $\varrho = \frac{1}{k} \approx 5\,\Omega$cm. Der Widerstand der Zelle beträgt

$$R_p = \varrho \frac{l}{q} = \frac{5\,\Omega\,\text{cm} \cdot 15\,\text{cm}}{40\,\text{cm}^2} = 1{,}875\,\Omega\,.$$

Die EMK E_p der Polarisation ist nach Gl. (106)

$$E_p = 4{,}36 \cdot 10^{-5} \frac{X}{k}\,[\text{V}]\,.$$

Die Wärmetönung für NaCl ist nach Zahlentafel 11 $X = 97690$ cal und die Wertigkeit $k = 1$, womit

$$E_p = 4{,}36 \cdot 10^{-5} \frac{97690}{1} = 4{,}26\ \text{V} \quad \text{und} \quad I = \frac{U - E_p}{R_p} = \frac{10 - 4{,}26}{1{,}875} = 3{,}06\ \text{A}\,.$$

Zeit des Stromdurchgangs $t = 1$ h $= 3600$ s.

Nach Gl. (104) ist die ausgeschiedene Gewichtsmenge $G = \frac{a}{96510} I t$, wobei für Chlor $a = 35{,}46$ g und für Wasserstoff $a = 1$ g.

An Wasserstoff wird ausgeschieden:

$$G_{\text{H}} = \frac{1\,\text{g} \cdot 3{,}06\,\text{A} \cdot 3600\,\text{s}}{96510\,\text{As}} = 0{,}11414\,\text{g} = 114{,}14\,\text{mg}\,.$$

Da die ausgeschiedenen Gewichtsmengen sich wie die Äquivalentgewichte verhalten, so ist die entwickelte Chlormenge

$$G_{\text{Cl}} = 35{,}46 \cdot 0{,}11414\,\text{g} = 4{,}047\,\text{g}\,.$$

Für $G = a$ ergibt sich aus Gl. (104) für jedes Ion

$$t = \frac{96510}{I} = \frac{96510\,\text{As}}{3{,}06\,\text{A}} \approx 32170\,\text{s} = \frac{32170}{3600}\,\text{h} = 8{,}92\,\text{h}\,.$$

In dieser Zeit werden 1 g H an der Kathode und 35,46 g Cl an der Anode entwickelt.

Beispiel 57. Eine Bleiakkumulatoren-Batterie mit Doppelzellenschalter besitzt eine Betriebsspannung $U = 220$ V und eine Entladekapazität $C_2 = 240$ Ah bei $t_2 = 3$ h Entladezeit. $u_{sp} + u_b = 10$ V, so daß $U + u_{sp} + u_b = 230$ V. Zu berechnen sind Gesamtzellenzahl Z_g, Stammzellenzahl Z_{st}, Schaltzellenzahl Z_s, höchste Ladespannung U_{max} der Lademaschine und die entsprechende Spannungssteigerung, Entladestrom I_2, mittlerer Ladestrom $I_1 = 0{,}8\,I_2$, Ladekapazität C_1, Ladezeit t_1, Nutzarbeit A_2 und Ladearbeit A_1.

Nach Gl. (112) ist

$$Z_g = \frac{U + u_{sp} + u_b}{u_0} = \frac{230\,\text{V}}{1{,}8\,\text{V}} = 128\ \text{Zellen}\,.$$

Gemäß Gl. (113b) ist $Z_{st} = \frac{U}{u_{max}} = \frac{220\,\text{V}}{2{,}7\,\text{V}} = 82$ Zellen. Dann ist nach Gl. (114) die Schaltzellenzahl

$$Z_s = Z_g - Z_{st} = 128 - 82 = 46 \text{ Zellen.}$$

Höchste Ladespannung $U_{max} = Z_g \cdot u_{max} = 128 \cdot 2{,}7\,\text{V} = 346\,\text{V}$. Spannungssteigerung $\frac{U_{max} - U}{U}\,100\% = \frac{126\,\text{V}}{220\,\text{V}} \cdot 100\% = 57{,}3\%$. Gl. (108b) gibt aus der Entladekapazität $C_2 = 240$ Ah den Entladestrom $I_2 = C_2 : t_2 = \frac{240\,\text{Ah}}{3\,\text{h}} = 80$ A. Der mittlere Ladestrom ist $I_1 = 0{,}8\,I_2 = 0{,}8 \cdot 80\,\text{A} = 64$ A und damit aus Gl. (109) die Ladekapazität

$$C_1 = \frac{C_2}{\lambda} = \frac{240\,\text{Ah}}{0{,}9} = 267\,\text{Ah}.$$

Aus Gl. (108a) ergibt sich dann die Ladezeit

$$t_1 = \frac{C_1}{I_1} = \frac{267\,\text{Ah}}{64\,\text{A}} = 4{,}17\,\text{h} = 4\,\text{h}\ \ 10\,\text{Min}.$$

Gl. (110b) gibt die Nutzarbeit

$$A_2 = U_2 C_2 = 230\,\text{V} \cdot 240\,\text{Ah} = 55200\,\text{Wh} = 55{,}2\,\text{kWh}$$

und aus Gl. (111) die Ladearbeit

$$A_1 = \frac{A_2}{\eta} = \frac{55{,}2}{0{,}75}\,\text{kWh} = 73{,}6\,\text{kWh}.$$

XI. Abschnitt

Berechnungsbeispiele für die Abschnitte V bis VIII

99. Beispiele für Abschnitt V

Beispiel 58. Man ermittle die Kraftwirkung des festen waagrechten Magneten mit $M = 1000$ Maxwell auf den senkrechten beweglichen Magneten mit $m = 200$ Maxwell, der sich mit dem festen in einer Ebene befindet.

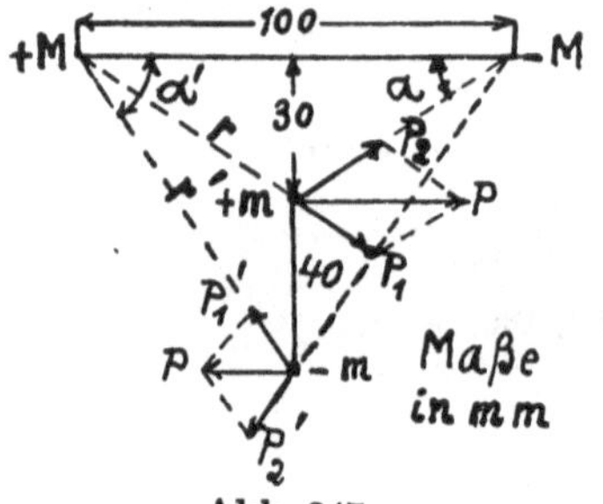

Abb. 347

Der waagrechte Magnet übt auf den senkrechten die eingezeichneten Kräfte aus. Nach dem COULOMBschen Gesetz ergibt sich $P_1 = P_2 = \frac{Mm}{r^2}$ Dyn, wobei $r^2 = 5^2 + 3^2 = 34\ \text{cm}^2$. $P_1 = P_2 = \frac{1000 \cdot 200}{34}$ Dyn $= 5882{,}35$ Dyn $= \frac{5882{,}35}{981}$ g $= 6$ g. Die beiden Kräfte P_1 und P_2 geben eine waagrechte Resultante P, welche sich ergibt aus

$$P = 2 P_1 \cos\alpha = 2 \cdot 6 \cdot \frac{5}{\sqrt{34}} = 12 \cdot 0{,}857\ \text{g} = 10{,}284\ \text{g}.$$

Desgleichen ist $P_1' = P_2' = \frac{Mm}{r'^2}$, wobei $r'^2 = 5^2 + 7^2 = 74\ \text{cm}^2$. $P_1' = P_2' = \frac{1000 \cdot 200}{74}$ Dyn $= 2702{,}7$ Dyn $= \frac{2702}{981}$ g $= 2{,}755$ g. Die Kräfte P_1' und P_2' ergeben ebenfalls eine waagrechte Resultante $P' = 2 P_1' \cos\alpha' = 2 \cdot 2{,}755 \cdot \frac{5}{\sqrt{74}} = 5{,}51 \cdot 0{,}581\ \text{g} = 3{,}2$ g. Die Kräfte P und P' sind auf den senkrechten Magneten gleichbedeutend mit einem resultierenden Drehmoment $M_d = 2(P + P') = 2 \cdot 13{,}484$ gcm $= 26{,}968$ gcm und einer horizontal im Schwerpunkt des Magneten wirkenden resultierenden Kraft $R = P - P' = 7{,}084$ g.

Beispiel 59. Zwischen den Polen N und S eines Hufeisenmagneten befindet sich der Südpol $m = 150\ M$ eines drehbaren waagrechten Stabmagneten von 600 mm Länge. Zur Herstellung des Gleichgewichts mit den magnetischen Kräften müssen am linken Hebelarm des drehbaren Magneten in 100 mm Abstand vom Drehpunkt 80 g angehängt werden. Gesucht ist die Polstärke m_1 des Hufeisenmagneten und die Feldstärke $\mathfrak{H}$ an der Stelle, wo sich der Südpol des drehbaren Magneten befindet. Die Pole N und S des

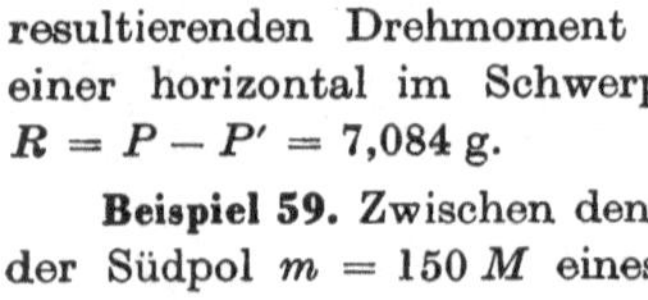

Abb. 348

Hufeisenmagneten üben auf den drehbaren eine resultierende Kraft P aus, die sich nach dem Hebelgesetz ergibt

$$P \cdot 30 \text{ Dyncm} = 80 \cdot 981 \cdot 10 \text{ Dyncm}.$$

$P = \frac{8 \cdot 981 \cdot 10}{3} \text{Dyn} = 26160 \text{ Dyn}$. Da die Kraft P von den beiden Polen N und S herrührt, so ist $P = 2 \frac{m_1 \cdot m}{2{,}5^2}$ und daraus $m_1 = \frac{2{,}5^2 \cdot P}{2m} = \frac{6{,}25 \cdot 26160}{2 \cdot 150}$, $m_1 = 545\, M$. Die gesuchte Feldstärke ist

$$\mathfrak{H}^\nabla = \frac{P}{m} = \frac{26160}{150} \text{Örsted} = 174{,}4 \text{ Örsted}.$$

Beispiel 60. Gegeben ist ein Dauermagnet nach Abb. 349 mit dem magnetischen Fluß $\Phi = 10048\, M$. Man bestimme in den Feldpunkten A und B die magnetischen Potentiale und die zwischen den beiden Punkten herrschende magnetische Spannung V.

Das magnetische Potential V eines Feldpunktes ist nach Gl. (116c) $V = \frac{m}{r}$. In den Punkten A und B setzen sich die dort entstehenden Potentiale V_a und V_b algebraisch aus den von den beiden Magnetpolen erzeugten Potentialen zusammen. Die Polstärke des Magneten ist nach Gl. (115)

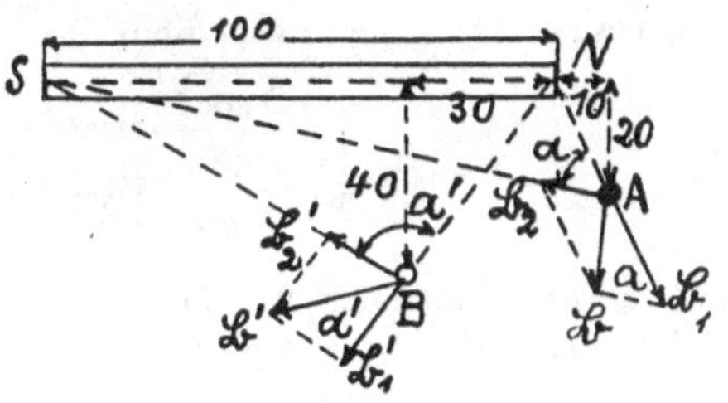

Abb. 349

$$m = \frac{\Phi}{4\pi} = \frac{10048\, M}{4\pi} = 800\, M.$$

Bezeichnet man in Abb. 349 die Entfernungen $NA = r_1$, $SA = r_2$, $NB = r'_1$ und $SB = r'_2$, dann ergibt sich

$$r_1^2 = 1^2 + 2^2 = 5 \text{ cm}^2; \quad r_2^2 = 11^2 + 2^2 = 125 \text{ cm}^2;$$

$$r_1'^2 = 3^2 + 4^2 = 25 \text{ cm}^2; \quad r_2'^2 = 7^2 + 4^2 = 65 \text{ cm}^2.$$

Magnetisches Potential im Punkte A

$$V_a = \frac{m}{r_1} - \frac{m}{r_2} = \frac{800}{\sqrt{5}} - \frac{800}{\sqrt{125}} = 357{,}1 - 71{,}55 = 285{,}55 \frac{\text{Erg}}{\text{M}}.$$

Magnetisches Potential im Punkte B

$$V_b = \frac{m}{r'_1} - \frac{m}{r'_2} = \frac{800}{\sqrt{25}} - \frac{800}{\sqrt{65}} = 160 - 100 = 60 \frac{\text{Erg}}{\text{M}}.$$

Die beiden Potentiale sind positiv, weil sich die Punkte A und B beide rechts von der Mittellotebene des Magneten befinden, wo das Feld des Nordpols überwiegt.

Die magnetische Spannung zwischen A und B ist die Potentialdifferenz

$$V = V_a - V_b = 285{,}55 - 60 = 225{,}55 \text{ Erg/M} = \frac{225{,}55}{9{,}81 \cdot 10^7} \text{kgm/M} = 2{,}3 \cdot 10^{-6} \text{ kgm/M}.$$

Beispiel 61. Ein Stabmagnet nach Abb. 350 ist in seinem Schwerpunkt horizontal drehbar aufgehängt im Erdfeld mit der Horizontalintensität $\mathfrak{H}_h^\nabla = 0{,}2$ Örsted. Der Magnet wird um einen kleinen Winkel φ aus dem magnetischen Meridian gebracht und besitzt dann eine Schwingungsdauer von $T = 5$ s. Wie groß ist die Polstärke des Magneten?

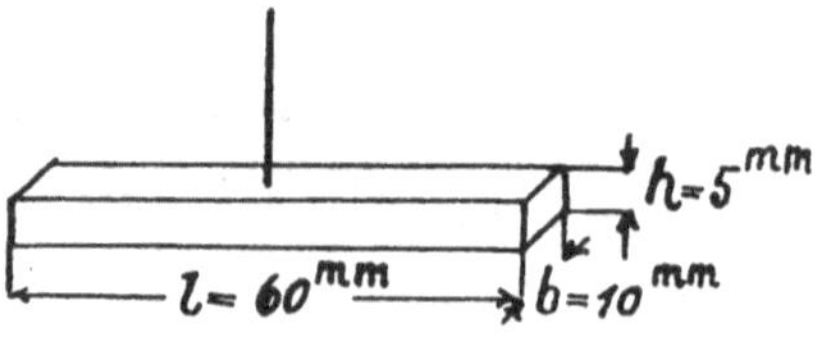

Abb. 350

Nach § 48 ist die Schwingungsdauer des Magneten $T = 2\pi\sqrt{\frac{\Theta}{M \mathfrak{H}_h^{\nabla}}}$, wobei

$$\Theta = \frac{m_0}{12}(l^2 + b^2)$$

in $g\,cm^2$ das Trägheitsmoment des Magneten bedeutet.

Daß die Masse m_0 in g einzusetzen ist, ergibt sich daraus, daß die Kraft 1 Dyn der Masse 1 g die Beschleunigung 1 cm/s² erteilt. Das Dyn hat also die Dimension $\frac{g\,cm}{s^2}$. Für die Dimension der Schwingungsdauer ergibt sich dann auch

$$T = 2\pi\sqrt{\frac{\frac{\text{Dyn}\,s^2}{cm}\cdot cm^2}{\text{M}\,cm\cdot\frac{\text{Dyn}}{\text{M}}}} = 2\pi\sqrt{\frac{g\,cm^2}{\text{M}\,cm\,\frac{g\,cm}{s^2\,\text{M}}}} = 2\pi\sqrt{s^2} = s$$

und für die Dimension des Trägheitsmoments $\Theta = g\,cm^2$. Die Masse des Magneten ist beim spezifischen Gewicht $\gamma = 7{,}8$

$$m_0 = l b h \gamma = 6 \cdot 1 \cdot 0{,}5 \cdot 7{,}8 = 23{,}4 \text{ g}$$

und das Trägheitsmoment

$$\Theta = \frac{m_0}{12}(l^2 + b)^2 = \frac{23{,}4}{12}(6^2 + 1^2) = 72{,}54\,g\,cm^2.$$

Aus der Gleichung der Schwingungsdauer T ergibt sich das magnetische Moment des Magneten zu

$$M = \frac{4\pi^2\Theta}{T^2\cdot\mathfrak{H}_h^{\nabla}} = \frac{4\pi^2\cdot 72{,}54\,g\,cm^2}{25\,s^2\cdot 0{,}2\,\frac{g\,cm}{s^2\,\text{M}}} = 572\,\text{M}\,cm\,,$$

Polstärke des Magneten

$$m = \frac{M}{l} = \frac{572\,\text{M}\,cm}{6\,cm} = 95{,}3\,M\,.$$

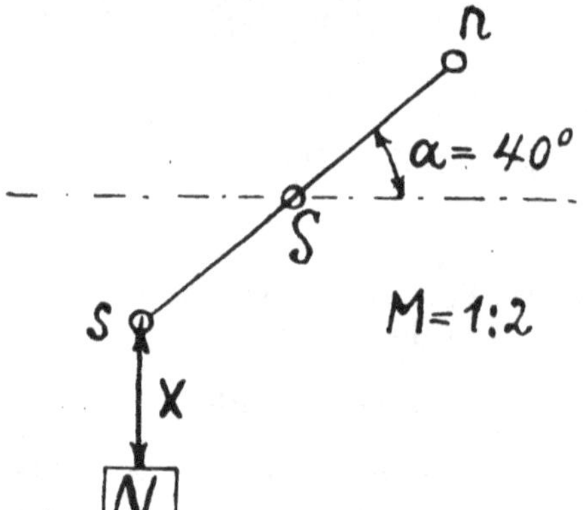

Abb. 351

Beispiel 62. Ein Stabmagnet (Abb. 351) von $l = 80$ mm Länge und einem magnetischen Moment $M = 1600$ Mcm ist in seinem Schwerpunkt auf einer senkrechten Achse so gelagert, daß sich der Magnet in einer horizontalen Ebene drehen kann. Die Horizontalintensität des Erdfeldes ist $\mathfrak{H}_h^{\nabla} = 0{,}2$ Örsted. In der Horizontalebene wird dem Südpol s des Magneten ein Nordpol N von der Stärke $m_1 = 100$ M genähert. Wie groß muß die Entfernung x sein, damit der Magnet unter dem Winkel $\alpha = 40°$ zum magnetischen Meridian in Ruhe bleibt?

In der zur Drehachse des Magneten senkrechten Horizontalebene wirken auf den Magneten folgende Kräfte gemäß Abb. 352: Auf die Pole n und s des Magneten wirken die gleichgroßen, entgegengesetzt gerichteten Erdfeldkräfte $P = m\,\mathfrak{H}_h^{\nabla}$ Dyn, wenn $m = \frac{M}{l}$ die Polstärke des Magneten ist. Auf den Südpol s des Magneten wirkt außerdem noch die Kraft P_1 Dyn des Nordpols N. Im Schwerpunkt S des Magneten wirkt noch ein Achsdruck Q Dyn. P und P_1 geben am Südpol s die Resultante R, so daß auf den Magneten drei Kräfte, R, P und Q, wirken. Da die Erdfeldkräfte P parallel und gleichgroß sind, so muß nach den mechanischen Gleichgewichtsbedingungen der Achsdruck Q parallel, gleichgroß und entgegengerichtet mit P_1 sein. Außerdem müssen sich nach dem Momentensatz die Richtungslinien der drei Kräfte R, P und Q in einem Punkt schneiden. Man verlängert also die Richtungslinie von $P = m\,\mathfrak{H}_h^{\nabla}$ am Nordpol n bis zum Schnittpunkt A der Richtungslinie von Q. Damit ergibt sich die Richtung der Resultante R als Verbindungslinie von A mit dem Südpol s und damit auch R und $P_1 = Q$ durch Zeichnung gemäß Abb. 352a. Die Zeichung ergibt mit

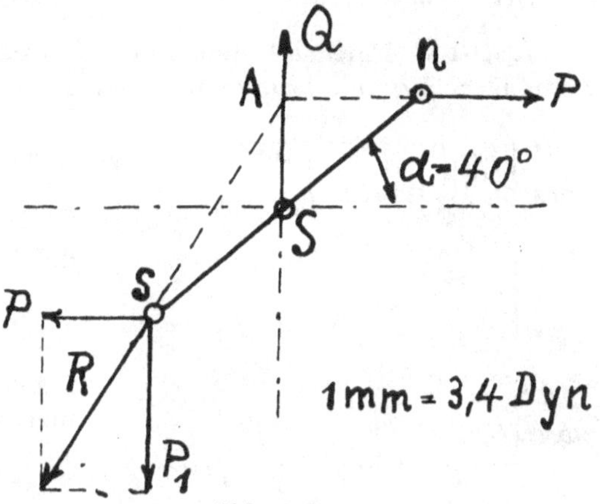

Abb. 352

$$P = \frac{M}{l}\,\mathfrak{H}_h^{\nabla} = \frac{1600\,\mathrm{M\,cm}}{8\,\mathrm{cm}} \cdot 0{,}2\,\frac{\mathrm{Dyn}}{\mathrm{M}} = 40\ \mathrm{Dyn}\,,$$

die Kraft $P_1' = 68$ Dyn.

Nun ist $P_1 = \frac{m \cdot m_1}{x^2} = \frac{M \cdot m_1}{l \cdot x^2}$, woraus folgt

$$x = \sqrt{\frac{M\,m_1}{P_1\,l}} = \sqrt{\frac{1600 \cdot 100}{8 \cdot 68}} = \sqrt{294} = 17{,}5\ \mathrm{cm}\,.$$

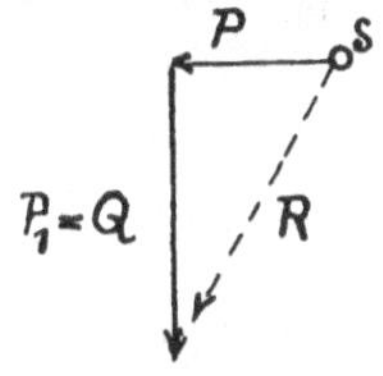

Abb. 352a

Beispiel 63. Ein prismatisches Dynamostahlstück von $l = 60$ mm Länge, $b = 40$ mm Breite und $h = 30$ mm Höhe wird in einem homogenen magnetischen Feld mit $\mathfrak{H}^{\nabla} = 10$ Örsted magnetisiert, wobei die Feldlinien parallel mit l sind. Man ermittle die im Eisenstück entstehende Induktion $\mathfrak{B}$, den Fluß Φ, die spezifische Magnetisierung σ und die Suszeptibilität x.

Aus Zahlentafel 13 entnimmt man für Dynamostahl bei $\mathfrak{H}^{\nabla} = 10$ Örsted die Induktion $\mathfrak{B} = 13100\,G$ bei $\mu = 1310$. Der Querschnitt des Stahlstücks beträgt $F_0 = 4 \cdot 3 = 12$ cm² und daher der magnetische Fluß im Eisen

$$\Phi = \mathfrak{B} \cdot F_0 = 13100\,G \cdot 12\ \mathrm{cm}^2 = 15{,}72 \cdot 10^4\ \mathrm{M}\,.$$

Nach Gl. (122) ist die spezifische Magnetiserung

$$\sigma = \frac{\mathfrak{B} - \mathfrak{H}^{\nabla}}{4\pi} = \frac{13100 - 10}{4\pi} = 1042{,}19\ \mathrm{M/cm^2}$$

und aus Gl. (123) folgt die Suszeptibilität $\varkappa = \frac{\sigma}{\mathfrak{H}\nabla} = 104{,}219$, oder aus Gl. (124) $\varkappa = \frac{\mu - 1}{4\pi} = \frac{1309}{12{,}56} = 104{,}219$. ($\varkappa$ ist unbenannt.)

Beispiel 64. Für das Dynamostahlstück des Beispiels 63 ist die Magnetisierungsarbeit W_e in Erg und kgm zu bestimmen.

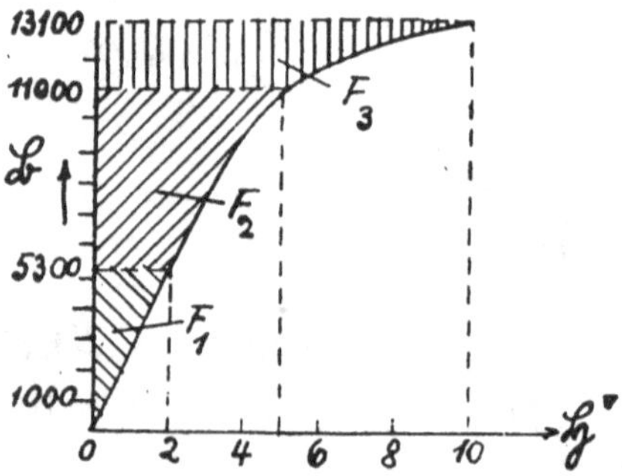

Abb. 353

Zur Ermittlung der Magnetisierungsarbeit ist die Zeichnung der Magnetisierungskurve $\mathfrak{B} = \mu \mathfrak{H}\nabla$ von $\mathfrak{H}\nabla = 0$ bis $\mathfrak{H}\nabla = 10$ Örsted nötig. Nach Gl. (131) ist die Magnetisierungsarbeit je cm³ Stahlstück in Erg $W_m = \frac{1}{4\pi}\int\limits_{\mathfrak{B}_1=0}^{\mathfrak{B}_2=13100} \mathfrak{H}\nabla \cdot d\mathfrak{B}$ gleich der $\frac{1}{4\pi}$fachen Fläche F zwischen der Magnetisierungskurve und der Ordinatenachse in Abb. 353. Sie wird in einem gewählten Maßstab aus drei Punkten für $\mathfrak{H}\nabla = 2$, 5 und 10 Örsted gezeichnet. Die Fläche zwischen Magnetisierungskurve und Ordinatenachse wird in drei Teile zerlegt, so daß $F = F_1 + F_2 + F_3$ und $W_m = \frac{1}{4\pi}(F_1 + F_2 + F_3)$ Erg/cm³, denn $\mathfrak{H}\nabla\, d\mathfrak{B}$ hat die Dimension $\frac{\text{Dyn}}{\text{M}} \cdot \frac{\text{M}}{\text{cm}^2} = \frac{\text{Dyn cm}}{\text{cm}^3} = \frac{\text{Erg}}{\text{cm}^3}$.

Aus der Abb. 353 ergibt sich, wenn die Flächen F_2 und F_3 angenähert als Trapeze berechnet werden:

$$F_1 = \frac{1}{2}\, 2 \cdot 5300 \quad = 5300\ \text{Erg/cm}^3,$$

$$F_2 = \frac{2+5}{2} \cdot 5700 \quad = 19950 \text{ ,, ,,}$$

$$F_3 = \frac{5+10}{2} \cdot 2100 = 15750 \text{ ,, ,,}$$

$$F = 41000\ \text{Erg/cm}^3$$

Die Magnetisierungsarbeit für 1 cm³ des Eisenstücks ist $\frac{1}{4\pi} \cdot 41000 = 3264{,}33$ Erg/cm³ $= W_m$. Das Volumen des Stahlstückes ist $v = l \cdot b \cdot h$ cm³, $v = 6 \cdot 4 \cdot 3 = 72$ cm³. Die gesamte Magnetisierungsarbeit beträgt dann

$$W_e = W_m \cdot v = 3264{,}33 \frac{\text{Erg}}{\text{cm}^3} \cdot 72\,\text{cm}^3 = 235031{,}76\ \text{Erg}$$

$$= \frac{235031{,}76}{9{,}81 \cdot 10^7}\ \text{kgm} \approx 2{,}35 \cdot 10^{-3}\ \text{kgm}.$$

Beispiel 65. Wie groß ist der Leistungsverlust N_h durch Hysteresis in einem Wechselstromtransformator von $G = 150$ kg Eisengewicht? Der Eisenkern besteht aus hochlegierten Blechen von 0,35 mm Dicke. Die maximale Induktion beträgt $\overline{\mathfrak{B}} = 12000$ G und die Frequenz des Wechselfeldes $f = 50$/s. Für hochlegiertes Blech von 0,35 mm Dicke ist die Verlustziffer $v_h = 1{,}2$ W/kg und damit der Hysteresisverlust nach Gl. (133)

$$N_h = 1{,}2 \cdot \frac{50}{50} \cdot \left(\frac{12000}{10000}\right)^2 \cdot 150 = 1{,}2 \cdot 1 \cdot 1{,}2^2 \cdot 150 = 259{,}2\,\mathrm{W}.$$

Beispiel 66. Ein ringförmiger Dauermagnet nach Abb. 110 von $l = 200$ mm Länge und $F_0 = 2$ cm² Querschnitt besitzt zwischen seinen Polen einen Luftspalt von $\delta = 5$ mm Länge. Die Magnetisierungskurve OA des bis zur Sättigung $\mathfrak{B}_{max} = 13300$ G magnetisierten Magneten und einen Teil ABC der Hysteresisschleife zeigt die Abb. 354. Daraus ergibt sich die Induktion der Remanenz $\mathfrak{B}_r = OB = 8900$ G. Man bestimme für den Luftspalt die Induktion $\mathfrak{B}$, den Fluß Φ und die Größe P_x des Längszugs der Feldlinien.

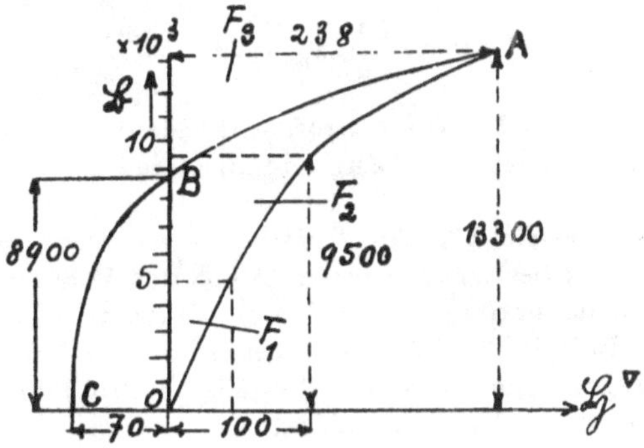

Abb. 354

Zur Berechnung der Luftspaltinduktion $\mathfrak{B}$ ist gemäß Gl. (136a) aus der Abb. 354 die Fläche $OABO$ zu ermitteln, welche die 4π-fache spezifische magnetische Energie des Magneten in Erg/cm³ darstellt. Diese Fläche, die genau mit dem Planimeter bestimmt werden müßte, wurde in drei Teile F_1, F_2 und F_3 zerlegt, die annähernd als Dreiecke bzw. Trapeze berechnet werden.

Es ergibt sich dann

$$F_1 = \frac{1}{2}\,50\ \text{Örsted} \cdot 5000\ \text{G} = 125000\ \text{Erg/cm}^3$$

$$F_2 = \frac{50+100}{2}\ \text{Örsted} \cdot 4500\ \text{G} = 337500\ \text{,, ,,}$$

$$F_3 = \frac{100+238}{2}\ \text{Örsted} \cdot 3800\ \text{G} = 642200\ \text{,, ,,}$$

$$\overline{1104700\ \text{Erg/cm}^3.}$$

$$\text{Davon gehen ab } F_4 = \frac{238}{2} \cdot 4400 = 523600\ \text{,, ,,}$$

$$\text{Fläche } OABO = F = 581100\ \text{Erg/cm}^3.$$

Wegen der angenäherten Berechnung der Flächen wird ein Abzug von 10⁰/₀ gleich 58110 Erg/cm³ gemacht, so daß $F = 522990 = 523000$ Erg/cm³ in Rechnung gestellt werden.

Es ergibt sich dann im Luftspalt eine Induktion

$$\mathfrak{B} = \sqrt{2F \cdot \frac{l}{\delta}} = \sqrt{523000 \cdot \frac{2 \cdot 20}{0{,}5}} = 723 \cdot 8{,}944 = 6500\ \text{G}.$$

Der Fluß im Luftspalt ist dann

$$\Phi = \mathfrak{B} \cdot F_0 = 6500\ \text{G} \cdot 2\ \text{cm}^2 = 13000\ \text{M}.$$

Die gesamte magnetische Energie des Magneten gleich der Feldenergie des Luftspaltes wird dann

$$W_e = \frac{1}{4\pi} F \cdot F_0 \cdot l = \frac{\mathfrak{B}^2}{8\pi} \cdot F_0 \delta = \frac{6500^2}{8\pi} \cdot 2 \cdot 0,5 = 1690000 \text{ Erg}$$

$$= \frac{0,169 \cdot 10^7}{9,81 \cdot 10^7} \approx 0,0169 \text{ kgm}.$$

Der Längszug der Feldlinien im Luftspalt δ ist nach Gl. (134) bzw. (135)

$$P_x = \frac{\mathfrak{B}^2}{8\pi} \cdot F_0 = \frac{W_e}{\delta} = \frac{169 \cdot 10^5}{5} = 33,8 \cdot 10^5 \text{ Dyn} = \frac{33,8 \cdot 10^5}{9,81 \cdot 10^5} \text{ kg}.$$

$P_x = 3,38$ kg. Diese Kraft wirkt als Anziehung zwischen den Polen und beansprucht den Magneten auf Zug und Biegung.

Beispiel 67. Ein Hufeisenmagnet von $l = 20$ cm Länge und $F_0 = 2\text{ cm}^2$ Querschnitt besitzt im Abstand δ von den Polen einen Anker mit $F_a = F_0 = 2\text{ cm}^2$ Querschnitt und $l_a = 5$ cm Länge. Magnet und Anker sind aus dem gleichen Stahl wie in Beispiel 66. Welchen Abstand δ muß der Anker von den Polen haben, damit der Magnet eine Zugkraft $P = 5$ kg besitzt? Wie groß ist die Zugkraft P_r, wenn der Anker an den Polen anliegt?

Aus Gl. (135) $P = \left(\frac{\mathfrak{B}}{5000}\right)^2 2F_0$ ergibt sich die Induktion in den Luftspalten

$$\mathfrak{B} = 5000\sqrt{\frac{P}{2F_0}} = 5000\sqrt{\frac{5}{4}} = 5000 \cdot 1,11 = 5550 \text{ G}.$$

Nach Gl. (136c) folgt die Luftspaltlänge

$$\delta = \frac{1}{\mathfrak{B}^2}\left(F \cdot l - F' \frac{F_a}{F_0} l_a\right) = \frac{1}{\mathfrak{B}^2}(F \cdot l - F' l_a),$$

weil $F_a = F_0$ ist. Aus Abb. 354 ergibt sich für F' des Ankers $F' = \frac{1}{2} 60 \cdot 5550$ $= 166500 \text{ Erg/cm}^3$, weil der Anker auf $\mathfrak{B} = 5550$ G magnetisiert wird bei einer Feldstärke $\mathfrak{H}\nabla = 60$ Örsted gemäß der Magnetisierungskurve der Abb. 354 und wenn F' angenähert als Dreieck berechnet wird. Es ergibt sich also mit $F = 523000 \text{ Erg/cm}^3$

$$\delta = \frac{1}{5550^2}(523000 \cdot 20 - 166500 \cdot 5) = \frac{9,627 \cdot 10^6}{30,8 \cdot 10^6} = 0,317 \text{ cm}, \qquad \delta = 3,17 \text{ mm}.$$

In den $P = 5$ kg Zugkraft des Magneten ist das Ankergewicht $G_a = F_0 l_a \cdot \gamma \cdot 10^{-3}$ $= 2 \cdot 5 \cdot 7,8 \cdot 10^{-3}$ kg $= 0,078$ kg enthalten, so daß dem Anker nur noch $5 - 0,078$ $= 4,922$ kg angehängt werden können. Liegt der Anker an den Polen an, dann ist für $\mathfrak{B} = \mathfrak{B}_r = 8900$ G zu setzen in Gl. (135), womit sich ergibt $P_r = \left(\frac{\mathfrak{B}_r}{5000}\right)^2 \cdot 2F_0$ $= \left(\frac{8900}{5000}\right)^2 \cdot 4 = 3,16 \cdot 4 = 12,64$ kg Zugkraft des Magneten.

Die zur Erzeugung der Streulinien und Magnetisierung der Stoßfugen verwendete Energie des Magneten ist $P_r \cdot \delta_r$, wenn nach Gl. (136c) für $\mathfrak{B} = \mathfrak{B}_r$

$$\delta_r = \frac{1}{\mathfrak{B}_r^2}\left(F \cdot l - F_r' \frac{F_a}{F_0} l_a\right).$$

wobei jetzt aus Abb. 354 angenähert

$$F_r' = \frac{1}{2}\,50 \cdot 5000 + \frac{50+80}{2} \cdot 3900 = 378500\ \mathrm{Erg/cm^3}$$

und

$$\delta_r = \frac{10460000 - 1892500}{8900^2} = \frac{8{,}567 \cdot 10^6}{79{,}21 \cdot 10^6} = 0{,}105\ \mathrm{cm}$$

und die Energie

$$P_r \cdot \delta_r = \frac{\mathfrak{B}_r^2}{8\pi}\,2F_0\delta_r = \frac{8900^2}{8\pi}\,4 \cdot 0{,}105 = 1324365\ \mathrm{Erg} = 1{,}3\ \mathrm{kgcm} = 0{,}013\ \mathrm{kgm}.$$

100. Beispiele für Abschnitt VI

Beispiel 68. Ein gerader Stromleiter, der von $I = 90$ A durchflossen wird, ist von einem Kupferring von $d_a = 350$ mm, $d_i = 250$ mm und $s = 15$ mm konzentrisch umgeben. Der Durchmesser des Stromleiters beträgt $2a = 8$ mm. Man bestimme Feldstärke $\mathfrak{H}$ und Induktion $\mathfrak{B}$ im Kreis vom Durchmesser d des Kupferringes nach Größe und Richtung, sowie am Umfang des Stromleiters und den magnetischen Fluß Φ im Ring.

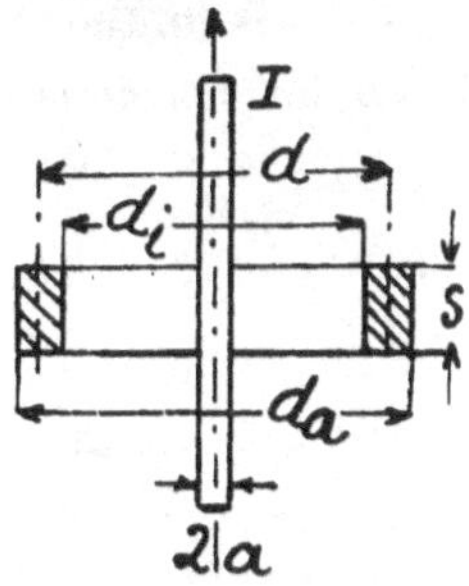

Abb. 355

Es ist $d = \dfrac{d_a + d_i}{2} = \dfrac{60}{2} = 30$ cm. Nach Gl. (141) ist die Feldstärke auf dem Kreis mit dem Durchmesser $d = 30$ cm bzw. dem Radius $r = 15$ cm

$$\mathfrak{H} = \frac{I}{d\pi} = \frac{90\ \mathrm{A}}{30\pi\,\mathrm{cm}} = 0{,}955\ \mathrm{A/cm}$$

und die Induktion nach Gl. (141a)

$$\mathfrak{B} = \frac{0{,}2\,I}{r} = \frac{0{,}2 \cdot 90}{15} = 1{,}2\ \mathrm{G}.$$

Die Richtung ist nach der Schraubenregel entgegen dem Uhrzeigersinn von oben gesehen (Abb. 118a).

Nach Gl. (143) würde man erhalten

$$\mathfrak{B} = \Pi_0\,\mathfrak{H} = 1{,}257\,\frac{\mathrm{G\,cm}}{\mathrm{A}} \cdot 0{,}955\,\frac{\mathrm{A}}{\mathrm{cm}} = 1{,}2\ \mathrm{G}.$$

Am Leiterumfang ist nach Gl. (141a) bzw. (146c) die Induktion $\mathfrak{B}_0 = \dfrac{0{,}2\,I}{a} = \dfrac{0{,}2 \cdot 90\ \mathrm{G\,cm/A \cdot A}}{0{,}4\ \mathrm{cm}} = 45$ G und die Feldstärke $\mathfrak{H}_0 = \dfrac{45\ \mathrm{G}}{1{,}257\ \mathrm{G\,cm/A}} = 35{,}8\ \mathrm{A/cm} = \dfrac{\mathfrak{B}_0}{\Pi_0}$. Da die Induktion $\mathfrak{B}$ proportional mit dem Radius r vom Stromleiter abnimmt, so ist der Fluß im Kupferring $\Phi = \int \mathfrak{B}\,dF$ zwischen den Grenzen $r_1 = \dfrac{d_i}{2}$ und $r_2 = \dfrac{d_a}{2}$ zu berechnen, wobei $dF = s \cdot dr$ ist.

$$\Phi = \int\limits_{\frac{di}{2}}^{\frac{da}{2}} 0{,}2\,\frac{I}{r}\,s \cdot dr = 0{,}2\,I \cdot s \int\limits_{\frac{di}{2}}^{\frac{da}{2}} \frac{dr}{r} = 0{,}2\,Is \left| \ln r \right|_{\frac{di}{2}}^{\frac{da}{2}}.$$

$\Phi = 0{,}2\,I s \left[\ln \frac{da}{2} - \ln \frac{di}{2}\right] = 0{,}2\,I s \cdot \ln \frac{da}{di}$, auch gemäß Gl. (146), wenn man darin $l = s$, $r = \frac{da}{2}$ und $a = \frac{di}{2}$ setzt. Durch Einsetzen der Zahlenwerte erhält man

$$\Phi = 0{,}2 \cdot 90 \cdot 1{,}5 \ln \frac{35}{25} = 27 \ln 1{,}4 = 9{,}1\,\text{M}\,.$$

Beispiel 69. Für eine Leitermasche von $l = 5$ km Länge, $r = 1$ m Leiterabstand, $2a = 10$ mm Leiterdurchmesser und $I = 120$ A Leiterstrom soll der magnetische Fluß Φ_1 zwischen den Leitern und die Induktion $\mathfrak{B}_0$ am Umfang eines Leiters berechnet werden.

Nach Gl. (146a) ist der Fluß $\Phi_1 = 0{,}4\,I l \cdot \ln \frac{r}{a}$, $\Phi_1 = 0{,}4 \cdot 120 \cdot 5 \cdot 10^5 \cdot \ln \frac{100}{0{,}5} = 240 \cdot 10^5 \cdot 5{,}3 = 127{,}2 \cdot 10^6$ M. Die Induktion am Leiterumfang ist nach Gl. (146c)

$$\mathfrak{B}_0 = \frac{0{,}2\,I}{a} = \frac{0{,}2 \cdot 120}{0{,}5} = 48\,\text{G}\,.$$

Beispiel 70. Ein Kreisstrom nach Abb. 128 mit $w = 5$ Windungen steht mit seiner Ebene im magnetischen Meridian mit $\mathfrak{H}_h^\nabla = 0{,}2$ Örsted Horzontalintensität des Erdmagnetismus. Zwecks Verwendung als Strommesser besitzt der Kreisstrom in seinem Mittelpunkt O eine kurze Deklinationsnadel. Welchen Radius r muß der Kreisstrom haben, damit die Stromstärke I in A immer gleich der Tangente des Ablenkungswinkels α ist?

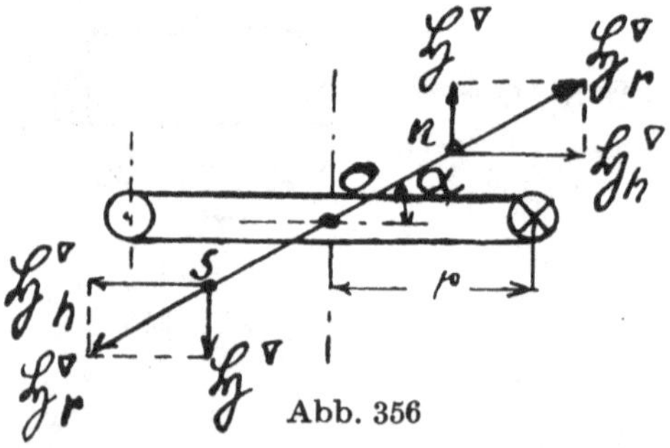

Abb. 356

Auf die Pole der Nadel (Abb. 356) wirken zwei Felder, das Erdfeld mit $\mathfrak{H}_h^\nabla$ und das Feld des Stromes I mit $\mathfrak{H}^\nabla = \mathfrak{B} = \frac{0{,}2\pi I w}{r}$ gemäß Gl. (147). Die Nadel stellt sich also in die Richtung der resultierenden Feldstärke $\mathfrak{H}_r^\nabla$ ein. Aus Abb. 356 folgt, daß $\operatorname{tg}\alpha = \frac{\mathfrak{H}^\nabla}{\mathfrak{H}_h^\nabla} = \frac{0{,}2\pi I w}{r\,\mathfrak{H}_h^\nabla}$. Soll nun $I = \operatorname{tg}\alpha$ sein, dann muß $\operatorname{tg}\alpha = \frac{0{,}2\pi I w}{r\,\mathfrak{H}_h^\nabla} = I$ sein. d.h. $\frac{0{,}2\pi w}{r\,\mathfrak{H}_h^\nabla} = 1$, und daraus ergibt sich $r = \frac{0{,}2\pi w}{\mathfrak{H}_h^\nabla} = \frac{0{,}2\pi \cdot 5}{0{,}2} = 15{,}7$ cm. Man hätte auch $\mathfrak{H}_h^\nabla$ und $\mathfrak{H}$ in A/cm einsetzen können und hätte dann nach Gl. (147a) und (143b) erhalten

$$\operatorname{tg}\alpha = \frac{\mathfrak{H}}{\mathfrak{H}_h} = \frac{I w}{2r \frac{\mathfrak{H}_h^\nabla}{0{,}4\,\pi}} = \frac{0{,}2\pi \cdot I w}{r\,\mathfrak{H}_h^\nabla} = I\,,$$

also den gleichen Wert wie oben.

Beispiel 71. Eine eisenlose Ringspule (Abb. 130) hat einen mittleren Ringdurchmesser $2r = 250$ mm und einen Windungsdurchmesser $d = 30$ mm. Die Spule besitzt $w = 200$ Windungen, welche von einem Strom $I = 5$ A durchflossen werden. Zu bestimmen sind Durchflutung Θ, Feldstärke $\mathfrak{H}$, Induktion $\mathfrak{B}$, Induktionsfluß Φ und magnetischer Widerstand R_m.

Die Durchflutung ist nach Gl. (137) $\Theta = Iw = 5 \cdot 200$, $\Theta = 1000$ A. Damit folgt aus Gl. (149) eine Feldstärke

$$\mathfrak{H} = \frac{\Theta}{l} = \frac{Iw}{2r\pi} = \frac{1000\,\text{A}}{25\pi\,\text{cm}} = \frac{1000\,\text{A}}{78{,}54\,\text{cm}} = 12{,}73\text{A}/\text{cm}\,.$$

Die Induktion ist gemäß Gl. (149a)

$$\mathfrak{B} = \Pi_0 \mathfrak{H} = 0{,}4\pi\mathfrak{H} = \frac{0{,}4\pi\Theta}{2r\pi} = 0{,}2\frac{\Theta}{r} = \frac{0{,}2 \cdot 1000}{12{,}5} = 16\,\text{G}\,.$$

Induktionsfluß $\Phi = \mathfrak{B} \cdot F = 16 \cdot \frac{3^2\pi}{4} = 112$ M. Magnetischer Widerstand entweder nach Gl. (151) oder einfacher aus $R_m = \frac{\Theta}{\Phi} = \frac{1000\,\text{A}}{112\,\text{M}} = 8{,}93$ A/M.

Beispiel 72. Wie viele Windungen w müßte die Spule des Beispiels 71 erhalten, um einen Fluß $\Phi = 600$ M zu erzeugen?

Aus $\Theta = \Phi \cdot R_m$ ergibt sich mit

$$\Theta = 600\,\text{M} \cdot 8{,}93\,\text{A/M} = 5358\,\text{A}$$

die Windungszahl

$$w = \frac{\Theta}{I} = \frac{5358\,\text{A}}{5\,\text{A}} = 1072\,.$$

Beispiel 73. Eine gerade Spule nach Abb. 131 von $d = 100$ mm mittlerem Windungsdurchmesser und $l = 200$ mm Länge besitzt $w = 150$ Windungen, die von $I = 30$ A durchflossen werden. Man berechne Feldstärke $\mathfrak{H}$, Induktion $\mathfrak{B}$ und Fluß Φ in der Mitte der Spule und an den Stirnflächen.

a) In der Spulenmitte ergibt sich mit Gl. (152) $\mathfrak{H} = \frac{Iw}{l}\cos\alpha$, wobei

$$\cos\alpha = \frac{l}{2\sqrt{\left(\frac{l}{2}\right)^2 + \left(\frac{d}{2}\right)^2}} = \frac{20}{2\sqrt{10^2+5^2}}\,, \qquad \cos\alpha = \frac{10}{\sqrt{125}} = \frac{10}{11{,}18} = 0{,}89\,,$$

so daß die Feldstärke $\mathfrak{H} = \frac{30 \cdot 150}{20} \cdot 0{,}89 = 200{,}25$ A/cm und die Induktion $\mathfrak{B} = \Pi_0\mathfrak{H} = 1{,}257 \cdot 200{,}25 = 251{,}7$ G, womit der Fluß $\Phi = \mathfrak{B} \cdot F = \mathfrak{B}\frac{d^2\pi}{4} = 251{,}7 \cdot \frac{10^2\pi}{4} = 19768{,}5$ M.

b) An den Stirnflächen der Spule ist gemäß Gl. (153) bei $\cos\alpha_1 = 0$ die Feldstärke $\mathfrak{H}' = \frac{Iw}{2l} \cdot \cos\alpha_2$, wobei

$$\cos\alpha_2 = \frac{l}{\sqrt{l^2 + \left(\frac{d}{2}\right)^2}} = \frac{20}{\sqrt{400+25}} = \frac{20}{\sqrt{425}} = \frac{20}{20{,}61} = 0{,}97\,,$$

so daß $\mathfrak{H}' = \frac{30 \cdot 150}{40} \cdot 0{,}97 = 109{,}12$ A/cm und nach Gl. (153a) die Induktion $\mathfrak{B}' = \Pi_0\mathfrak{H}' = 1{,}257 \cdot 109{,}12 = 137{,}12$ G und der Fluß $\Phi' = \mathfrak{B}' \cdot F = \mathfrak{B}'\frac{d^2\pi}{4} = 137{,}12\frac{10^2\pi}{4} = 10769{,}4$ M.

Beispiel 74. Welche Zugkraft P_1 entwickelt der in § 59 berechnete Gleichstrommagnet der Abb. 134 und wie groß sind Fluß Φ_2 und Zugkraft P_2, wenn der Anker an den Polen anliegt? Man berechne die magnetische Energie W_e nach dem Hub, wenn zwischen den Polen und dem Anker eine Stoßfuge $\delta_1 = 0{,}2$ mm besteht.

Nach Gl. (135) ergibt sich die Zugkraft vor dem Hub zu $P_1 = \left(\frac{\mathfrak{B}_1}{5000}\right)^2 \cdot 2F$, wenn $\mathfrak{B}_1 = 12000$ G gemäß der Zahlentafel die Induktion im Luftspalt ist. Es ist also $P_1 = \left(\frac{12000}{5000}\right)^2 \cdot 2 \cdot 25 = 288$ kg.

Da beim Gleichstrommagneten während des Hubes des Ankers, wenn er langsam erfolgt, Stromstärke I und Durchflutung $\Theta = Iw$ konstant bleiben, so ist die Durchflutung auch nach dem Hub (Anliegen des Ankers) $\Theta = Iw = 6485$ A. Sie erzeugt in dem eisengeschlossenen Kreis vom konstanten Querschnitt $F = 25$ cm² und $l = 50$ cm Feldlinienlänge eine Feldstärke $\mathfrak{H}_2 = \frac{\Theta}{l} = \frac{6485\text{ A}}{50\text{ cm}} = 129{,}7$ A/cm. Zu dieser Feldstärke ergibt sich aus Abb. 125 für Dynamostahl eine Induktion $\mathfrak{B}_2 = 18200$ G, da die Streuung in Wegfall kommt. Es folgt somit ein Fluß $\Phi_2 = \mathfrak{B}_2 \cdot F$. Unter Berücksichtigung des Stoßfugenwiderstandes wird $\mathfrak{B}_2$ aber kleiner als 18200 G. Es wird vorläufig $\mathfrak{B}_2 = 17900$ G angenommen. Damit ergibt sich dann die Gesamtdurchflutung $\Theta = 0{,}8 \cdot 17900 \cdot 0{,}04 + 118 \cdot 50 = 573 + 5900 \approx 6485$ A, wenn $\mathfrak{H}_2 = 118$ A/cm aus Abb. 125 die Feldstärke zu $\mathfrak{B}_2 = 17900$ G ist. Dieser Wert kann also beibehalten werden. Die Durchflutung für die Stoßfuge ist dann $\Theta_l = 573$ A und für das Eisen $\Theta_e = 5900$ A.

Der Fluß beträgt $\Phi_2 = \mathfrak{B}_2 \cdot F = 17900 \cdot 25 = 447500$ M und die Zugkraft des Magneten

$$P_2 = \left(\frac{\mathfrak{B}_2}{5000}\right)^2 \cdot 2F = \left(\frac{17900}{5000}\right)^2 \cdot 50 = 12{,}96 \cdot 50 = 648 \text{ kg}.$$

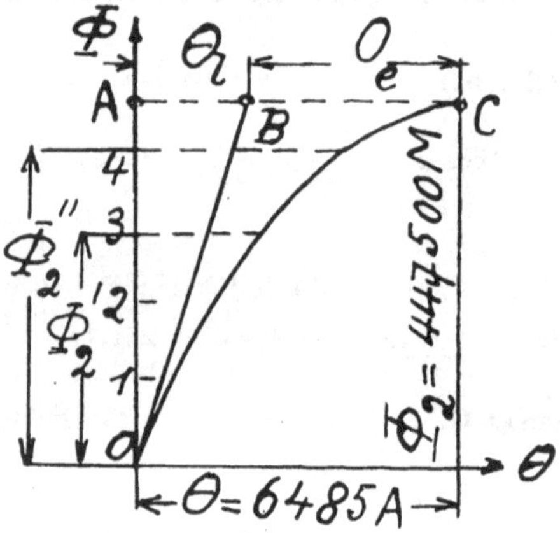

Abb. 357

Zur Ermittlung der magnetischen Energie ist die magnetische Charakteristik des magnetischen Kreises nach Abb. 357 nötig. Um diese Charakteristik OC annähernd zu erhalten, wird die Durchflutung bei anliegendem Anker noch für die Flüsse $\Phi_2' = 300000$ M und $\Phi_2'' = 400000$ M berechnet. Für Φ_2' ergibt sich eine Induktion $\mathfrak{B}_2' = \frac{300000}{25} = 12000$ G, wodurch $\Theta_l' = 0{,}8 \cdot 12000 \cdot 0{,}04 = 384$ A und $\Theta_e' = 5 \cdot 50 = 250{,}0$ A und für Φ_2'' erhält man $\mathfrak{B}_2'' = \frac{400000}{25} = 16000$ G, wodurch $\Theta_l'' = 0{,}8 \cdot 16000 \cdot 0{,}04 = 512$ A und $\Theta_e'' = 40 \cdot 50 = 2000$ A. Dabei wurden $\mathfrak{H}_2' = 5$ A/cm für $\mathfrak{B}_2' = 12000$ G und $\mathfrak{H}_2'' = 40$ A/cm für $\mathfrak{B}_2 = 16000$ G der Abb. 125 entnommen. Die magnetische Energie für die Stoßfugen ist gemäß Abb. 357 nach Gl. (157a) gleich der 10^{-8}-fachen Fläche $OABO$, also

$$W_l = \frac{\Theta_l \cdot \Phi_2}{2 \cdot 10^8} = \frac{573 \cdot 447500}{2 \cdot 10^8} = 1{,}28 \text{ Ws}.$$

Die magnetische Energie W_e für das Eisen, d.h. die 10^{-8}-fache Fläche $OBCO$, als Summe aus einem Dreieck und zwei Trapezen, erhält man zu

$$W_e = \frac{1}{10^8}\left[\frac{250}{2} \cdot 300000 + \frac{250 + 2000}{2} \cdot 100000 + \frac{2000 + 5900}{2} \cdot 47500\right] = 3{,}37 \text{ Ws}.$$

Die gesamte magnetische Energie nach dem Hub ist also $W = W_l + W_e = 1{,}28 + 3{,}37 = 4{,}65$ Ws.

Beispiel 75. In dem 20 cm dicken Dynamostahlkörper der Abb. 358 soll durch eine auf dem mittleren Teil sitzende Magnetisierungsspule ein Induktionsfluß $\Phi = 1{,}44 \cdot 10^6$ M erzeugt werden. Gesucht sind Durchflutung Θ, Magnetisierungsstrom I, Windungszahl w und Querschnitt q des Spulendrahtes bei $U = 110$ V Betriebsspannung.

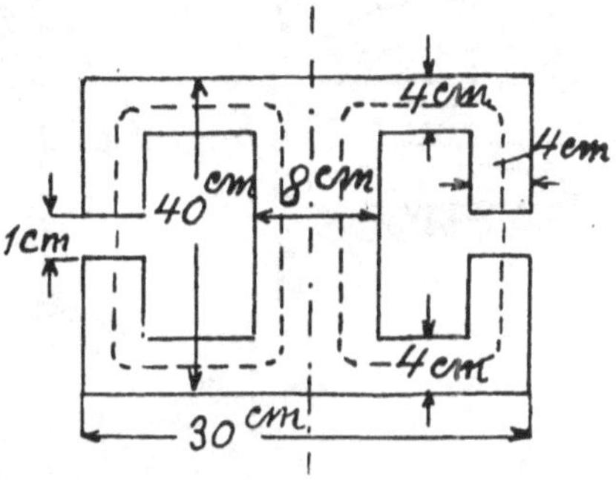

Abb. 358

Es liegt hier eine Verzweigung des magnetischen Kreises vor. Nach den Ausführungen in § 61 besteht die Gesamtdurchflutung Θ aus der Durchflutung Θ' für den unverzweigten Teil und der Durchflutung Θ'' eines Zweiges. Der Querschnitt des unverzweigten Teils ist $F = 8 \cdot 20 = 160\ \text{cm}^2$ und der eines Zweiges $F_1 = 4 \cdot 20 = 80\ \text{cm}^2$. Feldlinienlänge im unverzweigten Teil $l = 40 - 4 + 4 = 40$ cm und im Eisen eines Zweiges

$$l_1 = 40 - 5 + 2(15 - 6) = 35 + 18 = 53\ \text{cm},$$

im Luftspalt $\delta = 1$ cm.

Induktion im unverzweigten Teil

$$\mathfrak{B} = \frac{\Phi}{F} = \frac{1440000\ \text{M}}{160\ \text{cm}^2} = 9000\ \text{G}$$

und im Zweig

$$\mathfrak{B}_1 = \frac{\Phi_1}{F_1} = \frac{\Phi/2}{F/2} = \frac{\Phi}{F} = 9000\ \text{G},$$

da die beiden Zweige gleichen magnetischen Widerstand haben. Aus der Magnetisierungskurve für Dynamostahl der Abb. 125 ergibt sich für $\mathfrak{B} = 9000$ G eine Feldstärke $\mathfrak{H} = 1{,}5$ A/cm im Eisen. Für den Luftspalt ist nach Gl. (144) $\mathfrak{H}_l = 0{,}8\,\mathfrak{B} = 0{,}8 \cdot 9000 = 7200$ A/cm. Damit ergeben sich die Durchflutungen

$$\Theta' = \mathfrak{H} \cdot l = 1{,}5 \cdot 40 = 60\ \text{A}$$

und

$$\Theta'' = \mathfrak{H} l_1 + \mathfrak{H}_l \cdot \delta = 1{,}5 \cdot 53 + 7200 \cdot 1 = 7280\ \text{A}.$$

Die Gesamtdurchflutung (Umlaufspannung) beträgt

$$\Theta = \Theta' + \Theta'' = 60 + 7280 = 7340\ \text{A}.$$

Mittlere Windungslänge der Erregerspule (durch Zeichnung gefunden) $l_m = 70$ cm ergibt mit $\varrho = \frac{1}{46}\,\frac{\Omega\,\text{mm}^2}{\text{m}}$ einen Leiterquerschnitt nach Gl. (165)

$$q = \varrho\,\frac{\Theta\, l_m}{U} = \frac{1}{46} \cdot \frac{7340 \cdot 0{,}70}{110} = 1\ \text{mm}^2$$

mit einem Drahtdurchmesser $d = 1{,}2$ mm blank. Für die ruhende Wicklung eine Stromdichte $j = 4\ \text{A/mm}^2$ gewählt, ergibt nach Gl. (165a) die Stromstärke $I = q \cdot j = 1 \cdot 4 = 4$ A und die Windungszahl $w = \frac{\Theta}{I} = \frac{7340}{4} \approx 1835$.

Beispiel 76. An der Nordpolstirnfläche der Stromspule des Beispiels 73 ist in Richtung des Durchmessers ein Kupferdraht gespannt, durch den $I_1 = 40$ A fließen. Welche Größe und Richtung hat die auf den Draht ausgeübte Kraft P?

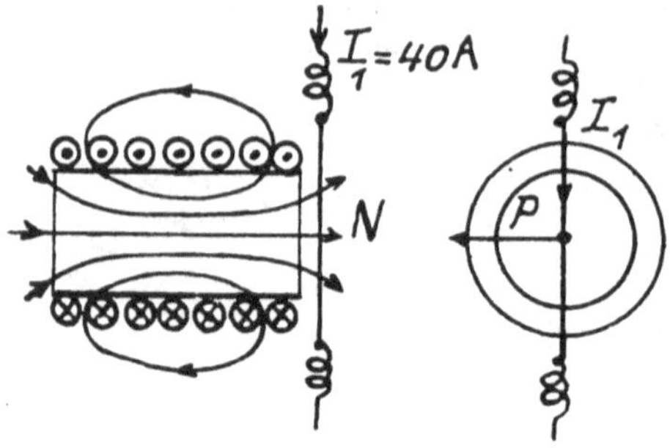

Abb. 359

Die Richtung der Kraft P ergibt sich wie in Abb. 359 eingezeichnet gemäß der Linke-Hand-Regel. Da $\mathfrak{B}' = 137{,}12$ G die von der Spule an der Stirnfläche erzeugte Induktion und $I_1 = 40$ A die Stromstärke im Draht vor der Spulenfläche, so ist die auf ihn ausgeübte Kraft nach Gl. (172) $P = \frac{I_1}{10} \cdot \frac{l_1}{100} \cdot \frac{\mathfrak{B}'}{10000}$ kg, wenn $l_1 = d = 10$ cm die im Feld der Spule befindliche Länge des Drahtes gleich dem Durchmesser d der Spule ist. Man erhält

$$P = \frac{40}{10} \cdot \frac{10}{100} \cdot \frac{137{,}12}{10000} = 548{,}48 \cdot 10^{-5}\ \text{kg} = 5{,}5\ \text{g}.$$

Beispiel 77. Im Luftspalt eines Gleichstrommotors (Abb. 150) herrscht eine magnetische Induktion $\mathfrak{B} = 6000$ G. Dem Feld der Pole sind $Z = 410$ Ankerleiter ausgesetzt, durch welche ein Strom $i_a = 50$ A fließt. Der Anker besitzt einen Durchmesser $D = 30$ cm und eine Länge $l = 20$ cm. Wie groß ist die Gesamtumfangskraft P am Anker und das Drehmoment M_d?

Die gesamte Umfangskraft ist nach Gl. (173)

$$P = z\frac{\mathfrak{B}\, l i_a}{9810000} = 410 \cdot \frac{6000 \cdot 20 \cdot 50}{9810000} \approx 251\ \text{kg}.$$

Ankerdrehmoment nach Gl. (174)

$$Md = P\frac{D}{2} = 251 \cdot \frac{30}{2} = 3765\ \text{kgcm} = 37{,}65\ \text{kgm}.$$

Beispiel 78. Wieviel PS und kW beträgt die Ankerleistung bei einer minutlichen Drehzahl von $n = 900$?

Die Ankerleistung des Motors (innere Leistung) beträgt

$$N_i = P \cdot v = P\frac{D\pi n}{60} = P\frac{D}{2}\frac{\pi n}{30} = M_d \cdot \frac{\pi n}{30}\ \text{kgm/s}.$$

$\omega = \frac{\pi n}{30} = \frac{2\pi n}{60}$ ist der auf dem Kreis mit dem Radius $r = 1$ in der Sekunde zurückgelegte Weg, d.h. die Winkelgeschwindigkeit des Ankers, so daß also die Leistung eines rotierenden Körpers $N = M_d \cdot \omega$, wobei ω die Dimension $\frac{1}{s}$ hat. Durch Einsetzen der Zahlenwerte ergibt sich

$$N_i = 37{,}65 \cdot \frac{\pi \cdot 900}{30} = 3546{,}63\ \text{kgm/s} = \frac{3546{,}63}{75}\ \text{PS},$$

$$N_i = 47{,}3\ \text{PS} = 47{,}3 \cdot 0{,}736\ \text{kW} = 34{,}8\ \text{kW}.$$

Beispiel 79. Zwei Sammelschienen haben $r = 20$ cm Abstand. Bei einem Kurzschluß fließt in den Schienen ein Strom $I_1 = I_2 = 60000$ A. Wie groß ist die zwischen den Schienen auftretende abstoßende Kraft P je $l = 1$ m Länge?

Nach Gl. (175) ergibt sich

$$P = \frac{I_1}{1000} \cdot \frac{I_2}{1000} \cdot \frac{2l}{100r} = 60 \cdot 60 \cdot \frac{200}{100 \cdot 20} = 360\,\text{kg}.$$

101. Beispiele für Abschnitt VII

Beispiel 80. Die Spule der Abb. 156 in § 64 mit $w = 20$ Windungen und $l = 100$ mm bewegt sich innerhalb $t = \frac{1}{10}$ s über die Pole hinweg. Sie haben eine Breite von je $b = 120$ mm und ihr Fluß eine magnetische Dichte $\mathfrak{B}_1 = \mathfrak{B}_2 = \mathfrak{B} = 8000$ G. Wie groß ist die erzeugte EMK E in der Spule?

Gemäß Gl. (179b) ist $E = 2w\mathfrak{B}lv \cdot 10^{-8}$ [V]. Die Geschwindigkeit der Spule beträgt $v = \frac{b}{t} = \frac{12\,\text{cm}}{\frac{1}{10}\,\text{s}} = 120$ cm/s und die induzierte EMK

$$E = 2 \cdot 20 \cdot 8000 \cdot 10 \cdot 120 \cdot 10^{-8} = 3{,}84\,\text{V}.$$

Beispiel 81. Der drehbare Magnet der Abb. 360 sendet seinen Fluß $\Phi = 9 \cdot 10^5$ M durch eine Spule mit $w = 30$ Windungen und macht in $t = \frac{1}{80}$ s eine Drehung um 180°. Wie groß ist die in der Spule induzierte EMK?

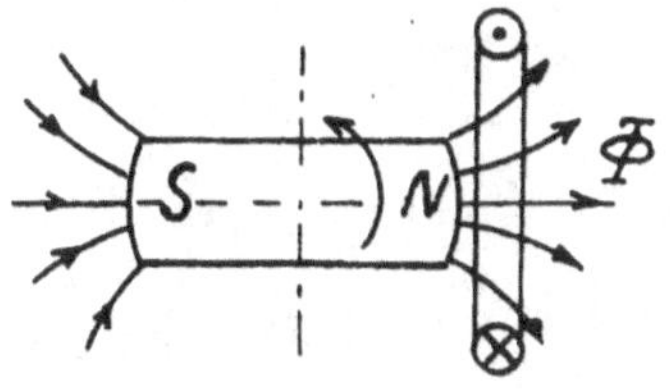

Abb. 360

Die mittlere EMK ist nach Gl. (180)

$$E = -\frac{w}{10^8} \cdot \frac{\Phi_2 - \Phi_1}{t}.$$

Der Spulenfluß beträgt anfangs $\Phi_1 = +\Phi = +9 \cdot 10^5$ M und nach einer Drehung um 180°, wenn der Südpol des Magneten vor der Spule steht, $\Phi_2 = -9 \cdot 10^5$ M. Die Flußänderung ist also $\Phi_2 - \Phi_1 = -9 \cdot 10^5 - 9 \cdot 10^5 = -18 \cdot 10^5$ M. Es folgt damit die EMK

$$E = -\frac{30}{10^8} \cdot \frac{-18 \cdot 10^5}{\frac{1}{80}} = +43{,}2\,\text{V}.$$

Es ergibt sich also infolge der negativen Flußänderung eine rechtsschraubige EMK wie in der Abbildung eingezeichnet.

Beispiel 82. Ein Stabmagnet mit $\Phi = 18000$ M wird innerhalb $t = \frac{1}{20}$ s in eine Spule mit $w = 200$ Windungen und $R = 1\,\Omega$ Widerstand geschoben. Welche Stromstärke I und Elektrizitätsmenge Q werden in der kurzgeschlossenen Spule erzeugt?

Der Spulenfluß ist anfangs $\Phi_1 = 0$ und, wenn der Magnet sich ganz in der Spule befindet, $\Phi_2 = 18000\,\text{M} = +\Phi$, so daß die Flußänderung $\Phi_2 - \Phi_1 = +\Phi$, wenn der Magnet mit dem Nordpol vorgeschoben wird (Zunahme des Spulenflusses). Dadurch entsteht in den Spulenwindungen eine EMK nach Gl. (180)

$$E = -\frac{w}{10^8} \cdot \frac{\Phi_2 - \Phi_1}{t} = -\frac{200}{10^8} \cdot \frac{18000}{\frac{1}{20}} = -0{,}72\,\text{V},$$

also zum Fluß linksschraubig. Durch die EMK entsteht ein Strom von der Stärke $I = \frac{E}{R} = \frac{-0{,}72}{1} = -0{,}72$ A und eine Elektrizitätsmenge gemäß Gl. (181)

$$Q = \frac{w}{R} \cdot \frac{\Phi_1 - \Phi_2}{10^8} = -\frac{200}{1} \cdot \frac{18000}{10^8} = -0{,}036\,\text{As}.$$

Strom I und Elektrizitätsmenge sind also von der Seite des Magneten aus gesehen, d.h. in Richtung der Induktion gesehen, linksschraubig. Ein solcher Strom erzeugt aber an der Stirnfläche der Spule einen Nordpol, der den Nordpol des Magneten abstößt, so daß also gemäß § 64 der induzierte Strom I einen Fluß erzeugt, der die vom Magneten hervorgerufene Flußänderung zu verhindern sucht.

Beispiel 83. Ein Kupferstab A von $l = 20$ cm Radius dreht sich mit $n = 1500$/Min in einem Magnetfeld $\Phi = 10^6$ M, wobei der Stab stets Kontakt mit einem Kupferring K hat. Stab und Ring sind nach Abb. 361 über einen Strommesser A verbunden. Der innere Widerstand beträgt $R_i = 0{,}2\,\Omega$, der äußere $R_a = 0{,}3\,\Omega$. Gesucht sind Richtung und Größe der im Stab A induzierten EMK E, die Kraft P, die sich der Bewegung des Stabes widersetzt und die zur Bewegung nötige Leistung N.

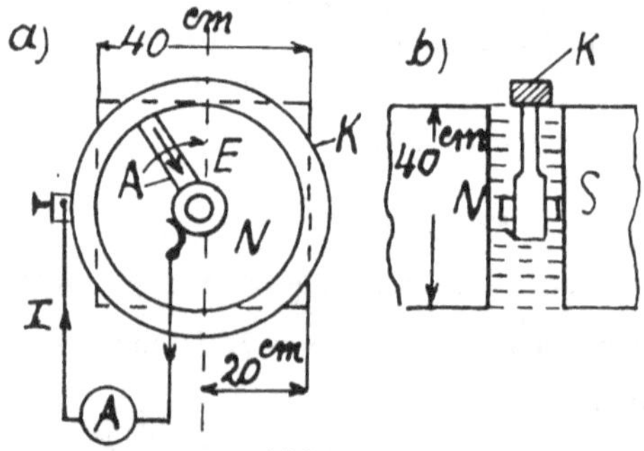

Abb. 361

Die Richtung der EMK und des Stromes ist nach der Rechte-Hand-Regel vom Ring zur Achse des Stabes. Die Größe der EMK ergibt sich nach Gl. (179c) $E = \mathfrak{B} \cdot l \cdot v \cdot 10^{-8}$, wobei $l = 20$ cm und die mittlere Geschwindigkeit $v = \frac{l\pi n}{60} = \frac{20\pi\,1500}{60} = 1570$ cm/s. Die Induktion ist $\mathfrak{B} = \frac{\Phi}{F} = \frac{10^6}{40 \cdot 40} = \frac{10^6\,\text{M}}{1600\,\text{cm}^2} = 625$ G. Man erhält mit diesen Werten

$$E = \frac{625 \cdot 20 \cdot 1570}{10^8} \approx 0{,}2\,\text{V} \quad \text{und} \quad I = \frac{E}{R} = \frac{E}{R_i + R_a} = \frac{0{,}2}{0{,}5} = 0{,}4\,\text{A}.$$

Die auf den Stab vom Feld ausgeübte Kraft P nach der Linke-Hand-Regel wirkt der Bewegung entgegen und ergibt sich aus Gl. (172) zu

$$P = \frac{I}{10} \cdot \frac{l}{100} \cdot \frac{\mathfrak{B}}{10000} = 0{,}04 \cdot 0{,}2 \cdot \frac{625}{10000} = 0{,}0005\,\text{kg} = 0{,}5\,\text{g}.$$

Die bei der Drehung des Stabes aufgewendete Leistung ist

$$N = P \cdot v = 0{,}0005\,\text{kg} \cdot 15{,}7\,\frac{\text{m}}{\text{s}} = 0{,}00785\,\text{kgm/s}.$$

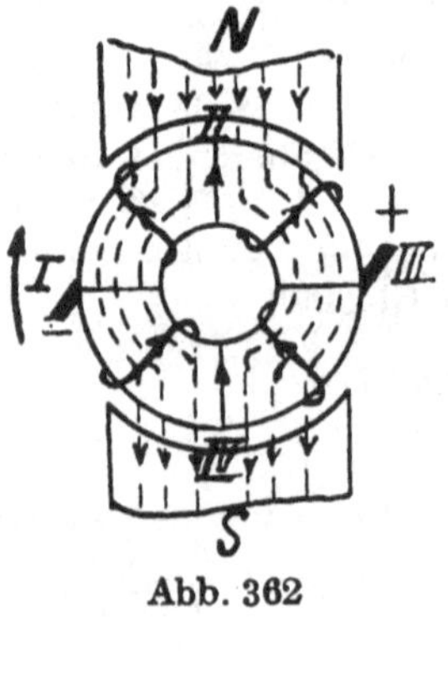

Abb. 362

Beispiel 84. Ein Ringanker der Abb. 362 mit $w = 500$ Windungen dreht sich mit $n = 1000$ U/Min in einem magnetischen Feld $\Phi = 1{,}8 \cdot 10^6$ M. Welche EMK E wird erzeugt?

Der Windungsfluß beträgt in den Stellungen I und III $\Phi_1 = \frac{\Phi}{2}$ und in den Stellungen II und IV $\Phi_2 = 0$. Die Flußänderung während der Drehung von I bis II bzw. III bis IV beträgt $\Phi_2 - \Phi_1 = 0 - \frac{\Phi}{2} = -\frac{\Phi}{2}$ und während der Drehung von II bis III bzw. IV bis I $\Phi_2 - \Phi_1$

$= \frac{\Phi}{2} - 0 = \frac{\Phi}{2}$. Die gesamte Flußänderung während der Drehung von I bis III bzw. III bis I ist $\frac{\Phi}{2} - \left(-\frac{\Phi}{2}\right) = \Phi$. Die Richtung der EMK in den Windungen ist in Abb. 362 eingezeichnet. Von Lage I nach Lage II erfolgt Flußabnahme, die EMK ist also, in Richtung der Feldlinien gesehen, rechtsschraubig, von Lage II nach Lage III haben die Windungen Flußzunahme und deshalb die EMK, in Richtung der Feldlinien gesehen, linksschraubig. Desgleichen ist von Lage III nach Lage IV die EMK rechtsschraubig und von Lage IV nach Lage I linksschraubig. Aus den entsprechend eingezeichneten Pfeilen erkennt man, daß die EMKe in allen Windungen eines Halbringes I III bzw. III I sich addieren und die EMKe der beiden Halbringe parallel geschaltet sind. Die EMK E des Ankers ist also gleich der mittleren EMK der $\frac{w}{2}$ Windungen eines Halbringes. Die mittlere EMK E_m einer Windung während der Drehung von I bis III bzw. III bis I ist nun, wenn T in s die Zeit einer Ankerumdrehung,

$$E_m = \frac{\Phi}{\frac{T}{2} \cdot 10^8} = \frac{2\Phi}{T \cdot 10^8} \,[\mathrm{V}].$$

Nun ist $T = \frac{60}{n}$ in Sekunden und damit

$$E_m = \frac{2\Phi n}{60 \cdot 10^8} \,[\mathrm{V}].$$

Die EMK des Ringankers als Summe der mittleren EMKe der $\frac{w}{2}$ Windungen eines Halbringes ist dann

$$E = \frac{w}{2} E_m = \frac{w\Phi n}{60 \cdot 10^8} = w \frac{n}{60} \Phi \cdot 10^{-8} \,[\mathrm{V}].$$

Für die in dem Beispiel angegebenen Zahlenwerte erhält man mit $T = \frac{60}{1000} = 0{,}06$ s

$$E_m = \frac{2 \cdot 1{,}8 \cdot 10^6 \cdot 1000}{60 \cdot 10^8} = 0{,}6 \text{ V} \quad \text{und} \quad E = \frac{w}{2} E_m = 250 \cdot 0{,}6 = 150 \text{ V}.$$

Nun haben die Gleichstromdynamos ausschließlich einen Trommelanker (Abb. 159), bei dem die $z = 2\,w$ Spulenseiten alle auf dem äußeren Ankerumfang liegen nach Abb. 162. Die Flußänderung in einer Spule ist dann von Lage I nach Lage II gleich $\Phi_2 - \Phi_1 = 0 - \Phi = -\Phi$ und von Lage II nach Lage III gleich $\Phi_2 - \Phi_1 = \Phi - 0 = \Phi$ und somit die Gesamtflußänderung $\Phi - (-\Phi) = 2\,\Phi$. Die mittlere EMK einer Spule während der Drehung von Lage I nach Lage III ist dann $E_m = \frac{2\Phi}{\frac{T}{2} \cdot 10^8} = \frac{4\Phi}{T \cdot 10^8}$ und mit $T = \frac{60}{n}$ wird $E_m = \frac{4\Phi n}{60 \cdot 10^8}$ und die EMK der $\frac{w}{2} = \frac{z}{4}$ Windungen einer Ankerhälfte, d. h. die EMK des Ankers, $E = \frac{w}{2} E_m = \frac{2w\Phi n}{60 \cdot 10^8} = \frac{z\Phi n}{60 \cdot 10^8}$ [V]. Der Trommelanker gibt also bei gleicher Windungszahl w die doppelte Spannung wie der Ringanker.

$$E = \frac{1000 \cdot 1{,}8 \cdot 10^6 \cdot 1000}{60 \cdot 10^8} = 300 \text{ V}.$$

Beispiel 85. Wie groß ist die Selbstinduktivität L einer eisenlosen Ringspule von $l = 300$ mm mittlerer Feldlinienlänge, $F = 2\text{ cm}^2$ Windungsfläche und $w = 200$ Windungen?

Die Induktivität ist nach Gl. (187b)

$$L = \frac{w^2 \Pi_0 F}{l \cdot 10^8} = \frac{200^2 \cdot 1{,}257 \cdot \mathrm{H/cm} \cdot 2\,\mathrm{cm}^2}{30\,\mathrm{cm} \cdot 10^8} = 0{,}335 \cdot 10^{-4}\,\mathrm{H} = 0{,}0335\,\mathrm{mH}\,.$$

Beispiel 86. Die Spule des Beispiels 85 ist mit einem Stahlgußkern ausgerüstet. Man ermittle die Induktivität L für die Induktionen $B = 5000$, 10000 und 15000 G.

Die Induktivität der eisenhaltigen Spule ist nach Gl. (187a)

$$L = \frac{w^2 \mu \Pi_0 F}{l \cdot 10^8} = 200^2 \cdot \frac{1{,}257}{10^8}\,\mathrm{H/cm} \cdot \frac{2\,\mathrm{cm}^2}{30\,\mathrm{cm}} \cdot \mu = 0{,}0335\;\mu[\mathrm{mH}]\,,$$

Da die relative Permeabilität μ bei Eisen nicht konstant ist, so ist die Induktivität L eine Funktion von μ und nimmt mit zunehmender Sättigung $\mathfrak{B}$ ab. Man bestimmt also zu den Induktionen $\mathfrak{B} = 5000$, 10000 und 15000 G aus der Magnetisierungskurve für Stahlguß (Abb. 125) die zugehörigen Feldstärken $\mathfrak{H}$ und erhält $\mu = \frac{\mathfrak{B}}{\Pi_0 \mathfrak{H}}$ und damit die Induktivitäten $L = 0{,}0335\,\mu$ in mH.

$\mathfrak{B} = 5000$ G ergibt $\mathfrak{H} = 0{,}8$ A/cm, $\mu = 5000$, $L = 167{,}5$ mH,

$\mathfrak{B} = 10000$ G ,, $\mathfrak{H} = 2$ A/cm, $\mu = 3981$, $L = 133{,}4$ mH,

$\mathfrak{B} = 15000$ G ,, $\mathfrak{H} = 18{,}5$ A/cm, $\mu = 645$, $L = 21{,}6$ mH.

Beispiel 87. Eine Drosselspule nach Abb. 170 besitzt $w = 350$ Windungen und einen Luftspalt $\delta = 5$ mm bei einem Eisenquerschnitt $F = 90\,\mathrm{cm}^2$. Die Windungen werden von einem Strom $I = 4$ A durchflossen. Gesucht die Induktivität L, die magnetische Energie W_l des Luftspaltes und der magnetische Fluß Φ. Wie groß ist die Selbstinduktionsspannung E_L, wenn der Strom innerhalb $t = \frac{1}{50}$ s ausgeschaltet wird und welche Wärmemenge Q_w ist in dem entstehenden Lichtbogen enthalten?

Unter Vernachlässigung des magnetischen Eisenwiderstandes (geringe Sättigung) ist die Induktivität nach Gl. (196a) $L = \frac{w^2}{10^8} \frac{\Pi_0 F}{\delta} = \frac{350^2}{10^8} \cdot \frac{1{,}257 \cdot 90}{0{,}5} = 0{,}28$ H.
Die magnetische Energie des Luftspaltes ist nach Gl. (192)

$$W_l = \frac{1}{2} L I^2 = \frac{1}{2}\, 0{,}28 \cdot 16 = 2{,}24\ \mathrm{Ws}.$$

Die Durchflutung ist bei Vernachlässigung des magnetischen Widerstandes des Eisenkerns nach dem Durchflutungsgesetz $\Theta = \mathfrak{H}\delta = Iw = 4 \cdot 350\ \mathrm{A} = 1400\ \mathrm{A}$ und daraus ergibt sich die Feldstärke im Luftspalt $\mathfrak{H} = \frac{\Theta}{\delta} = \frac{1400\ \mathrm{A}}{0{,}5\ \mathrm{cm}} = 2800\ \mathrm{A/cm}$. Nach Gl. (144) ist die Induktion im Luftspalt $\mathfrak{B} = \frac{\mathfrak{H}}{0{,}8} = \frac{2800}{0{,}8} = 3500$ G und der Fluß $\Phi = \mathfrak{B} \cdot F = 3500\ \mathrm{G} \cdot 90\ \mathrm{cm}^2 = 315000$ M. Da das Abschalten des Stromes hier nicht wie in § 68 unter B durch Wegnahme der Netzspannung U sondern durch Öffnen eines Schalters erfolgt, so ist die entsprechende Selbstinduktionsspannung nach Gl. (188a) $E_L = L\frac{I_2 - I_1}{t}$, wodurch mit $I_2 - I_1 = I = 4$ A und $t = \frac{1}{50}$ s sich ergibt $E_L = 0{,}28 \cdot \frac{4}{1/50} = 0{,}28 \cdot 200 = 56$ V. In Wärme wird die Feldenergie des Luftspaltes $W_l = 2{,}24$ Ws umgesetzt, wodurch eine Wärmemenge im Lichtbogen auftritt von $Q_w = 0{,}24\, W_l = 0{,}24 \cdot 2{,}24 = 0{,}5376$ cal.

Beispiel 88. An welche Gleichspannung U muß die Drosselspule des Beispiels 87 angeschlossen werden, wenn der Strom im stationären Zustand $I = 4$ A betragen soll? Wie groß ist die EMK der Selbstinduktion E_L beim Ausschalten der Spannung U und wie lange dauert es, bis der stationäre Zustand eingetreten ist?

Im stationären Zustand ist $E_L = 0$ und $i = I$, also gemäß Gl. (197) $U = I \cdot R$ V. Es muß also der Widerstand R der Spulenwicklung bestimmt werden. Bei Annahme einer Stromdichte $j = 2$ A/mm² ist der Querschnitt der Wicklung $q = \frac{I}{j} = \frac{4}{2} = 2\,\text{mm}^2$, mit einem Drahtdurchmesser $d = 1{,}6$ mm blank. Ist der Eisenquerschnitt $F = 90\,\text{cm}^2 = 10\,\text{cm} \cdot 9\,\text{cm}$, dann ergibt sich, wenn man 7 Lagen à 50 Windungen annimmt, eine mittlere Windungslänge $l_m = 44$ cm und der Widerstand der Wicklung zu $R = \varrho \frac{l}{q} = \varrho \frac{w\,l_m}{q} = \frac{1}{56} \cdot \frac{350 \cdot 0{,}44}{2} = 1{,}375\,\Omega$. Es ist also $U = I \cdot R = 4\,\text{A} \cdot 1{,}375\,\Omega = 5{,}5$ V und da beim Einschalten, d.h. zur Zeit $t = 0$, nach Gl. (198) der Strom $i = 0$ ist, so ist gemäß Gl. (197a) $E_L = U = 5{,}5$ V beim Ausschalten der Drosselspule. In der Zeit $T = \frac{L}{R} = \frac{0{,}28}{1{,}375} = 0{,}2$ s erreicht der Strom den Wert $i = 0{,}632\,I = 0{,}632 \cdot 4 = 2{,}528$ A und gemäß Zahlentafel 15 nach $t = 5\,T = 5 \cdot 0{,}2 = 1$ s erreicht der Strom den Wert $i = 4(1 - 0{,}007) = 4 \cdot 0{,}0{,}993\,\text{A} = 3{,}972$ A. Der stationäre Zustand tritt also nach 1 s ein.

Beispiel 89. Eine flache Spule nach Abb. 363 besitzt $w = 10$ Windungen. Wie groß ist die Induktivität L und die mittlere EMK E_L der Selbstinduktion, wenn der Strom $I_1 = 3$ A in $\frac{1}{20}$ s auf $I_2 = 1$ A verringert wird?

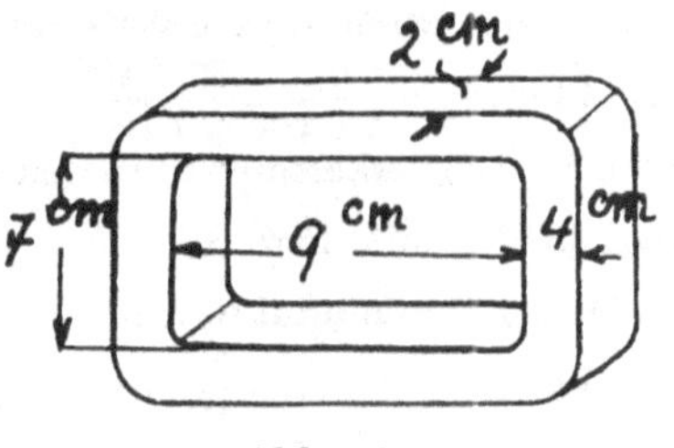

Abb. 363

Die Spule hat $l = 9\,\text{cm} + 4\,\text{cm} = 13$ cm und $r = 7\,\text{cm} + 4\,\text{cm} = 11$ cm, also $F = l \cdot r = 13 \cdot 11 = 143\,\text{cm}^2$. Ferner ist $u = 2(13 + 11) = 48$ cm und $u_1 = 2(2 + 4) = 12$ cm. Die Induktivität folgt aus Gl. (194a)

$$L = \frac{0{,}2\,u\,w^2}{10^8} \ln \frac{4\pi F}{u \cdot u_1} = \frac{0{,}2 \cdot 48 \cdot 100}{10^8} \cdot \ln \frac{4\pi \cdot 143}{48 \cdot 12},$$

$$L = \frac{960}{10^8} \ln 3{,}12 = 1{,}05 \cdot 10^{-5}\,\text{H} = 0{,}0105\,\text{mH}.$$

Die Selbstinduktionsspannung ist nach Gl. (188a)

$$E_L = -L\frac{I_2 - I_1}{t} = -1{,}05 \cdot 10^{-5} \cdot \frac{1 - 3}{1/20} = +1{,}05 \cdot 40 \cdot 10^{-5} = +0{,}00042\,\text{V}.$$

E_L ist mit dem Strom gleichgerichtet.

Beispiel 90. Zwei Freileitungen 1 und 2 sind nach Abb. 364 gegeben und zwar ist $l = 5$ km, $r = 1$ m, $2a = 10$ mm, $r_1 = 85$ cm und $r_2 = 23$ cm. Man ermittle die Selbstinduktivität L der Leitung 1 und die Gegeninduktivität M zwischen den Leitungen 1 und 2.

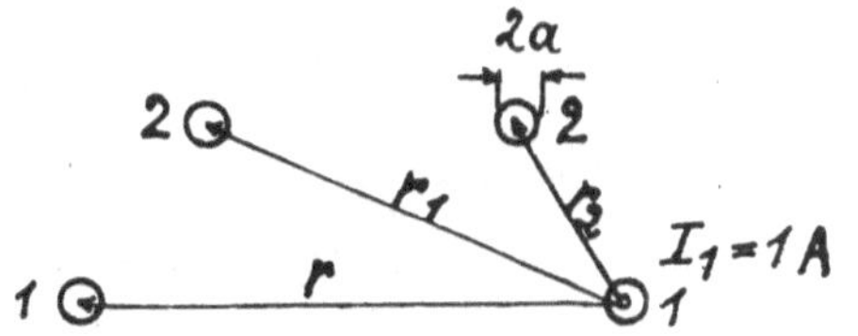

Abb. 364

Mit Gl. (193a) ist die Induktivität der Leitung 1

$$L = \frac{0{,}4\,l}{10^8}\left[\ln\frac{r}{a} + 0{,}25\right] = \frac{0{,}4\cdot 5\cdot 10^5}{10^8}\left[\ln\frac{100}{0{,}5} + 0{,}25\right],$$

$$L = \frac{2\cdot 10^5}{10^8}\,[\ln 200 + 0{,}25] = 0{,}011\,\mathrm{H}.$$

Die Gegeninduktivität der beiden Leitungen ist nach Gl. (213)

$$M = \frac{\Phi_0}{10^8} = \frac{0{,}4\,l}{10^8}\ln\frac{r_1}{r_2} = \frac{0{,}4\cdot 5\cdot 10^5}{10^8}\ln\frac{85}{23} = 0{,}0026\,\mathrm{H}.$$

Beispiel 91. Ein Ring aus Dynamostahl hat $l = 100$ cm Länge und $F = 2\,\mathrm{cm}^2$ Querschnitt. Der Ring besitzt zwei Wicklungen, eine primäre mit $w_1 = 200$ Windungen, die vom Strom $I_1 = 10$ A durchflossen werden, und eine diametral zur primären angeordnete sekundäre offene Wicklung mit $w_2 = 1000$ Windungen. Wie groß sind die in den Spulen induzierten Spannungen bei einer Feldlinienstreuung $\tau = \frac{\Phi_{1s}}{\Phi_{12}} = 0{,}15$, wenn der Primärstrom I_1 in $t = \frac{1}{20}\,s$ von $I_1 = 10$ A auf $I_2 = -10$ A geändert wird (Kommutierung des Stromes)?

Die Durchflutung ist $\Theta = I_1 w_1 = 10\cdot 200 = 2000$ A und erzeugt im Eisen eine Feldstärke $\mathfrak{H}_1 = \frac{\Theta}{l} = \frac{2000\,\mathrm{A}}{100\,\mathrm{cm}} = 20$ A/cm, woraus nach Abb. 125 eine Induktion $\mathfrak{B}_1 = 15200$ G folgt und ein Gesamtfluß $\Phi_1 = \mathfrak{B}_1\cdot F = 15200\,\mathrm{G}\cdot 2\,\mathrm{cm}^2 = 30400$ M. Infolge der Streuung verbleibt außerhalb der primären Wicklung im Eisen nur noch der Fluß $\Phi = \frac{\Phi_1}{1+\tau} = \frac{30400\,\mathrm{M}}{1{,}15} = 26513$ M. Die Stromänderung erzeugt in der mit dem Fluß Φ_1 verketteten primären Spule eine EMK der Selbstinduktion $e_{1L} = -L_1\frac{di_1}{dt}$ und in der mit dem Fluß $\Phi = \Phi_{12} = \Phi_1 - \Phi_s$ verketteten sekundären Spule eine EMK der Gegeninduktion $e_2 = -M\frac{di_1}{dt}$. Gemäß Gl. (208a) ist die Selbstinduktivität der Primärspule $L_1 = \frac{w_1^2}{10^8}(\Lambda + \Lambda_{1S})$, worin $\Lambda + \Lambda_{1S} = \Lambda_1$ der magnetische Leitwert des Gesamtflusses Φ_1 ist. Die Gegeninduktivität der beiden Spulen ist gemäß Gl. (203) $M = \frac{\Lambda w_1 w_2}{10^8}$, worin Λ der magnetische Leitwert des Feldes $\Phi = \Phi_{12}$ ist. Nach § 62 ist nun aber $\Lambda_1 = \Lambda + \Lambda_{1S} = \frac{\Phi_1}{\Theta}$ und $\Lambda = \Lambda_{12} = \frac{\Phi}{\Theta}$.

Es ergibt sich deshalb:

$$\Lambda_1 = \frac{30400\,\mathrm{M}}{2000\,\mathrm{A}} = 15{,}2\,\mathrm{M/A} \quad\text{und}\quad \Lambda = \frac{26510\,\mathrm{M}}{2000\,\mathrm{A}} = 13{,}25\,\frac{\mathrm{M}}{\mathrm{A}}$$

und damit die Induktivitäten

$$L_1 = \frac{\Lambda_1 w_1^2}{10^8} = \frac{15{,}2}{10^8}\,\mathrm{H}\cdot 200^2 = 0{,}0061\,\mathrm{H},$$

$$M = \frac{\Lambda w_1 w_2}{10^8} = \frac{13{,}25}{10^8}\,\mathrm{H}\cdot 200\cdot 1000 = 0{,}0265\,\mathrm{H}.$$

Die induzierten mittleren Spannungen sind dann

$$E_{1L} = -L_1\cdot\frac{I_2 - I_1}{t} = -0{,}0061\cdot\frac{-20}{1/20} = +0{,}0061\cdot 400 = +2{,}44\,\mathrm{V},$$

d.h. rechtsschraubig zu Φ_1, also dem Strom I_1 gleichgerichtet (Flußabnahme!).

$E_2 = -M\frac{I_2 - I_1}{t} = -0{,}0265(-400) = +10{,}6$ V, ebenfalls rechtsschraubig zu Φ und mit I_1 gleichgerichtet.

Beispiel 92. Eine Aluminiumbremsscheibe von $\delta = 1$ mm Dicke nach Abb. 179 dreht sich mit der Geschwindigkeit $v = 20$ cm/s zwischen den Polen eines Dauermagneten mit $\mathfrak{B} = 1000$ G magnetischer Felddichte. Die Polflächen haben $l = 2$ cm und $b = 3$ cm. Welche Bremskraft erfährt die Scheibe?

$$\text{Induzierte EMK } E = \frac{\mathfrak{B}\, l v}{10^8} = \frac{1000 \cdot 2 \cdot 20}{10^8} = \frac{4}{10^4}\,\text{V} = 0{,}4\,\text{mV}.$$

Widerstand der Strombahnen

$$R = \varrho \frac{k\, l}{b\,\delta} \quad \text{mit } \varrho = \frac{1}{34} \text{ und } k = 2$$

ergibt sich zu

$$R = \frac{1}{34} \cdot \frac{2 \cdot 0{,}02}{30 \cdot 1} = 0{,}382 \cdot 10^{-4}\,\Omega.$$

Die Stärke der Wirbelströme ist

$$I = \frac{E}{R} = \frac{4 \cdot 10^{-4}}{30{,}82 \cdot 10^{-4}} = 10{,}5\,\text{A}.$$

Nach Gl. (172) ist die Bremskraft

$$P = \frac{\mathfrak{B}\, I\, l}{9810000} = \frac{1000 \cdot 10{,}5 \cdot 2}{9810000} = 0{,}00213\,\text{kg} = 2{,}13\,\text{g}.$$

Beispiel 93. Wie groß sind die Wirbelstromverluste N_w in dem Eisenkern des Beispiels 65, wenn die Verlustziffer $v_w = 1{,}6$ W/kg beträgt?

Mit $G = 150$ kg Eisengewicht, $\delta = 0{,}35$ mm Blechdicke, $\overline{\mathfrak{B}} = 12000\,G$ und $f = 50$/s ergibt Gl. (215)

$$N_w = 1{,}6 \left(\frac{\overline{\mathfrak{B}}}{10000} \cdot \frac{\delta}{0{,}5} \cdot \frac{f}{50}\right)^2 G = 1{,}6 \left(1{,}2 \cdot \frac{0{,}35}{0{,}5} \cdot 1\right)^2 \cdot 150 = 168\,\text{W}.$$

102. Beispiele für Abschnitt VIII

Beispiel 94. Der Plattenkondensator der Abb. 183 liegt an einer Spannung $U = 3000$ V und hat einen Plattenabstand $d = 12$ mm. Zu berechnen die Feldstärke $\mathfrak{E}$, die Spannung zwischen Punkt 1 und Punkt 2 und die Spannung zwischen Punkt 1 und der positiven Platte, wenn $l_1 = 4$ mm und $l = 6$ mm.

Aus Gl. (218) folgt die Feldstärke im Isolierstoff

$$\mathfrak{E} = \frac{U}{d} = \frac{3000\,\text{V}}{1{,}2\,\text{cm}} = 2\,500\,\text{V/cm} = 2{,}5\,\frac{\text{kV}}{\text{cm}}.$$

Die Spannung zwischen den Punkten 1 und 2 ist

$$U_{12} = \mathfrak{E} \cdot l = 2{,}5\,\frac{\text{kV}}{\text{cm}} \cdot 0{,}6\,\text{cm} = 1{,}5\,\text{kV}.$$

Spannung des Punktes 1 gegen die positive Platte

$$U_1 = \mathfrak{E} \cdot l_1 = 2{,}5\,\frac{\text{kV}}{\text{cm}} \cdot 0.4\,\text{cm} = 1\,\text{kV}.$$

Beispiel 95. Wenn bei dem Kondensator des Beispiels 94 die Plattenoberfläche $F = 3000\ \mathrm{cm}^2$ beträgt und der Isolierstoff aus Papier mit $\varepsilon = 4$ besteht, welche Kapazität C besitzt der Kondensator und welche Ladung Q nimmt er bei $U = 3000$ V auf? Wie groß ist die elektrische Verschiebung $\mathfrak{D}$?

Die Kapazität ergibt sich aus Gl. (233a) zu

$$C = \varepsilon \Delta_0 \frac{F}{d} = 4 \cdot 0{,}885 \cdot 10^{-13}\ F/\mathrm{cm} \cdot \frac{3000\ \mathrm{cm}^2}{1{,}2\ \mathrm{cm}} = 0{,}885 \cdot 10^{-3}\ \mu\mathrm{F}.$$

Die Ladung folgt aus Gl. (217a)

$$Q = C U = 0{,}885 \cdot 10^{-9} \cdot 3000 = 0{,}2655 \cdot 10^{-5}\ \mathrm{As}\ (\mathrm{C}).$$

Die elektrische Verschiebung gibt Gl. (221) $\mathfrak{D} = \frac{Q}{F}$ und unter Benutzung obiger Gleichung für Q folgt

$$\mathfrak{D} = \frac{0{,}885 \cdot 10^{-9} \cdot 3000}{3000} = 0{,}885 \cdot 10^{-9}\ \frac{\mathrm{As}}{\mathrm{cm}^2}.$$

Man hätte auch $\mathfrak{D}$ berechnen können mit Gl. (222)

$$\mathfrak{D} = \varepsilon \Delta_0 \mathfrak{E} = 4 \cdot 0{,}885 \cdot 10^{-13} \cdot 2500 = 0{,}885 \cdot 10^{-13} \cdot 10000,$$

$$\mathfrak{D} = 0{,}885 \cdot 10^{-9}\ \mathrm{As/cm}^2.$$

Beispiel 96. Welche Höhe l der Belegung muß eine Leydnerflasche von $r_1 = 4$ cm innerem Radius und $d = 2$ mm Glasdicke erhalten, wenn bei $U = 1$ kV eine Ladung $Q = 5 \cdot 10^{-7}$ As aufgespeichert werden soll? Wie groß ist die Feldstärke $\mathfrak{E}_1$ und elektrische Verschiebung $\mathfrak{D}_1$ auf dem inneren Beleg, sowie die Ladungsenergie?

Die Kapazität der Leydnerflasche ist nach Gl. (217)

$$C = \frac{Q}{U} = \frac{5 \cdot 10^{-7}\ \mathrm{As}}{1000\ \mathrm{V}} = 5 \cdot 10^{-10}\ F = 0{,}0005\ \mu\mathrm{F}.$$

Damit folgt aus Gl. (234b) $l = \frac{C d}{\varepsilon \Delta_0 2 \pi r_1}$ und mit $\varepsilon = 5$ aus Zahlentafel 16

$$l = \frac{5 \cdot 10^{-10} \cdot 0{,}2}{5 \cdot 0{,}885 \cdot 10^{-13} \cdot 25{,}13} = 8{,}9\ \mathrm{cm},$$

$$\mathfrak{D}_1 = \frac{Q}{2 r_1 \pi l} = \frac{5 \cdot 10^{-7}}{25{,}13 \cdot 8{,}9} = 2{,}23 \cdot 10^{-9}\ \mathrm{As/cm}^2,$$

$$\mathfrak{E}_1 = \frac{U}{r_1 \ln \frac{r_2}{r_1}} \approx \frac{U}{d} \approx \frac{1000}{0{,}2} = 5000\ \mathrm{V/cm}\ \text{nach Gl. (234)},$$

oder auch nach Gl. (222)

$$\mathfrak{E}_1 = \frac{\mathfrak{D}_1}{\varepsilon \Delta_0} = \frac{2{,}23 \cdot 10^{-9}}{5 \cdot 0{,}885 \cdot 10^{-13}} = 5000\ \mathrm{V/cm}.$$

$$\text{Feldenergie } W_e = \frac{Q U}{2} = \frac{5 \cdot 10^{-7} \cdot 1000}{2} = 2500 \cdot 10^{-7}\ \mathrm{Ws} = 2500\ \mathrm{Erg}.$$

Beispiel 97. Ein Kondensator mit einer Kapazität $C = 3\ \mu$F wird in Reihe mit einem Ohmschen Widerstand $R = 15\ \Omega$ an eine Gleichspannung $U = 120$ V angeschlossen. Zu berechnen ist der Strom I im Augenblick des Anschlusses, die Zeit t innerhalb welcher der Ladestrom auf 0,007 des Anfangwertes gesunken ist und die entsprechende Spannung u_c am Kondensator.

Im Augenblick des Anschlusses ist nach § 74 der Ladestrom $I = \frac{U}{R} = \frac{120\,\mathrm{V}}{15\,\Omega} = 8\,\mathrm{A}$. Nach Zahlentafel 15 ist für $t = 5\,T$ die Funktion $e^{-\frac{t}{T}} = 0{,}007$, d.h. nach Gl. (229) der Ladestrom

$$i = I e^{-\frac{t}{T}} = 0{,}007\, I = 0{,}056\,\mathrm{A}.$$

Auf diesen Wert ist der Strom nach Verlauf von $t = 5\,T = 5\,C R = 5 \cdot 3 \cdot 10^{-6} \cdot 15 = 225 \cdot 10^{-6}$ s gesunken. Da nach § 74 beim Laden eines Kondensators $i = \frac{U - u_c}{R}$, so ist die zum Ladestrom $i = 0{,}056$ A gehörende Kondensatorspannung

$$u_c = U - i R = 120 - 0{,}056 \cdot 15 = 119{,}16\,\mathrm{V}.$$

Beispiel 98. Ein Einleiterpapierkabel von $l = 1{,}5$ km Länge hat einen Leiterdurchmesser $2 r_1 = 1{,}5$ cm und $\delta = 1{,}5$ cm Isolationsstärke. Dielektrizitätskonstante $\varepsilon = 4$. Zu bestimmen sind Kapazität C, Ladung Q und Höchstfeldstärke $\mathfrak{E}_1$ am Umfang des Leiters bei $U = 15000$ V zwischen Leiter und Bleimantel. Der Innendurchmesser des Bleimantels beträgt $2 r_2 = 2 r_1 + 2\delta = 1{,}5 + 3{,}0 = 4{,}5$ cm. Dann ist die Kapazität nach Gl. (234a)

$$C = \varepsilon \Delta_0 \frac{2\pi l}{\ln \frac{r_2}{r_1}} = 4 \cdot 0{,}885 \cdot 10^{-8} \cdot \frac{2\pi \cdot 1{,}5 \cdot 10^5}{\ln \frac{4{,}5}{1{,}5}} = 15{,}1 \cdot 10^{-8} F = 0{,}151\,\mu\mathrm{F}.$$

Die Ladung ist gemäß Gl. (234)

$$Q = C U = 15{,}1 \cdot 10^{-8} \cdot 15000 = 226{,}5 \cdot 10^{-5}\,\mathrm{As}.$$

Höchstfeldstärke nach Gl. (234)

$$\mathfrak{E}_1 = \frac{U}{r_1 \ln \frac{r_2}{r_1}} = \frac{15000}{0{,}75 \ln \frac{4{,}5}{1{,}5}} = 18181\,\mathrm{V/cm}.$$

Beispiel 99. Für eine Doppelfreileitung von $l = 30$ km Länge, deren Leiter $2 r_0 = 10$ mm Durchmesser und $a = 1$ m Abstand haben, ist für $U = 60$ kV zu berechnen Kapazität C, Ladung Q, Höchstfeldstärke $\mathfrak{E}_0$ an den Leitern und Kapazität C' und Spannung U' gegen Erde, wenn die Leitung sich in $h = 10$ m Höhe befindet.

Nach Gl. (237b) ist die Kapazität der Leitung

$$C = \frac{\pi \Delta_0 l}{\ln \frac{a}{r_0}} = \frac{\pi \cdot 0{,}885 \cdot 10^{-13} \cdot 30 \cdot 10^5}{\ln \frac{100}{0{,}5}} = 1{,}57 \cdot 10^{-7} F = 0{,}157\,\mu\mathrm{F}.$$

Die Ladung beträgt $Q = C U = \frac{1{,}57}{10^7} \cdot 60000 = 0{,}0094$ As. Höchste Feldstärke aus Gl. (237c)

$$\mathfrak{E}_0 = \frac{U}{2 r_0 \ln \frac{a}{r_0}} = \frac{60000}{1 \cdot \ln 200} = 11300\,\mathrm{V/cm}.$$

Die Kapazität gegen Erde folgt aus Gl. (238c)

$$C' = \frac{2\pi \Delta_0 l}{\ln \frac{2h}{r_0}} = \frac{2\pi \cdot 0{,}885 \cdot 30 \cdot 10^5}{10^{13} \cdot \ln \frac{2000}{0{,}5}} = 2 \cdot 10^{-7} F = 0{,}2\,\mu\mathrm{F}.$$

Spannung gegen Erde

$$U' = \frac{Q}{C'} = \frac{0{,}0094\,\mathrm{As}}{2 \cdot 10^{-7} F} = 47100\,\mathrm{V}.$$

Beispiel 100. Eine Spule hat eine Länge $l = 80$ mm, einen Innendurchmesser $2r_1 = 30$ mm und einen Außendurchmesser $2r_2 = 46$ mm. Die Isolation zwischen den Drahtlagen beträgt $\delta_1 = 0{,}06$ mm, die Dielektrizitätskonstante $\varepsilon = 4$ und die Drahtstärke $\delta = 0{,}8$ mm. Gesucht die Kapazität C der Spule.

Nach Gl. (239) ist

$$C = \frac{2\pi\varepsilon\Delta_0 l}{\ln\frac{r_2}{r_1}} \cdot \frac{\delta + \delta_1}{\delta_1} = \frac{2\pi \cdot 4 \cdot 0{,}885 \cdot 8}{10^{13} \ln\frac{4{,}6}{3{,}0}} \cdot \frac{0{,}086}{0{,}006} = 629 \cdot 10^{12} F = 629\,pF.$$

Beispiel 101. Eine Kondensatorbatterie enthält vier parallel geschaltete Gruppen von je drei in Reihe geschalteten Kondensatoren mit je einer Kapazität $C_0 = 2{,}4\,\mu$F und $U_0 = 300$ V. Wie groß ist die Ersatzkapazität C der Batterie und an welche Spannung U kann sie gelegt werden?

Die drei in Reihe geschalteten Kondensatoren einer Gruppe haben nach Gl. (240a) die Kapazität $C_1 = \frac{C_0}{3} = \frac{2{,}4\,\mu F}{3} = 0{,}8\,\mu\mathrm{F}$. Die Ersatzkapazität der vier parallelen Gruppen mit je $C_1 = 0{,}8\,\mu$F ergibt sich nach Gl. (241a) zu $C = 4 \cdot C_1 = 4 \cdot 0{,}8\,\mu$F, $C = 3{,}2\,\mu$F. Die Spannung, an welche die Batterie gelegt werden kann, ist

$$U = 3 \cdot U_0 = 3 \cdot 300\,\mathrm{V} = 900\,\mathrm{V}.$$

XII. Abschnitt

Berechnungsbeispiele für den Abschnitt IX

103. Beispiele für § 78 bis § 81

Beispiel 102. Eine $2p = 4$ polige Wechselstrommaschine macht $n = 1500$ U/Min. Gesucht sind Frequenz f, Zeit T einer Periode, Kreisfrequenz ω und die Winkelgeschwindigkeit ω_0 des Polrades.

Nach Gl. (184) ist $f = \frac{pn}{60} = \frac{2 \cdot 1500}{60\,\text{s}} = 50$ P/s (Hz). $T = \frac{1}{f} = \frac{1}{50}$ s. Gemäß Gl. (246) ist

$$\omega = 2\pi f = p\,\frac{\pi n}{30} = 100\pi = 314\,\text{s}^{-1} \quad \text{und} \quad \omega_0 = \frac{\pi n}{30} = \frac{\omega}{p} = \frac{314\,\text{s}^{-1}}{2} = 157\,\text{s}^{-1}.$$

Beispiel 103. Eine auf einem Holzanker befestigte quadratische Spule von $a = 20$ cm Seitenlänge und $w = 50$ Windungen dreht sich mit $n = 1800$ U/Min innerhalb eines zweipoligen homogenen Feldes mit $\mathfrak{B} = 3000$ G magnetischer Dichte. Man berechne den Scheitelwert $\overline{E}$ der in der Spule induzierten EMK, sowie die Augenblickswerte e für jede $^1/_{12}$ Periode und zeichne das Liniendiagramm der EMK-Kurve.

Der Scheitelwert der EMK ist gemäß Gl. (250)

$$\overline{E} = w \cdot \omega \overline{\Phi} \cdot 10^{-8}\,\text{V}.$$

Bei einem zweipoligen Magnetsystem ist wegen $p = 1$ die Kreisfrequenz $\omega = \omega_0 = \frac{\pi n}{30} = 188{,}4\,\text{s}^{-1}$ oder auch mit $f = \frac{pn}{60} = 30$ Hz ergibt sich

$$\omega = 2\pi f = 60\pi = 188{,}4\,\text{s}^{-1}.$$

Der Scheitelwert des Windungsflusses ist im homogenen Feld

$$\overline{\Phi} = \mathfrak{B} \cdot F = 3000\,\text{G} \cdot 20^2\,\text{cm}^2 = 12 \cdot 10^5\,\text{M}.$$

Damit ergibt sich der Scheitelwert der EMK zu

$$\overline{E} = 188{,}4\,\text{s}^{-1} \cdot 50 \cdot 12 \cdot 10^5 \cdot 10^{-8}\,\text{Vs} = 113\,\text{V}.$$

Die Zeitwerte der EMK sind nach Gl. (249b) $e = \overline{E} \sin \alpha$. Für $^1/_{12}$ Umdrehung ist $\alpha = 30^\circ$, es sind also die Augenblickswerte zu berechnen für $\alpha = 0^\circ, 30^\circ, 60^\circ, 90^\circ, 120^\circ, 150^\circ, 180^\circ, 210^\circ, 240^\circ, 270^\circ, 300^\circ, 330^\circ$ und 360°. Für $\alpha = 90^\circ$ und $\alpha = 270^\circ$ hat die EMK den Scheitelwert $\overline{E} = 113$ V. Mit Hilfe der Zahlentafel 18 ergibt sich:

α^0	0°	30°	60°	90°	120°	150°	180°	210°	240°	270°	300°	330°	360°
e Volt	0	56,5	97,18	113	97,18	56,5	0	−56,5	−97,18	−113	−97,18	−56,5	0

Die Zeichnung des Liniendiagramms erfolgt am einfachsten mit dem Zeigerdiagramm der Abb. 198.

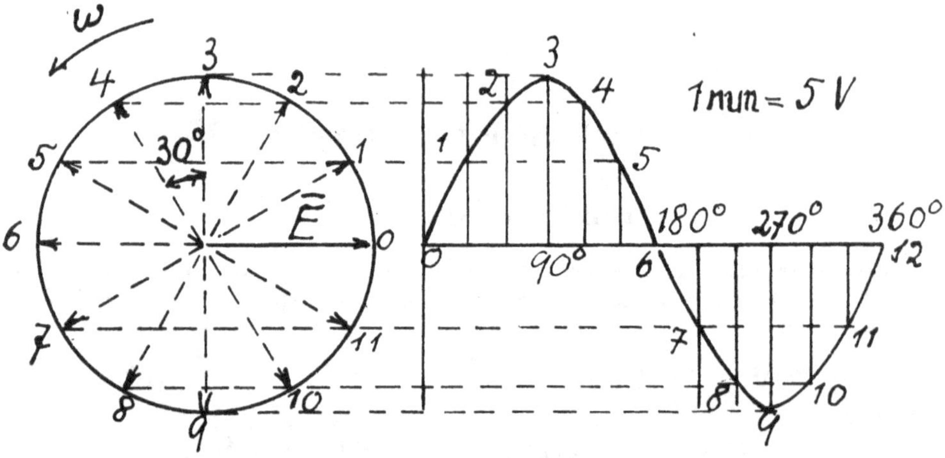

Abb. 365

Beispiel 104. Die Spule des Beispiels 103 rotiert auf einem lamellierten Eisenanker mit $n = 1800$ U/Min in einem $2p = 6$poligen Magnetsystem. Die Pole sind so gestaltet, daß die Induktion $\mathfrak{B}$ über die Polteilung sinusförmig verteilt ist und die maximale Induktion unter der Polmitte $\overline{\mathfrak{B}} = 5 \cdot 10^3$ G beträgt. Gesucht sind Frequenz f, Periodendauer T, Kreisfrequenz ω und Scheitelwert $\overline{E}$ der induzierten Spannung.

$$f = \frac{pn}{60} = \frac{3 \cdot 1800}{60} = 90 \text{ Hz}, \quad T = \frac{1}{f} = \frac{1}{90} \text{ s}.$$

$$\omega = 2\pi f = 2\pi \cdot 90 = 565{,}2 \text{ s}^{-1}.$$

Unter der Voraussetzung, daß die Spulenweite $a = 20$ cm gleich der Sehne von Polmitte zu Polmitte ist, ist a die Seite des dem Ankerumfang einbeschriebenen regulären Sechsecks und also gleich dem Ankerradius r, so daß also auch $r = a = 20$ cm.

Die Berechnung von $\overline{E}$ muß nach Gl. (179b) erfolgen $\overline{E} = 2w\overline{\mathfrak{B}}lv \cdot 10^{-8}$, wenn $v = \frac{2a\pi n}{60} = \frac{40\pi 1800}{60} = 3768 \frac{\text{cm}}{\text{s}}$ und $l = 20$ cm ist. Man erhält dann

$$\overline{E} = 100 \cdot 5 \cdot 10^3 \cdot 10^{-8} \frac{\text{Vs}}{\text{cm}^2} \cdot 3768 \frac{\text{cm}}{\text{s}} \cdot 20 \text{ cm} = 376{,}8 \text{ V}.$$

Beispiel 105. Eine $2p = 12$polige Wechselstrommaschine hat nach Abb. 366 feststehenden Anker mit $z = 6$ in Serie geschalteten Spulen von je $w = 100$ Windungen. Das Polrad rotiert mit $n = 500$ U/Min und von jedem Nordpol gehen $\Phi = 2 \cdot 10^6$ Feldlinien aus. Welcher räumliche Drehwinkel α des Polrades entspricht einer Periode und welcher Drehwinkel ψ deshalb einer Phasenverschiebung $\varphi = 90°$?

Wie groß ist die Frequenz f und der Scheitelwert $\overline{E}$ und Effektivwert E der EMK der Maschine?

Bei der in Abb. 366 gezeichneten Stellung des Polrades hat die EMK in allen Spulen den Scheitelwert $\overline{E}$ und die eingezeichnete Richtung. Sie ergibt sich entweder mit der Rechte-Hand-Regel oder der Schraubenregel. Stehen die Mittellinien der Pole in den Lagen II und IV, dann ist die Spannung in allen Spulen gleich Null. Hat der Nordpol die Lage III und der Südpol die Lage V, d. h. stehen alle Nordpole unter den Enden e der Spulen und alle Südpole unter den Anfängen a, dann herrscht in allen Spulen wieder der Höchstwert $\overline{E}$ der Spannung, aber mit entgegengesetzter Richtung usw. Eine volle Welle der Spannung wird also in allen Spulen erzeugt, wenn das Polrad sich um eine doppelte Polteilung dreht, d. h. einer Periode entspricht eine Drehung des Polrades um $\alpha = 4 \cdot \frac{360^\circ}{24} = 4 \cdot 15^\circ = 60^\circ$ und der Phasenverschiebung $\varphi = 90^\circ$ entspricht der Drehwinkel $\psi = 15^\circ$ des Polrades.

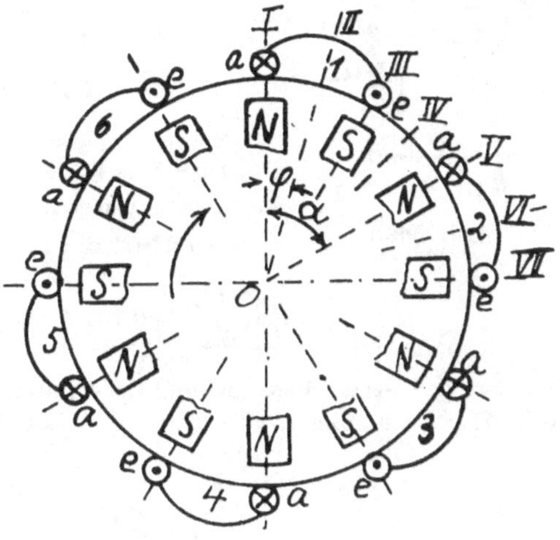

Abb. 366

$f = \frac{pn}{60} = \frac{6 \cdot 500}{60} = 50$ Hz, weil es nach Obigem bei einer Umdrehung $\frac{360^\circ}{60^\circ} = 6 = p$ Perioden gibt. $\omega = 2\pi f = 2\pi \cdot 50 = 314\ \mathrm{s}^{-1}$ und der Scheitelwert der EMK $\overline{E} = zw\omega\overline{\Phi} \cdot 10^{-8} = 6 \cdot 100 \cdot 314 \cdot 2 \cdot 10^6 \cdot 10^{-8} = 3768$ V. Der Effektivwert der Maschinenspannung ist

$$E = \frac{\overline{E}}{\sqrt{2}} = 0{,}707\, \overline{E} = 2664 \text{ V} = 2{,}664 \text{ kV}.$$

Beispiel 106. In den Spulen I und II der Abb. 367a werden gleiche Spannungen vom Höchstwert $\overline{U}_1 = \overline{U}_2 = \overline{U} = 311{,}0$ V, welche eine Phasenverschiebung $\varphi = 120^\circ$ gegeneinander haben, erzeugt. Man ermittle den Scheitel- und Effektivwert der resultierenden Spannung U_r bei Summen- und Gegenreihenschaltung der beiden Spulen.

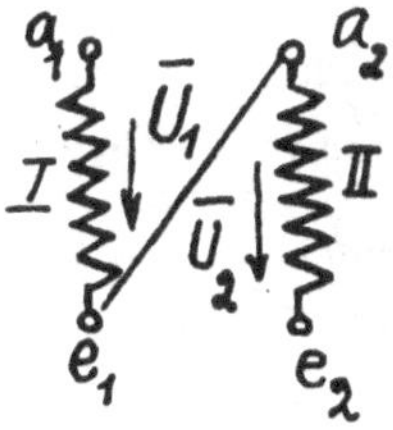

Abb. 367a

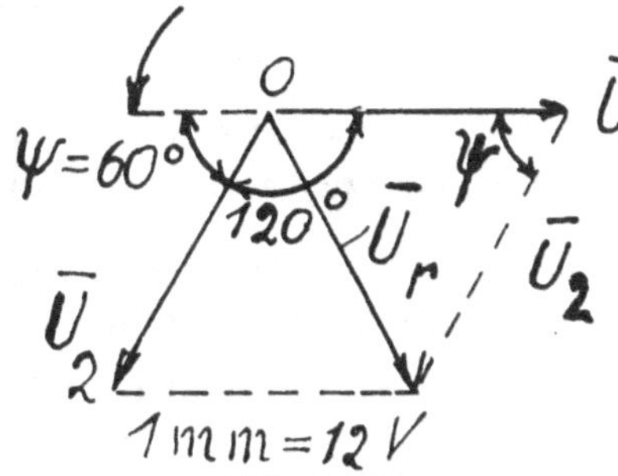

Abb. 367b

Bei der **Summenreihenschaltung** wird das Ende e_1 der Spule I mit dem Anfang a_2 der Spule II verbunden. Aus der Abb. 367a ist ersichtlich, daß die beiden Spannungen im selben Sinne wirken und, da sie eine Phasenverschiebung besitzen, sich geometrisch addieren. Es sei angenommen, daß die Spannung $\overline{U}_2$ der Spannung $\overline{U}_1$ nacheilt, dann ergibt sich die resultierende Spannung aus dem Zeigerdiagramm der Abb. 367b durch geometrische Addition von $\overline{U}_2$ zur Bezugsspannung $\overline{U}_1$. Analytisch würde sich nach Abb. 367b ergeben

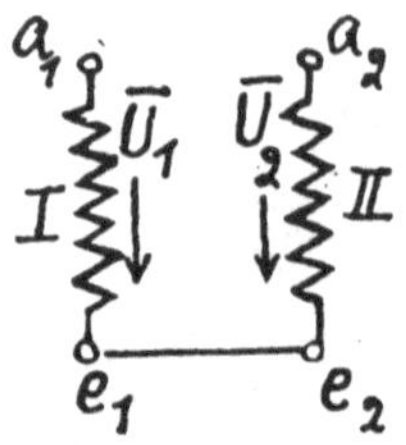

Abb 368a

$$\overline{U}_r = \sqrt{\overline{U}_1^2 + \overline{U}_2^2 - 2\,\overline{U}_1\overline{U}_2\cos\psi}\,,$$

$$\overline{U}_r = \sqrt{2\,\overline{U}^2 - 2\,\overline{U}^2\cos\psi} = \overline{U}\sqrt{2 - 2\cos\psi}\,,$$

$$\overline{U}_r = 311\sqrt{2 - 2\cos 60^\circ} = 311\ \text{V}.$$

Bei Benutzung der Gl. (254a) ist zu beachten, daß der Winkel $\psi = 180^\circ - \varphi$ ein stumpfer Winkel war, während er jetzt spitz ist, so daß unter der Wurzel das —-Zeichen gilt.

Der Effektivwert der resultierenden Spannung ist

$$U_r = \frac{\overline{U}_r}{\sqrt{2}} = 0{,}707\,\overline{U}_r = 0{,}707 \cdot 311 = 220\ \text{V}.$$

Bei der **Gegenreihenschaltung** der Spulen werden die Enden e_1 und e_2 der Spulen I und II miteinander verbunden. Aus Abb. 368a ergibt sich dann, daß die EMKe einander entgegenwirken und, da sie eine Phasenverschiebung $\varphi = 120^\circ$ gegeneinander haben, sich geometrisch subtrahieren gemäß Abb. 368b. Der gewendete Zeiger der gegengeschalteten Spannung $\overline{U}_2$ ist also zum Zeiger der Bezugsspannung $\overline{U}_1$ geometrisch zu addieren. Zur analytischen Ermittlung von $\overline{U}_r$ dient Gl. (255a), wobei jedoch wegen $\cos 120^\circ < 0$ das Glied mit $\cos\varphi$ ein positives Vorzeichen erhält. Aus Abb. 368b ist aber einfacher $\overline{U}_r = 2\,\overline{U}\cos 30^\circ = 2\,\overline{U}\frac{\sqrt{3}}{2} = \overline{U}\sqrt{3} = 538{,}03$ V. Der Effektivwert der resultierenden Spannung ist

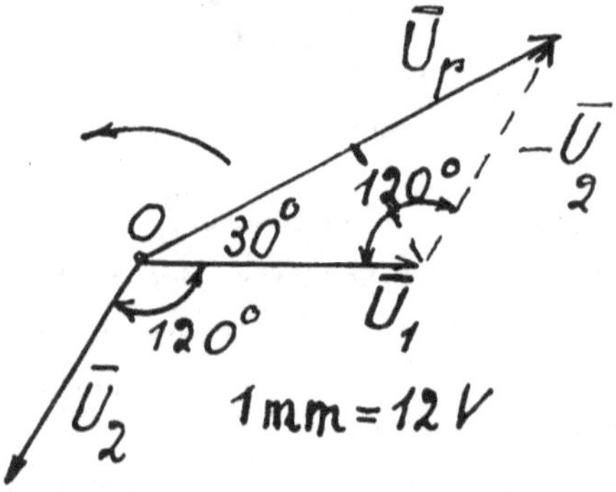

Abb. 368b

$$U_r = \frac{\overline{U}_r}{\sqrt{2}} = 0{,}707\,\overline{U}_r = 0{,}707 \cdot 538 = 380{,}366\ \text{V}.$$

Die resultierende Spannung zweier um $\varphi = 120^\circ$ verschobener gleichgroßer Spannungen ist also bei Summenreihenschaltung $\overline{U}_r = \overline{U}$ und bei Gegenreihenschaltung $\overline{U}_r = \overline{U}\sqrt{3}$.

Beispiel 107. Eine Spule wird von einem Wechselstrom von $f = 50$ Hz durchflossen, der einen maximalen Windungsfluß $\overline{\Phi} = 8 \cdot 10^5$ M und eine Selbstinduktionsspannung vom Scheitelwert $\overline{E}_L = 5$ V erzeugt. Wie viele Windungen w besitzt die Spule?

Kreisfrequenz $\omega = 2\pi f = 100\pi = 314\ \text{s}^{-1}$. Nach Gl. (250) ist $\overline{E}_L = \overline{E} = \omega w \overline{\Phi} 10^{-8}$, woraus

$$w = \frac{\overline{E} \cdot 10^8}{\omega\overline{\Phi}} = \frac{5 \cdot 10^8}{314 \cdot 8 \cdot 10^5} = 2\,.$$

Beispiel 108. Eine Wechselspannungskurve hat die Gestalt der Abb. 369. Zu ermitteln ist der arithmetische Mittelwert E_{mi} und der Effektivwert E, sowie Formfaktor f_0 und Scheitelfaktor f_s. Für die zwölf Abszissenwerte $\alpha = \frac{\pi}{12}$ ergeben sich aus Abb. 369 folgende Spannungswerte e:

$\alpha = 0$	1	2	3	4	5	6	7	8	9	10	11	12	
$e = 0$	10	20	50	70	80	85	80	70	50	20	10	0	Volt

Gemäß Gl. (258) ist $E_{mi} = \frac{F}{\pi}$, wenn F die Fläche bedeutet zwischen der e-Kurve und der Abszissenachse. Nach der Trapezformel ist nun

$$F = \int_{\alpha=0}^{\alpha=\pi} e \cdot d\alpha = \frac{\pi}{24}[e_0 + e_{12} + 2(e_1 + e_2 + e_3 + \cdots + e_{11})],$$

d.h. da $e_0 = e_{12} = 0$,

$$F = \frac{\pi}{12}[e_1 + e_2 + e_3 + \cdots + e_{11}]$$

und weil $E_{mi} = \frac{F}{\pi}$, so folgt

$$E_{mi} = \frac{2(e_1 + e_2 + e_3 + e_4 + e_5) + e_6}{12}$$

$$= \frac{2(10 + 20 + 50 + 70 + 80) + 85}{12}$$

$$= 45{,}4\ \mathrm{V}.$$

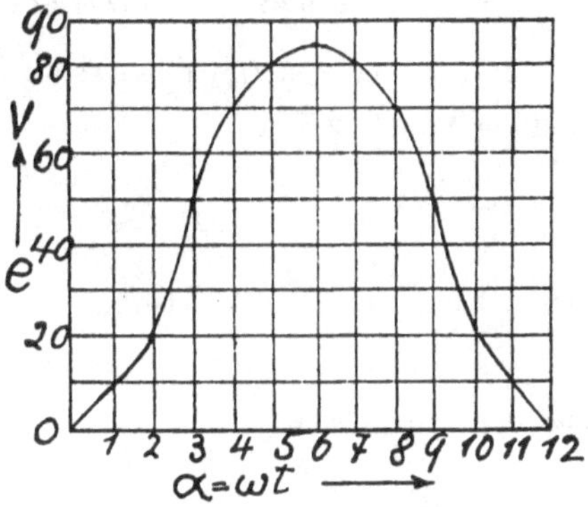

Abb. 369

Allgemein ist also bei m verschiedenen Spannungswerten e (im Beispiel ist $m = 12$) $E_{mi} = \frac{\Sigma e}{m}$ [V]. Desgleichen ergibt sich der Effektivwert E nach Gl. (259) aus

$E^2 = \frac{1}{\pi}\int_0^\pi e^2 \cdot d\alpha = \frac{1}{\pi}F_1$, wenn F_1 die Fläche ist zwischen der $e^2 = f(\alpha)$-Kurve und der Abszisserachse. Mit Hilfe der Trapezformel ergibt sich die Fläche

$$F_1 = \frac{\pi}{12}[e_1^2 + e_2^2 + e_3^2 + \cdots + e_{11}^2]$$

und

$$E^2 = \frac{F_1}{\pi} = \frac{2(e_1^2 + e_2^2 + e_3^2 + e_4^2 + e_5^2) + e_6^2}{12}$$

$$= \frac{2(10^2 + 20^2 + 50^2 + 70^2 + 80^2) + 85^2}{12} = 2985{,}4$$

und

$$E = \sqrt{2985{,}4} = 54{,}6\ \mathrm{V}.$$

Allgemein ist für das Quadrat des Effektivwertes

$$E^2 = \frac{\Sigma e^2}{m}.$$

Der Formfaktor folgt aus Gl. (262a)

$$f_0 = \frac{E}{E_{mi}} = \frac{54,6}{45,4} = 1,202$$

und der Scheitelfaktor nach Gl. (262c)

$$f_S = \frac{\overline{E}}{E} = \frac{85}{54,6} = 1,556\,.$$

Beispiel 109. Eine eisenlose Spule mit der mittleren Windungsfläche $F = 3$ cm² und $l = 100$ mm Länge wird von einem $f = 50$-periodigen Wechselstrom vom Effektivwert $I = 5$ A durchflossen, der in der Spule eine Höchstinduktion $\overline{\mathfrak{B}} = 1000$ G erzeugt. Gesucht sind: Maximaler Spulenfluß $\overline{\Phi}$, Windungszahl w, Effektivwert E_L und Scheitelwert $\overline{E}_L$ der Selbstinduktionsspannung, sowie die Induktivität L der Spule.

Der Scheitelwert des Spulenflusses ist

$$\overline{\Phi} = \overline{\mathfrak{B}} \cdot F = 1000 \cdot 3 = 3 \cdot 10^3 \text{ M}.$$

Aus der Durchflutung $\Theta = I \cdot w$ ergibt sich die Feldstärke $\mathfrak{H} = \frac{Iw}{l}$, womit die maximale Induktion $\overline{\mathfrak{B}} = \Pi_0 \mathfrak{H} \sqrt{2} = \Pi_0 \sqrt{2}\, \frac{Iw}{l} = 1000$ G. Daraus ergibt sich die Windungszahl der Spule

$$w = \frac{\overline{\mathfrak{B}} \cdot l}{\Pi_0 \sqrt{2}\, I} = \frac{1000 \text{ G} \cdot 10 \text{ cm}}{1,257 \frac{\text{G cm}}{\text{A}} \sqrt{2} \cdot 5 \text{ A}} \approx 1124\,.$$

Der Effektivwert der Selbstinduktionsspannung ist mit Gl. (261)

$$E_L = 4,44 f w \overline{\Phi} \cdot 10^{-8} = 4,44 \cdot 50 \text{ s}^{-1} \cdot 1124 \cdot 3 \cdot 10^3 \cdot 10^{-8} \text{ Vs}, \quad E_L = 7,48 \text{ V}$$

und der Scheitelwert

$$\overline{E}_L = \sqrt{2} \cdot E_L = \sqrt{2} \cdot 7,48 = 10,55 \text{ V}\,.$$

Die Induktivität der Spule folgt aus Gl. (187b)

$$L = \frac{w^2}{10^8} \cdot \frac{\Pi_0 F}{l} = 1124^2 \cdot \frac{1,257}{10^8} \text{ H/cm} \cdot \frac{3 \text{cm}^2}{10 \text{ cm}} = 0,0049 \text{ H} = 4,9 \text{ mH}\,.$$

In § 82 unter b) wird für den Effektivwert der Selbstinduktionsspannung die Formel (265c) abgeleitet, wonach $E_L = I \omega L$ ist. Mit dieser Gleichung ergibt sich die Induktivität der Spule zu $L = \frac{E_L}{I \cdot \omega} = \frac{7,48}{5 \cdot 314} = 0,0048$ H.

104. Beispiele für § 82 und § 83

Beispiel 110. Ein Ohmscher Widerstand (Kochapparat) liegt an einer Wechselspannung $U = 220$ V und nimmt einen effektiven Strom $I = 2$ A auf. Wie groß ist der Widerstand R in Ω?

Aus Gl. (264) folgt $R = \frac{U}{I} = \frac{220 \text{ V}}{2 \text{ A}} = 110\,\Omega$.

Beispiel 111. Um von einer Spule mit vernachlässigbarem Ohmschem Widerstand die Induktivität zu bestimmen, wurde sie an eine Wechselspannung $U = 50$ V und

$f = 50$ Hz angeschlossen, wobei durch die Spule ein Strom $I = 2$ A floß. Gesucht sind Induktivität L der Spule und magnetische Energie W_m.

Durch Auflösen der Gl. (267) ergibt sich die Induktivität $L = \frac{U}{I\omega}$, wobei $\omega = 2\pi f = 314\,\text{s}^{-1}$,

$$L = \frac{50\,\text{V}}{2\,\text{A} \cdot 314\,\text{s}^{-1}} = 0{,}08\,\text{H}\ (\Omega\text{s})\ \text{oder}\ \left(\frac{\text{Vs}}{\text{A}}\right).$$

Die magnetische Energie ist nach Gl. (268)

$$W_m = A = \frac{L\hat{I}^2}{2} = \frac{L(\sqrt{2}\,I)^2}{2} = LI^2 = 0{,}08\,\frac{\text{Vs}}{\text{A}} \cdot 4\,\text{A}^2 = 0{,}32\,\text{Ws}.$$

Beispiel 112. Wie groß ist die Selbstinduktionsspannung (induktiver Spannungsverlust) der Freileitung 1 des Beispiels 90 bei einer Übertragung eines $f = 50$ periodigen Wechselstromes $I = 60$ A? Welche Größe hat die in Leitung 2 erzeugte Spannung der Gegeninduktion?

Mit der in Beispiel 90 berechneten Selbstinduktivität der Leitung 1, $L = 0{,}011$ H ergibt sich der induktive Spannungsverlust in Leitung 1 zu

$$U_L = I\omega L = 60\,\text{A} \cdot 2\pi \cdot 50\,\text{s}^{-1} \cdot 0{,}011\,\frac{\text{Vs}}{\text{A}} = 207{,}24\,\text{V}.$$

Die Gegeninduktivität wurde in Beispiel 90 ermittelt zu $M = 0{,}0026$ H, womit sich die Spannung der Gegeninduktion in Leitung 2 ergibt zu $E_2 = I\omega M = 60 \cdot 314 \cdot 0{,}0026 = 49$ V.

Beispiel 113. Eine Eisendrossel der Abb. 216 hat $D = 22$ cm mittleren Durchmesser. Die Drossel soll bei einem $f = 50$ periodigen Wechselstrom $I = 8$ A und einer Eiseninduktion $\hat{\mathfrak{B}} = 15000$ G eine Spannung $U = 150$ V abdrosseln. Gesucht ist die Windungszahl w.

Zu $\hat{\mathfrak{B}} = 15000$ G ergibt sich aus der Magnetisierungskurve für Dynamoblech der Abb. 125 eine Feldstärke $\hat{\mathfrak{H}} = 18{,}5$ A/cm, womit nach Gl. (145) folgt

$$\Pi = \mu\Pi_0 = \frac{\hat{\mathfrak{B}}}{\hat{\mathfrak{H}}} = \frac{15000\,\text{G}}{18{,}5\,\text{A/cm}} = 833\,\frac{\text{G cm}}{\text{A}}.$$

Unter Vernachlässigung des Ohmschen Widerstandes der Wicklung ist $U = E_L = I\omega L$ und daraus die Induktivität $L = \frac{U}{I\omega} = \frac{150\,\text{V}}{8\,\text{A} \cdot 314\,\text{s}^{-1}} = 0{,}0597\,\text{H}$. Nach dem Durchflutungsgesetz ist

$$\hat{\mathfrak{H}} l = \hat{\Theta} = I\sqrt{2} \cdot w, \text{ wobei } l = D\pi = 22\,\pi\,\text{cm}.$$

Durch Auflösen nach w erhält man

$$w = \frac{\hat{\mathfrak{H}} \cdot l}{I\sqrt{2}} = \frac{18{,}5 \cdot \text{A/cm} \cdot 22\pi\,\text{cm}}{\sqrt{2} \cdot 8\,\text{A}} \doteq 116.$$

Gemäß Gl. (187a) ist $L = \frac{w^2}{10^8} \cdot \frac{\Pi_0 \mu F}{l}$, woraus sich der Eisenquerschnitt ergibt zu

$$F = \frac{L\,l\,10^8}{\mu\Pi_0 w^2} = \frac{0{,}0597\,\text{H} \cdot 69{,}12\,\text{cm}}{833\,\frac{\text{H}}{\text{cm}}\,10^{-8} \cdot 13456} = 37{,}3\,\text{cm}^2$$

und der maximale Fluß $\overline{\Phi} = \overline{\mathfrak{B}} F = 15000 \frac{\mathrm{M}}{\mathrm{cm}^2} \cdot 37{,}3\ \mathrm{cm}^2$, $\overline{\Phi} = 561000\ \mathrm{M}$. Zur Kontrolle wird berechnet

$$L = \frac{w\overline{\Phi}}{10^8 I \sqrt{2}} = \frac{116 \cdot 561000\ \mathrm{Vs}}{10^8 \cdot 11{,}3\ \mathrm{A}} = 0{,}0589\ \Omega\mathrm{s} \text{ oder H}.$$

Beispiel 114. Eine Drosselspule nach Abb. 216a hat $F = 12\ \mathrm{cm}^2$ Eisenquerschnitt und soll bei $I = 10$ A und $f = 50$ Hz eine Spannung $U = 30$ V abdrosseln. Maximale Induktion $\overline{\mathfrak{B}} = 5000$ G. Gesucht sind Windungszahl w und Luftspaltlänge δ. Wie wäre die Luftspaltlänge δ zu ändern, wenn beim selben Strom und der gleichen Windungszahl $U = 45$ V abgedrosselt werden sollen und welche maximale Induktion herrscht dann im Eisen?

Mit $\overline{\Phi} = \overline{\mathfrak{B}} \cdot F = 5000 \cdot 12 = 60000$ M folgt aus Gl. (261)

$$w = \frac{U \cdot 10^8}{4{,}44 \cdot f \overline{\Phi}} = \frac{30\ \mathrm{V}}{4{,}44} \cdot \frac{10^8}{60000} \frac{1}{\mathrm{Vs}} \cdot \frac{1}{50\ \mathrm{s}^{-1}} = 225.$$

Vernachlässigt man den magnetischen Eisenwiderstand, dann ist nach dem Durchflutungsgesetz $\overline{\mathfrak{H}} 2\delta = \frac{\overline{\mathfrak{B}}}{\Pi_0} 2\delta = \overline{\Theta} = \sqrt{2}\, I \cdot w$, woraus sich die Luftspaltlänge ergibt

$$\delta = \frac{\Pi_0 \sqrt{2}\, I w}{2\overline{\mathfrak{B}}} = \frac{1{,}257\ \mathrm{G\,cm/A} \cdot \sqrt{2} \cdot 10\ \mathrm{A} \cdot 225}{10000\ \mathrm{G}} = 0{,}4\ \mathrm{cm}.$$

Kontrolle der Induktivität

$$L = \frac{\Pi_0}{10^8} \cdot \frac{w^2 F}{2\delta} = \frac{1{,}257}{10^8}\ \mathrm{H/cm} \cdot \frac{50625 \cdot 12\ \mathrm{cm}^2}{0{,}8\ \mathrm{cm}} = 0{,}0095\ \mathrm{H}$$

nach Gl. (196a), wobei statt δ der doppelte Wert zu setzen ist, oder nach Gl. (267)

$$L = \frac{U}{I \cdot \omega} = \frac{30\ \mathrm{V}}{10\ \mathrm{A} \cdot 314\ \mathrm{s}^{-1}} = 0{,}0095\ \Omega\mathrm{s} \text{ oder H}.$$

Für die Abdrosselung von $U = 45$ V bei $I = 10$ A ergibt sich aus Gl. (261)

$$\overline{\Phi}' = \frac{U \cdot 10^8}{4{,}44 f w} = \frac{45 \cdot 10^8}{4{,}44 \cdot 50 \cdot 225} = 90000\ \mathrm{M}$$

und damit

$$\overline{\mathfrak{B}}' = \frac{90000}{12} = 7500\ \mathrm{G}$$

und dadurch

$$\delta' = \frac{\Pi_0 \sqrt{2}\, I w}{2\overline{\mathfrak{B}}'}, \quad \text{d.h.} \quad \frac{\delta'}{\delta} = \frac{\overline{\mathfrak{B}}}{\overline{\mathfrak{B}}'},$$

also

$$\delta' = 0{,}4 \cdot \frac{5000}{7500} = 0{,}27\ \mathrm{cm}.$$

Beispiel 115. Ein Kondensator von $C = 10\ \mu\mathrm{F}$ Kapazität liegt an einer Wechselspannung $U = 120$ V und $f = 50$ Hz. Zu bestimmen ist der Blindwiderstand X_k des Kondensators, der Ladestrom I, die Ladung Q und die Ladearbeit A.

Nach Gl. (271b) ist der kapazitive Blindwiderstand

$$X_k = \frac{1}{\omega C} = \frac{1}{2\pi f C} = \frac{1}{314 \cdot 10 \cdot 10^{-6}} = \frac{10^6}{3140} = 318{,}4\ \Omega.$$

Der Ladestrom beträgt nach Gl. (270c)

$$I = \frac{U}{1/\omega C} = \frac{120\,\mathrm{V}}{318{,}4\,\Omega} = 0{,}377\,\mathrm{A}$$

und die Ladung nach Gl. (217a) $Q = C \cdot U = 10 \cdot 10^{-6} \cdot 120 = 0{,}0012$ As. Die Gl. (273) gibt die Ladearbeit

$$A = \frac{C\overline{U}^2}{2} = \frac{C(\sqrt{2}\,U)^2}{2} = C\,U^2 = \frac{10}{10^6} \cdot 120^2 = 0{,}144\,\mathrm{Ws}.$$

Beispiel 116. Welchen Ladestrom I nimmt die am Ende offene, aus Hin- und Rückleitung bestehende Freileitung 1 des Beispiels 90 auf, wenn am Anfang eine $f = 50$ periodige Spannung $U = 15$ kV herrscht? Gegeben $l = 5$ km, $a = 1$ m, $2r_0 = 10$ mm.

Die Kapazität einer Doppelleitung ist nach Gl. (237b)

$$C = \frac{\pi \Delta_0 l}{\ln \frac{a}{r_0}} = \frac{\pi \cdot 0{,}885 \cdot 5 \cdot 10^5}{10^{13} \ln \frac{100}{0{,}5}} = \frac{2{,}62}{10^8}\,F = 0{,}0262\,\mu\mathrm{F}.$$

Kapazitiver Blindwiderstand nach Gl. (271b)

$$X_k = \frac{1}{\omega C} = \frac{10^8}{314 \cdot 2{,}62} = 121553{,}9\,\Omega.$$

Der Ladestrom beträgt nach Gl. (270c)

$$I = \frac{U}{1/\omega C} = \frac{15000\,\mathrm{V}}{121533{,}9\,\Omega} = 0{,}1234\,\mathrm{A} = 123{,}4\,\mathrm{mA}.$$

Beispiel 117. Ein Kupferstab nach Abb. 221 von $l = 40$ cm Länge, $b = 1$ cm Breite und $h = 2$ cm Höhe ist in eine Eisennut eingebettet und wird von einem Wechselstrom mit der Frequenz $f = 50$ Hz durchflossen. Gesucht ist der Stromverdrängungsfaktor k und der Echtwiderstand R_e des Stabes.

Der spezifische Widerstand des warmen Kupfers sei $\varrho = \frac{1}{50} \frac{\Omega\,\mathrm{mm}^2}{\mathrm{m}}$. Der spezifische Widerstand für 1 cm Länge und 1 cm² Querschnitt ist $\varrho_1 = \frac{\varrho}{10^4} = \frac{1}{50 \cdot 10^4}\,\Omega$cm. Teilt man den Stab in drei Streifen nach Abb. 221, dann ist nach Gl. (278)

$$y = \frac{0{,}4\pi}{10^8} \cdot \frac{\omega h^2}{n^2 \varrho_1} = \frac{0{,}4\pi}{10^8} \cdot \frac{314 \cdot 2^2 \cdot 50 \cdot 10^4}{3^2} = 0{,}877.$$

Gemäß Abb. 370 ergeben sich mit $I_1 = 10$ A die Ströme $I_2 = 13{,}25$ A, $I_3 = 26{,}25$ A und $I = 41{,}25$ A. Der Stromverdrängungs-

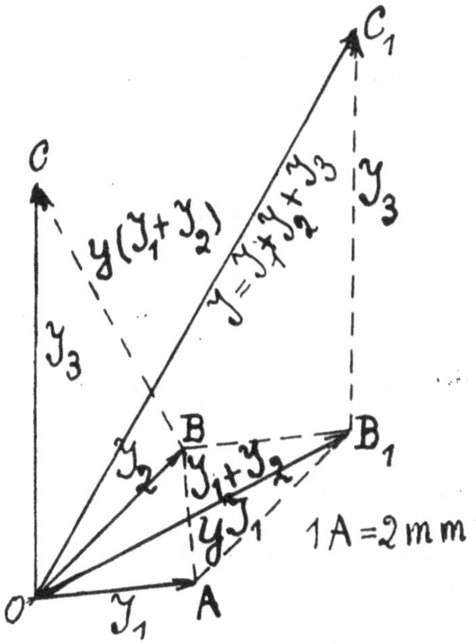

Abb. 370

faktor ergibt sich dadurch nach Gl. (279)

$$k = \frac{n\,(I_1^2 + I_2^2 + I_3^2)}{I^2},$$

also

$$k = \frac{3\,(10^2 + 13{,}25^2 + 26{,}25^2)}{41{,}25^2} = \frac{964{,}62 \cdot 3}{1701{,}56} = 1{,}7\,.$$

Gleichstromwiderstand (alle Längen in cm!)

$$R = \frac{\varrho_1 l}{b h} = \frac{40}{50 \cdot 10^4 \cdot 1 \cdot 2} = \frac{0{,}4}{10^4}\,\Omega\,.$$

Echtwiderstand nach Gl. (276a)

$$R_e = k R = 1{,}7\,\frac{0{,}4}{10^4} = \frac{0{,}68}{10^4}\,\Omega\,.$$

Kontrolle nach Zahlentafel 21:

$$x = h\sqrt{0{,}2\pi\omega : \varrho \cdot 10^4} = 2\sqrt{\frac{0{,}628 \cdot 314 \cdot 50}{10^4}} = 2\sqrt{0{,}98} = 1{,}978\,.$$

Beispiel 118. Zeichne den Vektor $\mathfrak{r} = -4 - j3$, bestimme seinen Betrag r und seine Winkellage α. Wie lautet die Exponentialform des Vektors? Welche Vektoren ergeben sich durch die Drehung des gegebenen Vektors um 90° im positiven und negativen Drehsinn und um 180° im positiven und negativen Drehsinn?

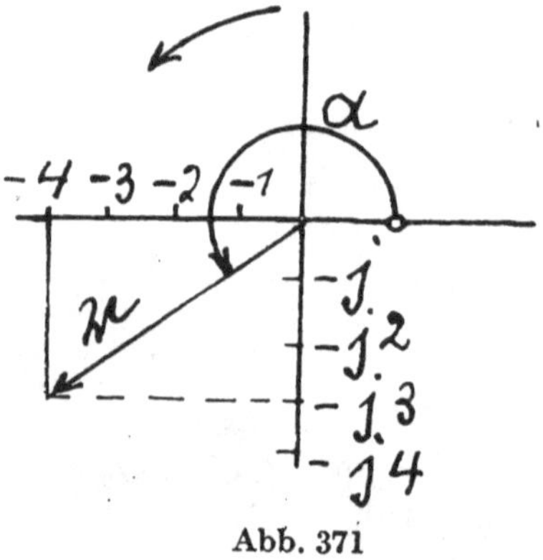

Abb. 371

Der Betrag des Vektors ist nach Gl. (280b) $r = \sqrt{4^2 + 3^2} = \sqrt{25} = 5$ und seine Winkellage folgt aus Gl. (280c) $\operatorname{tg}\alpha = \frac{-3}{-4} = \frac{3}{4}$ und $\sin\alpha = -\frac{3}{5}$ bzw. $\cos\alpha = -\frac{4}{5}$, d. h. $\alpha = 180^\circ + 36^\circ\,50' = 216^\circ\,50'$.

Die Exponentialform ist nach Gl. (281b) $\mathfrak{r} = r e^{j\alpha} = 5 e^{j216^\circ 50'}$. Der Dreher ist gemäß Gl. (281a) $e^{j\alpha} = \cos\alpha + j\sin\alpha$, also $e^{j216^\circ 50'} = e^{-j143^\circ 10'} = -\frac{4}{5} - j\frac{3}{5}$, so daß dann

$$\mathfrak{r} = r e^{j216^\circ 50'} = 5\left(-\frac{4}{5} - j\frac{3}{5}\right) = -4 - j3\,.$$

Bei einer Drehung um 90° im positiven Drehsinn (Linksdrehung) ergibt sich der Vektor

$$\mathfrak{r}_1 = j\mathfrak{r} = -j4 - j^2 3 = 3 - j4$$

und bei einer Drehung um 90° im negativen Drehsinn der Vektor $\mathfrak{r}_2 = -j\mathfrak{r} = +j4 - 3 = -3 + j4$, weil $j^2 = -1$ und $-j^2 = +1$ ist. Durch Drehung des gegebenen Vektors $\mathfrak{r} = -4 - j3$ um 180° im positiven Drehsinn ergibt sich der Vektor

$$\mathfrak{r}_3 = j^2\mathfrak{r} = -1(-4 - j3) = 4 + j3 = -\mathfrak{r}\,,$$

also der gleichgroße entgegengerichtete Vektor.

Beispiel 119. Man berechne die Beispiele 111 und 115 mit der symbolischen Methode.

Bei Beispiel 111 handelt es sich um einen induktiven Widerstand $X_i = \omega L$. Da die Klemmenspannung $\mathfrak{U} = -\mathfrak{E}_L$ dem als Bezugsvektor dienenden Strom $\mathfrak{J}$ eine Viertelperiode, d.h. 90° im Zeigerdiagramm voreilt, so ist $\mathfrak{U} = j\omega L\mathfrak{J}$ und deshalb $\mathfrak{Z}_i = j\omega L = \frac{\mathfrak{U}}{\mathfrak{J}}$. Der Betrag ist $X_i = \omega L = \frac{U}{I} = \frac{50\,\mathrm{V}}{2\,\mathrm{A}} = 25\,\Omega$. Daraus ergibt sich dann

$$L = \frac{U}{\omega I} = \frac{X_i}{\omega} = \frac{25\,\Omega}{314\,\mathrm{s}^{-1}} = 0{,}08\,\Omega\mathrm{s} \text{ oder H}.$$

Für die Selbstinduktionsspannung gilt, da sie dem Strom 90° nacheilt,

$$\mathfrak{E}_L = -j\omega L\mathfrak{J}.$$

Der induktive Blindleitwert ist

$$\mathfrak{Y}_i = \frac{1}{\mathfrak{Z}_i} = \frac{1}{j\omega L} = -j\frac{1}{\omega L} = -j\frac{\mathfrak{J}}{\mathfrak{U}}$$

mit dem Betrag

$$B_i = \frac{1}{\omega L} = \frac{I}{U} = \frac{2\,\mathrm{A}}{50\,\mathrm{V}} = \frac{1}{25}\,\mathrm{S} = 0{,}04\,\mathrm{S}.$$

Das Vektordiagramm zeigt Abb. 226. Die magnetische Energie ergibt sich in symbolischer Form

$$\mathfrak{W}_m = L\mathfrak{J}^2 = \frac{\mathfrak{U}}{j\mathfrak{J}\omega}\mathfrak{J}^2 = -j\frac{\mathfrak{U}\mathfrak{J}}{\omega}$$

mit dem Betrag

$$W_m = \frac{UI}{\omega} = \frac{50\,\mathrm{V}\cdot 2\,\mathrm{A}}{314\,\mathrm{s}^{-1}} = 0{,}32\,\mathrm{Ws}.$$

Bei Beispiel 115 handelt es sich um einen kapazitiven Widerstand $\mathfrak{Z}_k = \frac{\mathfrak{U}}{\mathfrak{J}} = \frac{1}{j\omega C} = -\frac{j}{\omega C}$ vom Betrag $X_k = \frac{1}{\omega C} = \frac{1}{10\cdot 314\cdot 10^{-6}} = 318{,}4\,\Omega$. Der kapazitive Blindleitwert ist

$$\mathfrak{Y}_k = \frac{1}{\mathfrak{Z}_k} = \frac{\omega C}{-j} = +j\omega C$$

mit dem Betrag

$$B_k = \omega C = \frac{10\cdot 314}{10^6} = 0{,}00314\,\mathrm{S}.$$

Das Vektordiagramm zeigt Abb. 227. Der Ladestrom ist

$$\mathfrak{J} = \mathfrak{U}\frac{1}{\mathfrak{Z}_k} = \mathfrak{U}\mathfrak{Y}_k = +j\mathfrak{U}\omega C$$

mit dem Betrag

$$I = \frac{U}{X_k} = UB_k = 120\cdot 0{,}00314 = 0{,}377\,\mathrm{A}.$$

Die Ladung ergibt sich in symbolischer Form $\mathfrak{Q} = C\mathfrak{U} = C\left(-j\frac{1}{\omega C}\mathfrak{J}\right) = -j\frac{\mathfrak{J}}{\omega}$ mit dem Betrag $Q = CU = \frac{CI}{\omega C} = \frac{I}{\omega} = \frac{0{,}377\,\mathrm{A}}{314\,\mathrm{s}^{-1}} = 0{,}0012\,\mathrm{As}$. Die Ladearbeit ist $C\mathfrak{U}^2 = C\frac{\mathfrak{J}^2}{\omega^2 C^2} = \frac{\mathfrak{J}^2}{\omega^2 C}$ mit dem Betrag $A = CU^2 = 10\cdot 10^{-6}\cdot 120^2 = 0{,}144\,\mathrm{Ws}$.

105. Beispiele für § 84 bis § 86

Beispiel 120. In einem Stromkreis von $R = 10\,\Omega$ Widerstand und einer konstanten Induktivität $L = 0{,}1$ H wirkt eine sinusförmige Spannung $U = 230$ V und $f = 50$ Hz. Man bestimme durch Rechnung und Zeichnung gemäß Abb. 235 die Phasenverschiebung φ zwischen Spannung U und Strom, die Stromstärke I, die Wirkspannung U_R und Blindspannung U_L.

a) **Analytisch:** Nach Gl. (300) ist der Scheinwiderstand des Stromkreises

$$Z = \sqrt{R^2 + (\omega L)^2} = \sqrt{10^2 + (314 \cdot 0{,}1)^2} = 33\,\Omega$$

und nach Gl. (299) die Stromstärke

$$I = \frac{U}{Z} = \frac{230\text{ V}}{33\,\Omega} = 6{,}96\text{ A}.$$

Mit Gl. (298c) ergibt sich die Phasenverschiebung aus

$$\operatorname{tg}\varphi = \frac{X_i}{R} = \frac{\omega L}{R} = \frac{31{,}4\,\Omega}{10\,\Omega} = 3{,}14$$

zu $\varphi = 72^\circ\,20'$ Voreilung von U gegen I.

Wirkspannung $U_R = I \cdot R = 6{,}96\text{ A} \cdot 10\,\Omega = 69{,}6$ V und die Blindspannung $U_L = I \cdot X_i = I\omega L = 6{,}96\text{ A} \cdot 31{,}4\,\Omega$, $U_L = 218{,}5$ V.

$$\text{Probe}\quad \sqrt{U_R^2 + U_L^2} = \sqrt{69{,}6^2 + 218{,}5^2} = 230\text{ V} = U.$$

b) **Symbolisch:** Aus Gl. (303b) ergibt sich der Scheinwiderstand $\mathfrak{Z} = R + j\omega L$ mit dem Betrag

$$Z = \sqrt{R^2 + (\omega L)^2} = 33\,\Omega.$$

Da $\mathfrak{Z} = \frac{\mathfrak{U}}{\mathfrak{I}}$ folgt $\mathfrak{I} = \frac{\mathfrak{U}}{\mathfrak{Z}}$ mit dem Betrag $I = \frac{U}{Z} = 6{,}96$ A. Wie unter a) erhält man $\operatorname{tg}\varphi = \frac{\omega L}{R} = 3{,}14$, sowie die Wirkspannung $\mathfrak{U}_R = \mathfrak{I}R = 69{,}6$ V und die Blindspannung $\mathfrak{U}_L = j\omega L\mathfrak{I}$ mit dem Betrag $U_L = I\omega L = 218{,}5$ V, U_R und $\mathfrak{I}$ eine Viertelperiode voreilend. Die zeichnerische Lösung erfolgt nach Abb. 372 mit den Maßstäben

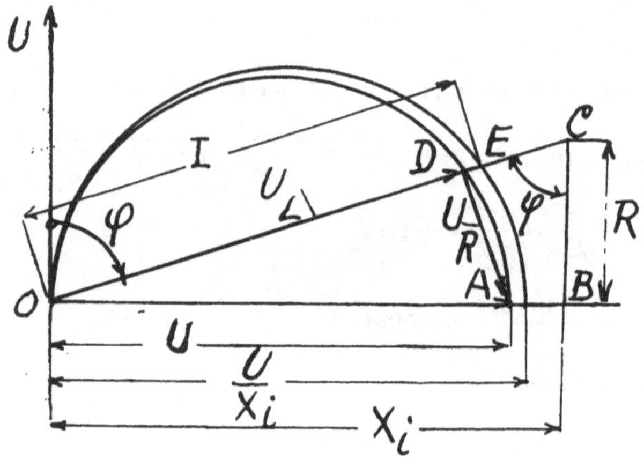

Abb. 372

1 mm = 4 V, 1 mm = $0{,}5\,\Omega$, 1 mm = $\frac{1}{8}$ A.

Beispiel 121. Ein Kondensator mit $C = 20\,\mu$F und ein Widerstand $R = 30\,\Omega$ liegen in Reihe an einer Klemmenspannung $U = 220$ V und $f = 50$ Hz. Gesucht sind der Blindwiderstand X_k des Kondensators, der Scheinwiderstand Z der Reihenschaltung, die Stromstärke I, Wirkspannung U_R und Blindspannung U_c, sowie die Phasenverschiebung φ zwischen U und I.

Nach Gl. (271b) ist $X_k = \frac{1}{\omega C} = \frac{10^6}{314 \cdot 20} = 159{,}23\,\Omega$. Der Scheinwiderstand der Reihenschaltung ist gemäß Gl. (307)

$$Z = \sqrt{R^2 + X_k^2} = \sqrt{30^2 + 159{,}23^2} = 162\,\Omega\,.$$

Die Stromstärke folgt aus Gl. (306)

$$I = \frac{U}{Z} = \frac{220}{162} = 1{,}358\,\text{A}\,.$$

Wirkspannung $U_R = I \cdot R = 1{,}358 \cdot 30 = 40{,}74$ V. Blindspannung $U_c = I \cdot X_k = \frac{I}{\omega C} = 1{,}358 \cdot 159{,}23 = 216{,}23$ V, $\operatorname{tg}\varphi = \frac{X_k}{R} = \frac{159{,}23}{30} = 5{,}307$ nach Gl. (305c) und daraus $\varphi = 79°\,20'$ Nacheilung von U gegen I.

Mit der symbolischen Methode ergibt sich aus Gl. (308a) $\mathfrak{Z} = R - j\frac{1}{\omega C}$ mit dem Betrag $Z = \sqrt{R^2 + \left(\frac{1}{\omega C}\right)^2} = 162\,\Omega$ und $\mathfrak{I} = \frac{\mathfrak{U}}{\mathfrak{Z}}$ mit dem Betrag $I = \frac{U}{Z} = \frac{220}{162} = 1{,}358$ A. Nach Gl. (308) ergeben sich $\mathfrak{U}_R = \mathfrak{I} \cdot R$ und $\mathfrak{U}_c = -j\frac{\mathfrak{I}}{\omega C}$ mit den Beträgen $U_R = I \cdot R = 40{,}74$ V und $U_c = \frac{I}{\omega C} = 216{,}23$ V. Nach Gl. (308b)

$$\operatorname{tg}\varphi = \frac{\frac{1}{\omega C}}{R} = \frac{1}{\omega C R} = 5{,}307\,.$$

Beispiel 122. Eine Spule mit $R = 8\,\Omega$ und $L = 0{,}3$ H ist in Reihenschaltung mit einem Kondensator von der Kapazität $C = 10\,\mu$F und werden von einem Strom $I = 5$ A und $f = 50$ Hz durchflossen. Gesucht Klemmenspannung U und Phasenverschiebung φ, sowie die resultierende Blindspannung U_x.

Wirkwiderstand	$R = 8\,\Omega$.
Induktiver Blindwiderstand	$X_i = \omega L = 314 \cdot 0{,}3 = 94{,}2\,\Omega$.
Kapazitiver Blindwiderstand	$X_k = \frac{1}{\omega C} = \frac{10^6}{314 \cdot 10} = 318{,}47\,\Omega$.

Scheinwiderstand nach Gl. (311)

$$Z = \sqrt{R^2 + (X_i - X_k)^2} = \sqrt{8^2 + (94{,}2 - 318{,}47)^2} = 224{,}4\,\Omega\,.$$

Nach Gl. (310c) ist die Klemmenspannung $U = I \cdot Z = 5 \cdot 224{,}4 = 1122$ V und aus Gl. (310a)

$$\operatorname{tg}\varphi \frac{X_i - X_k}{R} = \frac{94{,}2 - 318{,}47}{8} = -28\,,\quad \text{d.h. } \varphi = 88°.$$

Nacheilung von U gegen I, weil wegen $X_k > X_i$ die kapazitive Belastung überwiegt.

Die Blindspannungen sind

$$\text{induktiv}\quad U_L = I\omega L = IX_i = 5 \cdot 94{,}2 = 471{,}0\,\text{V}\,,$$

$$\text{kapazitiv}\quad U_c = \frac{I}{\omega C} = IX_k = 5 \cdot 318{,}47 = 1592{,}35\,\text{V}\,.$$

Resultierende Blindspannung, dem Strom I um 90° nacheilend, $U_x = U_c - U_L = 1592{,}35 - 471{,}0 = 1121{,}35$ V. Wirkspannung $U_R = I \cdot R = 5 \cdot 8 = 40$ V.

Zur Probe muß sein $U = \sqrt{U_R^2 + U_x^2} = \sqrt{40^2 + 1121{,}35^2}$

$$= \sqrt{1600 + 1257456} = \sqrt{1259056} = 1122{,}5\,\text{V}\,.$$

Symbolisch ist wegen $X_k > X_i$ nach Gl. (313b) $\mathfrak{Z} = R - j\left(\frac{1}{\omega C} - \omega L\right)$ und $U = I \cdot \mathfrak{Z}$ mit Beträgen $Z = \sqrt{R^2 + (X_k - X_i)^2} = 224{,}4\,\Omega$ und $U = 5 \cdot 224{,}4 = 1122$ V. Desgleichen nach Gl. (313d) $\operatorname{tg}\varphi = \frac{X_k - X_i}{R} = 28$.

Beispiel 123. Die Freileitung 1 des Beispiels 90 (einfache Länge $l = 5$ km, Leiterabstand $r = 1$ m, Leiterdurchmesser $2a = 10$ mm und Querschnitt $q = 70\,\text{mm}^2$) ist an ihrem Ende an einen Verbraucher mit einem Widerstand $R_2 = 30\,\Omega$ und einer Induktivität $L_2 = 0{,}2$ H angeschlossen. Wie groß ist die Klemmenspannung U am Anfang der Leitung, wenn die Spannung am Verbraucher $U_2 = 10$ kV bei $f = 50$ Hz betragen soll?

Die Induktivität der Leitung 1 wurde in Beispiel 90 zu $L_1 = 0{,}011$ H berechnet. Der Widerstand der Leitung ergibt sich zu $R_1 = \varrho\frac{2l}{q}$, wobei in Rücksicht auf Erwärmung und Stromverdrängung $\varrho = \frac{1}{50}\frac{\Omega \cdot \text{mm}^2}{\text{m}}$ angenommen wird. Dann erhält man $R_1 = \frac{10000}{50 \cdot 70} = 2{,}857\,\Omega$. Der induktive Widerstand der Leitung ist $X_1 = \omega L_1 = 314 \cdot 0{,}011 = 3{,}45\,\Omega$. Wirkwiderstand des Verbrauchers $R_2 = 30\,\Omega$ und sein induktiver Widerstand $X_2 = \omega L_2 = 314 \cdot 0{,}2 = 62{,}8\,\Omega$. Der Scheinwiderstand des Verbrauchers beträgt

$$Z_2 = \sqrt{R_2^2 + X_2^2} = \sqrt{30^2 + 62{,}8^2} = 69{,}6\,\Omega.$$

Damit ergibt sich die Stromstärke im Stromkreis

$$I = \frac{U_2}{Z_2} = \frac{10000\,\text{V}}{69{,}6\,\Omega} = 143{,}64\,\text{A}$$

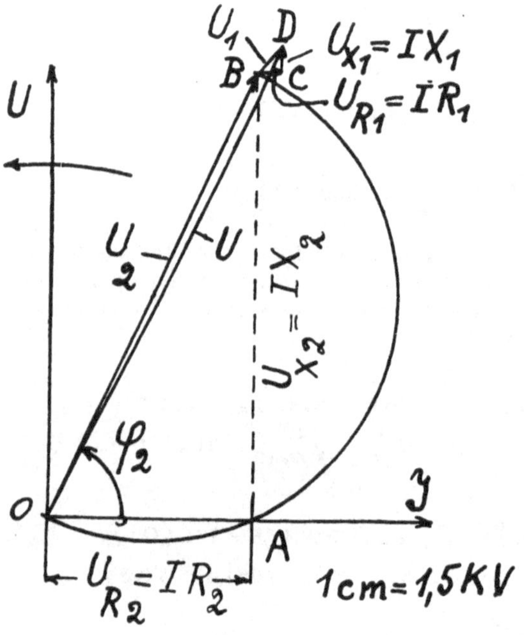

Abb. 373

und die Phasenverschiebung des Stromes I zur Verbraucherspannung U_2 wird $\operatorname{tg}\varphi_2 = \frac{X_2}{R_2} = \frac{62{,}8}{30} = 2{,}1$, d. h. $\varphi_2 = 64°\,30'$ Voreilung der Spannung U_2 zum Strom I. Nach Gl. (314a) ergibt sich die Spannung am Anfang der Leitung $U = IZ = I\sqrt{R^2 + X^2}$, wenn $R = R_1 + R_2 = 32{,}857\,\Omega$ den Gesamtwirkwiderstand und $X = X_1 + X_2 = 66{,}25\,\Omega$ den Gesamtblindwiderstand bedeuten. Man erhält also

$$U = 143{,}64\sqrt{32{,}857^2 + 66{,}25^2} = 143{,}64\,\text{A} \cdot 74\,\Omega = 10629\,\text{V} = 10{,}629\,\text{kV}.$$

Die Lösung hätte auch graphisch gemäß Abb. 245 durch das Spannungsdiagramm der Abb. 373 erfolgen können. Dazu benötigt man noch die Wirkspannung der Leitung $U_{R1} = I \cdot R_1 = 143{,}64 \cdot 2{,}857 = 411$ V und die Blindspannung der Leitung $U_{x1} = IX_1 = 143{,}64 \cdot 3{,}45 = 495{,}56$ V. Phasenverschiebung der Gesamtspannung zum Strom $\operatorname{tg} \varphi = \frac{X}{R} = \frac{X_1 + X_2}{R_1 + R_2} = \frac{66{,}25}{32{,}856} = 2{,}0$, d. h. $\varphi = 63^\circ 30'$. Wollte man außerdem noch Größe und Phase der EMK E des Wechselstromerzeugers bestimmen, dann hätte man an den Punkt D in Abb. 373 die Wirkspannung $U_{Rg} = I \cdot R_g$ in Phase mit I und die Blindspannung $U_{xg} = I X_g$ um 90° I voreilend für die Wicklung des Stromerzeugers aufzutragen und den dadurch erhaltenen Endpunkt der Zeichnung mit O zu verbinden. Diese Strecke stellt nach Größe und Phase die EMK des Stromerzeugers dar.

Beispiel 124. Ein Widerstand $R_1 = 4\,\Omega$ ist mit einem induktiven in Reihe geschaltet. Die Spannungen an den einzelnen Widerständen betragen $U_1 = 30$ V, $U_2 = 50$ V und Gesamtspannung $U = 65$ V bei $f = 50$ Hz. Gesucht sind Stromstärke I, Wirkwiderstand R_2 und Induktivität L_2 des induktiven Widerstandes, sowie die Phasenverschiebungen φ_2 und φ.

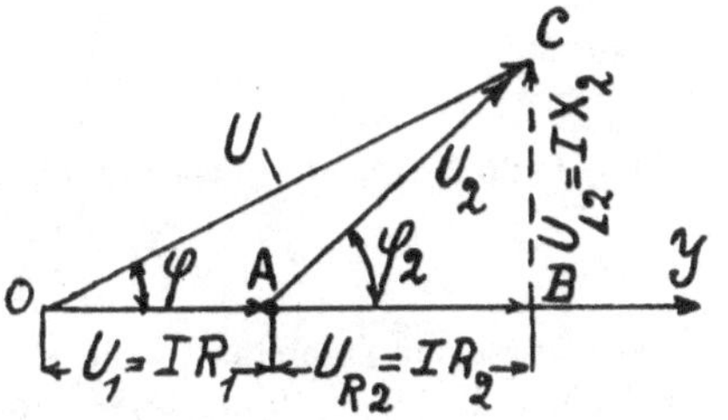

Abb. 374

An Hand des unmaßstäblichen Vektordiagrammes der Abb. 374 ergibt sich die Zusammensetzung der Spannungen $U_1 = 30$ V und $U_2 = 50$ V zur Gesamtspannung $U = 65$ V. Aus $U_1 = I \cdot R_1$ folgt die Stromstärke $I = \frac{U_1}{R_1} = \frac{30}{4} = 7{,}5$ A. Aus einer maßstäblichen Zeichnung könnte man dann $AB = U_{R2} = I R_2$ und $BC = U_{L2} = I X_2$ entnehmen. Damit würde man dann erhalten $R_2 = \frac{U_{R2}}{I}$ und $X_2 = \frac{U_{L2}}{I} = \omega L_2$ und daraus $L_2 = \frac{X_2}{\omega}$. Außerdem wären φ_2 und φ bekannt.

Soll die Ermittlung der gesuchten Größen rechnerisch geschehen, dann ist wie folgt zu verfahren. Für den induktiven Widerstand ist

$$\text{I)}\quad Z_2 = \sqrt{R_2^2 + X_2^2} = \frac{U_2}{I} = \frac{50}{7{,}5} = 6\,{}^2/_3\,\Omega .$$

Für die gesamte Reihenschaltung ist

$$\text{II)}\quad Z = \sqrt{(R_1 + R_2)^2 + X_2^2} = \frac{U}{I} = \frac{65}{7{,}5} = 8\,{}^2/_3\,\Omega .$$

Durch Umformung der beiden Gleichungen folgt, wenn man die Zahlenwerte einsetzt:

$$\text{II)}\quad (4 + R_2)^2 + X_2^2 = 16 + 8R_2 + R_2^2 + X_2^2 = \left(\frac{26}{3}\right)^2,$$

$$\text{I)}\quad R_2^2 + X_2^2 = \left(\frac{20}{3}\right)^2.$$

Durch Subtraktion II — I ergibt sich

$$16 + 8R_2 = \left(\frac{26}{3}\right)^2 - \left(\frac{20}{3}\right)^2 = \left(\frac{26}{3} + \frac{20}{3}\right)\left(\frac{26}{3} - \frac{20}{3}\right) = \frac{46}{3} \cdot \frac{6}{3} = \frac{92}{3}$$

und daraus $4 + 2R_2 = \frac{23}{3}$ oder $12 + 6R_2 = 23$, also $R_2 = \frac{11}{6} = 1{,}833\,\Omega$. Damit folgt aus Gl. (I) $X_2^2 = \left(\frac{20}{3}\right)^2 - R_2^2 = 44{,}44 - 3{,}3856 \approx 41$ und $X_2 = \sqrt{41} = 6{,}4\,\Omega$.

Da nun $X_2 = \omega L_2$, so ist $L_2 = \frac{X_2}{\omega} = \frac{6{,}4\,\Omega}{314\ \mathrm{s}^{-1}} = 0{,}0204$ H. Ferner erhält man $\mathrm{tg}\,\varphi_2 = \frac{X_2}{R_2} = \frac{6{,}4}{1{,}84} = 3{,}47$, d.h. $\varphi_2 = 73^\circ\,56'$ und $\mathrm{tg}\,\varphi = \frac{X_2}{R_1 + R_2} = \frac{6{,}4}{5{,}84} = 1{,}095$, d.h. $\varphi = 47^\circ\,40'$.

Beispiel 125. Eine Spule mit $R_1 = 6\,\Omega$ und $L_1 = 20$ mH ist mit einer Spule von $R_2 = 4\,\Omega$ und $L_2 = 40$ mH in Reihe geschaltet an eine Spannung U von $f = 50$ Hz. Durch die Spulen fließt ein Strom $I = 10$ A. Gesucht sind die Spannungen U, U_1 und U_2 der einzelnen Spulen und die Phasenverschiebungen φ_1, φ_2 und φ. Die Rechnung soll mit der symbolischen Methode durchgeführt werden.

$\mathfrak{Z}_1 = R_1 + jX_1 = 6 + j\omega L_1 = 6 + j\,314 \cdot 0{,}02 = 6 + j\,6{,}28$. $\mathfrak{U}_1 = \mathfrak{J}\,\mathfrak{Z}_1 = 60 + j\,62{,}8$ mit dem Betrag $U_1 = \sqrt{60^2 + 62{,}8^2} = 86{,}8$ V und $\mathrm{tg}\,\varphi_1 = \frac{X_1}{R_1} = \frac{6{,}28}{6} = 1{,}047$; $\varphi_1 = 46^\circ\,20'$.

$\mathfrak{Z}_2 = R_2 + jX_2 = 4 + j\,314 \cdot 0{,}04 = 4 + j\,12{,}56$. $\mathfrak{U}_2 = \mathfrak{J}\,\mathfrak{Z}_2 = 10(4 + j\,12{,}56) = 40 + j\,125{,}6$ mit dem Betrag $U_2 = \sqrt{40^2 + 125{,}6^2} = 132$ V.

$$\mathrm{tg}\,\varphi_2 = \frac{X_2}{R_2} = \frac{12{,}16}{4} = 3{,}14; \qquad \varphi_2 = 72^\circ\,20'.$$

Gesamtscheinwiderstand $\mathfrak{Z} = \mathfrak{Z}_1 + \mathfrak{Z}_2 = (R_1 + R_2) + j(X_1 + X_2) = (6 + 4) + j(6{,}28 + 12{,}56) = 10 + j\,18{,}84$ und deshalb $\mathfrak{U} = \mathfrak{J}\,\mathfrak{Z} = 10(10 + j\,18{,}84) = 100 + j\,188{,}4$ mit dem Betrag $U = \sqrt{100^2 + 188{,}4^2} = 213{,}3$ V als Gesamtspannung.

$$\mathrm{tg}\,\varphi = \frac{X_1 + X_2}{R_1 + R_2} = \frac{18{,}84}{10} = 1{,}884; \qquad \varphi \approx 62^\circ\,40'.$$

Die Wirk- und Blindspannungen ergeben sich aus den symbolischen Ausdrücken für $\mathfrak{U}_1$, $\mathfrak{U}_2$ und $\mathfrak{U}$.

$$U_{R1} = 60\ \mathrm{V} \text{ und } U_{x1} = 62{,}8\ \mathrm{V},$$
$$U_{R2} = 40\ \mathrm{V} \text{ und } U_{x2} = 125{,}6\ \mathrm{V},$$
$$U_w = 100\ \mathrm{V} \text{ und } U_b = 188{,}4\ \mathrm{V},$$

wobei

$$U_w = U_{R1} + U_{R2} = 60 + 40 = 100\,\mathrm{V} \text{ und } U_b = U_{x1} + U_{x2} = 62{,}8 + 125{,}6 = 188{,}4\,\mathrm{V}.$$

Beispiel 126. Eine Spule mit $R_1 = 5\,\Omega$ und $L_1 = 50$ mH ist parallelgeschaltet zu einem Ohmschen Widerstand $R_2 = 30\,\Omega$ an eine Wechselspannung $U = 50$ V und $f = 50$ Hz. Gesucht sind die Zweigströme I_1 und I_2 und Gesamtstrom I, die Phasenwinkel φ_1, φ_2 und φ, das Zeigerdiagramm, der Ersatzwiderstand und die Ersatzschaltung.

1. Lösung mit Wirk- und Blindströmen mit den Gl. (316), (318a), (318b), (319a) und (319b).

a) **Analytisch.** Scheinwiderstand der Spule 1

$$Z_1 = \sqrt{R_1^2 + (\omega L_1)^2} = \sqrt{25 + (314 \cdot 0{,}05)^2} = 16{,}5\,\Omega.$$

$$I_1 = \frac{U}{Z_1} = \frac{50}{16{,}5} = 3{,}03\ \mathrm{A}; \qquad \mathrm{tg}\,\varphi_1 = \frac{\omega L_1}{R_1} = \frac{15{,}7}{5} = 3{,}14.$$

$$\varphi_1 = 72^\circ\,20'.$$

Wirkstrom der Spule 1 nach Gl. (319a)

$$I_{w1} = I_1 \cos\varphi_1 = I_1 \frac{R_1}{Z_1} = 3{,}03 \cdot \frac{5}{16{,}5} = 0{,}92\ \mathrm{A}.$$

Blindstrom der Spule 1 nach Gl. (319b)

$$I_{b1} = I_1 \sin \varphi_1 = I_1 \frac{X_1}{Z_1} = 3{,}03 \cdot \frac{15{,}7}{16{,}5} = 2{,}88\ \mathrm{A}.$$

Für Spule 2 ist der Scheinwiderstand

$$Z_2 = R_2 = 30\,\Omega; \qquad I_2 = \frac{U}{Z_2} = \frac{50}{30} = 1{,}67\ \mathrm{A}.$$

$\mathrm{tg}\,\varphi_2 = 0$ und $\varphi_2 = 0$; I_2 ist nur Wirkstrom, so daß $I_{w2} = I_2 = 1{,}67$ A und $I_{b2} = 0$.

Gesamtwirkstrom $I_w = I_{w1} + I_{w2} = 0{,}92 + 1{,}67 = 2{,}59$ A.
Gesamtblindstrom $I_b = I_{b1} + I_{b2} = 2{,}88 + 0 = 2{,}88$ A.

Gesamtstrom laut Gl. (318a)

$$I = \sqrt{I_w^2 + I_b^2} = \sqrt{2{,}59^2 + 2{,}88^2} = 3{,}87\ \mathrm{A}. \qquad \mathrm{tg}\,\varphi = \frac{I_b}{I_w} = \frac{2{,}88}{2{,}59} = 1{,}112; \ \varphi = 48^\circ.$$

Das Zeigerdiagramm gibt Abb. 375 im Maßstab 1 A = 10 mm.

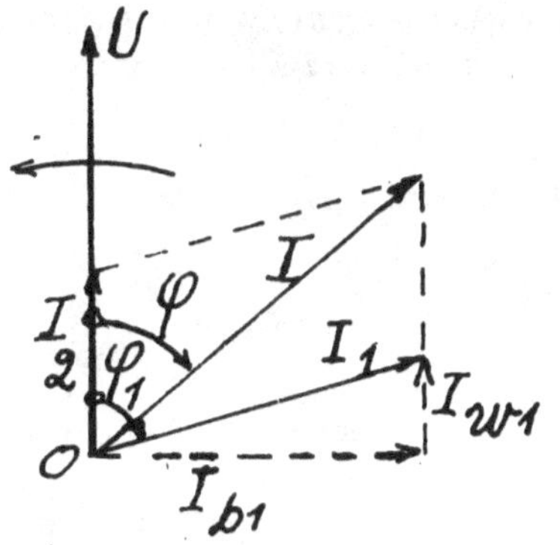

Abb. 375

b) **Symbolisch.**

$$\mathfrak{Z}_1 = R_1 + j\omega L_1 = 5 + j\,15{,}7,$$

$$\mathfrak{I}_1 = \frac{\mathfrak{U}_1}{\mathfrak{Z}_1} = \frac{\mathfrak{U}}{R_1 + j\omega L_1},$$

$$\mathfrak{I}_1 = \mathfrak{U}\,\frac{R_1 - j\omega L_1}{R_1^2 + (\omega L_1)^2},$$

$$\mathfrak{I}_1 = \frac{\mathfrak{U}\,R_1}{R_1^2 + (\omega L_1)^2} - j\,\frac{\mathfrak{U}\,\omega L_1}{R_1^2 + (\omega L_1)^2},$$

$$\mathfrak{I}_1 = \frac{50 \cdot 5}{5^2 + 15{,}7^2} - j\,\frac{50 \cdot 15{,}7}{5^2 + 15{,}7^2},$$

$$\mathfrak{I}_1 = \frac{250}{271{,}5} - j\,\frac{785}{271{,}5} = 0{,}92 - j\,2{,}88.$$

Nun ist 0,92 der Wirkstrom I_{w1} und 2,88 der Blindstrom I_{b1} und der Betrag des Stromes

$$I_1 = \sqrt{0{,}92^2 + 2{,}88^2} = 3{,}03\ \mathrm{A}; \qquad \mathrm{tg}\,\varphi_1 = \frac{I_{b1}}{I_{w1}} = \frac{2{,}88}{0{,}92} = 3{,}13.$$

$$\mathfrak{Z}_2 = R_2 = 30\,\Omega; \qquad \mathfrak{I}_2 = \frac{\mathfrak{U}}{\mathfrak{Z}_2} = \frac{50}{30} = 1{,}67\,\mathrm{A}. \qquad \mathrm{tg}\,\varphi_2 = 0.$$

Gesamtstrom

$$\mathfrak{I} = \mathfrak{I}_1 + \mathfrak{I}_2 = (0{,}92 + 1{,}67) - j\,2{,}88 = 2{,}59 - j\,2{,}88$$

mit dem Betrag

$$I = \sqrt{2{,}59^2 + 2{,}88^2} = 3{,}87\ \mathrm{A}; \qquad \mathrm{tg}\,\varphi = \frac{I_b}{I_w} = \frac{2{,}88}{2{,}59} = 1{,}112.$$

In den symbolischen Gleichungen für $\mathfrak{I}$ gibt der reelle Teil den Wirkstrom I_w und der imaginäre Teil den Blindstrom I_b an und es gibt $+j$ Voreilung und $-j$ Nacheilung an.

2. Lösung mit Wirk- und Blindleitwerten.

Für die Spule 1 ist gemäß Gl. (321) der Scheinleitwert

$$Y_1 = \sqrt{\left(\frac{R_1}{Z_1^2}\right)^2 + \left(\frac{X_1}{Z_1^2}\right)^2}.$$

wobei $G_1 = \frac{R_1}{Z_1^2}$ den Wirkleitwert und $B_1 = \frac{X_1}{Z_1^2}$ den Blindleitwert bedeutet.

$$G_1 = \frac{5}{16{,}5^2} = 0{,}0184\ \mathrm{S} \quad \text{und} \quad B_1 = \frac{15{,}7}{16{,}5^2} = 0{,}0578\ \mathrm{S}\,.$$

$$Y_1 = \sqrt{G_1^2 + B_1^2} = \sqrt{0{,}0184^2 + 0{,}0578^2} = 0{,}061\ \mathrm{S}\,.$$

Nach Gl. (321b) ergibt sich

$$I_1 = U Y_1 = 50 \cdot 0{,}061 = 3{,}05\ \mathrm{A}; \quad \operatorname{tg} \varphi_1 = \frac{B_1}{G_1} = \frac{0{,}0578}{0{,}0184} = 3{,}14\,.$$

Für Spule 2 ist $G_2 = \frac{R_2}{R_2^2} = \frac{1}{R_2} = \frac{1}{30}$ S und $B_2 = 0$, also $Y_2 = \frac{1}{30}$ S.

$$I_2 = U Y_2 = \frac{50}{30} = 1{,}67\ \mathrm{A}; \quad \operatorname{tg} \varphi_2 = 0\,.$$

Der Scheinwirkleitwert der Verzweigung ergibt sich zu $G = G_1 + G_2 = 0{,}0184 + 0{,}0333 = 0{,}0517$ S und der Blindleitwert $B = B_1 = 0{,}0578$ S, so daß der Scheinleitwert der Verzweigung nach Gl. (322a)

$$Y = \sqrt{G^2 + B^2} = \sqrt{0{,}0517^2 + 0{,}0578^2} = 0{,}0775\ \mathrm{S}\,.$$

Der Gesamtstrom folgt nach Gl. (322b)

$$I = U \cdot Y = 50 \cdot 0{,}0775 = 3{,}875\ \mathrm{A}$$

und

$$\operatorname{tg} \varphi = \frac{B}{G} = \frac{0{,}0578}{0{,}0517} = 1{,}11\,.$$

Der Ersatzwiderstand für die Verzweigung ist nach Gl. (326e)

$$Z = \frac{1}{Y} = \sqrt{\left(\frac{G}{Y^2}\right)^2 + \left(\frac{B}{Y^2}\right)^2} = \sqrt{R_{\mathrm{Ers}}^2 + X_{\mathrm{Ers}}^2}\,.$$

Ersatzwirkwiderstand

$$R_{\mathrm{Ers}} = \frac{G}{Y^2} = \frac{0{,}0517}{0{,}0775^2} = \frac{0{,}0517}{0{,}006} = 8{,}6\,\Omega$$

und

$$X_{\mathrm{Ers}} = \frac{B}{Y^2} = \frac{0{,}0578}{0{,}006} = 9{,}62\,\Omega$$

Ersatzblindwiderstand.

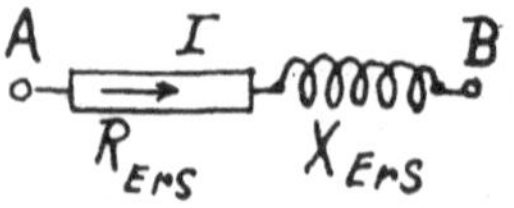

Abb. 375a

Die Ersatzreihenschaltung zeigt die Abb. 375a. Sie ergibt den gleichen Strom I mit der nämlichen Phasenverschiebung φ zur Spannung U wie die gegebene Parallelschaltung, denn es ist

$$Z = \sqrt{R_{\mathrm{Ers}}^2 + X_{\mathrm{Ers}}^2} = \sqrt{8{,}6^2 + 9{,}62^2} = 12{,}88\,\Omega\,.$$

$$I = \frac{U}{Z} = \frac{50}{12{,}88} = 3{,}87\ \mathrm{A} \quad \text{und} \quad \operatorname{tg} \varphi = \frac{X_{\mathrm{Ers}}}{R_{\mathrm{Ers}}} = \frac{9{,}62}{8{,}6} = 1{,}118\,.$$

Beispiel 127. Ein Kondensator von $C = 10\,\mu$F ist mit einem Ohmschen Widerstand $R = 300\,\Omega$ parallel geschaltet an eine Wechselspannung mit der Frequenz $f = 50$ Hz. Der Kondensatorzweigstrom ist $I_2 = 1{,}2$ A. Gesucht sind die Spannung U, Strom I_1 im Widerstand R, Gesamtstrom I, Phasenverschiebung φ_2 und φ, das Vektordiagramm, Ersatzwiderstand und Ersatzschaltung.

Gemäß Gl. (316) ist der Zweigstrom im Kondensator

$$I_2 = \frac{U}{Z_2}, \text{ wobei } Z_2 = \frac{1}{\omega C} = \frac{10^6}{314 \cdot 10} = 318{,}47\,\Omega.$$

Damit ergibt sich die Spannung an der Verzweigung $U = I_2 Z_2 = 1{,}2 \cdot 318{,}47 = 382{,}2\,\text{V}$.

Der Strom im Ohmschen Widerstand ist dann

$$I_1 = \frac{U}{R} = \frac{382{,}2}{300} = 1{,}274\,\text{A}.$$

Voreilung des Stromes I_2 ist $\varphi_2 = 90°$. Strom I_1 in Phase mit Spannung U, d.h. $\varphi_1 = 0°$. Der Gesamtstrom ergibt sich entweder aus dem Vektordiagramm der Abb. 376 oder, da I_1 und I_2 senkrecht aufeinander stehen, $I = \sqrt{I_1^2 + I_2^2} = \sqrt{1{,}274^2 + 1{,}2^2} = 1{,}73\,\text{A}$. $\operatorname{tg}\varphi = \frac{I_2}{I_1} = \frac{1{,}2}{1{,}274} = 0{,}941$; $\varphi = 43°\,15'$ Voreilung des Stromes.

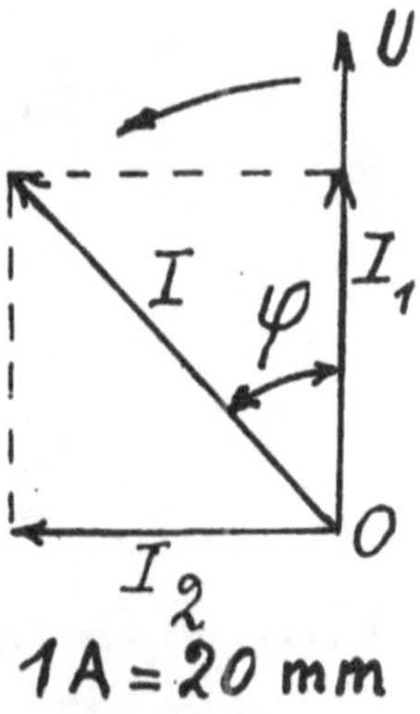

Abb. 376

Scheinwiderstand der Verzweigung $Z = \frac{U}{I} = \frac{382{,}2}{1{,}73} = 220{,}92\,\Omega$.

Ermittlung der Ersatzreihenschaltung.

a) Wirkspannung $U_w = U\cos\varphi = 382{,}2 \cdot 0{,}728 = 278{,}2\,\text{V}$,

Blindspannung $U_b = U\sin\varphi = 382{,}2 \cdot 0{,}685 = 262\,\text{V}$.

Ersatzwirkwiderstand $R_{\text{Ers}} = \frac{U_w}{I} = \frac{278{,}2}{1{,}73} = 160{,}83\,\Omega$,

Ersatzblindwiderstand $X_{\text{Ers}} = \frac{U_b}{I} = \frac{262}{1{,}73} = 151{,}44\,\Omega$,

Der Scheinersatzwiderstand ist dann

$$Z = \sqrt{R_{\text{Ers}}^2 + X_{\text{Ers}}^2} = \sqrt{160{,}83^2 + 151{,}44^2} = 221\,\Omega.$$

Die Ersatzschaltung zeigt Abb. 376a.

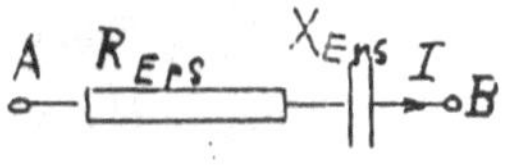

Abb. 376a

b) Man kann die Ersatzschaltung auch wie folgt ermitteln. Die gegebene Parallelschaltung stimmt überein mit der Schaltung der Abb. 259. Nach Gl. (331e) ist

$$R_{\text{Ers}} = \frac{R}{1 + (R\omega C)^2} = \frac{300}{1 + \left(300 \cdot 314 \cdot \frac{10}{10^6}\right)^2} = 160\,\Omega,$$

$$X_{\text{Ers}} = \frac{R^2\omega C}{1 + (R\omega C)^2} = \frac{300^2 \cdot 314 \cdot 10 \cdot 10^{-6}}{1 + \left(300 \cdot 314 \cdot \frac{10}{10^6}\right)^2} = 150{,}3\,\Omega$$

und damit ebenfalls der Scheinersatzwiderstand

$$Z = \sqrt{160^2 + 150^2} = 219{,}3\,\Omega.$$

Beispiel 128. Zwei Spulen mit den Widerständen $R_1 = 5\,\Omega$ und $R_2 = 7\,\Omega$ und den Induktivitäten $L_1 = 0{,}02\,\text{H}$ und $L_2 = 0{,}05\,\text{H}$ sind an eine Wechselspannung $U = 100\,\text{V}$ und $f = 50\,\text{Hz}$ parallel geschaltet. Zu berechnen Zweigströme I_1 und I_2, Gesamtstrom I, Phasenwinkel φ_1, φ_2 und φ, Wirk- und Blindspannungen und der Ersatzwiderstand der Reihenschaltung. Das Vektordiagramm ist zu zeichnen.

Scheinwiderstand der Spule 1

$$\mathfrak{Z}_1 = R_1 + j\omega L_1 = 5 + j\,314 \cdot 0{,}02 = 5 + j\,6{,}28,$$

$$\mathfrak{I}_1 = \frac{\mathfrak{U}}{\mathfrak{Z}_1} = \frac{100}{5+j\,6{,}28} = \frac{100\,(5-j\,6{,}28)}{25+39{,}44} = \frac{100\,(5-j\,6{,}28)}{64{,}44} = 1{,}55\,(5-j\,6{,}28)$$

$$= 7{,}75 - j\,9{,}73,$$

$$I_1 = \sqrt{7{,}75^2 + 9{,}73^2} = 12{,}5 \text{ A}.$$

$$\operatorname{tg}\varphi_1 = \frac{9{,}73}{7{,}75} = 1{,}25; \quad \varphi_1 = 51^\circ\,20'. \text{ Stromnacheilung.}$$

$$U_{w1} = I_1 R_1 = 12{,}5 \cdot 5 = 62{,}5 \text{ V Wirkspannung.}$$

$$U_{b1} = I_1 \omega L_1 = 12{,}5 \cdot 6{,}28 = 78{,}5 \text{ V Blindspannung.}$$

Scheinwiderstand der Spule 2.

$$\mathfrak{Z}_2 = R_2 + j\omega L_2 = 7 + j\,314 \cdot 0{,}05 = 7 + j\,15{,}7,$$

$$\mathfrak{I}_2 = \frac{\mathfrak{U}}{\mathfrak{Z}_2} = \frac{100}{7+j\,15{,}7} = \frac{100\,(7-j\,15{,}7)}{7^2+15{,}7^2} = \frac{100\,(7-j\,15{,}7)}{295{,}5} = 2{,}37 - j\,5{,}31;$$

$$I_2 = \sqrt{2{,}37^2 + 5{,}31^2} = 5{,}814 \text{ A},$$

$$\operatorname{tg}\varphi_2 = \frac{5{,}31}{2{,}37} = 2{,}24; \quad \varphi_2 = 66^\circ \text{ Nacheilung des Stromes.}$$

$$U_{w2} = I_2 R_2 = 5{,}814 \cdot 7 = 40{,}698 \text{ V Wirkspannung.}$$

$$U_{b2} = I_2 \omega L_2 = 5{,}814 \cdot 15{,}7 = 91{,}21 \text{ V Blindspannung.}$$

Gesamtstrom $\mathfrak{I} = \mathfrak{I}_1 + \mathfrak{I}_2 = (7{,}75 + 2{,}37) - j\,(9{,}73 + 5{,}31)$,

$$\mathfrak{I} = 10{,}12 - j\,15{,}04; \quad I = \sqrt{10{,}12^2 + 15{,}04^2} = 17{,}95 \text{ A}.$$

$$\operatorname{tg}\varphi = \frac{15{,}04}{10{,}12} = 1{,}48; \quad \varphi \approx 56^\circ \text{ Stromnacheilung.}$$

$$U_w = U\cos\varphi = 100 \cdot 0{,}559 = 55{,}9 \text{ V Wirkspannung.}$$

$$U_b = U\sin\varphi = 100 \cdot 0{,}892 = 82{,}9 \text{ V Blindspannung.}$$

Scheinwiderstand der Verzweigung.

$$Z = \frac{U}{I} = \frac{100}{17{,}95} = 5{,}75\,\Omega.$$

$$R_{\text{Ers}} = \frac{U_w}{I} = \frac{55{,}9}{17{,}95} = 3{,}114\,\Omega.$$

$$X_{\text{Ers}} = \frac{U_b}{I} = \frac{82{,}9}{17{,}95} = 4{,}62\,\Omega.$$

Scheinwiderstand der Ersatzreihenschaltung.

$$Z = \sqrt{R_{\text{Ers}}^2 + X_{\text{Ers}}^2} = \sqrt{3{,}114^2 + 4{,}62^2} = 5{,}56\,\Omega.$$

R_{Ers}, X_{Ers} und Z hätte man auch aus der symbolischen Gleichung für $\mathfrak{I}$ erhalten können. Durch Division der Gleichung $\mathfrak{I} = 10{,}12 - j\,15{,}04$ mit $U = 100$ erhält man den Wirkleitwert $G = 0{,}1012$ S und den Blindleitwert $B = 0{,}1504$ S und damit $Y^2 = G^2 + B^2 = 0{,}1012^2 + 0{,}1504^2 = 0{,}0325$ S. Gemäß den Gl. (326f) und (326g)

$$R_{Ers} = \frac{G}{Y^2} = \frac{0{,}1012}{0{,}0325} = 3{,}114\,\Omega \text{ und } X_{Ers} = \frac{B}{Y^2} = \frac{0{,}1504}{0{,}0325} = 4{,}62\,\Omega.$$

Vektordiagramm und Ersatzschaltung zeigt Abb. 377.

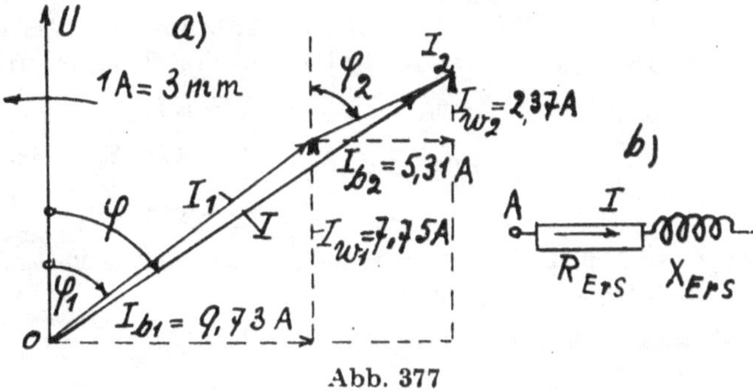

Abb. 377

Beispiel 129. Ein Kondensator von $C = 10\,\mu F$ ist mit einer Spule von $R_1 = 20\,\Omega$ und $L_1 = 0{,}2$ H an eine Wechselspannung $U = 750$ V und $f = 50$ Hz parallel geschaltet. Gesucht die Zweigströme I_1 und I_2, Gesamtstrom I, Vektordiagramm, Ersatzwiderstand und Ersatzschaltung.

Für den Zweig der Spule ist $\mathfrak{Z}_1 = R_1 + j\omega L_1 = 20 + j\,62{,}8$.

$$\mathfrak{I}_1 = \frac{\mathfrak{U}}{\mathfrak{Z}_1} = \frac{750}{20 + j\,62{,}8} = \frac{750(20 - j\,62{,}8)}{400 + 3944} = 3{,}453 - j\,10{,}842,$$

$$I_1 = \sqrt{3{,}453^2 + 10{,}842^2} = 11{,}4 \text{ A.} \qquad \operatorname{tg}\varphi_1 = \frac{10{,}842}{3{,}453} = 3{,}13,$$

$\varphi_1 = 72°\,17'$ Nacheilung des Stromes.

Für den Kondensatorzweig ist $\mathfrak{Z}_2 = \frac{1}{j\omega C} = -j\frac{1}{\omega C}$ und damit $\mathfrak{I}_2 = \frac{\mathfrak{U}}{\mathfrak{Z}_2} = \frac{\mathfrak{U}}{-j\frac{1}{\omega C}}$

$= +j\,U\omega C = j\,750 \cdot 314 \cdot \frac{10}{10^6} = j\,2{,}355$ A. $\qquad I_2 = 2{,}355$ A; $\qquad \operatorname{tg}\varphi_2 = \frac{2{,}355}{0} = \infty$;

$\varphi_2 = 90°$ Voreilung des Stromes I_2 gegen U.

Gesamtstrom $\mathfrak{I} = \mathfrak{I}_1 + \mathfrak{I}_2 = 3{,}453 - j\,(10{,}842 - 2{,}355)$, $\mathfrak{I} = 3{,}453 - j\,8{,}487$; $I = \sqrt{3{,}453^2 + 8{,}487^2} = 9{,}154$ A. $\operatorname{tg}\varphi = -\frac{8{,}487}{3{,}453} = -2{,}458$; $\varphi = 67°\,52'$ Nacheilung des Stromes I. Scheinwiderstand der Verzweigung

$$Z = \frac{U}{I} = \frac{750}{9{,}154} = 81{,}93\,\Omega.$$

$$U_w = U\cos\varphi = 750 \cdot 0.3767 = 282{,}525 \text{ V},$$

$$U_b = U\sin\varphi = 750 \cdot 0{,}9264 = 694{,}8 \text{ V},$$

$$R_{Ers} = \frac{U_w}{I} = \frac{282{,}525}{9{,}154} = 30{,}863\,\Omega,$$

$$X_{Ers} = \frac{U_b}{I} = \frac{694{,}8}{9{,}154} = 75{,}9\,\Omega.$$

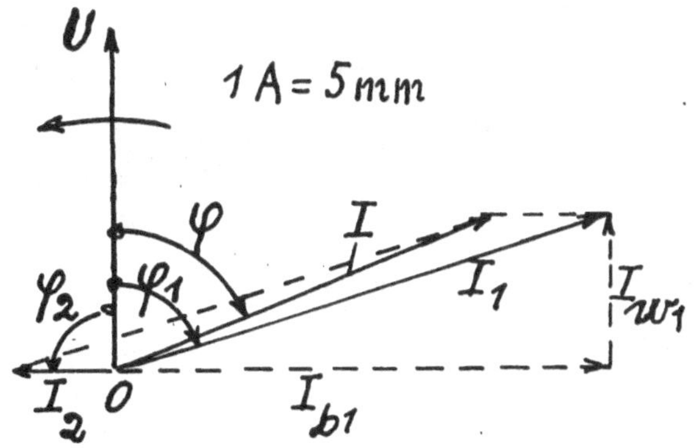

Abb. 378

Scheinwiderstand der Ersatzreihenschaltung

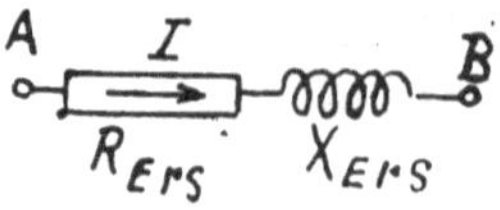

Abb. 378a

$$Z = \sqrt{R^2_{\mathrm{Ers}} + X^2_{\mathrm{Ers}}} = \sqrt{30{,}863^2 + 75{,}9^2} = 81{,}91\,\Omega.$$

Die Ersatzreihenschaltung zeigt Abb. 378a.

Beispiel 130. An eine Wechselspannung $U = 300\,\mathrm{V}$ $f = 50\,\mathrm{Hz}$ sind drei Zweige parallel geschaltet.

Zweig 1 enthält $X_1 = \omega L_1 = 15\,\Omega$,

„ 2 „ $R_2 = 4\,\Omega$, $X_2 = \omega L_2 = 3\,\Omega$,

„ 3 „ $R_3 = 10\,\Omega$, $X_3 = \frac{1}{\omega C} = 30\,\Omega$.

Gesucht sind die Zweigströme, der Gesamtstrom, die Phasenwinkel und die Reihenersatzschaltung.

Zweig 1:

$$\mathfrak{Z}_1 = j\omega L_1 = j\,15;$$

$$\mathfrak{I}_1 = \frac{\mathfrak{U}}{\mathfrak{Z}_1} = \frac{300}{j\,15} = -j\,20, \quad I_1 = 20\,\mathrm{A}; \quad \mathrm{tg}\,\varphi_1 = \frac{-20}{0} = -\infty;$$

$\varphi_1 = 90^\circ$ Nacheilung des Stromes I_1.

Zweig 2:

$$\mathfrak{Z}_2 = R_2 + j\omega L_2 = 4 + j\,3,$$

$$\mathfrak{I}_2 = \frac{\mathfrak{U}}{\mathfrak{Z}_2} = \frac{\mathfrak{U}}{R_2 + j\omega L_2} = \frac{300(4 - j3)}{(4 + j3)(4 - j3)} = \frac{300(4 - j3)}{16 + 9} = 48 - j\,36,$$

$$I_2 = \sqrt{48^2 + 36^2} = 60\,\mathrm{A}; \quad \mathrm{tg}\,\varphi_2 = \frac{-36}{48} = -0{,}75;$$

$\varphi_2 = 36^\circ\,55'$ Nacheilung des Stromes I_2.

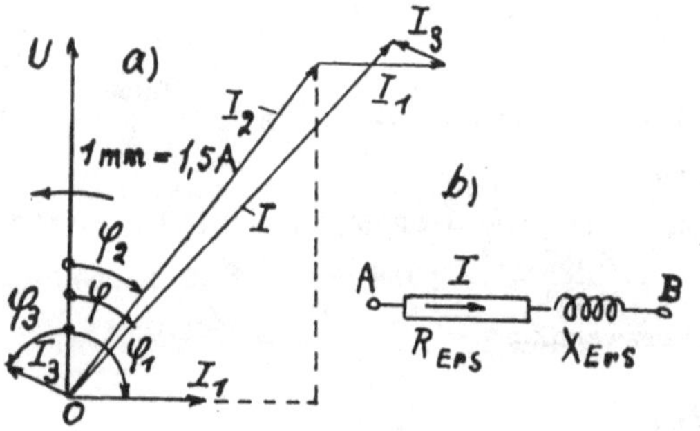

Abb. 379

Zweig 3:

$$\mathfrak{Z}_3 = R_3 - j\frac{1}{\omega C} = 10 - j\,30.$$

$$\mathfrak{I}_3 = \frac{\mathfrak{U}}{\mathfrak{Z}_3} = \frac{\mathfrak{U}}{R_3 - j\frac{1}{\omega C}} = \frac{300}{10 - j30} = \frac{300(10 + j30)}{100 + 900} = 3 + j\,9.$$

$$I_3 = \sqrt{3^2 + 9^2} = 9{,}487\,\mathrm{A};$$

$$\mathrm{tg}\,\varphi_3 = +\frac{9}{3} = +3; \quad \varphi_3 = 71^\circ\,40$$

Voreilung des Stromes I_3.

Gesamtstrom

$$\mathfrak{I} = \mathfrak{I}_1 + \mathfrak{I}_2 + \mathfrak{I}_3 = -j\,20 + 48 - j\,36 + 3 + j\,9 = 51 - j\,47;$$

$$I = \sqrt{51^2 + 47^2} = 69{,}35\,\mathrm{A}.$$

$$\mathrm{tg}\,\varphi = -\frac{47}{51} = -0{,}921; \quad \varphi = 42^\circ\,40'$$

Nacheilung des Stromes I. Scheinwiderstand der Verzweigung

$$Z = \frac{U}{I} = \frac{300}{69{,}35} = 4{,}325\,\Omega.$$

$$U_w = U\cos\varphi = 300 \cdot 0{,}735 = 220{,}5\,\mathrm{V}; \quad U_b = U\sin\varphi = 300 \cdot 0{,}678 = 203{,}4\,\mathrm{V}.$$

$$R_{Ers} = \frac{U_w}{I} = \frac{220,5}{69,35} = 3,179\,\Omega; \quad X_{Ers} = \frac{U_b}{I} = \frac{203,4}{69,35} = 2,932\,\Omega.$$

Scheinwiderstand der Ersatzreihenschaltung

$$Z = \sqrt{R_{Ers}^2 + X_{Ers}^2} = \sqrt{3,179^2 + 2,932^2} = 4,324\,\Omega.$$

Abb. 379 zeigt Vektordiagramm und Ersatzschaltung.

Beispiel 131. In der Schaltung der Abb. 380 ist $U = 110$ V, $f = 50$ Hz, $R_0 = 10\,\Omega$, $R_1 = 20\,\Omega$ und $C_2 = 50\,\mu$F. Gesucht alle Ströme und der Ersatzwiderstand.

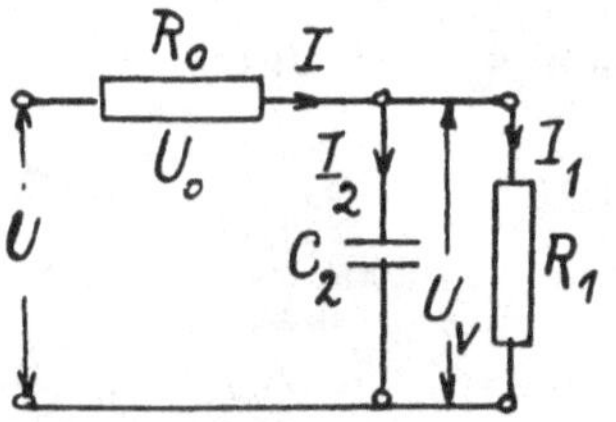

Abb. 380

1. Lösung: Da die Spannung U_v nicht gegeben ist, muß der Gesamtstrom I ermittelt werden zu $I = \frac{U}{Z}$. Es muß also der Scheinwiderstand Z der Schaltung berechnet werden.

Für den Zweig 1 ist $\mathfrak{Z}_1 = R_1 = 20\,\Omega$ und der Leitwert $\mathfrak{Y}_1 = \frac{1}{\mathfrak{Z}_1} = \frac{1}{20}$ S. Für den Zweig 2 ist $\mathfrak{Z}_2 = -j\frac{1}{\omega C} = -j\frac{10^6}{314 \cdot 50} = -j\,63,7$ und der Leitwert $\mathfrak{Y}_2 = \frac{1}{\mathfrak{Z}_2} = +j\omega C = +j\,0,0156$. Damit ergibt sich der Scheinleitwert der Verzweigung $\mathfrak{Y}_v = \mathfrak{Y}_1 + \mathfrak{Y}_2 = 0,05 + j\,0,0156$ und ihr Scheinersatzwiderstand

$$\mathfrak{Z}_v = \frac{1}{\mathfrak{Y}_v} = \frac{1}{0,05 + j\,0,0156} = \frac{0,05 - j\,0,0156}{0,05^2 + 0,0156^2} = \frac{0,05 - j\,0,0156}{0,002743} = 18,22 - j\,5,7.$$

Der Ersatzwiderstand der gesamten Schaltung ist $\mathfrak{Z} = R_0 + \mathfrak{Z}_v = 28,22 - j\,5,7$. Daraus ergibt sich der Gesamtstrom

$$\mathfrak{J} = \frac{\mathfrak{U}}{\mathfrak{Z}} = \frac{110}{28,22 - j\,5,7} = \frac{110\,(28,22 + j\,5,7)}{28,22^2 + 5,7^2} = 3,74 + j\,0,75; \quad I = \sqrt{3,74^2 + 0,75^2} = 3,8\,\text{A}.$$

$$\operatorname{tg}\varphi = \frac{0,75}{3,74} = +\,0,2; \qquad \varphi = 11°\,20'$$

Voreilung des Stromes I zur Gesamtspannung U. Die Spannung an der Verzweigung ist $\mathfrak{U}_v = \mathfrak{J} \cdot \mathfrak{Z}_v = 3,8\,(18,22 - j\,5,7) = 69,23 - j\,21,66$; $U_v = \sqrt{69,23^2 + 21,66^2} = 72,5$ V. $\operatorname{tg}\varphi_v = -\frac{21,66}{69,23} = -\,0,312$; $\varphi_v = 17°\,20'$ Nacheilung der Spannung U_v gegen den Strom I.

$\mathfrak{U}_0 = \mathfrak{J} \cdot R_0 = 3,8 \cdot 10 = 38$ V ist mit $\mathfrak{J}$ in Phase.

$$\text{Probe:}\quad \mathfrak{U} = \mathfrak{U}_0 + \mathfrak{U}_v = 38 + 69,23 - j\,21,66 = 107,23 - j\,21,66;$$
$$U = \sqrt{107,23^2 + 21,66^2} \approx 110\,\text{V}.$$

Die Zweigströme ergeben sich zu

$$\mathfrak{J}_1 = \frac{\mathfrak{U}_v}{\mathfrak{Z}_1} = \frac{72,5}{20} = 3,625\,\text{A}$$

mit U_v in Phase.

$$\mathfrak{J}_2 = \frac{\mathfrak{U}_v}{\mathfrak{Z}_2} = \mathfrak{U}_v \cdot \mathfrak{Y}_2 = \mathfrak{U}_v \cdot j\omega C = 72,5 \cdot j\,0,0156 = 1,13\,\text{A}$$

eilt der Spannung $\mathfrak{U}_v$ um 90° vor.

Ersatzwiderstand der gesamten Schaltung. $\mathfrak{Z} = 28,22 - j\,5,7$; $Z = \sqrt{28,22^2 + 5,7^2} = 28,8\,\Omega$ mit $R_{\text{Ers}} = 28,22\,\Omega$ und $X_{k\,\text{Ers}} = 5,7\,\Omega$. Ersatzschaltung nach Abb. 381. Zur Kontrolle ergibt sich $Z = \frac{U}{I} = \frac{110}{3,8} = 28,9\,\Omega$ und $\mathfrak{I} = \mathfrak{I}_1 + \mathfrak{I}_2 = 3,625 + j\,1,13$, $I = \sqrt{3,625^2 + 1,13^2} = 3,8$ A.

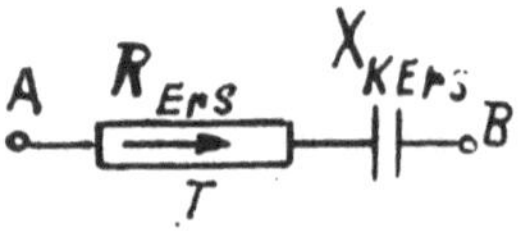

Abb. 381

2. Lösung. Die Schaltung des Beispiels entspricht derjenigen der Abb. 266d, wenn $R_1 = 20\,\Omega$, $C_1 = C_2 = 50\,\mu$F und $R_2 = R_0 = 10\,\Omega$. Der Ersatzwiderstand ist gemäß Gl. (346d) dann

$$\mathfrak{Z} = \left[R_0 + \frac{R_1}{1 + (R_1 \omega C_2)^2}\right] - j\,\frac{R_1^2 \omega C_2}{1 + (R_1 \omega C_2)^2}.$$

Ersatzwirkwiderstand der Schaltung

$$R_{\text{Ers}} = 10 + \frac{20}{1 + \left(20 \cdot 314 \frac{50}{10^6}\right)^2} = 10 + \frac{20}{1,098} = 28,22\,\Omega.$$

Ersatzblindwiderstand der Schaltung

$$X_{\text{Ers}} = \frac{400 \cdot 314 \cdot 50}{1,098 \cdot 10^6} = 5,7\,\Omega,$$

also, wie schon gefunden, $\mathfrak{Z} = 28,22 - j\,5,7$ und $\mathfrak{I} = \frac{\mathfrak{U}}{\mathfrak{Z}} = \frac{110}{28,22 - j\,5,7}$ mit dem Betrag $I = 3,8$ A. Die weitere Berechnung nimmt von hier ab den gleichen Verlauf wie bei der 1. Lösung. Das Vektordiagramm (Spannungs- und Stromdiagramm) zeigt Abb. 382. Wird die Lösung des Beispiels zeichnerisch, d. h. mit dem Vektordiagramm durchgeführt, dann muß die unbekannte Spannung U_v zunächst angenommen werden (im vorliegenden Fall etwa zu $U_v' = 100$V). Dadurch ergibt sich nach Fertigstellung des Diagramms eine Spannung U', die von der gegebenen Spannung $U = 110$ V abweicht. Es sind dann alle aus dem Diagramm gefundenen Spannungs- und Stromwerte im Verhältnis $\frac{U}{U'}$ umzurechnen.

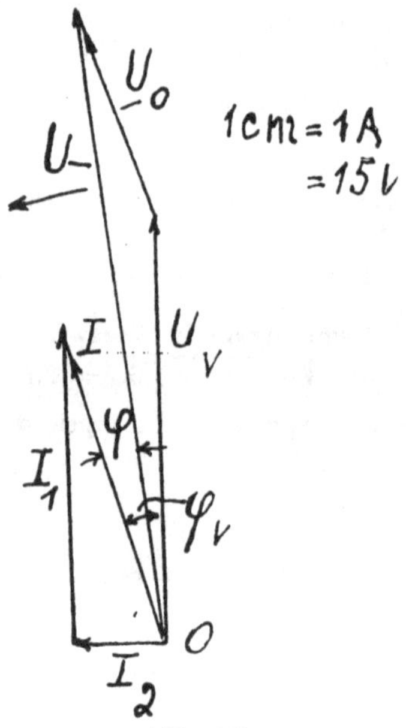

Abb. 382

Beispiel 132. In der Reihenparallelschaltung der Abb. 383 ist gegeben: Der Gesamtstrom $I = 10$ A und $f = 50$ Hz. Ferner $R_{01} = 10\,\Omega$, $R_{02} = 5\,\Omega$, $L_0 = 8$ mH, $R_1 = 15\,\Omega$, $R_2 = 8\,\Omega$, $L_2 = 30$ mH und $C_3 = 100\,\mu$F. Gesucht die Spannungen, Ströme und Phasenwinkel, sowie das Vektordiagramm.

$$\mathfrak{Z}_0 = R_{01} + R_{02} + j\omega L_0 = 15 + j\,314 \cdot 0,008 = 15 + j\,2,512.$$

$$\mathfrak{U}_0 = \mathfrak{I}\,\mathfrak{Z}_0 = 10(15 + j\,2,512) = 150 + j\,25,12; \quad U_0 = \sqrt{150^2 + 25,12^2} = 152\text{ V}.$$

$$\operatorname{tg}\varphi_0 = \frac{25,12}{150} = +\,0,167; \quad \varphi_0 = 9^\circ\,30'$$

Voreilung der Spannung U_0 gegen den Strom I.

$\mathfrak{Z}_1 = 15\,\Omega$; $\mathfrak{Z}_2 = 8 + j314 \cdot 0{,}03 = 8 + j9{,}42$;

$$\mathfrak{Z}_3 = -j\frac{10^6}{314 \cdot 100} = -j31{,}84.$$

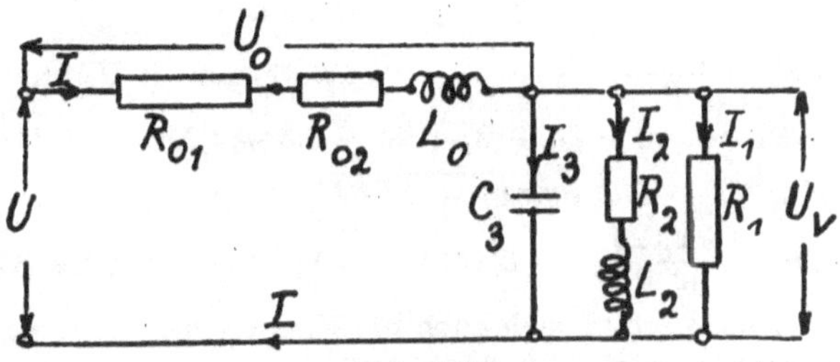

Abb. 383

Leitwert der Verzweigung

$$\mathfrak{Y}_v = \frac{1}{\mathfrak{Z}_v} = \frac{1}{\mathfrak{Z}_1} + \frac{1}{\mathfrak{Z}_2} + \frac{1}{\mathfrak{Z}_3} = \frac{1}{15} + \frac{1}{8+j9{,}42} + \frac{1}{-j31{,}84}$$

$$= 0{,}067 + \frac{8-j9{,}42}{64+88{,}73} + j0{,}0314$$

$$= 0{,}067 + 0{,}0523 - j0{,}062 + j0{,}0314 = 0{,}1193 - j0{,}03\,.$$

$$\mathfrak{Z}_v = \frac{1}{\mathfrak{Y}_v} = \frac{0{,}1193 + j0{,}03}{0{,}1193^2 + 0{,}03^2} = 8 + j2\,.$$

Spannung an der Verzweigung $\mathfrak{U}_v = \mathfrak{J}\,\mathfrak{Z}_v = 80 + j20$, $U_v = \sqrt{80^2 + 20^2} = 82{,}5$ V; $\operatorname{tg}\varphi_v = +\frac{20}{80} = 0{,}25$; $\varphi_v = 14°$ Voreilung der Spannung U_v gegen I.

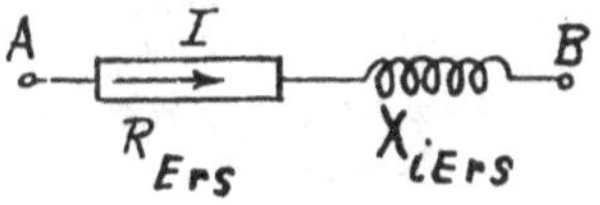

Abb. 384a

Gesamtscheinwiderstand der Schaltung

$$\mathfrak{Z} = \mathfrak{Z}_0 + \mathfrak{Z}_v = 15 + j2{,}512 + 8 + j2 = 23 + j4{,}512\,,$$

$$Z = \sqrt{23^2 + 4{,}512^2} = 23{,}4;$$

$$U = I \cdot Z = 10 \cdot 23{,}4 = 234 \text{ V}.$$

$$\operatorname{tg}\varphi = +\frac{4.512}{23} = +0{,}1956; \qquad \varphi = 11°\,4'$$

Voreilung der Spannung U gegen den Strom I.

Nun können die Zweigströme berechnet werden $\mathfrak{J}_1 = \frac{\mathfrak{U}_v}{\mathfrak{Z}_1} = \frac{82{,}5}{15} = 5{,}5$ A mit U_v in Phase.

$$\mathfrak{J}_2 = \frac{\mathfrak{U}_v}{\mathfrak{Z}_2} = \frac{82{,}5}{8+j9{,}42} = \frac{82{,}5\,(8-j9{,}42)}{8^2+9{,}42^2} = 4{,}315 - j5{,}115;$$

$$I_2 = \sqrt{4{,}315^2 + 5{,}115^2} = 6{,}68 \text{ A};$$

$$\operatorname{tg}\varphi_2 = \frac{-5{,}115}{4{,}315} = -1{,}185; \qquad \varphi_2 = 49°\,50'$$

Nacheilen des Stromes I_2 gegen die Spannung U_v.

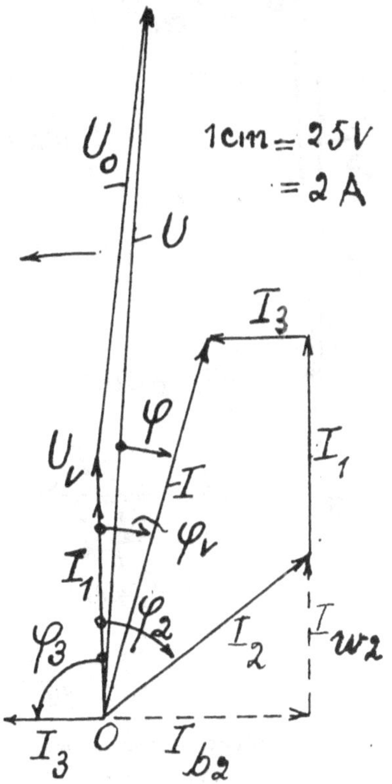

Abb. 384 b

$$\mathfrak{J}_3 = \frac{\mathfrak{U}_v}{\mathfrak{Z}_3} = \frac{82,5}{-j\,31,84} = +j\,2,59; \qquad I_3 = 2,59\ \text{A}.$$

$\operatorname{tg}\varphi_3 = \frac{+2,59}{0} = +\infty$, I_3 eilt der Spannung U_v um 90° vor.

Probe: $\mathfrak{J} = \mathfrak{J}_1 + \mathfrak{J}_2 + \mathfrak{J}_3 = 5,5 + 4,315 - j\,5,115 + j\,2,59 = 9,815 - j\,2,525;$

$$I = \sqrt{9,815^2 + 2,525^2} = 10,09\ \text{A}.$$

$\operatorname{tg}\varphi = -\frac{2,525}{9,815} = -0,257$; $\varphi = 14°$ Nacheilen des Stromes I zur Spannung U.

Aus Z ergibt sich auch die Ersatzreihenschaltung nach Abb. 384a. Das Vektordiagramm zeigt Abb. 384b.

106. Beispiele für § 87 bis § 90

Beispiel 133. Ein Wechselstrommagnet nach Abb. 267a soll eine Zugkraft $P = 80$ kg ausüben. Der Eisenkern besitzt einen Luftspalt $2\delta = 2 \cdot 3$ mm, besteht aus 0,5 mm dicken Blechen und hat $G = 6,5$ kg Gewicht. Die maximale Induktion soll $\overline{\mathfrak{B}} = 10000$ G betragen. Die Betriebsspannung ist $U = 120$ V bei $f = 50$ Hz. Gesucht sind Eisenquerschnitt F, Windungszahl w der Erregerwicklung, Betriebsstrom I, Vektordiagramm.

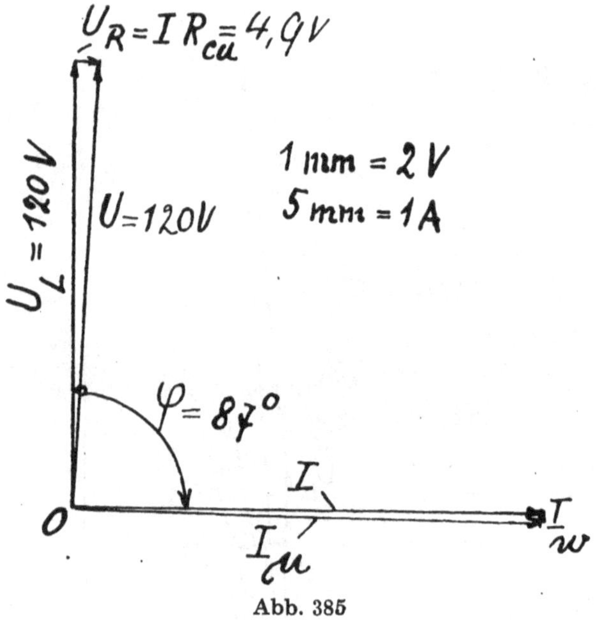

Abb. 385

Aus Gl. (347b) ergibt sich mit $\overline{\mathfrak{B}} = 10000$ G,

$$P = \left(\frac{10000}{5000}\right)^2 \cdot F = 4 \cdot F = 80,$$

so daß $F = \frac{80}{4} = 20$ cm². Maximaler Fluß $\overline{\Phi} = \overline{\mathfrak{B}}F = 10000 \cdot 20 = 2 \cdot 10^5$ M. Mit $U_L = U = 120$ V folgt aus Gl. (348b)

$$w = \frac{U \cdot 10^8}{4,44\,f\overline{\Phi}} = \frac{120 \cdot 10^8}{4,44 \cdot 50 \cdot 2 \cdot 10^5} = 270.$$

Nach Gl. (348c) ergibt sich der Magnetisierungsstrom

$$I_\mu = \frac{2\overline{\mathfrak{B}}\delta}{\sqrt{2}\,\Pi_0 w} = \frac{\sqrt{2} \cdot 0,8\,\overline{\mathfrak{B}}\delta}{w} = 12,57\ \text{A}.$$

Die Eisenverluste betragen nach Gl. (133) und (215)

$$N_h + N_w = 2,2\,\frac{50}{50}\left(\frac{10000}{10000}\right)^2 \cdot 6,5 + 1,4\left(\frac{10000}{10000} \cdot \frac{0,5}{0,5} \cdot \frac{50}{50}\right)^2 \cdot 6,5 = (2,2 + 1,4) \cdot 6,5 = \mathbf{23,4\ W}.$$

Daraus folgt der Wirkstrom

$$I_w = \frac{N_h + N_w}{U} = \frac{23,4}{120} = 0,195\ \mathrm{A}.$$

Betriebsstrom

$$I = \sqrt{I_w^2 + I_\mu^2} = \sqrt{0,195^2 + 12,57^2} = 12,57\ \mathrm{A}.$$

Mit einer Stromdichte $j = 3\ \mathrm{A/mm^2}$ folgt ein Drahtquerschnitt $q = \frac{I}{j} = \frac{12,57}{3} = 4,19$ $= 4,2\ \mathrm{mm^2}$ mit dem Drahtdurchmesser $d = 2,3$ mm. Damit ergibt sich eine mittlere Windungslänge der Magnetspule zu $l_m = 0,28$ m und der Widerstand der Wicklung

$$R_{cu} = \varrho \frac{l_m w}{q} = \frac{1}{46} \cdot \frac{0,28 \cdot 270}{4,2} = 0,39\ \Omega,$$

so daß der Ohmsche Spannungsverlust $U_R = I \cdot R_{cu} = 12,57 \cdot 0,39 = 4,9$ V beträgt.

Nun erfolgt die Zeichnung des Vektordiagramms der Abb. 385. Aus dem Diagramm ergibt sich $U' \approx 120\ \mathrm{V} = U$, so daß eine Umrechnung nicht nötig ist. Aus dem Diagramm erhält man auch $\varphi = 87^\circ$ und den Verlustwinkel $\delta = 90^\circ - \varphi = 3^\circ$.

Beispiel 134. Der Läufer eines Wechselstrommotors hat $D = 36$ cm Durchmesser und $l = 26$ cm Länge und besitzt $z = 173$ Stäbe, die von einem Strom $I = 217$ A durchflossen sind bei $\cos\varphi = 0,9$ zwischen Strom und Ständerfeld. Die maximale Induktion im Luftspalt beträgt $\mathfrak{B} = 6200$ G. Gesucht wird die gesamte Umfangskraft P und das Drehmoment M_d am Läufer.

Gemäß Gl. (351) ist die Umfangskraft

$$P = z \frac{\mathfrak{B} I l \cos\varphi}{\sqrt{2}\, 9810000} = 173 \frac{6200 \cdot 217 \cdot 26 \cdot 0,9}{\sqrt{2} \cdot 9810000} = 380\ \mathrm{kg}.$$

Drehmoment $M_d = P \frac{D}{2} = 380 \cdot 18 = 68$ kgm.

Beispiel 135. Für die Reihenschaltung des Beispiels 125 sind zu berechnen: Wirk-, Blind- und Scheinleistung der einzelnen Spulen und des gesamten Stromkreises.

Spule 1:

Scheinleistung $N_{s1} = U_1 I = 86,8\ \mathrm{V} \cdot 10\ \mathrm{A} = 868\ \mathrm{VA}$.

Wirkleistung $N_1 = U_1 I \cos\varphi_1 = 86,8\ \mathrm{V} \cdot 10\ \mathrm{A} \cdot 0,69 = 600\ \mathrm{W}$

oder $I^2 R_1 = 100\ \mathrm{A}^2 \cdot 6 \frac{\mathrm{V}}{\mathrm{A}} = 600\ \mathrm{W} = U_{R1} \cdot I$.

Blindleistung $N_{b1} = U_1 I \sin\varphi_1 = 86,8 \cdot 10 \cdot 0,723 = 627,56\ \mathrm{BW}$

oder $N_{b1} = I^2 \omega L_1 = 100 \cdot 6,28 = 628\ \mathrm{BW} = U_{x1} \cdot I$.

Spule 2:

Scheinleistung $N_{s2} = U_2 I = 132\ \mathrm{V} \cdot 10\ \mathrm{A} = 1320\ \mathrm{VA}$.

Wirkleistung $N_2 = U_2 I \cos\varphi_2 = 132\ \mathrm{V} \cdot 10\ \mathrm{A} \cdot 0,303 = 400\ \mathrm{W}$

oder $N_2 = I^2 R_2 = 100\ \mathrm{A}^2 \cdot 4 \frac{\mathrm{V}}{\mathrm{A}} = 400\ \mathrm{W} = U_{R2} \cdot I$.

Blindleistung $N_{b2} = U_2 I \sin\varphi_2 = 132 \cdot 10 \cdot 0,953 = 1257,9\ \mathrm{BW}$

oder $N_{b2} = I^2 \omega L_2 = 100 \cdot 12,56 = 1256\ \mathrm{BW} = U_{x2} \cdot I$.

Gesamter Stromkreis:

Scheinleistung $N_s = UI = 213,3\ \mathrm{V} \cdot 10\ \mathrm{A} = 2133\ \mathrm{VA}$.

Wirkleistung $N = UI \cos\varphi = 213\ \mathrm{V} \cdot 10\ \mathrm{A} \cdot 0,459 = 980\ \mathrm{W}$

oder $N = I^2 (R_1 + R_2) = 100 \cdot 10 = 1000\ \mathrm{W} = U_w \cdot I$.

Blindleistung $N_b = UI \sin\varphi = 213,3 \cdot 10 \cdot 0,89 = 1898,3\ \mathrm{BW}$

oder $N_b = I^2 (\omega L_1 + \omega L_2) = 100 \cdot 18,84 = 1884\ \mathrm{BW} = U_b \cdot I$.

Beispiel 136. Für die Parallelschaltung des Beispiels 130 sind zu berechnen Schein-, Wirk- und Blindleistungen der einzelnen Zweige und der ganzen Schaltung.

Für die ganze Schaltung ist mit Hilfe der Reihenersatzschaltung:

Scheinleistung $N_s = UI = 300 \cdot 69{,}35 = 20805\ \text{VA}$

oder $N_s = I^2 Z = 69{,}35^2 \cdot 4{,}32 = 20776{,}6\ \text{VA}$.

Wirkleistung $N = UI \cos\varphi = 20805 \cdot 0{,}735 = 15291{,}67\ \text{W}$

oder $N = I^2 R_{\text{Ers}} = 69{,}35^2 \cdot 3{,}179 = 15290\ \text{W}$.

Blindleistung $N_b = UI \sin\varphi = 20805 \cdot 0{,}678 = 14105{,}79\ \text{BW}$

oder $N_b = I^2 X_{\text{Ers}} = 69{,}35^2 \cdot 2{,}932 = 14092\ \text{BW}$.

Zweig 1:

Blindleistung $N_{b1} = UI_1 = 300 \cdot 20 = 6000\ \text{BW}$

oder $N_{b1} = I_1^2 X_1 = 400 \cdot 15 = 6000\ \text{BW}$.

Zweig 2:

Scheinleistung $N_{s2} = UI_2 = 300 \cdot 60 = 18000\ \text{VA}$

oder $N_{s2} = I_2^2 Z_2 = 60^2 \cdot \sqrt{4^2 + 3^2} = 60^2 \cdot 5 = 18000\ \text{VA}$.

Wirkleistung $N_2 = UI_2 \cos\varphi_2 = UI_2 \dfrac{R_2}{Z_2} = 18000 \cdot \dfrac{4}{5} = 14400\ \text{W}$

oder $N_2 = I_2^2 R_2 = 60^2 \cdot 4 = 3600 \cdot 4 = 14400\ \text{W}$.

Blindleistung $N_{b2} = I_2^2 X_2 = 3600 \cdot 3 = 10800\ \text{BW}$

oder $N_{b2} = UI_2 \sin\varphi_2 = UI_2 \dfrac{X_2}{Z_2} = 18000 \cdot \dfrac{3}{5} = 10800\ \text{BW}$.

Zweig 3:

Scheinleistung $N_{s3} = UI_3 = 300 \cdot 9{,}487 = 2846\ \text{VA}$

oder $N_{s3} = I_3^2 \cdot Z_3 = 9{,}487^2 \cdot \sqrt{10^2 + 30^2} = 9{,}487^2 \cdot 31{,}6 = 2844\ \text{VA}$.

Wirkleistung $N_3 = UI_3 \cos\varphi_3 = 2846 \dfrac{R_3}{Z_3} = 2846 \cdot \dfrac{10}{31{,}6} = 900{,}63\ \text{W}$

oder $N_3 = I_3^2 \cdot R_3 = 9{,}487^2 \cdot 10 = 900\ \text{W}$.

Blindleistung $N_{b3} = UI_3 \sin\varphi_3 = UI_3 \dfrac{X_3}{Z_3} = 2846 \dfrac{30}{31{,}6} = 2701{,}9\ \text{BW}$.

oder $N_{b3} = I_3^2 X_3 = 9{,}487^2 \cdot 30 \approx 2700\ \text{BW}$.

Beispiel 137. An einem induktiven Widerstand wurde mit Wechselstrom von der Frequenz $f = 50$ Hz gemessen: Die Leistung $N = 480$ W, die Spannung $U = 60$ V und der Strom $I = 10$ A. Gesucht sind Ohmscher Widerstand R, Scheinwiderstand Z, Blindwiderstand X_i, Selbstinduktivität L und Leistungsfaktor $\cos\varphi$.

Der Ohmsche Widerstand ist nach Gl. (360a) $R = \dfrac{N}{I^2} = \dfrac{480}{100} = 4{,}8\,\Omega$. Der Scheinwiderstand folgt aus Gl. (360b) $Z = \dfrac{U}{I} = \dfrac{60}{10} = 6\,\Omega$ und da $Z = \sqrt{R^2 + X_i^2}$, ergibt sich der Blindwiderstand zu $X_i = \sqrt{Z^2 - R^2} = \sqrt{36 - 23} = 3{,}6\,\Omega$. Aus $X_i = \omega L$ erhält man $L = \dfrac{X_i}{\omega} = \dfrac{3{,}6\,\Omega}{314\ \text{s}^{-1}} = 0{,}01146\ \text{H} = 11{,}46\ \text{mH}$. Der Leistungsfaktor ergibt sich entweder aus Gl. (358a) $\cos\varphi = \dfrac{N}{N_s} = \dfrac{480}{600} = 0{,}8$ oder aus Gl. (358b) $\cos\varphi = \dfrac{R}{Z} = \dfrac{4{,}8}{6} = 0{,}8$.

Beispiel 138. Eine Reihenschaltung enthält $R = 10\,\Omega$, $L = 0{,}2$ H und $C = 20\,\mu$F an einer konstanten Spannung $U = 100$ V. Man bestimme die Resonanzfrequenz f_r, Resonanzstrom I_r und die Resonanzspannungen U_{Lr} und U_{cr}, sowie die Frequenzen

f_{Lr} und f_{cr}, bei denen die Scheitelwerte von U_L und U_c auftreten. Man ermittle die Abhängigkeit der Stromstärke I von der Frequenz f und stelle sie graphisch dar.

Resonanzfrequenz nach Gl. (364c)

$$f_r = \frac{1}{2\pi}\frac{1}{\sqrt{LC}} = \frac{1}{2\pi\sqrt{0{,}2\cdot\frac{20}{10^6}}} = 79{,}61 \text{ Hz}$$

und der Resonanzstrom nach Gl. (363)

$$I_r = \frac{U}{R} = \frac{100}{10} = 10 \text{ A}.$$

Resonanzkreisfrequenz

$$\omega_r = 2\pi f_r = \frac{1}{\sqrt{LC}} = 500 \text{ s}^{-1}.$$

Die Resonanzspannungen ergeben sich zu

$$U_{Lr} = I_r\omega_r L = 10\cdot \text{A}\cdot 500 \text{ s}^{-1}\cdot 0{,}2\,\frac{\text{Vs}}{\text{A}} = 1000 \text{ V}.$$

$$U_{cr} = I_r\frac{1}{\omega_r C} = 10 \text{ A}\cdot\frac{1}{500}\text{ s}\cdot\frac{10^6}{20}\frac{\text{V}}{\text{As}} = 1000 \text{ V}.$$

Die Frequenzen, bei denen die Scheitelwerte von U_L und U_c auftreten, ergeben sich aus den Gl. (364d und e).

$$f_{Lr} = \frac{1}{2\pi}\sqrt{\frac{2}{2LC - R^2C^2}} = \frac{1}{2\pi}\sqrt{\frac{2}{2\cdot 0{,}2\cdot 20\cdot 10^{-6} - 100\cdot 400\cdot 10^{-12}}}$$

$$= \frac{1}{2\pi}\cdot\frac{10^6}{10^2\cdot\sqrt{398}} = \frac{1}{2\pi}\,501{,}2 = 79{,}8 \text{ Hz}.$$

$$f_{cr} = \frac{1}{2\pi}\sqrt{\frac{1}{LC} - \frac{R^2}{2L^2}} = \frac{1}{2\pi}\sqrt{\frac{10^6}{0{,}2\cdot 20} - \frac{100}{2\cdot 0{,}04}} = \frac{1}{2\pi}\cdot 508 = 80{,}8 \text{ Hz}.$$

Die Scheitelwerte der Selbstinduktions- und Kapazitätsspannung treten mit dem Scheitelwert des Stromes bei der Resonanzfrequenz f_r gleichzeitig auf.

f Hz		0	40	60	79,6	100	120	140	∞
ω	$2\pi f$ s^{-1}	0	251,2	377	500	628	753,6	879,2	∞
X_l	ωL Ω	0	50,24	75,36	100	125,6	150,72	175,8	∞
X_k	$\frac{1}{\omega C}$ Ω	∞	199	132,62	100	79,61	66,35	56,87	0
X	$X_l - X_k$ Ω	−∞	148,76	57,26	0	45,99	84,37	118,93	∞
Z	$\sqrt{R^2 + X^2}$ Ω	∞	149,0	58,14	10	47,12	85,7	119,4	∞
I	$\frac{U}{Z}$ A	0	0,67	1,71	10	2,12	1,17	0,83	0
tg φ	$= \frac{X}{R}$	−∞	14,87	−5,73	0	4,599	8,44	11,89	∞
	φ	−90°	−86°6′	−80°10′	0	77°40′	83°15′	85°10′	90°

Die Kurve der Abhängigkeit des Stromes I von der Frequenz f zeigt die Abb. 386 (siehe Seite 504).

Beispiel 139. Man bestimme für die Schaltung des Beispiels 138 das Verhältnis $q = \frac{I}{I_r}$ für den Frequenzabstand $p = \frac{f}{f_r} = 5$ und zwar für $R_1 = 10\,\Omega$ und $R_2 = 100\,\Omega$.

Bei $R_1 = 10\,\Omega$ ist nach Gl. (365a) der Dämpfungsfaktor $D_1 = R_1\sqrt{\frac{C}{L}} = 10\sqrt{\frac{20}{10^6 \cdot 0{,}2}} = \frac{1}{10}$ und für $R_2 = 100\,\Omega$ ergibt sich $D_2 = 100\sqrt{\frac{20}{10^6 \cdot 0{,}2}} = 1$. Gemäß Gl. (365b) folgt bei $R_1 = 10\,\Omega$ für $a_1 = pD_1 = \frac{5}{10} = \frac{1}{2}$ und $b = p^2 - 1 = 24$, also $q_1 = \frac{I_1}{I_{r1}} = \frac{a_1}{\sqrt{a_1^2 + b^2}} = \frac{1}{2\sqrt{\frac{1}{4} + 576}} = \frac{1}{48}$, so daß also die Stromstärke bei der Frequenz $f = pf_r = 5f_r = 398$ Hz, $I_1 = q_1 I_{r1} = \frac{10}{48} = 0{,}208$ A beträgt bei $R_1 = 10\,\Omega$.

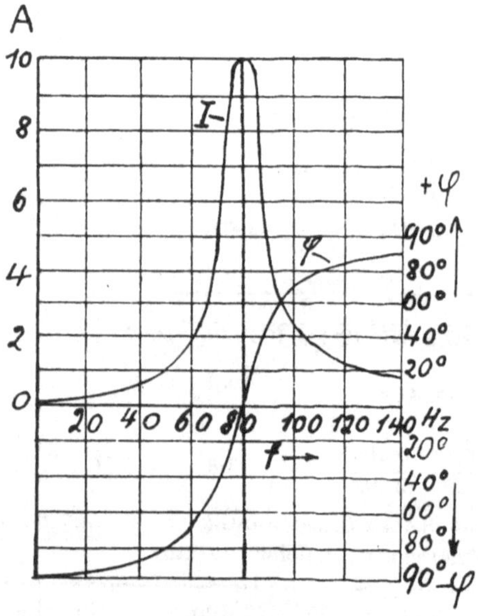

Abb. 386

Für $R_2 = 100\,\Omega$ ist $a_2 = pD_2 = 5$ und $b = p^2 - 1 = 24$, so daß dann $q_2 = \frac{I_2}{I_{r2}} = \frac{a_2}{\sqrt{a_2^2 + b^2}} = \frac{5}{\sqrt{25 + 576}} = 0{,}204$ und $I_2 = q_2 I_{r2} = 0{,}204 \cdot 1 = 0{,}204$ A, weil $I_{r2} = \frac{U}{R_2} = 1$ A.

Beispiel 140. Bei welchen Frequenzen f_{Lr} und f_{cr} haben die Spannungen U_L und U_c in Beispiel 138 ihren Scheitelwert bei $R = 100\,\Omega$ Wirkwiderstand?

Nach Gl. (364d) ergibt sich

$$f_{Lr} = \frac{1}{2\pi}\sqrt{\frac{2}{\frac{2 \cdot 0{,}2 \cdot 20}{10^6} - \frac{100^2 \cdot 20^2}{10^{12}}}} = \frac{1}{2\pi}\sqrt{\frac{10^{12}}{10^6 \cdot 4 - 200 \cdot 10000}}$$

$$= \frac{1}{2\pi} \cdot \frac{10^6}{\sqrt{2 \cdot 10^3}} = \frac{1}{2\pi} \cdot 707{,}21 = 112{,}61 \text{ Hz}.$$

Gemäß Gl. (364e) folgt

$$f_{cr} = \frac{1}{2\pi}\sqrt{\frac{10^6}{0{,}2 \cdot 20} - \frac{10^4}{2 \cdot 0{,}04}} = \frac{1}{2\pi} 353{,}6 = 56{,}2 \text{ Hz}.$$

Die Scheitelwerte der Selbstinduktions- und Kapazitätsspannungen treten bei dem höheren Wirkwiderstand $R = 100\,\Omega$ nicht mehr mit dem Scheitelwert des Stromes gleichzeitig ein (Abb. 277b).

Beispiel 141. In einem Sperrkreis nach Abb. 280b ist $U = 100$ V, $R_1 = 1\,\Omega$, $L = 0{,}2$ H und $C = 20\,\mu$F. Zu berechnen Resonanzfrequenz f_r, Sperrkreiswiderstand R_s, Resonanzstrom I_r und die Zweigströme I_1 und I_2. Man bestimme die Abhängigkeit der Stromstärke von der Frequenz.

Nach Gl. (370a) ist die Resonanzfrequenz

$$f_r = \frac{1}{2\pi\sqrt{LC}} = \frac{1}{2\pi\sqrt{\frac{0{,}2\cdot 20}{10^6}}} = 79{,}61\ \text{Hz}.$$

Resonanzkreisfrequenz $\omega_r = 2\pi f_r = \frac{1}{\sqrt{LC}} = 500\ \text{s}^{-1}$. Aus Gl. (370b) folgt der Resonanzstrom

$$I_r = U\frac{CR_1}{L} = 100\,\frac{20\cdot 1}{10^6\cdot 0{,}2} = 0{,}01\ \text{A}.$$

Zweigstrom

$$I_1 \approx \frac{U}{\omega_r L} = \frac{100}{500\cdot 0{,}2} = 1\ \text{A}.$$

$$\operatorname{tg}\varphi_1 = \frac{X_1}{R_1} = \frac{\omega_r L}{R_1} = \frac{100}{1} = 100; \qquad \varphi_1 = 89^\circ\,35'.$$

Zweigstrom

$$I_2 = U\omega_r C = 100\cdot 500\cdot\frac{20}{10^6} = \frac{10^6}{10^6} = 1\ \text{A}.$$

Sperrkreiswiderstand

$$R_s = \frac{L}{CR_1} = \frac{0{,}2\cdot 10^6}{20\cdot 1} = 10^4\,\Omega.$$

Aus Abb. 281 ergibt sich bei kleinem Widerstand R_1 der Gesamtstrom $I = \sqrt{(I_{b1} - I_2)^2 + I_{w1}^2}$. Da nun $I_{b1} = \frac{U}{X_i}$; $I_2 = \frac{U}{X_k}$ und $I_{w1} \approx AB$, so folgt $I_{w1} : R_1 = \frac{U}{X_i} : X_i$, d. h. $I_{w1} = U\frac{R_1}{X_i^2}$ und damit

$$I = U\sqrt{\left(\frac{1}{X_i} - \frac{1}{X_k}\right)^2 + \frac{R_1^2}{X_i^4}} = U\sqrt{\left(\frac{X_k - X_i}{X_i X_k}\right)^2 + \frac{R_1^2}{X_i^4}} = U\cdot Y.$$

f Hz	0	40	60	79,61	100	120	∞
$X_i = \omega L\ \Omega$	0	50,24	75,36	100	125,6	150,72	∞
$X_k = \frac{1}{\omega C}\ \Omega$	∞	199	132,6	100	79,61	66,35	0
$X_k - X_i\ \Omega$	∞	148,76	57,24	0	−45,99	−84,37	$-\infty$
Y S	∞	0,015	0,0057	0,0001	0,0045	0,0084	$-\infty$
$I = U\cdot Y$ A	∞	1,5	0,57	0,01	0,45	0,84	$-\infty$

Beispiel 142. Bei einer Parallelschaltung nach Abb. 280b ist gegeben: $U = 100$ V, $R_1 = 30\,\Omega$, $L = 0{,}2$ H und $C = 20\ \mu$F. Man ermittle rechnerisch und graphisch die Resonanzfrequenz f_r und den Resonanzstrom I_r.

Nach Gl. (369a) ist die Resonanzfrequenz

$$f_r = \frac{1}{2\pi}\frac{1}{L}\sqrt{\frac{L}{C} - R_1^2} = \frac{1}{6{,}28}\cdot\frac{1}{0{,}2}\sqrt{10^4 - 900} = 76{,}32\ \text{Hz}.$$

Resonanzkreisfrequenz $\omega_r = 2\pi f_r = 477\ \text{s}^{-1}$.

Aus Gl. (369b) folgt der Resonanzstrom

$$I_r = U \frac{R_1}{R_1^2 + (\omega_r L)^2} = 100 \cdot \frac{30}{900 + 9100} = 0{,}3\ \text{A}.$$

f	0	20	40	60	80	100	120	Hz
$X_i = \omega L$	0	2,12	50,24	75,36	100,48	125,6	150,72	Ω
$Z_1 = \sqrt{R_1^2 + (\omega L)^2}$	30	39,12	58,5	81,1	105	129	153,6	Ω
$\operatorname{tg} \varphi_1 = \frac{X_i}{R_1}$	0	0,834	1,675	2,512	3,35	4,15	5,02	
φ_1	0°	39°50′	59°10′	68°15′	73°20′	76°30′	78°45′	
$I_1 = \frac{U}{Z_1}$	3,33	2,55	1,71	1,23	0,95	0,775	0,65	A
$X_k = \frac{1}{\omega C}$	∞	398	199	132,6	99,6	79,61	66,35	Ω
$Z_2 = \frac{1}{\omega C}$	∞	398	199	132,6	99,6	79,61	66,35	Ω
$\operatorname{tg} \varphi_2 = \frac{X_k}{0}$	∞	∞	∞	∞	∞	∞	∞	
$\varphi_2 = +90°$	+90°	+90°	+90°	+90°	+90°	+90°	+90°	
$I_2 = \frac{U}{Z_2}$	0	0,25	0,502	0,754	1,004	1,25	1,57	A

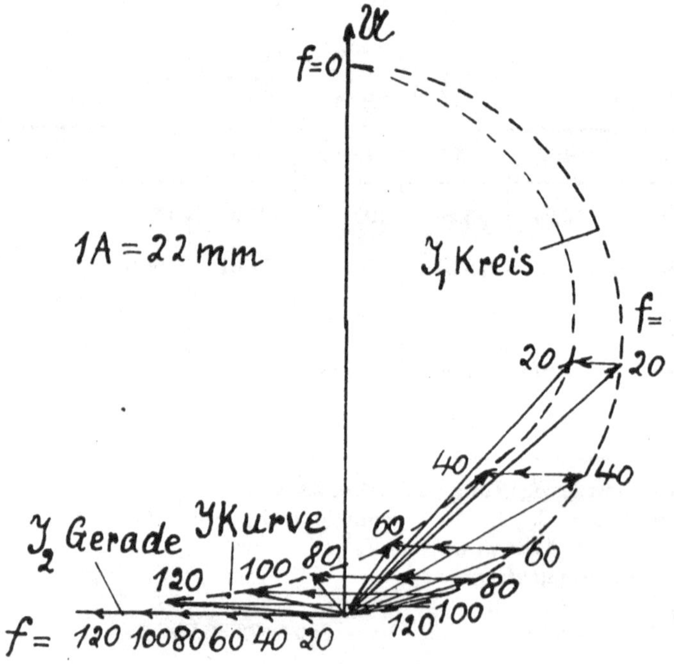

Abb. 387

Die Ströme I_1 und I_2 werden unter den entsprechenden Winkeln φ_1 und φ_2 aufgetragen. Da I_2 als reiner Blindstrom der Spannung U um 90° voreilt, so liegen die Vektoren I_2 alle in der Senkrechten zu U, während die Vektorspitzen von I_1 einen Halbkreis beschreiben mit $I_1 = 3{,}33$ **A** für $f = 0$ als Durchmesser. Die Spitze des Vektors I beschreibt eine vom Kreis abweichende Kurve (Abb. 387). Aus Abb. 387 ergibt sich ebenfalls $f_r = 76{,}32$ Hz und $I_r = 0{,}3$ A.

Beispiel 143. In einem Schwingungskreis sind gegeben: Aufladespannung des Kondensators $U_0 = 1000$ V, $R = 4\,\Omega$, $L = 0{,}2$ H und $C = 20\,\mu F$. Gesucht sind: Frequenz ω_0, Dämpfungsfaktor a bzw. Zeitkonstante T_0 und zeitlicher Verlauf von Spannung u und Strom i.

$$\text{Dämpfungsfaktor } a = \frac{R}{2L} = \frac{4}{0{,}4} = 10\,\text{s}^{-1}.$$

$$\text{Eigenfrequenz } \omega_0 = \frac{1}{\sqrt{LC}} = \frac{1}{\sqrt{0{,}2 \cdot 20 \cdot 10^{-6}}} = \frac{10^3}{2} = 500\,\text{s}^{-1}.$$

Da nun $a^2 = 100 \ll \omega_0^2$, so können die Formeln (377a) und (377b) benutzt werden. Es ist dann $\omega \approx \omega_0 = 500\,\text{s}^{-1}$, $f = \frac{\omega_0}{2\pi} = 79{,}6$ Hz, die Zeitkonstante $T_0 = \frac{1}{a} = \frac{1}{10}$ s und die Periodendauer der Schwingung $T = \frac{1}{f} = \frac{1}{79{,}6}$ s. Die Schwingung klingt in der Zeit $4{,}6\,T_0 = 0{,}46$ s bis auf 1% ab, das sind $\frac{0{,}46}{\frac{1}{79{,}6}} = 0{,}46 \cdot 79{,}6 = 37$ Perioden.

Nach Gl. (377b) ist

$$I_0 = \frac{U_0}{\omega_0 L} = \frac{U_0\sqrt{LC}}{L} = U_0\sqrt{\frac{C}{L}} = 1000\sqrt{\frac{20}{10^6 \cdot 0{,}2}} = 10\,\text{A}.$$

Die Augenblickswerte von Strom und Spannung sind nach Gl. (377a) und (377b)

$$i = 10e^{-10t}\sin(500t) \text{ und } u_c = 1000 \cdot e^{-10t}\cos(500t).$$

Der Effektivwert des Stromes I_0 ist $0{,}707 \cdot 10 = 7{,}07$ A. Während der Zeit $T_0 = 0{,}1$ s werden $\frac{T_0}{T} = 0{,}1 \cdot 79{,}6 \approx 8$ Perioden durchlaufen und die Scheitelwerte von Strom und Spannung sind nach Verlauf dieser Zeit $\overline{I} = 10 \cdot e^{-10 \cdot 0.1} = 10 \cdot e^{-1} = 3{,}68$ A $\overline{U} = 1000 \cdot e^{-10 \cdot 0{,}1} = 1000 \cdot e^{-1} = 368$ V.

107. Beispiele für § 91 bis § 93

Beispiel 144. In der Schaltung der Abb. 388 ist $R_1 = 2v\,\Omega$ ein Regelwiderstand, $L_2 = 0{,}02$ H und $R_0 = 5\,\Omega$. Man ermittle die Ortskurve des Gesamtstromes I.

Die Ortskurve ist nach den Ausführungen des § 91 ein Kreis, zu dessen Zeichnung drei Punkte nötig sind. Man bestimmt also die Ströme I für $v = 0$, $v = 1$ und $v = 3$. Für $v = 0$ ist $R_1 \cdot v = 0$ und der Scheinwiderstand der Schaltung $\mathfrak{Z}_0 = R_0 + j\omega L_2 = 5 + j\,6{,}28$ und damit

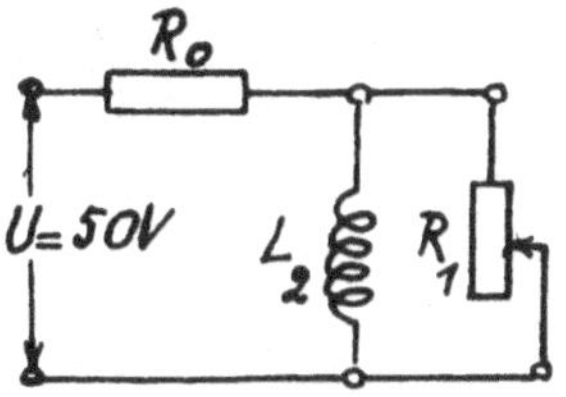

Abb. 388

$$\mathfrak{J}_0 = \frac{\mathfrak{U}}{\mathfrak{Z}_0} = \frac{50}{5 + j\,6{,}28} = \frac{50(5 - j\,6{,}28)}{5^2 + 6{,}28^2} = \frac{50(5 - j\,6{,}28)}{64{,}4} = 3{,}88 - j\,4{,}87;$$

$\operatorname{tg}\varphi_0 = \frac{4{,}87}{3{,}88} = 1{,}26$, $\varphi_0 = 51°30'$. $I_0 = \sqrt{3{,}88^2 + 4{,}87^2} = 6{,}213$ A.

Für $v = 1$ ist $R_1 v = 2\,\Omega$. Der Scheinleitwert der Verzweigung ist $Y_{1v} = \frac{1}{R_1 v} + \frac{1}{j\omega L_2} = 0{,}5 - j\,0{,}159$ und der Scheinwiderstand der Verzweigung

$$\mathfrak{Z}_{v1} = \frac{1}{0{,}5 - j\,0{,}159} = \frac{0{,}5 + j\,0{,}159}{0{,}275} = 1{,}82 + j\,0{,}57.$$

Der Scheinwiderstand der ganzen Schaltung ist

$$\mathfrak{Z}_1 = R_0 + \mathfrak{Z}_{v1} = 5 + 1{,}82 + j\,0{,}57 = 6{,}82 + j\,0{,}57$$

und

$$\mathfrak{J}_1 = \frac{\mathfrak{U}}{\mathfrak{Z}_1} = \frac{50}{6{,}82 + j\,0{,}57} = \frac{50\,(6{,}82 - j\,0{,}57)}{39{,}4} = 8{,}65 - j\,0{,}72\,.$$

$$\operatorname{tg}\varphi_1 = \frac{0{,}72}{8{,}65} = 0{,}0835; \quad \varphi_1 = 4^\circ 30',$$

$$I_1 = \sqrt{8{,}65^2 + 0{,}72^2} = 8{,}67\,\mathrm{A}.$$

Für $v = 3$ ist $R_1 v = 6\,\Omega$ und der Leitwert der Verzweigung

$$Y_{v3} = \frac{1}{6} - j\,0{,}159 = 0{,}166 - j\,0{,}159.$$

Und der Scheinwiderstand der Verzweigung

$$\mathfrak{Z}_{v3} = \frac{1}{Y_{v3}} = \frac{1}{0{,}166 - j\,0{,}159} = \frac{0{,}166 + j\,0{,}159}{0{,}0531} = 3{,}12 + j\,3\,.$$

Der Scheinwiderstand der ganzen Schaltung ist

$$\mathfrak{Z}_3 = R_0 + \mathfrak{Z}_{v3} = 8{,}12 + j\,3$$

und

$$\mathfrak{J}_3 = \frac{\mathfrak{U}}{\mathfrak{Z}_3} = \frac{50}{8{,}12 + j\,3} = \frac{50\,(8{,}12 - j\,3)}{75} = 5{,}41 - j\,2; \quad \operatorname{tg}\varphi_3 = \frac{2}{5{,}41} = 0{,}37\,,$$

$$\varphi_3 = 20^\circ 20'. \quad I_3 = \sqrt{5{,}41^2 + 2^2} = 5{,}67\,\mathrm{A}.$$

Die Ströme sind sämtlich der Spannung nacheilend. Durch Auftragen der drei Stromvektoren in Abb. 388a entweder mit ihren Beträgen und den entsprechenden Phasenwinkeln oder mit den Wirk- und Blindstromkomponenten ergeben sich die Kreispunkte A_0, A_1 und A_3 und der Kreismittelpunkt M. Es wurde aber zur Kontrolle noch der Strom I_4 für $v = 4$, d.h. $R_1 v = 8\,\Omega$ berechnet, für den sich durch eine ähnliche Rechnung ergibt $I_4 = 4{,}96 - j\,2{,}45$, also

$$\operatorname{tg}\varphi_4 = \frac{2{,}45}{4{,}96} = 0{,}49,$$

$\varphi_4 = 26^\circ 10'$, $I_4 = 5{,}57$ A. Es zeigt sich dann, daß auch die Spitze dieses Vektors auf dem Kreis liegt.

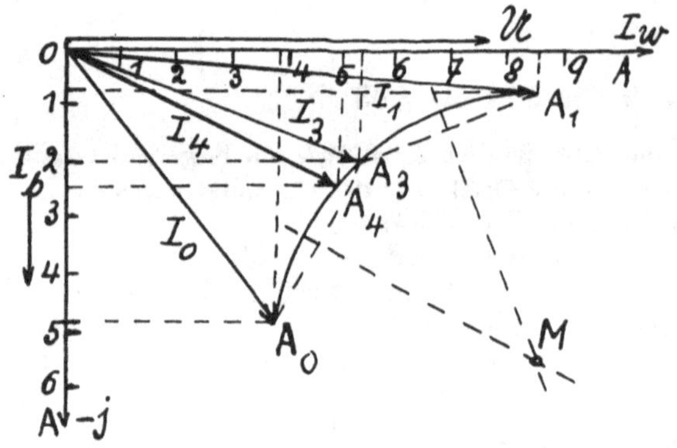

Abb. 388a

Beispiel 145. Für die Reihenschaltung aus einem Ohmschen Regelwiderstand $R = 2v\,\Omega$ und einem induktiven Widerstand $X_i = 3\,\Omega$ sind die Ortskurven für die Scheinwiderstände Z und für die Scheinleitwerte Y zu zeichnen und ihre Beträge für $v = 0$, $v = 1$ und $v = 3$ durch Rechnung und aus der Zeichnung zu bestimmen.

Für die Schaltung gelten die Gleichungen

$$\mathfrak{Z} = R \cdot v + jX_i \quad \text{und} \quad \mathfrak{Y} = \frac{1}{R \cdot v + jX_i}.$$

Bezugsachse ist der Strom $\mathfrak{J}$ für die $\mathfrak{Z}$ und die Spannung $\mathfrak{U}$ für die $\mathfrak{Y}$-Vektoren. Die Ortskurve des Scheinwiderstandes $\mathfrak{Z}$ ist gemäß Abb. 289 eine Gerade parallel zur Bezugsachse und es ergibt sich für $v = 0$: $\mathfrak{Z}_0 = +jX_i$ und $\mathfrak{Y}_0 = \frac{1}{\mathfrak{Z}_0} = \frac{1}{jX_i} = -\frac{j}{X_i}$. $Z_0 = 3\,\Omega$ ist auf der $+j$-Achse aufzutragen und $Y_0 = \frac{1}{3}$ S auf der $-j$-Achse und gleich dem Durchmesser des Halbkreises, welcher die Ortskurve des Scheinleitwerts bildet.

$\operatorname{tg} \varphi_0 = \infty; \quad \varphi_0 = 90^\circ.$

Für $v = \infty$ ergibt sich $\mathfrak{Z}_\infty = \infty$ und $\mathfrak{Y}_\infty = \frac{1}{\mathfrak{Z}_\infty} = 0$ fällt mit $\operatorname{tg} \varphi_\infty = \frac{3}{\infty} = 0$ mit dem Inversionszentrum zusammen.

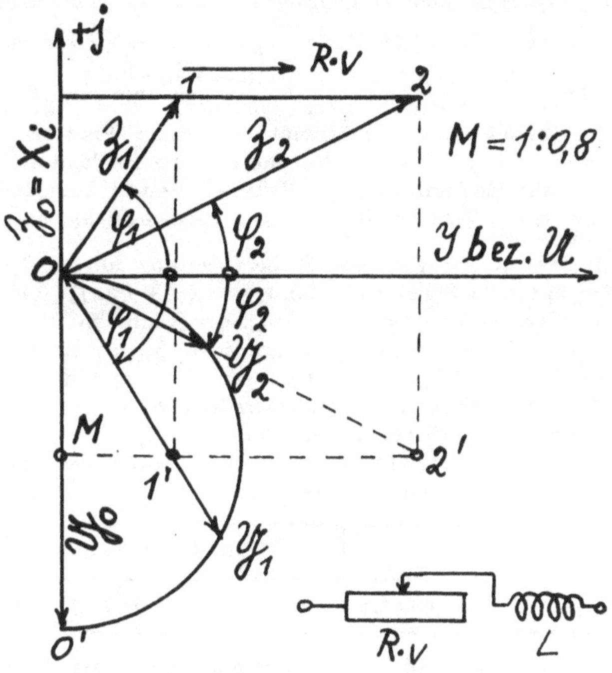

Abb. 389

Für $v = 1$ folgt $\mathfrak{Z}_1 = 2 + j\,3$ mit dem Betrag

$$Z_1 = \sqrt{4 + 9} = \sqrt{13} = 3{,}6\,\Omega. \quad Y_1 = \frac{1}{3{,}6}\,\text{S}, \quad \operatorname{tg} \varphi_1 = \frac{3}{2} = 1{,}5, \quad \varphi_1 = 56^\circ.$$

Für $v = 3$ ergibt sich $\mathfrak{Z}_2 = 6 + j\,3$ mit dem Betrag

$$Z_2 = \sqrt{6^2 + 3^2} = \sqrt{45} = 6{,}7\,\Omega. \quad \mathfrak{Y}_2 = \frac{1}{6 + j\,3}$$

mit dem Betrag

$$Y_2 = \frac{1}{6{,}7}\,\Omega; \quad \operatorname{tg} \varphi_2 = \frac{3}{6} = \frac{1}{2}; \quad \varphi_2 = 26^\circ 40'.$$

Für die Zeichnung ist ein Ω-Maßstab x für die $\mathfrak{Z}$-Vektoren und ein S-Maßstab y für die $\mathfrak{Y}$-Vektoren zu wählen. Es wird gewählt $x = \frac{1\,\text{cm}}{1\,\Omega}$, d.h. $1\,\Omega = 1$ cm und $y = \frac{18\,\text{cm}}{1\,\text{S}}$, d. h. 1 S = 18 cm.

Mit diesen Maßstäben erhält man

$$Z_0 x = 3\,\Omega \cdot \frac{1\,\text{cm}}{1\,\Omega} = 3\,\text{cm}; \qquad Y_0 \cdot y = \frac{1}{3}\,\text{S} \cdot \frac{18\,\text{cm}}{1\,\text{S}} = 6\,\text{cm}.$$

$$Z_1 \cdot x = 3{,}6\,\Omega \cdot \frac{1\,\mathrm{cm}}{1\,\Omega} = 3{,}6\,\mathrm{cm}; \quad Y_1 \cdot y = \frac{1}{3{,}6} \cdot \frac{18\,\mathrm{cm}}{1\,\mathrm{S}} = 5\,\mathrm{cm}.$$

$$Z_2 x = 6{,}7\,\Omega \cdot \frac{1\,\mathrm{cm}}{1\,\Omega} = 6{,}7\,\mathrm{cm}; \quad Y_2 y = \frac{1}{6{,}7} \cdot \frac{18\,\mathrm{cm}}{1\,\mathrm{S}} = 2{,}68\,\mathrm{cm}.$$

Die Y-Beträge können auch mit der Inversionspotenz $K = Z_0 x \cdot Y_0 y = 3\,\mathrm{cm} \cdot 6\,\mathrm{cm} = 18\,\mathrm{cm}^2 = Z_1 x \cdot Y_1 y = Z_2 x \cdot Y_2 y$ bestimmt werden zu $Y_0 = \frac{K\,\mathrm{cm}^2}{Z_0\,\mathrm{cm}} = \frac{18\,\mathrm{cm}^2}{3\,\mathrm{cm}} = 6\,\mathrm{cm}$, $Y_1 = \frac{K\,\mathrm{cm}^2}{Z_1\,\mathrm{cm}} = \frac{18\,\mathrm{cm}^2}{Z_1\,\mathrm{cm}} = \frac{18\,\mathrm{cm}^2}{3{,}6\,\mathrm{cm}} = 5\,\mathrm{cm}$ und $Y_2 = \frac{K\,\mathrm{cm}^2}{Z_2\,\mathrm{cm}} = \frac{18\,\mathrm{cm}^2}{6{,}7\,\mathrm{cm}} = 2{,}68\,\mathrm{cm}$. Am einfachsten aber bestimmt man die $\mathfrak{Y}$-Vektoren durch Spiegelung oder Inversion der $\mathfrak{Z}$-Vektoren. Man spiegelt die Pfeilspitzen der $\mathfrak{Z}$-Vektoren und erhält damit die Richtungen der $\mathfrak{Y}$-Vektoren und in ihren Schnittpunkten mit der Ortskurve der $\mathfrak{Y}$-Vektoren die Beträge, wie in Abb. 389 ausgeführt.

Beispiel 146. Für eine Reihenschaltung mit $R = 40\,\Omega$ und $X_i = 2\pi f_v \cdot 0{,}3\,\Omega$, also mit dem Scheinwiderstand $\mathfrak{Z} = 40 + j\,2\pi f_v \cdot 0{,}3$, sind die Ortskurven für Z und Y zu zeichnen und die Beträge der $\mathfrak{Z}$- und $\mathfrak{Y}$-Vektoren für $f_v = 20$, 30 und 40 Hz rechnerisch und graphisch zu ermitteln. In der horizontalen Bezugsachse liegt der Stromvektor $\mathfrak{J}$ für die Widerstandsvektoren und der Spannungsvektor $\mathfrak{U}$ für die Leitwertvektoren. Der Wirkwiderstand R ist also in Richtung des Stromvektors aufzutragen und der Blindwiderstand $X_i = j\omega L = j\,2\pi f_v L = j\,1{,}884\,f_v\,\Omega$ daran anschließend, aber 90° voreilend. Die X_i für verschiedene Werte von f_v von $0 \ldots \infty$ sind in nachstehender Tabelle berechnet.

f_v Hz	0	10	20	30	40	60	80	100	∞
$X_i = 2\pi f_v L = 1{,}884\,f_v\,\Omega$	0	18,84	37,68	56,52	75,36	113,04	150,72	188,4	∞

Die Ortskurve der $\mathfrak{Z}$-Vektoren gibt eine auf dem Bezugsvektor senkrecht stehende, vom Endpunkt $R = 40\,\Omega$ ausgehende Gerade und deshalb ergibt sich für die Ortskurve der $\mathfrak{Y}$-Vektoren nach § 91 ein Kreis mit dem Durchmesser $Y_0 = \frac{1}{40}$. Für den Scheinwiderstand $\mathfrak{Z} = 40 + j\,2\pi f_v\,0{,}3$ ergibt sich gemäß der Tabelle für

$$v = 0{:}\quad Z_0 = 40\,\Omega \text{ und } Y_0 = \frac{1}{40}\,\mathrm{S}.$$

$$v = 20{:}\quad \mathfrak{Z}_{20} = 40 + j\,37{,}68 \text{ mit dem Betrag}$$

$$Z_{20} = \sqrt{40^2 + 37{,}68^2} = 54{,}9\,\Omega \text{ und } Y_{20} = \frac{1}{54{,}9}\,\mathrm{S}.$$

$$v = 30{:}\quad \mathfrak{Z}_{30} = 40 + j\,56{,}52 \text{ mit dem Betrag}$$

$$Z_{30} = \sqrt{40^2 + 56{,}52^2} = 69{,}2\,\Omega \text{ und } Y_{30} = \frac{1}{69{,}2}\,\mathrm{S}.$$

$$v = 40{:}\quad \mathfrak{Z}_{40} = 40 + j\,75{,}36 \text{ mit dem Betrag}$$

$$Z_{40} = \sqrt{40^2 + 75{,}36^2} = 85{,}3\,\Omega \text{ und } Y_{40} = \frac{1}{85{,}3}\,\mathrm{S}.$$

Als Maßstäbe für die Zeichnung werden gewählt $x = \frac{0{,}08\,\mathrm{cm}}{1\,\Omega}$ und $y = \frac{160\,\mathrm{cm}}{1\,\mathrm{S}}$.

Damit erhält man für die Zeichnung die cm-Beträge

$$Z_0 x = 40\,\Omega \cdot \frac{0{,}08\text{ cm}}{1\,\Omega} = 3{,}2\text{ cm},$$

$$Y_0 \cdot y = \frac{1}{40}\text{ S} \cdot \frac{160\text{ cm}}{1\text{ S}} = 4\text{ cm},$$

$$Z_{20} \cdot x = 54{,}9\,\Omega \frac{0{,}08\text{ cm}}{1\,\Omega} = 4{,}4\text{ cm},$$

$$Y_{20} \cdot y = \frac{1}{54{,}0}\text{ S} \cdot \frac{160\text{ cm}}{1\text{ S}} = 2{,}9\text{ cm},$$

$$Z_{30} \cdot x = 69{,}2\,\Omega \cdot \frac{0{,}08\text{ cm}}{1\,\Omega} = 5{,}53\text{ cm},$$

$$Y_{30} \cdot y = \frac{1}{69{,}2}\text{ S} \cdot \frac{160\text{ cm}}{1\text{ S}} = 2{,}32\text{ cm},$$

$$Z_{40} x = 85{,}3\,\Omega \cdot \frac{0{,}08\text{ cm}}{1\,\Omega} = 6{,}82\text{ cm},$$

$$Y_{40} \cdot y = \frac{1}{85{,}3}\text{ S} \cdot \frac{160\text{ cm}}{1\text{ S}} = 1{,}87\text{ cm}.$$

Diese cm-Beträge hätte man für Y auch mit der Inversionspotenz

$$K = xy = \frac{0{,}08\text{ cm}}{1\,\Omega} \cdot \frac{160\text{ cm}}{1\text{ S}} = 12{,}8\text{ cm}^2$$

erhalten können. In Abb. 390 sind die $\mathfrak{Y}$-Vektoren aus den $\mathfrak{Z}$-Vektoren durch Spiegelung gefunden mit Hilfe der $\mathfrak{Y}$-Ortskurve.

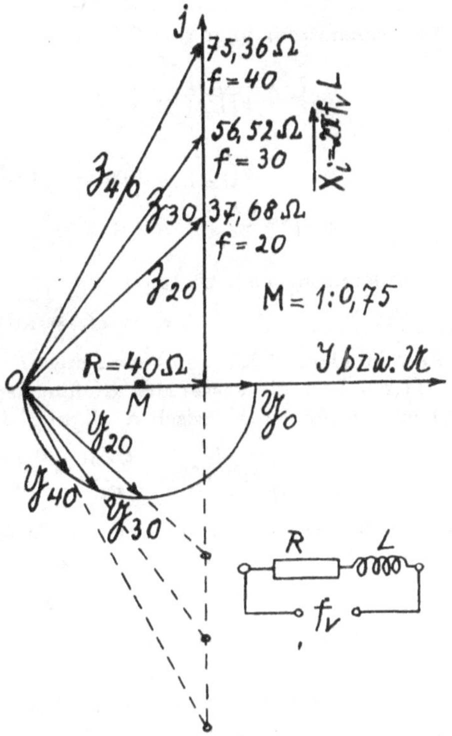

Abb. 390

Beispiel 147. Von einem Lufttransformator sind gegeben: Leerlaufspannung $U_{10} = 120\,\text{V}$, $R_1 = 10\,\Omega$, $R_2 = 0{,}1\,\Omega$, $L_1 = 10^{-3}\,\text{H}$, $L_2 = 10^{-5}$, $M = 10^{-4}\,\text{H}$, $f = 10\,\text{kHz}$ und $\ddot{u}_k = \frac{w_1}{w_2} = 10$. Gesucht ist der Leerlaufstrom I_0 und seine Phasenverschiebung φ_0 zur Spannung U_{10}.

Der Leerlaufstrom ergibt sich gemäß Gl. (389c) $I_{10} = \frac{U_{10}}{\sqrt{R_1^2 + (\omega L_1)^2}}$. Nun ist $\omega = 2\pi f = 2\pi \cdot 10^4 = 6{,}28 \cdot 10^4\,\text{s}^{-1}$, $\omega L_1 = 6{,}28 \cdot 10^4 \cdot 10^{-3} = 62{,}8\,\Omega$ und damit

$$I_{10} = \frac{120}{\sqrt{100 + 3944}} = 1{,}88\text{ A}.$$

$$\operatorname{tg}\varphi_0 = \frac{\omega L_1}{R_1} = \frac{62{,}8}{10} = 6{,}28; \qquad \varphi_0 = 80^\circ 55'.$$

Beispiel 148. Der Lufttransformator des Beispiels 147 liegt an einer konstanten Primärspannung $U_1 = 120\text{ V}$ und ist sekundär durch einen Ohmschen Nutzwiderstand $R_n = 5{,}9\,\Omega$ geschlossen. Gesucht sind Primär- und Sekundärstrom I_1 und I_2, die sekundäre EMK E_2 und Spannung U_2, sowie der Kopplungsgrad k und Streukoeffizient σ.

Bei sekundärer Belastung ist $R_{\text{II}} = R_2 + R_n = 0{,}1 + 5{,}9 = 6\,\Omega$ und $L_{\text{II}} = L_2 = 10^{-5}\,\text{H}$. Gemäß Gl. (394) ist das Stromübersetzungsverhältnis

$$\ddot{u} = \frac{I_2}{I_1} = \frac{\omega M}{\sqrt{R_{II}^2 + (\omega L_{II})^2}} = \frac{6{,}28}{\sqrt{36 + 0{,}39}} = 1{,}04\,.$$

Der Primärstrom folgt aus Gl. (397)

$$I_1 = \frac{U_1}{\sqrt{(R_1 + R_{II}\,\ddot{u}^2)^2 + (\omega L_1 - \omega L_{II}\,\ddot{u}^2)^2}}$$

$$= \frac{U_1}{\sqrt{(10 + 6 \cdot 1{,}04^2)^2 + (62{,}8 - 0{,}628 \cdot 1{,}04^2)^2}} = \frac{120}{64{,}3} = 1{,}87\ \mathrm{A}\,.$$

$$\operatorname{tg}\varphi_1 = \frac{62{,}11}{16{,}6} = 3{,}74; \qquad \varphi_1 = 75^\circ \quad \text{aus Gl. (396).}$$

Sekundärstrom nach Gl. (394)

$$I_2 = \ddot{u} I_1 = 1{,}04 \cdot 1{,}87 = 1{,}94\ \mathrm{A}\,.$$

Die sekundäre EMK ergibt sich aus Gl. (392c) zu $E_2 = I_1 \omega M = I_2 \sqrt{R_{II}^2 + (\omega L_{II})^2}$ $= 11{,}7$ V und die sekundäre Klemmenspannung $U_2 = I_2 R_n = 1{,}94 \cdot 5{,}9 = 11{,}5$ V. Phasenverschiebung zwischen E_2 und I_2 nach Gl. (391c)

$$\operatorname{tg}\varphi_2 = \frac{\omega L_{II}}{R_{II}} = \frac{0{,}628}{6} = 0{,}104; \qquad \varphi_2 = 6^\circ\,.$$

Der Kopplungsgrad ergibt sich aus Gl. (383c)

$$k = \frac{M}{\sqrt{L_1 \cdot L_2}} = \frac{10^{-4}}{\sqrt{10^{-3} \cdot 10^{-5}}} = 1$$

und der Streukoeffizient nach Gl. (388) $\sigma = 1 - k^2 = 0$. Der Transformator ist also streuungsfrei.

Beispiel 149. Wie groß sind bei dem Lufttransformator der Beispiele 147 und 148 im Falle des sekundären Kurzschlusses primärer Kurzschlußstrom I_{1k} und Kurzschlußspannung U_{1k} mit Phasenverschiebung φ_{1k}, sowie sekundärer Kurzschlußstrom I_{2k} und EMK E_{2k} und ihre Phasenverschiebung φ_{2k}?

Im Kurzschluß der Sekundärwicklung ist $R_n = 0$, $R_{II} = R_2 = 0{,}1\,\Omega$ und $L_{II} = L_2 = 10^{-5}$ H. Nach Gl. (398a) und (398b) ist

$$\frac{I_{2k}}{I_{1k}} = \frac{\omega M}{\omega L_2} = \frac{M}{L_2} = \frac{10^{-4}}{10^{-5}} = 10 = \ddot{u}_k \approx \frac{w_1}{w_2}\,.$$

Der Primärkurzschlußstrom ist nach Gl. (397)

$$I_{1k} = \frac{U_1}{\sqrt{(R_1 + R_2 \ddot{u}_k^2)^2 + (\omega L_1 - \omega L_2 \ddot{u}_k^2)^2}}$$

$$= \frac{120}{\sqrt{(10 + 0{,}1 \cdot 100)^2 + (62{,}8 - 0{,}628 \cdot 100)^2}} = \frac{120}{\sqrt{20^2}} = 6\ \mathrm{A}\,.$$

Der Sekundärstrom ist nach Gl. (398b) $I_{2k} = \ddot{u}_k \cdot I_{1k} = 10 \cdot 6 = 60$ A. Da die zweite Klammer unter der Wurzel den Wert Null hat, so haben die Ströme I_{1k} und I_{2k} keine Blindkomponente (streuungsfreier Transformator).

Gemäß Abb. 300 ergibt sich die Blindkomponente der primären Kurzschlußspannung

$$U_{1k} \sin\varphi_{1k} = I_{1k}\omega L_1 - \omega M I_{2k} = 6 \cdot 62{,}8 - 6{,}28 \cdot 60 = 0$$

und aus Gl. (399a)

$$U_{1k} \cos \varphi_{1k} = I_{1k}(R_1 + R_2 \ddot{u}_k^2) = 6 \cdot (10 + 0{,}1 \cdot 100) = 6 \cdot 20 = 120\ \mathrm{V}$$

und

$$\operatorname{tg} \varphi_{1k} = \frac{\omega (L_1 - L_2 \ddot{u}_k^2)}{R_1 + R_2 \ddot{u}_k^2} = 0; \quad \varphi_{1k} = 0.$$

Die primäre Kurzschlußspannung ist also vollkommen Wirkspannung und ihr Vektor fällt mit dem Bezugsvektor zusammen, weil keine Streuspannungen auftreten, wie mit den Gl. (387a) und (387b) bewiesen werden kann.

Für den gegebenen Transformator ist nämlich

$$L_{1S} = L_1 - M \frac{w_1}{w_2} = 10^{-3} - 10^{-4} \cdot 10 = 0$$

und

$$L_{2S} = L_2 - M \frac{w_2}{w_1} = 10^{-5} - 10^{-4} \frac{1}{10} = 0.$$

Sekundäre EMK $E_2 = I_{2k} \sqrt{R_2^2 + (\omega L_2)^2}$ oder $E_2 = I_{1k} \omega M = 37{,}8\ \mathrm{V}$; $\operatorname{tg} \varphi_{2k} = \frac{0{,}628}{0{,}1} = 6{,}28$; $\varphi_{2k} = 80^\circ 55'$.

Beispiel 150. Für einen Lufttransformator sind zu zeichnen die Ortskurve der Scheinwiderstände $\mathfrak{Z}$ und durch Inversion gemäß Abb. 293 und 306 die Ortskurve der Scheinleitwerte $\mathfrak{Y}$, wenn der Transformator über Ohmsche Widerstände R_n von Leerlauf bis Kurzschluß belastet wird. Gegeben sind: Scheinwiderstand im Leerlauf $\mathfrak{Z}_0 = 10 + j\,62{,}8$ mit dem Betrag $Z_0 = \sqrt{10^2 + 62{,}8^2} = 63\,\Omega$ und $\varphi_0 = 80^\circ 55'$. Scheinwiderstand im Kurzschluß $\mathfrak{Z}_k = 10 + j\,15$ mit dem Betrag $Z_k = \sqrt{10^2 + 15^2} = 18\,\Omega$ und $\operatorname{tg} \varphi_k = \frac{15}{10} = 1{,}5$; $\varphi_k = 56^\circ 20'$.

Als Maßstäbe werden gewählt für die Widerstände $x = \frac{0{,}1\ \mathrm{cm}}{1\,\Omega}$ und für die Leitwerte $y = \frac{90\ \mathrm{cm}}{1\ \mathrm{S}}$. Die Spitze des Vektors $\mathfrak{Z}_0$ gibt den Leerlaufpunkt D und die Spitze des Vektors $\mathfrak{Z}_k$ gibt den Kurzschlußpunkt C. Man trägt also auf $OD = \mathfrak{Z}_0 = 63\,\Omega \cdot \frac{0{,}1\ \mathrm{cm}}{1\,\Omega} = 6{,}3\ \mathrm{cm}$ und $OC = \mathfrak{Z}_k = 18\,\Omega \cdot \frac{0{,}1\ \mathrm{cm}}{1\,\Omega} = 1{,}8\ \mathrm{cm}$. Der Halbkreis mit dem Durchmesser CD ist die Ortskurve für die Spitze der $\mathfrak{Z}$-Vektoren. Man trägt dann noch einen beliebigen Widerstandsvektor ein, z. B. $\mathfrak{Z}_1 = OG = 40\,\Omega = 4\ \mathrm{cm}$. Die den Widerständen entsprechenden Scheinleitwerte $\mathfrak{Y}_0$, $\mathfrak{Y}_k$ und $\mathfrak{Y}_1$ werden durch

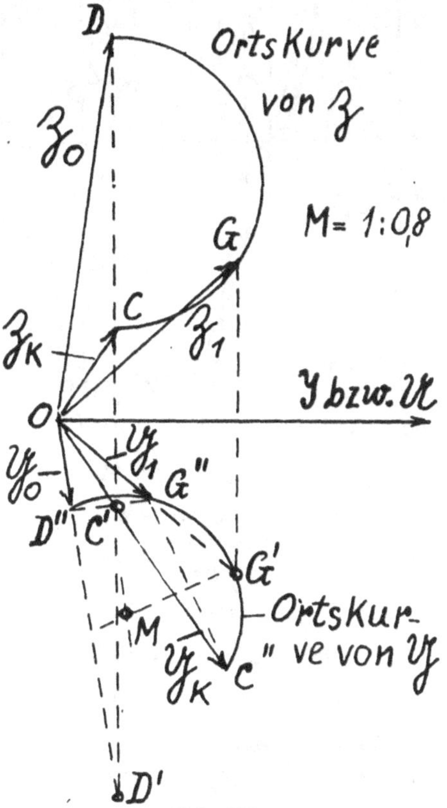

Abb. 391

$$i = \frac{1}{L}\int u \cdot dt = \frac{1}{L}\int [\overline{U}_1 \sin \omega t - \overline{U}_5 \sin 5\,\omega t]dt$$

$$= -\frac{\overline{U}_1}{\omega L}\cos \omega t + \frac{\overline{U}_5}{5\,\omega L}\cos 5\,\omega t$$

$$= -\frac{325}{314 \cdot 0{,}2}\cos 314\,t + \frac{13}{1570 \cdot 0{,}2}\cos 1570\,t$$

$$= -5{,}17\text{ A} \cos 314\,t + 0{,}0414\text{ A} \cos 1570\,t = i_1 + i_5 .$$

Die Stromwelle i hat eine Grundwelle i_1 mit dem Scheitelwert $\overline{I}_1 = 5{,}17$ A und eine fünfte Oberwelle i_5 mit dem Scheitelwert $\overline{I}_5 = 0{,}0414$ A.

Beim Aufzeichnen der Kurven ist zu beachten, daß die Grundwellen sinusförmig sind, desgleichen die Oberwellen. Durch Addition der Ordinaten von Grund- und Oberwellen erhält man die verzerrten Wellen, wobei die i-Welle der u-Welle um 90° nacheilt. Die u-Wellen sind Sinuswellen und deshalb ist für $t = 0$ auch $u_1 = 0$ und $u_5 = 0$, wogegen die i-Wellen Kosinuswellen sind und daher für $t = 0$ dann $i_1 = -\overline{I}_1$ und $i_5 = +\overline{I}_5$.

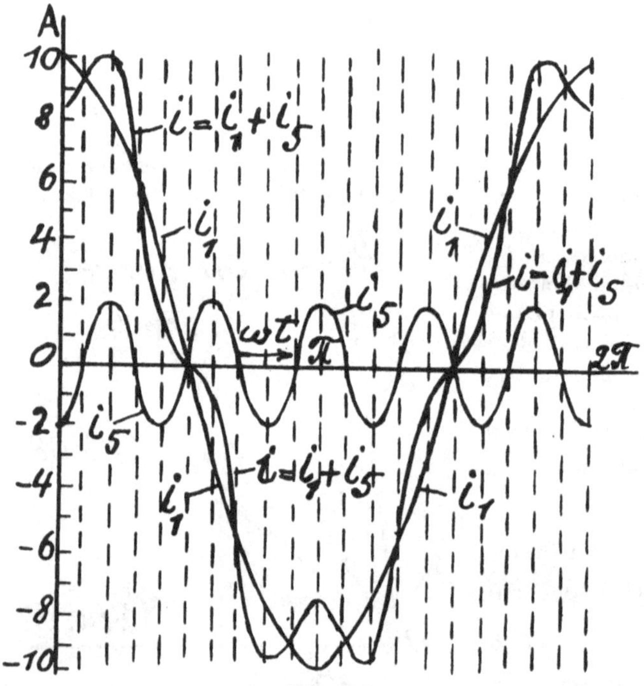

Abb. 394

Beispiel 156. Die trapezförmige Spannung des Beispiels 155 liegt an einer Kapazität $C = 100\,\mu$F. Zu berechnen Grund- und fünfte Oberwelle des Stromes und Zeichnung der verzerrten Stromwelle $i = i_1 + i_5$.

Aus der Spannungswelle $u = u_1 + u_5 = \overline{U}_1 \sin \omega t - \overline{U}_5 \sin 5\,\omega t$ ergibt sich die Stromwelle zu $i = C\frac{du}{dt}$, so daß

$$i = C\frac{d}{dt}[\overline{U}_1 \sin \omega t - \overline{U}_5 \sin 5\,\omega t] = \omega C\,\overline{U}_1 \cos \omega t - 5\omega C\,\overline{U}_5 \cos 5\,\omega t$$

$$= 314 \cdot 100 \cdot 10^{-6} \cdot 325 \cos 314t - 5 \cdot 314 \cdot 100 \cdot 10^{-6} \cdot 13 \cos 1570t$$

$$= 10{,}2\text{ A} \cos 314t - 2{,}04\text{ A} \cos 1570t = i_1 + i_5 .$$

Die Stromwelle besitzt also eine Kosinus-Grundwelle i_1 (Sinuswelle, die der u-Welle um 90° voreilt) $i_1 = 10{,}2\text{ A} \cos 314t$ mit dem Scheitelwert $\overline{I}_1 = 10{,}2$ A und eine fünfte Oberwelle $i_5 = 2{,}04\text{ A} \cos 1570\,t$ mit dem Scheitelwert $\overline{I}_5 = 2{,}04$ A. Durch Addition der Ordinaten der beiden Wellen erhält man die verzerrte Stromwelle $i = i_1 + i_5$. Maßstab 1 A = 5 mm, d. h. $\bar{I}_1 = 51$ mm und $\bar{I}_5 = 10{,}2$ mm. Aus Abb. 394 ist ersichtlich, daß bei kapazitiver Belastung die fünfte Oberwelle der Spannung eine starke Verzerrung der Stromwelle bewirkt.

Beispiel 157. Bei einem Wellenstrom wurde mit einem Hitzdrahtinstrument $I = 8$ A und mit einem Drehspulinstrument $I_g = 6$ A gemessen. Wie groß ist der Effektivwert I_w des überlagerten Wechselstroms?

Nach Gl. (419a) ist $I^2 = I_g^2 + I_w^2$, so daß

$$I_w = \sqrt{I^2 - I_g^2} = \sqrt{64 - 36} = \sqrt{28} = 5{,}29 \text{ A}.$$

108. Beispiele für § 94

Beispiel 158. Mit den Klemmen U, V, W eines Drehstromerzeugers sind zwei Ohmsche Widerstände $R_1 = 15\,\Omega$ und $R_2 = 20\,\Omega$ verbunden. Die Phasenspannung beträgt $U_p = 120$ V. Zu bestimmen sind die Ströme I_1, I_2 und I_3.

Die Widerstände liegen an den verketteten Spannungen $U_{RS} = U_{TS} = U_l = U_p\sqrt{3} = 1{,}73 \cdot 120 \text{ V} = 207{,}6$ V nach Gl. (420a).

$$I_1 = I_R = \frac{U_{RS}}{R_1} = \frac{207{,}6 \text{ V}}{15\,\Omega} = 13{,}84 \text{ A};$$

$$I_2 = I_T = \frac{U_{ST}}{R_2} = \frac{207{,}6 \text{ V}}{20\,\Omega} = 10{,}38 \text{ A}.$$

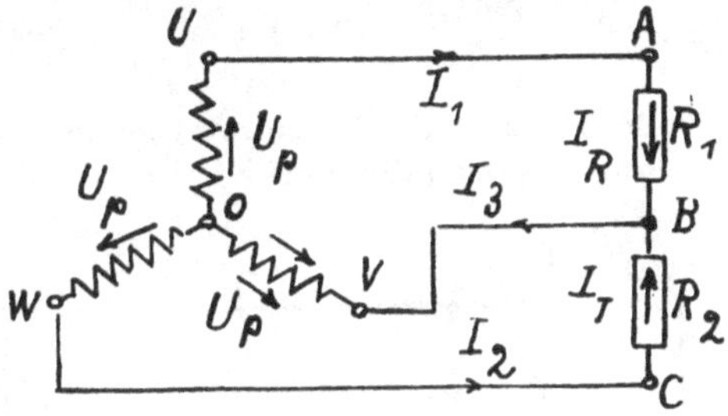

Abb. 395

In der Leitung BV fließt ein Strom I_3, der die geometrische Summe ist aus I_1 und I_2, welche gemäß Abb. 317b eine Phasenverschiebung von 120° zu einander haben. Nach dem Kosinussatz ist $I_3 = \sqrt{I_1^2 + I_2^2 - 2 I_1 I_2 \cos 120^\circ}$ und bei $\cos 120^\circ = -\cos 60^\circ = -\frac{1}{2}$ ergibt sich

$$I_3 = \sqrt{I_1^2 + I_2^2 + I_1 I_2} = \sqrt{13{,}8^2 + 10{,}38^2 + 13{,}8 \cdot 10{,}38} = 21 \text{ A}.$$

Beispiel 159. Ein Drehstromgenerator mit $U_l = 220$ V versorgt 90 gleichmäßig verteilte Glühlampen von je 100 W. Zu berechnen ist die Stromstärke in den Außenleitern, die Stromstärke in jeder Phase, wenn die Lampen in Dreieckschaltung verbunden sind, und die Lampenspannung, wenn die Lampen in Sternschaltung angeordnet sind.

Die Stromstärke I_l in den Außenleitern ergibt sich aus der Gesamtdrehstromleistung, die gemäß den Gl. (422a) und (422b) für Dreieck- und Sternschaltung sich ergibt zu $N = \sqrt{3}\, U_l I_l \cos\varphi_p$, so daß also $I_l = \frac{N}{\sqrt{3}\, U_l \cos\varphi_p}$ und weil bei Glühlampen $\varphi_p = 0$, so folgt $I_l = \frac{90 \cdot 100 \text{ W}}{1{,}73 \cdot 220 \text{ V}} = 23{,}7$ A.

Bei Dreieckschaltung ist der Lampenstrom

$$I_p = \frac{I_l}{\sqrt{3}} = \frac{23{,}7}{1{,}73} = 13{,}6 \text{ A} \quad \text{nach Gl. (421a).}$$

Bei Sternschaltung ist die Lampenspannung

$$U_p = \frac{U_l}{\sqrt{3}} = \frac{220}{1{,}73} = 127{,}16\ \text{V}.$$

Beispiel 160. Ein Drehstrommotor von $N_n = 50$ PS Nennleistung bei $U_l = 220$ V, $f = 50$ P/s und $\cos\varphi_p = 0{,}85$ besitzt eine Wicklung in Sternschaltung. Wie groß ist der Leitungsstrom I_l, der Strom I_p und die Spannung U_p je Phase? Für welche Stromstärke müssen die Drähte der Wicklung bemessen werden, wenn Dreieckschaltung ausgeführt wird? Wirkungsgrad $\eta = 0{,}9$.

$$N_n = 50 \cdot 736 = 36800\ \text{W} = 36{,}8\ \text{kW}.$$

Zuzuführende Leistung $N = \dfrac{N_n}{\eta} = \dfrac{36800}{0{,}9} = 40900$ W.

Nun ist $N = \sqrt{3}\, U_l I_l \cos\varphi_p$ und daraus $I_l = 126{,}62$ A. Der Strom je Phase ist bei Sternschaltung $I_p = I_l = 126{,}62$ A und die Phasenspannung $U_p = \dfrac{U_l}{\sqrt{3}} = \dfrac{220}{1{,}73} = 127$ V.

Bei Dreieckschaltung müssen die Drähte der Phasenwicklung für den Strom $I_p = \dfrac{I_l}{\sqrt{3}} = \dfrac{126{,}62}{1{,}73} = 73{,}1$ A bemessen werden.

Beispiel 161. Ein Drehstromgenerator liefert seine Energie nach einem $l = 350$ m entfernten Verwendungsgebiet. Dort sind 180 Glühlampen von je 60 W und 220 V in Dreieckschaltung angeschlossen. Zu berechnen sind der Strom I_l in dne Außenleitern, der Widerstand R einer Leitung bei einem zulässigen Spannungsverlust von 2% der Lampenspannung U, der Querschnitt q der Leitung, die Generatorspannung U_g und Leistung N_g.

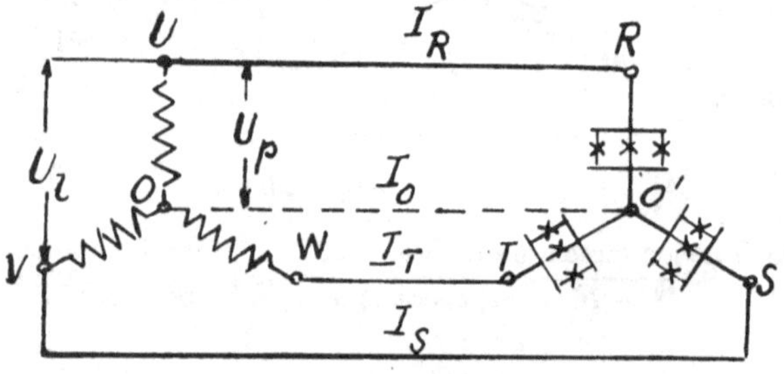

Abb. 396a

In den Lampen wird verbraucht die Leistung

$$N = 180 \cdot 60 = 10800\ \text{W}.$$

Da $N = \sqrt{3}\, U_l I_l = \sqrt{3}\, U\, I_l$, so ist die Stromstärke in jedem Außenleiter

$$I_l = \frac{N}{\sqrt{3}\,U} = \frac{10800\ \text{W}}{\sqrt{3}\cdot 220\ \text{V}} = \frac{10800\ \text{W}}{380\ \text{V}} = 28{,}42\ \text{A}.$$

Der Spannungsverlust in einer Leitung ist $I_l \cdot R$, in zwei Leitungen wegen der Phasenverschiebung der beiden Ströme von 120° ist der Spannungsverlust $v = I_l \cdot R\sqrt{3} = 220 \cdot 0{,}02 = 4{,}4$ V. Der Leitungswiderstand ergibt sich zu

$$R = \frac{v}{I_l\sqrt{3}} = \frac{4{,}4}{28{,}42 \cdot 1{,}73} = 0{,}09\ \Omega.$$

Aus $R = \varrho\dfrac{l}{q}$ folgt der Drahtquerschnitt $q = \varrho\dfrac{l}{R} = \dfrac{1 \cdot 350}{54 \cdot 0{,}09} = 70\ \text{mm}^2$. Generatorspannung $U_g = U + v = 220 + 4{,}4 = 224{,}4$ V und die Generatorleistung

$$N = \sqrt{3}\, U_g \cdot I_l = 1{,}73 \cdot 224{,}4 \cdot 28{,}42 = 11027\ \text{W} = 11{,}027\ \text{kW}.$$

Beispiel 162. In Abb. 396a sind gegeben $I_R = 12$ A, $I_S = 8$ A, $I_T = 4$ A, $U_l = 220$ V und der Widerstand einer Außenleitung $R = 2\,\Omega$. Der Nulleiter OO' hat den selben Querschnitt eines Außenleiters. Gesucht sind der Strom I_0 im Nulleiter und die Spannung an den Lampen. Mit welcher Spannung brennen die Lampen der Leitung R, wenn die Leitungen S und T abgeschaltet sind?

Die Ströme I_R, I_S und I_T haben als Drehströme gegenseitige Phasenverschiebungen von 120° und sind mit ihren Spannungen in Phase. Der Strom I_0 im Nullleiter ist die geometrische Summe der Ströme in den Außenleitern, wie in Abb. 396b ausgeführt wurde mit dem Maßstab 1 A = 4 mm, d. h. $I_R = 48$ mm, $I_S = 32$ mm und $I_T = 16$ mm. Die Zeichnung ergibt für $I_0 = 28$ mm = 7 A. Zur Bestimmung der Lampenspannungen U müssen die Spannungsverluste in den Leitungen ermittelt werden. Spannungsverlust in Leitung $UR: I_R \cdot R = 12\,\text{A} \cdot 2\,\Omega = 24$ V. Spannungsverlust in Leitung $VS: I_S \cdot R = 8\,\text{A} \cdot 2\,\Omega = 16$ V und in Leitung $WT: I_T \cdot R = 4\,\text{A} \cdot 2\,\Omega = 8$ V. Im Nulleiter OO' ist der Spannungsverlust $I_0 R = 7\,\text{A} \cdot 2\,\Omega = 14$ V. Diese Spannungsverluste sind mit den Strömen in Phase, also in deren Richtungen, wie in Abb. 396c im Maßstab 1 mm = 1 V ausgeführt wurde. Der Spannungsverlust in Leitung UR und Nullleiter OO' ist geometrische Summe aus OA' und $OE' = OF = 35$ mm $= 35$ V, der Spannungsverlust in Leitung VS und Nullleiter OO' ist geometrische Summe aus OB' und $OE' = OG = 21$ mm $= 21$ V und der Spannugsverlust in Leitung WT und Nulleiter OO' ist geometrische Summe aus OC' und $OE' = OH = 8$ mm $= 8$ V. Die Lampen zwischen R und O' brennen an der Spannung $U_p - 35\,\text{V} = \frac{220}{1{,}73} - 35 = 127 - 35 = 92$ V, die Lampen zwischen S und O' an der Spannung $U_p - 21\,\text{V} = 127 - 21 = 106$ V und die Lampen zwischen T und O' an der Spannung $U_p - 8\,\text{V} = 127 - 8 = 119$ V. Sind die Leitungen S und T abgeschaltet, dann fließt im Nulleiter der nämliche Strom wie im Außenleiter UR, d.h. 12 A, denn es ist jetzt ein einphasiger Wechselstromkreis vorhanden mit dem Spannungsverlust $2 I_R \cdot R = 2 \cdot 12\,\text{A} \cdot 2\,\Omega = 48$ V, so daß die Lampen mit $127 - 48 = 79$ V brennen.

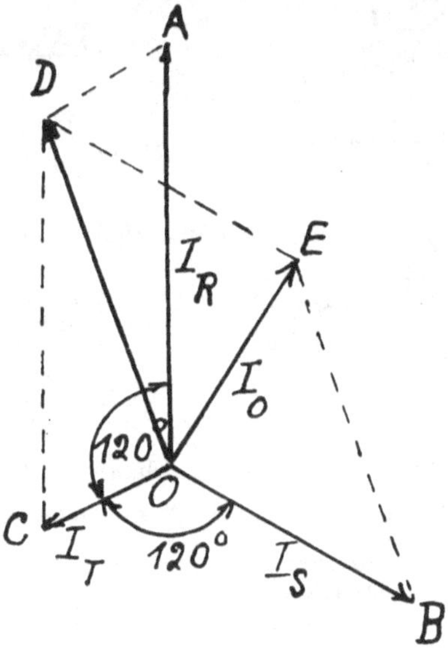

Abb. 306 b

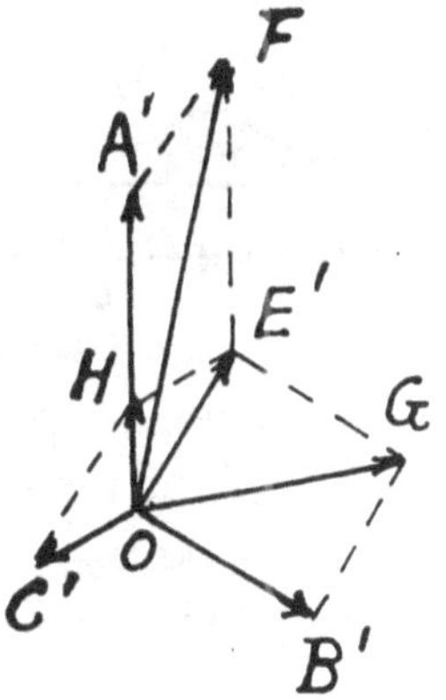

Abb. 396c

Beispiel 163. Sechs gleiche Ohmsche Widerstände $R = 5\,\Omega$ sind gemäß Abb. 397 (siehe S. 520) geschaltet und an eine Drehstromspannung $U_l = 120$ V angeschlossen. Zu ermitteln sind die Spannungen U und U_p, die Ströme I_l und I_p und die in den sechs Widerständen verbrauchte Gesamtleistung.

Die Ströme I_p haben 120° Phasenverschiebung gegeneinander und haben einen Betrag $I_p = \frac{I_l}{\sqrt{3}}$. Die Spannungen $U = I_l \cdot R$ sind in Phase mit I_l, die Spannungen $U_p = I_p \cdot R = \frac{I_l}{\sqrt{3}} R = \frac{U}{\sqrt{3}}$ sind in Phase mit den Strömen I_p.

Die Spannung U_l ist die geometrische Summe aus den Spannungen U_p, U und der gewendeten Spannung $-U$ gemäß Abb. 397a. Aus der Abbildung folgt, daß

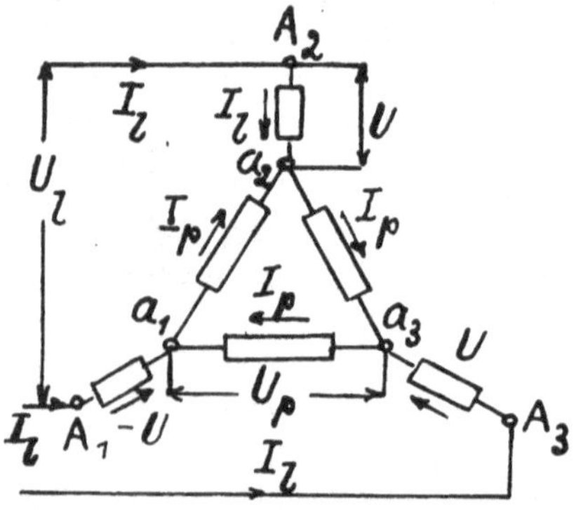

Abb. 397

$$U_l = U_p + 2U\cos 30 = U_p + U\sqrt{3}$$

$$= \frac{U}{\sqrt{3}} + U\sqrt{3} = \frac{4U}{\sqrt{3}},$$

weil

$$U = I_l \cdot R = I_p\sqrt{3}R = U_p\sqrt{3}.$$

Man erhält dann

$$U = \frac{\sqrt{3}U_l}{4} = \frac{1{,}73 \cdot 120}{4} = 52\text{ V}$$

und

$$U_p = \frac{U}{\sqrt{3}} = \frac{U_l}{4} = \frac{120}{4} = 30\text{ V}.$$

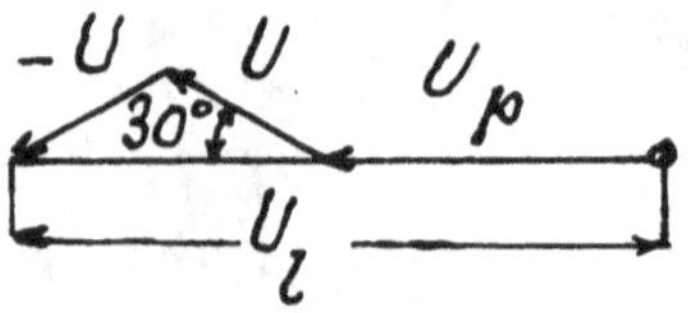

Abb. 397a

Damit ergeben sich die Ströme

$$I_l = \frac{U}{R} = \frac{52\text{ V}}{5\,\Omega} = 10{,}4\text{ A}$$

und

$$I_p = \frac{U_p}{R} = \frac{30\text{ V}}{5\,\Omega} = 6\text{ A}.$$

Die in sämtlichen Widerständen verbrauchte Gesamtleistung ist

$$N = 3I_l^2R + 3I_p^2 \cdot R = 15(10{,}4^2 + 6^2) = 2162{,}4\text{ W} = 2{,}1624\text{ kW}.$$

Beispiel 164. Von einem Drehstrommotor sind gegeben: Nennleistung $N_n = 30$ kW, Wirkungsgrad $\eta = 0{,}89$, verkettete Spannung $U_l = 380/220$ V, $\cos\varphi_p = 0{,}89$, $f = 50$ Hz, $n = 1500$ U/min. Bei 380 V wird die Ständerwicklung in Stern und bei 220 V in Dreieck geschaltet. Zu berechnen sind für Stern- und Dreieckschaltung: Wirkleistung N, Scheinleistung N_s, Blindleistung N_b, Leitungsstrom I_l, Phasenstrom I_p und Phasenspannung U_p. Welche Polzahl $2p$ besitzt die Ständerwicklung?

Wirkleistung für Stern- und Dreieckschaltung $N = \frac{N_n}{\eta} = \frac{30}{0{,}89} = 33{,}708$ kW. Andererseits ist für Stern- und Dreieckschaltung $N = \sqrt{3}U_lI_l\cos\varphi_p$ und daraus ergibt sich der Leitungsstrom $I_l = \frac{N}{\sqrt{3}U_l\cos\varphi_p}$. Die Scheinleistung ist in VA $N_s = \sqrt{3}U_lI_l$ und die Blindleistung in BW $N_b = \sqrt{3}U_lI_l\sin\varphi_p = N_s\sin\varphi_p$.

a) **Sternschaltung:** $U_l = 380$ V.

$$N = 33{,}708\text{ kW}.$$

$$I_l = \frac{33708}{1{,}73 \cdot 380 \cdot 0{,}89} = 57{,}7\text{ A}.$$

$$I_p = I_l = 57{,}7\ \text{A}; \qquad U_p = \frac{U_l}{\sqrt{3}} = \frac{380}{1{,}73} = 220\ \text{V}.$$

$$N_s = \sqrt{3}\, U_l I_l = 1{,}73 \cdot 380\ \text{V} \cdot 57{,}7\ \text{A} = 37{,}932\ \text{kVA}.$$

$$N_b = N_s \sin \varphi_p = 37{,}932\ \text{kVA} \cdot 0{,}457 = 17{,}335\ \text{BkW}.$$

b) **Dreieckschaltung:** $U_l = 220$ V.

$$N = 33{,}708\ \text{kW}.$$

$$I_l = \frac{N}{\sqrt{3}\, U_l \cos \varphi_p} = \frac{33708}{1{,}73 \cdot 220 \cdot 0{,}89} = 99{,}512\ \text{A}.$$

$$I_p = \frac{I_l}{\sqrt{3}} = \frac{99{,}512}{1{,}73} = 57{,}52\ \text{A}.$$

$$U_p = U_l = 220\ \text{V}.$$

$$N_s = \sqrt{3}\, U_l I_l = 1{,}73 \cdot 220\ \text{V} \cdot 99{,}51\ \text{A} = 37{,}87\ \text{kVA}.$$

$$N_b = N_s \sin \varphi_p = 37{,}87\ \text{kVA} \cdot 0{,}457 = 17{,}33\ \text{BkW}.$$

Da $f = \frac{pn}{60}$, so besitzt die Ständerwicklung $p = \frac{60f}{n} = \frac{60 \cdot 50}{1500} = \frac{3000}{1500} = 2$ Polpaare oder $2p = 4$ Pole.

Verwendete Formelzeichen

1. Mechanische Größen

		Einheit
A	= Arbeit	kgm
F	= Flächeninhalt	cm²
G	= Gewicht	kg
M_d	= Drehmoment	kgcm
N	= Leistung	kgm/s
O	= Oberfläche	cm²
P	= Mechanische Kraft	kg
V	= Rauminhalt	cm³
Z	= Zellenzahl	
a	= Abstand, Radius	cm
d	= Abstand, Durchmesser	cm
l	= Länge	cm
m	= Masse	g
n	= Drehzahl	
q	= Querschnitt	mm²
r	= Abstand, Radius	cm
s	= Weg	cm
t	= Zeit	s
v	= Geschwindigkeit	cm/s
w	= Windungszahl	
z	= Stabzahl	
Θ	= Trägheitsmoment	gcm²
α	= Winkel	
γ	= Spezifisches Gewicht	kg/l
δ	= Luftspaltweite, Blechstärke	cm, mm
η	= Wirkungsgrad	

2. Wärme- und lichttechnische Größen

		Einheit
B	= Leuchtdichte	HK/cm²
E	= Beleuchtungsstärke	lx
J	= Lichtstärke	HK
N_w	= Wärmeleistung	W
Q_w	= Wärmemenge	cal
R_t	= Wärmewiderstand	°C/W
T	= Ergänzte Temperatur	°C
T	= Zeitkonstante	s
c	= Spezifische Wärme	kcal/kg°C
c_1'	= Spezifische Wärmearbeit	Ws/kg°C
h	= Wärmeabgabezahl	W/°Ccm²
t	= Temperatur	°C
Φ	= Lichtstrom	lm
ϑ	= Übertemperatur	°C
ϱ_t	= Spezif. Wärmewiderstand	°Ccm/W

3. Elektrische Größen

		Einheit
A	= Elektrische Arbeit	Ws
C	= Kapazität	F
$\mathfrak{D}$	= Elektrische Verschiebung, Ladungsdichte	As/cm²
E	= EMK	V
$\mathfrak{E}$	= Feldstärke	V/cm
G	= Elektrischer Leitwert	S
I	= Stromstärke	A
N	= Elektrische Leistung	W
Q	= Ladung, Elektrizitätsmenge	LE, As
R	= Elektrischer Widerstand	Ω
R_k	= Ersatzwiderstand	Ω
U	= Spannung	$\frac{\text{Erg}}{\text{LE}}$, V
V	= Potential	V
W_e	= Elektrische Energie	Ws
a_0	= Atomgewicht	mg
a	= Äquivalentgewicht	mg
c	= Elektrochem. Äquivalent	mg/As
j	= Stromdichte	A/mm²
k	= Wertigkeit	
k	= Spezifischer Leitwert	Sm/mm²
v	= Spannungsverlust	V
Δ	= Elektrisierungszahl	F/cm
Δ_0	= Verschiebungskonstante	F/cm
Φ_e	= Verschiebungsfluß	As

		Einheit
α	= Temperaturkoeffizient	
ε	= Dielektrizitätskonstante	
ε	= Bezogener Spannungsverlust	%
ϱ	= Spezifischer Widerstand	$\frac{\Omega\,\mathrm{mm}^2}{\mathrm{m}}$

4. Magnetische Größen

		Einheit
$\mathfrak{B}$	= Magnetische Induktion	G
$\overline{\mathfrak{B}}$	= Höchstwert d. Induktion	G
$\mathfrak{H}\nabla$	= Magnetische Feldstärke	Oersted
$\mathfrak{H}$	= Magnetische Feldstärke	A/cm
L	= Selbstinduktivität	H
L_s	= Streuinduktivität	H
M	= Gegeninduktivität	H
M	= Magnetisches Moment	M cm
N_h	= Hysteresisverlust	W
N_w	= Wirbelstromverlust	W
R_m	= Magnetischer Widerstand	A/M
V	= Magnetische Spannung	A
W_m	= Magnetische Energie	Ws
g	= Induktionsverdrängungsfaktor	
k	= Verdrängungsfaktor	
m	= Polstärke	M
p	= Polpaarzahl	
s	= HOPKINScher Streufaktor	
v_h	= Verlustziffer f. Hysteresis	W/kg
v_w	= Verlustziffer für Wirbelströme	W/kg
Θ	= Durchflutung	A
Λ	= Magnetischer Leitwert	M/A
Π	= Magnetisierungszahl	Gcm/A
Π_0	= Absolute Permeabilität	Gcm/A
Φ	= Induktionsfluß	M (Vs)
$\overline{\Phi}$	= Höchstwert des Induktionsflusses	M (Vs)
μ	= Relative Permeabilität	
σ	= Spezif. Magnetisierung	M/cm²
τ	= HEYLANDscher Streufaktor	

5. Wechselstromgrößen

		Einheit
A_b	= Blindarbeit	B Ws
B	= Blindleitwert	S
D	= Dämpfungsfaktor	
E	= EMK, Effektivwert	V
$\overline{E}$	= Scheitelwert der EMK	V
$\mathfrak{E}$	= EMK, symbolisch	V
G	= Wirkleitwert	S
I	= Effektivwert des Stromes	A
$\overline{I}$	= Scheitelwert des Stromes	A
$\mathfrak{J}$	= Stromstärke, symbolisch	A
I_p	= Phasenstrom	A
I_l	= Netzstrom	A
I_{mi}	= Arithmetischer Mittelwert	A
I_b	= Blindstrom	A
I_w	= Wirkstrom	A
K	= Inversionspotenz	cm²
N_b	= Blindleistung	BW
N_w	= Wirkleistung	W
N_s	= Scheinleistung	VA
R	= Wirkwiderstand	Ω
R_e	= Echtwiderstand	Ω
T	= Periodendauer	s
T	= Zeitkonstante	s
U	= Effektivwert der Spannung	V
$\overline{U}$	= Scheitelwert der Spannung	V
$\mathfrak{U}$	= Spannung, symbolisch	V
U_p	= Phasenspannung	V
U_l	= Leiterspannung	V
U_b	= Blindspannung	V
U_w	= Wirkspannung	V
X	= Blindwiderstand	Ω
$\mathfrak{Y}$	= Leitwert, symbolisch	S
Z	= Scheinwiderstand	Ω
$\mathfrak{Z}$	= Scheinwiderstand, symbolisch	Ω
e	= Zeitwert der EMK	V
f	= Frequenz	Hz
f_r	= Eigenfrequenz	Hz
i	= Zeitwert des Stromes	A
j	= imaginäre Einheit	
k	= Kopplungsgrad	
u	= Zeitwert der Spannung	V
$ü$	= Übersetzungsverhältnis	
σ	= Streukoeffizient	
φ	= Phasenverschiebungswinkel	
ω_0	= Räumliche Winkelgeschwindigkeit	s^{-1}
ω	= Kreisfrequenz	s^{-1}

Sachverzeichnis

Akkumulatoren 130
Ampere 29
Amperesche Regel 170
Amperewindungen 183
Anionen 114, 116
Anode 105, 108, 114
Arbeit, mechanische 13, 31
— elektrische 24, 189
— magnetische 159, 160
— des Wechselstromes 346
Arbeitseinheiten 31, 348
Arbeitsmessung 50, 354
Atom 10
Atomgewicht 120, 122

Batterie 67, 138
Bewegungsspannung 204
Bezugsvektor 302, 307, 320
Blindleistung 348
Blindleitwert 305, 322
Blindspannung 323
Blindstrom 218, 321
Blindwiderstand 286, 290
Bogenlampen 100
— Regulierung 102

Chemisches Äquivalent 120, 122
COULOMB 28
COULOMBsches Gesetz 12, 149, 248

Dämpfungsfaktor 360, 372
Dauermagnete 146, 166
Diamagnetismus 156, 165
Dielektrikum 11, 257
Dielektrische Verluste 257
Dielektrizitätskonstante 12, 248
Dreheiseninstrument 47
Drehspulinstrument 46, 174, 276
Drehstrom 406
Drehstromleistung 411
Drosselspule 102, 288, 342
Durchflutung 171
Durchflutungsgesetz 177
Dynamomaschinen 32, 212
Dynamometrisches Instrument 46, 354

Echtwiderstand 292
Effektivwert 277, 402, 406
Eigenfrequenz 359, 365
Elektrische Einheiten 28
Elektrisches Feld 12, 16, 240
Elektrizitätsmenge 11, 24, 28
Elektrizitätszähler 25, 50, 354
Elektrochemie 130
Elektrochem. Äquivalent 119, 120, 122
Elektrolyse 114, 116
— Anwendungen 130
Elektromagnet 185, 192, 194, 340
Elektromotor 32, 81, 201
Elektromotorische Kraft 25, 42, 71
Elektronen 10
Elemente, chemische 122
— galvanische 141
EMK der Bewegung 206
— der Ruhe 209
Energie des magnetischen Feldes 159, 189, 222, 348
— des elektrischen Feldes 257, 291, 349
Erregerwicklung 197
Ersatzwiderstand 55, 327, 338
Extrastrom 228

FARAD 30, 243
FARADAYsche Gesetze 119
— Konstante 123
Feld, elektrisches 12, 16, 240
— Erdfeld 153
— homogenes 152, 174, 244
— magnetisches 148, 171
Feldlinien 12, 16, 149, 172

Feldstärke, elektrische 12, 15, 29, 242
— magnetische 150, 177
Ferromagnetische Stoffe 156
Fluß, elektrischer 247
— magnetischer 149, 171
Formfaktor 281
Frequenz 28, 216

Gegeninduktion 229
Gegenreihenschaltung von Widerständen mit EMKe 272
Gegenschaltung von Stromquellen 41
Gemischte Schaltung von Stromquellen 69
— — von Widerständen 51, 336
Gleichrichter 105
Gleichstrommaschine 32, 212
Glühlampen 96
— Schaltung 99
Grammäquivalent 121, 123
Grundwelle 398

Harmonische Schwingung 155, 370
Henry 221
Hertz 259
Hintereinanderschaltung von Kondensatoren 255
— von Stromquellen 68
— von Widerständen 51, 306
Hitzdrahtinstrument 84
Hysteresis 161

Induktion, elektrische 204
— magnetische 146, 149
Induktionsgesetz 206
Induktionsinstrumente 235, 354
Induktionskoeffizient der Selbstinduktion 220, 223
— der Gegeninduktion 231
Induktiver Widerstand 286
Influenz 246
Inversion 376
Ionen 10, 100, 106
Isolatoren 11, 38, 243

Joule 31
Joulesches Gesetz 74
Joulesche Wärme 75

Kapazität von Akkumulatoren 136
— von Kondensatoren 243, 250
— von Leitern 20
— von Leitungen 251
— von Spulen 254
Kapazitiver Widerstand 290
Kathode 105, 108
Kationen 114, 116
Kirchhoffsche Gesetze 53, 275
Klemmenspannung 42
Koerzitivkraft 148, 162, 167
Kondensatoren 243
Kompensationsschaltung 62
Kopplungsgrad 386
Kreisfrequenz 262
Kreisstrom 172, 181

Ladestrom von Akkumulatoren 131, 135
— von Kondensatoren 249
Ladung, elektrische 11, 28, 243, 247
— von Akkumulatoren 135
Ladungsenergie 21, 257
Leistung, elektrische 24, 31
— mechanische 30
— des Wechselstromes 346
— der Wirbelströme 238
— verzerrter Wellen 402
Leistungsfaktor 352, 404, 418
Leistungsmessung 48, 353, 412
Leiter 10
Leitung, Berechnung 84
— elektrolytische 116
— Spannungsverlust 59
Leitwert, elektrischer 34, 55, 305
— magnetischer 183, 186
Lichtstärke 94
Linke-Hand-Regel 201
Liniendiagramm 262, 268
Loschmidtsche Zahl 124
Lufttransformator 383
Lumineszenzstrahler 94, 107

Magnete 146, 150, 166
Magnetische Charakteristik 189
Magnetischer Fluß 149, 171
— Schwund 206
Magnetisches Moment 154
Magnetische Spannung 150, 152, 176

Magnetisierung 147, 155
Magnetisierungskurve 157, 179
Magnetisierungsstrom 189, 340
Magnetomotorische Kraft 152
Mehrwellige Ströme 398
Meßbereicherhöhung von Meßgeräten 57
Mischstrom 405
Mittelwert, arithmetischer 276
— quadratischer 277

Nebenwiderstand 57
Normalelemente 144
Normalen der Kapazität 256
— der Selbstinduktion 221
— des Widerstandes 35

Oberwelle 398
OERSTED 150
OHM 35
OHMsches Gesetz für Gleichstrom 33
— — für Magnetismus 183, 186
— — für Wechselstrom 316
Ortskurven 373
Oszillograph 282

Parallelschaltung von Kondensatoren 256
— von Stromquellen 68
— von Widerständen 53, 320
Paramagnetismus 156
PELTIERsche Wärme 109
Permeabilität 149, 178
Pferdestärke 31
Phasenregelung 331
Phasenverschiebung 218, 269
Polarisation 124
Polstärke 149, 150
Potential, elektrisches 13
— von Leitern 18
— magnetisches 150
Potentialflächen und -linien, elektrische 14, 17, 245, 252

Quecksilberdampflichtbogen 104
— Gleichrichter 105
Querspannung 323

Rechte-Hand-Regel 207
Reibungselektrizität 9
Reihenparallelschaltung 51, 336
Reihenschaltung s. Hintereinanderschaltung
Remanenz 146, 167
Resonanz 356
Resonanzbedingung 356, 362
— Frequenz 357, 362
— Strom 356, 359, 363

Sättigung 148
Schaltzellen 138, 140
Scheinleistung 352
Scheinleitwert 259
Scheinwiderstand 309, 313, 316
Scheitelfaktor 281
Scheitelwert 262, 270, 272, 274
Schirmwirkung, magnetische 156
Schraubenregel 170, 171, 205
Schwingungskreis 365, 366
Selbstinduktion 219, 285
SIEMENS 35
Skineffekt 239
Solenoid 173, 182, 184
Spannung, elektrische 14, 15, 244
— magnetische 150, 152, 176
Spannungsmessung 47, 63
Spannungsresonanz 356
Spannungsteiler 62
Sperrkreis 364
Spezifischer Widerstand 36
Spule 173, 182, 184
Stammzellen 140
Streufaktor 198, 386, 397
Streufeld 198
Streuspannung 233, 392
Streuung 198
Stromdichte 24, 29, 85, 241
Stromerzeuger 25, 32, 36, 212, 214, 406
Strommessung 47
Stromresonanz 360
Stromstärke 23, 29, 34, 41
Stromverlauf beim Ein- und Ausschalten 226
Stromwärme 75
Summenreihenschaltung von EMKe 269
Suszeptibilität 156
Symbolische Rechnung 297

Temperaturkoeffizient 37
Temperaturmessung 113

Temperaturstrahler 94, 96, 100
Thermoelement 111
Tragkraft eines Magneten 165, 341
Transformator 217

Übertemperatur 38, 78, 80, 85
Ummagnetisierungsarbeit 162

Vektordiagramm 297
Ventilzellen 129
Verlustwinkel 292, 343
Verlustziffer 164, 239
Verschiebung, elektrische 246
Verschiebungsfluß 247
Verschiebungskonstante 247
Verzerrte Wellen 398
– – bei Drosselspulen 343
Verzweigung des Stromkreises 53, 320
– des magnetischen Kreises 194
Volt 29
Voltameter 128
Voltsekunde 151, 206
Voltmeter s. Spannungsmessung
Vorwiderstand 48, 50, 58

Wärmemenge 75
Watt 30
Wechselspannung 27, 214
Wechselstrom 27
Wechselstrommaschine 214
Widerstand, elektrischer 34, 35
– magnetischer 183, 186
Widerstandsmessung 63
Winkelgeschwindigkeit 261
Wirbelstrombremse 235
Wirbelströme 233, 292
Wirbelstromverluste 338
Wirkleistung 346
Wirkleitwert 305
Wirkstrom 320
Wirkungsgrad 32, 76
Wirkwiderstand 304

Zeigerdiagramm 263
Zeitkonstante 79, 227, 249, 372
Zellenschalter 138
Zusammenarbeiten von Dynamos mit Akkumulatoren 138
Zusammensetzung von EMKe 268
Zylinderkondensator 245, 251

FSC
www.fsc.org
MIX
Papier | Fördert gute Waldnutzung
FSC® C083411

Kolibri 360 GmbH
Ferdinand-Jühlke-Straße 7
99095 Erfurt, Deutschland
produktsicherheit@kolibri360.de